数学·统计学系列

数学奥林匹克不等式研究

Research on Mathematical Olympic Inequality, 2e

杨学枝 著

（第2版）

哈尔滨工业大学出版社
HARBIN INSTITUTE OF TECHNOLOGY PRESS

内容简介

本书介绍了初等不等式的证明通法和各种技巧，广泛收集了国内外初等不等式的典型问题和一些重要资料，还有大量作者自创的题目以及作者对问题的独特解答，特别是对难度较大的不等式的证明过程叙述比较详细，证法初等，有新意，作者还对其中一些初等不等式进行了深入的探讨和研究，并获得了许多好的结果.

本书适合高中学生、教师，大学数学系师生，不等式爱好者，以及不等式研究专家参考使用，同时，本书也是一本备考数学奥林匹克竞赛的有价值的参考资料.

图书在版编目(CIP)数据

数学奥林匹克不等式研究/杨学枝著. —2版. —哈尔滨：哈尔滨工业大学出版社，2020.7(2022.2重印)

ISBN 978—7—5603—8927—1

Ⅰ.①数… Ⅱ.①杨… Ⅲ.①不等式—研究 Ⅳ.①O178

中国版本图书馆CIP数据核字(2020)第124472号

策划编辑　刘培杰　张永芹
责任编辑　李广鑫
封面设计　孙茵艾
出版发行　哈尔滨工业大学出版社
社　　址　哈尔滨市南岗区复华四道街10号　邮编150006
传　　真　0451-86414749
网　　址　http://hitpress.hit.edu.cn
印　　刷　哈尔滨市工大节能印刷厂
开　　本　787 mm×1092 mm　1/16　印张42.5　字数785千字
版　　次　2009年8月第1版　2020年7月第2版
　　　　　2022年2月第2次印刷
书　　号　ISBN 978-7-5603-8927-1
定　　价　68.00元

第1版序

杨学枝先生这本书堪称初等不等式研究领域的一部巨著，这主要不是指它洋洋洒洒70万言的篇幅，而是指其内容和意义.不同于我们熟知的匡继昌先生的大百科全书式的工具性专著《常用不等式》，杨学枝先生这本书是通过大量典型和非典型问题的例解来系统阐述初等不等式证明的多种方法和技巧的专著.过去国内学者出版过一些讨论初等不等式的小册子，但其力度和覆盖面都不能和本书相比，尤其是本书有一个鲜明的特色，即对各章节问题的解力求简捷精妙，且往往另辟蹊径，全书凝结着作者的经验、智慧、灵感和巧思.本书不仅可作为数学奥林匹克参考书籍，更可以作为初等不等式研究的重要文献.

譬如第十一章包括的十多篇精彩的文章，由于篇幅限制，在期刊中只发表过部分内容，在本书中才得以一窥全貌.其中包含了不少富于启发性且有参考价值的材料.

我原本不知道杨学枝先生，1983年我和张景中先生在北京马甸参加第四届双微会议期间，在某次分组会上，来自美国的知名数学家M. Shub提到一个几何不等式："在$\triangle ABC$三边上各取一点P，Q，R，使得它们恰好三等分$\triangle ABC$的周界.求证$\triangle PQR$的周界不小于$\triangle ABC$的周界之半."他说这是一个许多人知道但不会证明的难题.若干年之后可能是单墫教授告诉我杨学枝先生对该不等式的独具匠心的精巧证明，给我留下了极其深刻的印象.后来我在加拿大一个级别较高的期刊上看到了一个相当冗繁的证明，相比之下，轩轾立见.俗话说：行家一出手，就知有没有.不到炉火纯青，不可能有这样的身手.

从那以后我开始关注杨学枝先生的工作，特别是通过"不等式研究小组""不等式研究网站"和两次不等式学术会议同他有了较多的接触和联系.20世纪90年代中期以后，我的研究兴趣集中于"计算实代数几何"，即不等式的机器与自动发现.如何将不等式的证明和发现的传统与现代的思想、方法和技巧纳入机械化和自动化的框架并在计算机上有效地实现，这是我十几年来一直关注的课题.这期间我对学校先生在不等式研究领域的精深造诣和丰厚积累有了更多的了解，更由衷地钦佩先生数十年如一日锲而不舍地献身于一个毫无功利可图的科学目标. 我相信，这部凝结了学校先生数十年心血的宝贵专著，不仅有益于数学奥林匹克研究，且必将对整个初等不等式研究领域产生重要影响.

杨 路

2009 年 6 月 10 日

于丽娃河畔

第 2 版序

我与杨学枝先生是在 2015 年 7 月在北京召开的全国初等数学研究会第三届理事会第五次常务理事扩大会议期间认识的，他当时是全国初等数学研究会理事长，主持会议.

据我了解，杨先生早年毕业于武汉大学数学系，是中学数学特级教师. 他对初等数学研究怀有满腔热情，从 1989 年开始，周春荔（首都师范大学教授）、杨世明（天津特级教师）、庞宗玉（天津师范大学教授）、张国旺（河南教育出版社编审）、杨学枝五人就开始积极筹备 1991 年在天津师范大学召开的首届全国初等数学研究学术交流会. 从此之后，直至 2017 年连续参与筹备或主持了十届全国初等数学研究学术交流会，在他们的共同努力推动下，初等数学研究活动在全国如火如荼地展开，并取得了一系列的研究成果. 杨学枝先生还是全国不等式研究组织的开创者，在不等式研究方面有着较深的造诣，筹备、组织了多届全国不等式研究学术交流会. 他在初等数学研究和不等式研究领域做出了无私奉献，同时取得了许多新的成果，在国内外数学杂志上发表了 300 多篇数学教育教学和初等数学研究学术论文，出版了 3 本专著，主编了《不等式研究》等多本数学学术著作，还主编了 8 辑《中国不等式研究》（由哈尔滨工业大学出版社出版），即将出版的《数学奥林匹克不等式研究》（第 2 版）就是其中一本.

《数学奥林匹克不等式研究》（第 2 版）是在 2009 年 8 月哈尔滨工业大学出版社出版的专著《数学奥林匹克不等式研究》的基础上进行了精心修改和补充，提出了作者大量的自创题和值得研究的问题，而且作者对每一道不等式的证明都力求简捷精致，往往另辟蹊径，十分精彩，特别注重于对不等式的研究. 书中有一例，正如杨路先生在第 1 版的“序”中提到的“1983 年我和张景中先生在北京马甸参加第四届双微会议期间，在某次分组会上，来自美国的知名数学家 M. Shub 提到一个几何不等式：在$\triangle ABC$三边上各取一点 P, Q, R，使得它们恰好三等分$\triangle ABC$ 的周界. 求证$\triangle PQR$ 的周界不小于$\triangle ABC$ 的周界之半”“杨学校先生对该不等式的独具匠心的精巧证明，给我留下了极其深刻的印象．虽然后来我在加拿大一个级别较高的期刊上看到了一个相当冗繁的证明，相比之下，轩轾立见．俗话说：行家一出手，就知有没有．不到炉火纯青，不可能有这样的身手．”在本书中进一步体现了杨学校先生在不等式研究方面的扎实基础和不凡身手．1988 年 10 月由中国数学会奥林匹克委员会，中国数学会普及工作委员会，《中等数学》杂志编辑部联合举办了全国首届数学奥林匹克命题有奖比赛，杨学校先生的一道不等式荣获三等奖（见书中第七章例 102）；他自创的一道不等式被冠名为“杨学校不等式”（可见书中第一章“初等对称式多项式不等式”“§5 其他基本不等式”中“8．初等对称多项式不等式”），类似成果在书中多有体现．在本书最后还附上了杨学校先生近几年撰写的几篇有创新且可用性较强的文章，有一定的参考价值．

杨学校先生这本书，是初等不等式研究领域中一部难得的巨著．我相信这本书的出版对数学竞赛以及对不等式爱好者在研究不等式方面会有很大的帮助，对全国初等不等式的研究也能够起到积极的推动作用．

林群

2019 年 12 月 10 日

第 1 版前言

不等式证明是国内外数学竞赛的一个重要课题，也是中学数学教学的重要内容之一. 不等式证明，其内容较为广泛，综合性较强，证法灵活性较大，难度较高，因此，它更是数学奥林匹克竞赛的热门课题，常受命题者青睐. 另外，在不等式证明过程中，往往要综合应用数学各方面的知识和多种数学思维方法，无固定证明模式，因此，不等式的证明过程是对数学思维的很好训练. 正因为如此，长期以来，不等式证明在大学以及高中数学教学和数学竞赛中都倍受人们的高度重视.

不等式的证明没有绝对的模式和统一的证法，常因题而异. 有时，同一道不等式证明题，会有许多种证法，有的证明还需多种方法并用，方可奏效. 对于同一道不等式证明题，由于证法不同，其效果与作用也往往不同. 有的证法繁杂，有的证法简捷，有的可用通法证明，有的需用到某些技巧证明. 一般来说，简捷且初等的证法是比较好的证法，但也不乏有的较繁些的证法，它可有效地用到其推广后的不等式的证明，或由之牵出或拓广相关不等式. 在不等式证明中，有的证法带有共性，有的证法具有个性，还有的证法妙趣横生，它可以揭示某些不等式的本质，拓展其内涵，可挖掘出许多新颖且有价值的内容. 因此，在不等式证明中，探究其证法显得尤其重要.

证明不等式虽然没有定规定法，即没有“灵丹妙药”，但这并不等于说，不等式的证明就无规可循，无法可依，掌握不等式的基本规律和一些基本证法（通法）是不等式证明的基本功. 有了基本功，再进一步了解和掌握一些技巧证法，这样，对不等式的证明就更有把握了.

从不等式的证明思想来看，不等式证明总的来说可以划分为两大类，一是用等价变换法证明不等式，二是用非等价变换法证明不等式. 通常情况下，在不等式证明中，如用恒等变换法（含配方法）、求差比较法、变量代换法、数形结合法等，属于等价变换的证法范畴；用放缩法、应用基本（重要）不等式法、微积分法、调整法、数学归纳法、设参法、利用函数单调性等，属于非等价变换的证法范畴. 在本书中，我们将着重举例介绍不等式证明中几种行之有效（尤其在证明难度较大的不等式时）的常用的证法及其灵活应用. 在本书所收集的例题与练习中，注意到尽可能囊括不等式的各种证法（通法与技巧）. 书中多数例题与练习的解答是笔者独立给出的，但也许有的解答别人早已给出，而笔者还不知道. 当然，笔者不能保证所有证法都是最佳的，也可能是最笨的证法，但求起到抛砖引玉之作用.

本书初稿写于 2004 年 2 月，后经多次修改，完稿时间为 2009 年 5 月. 本书中整理了笔者多年来的数学竞赛讲座稿和几十年来不等式研究的部分成果. 其中问题一部分来源于国内外数学竞赛题或训练题，一部分来源于有关网站上提出的问题，凡明确来源的均做了说明，还有相当一部分是笔者的自创题（有的也许别人早已发现，而笔者却不知晓）或改造题，这些题均注明了在刊物上发表的时间或创作时间. 在选题时，笔者注意到了代表性、新颖性、深刻性及挑战性，因此，本书中的不等式及其证明较有参考价值，但由于笔者水平有限，难免有许多疏漏或不尽人意之处，望读者提出批评意见.

为便于读者阅读本书，有关参考文献已直接列在题后，就不再另外集中放在书末.

在本书出版之际，笔者要感谢我的导师杨路教授在百忙之中抽出时间为本书写序，特别要感谢杨路教授以及我的好友周春荔教授、杨世明老师、吴康副教授等长期以来对我在初等数学研究，尤其在不等式研究方面给予的极大的鼓励、关心、支持和帮助，才使笔者在初等数学研究和不等式研究中有所收获. 刘培杰老师为本书的出版付出了很多心血，哈尔滨工业大学出版社的编辑们为之付出了辛勤的劳动，还有我的儿子杨文花费了大量时间打印了本书的初稿，在此一并表示深切的感谢！

杨学枝

2009 年 5 月 1 日

第 2 版前言

哈尔滨工业大学出版社于 2009 年 8 月出版了拙著《数学奥林匹克不等式研究》，至今十年有余，笔者反复审视书中的内容，总觉得有许多不足之处，还发现了一些小错误. 2015 年 8 月，哈尔滨工业大学出版社提出再版，本人不敢怠慢，自从拙著出版以后，笔者始终对原书反反复复地进行研读、修改，在《数学奥林匹克不等式研究》(第 2 版)中，读者将会看到新版对原书做了较大的修改.

一是对书中的错误做了更正；二是删去了大量本人认为不满意的例题，改进了解题方法；三是补充了大量笔者的自创题(由于笔者孤陋寡闻，也许是他人已经提出的问题，但笔者未曾发现)，以及一些名题、难题；四是书中许多例题的解答是笔者所提供的，注意到普及与提高相结合，注重通性通法，也注意到解题的技巧性、可用性，力求做到解答简捷、深刻、多样，富有新意；五是对不等式研究的味道更浓了，对其中一些问题做了进一步深入的探讨和研究，内涵丰富，注重应用性，同时得到了一些新的很好的结果，可供读者参考；六是限于篇幅，删去了最后的练习，以及在第 1 版中的外文摘录和已刊载的“初等不等式研究”的文章(当然，这些资料仍有价值，可供参考)，新增加了“数列不等式”“极值问题”，以及在附录中收入了笔者近几年来撰写的几篇可用性较强的文章.

虽然笔者有心想把《数学奥林匹克不等式研究》(第 2 版)修订好，但限于笔者水平，书中仍有许多不足之处，敬请读者批评指正.

在此，我十分感谢林群院士在百忙之中为本书作序，十分感谢杨路导师以及许多朋友对我的帮助，十分感谢哈尔滨工业大学出版社领导刘培杰副社长、张永芹主任以及各位编辑对本书出版的支持和帮助，感谢广大读者，他们对原书的修订提出了许多有益的意见和建议.希望拙著《数学奥林匹克不等式研究》(第 2 版)的出版能对读者有一点益处.

杨学枝

2020 年 5 月 1 日

本书中常用的符号

(1) $\sum$ ——循环和. 如对于 x,y,z, $\sum x=x+y+z$, $\sum yz=yz+zx+xy$, $\sum x^2y=x^2y+y^2z+z^2x$ 等.

(2) $\prod$ ——循环积. 如对于 x,y,z, $\prod(y+z)=(y+z)(z+x)(x+y)$, $\prod(x^2+y)=(x^2+y)(y^2+z)(z^2+x)$ 等.

(3) $\Leftrightarrow$ ——等价于. 如 $a^2+b^2\geqslant 2ab\Leftrightarrow(a-b)^2\geqslant 0$.

(4) $\sum\limits_{1\leqslant i<j\leqslant n}x_ix_j$ —— 在 $x_i(i=1,2,\cdots,n)$ 中,每两个乘积之和. 如对于 x_1, x_2, x_3, x_4, $\sum\limits_{1\leqslant i<j\leqslant 4}x_ix_j=x_1x_2+x_1x_3+x_1x_4+x_2x_3+x_2x_4+x_3x_4$.

类似有 $\sum\limits_{1\leqslant i<j<k\leqslant n}x_ix_jx_k$ 等.

(4) $\sum\limits_{\text{sym}}x_1x_2$—— 在 $x_i(i=1,2,\cdots,n)$ 中,每两个乘积之和. 如对于 x_1, x_2, x_3, x_4, $\sum\limits_{\text{sym}}x_1x_2=x_1x_2+x_1x_3+x_1x_4+x_2x_3+x_2x_4+x_3x_4$.

类似有 $\sum\limits_{\text{sym}}x_1x_2x_3$ 等.

(5)min——最小值;max——最大值.

(6)在无特殊说明情况下,$\triangle ABC$ 的三边长为 $BC=a$, $CA=b$, $AB=c$,外接圆半径为 R ,内切圆半径为 r ,半周长为 s ,与 BC, CA, AB 边相切的旁切圆半径分别为 r_a , r_b , r_c .

目　　录

引例

引例　证明$\frac{a+b+c}{3}\geqslant\sqrt[3]{abc}$.

现行人教版选修4—5在《不等式选讲》(A版,2005年)中提出并证明了一个重要不等式及其推论,即:

定理　如果$a,b,c\in\mathbf{R}^{+}$,那么$a^3+b^3+c^3\geqslant 3abc$(当且仅当$a=b=c$时取等号).

推论　如果$a,b,c\in\mathbf{R}^{+}$,那么$\frac{a+b+c}{3}\geqslant\sqrt[3]{abc}$(当且仅当$a=b=c$时取等号)(选修本中的定理3).

课本应用了比较法和配方技巧证明了上述定理(即以下证法1),再用定理证明了推论.实际上,上述定理及推论是等价的.下面介绍几种证明不等式$a^3+b^3+c^3\geqslant 3abc$,$\frac{a+b+c}{3}\geqslant\sqrt[3]{abc}$的方法,这些方法体现了初等不等式证明的基本方法.

证法1　(配方法)

$$\begin{aligned}&a^3+b^3+c^3-3abc\\=&(a+b)^3-3(a^2b+ab^2)+c^3-3abc\\=&(a+b)^3+c^3-3(a^2b+ab^2)-3abc\\=&(a+b+c)[(a+b)^2-(a+b)c+c^2]-3ab(a+b+c)\\=&(a+b+c)(a^2+b^2+c^2-bc-ca-ab)\\=&\frac{1}{2}(a+b+c)[(b-c)^2+(c-a)^2+(a-b)^2]\geqslant 0\end{aligned}$$

即得 $a^3+b^3+c^3\geqslant 3abc$.

注：由此证法以及以下一些证明中可知，定理条件可放宽为：$a,b,c\in\mathbf{R}$，且 $a+b+c\geqslant 0$. 这时，取等号条件为 $a+b+c=0$ 或 $a=b=c$.

证法 2 （配方法）由于对称性，不妨设 $a\geqslant b\geqslant c>0$，则

$$
\begin{aligned}
&a^3+b^3+c^3-3abc\\
=&(a-c)^3+(b-c)^3+\frac{3c}{2}[(b-c)^2+(a-c)^2+(a-b)^2]\geqslant 0
\end{aligned}
$$

即得 $a^3+b^3+c^3\geqslant 3abc$.

证法 3 （配方法）由于对称性，不妨设 $\min\{a,b,c\}\leqslant b\leqslant\max\{a,b,c\}$，则

$$
\begin{aligned}
&a^3+b^3+c^3-3abc\\
=&(a+b+c)[3(a-b)(b-c)+(2b-c-a)^2]\geqslant 0
\end{aligned}
$$

即得 $a^3+b^3+c^3\geqslant 3abc$.

配方法是不等式证明中常见的一种方法.

证法 4 （放缩法与配方法）由于

$$
\begin{aligned}
&a^3+b^3+c^3-3abc\\
=&\frac{1}{2}[(b^3+c^3)+(c^3+a^3)+(a^3+b^3)-6abc]\\
\geqslant&\frac{1}{2}[(b^2c+bc^2)+(c^2a+ca^2)+(a^2b+ab^2)-6abc]\\
=&\frac{1}{2}[a(b^2+c^2)+b(c^2+a^2)+c(a^2+b^2)-6abc]\\
=&\frac{1}{2}[a(b-c)^2+b(c-a)^2+c(a-b)^2]\geqslant 0
\end{aligned}
$$

即得 $a^3+b^3+c^3\geqslant 3abc$.

证法 5 （放缩法）因为

$$
\begin{aligned}
(a+b+c)^4&\geqslant[3(bc+ca+ab)]^2\\
&\geqslant 9\cdot 3(ca\cdot ab+ab\cdot bc+bc\cdot ca)\\
&=27abc(a+b+c)
\end{aligned}
$$

所以 $(a+b+c)^3\geqslant 27abc$，即

$$\frac{a+b+c}{3}\geqslant\sqrt[3]{abc}$$

放缩法是证明不等式的最常用的一般方法，证明过程中的关键是要把握住放缩的尺度.

证法 6 （增量法）由对称性，不妨设 $a\geqslant b\geqslant c>0$，进而设 $a=c+\alpha+\beta$，$b=c+\alpha$，$\alpha,\beta\in\overline{\mathbf{R}^-}$，则

$$
\begin{aligned}
&a^3+b^3+c^3-3abc\\
=&(c+\alpha+\beta)^3+(c+\alpha)^3+c^3-3(c+\alpha+\beta)(c+\alpha)c
\end{aligned}
$$

$$=3c(\alpha^2+\alpha\beta+\beta^2)+(\alpha+\beta)^3+\alpha^3\geqslant 0$$

即得 $a^3+b^3+c^3\geqslant 3abc$.

由增量法证明可以看出，引例中不等式很弱，应用这种增量法证明，容易得到以下更强些的不等式：

$$a^3+b^3+c^3-3abc$$
$$\geqslant\frac{1}{2}[(b-c)^3+(c-a)^3+(a-b)^3]+$$
$$\frac{3}{2}\mid(b-c)(c-a)(a-b)\mid$$

当且仅当 $a=b=c$ 时取等号.

证法 7 （应用基本不等式）因为

$$a^3+b^3+c^3+abc$$
$$=(a^3+b^3)+(c^3+abc)$$
$$\geqslant 2\,(a^3b^3)^{\frac{1}{2}}+2\,(c^3\cdot abc)^{\frac{1}{2}}$$
$$\geqslant 4\,(a^3b^3c^3\cdot abc)^{\frac{1}{4}}=4abc$$

即得 $a^3+b^3+c^3\geqslant 3abc$.

证法 8 （应用基本不等式）因为

$$(a+b+c)^3=(a+b+c)^2(a+b+c)$$
$$\geqslant 3(bc+ca+ab)(a+b+c)$$
$$=3[\sum a(b^2+c^2)+3abc]$$
$$\geqslant 3(6abc+3abc)=27abc$$

故 $\frac{a+b+c}{3}\geqslant\sqrt[3]{abc}$.

证法 9 （柯西(Cauchy) 不等式）由于

$$(\frac{a^2}{bc}+\frac{b^2}{ca}+\frac{c^2}{ab})(bc+ca+ab)\geqslant(a+b+c)^2$$

即

$$a^3+b^3+c^3\geqslant\frac{abc\,(a+b+c)^2}{bc+ca+ab}\geqslant\frac{3abc(bc+ca+ab)}{bc+ca+ab}=3abc$$

即得

$$a^3+b^3+c^3\geqslant 3abc$$

证法 10 （应用排序不等式）由于对称性，不妨设 $a\geqslant b\geqslant c>0$，则 $a^2\geqslant b^2\geqslant c^2$，$ab\geqslant ac\geqslant bc$，根据排序不等式，有

$$a^3+b^3+c^3=a\cdot a^2+b\cdot b^2+c\cdot c^2$$
$$\geqslant b\cdot a^2+c\cdot b^2+a\cdot c^2$$
$$=a\cdot ab+b\cdot bc+c\cdot ca$$

$$\geqslant a \cdot bc + b \cdot ac + c \cdot ab = 3abc$$

即得 $a^3 + b^3 + c^3 \geqslant 3abc$.

应用基本不等式证明不等式,是最常用的证明不等式的一种方法,高中教科书中给出了最重要,也是最常用的三个基本不等式:"算术 — 几何平均值不等式""柯西不等式""排序不等式".

证法 11 (减元法)由于

$$\begin{aligned}&a^3 + b^3 + c^3 - 3abc - (b^3 + c^3 - 2bc\sqrt{bc})\\=&a^3 - 3abc + 2bc\sqrt{bc}\\=&(a - \sqrt{bc})^2(a + 2\sqrt{bc}) \geqslant 0\end{aligned}$$

因此,有

$$a^3 + b^3 + c^3 - 3abc \geqslant b^3 + c^3 - 2bc\sqrt{bc} \geqslant 2bc\sqrt{bc} - 2bc\sqrt{bc} = 0$$

即得 $a^3 + b^3 + c^3 \geqslant 3abc$.

证法 12 (减元法)不妨设 $a + b + c = 1$,且 c 最小,$0 < c \leqslant \frac{1}{3}$,则

$$\begin{aligned}&(a + b + c)^3 - 27abc = 1 - 27abc\\\geqslant&1 - 27 \cdot \left(\frac{a + b}{2}\right)^2 c = -\frac{1}{4}(27c^3 - 54c^2 + 27c - 4)\\=&-\frac{1}{4}(3c - 1)^2(3c - 4) \geqslant 0\left(\text{注意到 } 0 < c \leqslant \frac{1}{3}\right)\end{aligned}$$

故 $(a + b + c)^3 \geqslant 27abc$,即 $\frac{a + b + c}{3} \geqslant \sqrt[3]{abc}$.

证法 13 (减元法)不妨设 $a \geqslant b \geqslant c > 0$,则

$$\begin{aligned}&(a^3 + b^3 + c^3 - 3abc) - (b^3 + b^3 + c^3 - 3b^2c)\\=&(a^3 - b^3) - 3bc(a - b)\\=&(a - b)(a^2 + ab + b^2 - 3bc) \geqslant 0\end{aligned}$$

因此,当 $a \geqslant b \geqslant c > 0$ 时,有

$$a^3 + b^3 + c^3 - 3abc \geqslant 2b^3 + c^3 - 3b^2c = (b - c)^2(2b + c) \geqslant 0$$

即得 $a^3 + b^3 + c^3 \geqslant 3abc$.

证法 14 (减元法)由对称性和齐次性,不妨设 $abc = 1$,则

$$\begin{aligned}a^3 + b^3 + c^3 - 3 &\geqslant a^3 + 2\sqrt{(bc)^3} - 3 = a^3 + \frac{2}{\sqrt{a^3}} - 3\\&= \frac{1}{\sqrt{a^3}}(\sqrt{a^3} - 1)^2(\sqrt{a^3} + 2) \geqslant 0\end{aligned}$$

即得 $a^3 + b^3 + c^3 - 3 \geqslant 0$,因此得到 $a^3 + b^3 + c^3 \geqslant 3abc$.

用减元法结合数学归纳法我们还可以证明以下命题:

命题 设 $a_i \geqslant 0, i = 1, 2, \cdots, n, n \in \mathbf{N}, n \geqslant 2$,则

$$a_1+a_2+\cdots+a_n\geqslant n\sqrt[n]{a_1a_2\cdots a_n}$$

证明　当 $n=2$ 时,易知有 $a_1+a_2\geqslant 2\sqrt{a_1a_2}$,即原命题成立.

假设当 $n=k$ 时,原命题成立,即 $a_1+a_2+\cdots+a_k\geqslant k\sqrt[k]{a_1a_2\cdots a_k}$.

当 $n=k+1$ 时,由对称性,不妨设 $a_1a_2\cdots a_{k+1}=1$,于是有

$$\begin{aligned}&a_1+a_2+\cdots+a_k+a_{k+1}-(k+1)\\&\geqslant k\sqrt[k]{a_1a_2\cdots a_k}+a_{k+1}-(k+1)\\&=k\sqrt[k]{\frac{1}{a_{k+1}}}+a_{k+1}-(k+1)\\&=\frac{1}{\sqrt[k]{a_{k+1}}}[(\sqrt[k]{a_{k+1}})^{k+1}-(k+1)\sqrt[k]{a_{k+1}}+k]\\&=\frac{1}{\sqrt[k]{a_{k+1}}}(\sqrt[k]{a_{k+1}}-1)[(\sqrt[k]{a_{k+1}})^{k}+(\sqrt[k]{a_{k+1}})^{k-1}+\cdots+\sqrt[k]{a_{k+1}}-k]\\&=\frac{1}{\sqrt[k]{a_{k+1}}}(\sqrt[k]{a_{k+1}}-1)^2[\sum_{i=1}^{k-1}(\sqrt[k]{a_{k+1}})^{k-i}+\sum_{i=1}^{k-2}(\sqrt[k]{a_{k+1}})^{k-i-1}+\cdots+1]\\&=\frac{1}{\sqrt[k]{a_{k+1}}}(\sqrt[k]{a_{k+1}}-1)^2[(\sqrt[k]{a_{k+1}})^{k-1}+2(\sqrt[k]{a_{k+1}})^{k-2}+3(\sqrt[k]{a_{k+1}})^{k-3}+\cdots+k]\\&\geqslant 0\end{aligned}$$

即当 $n=k+1$ 时,原命题也成立.

由数学归纳法原理可知原命题成立.

减元法是证明不等式的一种有效方法,把多元不等式最终化为一元不等式证明.

证法 15　(调整法) 不妨设 a 最小,则

$$\begin{aligned}&(a^3+b^3+c^3-3abc)-\left[a^3+\left(\frac{b+c}{2}\right)^3+\left(\frac{b+c}{2}\right)^3-3a\left(\frac{b+c}{2}\right)^2\right]\\&=3\left(\frac{b-c}{2}\right)^2\left(\frac{b+c}{2}-a\right)\geqslant 0\end{aligned}$$

因此我们只要证明

$$a^3+2\left(\frac{b+c}{2}\right)^3-3a\left(\frac{b+c}{2}\right)^2\geqslant 0$$

即

$$(a+b+c)\left(a-\frac{b+c}{2}\right)^2\geqslant 0$$

从而原命题获证.

调整法是证明不等式的一种方法和技巧,它常用于证明齐次、对称的多元不等式.

证法 16　(抽屉原理) 由于原不等式是对称齐次式,可设 $x,y,z\in\mathbf{R}^+$ 且

$xyz=1$，那么在 x,y,z 中必有一个不小于1，另有一个不大于1，不妨设 $x\geqslant 1$，$y\leqslant 1$，于是

$$(1-x)(1-y)\leqslant 0$$

便有

$$x+y\geqslant 1+xy$$

从而有

$$x+y+z\geqslant 1+xy+z\geqslant 1+2\sqrt{xyz}=3$$

所以

$$x+y+z\geqslant 3 \tag{※}$$

令 $x=\frac{a}{\sqrt[3]{abc}}$，$y=\frac{b}{\sqrt[3]{abc}}$，$z=\frac{c}{\sqrt[3]{abc}}$，代入式(※)便有 $\frac{a+b+c}{\sqrt[3]{abc}}\geqslant 3$，即

$$\frac{a+b+c}{3}\geqslant\sqrt[3]{abc}$$

证法 17 （抽屉原理）由于原不等式是对称齐次式，可设 $a,b,c\in\mathbf{R}^{+}$ 且 $a+b+c=1$，易知这时在 a,b,c 中必有一个不小于 $\frac{1}{3}$，另有一个不大于 $\frac{1}{3}$，不妨设 $a\geqslant\frac{1}{3}$，$b\leqslant\frac{1}{3}$，于是

$$(a-\frac{1}{3})(b-\frac{1}{3})\leqslant 0$$

由此便有 $a+b\geqslant\frac{1}{3}+3ab$，从而我们有

$$a+b+c\geqslant\frac{1}{3}+3ab+c\geqslant\frac{1}{3}+2\sqrt{3abc}$$

即 $1\geqslant\frac{1}{3}+2\sqrt{3abc}$，得到 $\frac{1}{27}\geqslant abc$，因此得到 $(\frac{a+b+c}{3})^{3}\geqslant abc$，即

$$\frac{a+b+c}{3}\geqslant\sqrt[3]{abc}$$

抽屉原理是证明不等式的一种技巧，用抽屉原理证明不等式，有时可以化难为易.

在以上各种证法中都不难得知，当且仅当 $a=b=c$ 时原式取等号.

还有其他方法，如可以应用函数求导法等. 以上各种证法也反映了在证明不等式时常用的方法与技巧，因此，如能透彻理解上述各种证法的基本思想和方法，那么对于其他不等式的证明无疑是有益的.

注：可参见《中学数学研究》(广州)2011 年第 9 期，杨学枝《从 $\frac{a+b+c}{3}\geqslant\sqrt[3]{abc}$ 的证明看常用不等式证法》，后来又做了一些补充.

基本不等式及其应用

第一章

§1 柯西不等式

一、柯西不等式

设 $a_i, b_i \in \mathbf{R}(i=1,2,\cdots,n)$，则

$$(\sum_{i=1}^{n} a_i b_i)^2 \leqslant (\sum_{i=1}^{n} a_i^2)(\sum_{i=1}^{n} b_i^2)$$

当数组 $a_1, a_2, \cdots, a_n$ 与 $b_1, b_2, \cdots, b_n$ 中有一组全为零时取等号，或当这两个数组都不全为零时，当且仅当 $b_i = \lambda a_i (i=1,2,\cdots, n, \lambda \neq 0)$ 时取等号.

以下给出两种常见的较为简捷的证明.

证法 1　应用二次函数性质.

若数组 $a_1, a_2, \cdots, a_n$ 与 $b_1, b_2, \cdots, b_n$ 中有一组全为零，则原命题显然成立.

若数组 $a_1, a_2, \cdots, a_n$ 与 $b_1, b_2, \cdots, b_n$ 不全为零，由于函数

$$f(x) = (\sum_{i=1}^{n} a_i^2) x^2 - 2(\sum_{i=1}^{n} a_i b_i) x + \sum_{i=1}^{n} b_i^2 = \sum_{i=1}^{n} (a_i x - b_i)^2 \geqslant 0$$

而 x 的二次项系数大于零，因此有

$$\Delta = 4(\sum_{i=1}^{n} a_i b_i)^2 - 4(\sum_{i=1}^{n} a_i^2)(\sum_{i=1}^{n} b_i^2) \leqslant 0$$

即得原命题，由上证明易知，当且仅当 $b_i=\lambda a_i(i=1,2,\cdots,n,\lambda\neq 0)$ 时取等号.

证法2 若数组 $a_1,a_2,\cdots,a_n$ 与 $b_1,b_2,\cdots,b_n$ 中有一组全为零，则原命题显然成立.

若数组 $a_1,a_2,\cdots,a_n$ 与 $b_1,b_2,\cdots,b_n$ 不全为零，根据二元基本不等式，有

$$\frac{a_i^2}{\sum\limits_{i=1}^n a_i^2}+\frac{b_i^2}{\sum\limits_{i=1}^n b_i^2}\geqslant\frac{2|a_ib_i|}{\sqrt{(\sum\limits_{i=1}^n a_i^2)(\sum\limits_{i=1}^n b_i^2)}}$$

取 $i=1,2,\cdots,n$，并将所得 n 个式子左右两边相加，得到

$$2\geqslant\frac{2\sum\limits_{i=1}^n|a_ib_i|}{\sqrt{(\sum\limits_{i=1}^n a_i^2)(\sum\limits_{i=1}^n b_i^2)}}$$

由此得到

$$(\sum_{i=1}^n a_i^2)(\sum_{i=1}^n b_i^2)\geqslant(\sum_{i=1}^n|a_ib_i|)^2\geqslant(\sum_{i=1}^n a_ib_i)^2$$

由证明中易知，当且仅当 $b_i=\lambda a_i(i=1,2,\cdots,n,\lambda\neq 0)$ 时取等号.

二、柯西不等式的几个重要变形

1. 设 $x_{ij}\in\mathbf{R},i,j=1,2,\cdots,n$，则

$$\sum_{i=1}^n\sqrt{\sum_{j=1}^n x_{ij}^2}\geqslant\sqrt{\sum_{j=1}^n(\sum_{i=1}^n x_{ij})^2}$$

当且仅当 $x_{1i}:x_{2i}:x_{3i}:\cdots:x_{ni}=\lambda$（常数），$i=1,2,3,\cdots,n$ 时取等号.

两边平方整理后，应用柯西不等式即可证得.

2. 设 $x_i,y_i,z_i,\cdots,l_i\in\overline{\mathbf{R}^-},x_i^2-y_i^2-z_i^2-\cdots-l_i^2\geqslant 0,i=1,2,3,\cdots,n$，则

$$\sum_{i=1}^n\sqrt{x_i^2-y_i^2-z_i^2-\cdots-l_i^2}\leqslant\sqrt{(\sum_{i=1}^n x_i)^2-(\sum_{i=1}^n y_i)^2-(\sum_{i=1}^n z_i)^2-\cdots-(\sum_{i=1}^n l_i)^2}$$

当且仅当 $x_i:y_i:z_i:\cdots:l_i=\lambda$（常数），$i=1,2,3,\cdots,n$ 时取等号.

将原式两边平方，并整理后，注意到以下

$$\begin{aligned}x_1x_2&=\sqrt{[y_1^2+z_1^2+\cdots+l_1^2+(x_1^2-y_1^2-z_1^2-\cdots-l_1^2)]}\cdot\\&\quad\sqrt{[y_2^2+z_2^2+\cdots+l_2^2+(x_2^2-y_2^2-z_2^2-\cdots-l_2^2)]}\\&\geqslant y_1y_2+z_1z_2+\cdots+l_1l_2+\\&\quad\sqrt{(x_1^2-y_1^2-z_1^2-\cdots-l_1^2)(x_2^2-y_2^2-z_2^2-\cdots-l_2^2)}\end{aligned}$$

等不等式，即可证得.

3. 设 $x_1,x_2,\cdots,x_n;y_1,y_2,\cdots,y_n$ 是两组任意实数，$\sum\limits_{1\leqslant i<j\leqslant n}x_ix_j\geqslant 0$，或

$\sum\limits_{1\leqslant i<j\leqslant n} y_i y_j \geqslant 0$，记$\sum\limits_{i=1}^{n} x_i = x$，$\sum\limits_{i=1}^{n} y_i = y$，则

$$\left[\sum_{i=1}^{n} x_i(y-y_i)\right]^2 = \left[\sum_{i=1}^{n} y_i(x-x_i)\right]^2 \geqslant 4\sum_{1\leqslant i<j\leqslant n} x_i x_j \sum_{1\leqslant i<j\leqslant n} y_i y_j$$

当且仅当$\frac{x_1}{y_1}=\frac{x_2}{y_2}=\cdots=\frac{x_n}{y_n}$时取等号.

证明　若$\sum\limits_{1\leqslant i<j\leqslant n} x_i x_j$与$\sum\limits_{1\leqslant i<j\leqslant n} y_i y_j$有一个不小于零，另一个不大于零，则原式显然成立.

若$\sum\limits_{1\leqslant i<j\leqslant n} x_i x_j > 0$，$\sum\limits_{1\leqslant i<j\leqslant n} y_i y_j > 0$，则原式等价于

$$\left|\sum_{i=1}^{n} x_i(y-y_i)\right| = \left|\sum_{i=1}^{n} y_i(x-x_i)\right| \geqslant 2\sqrt{\sum_{1\leqslant i<j\leqslant n} x_i x_j}\cdot\sqrt{\sum_{1\leqslant i<j\leqslant n} y_i y_j}$$

下面我们来证明

$$\left|\sum_{i=1}^{n} x_i(y-y_i)\right| \geqslant 2\sqrt{\sum_{1\leqslant i<j\leqslant n} x_i x_j}\cdot\sqrt{\sum_{1\leqslant i<j\leqslant n} y_i y_j} \qquad ①$$

由于

$$\left|\sum_{i=1}^{n} x_i(y-y_i)\right| = \left|\sum_{i=1}^{n} x_i\cdot\sum_{i=1}^{n} y_i - \sum_{i=1}^{n} x_i y_i\right| \geqslant \left|\sum_{i=1}^{n} x_i\cdot\sum_{i=1}^{n} y_i\right| - \left|\sum_{i=1}^{n} x_i y_i\right|$$

因此要证式 ① 成立，只要证明

$$\left|\sum_{i=1}^{n} x_i\cdot\sum_{i=1}^{n} y_i\right| - \left|\sum_{i=1}^{n} x_i y_i\right| \geqslant 2\sqrt{\sum_{1\leqslant i<j\leqslant n} x_i x_j}\cdot\sqrt{\sum_{1\leqslant i<j\leqslant n} y_i y_j}$$

即

$$\left|\sum_{i=1}^{n} x_i\cdot\sum_{i=1}^{n} y_i\right| \geqslant \left|\sum_{i=1}^{n} x_i y_i\right| + 2\sqrt{\sum_{1\leqslant i<j\leqslant n} x_i x_j}\cdot\sqrt{\sum_{1\leqslant i<j\leqslant n} y_i y_j} \qquad ②$$

易证式 ② 成立，事实上，应用柯西不等式，有

$$\begin{aligned}\left(\sum_{i=1}^{n} x_i\cdot\sum_{i=1}^{n} y_i\right)^2 &= \left(\sum_{i=1}^{n} x_i^2 + 2\sum_{1\leqslant i<j\leqslant n} x_i x_j\right)\cdot\left(\sum_{i=1}^{n} y_i^2 + 2\sum_{1\leqslant i<j\leqslant n} y_i y_j\right)\\ &\geqslant \left(\sum_{i=1}^{n} |x_i||y_i| + 2\sqrt{\sum_{1\leqslant i<j\leqslant n} x_i x_j}\cdot\sqrt{\sum_{1\leqslant i<j\leqslant n} y_i y_j}\right)^2\end{aligned}$$

由此得到

$$\begin{aligned}\left|\sum_{i=1}^{n} x_i\cdot\sum_{i=1}^{n} y_i\right| &\geqslant \sum_{i=1}^{n} |x_i||y_i| + 2\sqrt{\sum_{1\leqslant i<j\leqslant n} x_i x_j}\cdot\sqrt{\sum_{1\leqslant i<j\leqslant n} y_i y_j}\\ &\geqslant \left|\sum_{i=1}^{n} x_i y_i\right| + 2\sqrt{\sum_{1\leqslant i<j\leqslant n} x_i x_j}\cdot\sqrt{\sum_{1\leqslant i<j\leqslant n} y_i y_j}\end{aligned}$$

即得式 ②，于是，式 ① 成立，原命题获证. 由证明过程可得当且仅当$\frac{x_1}{y_1}=\frac{x_2}{y_2}=\cdots=\frac{x_n}{y_n}$时，原式取等号.

在 3. 中，取 $n=3$，得到以下命题 1.

命题 1 设 $x_1,x_2,x_3,y_1,y_2,y_3\in\mathbf{R}$，且 $x_2x_3+x_3x_1+x_1x_2>0$，或 $y'_2y'_3+y'_3y'_1+y'_1y'_2>0$，则

$$\left[\sum x_1(y_2+y_3)\right]^2=\left[\sum y_1(x_2+x_3)\right]^2\geqslant 4\left(\sum x_2x_3\right)\left(\sum y_2y_3\right)$$

当且仅当 $\frac{x_1}{y_1}=\frac{x_2}{y_2}=\frac{x_3}{y_3}$ 时取等号.

在 3. 中，取 $n=4$，得到以下命题 2.

命题 2 设 $x_1,x_2,x_3,x_4,y_1,y_2,y_3,y_4\in\mathbf{R}$，且 $x_1x_2+x_1x_3+x_1x_4+x_2x_3+x_2x_4+x_3x_4\geqslant 0$，或 $y_1y_2+y_1y_3+y_1y_4+y_2y_3+y_2y_4+y_3y_4\geqslant 0$，则

$$\left[\sum x_1(y_2+y_3+y_4)\right]^2=\left[\sum y_1(x_2+x_3+x_4)\right]^2\geqslant 4\sum_{1\leqslant i<j\leqslant 4}x_ix_j\sum_{1\leqslant i<j\leqslant 4}y_iy_j$$

当且仅当 $\frac{x_1}{y_1}=\frac{x_2}{y_2}=\frac{x_3}{y_3}=\frac{x_4}{y_4}$ 时取等号.

上述命题 1 和命题 2 有许多应用，现列举数例如下：

例 1 （匹多不等式）$\triangle ABC$ 与 $\triangle A'B'C'$ 的边长分别为 a,b,c 和 a',b',c'，面积分别为 Δ 与 Δ'，则

$$\sum(-a^2+b^2+c^2)a'^2\geqslant 16\Delta\Delta'$$

当且仅当 $\triangle ABC\backsim\triangle A'B'C'$ 时取等号.

证明 在命题 1 中，取 $y_1=-a^2+b^2+c^2$，$x_1=-a'^2+b'^2+c'^2$ 等，并应用三角形面积公式 $16\Delta^2=\sum y_2y_3$，$16\Delta'^2=\sum x_2x_3$ 即得证.

例 2 （南京程灵提出）若 $\triangle ABC$ 与 $\triangle A'B'C'$ 的边长分别为 a,b,c 和 a',b',c'，面积分别为 Δ 与 Δ'，则

$$\sum(-a+b+c)a'\geqslant 4\sqrt{3\Delta\Delta'}$$

当且仅当 $\triangle ABC$ 与 $\triangle A'B'C'$ 均为正三角形时取等号.

证明 在命题 1 中，取 $x_1=-a'+b'+c'$，$y_1=-a+b+c$ 等，并应用三角形中的不等式 $2\sum bc-\sum a^2\geqslant 4\sqrt{3}\Delta$（证略）即得证.

例 3 （陕西安振平提出）若 $\triangle ABC$ 与 $\triangle A'B'C'$ 的边长分别为 a,b,c 和 a',b',c'，面积分别为 Δ 与 Δ'，则

$$\sum(a-b+c)(a+b-c)a'^2\geqslant 16\Delta\Delta'$$

当且仅当 $\frac{a'^2}{a(-a+b+c)}=\frac{b'^2}{b(a-b+c)}=\frac{c'^2}{c(a+b-c)}$ 时取等号.

证明 在命题 1 中，取 $x_1=-a'^2+b'^2+c'^2$，$y_1=(a-b+c)(a+b-c)$ 等，并应用三角形面积的海伦公式，在 $\triangle ABC$ 中有 $4\Delta=\sqrt{(a+b+c)(-a+b+c)(a-b+c)(a+b-c)}$，在 $\triangle A'B'C'$ 中有 $4\Delta'=$

$\sqrt{(a'+b'+c')(-a'+b'+c')(a'-b'+c')(a'+b'-c')}$ 即可得证.

例 4 (自创题,1983—05—07)若 $\triangle ABC$ 与 $\triangle A'B'C'$ 的边长分别为 a,b, c 和 a',b',c',面积分别为 Δ 与 Δ',则

$$\sum a(-a+b+c)(a'-b'+c')(a'+b'-c')\geqslant 16\Delta\Delta'$$

当且仅当

$$\frac{(a-b+c)(a+b-c)}{(a'-b'+c')(a'+b'-c')}=\frac{(a+b-c)(-a+b+c)}{(a'+b'-c')(-a'+b'+c')}=\frac{(-a+b+c)(a-b+c)}{(-a'+b'+c')(a'-b'+c')}$$

即 $\frac{a}{a'}=\frac{b}{b'}=\frac{c}{c'}$,$\triangle ABC\backsim\triangle A'B'C'$ 时取等号.

证明 在命题 1 中,取 $x_1=(a-b+c)(a+b-c)$,$y_1=(a'-b'+c')\cdot(a'+b'-c')$ 等,并应用三角形面积的海伦公式即可得证.

例 5 (自创题,2010—12—16)在 $\triangle ABC$ 中,设 $x,y,z\in\mathbf{R}$,则 $(x\sin C+z\sin A)(y\sin A+x\sin B)+(y\sin A+x\sin B)(z\sin B+y\sin C)+(z\sin B+y\sin C)(x\sin C+z\sin A)\leqslant(x+y+z)^2$

或

$$\sum x^2\sin B\sin C+\left(\sum\sin A\right)\left(\sum yz\sin A\right)\leqslant\left(\sum x\right)^2$$

当且仅当 $\frac{z\sin B+y\sin C}{\tan\frac{A}{2}}=\frac{x\sin C+z\sin A}{\tan\frac{B}{2}}=\frac{y\sin A+x\sin B}{\tan\frac{C}{2}}$ 时取等号.

证明 设 $\lambda=z\sin B+y\sin C$,$u=x\sin C+z\sin A$,$v=y\sin A+x\sin B$,由此得到

$$x=\frac{\sin A(-\lambda\sin A+u\sin B+v\sin C)}{2\prod\sin A}$$

$$y=\frac{\sin B(\lambda\sin A-u\sin B+v\sin C)}{2\prod\sin A}$$

$$z=\frac{\sin C(\lambda\sin A+u\sin B-v\sin C)}{2\prod\sin A}$$

经以上变换,原式等价于

$$\begin{aligned}\sum uv&\leqslant\left[\sum\frac{\sin A(-\lambda\sin A+u\sin B+v\sin C)}{2\sin A\sin B\sin C}\right]^2\\&=\left[\sum\frac{\lambda\sin A(-\sin A+\sin B+\sin C)}{2\sin A\sin B\sin C}\right]^2\\&=\left(\sum\frac{\lambda\cdot 2\sin\frac{A}{2}\cos\frac{A}{2}\cdot 4\cos\frac{A}{2}\sin\frac{B}{2}\sin\frac{C}{2}}{16\sin\frac{A}{2}\cos\frac{A}{2}\sin\frac{B}{2}\cos\frac{B}{2}\sin\frac{C}{2}\cos\frac{C}{2}}\right)^2\end{aligned}$$

$$=\left(\sum \frac{\lambda\cos^2\frac{A}{2}}{2\cos\frac{A}{2}\cos\frac{B}{2}\cos\frac{C}{2}}\right)^2$$
$$=\frac{1}{4}\left[\sum\lambda\left(\tan\frac{B}{2}+\tan\frac{C}{2}\right)\right]^2$$

由命题 1,并注意到恒等式 $\tan\frac{B}{2}\tan\frac{C}{2}+\tan\frac{C}{2}\tan\frac{A}{2}+\tan\frac{A}{2}\tan\frac{B}{2}=1$,便知上式成立,故得原式. 当且仅当$\frac{\lambda}{\tan\frac{A}{2}}=\frac{u}{\tan\frac{B}{2}}=\frac{v}{\tan\frac{C}{2}}$,即

$$\frac{z\sin B+y\sin C}{\tan\frac{A}{2}}=\frac{x\sin C+z\sin A}{\tan\frac{B}{2}}=\frac{y\sin A+x\sin B}{\tan\frac{C}{2}}$$

时取等号.

如果作如下代换

$x=(-\lambda a+ub+vc)\sin A, y=(\lambda a-ub+vc)\sin B, z=(\lambda a+ub-vc)\sin C$
则得到以下等价命题.

命题 设 $\triangle ABC$ 的三边长为 $BC=a, CA=b, AB=c$,面积为 $\Delta, \lambda, u, v\in\mathbf{R}$,则

$$[\lambda a(-a+b+c)+ub(a-b+c)+vc(a+b-c)]^2$$
$$\geqslant 16(uv+v\lambda+\lambda u)\Delta^2$$

当且仅当 $\lambda\cot\frac{A}{2}=u\cot\frac{B}{2}=v\cot\frac{C}{2}$ 时取等号.

若令 $\lambda=(a'-b'+c')(a'+b'-c')$ 等(这里 a', b', c' 为 $\triangle A'B'C'$ 的三边长),即得以上例 4.

例 6 (2012—02—10 由安徽孙世宝老师提出的征解题)设 P 为 $\triangle ABC$ 内部任意一点,R 为 $\triangle ABC$ 的外接圆半径,则

$$PB\cdot PC+PC\cdot PA+PA\cdot PB<4R^2$$

在后面第二章中,我们将证明这个不等式.

例 7 (自创题,2010—12—01)设 P 为 $\triangle ABC$ 内部或边界上一点,点 P 到 $\triangle ABC$ 三边 BC, CA, AB 所在直线的距离分别为 r_1, r_2, r_3,$\triangle ABC$ 的三边长为 $BC=a, CA=b, AB=c$,则

$$\sum a(r_1+r_2)(r_1+r_3)\leqslant abc$$

当且仅当$\frac{r_2+r_3}{\sin^2\frac{A}{2}}=\frac{r_3+r_1}{\sin^2\frac{B}{2}}=\frac{r_1+r_2}{\sin^2\frac{C}{2}}$ 时取等号.

其等价式为

$$\sum (r_1+r_2)(r_1+r_3)\sin A \leqslant 2\Delta$$

这里 Δ 为 $\triangle ABC$ 的面积.

证明　只要在上面例 5 中取 $x=ar_1, y=br_2, z=cr_3$,注意到 $ar_1+br_2+cr_3=2\Delta=\frac{abc}{2R}$,这里 Δ 和 R 分别为 $\triangle ABC$ 的面积和外接圆半径,即得证.

注:若在以上的不等式中,注意到 $\sum ar_1^2 \geqslant \frac{(\sum ar_1)^2}{\sum a}=\frac{4\Delta^2}{\sum a}$,便可以得到 $\sum r_2r_3 \leqslant r(2R-r)$.

例 8　设 $x,y,z,\alpha,\beta,\gamma \in \mathbf{R}$,且 $\alpha+\beta+\gamma=k\pi(k\in \mathbf{Z})$,则

$$yz\sin^2\alpha+zx\sin^2\beta+xy\sin^2\gamma \leqslant \frac{1}{4}(x+y+z)^2$$

当且仅当 $\frac{x}{\sin 2\alpha}=\frac{y}{\sin 2\beta}=\frac{z}{\sin 2\gamma}$ 时取等号.

证明　分两种情况证明.

i. 若 k 为奇数,即当 $\alpha+\beta+\gamma=(2n+1)\pi(n\in \mathbf{Z})$ 时,注意到

$$\cot B\cot C+\cot C\cot A+\cot A\cot B=1>0$$

于是,根据命题 1 有

$$\begin{aligned}\frac{1}{4}(x+y+z)^2=&\frac{1}{4}\left[\frac{x\sin\beta\sin\gamma}{\sin\alpha}(\cot\beta+\cot\gamma)+\right.\\&\frac{y\sin\gamma\sin\alpha}{\sin\beta}(\cot\gamma+\cot\alpha)+\\&\left.\frac{z\sin\alpha\sin\beta}{\sin\gamma}(\cot\alpha+\cot\beta)\right]^2\\\geqslant&(\cot\beta\cot\gamma+\cot\gamma\cot\alpha+\cot\alpha\cot\beta)\cdot\\&\left(\frac{y\sin\gamma\sin\alpha}{\sin\beta}\cdot\frac{z\sin\alpha\sin\beta}{\sin\gamma}+\frac{z\sin\alpha\sin\beta}{\sin\gamma}\cdot\frac{x\sin\beta\sin\gamma}{\sin\alpha}+\right.\\&\left.\frac{x\sin\beta\sin\gamma}{\sin\alpha}\cdot\frac{y\sin\gamma\sin\alpha}{\sin\beta}\right)\\=&yz\sin^2\alpha+zx\sin^2\beta+xy\sin^2\gamma\end{aligned}$$

即得原式.

ii. 若 k 为偶数,同理可证(详证从略).

例 9　(自创题,2011－05－05)设 $\triangle ABC$ 的三边长为 $BC=a, CA=b, AB=c$,面积为 Δ,P 为 $\triangle ABC$ 内部或边界上一点,从 P 分别向三边 BC, CA, AB 所在直线作垂线,垂足分别为 D,E,F,记 $PD=r_1, PE=r_2, PF=r_3$,$\triangle DEF$ 的面积为 Δ_0,则

$$\left(\sum r_1\right)^2 \geqslant \frac{\Delta_0}{\Delta}\cdot\left(2\sum bc-\sum a^2\right)$$

当且仅当$\frac{r_1}{a(-a+b+c)}=\frac{r_2}{b(a-b+c)}=\frac{r_3}{c(a+b-c)}$时取等号.

在命题1中,取$x_1=-a+b+c,x_2=a-b+c,x_3=a+b-c,z_1=r_1$,$z_2=r_2,z_3=r_3$,并注意到$\Delta=\frac{abc}{4R},\Delta'=\frac{1}{4R}(r_2r_3a+r_3r_1b+r_1r_2c)$即可得证.

例10 (自创题,1998-02-01)设$\lambda,u,v,\lambda',u',v'\in\mathbf{R}$,且$\sum uv>0$,则

$$\left[\sum\lambda\lambda'\right]^2\geqslant\left(\sum uv\right)\left(2\sum u'v'-\sum\lambda'^2\right)$$

当且仅当$\frac{u+v}{\lambda'}=\frac{v+\lambda}{u'}=\frac{\lambda+u}{v'}$时取等号.

证明
$$\begin{aligned}\left[\sum\lambda\lambda'\right]^2&=\left[\frac{1}{2}\sum(-\lambda'+u'+v')(u+v)\right]^2\\&\geqslant\left(\sum uv\right)\left[\sum(\lambda'-u'+v')(\lambda'+u'-v')\right]\\&\quad\text{(根据命题1中的不等式)}\\&=\left(\sum uv\right)\left(2\sum u'v'-\sum\lambda'^2\right)\end{aligned}$$

由此易得到以下命题:

命题 设$\triangle ABC$的三边长为$BC=a,CA=b,AB=c$,面积为Δ,P为$\triangle ABC$内部或边界上一点,从P分别向三边BC,CA,AB所在直线作垂线,垂足分别为D,E,F,记$PD=r_1,PE=r_2,PF=r_3$,则

$$\sum r_2r_3\leqslant\frac{4\Delta^2}{2\sum bc-\sum a^2}$$

当且仅当$\frac{r_1}{-a+b+c}=\frac{r_2}{a-b+c}=\frac{r_3}{a+b-c}$时取等号.

例11 (自创题,1998-02-01)设$\lambda,u,v,\lambda',u',v'\in\mathbf{R}$,且$\sum uv>0$,则

$$\sum(u+v)u'v'\leqslant\frac{\prod(u+v)}{\sum uv}\left(\sum\lambda'\right)^2$$

当且仅当$\frac{\lambda(u+v)}{\lambda'}=\frac{u(v+\lambda)}{u'}=\frac{v(\lambda+u)}{v'}$时取等号.

证明 根据命题1中的不等式,有

$$\left[\sum\frac{\lambda'}{u+v}(u+v)\right]^2\geqslant4\left(\sum uv\right)\sum\frac{u'v'}{(v+\lambda)(\lambda+u)}$$

整理即得原式.

例12 设M,N为单位正方形内任意两个点,记$MA=a,MB=b,MC=c$,$MD=d,NA=a_1,NB=b_1,NC=c_1,ND=d_1$,则

$$\sum a_1(b+c+d)\geqslant6$$

即第六章三角几何不等式中的例 23.

命题 1 和命题 2 还可以用于证明许多不等式.

三、应用柯西不等式及其变形证明不等式的例子

例 13 $a_i,b_i\in\mathbf{R},i=1,2,\cdots,n$,则

$$\sqrt{\sum_{i=1}^{n}a_i^2\sum_{i=1}^{n}b_i^2}+\sum_{i=1}^{n}a_ib_i\geqslant\frac{2}{n}\sum_{i=1}^{n}a_i\sum_{i=1}^{n}b_i$$

证明

$$\begin{aligned}2\sum_{i=1}^{n}a_i\sum_{i=1}^{n}b_i-n\sum_{i=1}^{n}a_ib_i&=\sum_{i=1}^{n}a_i(2b-nb_i)\\&\leqslant\sqrt{\sum_{i=1}^{n}a_i^2\sum_{i=1}^{n}(2b-nb_i)^2}\text{(应用柯西不等式)}\\&=\sqrt{\sum_{i=1}^{n}a_i^2\cdot n^2\sum_{i=1}^{n}b_i^2}=n\sqrt{\sum_{i=1}^{n}a_i^2\cdot\sum_{i=1}^{n}b_i^2}\end{aligned}$$

其中 $b=\sum_{i=1}^{n}b_i$. 原式即得证.

由以上证明易知当且仅当 $\frac{a_1}{2b-nb_1}=\frac{a_2}{2b-nb_2}=\cdots=\frac{a_n}{2b-nb_n}=\frac{\sum_{i=1}^{n}a_i}{n\sum_{i=1}^{n}b_i}$ 时取等号.

注:本例中的不等式是一个值得关注的不等式,如取 $n=3$ 时,可证 2004 年中国国家队培训题:

$a,b,c,x,y,z\in\mathbf{R}$,满足 $(a+b+c)(x+y+z)=3,(a^2+b^2+c^2)(x^2+y^2+z^2)=4$,求证

$$ax+by+cz\geqslant 0$$

例 14 设 $a_i,b_i\in\mathbf{R},i=1,2,\cdots,n$,则

$$\begin{aligned}&\frac{1}{n}\left[\left(\sum_{i=1}^{n}a_i\right)^2+\left(\sum_{i=1}^{n}b_i\right)^2\right]^2\\\leqslant&\left(\sum_{i=1}^{n}a_i\right)^2\sum_{i=1}^{n}a_i^2+\left(\sum_{i=1}^{n}b_i\right)^2\sum_{i=1}^{n}b_i^2+2\left(\sum_{i=1}^{n}a_i\right)\left(\sum_{i=1}^{n}b_i\right)\left(\sum_{i=1}^{n}a_ib_i\right)\end{aligned}$$

证明

$$\begin{aligned}&\left(\sum_{i=1}^{n}a_i\right)^2\sum_{i=1}^{n}a_i^2+\left(\sum_{i=1}^{n}b_i\right)^2\sum_{i=1}^{n}b_i^2+2\left(\sum_{i=1}^{n}a_i\right)\left(\sum_{i=1}^{n}b_i\right)\left(\sum_{i=1}^{n}a_ib_i\right)\\=&\sum_{j=1}^{n}\left[\left(\sum_{i=1}^{n}a_i\right)a_i+\left(\sum_{i=1}^{n}b_i\right)b_i\right]^2\\\geqslant&\frac{1}{n}\left[\left(\sum_{i=1}^{n}a_i\right)\left(\sum_{i=1}^{n}a_i\right)+\left(\sum_{i=1}^{n}b_i\right)\left(\sum_{i=1}^{n}b_i\right)\right]^2\text{(应用柯西不等式)}\end{aligned}$$

$$=\frac{1}{n}[(\sum_{i=1}^{n}a_i)^2+(\sum_{i=1}^{n}b_i)^2]^2$$

当且仅当$(\sum_{i=1}^{n}a_i)a_1+(\sum_{i=1}^{n}b_i)b_1=(\sum_{i=1}^{n}a_i)a_2+(\sum_{i=1}^{n}b_i)b_2=\cdots=(\sum_{i=1}^{n}a_i)a_n+(\sum_{i=1}^{n}b_i)b_n$时取等号.

特例 设$a_i,b_i\in\mathbf{R},i=1,2,\cdots,n,\sum_{i=1}^{n}a_i^2=\sum_{i=1}^{n}b_i^2=1,\sum_{i=1}^{n}a_ib_i=0$,则

$$(\sum_{i=1}^{n}a_i)^2+(\sum_{i=1}^{n}b_i)^2\leqslant n$$

也可以另证如下：

证明 记$A=\sum_{i=1}^{n}a_i,B=\sum_{i=1}^{n}b_i$,则

$$\sum_{i=1}^{n}(Aa_i+Bb_i)^2=A^2(\sum_{i=1}^{n}a_i^2)+B^2(\sum_{i=1}^{n}b_i^2)+2AB(\sum_{i=1}^{n}a_ib_i)=A^2+B^2$$

另外,有

$$\sum_{i=1}^{n}(Aa_i+Bb_i)^2\geqslant\frac{1}{n}(\sum_{i=1}^{n}Aa_i+\sum_{i=1}^{n}Bb_i)^2=\frac{1}{n}(A^2+B^2)^2\text{(应用柯西不等式)}$$

因此得到

$$A^2+B^2\geqslant\frac{1}{n}(A^2+B^2)^2$$

即

$$(\sum_{i=1}^{n}a_i)^2+(\sum_{i=1}^{n}b_i)^2\leqslant n$$

例 15 (自创题,1997—05—09)设$a_i,b_i\in\mathbf{R},i=1,2,\cdots,n$,则

$$(\sum_{i=1}^{n}a_i^2)^2+(\sum_{i=1}^{n}b_i^2)^2+2(\sum_{i=1}^{n}a_ib_i)^2$$
$$\geqslant\frac{1}{n}[(\sum_{i=1}^{n}a_i)^2\sum_{i=1}^{n}a_i^2+(\sum_{i=1}^{n}b_i)^2\sum_{i=1}^{n}b_i^2+2(\sum_{i=1}^{n}a_i)(\sum_{i=1}^{n}b_i)(\sum_{i=1}^{n}a_ib_i)]$$

证明 记向量$\boldsymbol{a}=(a_1,a_2,\cdots,a_n),\boldsymbol{b}=(b_1,b_2,\cdots,b_n)$,则有

$$\sum_{i=1}^{n}(a_i\boldsymbol{a}+b_i\boldsymbol{b})^2=(\sum_{i=1}^{n}a_i^2)|\boldsymbol{a}|^2+(\sum_{i=1}^{n}b_i^2)|\boldsymbol{b}|^2+2(\boldsymbol{a}\cdot\boldsymbol{b})\sum_{i=1}^{n}a_ib_i$$
$$=(\sum_{i=1}^{n}a_i^2)^2+(\sum_{i=1}^{n}b_i^2)^2+2(\sum_{i=1}^{n}a_ib_i)^2$$

另一方面,有

$$\sum_{i=1}^{n}(a_i\boldsymbol{a}+b_i\boldsymbol{b})^2\geqslant\frac{1}{n}(\sum_{i=1}^{n}|a_i\boldsymbol{a}+b_i\boldsymbol{b}|)^2\text{(应用柯西不等式)}$$

$$\geqslant \frac{1}{n}\left(\left|\sum_{i=1}^{n}(a_i\boldsymbol{a}+b_i\boldsymbol{b})\right|\right)^2 \text{（应用绝对值不等式）}$$

$$=\frac{1}{n}\left|\sum_{i=1}^{n}a_i\boldsymbol{a}+\sum_{i=1}^{n}b_i\boldsymbol{b}\right|^2$$

$$=\frac{1}{n}\left[\left(\sum_{i=1}^{n}a_i\right)^2\sum_{i=1}^{n}a_i^2+\left(\sum_{i=1}^{n}b_i\right)^2\sum_{i=1}^{n}b_i^2+2\left(\sum_{i=1}^{n}a_i\right)\left(\sum_{i=1}^{n}b_i\right)\left(\sum_{i=1}^{n}a_ib_i\right)\right]$$

因此得到

$$\left(\sum_{i=1}^{n}a_i^2\right)^2+\left(\sum_{i=1}^{n}b_i^2\right)^2+2\left(\sum_{i=1}^{n}a_ib_i\right)^2$$

$$\geqslant \frac{1}{n}\left[\left(\sum_{i=1}^{n}a_i\right)^2\sum_{i=1}^{n}a_i^2+\left(\sum_{i=1}^{n}b_i\right)^2\sum_{i=1}^{n}b_i^2+2\left(\sum_{i=1}^{n}a_i\right)\left(\sum_{i=1}^{n}b_i\right)\left(\sum_{i=1}^{n}a_ib_i\right)\right]$$

注：由本例中的不等式和上例中的不等式，可以得到以下不等式链：

设 $a_i,b_i\in\mathbf{R},i=1,2,\cdots,n$，则

$$n\left[\left(\sum_{i=1}^{n}a_i^2\right)^2+\left(\sum_{i=1}^{n}b_i^2\right)^2+2\left(\sum_{i=1}^{n}a_ib_i\right)^2\right]$$

$$\geqslant \left(\sum_{i=1}^{n}a_i\right)^2\sum_{i=1}^{n}a_i^2+\left(\sum_{i=1}^{n}b_i\right)^2\sum_{i=1}^{n}b_i^2+2\left(\sum_{i=1}^{n}a_i\right)\left(\sum_{i=1}^{n}b_i\right)\left(\sum_{i=1}^{n}a_ib_i\right)$$

$$\geqslant \frac{1}{n}\left[\left(\sum_{i=1}^{n}a_i\right)^2+\left(\sum_{i=1}^{n}b_i\right)^2\right]^2$$

例 16　（自创题，1900－07－25）设 $a,b,c,d\in\mathbf{R}$，且 $abcd>0,a^2+b^2-kab=m^2,c^2+d^2-kcd=n^2,|k|\leqslant 2$，则

$$(m-n)^2\geqslant\frac{(ab-cd)(ac-bd)(ad-bc)}{abcd}$$

当且仅当$\frac{m}{ab}=\frac{n}{cd}$时取等号.

证明　由$\frac{a^2+b^2-m^2}{ab}=\frac{c^2+d^2-n^2}{cd}=k$，得到

$$\frac{(ac-bd)(ad-bc)}{abcd}=\frac{m^2}{ab}-\frac{n^2}{cd}$$

于是

$$\frac{(ab-cd)(ac-bd)(ad-bc)}{abcd}=(ab-cd)\left(\frac{m^2}{ab}-\frac{n^2}{cd}\right)$$

$$\leqslant(m-n)^2\text{（应用柯西不等式变形）}$$

易知当且仅当$\frac{m}{ab}=\frac{n}{cd}$时取等号.

例 17　（自创题，1988－04－20）设 $x,y,z,w,\lambda\in\mathbf{R}$，且 $xyzw>0,|\lambda|\leqslant 2$，则

$$\sqrt{x^2+y^2+\lambda xy}+\sqrt{z^2+w^2-\lambda zw}\leqslant\sqrt{\frac{(xy+zw)(xz+yw)(xw+yz)}{xyzw}}$$

当且仅当$\frac{\sqrt{x^2+y^2+\lambda xy}}{xy}=\frac{\sqrt{z^2+w^2-\lambda zw}}{zw}$时取等号.

证明 设 $u=\sqrt{x^2+y^2+\lambda xy}$,$v=\sqrt{z^2+w^2-\lambda zw}$,则

$$\frac{u^2-x^2-y^2}{xy}+\frac{v^2-z^2-w^2}{zw}=0$$

即
$$\frac{u^2}{xy}+\frac{v^2}{zw}=\frac{x^2+y^2}{xy}+\frac{z^2+w^2}{zw}=\frac{(xz+yw)(xw+yz)}{xyzw}$$

另外,有

$$(xy+zw)\left(\frac{u^2}{xy}+\frac{v^2}{zw}\right)\geqslant(u+v)^2 \text{(应用柯西不等式)}$$

即得原式,由上证明易知,当且仅当$\frac{\sqrt{x^2+y^2+\lambda xy}}{xy}=\frac{\sqrt{z^2+w^2-\lambda zw}}{zw}$时取等号.

推广 设 $x_i,y_i\in\mathbf{R}^+$,$\lambda_i\in\mathbf{R}$,$|\lambda_i|\leqslant 2$,$i=1,2,\cdots,n$,且$\sum_{i=1}^{n}\lambda_i=0$,则

$$\sum_{i=1}^{n}\sqrt{x_i^2+y_i^2+\lambda_i x_i y_i}\leqslant\sqrt{\sum_{i=1}^{n}x_i y_i}\cdot\sqrt{\sum_{i=1}^{n}\frac{x_i^2+y_i^2}{x_i y_i}}$$

当且仅当$\frac{\sqrt{x_1^2+y_1^2}}{x_1y_1}=\frac{\sqrt{x_2^2+y_2^2}}{x_2y_2}=\cdots=\frac{\sqrt{x_n^2+y_n^2}}{x_ny_n}$时取等号.

注:本例中的不等式可参阅由吴康主编的《奥赛金牌之路》(高中数学)“第一章 §6 三角不等式”(第 81 ~ 90 页),此节系杨学枝所写.

例 18 (自创题,2004-02-13)设 $a_i\in\mathbf{R}^+$,$i=1,2,\cdots,n$,证明

$$\frac{a_1^2}{a_2}+\frac{a_2^2}{a_3}+\cdots+\frac{a_n^2}{a_1}\geqslant\sum_{i=1}^{n}a_i+\frac{4(a_1-a_n)^2}{\sum_{i=1}^{n}a_i}$$

证明 以下约定 $a_{n+1}=a_1$,则有

$$\begin{aligned}\sum_{i=1}^{n}\frac{a_i^2}{a_{i+1}}&=\sum_{i=1}^{n}\left[2a_i-a_{i+1}+\frac{(a_i-a_{i+1})^2}{a_{i+1}}\right]\\&=\sum_{i=1}^{n}(2a_i-a_{i+1})+\sum_{i=1}^{n}\frac{(a_i-a_{i+1})^2}{a_{i+1}}\\&\geqslant\sum_{i=1}^{n}a_i+\frac{\left(\sum_{i=1}^{n}|a_i-a_{i+1}|\right)^2}{\sum_{i=1}^{n}a_i}\text{(应用柯西不等式)}\end{aligned}$$

$$=\sum_{i=1}^{n}a_i+\frac{\left(|a_n-a_1|+\sum_{i=1}^{n-1}|a_i-a_{i+1}|\right)^2}{\sum_{i=1}^{n}a_i}$$

$$\geqslant\sum_{i=1}^{n}a_i+\frac{\left[|a_n-a_1|+\left|\sum_{i=1}^{n-1}(a_i-a_{i+1})\right|\right]^2}{\sum_{i=1}^{n}a_i}\text{（应用绝对值不等式）}$$

$$=\sum_{i=1}^{n}a_i+\frac{4\,(a_1-a_n)^2}{\sum_{i=1}^{n}a_i}$$

即得原命题.

注：注意等式$\frac{a^2}{b}=2a-b+\frac{(a-b)^2}{b}$在证明有关不等式时的应用.

例 19　（自创题，1987－07－20）设 $x_i\in\mathbf{R}^+,i=1,2,\cdots,n$，则

$$\sum_{i=1}^{n}x_i\cdot\sum_{i=1}^{n}\frac{1}{x_i}\geqslant 2n-n^2+\frac{(n-1)^2\left(\sum_{i=1}^{n}x_i\right)^2}{\sum_{1\leqslant i<j\leqslant n}x_ix_j}$$

当且仅当 $x_1=x_2=\cdots=x_n$ 时取等号.

若记 $s_1=\sum_{i=1}^{n}x_i,s_2=\sum_{1\leqslant i<j\leqslant n}x_ix_j,s_n=x_1x_2\cdots x_n,s_{n-1}=s_n\sum\frac{1}{x_1}$，则上式可写成如下形式

$$s_1s_2s_{n-1}+(n^2-2n)s_2s_n\geqslant(n-1)^2s_1^2s_n$$

证明　$\sum_{i=1}^{n}x_i\cdot\sum_{i=1}^{n}\frac{1}{x_i}=n+\sum_{1\leqslant i<j\leqslant n}\left(\frac{x_i}{x_j}+\frac{x_j}{x_i}\right)=n+\sum_{1\leqslant i<j\leqslant n}\frac{x_i^2+x_j^2}{x_ix_j}$

$$=n-n(n-1)+\sum_{1\leqslant i<j\leqslant n}\frac{(x_i+x_j)^2}{x_ix_j}$$

$$\geqslant 2n-n^2+\frac{\left[\sum_{1\leqslant i<j\leqslant n}(x_i+x_j)\right]^2}{\sum_{1\leqslant i<j\leqslant n}x_ix_j}\text{（应用柯西不等式）}$$

$$=2n-n^2+\frac{(n-1)^2\left(\sum_{i=1}^{n}x_i\right)^2}{\sum_{1\leqslant i<j\leqslant n}x_ix_j}$$

即得原式.易知当且仅当 $x_1=x_2=\cdots=x_n$ 时取等号.

例 20　对正数 a,b,c,d 及 $k\geqslant 0$，有

$$\frac{a}{b+kd}+\frac{b}{c+ka}+\frac{c}{d+kb}+\frac{d}{a+kc}\geqslant\frac{4}{1+k}$$

证明 应用柯西不等式有

$$\left(\frac{a}{b+kd}+\frac{b}{c+ka}+\frac{c}{d+kb}+\frac{d}{a+kc}\right)\cdot$$
$$[a(b+kd)+b(c+ka)+c(d+kb)+d(a+kc)]$$
$$\geqslant (a+b+c+d)^2(\text{应用柯西不等式})$$

于是,只要证

$$\frac{(a+b+c+d)^2}{a(b+kd)+b(c+ka)+c(d+kb)+d(a+kc)}\geqslant\frac{4}{1+k}$$

即

$$\frac{(a+b+c+d)^2}{(ab+bc+cd+da)(1+k)}\geqslant\frac{4}{1+k}$$
$$\Leftrightarrow(a+b+c+d)^2\geqslant 4(ab+bc+cd+da)$$
$$\Leftrightarrow(a+c-b-d)^2\geqslant 0$$

故原式成立.由以上证明可知,当且仅当 $a=b=c=d$,或 $k=1$,且 $a+c=b+d$ 时原式取等号.

例 21 设 a,b,c,x,y,z 非负,且 $a+b+c=x+y+z$,则

$$ax(a+x)+by(b+y)+cz(c+z)\geqslant 3(abc+xyz)$$

证明 由于

$$ax(a+x)+by(b+y)+cz(c+z)$$
$$=\sum a^2x+\sum ax^2\geqslant\frac{(\sum a)^2}{\sum\frac{1}{x}}+\frac{(\sum x)^2}{\sum\frac{1}{a}}$$
$$=\frac{(\sum x)^2}{\sum\frac{1}{x}}+\frac{(\sum a)^2}{\sum\frac{1}{a}}(\text{应用柯西不等式})$$
$$=\frac{xyz(\sum x)^2}{\sum yz}+\frac{abc(\sum a)^2}{\sum bc}$$
$$\geqslant 3xyz+3abc$$

例 22 (自创题,2011-08-30)设 $p,q,r>-\frac{1}{2}$,$x,y,z\in\mathbf{R}$,且 $1+p+q+r=4pqr$,则

$$px^2+qy^2+rz^2\geqslant yz+zx+xy$$

证明 由已知 $p,q,r>-\frac{1}{2}$ 及 $1+p+q+r=4pqr$,可以得到

$$\frac{1}{2p+1}+\frac{1}{2q+1}+\frac{1}{2r+1}=1$$

于是,由柯西不等式,得到

$$(2p+1)x^2+(2q+1)y^2+(2r+1)z^2$$
$$=\left(\frac{1}{2p+1}+\frac{1}{2q+1}+\frac{1}{2r+1}\right)[(2p+1)x^2+(2q+1)y^2+(2r+1)z^2]$$
$$\geqslant(x+y+z)^2\text{(应用柯西不等式)}$$

由此即得到原式. 当且仅当 $1+p+q+r=4pqr$,且 $(2p+1)x=(2q+1)y=(2r+1)z$ 时取等号.

例 23　设 $a,b,c\geqslant 0$,求证

$$\sum a\sqrt{b^2-bc+c^2}\leqslant\sum a^2$$

证明　由柯西不等式,有

$$\sum a\sqrt{b^2-bc+c^2}=\sum\sqrt{a}\sqrt{ab^2-abc+ac^2}$$
$$\leqslant\sqrt{\sum a}\cdot\sqrt{\sum(ab^2-abc+ac^2)}\text{(应用柯西不等式)}$$

于是,我们只需要证明

$$\sqrt{\sum a}\cdot\sqrt{\sum(ab^2-abc+ac^2)}\leqslant\sum a^2$$

上式两边平方化简之后为

$$\left(\sum a^2\right)^2-\sum a\sum a(b^2+c^2)-3abc\sum a=\sum a^2(a-b)(a-c)\geqslant 0$$

(舒尔不等式),故命题得证.

例 24　(自创题,2010－07－03)设 $a,b,c\in\overline{\mathbf{R}^-}$,$\sqrt{bc}+\sqrt{ca}+\sqrt{ab}\geqslant 3$,$\lambda\geqslant\frac{2}{3}$,则

$$\sqrt{a^2+\lambda^2}+\sqrt{b^2+\lambda^2}+\sqrt{c^2+\lambda^2}$$
$$\leqslant\sqrt{1+\lambda^2}(a+b+c)$$

当且仅当 $a=b=c=1$ 时取等号.

证明　先证明一个很有用的引理(即以上柯西不等式变形例 14 中的特例).

引理　设 $x_1\geqslant y_1\geqslant 0,x_2\geqslant y_2\geqslant 0,x_3\geqslant y_3\geqslant 0$,则

$$\sqrt{x_1^2-y_1^2}+\sqrt{x_2^2-y_2^2}+\sqrt{x_3^2-y_3^2}$$
$$\leqslant\sqrt{(x_1+x_2+x_3)^2-(y_1+y_2+y_3)^2}\qquad ①$$

当且仅当 $\frac{x_1}{y_1}=\frac{x_2}{y_2}=\frac{x_3}{y_3}$(当分母为零时,此式的分子也为零)时,式 ① 取等号.

引理证明　将式 ① 两边平方并整理得到

$$\sqrt{(x_1^2-y_1^2)(x_2^2-y_2^2)}+\sqrt{(x_2^2-y_2^2)(x_3^2-y_3^2)}+\sqrt{(x_3^2-y_3^2)(x_1^2-y_1^2)}$$
$$\leqslant(x_2x_3+x_3x_1+x_1x_2)-(y_2y_3+y_3y_1+y_1y_2)\qquad ②$$

因此,要证式 ① 成立,只要证式 ② 成立. 由已知条件易证

$$\sqrt{(x_1^2-y_1^2)(x_2^2-y_2^2)} \leqslant x_1x_2-y_1y_2$$

类似还有两式，将这三式左右两边分别相加，即得式 ②，故式 ① 获证.

顺便指出，由上述证明中可知，式①可向n元推广(即前面所述柯西不等式的变形).

现在我们来证明原式. 根据引理，有

$$\sqrt{a^2+\lambda^2}+\sqrt{b^2+\lambda^2}+\sqrt{c^2+\lambda^2}$$
$$=\sqrt{(a+\lambda)^2-(\sqrt{2\lambda a})^2}+\sqrt{(b+\lambda)^2-(\sqrt{2\lambda b})^2}+\sqrt{(c+\lambda)^2-(\sqrt{2\lambda c})^2}$$
$$\leqslant\sqrt{(a+b+c+3\lambda)^2-2\lambda(\sqrt{a}+\sqrt{b}+\sqrt{c})^2}$$

由此可知，要证原式成立只要证

$$\sqrt{(a+b+c+3\lambda)^2-2\lambda(\sqrt{a}+\sqrt{b}+\sqrt{c})^2} \leqslant \sqrt{1+\lambda^2}(a+b+c)$$

将上式两边平方并整理，即证

$$\lambda^2(a+b+c)^2-4\lambda(a+b+c)+4\lambda(\sqrt{bc}+\sqrt{ca}+\sqrt{ab})-9\lambda^2 \geqslant 0$$

即

$$\left[\left(\sum a\right)^2-9\right]\lambda-4\left(\sum a-\sum\sqrt{bc}\right) \geqslant 0 \quad ③$$

另外，由已知条件可以得到$\sum a \geqslant \sum\sqrt{bc} \geqslant 3$，又由$\lambda \geqslant \frac{2}{3}$，得到

$$\left[\left(\sum a\right)^2-9\right]\lambda-4\left(\sum a-\sum\sqrt{bc}\right)$$
$$=\left(\sum a+3\right)\left(\sum a-3\right)\lambda-4\left(\sum a-\sum\sqrt{bc}\right)$$
$$\geqslant\left(\sum a+3\right)\left(\sum a-\sum\sqrt{bc}\right)\cdot\frac{2}{3}-4\left(\sum a-\sum\sqrt{bc}\right)$$
$$=\frac{2}{3}\left(\sum a-\sum\sqrt{bc}\right)\left(\sum a-3\right) \geqslant 0$$

故式 ③ 成立，原式获证. 由证明过程可知，当且仅当 $x=\frac{s_1}{3\sqrt[3]{s_3}}$ 时原式取等号.

用上述证明方法，很容易将本例中的不等式进一步推广，即有以下命题.

命题 若 $a_1,a_2,\cdots,a_n \in \overline{\mathbf{R}^-}$，$\sum\limits_{1\leqslant i<j\leqslant n}\sqrt{a_ia_j} \geqslant \frac{n(n-1)}{2}$，$\lambda \geqslant 1-\frac{1}{n}$，则

$$\sum_{i=1}^{n}\sqrt{a_i^2+\lambda^2} \leqslant \sqrt{1+\lambda^2}\sum_{i=1}^{n}a_i$$

当且仅当 $a_1=a_2=\cdots=a_n=1$ 时取等号.

例 25 设 $a,b,c,d \in \mathbf{R}$，则

$$a^2c^2+a^2d^2+b^2d^2+b^2c^2+4a^2b^2 \geqslant 4a^2bd+4ab^2c$$

证法 1

原式左边$=4a^2b^2+(a^2+b^2)(d^2+c^2) \geqslant 4a^2b^2+(ad+bc)^2$(应用柯西不等式)

$\geqslant 4ab(ad+bc)$

证法 2　若 $c=0$，则原式显然成立；若 $c\neq 0$，则

原式左边－右边

$$=(c^2+d^2+4b^2-4bd)a^2-4b^2c\cdot a+(b^2c^2+b^2d^2)$$

$$=(c^2+d^2+4b^2-4bd)\left(a-\frac{2b^2c}{c^2+d^2+4b^2-4bd}\right)^2+\frac{b^2(c^2+d^2-2bd)^2}{c^2+d^2+4b^2-4bd}$$

$$\geqslant 0$$

例 26　设 $a>0,b>0$，求证

$$\frac{1}{a+b}+\frac{1}{a+2b}+\cdots+\frac{1}{a+nb}<\frac{n}{\sqrt{\left(a+\frac{1}{2}b\right)\left(a+\frac{2n+1}{2}b\right)}}$$

证明　应用柯西不等式，有

$$\left(\sum_{i=1}^{n}\frac{1}{a+ib}\right)^2<n\sum_{i=1}^{n}\left(\frac{1}{a+ib}\right)^2\text{（应用柯西不等式）}$$

$$<n\sum_{i=1}^{n}\frac{1}{(a+ib)^2-\left(\frac{1}{2}b\right)^2}$$

$$=n\sum_{i=1}^{n}\frac{1}{\left[a+\left(i-\frac{1}{2}\right)b\right]\left[a+\left(i+\frac{1}{2}\right)b\right]}$$

$$=\frac{n}{b}\sum_{i=1}^{n}\left[\frac{1}{a+\left(i-\frac{1}{2}\right)b}-\frac{1}{a+\left(i+\frac{1}{2}\right)b}\right]$$

$$=\frac{n}{b}\left[\frac{1}{a+\frac{1}{2}b}-\frac{1}{a+\frac{2n+1}{2}b}\right]$$

$$=\frac{n}{b}\cdot\frac{nb}{\left(a+\frac{1}{2}b\right)\left(a+\frac{2n+1}{2}b\right)}$$

$$=\frac{n^2}{\left(a+\frac{1}{2}b\right)\left(a+\frac{2n+1}{2}b\right)}$$

由此即得原式.

例 27　（2002 年 IMO 预选题）设 $x_i\in\mathbf{R}(i=1,2,\cdots,n)$，求证

$$\frac{x_1}{1+x_1^2}+\frac{x_2}{1+x_1^2+x_2^2}+\cdots+\frac{x_n}{1+x_1^2+x_2^2+\cdots+x_n^2}<\sqrt{n}$$

证明　原式 $\Leftrightarrow\left(\frac{x_1}{1+x_1^2}+\frac{x_2}{1+x_1^2+x_2^2}+\cdots+\frac{x_n}{1+x_1^2+x_2^2+\cdots+x_n^2}\right)^2<n$

又由柯西不等式,有

上式左边式子

$$\leqslant n\left[\frac{x_1^2}{(1+x_1^2)^2}+\frac{x_2^2}{(1+x_1^2+x_2^2)^2}+\cdots+\frac{x_n^2}{(1+x_1^2+x_2^2+\cdots+x_n^2)^2}\right]$$

因此,又只需证

$$\frac{x_1^2}{(1+x_1^2)^2}+\frac{x_2^2}{(1+x_1^2+x_2^2)^2}+\cdots+\frac{x_n^2}{(1+x_1^2+x_2^2+\cdots+x_n^2)^2}<1 \quad (※)$$

由于

式(※)左边式子

$$\leqslant \frac{x_1^2}{1+x_1^2}+\frac{x_2^2}{(1+x_1^2+x_2^2)(1+x_1^2)}+\cdots+$$

$$\frac{x_n^2}{(1+x_1^2+x_2^2+\cdots+x_n^2)(1+x_1^2+x_2^2+\cdots+x_{n-1}^2)}$$

$$=\frac{x_1^2}{1+x_1^2}+\frac{1}{1+x_1^2}-\frac{1}{1+x_1^2+x_2^2}+\frac{1}{1+x_1^2+x_2^2}-\frac{1}{1+x_1^2+x_2^2+x_3^2}+\cdots+$$

$$\frac{1}{1+x_1^2+x_2^2+\cdots+x_{n-1}^2}-\frac{1}{1+x_1^2+x_2^2+\cdots+x_n^2}$$

$$=1-\frac{1}{1+x_1^2+x_2^2+\cdots+x_n^2}<1$$

故原式获证.

例 28 已知 $\triangle ABC$ 的三边长为 a,b,c,则

$$\frac{\sqrt{a^2+b^2}+\sqrt{b^2+c^2}+\sqrt{c^2+a^2}}{a+b+c}<1+\frac{\sqrt{2}}{2}$$

证明 不妨设 $a\geqslant b\geqslant c$,则

$$(\sqrt{a^2+b^2}+\sqrt{b^2+c^2}+\sqrt{c^2+a^2})^2$$
$$<(\frac{a^2+b^2}{\sqrt{2}}+b^2+c^2+c^2+a^2)(\sqrt{2}+1+1)$$

(应用柯西不等式),故欲证原式,只需证

$$\frac{a^2+b^2}{\sqrt{2}}+b^2+c^2+c^2+a^2<\frac{2+\sqrt{2}}{4}(a+b+c)^2$$

即证

$$2(ab+bc+ca)>a^2+b^2+(7-4\sqrt{2})c^2$$

由于

$$2(ab+bc+ca)-[a^2+b^2+(7-4\sqrt{2})c^2]$$
$$=2(bc+ca)-(a-b)^2-(7-4\sqrt{2})c^2$$
$$\geqslant 4c^2-(a-b)^2-(7-4\sqrt{2})c^2$$

$$=(4\sqrt{2}-3)c^2-(a-b)^2$$
$$>c^2-(a-b)^2>0$$

故原式获证.

例 29 (自创题,1986－07－05)设 $\triangle ABC$ 的三边长为 $BC=a, CA=b, AB=c$,外接圆、内切圆半径分别为 R, r,则

$$4R(R-2r)\geqslant(a-c)^2$$

证明 注意到恒等式

$$16R(R-2r)=\frac{(b-c)^2}{\sin^2\frac{A}{2}}+\frac{(2a-b-c)^2}{\cos^2\frac{A}{2}}$$

再应用柯西不等式并注意到 $\sin^2\frac{A}{2}+\cos^2\frac{A}{2}=1$ 即得证.

当且仅当 $(2a-b-c)\sin^2\frac{A}{2}=(b-c)\cos^2\frac{A}{2}$ 时取等号.

注:(1) 本例中的不等式可改写成

$$1-\frac{2r}{R}=1-8\sin\frac{A}{2}\sin\frac{B}{2}\sin\frac{C}{2}\geqslant(\sin A-\sin C)^2$$

(2) 注意到 $OI^2=R(R-2r)$,可知本例中不等式等价于:$OI\geqslant\frac{|a-c|}{2}$,其中 O 与 I 分别为 $\triangle ABC$ 的外心与内心.

(3) 本例中的不等式,等价于以下命题.

命题 设 $x, y, z\in\mathbf{R}^+$,则

$$\sum x(y-z)^2\geqslant\frac{4xyz(x+y+z)}{\prod(y+z)}(x-z)^2$$

当且仅当 $yz(2x-y-z)=x(x+y+z)(x-z)$ 时取等号.

(4) 恒等式:$16R(R-2r)=\frac{(b-c)^2}{\sin^2\frac{A}{2}}+\frac{(2a-b-c)^2}{\cos^2\frac{A}{2}}$,可化为以下代数恒等式

$$\sum(-a+b+c)(b-c)^2$$
$$=\frac{(a+b+c)(-a+b+c)(b-c)^2}{2a}+$$
$$\frac{(a-b+c)(a+b-c)(2a-b-c)^2}{2a}$$

注意恒等式在不等式证明中的应用.

例 30 (自创题,1986－03－20)设 $\beta_1, \beta_2, \beta_3\in[0,\pi]$, $\varphi_1, \varphi_2, \varphi_3\in\mathbf{R}$ 且 $\sum\beta_1=\sum\varphi_1=\pi$,则

$$\sum \sin \varphi_1(-\sin \beta_1+\sin \beta_2+\sin \beta_3)$$

$$\leqslant 2(1+\sin \frac{\beta_1}{2} \sin \frac{\beta_2}{2} \sin \frac{\beta_3}{2})$$

$$=\cos^2 \frac{\beta_1}{2}+\cos^2 \frac{\beta_2}{2}+\cos^2 \frac{\beta_3}{2} \leqslant \frac{9}{4}$$

当且仅当 $\beta_1=\beta_2=\beta_3=\varphi_1=\varphi_2=\varphi_3=\frac{\pi}{3}$，或 $(\beta_1,\beta_2,\beta_3)=(\frac{\pi}{2},\frac{\pi}{2},0)$，且 $(\varphi_1,\varphi_2,\varphi_3)=(\varphi_1,\varphi_2,\frac{\pi}{2})(\varphi_1+\varphi_2=\frac{\pi}{2})$，或其轮换式时，前一个不等式取等号；当且仅当 $\beta_1=\beta_2=\beta_3=\varphi_1=\varphi_2=\varphi_3=\frac{\pi}{3}$ 时，后一个不等式取等号.

证明 $\sum \sin \varphi_1(-\sin \beta_1+\sin \beta_2+\sin \beta_3)$

$$=4 \sum \sin \frac{\beta_2}{2} \sin \frac{\beta_3}{2} \cos \frac{\beta_1}{2} \sin \varphi_1$$

$$=4 \cos \frac{\beta_1}{2} \cos \frac{\beta_2}{2} \cos \frac{\beta_3}{2} \sum \tan \frac{\beta_2}{2} \tan \frac{\beta_3}{2} \sin \varphi_1$$

$$\leqslant 4 \cos \frac{\beta_1}{2} \cos \frac{\beta_2}{2} \cos \frac{\beta_3}{2} \sqrt{(\sum \tan \frac{\beta_2}{2} \tan \frac{\beta_3}{2} \sin^2 \varphi_1)(\sum \tan \frac{\beta_2}{2} \tan \frac{\beta_3}{2})}$$

（应用柯西不等式）

$$=4 \cos \frac{\beta_1}{2} \cos \frac{\beta_2}{2} \cos \frac{\beta_3}{2} \sqrt{(\sum \tan \frac{\beta_2}{2} \tan \frac{\beta_3}{2} \sin^2 \varphi_1)}$$

$$\leqslant 4 \cos \frac{\beta_1}{2} \cos \frac{\beta_2}{2} \cos \frac{\beta_3}{2} \sqrt{\frac{1}{4}(\sum \tan \frac{\beta_1}{2})^2}$$

$$=2 \sum \sin \frac{\beta_1}{2} \cos \frac{\beta_2}{2} \cos \frac{\beta_3}{2}$$

$$=2(\sin \frac{\beta_1+\beta_2+\beta_3}{2}+\sin \frac{\beta_1}{2} \sin \frac{\beta_2}{2} \sin \frac{\beta_3}{2})$$

$$=2(1+\sin \frac{\beta_1}{2} \sin \frac{\beta_2}{2} \sin \frac{\beta_3}{2})$$

$$=\cos^2 \frac{\beta_1}{2}+\cos^2 \frac{\beta_2}{2}+\cos^2 \frac{\beta_3}{2} \leqslant \frac{9}{4}$$

注：上述证明中应用了以下基本不等式 ii：

设 $x,y,z,\alpha,\beta,\gamma \in \mathbf{R}$，且 $\alpha+\beta+\gamma=(2k+1)\pi(k \in \mathbf{Z})$，则

i. $$yz\cos \alpha+zx\cos \beta+xy\cos \gamma \leqslant \frac{1}{2}(x^2+y^2+z^2)$$

当且仅当 $\frac{\sin \alpha}{x}=\frac{\sin \beta}{y}=\frac{\sin \gamma}{z}$ 时取等号.

$$\text{ii.}\quad yz\sin^2\alpha + zx\sin^2\beta + xy\sin^2\gamma \leqslant \frac{1}{4}(x+y+z)^2$$

当且仅当$\frac{\sin 2\alpha}{x}=\frac{\sin 2\beta}{y}=\frac{\sin 2\gamma}{z}$时取等号.

例 31　设 $x,y\geqslant 0,xy\geqslant 1,a,b,c\geqslant 0$,则

$$\frac{ab}{ax+by+2c}+\frac{bc}{bx+cy+2a}+\frac{ca}{cx+ay+2b}\leqslant\frac{a+b+c}{x+y+2}$$

当且仅当 $a=b=c$ 时取等号.

证明　先证以下引理.

引理　设 $\lambda,u\geqslant 0,x,y\in\overline{\mathbf{R}^-}$,且 $xy\geqslant 1$,则

$$\frac{(x+1)^2\lambda}{\lambda x+u}+\frac{(y+1)^2u}{uy+\lambda}\leqslant x+y+2$$

当且仅当 $\lambda=u$,或 $xy=1$ 时取等号.

引理证明　(2012－07－31,王雍熙提供)注意到恒等式

$$\frac{(x+1)^2\lambda}{\lambda x+u}+\frac{(y+1)^2u}{uy+\lambda}+\frac{(\lambda-u)^2(xy-1)}{(\lambda x+u)(uy+\lambda)}=x+y+2$$

即得到引理中的不等式.

今证原式.应用柯西不等式,有

$$\left[\frac{(x+1)^2}{ax+c}+\frac{(y+1)^2}{by+c}\right][(ax+c)+(by+c)]\geqslant(x+y+2)^2$$

由此得到

$$\frac{ab}{ax+by+2c}\leqslant\frac{1}{(x+y+2)^2}\left[\frac{(x+1)^2ab}{ax+c}+\frac{(y+1)^2ab}{by+c}\right]$$

于是,有

$$\begin{aligned}
&\frac{ab}{ax+by+2c}+\frac{bc}{bx+cy+2a}+\frac{ca}{cx+ay+2b}\\
\leqslant&\frac{1}{(x+y+2)^2}\left[\frac{(x+1)^2ab}{ax+c}+\frac{(y+1)^2ab}{by+c}\right]+\\
&\frac{1}{(x+y+2)^2}\left[\frac{(x+1)^2bc}{bx+a}+\frac{(y+1)^2bc}{cy+a}\right]+\\
&\frac{1}{(x+y+2)^2}\left[\frac{(x+1)^2ca}{cx+b}+\frac{(y+1)^2ca}{ay+b}\right]\\
=&\frac{a}{(x+y+2)^2}\left[\frac{(x+1)^2c}{cx+b}+\frac{(y+1)^2b}{by+c}\right]+\\
&\frac{b}{(x+y+2)^2}\left[\frac{(x+1)^2a}{ax+c}+\frac{(y+1)^2c}{cy+a}\right]+\\
&\frac{c}{(x+y+2)^2}\left[\frac{(x+1)^2b}{bx+a}+\frac{(y+1)^2a}{ay+b}\right]
\end{aligned}$$

$$\leqslant \frac{a}{(x+y+2)^2}(x+y+2)+\frac{b}{(x+y+2)^2}(x+y+2)+$$

$$\frac{c}{(x+y+2)^2}(x+y+2)\text{(根据引理中的不等式)}$$

$$=\frac{a+b+c}{x+y+2}$$

即得原式. 由证明过程易知,当且仅当 $a=b=c$,或 $xy=1$,且$\frac{ax+c}{by+c}=\frac{bx+a}{cy+a}=\frac{cx+b}{ay+b}=\frac{x+1}{y+1}$,即当且仅当 $a=b=c$ 时,原式取等号.

例 32 (自创题,2012-05-03) 设 $a_i\in\overline{\mathbf{R}^-}$,且 $\sum_{i=1}^{n}a_i=n,\lambda\geqslant\frac{n-1}{n-2},n\geqslant 3$,记 $s=\sum_{i=1}^{n}a_i^2$,则

$$\sum_{i=1}^{n}\frac{1}{\lambda+(s-a_i^2)}\leqslant\frac{n}{\lambda+n-1}$$

当且仅当 $a_1=a_2=\cdots=a_n=1$ 时取等号.

证明 将原式两边同时乘以 λ,得到

$$\sum_{i=1}^{n}\frac{\lambda}{\lambda+(s-a_i^2)}\leqslant\frac{\lambda n}{\lambda+n-1}$$

$$\Leftrightarrow\sum\frac{s-a_i^2}{\lambda+(s-a_i^2)}\geqslant\frac{n(n-1)}{\lambda+n-1} \quad ①$$

显然,式 ① 与原式等价.

下面证明式 ①. 应用柯西不等式,有

$$\sum\frac{s-a_i^2}{\lambda+(s-a_i^2)}\cdot\left[\sum_{i=1}^{n}(\lambda+s-a_i^2)\right]\geqslant\left(\sum_{i=1}^{n}\sqrt{s-a_i^2}\right)^2$$

$$=(n-1)s+2\sum_{1\leqslant i<j\leqslant n}\sqrt{(s-a_i^2)(s-a_j^2)}$$

$$\geqslant(n-1)s+2\left[\sum_{1\leqslant i<j\leqslant n}a_ia_j+\frac{1}{2}(n-1)(n-2)s\right]\text{(再次应用柯西不等式)}$$

$$\geqslant(n-1)^2s+2\sum_{1\leqslant i<j\leqslant n}a_ia_j$$

即

$$\sum\frac{s-a_i^2}{\lambda+(s-a_i^2)}\geqslant\frac{(n-1)^2s+2\sum\limits_{1\leqslant i<j\leqslant n}a_ia_j}{\sum\limits_{i=1}^{n}(\lambda+s-a_i^2)}$$

于是,只要证明

$$\frac{(n-1)^2 s+2\sum\limits_{1\leqslant i<j\leqslant n} a_i a_j}{\sum\limits_{i=1}^{n}(\lambda+s-a_i^2)} \geqslant \frac{n(n-1)}{\lambda+n-1}$$

$$\Leftrightarrow(\lambda+n-1)\left[(n-1)^2 s+2\sum_{1\leqslant i<j\leqslant n} a_i a_j\right]$$

$$\geqslant n(n-1)\sum_{i=1}^{n}(\lambda+s-a_i^2)$$

$$\Leftrightarrow(\lambda+n-1)\left[(n-1)^2\sum_{i=1}^{n} a_i^2+2\sum_{1\leqslant i<j\leqslant n} a_i a_j\right]$$

$$\geqslant \lambda(n-1)\left(\sum_{i=1}^{n} a_i\right)^2+n(n-1)^2\sum_{i=1}^{n} a_i^2$$

$$\Leftrightarrow(n-1)[\lambda(n-2)-(n-1)]\sum_{i=1}^{n} a_i^2$$

$$\geqslant 2[\lambda(n-2)-(n-1)]\sum_{1\leqslant i<j\leqslant n} a_i a_j$$

由已知条件 $\lambda \geqslant \dfrac{n-1}{n-2}$,$n \geqslant 3$,可知上式成立.

故原式成立,易知当且仅当 $a_1=a_2=\cdots=a_n=1$ 时取等号.

如当 $n=4$ 时有如下命题.

命题 设 $a,b,c,d \in \overline{\mathbf{R}^-}$,且 $a+b+c+d=4$,$\lambda \geqslant \dfrac{3}{2}$,则

$$\sum \frac{1}{\lambda+b^2+c^2+d^2} \leqslant \frac{4}{\lambda+3} \qquad ②$$

当且仅当 $a=b=c=d=1$ 时,式 ② 取等号.

式 ② 等价于

$$\sum \frac{\lambda}{\lambda+b^2+c^2+d^2} \leqslant \frac{4\lambda}{\lambda+3} \Leftrightarrow \sum \frac{b^2+c^2+d^2}{\lambda+b^2+c^2+d^2} \geqslant \frac{12}{\lambda+3} \qquad ③$$

下面证明式 ③ 成立.

由柯西不等式,有

$$\left(\sum \frac{b^2+c^2+d^2}{\lambda+b^2+c^2+d^2}\right)\left(\sum(\lambda+b^2+c^2+d^2)\right)$$

$$\geqslant \left(\sum \sqrt{b^2+c^2+d^2}\right)^2$$

$$=3\sum a^2+2\left(\sqrt{b^2+c^2+d^2}\cdot\sqrt{a^2+c^2+d^2}\right)+$$

$$\sqrt{b^2+c^2+d^2}\cdot\sqrt{a^2+b^2+d^2}+$$

$$\sqrt{b^2+c^2+d^2}\cdot\sqrt{a^2+b^2+c^2}+$$

$$\sqrt{a^2+c^2+d^2}\cdot\sqrt{a^2+b^2+d^2}+$$

$$\sqrt{a^2+c^2+d^2}\cdot\sqrt{a^2+b^2+c^2}+$$
$$\sqrt{a^2+b^2+d^2}\cdot\sqrt{a^2+b^2+c^2}$$
$$\geqslant 3\sum a^2+2(ab+c^2+d^2+ac+b^2+d^2+ad+b^2+c^2+$$
$$bc+a^2+d^2+bd+a^2+c^2+cd+a^2+b^2)$$
$$=9\sum a^2+2(ab+ac+ad+bc+bd+cd)$$

由此可知只要证明

$$\frac{9\sum a^2+2(ab+ac+ad+bc+bd+cd)}{\sum(\lambda+b^2+c^2+d^2)}\geqslant\frac{12}{\lambda+3}$$
$$\Leftrightarrow(\lambda+3)[9\sum a^2+2(ab+ac+ad+bc+bd+cd)]$$
$$\geqslant 12(4\lambda+3\sum a^2)$$
$$\Leftrightarrow(\lambda+3)[9\sum a^2+2(ab+ac+ad+bc+bd+cd)]$$
$$\geqslant 3\lambda(\sum a)^2+36\sum a^2$$
$$\Leftrightarrow 3(2\lambda-3)\sum a^2$$
$$\geqslant 2(2\lambda-3)(ab+ac+ad+bc+bd+cd)$$

上式当 $\lambda\geqslant\frac{3}{2}$ 时,显然成立,从而证明了当 $\lambda\geqslant\frac{3}{2}$ 时,式 ③ 成立,故式 ② 成立,易知当且仅当 $a=b=c=d=1$ 时,式 ② 取等号.

例 33 (2015年全国高中数学联赛加试题一)设 $a_1,a_2,\cdots,a_n(n\geqslant 2)$ 是实数,证明:可以选取 $\varepsilon_1,\varepsilon_2,\cdots,\varepsilon_n\in\{1,-1\}$,使得

$$(\sum_{i=1}^{n}a_i)^2+(\sum_{i=1}^{n}\varepsilon_i a_i)^2\leqslant(n+1)(\sum_{i=1}^{n}a_i^2)$$

它可以进一步加强为以下命题:

命题 设 $a_1,a_2,\cdots,a_n(n\geqslant 2)$ 是实数,证明:可以选取 $\varepsilon_1,\varepsilon_2,\cdots,\varepsilon_n\in\{-1,1\}$,使得

$$(\sum_{i=1}^{n}a_i)^2+(\sum_{i=1}^{n}\varepsilon_i a_i)^2\leqslant(n+\frac{1}{n})(\sum_{i=1}^{n}a_i^2)$$

证明 以下分 n 为奇数和 n 为偶数两种情况证明.

当 n 为奇数时,不妨设 $a_1^2\geqslant a_2^2\geqslant\cdots\geqslant a_n^2$,取 $\varepsilon_1=\varepsilon_2=\cdots=\varepsilon_{\frac{n-1}{2}}=1,\varepsilon_{\frac{n+1}{2}}=\varepsilon_{\frac{n+3}{2}}=\cdots=\varepsilon_n=-1$,于是有

$$(\sum_{i=1}^{n}a_i)^2+[(\sum_{i=1}^{\frac{n-1}{2}}a_i)-(\sum_{j=\frac{n+1}{2}}^{n}a_j)]^2$$

$$=2[(\sum_{i=1}^{\frac{n-1}{2}}a_i)^2+(\sum_{j=\frac{n+1}{2}}^{n}a_j)^2]$$

$$\leqslant 2\cdot\frac{n-1}{2}(\sum_{i=1}^{\frac{n-1}{2}}a_i^2)+2\cdot(n-\frac{n-1}{2})(\sum_{j=\frac{n+1}{2}}^{n}a_j^2)\text{(应用柯西不等式)}$$

$$=(n-1)(\sum_{i=1}^{\frac{n-1}{2}}a_i^2)+(n+1)(\sum_{j=\frac{n+1}{2}}^{n}a_j^2) \quad ①$$

另外,由于 $a_1^2\geqslant a_2^2\geqslant\cdots\geqslant a_n^2$,易证有

$$(1+\frac{1}{n})\sum_{i=1}^{\frac{n-1}{2}}a_i^2\geqslant(1-\frac{1}{n})\sum_{j=\frac{n+1}{2}}^{n}a_j^2 \quad ②$$

因此,由式 ①② 即得到

$$(n-1)(\sum_{i=1}^{\frac{n-1}{2}}a_i^2)+(n+1)(\sum_{j=\frac{n+1}{2}}^{n}a_j^2)$$

$$=(n+\frac{1}{n})(\sum_{i=1}^{n}a_i^2)-[(1+\frac{1}{n})\sum_{i=1}^{\frac{n-1}{2}}a_i^2-(1-\frac{1}{n})\sum_{j=\frac{n+1}{2}}^{n}a_j^2]$$

$$\leqslant(n+\frac{1}{n})(\sum_{i=1}^{n}a_i^2)$$

故 n 为奇数时,原命题成立,而且由证明过程可知,当且仅当 $\varepsilon_i(i=1,2,\cdots,n)$ 中有 $\frac{n-1}{2}$ 个取 1,其余取 -1,且 $a_1=a_2=\cdots=a_n$ 时取等号.

当 n 为偶数时,取 $\varepsilon_1=\varepsilon_2=\cdots=\varepsilon_{\frac{n}{2}}=1,\varepsilon_{\frac{n+2}{2}}=\varepsilon_{\frac{n+4}{2}}=\cdots=\varepsilon_n=-1$,于是有

$$(\sum_{i=1}^{n}a_i)^2+[(\sum_{i=1}^{\frac{n}{2}}a_i)-(\sum_{j=\frac{n+2}{2}}^{n}a_j)]^2$$

$$=2[(\sum_{i=1}^{\frac{n}{2}}a_i)^2+(\sum_{j=\frac{n+2}{2}}^{n}a_j)^2]^2$$

$$\leqslant 2\cdot\frac{n}{2}(\sum_{i=1}^{\frac{n}{2}}a_i^2)+2\cdot(n-\frac{n}{2})(\sum_{j=\frac{n+2}{2}}^{n}a_j^2)\text{(应用柯西不等式)}$$

$$=n[(\sum_{i=1}^{\frac{n}{2}}a_i^2)+(\sum_{j=\frac{n+2}{2}}^{n}a_j^2)]$$

$$=n(\sum_{i=1}^{n}a_i^2)\leqslant(n+\frac{1}{n})(\sum_{i=1}^{n}a_i^2)$$

故 n 为偶数时，原命题也成立，而且由证明过程可知，当且仅当 $a_1=a_2=\cdots=a_n=0$ 时取等号，若 $a_1,a_2,\cdots,a_n$ 不全为零，则取不到等号.

综上，2015 年全国高中数学联赛加试题一的加强命题获证.

注：参见杨学枝《2015 年全国高中数学联赛加试题一的加强》，刊于《中学教研(数学)》2016 年第 1 期.

§2　均值不等式

一、均值不等式

设 $a_1,a_2,\cdots,a_n$ 是 n 个正实数，记

$$H_n=\frac{n}{\frac{1}{a_1}+\frac{1}{a_2}+\cdots+\frac{1}{a_n}},G_n=\sqrt[n]{a_1a_2\cdots a_n}$$

$$A_n=\frac{a_1+a_2+\cdots+a_n}{n},Q_n=\sqrt{\frac{a_1^2+a_2^2+\cdots+a_n^2}{n}}$$

分别称 H_n,G_n,A_n,Q_n 为这 n 个正数的调和平均、几何平均、算术平均和平方平均，则有

$$H_n\leqslant G_n\leqslant A_n\leqslant Q_n$$

当且仅当 $a_1=a_2=\cdots=a_n$ 时取等号.

二、均值不等式应用例子

例 1　已知 $a_i\in\mathbf{R}^+,i=1,2,\cdots,n$，且 $\sum\limits_{i=1}^{n}a_i=1$，求证

$$\frac{1}{a_1(1+a_2)}+\frac{1}{a_2(1+a_3)}+\cdots+\frac{1}{a_{n-1}(1+a_n)}+\frac{1}{a_n(1+a_1)}\geqslant\frac{n^3}{n+1}$$

当且仅当 $a_1=a_2=\cdots=a_n=\frac{1}{n}$ 时取等号.

证明　利用均值不等式，由于 $\frac{1}{a_1(1+a_2)}+\frac{n^3}{n+1}a_1+\frac{n^3(1+a_2)}{(n+1)^2}\geqslant\frac{3n^2}{n+1}$ 等，因此

$$\sum\frac{1}{a_1(1+a_2)}\geqslant\frac{3n^3}{n+1}-\frac{n^3}{n+1}\sum a_1-\frac{n^3}{(n+1)^2}\sum(1+a_2)$$

$$=\frac{3n^3}{n+1}-\frac{n^3}{n+1}-\frac{n^3}{n+1}=\frac{n^3}{n+1}$$

例 2　设 $a,b,c>0$，且 $a+b+c=1$，求证

$$\sqrt{\frac{ab}{c+ab}}+\sqrt{\frac{bc}{a+bc}}+\sqrt{\frac{ca}{b+ca}}\leqslant\frac{3}{2}$$

当且仅当 $a=b=c=\frac{1}{3}$ 时取等号.

证明 $\sqrt{\frac{ab}{c+ab}}=\sqrt{\frac{ab}{(a+b+c)+ab}}=\sqrt{\frac{ab}{(b+c)(c+a)}}$

类似还有两式. 因此,有

$$\begin{aligned}&\sqrt{\frac{ab}{c+ab}}+\sqrt{\frac{bc}{a+bc}}+\sqrt{\frac{ca}{b+ca}}\\&=\sum\sqrt{\frac{ab}{(c+a)(c+b)}}\\&\leqslant\frac{1}{2}\sum\left(\frac{a}{c+a}+\frac{b}{c+b}\right)=\frac{3}{2}\text{(利用均值不等式)}\end{aligned}$$

例 3 (2005年全国十八所奥林匹克竞赛协作体学校试题) 设 $a,b,c\in\mathbf{R}^+$,且 $bc+ca+ab=1$,求证

$$\sqrt[3]{\frac{1}{a}+6b}+\sqrt[3]{\frac{1}{b}+6c}+\sqrt[3]{\frac{1}{c}+6a}\leqslant\frac{1}{abc}$$

证明 由 $1=\sum bc\geqslant 3\sqrt[3]{(abc)^2}$ 知,可证更强式

$$\sqrt[3]{\frac{1}{a}+6b}+\sqrt[3]{\frac{1}{b}+6c}+\sqrt[3]{\frac{1}{c}+6a}\leqslant\frac{3}{\sqrt[3]{abc}}$$

$$\Leftrightarrow\sqrt[3]{bc+6ab^2c}+\sqrt[3]{ca+6abc^2}+\sqrt[3]{ab+6a^2bc}\leqslant 3 \qquad (※)$$

今证式(※). 由均值不等式,有

$$\sqrt[3]{bc+6ab^2c}\cdot 1\cdot 1\leqslant\frac{bc+6ab^2c+2}{3}$$

类似还有两式,将所得三式相加即得

$$\sum\sqrt[3]{bc+6ab^2c}\leqslant\frac{7+6abc\sum a}{3}\leqslant\frac{7+2(\sum bc)^2}{3}=3$$

故原式获证.

例 4 (2005年第17届亚太地区数学奥林匹克试题) 设 $x,y,z\in\mathbf{R}^+$,且 $xyz=8$,则

$$\sum\frac{x^2}{\sqrt{(1+x^3)(1+y^3)}}\geqslant\frac{4}{3}$$

当且仅当 $x=y=z=2$ 时取等号.

证明

$$\sum\frac{x^2}{\sqrt{(1+x^3)(1+y^3)}}$$

$$=\sum \frac{x^2}{\sqrt{(1+x)(1-x+x^2)}\cdot\sqrt{(1+y)(1-y+y^2)}}$$

$$\geqslant \sum \frac{x^2}{\frac{2+x^2}{2}\cdot\frac{2+y^2}{2}}=\sum \frac{4x^2}{(2+x^2)(2+y^2)}$$

$$=\frac{4(2\sum x^2+\sum y^2z^2)}{\prod(2+x^2)}$$

$$=\frac{4(2\sum x^2+\sum y^2z^2)}{72+4\sum x^2+2\sum y^2z^2}\text{(利用均值不等式)}$$

因此,只需证

$$\frac{2\sum x^2+\sum y^2z^2}{72+4\sum x^2+2\sum y^2z^2}\geqslant\frac{1}{3}\Leftrightarrow 2\sum x^2+\sum y^2z^2\geqslant 72$$

此式易由 $\sum x^2\geqslant 12$,$\sum y^2z^2\geqslant 48$ 知成立.

注:由本题证明过程可知,若将条件改为 $yz+zx+xy\geqslant 12$,则结论也成立.

例 5　(自创题,2006－12－17) 设 $a,b,c\in\mathbf{R}^+$,则

$$\sum\sqrt[3]{\frac{a^2}{b+c}}>\sqrt[3]{4\sum a}$$

证明　由于

$$\sum\sqrt[3]{\frac{a^2}{b+c}}=\sum\frac{a}{\sqrt[3]{a(b+c)}}$$

$$>\sum\frac{a}{\sqrt[3]{(\frac{a+b+c}{2})^2}}=\sum\frac{\sqrt[3]{4}a}{\sqrt[3]{(a+b+c)^2}}$$

$$=\sqrt[3]{4\sum a}\text{(利用均值不等式)}$$

即得原式.

注:用类似的方法可得 $\sum\sqrt[3]{\frac{a^2}{(b+c)^2}}\geqslant\frac{3\sqrt[3]{2}}{2}$.

例 6　(2003 年全国高中数学联赛题) 设 $\frac{3}{2}\leqslant x\leqslant 5$,证明不等式

$$2\sqrt{x+1}+\sqrt{2x-3}+\sqrt{15-3x}<2\sqrt{19}$$

证法 1　应用均值不等式得到

$$2\sqrt{x+1}+\sqrt{2x-3}+\sqrt{15-3x}$$

$$=\sqrt{4(x+1)}+\sqrt{2\left(x-\frac{3}{2}\right)}+\sqrt{\frac{3}{2}(10-2x)}$$

$$\leqslant\frac{4+(x+1)}{2}+\frac{2+\left(x-\frac{3}{2}\right)}{2}+\frac{\frac{3}{2}+(10-2x)}{2}$$

$$=\frac{17}{2}<2\sqrt{19}$$

即得原式.

证法 2　由柯西不等式得到

$$2\sqrt{x+1}+\sqrt{2x-3}+\sqrt{15-3x}$$

$$=\sqrt{4(x+1)}+\sqrt{2\left(x-\frac{3}{2}\right)}+\sqrt{\frac{3}{2}(10-2x)}$$

$$\leqslant\sqrt{\left(4+2+\frac{3}{2}\right)\left(x+1+x-\frac{3}{2}+10-2x\right)}$$

$$=\frac{\sqrt{285}}{2}<2\sqrt{19}$$

证法 3　由柯西不等式得到

$$2\sqrt{x+1}+\sqrt{2x-3}+\sqrt{15-3x}$$

$$=\sqrt{x+1}+\sqrt{x+1}+\sqrt{2x-3}+\sqrt{15-3x}$$

$$\leqslant\sqrt{4[(x+1)+(x+1)+(2x-3)+(15-3x)]}$$

$$=2\sqrt{x+14}<2\sqrt{19}$$

即得原式.

例 7　(自创题,1988—10—13)设同一平面上两个凸四边形的边长分别为 a,b,c,d 和 a',b',c',d',面积分别为 Δ 和 Δ',那么

$$aa'+bb'+cc'+dd'\geqslant 4\sqrt{\Delta\Delta'}$$

当且仅当这两个凸四边形都内接于圆(不一定要同一个圆),且 $(s-a)\cdot(s'-a')=(s-b)(s'-b')=(s-c)(s'-c')=(s-d)(s'-d')$ 时取等号,这里 $s=\frac{1}{2}(a+b+c+d)$,$s'=\frac{1}{2}(a'+b'+c'+d')$.

证明　我们知道,在边长给定的凸四边形中,以其内接于圆时的面积为最大(说明附后),因此,只需证这两个凸四边形都为圆内接四边形的情况. 圆内接凸四边形以 a,b,c,d 为边时的面积为 $\sqrt{(s-a)(s-b)(s-c)(s-d)}$. 于是应用均值不等式,有

$$aa'+bb'+cc'+dd'=\sum(s-a)(s'-a')$$

$$\geqslant 4\left[\prod(s-a)\cdot\prod(s-a')\right]^{\frac{1}{2}}=4\sqrt{\Delta\Delta'}$$

注：本例可参见杨学校《关于平面四边形的一个不等式》刊于《福建中学数学》，1989 年第 2 期.

注意恒等式在证明不等式中的应用.

例 8 （自创题，2010－04－06）设 $a_1, a_2, a_3, a_4 \in \mathbf{R}^+$，且 $a_1^2 + a_2^2 + a_3^2 + a_4^2 + 4 = 8a_1a_2a_3a_4$，则

$$\frac{1}{a_2^4 + a_3^4 + a_4^4 + 1} + \frac{1}{a_1^4 + a_3^4 + a_4^4 + 1} + \frac{1}{a_1^4 + a_2^4 + a_4^4 + 1} + \frac{1}{a_1^4 + a_2^4 + a_3^4 + 1} \leqslant 1$$

证明 应用均值不等式，由已知可得

$$\begin{aligned} 8a_1a_2a_3a_4 &= a_1^2 + a_2^2 + a_3^2 + a_4^2 + 4 \\ &= (a_1^2 + 1) + (a_2^2 + 1) + (a_3^2 + 1) + (a_4^2 + 1) \\ &\geqslant 2(a_1 + a_2 + a_3 + a_4) \end{aligned}$$

即

$$4a_1a_2a_3a_4 \geqslant a_1 + a_2 + a_3 + a_4$$

于是

$$\begin{aligned} &\text{原式左边} \\ &= \frac{1}{a_2^4 + a_3^4 + a_4^4 + 1} + \frac{1}{a_1^4 + a_3^4 + a_4^4 + 1} + \\ &\quad \frac{1}{a_1^4 + a_2^4 + a_4^4 + 1} + \frac{1}{a_1^4 + a_2^4 + a_3^4 + 1} \\ &\leqslant \frac{1}{4a_2a_3a_4} + \frac{1}{4a_1a_3a_4} + \frac{1}{4a_1a_2a_4} + \frac{1}{4a_1a_2a_3} \\ &= \frac{a_1 + a_2 + a_3 + a_4}{4a_1a_2a_3a_4} \leqslant 1 \end{aligned}$$

原式获证.

注：由上证明可知，原命题可以向 n 元推广.

例 9 （第 53 届 IMO 试题）设整数 $n \geqslant 3$，正实数 $a_2, a_3, \cdots, a_n$ 满足 $a_2a_3\cdots a_n = 1$. 证明

$$(1 + a_2)^2(1 + a_3)^3\cdots(1 + a_n)^n > n^n$$

证明 应用均值不等式，有

$$\begin{aligned} 1 + a_k &= \underbrace{\frac{1}{k-1} + \frac{1}{k-1} + \cdots + \frac{1}{k-1}}_{(k-1)\text{个}} + a_k \left(\text{有 } k-1 \text{ 个} \frac{1}{k-1}\right) \\ &\geqslant k\left[\left(\frac{1}{k-1}\right)^{k-1} a_k\right]^{\frac{1}{k}} \end{aligned}$$

即

$$(1+a_k)^k \geqslant \frac{k^k}{(k-1)^{k-1}}a_k$$

当且仅当 $a_k=\frac{1}{k-1}$ 时取等号，以上 $k=2,3,\cdots,n$，于是

$$\begin{aligned}&(1+a_2)^2(1+a_3)^3\cdots(1+a_n)^n\\ \geqslant&\frac{2^2}{1^1}a_2\cdot\frac{3^3}{2^2}a_3\cdot\cdots\cdot\frac{n^n}{(n-1)^{(n-1)}}a_n\\ =&n^n a_2a_3\cdots a_n\end{aligned}$$

又由于 $a_2a_3\cdots a_n=1$，因此

$$(1+a_2)^2(1+a_3)^3\cdots(1+a_n)^n>n^n$$

例 10　$a,b,c\in\overline{\mathbf{R}^-}$，则

$$(a+b+c)^5\geqslant 27(bc+ca+ab)(a^2b+b^2c+c^2a)$$

当且仅当 $a=b=c$ 时取等号.

证明　由 a,b,c 为循环对称，可设 b 的大小在 a,c 中间，由此可得

$$\begin{aligned}&27(bc+ca+ab)(a^2b+b^2c+c^2a)\\ \leqslant&27b(bc+ca+ab)(a^2+c^2+ca)\\ =&27b[b(a+c)+ca][(a+c)^2-ca]\\ \leqslant&27b\cdot\frac{(a+c)^2(a+b+c)^2}{4}\text{（利用均值不等式）}\\ \leqslant&27(a+b+c)^2\cdot\frac{2b(a+c)(a+c)}{8}\\ \leqslant&\frac{27}{8}(a+b+c)^2\cdot\left[\frac{2(a+b+c)}{3}\right]^3\\ =&(a+b+c)^5\end{aligned}$$

即得原式. 易知当且仅当 $a=b=c$ 时取等号.

注：2015 年 6 月 2 日在“不等式研究中学群”中提出如下不等式：

设 $a,b,c\in\overline{\mathbf{R}^-}$，则

$$(a^2+b^2+c^2)^5\geqslant 27\,(a^3b^2+b^3c^2+c^3a^2)^2$$

（群中仅看到有人用计算机给出的十分复杂且巨大数字运算的一个差值配方的证明），笔者于 2015 年 6 月 2 日应用本例结果很轻松地给出了如下证明：

$$\begin{aligned}(a^2+b^2+c^2)^5&\geqslant 27(a^2b^2+b^2c^2+c^2a^2)(a^4b^2+b^4c^2+c^4a^2)\\ &\geqslant 27\,(a^3b^2+b^3c^2+c^3a^2)^2\text{（柯西不等式）}\end{aligned}$$

例 11　（自创题，2014－07－30）设 $a,b,c\in\overline{\mathbf{R}^-}$ 不全等于零，$n\in\mathbf{N}$，$n\geqslant 3$，则

$$a^nb+b^nc+c^na+\frac{n-1}{2}abc(a^{n-2}+b^{n-2}+c^{n-2})\leqslant\frac{n^n}{(n+1)^{n+1}}(a+b+c)^{n+1}$$

当且仅当 $a=nb, c=0$；或 $b=nc, a=0$；或 $c=na, b=0$ 时，原不等式取等号.

证明 由于当 $a\geqslant b\geqslant c$ 时，有

$$
\begin{aligned}
&a^nb+b^nc+c^na-(ab^n+bc^n+ca^n)\\
=&(a^nb-ab^n)+(b^nc-bc^n)+(c^na-ca^n)\\
=&ab(a^{n-1}-b^{n-1})+bc(b^{n-1}-c^{n-1})+ca(c^{n-1}-a^{n-1})\\
=&ab(a^{n-1}-b^{n-1})+bc(b^{n-1}-c^{n-1})-\\
&ca[(a^{n-1}-b^{n-1})+(b^{n-1}-c^{n-1})]\\
=&a(b-c)(a^{n-1}-b^{n-1})-c(a-b)(b^{n-1}-c^{n-1})\\
=&(a-b)(b-c)[a(a^{n-2}+a^{n-3}b+a^{n-4}b^2+\cdots+b^{n-2})]-\\
&c(b^{n-2}+b^{n-3}c+b^{n-4}c^2+\cdots+c^{n-2})\geqslant 0
\end{aligned}
$$

因此，只要证明 $a\geqslant b\geqslant c$ 时原式成立即可.

当 $a\geqslant b\geqslant c$ 时，由于

$$
\begin{aligned}
&b(a+c)^n-\left[a^nb+b^nc+c^na+\frac{n-1}{2}abc(a^{n-2}+b^{n-2}+c^{n-2})\right]\\
=&b\sum_{i=0}^{n}\mathrm{C}_n^i a^{n-i}c^i-\left[a^nb+b^nc+c^na+\frac{n-1}{2}abc(a^{n-2}+b^{n-2}+c^{n-2})\right]\\
=&\left(na^{n-1}bc-b^nc-\frac{n-1}{2}a^{n-1}bc-\frac{n-1}{2}ab^{n-1}c\right)+\\
&\left[\frac{n(n-1)}{2}a^{n-2}bc^2-\frac{n-1}{2}abc^{n-1}-ac^n\right]+\\
&\mathrm{C}_n^3a^{n-3}bc^3+\cdots+bc^n\\
\geqslant&\left(n-1-\frac{n-1}{2}-\frac{n-1}{2}\right)ab^{n-1}c+\\
&\left[\frac{n(n-1)}{2}-\frac{n-1}{2}-1\right]ac^n+\mathrm{C}_n^3a^{n-3}bc^3+\cdots+bc^n\\
=&\left[\frac{(n-1)^2}{2}-1\right]ac^n+\mathrm{C}_n^3a^{n-3}bc^3+\cdots+bc^n\geqslant 0\text{（注意到 } n\geqslant 3\text{）}
\end{aligned}
$$

即得到

$$
a^nb+b^nc+c^na+\frac{n-1}{2}abc(a^{n-2}+b^{n-2}+c^{n-2})\leqslant b(a+c)^n
$$

另外，应用均值不等式，有

$$
\begin{aligned}
b(a+c)^n=&n^nb\cdot\underbrace{\frac{a+c}{n}\cdot\frac{a+c}{n}\cdots\frac{a+c}{n}}_{n\text{个}}\\
\leqslant&27\cdot\left(\frac{b+\overbrace{\frac{a+c}{n}+\frac{a+c}{n}+\cdots+\frac{a+c}{n}}^{n\text{个}}}{n+1}\right)^{n+1}
\end{aligned}
$$

$$=\frac{n^n}{(n+1)^{n+1}}(a+b+c)^{n+1}$$

因此,得到

$$a^nb+b^nc+c^na+\frac{n-1}{2}abc(a^{n-2}+b^{n-2}+c^{n-2})$$

$$\leqslant\frac{n^n}{(n+1)^{n+1}}(a+b+c)^{n+1}$$

由以上证明过程可知,当且仅当 $a=nb,c=0$;或 $b=nc,a=0$;或 $c=na,b=0$ 时原不等式取等号.

例 12 (自创题,1970—08—06) 设 $a,b,c>1$,求证:

i. $a^{\log_b^c}+b^{\log_c^a}+c^{\log_a^b}\geqslant a+b+c$;

ii. $a^{\log_b^c}\cdot b^{\log_c^a}\cdot c^{\log_a^b}\geqslant abc$.

证明 应用均值不等式.

i. 由于

$$a^{\log_b^c}+b^{\log_c^a}=a^{\log_b^c}+a^{\log_c^b}\geqslant 2\sqrt{a^{\log_b^c}\cdot a^{\log_c^b}}=2\sqrt{a^{\log_b^c+\log_c^b}}\geqslant 2a$$

类似还有两式,分别将这三式左右两边分别相乘即得.

ii. 由于 $a^{\log_b^c}\cdot b^{\log_c^a}=a^{\log_b^c}\cdot a^{\log_c^b}=a^{\log_b^c+\log_c^b}\geqslant a^2$,类似还有两式,分别将这三式左右两边分别相乘即得.

例 13 (2015 年全国高中数学 B 卷联赛加试题一) 证明:对于任意三个不全相等的非负实数 a,b,c,有

$$\frac{(a-bc)^2+(b-ca)^2+(c-ab)^2}{(a-b)^2+(b-c)^2+(c-a)^2}\geqslant\frac{1}{2}$$

证明 当 a,b,c 不全相等时,原不等式等价于

$$2(a-bc)^2+2(b-ca)^2+2(c-ab)^2\geqslant(a-b)^2+(b-c)^2+(c-a)^2$$

上式可化简为

$$b^2c^2+c^2a^2+a^2b^2+bc+ca+ab\geqslant 6abc \quad ①$$

考虑到 $b^2c^2,c^2a^2,a^2b^2,bc,ca,ab\geqslant 0$,故由平均不等式得到

$$b^2c^2+c^2a^2+a^2b^2+bc+ca+ab$$

$$\geqslant 6\sqrt[6]{b^2c^2\cdot c^2a^2\cdot a^2b^2\cdot bc\cdot ca\cdot ab}=6abc \quad ②$$

因此,原不等式成立.

下面考虑等号成立的充分必要条件.

注意到式 ② 等号成立的充分必要条件是 $b^2c^2=c^2a^2=a^2b^2=bc=ca=ab$.

若 $abc\neq 0$,则 $bc=ca=ab$,显然 $a=b=c$,与已知条件矛盾.

若 $abc=0$,则 $bc=ca=ab$.但 a,b,c 不全为零,因此,只有 a,b,c 中有两个为零,另一个为正数时,这时,原不等式中的等号成立.

故当且仅当 a,b,c 中有两个为零,另一个为正数时,原不等式中的等号成

立.

例 14 设 $a,b,c,d\geqslant 0$,且 $a+b+c+d=4$,则

$$a^2bc+b^2cd+c^2da+d^2ab\leqslant 4$$

证明 $a^2bc+b^2cd+c^2da+d^2ab=ac(ab+cd)+bd(bc+ad)$

当 $ab+cd\leqslant bc+ad$ 时,有

$$ac(ab+cd)+bd(bc+ad)\leqslant ac(bc+ad)+bd(bc+ad)$$

$$=(ac+bd)(bc+ad)\leqslant\left[\frac{(ac+bd)+(bc+ad)}{2}\right]^2$$

$$=\left[\frac{(a+b)(c+d)}{2}\right]^2\leqslant\left[\frac{\left(\frac{a+b+c+d}{2}\right)^2}{2}\right]^2=4$$

即得原式.

当 $ab+cd\geqslant bc+ad$ 时,有

$$ac(ab+cd)+bd(bc+ad)\leqslant ac(ab+cd)+bd(ab+cd)$$

$$=(ab+cd)(ac+bd)\leqslant\left[\frac{(ab+cd)+(ac+bd)}{2}\right]^2$$

$$=\left[\frac{(a+d)(b+c)}{2}\right]^2\leqslant\left[\frac{\left(\frac{a+b+c+d}{2}\right)^2}{2}\right]^2=4$$

即得原式.

综上,原式获证.

例 15 设 $x,y,z,w\geqslant 0$,且 $x+y+z+w=4$,则

$$\frac{x}{y^3+4}+\frac{y}{z^3+4}+\frac{z}{w^3+4}+\frac{w}{x^3+4}\geqslant\frac{2}{3}$$

证明

$$\frac{x}{y^3+4}+\frac{y}{z^3+4}+\frac{z}{w^3+4}+\frac{w}{x^3+4}\geqslant\frac{2}{3}$$

$$\Leftrightarrow\sum\left(\frac{x}{y^3+4}-\frac{x}{4}\right)\geqslant\frac{2}{3}-1$$

$$\Leftrightarrow-\sum\frac{xy^3}{4(y^3+4)}\geqslant-\frac{1}{3}$$

$$\Leftrightarrow\sum\frac{xy^3}{y^3+4}\leqslant\frac{4}{3}\qquad ①$$

下面来证明式 ①.

由于

$$\sum\frac{xy^3}{y^3+4}=\sum\frac{2xy^3}{y^3+y^3+8}\leqslant\sum\frac{2xy^3}{3\sqrt[3]{y^3\cdot y^3\cdot 8}}$$

$$=\frac{xy+yz+zw+wx}{3}=\frac{(x+z)(y+w)}{3}\leqslant\frac{(x+z+y+w)^2}{12}=\frac{4^2}{12}=\frac{4}{3}$$

由以上证明过程可知,当且仅当 $x=y=2, z=w=0$;或 $y=z=2, w=x=0$,或 $z=w=2, x=y=0$,或 $w=x=2, y=z=0$ 时取等号.

§3 排序不等式

一、排序不等式

设两组实数 $a_1, a_2, \cdots, a_n; b_1, b_2, \cdots, b_n$,满足 $a_1 \leqslant a_2 \leqslant \cdots \leqslant a_n, b_1 \leqslant b_2 \leqslant \cdots \leqslant b_n$,则有

$$
\begin{aligned}
& a_1 b_n + a_2 b_{n-1} + \cdots + a_n b_1 && \text{(反序和)} \\
\leqslant\ & a_1 b_{i_1} + a_2 b_{i_2} + \cdots + a_n b_{i_n} && \text{(乱序和)} \\
\leqslant\ & a_1 b_1 + a_2 b_2 + \cdots + a_n b_n && \text{(同序和)}
\end{aligned}
$$

当且仅当 $a_1 = a_2 = \cdots = a_n$,或 $b_1 = b_2 = \cdots = b_n$ 时取等号.

二、排序不等式应用例子

例 1 设 $x, y, z \in \overline{\mathbf{R}^-}$,则

$$
\frac{xy}{\sqrt{xy+yz}} + \frac{yz}{\sqrt{yz+zx}} + \frac{zx}{\sqrt{zx+xy}} \overset{(1)}{\leqslant} \frac{3\sqrt{3}}{4} \cdot \sqrt{\frac{(y+z)(z+x)(x+y)}{x+y+z}} \overset{(2)}{\leqslant} \frac{\sqrt{2}}{2}(x+y+z)
$$

式(1) 证明如下:

设 $x+y+z=1$,则式(1) 等价于

$$
f = \sqrt{\frac{x}{(z+x)(x+y)} \cdot \frac{xy}{(y+z)(z+x)}} + \sqrt{\frac{y}{(x+y)(y+z)} \cdot \frac{yz}{(z+x)(x+y)}} + \sqrt{\frac{z}{(y+z)(z+x)} \cdot \frac{zx}{(x+y)(y+z)}} \leqslant \frac{3\sqrt{3}}{4}
$$

由于 f 关于 x, y, z 轮换对称,不妨设 $x = \min\{x, y, z\}$. 只需分 $x \leqslant y \leqslant z$ 和 $x \leqslant z \leqslant y$ 两种情况证明. 由于两种情况的证明本质上完全相同,故证第一种情况.

由 $x \leqslant y \leqslant z \Rightarrow xy \leqslant zx \leqslant yz, (y+z)(z+x) \geqslant (y+z)(x+y) \geqslant (x+y)(z+x)$,故

$$
\frac{xy}{(y+z)(z+x)} \leqslant \frac{zx}{(x+y)(y+z)} \leqslant \frac{yz}{(z+x)(x+y)} \tag{①}
$$

又由

$$x(y+z)\leqslant y(z+x)\leqslant z(x+y)$$

$$\Rightarrow \frac{x}{(z+x)(x+y)}\leqslant \frac{y}{(x+y)(y+z)}\leqslant \frac{z}{(y+z)(z+x)} \quad ②$$

由式 ①② 及排序不等式知

$$f\leqslant \sqrt{\frac{x^2y}{(x+y)(z+x)^2(y+z)}}+\sqrt{\frac{xyz}{(x+y)^2(y+z)^2}}+\sqrt{\frac{yz^2}{(z+x)^2(x+y)(y+z)}}$$

$$=\sqrt{\frac{xyz}{(x+y)^2(y+z)^2}}+\sqrt{\frac{y}{(x+y)(y+z)}}$$

$$\leqslant \sqrt{3\left[\frac{xyz}{(x+y)^2(y+z)^2}+\frac{y}{4(x+y)(y+z)}+\frac{y}{4(x+y)(y+z)}\right]}$$

因此,要证 $f\leqslant \frac{3\sqrt{3}}{4}$,只需证

$$\frac{xyz}{(x+y)^2(y+z)^2}+\frac{1}{2}\cdot\frac{y}{(x+y)(y+z)}\leqslant \frac{9}{16}$$

$$\Leftrightarrow 16xyz+8y(x+y)(y+z)\leqslant 9(x+y)^2(y+z)^2$$

$$\Leftrightarrow 16xyz+8y(y+zx)\leqslant 9(y+zx)^2$$

$$\Leftrightarrow 9z^2x^2+y^2\geqslant 6xyz$$

$$\Leftrightarrow (3xz-y)^2\geqslant 0$$

因此,不等式(1) 成立.

式(2) 易证(略).

笔者对式(1) 给出另一证明如下:

先对式(1) 进行变换:$yz=\lambda, zx=u, xy=v, \lambda, u, v\in \overline{\mathbf{R}^-}$,则式(1) 等价于

$$\frac{\lambda}{\sqrt{\lambda+u}}+\frac{u}{\sqrt{u+v}}+\frac{v}{\sqrt{v+\lambda}}\leqslant \sqrt{\frac{27(u+v)(v+\lambda)(\lambda+u)}{16(uv+v\lambda+\lambda u)}} \quad ③$$

对于式 ③,再作如下变换:$\lambda=-a^2+b^2+c^2, u=a^2-b^2+c^2, v=a^2+b^2-c^2$,其中 a,b,c 是 $\triangle ABC$ 三边 BC,CA,AB 的长度,于是,经恒等变换,得到式 ③ 又等价于:在非钝角 $\triangle ABC$ 中,有

$$\sin B\cos A+\sin C\cos B+\sin A\cos C\leqslant \frac{3\sqrt{3}}{4} \quad ④$$

当且仅当 $\triangle ABC$ 为正三角形时取等号.

设 A 为 $\triangle ABC$ 中的最小角,当 $A\leqslant B\leqslant C$ 时,有

$$\sin A\leqslant \sin B\leqslant \sin C, \cos A\geqslant \cos B\geqslant \cos C$$

根据排序不等式可知,这时式 ④ 左边

$$\sin B\cos A+\sin C\cos B+\sin A\cos C$$

$$\leqslant \sin A\cos C+\sin B\cos B+\sin C\cos A$$
$$=\sin B(1+\cos B)$$
$$=4\sin \frac{B}{2}\cos^3\frac{B}{2}$$
$$=4\sqrt{\frac{1}{3}\cdot 3\sin^2\frac{B}{2}\cos^2\frac{B}{2}\cos^2\frac{B}{2}\cos^2\frac{B}{2}}$$
$$=4\sqrt{\frac{1}{3}\cdot\left(\frac{3\sin^2\frac{B}{2}+\cos^2\frac{B}{2}+\cos^2\frac{B}{2}+\cos^2\frac{B}{2}}{4}\right)^4}=\frac{3\sqrt{3}}{4}$$

因此,式④成立.

当 $A\leqslant B\leqslant C$ 时,同理可证式④成立.故原命题获证,易知当且仅当 $\triangle ABC$ 为正三角形时取等号.

例 2 (Walther Janous) 设 $a,b,c>0$,则
$$\left(\frac{1}{a}+\frac{1}{b}+\frac{1}{c}\right)\left(\frac{1}{1+a}+\frac{1}{1+b}+\frac{1}{1+c}\right)\geqslant\frac{9}{1+abc}$$

证明
$$\left(\frac{1}{a}+\frac{1}{b}+\frac{1}{c}\right)\left(\frac{1}{1+a}+\frac{1}{1+b}+\frac{1}{1+c}\right)$$
$$=\left[\frac{1}{a(1+a)}+\frac{1}{b(1+b)}+\frac{1}{c(1+c)}\right]+$$
$$\left[\frac{1}{a(1+b)}+\frac{1}{b(1+c)}+\frac{1}{c(1+a)}\right]+$$
$$\left[\frac{1}{a(1+c)}+\frac{1}{b(1+a)}+\frac{1}{c(1+b)}\right]$$

设 $a\geqslant b\geqslant c$,则 $\frac{1}{a}\leqslant\frac{1}{b}\leqslant\frac{1}{c},\frac{1}{1+a}\leqslant\frac{1}{1+b}\leqslant\frac{1}{1+c}$,由排序不等式得到
$$\frac{1}{a(1+a)}+\frac{1}{b(1+b)}+\frac{1}{c(1+c)}\geqslant\frac{1}{b(1+c)}+\frac{1}{c(1+a)}+\frac{1}{a(1+b)}$$
$$\frac{1}{a(1+a)}+\frac{1}{b(1+b)}+\frac{1}{c(1+c)}\geqslant\frac{1}{a(1+c)}+\frac{1}{b(1+a)}+\frac{1}{c(1+b)}$$

因此,只需证
$$\sum\frac{1}{b(1+c)}\geqslant\frac{3}{1+abc}\qquad ①$$
$$\sum\frac{1}{b(1+a)}\geqslant\frac{3}{1+abc}\qquad ②$$

设 $a=\frac{ky}{x},b=\frac{kz}{y},c=\frac{kx}{z},k>0,abc=k^3$,则上式可以改写成
$$\sum\frac{y}{z+kx}\geqslant\frac{3k}{1+k^3}$$

由柯西不等式,有

$$\sum \frac{y}{z+kx} \geqslant \frac{(x+y+z)^2}{(k+1)(yz+zx+xy)} \geqslant \frac{3}{k+1}$$

因此,又只需证

$$\frac{3}{k+1} \geqslant \frac{3k}{1+k^3} \Leftrightarrow (k-1)^2(k+1) \geqslant 0$$

此式显然成立,因此式 ① 成立,同理可证式 ② 成立,故原式获证. 等号成立条件当且仅当 $k=1, x=y=z$,即 $a=b=c=1$.

注:有更强式

$$\frac{1}{\sqrt{a(1+a)}} + \frac{1}{\sqrt{b(1+b)}} + \frac{1}{\sqrt{c(1+c)}} \geqslant \frac{3}{\sqrt{\sqrt[3]{abc}(1+\sqrt[3]{abc})}}$$

证法 1 设 $a=\mathrm{e}^x, b=\mathrm{e}^y, c=\mathrm{e}^z$,记 $f(x)=\frac{1}{\sqrt{\mathrm{e}^x(1+\mathrm{e}^x)}}$,由于

$$f''(x) = \frac{1+2\mathrm{e}^x+4\mathrm{e}^{2x}}{4(1+\mathrm{e}^x)^2\sqrt{\mathrm{e}^x(1+\mathrm{e}^x)}} > 0$$

因此 $f(x)$ 为凸函数,于是

$$\begin{aligned}
&\frac{1}{\sqrt{a(1+a)}} + \frac{1}{\sqrt{b(1+b)}} + \frac{1}{\sqrt{c(1+c)}} \\
=&\sum f(\ln a) \geqslant 3f(\ln\sqrt[3]{abc}) = \frac{3}{\sqrt{\sqrt[3]{abc}(1+\sqrt[3]{abc})}}
\end{aligned}$$

证法 2 先证明(详证略)

$$\begin{aligned}
&\frac{1}{\sqrt{a(1+a)}} + \frac{1}{\sqrt{b(1+b)}} = \frac{\frac{1}{a}}{\sqrt{1+\frac{1}{a}}} + \frac{\frac{1}{b}}{\sqrt{1+\frac{1}{b}}} \\
\geqslant& 2\left[\sqrt[4]{(1+\frac{1}{a})(1+\frac{1}{b})} - \frac{1}{\sqrt[4]{(1+\frac{1}{a})(1+\frac{1}{b})}}\right] \\
\geqslant& 2\left[\sqrt[4]{(1+\frac{1}{\sqrt{ab}})^2} - \frac{1}{\sqrt[4]{(1+\frac{1}{\sqrt{ab}})^2}}\right] \\
=&\frac{2}{\sqrt{\sqrt{ab}(1+\sqrt{ab})}}
\end{aligned}$$

于是,有

$$\begin{aligned}
&\frac{1}{\sqrt{a(1+a)}} + \frac{1}{\sqrt{b(1+b)}} + \frac{1}{\sqrt{c(1+c)}} + \frac{1}{\sqrt{\sqrt[3]{abc}(1+\sqrt[3]{abc})}} \\
\geqslant& \frac{2}{\sqrt{\sqrt{ab}(1+\sqrt{ab})}} + \frac{2}{\sqrt{\sqrt[3]{abc}(1+c\sqrt[3]{abc})}}
\end{aligned}$$

$$\geqslant \frac{4}{\sqrt{\sqrt[4]{abc\sqrt[3]{abc}}\left(1+\sqrt[4]{abc\sqrt[3]{abc}}\right)}}$$

$$=\frac{4}{\sqrt{\sqrt[3]{abc}\left(1+\sqrt[3]{abc}\right)}}$$

因此

$$\frac{1}{\sqrt{a(1+a)}}+\frac{1}{\sqrt{b(1+b)}}+\frac{1}{\sqrt{c(1+c)}}\geqslant \frac{3}{\sqrt{\sqrt[3]{abc}\left(1+\sqrt[3]{abc}\right)}}$$

这两种证法同样可以证明命题的 n 元推广式.

例 3　已知 $a_1,a_2,\cdots,a_n(n\geqslant 2)$ 满足 $\sum_{i=1}^{n}a_i=0$，$\sum_{i=1}^{n}|a_i|=a$，数列 $\{x_n\}$ 为递增数列，则

$$\sum_{i=1}^{n}x_ia_i\leqslant \frac{(x_n-x_1)a}{2}$$

证明　只要证明 $\sum_{i=1}^{n}x_ia_i$ 的最大值不大于 $\frac{(x_n-x_1)a}{2}$ 即可，由排序不等式可知，不妨设 $a_1\leqslant a_2\leqslant\cdots\leqslant a_i\leqslant 0\leqslant a_{i+1}\leqslant a_{i+2}\leqslant\cdots\leqslant a_n$（注意到 $\sum_{i=1}^{n}a_i=0$），若 $b_1,b_2,\cdots,b_n$ 是 $a_1,a_2,\cdots,a_n$ 的一个排列，那么，总有 $\sum_{i=1}^{n}x_ib_i\leqslant\sum_{i=1}^{n}x_ia_i$，因此，这时 $\sum_{i=1}^{n}x_ia_i$ 最大.

由于 $\sum_{i=1}^{n}a_i=0$，$\sum_{i=1}^{n}|a_i|=a$，设 $-(a_1+a_2+\cdots+a_i)=a_{i+1}+a_{i+2}+\cdots+a_n=A\geqslant 0$，则

$$a=\sum_{i=1}^{n}|a_i|\geqslant |a_1+a_2+\cdots+a_i|+|a_{i+1}+a_{i+2}+\cdots+a_n|=2A$$

即 $A\leqslant\frac{a}{2}$. 于是

$$\begin{aligned}\sum_{i=1}^{n}x_ia_i&=(x_1a_1+x_2a_2+\cdots+x_ia_i)+(x_{i+1}a_{i+1}+x_{i+2}a_{i+2}+\cdots+x_na_n)\\&\leqslant(x_1a_1+x_1a_2+\cdots+x_1a_i)+(x_na_{i+1}+x_na_{i+2}+\cdots+x_na_n)\\&=x_1(a_1+a_2+\cdots+a_i)+x_n(a_{i+1}+a_{i+2}+\cdots+a_n)\\&=-x_1A+x_nA\\&=A(x_n-x_1)\leqslant\frac{(x_n-x_1)a}{2}\end{aligned}$$

§4　三元基本不等式

定理 1　(自创题，2001—08—08) 设 $\lambda,u,v\in\mathbf{R}^{+}$，记 $s_1=\lambda+u+v$，$s_2=uv+v\lambda+\lambda u$，$s_3=\lambda uv$，$x=\frac{s_1}{3\sqrt[3]{s_3}}$，$y=\frac{s_2}{3\sqrt[3]{s_3^2}}$，则：

i. $$3(xy)^2+6xy-1-(xy-1)\sqrt{(9xy-1)(xy-1)}\overset{(1)}{\leqslant}8x^3\overset{(2)}{\leqslant}3(xy)^2+6xy-1+(xy-1)\sqrt{(9xy-1)(xy-1)};$$

ii. $$3(xy)^2+6xy-1-(xy-1)\sqrt{(9xy-1)(xy-1)}\overset{(3)}{\leqslant}8y^3\overset{(4)}{\leqslant}3(xy)^2+6xy-1+(xy-1)\sqrt{(9xy-1)(xy-1)}.$$

当且仅当 λ,u,v 中有两个数相等且不小于第三个数时，(1)(4) 两式取等号；当且仅当 λ,u,v 中有两个数相等且不大于第三个数时，(2)(3) 两式取等号.

证明　i. 由于

$$\begin{aligned}&(u-v)^2(v-\lambda)^2(\lambda-u)^2\\=&-4s_1^3s_3+s_1^2s_2^2+18s_1s_2s_3-4s_2^3-27s_3^2\\=&\frac{s_3}{16s_1^3}[(s_1s_2-s_3)(s_1s_2-9s_3)^3-(8s_1^3s_3-s_1^2s_2^2-18s_1s_2s_3+27s_3^2)^2]\\\geqslant&0\end{aligned}$$

因此，得到

$$(8s_1^3s_3-s_1^2s_2^2-18s_1s_2s_3+27s_3^2)^2\leqslant(s_1s_2-s_3)(s_1s_2-9s_3)^3$$

用 x,y 代入，得到

$$[8x^3-3(xy)^2-6xy+1]^2\leqslant(xy-1)^3(9xy-1)$$

由上式即得(1)(2) 两式.

当 $\lambda=u\geqslant v$ 时

$$\begin{aligned}&8x^3-3(xy)^2-6xy+1+(xy-1)\sqrt{(9xy-1)(xy-1)}\\=&8\frac{(2\lambda+v)^3}{27\lambda^2v}-\frac{(2\lambda+v)^2(\lambda+2v)^2}{27\lambda^2v^2}+\frac{18(2\lambda+v)(\lambda+2v)}{27\lambda v}+1+\\&\left[\frac{(2\lambda+v)(\lambda+2v)}{9\lambda v}-1\right]\sqrt{\left[\frac{(2\lambda+v)(\lambda+2v)}{\lambda v}-1\right]\left[\frac{(2\lambda+v)(\lambda+2v)}{9\lambda v}-1\right]}\\=&\frac{4}{27\lambda^2v^2}[(-\lambda^2+v^2)(\lambda-v)^2+(\lambda-v)^2|\lambda^2-v^2|]\\=&0\end{aligned}$$

即此时式(1) 取等号. 同理可得式(2) 取等号条件.

ii. 下面仅证式(3)，式(4) 证法与之类似(略).

由式(2)有

$$8x^3 \leqslant 3(xy)^2 + 6xy - 1 + (xy-1)\sqrt{(9xy-1)(xy-1)}$$

两边同除以$(xy)^3$,得到

$$\begin{aligned}\frac{8}{y^3} &\leqslant \frac{3(xy)^2 + 6xy - 1 + (xy-1)\sqrt{(9xy-1)(xy-1)}}{(xy)^3}\\ &= \frac{[3(xy)^2 + 6xy - 1]^2 - (xy-1)^3(9xy-1)}{(xy)^3[3(xy)^2 + 6xy - 1 - (xy-1)\sqrt{(9xy-1)(xy-1)}]}\\ &= \frac{64(xy)^3}{(xy)^3[3(xy)^3 + 6xy - 1 - (xy-1)\sqrt{(9xy-1)(xy-1)}]}\\ &= \frac{64}{3(xy)^2 + 6xy - 1 - (xy-1)\sqrt{(9xy-1)(xy-1)}}\end{aligned}$$

由此即得式(3),显然式(3)取等号条件同式(2).

由定理1及$(9xy-5) - \frac{8}{9xy-5} \geqslant 3\sqrt{(9xy-1)(xy-1)}$(此式易证,从略),可得以下:

推论1 同定理1条件,有

$$16xy - 4 + \frac{4(xy-1)}{9xy-5} \overset{(5)}{\leqslant} 12x^3 \overset{(6)}{\leqslant} 9(xy)^2 + 2xy + 1 - \frac{4(xy-1)}{9xy-5}$$

$$16xy - 4 + \frac{4(xy-1)}{9xy-5} \overset{(7)}{\leqslant} 12y^3 \overset{(8)}{\leqslant} 9(xy)^2 + 2xy + 1 - \frac{4(xy-1)}{9xy-5}$$

当且仅当$\lambda = u = v$时,(5)(6)(7)(8)四式均取等号.

推论2 同定理1条件,有

$$\frac{-1+2\sqrt{27y^3-2}}{9y} \overset{(9)}{\leqslant} x \overset{(10)}{\leqslant} \frac{27y^3 + 28 + \sqrt{729y^6 - 648y^3 + 208}}{72y}$$

$$\frac{-1+2\sqrt{27x^3-2}}{9x} \overset{(11)}{\leqslant} y \overset{(12)}{\leqslant} \frac{27x^3 + 28 + \sqrt{729x^6 - 648x^3 + 208}}{72x}$$

当且仅当$\lambda = u = v$时,(9)(10)(11)(12)四式均取等号.

定理2 (自创题,2001-08-08)设$\lambda, u, v \in \mathbf{R}$,记$s_1 = \lambda + u + v, s_2 = uv + v\lambda + \lambda u, s_3 = \lambda uv, w = \sqrt{s_1^2 - 3s_2} \geqslant 0$,即$s_2 = \frac{s_1^2 - w^2}{3}$,则

$$\frac{s_1^3 - 3s_1w^2 - 2w^3}{27} = \frac{(s_1 - 2w)(s_1 + w)^2}{27} \overset{(13)}{\leqslant} s_3$$

$$\overset{(14)}{\leqslant} \frac{(s_1 + 2w)(s_1 - w)^2}{27} = \frac{s_1^3 - 3s_1w^2 + 2w^3}{27}$$

当且仅当λ, u, v中有两个数相等,且不小于$\frac{1}{3}s_1$时,式(13)取等号;当且仅当λ, u, v中有两个数相等,且不大于$\frac{1}{3}s_1$时,式(14)取等号.

证法 1　由于

$$\begin{aligned}&(u-v)^2(v-\lambda)^2(\lambda-u)^2\\&=-4s_1^3s_3+s_1^2s_2^2+18s_1s_2s_3-4s_2^3-27s_3^2\\&=-27s_3^2+2(9s_1s_2-2s_1^3)s_3+(s_1^2s_2^2-4s_2^3)\geqslant 0\end{aligned}$$

由此得到

$$\frac{9s_1s_2-2s_1^3-2(s_1^2-3s_2)^{\frac{3}{2}}}{27}\leqslant s_3\leqslant\frac{9s_1s_2-2s_1^3+2(s_1^2-3s_2)^{\frac{3}{2}}}{27}$$

又由 $w=\sqrt{s_1^2-3s_2}$ 得到 $s_2=\dfrac{s_1^2-w^2}{3}$,代入并整理即得到(13)(14)两式.由定理1中不等式的取等号条件,易得到定理2中不等式的取等号条件.

证法 2　由 $s_1=\lambda+u+v$,$s_2=uv+v\lambda+\lambda u$,得到 $u+v=\lambda-s_1$,$uv=s_2-\lambda(s_1-\lambda)=\lambda^2-s_1\lambda+s_2$,又由于$(u+v)^2\geqslant 4uv$,由此,得到

$$(\lambda-s_1)^2\geqslant 4(\lambda^2-s_1\lambda+s_2)$$

即

$$3\lambda^2-2s_1\lambda+4s_2-s_1^2\leqslant 0$$

解得

$$\frac{s_1-2\sqrt{s_1^2-3s_2}}{3}\leqslant\lambda\leqslant\frac{s_1+2\sqrt{s_1^2-3s_2}}{3}\qquad(※)$$

于是,有

$$\begin{aligned}s_3&=\lambda uv=\lambda^3-s_1\lambda^2+s_2\lambda\\&=\left(\lambda-\frac{s_1-2\sqrt{s_1^2-3s_2}}{3}\right)\left(\lambda-\frac{s_1+\sqrt{s_1^2-3s_2}}{3}\right)^2+\\&\quad\frac{(s_1-2\sqrt{s_1^2-3s_2})(s_1+\sqrt{s_1^2-3s_2})^2}{27}\\&\geqslant\frac{(s_1-2\sqrt{s_1^2-3s_2})(s_1+\sqrt{s_1^2-3s_2})^2}{27}\end{aligned}$$

(注意到式(※)),即得式(13).

同时还有

$$\begin{aligned}s_3&=\lambda uv=\lambda^3-s_1\lambda^2+s_2\lambda\\&=\left(\lambda-\frac{s_1+2\sqrt{s_1^2-3s_2}}{3}\right)\left(\lambda-\frac{s_1-\sqrt{s_1^2-3s_2}}{3}\right)^2+\\&\quad\frac{(s_1+2\sqrt{s_1^2-3s_2})(s_1-\sqrt{s_1^2-3s_2})^2}{27}\\&\leqslant\frac{(s_1+2\sqrt{s_1^2-3s_2})(s_1-\sqrt{s_1^2-3s_2})^2}{27}\end{aligned}$$

即得式(14).

因此得到

$$\frac{(s_1-2\sqrt{s_1^2-3s_2})(s_1+\sqrt{s_1^2-3s_2})^2}{27}\leqslant s_3\leqslant\frac{(s_1+2\sqrt{s_1^2-3s_2})(s_1-\sqrt{s_1^2-3s_2})^2}{27}$$

由以上证明过程可知,当且仅当 λ,u,v 中有两个数相等,且不小于$\frac{1}{3}s_1$ 时式(13) 取等号;当且仅当 λ,u,v 中有两个数相等,且不大于$\frac{1}{3}s_1$ 时式(14) 取等号.

证法 3　由方程知识可知,λ,u,v 是下列方程的三个根

$$f(x)=x^3-s_1x^2+s_2x-s_3=0$$

由 $f'(x)=3x^2-2s_1x+s_2=0$, 得到,$x_1=\frac{s_1+\sqrt{s_1^2-3s_2}}{3}$,$x_2=\frac{s_1-\sqrt{s_1^2-3s_2}}{3}$(不妨设 $x_2\leqslant x_1$),因此

$$\begin{aligned}s_3&=x^3-s_1x^2+s_2x\\&=\left(x-\frac{s_1-2\sqrt{s_1^2-3s_2}}{3}\right)\left(x-\frac{s_1+\sqrt{s_1^2-3s_2}}{3}\right)^2+\\&\quad\frac{(-s_1+2\sqrt{s_1^2-3s_2})(s_1+\sqrt{s_1^2-3s_2})^2}{27}\\&=\left(x-\frac{s_1+2\sqrt{s_1^2-3s_2}}{3}\right)\left(x-\frac{s_1-\sqrt{s_1^2-3s_2}}{3}\right)^2+\\&\quad\frac{(s_1+2\sqrt{s_1^2-3s_2})(s_1-\sqrt{s_1^2-3s_2})^2}{27}\end{aligned}$$

另一方面,由于当 $x=\lambda$ 时,有

$$\begin{aligned}&(x-\frac{s_1+2\sqrt{s_1^2-3s_2}}{3})(x-\frac{s_1-2\sqrt{s_1^2-3s_2}}{3})\\&=\frac{1}{3}[3x^2-2s_1x+(-s_1^2+4s_2)]\\&=\frac{1}{3}[3\lambda^2-2(\lambda+u+v)\lambda-(\lambda+u+v)^2+4(uv+v\lambda+\lambda u)]\\&=-\frac{1}{3}(u-v)^2\leqslant 0\end{aligned}$$

同样,当 $x=u,v$ 时,分别有

$$\left(x-\frac{s_1+2\sqrt{s_1^2-3s_2}}{3}\right)\left(x-\frac{s_1-2\sqrt{s_1^2-3s_2}}{3}\right)=-\frac{1}{3}(v-\lambda)^2\leqslant 0$$

$$\left(x-\frac{s_1+2\sqrt{s_1^2-3s_2}}{3}\right)\left(x-\frac{s_1-2\sqrt{s_1^2-3s_2}}{3}\right)=-\frac{1}{3}(\lambda-u)^2\leqslant 0$$

因此，有

$$\frac{s_1-2\sqrt{s_1^2-3s_2}}{3}\leqslant x\leqslant\frac{s_1+2\sqrt{s_1^2-3s_2}}{3}$$

$\left(注:即\left(x-\frac{3x_1-x_2}{2}\right)\left(x-\frac{3x_2-x_1}{2}\right)\leqslant 0\right)$，由此得到

$$\frac{(-s_1+2\sqrt{s_1^2-3s_2})(s_1+\sqrt{s_1^2-3s_2})^2}{27}\leqslant s_3$$

$$\leqslant\frac{(s_1+2\sqrt{s_1^2-3s_2})(s_1-\sqrt{s_1^2-3s_2})^2}{27}$$

即得原式. 当且仅当$\left(\lambda-\frac{s_1-2\sqrt{s_1^2-3s_2}}{3}\right)\left(\lambda-\frac{s_1+\sqrt{s_1^2-3s_2}}{3}\right)=0$，即当且仅当$\lambda,u,v$中有两个数相等，且不小于$\frac{1}{3}s_1$时，式(13)取等号；当且仅当$\lambda,u,v$中有两个数相等，且不大于$\frac{1}{3}s_1$时，式(14)取等号.

证法4 由所给条件可知，λ,u,v是方程$t^3-s_1t^2+s_2t-1=0$的三个根，令$t=y+\frac{1}{3}s_1$代入，经整理得到

$$y^3-(\frac{1}{3}s_1^2-s_2)y+(-\frac{2}{27}s_1^3+\frac{1}{3}s_1s_2-s_3)=0 \quad ①$$

这时，$\lambda-\frac{1}{3}s_1,u-\frac{1}{3}s_1,v-\frac{1}{3}s_1$是方程①的三个实根，因此根据三次方程有三个实根的判定定理，得到

$$\frac{1}{4}\left(-\frac{2}{27}s_1^3+\frac{1}{3}s_1s_2-s_3\right)^2-\frac{1}{27}\left(\frac{1}{3}s_1^2-s_2\right)^3\leqslant 0$$

将上式展开并整理即得

$$27s_3^2+(4s_1^3-18s_1s_2)s_3-(s_1^2s_2^2-4s_2^3)\leqslant 0$$

即

$$\frac{9s_1s_2-2s_1^3-2(s_1^2-3s_2)^{\frac{3}{2}}}{27}\leqslant s_3\leqslant\frac{9s_1s_2-2s_1^3+2(s_1^2-3s_2)^{\frac{3}{2}}}{27}$$

又设$w=\sqrt{s_1^2-3s_2}$，得到$s_2=\frac{s_1^2-w^2}{3}$，$0\leqslant w\leqslant 1$，代入并整理即得到原式. 根据三次方程有两个相等实根的条件，易得到定理2中不等式的取等号条件.

注：(1) 在应用定理2与其推论的结论时，要特别注意$1-2w\leqslant 0$的情况，有时要对$1-2w\leqslant 0$和$1-2w\geqslant 0$分别加以讨论，尤其在$\lambda uv\geqslant 0$时的情况.

(2) 定理2中的不等式有着极为广泛的应用，其中证明方法可以推广应用于四个元素的情况.

推论 3 设 $\lambda,u,v\in\overline{\mathbf{R}^-}$，记 $s_1=\lambda+u+v=1$，$s_2=uv+v\lambda+\lambda u$，$s_3=\lambda uv$，$w=\sqrt{s_1^2-3s_2}\geqslant 0$，即 $s_2=\frac{1-w^2}{3}$，则

$$\frac{1-3w^2-2w^3}{27}=\frac{(1-2w)(1+w)^2}{27}\overset{(15)}{\leqslant}\lambda uv$$
$$\overset{(16)}{\leqslant}\frac{(1+2w)(1-w)^2}{27}=\frac{1-3w^2+2w^3}{27}$$

当且仅当 λ,u,v 中有两个数相等，且不小于 $\frac{1}{3}$ 时，式(15) 取等号；当且仅当 λ，u,v 中有两个数相等，且不大于 $\frac{1}{3}$ 时，式(16) 取等号.

下面列举一些例子仅为说明定理与推论的应用，有些例子有其他证法也许更简捷.

例 1 设 $a,b,c\in\mathbf{R}^+$，且 $abc=1$，求证

$$\sum a^3+3\geqslant 2\sum a^2$$

当且仅当 $a=b=c=1$ 时取等号.

证明 记 $s_1=\sum a$，$s_2=\sum bc$，$s_3=abc=1$，则原式等价于

$$s_1^3-3s_1s_2+6-2s_1^2+4s_2\geqslant 0\Leftrightarrow s_1^3-2s_1^2+6\geqslant(3s_1-4)s_2$$

又记 $s_1=3x$，$s_2=3y$，则上式又等价于

$$9x^3-6x^2+2\geqslant(9x-4)y \qquad ①$$

由定理 1 的推论 2，有

$$y\leqslant\frac{27x^3+28+\sqrt{729x^6-648x^3+208}}{72x}$$

因此，要证式 ①，只要证

$$9x^3-6x^2+2\geqslant(9x-4)\cdot\frac{27x^3+28+\sqrt{729x^6-648x^3+208}}{72x}$$

$$\Leftrightarrow 405x^4-324x^3-108x+112\geqslant(9x-4)\cdot\sqrt{729x^6-648x^3+208} \qquad ②$$

由于

$$\begin{aligned}&(405x^4-324x^3-108x+112)^2-(9x-4)^2\cdot(729x^6-648x^3+208)\\&=164\ 025x^8-262\ 440x^7+104\ 976x^6-87\ 480x^5+160\ 704x^4-\\&\quad 72\ 576x^3+11\ 664x^2-24\ 192x+12\ 544-(59\ 049x^8-52\ 488x^7+\\&\quad 11\ 664x^6-52\ 488x^5+46\ 656x^4-10\ 368x^3+\\&\quad 16\ 848x^2-14\ 976x+3\ 328)\\&=104\ 976x^8-209\ 952x^7+93\ 312x^6-34\ 992x^5+11\ 404x^4-\\&\quad 62\ 208x^3-5\ 184x^2-9\ 216x+9\ 216\\&=(x-1)(104\ 976x^7-104\ 976x^6-11\ 664x^5-46\ 656x^4+67\ 392x^3+\end{aligned}$$

$5\ 184x^2-9\ 216)$

$=(x-1)^2(104\ 976x^6-11\ 664x^4-58\ 300x^3+9\ 092x^2+14\ 276x+14\ 276)+5\ 060(x-1)$

$\geqslant 0$

(注意到 $x\geqslant 1$). 故式 ② 成立，因此，式 ① 也成立，从而原式获证.

例 2 （自创题，2015－10－01）设 $x,y,z\geqslant 0$，则

$$19[(x+y+z)(yz+zx+xy)]^3+12\ 393(xyz)^3\geqslant 972(xyz)^2(x+y+z)^3$$

证明 若 $xyz=0$，原式显然成立，下面证明当 $xyz\neq 0$ 时原式成立.

记 $s_1=x+y+z$，$s_2=yz+zx+xy$，$s_3=xyz$，则原式即要证明

$$19\left(\frac{s_1s_2}{9s_3}\right)^3+17\geqslant 36\left(\frac{s_1^3}{27s_3}\right)$$

又记 $x=\frac{s_1}{3\sqrt[3]{s_3}}$，$y=\frac{s_2}{3\sqrt[3]{s_3^2}}$，上式即为

$$19(xy)^3+17\geqslant 36x^3 \quad ①$$

由此可知，要证原式成立，只要证明式 ① 成立.

根据定理 1 的推论 1 可知，要证式 ① 成立，只要证明下式成立

$$19(xy)^3+17\geqslant 3[9(xy)^2+2xy+1-\frac{4(xy-1)}{9xy-5}]$$

即

$$(9xy-5)[19(xy)^3+17]\geqslant 3(9xy-5)[9(xy)^2+2xy+1]-12(xy-1)$$

记 $xy=t$，于是，上式左边减去右边得到

$(9xy-5)[19(xy)^3+17]-3(9xy-5)[9(xy)^2+2xy+1]+12(xy-1)$

$=(9t-5)(19t^3+17)-3(9t-5)(9t^2+2t+1)+12(t-1)$

$=171t^4-338t^3+81t^2+168t-82$

$=(t-1)^2(171t^2+4t-82)\geqslant 0$（注意到 $t=xy\geqslant 1$）

因此，式 ① 成立，原命题获证.

例 3 （自创题，2011－08－12）设 $a,b,c\in\overline{\mathbf{R}^-}$，且 $abc=1$，则

$$\sum a\cdot\sum bc+\frac{81}{10}\geqslant\frac{57}{10}\sum a$$

当且仅当 $a=b=c=1$ 时取等号.

证法 1 记 $\lambda=\frac{57}{10}$，将原式齐次化，得到

$$\sum a\cdot\sum bc+3(\lambda-3)\geqslant\lambda\sum a$$

令 $x=\sqrt[3]{a}$，$y=\sqrt[3]{b}$，$z=\sqrt[3]{c}$，$x,y,z\in\overline{\mathbf{R}^-}$，经变换，则上式等价于

$$\sum x^3\cdot\sum y^3z^3+3(\lambda-3)(xyz)^3\geqslant\lambda(xyz)^2\sum x^3 \quad ①$$

记 $s_1=\sum x, s_2=\sum yz, s_1=xyz$，则 $\sum x^3=s_1^3-3s_1s_2+3s_3$，$\sum y^3z^3=s_2^3-3s_1s_2s_3+3s_3^2$，将其代入式 ① 并整理，得到

$$[-(\lambda-3)s_1^3+3(\lambda-6)s_1s_2]s_3^2-3(s_1^4s_2-3s_1^2s_2^2-s_2^3)s_3+s_2^3(s_1^3-3s_1s_2)\geqslant 0 \quad ②$$

由于 $\lambda=\frac{57}{10}$，则

$$-(\lambda-3)s_1^3+3(\lambda-6)s_1s_2<0$$

当 $s_1^4s_2-3s_1^2s_2^2-s_2^3\geqslant 0$ 时

$$f(s_3)=[-(\lambda-3)s_1^3+3(\lambda-6)s_1s_2]s_3^2-3(s_1^4s_2-3s_1^2s_2^2-s_2^3)s_3+s_2^3(s_1^3-3s_1s_2)$$

是减函数；当 $s_1^4s_2-3s_1^2s_2^2-s_2^3<0$ 时

$$g(s_3)=[-(\lambda-3)s_1^3+3(\lambda-6)s_1s_2]-\frac{3(s_1^4s_2-3s_1^2s_2^2-s_2^3)}{s_3}+\frac{s_2^3(s_1^3-3s_1s_2)}{s_3^2}$$

也是减函数.

因此，令 $s_1=\sum x=1, w=\sqrt{1-3s_2^2}$，根据定理 2 中的推论，则有

$$\begin{aligned}&[-(\lambda-3)s_1^3+3(\lambda-6)s_1s_2]s_3^2-3(s_1^4s_2-3s_1^2s_2^2-s_2^3)s_3+s_2^3(s_1^3-3s_1s_2)\\ \geqslant&[-(\lambda-3)+(\lambda-6)(1-w^2)]\left[\frac{(1+2w)(1-w)^2}{27}\right]^2-\\ &[(1-w^2)-(1-w^2)^2-\frac{(1-w^2)^3}{9}]\cdot\\ &\frac{(1+2w)(1-w)^2}{27}+\frac{w^2(1-w^2)^3}{27}\\ =&\frac{w^2(1-w)^3}{27^2}[(6-\lambda)-3(\lambda-4)w+18w^2+4(3+\lambda)w^3+6w^4]\end{aligned}$$

由此可知，要证式 ② 成立，只需证

$$(6-\lambda)-3(\lambda-4)w+18w^2+4(3+\lambda)w^3+6w^4\geqslant 0 \quad ③$$

由于当 $\lambda=\frac{57}{10}$ 时，式 ③ 左边为

$$\begin{aligned}&(6-\lambda)-3(\lambda-4)w+18w^2+4(3+\lambda)w^3+6w^4\\ =&\frac{3}{10}(1-17w+60w^2+116w^3+20w^4)\\ =&\frac{3}{10}[(1-9w)^2+w\left(1-\frac{21}{2}w\right)^2+\frac{23}{4}w^3+20w^4]\geqslant 0\end{aligned}$$

所以式 ③ 成立，进而式 ① 成立，故原式获证. 由以上证明中易知当且仅当 $a=b=c=1$ 时取等号.

证法 2 不妨设 $a\geqslant 1$，则

$$[\sum a\cdot\sum bc+\frac{81}{10}-\frac{57}{10}\sum a]-$$

$$[(a+2\sqrt{bc})(2a\sqrt{bc}+bc)+\frac{81}{10}-\frac{57}{10}(a+2\sqrt{bc})]$$

$$=a^2(\sqrt{b}-\sqrt{c})^2+a(\sqrt{b}+\sqrt{c})^2(\sqrt{b}-\sqrt{c})^2+$$

$$bc(\sqrt{b}-\sqrt{c})^2-\frac{57}{10}(\sqrt{b}-\sqrt{c})^2$$

$$=[a^2+a(\sqrt{b}+\sqrt{c})^2+bc-\frac{57}{10}](\sqrt{b}-\sqrt{c})^2$$

$$\geqslant(a^2+4a\sqrt{bc}+bc-\frac{57}{10})(\sqrt{b}-\sqrt{c})^2$$

$$\geqslant(a^2+4\sqrt{a}+\frac{1}{a}-\frac{57}{10})(\sqrt{b}-\sqrt{c})^2$$

$$\geqslant(6\sqrt{a}-\frac{57}{10})(\sqrt{b}-\sqrt{c})^2\geqslant 0$$

因此,只需证明

$$(a+2\sqrt{bc})(2a\sqrt{bc}+bc)+\frac{81}{10}-\frac{57}{10}(a+2\sqrt{bc})\geqslant 0$$

注意到已知条件 $abc=1$,即证

$$(a+\frac{2}{\sqrt{a}})(2\sqrt{a}+\frac{1}{a})+\frac{81}{10}-\frac{57}{10}(a+\frac{2}{\sqrt{a}})\geqslant 0$$

即

$$20a^3-57a^2\sqrt{a}+131a\sqrt{a}-114a+20\geqslant 0$$

$$\Leftrightarrow(\sqrt{a}-1)(20a^2\sqrt{a}-37a^2-37a\sqrt{a}+94a-20)\geqslant 0$$

由于 $a\geqslant 1$,因此又只需证

$$20a^2\sqrt{a}-37a^2-37a\sqrt{a}+94a-20\geqslant 0 \quad ④$$

式 ④ 左边 $=20a^2\sqrt{a}-37a^2-37a\sqrt{a}+94a-20$

$$=(\sqrt{a}-1)(20a^2-17a\sqrt{a}-54a+40\sqrt{a}+40)+20$$

因此,只要证明

$$20a^2-17a\sqrt{a}-54a+40\sqrt{a}+40\geqslant 0$$

上式易证成立,事实上,有

$$20a^2-17a\sqrt{a}-54a+40\sqrt{a}+40$$

$=5(a-\sqrt{a}-3)^2+3\sqrt{a}(\sqrt{a}-2)^2+(13a-2\sqrt{a}-5)>0$(注意到 $a\geqslant 1$)

故式 ④ 成立,原式获证.由以上证明中易知当且仅当 $a=b=c=1$ 时取等号.

注:(1) 该例中的不等式也可以写成

$$10\sum\frac{1}{a}+\frac{81}{\sum a}\geqslant\frac{57}{\sqrt[3]{abc}}$$

其中 $a,b,c\in\mathbf{R}^+$,当且仅当 $a=b=c$ 时取等号.

(2) 由例中的不等式可得到其对偶命题:设 $a,b,c\in\overline{\mathbf{R}^-}$,且 $abc=1$,则

$$\sum a\cdot\sum bc+\frac{81}{10}\geqslant\frac{57}{10}\sum bc$$

当且仅当 $a=b=c=1$ 时取等号.

只要在例中的不等式中,作置换 $a\to bc,b\to ca,c\to ab$,并注意到 $bc\cdot ca\cdot ab=1$ 即得.

(3) 由以上两式可分别得到,当 $\lambda=\frac{57}{10}$ 时,有以下命题.

命题 设 $a,b,c\in\overline{\mathbf{R}^-}$,且 $abc=1$,则

$$\sum a\sum bc\geqslant\lambda\sum a-3(\lambda-3)$$

$$\sum a\sum bc\geqslant\lambda\sum bc-3(\lambda-3)$$

上述两式在证明三元不等式时有用,值得关注.

(4) 最佳的 λ 值是方程 $16t^3+45t^2-1\ 080t+1\ 728=0$ 的最大实数根.

例 4 (自创题,2007-07-09) 设 $a,b,c\in\mathbf{R}$,记 $s_1=a+b+c,s_2=bc+ca+ab,s_3=abc,m\in\mathbf{R}$,则

$$4s_1^4-6(3+m)s_1^2s_2+9(1+m)^2s_2^2+27(1-m^2)s_1s_3\geqslant 0$$

当且仅当 $a=b=c$,或 a,b,c 中有两个相等,且 $(1-m^2)s_1\geqslant 0,(1-m)s_1-(1+m)\sqrt{s_1^2-3s_2}=0$,或 a,b,c 中有两个相等,且 $(1-m^2)s_1\leqslant 0,(1-m)s_1+(1+m)\sqrt{s_1^2-3s_2}=0$ 时取等号.

证明 记 $w=\sqrt{s_1^2-3s_2}$,即 $s_2=\frac{s_1^2-w^2}{3}$,由于 $(1-m^2)s_1\geqslant 0$,根据定理 2,有

$$\frac{s_1^3-3s_1w^2-2w^3}{27}\leqslant s_3\leqslant\frac{s_1^3-3s_1w^2+2w^3}{27}$$

因此:

i. 当 $|m|\leqslant 1$ 时,$s_1\geqslant 0$,或 $|m|\geqslant 1,s_1\leqslant 0$ 时,有

$$\begin{aligned}&4s_1^4-6(3+m)s_1^2s_2+9(1+m)s_2^2+27(1-m^2)s_1s_3\\ \geqslant\ &4s_1^4-6(3+m)s_1^2\ \frac{s_1^2-w^2}{3}+9(1+m)^2\ (\frac{s_1^2-w^2}{3})^2+\\ &27(1-m^2)s_1\cdot\frac{s_1^3-3s_1w^2-2w^3}{27}\\ =\ &w^2[(1-m)s_1-(1+m)w]^2\geqslant 0\end{aligned}$$

ii. 当 $|m|\geqslant 1$ 时,$s_1\geqslant 0$,或 $|m|\leqslant 1,s_1\leqslant 0$ 时,有

$$4s_1^4-6(3+m)s_1^2s_2+9(1+m)s_2^2+27(1-m^2)s_1s_3$$

$$\geqslant 4s_1^4-6(3+m)s_1^2\frac{s_1^2-w^2}{3}+9(1+m)\left(\frac{s_1^2-w^2}{3}\right)^2+$$

$$27(1-m^2)s_1\frac{s_1^3-3s_1w^2+2w^3}{27}\geqslant 0$$

$$=w^2[(1-m)s_1+(1+m)w]^2\geqslant 0$$

故原式成立，易知当且仅当 $a=b=c$，或 a,b,c 中有两个相等，且 $(1-m^2)s_1\geqslant 0$，$(1-m)s_1-(1+m)\sqrt{s_1^2-3s_2}=0$，或 a,b,c 中有两个相等，且 $(1-m^2)s_1\leqslant 0$，$(1-m)s_1+(1+m)\sqrt{s_1^2-3s_2}=0$ 时取等号.

例 5 （自创题，2007－08－08）设 $a,b,c\in\mathbf{R}^+$，且 $abc=4$，则

$$108\sum bc\geqslant-\left(\sum a\right)^4+6\left(\sum a\right)^3+27\left(\sum a\right)^2$$

当且仅当 $c\geqslant 2b-a$ 中有一个等于 4，其余两个均等于 1 时取等号.

证明 记 $s_1=\sum a$，$s_2=\sum bc$，$s_3=abc=4$，$w=\sqrt{s_1^2-3s_2}$，即证

$$108s_2\geqslant -s_1^4+6s_1^3+27s_1^2$$

经配方，得到

$$(s_1^2-3s_1)^2\geqslant 36(s_1^2-3s_2)$$

注意到 $s_1\geqslant 3\sqrt[3]{abc}=3\sqrt{4}>3$，将上式两边开平方，得到

$$s_1^2\geqslant 6\sqrt{s_1^2-3s_2}+3s_1=3(s_1+2w) \qquad ①$$

又根据定理 2，有

$$s_3\leqslant\frac{(s_1+2w)(s_1-w)^2}{27}$$

因此，有

$$27s_3(s_1+2w)^3\leqslant(s_1-w)^2(s_1+2w)^4$$

$$=4^4(s_1-w)(s_1-w)\left(\frac{s_1}{4}+\frac{w}{2}\right)\left(\frac{s_1}{4}+\frac{w}{2}\right)\left(\frac{s_1}{4}+\frac{w}{2}\right)\left(\frac{s_1}{4}+\frac{w}{2}\right)$$

$$\leqslant\left[\frac{(2+1)s_1}{6}\right]^6\cdot 4^4=4s_1^6$$

（应用算术－几何平均值不等式）

注意到 $s_3=4$，由此便得到 $s_1^2\geqslant 3(s_1+2w)$，即得式①，因此原式获证. 由证明中易知当且仅当 a,b,c 中有一个等于 4，其余两个均等于 1 时取等号.

例 6 （摘自罗马尼亚 Vasile Cirtoaje 主编的 *Algebraic Inequalities. Old and New Methods* §8.1. Applications 题 70）设 $a,b,c\in\mathbf{R}^+$，求证

$$a^3+b^3+c^3+3abc\geqslant\sum bc\sqrt{2(b^2+c^2)}$$

当且仅当 $a=b=c$ 时取等号.

证明 由柯西不等式有

$$[\sum bc\sqrt{2(b^2+c^2)}]^2\leqslant 2\sum bc\cdot\sum bc(b^2+c^2)$$

因此,只要证

$$(a^3+b^3+c^3+3abc)^2\geqslant 2\sum bc\cdot\sum bc(b^2+c^2) \quad ①$$

今用定理 2 中的推论 3 证明式 ①. 记 $s_1=\sum a=1,s_2=\sum bc,s_3=abc$,代入式 ① 经整理后得

$$(1-3s_2+6s_3)^2\geqslant 2s_2(s_2-2s_2^2-s_3)$$

记 $w=\sqrt{1-3s_2}$,即 $s_2=\dfrac{1-w^2}{3}$,以及 $s_3\geqslant\dfrac{1-3w^2-2w^3}{27}$,可知只要证

$$(\frac{2+3w^2-4w^3}{9})^2\geqslant\frac{2(1-w^2)(2+6w^2+2w^3-6w^4)}{81}$$

$$\Leftrightarrow w^2(4w^4-20w^3+33w^2-20w+4)\geqslant 0$$

$$\Leftrightarrow w^2(2w-1)^2(w-2)^2\geqslant 0$$

故式 ① 成立. 故原式获证. 易知当且仅当 $a=b=c$ 时,原式取等号.

例 7 (摘自罗马尼亚 Vasile Cirtoaje 主编的 *Algebraic Inequalities. Old and New Methods*) 设 $a,b,c\in\mathbf{R}^+$,求证

$$\frac{1}{5(a^2+b^2)-ab}+\frac{1}{5(b^2+c^2)-bc}+\frac{1}{5(c^2+a^2)-ca}\geqslant\frac{1}{a^2+b^2+c^2}$$

证明 原式经去分母整理后得到其等价式

$$\sum a^2[25(\sum a^2)^2+25\sum b^2c^2-5\sum a^2\sum bc-4abc\sum a]$$

$$\geqslant 125\sum a^2\sum b^2c^2-25abc\sum a^3-25\sum bc\sum b^2c^2+$$

$$5abc\sum a\sum bc-141a^2b^2c^2$$

记 $s_1=\sum a=1,s_2=\sum bc,s_3=abc$,则

$$\sum a^2=s_1^2-2s_2,\sum a^3=s_1^3-3s_1s_2+3s_2,\sum b^2c^2=s_2^2-2s_1s_3$$

代入上式,并整理得

$$25s_1^6-155s_1^4s_2+345s_1^2s_2^2-54s_1^3s_3-270s_2^3+108s_1s_2s_3$$

$$\geqslant 125s_1^2s_2^2-275s_2^3-275s_1^3s_3+630s_1s_2s_3-216s_3^2$$

$$\Leftrightarrow 25s_1^6-155s_1^4s_2+221s_1^3s_3+220s_1^2s_2^2+$$

$$5s_2^3-522s_1s_2s_3+216s_3^2\geqslant 0$$

即

$$25-155s_2+220s_2^2+5s_2^3+(221-522s_2)s_3+216s_3^2\geqslant 0 \quad ①$$

i. 当 $s_2=\sum bc\geqslant\dfrac{1}{4}$ 时,因为 $1-3s_2=(\sum a)^2-3\sum bc\geqslant 0$,所以 $221-522s_2>0$.

记 $w=\sqrt{1-3s_2}\leqslant\frac{1}{2}$，即 $s_2=\frac{1-w^2}{3}\geqslant\frac{1}{4}$，$1-2w\geqslant 0$，由定理 2 的推论 3，得

$$\begin{aligned}&\text{式①左边}\\&=25-\frac{155(1-w^2)}{3}+\frac{220(1-w^2)^2}{9}+\frac{5(1-w^2)^3}{27}+\\&\quad(47+174w^2)s_3+216s_3^2\\&\geqslant 25-\frac{155(1-w^2)}{3}+\frac{220(1-w^2)^2}{9}+\frac{5(1-w^2)^3}{27}+\\&\quad\frac{(47+174w^2)(1-3w^2-2w^3)}{27}+\frac{8(1-3w^2-2w^3)^2}{27}\\&=\frac{w^2}{3}(5-14w+25w^2-28w^3+3w^4)\\&=\frac{w^2}{3}[(1-2w)(5-4w+17w^2+6w^3)+15w^4]\geqslant 0\end{aligned}$$

（注意 $1-2w\geqslant 0$）.

ii. 当 $s_2=\sum bc\leqslant\frac{1}{4}$ 时

$$\begin{aligned}\text{式①左边}&\geqslant 25-155s_2+220s_2^2\\&=220\left(\frac{31}{88}-s_2\right)^2-\frac{405}{176}\\&\geqslant 220\left(\frac{31}{88}-\frac{1}{4}\right)^2-\frac{405}{176}=0\end{aligned}$$

综上 i，ii 知，原式成立.

例 8　（自创题，2005－12－04）设 $a,b,c\in\mathbf{R}^+$，且 $a+b+c=1$，则

$$(2\sqrt{3}-3)-9(6\sqrt{3}-5)abc+108abc\sum bc\geqslant 0 \qquad ①$$

当且仅当 $a=b=c=\frac{1}{3}$，或 a,b,c 中有一个等于$\frac{3-\sqrt{3}}{3}$，另外两个都等于$\frac{\sqrt{3}}{6}$时取等号.

证明　记 $w=\sqrt{(\sum a)^2-3\sum bc}=\sqrt{1-3\sum bc}$，即 $\sum bc=\frac{1-w^2}{3}$（$0\leqslant w\leqslant 1$），由定理 2 的推论 3，有

$$\begin{aligned}\text{式①左边}&=(2\sqrt{3}-3)-\left[9(6\sqrt{3}-5)-108\sum bc\right]abc\\&=(2\sqrt{3}-3)-\left[9(6\sqrt{3}-5)-108\cdot\frac{1-w^2}{3}\right]abc\\&=(2\sqrt{3}-3)-(54\sqrt{3}-81+36w^2)abc\\&=(2\sqrt{3}-3)-(54\sqrt{3}-81+36w^2)\cdot\frac{1-3w^2+2w^3}{27}\end{aligned}$$

$$=w^2\left[\frac{18\sqrt{3}-31}{3}-2(2\sqrt{3}-3)w+4w^2-\frac{8}{3}w^3\right]$$
$$=w^2\left(w-\frac{2-\sqrt{3}}{2}\right)^2\left(-\frac{8}{3}w+\frac{8\sqrt{3}-4}{3}\right)$$
$$\geqslant 0$$

（注意到 $0\leqslant w<1$），当且仅当 $w=0$ 或 $w=\frac{2-\sqrt{3}}{2}$ 时上式取等号. 即当且仅当 $a=b=c=\frac{1}{3}$，或 a,b,c 中有一个等于$\frac{3-\sqrt{3}}{3}$，另外两个都等于$\frac{\sqrt{3}}{6}$ 时取等号.

例 9 （自创题，2007－09－18）设 $a,b,c\in\mathbf{R}^+$，且 $a+b+c=1$，则

$$\frac{7}{abc}-4\sum\frac{1}{a^2}\leqslant 81$$

当且仅当 $a=b=c=\frac{1}{3}$，或 a,b,c 中一个等于$\frac{2}{3}$，其余两个都等于$\frac{1}{6}$ 时取等号.

证明 原式等价于

$$4\left(\sum bc\right)^2-15abc+81(abc)^2\geqslant 0 \qquad ①$$

记 $w=\sqrt{1-3\sum bc}$，即 $\sum bc=\frac{1}{3}(1-w^2)$，$0\leqslant w\leqslant 1$，则由定理 2 的推论 3 得到

$$abc\leqslant\frac{(1+2w)(1-w)^2}{27}$$

于是

$$式 ① 左边\geqslant 4\left[\frac{1}{3}(1-w^2)\right]^2-$$
$$15\cdot\frac{(1+2w)(1-w)^2}{27}+81\cdot\frac{(1+2w)^2(1-w)^4}{27^2}$$
$$=\frac{(1-w)^4}{9}\left[4(1+w)^2-5(1+2w)+(1+2w)^2(1-w)^2\right]$$
$$=\frac{w^2(1-w)^2(1-2w)^2}{9}$$
$$\geqslant 0$$

当且仅当 $w=0$，即 $a=b=c=\frac{1}{3}$；或 $w=\frac{1}{2}$，即 a,b,c 中有一个等于$\frac{2}{3}$，其余两个都等于$\frac{1}{6}$ 时取等号.

例 10 （陈计，2008－01－21 提供）设实数 a,b,c 满足 $\sum a^2=9$，则

$$6\sum a\leqslant abc+26$$

当且仅当 a,b,c 中有一个等于 1,另外两个都等于 2 时取等号.

证明 由题设,可将原式写成齐次式

$$6\sum a\cdot\frac{\sum a^2}{9}\leqslant abc+26\left(\sqrt{\frac{\sum a^2}{9}}\right)^3$$

由此知,只要证

$$18\sum a\cdot\sum a^2-27abc\leqslant 26\left(\sqrt{3\sum a^2}\right)^3$$

若 $18\sum a\cdot\sum a^2-27abc\leqslant 0$,上式显然成立;若 $18\sum a\cdot\sum a^2-27abc>0$,则又只要证

$$\left(18\sum a\cdot\sum a^2-27abc\right)^2\leqslant 676\left(\sum a^2\right)^3 \qquad ①$$

为证式 ①,可令式 ① 中 $\sum a=1$,记 $w=\sqrt{\left(\sum a\right)^2-3\sum bc}=\sqrt{1-3\sum bc}\geqslant 0$,则

$$\sum bc=\frac{1-w^2}{3}$$

另外,根据定理 2 的推论 3,有 $abc\geqslant\dfrac{1-3w^2-2w^3}{27}$,因此

$$\begin{aligned}18\sum a\cdot\sum a^2-27abc&\leqslant 18\left[1-\frac{2(1-w^2)}{3}\right]-(1-3w^2-2w^3)\\&=5+15w^2+2w^3\end{aligned}$$

由此可知要证式 ①,只需证

$$27(5+15w^2+2w^3)^2\leqslant 676\left[1-\frac{2(1-w^2)}{3}\right]^3$$

即

$$27(5+15w^2+2w^3)^2\leqslant 26^2(1+2w^2)^3 \qquad ②$$

$$\begin{aligned}&\text{式 ② 右边}-\text{左边}\\&=1+6w^2-540w^3+2\,037w^4-1\,620w^5+5\,300w^6\\&=(1-5w)^2(1+10w+81w^2+20w^3+212w^5)\geqslant 0\end{aligned}$$

式 ② 成立,故式 ① 成立,从而原式获证,由以上证明易得其取等号条件.

例 11 (自创题,2006-02-22) 设 $a,b,c\in\overline{\mathbf{R}^-}$,则

$$\left(\sum a^2\right)^3\geqslant 8\sum b^3c^3+3(abc)^2$$

当且仅当 $a=b=c$,或 a,b,c 中有一个为零,其余两个相等时取等号.

证明 记 $s_1=\sum a=1$,$s_2=\sum bc$,$s_3=abc$,则 $\sum a^2=1-2s_2$,$\sum b^3c^3=s_2^3-3s_2s_3+3s_3^2$,代入原式,并经整理得到其等价式

$$1-6s_2+12s_2^2-16s_2^3+24s_2s_3-27s_3^2\geqslant 0 \qquad ①$$

设 $w=\sqrt{1-3s_2}\,(0\leqslant w\leqslant 1)$,由定理 2 的推论 3 知,只要证明

式 ① 左边

$$\geqslant 1-6\cdot\frac{1-w^2}{3}+12\cdot\left(\frac{1-w^2}{3}\right)^2-16\left(\frac{1-w^2}{3}\right)^3+$$

$$24\cdot\frac{1-w^2}{3}\cdot\frac{1-3w^2-2w^3}{27}-27\cdot\left(\frac{1-3w^2-2w^3}{27}\right)^2$$

$$\Leftrightarrow w^2(4-12w+3w^2+4w^3+12w^4)\geqslant 0$$

$$\Leftrightarrow w^2(1-2w)^2(4+4w+3w^2)\geqslant 0$$

上式显然成立,故式 ① 成立,原式获证.由以上证明过程易知取等号条件.

例 12 (摘自罗马尼亚 Vasile Cirtoaje 主编的 *Algebraic Inequalities. Old and New Methods*, § 3.4. Applications 题 30) 设 $x,y,z\in\mathbf{R}^+$,且 $x+y+z=3$,则

$$8\left(\frac{1}{x}+\frac{1}{y}+\frac{1}{z}\right)+9\geqslant 10(x^2+y^2+z^2)$$

当且仅当 x,y,z 中有一个等于 2,其余两个都等于$\frac{1}{2}$时取等号.

证明 记 $s_1=x+y+z=3,s_2=yz+zx+xy,s_3=xyz$,则原式等价于

$$8s_2-81s_3+20s_2s_3\geqslant 0 \qquad ①$$

设 $w=\sqrt{s_1^2-3s_2}=\sqrt{9-3s_2}$,即 $s_2=\frac{9-w^2}{3}(0\leqslant w\leqslant 3)$,由定理 2,有

$$8s_2-81s_3+20s_2s_3$$

$$\geqslant 8\cdot\frac{9-w^2}{3}-81\cdot\frac{(3+2w)(3-w)^2}{27}+20\cdot\frac{9-w^2}{3}\cdot\frac{(3+2w)(3-w)^2}{27}$$

$$=\frac{1}{81}(3-w)(3-2w)^2(10w^2+15w+9)\geqslant 0$$

即得式 ①,故原式成立,由 $3-2w=0$,即 $w=\frac{3}{2}$,易得取等号条件.

例 13 (自创题,2007-05-27) 设 $a,b,c\in\overline{\mathbf{R}^-}$,且 $a+b+c=3$,则

$$\sum\frac{(1+b)(1+c)}{(1+b^2)(1+c^2)}\leqslant 3$$

当且仅当 $a=b=c=1$ 时取等号.

证明 原式$\Leftrightarrow \sum(1+b)(1+c)(1+a^2)\leqslant 3\prod(1+a^2)$

$$\Leftrightarrow 12-8\sum bc+3\left(\sum bc\right)^2-18abc+3(abc)^2\geqslant 0 \qquad ①$$

令 $w=\sqrt{9-3\sum bc}$, 即 $\sum bc=\frac{9-w^2}{3}$,$0\leqslant w\leqslant 3$, 则 $s_3\leqslant\frac{27-9w^2+2w^3}{27}$,因此,有

$$12-8\sum bc+3\left(\sum bc\right)^2-18abc+3(abc)^2$$
$$\geqslant 12-8\cdot\frac{9-w^2}{3}+3\left(\frac{9-w^2}{3}\right)^2-18\cdot\frac{27-9w^2+2w^3}{27}+$$
$$3\left(\frac{27-9w^2+2w^3}{27}\right)^2\geqslant 0$$

经整理得到

$$2w^2(81-108w+81w^2-18w^3+2w^4)\geqslant 0$$
$$\Leftrightarrow 2w^2[(3-w)^4+w^2(27-6w^2+w^2)]\geqslant 0$$

因此式 ① 成立，原式获证. 由证明过程易得其取等号条件.

注：(1) 由本例中的不等式可得到：若 $a,b,c\in\overline{\mathbf{R}^-}$，且 $a+b+c=3$，则

$$\prod(1+a^2)\geqslant\prod(1+a)$$

当且仅当 $a=b=c=1$ 时取等号.

(2) 猜想有：设 $a_i\in\overline{\mathbf{R}^-}$，$i=1,2,\cdots,n$，$m,n$ 为正整数，且 $a_1+a_2+\cdots+a_n=n$，则

$$\prod_{i=1}^n(1+a_i^m)\geqslant\prod_{i=1}^n(1+a_i^{m-1})$$

当且仅当 $a_1=a_2=\cdots=a_n=1$ 时取等号.

(3) 进一步猜想有：设 $a_i\in\overline{\mathbf{R}^-}$，$i=1,2,\cdots,n$，$m,n$ 为正整数，$m\geqslant n$，且 $\sum\limits_{i=1}^n a_i=n$，则

$$\sum_{i=1}^n\frac{1+a_i^m}{1+a_i^{m-1}}\leqslant n\prod_{i=1}^n\frac{1+a_i^m}{1+a_i^{m-1}}$$

当且仅当 $a_1=a_2=\cdots=a_n=1$ 时取等号.

(4) 猜想：设 $a_i\in\overline{\mathbf{R}^-}$，且 $\sum\limits_{i=1}^n a_i=n$，$m,n$ 为正整数，且 $m\geqslant n$，则

$$\prod_{i=1}^n(1+a_i^m)\geqslant 2^n$$

当且仅当 $a_1=a_2=\cdots=a_n=1$ 时取等号.

以上猜想均已被证明.

例 14 (2008—06—20. “不等式研究网站”，stlb197 提出) 在 $\triangle ABC$ 中，有

$$\sum\frac{1}{3\cot^2A+8}\leqslant\frac{1}{3}$$

当且仅当 $\triangle ABC$ 为正三角形时取等号.

证明 原式等价于

$$3\left(192+48\sum\cot^2A+9\sum\cot^2B\cot^2C\right)$$

$$\leqslant 512+192\sum\cot^2 A+72\sum\cot^2 B\cot^2 C+27\cot^2 A\cot^2 B\cot^2 C$$

$$\Leftrightarrow 48\sum\cot^2 A+45\sum\cot^2 B\cot^2 C+27\cot^2 A\cot^2 B\cot^2 C\geqslant 64 \quad ①$$

设 $x=\cot B\cot C, y=\cot C\cot A, z=\cot A\cot B$，则 $x+y+z=1$，这时，式 ① 又等价于

$$48\sum\frac{yz}{x}+45\sum x^2+27xyz\geqslant 64$$

即

$$48\sum y^2z^2+45xyz\sum x^2+27(xyz)^2\geqslant 64xyz$$

$$\Leftrightarrow 48\left(\sum yz\right)^2-90xyz\sum yz-115xyz+27(xyz)^2\geqslant 0 \quad ②$$

令 $w=\sqrt{1-3\sum yz}$，即 $\sum yz=\frac{1-w^2}{3}$，则由定理 2 的推论 3，有

$$xyz\leqslant\frac{1-3w^2+2w^3}{27}=\frac{(1-w)^2(1+2w)}{27}$$

又由于 $48\left(\sum yz\right)^2-90xyz\sum yz-115xyz+27(xyz)^2$ 是关于 xyz 递减，因此，要证式 ②，只需证

$$48\cdot\left(\frac{1-w^2}{3}\right)^2-90\cdot\frac{1-3w^2+2w^3}{27}\cdot\frac{1-w^2}{3}-115\cdot\frac{1-3w^2+2w^3}{27}+\frac{(1-3w^2+2w^3)^2}{27}\geqslant 0$$

$$\Leftrightarrow (1-w)^2[144(1+w)^2-30(1-w^2)(1+2w)-115(1+2w)+(1-w)^2(1+2w)^2]\geqslant 0$$

$$\Leftrightarrow w^2(1-w)^2(171+56w+4w^2)\geqslant 0$$

上式成立，故式 ② 成立，原式获证，易知当且仅当 $\triangle ABC$ 为正三角形时取等号.

例 15 （来自罗马尼亚 Vasile Cirtoaje 主编的 *Algebraic Inequalities. Old and New Methods*，Chapter 8 第 44 题）设 $a,b,c\in\mathbf{R}^+$，且 $a^2+b^2+c^2=1$，则

$$\frac{1}{3+a^2-2bc}+\frac{1}{3+b^2-2ca}+\frac{1}{3+c^2-2ab}\leqslant\frac{9}{8}$$

（Vasile Cirtoaje and Wolfgang Berndt，MS，2006）

证明 原式经去分母整理后等价于

$$9\left[36\left(\sum a^2\right)^3-24\left(\sum a^2\right)^2\sum bc+3\sum a^2\sum b^2c^2+18abc\sum a\sum a^2-2\sum b^3c^3+4abc\sum a^3-7a^2b^2c^2\right]$$

$$\geqslant 8\sum a^2\left[33\left(\sum a^2\right)^2-14\sum a^2\sum bc+\sum b^2c^2+6abc\sum a\right]$$

$$\Leftrightarrow 60\left(\sum a^2\right)^3-104\left(\sum a^2\right)^2\sum bc+19\sum a^2\sum b^2c^2+$$
$$114abc\sum a\sum a^2-18\sum b^3c^3+36abc\sum a^3-63a^2b^2c^2\geqslant 0$$

设 $s_1=\sum a=1, s_2=\sum bc, s_3=abc$，代入上式，并注意到 $\sum a^2=s_1^2-2s_2$，$\sum a^3=s_1^3-3s_1s_2+3s_3$，$\sum b^2c^2=s_2^2-2s_1s_3$，得到

$$60-464s_2+1\ 155s_2^2-952s_2^3+112s_3-206s_2s_3-9s_3^2\geqslant 0 \quad ①$$

记 $w=\sqrt{1-3s_2}$，即 $s_2=\dfrac{1-w^2}{3}$，据定理 2 的推论 3，有 $s_3\geqslant \dfrac{1-3w^2-2w^3}{27}$. 由于易证

$$112s_3-206s_2s_3-9s_3^2$$
$$\geqslant 112\cdot\frac{1-3w^2-2w^3}{27}-206s_2\cdot\frac{1-3w^2-2w^3}{27}-9\cdot\left(\frac{1-3w^2-2w^3}{27}\right)^2$$

因此，要证式 ① 成立，只需证

$$60-\frac{464(1-w^2)}{3}+\frac{1155(1-w^2)^2}{9}-\frac{952(1-w^2)^3}{27}+$$
$$\left[112-\frac{206(1-w^2)}{3}\right]\cdot\frac{1-3w^2-2w^3}{27}-9\left(\frac{1-3w^2-2w^3}{27}\right)^2\geqslant 0$$

经整理，即得

$$w^2(32-64w+300w^2-106w^3+713w^4)\geqslant 0$$
$$\Leftrightarrow w^2[32(1-w)^2+w^2(268-106w+713w^2)]\geqslant 0$$

此式显然成立，故式 ① 成立，原式获证.

例 16 （“奥数之家网站”，2009－01－19“ppppqqqq”提供）设 $x,y,z\in\overline{\mathbf{R}^-}$，且 $x^2+y^2+z^2=1$，则

$$\sum\frac{1}{1-yz}\leqslant\frac{4\sum x\sum yz}{(y+z)(z+x)(x+y)}$$

当且仅当 $x=y=z=\dfrac{\sqrt3}{3}$，或 x,y,z 中有一个为零，其余两个都等于 $\dfrac{\sqrt2}{2}$ 时取等号.

证明　将原式齐次化，得到

$$\sum\frac{x^2+y^2+z^2}{x^2+y^2+z^2-yz}\leqslant\frac{4\sum x\sum yz}{(y+z)(z+x)(x+y)} \quad ①$$

记 $s_1=\sum x=1, s_2=\sum yz, s_3=xyz$，将式 ① 去分母并经整理，得到

$$式 ① \Leftrightarrow(s_2-8s_2^2+20s_2^3-16s_2^4)+$$
$$(3-17s_2+38s_2^2-32s_2^3)s_3+(1-6s_2)s_3^2\geqslant 0$$

$$\Leftrightarrow s_2(1-4s_2)(1-2s_2)^2+$$
$$(1-2s_2)(3-11s_2+16s_2^2)s_3+(1-6s_2)s_3^2\geqslant 0 \qquad ②$$

当 $1-4s_2\geqslant 0$，且 $1-6s_2\geqslant 0$ 时，式 ② 显然成立；

当 $1-4s_2\geqslant 0$，且 $1-6s_2\leqslant 0$ 时，由于 $s_2^2\geqslant 3s_2s_3=3s_3$，因此，要证式 ② 成立，只要证

$$(1-2s_2)(3-11s_2+16s_2^2)s_3+\frac{1}{3}(1-6s_2)s_2^2s_3\geqslant 0$$

又由于

$$\frac{1}{3}(1-6s_2)s_2^2s_3\geqslant -\frac{1}{3}(1-2s_2)s_2^2s_3$$

因此，又只要证

$$(1-2s_2)(3-11s_2+16s_2^2)s_3-\frac{1}{3}(1-2s_2)s_2^2s_3\geqslant 0$$

易证上式成立，因此，式 ② 成立.

当 $1-4s_2\leqslant 0$ 时，记 $s_2=\frac{1-w^2}{3}(w\geqslant 0)$，根据定理 2 的推论 3，$s_3\geqslant\frac{(1-2w)(1+w)^2}{27}$，这时，有

$$(1-2s_2)(3-11s_2+16s_2^2)s_3+(1-6s_2)s_3^2-$$
$$(1-2s_2)(3-11s_2+16s_2^2)\frac{(1-2w)(1+w)^2}{27}-$$
$$(1-6s_2)\left[\frac{(1-2w)(1+w)^2}{27}\right]^2$$
$$\geqslant\left[s_3-\frac{(1-2w)(1+w)^2}{27}\right]\left\{(1-2s_2)(3-11s_2+16s_2^2)+\right.$$
$$\left.(1-6s_2)\left[s_3+\frac{(1-2w)(1+w)^2}{27}\right]\right\}$$
$$\geqslant\left[s_3-\frac{(1-2w)(1+w)^2}{27}\right][(1-2s_2)(3-11s_2+16s_2^2)+2(1-6s_2)s_3]$$
$$\geqslant\left[s_3-\frac{(1-2w)(1+w)^2}{27}\right][(1-2s_2)(3-11s_2+16s_2^2)+\frac{2}{3}(1-6s_2)s_2^2]$$

（注意到当 $1-4s_2\leqslant 0$ 时，有 $1-6s_2\leqslant 0$）即有

$$(1-2s_2)(3-11s_2+16s_2^2)s_3+(1-6s_2)s_3^2$$
$$\geqslant(1-2s_2)(3-11s_2+16s_2^2)\frac{(1-2w)(1+w)^2}{27}+$$
$$(1-6s_2)\left[\frac{(1-2w)(1+w)^2}{27}\right]^2$$

因此，要证式 ② 成立，只要证

$$\frac{1-w^2}{3}\cdot\left[1-\frac{4(1-w^2)}{3}\right]\left[1-\frac{2(1-w^2)}{3}\right]^2+$$

$$\left[1-\frac{2(1-w^2)}{3}\right]\left[3-\frac{11(1-w^2)}{3}+16\left(\frac{1-w^2}{3}\right)^2\right]\cdot$$

$$\frac{(1-2w)(1+w)^2}{27}+\left[1-\frac{6(1-w^2)}{3}\right]\left[\frac{(1-2w)(1+w)^2}{27}\right]^2\geqslant 0$$

经整理,得到

$$\frac{(1+w)(2w-1)}{27^2}(-8w^2+8w^3-50w^4+28w^5-100w^6-32w^7)\geqslant 0$$

另外,由 $1-4s_2\leqslant 0$,得到 $2w-1\leqslant 0$,又 $1+w>0$,因此,只要证

$$-8w^2+8w^3-50w^4+28w^5-100w^6-32w^7\leqslant 0$$

而上式易证成立,事实上,有

$$-8w^2+8w^3-50w^4+28w^5-100w^6-32w^7$$

$$=-8w^2\left(1-\frac{w}{2}\right)^2-14w^4(1-w)^2-34w^4-86w^6-32w^7\leqslant 0$$

因此,当 $1-4s_2\leqslant 0$ 时,式 ② 也成立.

综上,式 ① 成立,故原式获证,易证当且仅当 $x=y=z=\frac{\sqrt{3}}{3}$,或 x,y,z 中有一个为零,其余两个都等于$\frac{\sqrt{2}}{2}$ 时取等号.

例 17 (2008-08-24,由陈计提供)对于正数 x,y,z,求证

$$\frac{(y+z)(z+x)(x+y)}{xyz}+\frac{2\sqrt{2}(x+y+z)^2}{x^2+y^2+z^2}\geqslant 8+6\sqrt{2}$$

当且仅当 $x=\sqrt{2},y=z=1$;或 $y=\sqrt{2},z=x=1$;或 $z=\sqrt{2},x=y=1$ 时取等号.

证明 记 $s_1=\sum x-1,s_2=\sum yz,s_3=xyz$,经变换,原式等价于

$$s_2-2s_2^2-(9+4\sqrt{2})s_3+(18+12\sqrt{2})s_2s_3\geqslant 0 \qquad ①$$

记 $w^2=1-3s_2$,即 $s_2=\frac{1-w^2}{3}$,则据定理 2 的推论 3,有

$$式 ① 左边\geqslant\frac{1-w^2}{3}-2\cdot\left(\frac{1-w^2}{3}\right)^2-(9+4\sqrt{2})\cdot\frac{1-3w^2+2w^3}{27}+$$

$$(18+12\sqrt{2})\cdot\frac{(1-w^2)(1-3w^2+2w^3)}{81}$$

$$=\frac{3+2\sqrt{2}}{27}(1-w)\left[(3\sqrt{2}-4)-2w\right]^2\geqslant 0$$

即式 ① 成立,原式得证,且易知取等号条件.

例 18 (自创题,2003-07-24)设 $x,y,z\in\overline{\mathbf{R}^-}$,$0<\lambda\leqslant 3$,则

$$\prod(3\lambda x^2+\sum yz)\geqslant(1+\lambda)^3(\sum yz)^3$$

当且仅当 $x=y=z$ 时取等号.

证明 记 $s_1=\sum x, s_2=\sum yz, s_3=xyz$,则

$$\begin{aligned}&\prod(3\lambda x^2+\sum yz)-(1+\lambda)^3(\sum yz)^3\\=&(\sum yz)^3+3\lambda(\sum yz)^2\sum x^2+9\lambda^2\sum yz\cdot\sum y^2z^2+\\&27\lambda^3x^2y^2z^2-(1+\lambda)^3(\sum yz)^3\\=&s_2^3+3\lambda s_2^2(s_1^2-2s_2)+9\lambda^2s_2(s_2^2-2s_1s_3)+27\lambda^3s_3^2-(1+\lambda)^3s_2^3\\=&\lambda[3(s_1s_2-3\lambda s_3)^2-(3-\lambda)^2s_2^3]\end{aligned}\quad①$$

设 $s_1=1, s_2=\frac{1-w^2}{3}(0\leqslant w\leqslant 1)$,由定理 2 的推论 3 有 $s_3\leqslant\frac{(1+2w)(1-w)^2}{3}$,于是

$$\begin{aligned}s_1s_2-3\lambda s_3&\geqslant\frac{1-w^2}{3}-\lambda\cdot\frac{(1+2w)(1-w)^2}{9}\\&\geqslant\frac{1}{9}(1-w)[3(1+w)-\lambda\cdot(1+2w)(1-w)]\\&\geqslant\frac{1}{9}(1-w)[(3-\lambda)(1+w)+2\lambda w^2]\geqslant 0(注意到 0<\lambda\leqslant 3)\end{aligned}$$

因此,由式 ① 知只要证

$$\frac{1}{27}(1-w)^2[(3-\lambda)(1+w)+2\lambda w^2]^2-\frac{1}{27}(3-\lambda)^2(1-w^2)^3\geqslant 0$$

由于 $1-w\geqslant 0$,因此只要证

$$[(3-\lambda)(1+w)+2\lambda w^2]^2-(3-\lambda)^2(1-w^2)(1+w)^2\geqslant 0$$

即

$$4\lambda^2w^4+4\lambda(3-\lambda)w^2(1+w)+(3-\lambda)^2w^2(1+w)^2\geqslant 0$$

此式显然成立,即有

$$\lambda[3(s_1s_2-3\lambda s_3)^2-(3-\lambda)^2s_2^3]\geqslant 0$$

故原式成立. 当且仅当 $x=y=z$ 时取等号.

例 19 (自创题,2011-08-13) 设 $a,b,c\in\overline{\mathbf{R}^-}$,则

$$\sum a^2-(2-\sqrt{2})\sum bc\geqslant(\sqrt{2}-1)\sqrt{3\sum a^4}$$

当且仅当 $a=b=c$,或 a,b,c 中有两个相等,且满足 $3\sum bc=\left[1-\left(\frac{3\sqrt{2}-4}{2}\right)^2\right]\cdot(\sum a)^2$ 时取等号.

证明 记 $\lambda=2-\sqrt{2}, s_1=\sum a=1, s_2=\sum bc, s_3=abc, s_2=\frac{1-w^2}{3}$,于是

$$[\sum a^2-(2-\sqrt{2})\sum bc]^2-3(\sqrt{2}-1)^2\sum a^4$$
$$=(-2+6\lambda-3\lambda^2)-(-8+26\lambda-12\lambda^2)s_2+$$
$$(-2+16\lambda-10\lambda^2)s_2^2-12(1-\lambda)^2 s_3$$
$$\geqslant(-2+6\lambda-3\lambda^2)-(-8+26\lambda-12\lambda^2)\frac{1-w^2}{3}+$$
$$(-2+16\lambda-10\lambda^2)\frac{(1-w^2)^2}{9}-$$
$$\frac{4(1-\lambda)^2}{9}(1-3w^2+2w^3)$$
$$=\frac{w^2}{9}[(-8+22\lambda-14\lambda^2)-8(1-\lambda)^2 w+(-2+16\lambda-5\lambda^2)w^2]$$
$$=\frac{w^2}{9}(-8+22\lambda-14\lambda^2)\left[1-\frac{4(1-\lambda)^2 w}{-8+22\lambda-14\lambda^2}\right]^2+$$
$$\frac{w^4}{9}[(-2+16\lambda-5\lambda^2)-\frac{16(1-\lambda)^4}{-8+22\lambda-14\lambda^2}]$$
$$=\frac{2w^2}{9}(\lambda-1)(4-7\lambda)[1-\frac{4(1-\lambda)^2 w}{-8+22\lambda-14\lambda^2}]^2\geqslant 0$$

(注意到,当 $\lambda=2-\sqrt{2}$ 时 $(\lambda-1)(4-7\lambda)>0$,$8(1-\lambda)^4-(-4+11\lambda-7\lambda^2)\cdot(-2+16\lambda-5\lambda^2)=0$)

当且仅当 $w=0$,即 $a=b=c$;或 $w=\frac{-8+22\lambda-14\lambda^2}{4(1-\lambda)^2}=\frac{3\sqrt{2}-4}{2}$,即 a,b,c 中有两个相等,且满足 $3\sum bc=[1-(\frac{3\sqrt{2}-4}{2})^2](\sum a)^2$ 时取等号.

注:原式可以改写成

$$\sum a^2+\frac{\sqrt{2}}{2}\sum(b-c)^2\geqslant\sqrt{3\sum a^4}$$

例 20 $a,b,c\in\mathbf{R}^+$,$a+b+c=3$,则

$$\sum\frac{bc}{a}+\frac{9abc}{4}\geqslant\frac{21}{4}$$

当且仅当 $w=0$,或 $w=3$,或 $w=\frac{3}{2}$,即 $a=b=c=1$;或 a,b,c 中有一个等于零,另外两个都等于 $\frac{3}{2}$;或 a,b,c 中一个等于 2,另外两个都等于 $\frac{1}{2}$ 时取等号.

证明 记 $s_1=a+b+c=3$,$s_2=bc+ca+ab$,$s_3=abc$,则

$$\sum\frac{bc}{a}+\frac{9abc}{4}-\frac{21}{4}=\frac{\sum b^2c^2}{abc}+\frac{9abc}{4}-\frac{21}{4}=\frac{4s_2^2-45s_3+9s_3^2}{4s_3}$$

即证

$$4s_2^2-45s_3+9s_3^2\geqslant 0 \quad ①$$

记 $w=\sqrt{s_1^2-3s_2}=\sqrt{9-3s_2}$，即 $s_2=\frac{9-w^2}{3}$，由定理 2 得到

式 ① 左边 $=4s_2^2-45s_3+9s_3^2$

$$\geqslant 4\left(\frac{9-w^2}{3}\right)^2-45\frac{(3+2w)(3-w)^2}{27}+9\left[\frac{(3+2w)(3-w)^2}{27}\right]^2$$

$$=\frac{w^2(3-w)^2(9-12w+4w^2)}{81}$$

$$=\frac{w^2(3-w)^2(3-2w)^2}{81}\geqslant 0$$

当且仅当 $w=0$，或 $w=3$，或 $w=\frac{3}{2}$，即 $a=b=c=1$；或 a,b,c 中有一个等于零，另外两个都等于 $\frac{3}{2}$；或 a,b,c 中一个等于 2，另外两个都等于 $\frac{1}{2}$ 时取等号.

例 21 设实系数三次多项式 $P(x)=x^3+ax^2+bx+c$ 有三个非零实数根. 求证

$$6a^3+10(a^2-2b)^{\frac{3}{2}}-12ab\geqslant 27c$$

证明 由已知条件，有 $-a=x+y+z$，$b=yz+zx+xy$，$-c=xyz$，设 $w=\sqrt{a^2-3b}$，则有

$$-a^3+3aw^2-2w^3\leqslant -27c\leqslant -a^3+3aw^2+2w^3$$

于是

$$6a^3+10(a^2-2b)^{\frac{3}{2}}-12ab-27c$$

$$=6a^3+10\left(a^2-2\cdot\frac{a^2-w^2}{3}\right)^{\frac{3}{2}}-12a\cdot\frac{a^2-w^2}{3}-27c$$

$$=10\left(\frac{a^2+2w^2}{3}\right)^{\frac{3}{2}}+2a^3+4aw^2-27c$$

$$\geqslant 10\left(\frac{a^2+2w^2}{3}\right)^{\frac{3}{2}}+2a^3+4aw^2+(-a^3+3aw^2-2w^3)$$

$$=10\left(\frac{a^2+2w^2}{3}\right)^{\frac{3}{2}}+a^3+7aw^2-2w^3$$

由于

$$100\left(\frac{a^2+2w^2}{3}\right)^3-(-a^3-7aw^2+2w^3)^2$$

$$=\frac{73}{27}a^6+\frac{74}{9}a^4w^2+4a^3w^3-\frac{41}{9}a^2w^4+28aw^5+\frac{692}{27}$$

$$=\frac{1}{27}(a+w)(73a^5-73a^4w+295a^3w^2-187a^2w^3+64aw^4+692w^5)$$

$$=\frac{1}{27}(a+w)^2(73a^4-146a^3w+441a^2w^2-628aw^3+692w^4)$$

$$=\frac{1}{27}(a+w)^2(73a^4-146a^3w+441a^2w^2-628aw^3+692w^4)$$

$$=\frac{1}{27}(a+w)^2[(73(a^2-aw-2w^2)^2+20w^2(33a^2-46aw+20w^2)]\geqslant 0$$

因此得到

$$100\left(\frac{a^2+2w^2}{3}\right)^{\frac{3}{2}}\geqslant|-a^3-7aw^2+2w^3|\geqslant -a^3-7aw^2+2w^3$$

即得到原式.

原命题获证,由以上证明中易知,当且仅当 $x=y=-2z$ 及其循环式时取等号.

注:用 $-a=x+y+z,b=yz+zx+xy,-c=xyz$ 代入原式,经整理得到其等价式

$$10\left(\sum x^2\right)^{\frac{3}{2}}\geqslant 6\left(\sum x\right)\left(\sum x^2\right)-27xyz$$

其中 $x,y,z\in\mathbf{R}$. 当且仅当 $x=y=-2z$ 及其循环式时取等号.

例 22　设 $a,b,c\in\overline{\mathbf{R}^-}$,求证

$$\left(\sum a^2\right)^2\sum bc\geqslant\left(\sum a\right)^2\sum b^2c^2$$

证明　记 $s_1=a+b+c=1,s_2=bc+ca+ab,s_3=abc$,则

$$\left(\sum a^2\right)^2\sum bc-\left(\sum a\right)^2\sum b^2c^2$$
$$=(s_1^2-2s_2)^2s_2-s_1^2(s_2^2-2s_1s_3)$$
$$=s_1^4s_2-5s_1^2s_2^2+4s_2^3+2s_1^3s_3$$

于是只要证明

$$s_1^4s_2-5s_1^2s_2^2+4s_2^3+2s_1^3s_3\geqslant 0\qquad(※)$$

下面分两种情况证明式(※).

i. 当 $\sum a^2\geqslant 2\sum bc$,即 $s_1^2-4s_2\geqslant 0$ 时,由于 $a,b,c\in\overline{\mathbf{R}^-}$,因此,只要证明

$$s_1^4s_2-5s_1^2s_2+4s_2^3\geqslant 0$$

即

$$(s_1^2-s_2)(s_1^2-4s_2)\geqslant 0$$

此式成立,因此,当 $\sum a^2\geqslant 2\sum bc$,即 $s_1^2-4s_2\geqslant 0$ 时,式(※)成立,则原式成立.

ii. 当 $\sum a^2\leqslant 2\sum bc$, 即 $s_1^2-4s_2\leqslant 0$ 时, 不妨设 $s_1=1$, 且设 $w=$

$\sqrt{(\sum a)^2-3\sum bc}=\sqrt{1-3s_2}$，即 $s_2=\frac{1-w^2}{3}$，于是有 $1-2w\geqslant 0$，由定理 2 的推论 3 得到

$$\begin{aligned}&s_1^4s_2-5s_1^2s_2^2+4s_2^3+2s_1^3s_3\\ \geqslant&\frac{1-w^2}{3}-5\left(\frac{1-w^2}{3}\right)^2+4\left(\frac{1-w^2}{3}\right)^3+2\cdot\frac{1-3w^2-2w^3}{27}\\ =&\frac{w^2}{27}(3-4w-3w^2-4w^4)\\ =&\frac{w^2}{27}(1+w)(1-2w)(3-w+2w^2)\geqslant 0\text{（注意到 }1-2w\geqslant 0\text{）}\end{aligned}$$

因此，当 $\sum a^2\leqslant\sum bc$，即 $s_1^2-4s_2\leqslant 0$ 时，式（※）也成立，则原式成立.

综上，原命题获证. 由以上证明过程可知，当且仅当 $a=b=c$，或 a,b,c 中有一个等于零，另外两个相等时原式取等号.

例 23 （自创题，2020－01－11）$x,y,z\in\overline{\mathbf{R}^-}$，且 $x+y+z=1$，则

$$xyz\left[20\frac{1}{4}+\left(\frac{1}{x}+\frac{1}{y}+\frac{1}{z}\right)^2\right]\geqslant\frac{15}{4}$$

证明 原式等价于

$$f(xyz)=\frac{81}{4}(xyz)^2-\frac{15}{4}xyz+(yz+yz+yz)^2\geqslant 0$$

由于 $\frac{81}{4}(xyz)^2-\frac{9}{4}xyz=\left[\frac{9}{4}(x+y+z)^3-\frac{9}{2}xyz\right]^2-\left(\frac{9}{4}\right)^2(x+y+z)^6$，可知 $f(xyz)$ 是关于 xyz 的减函数，又由于

$$s_3\leqslant\frac{(s_1+2w)(s_1-w)^2}{27}=\frac{(1+2w)(1-w)^2}{27}$$

其中，$s_1=x+y+z=1$，$s_2=yz+zx+xy=\frac{s_1^2-w^2}{3}=\frac{1-w^2}{3}(w\geqslant 0)$，因此只要证明

$$\begin{aligned}f(xyz)=&\frac{81}{4}(xyz)^2-\frac{15}{4}xyz+(yz+yz+yz)^2\\ \geqslant&\frac{81}{4}\left[\frac{(1+2w)(1-w)^2}{27}\right]^2-\frac{15}{4}\cdot\frac{(1+2w)(1-w)^2}{27}+\left(\frac{1-w^2}{3}\right)^2\\ \geqslant&0\end{aligned}$$

经整理即

$$3w^2(2w-1)^2\geqslant 0$$

上式显然成立，故原命题成立，当且仅当 $w=0$，或 $w=\frac{1}{2}$，即当且仅当 $x=y=z$，或 x,y,z 中有一个等于 $\frac{2}{3}$，另外两个相等，都等于 $\frac{1}{6}$ 时取等号.

§5 其他基本不等式

一、琴生(Jensen) 不等式

设连续函数 $f(x)$ 的定义域为(a,b),如果对于(a,b) 内的任意两个数 x_1,x_2,都有

$$f\left(\frac{x_1+x_2}{2}\right)\leqslant\frac{f(x_1)+f(x_2)}{2}$$

则称 $f(x)$ 为(a,b) 上的凸函数.若上式不等式反号,则称 $f(x)$ 为(a,b) 上的凹函数.

若 $f(x)$ 为(a,b) 上的凸函数,则对于任意 $x_1,x_2,\cdots,x_n\in(a,b)$ 有

$$f\left(\frac{x_1+x_2+\cdots+x_n}{n}\right)\leqslant\frac{1}{n}[f(x_1)+f(x_2)+\cdots+f(x_n)]$$

当且仅当 $x_1=x_2=\cdots=x_n$ 时取等号.

若为(a,b) 上的凹函数,则对于任意 $x_1,x_2,\cdots,x_n\in(a,b)$ 有

$$f\left(\frac{x_1+x_2+\cdots+x_n}{n}\right)\geqslant\frac{1}{n}[f(x_1)+f(x_2)+\cdots+f(x_n)]$$

当且仅当 $x_1=x_2=\cdots=x_n$ 时取等号.

例 1 (自创题,2015－08－16)若 $a,b,c\in[0,\frac{1}{\lambda}]$,$\lambda\geqslant\sqrt{3}$,且$\frac{a^2}{1+a^2}+\frac{b^2}{1+b^2}+\frac{c^2}{1+c^2}=\frac{2}{\lambda+1}$,则

$$a+b+c\leqslant 3\sqrt{\frac{2}{3\lambda+1}}$$

证明 由已知条件$\frac{a^2}{1+a^2}+\frac{b^2}{1+b^2}+\frac{c^2}{1+c^2}=\frac{2}{\lambda+1}$,得到

$$\lambda=\frac{2}{\frac{a^2}{1+a^2}+\frac{b^2}{1+b^2}+\frac{c^2}{1+c^2}}-1$$

于是,所证不等式 $a+b+c\leqslant 3\sqrt{\frac{2}{3\lambda+1}}$ 等价于

$$(a+b+c)^2\leqslant\frac{18}{3\lambda+1}=\frac{18}{3\left(\frac{2}{\frac{a^2}{1+a^2}+\frac{b^2}{1+b^2}+\frac{c^2}{1+c^2}}-1\right)+1}$$

$$=\frac{9\left(\frac{a^2}{1+a^2}+\frac{b^2}{1+b^2}+\frac{c^2}{1+c^2}\right)}{3-\left(\frac{a^2}{1+a^2}+\frac{b^2}{1+b^2}+\frac{c^2}{1+c^2}\right)}$$

即

$$\frac{a^2}{1+a^2}+\frac{b^2}{1+b^2}+\frac{c^2}{1+c^2}\geqslant 3\frac{\left(\frac{a+b+c}{3}\right)^2}{1+\left(\frac{a+b+c}{3}\right)^2} \quad ①$$

令 $f(x)=\frac{x^2}{1+x^2}\left(0\leqslant x\leqslant\frac{1}{\lambda}\right)$，则 $f'(x)=\frac{2x}{(1+x^2)^2}$，$f''(x)=\frac{2(1-3x^2)}{(1+x^2)^3}$，又由于 $1-3x^2\geqslant 1-3\frac{1}{\lambda^2}\geqslant 1-3\cdot\frac{1}{3}=0$，因此，由琴生不等式可知，式 ① 成立，故原式成立.

今对式 ① 中的条件改变，提出以下猜想

猜想 （杨学枝，2015—08—29 提出）设 $a,b,c\geqslant 0$，且 $a+b+c\leqslant\frac{3\sqrt{14}}{7}$，则

$$\frac{a^2}{1+a^2}+\frac{b^2}{1+b^2}+\frac{c^2}{1+c^2}\geqslant\frac{3(a+b+c)^2}{9+(a+b+c)^2}$$

经计算机验证上述不等式是成立的. 安徽孙世宝老师给出了证明（见后）.

二、伯努利(Bernoulli) 不等式

设 $x>-1$，若 $\alpha<0$，或 $\alpha>1$，则

$$(1+x)^\alpha\geqslant 1+\alpha x$$

若 $0<\alpha<1$，则

$$(1+x)^\alpha\leqslant 1+\alpha x$$

当且仅当 $x=0$ 时，以上两式均取等号.

例 2 若 $a_i>0$，$i=1,2,\cdots,n$，并约定 $a_{n+1}=a_1$，则

i. 当 $\alpha<-1$，或 $\alpha>0$ 时，有

$$\sum_{i=1}^{n}\frac{a_i^{\alpha+1}}{(a_i+a_{i+1})^\alpha}\geqslant\frac{1}{2^\alpha}\sum_{i=1}^{n}a_i$$

ii. 当 $-1<\alpha<0$ 时，有

$$\sum_{i=1}^{n}\frac{a_i^{\alpha+1}}{(a_i+a_{i+1})^\alpha}\geqslant\frac{1}{2^\alpha}\sum_{i=1}^{n}a_i$$

当且仅当 $a_1=a_2=\cdots=a_n$ 时，以上两式均取等号.

证明 应用伯努利不等式证明.

i. 当 $\alpha<-1$，或 $\alpha>0$ 时，有

$$(2a_i)^{\alpha+1}=(a_i+a_{i+1})^{\alpha+1}(1+\frac{a_i-a_{i+1}}{a_i+a_{i+1}})^{\alpha+1}$$

$$\geqslant(a_i+a_{i+1})^{\alpha+1}[1+(\alpha+1)\frac{a_i-a_{i+1}}{a_i+a_{i+1}}]$$

$$=(a_i+a_{i+1})^{\alpha}[(\alpha+1)a_i-\alpha a_{i+1}]$$

因此,得到

$$\sum_{i=1}^{n}\frac{a_i^{\alpha+1}}{(a_i+a_{i+1})}\geqslant\frac{1}{2^{\alpha}}\sum_{i=1}^{n}[(\alpha+1)a_i-\alpha a_{i+1}]=\frac{1}{2^{\alpha}}\sum_{i=1}^{n}a_i$$

即得 i 中的不等式.

ii. 当 $-1<\alpha<0$ 时,有

$$(2a_i)^{\alpha+1}=(a_i+a_{i+1})^{\alpha+1}(1+\frac{a_i-a_{i+1}}{a_i+a_{i+1}})^{\alpha+1}$$

$$\leqslant(a_i+a_{i+1})^{\alpha+1}[1+(\alpha+1)\frac{a_i-a_{i+1}}{a_i+a_{i+1}}]$$

$$=(a_i+a_{i+1})^{\alpha}[(\alpha+1)a_i-\alpha a_{i+1}]$$

因此,得到

$$\sum_{i=1}^{n}\frac{a_i^{\alpha+1}}{(a_i+a_{i+1})^{\alpha}}\leqslant\frac{1}{2^{\alpha}}\sum_{i=1}^{n}[(\alpha+1)a_i-\alpha a_{i+1}]=\frac{1}{2^{\alpha}}\sum_{i=1}^{n}a_i$$

即得 ii 中的不等式.

三、赫尔德(Hölder)不等式

设 $a_i,b_i,\cdots,l_i\in\mathbf{R}^+$ $(i=1,2,\cdots,n)$,又 $\alpha,\beta,\cdots,\lambda\in\mathbf{R}^+$,且 $\alpha+\beta+\cdots+\lambda=1$,则有

$$\sum_{i=1}^{n}a_i^{\alpha}b_i^{\beta}\cdots l_i^{\lambda}\leqslant(\sum_{i=1}^{n}a_i)^{\alpha}(\sum_{i=1}^{n}b_i)^{\beta}\cdots(\sum_{i=1}^{n}l_i)^{\lambda}$$

当且仅当 $\frac{a_k}{\sum\limits_{i=1}^{n}a_i}=\frac{b_k}{\sum\limits_{i=1}^{n}b_i}=\cdots=\frac{l_k}{\sum\limits_{i=1}^{n}l_i}(k=1,2,\cdots,n)$ 时取等号.

特别当 $\alpha=\beta=\cdots=\lambda=\frac{1}{n}$ 时,有

$$[\sum_{i=1}^{n}(a_ib_i\cdots l_i)^{\frac{1}{n}}]^n\leqslant(\sum_{i=1}^{n}a_i)(\sum_{i=1}^{n}b_i)\cdots(\sum_{i=1}^{n}l_i)$$

可仿第一章 §1 柯西不等式证法 2,应用算术 — 几何平均值不等式证明.

例 3　设 $x_i\in\mathbf{R}^+,i=1,2,\cdots,n,n\geqslant3$,且 $\sum\limits_{i=1}^{n}x_i=n,a\geqslant n-1$,则

$$\prod_{i=1}^{n}(x_i^{n-1}+a)\geqslant(1+a)^n$$

当且仅当 $x_1=x_2=\cdots=x_n=1$ 时取等号.

证明 对于任意 n 个数 $x_i \in \mathbf{R}^+, i=1,2,\cdots,n, n\geqslant 3$,总有两个数同时不小于 1,或同时不大于 1,不妨设这两个数为 x_1, x_2,则

$$(x_1^{n-1}-1)(x_2^{n-1}-1)\geqslant 0$$

即有

$$x_1^{n-1}x_2^{n-1}\geqslant x_1^{n-1}+x_2^{n-1}-1$$

因此得到

$$\begin{aligned}(x_1^{n-1}+a)(x_2^{n-1}+a)&=x_1^{n-1}x_2^{n-1}+a(x_1^{n-1}+x_2^{n-1})+a^2\\&\geqslant x_1^{n-1}+x_2^{n-1}-1+a(x_1^{n-1}+x_2^{n-1})+a^2\\&\geqslant (a+1)[x_1^{n-1}+x_2^{n-1}+(a-1)]\end{aligned}$$

于是,有

$$\begin{aligned}&\prod_{i=1}^{n}(x_i^{n-1}+a)\\&\geqslant (a+1)[x_1^{n-1}+x_2^{n-1}+(a-1)]\prod_{i=3}^{n}(x_i^{n-1}+a)\\&\geqslant (a+1)[x_1^{n-1}+x_2^{n-1}+\underbrace{1+1+\cdots+1}_{n-2\text{个}}+(a-n+1)]\cdot\\&\quad[1+1+x_3^{n-1}+\underbrace{1+1+\cdots+1}_{n-3\text{个}}+(a-n+1)]\cdot\\&\quad[1+1+1+x_4^{n-1}+\underbrace{1+1+\cdots+1}_{n-4}+(a-n+1)]\cdot\cdots\cdot\\&\quad[\underbrace{1+1+\cdots+1}_{n-1\text{个}}+x_3^{n-1}+\cdots+(a-n+1)]\\&\geqslant (1+a)\ (x_1+x_2+\cdots+x_n+a-n+1)^{n-1}\text{(应用赫尔德不等式)}\\&=(1+a)^{n-1}\end{aligned}$$

由上述证明过程可知,当且仅当 $x_1=x_2=\cdots=x_n=1$ 时,原式取等号.

应用赫尔德不等式证明不等式有许多例子,可以参阅本书第七章中的有关例子.

四、舒尔(Schur)不等式

设 $a,b,c\in\mathbf{R}^+, r\in\mathbf{R}^+$,则

$$a^r(a-b)(a-c)+b^r(b-c)(b-a)+c^r(c-a)(c-b)\geqslant 0$$

当且仅当 $a=b=c$,或 a,b,c 中一个为零,其余两个相等时取等号.

应用例子见后文.

五、切比雪夫(Tschebysheff)不等式

设两组实数 $a_1,a_2,\cdots,a_n;b_1,b_2,\cdots,b_n$,若满足 $a_1\leqslant a_2\leqslant\cdots\leqslant a_n, b_1\leqslant$

$b_2 \leqslant \cdots \leqslant b_n$ 或 $a_1 \geqslant a_2 \geqslant \cdots \geqslant a_n, b_1 \geqslant b_2 \geqslant \cdots \geqslant b_n$,则有

$$\frac{1}{n}\sum_{i=1}^{n} a_i b_i \geqslant \left(\frac{1}{n}\sum_{i=1}^{n} a_i\right)\left(\frac{1}{n}\sum_{i=1}^{n} b_i\right)$$

若满足 $a_1 \leqslant a_2 \leqslant \cdots \leqslant a_n, b_1 \geqslant b_2 \geqslant \cdots \geqslant b_n$,或 $a_1 \geqslant a_2 \geqslant \cdots \geqslant a_n, b_1 \leqslant b_2 \leqslant \cdots \leqslant b_n$,则有

$$\frac{1}{n}\sum_{i=1}^{n} a_i b_i \leqslant \left(\frac{1}{n}\sum_{i=1}^{n} a_i\right)\left(\frac{1}{n}\sum_{i=1}^{n} b_i\right)$$

当且仅当 $a_1 = a_2 = \cdots = a_n$,或 $b_1 = b_2 = \cdots = b_n$ 时以上两式均取等号.

例 4 (自创题,2014－05－21)设 $a_i \in \mathbf{R}, i=1,2,3,4,5,6$,且 $a_1 \leqslant a_2 \leqslant a_3 \leqslant a_4 \leqslant a_5 \leqslant a_6$,则

$$\begin{aligned}&a_2(a_3+a_5)+a_4(a_1+a_5)+a_6(a_1+a_3)\\ \leqslant &\frac{2}{3}(a_1+a_3+a_5)(a_2+a_4+a_6)\end{aligned}$$

证明 由于 $a_1 \leqslant a_2 \leqslant a_3 \leqslant a_4 \leqslant a_5 \leqslant a_6$,由切比雪夫不等式得到

$$a_1a_2+a_3a_4+a_5a_6 \leqslant \frac{1}{3}(a_1+a_3+a_5)(a_2+a_4+a_6)$$

因此

$$\begin{aligned}&a_2(a_3+a_5)+a_4(a_1+a_5)+a_6(a_1+a_3)\\ =&a_1a_4+a_4a_5+a_5a_2+a_2a_3+a_3a_6+a_6a_1\\ =&(a_1+a_3+a_5)(a_2+a_4+a_6)-(a_1a_2+a_3a_4+a_5a_6)\\ \leqslant&(a_1+a_3+a_5)(a_2+a_4+a_6)-\frac{1}{3}(a_1+a_3+a_5)(a_2+a_4+a_6)\\ =&\frac{2}{3}(a_1+a_3+a_5)(a_2+a_4+a_6)\end{aligned}$$

即得原式.

注:由证法可知,还可以构造类似不等式.

例 5 2014年福建省高中数学竞赛暨2014年全国高中数学联赛(福建省赛区)预赛(2014 年 5 月 17 日)最后一道试题推广题(2014－05－20):

设 $a_i \in \mathbf{R}, i=1,2,\cdots,n$,则必存在 $a_1,a_2,a_3,\cdots,a_n$ 的一个排列 $x_1,x_2,x_3,\cdots,x_n$,满足

$$x_1x_2+x_2x_3+\cdots+x_{n-1}x_n+x_nx_1 \leqslant \frac{1}{n}\left(\sum_{i=1}^{n} a_i\right)^2$$

证明 不妨设 $a_1 \leqslant a_2 \leqslant a_3 \leqslant \cdots \leqslant a_n$,下面分 n 为奇数和 n 为偶数两种情况予以证明.

当 n 为奇数时,有 $a_1 \leqslant a_2 \leqslant a_3 \leqslant \cdots \leqslant a_{\frac{n+1}{2}} \leqslant a_{\frac{n+3}{2}} \leqslant \cdots \leqslant a_n$,并分成以下两组

$$a_1 \leqslant a_2 = a_2 \leqslant a_3 = a_3 \leqslant \cdots \leqslant a_{\frac{n-1}{2}} = a_{\frac{n-1}{2}} \leqslant a_{\frac{n+1}{2}} = a_{\frac{n+1}{2}}$$

$$a_n = a_n \geqslant a_{n-1} = a_{n-1} \geqslant a_{n-2} = \cdots \geqslant a_{\frac{n+5}{2}} = a_{\frac{n+5}{2}} \geqslant a_{\frac{n+3}{2}} = a_{\frac{n+3}{2}} \geqslant a_1$$

上述等个数的两组实数显然是逆序排列，根据切比雪夫不等式，有

$$\begin{aligned}
&a_1a_n + a_na_2 + a_2a_{n-1} + a_{n-1}a_3 + \cdots + a_{\frac{n+1}{2}}a_1 \\
=&a_1a_n + a_2a_n + a_2a_{n-1} + a_3a_{n-1} + \cdots + a_{\frac{n+1}{2}}a_1 \\
\leqslant&\frac{1}{n}(a_1 + 2a_2 + 2a_3 + \cdots + 2a_{\frac{n+1}{2}})(2a_n + 2a_{n-1} + 2a_{n-2} + \cdots + 2a_{\frac{n+3}{2}} + a_1) \\
\leqslant&\frac{1}{n}\left[\frac{(a_1 + 2a_2 + 2a_3 + \cdots + 2a_{\frac{n+1}{2}}) + (2a_n + 2a_{n-1} + 2a_{n-2} + \cdots + 2a_{\frac{n+3}{2}} + a_1)}{2}\right]^2 \\
=&\frac{1}{n}(a_1 + a_2 + a_3 + \cdots + a_n)^2
\end{aligned}$$

取$(x_1, x_2, x_3, x_4, x_5, \cdots, x_n) = (a_1, a_n, a_2, a_{n-1}, a_3, \cdots, a_{\frac{n+1}{2}})$，这就证明了当$n$为奇数时，原命题成立.

当n为偶数时，有$a_1 \leqslant a_2 \leqslant a_3 \leqslant \cdots \leqslant a_{\frac{n+2}{2}} \leqslant a_{\frac{n+4}{2}} \leqslant \cdots \leqslant a_n$，并分成以下两组

$$a_1 \leqslant a_2 = a_2 \leqslant a_3 = a_3 \leqslant \cdots \leqslant a_{\frac{n}{2}} = a_{\frac{n}{2}} \leqslant a_{\frac{n+2}{2}}$$

$$a_n = a_n \geqslant a_{n-1} = a_{n-1} \geqslant a_{n-2} = \cdots \geqslant a_{\frac{n+4}{2}} = a_{\frac{n+4}{2}} \geqslant a_{\frac{n+2}{2}} \geqslant a_1$$

上述等个数的两组实数显然是逆序排列，根据切比雪夫不等式，有

$$\begin{aligned}
&a_1a_n + a_na_2 + a_2a_{n-1} + a_{n-1}a_3 + \cdots + a_{\frac{n+2}{2}}a_1 \\
=&a_1a_n + a_2a_n + a_2a_{n-1} + a_3a_{n-1} + \cdots + a_{\frac{n+2}{2}}a_1 \\
\leqslant&\frac{1}{n}(a_1 + 2a_2 + \cdots + 2a_{\frac{n}{2}} + a_{\frac{n+2}{2}})(2a_n + 2a_{n-1} + \cdots + 2a_{\frac{n+4}{2}} + a_{\frac{n+2}{2}} + a_1) \\
\leqslant&\frac{1}{n}\left[\frac{(a_1 + 2a_2 + \cdots + 2a_{\frac{n}{2}} + a_{\frac{n+2}{2}}) + (2a_n + 2a_{n-1} + \cdots + 2a_{\frac{n+4}{2}} + a_{\frac{n+2}{2}} + a_1)}{2}\right]^2 \\
=&\frac{1}{n}(a_1 + a_2 + a_3 + \cdots + a_n)^2
\end{aligned}$$

取$(x_1, x_2, x_3, x_4, x_5, \cdots, x_n) = (a_1, a_n, a_2, a_{n-1}, a_3, \cdots, a_{\frac{n+2}{2}})$，这就证明了当$n$为偶数时原命题也成立.

故原命题获证.

注：可参见《中等数学》2015年第7期，杨学枝《一道竞赛题的推广》.

例6 （2016年全国高中数学联赛陕西赛区预赛题，第二试试题五）

设a, b, c为正实数，且满足$abc = 1$，对任意整数$n \geqslant 2$，证明

$$\frac{a}{\sqrt[n]{b+c}} + \frac{b}{\sqrt[n]{c+a}} + \frac{c}{\sqrt[n]{a+b}} \geqslant \frac{3}{\sqrt[n]{2}}$$

证明 （命题者解答）不妨设$a \leqslant b \leqslant c$，则

$$\sqrt[n]{b+c} \geqslant \sqrt[n]{c+a} \geqslant \sqrt[n]{a+b}, \frac{a}{\sqrt[n]{b+c}} \leqslant \frac{b}{\sqrt[n]{c+a}} \leqslant \frac{c}{\sqrt[n]{a+b}}$$

由切比雪夫不等式，得

$$a+b+c=\sqrt[n]{b+c}\cdot\frac{a}{\sqrt[n]{b+c}}+\sqrt[n]{c+a}\cdot\frac{b}{\sqrt[n]{c+a}}+\sqrt[n]{a+b}\cdot\frac{c}{\sqrt[n]{a+b}}$$

$$\leqslant\frac{1}{3}(\sqrt[n]{b+c}+\sqrt[n]{c+a}+\sqrt[n]{a+b})\left(\frac{a}{\sqrt[n]{b+c}}+\frac{b}{\sqrt[n]{c+a}}+\frac{c}{\sqrt[n]{a+b}}\right)$$

又由幂平均不等式，得

$$\frac{\sqrt[n]{b+c}+\sqrt[n]{c+a}+\sqrt[n]{a+b}}{3}\leqslant\sqrt[n]{\frac{(b+c)+(c+a)+(a+b)}{3}}$$

$$=\sqrt[n]{\frac{2}{3}(a+b+c)}$$

所以，$a+b+c=\sqrt[n]{\frac{2}{3}(a+b+c)}\cdot\left(\frac{a}{\sqrt[n]{b+c}}+\frac{b}{\sqrt[n]{c+a}}+\frac{c}{\sqrt[n]{a+b}}\right)$. 于是

$$\frac{a}{\sqrt[n]{b+c}}+\frac{b}{\sqrt[n]{c+a}}+\frac{c}{\sqrt[n]{a+b}}\geqslant\frac{a+b+c}{\sqrt[n]{\frac{2}{3}(a+b+c)}}=\sqrt[n]{\frac{3}{2}(a+b+c)^{n-1}}$$

由已知条件及均值不等式，得

$$a+b+c\geqslant 3\sqrt[3]{abc}=3$$

故

$$\frac{a}{\sqrt[n]{b+c}}+\frac{b}{\sqrt[n]{c+a}}+\frac{c}{\sqrt[n]{a+b}}\geqslant\frac{3}{\sqrt[n]{2}}$$

六、加权幂平均不等式

设 $a_i,p_i\in\mathbf{R}^+$ $(i=1,2,\cdots,n)$，$r,s\in\mathbf{R}$，且 $r<s$，则

$$\left(\frac{\sum_{i=1}^{n}p_ia_i^r}{\sum_{i=1}^{n}p_i}\right)^{\frac{1}{r}}\leqslant\left(\frac{\sum_{i=1}^{n}p_ia_i^s}{\sum_{i=1}^{n}p_i}\right)^{\frac{1}{s}}$$

当且仅当 $a_1=a_2=\cdots=a_n$ 时取等号.

七、算术 — 几何平均值不等式推广

设 $a_i,p_i\in\mathbf{R}^+$ $(i=1,2,\cdots,n)$，则

$$\frac{p_1a_1+p_2a_2+\cdots+p_na_n}{p_1+p_2+\cdots+p_n}\geqslant(a_1^{p_1}a_2^{p_2}\cdots a_n^{p_n})^{\frac{1}{p_1+p_2+\cdots+p_n}}$$

当且仅当 $a_1=a_2=\cdots=a_n$ 时取等号.

八、初等对称多项式不等式

设 $a_i\geqslant 0$，$i=1,2,\cdots,n$，记这 n 个非负数的初等对称多项式为 $s_1,s_2,\cdots,s_n$，即这 n 个非负数之和为 s_1，每两个乘积之和为 s_2，每三个乘积之和为 s_3，……，n

个数之积为 s_n，则

$$s_1^n - 2^2 s_1^{n-2} s_2 + 3^2 s_1^{n-3} s_3 - 4^2 s_1^{n-4} s_4 + \cdots + (-1)^{n-1} n^2 s_n \geqslant 0$$

当且仅当这 n 个非负数中，所有非零的数都相等时取等号.

此不等式可参见《不等式 · 理论 · 方法》(王向东等著，河南教育出版社，1994 年 5 月第 1 版) 第 520 页；《不等式. 理论. 方法》(哈尔滨工业大学出版社，2015 年 5 月第 1 版)，“经典不等式卷”第 231 页，“杨学枝不等式”；或参见《中学数学》(湖北)1988 年第 12 期，杨学枝《一个初等对称式的不等式》. 特别当 $n=3$，$n=4$ 时分别有

$$s_1^3 - 4s_1 s_2 + 9s_3 \geqslant 0, \quad s_1^4 - 4s_1^2 s_2 + 9s_1 s_3 - 16s_4 \geqslant 0$$

九、嵌入不等式

i. 设 $x,y,z,\alpha,\beta,\gamma \in \mathbf{R}$，且 $\alpha+\beta+\gamma=(2k+1)\pi(k \in \mathbf{Z})$，则

$$yz\cos\alpha + zx\cos\beta + xy\cos\gamma \leqslant \frac{1}{2}(x^2+y^2+z^2)$$

当且仅当 $yz\sin\alpha = zx\sin\beta = xy\sin\gamma$ 时取等号.

ii. 设 $x,y,z,\alpha,\beta,\gamma \in \mathbf{R}$，且 $\alpha+\beta+\gamma=k\pi(k \in \mathbf{Z})$，则

$$yz\sin^2\alpha + zx\sin^2\beta + xy\sin^2\gamma \leqslant \frac{1}{4}(x+y+z)^2$$

当且仅当 $yz\sin 2\alpha = zx\sin 2\beta = xy\sin 2\gamma$ 时取等号.

证明见第二章.

十、加权正弦和不等式

设 $x,y,z,\alpha,\beta,\gamma \in \mathbf{R}$，$xyz>0$，$\alpha+\beta+\gamma=n\pi(n \in \mathbf{Z})$，$\lambda,u,v \in \mathbf{R}^+$，则

$$x\sin\alpha + y\sin\beta + z\sin\gamma \leqslant \frac{1}{2}\left(\frac{yz}{x}\lambda + \frac{zx}{y}u + \frac{xy}{z}v\right)\sqrt{\frac{\lambda+u+v}{\lambda u v}}$$

当且仅当

$$\begin{cases}\dfrac{x}{\lambda}\sin\alpha = \dfrac{y}{u}\sin\beta = \dfrac{z}{v}\sin\gamma \\ x\cos\alpha = y\cos\beta = z\cos\gamma\end{cases}$$

时等号成立.

证明见第二章.

注：该不等式创作于 1985 年 7 月 2 日，可参见《中等数学》(天津)1988 年第一期杨学枝《一个三角不等式的再推广》，或参见《数学奥林匹克不等式研究》(杨学枝著，哈尔滨工业大学出版社，2009 年 8 月)，第十一章，“对一个三角不等式的再探讨”一文. 也可以参阅《不等式 · 理论 · 方法》(哈尔滨工业大学出版社，2015 年 5 月第一版)“特殊类型不等式卷”第 38 页.

十一、Gerretsen 不等式①

设三角形半周长、外接圆半径及内切圆半径分别记为 s,R,r，则

$$16Rr-5r^2\leqslant s^2\leqslant 4R^2+4Rr+3r^2$$

当且仅当此三角形为正三角形时取等号.

更强式有

$$|s^2-(2R^2+10Rr-r^2)|\leqslant 2\sqrt{R(R-2r)^3}$$

即

$$(2R^2+10Rr-r^2)-2\sqrt{R(R-2r)^3}\leqslant s^2$$
$$\leqslant(2R^2+10Rr-r^2)+2\sqrt{R(R-2r)^3}$$

当且仅当三角形两边相等且这个边不小于第三边时，上式左边不等式取等号，当且仅当三角形两边相等且这个边不大于第三边时，上式右边不等式取等号，稍弱些有理式参见杨学枝《一类三角不等式的统一证法》，《数学竞赛》(19)(湖南教育出版社，1994 年 4 月)，即以下不等式

$$16Rr-5r^2+\frac{R-2r}{R-r}\leqslant s^2\leqslant 4R^2+4Rr+3r^2-\frac{R-2r}{R-r}r^2$$

稍弱些无理式(刘保乾，2014 年 10 月 15 日给出)

$$s\leqslant\sqrt{16R^2-24Rr+11r^2}-2(R-2r)$$

当且仅当此三角形为正三角形时取等号.

注意有以下等式：设 $\triangle ABC$ 三边长为 a,b,c，面积为 Δ,s,R,r 同上所述，则有

$$\sum bc=s^2+4Rr+r^2,2\sum bc-\sum a^2=4r(4R+r),\sum a^2=2(s^2-4Rr-r^2)$$

十二、托勒密(Ptolemy)不等式

对于平面上任意四点 A,B,C,D 有

$$|AB||CD|+|BC||AD|\geqslant|AC||BD|$$

当且仅当 A,B,C,D 为一条直线上依次排列的四个点，或者为圆周上依次排列的四个点时取等号.

十三、托勒密不等式的推广

设 $A_1A_2A_3A_4$ 是一个平面凸四角形，各条线段 A_iA_j 用 a_{ij} 表示$(i,j=1,2,$

---

① 1953 年 J. C. Gerretsen 给出，参见 O. Bottema[荷兰] 等著，几何不等式. 单墫译，北京大学出版社，1991 年 3 月第 1 版，第 56 ~ 57 页.

3,4),四个三角形 $A_2A_3A_4$,$A_3A_4A_1$,$A_4A_1A_2$,$A_1A_2A_3$ 的四个外接圆半径依次记为 R_1,R_2,R_3,R_4,则总有

$$(R_1R_2+R_3R_4)a_{12}a_{34}+(R_1R_4+R_2R_3)a_{14}a_{23}=(R_1R_3+R_2R_4)a_{13}a_{24}$$

参见《数学通讯》,1986 年第 9 期,杭州师范学院数学系徐五光《推广的 Ptolemy 定理的显浅证法》,笔者于 1985－12－31 也证明了托勒密不等式的推广式的证明,本人证明可参见后面附录《托勒密定理的推广的又一证法》.

第二章

配方法(SOS法)证明不等式

一、方法描述

(1) 二次函数 $f(x)=ax^2+bx+c(a\neq 0)$.

i. 对于任意实数都有 $f(x)\geqslant 0$ 的充要条件是 $a>0$,且 $b^2-4ac\leqslant 0$;

ii. 若 $a>0$,有一个 x_0,使得 $f(x_0)\leqslant 0$,则 $b^2-4ac\geqslant 0$;

iii. 若 $a<0$,有一个 x_0,使得 $f(x_0)\geqslant 0$,则 $b^2-4ac\geqslant 0$.

(2) 设 $S=A-B=S_a(b-c)^2+S_b(c-a)^2+S_c(a-b)^2\geqslant 0$(其中 S_a,S_b,S_c 是关于 a,b,c 的函数),则有以下几个性质.

性质一 若 $S_a,S_b,S_c\geqslant 0$,则

$$S=A-B=S_a(b-c)^2+S_b(c-a)^2+S_c(a-b)^2\geqslant 0$$

性质二 若 $a,b,c\in\mathbf{R},a\geqslant b\geqslant c$,或 $a\leqslant b\leqslant c$,且满足 $S_b\geqslant 0,S_a+S_b,S_b+S_c\geqslant 0$,那么

$$S=A-B=S_a(b-c)^2+S_b(c-a)^2+S_c(a-b)^2\geqslant 0$$

性质三 若 $a,b,c,S_a,S_b,S_c\in\mathbf{R},a\geqslant b\geqslant c$ 或 $a\leqslant b\leqslant c$,且满足 $S_a,S_c\geqslant 0,S_a+2S_b,S_c+2S_b\geqslant 0$,那么

$$S=A-B=S_a(b-c)^2+S_b(c-a)^2+S_c(a-b)^2\geqslant 0$$

提示:若 $S_b\geqslant 0$,由性质一知 $S\geqslant 0$;若 $S_b<0$,则有

$$\begin{aligned}S=A-B&=S_a(b-c)^2+S_b(c-a)^2+S_c(a-b)^2\\&=(S_a+2S_b)(b-c)^2+(S_c+2S_b)(a-b)^2+\\&\quad 4S_b(a-b)(b-c)-S_b(a-c)^2\\&=(S_a+2S_b)(b-c)^2+(S_c+2S_b)(a-b)^2-\end{aligned}$$

$$S_b[(a-b+b-c)^2-4(a-b)(b-c)]$$
$$=(S_a+2S_b)(b-c)^2+(S_c+2S_b)(a-b)^2-S_b(a-2b+c)^2\geqslant 0$$

性质四 若 $a,b,c\in\mathbf{R}^+,S_a,S_b,S_c\in\mathbf{R},a\leqslant b\leqslant c$ 或 $a\geqslant b\geqslant c$，且满足 $S_a,S_b\geqslant 0,b^2S_c+c^2S_b\geqslant 0$，那么

$$S=A-B=S_a(b-c)^2+S_b(c-a)^2+S_c(a-b)^2\geqslant 0$$

提示：若 $a\geqslant b\geqslant c$，则 $\frac{a-c}{a-b}\geqslant\frac{c}{b}$；若 $a\leqslant b\leqslant c$，则 $\frac{c-a}{b-a}\geqslant\frac{c}{b}$.

若 $a,b,c\in\mathbf{R}^+,S_a,S_b,S_c\in\mathbf{R},a\geqslant b\geqslant c$ 或 $a\geqslant b\geqslant c$，且满足 $S_b,S_c\geqslant 0$，$a^2S_b+b^2S_a\geqslant 0$，那么

$$S=A-B=S_a(b-c)^2+S_b(c-a)^2+S_c(a-b)^2\geqslant 0$$

提示：若 $a\geqslant b\geqslant c$，则 $\frac{a-c}{b-c}\geqslant\frac{a}{b}$；若 $a\leqslant b\leqslant c$，则 $\frac{c-a}{c-b}\geqslant\frac{a}{b}$.

性质五 若 $a,b,c,S_a,S_b,S_c\in\mathbf{R}$，且满足 $S_a+S_b+S_c\geqslant 0,S_aS_b+S_bS_c+S_cS_a\geqslant 0$，那么

$$S=A-B=S_a(b-c)^2+S_b(c-a)^2+S_c(a-b)^2\geqslant 0$$

提示：由 $S_a+S_b+S_c\geqslant 0$，可以假设 $S_a+S_b\geqslant 0$，则

$$\sum S_a(b-c)^2=(S_a+S_b)(b-c)^2+2S_b(a-b)(b-c)+(S_b+S_c)(a-b)^2$$

再利用二次函数判别式有

$$\Delta=S_b^2-(S_a+S_b)(S_b+S_c)=-(S_aS_b+S_bS_c+S_cS_a)\leqslant 0$$

性质六 a,b,c 为三角形三边长，$a\geqslant b\geqslant c>0$，且 $S_a,S_b\geqslant 0,b^2S_b+c^2S_c\geqslant 0$，那么

$$S=A-B=S_a(b-c)^2+S_b(c-a)^2+S_c(a-b)^2\geqslant 0$$

提示：若 $a\geqslant b\geqslant c$，则 $\frac{a-c}{a-b}\geqslant\frac{b}{c}$.

a,b,c 为三角形三边长，$0<a\leqslant b\leqslant c$，且 $S_b,S_c\geqslant 0$，$a^2S_a+b^2S_b\geqslant 0$，那么

$$S=A-B=S_a(b-c)^2+S_b(c-a)^2+S_c(a-b)^2\geqslant 0$$

提示：若 $0<a\leqslant b\leqslant c$，则 $\frac{c-a}{c-b}\geqslant\frac{b}{a}$.

性质七 若 $a,b,c\in\mathbf{R}^+,S_a,S_b,S_c\in\mathbf{R}$，$a\geqslant b\geqslant c$，或 $a\leqslant b\leqslant c,\alpha>0$，且有

$$S_a+\alpha^2S_c+(\alpha+1)^2S_b\geqslant 0$$

当 $|a-b|\geqslant\alpha|b-c|$ 时，若 $S_c+S_b\geqslant 0,S_c+\frac{\alpha+1}{\alpha}S_b\geqslant 0$；当 $|a-b|\leqslant\alpha|b-c|$ 时，若 $S_a+S_b\geqslant 0,S_a+\frac{\alpha+1}{\alpha}S_b\geqslant 0$，那么

$$S=A-B=S_a(b-c)^2+S_b(c-a)^2+S_c(a-b)^2\geqslant 0$$

提示:设 $t=\dfrac{a-b}{b-c}\geqslant\alpha$,则

$$\begin{aligned}S=A-B&=S_a\,(b-c)^2+S_b\,(c-a)^2+S_c\,(a-b)^2\\&=(b-c)^2\left[S_a+S_b\left(\frac{a-b}{b-c}+1\right)^2+S_c\left(\frac{a-b}{b-c}\right)^2\right]\\&=(b-c)^2\left[S_a+S_b\,(t+1)^2+S_ct^2\right]=(b-c)^2f(t)\end{aligned}$$

则

$$\begin{aligned}f(t)-f(\alpha)&=(t-\alpha)[(S_b+S_c)t+S_b(\alpha+1)+S_c\alpha+S_b]\\&\geqslant(t-\alpha)[(S_b+S_c)\alpha+S_b(\alpha+1)+S_c\alpha+S_b]\\&=2(t-\alpha)[S_c\alpha+S_b(\alpha+1)]\\&=2\alpha(t-\alpha)(S_c+\frac{\alpha+1}{\alpha}S_b)\geqslant 0\end{aligned}$$

即得到
$$f(t)\geqslant f(\alpha)\geqslant 0$$
即
$$S=A-B=S_a\,(b-c)^2+S_b\,(c-a)^2+S_c\,(a-b)^2\geqslant 0$$
当且仅当 $t=\alpha$,即 $a-b=\alpha(b-c)$,且 $S_a+\alpha^2S_c+(\alpha+1)^2S_b=0$ 时取等号.

特别取 $\alpha=1$ 时,有以下特例.

性质七特例 若 $a,b,c\in\mathbf{R}^+$,$S_a,S_b,S_c\in\mathbf{R}$,$a\geqslant b\geqslant c$,或 $a\leqslant b\leqslant c$,$\alpha>0$,且有

$$S_a+S_c+2S_b\geqslant 0$$

当 $|a-b|\geqslant|b-c|$ 时,有 $S_c+S_b\geqslant 0$,$S_c+2S_b\geqslant 0$;当 $|a-b|\leqslant|b-c|$ 时,有 $S_a+S_b\geqslant 0$,$S_a+2S_b\geqslant 0$,那么

$$S=A-B=S_a(b-c)^2+S_b(c-a)^2+S_c(a-b)^2\geqslant 0$$

还应注意有:设 $a\geqslant b\geqslant c$,或 $a\leqslant b\leqslant c$,若 $a-b\geqslant b-c$,则

$$a-c\geqslant a-b,a-c\geqslant 2(b-c),a-b\geqslant\frac{1}{2}(a-c)$$

设 $a\geqslant b\geqslant c$,或 $a\leqslant b\leqslant c$,若 $a-b\leqslant b-c$,则

$$a-c\geqslant b-c,a-c\geqslant 2(a-b),b-c\geqslant\frac{1}{2}(a-c)$$

二、一些常见的恒等式与不等式

(1) $a^2+b^2+c^2-ab-bc-ac=\dfrac{(a-b)^2+(a-c)^2+(c-b)^2}{2}$

$=(b-c)^2+(a-b)(a-c)=3(a-b)(b-c)+(2b-c-a)^2$.

(2) $a^3+b^3+c^3-3abc=\dfrac{(a+b+c)[(a-b)^2+(a-c)^2+(c-b)^2]}{2}$

$=(a+b+c)[3(a-b)b-c+(2b-c-a)^2]$.

(3)$(a+b+c)^3-27abc=27b(a-b)(b-c)+(7b+c+a)(2b-c-a)^2$.

(4)$a^2b+b^2c+c^2a-3abc=(4b-c)(a-b)(b-c)+b(2b-c-a)^2$.

$ab^2+bc^2+ca^2-3abc=(4b-a)(a-b)(b-c)+b(2b-c-a)^2$.

(5)$a^3+b^3+c^3-a^2b-b^2c-c^2a=$

$$\frac{(2a+b)(a-b)^2+(2b+c)(c-b)^2+(2c+a)(a-c)^2}{3}.$$

(6)$a^2b+b^2c+c^2a-ab^2-bc^2-ca^2=(a-b)(b-c)(a-c)$.

(7)$a^4+b^4+c^4-a^3b-b^3c-c^3a=$

$[(3a^2+2ab+b^2)(a-b)^2+(3b^2+2bc+c^2)(b-c)^2+$

$(3c^2+2ca+a^2)(c-a)^2]/4$.

(8)$a^3b+b^3c+c^3a-b^3a-c^3b-a^3c=(a+b+c)(a-b)(b-c)(a-c)$.

(9)$\sum a(b-c)^4=\sum(b+c)(a-b)^2(a-c)^2$.

(10)$\sum a^2(b-c)^4=2\sum bc(a-b)^2(a-c)^2+[(b-c)(c-a)(a-b)]^2$.

(11)$m\sum x^4+n\sum x^2y^2+p\sum x^3y+q\sum xy^3-(m+n+p+q)\sum x^2yz$

$$=\frac{1}{18m}\sum[3m(x^2-y^2)+(p-q)xy-(2p+q)yz+(p+2q)zx]^2+$$

$$\frac{3m(m+n)-p^2-pq-q^2}{18m(p^2+pq+q^2)}[(p-q)xy-(2p+q)yz+$$

$$(p+2q)zx]^2.$$

(12)$\frac{a}{b}+\frac{b}{c}+\frac{c}{a}-3=\frac{(a-b)^2}{ab}+\frac{(c-a)(c-b)}{ca}$

$$=\frac{(b-c)^2}{bc}+\frac{(a-b)(a-c)}{ab}$$

$$=\frac{(c-a)^2}{ca}+\frac{(b-c)(b-a)}{bc}$$

$$\frac{b}{a}+\frac{c}{b}+\frac{a}{c}-3=\frac{(a-b)^2}{ab}+\frac{(c-a)(c-b)}{bc}$$

$$=\frac{(b-c)^2}{bc}+\frac{(a-b)(a-c)}{ca}$$

$$=\frac{(c-a)^2}{ca}+\frac{(b-c)(b-a)}{ab}$$

(13)$a\geqslant b\geqslant c>0$,若 $a-b\geqslant b-c$,则

$$2(a-b)^2\geqslant(a-c)(b-c),(a-b)(a-c)\geqslant 2(b-c)^2$$

若 $a-b\leqslant b-c$,则

$$2(a-b)^2\leqslant(a-c)(b-c),(a-b)(a-c)\leqslant 2(b-c)^2$$

(14)$a\geqslant b\geqslant c>0$,则有

$$\frac{(a-c)^2}{a+c} \geqslant \frac{(a-b)^2}{a+b}, \frac{(b-c)^2}{b+c}$$

$$\frac{a-c}{a+c} \geqslant \frac{a-b}{a+b}, \frac{b-c}{b+c}$$

$$b(a-c)^2 \geqslant a(b-c)^2, c(a-b)^2$$

$$\frac{(a-c)^2}{a^2+c^2} \geqslant \frac{(a-b)^2}{a^2+b^2}, \frac{(b-c)^2}{b^2+c^2}$$

$$\frac{(a-c)^2}{a^2+ac+c^2} \geqslant \frac{(a-b)^2}{a^2+ab+b^2}, \frac{(b-c)^2}{b^2+bc+c^2}$$

$$\frac{(a-c)^2}{a^2-ac+c^2} \geqslant \frac{(a-b)^2}{a^2-ab+b^2}, \frac{(b-c)^2}{b^2-bc+c^2}$$

三、应用例子

例 1 i. 设 $x, y, z, \alpha, \beta, \gamma \in \mathbf{R}$，且 $\alpha+\beta+\gamma=(2k+1)\pi(k \in \mathbf{Z})$，则

$$yz\cos\alpha + zx\cos\beta + xy\cos\gamma \leqslant \frac{1}{2}(x^2+y^2+z^2)$$

当且仅当 $yz\sin\alpha = zx\sin\beta = xy\sin\gamma$ 时取等号.

ii. 设 $x, y, z, \alpha, \beta, \gamma \in \mathbf{R}$，且 $\alpha+\beta+\gamma=k\pi(k \in \mathbf{Z})$，则

$$yz\sin^2\alpha + zx\sin^2\beta + xy\sin^2\gamma \leqslant \frac{1}{4}(x+y+z)^2$$

当且仅当 $yz\sin 2\alpha = zx\sin 2\beta = xy\sin 2\gamma$ 时取等号.

证明 i.

$$\begin{aligned}
& x^2+y^2+z^2-2(zx\cos\beta + yz\cos\alpha + xy\cos\gamma) \\
=& x^2+y^2+z^2-2zx\cos\beta - 2xy\cos\gamma + 2yz\cos(\beta+\gamma) \\
=& x^2+y^2+z^2-2zx\cos\beta - 2xy\cos\gamma + 2yz(\cos\beta\cos\gamma - \sin\beta\sin\gamma) \\
=& (x-y\cos\gamma - z\cos\beta)^2 + (y\sin\gamma - z\sin\beta)^2 \geqslant 0
\end{aligned}$$

即得 i 中的不等式，易知当且仅当 $\alpha+\beta+\gamma=(2k+1)\pi(k \in \mathbf{Z})$，且 $yz\sin\alpha = zx\sin\beta = xy\sin\gamma$ 时取等号.

ii.
$$\begin{aligned}
& (x+y+z)^2 - 4(yz\sin^2\alpha + zx\sin^2\beta + xy\sin^2\gamma) \\
=& x^2 + 2[(y+z)-2(y\sin^2\gamma + z\sin^2\beta)]x + (y+z)^2 - 4yz\sin^2\alpha \\
=& [x+(y+z)-2(y\sin^2\gamma + z\sin^2\beta)]^2 - \\
& [(y+z)-2(y\sin^2\gamma + z\sin^2\beta)]^2 + \\
& (y+z)^2 - 4yz\sin^2(\beta+\gamma) \\
=& [x+y+z-2(y\sin^2\gamma + z\sin^2\beta)]^2 - 4(y\sin^2\gamma + z\sin^2\beta)^2 + \\
& 4(y+z)(y\sin^2\gamma + z\sin^2\beta) - 4yz(\cos\beta\sin\gamma + \sin\beta\cos\gamma)^2 \\
=& [x+y+z-2(y\sin^2\gamma + z\sin^2\beta)]^2 + \\
& (2y\sin\gamma\cos\gamma - 2z\sin\beta\cos\beta)^2
\end{aligned}$$

$$=[x+y+z-2(y\sin^2\gamma+z\sin^2\beta)]^2+(y\sin 2\gamma-z\sin 2\beta)^2\geqslant 0$$

即得 ii 中的不等式，易知当且仅当 $\alpha+\beta+\gamma=k\pi(k\in\mathbf{Z})$，且

$$yz\sin 2\alpha=zx\sin 2\beta=xy\sin 2\gamma$$

时取等号.

注：ii 中不等式也可以转化为 i 中的不等式来证明.

例 2　设 $x,y,z,\alpha,\beta,\gamma\in\mathbf{R}$，$xyz>0$，$\alpha+\beta+\gamma=n\pi(n\in\mathbf{Z})$，$\lambda,u,v\in\mathbf{R}^+$，则

$$x\sin\alpha+y\sin\beta+\sin\gamma\leqslant\frac{1}{2}(\frac{yz}{x}\lambda+\frac{zx}{y}u+\frac{xy}{z}v)\sqrt{\frac{\lambda+u+v}{\lambda uv}}$$

当且仅当

$$\begin{cases}\frac{x}{\lambda}\sin\alpha=\frac{y}{u}\sin\beta=\frac{z}{v}\sin\gamma\\ x\cos\alpha=y\cos\beta=z\cos\gamma\end{cases}$$

时等号成立.

证明　根据上例 ii 中不等式，有

$$\begin{aligned}&(x\sin\alpha+y\sin\beta+\sin\gamma)^2\\ \leqslant&(uvx^2\sin^2\alpha+v\lambda y^2\sin^2\beta+\lambda uz^2\sin^2\gamma)(\frac{1}{uv}+\frac{1}{v\lambda}+\frac{1}{\lambda u})\\ \leqslant&\frac{1}{4}(\frac{yz}{x}\lambda+\frac{zx}{y}u+\frac{xy}{z}v)^2\cdot\frac{\lambda+u+v}{\lambda uv}\end{aligned}$$

即得

$$x\sin\alpha+y\sin\beta+\sin\gamma\leqslant\frac{1}{2}(\frac{yz}{x}\lambda+\frac{zx}{y}u+\frac{xy}{z}v)\sqrt{\frac{\lambda+u+v}{\lambda uv}}$$

由柯西不等式取等号条件和 ii 中的不等式的取等号条件可知，当且仅当

$$\begin{cases}\frac{x}{\lambda}\sin\alpha=\frac{y}{u}\sin\beta=\frac{z}{v}\sin\lambda\\ x\cos\alpha=y\cos\beta=z\cos\gamma\end{cases}$$

原式取等号.

例 3　设 $\lambda,u,v,\lambda',u',v'\in\mathbf{R}$，且 $\sum uv>0$（或 $\sum u'v'>0$），则

$$[\sum\lambda'(u+v)]^2\geqslant 4(\sum uv)(\sum u'v')$$

当且仅当 $\frac{\lambda}{\lambda'}=\frac{u}{u'}=\frac{v}{v'}$ 时取等号.

证明　由 $\sum uv>0$，易知在 λ,u,v 中必有两数同号且都不为零，不妨设这两数为 u,v，则 $(u+v)^2>0$，此时由原式左边减去右边得到

$$f(\lambda')=[\sum\lambda'(u+v)]^2-4(\sum uv)(\sum u'v')$$

$$=(u+v)^2\lambda'^2-2[(uv+v\lambda+\lambda u-v^2)u'+$$
$$(uv+v\lambda+\lambda u-u^2)v']\lambda'+$$
$$[(v+\lambda)^2u'^2+(\lambda+u)^2v'^2-2(uv+v\lambda+\lambda u-\lambda^2)u'v']$$

$f(\lambda')$ 是关于 λ' 的二次函数，其二次项系数为 $(u+v)^2>0$，因此，要证 $f(\lambda')\geqslant 0$，只要证其判别式不大于零，即

$$\Delta=4[(uv+v\lambda+\lambda u-v^2)u'+(uv+v\lambda+\lambda u-u^2)v']^2-$$
$$4(u+v)^2[(v+\lambda)^2u'^2+(\lambda+u)^2v'^2-$$
$$2(uv+v\lambda+\lambda u-\lambda^2)u'v']\leqslant 0$$

事实上，有

$$[(uv+v\lambda+\lambda u-v^2)u'+(uv+v\lambda+\lambda u-u^2)v']^2-$$
$$(u+v)^2[(v+\lambda)^2u'^2+(\lambda+u)^2v'^2-2(uv+v\lambda+\lambda u-\lambda^2)u'v']$$
$$=-4(uv+v\lambda+\lambda u)(v^2u'^2+u^2v'^2)+8(uv+v\lambda+\lambda u)uvu'v'$$
$$=-4(uv+v\lambda+\lambda u)(vu'-uv')^2\leqslant 0$$

即 $\Delta\leqslant 0$，故 $f(\lambda')\geqslant 0$，原式成立. 易证当且仅当 $\frac{\lambda}{\lambda'}=\frac{u}{u'}=\frac{v}{v'}$ 时取等号.

注：这里给出了与第一章 §1 柯西不等式变形中不同的证法.

例 4 （自创题，2012－12－16）在 $\triangle ABC$ 中，设 $x,y,z\in\mathbf{R}$，则

$$(x\sin C+z\sin A)(y\sin A+x\sin B)+$$
$$(y\sin A+x\sin B)(z\sin B+y\sin C)+$$
$$(z\sin B+y\sin C)(x\sin C+z\sin A)\leqslant(x+y+z)^2$$

或

$$\sum x^2\sin B\sin C+(\sum\sin A)(\sum yz\sin A)\leqslant(\sum x)^2$$

当且仅当

$$\begin{cases}\sin C(1-\cos A-\cos B+\cos C)y=\sin B(1-\cos A+\cos B-\cos C)z\\2(1-\sin B\sin C)x=(y\sin C+z\sin B)\sum\sin A-2(y+z)\end{cases}$$

时取等号.

证明 由原式右边减去左边得到

$$f(x)=(\sum x)^2-\sum x^2\sin B\sin C+(\sum\sin A)(\sum yz\sin A)$$
$$=(1-\sin B\sin C)x^2-[(z\sin B+y\sin C)(\sum\sin A)-2(y+z)]x+$$
$$(y+z)^2-yz\sin A\sum\sin A-\sin A(y^2\sin C+z^2\sin B)$$

以上关于 x 的二次函数 $f(x)$ 的二次项系数为 $1-\sin B\sin C>0$，因此，要证 $f(x)>0$，只要证二次函数 $f(x)$ 的判别式 $\Delta\leqslant 0$，事实上有

$$\Delta=[(z\sin B+y\sin C)(\sum\sin A)-2(y+z)]^2-$$

$$
\begin{aligned}
&4(1-\sin B\sin C)[(y+z)^2-yz\sin A\\
&\sum\sin A-\sin A(y^2\sin C+z^2\sin B)]\\
=&\sin^2 C(-4+\sin^2 A+\sin^2 B+\sin^2 C+2\sin B\sin C+\\
&2\sin C\sin A-2\sin A\sin B)y^2+\sin^2 B(-4+\sin^2 A+\\
&\sin^2 B+\sin^2 C+2\sin B\sin C-\\
&2\sin C\sin A+2\sin A\sin B)z^2-\\
&2[2\sin^2 A-2\sin^2 B-2\sin^2 C-\\
&\sin^2 A\sin B\sin C+\sin B\sin C(\sin B+\sin C)^2]yz\\
=&-\sin^2 C[1+\cos^2 A+\cos^2 B+\cos^2 C-2(\cos A+\cos B\cos C)-\\
&2(\cos B+\cos C\cos A)+2(\cos C+\cos A\cos B)]y^2-\\
&\sin^2 B[1+\cos^2 A+\cos^2 B+\cos^2 C-2(\cos A+\cos B\cos C)-\\
&2(\cos C+\cos B\cos A)+2(\cos B+\cos A\cos C)]z^2+\\
&2[-2-2\cos^2 A+2\cos^2 B+2\cos^2 C-\\
&(1-\cos^2 A)(\cos A+\cos B\cos C)+\\
&(\cos A+\cos B\cos C)(2-\cos^2 B-\cos^2 C+2\cos A+2\cos B\cos C)]yz\\
=&-\sin^2C(1-\cos A-\cos B+\cos C)^2y^2-\\
&\sin^2B(1-\cos A+\cos B+\cos C)^2z^2+\\
&2(-2\cos^2 A+2\cos^2 B\cos^2 C+\cos A+\cos B\cos C+\\
&\cos^3 A\cos^2 A\cos B\cos C-\cos A\cos^2 B-\cos A\cos^2 C-\\
&\cos^3 B\cos C-\cos B\cos^3 C)yz
\end{aligned}
$$

(注意应用三角形中等式：$\sum\cos^2 A+2\cos A\cos B\cos C=1$)

$$
\begin{aligned}
=&-\sin^2 C(1-\cos A-\cos B+\cos C)^2y^2-\\
&\sin^2 B(1-\cos A+\cos B-\cos C)^2z^2+\\
&2(\cos A+\cos B\cos C)(1-2\cos A+\cos^2 A-\cos^2 B-\\
&\cos^2 C+2\cos B\cos C)yz\\
=&-\sin^2 C(1-\cos A-\cos B+\cos C)^2y^2-\\
&\sin^2 B(1-\cos A+\cos B-\cos C)^2z^2+\\
&2(\cos A+\cos B\cos C)(1-\cos A-\cos B+\cos C)\cdot\\
&(1-\cos A+\cos B-\cos C)yz\\
=&-[\sin C(1-\cos A-\cos B+\cos C)y-\\
&\sin B(1-\cos A+\cos B-\cos C)z]^2\\
\leqslant&\ 0
\end{aligned}
$$

当且仅当 $\sin C(1-\cos A-\cos B+\cos C)y=\sin B(1-\cos A+\cos B-\cos C)z$ 时取等号.

因此，$f(x)\geqslant 0$，故原式成立，易知其取等号条件.

注：这里给出了与第一章中不同的证法. 另外，本例中角 A,B,C 可以放宽为 $A,B,C\in\mathbf{R}$，且 $A+B+C=\pi$.

例 5 设 $a,b,c\in\mathbf{R}$，记 $s_1=a+b+c$，$s_2=bc+ca+ab$，$s_3=abc$，则

$$(s_1s_2-9s_3)^2\leqslant 4(s_1^2-3s_2)(s_2^2-3s_1s_3)$$

当且仅当 $a=b=c$，或 a,b,c 中有一个等于零，其余两个相等时取等号.

证明 若 $a=b=c$，原命题显然成立.

若 a,b,c 不全相等时，由于

$$s_1s_2-9s_3=\sum a(b-c)^2,2(s_1^2-3s_2)=\sum(b-c)^2$$

$$2(s_2^2-3s_1s_2)=\sum a^2(b-c)^2$$

又由于对于任意实数 x，都有

$$\sum(b-c)^2(x-a)^2=[\sum(b-c)^2]x^2-2[\sum a(b-c)^2]x+\sum a^2(b-c)^2\geqslant 0$$

而 $\sum(b-c)^2\neq 0$，因此，有

$$\begin{aligned}\Delta&=4[\sum a(b-c)^2]^2-4[\sum(b-c)^2][\sum a^2(b-c)^2]\\&=4(s_1s_2-9s_3)^2-16(s_1^2-3s_2)(s_2^2-3s_1s_3)\leqslant 0\end{aligned}$$

即得原式，易知，当且仅当 $a=b=c$，或 a,b,c 中，有一个等于零，其余两个相等时取等号.

注：实系数三次方程 $x^3-s_1x^2+s_2x-s_3=0$ 的三个根均为实数的充要条件是

$$(s_1s_2-9s_3)^2\leqslant 4(s_1^2-3s_2)(s_2^2-3s_1s_3)$$

例 6 （自创题，2012－07－23）设 $x,y,z,a,b,c\in\mathbf{R}$，且 $bc+ca+ab>0$，则

$$(bc+ca+ab)[\frac{yz}{(a+b)(a+c)}+\frac{zx}{(b+c)(b+a)}+\frac{xy}{(c+a)(c+b)}]\leqslant\frac{1}{4}(x+y+z)^2$$

当且仅当 $\frac{x}{a(b+c)}=\frac{y}{c(a+b)}=\frac{z}{b(c+a)}$ 时取等号.

证法 1
$$\begin{aligned}&(x+y+z)^2-4(bc+ca+ab)\left[\frac{yz}{(a+b)(a+c)}+\frac{zx}{(b+c)(b+a)}+\frac{xy}{(c+a)(c+b)}\right]\\&=x^2-2\left[\frac{2(bc+ca+ab)z}{(b+c)(b+a)}+\frac{2(bc+ca+ab)y}{(c+a)(c+b)}-(y+z)\right]x+\end{aligned}$$

$$(y+z)^2-\frac{4(bc+ca+ab)yz}{(a+b)(a+c)}$$

$$=\left[x-\frac{2(bc+ca+ab)z}{(b+c)(b+a)}-\frac{2(bc+ca+ab)y}{(c+a)(c+b)}+(y+z)\right]^2+$$

$$(y+z)^2-\frac{4(bc+ca+ab)yz}{(a+b)(a+c)}-$$

$$\left[(y+z)-\frac{2(bc+ca+ab)z}{(b+c)(b+a)}-\frac{2(bc+ca+ab)y}{(c+a)(c+b)}\right]^2$$

$$=\left[x-\frac{2(bc+ca+ab)z}{(b+c)(b+a)}-\frac{2(bc+ca+ab)y}{(c+a)(c+b)}+(y+z)\right]^2+(y-z)^2+$$

$$\frac{4yza^2}{(a+b)(a+c)}-\left[(y+z)-\frac{2(bc+ca+ab)z}{(b+c)(b+a)}-\frac{2(bc+ca+ab)y}{(c+a)(c+b)}\right]^2$$

$$\geqslant\frac{4yza^2}{(a+b)(a+c)}-4yz-4\left[\frac{(bc+ca+ab)z}{(b+c)(b+a)}-\frac{(bc+ca+ab)y}{(c+a)(c+b)}\right]^2+$$

$$4(y+z)\left[\frac{yb^2}{(b+c)(b+a)}-\frac{zc^2}{(c+a)(c+b)}\right]$$

$$=4(y+z)\left[\frac{yb^2}{(b+c)(b+a)}-\frac{zc^2}{(c+a)(c+b)}\right]-$$

$$\frac{4yz(bc+ca+ab)}{(a+b)(a+c)}-4\left[\frac{(bc+ca+ab)z}{(b+c)(b+a)}-\frac{(bc+ca+ab)y}{(c+a)(c+b)}\right]^2$$

$$=\frac{4y^2b^2}{(b+c)(b+a)}\left[1-\frac{b^2}{(b+c)(b+a)}\right]+$$

$$\frac{4z^2c^2}{(c+a)(c+b)}\left[1-\frac{c^2}{(c+a)(c+b)}\right]-$$

$$4yz\left[\frac{bc+ca+ab}{(a+b)(a+c)}+\frac{2b^2c^2}{(b+c)^2(c+a)(a+b)}-\right.$$

$$\left.\frac{b^2}{(b+c)(b+a)}-\frac{c^2}{(c+a)(c+b)}\right]$$

$$=\frac{4y^2b^2(bc+ca+ab)}{(b+c)^2(b+a)^2}+\frac{4z^2c^2(bc+ca+ab)}{(c+a)^2(c+b)^2}-$$

$$\frac{8yzbc(bc+ca+ab)}{(b+c)^2(c+a)(a+b)}$$

$$=\frac{4(bc+ca+ab)}{(b+c)^2}\left(\frac{yb}{a+b}-\frac{zc}{c+a}\right)^2\geqslant 0$$

当且仅当$\frac{yb}{a+b}-\frac{zc}{c+a}=0$，即$\frac{y}{c(a+b)}=\frac{z}{b(c+a)}$，且

$$x-\frac{2(bc+ca+ab)z}{(b+c)(b+a)}-\frac{2(bc+ca+ab)y}{(c+a)(c+b)}+(y+z)=0$$

由对称性可知，当且仅当$\frac{x}{a(b+c)}=\frac{y}{c(a+b)}=\frac{z}{b(c+a)}$时，原式取等号.

证法 2　先证明以下恒等式

$$(x+y+z)^2-4\left(\sum bc\right)\left[\sum\frac{yz}{(a+b)(a+c)}\right]$$
$$=\left[x-\frac{bc+ca+ab-c^2}{(c+a)(c+b)}y-\frac{bc+ca+ab-b^2}{(b+c)(b+a)}z\right]^2+$$
$$4(bc+ca+ab)\left[\frac{c}{(c+a)(c+b)}y-\frac{b}{(b+c)(b+a)}z\right]^2 \quad ①$$

式 ① 右边 $=\left[x-\frac{bc+ca+ab-c^2}{(c+a)(c+b)}y-\frac{bc+ca+ab-b^2}{(b+c)(b+a)}z\right]^2+$

$$4(bc+ca+ab)\left[\frac{c}{(c+a)(c+b)}y-\frac{b}{(b+c)(b+a)}z\right]^2$$
$$=x^2+y^2+z^2+$$
$$\frac{2(bc+ca+ab-c^2)(bc+ca+ab-b^2)-8bc(bc+ca+ab)}{(a+b)(c+a)(b+c)^2}yz-$$
$$\frac{2(bc+ca+ab-b^2)}{(b+c)(b+a)}zx-\frac{2(bc+ca+ab-c^2)}{(c+a)(c+b)}xy$$
$$=(x+y+z)^2-2yz-2zx-2xy-$$
$$\frac{2(bc+ca+ab-a^2)}{(a+b)(c+a)}yz-$$
$$\frac{2(bc+ca+ab-b^2)}{(b+c)(b+a)}zx-\frac{2(bc+ca+ab-c^2)}{(c+a)(c+b)}xy$$
$$=(x+y+z)^2-4\left(\sum bc\right)\left[\sum\frac{yz}{(a+b)(a+c)}\right]$$

由上恒等式 ① 即证得原命题.

证法 3　设 $a=\cot\alpha, b=\cot\beta, c=\cot\gamma$，且 $\sum bc=\sum\cot\beta\cot\gamma=1$，即

$$\sum\cot\beta\cot\gamma-1$$
$$=\cot\alpha(\cot\beta+\cot\gamma)+\cot\beta\cot\gamma-1$$
$$=\frac{\cos\alpha}{\sin\alpha}\left(\frac{\cos\beta}{\sin\beta}+\frac{\cos\gamma}{\sin\gamma}\right)+\frac{\cos\beta\cos\gamma}{\sin\beta\sin\gamma}-1$$
$$=\frac{\cos\alpha\sin(\beta+\gamma)}{\sin\alpha\sin\beta\sin\gamma}+\frac{\cos(\beta+\gamma)}{\sin\beta\sin\gamma}$$
$$=\frac{\sin(\alpha+\beta+\gamma)}{\sin\alpha\sin\beta\sin\gamma}=0$$

由此得到 $\alpha+\beta+\gamma=k\pi(k\in\mathbf{Z})$，于是

原不等式左边 − 右边

$$=\frac{1}{4}(x+y+z)^2-\sum\frac{yz}{(\cot\alpha+\cot\beta)(\cot\alpha+\cot\gamma)}$$
$$=\frac{1}{4}(x+y+z)^2-\sum\frac{yz\sin^2\alpha\sin\beta\sin\gamma}{\sin(\alpha+\beta)\sin(\alpha+\gamma)}$$

$$=\frac{1}{4}(x+y+z)^2-\sum yz\sin^2\alpha$$

$$=\frac{1}{4}(x^2+y^2+z^2)+\frac{1}{2}\sum yz\cos 2\alpha$$

$$=\frac{1}{4}[(x+z\cos 2\beta+y\cos 2\gamma)^2+(z\sin 2\beta-y\sin 2\gamma)^2]\geqslant 0$$

由上证明可知当且仅当$\frac{x}{\sin 2\alpha}=\frac{y}{\sin 2\beta}=\frac{z}{\sin 2\gamma}$时取等号，即

$$\frac{x}{\cot\alpha(\cot\beta+\cot\gamma)}=\frac{y}{\cot\alpha(\cot\beta+\cot\gamma)}=\frac{z}{\cot\alpha(\cot\beta+\cot\gamma)}$$

也就是$\frac{x}{a(b+c)}=\frac{y}{b(c+a)}=\frac{z}{c(a+b)}$时取等号.

例 7 设 $x_1,x_2,\cdots,x_n$ 均为非负数，$n\in\mathbf{N},n\geqslant 4$，则

$$(\sum_{i=1}^{n}x_i)^2\geqslant 4(x_1x_2+x_2x_3+\cdots+x_{n-1}x_n+x_nx_1)$$

证明 当 $n=4$ 时，有

$$(\sum_{i=1}^{4}x_i)^2-4(x_1x_2+x_2x_3+\cdots+x_3x_4+x_4x_1)$$

$$=(\sum_{i=1}^{4}x_i)^2-4(x_1+x_3)(x_2+x_4)$$

$$=[(x_1+x_3)-(x_2+x_4)]^2\geqslant 0$$

当且仅当 $x_1+x_3=x_2+x_4$ 时取等号.

当 $n\geqslant 5$ 时，不妨设 x_2 最大，记 $x_1=x,x_2,\cdots,x_n\geqslant 0$，则

$$f(x)=(\sum_{i=1}^{n}x_i)^2-4(x_1x_2+x_2x_3+\cdots+x_{n-1}x_n+x_nx_1)$$

$$=(x+\sum_{i=2}^{n}x_i)^2-4[x(x_2+x_n)+x_2x_3+\cdots+x_{n-1}x_n]$$

$$=x^2+2x[(-x_2-x_n)+\sum_{i=3}^{n-1}x_i]+(\sum_{i=2}^{n}x_i)^2-4(x_2x_3+\cdots+x_{n-1}x_n)$$

由于 $f(x)$ 是关于 x 的二次函数，其二次项系数等于 1 为正，因此，要证 $f(x)\geqslant 0$，只要证其判别式 $\Delta\leqslant 0$. 事实上，有

$$\frac{1}{4}\Delta=[(-x_2-x_n)+\sum_{i=3}^{n-1}x_i]^2-[(\sum_{i=2}^{n}x_i)^2-4(x_2x_3+\cdots+x_{n-1}x_n)]$$

$$=-4[(x_2+x_n)\cdot\sum_{i=3}^{n-1}x_i]+4(x_2x_3+\cdots+x_{n-1}x_n)]$$

$$=-4x_2\cdot\sum_{i=4}^{n-1}x_i-4x_n\cdot\sum_{i=3}^{n-2}x_i+4(x_3x_4+\cdots+x_{n-2}x_{n-1})$$

$$\leqslant -4x_2\cdot\sum_{i=4}^{n-1}x_i+4(x_3x_4+\cdots+x_{n-2}x_{n-1})$$

$$=-4[x_4(x_2-x_3)+x_5(x_2-x_4)+\cdots+x_{n-1}(x_2-x_{n-2})]\leqslant 0$$

(注意到 x_2 最大).

因此,$f(x)\geqslant 0$,原命题获证.且易知其取等号条件为 $x_n=0,x_1+(n-5)x_2+x_{n-1}=0,x_2=x_3=\cdots=x_{n-2},n\geqslant 5$;或 $x_3=x_4=\cdots=x_{n-1}=0,x_1=x_2+x_n$;或其循环.

注:本例除上述证法外,还可以用数学归纳法证明.

例 8 设 $a_i,b_i,c_i,\in\mathbf{R},i=1,2,\cdots,n$,则

$$\sum_{i=1}^{n}a_i^2\cdot\sum_{i=1}^{n}b_i^2\cdot\sum_{i=1}^{n}c_i^2+2\sum_{i=1}^{n}b_ic_i\cdot\sum_{i=1}^{n}c_ia_i\cdot\sum_{i=1}^{n}a_ib_i$$

$$\geqslant\sum_{i=1}^{n}a_i^2\cdot(\sum_{i=1}^{n}b_ic_i)^2+\sum_{i=1}^{n}b_i^2\cdot(\sum_{i=1}^{n}c_ia_i)^2+\sum_{i=1}^{n}c_i^2\cdot(\sum_{i=1}^{n}a_ib_i)^2$$

证明 若 $a_i=0$,或 $b_i=0$,或 $c_i=0,i=1,2,\cdots,n$,则原式两边均为零,原命题显然成立;若 $a_i,b_i,c_i,i=1,2,\cdots,n$,均不全为零,则 $\sum_{i=1}^{n}a_i^2>0$,$\sum_{i=1}^{n}b_i^2>0$,$\sum_{i=1}^{n}c_i^2>0$,这时,对于任意实数 x,y,有

$$f(x)=\sum_{i=1}^{n}(a_ix+b_iy-c_i)^2$$

$$=x^2\cdot\sum_{i=1}^{n}a_i^2+2x(y\cdot\sum_{i=1}^{n}a_ib_i-\sum_{i=1}^{n}c_ia_i)+$$

$$(y^2\cdot\sum_{i=1}^{n}b_i^2-2y\cdot\sum_{i=1}^{n}b_ic_i+\sum_{i=1}^{n}c_i^2)$$

$$\geqslant 0$$

对于上述 x 的二次函数 $f(x)\geqslant 0$ 的充要条件是

$$\frac{1}{4}\Delta=(y\cdot\sum_{i=1}^{n}a_ib_i-\sum_{i=1}^{n}c_ia_i)^2-(\sum_{i=1}^{n}a_i^2)(y^2\cdot\sum_{i=1}^{n}b_i^2-2y\cdot\sum_{i=1}^{n}b_ic_i+\sum_{i=1}^{n}c_i^2)$$

$$=-y^2[(\sum_{i=1}^{n}a_i^2)(\sum_{i=1}^{n}b_i^2)-(\sum_{i=1}^{n}a_ib_i)^2]+$$

$$2y[(\sum_{i=1}^{n}a_i^2)(\sum_{i=1}^{n}b_ic_i)-(\sum_{i=1}^{n}c_ia_i)(\sum_{i=1}^{n}a_ib_i)]-$$

$$[(\sum_{i=1}^{n}c_i^2)(\sum_{i=1}^{n}a_i^2)-(\sum_{i=1}^{n}c_ia_i)^2]$$

$$\leqslant 0$$

即 $$g(y)=y^2[(\sum_{i=1}^{n}a_i^2)(\sum_{i=1}^{n}b_i^2)-(\sum_{i=1}^{n}a_ib_i)^2]-$$

$$2y\left[\left(\sum_{i=1}^{n}a_i^2\right)\left(\sum_{i=1}^{n}b_ic_i\right)-\left(\sum_{i=1}^{n}c_ia_i\right)\left(\sum_{i=1}^{n}a_ib_i\right)\right]+$$
$$\left[\left(\sum_{i=1}^{n}c_i^2\right)\left(\sum_{i=1}^{n}a_i^2\right)-\left(\sum_{i=1}^{n}c_ia_i\right)^2\right]\geqslant 0$$

若$\left(\sum_{i=1}^{n}a_i^2\right)\left(\sum_{i=1}^{n}b_i^2\right)-\left(\sum_{i=1}^{n}a_ib_i\right)^2=0$,即$a_i=\lambda b_i$,$\lambda$为不为零的实数,这时,也有

$$\left(\sum_{i=1}^{n}a_i^2\right)\left(\sum_{i=1}^{n}b_ic_i\right)-\left(\sum_{i=1}^{n}c_ia_i\right)\left(\sum_{i=1}^{n}a_ib_i\right)=0$$

另外,有$\left(\sum_{i=1}^{n}c_i^2\right)\left(\sum_{i=1}^{n}a_i^2\right)-\left(\sum_{i=1}^{n}c_ia_i\right)^2\geqslant 0$,因此,$g(y)\geqslant 0$;

若$\left(\sum_{i=1}^{n}a_i^2\right)\left(\sum_{i=1}^{n}b_i^2\right)-\left(\sum_{i=1}^{n}a_ib_i\right)^2>0$,这时$g(y)\geqslant 0$的充要条件是

$$\begin{aligned}\frac{1}{4}\Delta=&\left[\left(\sum_{i=1}^{n}a_i^2\right)\left(\sum_{i=1}^{n}b_ic_i\right)-\left(\sum_{i=1}^{n}c_ia_i\right)\left(\sum_{i=1}^{n}a_ib_i\right)\right]^2-\\&\left[\left(\sum_{i=1}^{n}a_i^2\right)\left(\sum_{i=1}^{n}b_i^2\right)-\left(\sum_{i=1}^{n}a_ib_i\right)^2\right]\left[\left(\sum_{i=1}^{n}c_i^2\right)\left(\sum_{i=1}^{n}a_i^2\right)-\left(\sum_{i=1}^{n}c_ia_i\right)^2\right]\\=&\left[\sum_{i=1}^{n}a_i^2\cdot\left(\sum_{i=1}^{n}b_ic_i\right)^2+\sum_{i=1}^{n}b_i^2\cdot\left(\sum_{i=1}^{n}c_ia_i\right)^2+\sum_{i=1}^{n}c_i^2\cdot\left(\sum_{i=1}^{n}a_ib_i\right)^2\right]-\\&\left(\sum_{i=1}^{n}a_i^2\cdot\sum_{i=1}^{n}b_i^2\cdot\sum_{i=1}^{n}c_i^2+2\sum_{i=1}^{n}b_ic_i\cdot\sum_{i=1}^{n}c_ia_i\cdot\sum_{i=1}^{n}a_ib_i\right)\leqslant 0\end{aligned}$$

即得原式.

注:(1) 当$n=2$时,原式为恒等式.

(2) 由此不等式可得到n维空间命题:若n维向量$\boldsymbol{a}=(a_1,a_2,\cdots,a_n)$,$\boldsymbol{b}=(b_1,b_2,\cdots,b_n)$,$\boldsymbol{c}=(c_1,c_2,\cdots,c_n)$,向量$\boldsymbol{b}$与$\boldsymbol{c}$,$\boldsymbol{c}$与$\boldsymbol{a}$,$\boldsymbol{a}$与$\boldsymbol{b}$成角(向量角)分别为$\alpha,\beta,\gamma\in[0,\pi]$,则

$$1+2\cos\alpha\cos\beta\cos\gamma\geqslant\cos^2\alpha+\cos^2\beta+\cos^2\gamma$$

其中$\cos\alpha=\frac{\boldsymbol{b}\cdot\boldsymbol{c}}{|\boldsymbol{b}|\cdot|\boldsymbol{c}|}$,$\cos\beta=\frac{\boldsymbol{c}\cdot\boldsymbol{a}}{|\boldsymbol{c}|\cdot|\boldsymbol{a}|}$,$\cos\gamma=\frac{\boldsymbol{a}\cdot\boldsymbol{b}}{|\boldsymbol{a}|\cdot|\boldsymbol{b}|}$.

另外,由上式不等式得以下命题.

命题 n维空间三个向量成角(如上定义)分别为$\alpha,\beta,\gamma\in[0,\pi]$,则其中任意两角之和不小于第三个角.

这是因为,不妨设$\beta\geqslant\gamma\geqslant\alpha$,则由

$$1+2\cos\alpha\cos\beta\cos\gamma\geqslant\cos^2\alpha+\cos^2\beta+\cos^2\gamma$$

看成是关于$\cos\alpha$的不等式,解得

$$\cos\beta\cos\gamma-\sqrt{\cos^2\beta\cos^2\gamma-\cos^2\beta-\cos^2\gamma+1}$$

$$\leqslant \cos\alpha \leqslant \cos\beta\cos\gamma + \sqrt{\cos^2\beta\cos^2\gamma - \cos^2\beta - \cos^2\gamma + 1}$$

即

$$\cos\beta\cos\gamma - \sin\beta\sin\gamma \leqslant \cos\alpha \leqslant \cos\beta\cos\gamma + \sin\beta\sin\gamma$$

由此有

$$\cos(\beta+\gamma) \leqslant \cos\alpha \leqslant \cos(\beta-\gamma)$$

这时，$0 < \alpha, \beta-\gamma \leqslant \pi$，由于 $\cos\alpha$ 在此区间为减函数故有 $\alpha \geqslant \beta-\gamma$，即 $\alpha+\gamma \geqslant \beta$.

(3) 本例中的不等式可写成行列式形式：设 $a_i, b_i, c_i, \in \mathbf{R}, i=1,2,\cdots,n$，则

$$\begin{vmatrix} \sum_{i=1}^n a_i^2 & \sum_{i=1}^n a_ib_i & \sum_{i=1}^n a_ic_i \\ \sum_{i=1}^n b_ia_i & \sum_{i=1}^n b_i^2 & \sum_{i=1}^n b_ic_i \\ \sum_{i=1}^n c_ia_i & \sum_{i=1}^n c_ib_i & \sum_{i=1}^n c_i^2 \end{vmatrix} \geqslant 0$$

也可用以下(4) 的证法.

(4) 推广：设 $a_{ij} \in \mathbf{R}, i, j=1,2,\cdots,n$，则

$$\begin{vmatrix} \sum_{i=1}^n a_{1i}a_{1i} & \sum_{i=1}^n a_{1i}a_{2i} & \cdots & \sum_{i=1}^n a_{1i}a_{mi} \\ \sum_{i=1}^n a_{2i}a_{1i} & \sum_{i=1}^n a_{2i}a_{2i} & \cdots & \sum_{i=1}^n a_{2i}a_{mi} \\ \vdots & \vdots & & \vdots \\ \sum_{i=1}^n a_{mi}a_{1i} & \sum_{i=1}^n a_{mi}a_{2i} & \cdots & \sum_{i=1}^n a_{mi}a_{ni} \end{vmatrix} \geqslant 0$$

当 $n < m$ 时，上式为等式.

证明 设向量 $\boldsymbol{a}_j = (a_{j1}, a_{j2}, \cdots, a_{jn}), j=1,2,\cdots,m$，则

$$\begin{vmatrix} \boldsymbol{a}_1\cdot\boldsymbol{a}_1 & \boldsymbol{a}_1\cdot\boldsymbol{a}_2 & \cdots & \boldsymbol{a}_1\cdot\boldsymbol{a}_m \\ \boldsymbol{a}_2\cdot\boldsymbol{a}_1 & \boldsymbol{a}_2\cdot\boldsymbol{a}_2 & \cdots & \boldsymbol{a}_2\cdot\boldsymbol{a}_m \\ \vdots & \vdots & & \vdots \\ \boldsymbol{a}_m\cdot\boldsymbol{a}_1 & \boldsymbol{a}_m\cdot\boldsymbol{a}_2 & \cdots & \boldsymbol{a}_m\cdot\boldsymbol{a}_m \end{vmatrix} \geqslant 0$$

当且仅当向量 $\boldsymbol{a}_1, \boldsymbol{a}_2, \cdots, \boldsymbol{a}_m$ 线性相关时取等号，尤其，当 $n < m$ 时，上式为等式.

(5) 可以再推广：对于向量$\boldsymbol{a}_{ij}, i, j=1,2,\cdots,n$，则

$$\begin{vmatrix}\sum_{i=1}^{n}\boldsymbol{a}_{1i}\cdot\boldsymbol{a}_{1i} & \sum_{i=1}^{n}\boldsymbol{a}_{1i}\cdot\boldsymbol{a}_{2i} & \cdots & \sum_{i=1}^{n}\boldsymbol{a}_{1i}\cdot\boldsymbol{a}_{mi}\\ \sum_{i=1}^{n}\boldsymbol{a}_{2i}\cdot\boldsymbol{a}_{1i} & \sum_{i=1}^{n}\boldsymbol{a}_{2i}\cdot\boldsymbol{a}_{2i} & \cdots & \sum_{i=1}^{n}\boldsymbol{a}_{2i}\cdot\boldsymbol{a}_{mi}\\ \vdots & \vdots & & \vdots\\ \sum_{i=1}^{n}\boldsymbol{a}_{mi}\cdot\boldsymbol{a}_{1i} & \sum_{i=1}^{n}\boldsymbol{a}_{mi}\cdot\boldsymbol{a}_{2i} & \cdots & \sum_{i=1}^{n}\boldsymbol{a}_{mi}\cdot\boldsymbol{a}_{mi}\end{vmatrix}\geqslant 0$$

证明

$$\begin{vmatrix}\sum_{i=1}^{n}(\boldsymbol{a}_{1i}\cdot\boldsymbol{a}_{1i}) & \sum_{i=1}^{n}(\boldsymbol{a}_{1i}\cdot\boldsymbol{a}_{2i}) & \cdots & \sum_{i=1}^{n}(\boldsymbol{a}_{1i}\cdot\boldsymbol{a}_{ni})\\ \sum_{i=1}^{n}(\boldsymbol{a}_{2i}\cdot\boldsymbol{a}_{1i}) & \sum_{i=1}^{n}(\boldsymbol{a}_{2i}\cdot\boldsymbol{a}_{2i}) & \cdots & \sum_{i=1}^{n}(\boldsymbol{a}_{2i}\cdot\boldsymbol{a}_{ni})\\ \vdots & \vdots & & \vdots\\ \sum_{i=1}^{n}(\boldsymbol{a}_{ni}\cdot\boldsymbol{a}_{1i}) & \sum_{i=1}^{n}(\boldsymbol{a}_{ni}\cdot\boldsymbol{a}_{2i}) & \cdots & \sum_{i=1}^{n}(\boldsymbol{a}_{ni}\cdot\boldsymbol{a}_{ni})\end{vmatrix}$$

$$=\begin{vmatrix}\boldsymbol{a}_{11} & \boldsymbol{a}_{12} & \cdots & \boldsymbol{a}_{1n}\\ \boldsymbol{a}_{21} & \boldsymbol{a}_{22} & \cdots & \boldsymbol{a}_{2n}\\ \vdots & \vdots & & \vdots\\ \boldsymbol{a}_{n1} & \boldsymbol{a}_{n2} & \cdots & \boldsymbol{a}_{nn}\end{vmatrix}\cdot\begin{vmatrix}\boldsymbol{a}_{11} & \boldsymbol{a}_{21} & \cdots & \boldsymbol{a}_{n1}\\ \boldsymbol{a}_{12} & \boldsymbol{a}_{22} & \cdots & \boldsymbol{a}_{n2}\\ \vdots & \vdots & & \vdots\\ \boldsymbol{a}_{1n} & \boldsymbol{a}_{2n} & \cdots & \boldsymbol{a}_{nn}\end{vmatrix}\geqslant 0$$

例 9 （江苏褚小光，2015－12－26 提供）设 $x,y,z\in\mathbf{R}$，$a,b,c\in\overline{\mathbf{R}^-}$，则

$$(a+b+c)(x^2+y^2+z^2)\geqslant 2yz\sqrt{a^2+bc}+2zx\sqrt{b^2+ca}+2xy\sqrt{c^2+ab}$$

证明 将原不等式写成与原式等价的关于 x 的二次不等式

$$\left(\sum a\right)x^2-2\left(y\sqrt{c^2+ab}+z\sqrt{b^2+ca}\right)x+$$
$$\left[\left(\sum a\right)(y^2+z^2)-2yz\sqrt{a^2+bc}\right]\geqslant 0 \qquad ①$$

若 $a=b=c=0$，原式显然成立. 今设 a,b,c 不全为零，这时 $\sum a>0$，于是，式 ① 成立的充要条件是

$$\Delta_1=4\left(y\sqrt{c^2+ab}+z\sqrt{b^2+ca}\right)^2-$$
$$4\left(\sum a\right)\left[\left(\sum a\right)(y^2+z^2)-2yz\sqrt{a^2+bc}\right]\leqslant 0$$

即

$$\left[\left(\sum a\right)^2-(c^2+ab)\right]y^2-2\left[\left(\sum a\right)\sqrt{a^2+bc}+\sqrt{b^2+ca}\cdot\sqrt{c^2+ab}\right]yz+$$
$$\left[\left(\sum a\right)^2-(b^2+ca)\right]z^2\geqslant 0 \qquad ②$$

式 ② 又可以看作关于 y 的二次式，显然$(\sum a)^2-(c^2+ab)>0$，因此，式 ② 成立的充要条件是

$$\Delta_2=4\left[(\sum a)\sqrt{a^2+bc}+\sqrt{b^2+ca}\cdot\sqrt{c^2+ab}\right]^2-$$
$$4\left[(\sum a)^2-(b^2+ca)\right]\left[(\sum a)^2-(c^2+ab)\right]\leqslant 0$$

上式经整理即为

$$(\sum a)^2(\sum bc)\geqslant 2(\sum a)\sqrt{a^2+bc}\cdot\sqrt{b^2+ca}\cdot\sqrt{c^2+ab}$$

由于$\sum a>0$，因此只要证

$$(\sum a)(\sum bc)\geqslant 2\sqrt{(a^2+bc)(b^2+ca)(c^2+ab)} \quad ③$$

下面证明式 ③.

由对称式，不妨设 $a\geqslant b\geqslant c$，这时，式 ③ 左边减去右边等于

$$\left[\sum a(b^2+c^2)+3abc\right]^2-4(\sum b^3c^3+abc\sum a^3+2a^2b^2c^2)$$
$$=\sum a^2(b^2+c^2)^2+8abc\sum a(b^2+c^2)+$$
$$a^2b^2c^2-2\sum b^3c^3-2abc\sum a^3$$
$$=\sum a^4(b-c)^2+8abc\sum a(b-c)^2-\sum bc\sum a^2(b-c)^2+49a^2b^2c^2$$
$$=\sum a^2(a^2-ab-ac+7bc)(b-c)^2+49a^2b^2c^2$$
$$=\sum (a^2-ab-ac+bc)a^2(b-c)^2+6\sum a^2bc(b-c)^2+49a^2b^2c^2$$
$$=\sum a^2(a-b)(a-c)(b-c)^2+6\sum a^2bc(b-c)^2+49a^2b^2c^2$$
$$=(a-b)(a-c)(b-c)\left[a^2(b-c)-b^2(a-c)+c^2(a-b)\right]+$$
$$6\sum a^2bc(b-c)^2+49a^2b^2c^2$$
$$=(a-b)^2(a-c)^2(b-c)^2+6\sum a^2bc(b-c)^2+49a^2b^2c^2\geqslant 0$$

由此可知式 ③ 成立，因此式 ② 成立，从而式 ① 成立.

注：式 ③ 另一证法如下：利用恒等式

$$(a^2+bc)(b^2+ca)(c^2+ab)=$$
$$(a^2b+b^2c+c^2a)(ab^2+bc^2+ca^2)-(abc)^2$$

（证明从略），有

$$\left[(\sum a)(\sum bc)\right]^2-4\prod(a^2+bc)$$
$$=(\sum a^2b+\sum ab^2+3abc)^2-4(\sum a^2b)(\sum ab^2)+4(abc)^2$$
$$\geqslant(\sum a^2b+\sum ab^2)^2-4(\sum a^2b)(\sum ab^2)$$
$$=(\sum a^2b-\sum ab^2)^2\geqslant 0$$

故式 ③ 成立.

由上面证明过程可知,当且仅当 $x=y=z$,且 $a=0,b=c$;或 $b=0,c=a$;或 $c=0,a=b$ 时取等号.

进一步加强式 ③,有以下命题.

命题 设 $a,b,c\in\overline{\mathbf{R}^-}$,则

$$(\sum a)(\sum bc)\geqslant 2\sqrt{(a^2+bc)(b^2+ca)(c^2+ab)}+$$
$$(9-4\sqrt{2})\prod(-a+b+c)$$

例 10 设 $a,b,c\in\mathbf{R}^+,\alpha\in\mathbf{R}$,则

$$abc(a^\alpha+b^\alpha+c^\alpha)\geqslant a^{\alpha+2}(-a+b+c)+b^{\alpha+2}(a-b+c)+c^{\alpha+2}(a+b-c)$$

当且仅当 $a=b=c$ 时取等号.

证明 不妨设 $a\geqslant b\geqslant c$,则

$$abc(a^\alpha+b^\alpha+c^\alpha)-a^{\alpha+2}(-a^\alpha+b^\alpha+c^\alpha)-b^{\alpha+2}(a^\alpha-b^\alpha+c^\alpha)-$$
$$c^{\alpha+2}(a^\alpha+b^\alpha-c^\alpha)$$
$$=a^{\alpha+1}(a-b)^2+(a-b)(b-c)(a^{\alpha+1}-b^{\alpha+1}+c^{\alpha+1})+c^{\alpha+1}(b-c)^2$$
$$\geqslant(a-b)(b-c)(a^{\alpha+1}-b^{\alpha+1}+c^{\alpha+1})$$

若 $1+\alpha\geqslant 0$,则 $a^{\alpha+1}-b^{\alpha+1}\geqslant 0$;若 $1+\alpha<0$,则 $c^{\alpha+1}-b^{\alpha+1}\geqslant 0$.

故总有 $(a-b)(b-c)(a^{\alpha+2}-b^{\alpha+2}+c^{\alpha+2})\geqslant 0$,原式获证,易知当且仅当 $a=b=c$ 时取等号.

注:本题可参见《中学数学》(湖北)1991 年第 2 期,杨学枝《一个三角形不等式的发现》.

例 11 设 $a,b,c,d\in\overline{\mathbf{R}^-}$,则

$$a^4+b^4+c^4+d^4+2abcd\geqslant a^2b^2+a^2c^2+a^2d^2+b^2c^2+b^2d^2+c^2d^2$$

证明 由对称性,不妨设 $a\geqslant b\geqslant c\geqslant d$,则

$$2[a^4+b^4+c^4+d^4+2abcd-(a^2b^2+a^2c^2+a^2d^2+b^2c^2+b^2d^2+c^2d^2)]$$
$$=(a^2-c^2)^2+(b^2-c^2)^2+(a^2-d^2)^2+(b^2-d^2)^2-2(ab-cd)^2$$
$$\geqslant(a^2-c^2)^2+(b^2-d^2)^2-2(ab-cd)^2$$
$$\geqslant\frac{1}{2}(a^2+b^2-2d^2)^2-2(ab-cd)^2$$
$$\geqslant\frac{1}{2}(2ab-2d^2)^2-2(ab-cd)^2$$
$$\geqslant\frac{1}{2}(2ab-2cd)^2-2(ab-cd)^2=0$$

例 12 设 $a,b,c\in\overline{\mathbf{R}^-}$,则

$$\frac{1}{2}(\sum a)^2\leqslant\sum\frac{a^2(b^2+4bc+c^2)}{(b+c)^2}\leqslant\frac{3}{2}\sum a^2$$

当且仅当 $a=b=c$ 时，左右两个不等式均取等号.

证明 原式等价于

$$\sum bc-\frac{1}{2}\sum a^2\leqslant 2\sum\frac{a^2bc}{(b+c)^2}\leqslant\frac{1}{2}\sum a^2 \quad ①$$

先证式 ① 右边不等式.

$$\frac{1}{2}\sum a^2-2\sum\frac{a^2bc}{(b+c)^2}=\frac{1}{2}\sum\frac{a^2(b-c)^2}{(b+c)^2}\geqslant 0$$

再证式 ① 左边不等式.

$$\begin{aligned}&\frac{1}{2}\sum a^2-\sum bc+2\sum\frac{a^2bc}{(b+c)^2}\\=&\left(\sum a^2-\sum bc\right)-\frac{1}{2}\left[\sum a^2-4\sum\frac{a^2bc}{(b+c)^2}\right]\\=&\frac{1}{2}\sum(b-c)^2-\frac{1}{2}\sum\frac{a^2(b-c)^2}{(b+c)^2}\\=&\frac{1}{2}\sum a\cdot\sum\frac{(-a+b+c)(b-c)^2}{(b+c)^2}\end{aligned}$$

由对称性，可设 $a\geqslant b\geqslant c$，则$\frac{(a+b-c)(a-b)^2}{(a+b)^2}\geqslant 0$，因此，只要证

$$\frac{(-a+b+c)(b-c)^2}{(b+c)^2}+\frac{(a-b+c)(a-c)^2}{(a+c)^2}\geqslant 0 \quad ②$$

另外，由 $a\geqslant b\geqslant c$，易证有$\frac{(a-c)^2}{(a+c)^2}\geqslant\frac{(b-c)^2}{(b+c)^2}$，因此

$$\begin{aligned}\text{式 ② 左边}&\geqslant[(-a+b+c)+(a-b+c)]\frac{(b-c)^2}{(b+c)^2}\\&=2c\cdot\frac{(b-c)^2}{(b+c)^2}\geqslant 0\end{aligned}$$

故式 ① 成立，从而原式成立，当且仅当 $a=b=c$ 时，左右两个不等式均取等号.

例 13 设 $a,b,c\in\mathbf{R}^+$，求证

$$\frac{3\sum a^2}{\sum a}\geqslant 2\sum\frac{a^2}{a+b}$$

当且仅当 $a=b=c$ 时取等号.

证明 易证$\sum\frac{a^2}{a+b}=\sum\frac{b^2}{a+b}$，于是有

$$2\sum\frac{a^2}{a+b}=\sum\frac{a^2+b^2}{a+b}$$

因此，原式等价于

$$\frac{3\sum a^2}{\sum a} \geqslant \sum \frac{a^2+b^2}{a+b} \qquad (※)$$

由于式(※)是关于 a,b,c 的对称式，不妨设 $a \geqslant b \geqslant c$，则易知有 $\frac{(a-c)^2}{a+b} \geqslant \frac{(a-b)^2}{a+b}$，$\frac{(a-c)^2}{a+c} \geqslant \frac{(b-c)^2}{b+c}$，于是

$$\begin{aligned}
&3\sum a^2 - \sum a \cdot \sum \frac{a^2+b^2}{a+b} \\
&=3\sum a^2 - \sum (a^2+b^2) - \sum \frac{c(a^2+b^2)}{a+b} \\
&=\sum a^2 - \sum c(a+b) + 2abc\sum \frac{1}{a+b} \\
&=(\sum a^2 - \sum bc) - \sum c(\frac{a+b}{2} - \frac{2ab}{a+b}) \\
&=\frac{1}{2}\sum (a-b)^2 - \frac{1}{2}\sum \frac{c(a-b)^2}{a+b} \\
&=\frac{1}{2}\sum (a+b-c)\frac{(a-b)^2}{a+b} \\
&\geqslant \frac{1}{2}(a-b+c)\frac{(a-c)^2}{a+c} + \frac{1}{2}(-a+b+c)\frac{(b-c)^2}{(b+c)} \\
&\geqslant \frac{1}{2}(a-b+c-a+b+c)\frac{(b-c)^2}{b+c} \\
&=\frac{c(b-c)^2}{b+c} \geqslant 0
\end{aligned}$$

故式(※)成立，原式获证. 当且仅当 $a=b=c$ 时取等号.

注：原式等价于 $\sum \frac{a^3}{a+b} \leqslant \frac{1}{2}\sum a^2$.

注意到 $\sum \frac{a^3}{a+b} = \sum a \cdot \sum \frac{a^2}{a+b} - \sum a^2$.

例 14　(自创题，2008－12－22) 设 $a,b,c \in \mathbf{R}$，则

$$\sum bc \leqslant \frac{\sum a^4 + 8\sum b^2c^2}{3\sum a^2}$$

当且仅当 $a=b=c$ 时取等号.

证明　$\sum a^4 + 8\sum b^2c^2 - 3\sum a^2 \cdot \sum bc$

$$\begin{aligned}
&=3\sum a^2(\sum a^2 - \sum bc) - 2(\sum a^4 - \sum b^2c^2) \\
&=\sum [\frac{3}{2}(a^2+b^2+c^2) - (b+c)^2](b-c)^2 \\
&=\frac{1}{2}\sum [(3a-b-c)^2 + 6(c-a)(a-b)](b-c)^2
\end{aligned}$$

$$=\frac{1}{2}\sum(3a-b-c)^2(b-c)^2+3\sum(c-a)(a-c)(b-c)^2$$

$$=\frac{1}{2}\sum(3a-b-c)^2(b-c)^2\geqslant 0$$

注 原式可用于证明三角形中中线不等式.若$\triangle ABC$三边长为a,b,c,面积为Δ,其对应中线为m_a,m_b,m_c,根据中线对偶定理

$$f(a,b,c,m_a,m_b,m_c,\Delta)\leftrightarrow f(m_a,m_b,m_c,\frac{3}{4}a,\frac{3}{4}b,\frac{3}{4}c,\frac{3}{4}\Delta)$$

则可以得到

$$\sum m_bm_c\leqslant\frac{\sum a^4+8\sum b^2c^2}{4\sum a^2}$$

注意到有

$$\sum m_a^2=\frac{3}{4}\sum a^2,\sum m_b^2m_c^2=\frac{9}{16}\sum b^2c^2,\sum m_a^4=\frac{9}{16}\sum a^4$$

例 15 (自创题,2014－01－03)设$a,b,c\in\mathbf{R}^+$,则

$$\sum a(b-a)(b-c)^3\geqslant 0$$

当且仅当$a=b=c$时取等号.

证明

$$\begin{aligned}&\sum a(b-a)(b-c)^3\\=&\sum a(b-a)(b-c)(b-c)^2\\=&\sum[a(a-b)^2-a(a-b)(a-c)](b-c)^2\\=&\sum a(a-b)^2(b-c)^2-\sum a(a-b)(a-c)(b-c)^2\\=&\sum a(a-b)^2(b-c)^2\geqslant 0\end{aligned}$$

故原式成立,易知当且仅当$a=b=c$时取等号.

注:注意$(a-c)^2=(a-b)(a-c)+(c-a)(c-b)$等等式的应用.

例 16 (自创题,2014－01－03)设$a,b,c\in\mathbf{R}^+$,则

$$\sum\frac{(ac-b^2)(a-c)(a-b)^2}{a+b}\geqslant 0$$

当且仅当$a=b=c$时取等号.

证明 原式左边$=\sum\frac{[b(c-a)^2+(a+b)(b-c)(c-a)](a-b)^2}{a+b}$

$$=\sum\frac{b(c-a)^2}{a+b}+\sum[(b-c)(c-a)](a-b)^2$$

$$=\sum\frac{b(c-a)^2}{a+b}\geqslant 0$$

故原式成立,易知当且仅当$a=b=c$时取等号.

注意等式 $ac-b^2=b(a-c)-(a+b)(b-c)=\frac{1}{2}[(a+b)(c-b)+(a-b)(c+b)]$(类似还有三个)的应用.

例 17 (2012－06－18,广东陈洪葛提供)设 $a,b,c\in\mathbf{R}^+$,则

$$\sum\frac{(b-c)^2}{(b+c)^2}+\frac{24\sum bc}{(\sum a)^2}\leqslant 8$$

证明 不妨设 $a\geqslant b\geqslant c$,则易证有 $\frac{(a-c)^2}{(a+c)^2}\geqslant\frac{(a-b)^2}{(a+b)^2}$,$\frac{(a-c)^2}{(a+c)^2}\geqslant\frac{(b-c)^2}{(b+c)^2}$,于是

$$8-\frac{24\sum bc}{(\sum a)^2}-\sum\frac{(b-c)^2}{(b+c)^2}$$

$$=\frac{4\sum(b-c)^2}{(\sum a)^2}-\sum\frac{(b-c)^2}{(b+c)^2}$$

$$=\sum\left[\frac{4(b-c)^2}{(\sum a)^2}-1\right]\frac{(b-c)^2}{(b+c)^2}$$

$$=\sum\left[\frac{(a+3b+3c)(-a+b+c)}{(\sum a)^2}\cdot\frac{(b-c)^2}{(b+c)^2}\right]$$

$$\geqslant\frac{(a+3b+3c)(-a+b+c)}{(\sum a)^2}\cdot\frac{(b-c)^2}{(b+c)^2}+$$

$$\frac{(3a+b+3c)(a-b+c)}{(\sum a)^2}\cdot\frac{(a-c)^2}{(a+c)^2}$$

$$\geqslant\left[\frac{(a+3b+3c)(-a+b+c)}{(\sum a)^2}+\frac{(3a+b+3c)(a-b+c)}{(\sum a)^2}\right]\frac{(b-c)^2}{(b+c)^2}$$

$$\geqslant\left[\frac{(a+3b+3c)(-a+b+c)}{(\sum a)^2}+\frac{(a+3b+3c)(a-b+c)}{(\sum a)^2}\right]\frac{(b-c)^2}{(b+c)^2}$$

$$\geqslant\frac{2c(a+3b+3c)}{(\sum a)^2}\cdot\frac{(b-c)^2}{(b+c)^2}\geqslant 0$$

故原命题获证.

例 18 设 $a,b,c\in\mathbf{R}^+$,且 $\sum bc=1$,求证

$$\frac{1+b^2c^2}{(b+c)^2}+\frac{1+c^2a^2}{(c+a)^2}+\frac{1+a^2b^2}{(a+b)^2}\geqslant\frac{5}{2}$$

当且仅当 $a=b=c=\frac{\sqrt{3}}{3}$ 时取等号.

证明

$$\sum \frac{1+b^2c^2}{(b+c)^2}-\frac{5}{2}=\sum \frac{(1+b^2)(1+c^2)+2bc}{(b+c)^2}-\frac{11}{2}$$

$$=\sum \frac{(b+c)^2(a+b)(a+c)+2bc}{(b+c)^2}-\frac{11}{2}$$

$$=\frac{1}{2}\sum (b-c)^2-\frac{1}{2}(\sum bc)\cdot \sum \left(\frac{b-c}{b+c}\right)^2$$

$$=\frac{1}{2}\sum [(b+c)^2-a(b+c)-bc]\left(\frac{b-c}{b+c}\right)^2$$

由此知,只需证

$$\sum [(b+c)^2-a(b+c)-bc]\left(\frac{b-c}{b+c}\right)^2\geqslant 0$$

不妨设 $a\geqslant b\geqslant c$,则易证有

$$\left(\frac{a-c}{a+c}\right)^2\geqslant \left(\frac{a-b}{a+c}\right)^2,\left(\frac{a-c}{a+c}\right)^2\geqslant \left(\frac{b-c}{b+c}\right)^2\geqslant 0$$

且

$$(a+c)^2-b(a+c)-ac$$
$$=(a^2-ab)+(ac-bc)+c^2\geqslant 0$$
$$(a+b)^2-c(a+b)-ab$$
$$=a^2+b^2+ab-ac-bc\geqslant 0$$

因此,有

$$\sum [(b+c)^2-a(b+c)-bc]\left(\frac{b-c}{b+c}\right)^2$$

$$\geqslant [(b+c)^2-a(b+c)-bc+(a+c)^2-b(a+c)-ac]\left(\frac{b-c}{b+c}\right)^2$$

$$=[(a-b)^2+2c^2]\left(\frac{b-c}{b+c}\right)^2\geqslant 0$$

故原式成立.

注:当 $a\geqslant b\geqslant c$ 时,有

$$\frac{a-c}{a+c}\geqslant \frac{a-b}{a+b},\frac{b-c}{b+c}$$

例 19 设 $a,b,c>0$,求证:

$$\sum \frac{a^2}{(2a+b)(2a+c)}\leqslant \frac{1}{2}$$

证明 由对称性,不妨设 $a\geqslant b\geqslant c>0$,由于

$$\frac{a}{3(a+b+c)}-\frac{a^2}{(2a+b)(2a+c)}=\frac{a(a-b)(a-c)}{3(a+b+c)(2a+b)(2a+c)}$$

另外还有二式,因此,只要证

$$\sum \frac{a(a-b)(a-c)}{(2a+b)(2a+c)} \geqslant 0$$

又由于

$$\frac{c(c-a)(c-b)}{(2c+a)(2c+b)} \geqslant 0$$

因此,又只需证

$$\frac{a(a-b)(a-c)}{(2a+b)(2a+c)} \geqslant \frac{b(b-c)(a-b)}{(2b+c)(2b+a)} \quad ①$$

由于 $a \geqslant b \geqslant c > 0$,则有

$$\frac{a-c}{2a+c} \geqslant \frac{b-c}{2b+c}, \frac{a}{2a+b} \geqslant \frac{b}{2b+a}$$

由此可知式 ① 成立,故原式成立.

例 20　设 $x,y,z \in \overline{\mathbf{R}^-}$,且 $x+y+z=1$,则

$$\frac{yz}{1+x}+\frac{zx}{1+y}+\frac{xy}{1+z} \leqslant \frac{1}{4}$$

当且仅当 $x=y=z$,或 x,y,z 中其中一个为零,其余两个相等时取等号.

证法 1　原式等价于

$$\sum \frac{(y+z)^2-(y-z)^2}{(x+y)+(x+z)} \leqslant x+y+z$$

另 $x=-a+b+c, y=a-b+c, z=a+b-c$,其中 a,b,c 为三角形三边长,那么,上式又等价于,在三角形中有

$$\sum \frac{2a^2-2(b-c)^2}{b+c} \leqslant a+b+c \quad ①$$

今证式 ①. 由于

$$a+b+c-\sum \frac{2a^2-2(b-c)^2}{b+c}$$

$$=\sum \left[\frac{a^2(b+c)}{2bc}-\frac{2a^2}{b+c}\right]-\frac{\sum a(b^3+c^3)-2abc\sum a}{2abc}+\sum \frac{2(b-c)^2}{b+c}$$

$$=\sum \left[\frac{a^2(b+c)}{2bc}-\frac{2a^2}{b+c}\right]-\frac{\sum a(b+c)(b-c)^2}{2abc}+\sum \frac{2(b-c)^2}{b+c}$$

$$=\frac{1}{2}\sum \frac{(a-b+c)(a+b-c)(b-c)^2}{bc(b+c)} \geqslant 0$$

式 ① 得证,故原命题成立.

证法 2　设 $y+z=\lambda, z+x=u, x+y=v$,则

$$1-\frac{4yz}{1+x}-\frac{4zx}{1+y}-\frac{4xy}{1+z}$$

$$=\frac{1}{2}\sum (y+z)-\sum \frac{(y+z)^2-(y-z)^2}{(z+x)+(x+y)}$$

$$=\frac{1}{2}\sum\lambda-\sum\frac{\lambda^2}{u+v}+\sum\frac{(u-v)^2}{\lambda}$$

$$=\frac{1}{2}\sum\lambda-\frac{1}{4}\left[\sum\frac{(2\lambda-u-v)^2}{u+v}+4\sum\lambda-\sum(u+v)\right]+\sum\frac{(u-v)^2}{\lambda}$$

$$=\sum\frac{(u-v)^2}{\lambda}-\frac{1}{4}\sum\frac{(2\lambda-u-v)^2}{u+v}$$

$$=\sum\frac{(u-v)^2}{\lambda}-\frac{1}{4}\sum\frac{2(\lambda-u)^2+(\lambda-v)^2-(u-v)^2}{u+v}$$

$$=\sum\left[\frac{1}{\lambda}+\frac{1}{4(u+v)}-\frac{1}{2(\lambda+u)}-\frac{1}{2(\lambda+v)}\right](u-v)^2$$

$$\geqslant\sum\left\{\left[\frac{1}{2\lambda}-\frac{1}{2(\lambda+u)}\right]+\left[\frac{1}{2\lambda}-\frac{1}{2(\lambda+v)}\right]\right\}(u-v)^2\geqslant 0$$

故原式成立.

注:注意有等式

$$\frac{a^2}{b}=\frac{(a-b)^2}{b}+2a-b$$

$$(2a-b-c)^2=2(a-b)^2+2(a-c)^2-(b-c)^2$$

证法 3 $\frac{yz}{y+z+2x}=\frac{yz}{(y+x)+(z+x)}\leqslant\frac{yz}{4}(\frac{1}{y+x}+\frac{1}{z+x})$

$$\frac{zx}{z+x+2y}\leqslant\frac{zx}{4}(\frac{1}{z+y}+\frac{1}{x+y})$$

$$\frac{xy}{x+y+2z}\leqslant\frac{xy}{4}(\frac{1}{x+z}+\frac{1}{y+z})$$

将以上三式左右两边分别相加即得.

例 21 $a,b,c\in\mathbf{R}^+$,则

$$\frac{a}{b}+\frac{b}{c}+\frac{c}{a}+\frac{28(bc+ca+ab)}{(a+b+c)^2}\geqslant 12$$

证明 (2012－08－06,王雍熙提供)原式等价于

$$\sum\frac{b^3}{c}+\sum\frac{a^2b}{c}+\sum\frac{2ab^2}{c}+7\sum bc\geqslant 10\sum a^2$$

$$\Leftrightarrow(\sum\frac{b^3}{c}+\sum\frac{a^2b}{c}-\sum\frac{2ab^2}{c})+(\sum\frac{4ca^2}{b}-3\sum ca)$$

$$\geqslant 10(\sum a^2-\sum bc)$$

$$\Leftrightarrow(\sum\frac{b^3}{c}+\sum\frac{a^2b}{c}-\sum\frac{2ab^2}{c})+(\sum\frac{4ca^2}{b}-12\sum ca+9\sum bc)$$

$$\geqslant 10(\sum a^2-\sum bc)$$

$$\Leftrightarrow\sum\left[\frac{b(a-b)^2}{c}+\frac{c(2a-3b)^2}{b}\right]\geqslant 2\sum(a-b)(2a-3b)$$

上式显然成立,故原命题获证.

例 22 (自创题,2012－08－26) 设 $a,b,c\in\mathbf{R}^+$,则

$$\frac{a}{b}+\frac{b}{c}+\frac{c}{a}+1\geqslant 4\sqrt{\frac{a^2+b^2+c^2}{bc+ca+ab}}$$

当且仅当 $a=b=c$ 时取等号.

证明 注意到,如果 $a\geqslant b\geqslant c>0$,得到

$$\left(\frac{a}{b}+\frac{b}{c}+\frac{c}{a}\right)-\left(\frac{b}{a}+\frac{c}{b}+\frac{a}{c}\right)=\frac{(a-b)(b-c)(c-a)}{abc}\leqslant 0$$

因此,只需证明当 $a\geqslant b\geqslant c>0$ 时,原式成立即可.这时,有

$$\begin{aligned}&\left(\frac{a}{b}+\frac{b}{c}+\frac{c}{a}+1\right)^2-\frac{16(a^2+b^2+c^2)}{bc+ca+ab}\\=&\frac{a^2}{b^2}+\frac{b^2}{c^2}+\frac{c^2}{a^2}+2\left(\frac{a}{b}+\frac{b}{c}+\frac{c}{a}+\frac{b}{a}+\frac{c}{b}+\frac{a}{c}\right)+1-\frac{16(a^2+b^2+c^2)}{bc+ca+ab}\\=&\frac{(b^2-c^2)^2}{b^2c^2}+\frac{(a^2-b^2)(a^2-c^2)}{a^2b^2}+2\left[\frac{2(b-c)^2}{bc}+\frac{(b+c)(a-b)(a-c)}{abc}\right]-\\&\frac{16[(b-c)^2+(a-b)(a-c)]}{bc+ca+ab}\\=&\left[\frac{(b+c)^2}{b^2c^2}+\frac{4}{bc}-\frac{16}{bc+ca+ab}\right](b-c)^2+\\&\left[\frac{(a+b)(a+c)}{a^2b^2}+\frac{2(b+c)}{abc}-\frac{16}{bc+ca+ab}\right](a-b)(a-c)\end{aligned}$$

由此,记 $A=\frac{(b+c)^2}{b^2c^2}+\frac{4}{bc}-\frac{16}{bc+ca+ab}$,$B=\frac{(a+b)(a+c)}{a^2b^2}+\frac{2(b+c)}{abc}-\frac{16}{bc+ca+ab}$,则

$$\left(\frac{a}{b}+\frac{b}{c}+\frac{c}{a}+1\right)^2-\frac{16(a^2+b^2+c^2)}{bc+ca+ab}=A(b-c)^2+B(a-b)(a-c)$$

因此,只要证

$$A(b-c)^2+B(a-b)(a-c)\geqslant 0 \qquad ①$$

下面分别证明 $A>0,B>0$.实际上,有

$$A=\frac{(b+c)^2}{b^2c^2}+\frac{4}{bc}-\frac{16}{bc+ca+ab}\geqslant\frac{4}{bc}+\frac{4}{bc}-\frac{16}{3bc}>0$$

$$\begin{aligned}B=&\frac{(a+b)(a+c)}{a^2b^2}+\frac{2(b+c)}{abc}-\frac{16}{bc+ca+ab}\\=&\frac{1}{bc+ca+ab}\left[\frac{(a+b)(a+c)(bc+ca+ab)}{a^2b^2}+\right.\\&\left.\frac{2(b+c)(bc+ca+ab)}{abc}-16\right]\end{aligned}$$

$$=\frac{1}{bc+ca+ab}[\frac{(a+b)^2c^2}{a^2b^2}+\frac{(a+4b)(a+b)c}{ab^2}+(\frac{2b}{c}+\frac{2b}{a}+\frac{a}{b}-11)]$$

$$\geqslant\frac{1}{bc+ca+ab}[\frac{(a+4b)(a+b)c}{ab^2}+\frac{2b}{c}+(\frac{2b}{a}+\frac{a}{b}-11)]$$

$$\geqslant\frac{1}{bc+ca+ab}[2\sqrt{\frac{(a+4b)(a+b)c}{ab^2}\cdot\frac{2b}{c}}+(2\sqrt{\frac{2b}{a}\cdot\frac{a}{b}}-11)]$$

$$=\frac{1}{bc+ca+ab}[2\sqrt{\frac{2(a+4b)(a+b)}{ab}}+2\sqrt{2}-11]$$

$$\geqslant\frac{1}{bc+ca+ab}(6\sqrt{2}+2\sqrt{2}-11)>0$$

从而知式 ① 成立，原命题获证，易知当且仅当 $a=b=c$ 时取等号.

问题：试求 λ 的最大值，使得有

$$\frac{a}{b}+\frac{b}{c}+\frac{c}{a}+\lambda-3\geqslant\lambda\sqrt{\frac{a^2+b^2+c^2}{bc+ca+ab}}$$

注：注意以下恒等式应用：

$$\frac{a}{b}+\frac{b}{c}+\frac{c}{a}-3=\frac{(b-c)^2}{bc}+\frac{(a-b)(a-c)}{ab}\text{ 等}$$

$$\frac{b}{a}+\frac{c}{b}+\frac{a}{c}-3=\frac{(b-c)^2}{bc}+\frac{(a-b)(a-c)}{ac}\text{ 等}$$

$$a^2+b^2+c^2=(b-c)^2+(a-b)(a-c)\text{ 等}$$

例 23 设 $a,b,c>0$，则

$$\frac{a^2}{b^2}+\frac{b^2}{c^2}+\frac{c^2}{a^2}+\frac{9(bc+ca+ab)}{a^2+b^2+c^2}\geqslant 12$$

当且仅当 $a=b=c$ 时取等号.

证法 1 注意到，如果 $a\geqslant b\geqslant c>0$，得到

$$(\frac{a^2}{b^2}+\frac{b^2}{c^2}+\frac{c^2}{a^2})-(\frac{b^2}{a^2}+\frac{c^2}{b^2}+\frac{a^2}{c^2})=\frac{(a^2-b^2)(b^2-c^2)(c^2-a^2)}{a^2b^2c^2}\leqslant 0$$

因此，只需证明当 $a\geqslant b\geqslant c>0$ 时，原式成立即可. 这时，有

$$\frac{a^2}{b^2}+\frac{b^2}{c^2}+\frac{c^2}{a^2}+\frac{9(bc+ca+ab)}{a^2+b^2+c^2}-12$$

$$=\left(\frac{a^2}{b^2}+\frac{b^2}{c^2}+\frac{c^2}{a^2}-3\right)+9\left[\frac{(bc+ca+ab)}{a^2+b^2+c^2}-1\right]$$

$$=\left[\frac{(a^2-b^2)^2}{a^2b^2}+\frac{(a^2-c^2)(b^2-c^2)}{a^2c^2}\right]-\frac{9(a-b)^2+9(a-c)(b-c)}{a^2+b^2+c^2}$$

$$=\left[\frac{(a+b)^2}{a^2b^2}-\frac{9}{a^2+b^2+c^2}\right](a-b)^2+$$

$$\left[\frac{(a+c)(b+c)}{a^2c^2}-\frac{9}{a^2+b^2+c^2}\right](a-c)(b-c)$$

则原不等式等价于

$$A(a-b)^2+B(a-c)(b-c)\geqslant 0 \quad ①$$

其中

$$A=\frac{(a+b)^2}{a^2b^2}-\frac{9}{a^2+b^2+c^2}$$

$$\begin{aligned}B&=\frac{(a+c)(b+c)}{a^2c^2}-\frac{9}{a^2+b^2+c^2}\\&\geqslant\frac{2(a+c)}{a^2c}-\frac{9}{a^2+2c^2}\\&=\frac{2(a+c)(a^2+2c^2)-9a^2c}{a^2c(a^2+2c^2)}\\&=\frac{2a^3-7a^2c+4ac^2+4c^3}{a^2c(a^2+2c^2)}\\&=\frac{(a-2c)^2(2a+c)}{a^2c(a^2+2c^2)}\geqslant 0\end{aligned}$$

若 $b-c\geqslant a-b$,即 $b\geqslant\frac{a+c}{2}$,则 $(a-c)(b-c)\geqslant 2(a-b)^2$,于是,有

$$\begin{aligned}A+2B&=\frac{(a+b)^2}{a^2b^2}+\frac{2(a+c)(b+c)}{a^2c^2}-\frac{27}{a^2+b^2+c^2}\\&\geqslant\left(\frac{4}{ab}-\frac{8}{a^2+b^2+c^2}\right)+\left[\frac{2(a+c)(b+c)}{a^2c^2}-\frac{19}{a^2+b^2+c^2}\right]\\&\geqslant\frac{2(a+c)(b+c)}{a^2c^2}-\frac{19}{a^2+b^2+c^2}\\&\geqslant\frac{2(a+c)\left(\frac{a+c}{2}+c\right)}{a^2c^2}-\frac{19}{a^2+\left(\frac{a+c}{2}\right)^2+c^2}\\&\geqslant\frac{(a+c)(a+3c)(5a^2+2ac+5c^2)-76a^2c^2}{a^2c^2(5a^2+2ac+5c^2)}\\&\geqslant\frac{2\sqrt{ac}\cdot 2\sqrt{3ac}\cdot 12ac-76a^2c^2}{a^2c^2(5a^2+2ac+5c^2)}\\&\geqslant\frac{4(12\sqrt{3}-19)a^2c^2}{a^2c^2(5a^2+2ac+5c^2)}\geqslant 0\end{aligned}$$

因此

$$A(a-b)^2+B(a-c)(b-c)\geqslant\frac{1}{2}(A+2B)(a-b)^2\geqslant 0$$

即式 ① 成立.

若 $b-c\leqslant a-b$,即 $a+c\geqslant 2b$,下面再分两种情况讨论.

i. 当 $a\geqslant 2b$ 时,有 $a^2+b^2\geqslant\frac{5}{2}ab$,则

$$A=\frac{(a+b)^2}{a^2b^2}-\frac{9}{a^2+b^2+c^2}$$
$$=\frac{(a+b)^2(a^2+b^2+c^2)-9a^2b^2}{a^2b^2(a^2+b^2+c^2)}$$
$$\geqslant\frac{4ab\cdot\frac{5}{2}ab-9a^2b^2}{a^2b^2(a^2+b^2+c^2)}>0$$

ii. 当 $a\leqslant 2b$ 时，$c\geqslant 2b-a$，则

$$A=\frac{(a+b)^2(a^2+b^2+c^2)-9a^2b^2}{a^2b^2(a^2+b^2+c^2)}$$
$$\geqslant\frac{(a+b)^2[a^2+b^2+(2b-a)^2]-9a^2b^2}{a^2b^2(a^2+b^2+c^2)}$$
$$=\frac{4ab(2a^2-4ab+5b^2)-9a^2b^2}{a^2b^2(a^2+b^2+c^2)}$$
$$=\frac{8a^2-25ab+20b^2}{ab(a^2+b^2+c^2)}>0$$

因此，当 $b-c\leqslant a-b$ 时，式 ① 也成立. 原命题获证，易知当且仅当 $a=b=c$ 时取等号.

证法 2　注意到，如果 $a\geqslant b\geqslant c>0$，得到

$$\left(\frac{a^2}{b^2}+\frac{b^2}{c^2}+\frac{c^2}{a^2}\right)-\left(\frac{b^2}{a^2}+\frac{c^2}{b^2}+\frac{a^2}{c^2}\right)=\frac{(a^2-b^2)(b^2-c^2)(c^2-a^2)}{a^2b^2c^2}\leqslant 0$$

因此，只需证明当 $a\geqslant b\geqslant c>0$ 时，原式成立即可. 这时，有

$$\frac{a^2}{b^2}+\frac{b^2}{c^2}+\frac{c^2}{a^2}+\frac{9(bc+ca+ab)}{a^2+b^2+c^2}-12$$
$$=\sum\left[\frac{(a-b)^2}{b^2}+\frac{2a-b}{b}\right]-3-\frac{9(\sum a^2-\sum bc)}{a^2+b^2+c^2}$$
$$=\sum\frac{(a-b)^2}{b^2}+2\left(\sum\frac{a}{b}-3\right)-\frac{9(\sum a^2-\sum bc)}{a^2+b^2+c^2}$$
$$=\sum\frac{(a-b)^2}{b^2}+\frac{2(b-c)^2}{bc}+\frac{2(a-b)(a-c)}{ab}-\frac{9[(b-c)^2+(a-b)(a-c)]}{a^2+b^2+c^2}$$
$$=\left(\frac{1}{c^2}+\frac{2}{bc}-\frac{9}{\sum a^2}\right)(b-c)^2+\left[\left(\frac{a-b}{b}+\frac{a-c}{a}\right)^2-\frac{9(a-b)(a-c)}{\sum a^2}\right]$$
$$\geqslant\left(\frac{1}{c^2}+\frac{2}{bc}-\frac{9}{\sum a^2}\right)(b-c)^2+\left(\frac{4}{ab}-\frac{9}{\sum a^2}\right)(a-b)(a-c)$$

于是只要证明

$$\left(\frac{1}{c^2}+\frac{2}{bc}-\frac{9}{\sum a^2}\right)(b-c)^2+\left(\frac{4}{ab}-\frac{9}{\sum a^2}\right)(a-b)(a-c)\geqslant 0 \qquad ①$$

首先有$\frac{1}{c^2}+\frac{2}{bc}-\frac{9}{\sum a^2}\geqslant\frac{3}{\sum a^2}+\frac{6}{\sum a^2}-\frac{9}{\sum a^2}=0$,下面分两种情况证明式 ① 成立.

i. 当 $b-c\leqslant a-b$,即 $c\geqslant 2b-a$ 时.

若 $c\geqslant 2b$,则

$$\frac{4}{ab}-\frac{9}{\sum a^2}\geqslant\frac{4}{ab}-\frac{9}{a^2+5b^2}>0$$

若 $c\geqslant 2b-a\geqslant 0$,则

$$\frac{4}{ab}-\frac{9}{\sum a^2}\geqslant\frac{4}{ab}-\frac{9}{a^2+b^2+(2b-a)^2}$$

$$=\frac{4}{ab}-\frac{9}{2a^2+5b^2-4ab}>0$$

又由于$\frac{1}{c^2}+\frac{2}{bc}-\frac{9}{\sum a^2}\geqslant\frac{3}{\sum a^2}+\frac{6}{\sum a^2}-\frac{9}{\sum a^2}=0$,故当 $b-c\leqslant a-b$ 时式 ① 成立.

ii. 当 $b-c\geqslant a-b$,即 $2b\geqslant a+c$ 时,有$(b-c)^2\geqslant\frac{1}{2}(a-b)(a-c)$,因此

$$\left(\frac{1}{c^2}+\frac{2}{bc}-\frac{1}{\sum a^2}\right)(b-c)^2+\left(\frac{4}{ab}-\frac{9}{\sum a^2}\right)(a-b)(a-c)$$

$$\geqslant\left(\frac{1}{2c^2}+\frac{1}{bc}-\frac{1}{2\sum a^2}+\frac{4}{ab}-\frac{9}{\sum a^2}\right)(a-b)(a-c)$$

$$\geqslant\left(\frac{1}{2c^2}+\frac{1}{bc}+\frac{4}{ab}-\frac{27}{2\sum a^2}\right)(a-b)(a-c)$$

由此,只要证明

$$\frac{1}{2c^2}+\frac{1}{bc}+\frac{4}{ab}-\frac{27}{2\sum a^2}>0$$

上式易证,事实上,有

$$(a^2+b^2+c^2)\left(\frac{1}{2c^2}+\frac{1}{bc}+\frac{4}{ab}\right)$$

$$=\left[\frac{1}{2}c^2+\frac{1}{2}(b^2+c^2)+\left(\frac{1}{2}b^2+a^2\right)\right]\left(\frac{1}{2c^2}+\frac{1}{bc}+\frac{4}{ab}\right)$$

$$\geqslant\left(\frac{1}{2}c^2+bc+\frac{3}{2}ab\right)\left(\frac{1}{2c^2}+\frac{1}{bc}+\frac{4}{ab}\right)$$

$$\geqslant (\frac{1}{2}+1+2\sqrt{6})^2 > 27$$

故当 $b-c \geqslant a-b$ 时式 ① 也成立. 原式获证.

例 24 (自创题,2012—07—06) 设 $a,b,c \in \mathbf{R}^+$,则

$$(\frac{a}{b}-\frac{c}{a})^2 \geqslant \frac{9(a-b)(a-c)}{a^2+b^2+c^2}$$

证明 当 $b \geqslant a \geqslant c > 0$ 或 $c \geqslant a \geqslant b > 0$ 时,原式左边不小于零,而右边不大于零,故原式成立.

当 $b \geqslant c \geqslant a$ 时,由原式左边减去右边得到

$$\begin{aligned}
&(a^2-bc)^2(a^2+b^2+c^2)-9a^2b^2(a-b)(a-c)\\
=&[a(b-a)+b(c-a)]^2(a^2+b^2+c^2)-9a^2b^2(b-a)(c-a)\\
\geqslant& 4ab(b-a)(c-a)(a^2+b^2+c^2)-9a^2b^2(b-a)(c-a)\\
\geqslant& ab(b-a)(c-a)[4(a^2+b^2+c^2)-9ab]\\
\geqslant& ab(b-a)(c-a)[4(2a^2+b^2)-9ab]\\
\geqslant& ab(b-a)(c-a)(8a^2+4b^2-9ab) \geqslant 0
\end{aligned}$$

原式成立.

当 $c \geqslant b \geqslant a > 0$,或 $a \geqslant c \geqslant b > 0$ 时,由原式左边减去右边得到

$$\begin{aligned}
&(a^2-bc)^2(a^2+b^2+c^2)-9a^2b^2(a-b)(a-c)\\
=&[a(b-a)+b(c-a)]^2(a^2+b^2+c^2)-9a^2b^2(b-a)(c-a)\\
\geqslant& 4ab(b-a)(c-a)(a^2+b^2+c^2)-9a^2b^2(b-a)(c-a)\\
\geqslant& ab(b-a)(c-a)[4(a^2+b^2+c^2)-9ab]\\
\geqslant& ab(b-a)(c-a)[4(a^2+2b^2)-9ab]\\
\geqslant& ab(b-a)(c-a)(4a^2+8b^2-9ab) \geqslant 0
\end{aligned}$$

原式成立.

当 $a \geqslant b \geqslant c > 0$ 时,由原式左边减去右边得到

$$\begin{aligned}
&(a^2-bc)^2(a^2+b^2+c^2)-9a^2b^2(a-b)(a-c)\\
=&(b^2c^2-2a^2bc+a^4)[c^2+(a^2+b^2)]-9a^2b^2(a-b)(a-c)\\
=&b^2c^4-2a^2bc^3+(a^4+a^2b^2+b^4)c^2-(2a^4b-9a^3b^2+11a^2b^3)c+\\
&(a^6-8a^4b^2+9a^3b^3)\\
=&(a^2-bc)^2c^2+(a^2b^2+b^4)c^2-(2a^4b-9a^3b^2+11a^2b^3)c+\\
&(a^6-8a^4b^2+9a^3b^3)\\
\geqslant&(a^2-b^2)^2c^2+(a^2b^2+b^4)c^2-(2a^4b-9a^3b^2+11a^2b^3)c+\\
&(a^6-8a^4b^2+9a^3b^3)\\
&(\text{注意到 } a \geqslant b \geqslant c > 0)\\
=&(a^4-a^2b^2+2b^4)c^2-(2a^4b-9a^3b^2+11a^2b^3)c+(a^6-8a^4b^2+9a^3b^3)
\end{aligned}$$

由此可知,只要证

$$f(c)=(a^4-a^2b^2+2b^4)c^2-(2a^4b-9a^3b^2+11a^2b^3)c+(a^6-8a^4b^2+9a^3b^3)\geqslant 0 \quad ①$$

由于 $a\geqslant b>0$,则 $a^4-a^2b^2+2b^4\geqslant 0$,又

$$a^6-8a^4b^2+9a^3b^3=a^3[a(a-2b)^2+b(2a-3b)^2]>0$$

因此,只需证明二次函数 $f(c)$ 的判别式不大于零即可,即证明

$$\Delta=(2a^4b-9a^3b^2+11a^2b^3)^2-4(a^4-a^2b^2+2b^4)(a^6-8a^4b^2+9a^3b^3)\leqslant 0$$

由于上式是关于 a,b 的齐次式,且 $a\geqslant b>0$,因此可设 $x=\frac{a}{b}>0$,于是又只要证明

$$f(x)=4(x^4-x^2+2)(x^3-8xb^2+9)-x(2x^2-9x+11)^2\geqslant 0$$

将上式左边式子展开并配方,有

$$\begin{aligned}f(x)&=4(x^4-x^2+2)(x^3-8x+9)-x(2x^2-9x+11)^2\\&=4x^7-40x^5+72x^4-85x^3+162x^2-185x+72\\&=(x-1)^2(4x^5+8x^4-28x^3+8x^2-41x+72)\\&=(x-1)^2\left[(4x(x^2+x-4)^2+40\left(x-\frac{105}{80}\right)^2+\frac{99}{32}\right]\geqslant 0\end{aligned}$$

故当 $a\geqslant b\geqslant c>0$ 时原命题也成立.

综上,原命题获证.

问题 设 $a\geqslant b\geqslant c>0$,则

$$(\frac{a}{b}-\frac{c}{a})^2\geqslant\frac{k(a-b)(a-c)}{a^2+b^2+c^2}$$

求使不等式成立的 k 的最大值.

经计算机验算,k 的最大值为方程

$2\ 916k^{10}-42\ 308k^9-708\ 301k^8+14\ 147\ 378k^7-57\ 869\ 648k^6+151\ 773\ 712k^5-1\ 257\ 893\ 692k^4-1\ 405\ 687\ 392k^3-2\ 105\ 918\ 784k^2+137\ 977\ 344k-2\ 239\ 488=0$

的正根,约为 9.320 260 875.

注:由本例中不等式可以得到以下命题.

命题 设 $a,b,c\in\mathbf{R}^+$,则

$$\frac{(\sum a^2)^{\frac{3}{2}}\,|(a^2-bc)(b^2-ca)(c^2-ab)|}{27(abc)^2}\geqslant|(b-c)(c-a)(a-b)|$$

例 25 (自创题,2012-08-21)设 $a,b,c,d\in\mathbf{R}^+$,且 a 最大,d 最小;或 d 最大,a 最小,则

$$\frac{a}{b}+\frac{b}{c}+\frac{c}{d}+\frac{d}{a}\geqslant\frac{a+b+c}{b+c+d}+\frac{b+c+d}{c+d+a}+\frac{c+d+a}{d+a+b}+\frac{d+a+b}{a+b+c}$$

证明　记 $x=b+c+d, y=c+d+a, z=d+a+b, w=a+b+c$，有

$$\left(\frac{a}{b}+\frac{b}{c}+\frac{c}{d}+\frac{d}{a}\right)-\left(\frac{w}{x}+\frac{x}{y}+\frac{y}{z}+\frac{z}{w}\right)$$

$$=\frac{(b-c)^2}{bc}+\frac{(a-b)(a-c)}{ab}+\frac{(a-d)(c-d)}{ad}-$$

$$\left[\frac{(z-y)^2}{zy}+\frac{(z-x)(y-x)}{yx}+\frac{(w-z)(w-x)}{wx}\right]$$

$$=\frac{(b-c)^2}{bc}+\frac{(a-b)(a-c)}{ab}+\frac{(a-d)(c-d)}{ad}-$$

$$\left[\frac{(b-c)^2}{(a+c+d)(a+b+d)}+\frac{(a-b)(a-c)}{(a+c+d)(b+c+d)}+\right.$$

$$\left.\frac{(a-d)(c-d)}{(a+b+c)(b+c+d)}\right]$$

$$=\left[\frac{1}{bc}-\frac{1}{(a+c+d)(a+b+d)}\right](b-c)^2+$$

$$\left[\frac{1}{ab}-\frac{1}{(a+c+d)(b+c+d)}\right](a-b)(a-c)+$$

$$\left[\frac{1}{ad}-\frac{1}{(a+b+c)(b+c+d)}\right](a-d)(c-d)\geqslant 0$$

故原式成立.

例 26　(2013－03－15，网名西西提供) 设 $x,y,z\in\mathbf{R}^+$，则

$$(x^2+y^2+z^2)\left[\frac{x^2}{(x^2+yz)^2}+\frac{x^2}{(x^2+yz)^2}+\frac{x^2}{(x^2+yz)^2}\right]\geqslant\frac{9}{4}$$

证明

$$4(x^2+y^2+z^2)\left[\frac{x^2}{(x^2+yz)^2}+\frac{x^2}{(x^2+yz)^2}+\frac{x^2}{(x^2+yz)^2}\right]-9$$

$$=4\left(\sum x^2\right)\left[\sum\frac{x^2}{(x^2+yz)^2}-\sum\frac{x^2}{(x^2+y^2)(x^2+z^2)}+\right.$$

$$\left.\sum\frac{x^2}{(x^2+y^2)(x^2+z^2)}\right]-9$$

$$=4\sum x^2\cdot\sum\frac{x^4(y-z)^2}{(x^2+yz)^2(x^2+y^2)(x^2+z^2)}+$$

$$4\sum x^2\cdot\sum\frac{x^2}{(x^2+y^2)(x^2+z^2)}-9$$

$$=4\sum x^2\cdot\sum\frac{x^4(y-z)^2}{(x^2+yz)^2(x^2+y^2)(x^2+z^2)}+\frac{8\sum x^2\cdot\sum x^2z^2}{\prod(y^2+z^2)}-9$$

$$=4\sum x^2\cdot\sum\frac{x^4(y-z)^2}{(x^2+yz)^2(x^2+y^2)(x^2+z^2)}-\frac{\sum x^2(y^2-z^2)^2}{\prod(y^2+z^2)}]$$

$$=\frac{1}{\prod(y^2+z^2)}\sum\left[\frac{4x^2(y^2+z^2)(x^2+y^2+z^2)}{(x^2+yz)^2}-(y+z)^2\right]x^2(y-z)^2$$

$$\geqslant\frac{2}{\prod(y^2+z^2)}\sum\left[\frac{2x^2(y^2+z^2)(x^2+y^2+z^2)}{(x^2+yz)^2}-(y^2+z^2)\right]x^2(y-z)^2$$

$$=\frac{2}{\prod(y^2+z^2)}\sum\left[\frac{x^4+x^2y^2+x^2z^2-y^2z^2+x^2(y-z)^2}{(x^2+yz)^2}\cdot x^2(y^2+z^2)(y-z)^2\right]$$

$$\geqslant\frac{2}{\prod(y^2+z^2)}\sum\frac{x^2(y^2+z^2)(x^2y^2+x^2z^2-y^2z^2)(y-z)^2}{(x^2+yz)^2}$$

因此,只要证

$$\sum\left[\frac{z^2x^2+x^2y^2-y^2z^2}{(x^2+yz)^2}\cdot x^2(y^2+z^2)(y-z)^2\right]\geqslant 0$$

由对称性,不妨设 $x\geqslant y\geqslant z>0$,则有

$$\frac{z^2x^2+x^2y^2-y^2z^2}{(x^2+yz)^2}\cdot x^2(y^2+z^2)(y-z)^2\geqslant 0$$

因此,又只需证

$$\frac{x^2y^2+y^2z^2-z^2x^2}{(y^2+zx)^2}\cdot y^2(z^2+x^2)(x-z)^2+\frac{y^2z^2+z^2x^2-x^2y^2}{(z^2+xy)^2}\cdot z^2(x^2+y^2)(x-y)^2\geqslant 0 \quad ①$$

另外,由于 $z^2+x^2\geqslant y^2+z^2$,$(x^2+yz)^2\geqslant(y^2+zx)^2$,$y^2(x-z)^2\geqslant x^2(y-z)^2$,因此,有

$$\frac{y^2(z^2+x^2)(x-z)^2}{(y^2+zx)^2}\geqslant\frac{x^2(y^2+z^2)(y-z)^2}{(x^2+yz)^2}$$

于是,有

$$\begin{aligned}&\frac{x^2y^2+y^2z^2-z^2x^2}{(y^2+zx)^2}\cdot y^2(z^2+x^2)(x-z)^2+\\&\frac{y^2z^2+z^2x^2-x^2y^2}{(z^2+xy)^2}\cdot z^2(x^2+y^2)(x-y)^2\\\geqslant&\frac{x^2y^2+y^2z^2-z^2x^2}{(z^2+xy)^2}\cdot z^2(x^2+y^2)(x-y)^2+\\&\frac{y^2z^2+z^2x^2-x^2y^2}{(z^2+xy)^2}\cdot z^2(x^2+y^2)(x-y)^2\\=&[(x^2y^2+y^2z^2-z^2x^2)+(y^2z^2+z^2x^2-x^2y^2)]\frac{z^2(x^2+y^2)(x-y)^2}{(z^2+xy)^2}\\=&\frac{2y^2z^4(x^2+y^2)(x-y)^2}{(z^2+xy)^2}\geqslant 0\end{aligned}$$

因此,式 ① 成立,原式获证,由上述证明中易知,当且仅当 $x=y=z$ 时原式取等

号.

例 27　设 $a,b,c\geqslant 0$,则

$$\sqrt{\frac{b^2c^2+c^2a^2+a^2b^2}{bc+ca+ab}}\leqslant\frac{a^2+b^2+c^2}{a+b+c}$$

证明　(2016－01－11) 将原式两边平方,并整理,得到原式的等价式

$$\sum a^2\sum b^2c^2\leqslant\sum a^4\sum bc$$

$$\Leftrightarrow abc\left(\sum a^3-3abc\right)+\sum bc\left(b^4+c^4-b^3c-bc^3\right)\geqslant 0$$

$$\Leftrightarrow \frac{1}{2}abc\sum a\sum (b-c)^2+\sum bc\left(b^2+c^2+bc\right)(b-c)^2\geqslant 0$$

原式获证.

第三章 增量法证明不等式

一、增量比较法含义

(1) 对于齐次不等式,如 $f(x,y,z,w)\geqslant 0$,是关于 x,y,z,w 的齐次对称不等式,则可设 $x\geqslant y\geqslant z\geqslant w$,令 $z=w+\alpha$,$y=w+\alpha+\beta$,$x=w+\alpha+\beta+\gamma$,其中 $\alpha,\beta,\gamma\in\overline{\mathbf{R}^-}$,于是去证

$$f(w+\alpha+\beta+\gamma,w+\alpha+\beta,w+\alpha,\omega)\geqslant 0$$

从理论上讲,对于大量的此类不等式,用上述增量比较法均可证明.只是元素增多或次数增大时,计算量较大,但可借助计算机解决,其中还涉及非负量不等式的证明问题.

(2) 若 a,b,c 为 $\triangle ABC$ 三边长,设 $a\geqslant b\geqslant c$,$b=c+\alpha$,$a=c+\alpha+\beta$,$\alpha,\beta\in\overline{\mathbf{R}^-}$,则由 $b+c\geqslant a$ 得 $c\geqslant\beta$,即设

$$\begin{cases}b=c+\alpha\\a=c+\alpha+\beta\\c\geqslant\beta\end{cases}$$

代入齐次不等式证之.

(3) 若 $\triangle ABC$ 为非钝角三角形,由 $b^2+c^2\geqslant a^2$ 得 $c\geqslant\sqrt{2(\alpha\beta+\beta^2)}+\beta$.可设

$$\begin{cases}b=c+\alpha\\a=c+\alpha+\beta\\c\geqslant\sqrt{2(\alpha\beta+\beta^2)}+\beta\end{cases}$$

代入齐次式证之.

对于非齐次式不等式,可根据题意或经过某些式子的大小

比较，假设(或分类假设)x,y,z,w 的大小关系，然后再仿上证之(可见后面例子).

注：有关“增量比较法证明不等式”还可参阅杨学枝《证明不等式的一种的方法》(刊于《数学通报》1998 年第 3 期).

二、应用例子

例 1 (“奥数之家”2010－03－31，“476934847”提出)

设 $a,b,c\in\mathbf{R}^+$，则

$$\frac{a}{b}+\frac{b}{c}+\frac{c}{a}\geqslant 3+\frac{2(a-c)^2}{a^2+b^2+c^2}$$

证明 易知当 $a\geqslant b\geqslant c$ 时，有$(a-c)^2\geqslant(a-b)^2,(b-c)^2$，因此，只需证当 $a\geqslant b\geqslant c$ 时原式成立即可. 这时，我们可设 $a=c+\alpha+\beta,b=c+\alpha$，则

$$\begin{aligned}&\frac{a}{b}+\frac{b}{c}+\frac{c}{a}-3-\frac{2(a-c)^2}{a^2+b^2+c^2}\\=&\left(\frac{a}{c}+\frac{c}{a}-2\right)-\frac{2(a-c)^2}{a^2+b^2+c^2}-\left(\frac{a}{c}-\frac{b}{c}-\frac{a}{b}+1\right)\\=&\frac{(a-c)^2}{ac}-\frac{2(a-c)^2}{a^2+b^2+c^2}-\frac{(a-b)(b-c)}{bc}\\=&\frac{b(a-c)^4+b^3(a-c)^2-a(a^2+b^2+c^2)(a-b)(b-c)}{abc(a^2+b^2+c^2)}\end{aligned}$$

由此可知，只要证

$$b(a-c)^4+b^3(a-c)^2-a(a^2+b^2+c^2)(a-b)(b-c)\geqslant 0 \quad ①$$

由于

$$\begin{aligned}&b(a-c)^4+b^3(a-c)^2-a(a^2+b^2+c^2)(a-b)(b-c)\\=&(c+\alpha)(\alpha+\beta)^4+(c+\alpha)^3(\alpha+\beta)^2-\\&(c+\alpha+\beta)[(c+\alpha+\beta)^2+(c+\alpha)^2+c^2]\alpha\beta\\=&(\alpha^2-\alpha\beta+\beta^2)c^3+\alpha(\alpha-\beta)(3\alpha+2\beta)c^2+\\&(4\alpha^4+4\alpha^3\beta+\alpha^2\beta^2+\beta^4)c+2\alpha^5+4\alpha^4\beta+3\alpha^3\beta^2+\alpha^2\beta^3\\\geqslant&(\alpha-\beta)^2c^3+\alpha(\alpha-\beta)(3\alpha+2\beta)c^2+\alpha^2(2\alpha+\beta)^2c\\=&c\left[(\alpha-\beta)c+\frac{1}{2}\alpha(3\alpha+2\beta)\right]^2+\alpha^2(2\alpha+\beta)^2c-\frac{1}{4}\alpha^2(3\alpha+2\beta)^2c\\=&c\left[(\alpha-\beta)c+\frac{1}{2}\alpha(3\alpha+2\beta)\right]^2+\frac{1}{4}(7\alpha^4+\alpha^3\beta)c\geqslant 0\end{aligned}$$

因此，式 ① 成立，故原式获证.

例 2 (自创题，2000－07－21) 设 $a_1,a_2,a_3,a_4,a_5\in\mathbf{R}$，$\max\{a_1,a_2,a_3,a_4,a_5\}=a_1$，$\min\{a_1,a_2,a_3,a_4,a_5\}=a_5$，则

$$5\sum a_1^2-(\sum a_1)^2\leqslant 6(a_1-a_5)^2$$

若 $a_1 \geqslant a_2 \geqslant a_3 \geqslant a_4 \geqslant a_5$，则当且仅当 $a_1 = a_2 = a_3, a_4 = a_5$ 或 $a_1 = a_2$，$a_3 = a_4 = a_5$ 时，原式取等号.

证法 1　可设 $a_1 \geqslant a_2 \geqslant a_3 \geqslant a_4 \geqslant a_5$，$a_1 = a_5 + \alpha_1 + \alpha_2 + \alpha_3 + \alpha_4$，$a_2 = a_5 + \alpha_1 + \alpha_2 + \alpha_3$，$a_3 = a_5 + \alpha_1 + \alpha_2$，$a_4 = a_5 + \alpha_1$，$\alpha_1, \alpha_2, \alpha_3, \alpha_4 \in \overline{\mathbf{R}^-}$，则

$$\begin{aligned}
&6(a_1 - a_5)^2 - [5\sum a_1^2 - (\sum a_1)^2] \\
=&6(a_1 - a_5)^2 - \sum_{1 \leqslant i < j \leqslant 5}(a_i - a_j)^2 \\
=&6(\alpha_1 + \alpha_2 + \alpha_3 + \alpha_4)^2 - [\alpha_1^2 + \alpha_2^2 + \alpha_3^2 + \alpha_4^2 + (\alpha_1 + \alpha_2)^2 + (\alpha_2 + \alpha_3)^2 + \\
&(\alpha_3 + \alpha_4)^2 + (\alpha_1 + \alpha_2 + \alpha_3)^2 + (\alpha_2 + \alpha_3 + \alpha_4)^2 + (\alpha_1 + \alpha_2 + \alpha_3 + \alpha_4)^2] \\
=&5(\alpha_1 + \alpha_2 + \alpha_3 + \alpha_4)^2 - (3\alpha_1^2 + 5\alpha_2^2 + 5\alpha_3^2 + 3\alpha_4^2 + \\
&4\alpha_1\alpha_2 + 2\alpha_1\alpha_3 + 6\alpha_2\alpha_3 + 2\alpha_2\alpha_4 + 4\alpha_3\alpha_4) \\
=&2\alpha_1^2 + 2\alpha_4^2 + 6\alpha_1\alpha_2 + 8\alpha_1\alpha_3 + 10\alpha_1\alpha_4 + 4\alpha_2\alpha_3 + 8\alpha_2\alpha_4 + 6\alpha_3\alpha_4 \geqslant 0
\end{aligned}$$

即原式成立，由上式取等号条件 $\alpha_1 = \alpha_2 = \alpha_4 = 0$ 或 $\alpha_1 = \alpha_3 = \alpha_4 = 0$ 知原式取等号条件.

证法 2

$$\begin{aligned}
&5\sum a_1^2 - (\sum a_1)^2 = \sum_{1 \leqslant i < j \leqslant 5}(a_i - a_j)^2 \\
=&[(a_1 - a_2)^2 + (a_2 - a_5)^2] + [(a_1 - a_3)^2 + (a_3 - a_5)^2] + \\
&[(a_1 - a_4)^2 + (a_4 - a_5)^2] + [(a_2 - a_3)^2 + (a_3 - a_4)^2] + \\
&(a_2 - a_4)^2 + (a_1 - a_5)^2 \\
\leqslant&(a_1 - a_5)^2 + (a_1 - a_5)^2 + (a_1 - a_5)^2 + \\
&(a_1 - a_5)^2 + (a_1 - a_5)^2 + (a_1 - a_5)^2 \\
=&6(a_1 - a_5)^2
\end{aligned}$$

注：更一般地有以下问题：设 $a_i \in \mathbf{R}, i = 1, 2, \cdots, n, \max\{a_1, a_2, \cdots, a_n\} = a_1, \min\{a_1, a_2, \cdots, a_n\} = a_n$，则

$$n\sum_{i=1}^{n} a_i^2 - (\sum_{i=1}^{n} a_i)^2 \leqslant \left[\frac{n^2 - 1}{4} + \frac{1 + (-1)^n}{8}\right](a_1 - a_n)^2$$

2007 年 8 月 5 日，笔者在深圳亚迪中学“全国高中数学奥林匹克协作学校第九届夏令营”为学生讲课时，提出了以上问题后，当时为中国人民大学附属中学李超、林博两位同学给出了解答，下面是他们的证明.

证明　首先证明以下两个引理.

引理 1　如果 $x_1, x_2, \cdots, x_k$ 为非负实数，那么 $(x_1 + x_2 + \cdots + x_k)^2 \geqslant x_1^2 + x_2^2 + \cdots + x_k^2$ 总成立(易证，略).

引理 2　已知 $a_1, a_2, \cdots, a_n$ 是非负实数，且 $\max\limits_{1 \leqslant i \leqslant n}\{a_i\} = a_1$，$\min\limits_{1 \leqslant i \leqslant n}\{a_i\} = a_n$，则对于 $t = 1, 2, \cdots, n-1$，如下不等式成立

$$\sum_{i=1}^{n-t}(a_i - a_{i+t})^2 \leqslant \min\{t, n-t\} \cdot (a_1 - a_n)^2$$

证明 (1) 如果 $t \leqslant [\frac{n}{2}]$，则 $t \leqslant n-t$. 将所有形如 $(a_i - a_{i+t})^2$ 的式子按 i 模 t 的余数分为如下 t 类：$A_r = \{(a_i - a_{i+t})^2 \mid i \equiv r(\bmod t), 1 \leqslant i \leqslant n-t\}$（其中 $r=1,2,\cdots,t$，并且规定每个 A_r 为可重集）.

对于每个 A_r，有

$$\sum_{x\in A_r} x = (a_r - a_{r+t})^2 + (a_{r+t} - a_{r+2t})^2 + \cdots + (a_{r+(k-1)t} - a_{r+kt})^2$$
$$\leqslant [(a_r - a_{r+t}) + (a_{r+t} - a_{r+2t}) + \cdots + (a_{r+(k-1)t} - a_{r+kt})]^2$$

（这一步用引理 1）

$$= (a_r - a_{r+kt})^2$$
$$\leqslant (a_1 - a_n)^2$$

其中 k 为使 $r+kt \leqslant n$ 的最大整数.

(2) 如果 $t > [\frac{n}{2}]$，则 $t > n-t$. 对 $i=1,2,\cdots,n-t$，$(a_i - a_{i+t})^2 \leqslant (a_1 - a_n)^2$，所以

$$\sum_{i=1}^{n-t}(a_i - a_{i+t})^2 \leqslant (n-t)(a_1 - a_n)^2$$

引理 2 得证.

下面证明原式. 我们将对 n 的奇偶性分类讨论：

(1) 当 $n=2k(k \in \mathbf{Z})$ 时，则

$$n\sum_{i=1}^{n} a_i^2 - (\sum_{i=1}^{n} a_i)^2$$
$$= \sum_{1\leqslant i<j\leqslant n}(a_i - a_j)^2$$
$$= \sum_{t=1}^{2k-1}[\sum_{i=1}^{2k-t}(a_i - a_{i+t})^2]$$
$$\leqslant \sum_{t=1}^{2k-1}[\min\{t, 2k-t\} \cdot (a_1 - a_n)^2]$$

（据引理 2）

$$= [1+2+\cdots+(k-1)+k+(k-1)+\cdots+2+1](a_1 - a_n)^2$$
$$= k^2(a_1 - a_n)^2$$
$$= \frac{n^2}{4}(a_1 - a_n)^2$$
$$= [\frac{n^2-1}{4} + \frac{1+(-1)^n}{8}](a_1 - a_n)^2$$

(2) 当 $n=2k+1(k \in \mathbf{Z})$ 时，则

$$n\sum_{i=1}^{n} a_i^2 - (\sum_{i=1}^{n} a_i)^2 = \sum_{1\leqslant i<j\leqslant n}(a_i - a_j)^2$$

$$=\sum_{t=1}^{2k}\left[\sum_{i=1}^{2k+1-t}(a_i-a_{i+t})^2\right]$$

$$\leqslant\sum_{t=1}^{2k}\left[\min\{t,2k+1-t\}\cdot(a_1-a_n)^2\right]$$

(据引理 2)

$$=[1+2+\cdots+(k-1)+k+k+(k-1)+\cdots+2+1](a_1-a_n)^2$$

$$=k(k+1)(a_1-a_n)^2$$

$$=\frac{n^2-1}{4}(a_1-a_n)^2$$

$$=\left[\frac{n^2-1}{4}+\frac{1+(-1)^n}{8}\right](a_1-a_n)^2$$

综合以上两方面,原式得证.

原式中的系数$\left[\frac{n^2-1}{4}+\frac{1+(-1)^n}{8}\right]$是最佳的.这是由于取 $a_1=a_2=\cdots=a_{[\frac{n}{2}]}=1,a_{[\frac{n}{2}]+1}=\cdots=a_n=0$ 时,不难验证问题中的不等式的等号成立,因此问题中的不等式的系数$\left[\frac{n^2-1}{4}+\frac{1+(-1)^n}{8}\right]$是最佳的.

例 3 (自创题,2014-05-24) 设 $a_i\in\mathbf{R},i=1,2,3,4,5$,且 $a_1\leqslant a_2\leqslant a_3\leqslant a_4\leqslant a_5$,则

$$a_1a_5+a_5a_2+a_2a_3+a_3a_4+a_4a_1\leqslant\frac{1}{5}(a_1+a_2+a_3+a_4+a_5)^2$$

当且仅当 $a_1=a_2=a_3=a_4=a_5$ 时取等号.

证法 1 由已知条件 $a_1\leqslant a_2\leqslant a_3\leqslant a_4\leqslant a_5$ 可设 $a_2=a_1+\alpha,a_3=a_1+\alpha+\beta,a_4=a_1+\alpha+\beta+\gamma,a_5=a_1+\alpha+\beta+\gamma+\varphi,\alpha,\beta,\gamma,\varphi\in\overline{\mathbf{R}^-}$,则

$$\begin{aligned}&(a_1+a_2+a_3+a_4+a_5)^2-5(a_1a_5+a_5a_2+a_2a_3+a_3a_4+a_4a_1)\\=&(a_1+a_1+\alpha+a_1+\alpha+\beta+a_1+\alpha+\beta+\gamma+a_1+\alpha+\beta+\gamma+\varphi)^2-\\&5[a_1(a_1+\alpha+\beta+\gamma+\varphi)+(a_1+\alpha+\beta+\gamma+\varphi)(a_1+\alpha)+\\&(a_1+\alpha)(a_1+\alpha+\beta)+(a_1+\alpha+\beta)(a_1+\alpha+\beta+\gamma)+(a_1+\alpha+\beta+\gamma)a_1]\\=&(5a_1+4\alpha+3\beta+2\gamma+\varphi)^2-[5a_1^2+2a_1(4\alpha+3\beta+2\gamma+\varphi)+\\&(3\alpha^2+\beta^2+4\alpha\beta+2\alpha\gamma+\alpha\varphi+\beta\gamma)]\\=&\alpha^2+4\beta^2+4\gamma^2+\varphi^2+4\alpha\beta+6\alpha\gamma+3\alpha\varphi+7\beta\gamma+6\beta\varphi+4\gamma\varphi\geqslant0\end{aligned}$$

由上可知当且仅当 $a_1=a_2=a_3=a_4=a_5$ 取等号.

证法 2 应用切比雪夫不等式. 由已知条件 $a_1\leqslant a_2\leqslant a_3\leqslant a_4\leqslant a_5$,有

$$\begin{aligned}&a_1a_5+a_5a_2+a_2a_3+a_3a_4+a_4a_1\\=&a_1a_5+a_2a_5+a_2a_3+a_4a_3+a_4a_1\\\leqslant&\frac{1}{5}(a_1+a_2+a_2+a_4+a_4)(a_5+a_5+a_3+a_3+a_1)\end{aligned}$$

$$\leqslant \frac{1}{5}\left(\frac{2a_1+2a_2+2a_3+2a_4+2a_5}{2}\right)^2$$

$$=\frac{1}{5}(a_1+a_2+a_3+a_4+a_5)^2$$

例 4 （2012－06－06，安徽孙世宝提供）设 $a,b,c\geqslant 0$，且 $bc+ca+ab=3$，则

$$(a+2b)(b+2c)(c+2a)\geqslant 27$$

证明 由于

$$\begin{aligned}&(a+2b)(b+2c)(c+2a)-27\\&=3\sum a\cdot\sum bc-(a-b)(b-c)(a-c)-27\\&=3\sum bc\left(\sum a-\sqrt{3\sum bc}\right)-(a-b)(b-c)(a-c)\end{aligned}$$

由此可知，要证明原式成立，只需证明在 $a\geqslant b\geqslant c$ 时成立即可. 这时，有

$$\begin{aligned}&3\sum bc\left(\sum a-\sqrt{3\sum bc}\right)-(a-b)(b-c)(a-c)\\&=\frac{3\sum bc\left[\left(\sum a\right)^2-3\sum bc\right]}{\sum a+\sqrt{3\sum bc}}-(a-b)(b-c)(a-c)\\&\geqslant\frac{3\sum bc\left[\left(\sum a\right)^2-3\sum bc\right]}{2\sum a}-(a-b)(b-c)(a-c)\\&\geqslant\frac{3\sum bc\cdot\sum(b-c)^2}{4\sum a}-(a-b)(b-c)(a-c)\end{aligned}$$

因此，只要证当 $a\geqslant b\geqslant c$ 时

$$3\sum bc\cdot\sum(b-c)^2-4(a-b)(b-c)(a-c)\sum a\geqslant 0 \qquad (※)$$

设 $a=c+\alpha+\beta,b=c+\alpha,\alpha,\beta\in\overline{\mathbf{R}^-}$，则

$$\begin{aligned}\text{式(※)左边}&=3\sum bc\cdot\sum(b-c)^2-4(a-b)(b-c)(a-c)\sum a\\&=6[3c^2+2(2\alpha+\beta)c+\alpha(\alpha+\beta)](\alpha^2+\alpha\beta+\beta^2)-\\&\quad 4\alpha\beta(\alpha+\beta)(3c+2\alpha+\beta)\\&=6(\alpha^2+\alpha\beta+\beta^2)c^2+12(2\alpha^3+2\alpha^2\beta+2\alpha\beta^2+\beta^3)c+\\&\quad 2\alpha(\alpha+\beta)(3\alpha^2-\alpha\beta+\beta^2)\geqslant 0\end{aligned}$$

即式(※)成立，原命题获证.

例 5 （2012－06－19，不等式研究网站提供）设 $a,b,c\in\mathbf{R}^+$，则

$$3\sum\frac{a}{b}+\frac{8\sum bc}{\sum a^2}\geqslant 17$$

证法 1 由于当 $a\geqslant b\geqslant c$ 时

$$\sum \frac{b}{a}-\sum \frac{a}{b}=\frac{\sum a^2b-\sum ab^2}{abc}=\frac{(a-b)(b-c)(a-c)}{abc}\geqslant 0$$

因此,要证原式成立,只要证在 $a\geqslant b\geqslant c$ 情况下,原式成立即可.

设 $a=c+\alpha+\beta, b=c+\alpha, \alpha,\beta\in\overline{\mathbf{R}^-}$,则

$$\begin{aligned}
&3\sum \frac{a}{b}+\frac{8\sum bc}{\sum a^2}-17\\
&=3(\sum \frac{a}{b}-3)-8(1-\frac{\sum bc}{\sum a^2})\\
&=\frac{3[\sum a(b-c)^2-(a-b)(b-c)(a-c)]}{2abc}-\frac{4\sum (b-c)^2}{\sum a^2}\\
&=\frac{3[(c+\alpha+\beta)\alpha^2+(c+\alpha)(\alpha+\beta)^2+c\beta^2-\alpha\beta(\alpha+\beta)]}{2c(c+\alpha)(c+\alpha+\beta)}-\\
&\quad\frac{\alpha^2+(\alpha+\beta)^2+\beta^2}{(c+\alpha+\beta)^2+(c+\alpha)^2+c^2}\\
&=\frac{3(\alpha^2+\alpha\beta+\beta^2)c+3\alpha^3+3\alpha^2\beta}{c^3+(2\alpha+\beta)c^2+(\alpha^2+\alpha\beta)c}-\frac{8(\alpha^2+\alpha\beta+\beta^2)}{3c^2+2(2\alpha+\beta)c+(2\alpha^2+2\alpha\beta+\beta^2)}
\end{aligned}$$

由此可知,只要证

$$[3(\alpha^2+\alpha\beta+\beta^2)c+3\alpha^3+3\alpha^2\beta][3c^2+2(2\alpha+\beta)c+(2\alpha^2+2\alpha\beta+\beta^2)]-$$
$$8(\alpha^2+\alpha\beta+\beta^2)[c^3+(2\alpha+\beta)c^2+(\alpha^2+\alpha\beta)c]\geqslant 0$$

而上式经整理后等价于

$$\begin{aligned}
&(\alpha^2+\alpha\beta+\beta^2)c^3+(\alpha-\beta)(5\alpha^2+8\alpha\beta+2\beta^2)c^2+\\
&(10\alpha^4+14\alpha^3\beta+5\alpha^2\beta^2+\alpha\beta^3+3\beta^4)c+\\
&3(\alpha^3+\alpha^2\beta)(2\alpha^2+2\alpha\beta+\beta^2)\geqslant 0
\end{aligned} \qquad ①$$

若 $\alpha\geqslant\beta$,式 ① 显然成立;若 $\alpha\leqslant\beta$,易证有

$$\alpha^2+\alpha\beta+\beta^2\geqslant\frac{1}{5}(5\alpha^2+8\alpha\beta+2\beta^2)$$

另外,由于

$$\begin{aligned}
&(10\alpha^4+14\alpha^3\beta+5\alpha^2\beta^2+\alpha\beta^3+3\beta^4)-\\
&\frac{5}{4}(\alpha-\beta)^2(5\alpha^2+8\alpha\beta+2\beta^2)\\
&=\frac{15}{4}\alpha^4+\frac{33}{2}\alpha^3\beta+\frac{65}{4}\alpha^2\beta^2-4\alpha\beta^3+\frac{1}{2}\beta^4\\
&=\frac{15}{4}\alpha^4+\frac{33}{2}\alpha^3\beta+\beta^2(\frac{65}{4}\alpha^2-4\alpha\beta+\frac{1}{2}\beta^2)\geqslant 0
\end{aligned}$$

即

$$(10\alpha^4+14\alpha^3\beta+5\alpha^2\beta^2+\alpha\beta^3+3\beta^4)\geqslant\frac{5}{4}(\alpha-\beta)^2(5\alpha^2+8\alpha\beta+2\beta^2)$$

因此,当 $\alpha\leqslant\beta$ 时,有

$$\begin{aligned}
\text{式 ① 左边}=&(\alpha^2+\alpha\beta+\beta^2)c^3+(\alpha-\beta)(5\alpha^2+8\alpha\beta+2\beta^2)c^2+\\
&(10\alpha^4+14\alpha^3\beta+5\alpha^2\beta^2+\alpha\beta^3+3\beta^4)c+\\
&3(\alpha^3+\alpha^2\beta)(2\alpha^2+2\alpha\beta+\beta^2)\\
\geqslant&\frac{1}{5}(5\alpha^2+8\alpha\beta+2\beta^2)c^3+(\alpha-\beta)(5\alpha^2+8\alpha\beta+2\beta^2)c^2+\\
&\frac{5}{4}(\alpha-\beta)^2(5\alpha^2+8\alpha\beta+2\beta^2)c\\
=&(5\alpha^2+8\alpha\beta+2\beta^2)\left[\frac{1}{5}c^3+(\alpha-\beta)c^2+\frac{5}{4}(\alpha-\beta)^2c\right]\\
=&\frac{1}{20}c(5\alpha^2+8\alpha\beta+2\beta^2)[2c+5(\alpha-\beta)]^2\geqslant 0
\end{aligned}$$

即式 ① 成立.

综上,原命题获证.

注:(1) 由本例中的结论可以推出本章例 1 中的不等式;

(2) 王雍熙证明了更好的结果:

$$\sum\frac{a}{b}+\frac{k\sum bc}{\sum a^2}\geqslant k+3$$

其中 $k=3\sqrt[3]{4}-2$.

例 6 设 $a,b,c\in\mathbf{R}$,求证

$$(a^2+b^2+c^2)^2\geqslant 3(a^3b+b^3c+c^3a)$$

当且仅当 $a=b=c$;或 $a:b:c=\sin^2\frac{3\pi}{7}:\sin^2\frac{2\pi}{7}:\sin^2\frac{\pi}{7}$;或 $b:c:a=\sin^2\frac{3\pi}{7}:\sin^2\frac{2\pi}{7}:\sin^2\frac{\pi}{7}$;或 $c:a:b=\sin^2\frac{3\pi}{7}:\sin^2\frac{2\pi}{7}:\sin^2\frac{\pi}{7}$ 时取等号.

证法 1 由

$$a^3b+b^3c+c^3a-(ab^3+bc^3+ca^3)=(a+b+c)(a-b)(b-c)(a-c)$$

知,当 $a\geqslant b\geqslant c$ 时,有 $a^3b+b^3c+c^3a\geqslant ab^3+bc^3+ca^3$,因此,要证原式,只需证 $a\geqslant b\geqslant c$ 时成立即可.

设 $a=c+\alpha+\beta,b=c+\alpha,\alpha,\beta\in\overline{\mathbf{R}^-}$,则

$$\begin{aligned}
&\left(\sum a^2\right)^2-3\sum a^3b=\\
&[(c+\alpha+\beta)^2+(c+\alpha)^2+c^2]^2-\\
&3[(c+\alpha+\beta)^3(c+\alpha)+(c+\alpha)^3c+c^3(c+\alpha+\beta)]\\
&(\alpha^2+\alpha\beta+\beta^2)\left[\left(\sum a^2\right)^2-3\sum a^2b\right.
\end{aligned}$$

$=(\alpha^2+\alpha\beta+\beta^2)c^2+(\alpha^3-3\alpha^2\beta-2\alpha\beta^2+\beta^3)c+(\alpha^4-\alpha^3\beta-\alpha^2\beta^2+\alpha\beta^3+\beta^4)$

记

$$f(c)=(\alpha^2+\alpha\beta+\beta^2)c^2+(\alpha^3-3\alpha^2\beta-2\alpha\beta^2+\beta^3)c+(\alpha^4-\alpha^3\beta-\alpha^2\beta^2+\alpha\beta^3+\beta^4)$$

今证 $f(c)\geqslant 0$.

若 $\alpha=\beta=0$, $f(c)=0$;

若 α,β 不全为零,则 $f(c)$ 为 c 的二次函数,且 $\alpha^2+\alpha\beta+\beta^2>0$,又其判别式

$$\begin{aligned}\Delta&=(\alpha^3-3\alpha^2\beta-2\alpha\beta^2+\beta^3)^2-4(\alpha^2+\alpha\beta+\beta^2)\cdot\\&\quad(\alpha^4-\alpha^3\beta-\alpha^2\beta^2+\alpha\beta^3+\beta^4)\\&=-3(\alpha^6+2\alpha^5\beta-3\alpha^4\beta^2-6\alpha^3\beta^3+2\alpha^2\beta^4+4\alpha\beta^5+\beta^6)\\&=-3(\alpha^3+\alpha^2\beta-2\alpha\beta^2-\beta^3)^2\leqslant 0\end{aligned}$$

因此,$f(c)\geqslant 0$.故原式成立.

由上证明可知,当且仅当 $\alpha=\beta=0$,即 $a=b=c$ 时,原式取等号;或者,等号成立,当且仅当

$$\begin{cases}2(\alpha^2+\alpha\beta+\beta^2)c+\alpha^3-3\alpha^2\beta-2\alpha\beta^2+\beta^3=0\\\alpha^3+\alpha^2\beta-2\alpha\beta^2-\beta^3=0\end{cases}$$

用 $\alpha=b-c$, $\beta=a-b$ 代入上式,并整理,即得当 $a\geqslant b\geqslant c$,且

$$\begin{cases}\sum a^3-5\sum a^2b+4\sum ab^2=0 & ①\\-\sum a^3+\sum a^2b+2\sum ab^2-6abc=0 & ②\end{cases}$$

经验证知 $a=t\sin^2\frac{3\pi}{7}$, $b=t\sin^2\frac{2\pi}{7}$, $c=t\sin^2\frac{\pi}{7}$, $t>0$,满足式 ① 和式 ②.

综上,原式取等号条件为当且仅当 $a=b=c$,或 $a:b:c=\sin^2\frac{3\pi}{7}:\sin^2\frac{2\pi}{7}:\sin^2\frac{\pi}{7}$,或 $b:c:a=\sin^2\frac{3\pi}{7}:\sin^2\frac{2\pi}{7}:\sin^2\frac{\pi}{7}$,或 $c:a:b=\sin^2\frac{3\pi}{7}:\sin^2\frac{2\pi}{7}:\sin^2\frac{\pi}{7}$.

证法 2 由于

$$\begin{aligned}&(\sum a^2)^2-3\sum a^3b\\=&\sum a^4+2\sum b^2c^2-3\sum a^3b\\=&(\sum a^4-\sum b^2c^2)+3(\sum b^2c^2-\sum a^2bc)-\\&3(\sum a^3b-\sum a^2bc)\\=&\frac{1}{2}\sum(a^2-b^2)^2+\frac{1}{2}\sum(ab+ac-2bc)^2-\end{aligned}$$

$$\sum(a^2-b^2)(ab+ac-2bc)$$
$$=\frac{1}{2}\sum(a^2-b^2-ab-ac+2bc)^2\geqslant 0$$

故原式成立.

证法 3　由于

$$4(\sum a^2-\sum bc)[(\sum a^2)^2-3\sum a^3b]$$
$$=(\sum a^3-5\sum a^2b+4\sum ab^2)^2+$$
$$3(\sum a^3-\sum a^2b-2\sum ab^2+6abc)^2\geqslant 0$$

又 $\sum a^2-\sum bc\geqslant 0$,故原式成立.

注:(1) 本题目来源于 Tran phuong(越南) 著. *Diamonds In Mathematical Inequalities* 一书,证法 2、证法 3 是原书给出的证明.

(2) 由证法 1 得到等式

$$(\alpha^2+\alpha\beta+\beta^2)[(\sum a^2)^2-3\sum a^3b]$$
$$=\left[(\alpha^2+\alpha\beta+\beta^2)c+\frac{1}{2}(\alpha^3-3\alpha^2\beta-2\alpha\beta^2+\beta^3)\right]^2+$$
$$\frac{3}{4}(\alpha^3+\alpha^2\beta-2\alpha\beta^2-\beta^3)^2$$

上式还原就是证法 3 中的等式. 也许这个等式是由此而产生的.

(3) 三角恒等式

$$(\sin^4\frac{3\pi}{7}+\sin^4\frac{2\pi}{7}+\sin^4\frac{\pi}{7})^2$$
$$=3(\sin^6\frac{3\pi}{7}\sin^2\frac{2\pi}{7}+\sin^6\frac{2\pi}{7}\sin^2\frac{\pi}{7}+\sin^6\frac{\pi}{7}\sin^2\frac{3\pi}{7})=\frac{441}{256}$$

证明

$$8(\sin^4\frac{3\pi}{7}+\sin^4\frac{2\pi}{7}+\sin^4\frac{\pi}{7})$$
$$=2[(1-\cos\frac{6\pi}{7})^2+(1-\cos\frac{4\pi}{7})^2+(1-\cos\frac{2\pi}{7})^2]$$
(应用 $\cos^2\alpha=\frac{1}{2}(1+\cos 2\alpha)$)
$$=9-3(\cos\frac{6\pi}{7}+\cos\frac{4\pi}{7}+\cos\frac{2\pi}{7})$$
$$=12-12\cos\frac{\pi}{7}\cos\frac{2\pi}{7}\cos\frac{3\pi}{7}$$
$$=12+\frac{12\sin\frac{\pi}{7}\cos\frac{\pi}{7}\cos\frac{2\pi}{7}\cos\frac{4\pi}{7}}{\sin\frac{\pi}{7}}=12-\frac{3}{2}=\frac{21}{2}$$

因此
$$\left(\sin^4\frac{3\pi}{7}+\sin^4\frac{2\pi}{7}+\sin^4\frac{\pi}{7}\right)^2=\frac{441}{256}$$

另外,由于

$$3\left(\sin^6\frac{3\pi}{7}\sin^2\frac{2\pi}{7}+\sin^6\frac{2\pi}{7}\sin^2\frac{\pi}{7}+\sin^6\frac{\pi}{7}\sin^2\frac{3\pi}{7}\right)$$
$$=\frac{3}{16}\left[\left(1-\cos\frac{6\pi}{7}\right)^3\left(1-\cos\frac{4\pi}{7}\right)+\left(1-\cos\frac{4\pi}{7}\right)^3\left(1-\cos^2\frac{\pi}{7}\right)+\left(1-\cos\frac{2\pi}{7}\right)^3\left(1-\cos\frac{6\pi}{7}\right)\right]$$

(应用公式 $\cos^3\alpha=\frac{1}{4}(\cos 3\alpha+3\cos\alpha)$ 及 $\cos^2\alpha=\frac{1}{2}(1+\cos 2\alpha)$)

$$=\frac{63}{128}\left(3+\cos\frac{\pi}{7}-\cos\frac{2\pi}{7}+\cos\frac{3\pi}{7}\right)$$

(和差化积)

$$=\frac{252}{128}\left(1+\cos\frac{\pi}{7}\cos\frac{2\pi}{7}\cos\frac{4\pi}{7}\right)$$
$$=\frac{252}{128}\left(1+\frac{\sin\frac{\pi}{7}\cos\frac{\pi}{7}\cos\frac{2\pi}{7}\cos\frac{4\pi}{7}}{\sin\frac{\pi}{7}}\right)$$
$$=\frac{252}{128}\left(1-\frac{1}{8}\right)=\frac{441}{256}$$

即有

$$3\left(\sin^6\frac{3\pi}{7}\sin^2\frac{2\pi}{7}+\sin^6\frac{2\pi}{7}\sin^2\frac{\pi}{7}+\sin^6\frac{\pi}{7}\sin^2\frac{3\pi}{7}\right)=\frac{441}{256}$$

例 7 (自创题,1991－08－09)在 $\triangle ABC$ 中,三边长为 a,b,c,则
$$ab^2+bc^2+ca^2\geqslant 3abc+2\mid(b-c)(c-a)(a-b)\mid$$
当且仅当 $\triangle ABC$ 为正三角形时取等号.

证明 若 $a\geqslant b\geqslant c$,则
$$a^2b+b^2c+c^2a-(ab^2+bc^2+ca^2)=(a-b)(b-c)(a-c)\geqslant 0$$
因此,要证原式,我们只需证在 $a\geqslant b\geqslant c$ 情况下成立即可.

设 $a=c+\alpha+\beta,b=c+\alpha,c\geqslant\beta,\alpha,\beta\in\overline{\mathbf{R}^-}$,则
$$ab^2+bc^2+ca^2-3abc-2\mid(b-c)(c-a)(a-b)\mid$$
$$=\frac{1}{2}\left[\sum a(b-c)^2-5(a-b)(b-c)(a-c)\right]$$
$$=\frac{1}{2}[(a+b)(b-c)^2+2b(a-b)(b-c)+(b+c)(a-b)^2-5(a-b)(b-c)(a-c)]$$

$$=\frac{1}{2}[(2c+2\alpha+\beta)\alpha^2+(2c+2\beta)\alpha\beta+(2c+\alpha)\beta^2-5\alpha\beta(\alpha+\beta)]$$
$$=c(\alpha^2+\alpha\beta+\beta^2)+\alpha^3-\alpha^2\beta-2\alpha\beta^2$$
$$\geqslant\beta(\alpha^2+\alpha\beta+\beta^2)+\alpha^3-\alpha^2\beta-2\alpha\beta^2$$
$$=\alpha^3-\alpha\beta^2+\beta^3$$

不论 $\alpha\geqslant\beta$,或 $\beta\geqslant\alpha$,都有 $\alpha^3-\alpha\beta^2+\beta^3\geqslant 0$.

注:(1) 这里通过比较 $a^2b+b^2c+c^2a$ 与 $ab^2+bc^2+ca^2$ 在 $a\geqslant b\geqslant c$ 情况下大小,从而又可变为在 $a\geqslant b\geqslant c$ 情况下证明原命题.

(2) 由本例可得到

$$5(ab^2+bc^2+ca^2)+3abc\geqslant 2(a+b+c)(bc+ca+ab)$$

其中 a,b,c 是三角形三边长.

(3) 本例可以化为如下代数不等式

$$x^3+y^3+z^3-(xy^2+yz^2+zx^2)\geqslant 2|(y-z)(z-x)(x-y)|$$

其中 $x,y,z\in\overline{\mathbf{R}^-}$.

例 8 (自创题,2000-06-03) 设 a,b,c 是 $\triangle ABC$ 三边长,则

$$\frac{7}{3}\sum\frac{a^2}{b}\geqslant\frac{4}{3}\sum a+\sum\frac{b^2}{a}$$

当且仅当 $\triangle ABC$ 为正三角形时取等号.

证明 由于当 $a\geqslant b\geqslant c$ 时,易证有

$$\frac{b^2}{a}+\frac{c^2}{b}+\frac{a^2}{c}\geqslant\frac{a^2}{b}+\frac{b^2}{c}+\frac{c^2}{a}$$

因此,原式只需证在 $a\geqslant b\geqslant c$ 情况下成立即可. 这时,我们先考虑更为一般情况

$$\lambda\sum\frac{a^2}{b}-(\lambda-1)\sum\frac{b^2}{a}-\sum a$$
$$=\sum\lambda[2a-b+\frac{(a-b)^2}{b}]-(\lambda-1)\sum[2b-a+\frac{(a-b)^2}{a}]-\sum a$$
$$=\sum(\frac{\lambda}{b}-\frac{\lambda-1}{a})(a-b)^2$$
$$=\frac{1}{abc}\sum c[\lambda(a-b)+b](a-b)^2$$

由此知,只需证

$$\sum c[\lambda(a-b)+b](a-b)^2\geqslant 0 \quad ①$$

用增量比较法,设 $a=c+\alpha+\beta,b=c+\alpha,c\geqslant\beta,\alpha,\beta\in\overline{\mathbf{R}^-},\lambda=\frac{7}{3}$ 代入式 ① 左边得到

式 ① 左边 $=\sum c[\lambda(a-b)+b](a-b)^2$

$$=2(\alpha^2+\alpha\beta+\beta^2)c^2+[3\alpha^3+(6-3\lambda)\alpha^2\beta+(5-3\lambda)\alpha\beta^2+\beta^3]c+$$
$$[\alpha^4+(3-2\lambda)\alpha^3\beta-3(\lambda-1)\alpha^2\beta^2-(\lambda-1)\beta^4]$$
$$\geqslant 2(\alpha^2+\alpha\beta+\beta^2)c\beta+(3\alpha^3-\alpha^2\beta-2\alpha\beta^2+\beta^3)c+$$
$$(\alpha^4-\frac{5}{3}\alpha^3\beta-4\alpha^2\beta^2-\frac{4}{3}\beta^4)$$
$$=(3\alpha^3+\alpha^2\beta+3\beta^3)c+(\alpha^4-\frac{5}{3}\alpha^3\beta-4\alpha^2\beta^2-\frac{4}{3}\beta^4)$$
$$\geqslant(3\alpha^3+\alpha^2\beta+3\beta^3)\beta+(\alpha^4-\frac{5}{3}\alpha^3\beta-4\alpha^2\beta^2-\frac{4}{3}\beta^4)$$
$$=\alpha^4+\frac{4}{3}\alpha^3\beta-3\alpha^2\beta^2+\frac{5}{3}\beta^4$$
$$=(\alpha^4+\beta^4)+(\frac{4}{3}\alpha^3\beta-3\alpha^2\beta^2+\frac{2}{3}\beta^4)$$
$$=(\alpha^4-\alpha^2\beta^2+\beta^4)+\frac{2}{3}(\alpha-\beta)^2(2\alpha+\beta)\geqslant 0$$

即当 $\lambda=\frac{7}{3}$ 时,式 ① 成立,故原式成立.

注:以下命题较本例中的不等式要弱.

命题 (美国,Pham Kim Hung) 设 a,b,c 是三角形三边长,则

$$2\sum\frac{a^2}{b}\geqslant\sum a+\sum\frac{b^2}{a}$$

当且仅当 $\triangle ABC$ 为正三角形时取等号.

这是由于

$$2\sum\frac{a^2}{b}-\sum a\geqslant\frac{7}{4}\sum\frac{a^2}{b}-\frac{3}{4}\sum a\geqslant\sum\frac{b^2}{a}$$

例 9 (自创题,1991－08－08)$\triangle ABC$ 为非钝角三角形,三边长为 a,b,c,外接圆半径为 R,内切圆半径为 r,则

$$1-\frac{2r}{R}\geqslant\frac{2\sqrt{2+2\sqrt{2}}\ |(a-b)(b-c)(a-c)|}{abc}$$

当且仅当 $\triangle ABC$ 为正三角形时取等号.

证明 设 $a\geqslant b\geqslant c$,且 $a=c+\alpha+\beta,b=c+\alpha,c\geqslant\sqrt{2\alpha\beta+2\beta^2}+\beta,\alpha,\beta\in\mathbf{R}^-$,记 $\lambda=2\sqrt{2+2\sqrt{2}}$,则

$$原式\Leftrightarrow\frac{(\alpha^2+\alpha\beta+\beta^2)c+(2\alpha\beta^2+\beta^3)}{c(c+\alpha)(c+\alpha+\beta)}\geqslant\frac{\lambda\alpha\beta(\alpha+\beta)}{c(c+\alpha)(c+\alpha+\beta)}$$
$$\Leftrightarrow(\alpha^2+\alpha\beta+\beta^2)c+(2\alpha\beta^2+\beta^3)\geqslant\lambda\alpha\beta(\alpha+\beta)$$

用 $c\geqslant\sqrt{2\alpha\beta+2\beta^2}+\beta$ 代入,并整理得到

$$(\alpha^2+\alpha\beta+\beta^2)c+(2\alpha\beta^2+\beta^3)-\lambda\alpha\beta(\alpha+\beta)$$

$$\geqslant(\alpha^2+\alpha\beta+\beta^2)(\sqrt{2\alpha\beta+2\beta^2}+\beta)+2\alpha\beta^2+\beta^3-\lambda\alpha\beta(\alpha+\beta)$$
$$=(\alpha^2+\alpha\beta+\beta^2)\sqrt{2\alpha\beta+2\beta^2}-\beta(\alpha+\beta)[(\lambda-1)\alpha-2\beta]$$

由此知,要证原式,只要证

$$(\alpha^2+\alpha\beta+\beta^2)\sqrt{2\alpha\beta+2\beta^2}-\beta(\alpha+\beta)[(\lambda-1)\alpha-2\beta]\geqslant 0 \quad ①$$

若 $\beta(\alpha+\beta)=0$,式 ① 为等式.若 $\beta(\alpha+\beta)\neq 0$,则证

$$\sqrt{2}(\alpha^2+\alpha\beta+\beta^2)-\sqrt{\beta(\alpha+\beta)}[(\lambda-1)\alpha-2\beta]\geqslant 0$$

即

$$\frac{\sqrt{2}\alpha}{\sqrt{\beta(\alpha+\beta)}}+\frac{\sqrt{2\beta(\alpha+\beta)}}{\alpha}+\frac{\alpha+\beta}{\alpha}+\frac{\beta}{\alpha}\geqslant\lambda$$

由于

$$\frac{\sqrt{2}\alpha}{\sqrt{\beta(\alpha+\beta)}}+\frac{\sqrt{2\beta(\alpha+\beta)}}{\alpha}+\frac{\alpha+\beta}{\alpha}+\frac{\beta}{\alpha}$$
$$\geqslant\frac{\sqrt{2}\alpha}{\sqrt{\beta(\alpha+\beta)}}+\frac{\sqrt{2\beta(\alpha+\beta)}}{\alpha}+\frac{2\sqrt{\beta(\alpha+\beta)}}{\alpha}$$
$$=\frac{\sqrt{2}\alpha}{\sqrt{\beta(\alpha+\beta)}}+\frac{(2+\sqrt{2})\sqrt{\beta(\alpha+\beta)}}{\alpha}\geqslant 2\sqrt{2+2\sqrt{2}}$$

故可取 $\lambda=2\sqrt{2+2\sqrt{2}}$,原式获证,由证明中易知其取等号条件.

注:设 $\triangle ABC$ 为非钝角三角形,三边长为 a,b,c,外接圆半径为 R,内切圆半径为 r,如何求使得

$$1-\frac{2r}{R}\geqslant\frac{\lambda\mid(a-b)(b-c)(a-c)\mid}{abc}$$

成立的最大的 λ 值.

例 10　在 $\triangle ABC$ 中,三边长为 a,b,c,则

$$a^2(\frac{b}{c}-1)+b^2(\frac{c}{a}-1)+c^2(\frac{a}{b}-1)\geqslant 0$$

当且仅当 $\triangle ABC$ 为正三角形时取等号.

证明　因为

$$\frac{a^2b}{c}+\frac{b^2c}{a}+\frac{c^2a}{b}-(\frac{ab^2}{c}+\frac{bc^2}{a}+\frac{ca^2}{b})$$
$$=\frac{1}{abc}[(\frac{a^3b^2}{c}+\frac{b^3c^2}{a}+\frac{c^3a^2}{b})-(\frac{a^2b^3}{c}+\frac{b^2b^3}{a}+\frac{c^2a^3}{b})]$$
$$=\frac{\sum bc}{abc}(a-b)(b-c)(a-c)$$

所以只要证在 $a\geqslant c\geqslant b$ 情况下原式成立即可.又

$$a^2(\frac{b}{c}-1)+b^2(\frac{c}{a}-1)+c^2(\frac{a}{b}-1)$$

$$=\frac{a}{c}(a-c)(b-c)+\frac{b}{a}(b-a)(c-a)+\frac{c}{b}(c-b)(a-b)$$

$$=\frac{1}{abc}[b^2c(b-a)(c-a)+c^2a(c-b)(a-b)+a^2b(a-c)(b-c)]$$

由此知，要证原式成立，只需证

$$b^2c(b-a)(c-a)+c^2a(c-b)(a-b)+a^2b(a-c)(b-c)\geqslant 0 \quad (※)$$

当 $a\geqslant c\geqslant b$ 时，设 $a=b+\alpha+\beta, c=b+\alpha, b\geqslant\beta, \alpha,\beta\in\overline{\mathbf{R}^-}$，则

式(※)左边 $=b^2(b+\alpha)\beta(\alpha+\beta)+(b+\alpha)^2(b+\alpha+\beta)\alpha(\alpha+\beta)-(b+\alpha+\beta)^2\cdot b\alpha\beta$

$=b^3(\alpha^2+\alpha\beta+\beta^2)+b^2(\alpha^3+3\alpha^2\beta)+b(3\alpha^4+4\alpha^3\beta-\alpha\beta^3)+\alpha^3(\alpha+\beta)^2$

$\geqslant b[\beta^2(\alpha^2+\alpha\beta+\beta^2)+\beta(\alpha^3+3\alpha^2\beta)+3\alpha^4+4\alpha^3\beta-\alpha\beta^3]$

$=b(3\alpha^4+7\alpha^3\beta+4\alpha^2\beta^2+\beta^4)\geqslant 0$

故原式成立.

例 11 （自创题，1991－08－15）$\triangle ABC$ 三边长 a,b,c，则

$$ab^2+bc^2+ca^2\geqslant 3abc+(1-\frac{2}{\sqrt{27}})b(a-c)^2$$

当且仅当 $a=b=c$，或退化 $\triangle ABC$ 三边比为 $(\sqrt{3}+1):\sqrt{3}:1$ 时取等号.

证明 若 $a\geqslant b\geqslant c$，则 $a^2b+b^2c+c^2a\geqslant ab^2+bc^2+ca^2$，且

$$b(a-c)^2\geqslant a(b-c)^2, b(a-c)^2\geqslant c(a-b)^2$$

因此，要证原式，只需证在 $a\geqslant b\geqslant c$ 情况下成立即可.

设 $a=c+\alpha+\beta, b=c+\alpha, c\geqslant\beta, \alpha,\beta\in\overline{\mathbf{R}^-}$，则

$$ab^2+bc^2+ca^2-3abc=(\alpha^2+\alpha\beta+\beta^2)c+\alpha^2(\alpha+\beta)$$

又

$$\frac{(\alpha^2+\alpha\beta+\beta^2)c+\alpha^2(\alpha+\beta)}{c+\alpha}-\frac{(\alpha^2+\alpha\beta+\beta^2)\beta+\alpha^2(\alpha+\beta)}{\alpha+\beta}=\frac{\alpha\beta^2(c-\beta)}{(c+\alpha)(\alpha+\beta)}\geqslant 0$$

所以

$$\frac{(\alpha^2+\alpha\beta+\beta^2)c+\alpha^2(\alpha+\beta)}{(c+\alpha)(\alpha+\beta)^2}\geqslant\frac{\alpha^3+2\alpha^2\beta+\alpha\beta^2+\beta^3}{(\alpha+\beta)^3}$$

$$=\frac{(\alpha+\beta)^3-\beta(\alpha+\beta)^2+\beta^3}{(\alpha+\beta)^3}$$

$$=1-\frac{\beta}{\alpha+\beta}+(\frac{\beta}{\alpha+\beta})^3$$

由于 $\frac{\beta}{\alpha+\beta}-\frac{\beta^3}{(\alpha+\beta)^3}\geqslant 0$，且

$$\left[\frac{\beta}{\alpha+\beta}-\left(\frac{\beta}{\alpha+\beta}\right)^{3}\right]^{2}$$

$$=\left(\frac{\beta}{\alpha+\beta}\right)^{2}\left[1-\left(\frac{\beta}{\alpha+\beta}\right)^{2}\right]^{2}$$

$$=\frac{1}{2}\cdot 2\left(\frac{\beta}{\alpha+\beta}\right)^{2}\left[1-\left(\frac{\beta}{\alpha+\beta}\right)^{2}\right]\left[1-\left(\frac{\beta}{\alpha+\beta}\right)^{2}\right]$$

$$\leqslant\frac{1}{2}\cdot\left(\frac{2}{3}\right)^{3}=\frac{4}{27}$$

因此
$$\frac{(\alpha^{2}+\alpha\beta+\beta^{2})c+\alpha^{2}(\alpha+\beta)}{(c+\alpha)(\alpha+\beta)^{2}}\geqslant 1-\frac{2}{\sqrt{27}}$$

即得原式.

第四章 放缩法证明不等式、局部不等式

一、放缩法含义

在不等式的证明方法中,“放缩法”是最常见的一种证明方法.在证明原不等式时,通过去寻找介于不等式两端的式子进行过渡.它的“难点”就在放缩的尺度的把握上.常常我们会遇到这种情况,一个不难的不等式,被多次放缩后呈现的不等式却与原不等式面目全非.经验告诉我们,有些不等式的证明往往较经放缩后的“强”不等式的证明更难.还有一些不等式经放缩后成了等式(理想状态).至于放缩的尺度如何把握,就只能因题而异了,有时,可以用赋值法加以比较,了解放缩前后式子在特殊值情况下的变化,从而判定其放缩是否过了“度”.

在应用放缩法证明不等式时,往往要用到证明不等式的其他技巧.这里需要指出的是,在证明不等式时,“弱”的不等式有时也能推出“强”的不等式,有的中间过渡式在放缩中其本身就是等价的.比如 $a,b \geqslant 0$,则有 $2(a^2+b^2) \geqslant (a+b)^2 \geqslant 4ab$,就不能说其过渡式 $(a+b)^2 \geqslant 4ab$ 要比 $2(a^2+b^2) \geqslant 4ab$ 强,事实上两者是等价的.因此,所谓不等式“强”与“弱”只是相对的.

二、应用例子

例 1 (自创题,1992-03-25)设 E,F 分别是 $\triangle ABC$ 以 A 为端点的射线 AC,AB 上的任意两个点,则

$$|AB-AC|+|AE-AF|\geqslant|BE-CF|$$
当且仅当 $AB=AC$ 且 $AE=AF$ 时取等号.

证明 不妨设 $AC\geqslant AB$. 如图1,在 AC 上取点 D,使 $AD=AB$. 在 AB(或延长线)上取点 G,使 $AG=AE$,联结 FD,DG,则

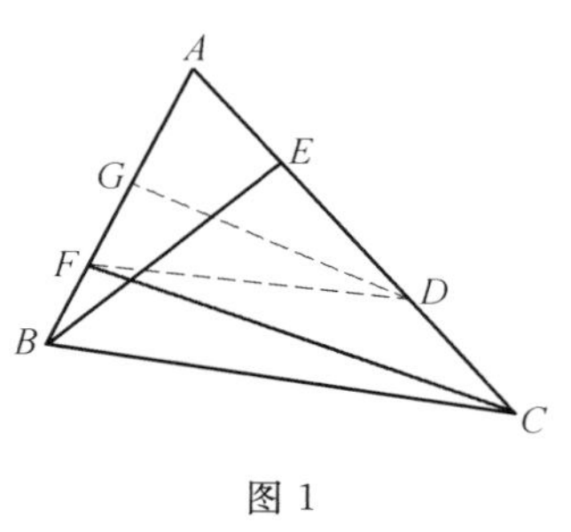

图1

$$\begin{aligned}&|AB-AC|+|AE-AF|\\=&|CD|+|FG|\geqslant|CF-FD|+|FD-DG|\\\geqslant&|CF-FD+FD-DG|\\=&|CF-DG|=|CF-BE|\end{aligned}$$

注:(1) 本例可参见《中学教研(数学)》,1993年第二期"难题征解"栏,杨学枝对一问题的解答中提出的新问题.

(2) 若 E,F 分别为 AC,AB 中点,有
$$|m_b-m_c|\leqslant\frac{3}{2}|b-c|$$
这里 m_b,m_c 分别为 AC,AB 边上的中线.

若 BE,CF 分别为 $\angle B,\angle C$ 平分线,则有
$$|w_b-w_c|\leqslant 2|b-c|$$
这里 w_b,w_c 分别为 $\angle B,\angle C$ 平分线.

例2 设 $x,y,z\in\overline{\mathbf{R}^-}$,则
$$x^2y+y^2z+z^2x+xyz\leqslant\frac{4}{27}(x+y+z)^3$$
当且仅当 $x=y=z$ 或 $x=0,y=2z$ 或 $y=0,z=2x$ 或 $z=0,x=2y$ 时取等号.

本例有多种证法. 下面是一种十分简捷的证法.

证明 由 $x^2y+y^2z+z^2x-(xy^2+yz^2+zx^2)=(x-y)(y-z)(x-z)$,可知,当 $x\geqslant y\geqslant z$ 时,$x^2y+y^2z+z^2x\geqslant xy^2+yz^2+zx^2$,因此,只需证在 $x\geqslant y\geqslant z$ 情况下原式成立即可. 这时
$$\begin{aligned}x^2y+y^2z+z^2x+xyz&=y(x+z)^2-z(x-y)(y-z)\leqslant y(x+z)^2\\&\leqslant\frac{4}{27}\left(y+\frac{x+z}{2}+\frac{x+z}{2}\right)^3\\&=\frac{4}{27}(x+y+z)^3\end{aligned}$$

注:(1) 当 $x\geqslant y\geqslant z$ 时,对于三次式,注意到 $z(x-y)(y-z)\geqslant 0$,对解题有时有帮助.

(2) 例2中的不等式等价于
$$\begin{aligned}&27|(x-y)(y-z)(z-x)|\\\leqslant&(x+4y+4z)(y-z)^2+(4x+y+4z)(y-z)^2+\end{aligned}$$

$$(4x+4y+z)(y-z)^2$$

其中 $x,y,z\in\overline{\mathbf{R}^-}$，当且仅当 $x=y=z$ 或 $x=0,y=2z$ 或 $y=0,z=2x$ 或 $z=0$，$x=2y$ 时取等号.

例 3 设 $x,y,z\in\overline{\mathbf{R}^-}$，且 $x^2+y^2+z^2\leqslant 1$，则

$$\sum\frac{x}{1-yz}\leqslant\frac{3\sqrt{3}}{2}$$

当且仅当 $x=y=z=\frac{\sqrt{3}}{3}$ 时取等号.

证明
$$\sum\frac{x}{1-yz}\leqslant\sum\frac{x}{1-\frac{y^2+z^2}{2}}=\sum\frac{2x}{2-y^2-z^2}\leqslant\sum\frac{2x}{1+x^2}$$

$$=\sum\frac{2x}{\frac{1}{3}+\frac{1}{3}+\frac{1}{3}+x^2}\leqslant\sum\frac{2x}{4\sqrt[4]{\frac{x^2}{3^3}}}=\sum\frac{\sqrt[4]{27x^2}}{2}=\sum\frac{\sqrt{3\sqrt{3}x}}{2}$$

$$=\frac{\sqrt{3\sqrt{3}}}{2}\cdot\sum\sqrt{x}\leqslant\frac{\sqrt{3\sqrt{3}}}{2}\cdot\sqrt{3\sum x}$$

$$\leqslant\frac{\sqrt{3\sqrt{3}}}{2}\cdot\sqrt{3\cdot\sqrt{3\sum x^2}}\leqslant\frac{3\sqrt{3}}{2}$$

例 4 （2012－07－07，江苏吴罗勇在“不等式研究网站”提出）

设 $a,b,c,d\in\mathbf{R}^+$，且 $\frac{1}{a}+\frac{1}{b}+\frac{1}{c}+\frac{1}{d}=4$，则

$$\sqrt[3]{\frac{a^3+b^3}{2}}+\sqrt[3]{\frac{b^3+c^3}{2}}+\sqrt[3]{\frac{c^3+d^3}{2}}+\sqrt[3]{\frac{d^3+a^3}{2}}\leqslant 2(a+b+c+d)-4$$

证明 由于

$$\left(\frac{a^2+b^2}{a+b}\right)^3-\frac{a^3+b^3}{2}=\frac{(a^3-b^3)(a-b)^3}{2(a+b)^3}\geqslant 0$$

因此，有

$$\sqrt[3]{\frac{a^3+b^3}{2}}\leqslant\frac{a^2+b^2}{a+b}$$

同理还有三式，于是

$$\sqrt[3]{\frac{a^3+b^3}{2}}+\sqrt[3]{\frac{b^3+c^3}{2}}+\sqrt[3]{\frac{c^3+d^3}{2}}+\sqrt[3]{\frac{d^3+a^3}{2}}$$
$$\leqslant\frac{a^2+b^2}{a+b}+\frac{b^2+c^2}{b+c}+\frac{c^2+d^2}{c+d}+\frac{d^2+a^2}{d+a}$$

因此，要证原式，只要证

$$\frac{a^2+b^2}{a+b}+\frac{b^2+c^2}{b+c}+\frac{c^2+d^2}{c+d}+\frac{d^2+a^2}{d+a}\leqslant 2(a+b+c+d)-4 \qquad ①$$

由于

$$2(a+b+c+d)-4-(\frac{a^2+b^2}{a+b}+\frac{b^2+c^2}{b+c}+\frac{c^2+d^2}{c+d}+\frac{d^2+a^2}{d+a})$$

$$=\frac{2ab}{a+b}+\frac{2bc}{b+c}+\frac{2cd}{c+d}+\frac{2da}{d+a}-4$$

$$=2(\frac{1}{\frac{1}{a}+\frac{1}{b}}+\frac{1}{\frac{1}{b}+\frac{1}{c}}+\frac{1}{\frac{1}{c}+\frac{1}{d}}+\frac{1}{\frac{1}{d}+\frac{1}{a}})-\frac{16}{\frac{1}{a}+\frac{1}{b}+\frac{1}{c}+\frac{1}{d}}$$

$$\geqslant 32\left[\frac{1}{(\frac{1}{a}+\frac{1}{b})+(\frac{1}{b}+\frac{1}{c})+(\frac{1}{c}+\frac{1}{d})+(\frac{1}{d}+\frac{1}{a})}\right]-$$

$$\frac{16}{\frac{1}{a}+\frac{1}{b}+\frac{1}{c}+\frac{1}{d}}=0$$

故式 ① 成立,原式获证.

注:(1) 由上证明可知,本题可以向 n 元推广.

(2) 若 $a,b\in\mathbf{R}^+$,k 为大于 0 的正整数,则有 $\sqrt[k]{\frac{a^k+b^k}{2}}\leqslant\frac{8ab+(k+1)(a-b)^2}{4(a+b)}$.

例 5　设 $a_1,a_2,a_3\in[0,1]$,求证

$$\frac{a_1}{a_2+a_3+1}+\frac{a_2}{a_3+a_1+1}+\frac{a_3}{a_1+a_2+1}+(1-a_1)(1-a_2)(1-a_3)\leqslant 1$$

当且仅当 a_1,a_2,a_3 中有两个为零,另一个为$[0,1]$中的任意数,或者当 a_1,a_2,a_3 不全为零且不为零的数都等于 1 时取等号.

证明　原式左边是关于 a_1,a_2,a_3 的对称式,不妨设 $0\leqslant a_1\leqslant a_2\leqslant a_3\leqslant 1$,则

$$\text{原式左边}\leqslant\frac{a_1}{a_1+a_2+1}+\frac{a_2}{a_1+a_2+1}+\frac{a_3}{a_1+a_2+1}+(1-a_1)(1-a_2)(1-a_3)$$

$$\leqslant\frac{a_1+a_2+a_3}{a_1+a_2+1}+\frac{(a_1+a_2+1)(1-a_1)(1-a_2)(1-a_3)}{a_1+a_2+1}$$

$$\leqslant\frac{a_1+a_2+a_3}{a_1+a_2+1}+\frac{(1+a_1)(1+a_2)(1-a_1)(1-a_2)(1-a_3)}{a_1+a_2+1}$$

$$=\frac{a_1+a_2+a_3}{a_1+a_2+1}+\frac{(1-a_1^2)(1-a_2^2)(1-a_3)}{a_1+a_2+1}$$

$$\leqslant\frac{a_1+a_2+a_3}{a_1+a_2+1}+\frac{(1-a_3)}{a_1+a_2+1}=1$$

注:本题可推广到 n 元情况:

设 $x_i \in [0,1](i=1,2,\cdots,n)$，记 $a=\sum_{i=1}^{n} a_i$，则

$$\sum_{i=1}^{n} \frac{a_i}{1+a-a_i}+\prod_{i=1}^{n}(1-a_i) \leqslant 1$$

注意有：$1+a_2+a_3+\cdots+a_n \leqslant (1+a_2)(1+a_3)\cdots(1+a_n)$.

人们对含 $\frac{a_1}{a_2+a_3+1}+\frac{a_2}{a_3+a_1+1}+\frac{a_3}{a_1+a_2+1}+(1-a_1)(1-a_2)(1-a_3)$ 式子的不等式进行过深入的研究，得到了一些好的结果. 下面举几个例子.

例 6 设 $0 \leqslant a,b,c \leqslant 1$，则

$$\frac{a}{1+b+c}+\frac{b}{1+c+a}+\frac{c}{1+a+b}+(1-a)(1-b)(1-c) \geqslant \frac{7}{8}$$

当且仅当 $a=b=c=\frac{1}{2}$ 时取等号.

题源：2006－12－05 于晓强（大学生）电邮笔者时提出的问题.

证明

原式左边 － 右边

$$=\sum \frac{a}{b+c+1}+1-\sum a+\sum bc-abc-\frac{7}{8}$$

$$=(\frac{1}{2}\sum bc-\frac{3}{4}\sum a+\sum \frac{a}{b+c+1})+(\frac{1}{8}-\frac{1}{4}\sum a+\frac{1}{2}\sum bc-abc)$$

$$=[\frac{1}{4}\sum a(b+c+1)-\sum a+\sum \frac{a}{b+c+1}]+(\frac{1}{2}-a)(\frac{1}{2}-b)(\frac{1}{2}-c)$$

$$=\sum \frac{a(b+c+1-2)^2}{4(b+c+1)}+(\frac{1}{2}-a)(\frac{1}{2}-b)(\frac{1}{2}-c)$$

$$=\sum \frac{a(b+c-1)^2}{4(b+c+1)}+(\frac{1}{2}-a)(\frac{1}{2}-b)(\frac{1}{2}-c)$$

由此知，要证原式成立，只需证

$$\sum \frac{a(b+c-1)^2}{4(b+c+1)}+(\frac{1}{2}-a)(\frac{1}{2}-b)(\frac{1}{2}-c) \geqslant 0 \qquad ①$$

下面分两种情况证明.

i. 若 $(\frac{1}{2}-a)(\frac{1}{2}-b)(\frac{1}{2}-c) \geqslant 0$，则式 ① 显然成立，当且仅当 $a=b=c=\frac{1}{2}$ 时取等号.

ii. 若 $(\frac{1}{2}-a)(\frac{1}{2}-b)(\frac{1}{2}-c)<0$，即 $(a-\frac{1}{2})(b-\frac{1}{2})(c-\frac{1}{2})>0$，由对称性，不妨设 $\frac{1}{2}-a \leqslant \frac{1}{2}-b \leqslant \frac{1}{2}-c$，下面再分两种情况证之.

(i) 若 $a-\frac{1}{2}\geqslant b-\frac{1}{2}\geqslant c-\frac{1}{2}>0$,则

$$a\geqslant 2(a-\frac{1}{2})\geqslant 0,(b+c-1)^2\geqslant 4(b-\frac{1}{2})(c-\frac{1}{2})>0$$

所以
$$\frac{a(b+c-1)^2}{4}\geqslant 2(a-\frac{1}{2})(b-\frac{1}{2})(c-\frac{1}{2})$$

又 $b+c+1\leqslant 3$,则

$$\frac{a(b+c-1)^2}{4(b+c+1)}\geqslant \frac{2}{3}(a-\frac{1}{2})(b-\frac{1}{2})(c-\frac{1}{2})$$

注意到以上诸式取等号条件可知,上式等号不可能取到,因此

$$\frac{a(b+c-1)^2}{4(b+c+1)}>\frac{2}{3}(a-\frac{1}{2})(b-\frac{1}{2})(c-\frac{1}{2})$$

同理还可以得到另外两式,将此三式左右分别相加,得到

$$\sum \frac{a(b+c-1)^2}{4(b+c+1)}>2(a-\frac{1}{2})(b-\frac{1}{2})(c-\frac{1}{2})\geqslant(a-\frac{1}{2})(b-\frac{1}{2})(c-\frac{1}{2})$$

即得式 ①.

(ii) 若 $a-\frac{1}{2}>0>b-\frac{1}{2}>c-\frac{1}{2}$,则

$$a\geqslant 2(a-\frac{1}{2}),(b+c-1)^2\geqslant 4(b-\frac{1}{2})(c-\frac{1}{2})$$

又 $b+c+1\leqslant 2$,所以

$$\frac{a(b+c-1)^2}{4(b+c+1)}>(a-\frac{1}{2})(b-\frac{1}{2})(c-\frac{1}{2})$$

因此
$$\sum \frac{a(b+c-1)^2}{4(b+c+1)}>(a-\frac{1}{2})(b-\frac{1}{2})(c-\frac{1}{2})$$

也得到式 ①.

综上原式获证,当且仅当 $a=b=c=\frac{1}{2}$ 时取等号.

以上证明过程也应用了放缩法.

福建陈胜利老师提出:条件可放宽为 $a,b,c\in\overline{\mathbf{R}^-}$,且 $abc\leqslant 1$,原式仍成立,但未给出证明,2012 年元月 11 日广东省河源市连平县忠信中学严文兰老师更进一步改进了陈胜利老师提出的条件,得到以下例题.

例 7 设 $a,b,c\in\overline{\mathbf{R}^-}$,且 $a+b+c\leqslant\lambda=\frac{9+3\sqrt{13}}{4}$,则

$$\frac{a}{1+b+c}+\frac{b}{1+c+a}+\frac{c}{1+a+b}+(1-a)(1-b)(1-c)\geqslant\frac{7}{8}$$

当且仅当 $a=b=c=\frac{1}{2}$ 或 $a=b=c=\frac{\lambda}{3}$ 时取等号.

广东省河源市连平县忠信中学严文兰老师于 2012 年 01 月 11 日提出并证明了上述不等式，以下就是他的证明.

因证明需要，现给出以下引理.

引理 $k>0,g(x)=\frac{x}{k-x},a_i\in(0,k),i=1,2,\cdots,n$，则

$$\frac{g(a_1)+g(a_2)+\cdots+g(a_n)}{n}\geqslant g\left(\frac{a_1+a_2+\cdots+a_n}{n}\right)\qquad(※)$$

当且仅当 $a_1=a_2=\cdots=a_n$ 时取等号.

引理证明 记 $a_0=\frac{a_1+a_2+\cdots+a_n}{n}$，则 $n\cdot a_0=a_1+a_2+\cdots+a_n$，因为

$$g(x)-g(a_0)-\frac{k(x-a_0)}{(k-a_0)^2}=\frac{k(x-a_0)^2}{(k-x)(k-a_0)^2}\geqslant 0$$

所以
$$g(x)\geqslant g(a_0)+\frac{k(x-a_0)}{(k-a_0)^2}$$

所以
$$\frac{1}{n}\sum_{i=1}^{n}g(a_i)\geqslant g(a_0)+\frac{k}{n}\sum_{i=1}^{n}\frac{a_i-a_0}{(k-a_0)^2}=g(a_0)$$

即得式(※).

下面就来证明原式，分几种情况证明.

情形 1 若 a,b,c 全都小于等于 1，上述例 2 已证明，即杨学枝老师在其专著中所证明，故此时原式成立.

情形 2 若 a,b,c 中只有一个大于 1，不妨设 $a,b\leqslant 1<c$，记 $x=\frac{a+b}{2}\leqslant 1$，注意到 $1-c<0$，于是在引理中取 $n=3,a_1=a,a_2=b,a_3=c,k=1+a+b+c$，同时由均值不等式有

$$\begin{aligned}\text{原左边}&=g(a)+g(b)+\frac{c}{1+a+b}+(1-a)(1-b)(1-c)\\&\geqslant 2g\left(\frac{a+b}{2}\right)+\frac{c}{1+a+b}+\left(\frac{1-a+1-b}{2}\right)^2(1-c)\\&=\frac{2x}{1+c+x}+\frac{c}{1+2x}+(1-x)^2(1-c)\end{aligned}$$

因此，只要证

$$\frac{2x}{1+c+x}+\frac{c}{1+2x}+(1-x)^2(1-c)-\frac{7}{8}\geqslant 0\qquad①$$

若 $0.05\leqslant x\leqslant 1$，式 ① 经通分后，其分子记为

$$\begin{aligned}f(c)=&8x^2(3-2x)c^2+(1-14x+24x^3-16x^4)c+\\&1+3x-6x^2-8x^3+16x^4\end{aligned}$$

由于 c^2 的系数 $8x^2(3-2x)>0$，且二次函数的判别式

$$\Delta=1-28x+100x^2-176x^3+64x^4+832x^5-1472x^6+256x^7+256x^8$$

$$=(2x-1)^2[1-24x-80x^3-64x^4+(192x^4+64x^5)(x-1)]$$

$$\leqslant(2x-1)^2(1-24x-80x^3-64x^4)\leqslant 0(\text{注意到 } x\geqslant 0.05)$$

所以式 ① 成立.

若 $0\leqslant x<0.05$,有

$$\frac{2x}{1+c+x}+\frac{c}{1+2x}+(1-x)^2(1-c)-\frac{7}{8}$$

$$\geqslant\frac{c}{1+2x}+(1-x)^2(1-c)-\frac{7}{8}$$

$$=(1-x)^2+\frac{2-x^2(3-2x)}{1+2x}c-\frac{7}{8}$$

$$>(1-x)^2-\frac{7}{8}>0$$

所以式 ① 也成立.故当 a,b,c 中只有一个大于 1 时,原式成立.

情形 3　若 a,b,c 中有两个大于 1,不妨设 $a\leqslant 1<b,c$,记 $x=\frac{b+c}{2}\geqslant 1$,于是在引理中取 $n=3,a_1=a,a_2=b,a_3=c,k=1+a+b+c$,则

$$\text{原左边}\geqslant\frac{a}{1+b+c}+g(b)+g(c)+0$$

$$\geqslant\frac{a}{1+b+c}+2g(\frac{b+c}{2})$$

$$=\frac{a}{1+2x}+\frac{2x}{1+a+x}$$

因此,只要证$\frac{a}{1+2x}+\frac{2x}{1+a+x}\geqslant\frac{7}{8}$,即证

$$f(a)=8a^2-(6x-1)a+(18x^2-5x-7)\geqslant 0$$

由于 $f(a)$ 二次式中 a^2 系数为正,且 $\Delta=225+148x-540x^2<0$(注意到 $x\geqslant 1$),所以上式成立,故原式成立.

情形 4　若 a,b,c 全都大于 1,记$\frac{a+b+c}{3}=\lambda_1$,则 $1<\lambda_1<\frac{\lambda}{3}$,于是在引理中取 $n=3,a_1=a,a_2=b,a_3=c,k=1+a+b+c$,则

$$\frac{a}{1+b+c}+\frac{b}{1+c+a}+\frac{c}{1+a+b}$$

$$=g(a)+g(b)+g(c)$$

$$\geqslant 3g(\frac{a+b+c}{3})=\frac{3\lambda_1}{1+2\lambda_1}$$

由均值不等式有

$$(1-a)(1-b)(1-c)=-(a-1)(b-1)(c-1)$$

$$\geqslant-(\frac{a-1+b-1+c-1}{3})^3=-(\lambda_1-1)^3$$

所以原式左边 $\geqslant \frac{3\lambda_1}{1+2\lambda}-(\lambda_1-1)^3$,解不等式

$$\frac{3\lambda_1}{1+2\lambda}-(\lambda_1-1)^3\geqslant\frac{7}{8}$$

注意到 $\lambda_1>1$,得到

$$\lambda=3\cdot\frac{3+\sqrt{13}}{4}=\frac{9+3\sqrt{13}}{4}$$

又由于 $\lambda_1\leqslant\frac{\lambda}{3}$,因此,只要 $\lambda\leqslant 3\cdot\frac{3+\sqrt{13}}{4}=\frac{9+3\sqrt{13}}{4}$,则原式就成立.

综上,原式成立,且由情形 4 知,当 a,b,c 全都大于 1 时,$\lambda=\frac{9+3\sqrt{13}}{4}$ 为 $\frac{a+b+c}{3}$ 的最佳上界.

注:本例证明可参见《中学数学杂志》(山东)2012 年第七期,严文兰、杨学枝《对一个猜想不等式的拓展与证明》.

例 8 (自创题,2012-05-31) 设 $a,b,c\in\overline{\mathbf{R}^-}$,且 $a+b+c=1$,则

$$\frac{a}{1+b+c}+\frac{b}{1+c+a}+\frac{c}{1+a+b}+(1-a)(1-b)(1-c)\geqslant\frac{121}{135}$$

当且仅当 $a=b=c=\frac{1}{3}$ 时取等号.

证明 由于

$$\begin{aligned}(1-a)(1-b)(1-c)&=1-\sum a+\sum bc-abc\\&=\sum a\cdot\sum bc-abc=\frac{1}{3}[(\sum a)^3-\sum a^3]\\&=\frac{1}{3}(\sum a-\sum a^3)\end{aligned}$$

因此,要证原式,只要证

$$\sum\frac{a}{2-a}+\frac{1}{3}(\sum a-\sum a^3)\geqslant\frac{121}{135}$$

即

$$\sum(\frac{a}{2-a}-\frac{1}{3}a^3)\geqslant\frac{76}{135} \quad ①$$

为证式 ①,我们先证以下局部不等式

$$\frac{a}{2-a}-\frac{1}{3}a^3\geqslant\lambda a+(\frac{76}{405}-\frac{1}{3}\lambda) \quad ②$$

其中 $\lambda=\frac{137}{225}$.

今证式 ② 成立.事实上,有

$$\frac{a}{2-a}-\frac{1}{3}a^3-\lambda a-(\frac{76}{405}-\frac{1}{3}\lambda)$$

$$=\frac{1}{2-a}\left[\frac{1}{3}a^4-\frac{2}{3}a^3+\frac{481}{405}a-\frac{152}{405}-\lambda(a-\frac{1}{3})(2-a)\right]$$

$$=\frac{a-\frac{1}{3}}{2-a}(\frac{1}{3}a^3-\frac{5}{9}a^2-\frac{5}{27}a+\frac{152}{135}-2\lambda+\lambda a)$$

$$=\frac{a-\frac{1}{3}}{2-a}(\frac{1}{3}a^3-\frac{5}{9}a^2+\frac{286}{675}a-\frac{62}{675})$$

$$=\frac{(a-\frac{1}{3})^2}{2-a}(\frac{1}{3}a^2-\frac{4}{9}a+\frac{62}{225})$$

$$=\frac{(a-\frac{1}{3})^2}{2-a}(\frac{1}{3}a^2-\frac{4}{9}a+\frac{62}{225})$$

$$=\frac{(a-\frac{1}{3})^2}{2-a}\left[\frac{1}{3}(a-\frac{2}{3})^2+\frac{86}{675}\right]\geqslant 0$$

于是,有

$$\sum(\frac{a}{2-a}-\frac{1}{3}a^3)\geqslant\sum[\lambda a+(\frac{76}{405}-\frac{1}{3}\lambda)]=\frac{76}{135}$$

故式 ① 成立,原式获证.易知其取等号条件.

本例应用局部不等式证明,引入待定系数 λ,寻求局部不等式.

有大量不等式,在证明时常常要去寻找其局部不等式,下面再举几例.

例 9　设 $x,y,z\in[0,1]$,求证不等式

$$(1+x)(1+y)(1+z)\geqslant\sqrt{8(y+z)(z+x)(x+y)}$$

当且仅当 x,y,z 有两个为 1 时取等号.

证明　由 $(1+x)(1+y)-2(x+y)=(1-x)(1-y)\geqslant 0$,有

$$(1+x)(1+y)\geqslant 2(x+y)$$

类似还有两式,将所得三式相乘即可得证原式.

例 10　(2001 年 IMO 42 届题 2) 对所有正实数 a,b,c,证明

$$\frac{a}{\sqrt{a^2+8bc}}+\frac{b}{\sqrt{b^2+8ca}}+\frac{c}{\sqrt{c^2+8ab}}\geqslant 1$$

证明　化为证明局部不等式:$\frac{a}{\sqrt{a^2+8bc}}\geqslant\frac{a^{\frac{4}{3}}}{\sum a^{\frac{4}{3}}}$.因为

$$8bc\leqslant 4a^{\frac{2}{3}}(bc)^{\frac{2}{3}}+\frac{4(bc)^{\frac{4}{3}}}{a^{\frac{2}{3}}}$$

所以
$$a^2+8bc\leqslant\left[a+\frac{2(bc)^{\frac{2}{3}}}{a^{\frac{1}{3}}}\right]^2$$

所以
$$\frac{a}{\sqrt{a^2+8bc}}\geqslant\frac{a^{\frac{4}{3}}}{a^{\frac{4}{3}}+2(bc)^{\frac{2}{3}}}\geqslant\frac{a^{\frac{4}{3}}}{\sum a^{\frac{4}{3}}}$$

类似还有二式,将所得三式左右两边分别相加,即得原式.

例 11 设 $a,b,c\in\overline{\mathbf{R}^-}$,求证
$$1\leqslant\sum\sqrt{\frac{a^3}{a^3+(b+c)^3}}\leqslant\sqrt{2}$$
当且仅当 $a=b=c$ 时,左式取等号;当且仅当 a,b,c 中有一个为零,另外两个相等时,右式取等号.

证明 由
$$\sqrt{\frac{a^3}{a^3+(b+c)^3}}\geqslant\frac{a^2}{\sum a^2}$$
$$\sqrt{\frac{a^3}{a^3+(b+c)^3}}\leqslant\frac{\sqrt{2}a^{\frac{3}{2}}}{\sum a^{\frac{3}{2}}}$$
易证原式.

注:以上不等式右边指数 2 与 $\frac{3}{2}$ 可用待定指数方法求之.简解如下:

i. 设 α 为待定指数,今求使
$$\sqrt{\frac{a^3}{a^3+(b+c)^3}}\geqslant\frac{a^\alpha}{a^\alpha+b^\alpha+c^\alpha}\qquad ①$$
成立时 α 的取值.

式 ① $\Leftrightarrow(a^\alpha+b^\alpha+c^\alpha)^2\geqslant a^{2\alpha-3}[a^3+(b+c)^3]$
$$\Leftrightarrow 2a^\alpha(b^\alpha+c^\alpha)+(b^\alpha+c^\alpha)^2-a^{2\alpha-3}(b+c)^3\geqslant 0\qquad ②$$

因为 $2a^\alpha(b^\alpha+c^\alpha)+(b^\alpha+c^\alpha)^2\geqslant 2\sqrt{2}a^{\frac{\alpha}{2}}(b^\alpha+c^\alpha)^{\frac{3}{2}}$,所以要证式 ② 成立,只需
$$2\sqrt{2}a^{\frac{\alpha}{2}}(b^\alpha+c^\alpha)^{\frac{3}{2}}-a^{2\alpha-3}(b+c)^3\geqslant 0$$
因此,可令 $\frac{\alpha}{2}=2\alpha-3,\alpha=2$,这时上式为
$$2\sqrt{2}a(b^2+c^2)^{\frac{3}{2}}-a(b+c)^3\geqslant 0\Leftrightarrow 2(b^2+c^2)\geqslant(b+c)^2$$
此式显然成立,故取 $\alpha=2$ 时,式 ② 成立,从而式 ① 也成立.

ii. 设 β 为待定指数,今求使
$$\frac{\sqrt{2}a^\beta}{a^\beta+b^\beta+c^\beta}\geqslant\sqrt{\frac{a^3}{a^3+(b+c)^3}}\qquad ③$$

成立时 β 的取值.

式 ③ $\Leftrightarrow 2a^{2\beta-3}[a^3+(b+c)^3]\geqslant(a^\beta+b^\beta+c^\beta)^2$

$\Leftrightarrow a^{2\beta}+2a^{2\beta-3}(b+c)^3-2a^\beta(b^\beta+c^\beta)-(b^\beta+c^\beta)^2\geqslant 0$

$$\Leftrightarrow[a^\beta-(b^\beta+c^\beta)]^2+2a^{2\beta-3}(b+c)^3-2(b^\beta+c^\beta)^2\geqslant 0 \quad ④$$

令 $2\beta-3=0,\beta=\dfrac{3}{2}$,则由式 ④ 知,这时只需证明 $(b+c)^3\geqslant(b^{\frac{3}{2}}+c^{\frac{3}{2}})^2$,此式易证成立,故取 $\beta=\dfrac{3}{2}$ 时,式 ④ 成立,从而式 ③ 也成立.

例 12 设 $a,b,c\in\overline{\mathbf{R}^-},n\geqslant 2$,且 n 是正整数,则

$$\sum\sqrt[n]{\frac{a}{b+c}}\geqslant 2$$

当且仅当 a,b,c 中有一个为零,其余两个相等时取等号.

证明 只需证明一个局部不等式 $\sqrt[n]{\dfrac{a}{b+c}}\geqslant\dfrac{2a^{\frac{2}{n}}}{a^{\frac{2}{n}}+b^{\frac{2}{n}}+c^{\frac{2}{n}}}$.

令 $x=a^{\frac{1}{n}},y=b^{\frac{1}{n}},z=c^{\frac{1}{n}}$,即要证明

$$\sqrt[n]{\frac{x^n}{y^n+z^n}}\geqslant\frac{2x^2}{x^2+y^2+z^2}$$

$$\Leftrightarrow\left(\frac{x^2+y^2+z^2}{2}\right)^n\geqslant x^n(y^n+z^n)$$

又

$$\left(\frac{x^2+y^2+z^2}{2}\right)^n\geqslant(x\sqrt{y^2+z^2})^n$$

故只要证

$$(x\sqrt{y^2+z^2})^n\geqslant x^n(y^n+z^n)\Leftrightarrow(y^2+z^2)^n\geqslant(y^n+z^n)^2 \quad ①$$

式 ① 易用二项展开式证明,也可以用数学归纳法证明.

事实上,当 $n=2$ 时,显然式 ① 成立.

设在 $n-1$ 时式 ① 成立,则在 n 时,有

$$(y^2+z^2)^n=(y^2+z^2)^{n-1}(y^2+z^2)\geqslant(y^{n-1}+z^{n-1})^2(y^2+z^2)$$
$$\geqslant(y^{2n-2}+z^{2n-2})(y^2+z^2)\geqslant(y^n+z^n)^2$$

故式 ① 获证,由以上证明中易得取等号条件. 由局部不等式易证得原式.

例 13 (自创题,2012-06-22) 设 $a,b,c\in\mathbf{R}^+$,且 $a+b+c=3$,则

$$\frac{1}{a}+\frac{1}{b}+\frac{1}{c}+\frac{48}{25}abc\geqslant\frac{123}{25}$$

当且仅当 $a=b=c=1$ 时取等号.

证明 设参数 $\lambda,u\geqslant 0$,由于 $6abc=\sum a(b+c)(-a+b+c)=\sum a(3-a)(3-2a)$,因此,要证原式只要证

$$\frac{1}{a}+\lambda a(3-a)(3-2a)\geqslant 2\lambda+1+u(1-a)$$

$$\Leftrightarrow 2\lambda a^4-9\lambda a^3+(9\lambda+u)a^2-(2\lambda+u+1)a+1\geqslant 0$$

$$\Leftrightarrow (a-1)[2\lambda a^3-7\lambda a^2+(2\lambda+u)a-1]\geqslant 0 \quad ①$$

在以上因式 $2\lambda a^3-7\lambda a^2+(2\lambda+u)a-1$ 中,令 $a=1$,得到 $-3\lambda+u-1=0$,由此得到 $u=3\lambda+1$,代入上式,得到

$$2\lambda a^3-7\lambda a^2+(2\lambda+u)a-1=2\lambda a^3-7\lambda a^2+(5\lambda+1)a-1$$
$$=(a-1)(2\lambda a^2-5\lambda a+1)$$

再取 $\lambda=\frac{8}{25}$,于是有

$$式 ① 右边=(a-1)^2(\frac{4}{5}a-1)^2\geqslant 0$$

因此,我们可取参数 $\lambda=\frac{8}{25}$,$u=\frac{49}{25}$,得到

$$\frac{1}{a}+\frac{8}{25}a(3-a)(3-2a)\geqslant\frac{41}{25}+\frac{49}{25}(1-a)$$

类似还有两式,将这三式左右两边分别相加,并注意到开头提到的恒等式,即得

$$\frac{1}{a}+\frac{1}{b}+\frac{1}{c}+\frac{48}{25}abc\geqslant\frac{123}{25}$$

注:另一解法,设参数 $\lambda,u\geqslant 0$,由于

$$6abc=\sum[2a^3-3a^2(a+b+c)+\frac{1}{3}(a+b+c)^3]=\sum(2a^3-9a^2+9)$$

因此,要证原式只要证

$$\frac{1}{a}+\lambda(2a^3-9a^2+9)\geqslant 2\lambda+1+u(1-a)$$

以下同上方法,求得 $\lambda=\frac{8}{25}$,$u=\frac{49}{25}$.

例 14　设 $a,b,c\in\overline{\mathbf{R}^-}$,则

$$(a+b+c)^2\cdot\sum\frac{1}{a^2+(b+c)^2}\leqslant\frac{27}{5}$$

证明　设 $a+b+c=1$,则原式变为去证明,在 $a+b+c=1$ 情况下,有

$$\sum\frac{1}{a^2+(1-a)^2}\leqslant\frac{27}{5} \quad ①$$

设参数 $\lambda\geqslant 0$,使得

$$\frac{1}{a^2+(1-a)^2}\leqslant\frac{9}{5}+\lambda(a-\frac{1}{3})$$

经去分母,并整理得到

$$30\lambda a^3-(40\lambda-54)a^2+(25\lambda-54)a-(5\lambda-12)\geqslant 0$$

即

$$(3a-1)[10\lambda a^2-(10\lambda-18)a+(5\lambda-12)]\geqslant 0$$

再令 $10\lambda(\frac{1}{3})^2-(10\lambda-18)\cdot\frac{1}{3}+(5\lambda-12)=0$,解得 $\lambda=\frac{54}{25}>0$,因此,可取 $\lambda=\frac{54}{25}$,这时

$$\begin{aligned}&30\lambda a^3-(40\lambda-54)a^2+(25\lambda-54)a-(5\lambda-12)\\=&(3a-1)(\frac{108}{5}a^2-\frac{18}{5}a-\frac{6}{5})\\=&\frac{6}{5}(3a-1)^2(6a+1)\geqslant 0\end{aligned}$$

因此,有

$$\frac{1}{a^2+(1-a)^2}\leqslant\frac{9}{5}+\frac{54}{25}(a-\frac{1}{3})$$

类似还有二式,将所得三式左右两边分别相加,因此式 ① 成立,故原式获证.

参数法证明不等式

第五章

在求某些函数极值问题,或证明某些不等式中,有时可引入参数,再应用已知基本不等式进行放缩,最后,根据取等号条件来确定所选的参数值. 这种应用参数法求极值或证明不等式,有较大的灵活性.

例1 已知 $a^2+b^2-kab=p^2$, $c^2+d^2-kcd=q^2$, $a,b,c,d,p,q,k\in\mathbf{R}$,且 $|k|<2$,求证

$$|ac-bd|\leqslant\frac{2|pq|}{\sqrt{4-k^2}}$$

证明 设参数 $t\neq 0$,同时应用柯西不等式,有

$$\begin{aligned}
&4|ac-bd|^2=|(a+b)(c-d)+(a-b)(c+d)|^2\\
&=\left|\frac{t(a+b)\cdot(c-d)}{t}+(a-b)(c+d)\right|^2\\
&\leqslant[t^2(a+b)^2+(a-b)^2]\left[\frac{(c-d)^2}{t^2}+(c+d)^2\right]\\
&=[(t^2+1)(a^2+b^2)+(2t^2-2)ab]\cdot\\
&\quad\frac{(t^2+1)(c^2+d^2)+(2t^2-2)cd}{t^2}
\end{aligned}$$

注意到所给条件,可令

$$\frac{2t^2-2}{t^2+1}=-k$$

得 $t^2=\dfrac{2-k}{2+k}$,代入上式不等式中,则有

$$4\mid ac-bd\mid^2\leqslant(t^2+1)\left(a^2+b^2+\frac{2t^2-2}{t^2+1}ab\right)\cdot$$
$$\frac{(t^2+1)}{t^2}\cdot\left(c^2+d^2+\frac{2t^2-2}{t^2+1}cd\right)$$
$$=\frac{(t^2+1)^2}{t^2}(a^2+b^2-kab)(c^2+d^2-kcd)$$
$$=\frac{(t^2+1)^2p^2q^2}{t^2}=\frac{16p^2q^2}{4-k^2}$$

由此即得原式. 由证明过程易知取等号条件，当且仅当 $\frac{2-k}{2+k}=\left|\frac{(a-b)(c-d)}{(a+b)(c+d)}\right|$ $(|k|<2)$ 时取等号.

例 2 （自创题，1989－04－06）a,b,c 为已知非零实数，$x,y,z,w\in\mathbf{R}$，则

$$\frac{axy+byz+czw}{x^2+y^2+z^2+w^2}\leqslant\frac{1}{2}\left[\sqrt{(a+c)^2+b^2}+\sqrt{(a-c)^2+b^2}\right]$$

证明 设 α,β 为两个不为零的参数，则

$$\begin{aligned}2axy+2byz+2czw=&\left[(a\alpha x)^2+\left(\frac{y}{\alpha}\right)^2-\left(a\alpha x-\frac{y}{\alpha}\right)^2\right]+\\&\left[(b\beta y)^2+\left(\frac{z}{\beta}\right)^2-\left(b\beta y-\frac{z}{\beta}\right)^2\right]+\\&\left[\left(\frac{cz}{a\alpha}\right)^2+(a\alpha w)^2-\left(\frac{cz}{a\alpha}-a\alpha w\right)^2\right]\\=&\alpha^2a^2x^2+\left(\frac{1}{\alpha^2}+b^2\beta^2\right)y^2+\left(\frac{1}{\beta^2}+\frac{c^2}{a^2\alpha^2}\right)z^2+a^2\alpha^2w^2-\\&\left(a\alpha x-\frac{y}{\alpha}\right)^2-\left(b\beta y-\frac{z}{\beta}\right)^2-\left(\frac{cz}{a\alpha}-a\alpha w\right)^2\end{aligned}$$

令 $a^2\alpha^2=\frac{1}{\alpha^2}+b^2\beta^2=\frac{1}{\beta^2}+\frac{c^2}{a^2\alpha^2}=u>0$，由此消去 α,β，得到含 u 的方程

$$u^4-(a^2+b^2+c^2)u^2+a^2c^2=0$$

取正根 $u=\frac{1}{2}\left[\sqrt{(a+c)^2+b^2}+\sqrt{(a-c)^2+b^2}\right]$，因此

$$2(axy+byz+czw)\leqslant u(x^2+y^2+z^2+w^2)$$

即得原式. 由以上证明过程可得取等号条件，当且仅当 $\frac{y}{x}=a\alpha^2$，$\frac{z}{y}=b\beta^2$，$\frac{w}{z}=\frac{c^2}{a^2\alpha^2}$，其中 $\alpha^2=\frac{u}{a^2}$，$\beta^2=u-\frac{a^2}{u}$，$u=\frac{1}{2}[\sqrt{(a+c)^2+b^2}+\sqrt{(a-c)^2+b^2}]$ 时取等号.

说明：$u=\frac{1}{2}\left|\sqrt{(a+c)^2+b^2}-\sqrt{(a-c)^2+b^2}\right|$ 时，由 $a^2\alpha^2=\frac{1}{\alpha^2}+b^2\beta^2=$

$\frac{1}{\beta^2}+\frac{c^2}{a^2\alpha^2}=u$,得到 $b^2\beta^2=\frac{u^2-c^2}{u}>0$,但这时,易证 $u^2-c^2<0$,事实上,有

$$u^2-c^2=[\frac{1}{2}\left|\sqrt{(a+c)^2+b^2}-\sqrt{(a-c)^2+b^2}\right|]^2-c^2$$

$$=\frac{1}{2}[(\sum a^2)-\sqrt{(a+c)^2+b^2}\cdot\sqrt{(a-c)^2+b^2}]-c^2$$

$$=\frac{1}{2}[(a^2+b^2-c^2)-\sqrt{(a^2+b^2+c^2)^2-4a^2c^2}]$$

$$=\frac{(a^2+b^2-c^2)^2-(a^2+b^2+c^2)^2+4a^2c^2}{2[(a^2+b^2-c^2)+\sqrt{(a^2+b^2+c^2)^2-4a^2c^2}]}$$

$$=\frac{-2b^2c^2}{(a^2+b^2-c^2)+\sqrt{(a^2+b^2+c^2)^2-4a^2c^2}}<0$$

注:以上例1、例2可参见《中学数学教学》(上海)1989年第5期,杨学校《用参数方法求极值及证明不等式》.

例 3 (自创题,1988-11-03)设 $x\in\mathbf{R}$,$a\geqslant 1$ 为常数,则

$$|\sin x\cdot(\cos x+a)|\leqslant\sqrt{\frac{-a^2+20a+8+(a^3+8a)\sqrt{a^2+8}}{32}}$$

证明 引入参数 λ,则

$$[\sin x\cdot(\cos x+a)]^2=\frac{\sin^2 x}{\lambda^2}\cdot(\lambda\cos x+\lambda a)^2$$

$$\leqslant\frac{\sin^2 x}{\lambda^2}\cdot(\lambda^2+a^2)(\cos^2 x+\lambda^2)$$

$$=\frac{\lambda^2+a^2}{\lambda^2}\sin^2 x\cdot(\cos^2 x+\lambda^2)$$

$$\leqslant\frac{\lambda^2+a^2}{\lambda^2}\cdot\left(\frac{1+\lambda^2}{2}\right)^2$$

由不等式取等号条件,令

$$\begin{cases}\frac{\cos x}{\lambda}=\frac{\lambda}{a}\\ \sin^2 x=\cos^2 x+\lambda^2\end{cases}$$

求得 $\lambda^2=\frac{1}{4}(-a^2+a\sqrt{a^2+8})$,于是

$$\frac{\lambda^2+a^2}{\lambda^2}\cdot(\frac{1+\lambda^2}{2})=\frac{-a^2+20a+8+(a^3+8a)\sqrt{a^2+8}}{32}$$

即得原式,当且仅当 $\cos x=\frac{1}{4}(-a+\sqrt{a^2+8})$ 时取等号.

例 4 (自创题,1989-11-26)设四面体 $A_1A_2A_3A_4$ 四个面的面积为 S_1,S_2,S_3,S_4,体积为 V,x_1,x_2,x_3,x_4 为任意正数,则

i. $x_1S_1^2+x_2S_2^2+x_3S_3^2+x_4S_4^2$

$$\geqslant \frac{18\sqrt[3]{6}}{4}(x_2x_3x_4+x_1x_3x_4+x_1x_2x_4+x_1x_2x_3)^{\frac{1}{3}}\cdot V^{\frac{4}{3}}$$

ii.

$$S_1S_2S_3S_4\geqslant \frac{27\sqrt{3}}{2}\left[\frac{x_2x_3x_4S_1^2+x_1x_3x_4S_2^2+x_1x_2x_4S_3^2+x_1x_2x_3S_4^2}{(x_1+x_2+x_3+x_4)^3}\right]^{\frac{1}{2}}\cdot V^2$$

证明 记$\boldsymbol{s}_1=\overrightarrow{A_4A_2}\times\overrightarrow{A_4A_3}$，$\boldsymbol{s}_2=\overrightarrow{A_4A_3}\times\overrightarrow{A_4A_1}$，$\boldsymbol{s}_3=\overrightarrow{A_4A_1}\times\overrightarrow{A_4A_2}$，$\boldsymbol{s}_4=\overrightarrow{A_1A_2}\times\overrightarrow{A_1A_3}$，则

$$\begin{aligned}\boldsymbol{s}_4&=\overrightarrow{A_1A_2}\times\overrightarrow{A_1A_3}\\&=(\overrightarrow{A_4A_2}-\overrightarrow{A_4A_1})\times(\overrightarrow{A_4A_3}-\overrightarrow{A_4A_1})\\&=\overrightarrow{A_4A_2}\times\overrightarrow{A_4A_3}+\overrightarrow{A_4A_3}\times\overrightarrow{A_4A_1}+\overrightarrow{A_4A_1}\times\overrightarrow{A_4A_2}\\&=\boldsymbol{s}_1+\boldsymbol{s}_2+\boldsymbol{s}_3\end{aligned}$$

设参数$\lambda\geqslant 0$，一方面由于

$$(\sqrt{x_1}\ \boldsymbol{s}_1-\sqrt{\lambda x_2x_3}\ \boldsymbol{s}_4)^2+(\sqrt{x_2}\ \boldsymbol{s}_2-\sqrt{\lambda x_3x_1}\ \boldsymbol{s}_4)^2+(\sqrt{x_3}\ \boldsymbol{s}_3-\sqrt{\lambda x_1x_2}\ \boldsymbol{s}_4)^2$$
$$=x_1(\boldsymbol{s}_1)^2+x_2(\boldsymbol{s}_2)^2+x_3(\boldsymbol{s}_3)^2+[\lambda(x_2x_3+x_3x_1+x_1x_2)-2\sqrt{\lambda x_1x_2x_3}](\boldsymbol{s}_4)^2 \qquad ①$$

另一方面，根据算术 — 几何平均值不等式及向量不等式

$$|\boldsymbol{a}|\cdot|\boldsymbol{b}|\cdot|\boldsymbol{c}|\geqslant|(\boldsymbol{a}\times\boldsymbol{b})\cdot\boldsymbol{c}|$$

有

$$(\sqrt{x_1}\ \boldsymbol{s}_1-\sqrt{\lambda x_2x_3}\ \boldsymbol{s}_4)^2+(\sqrt{x_2}\ \boldsymbol{s}_2-\sqrt{\lambda x_3x_1}\ \boldsymbol{s}_4)^2+(\sqrt{x_3}\ \boldsymbol{s}_3-\sqrt{\lambda x_1x_2}\ \boldsymbol{s}_4)^2$$
$$\geqslant 3[(\sqrt{x_1}\ \boldsymbol{s}_1-\sqrt{\lambda x_2x_3}\ \boldsymbol{s}_4)^2\cdot(\sqrt{x_2}\ \boldsymbol{s}_2-\sqrt{\lambda x_3x_1}\ \boldsymbol{s}_4)^2\cdot(\sqrt{x_3}\ \boldsymbol{s}_3-\sqrt{\lambda x_1x_2}\ \boldsymbol{s}_4)^2]^{\frac{1}{3}}$$
$$\geqslant 3[|(\sqrt{x_1}\ \boldsymbol{s}_1-\sqrt{\lambda x_2x_3}\ \boldsymbol{s}_4)\times(\sqrt{x_2}\ \boldsymbol{s}_2-\sqrt{\lambda x_3x_1}\ \boldsymbol{s}_4)\cdot(\sqrt{x_3}\ \boldsymbol{s}_3-\sqrt{\lambda x_1x_2}\ \boldsymbol{s}_4)|]^{\frac{2}{3}}$$
$$=3[|\sqrt{x_1x_2x_3}-\sqrt{\lambda}(x_2x_3+x_3x_1+x_1x_2)|]^{\frac{2}{3}}\cdot[|(\boldsymbol{s}_1\times\boldsymbol{s}_2)\cdot\boldsymbol{s}_3|]^{\frac{2}{3}} \qquad ②$$

由 ①② 两式可以得到

$$x_1(\boldsymbol{s}_1)^2+x_2(\boldsymbol{s}_2)^2+x_3(\boldsymbol{s}_3)^2+$$
$$[\lambda(x_2x_3+x_3x_1+x_1x_2)-2\sqrt{\lambda x_1x_2x_3}](\boldsymbol{s}_4)^2$$
$$\geqslant 3[|\sqrt{x_1x_2x_3}-\sqrt{\lambda}(x_2x_3+x_3x_1+x_1x_2)|]^{\frac{2}{3}}\cdot[|(\boldsymbol{s}_1\times\boldsymbol{s}_2)\cdot\boldsymbol{s}_3|]^{\frac{2}{3}} \qquad ③$$

为了确定参数λ值，我们令

$$\lambda(x_2x_3+x_3x_1+x_1x_2)-2\sqrt{\lambda x_1x_2x_3}=x_4$$

可求得

$$\sqrt{\lambda}=\frac{\sqrt{x_1x_2x_3}+\sqrt{x_2x_3x_4+x_1x_3x_4+x_1x_2x_4+x_1x_2x_3}}{x_2x_3+x_3x_1+x_1x_2}$$

代入式 ③ 并整理,得到

$$x_1(\boldsymbol{s}_1)^2+x_2(\boldsymbol{s}_2)^2+x_3(\boldsymbol{s}_3)^2+x_4(\boldsymbol{s}_4)^2$$
$$\geqslant 3(x_2x_3x_4+x_1x_3x_4+x_1x_2x_4+x_2x_3x_4)^{\frac{1}{3}}\cdot[|\boldsymbol{s}_1\ \boldsymbol{s}_2\ \boldsymbol{s}_3|]^{\frac{2}{3}}$$

但由于

$$\begin{aligned}|\boldsymbol{s}_1\ \boldsymbol{s}_2\ \boldsymbol{s}_3| &= |(\overrightarrow{A_4A_2}\times\overrightarrow{A_4A_3})\times(\overrightarrow{A_4A_3}\times\overrightarrow{A_4A_1})\cdot(\overrightarrow{A_4A_1}\times\overrightarrow{A_4A_2})| \\ &= [|(\overrightarrow{A_4A_1}\times\overrightarrow{A_4A_2})\cdot\overrightarrow{A_4A_3}|]^2 \\ &= (6V)^2\end{aligned}$$

因此得到 i 中的不等式.

再用 $x_1\boldsymbol{s}_2^2\boldsymbol{s}_3^2\boldsymbol{s}_4^2$,$x_2\boldsymbol{s}_1^2\boldsymbol{s}_3^2\boldsymbol{s}_4^2$,$x_3\boldsymbol{s}_1^2\boldsymbol{s}_2^2\boldsymbol{s}_4^2$,$x_4\boldsymbol{s}_1^2\boldsymbol{s}_2^2\boldsymbol{s}_3^2$ 分别置换 i 中的不等式中 x_1,x_2,x_3,x_4,并整理便得到 ii 中的不等式.

注:(1) 本题创作时间为 1989 — 11 — 26,发表于《安徽教育学院学报(自然科学版)》,1991 年第 1 期;另一证法见《中国初等数学研究文集》(杨世明主编,河南教育出版社,1992 年 6 月出版).

(2)i 中的不等式较笔者在文《关于四面体的一个三角不等式及其应用》(杨学枝、林章衍主编,福建教育出版社,1993 年 7 月出版) 中如下不等式要弱:

$$x_1S_1^2+x_2S_2^2+x_3S_3^2+x_4S_4^2$$
$$\geqslant\frac{3\sqrt{3}}{2}(x_1x_2A_3A_4^2+x_1x_3A_2A_4^2+x_1x_4A_2A_3^2+$$
$$x_2x_3A_1A_4^2+x_2x_4A_1A_3^2+x_3x_4A_1A_2^2)^{\frac{1}{2}}\cdot V$$

例 5 (自创题,1992 — 07 — 23) 设 $x,y,a,b\in\mathbf{R}$,求证

$$|ax^2+bxy+cy^2|\leqslant\left[\left|\frac{a+c}{2}\right|+\sqrt{\left(\frac{a-c}{2}\right)^2+\left(\frac{b}{2}\right)^2}\right](x^2+y^2)$$

证明 设 $x=k\cos\alpha$,$y=k\sin\alpha$,$k^2=x^2+y^2$,则

$$\begin{aligned}|ax^2+bxy+cy^2| &= k^2|a\cos^2\alpha+b\sin\alpha\cos\alpha+c\sin^2\alpha| \\ &= k^2\left|\frac{a+c}{2}+\frac{a-c}{2}\cos2\alpha+\frac{b}{2}\sin2\alpha\right| \\ &\leqslant\left[\left|\frac{a+c}{2}\right|+\left|\frac{a-c}{2}\cos2\alpha+\frac{b}{2}\sin2\alpha\right|\right]k^2 \\ &= \left[\left|\frac{a+c}{2}\right|+\sqrt{\left(\frac{a-c}{2}\right)^2+\left(\frac{b}{2}\right)^2}\right](x^2+y^2)\end{aligned}$$

即得原式.

三角几何不等式

六

例 1 　假设 P,Q,R 分别是 $\triangle ABC$ 的三边 BC,CA,AB 上三点，且满足

$$AQ+AR=BR+BP=CP+CQ=\frac{1}{3}$$

则
$$PQ+QR+RP\geqslant\frac{1}{2}$$

证明 　如图 1，记 $BC=a,CA=b,AB=c$，由已知有 $a+b+c=1$. 从 R,Q 向直线 BC 引垂线，垂足分别为 M,N，则

$$QR\geqslant MN=a-(BR\cos B+CQ\cos C)$$

（当 B 为钝角（图 2）时，则 $MN=a+MB-NC=a+BR\cos(180^\circ-B)-CQ\cos C=a-(BR\cos B+CQ\cos C)$），同理

$$RP\geqslant b-(CP\cos C+AR\cos A)$$
$$PQ\geqslant c-(AQ\cos A+BP\cos B)$$

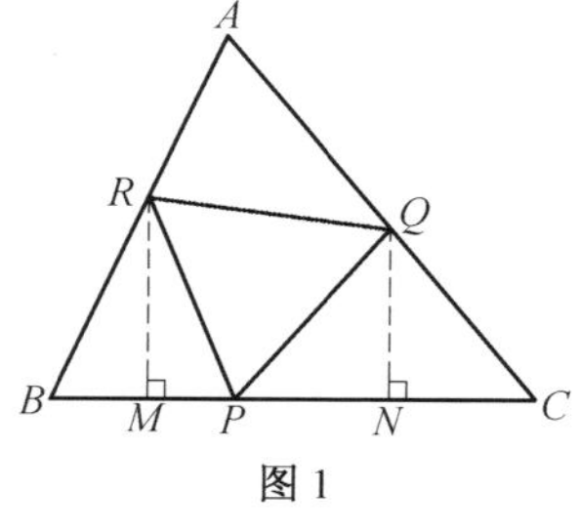

图 1

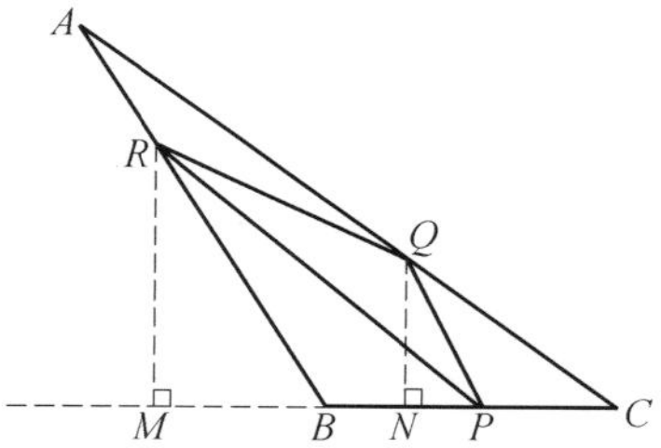

图 2

以上三式相加，得

$$
\begin{aligned}
QR+RP+PQ &\geqslant (a+b+c)-[(AQ+AR)\cos A+ \\
&\quad (BR+BP)\cos B+(CP+CQ)\cos C] \\
&=1-\frac{1}{3}(\cos A+\cos B+\cos C)
\end{aligned}
$$

由于 $\cos A+\cos B+\cos C\leqslant\frac{3}{2}$,因此

$$QR+RP+PQ\geqslant 1-\frac{1}{3}\cdot\frac{3}{2}=\frac{1}{2}$$

由上可知,当且仅当 $\triangle ABC$ 为正三角形,而且 P,Q,R 为各边中点时,原式取等号.

注:(1) 关于本题,有其深刻的背景,可参阅杨之所著《初等数学研究的问题和课题》P297 ~ 298,天津特级教师杨世明老师(笔名杨之),在他的专著《初等数学研究的问题与课题》(湖南教育出版社,1993 年出版) 一书中,说明了这个问题解决的过程. 在书中他写道:"下面要提到的一个定理从来没有被人证明出来的,因为关于这个定理无论是分析的证明还是几何的证明,都太复杂了."(注:即以上例 1),"1989 年 8 月初,当我读到这段时,我把它抄下来寄给好友 —— 福州 24 中的杨学枝老师,不几天,即接他 8 月 15 日来信云:'今晨忽来灵感,所提问题已获简证,见另一纸.' 另一纸即他的证明(注:即以下证明)."

《数学通讯》,1991 年第 2 期"问题征解"栏也刊出了杨学枝的解答,并加了编者按语,也说到了该问题的背景,"我们很多人早就知道前述的几何不等式(注:即例 1),就曾难住了许多有才智的头脑. 1986 年,北京计算机学院陶懋教授和中国科学院成都分院张景中研究员开始用他们自己发明的'多点例证法'来解决它;1987 年,计算机帮助他们越过了障碍,实现了证明,后来,我们知道,在 1960 年,Zirakzadeh 曾经做出过一个属于纯粹 Euclid 几何的证明,可是此证明亦十分复杂. 1988 年,曾振炳又给出了一个比较简单的证明,然而,福州 24 中学数学教师杨学枝通过建立命题 2(即下面证明中得到的 $QR+RP+PQ\geqslant\frac{1}{2}(AB+BC+CA)(3-\cos A-\cos B-\cos C)$,把(8) 式(注:指原解答栏(8)式) 作为直接推论,这一证法简单得令人惊异,不仅如此,杨学枝的不等式(3)(注:即上述命题 2) 还可导出下列一个有趣的结果 ……".

杨路教授在《不等式研究》(杨学枝主编. 2000 年 6 月西藏人民出版社) 一书的"序"中,写道:"1983 年夏,我在北京参加一个层次较高的国际学术会议,即第四届双微会议,简称 DD4. 会间休息时几位中外学者在一起闲聊,谈及几何不等式. 美国的 M. Shub 说他知道一个著名的难题,这一不等式在国际同行中广为流传但无人给出证明:'设有三个点 P,Q,R 分别位于 $\triangle ABC$ 的三边上,并将 $\triangle ABC$ 的周界三等分. 求证 $\triangle PQR$ 的周长大于或等于 $\triangle ABC$ 周长的二分之

一.’后来我们听说过一些证明，但要么太繁，要么是错的. 张景中等用一个计算机程序给出了证明，文章投到一个级别很高的刊物并很快被接受. 不幸的是，稿件在处理过程中遗失. 正当编辑部要求作者补寄文稿之际，我们获悉一位中学教师杨学枝先生给出了一个十分简短而漂亮的初等证明. 这个证明现今在国内大约是广为人知.”后来，杨路教授在为笔者所著的《数学奥林匹克不等式研究》一书（哈尔滨工业大学出版社，2009 年 8 月出版）作的“序”中再一次提到这个问题.

单墫教授在《中国初等数学研究》（哈尔滨工业大学出版社，2009 年 4 月）的序言中也做了介绍. 他写道：“初等数学研究，它也有深刻的内涵和精巧的方法. 陆家羲先生的大集定理就是一个经典的例子，再如在国际双微会议上曾经讨论如下的几何不等式：

在 $\triangle ABC$ 的边上取三个点 D,E,F，使得沿着三角形的边界从 D 到 E，从 E 到 F，从 F 到 D，所走的长都相等（即都等于 $\triangle ABC$ 的周长 $a+b+c$ 的三分之一），求证

$$\triangle DEF \text{ 的周长} \geqslant \frac{1}{2}(a+b+c)$$

这道题难倒了众多与会的数学家，在会议期间没有能够解决，后来福建的杨学枝先生（也就是本刊的主编）给出了一个简洁优雅的证明.”

关于例 1 中的不等式，还可参阅《中学数学教学参考》（陕西），1992 年第 6 期，杨学枝《一个几何不等式的再加强》；或参阅《数学通讯》1996 年第 10 期，杨学枝《从一道命题谈起》，也可以参阅杨学枝主编《不等式研究》（西藏人民出版社，2000 年 6 月出版）一书中杨路教授写的“序”；还可以参见 UNIV, BEOGRAD. PUBL. ELEKTKOTEHN. FAKser. Mat. 4(1993). 25 ~ 27. 陈计与杨学枝文：*On a Zirakzadeh Inequality Related to Two Triangles Inscribed One in the Other*.

（2）由以上所得重要不等式

$$QR+RP+PQ \geqslant (a+b+c)-\frac{1}{3}(a+b+c)(\cos A+\cos B+\cos C)$$

可得更强的不等式

$$(QR+RP+PQ)^3 \geqslant \frac{9}{8}(BC^3+CA^3+AB^3)$$

（3）《福建中学数学》，1996 年第 4 期. 杨学枝《对一道猜想题的证明》中，用与之类似证法，给出了

$$RP\cdot PQ+PQ\cdot QR+QR\cdot RP \geqslant \frac{1}{4}(BC^2+CA^2+AB^2)$$

其中 P,Q,R 分别为 $\triangle ABC$ 三边 BC,CA,AB 上的周界中点.

注:笔者将例 1 中的证明方法称之为“投影法”,用这种方法可以证明许多类似几何不等式,可参阅《数学通报》2016 年第 7 期,杨学枝《线段投影法应用》,文中证明了以下几个命题:

命题 1　$\triangle ABC$ 三边长 $BC=a,CA=b,AB=c$, P,Q,R 分别是 BC,CA, AB 边上的点,且满足

$$AB+BP=AC+CP=BC+CQ=BA+AQ=CA+AR$$
$$=CB+BR=\frac{1}{2}(a+b+c)$$

$\triangle PQR$ 周长为 l,则

$$l\geqslant\frac{1}{2}(a+b+c)$$

命题 2　$\triangle ABC$ 三边长 $BC=a,CA=b,AB=c$,$\triangle ABC$ 面积为 Δ,P,Q,R 分别是 $\triangle ABC$ 的内切圆与三边 BC,CA,AB 的切点,$\triangle PQR$ 周长为 l,则

$$l\geqslant\frac{8\Delta^2}{abc}$$

命题 3　$\triangle ABC$ 三边长 $BC=a,CA=b,AB=c$, P,Q,R 分别是 $\triangle ABC$ 的内切圆与三边 BC,CA,AB 的切点,$\triangle PQR$ 周长为 l,则

$$l\leqslant\frac{1}{2}(a+b+c)$$

命题 4　$\triangle ABC$ 三边长 $BC=a,CA=b,AB=c$,$\triangle ABC$ 面积为 Δ,P,Q,R 分别是 $\triangle ABC$ 的内切圆与三边 BC,CA,AB 的切点,$\triangle PQR$ 周长为 l,则

$$l\leqslant\sqrt{\frac{4(a+b+c)\Delta^2}{abc}}$$

命题 5　$\triangle ABC$ 三边长 $BC=a,CA=b,AB=c,a\leqslant b\leqslant c$,$P,Q,R$ 分别是 BC,CA,AB 边上的点,$\frac{BP}{PC}=\frac{z}{y},\frac{CQ}{QA}=\frac{x}{z},\frac{AR}{RB}=\frac{y}{x}$,且 $x\geqslant y\geqslant z$,$\triangle PQR$ 周长为 l,则

$$l\geqslant\frac{1}{2}(a+b+c)$$

命题 6　$\triangle ABC$ 三边长 $BC=a,CA=b,AB=c$,外心为 O,直线 AO,BO,CO 分别交三角形三边 BC,CA,AB 所在的直线为 P,Q,R,记 $\triangle PQR$ 周长为 l,则

$$l\geqslant\frac{1}{2}(a+b+c)$$

命题 7　$\triangle ABC$ 三边长 $BC=a,CA=b,AB=c$,内心为 I,直线 AI,BI,CI 分别交三角形三边 BC,CA,AB 所在的直线为 P,Q,R,记 $\triangle PQR$ 周长为 l,则

$$l\leqslant\frac{1}{2}(a+b+c)$$

命题 8 (自创题,1990－02－18)$ABCD$ 为梯形或圆内接凸四边形,E,F 与 G,H 分别为对边 AB,CD 与 BC,DA 上的点,且将此四边形的周长四等分,记此四边形周长为 L,则

$$EF+GH\geqslant\frac{1}{2}L$$

当且仅当 $ABCD$ 为矩形时取等号.

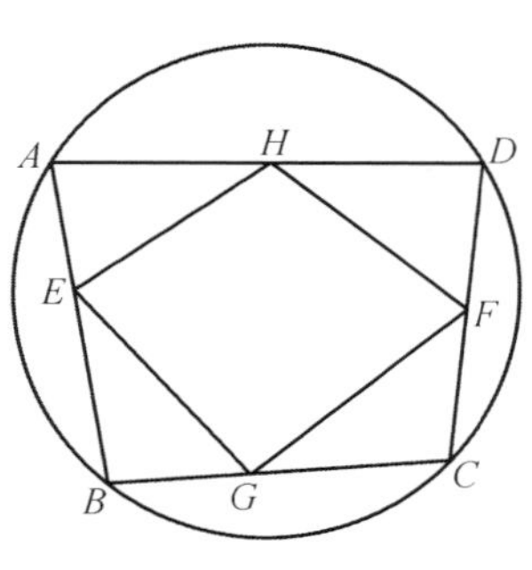

图 3

命题 9 (2018－06－16)印度 2013 年国家队试题.设 AD,BE,CF 是 $\triangle ABC$ 的内角平分线,记 $BC=a,CA=b,AB=c$,求证

$$\frac{EF}{a}+\frac{FD}{b}+\frac{DE}{c}\geqslant\cos A+\cos B+\cos C$$

命题 10 (自创题,2018－06－16)设 P 为 $\triangle ABC$ 内(含边界)一点,点 P 到三边 BC,CA,AB 的距离分别为 $PD=r_1,PE=r_2,PF=r_3$,$\triangle DEF$ 周长为 l,则

(1)$l\geqslant r_1(\sin B+\sin C)+r_2(\sin C+\sin A)+r_3(\sin A+\sin B)$;

(2)$\frac{EF}{a}+\frac{FD}{b}+\frac{DE}{c}\geqslant\frac{1}{2R}\sum r_1(\frac{c}{b}+\frac{b}{c})$.

例 2 (自创题,2005－09－20)设 P 为 $\triangle ABC$ 内部任意一点,AP,BP,CP 的延长线分别交 $\triangle BPC,\triangle CPA,\triangle APB$ 的外接圆于另一点 A',B',C'.记 $BC=a,CA=b,AB=c,\angle BPC=\alpha,\angle CPA=\beta,\angle APB=\gamma$,则

$$PA'\cdot PB'\cdot PC'\geqslant 8PA\cdot PB\cdot PC$$

当且仅当 $PA\sin\alpha=PB\sin\beta=PC\sin\gamma$ 时取等号.

证明 如图 4,设 $\triangle BPC$ 的外接圆半径为 R_a,联结 $A'B,A'C$,由托勒密定理有

$$PB\cdot A'C+PC\cdot A'B=PA'\cdot BC$$

应用正弦定理,上式又可写作

$$PB\cdot 2R_a\sin\angle A'PC+PC\cdot 2R_a\sin\angle A'PB$$
$$=PA'\cdot 2R_a\sin\angle BPC$$

即
$$PB\sin\beta+PC\sin\gamma=PA'\sin\alpha$$

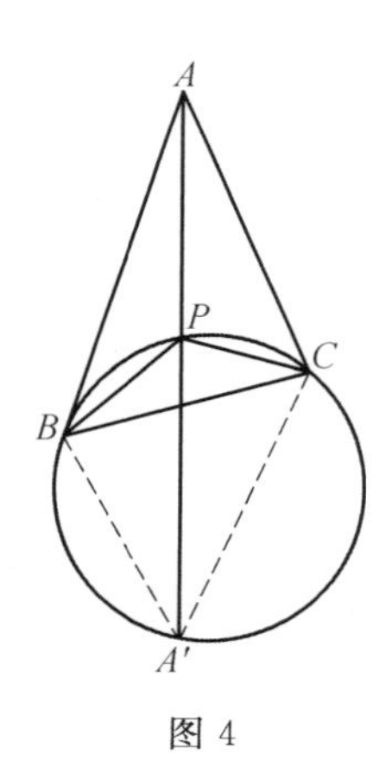

图 4

同理可得

$$PC\sin\gamma+PA\sin\alpha=PB'\sin\beta$$
$$PA\sin\alpha+PB\sin\beta=PC'\sin\gamma$$

因此得到

$$PA'\cdot PB'\cdot PC'(\sin\alpha\sin\beta\sin\gamma)$$
$$=(PB\sin\beta+PC\sin\gamma)(PC\sin\gamma+PA\sin\alpha)(PA\sin\alpha+PB\sin\beta)$$
$$\geqslant 8PA\cdot PB\cdot PC(\sin\alpha\sin\beta\sin\gamma)$$

即得

$$PA' \cdot PB' \cdot PC' \geqslant 8PA \cdot PB \cdot PC$$

由上证明可知，当且仅当 $PA\sin\alpha = PB\sin\beta = PC\sin\gamma$ 时取等号.

在原式中，分别取 P 为 $\triangle ABC$ 的外心、内心、重心、锐角三角形垂心时，便得到文[1] 中的诸结果.

由 $PB\sin\beta + PC\sin\gamma = PA'\sin\alpha$，$PC\sin\gamma + PA\sin\alpha = PB'\sin\beta$，$PA\sin\alpha + PB\sin\beta = PC'\sin\gamma$，消去 $\sin\alpha$，$\sin\beta$，$\sin\gamma$，可得到等式

$$2 + \frac{PA'}{PA} + \frac{PB'}{PB} + \frac{PC'}{PC} = \frac{PA' \cdot PB' \cdot PC'}{PA \cdot PB \cdot PC}$$

注：(1) 参考资料：[1] 苏化明. 一道 IMO 预选题的探索[J]. 中等数学，2005(9).

(2) 关于此例中的不等式的背景及证明可参阅《中等数学》(天津)，2006 年第 5 期，杨学枝《一道 IMO 预选题的推广》.

(3) 重庆市合川太和中学沈毅老师于 2008 年 1 月 31 日向笔者提出如下猜想：P 是四面体 $ABCD$ 内一点，射线 AP 交四面体 $PBCD$ 的外接球于另一点 A'，类似地得到 B'，C'，D'. 求证

$$PA' \cdot PB' \cdot PC' \cdot PD' \geqslant 81PA \cdot PB \cdot PC \cdot PD$$

上式证明可见《数学奥林匹克不等式研究》(哈尔滨工业大学出版社，2009 年 8 月)，“第八章　练习”题 120 的解答.

例 3 (自创题，2006－01－01) 设 $\triangle ABC$ 三边长为 $BC = a$，$CA = b$，$AB = c$，外接圆半径为 R，内切圆半径为 r，记 $Q = \prod \frac{b-c}{a}$，则

$$|Q| \leqslant \sqrt{1 + \frac{5r}{R} - \frac{r^2}{2R^2} - \frac{1}{2}\sqrt{\frac{r}{R}\left(4 + \frac{r}{R}\right)^3}}$$

当且仅当 $\frac{b-c}{a}$，$\frac{c-a}{b}$，$\frac{a-b}{c}$ 中，有两个相等，即 $-a+b+c$，$a-b+c$，$a+b-c$ 三数成等比数列时取等号.

证明　记 $y_1 = \frac{1}{3}\prod \frac{b-c}{a} + \frac{b-c}{a}$，$y_2 = \frac{1}{3}\prod \frac{b-c}{a} + \frac{c-a}{b}$，$y_3 = \frac{1}{3}\prod \frac{b-c}{a} + \frac{a-b}{c}$，则经计算有

$$y_1 + y_2 + y_3 = 0$$

$$y_2y_3 + y_3y_1 + y_1y_2 = -\left(1 - \frac{2r}{R} + \frac{1}{3}Q^2\right)$$

$$y_1y_2y_3 = -\frac{2}{27}Q^3 + \frac{2}{3}\left(1 + \frac{r}{R}\right)Q$$

由此可知，y_1，y_2，y_3 是方程

$$y^3-(1-\frac{2r}{R}+\frac{1}{3}Q^2)y+\frac{2}{27}Q^3-\frac{2}{3}(1+\frac{r}{R})Q=0 \qquad ①$$

的三个实根. 根据三次方程有三个实根的充要条件可以得到

$$\frac{1}{4}[\frac{2}{27}Q^3-\frac{2}{3}(1+\frac{r}{R})Q]^2+\frac{1}{27}[-(1-\frac{2r}{R}+\frac{1}{3}Q^2)]^3\leqslant 0 \qquad ②$$

即

$$2Q^4-(4+\frac{10r}{R}-\frac{r^2}{R^2})Q^2+(1-\frac{2r}{R})^3\geqslant 0$$

等价于

$$\left[Q^2-1-\frac{5r}{R}+\frac{r^2}{2R^2}-\frac{1}{2}\sqrt{\frac{r}{R}(4+\frac{r}{R})^3}\right]\cdot$$

$$\left[Q^2-1-\frac{5r}{R}+\frac{r^2}{2R^2}+\frac{1}{2}\sqrt{\frac{r}{R}(4+\frac{r}{R})^3}\right]\geqslant 0$$

另外易证

$$Q^2-1-\frac{5r}{R}+\frac{r^2}{2R^2}-\frac{1}{2}\sqrt{\frac{r}{R}(4+\frac{r}{R})^3}<0$$

因此有

$$Q^2-1-\frac{5r}{R}+\frac{r^2}{2R^2}+\frac{1}{2}\sqrt{\frac{r}{R}(4+\frac{r}{R})^3}\leqslant 0$$

即得原式. 当且仅当方程 ① 有重根时,式 ② 取等号,即当且仅当$\frac{b-c}{a}$,$\frac{c-a}{b}$,$\frac{a-b}{c}$中,有两个相等,即 $-a+b+c$,$a-b+c$,$a+b-c$ 三数成等比数列时取等号.

注:本例中的不等式及其证明可参阅《福建中学数学》,2006 年第 4 期,杨学枝《三角形中关于$\left|\prod\frac{b-c}{a}\right|$的一个不等式》.

例 4 (自创题,2005-06-10) 设四面体 $A_1A_2A_3A_4$ 体积为 V,它的四个顶点 A_1,A_2,A_3,A_4 所对的面的三角形的内切圆半径分别为 r_1,r_2,r_3,r_4,面积分别为 S_1,S_2,S_3,S_4,则

$$(S_2+S_3+S_4)^2-S_1^2\geqslant\left(\frac{3V}{r_1}\right)^2$$

当且仅当二面角 $A_1-A_3A_4-A_2$,$A_1-A_4A_2-A_3$,$A_1-A_2A_3-A_4$ 的平面角相等时取等号.

证明 如图 5,设二面角 $A_1-A_3A_4-A_2$,$A_1-A_4A_2-A_3$,$A_1-A_2A_3-A_4$ 的平面角分别为α,β,γ,从 A 作 $AH\perp$ 平面 $A_2A_3A_4$,垂足为 H,从 A_1 作 $A_1B\perp A_3A_4$,垂足为 B,联结 BH,则二面角 $A_1-A_3A_4-A_2$ 的平面角为 $\angle A_1BH=$

α,于是

$$A_1H=A_1B\sin\alpha$$

因此,得到

$$A_1H\cdot A_3A_4=2S_2\sin\alpha=2\sqrt{(S_2+S_2\cos\alpha)(S_2-S_2\cos\alpha)}\qquad①$$

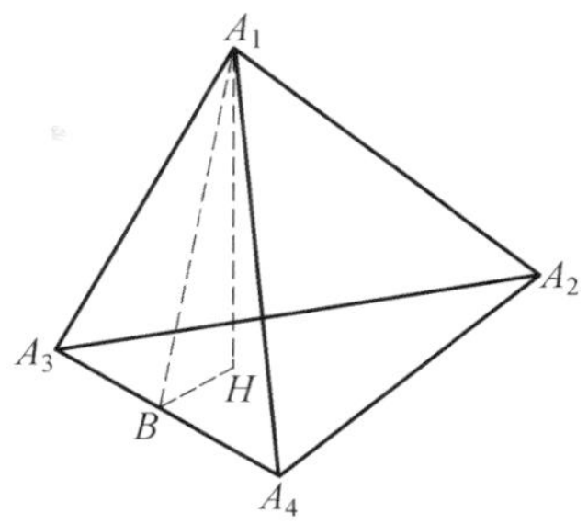

图 5

同理,有

$$A_1H\cdot A_4A_2=2\sqrt{(S_3+S_3\cos\beta)(S_3-S_3\cos\beta)}\qquad②$$

$$A_1H\cdot A_2A_3=2\sqrt{(S_4+S_4\cos\gamma)(S_4-S_4\cos\gamma)}\qquad③$$

①+②+③,并注意到 $A_1H=\frac{3V}{S_1}$(V 为四面体 $A_1A_2A_3A_4$ 体积),$A_3A_4+A_4A_2+A_2A_3=\frac{2S_1}{r_1}$ 以及空间射影定理,同时再应用柯西不等式,得到

$$\frac{3V}{r_1}=2\left[\sqrt{(S_2+S_2\cos\alpha)(S_2-S_2\cos\alpha)}+\sqrt{(S_3+S_3\cos\beta)(S_3-S_3\cos\beta)}+\sqrt{(S_4+S_4\cos\gamma)(S_4-S_4\cos\gamma)}\right]$$

$$\leqslant 2\sqrt{(S_2+S_2\cos\alpha+S_3+S_3\cos\beta+S_4+S_4\cos\gamma)}\cdot\sqrt{(S_2-S_2\cos\alpha+S_3-S_3\cos\beta+S_4-S_4\cos\gamma)}$$

$$=2\sqrt{(S_1+S_2+S_3+S_4)(-S_1+S_2+S_3+S_4)}$$

即得原式,由柯西不等式取等号条件易知,当且仅当 $\frac{S_2+S_2\cos\alpha}{S_2-S_2\cos\alpha}=\frac{S_3+S_3\cos\beta}{S_3-S_3\cos\beta}=\frac{S_4+S_4\cos\gamma}{S_4-S_4\cos\gamma}$,即有 $\cos\alpha=\cos\beta=\cos\gamma$,也就是 $\alpha=\beta=\gamma$ 时取等号.

注:见《中学数学研究》(广东),2005 年第 9 期,杨学枝《关于四面体的一个不等式》.

例 5 (自创题,2004-02-08)$\triangle ABC$ 三边长为 $BC=a,CA=b,AB=c$,P 为 $\triangle ABC$ 内部或边界上任意一点,从 P 作 $\triangle ABC$ 的边 BC,CA,AB 所在直线的垂线,垂足分别为 D,E,F,则

$$BF\cdot CE+CD\cdot AF+AE\cdot BD\geqslant\frac{1}{4}\left(2\sum bc-\sum a^2\right)$$

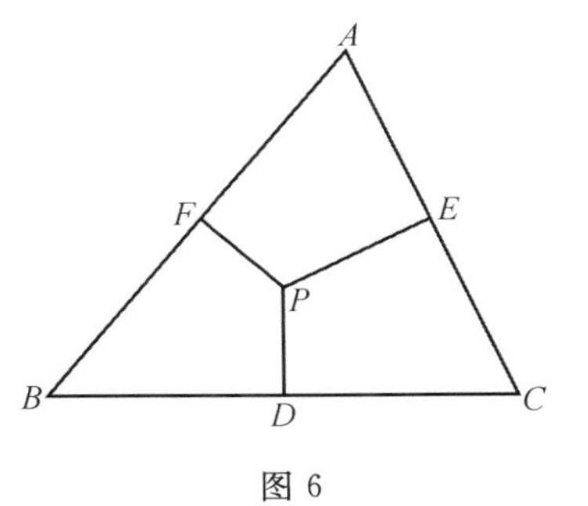

图 6

当且仅当点 P 为 $\triangle ABC$ 的内心时取等号.

证明 设 $PD=r_1, PE=r_2, PF=r_3$，当 D,E,F 分别在边 BC,CA,AB 上时，则易证有 $BF=\frac{r_1+r_3\cos B}{\sin B}$ 等，由 $BF=\frac{r_1+r_3\cos B}{\sin B}$ 等代入原式，得其等价式

$$\sum\left(\frac{r_1+r_3\cos B}{\sin B}\cdot\frac{r_1+r_2\cos C}{\sin C}\right)$$
$$\geqslant\frac{1}{4}\left(2\sum bc-\sum a^2\right)$$

取 $ar_1=x, br_2=y, cr_3=z$，则上式又等价于

$$\sum\left[4bcx^2+\frac{2b}{c}(a^2-b^2+c^2)xz+\frac{2c}{b}(a^2+b^2-c^2)xy+\right.$$
$$\left.\frac{(a^2-b^2+c^2)(a^2+b^2-c^2)}{bc}yz\right]\geqslant\left(2\sum bc-\sum a^2\right)\left(\sum x\right)^2$$

$$\Leftrightarrow\sum(-a+b+c)^2x^2$$
$$\geqslant\sum\frac{(a-b+c)(a+b-c)}{bc}(-a^2-b^2-c^2+2ab+2ac)yz$$
$$\Leftrightarrow\left[\sum(-a+b+c)x\right]^2$$
$$\geqslant\left(2\sum bc-\sum a^2\right)\sum\frac{(a-b+c)(a+b-c)}{bc}yz$$
$$\Leftrightarrow\sum\left\{(-a+b+c)\frac{x}{a}\cdot\left[(a-b+c)+(a+b-c)\right]\right\}$$
$$\geqslant\left(2\sum bc-\sum a^2\right)\cdot\sum\frac{(a-b+c)(a+b-c)}{bc}yz\qquad(※)$$

在不等式 $(\mu+\nu)\lambda'+(\nu+\lambda)\mu'+(\lambda+\mu)\nu'\geqslant2\sqrt{\sum\mu\nu}\cdot\sqrt{\sum\mu'\nu'}$（第一章中已证明了此式）中令 $\lambda'=(-a+b+c)\frac{x}{a}$，$\mu'=(a-b+c)\frac{y}{b}$，$\nu'=(a+b-c)\frac{z}{c}$，$\lambda=-a+b+c$，$\mu=a-b+c$，$\nu=a+b-c$，即得式(※). 故原式成立.

当 D,E,F 中有一点在边的延长线上时，如点 E 在 CA 延长线上时，$\angle A$ 必为钝角，这时，易证有 $AE=\frac{-r_3-r_2\cos A}{\sin A}\geqslant\frac{r_3+r_2\cos A}{\sin A}$，本例中的不等式也成立.

注：(1) 另一证法参见《中学数学》，2004 年第 12 期. 杨学枝《三角形中关于动点的几个不等式》.

(2) 若记 $PA=R_1, PB=R_2, PC=R_3, PD=r_1, PE=r_2, PF=r_3$，同时注意到

$$BF \cdot CE=\sqrt{(R_2^2-r_3^2)(R_3^2-r_2^2)} \leqslant R_2R_3-r_2r_3$$

另外还有两式，便可得到

$$(R_2R_3+R_3R_1+R_1R_2)-(r_2r_3+r_3r_1+r_1r_2)$$
$$\geqslant \frac{1}{4}[2(bc+ca+ab)-(a^2+b^2+c^2)]$$

例 6 (自创题，1972-07-29) 设 $\triangle ABC$ 三边长为 a,b,c，外接圆半径为 R，内切圆半径为 $r,x,y,z\in \mathbf{R}$，且 $x+y+z\neq 0$，则

$$\frac{R}{2r}\geqslant \frac{(a+b+c)(yza^2+zxb^2+xyc^2)}{(x+y+z)^2abc}$$

当且仅当 $\frac{x}{\sin 2A}=\frac{y}{\sin 2B}=\frac{z}{\sin 2C}$ 时取等号.

证明 由于 $\frac{abc}{a+b+c}=2Rr$，因此，原不等式等价于

$$(x+y+z)^2R^2\geqslant yza^2+zxb^2+xyc^2$$

再应用正弦定理可知，又等价于

$$\frac{1}{4}(x+y+z)^2\geqslant yz\sin^2A+zx\sin^2B+xy\sin^2C$$

这时三角形中易知不等式，故原式成立，当且仅当 $\frac{x}{\sin 2A}=\frac{y}{\sin 2B}=\frac{z}{\sin 2C}$ 时取等号.

已知有 $R=\frac{abc}{4\Delta}$，$2r=\frac{4\Delta}{a+b+c}$，其中 Δ 为 $\triangle ABC$ 面积，于是，本例中的不等式等价于以下命题.

命题 1 设 $\triangle ABC$ 三边长为 a,b,c，面积为 $\Delta,x,y,z\in\mathbf{R}$，且 $x+y+z\neq 0$，则

$$(abc)^2\geqslant \frac{yza^2+zxb^2+xyc^2}{(x+y+z)^2}\cdot 16\Delta^2$$

当且仅当 $\frac{x}{\sin 2A}=\frac{y}{\sin 2B}=\frac{z}{\sin 2C}$ 时取等号.

命题 2 设 $\triangle ABC$ 三边长为 $BC=a,CA=b,AB=c$，P 为 $\triangle ABC$ 内部或边界上一点，点 P 到三边 BC,CA,AB 的距离分别为 r_1,r_2,r_3，则

$$\frac{r_2r_3}{bc}+\frac{r_3r_1}{ca}+\frac{r_1r_2}{ab}\leqslant \frac{1}{4}$$

当且仅当 $\triangle ABC$ 为锐角三角形，且 $\frac{r_1}{\cos A}=\frac{r_2}{\cos B}=\frac{r_3}{\cos C}$ 时取等号.

只要在本例中取 $x=ar_1,y=br_2,z=cr_3$，并注意到

$$\Delta=\frac{abc}{4R}=\frac{ar_1+br_2+cr_3}{2}=\frac{(a+b+c)r}{2}$$

这里 R,r 分别为 $\triangle ABC$ 外接圆半径和内切圆半径，即可得证.

例 7 （自创题，1998－09－23）在 $\triangle ABC$ 中，三边长 $BC=a,CA=b$，$AB=c$，BC 边上的中线为 m_a，$\angle A$ 平分线为 w_a，则

$$m_a-w_a\geqslant\frac{(b-c)^2}{2(b+c)}$$

当且仅当 $b=c$，或退化三角形 $a+b=c$，或 $a+c=b$ 时取等号.

证法 1 $(2m_a)^2-\left[2w_a+\frac{(b-c)^2}{b+c}\right]^2$

$$\begin{aligned}
&=(a+b+c)(-a+b+c)+\\
&\quad(b-c)^2-\frac{4bc(a+b+c)(-a+b+c)}{(b+c)^2}-\\
&\quad\frac{(b-c)^4}{(b+c)^2}-4w_a\cdot\frac{(b-c)^2}{b+c}\\
&=(a+b+c)(-a+b+c)\left(\frac{b-c}{b+c}\right)^2+\frac{4bc\,(b-c)^2}{(b+c)^2}-4w_a\cdot\frac{(b-c)^2}{b+c}\\
&=\frac{(b-c)^2}{bc}\left[\frac{bc(a+b+c)(-a+b+c)}{(b+c)^2}-4w_a\cdot\frac{bc}{b+c}+\left(\frac{2bc}{b+c}\right)^2\right]\\
&=\frac{(b-c)^2}{bc}\left[w_a^2-4w_a\cdot\frac{bc}{b+c}+\left(\frac{2bc}{b+c}\right)^2\right]\\
&=\frac{(b-c)^2}{bc}\left(w_a-\frac{2bc}{b+c}\right)^2\geqslant 0
\end{aligned}$$

故原式成立，易知当且仅当 $b=c$，或 $w_a=\frac{2bc}{b+c}$，即当且仅当 $b=c$，或退化三角形 $a+b=c$，或 $a+c=b$ 时原式取等号.

证法 2 原式 $\Leftrightarrow 2m_a-\frac{(b-c)^2}{b+c}\geqslant 2w_a$

$$\begin{aligned}
&\Leftrightarrow 4m_a^2+\frac{(b-c)^4}{(b+c)^2}-4m_a\cdot\\
&\quad\frac{(b-c)^2}{b+c}-\frac{4bc(a+b+c)(-a+b+c)}{(b+c)^2}\geqslant 0\\
&\Leftrightarrow (a+b+c)(-a+b+c)+(b-c)^2+\frac{(b-c)^4}{(b+c)^2}-\\
&\quad\frac{4bc(a+b+c)(-a+b+c)}{(b+c)^2}-4m_a\cdot\frac{(b-c)^2}{b+c}\geqslant 0\\
&\Leftrightarrow \frac{(a+b+c)(-a+b+c)\,(b-c)^2}{(b+c)^2}+\\
&\quad(b-c)^2+\frac{(b-c)^4}{(b+c)^2}-4m_a\cdot\frac{(b-c)^2}{b+c}\geqslant 0
\end{aligned}$$

由此只要证

$$(a+b+c)(-a+b+c)+(b+c)^2+(b-c)^2-4m_a\cdot(b+c)\geqslant 0$$
$$\Leftrightarrow 4m_a^2+(b+c)^2-4m_a(b+c)\geqslant 0$$
$$\Leftrightarrow [2m_a-(b+c)]^2\geqslant 0$$

注:由上证明过程可得到

(1) $(4m_aw_a)^2-[(a+b+c)(-a+b+c)]^2=\dfrac{16\Delta^2\ (b-c)^2}{(b+c)^2}\geqslant 0$;

$$(2m_a)^2-[2w_a+\frac{(b-c)^2}{b+c}]^2=\frac{(b-c)^2}{bc}\cdot(w_a-\frac{2bc}{b+c})^2;$$

(2) $4m_aw_a-(a+b+c)(-a+b+c)\leqslant\dfrac{(a-b+c)(a+b-c)\ (b-c)^2}{2\ (b+c)^2}$;

(3) $m_a-w_a\leqslant\dfrac{(b-c)^2}{4m_a}$;

(4) $\dfrac{m_a}{w_a}\leqslant 1+\dfrac{(b-c)^2}{(a+b+c)(-a+b+c)}$;

注:此式与(1)等价.

注意到$\dfrac{w_a}{m_a}\geqslant 1-\dfrac{(b-c)^2}{4m_a^2}\geqslant 1-(\dfrac{a}{b+c})^2$,还有

(5) $\dfrac{w_a}{m_a}\geqslant 1-(\dfrac{a}{b+c})^2$;

(6) $\dfrac{w_a}{m_a}\leqslant\dfrac{4bc}{(b+c)^2}$;

以上各式,当且仅当 $b=c$ 时取等号.

(7) 证法 2 即应用了恒等式

$$(2w_a)^2=\frac{4bc[2m_a-(b-c)][2m_a+(b-c)]}{(b+c)^2}$$
$$=[2m_a-\frac{(b-c)^2}{b+c}]^2-[2m_a-(b+c)](\frac{b-c}{b+c})^2$$

证法 3 原式 $\Leftrightarrow 4m_a^2+4w_a^2-8m_aw_a\geqslant\dfrac{(b-c)^4}{(b+c)^2}$,即

$$8m_aw_a\leqslant(a+b+c)(-a+b+c)+ (b-c)^2+\frac{4bc(a+b+c)(-a+b+c)}{(b+c)^2}-\frac{(b-c)^4}{(b+c)^2}$$
$$=(a+b+c)(-a+b+c)+\frac{4bc(a+b+c)(-a+b+c)}{(b+c)^2}+\frac{4bc\ (b-c)^2}{(b+c)^2}$$
$$=2(a+b+c)(-a+b+c)-(a-b+c)(a+b-c)\ \frac{(b-c)^2}{(b+c)^2}+\frac{4bc\ (b-c)^2}{(b+c)^2}$$

$$=2(a+b+c)(-a+b+c)-(a-b+c)(a+b-c)\frac{(b-c)^2}{(b+c)^2}$$

$$\Leftrightarrow 4m_a w_a-(a+b+c)(-a+b+c)$$

$$\leqslant \frac{(a-b+c)(a+b-c)}{2(b+c)^2}(b-c)^2$$

$$\Leftrightarrow \frac{(a+b+c)(-a+b+c)(a-b+c)(a+b-c)}{(b+c)^2[4m_a w_a+(a+b+c)(-a+b+c)]}$$

$$\leqslant \frac{(a-b+c)(a+b-c)}{2(b+c)^2}(b-c)^2$$

$$\Leftrightarrow \frac{(a+b+c)(-a+b+c)}{4m_a w_a+(a+b+c)(-a+b+c)}\leqslant \frac{1}{2}$$

$$\Leftrightarrow 4m_a w_a \geqslant (a+b+c)(-a+b+c)$$

此式即为以上所证式子.

例 8 （自创题，1999－07－17）非钝角 $\triangle ABC$ 中，$CA=b$，$AB=c$，$\angle A$ 平分线为 w_a，BC 边上的中线为 m_a，则

$$\frac{b^2+c^2}{2bc}\geqslant \frac{m_a}{w_a}\geqslant \sqrt{\frac{b^2+c^2}{2bc}}$$

当且仅当 $b=c$ 时取等号.

证法 1 $\left(\frac{b^2+c^2}{2bc}\right)^2-\left(\frac{m_a}{w_a}\right)^2$

$$=\frac{(b^2+c^2)^2}{4b^2c^2}-\frac{(2b^2+2c^2-a^2)(b+c)^2}{4bc(a+b+c)(-a+b+c)}$$

$$=\frac{(b^2+c^2)^2}{4b^2c^2}-\frac{[(a+b+c)(-a+b+c)+(b-c)^2](b+c)^2}{4bc(a+b+c)(-a+b+c)}$$

$$=\frac{(b^2+c^2)^2}{4b^2c^2}-\frac{(b+c)^2}{4bc}-\frac{(b+c)^2(b-c)^2}{4bc(a+b+c)(-a+b+c)}$$

$$=\frac{(b^2+bc+c^2)(b-c)^2}{4b^2c^2}-\frac{(b+c)^2(b-c)^2}{4bc(a+b+c)(-a+b+c)}$$

$$=\left[\frac{(b+c)^2(b^2+c^2)-(b^2+bc+c^2)a^2}{4b^2c^2(a+b+c)(-a+b+c)}\right](b-c)^2\geqslant 0$$

（注意到 $b^2+c^2\geqslant a^2$）.

$$\frac{4m_a^2}{4w_a^2}-\frac{b^2+c^2}{2bc}=\frac{(2b^2+2c^2-a^2)(b+c)^2}{4bc(a+b+c)(-a+b+c)}-\frac{b^2+c^2}{2bc}$$

$$=\frac{(2b^2+2c^2-a^2)(b+c)^2-2(b^2+c^2)(a+b+c)(-a+b+c)}{4bc(a+b+c)(-a+b+c)}$$

$$=\frac{-a^2(b+c)^2+2(b^2+c^2)a^2}{4bc(a+b+c)(-a+b+c)}$$

$$=\frac{a^2(b-c)^2}{4bc(a+b+c)(-a+b+c)}\geqslant 0$$

故原式成立.

左式证法 2　由例 7 中(4) 中的不等式:$\frac{m_a}{w_a}\leqslant 1+\frac{(b-c)^2}{(a+b+c)(-a+b+c)}$ 知,只需证

$$1+\frac{(b-c)^2}{(a+b+c)(-a+b+c)}\leqslant\frac{b^2+c^2}{2bc}$$

此式易证,从略.故原式成立.

例 9　设 $\triangle ABC$ 的三边长为 a,b,c,相应边上的三条高线与旁切圆半径分别为 h_a,h_b,h_c 与 r_a,r_b,r_c,试证

$$\frac{h_a}{r_a+h_b}+\frac{h_b}{r_b+h_c}+\frac{h_c}{r_c+h_a}\geqslant\frac{3}{2}$$

当且仅当 $\triangle ABC$ 为正三角形时取等号.

证明　为证命题,先给出以下引理.

引理　设 $x,y,z\in\overline{\mathbf{R}^-}$,则

$$x^3y+y^3z+z^3x\leqslant xyz\sum x+\frac{4}{3}\left(\sum x\right)^2\sum yz-4\left(\sum yz\right)^2$$

当且仅当 $x=y=z$ 或 $x=2y,z=0$,或 $y=2z,x=0$,或 $z=2x,y=0$ 时取等号.

引理证明　由于 $x\geqslant y\geqslant z$ 时,有

$$\begin{aligned}&x^3y+y^3z+z^3x-(xy^3+yz^3+zx^3)\\=&(x+y+z)(x-y)(y-z)(x-z)\geqslant 0\end{aligned}$$

因此,只要证当 $x\geqslant y\geqslant z$ 时引理中的不等式成立即可.这时有

$$\begin{aligned}&xyz\sum x+\frac{4}{3}\left(\sum x\right)^2\sum yz-4\left(\sum yz\right)^2-(x^3y+y^3z+z^3x)\\=&4xz(x-y)(x-z)+4yz(y-z)(x-z)+xy(x+z-2y)^2+\\&yz(x-y)^2+xz(y-z)^2\geqslant 0\end{aligned}$$

故引理中的不等式成立.

今证原式.

令 $x=-a+b+c,y=a-b+c,z=a+b-c,x,y,z\in\mathbf{R}^+$,则原式等价于

$$\sum\frac{x(z+x)}{(y+z)(z+3x)}\geqslant\frac{3}{4}\qquad(※)$$

记 $s_1=\sum x,s_2=\sum yz,s_3=xyz$,则

式(※)左边

$$\begin{aligned}&=\sum\frac{x(z+x)(4x^2+4y^2+z^2+9yz+3zx+3xy)}{(y+z)(z+3x)(4x^2+4y^2+z^2+9yz+3zx+3xy)}\\&=\sum\frac{3x(z+x)(4x^2+4y^2+z^2+9yz+3zx+3xy)}{(3yz+9zx+9xy+3z^2)(4x^2+4y^2+z^2+9yz+3zx+3xy)}\end{aligned}$$

$$\geqslant \frac{12\sum x(z+x)(4x^2+4y^2+z^2+9yz+3zx+3xy)}{(4\sum x^2+12\sum yz)^2}$$

$$=\frac{3\sum x(z+x)(4\sum x^2+3\sum yz-3z^2+6yz)}{4(\sum x^2+3\sum yz)^2}\text{(分母应用均值不等式)}$$

$$=\frac{3(\sum x^2+\sum yz)(4\sum x^2+3\sum yz)-9\sum z^3x-9\sum z^2x^2+36xy\sum x}{4(\sum x^2+3\sum yz)^2}$$

$$=\frac{3(s_1^2-s_2)(4s_1^2-5s_2)-9\sum z^3x-9s_2^2+54s_1s_3}{4(s_1^2+s_2)^2}$$

因此,只需证

$$(s_1^2-s_2)(4s_1^2-5s_2)-3\sum z^3x-3s_2^2+18s_1s_3\geqslant(s_1^2+s_3)^2 \qquad ①$$

由于$\sum z^3x\leqslant s_1s_3+\frac{4}{3}s_1^2s_2-4s_2^2$(即引理中的不等式),因此,要证式①,又只需要证

$$(s_1^2-s_2)(4s_1^2-5s_2)-3s_1s_3-4s_1^2s_2+12s_2^2-3s_2^2+18s_1s_3\geqslant(s_1^2+s_2)^2$$

$$\Leftrightarrow 3s_1^4-15s_1^2s_2+13s_2^2+15s_1s_3\geqslant 0$$

$$\Leftrightarrow 3(s_1^4-5s_1^2s_2+4s_2^2+6s_1s_3)+(s_2^2-3s_1s_3)\geqslant 0 \qquad ②$$

今证式②成立.由对称性,不妨设$x\geqslant y\geqslant z$,则

$$s_1^4-5s_1^2s_2+4s_2^2+6s_1s_3$$

$$=(s_1^2-2s_2)(s_1^2-3s_2)-2(s_2^2-3s_1s_3)$$

$$=\frac{1}{2}\sum x^2\cdot\sum(y-z)^2-\sum x^2(y-z)^2$$

$$=\frac{1}{2}\sum(-x^2+y^2+z^2)(y-z)^2$$

$$\geqslant\frac{1}{2}[(-x^2+y^2+z^2)(y-z)^2+(x^2-y^2+z^2)(y-z)^2+(x^2+y^2-z^2)(x-y)^2]$$

$$=\frac{1}{2}[2z^2(y-z)^2+(x^2+y^2-z^2)(x-y)^2]\geqslant 0$$

又由于

$$s_2^2-3s_1s_3=\frac{1}{2}\sum x^2(y-z)^2\geqslant 0$$

故式②成立,从而式①成立,式(※)获证.由证明中知,当且仅当$x=y=z$时取等号,即当且仅当$a=b=c$,$\triangle ABC$为正三角形时,原式取等号.

注:(1)在式(※)证明中,式(※)左边第一项的分子分母同时都乘以$4x^2+4y^2+z^2+9yz+3zx+3xy$等式子,其来源是应用待定系数方法:

$$\sum \frac{x(z+x)}{(y+z)(z+3x)}$$

$$=\sum \frac{x(z+x)[\lambda x^2+\lambda y^2+(\lambda-1)z^2+(\frac{13}{3}-\lambda)yz+(\frac{7}{3}-\lambda)zx+(\frac{7}{3}-\lambda)xy]}{(yz+3zx+3xy+z^2)[\lambda x^2+\lambda y^2+(\lambda-1)z^2+(\frac{13}{3}-\lambda)yz+(\frac{7}{3}-\lambda)zx+(\frac{7}{3}-\lambda)xy]}$$

$$\geqslant \frac{4\sum x(z+x)[\lambda x^2+\lambda y^2+(\lambda-1)z^2+(\frac{13}{3}-\lambda)yz+(\frac{7}{3}-\lambda)zx+(\frac{7}{3}-\lambda)xy]}{[\lambda\sum x^2+(\frac{16}{3}-\lambda)\sum yz]^2}$$

$$=\frac{4\sum x(z+x)[\lambda\sum x^2+(\frac{7}{3}-\lambda)\sum yz-z^2+2yz]}{[\lambda\sum x^2+(\frac{16}{3}-\lambda)\sum yz]^2}$$

$$=\frac{4[\lambda\sum x^2+(\frac{7}{3}-\lambda)\sum yz](\sum x^2+\sum yz)-16\sum z^3x-16\sum y^2z^2+64xyz\sum x}{[\lambda\sum x^2+(\frac{16}{3}-\lambda)\sum yz]^2}$$

$$\geqslant \frac{4[\lambda s_1^2+(\frac{7}{3}-3\lambda)s_2](s_1^2-s_2)-16s_1s_3-\frac{64}{3}s_1^2s_2+64s_2^2-16s_2^2+32s_1s_3+64s_1s_3}{[\lambda s_1^2+(\frac{16}{3}-3\lambda)s_2]^2}$$

(应用引理) 由此可知，只需证

$$16[\lambda s_1^2+(\frac{16}{3}-3\lambda)s_2](s_1^2-s_2)+80s_1s_3-\frac{64}{3}s_1^2s_2+48s_2^2$$

$$\geqslant 3[\lambda s_1^2+(\frac{16}{3}-3\lambda)s_2]^2$$

$$\Leftrightarrow(16\lambda-3\lambda^2)s_1^4+(16-96\lambda+18\lambda^2)s_1^2s_2+80s_1s_3+$$

$$(-\frac{224}{3}+144\lambda-27\lambda^2)s_2^2\geqslant 0$$

由于已知有 $s_1^4-5s_1^2s_2+6s_1s_3+4s_2^2\geqslant 0$，故可令

$$\frac{-16+96\lambda-18\lambda^2}{16\lambda-3\lambda^2}=5$$

求得 $\lambda=4$ 或 $\lambda=\frac{4}{3}$，易判断这时只可取 $\lambda=\frac{4}{3}$.

(2) 该例中的不等式由江西刘健先生提出，可参见《不等式研究通讯》(杨学枝主编)，2007 年第 14 卷第 2 期，刘健《三元轮换对称不等式的一个定理及其证明》.

例 10 (沈毅，2008－04－10 提出) P 为非钝角 $\triangle ABC$ 内任意一点，记 $\angle PAC=\alpha_1$，$\angle PAB=\alpha_2$，$\angle PBA=\beta_1$，$\angle PBC=\beta_2$，$\angle PCB=\gamma_1$，$\angle PCA=\gamma_2$，则

$$\sin 2\alpha_1\sin 2\beta_1\sin 2\gamma_1+\sin 2\alpha_2\sin 2\beta_2\sin 2\gamma_2\leqslant 2\sin A\sin B\sin C$$

当且仅当点 P 为 $\triangle ABC$ 的内心时取等号.

证法 1 (2008－04－19，沈毅提供) 根据积化和差公式，有

$$\sin 2\alpha_1 \sin 2\beta_1 \sin 2\gamma_1 + \sin 2\alpha_2 \sin 2\beta_2 \sin 2\gamma_2$$

$$= \frac{1}{4}[-\sin(2\alpha_1 + 2\beta_1 + 2\gamma_1) + \sin(2\alpha_1 + 2\beta_1 - 2\gamma_1) + \sin(2\alpha_1 - 2\beta_1 + 2\gamma_1) + \sin(-2\alpha_1 + 2\beta_1 + 2\gamma_1) - \sin(2\alpha_2 + 2\beta_2 + 2\gamma_2) + \sin(2\alpha_2 + 2\beta_2 - 2\gamma_2) + \sin(2\alpha_2 - 2\beta_2 + 2\gamma_2) + \sin(-2\alpha_2 + 2\beta_2 + 2\gamma_2)]$$

$$= \frac{1}{2}[-\sin(A+B+C)\cos(\alpha_1 + \beta_1 + \gamma_1 - \alpha_2 - \beta_2 - \gamma_2) + \sin(A+B-C)\cos(\alpha_1 + \beta_1 - \gamma_1 - \alpha_2 - \beta_2 + \gamma_2) + \sin(A-B+C)\cos(\alpha_1 - \beta_1 + \gamma_1 - \alpha_2 + \beta_2 - \gamma_2) + \sin(-A+B+C)\cos(-\alpha_1 + \beta_1 + \gamma_1 + \alpha_2 - \beta_2 - \gamma_2)$$

$$= \frac{1}{2}[\sin 2C\cos(\alpha_1 + \beta_1 - \gamma_1 - \alpha_2 - \beta_2 + \gamma_2) + \sin 2B\cos(\alpha_1 - \beta_1 + \gamma_1 - \alpha_2 + \beta_2 - \gamma_2) + \sin 2A\cos(-\alpha_1 + \beta_1 + \gamma_1 + \alpha_2 - \beta_2 - \gamma_2)]$$

$$\leqslant \frac{1}{2}(\sin 2A + \sin 2B + \sin 2C)$$

$$= 2\sin A\sin B\sin C$$

即得原式,由以上证明可知,当且仅当$\alpha_1 = \alpha_2, \beta_1 = \beta_2, \gamma_1 = \gamma_2$,即点$P$为$\triangle ABC$的内心时取等号.

证法 2　原式即

$$4\sin\alpha_1\sin\beta_1\sin\gamma_1(\cos\alpha_1\cos\beta_1\cos\gamma_1 + \cos\alpha_2\cos\beta_2\cos\gamma_2) \leqslant \sin A\sin B\sin C \quad ①$$

(如图7易知有$\sin\alpha_1\sin\beta_1\sin\gamma_1 = \sin\alpha_2\sin\beta_2\sin\gamma_2$)

下面证明式①. 如图7,从P分别向BC,CA,AB三边作垂线,垂足分别为D,E,F,易证有

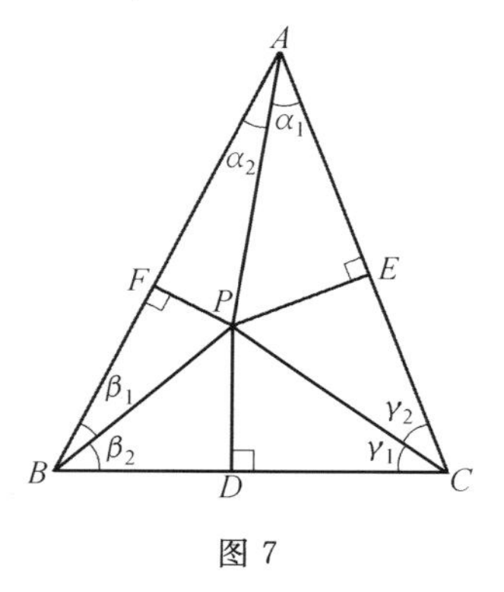

图 7

$$AE = \frac{r_3 + r_2\cos A}{\sin A}, \quad AF = \frac{r_2 + r_3\cos A}{\sin A}$$

$$BF = \frac{r_1 + r_3\cos B}{\sin B}, \quad BD = \frac{r_3 + r_1\cos B}{\sin B}$$

$$CD = \frac{r_2 + r_1\cos C}{\sin C}, \quad CE = \frac{r_1 + r_2\cos C}{\sin C}$$

$$\sin\alpha_1\sin\beta_1\sin\gamma_1 = \sin\alpha_2\sin\beta_2\sin\gamma_2 = \frac{r_1r_2r_3}{PA\cdot PB\cdot PC}$$

$$\cos\alpha_1 = \frac{AE}{PA}, \quad \cos\alpha_2 = \frac{AF}{PA}, \quad \cos\beta_1 = \frac{BF}{PB}$$

$$\cos\beta_2 = \frac{BD}{PB}, \quad \cos\gamma_1 = \frac{CD}{PC}, \quad \cos\gamma_2 = \frac{CE}{PC}$$

又

$$PA^2\sin A=PA\cdot EF=AE\cdot r_3+AF\cdot r_2\text{（托勒密定理）}$$

$$PB^2\sin B=BF\cdot r_1+BD\cdot r_3, PC^2\sin C=CD\cdot r_2+CE\cdot r_1$$

将以上诸式代入式 ①，并经整理得到

$$4r_1r_2r_3[(r_3+r_2\cos A)(r_1+r_3\cos B)(r_2+r_1\cos C)+$$
$$(r_2+r_3\cos A)(r_3+r_1\cos B)(r_1+r_2\cos C)]$$
$$\leqslant(r_2^2+r_3^2+2r_2r_3\cos A)(r_3^2+r_1^2+2r_3r_1\cos B)(r_1^2+r_2^2+2r_1r_2\cos C)$$

展开并整理即得

$$\sum r_1^2(r_2^2-r_3^2)^2+2\sum r_2r_3(r_1^2-r_2^2)(r_1^2-r_3^2)\cos A\geqslant 0$$
$$\Leftrightarrow[r_1(r_2^2-r_3^2)+r_2(r_3^2-r_1^2)\cos B+r_3(r_1^2-r_2^2)\cos C]^2+$$
$$[r_2(r_3^2-r_1^2)\sin B-r_3(r_1^2-r_2^2)\sin C]^2\geqslant 0$$

故原式成立. 易知取等号条件.

注：(1) 本题是重庆市合川太和中学沈毅老师于2008年4月10日向笔者提出的猜想，沈老师在同一天向笔者提出了一个几何不等式（见《数学奥林匹克不等式研究》（哈尔滨工业大学出版社，2009 年 8 月出版），“第八章　练习”题122)，为证这个几何不等式，他经等价变换得到了本题结论. 此后，他于 2008 年 4 月 19 日证明了他的猜想（上述证法 1，笔者给出了证法 2).

(2) 由以上证明可知，还可以得到以下更一般命题.

命题　设 $\alpha_1,\alpha_2,\beta_1,\beta_2,\gamma_1,\gamma_2\in\overline{\mathbf{R}^-}$，且 $\alpha_1+\alpha_2,\beta_1+\beta_2,\gamma_1+\gamma_2\in[0,\frac{\pi}{2}]$，$\alpha_1+\alpha_2+\beta_1+\beta_2+\gamma_1+\gamma_2=\pi$，则

$$\sin 2\alpha_1\sin 2\beta_1\sin 2\gamma_1+\sin 2\alpha_2\sin 2\beta_2\sin 2\gamma_2$$
$$\leqslant 2\sin(\alpha_1+\alpha_2)\sin(\beta_1+\beta_2)\sin(\gamma_1+\gamma_2)$$

当且仅当 $\alpha_1=\alpha_2,\beta_1=\beta_2,\gamma_1=\gamma_2$ 时取等号.

(3) 由此可以证明一个与垂足三角形有关的不等式：设 P 为非钝角 $\triangle ABC$ 内任意一点，从 P 分别向三边 BC,CA,AB 引垂线，垂足分别为 D,E,F，记 $\triangle DEF$ 和 $\triangle ABC$ 的面积分别为 $S_{\triangle DEF},S_{\triangle ABC}$，则

$$S_{\triangle DEF}\leqslant\frac{1}{4}S_{\triangle ABC}$$

当且仅当点 P 为 $\triangle ABC$ 的外心时取等号.

证法也可参考《数学奥林匹克不等式研究》（哈尔滨工业大学出版社，2009 年 8 月出版）“第八章　练习”题 123 的解答，注意有 $\frac{BD}{DC}=\frac{\cot\angle PBD}{\cot\angle PCD}$ 等.

例 11　在非钝角 $\triangle ABC$ 中，外接圆半径为 R，BC 为最小边，m_a,w_a,h_a 分别为 BC 边上的中线、角平分线、高线，则

$$m_aw_a+w_ah_a+m_ah_a\geqslant\frac{27}{4}R^2$$

当且仅当 $\triangle ABC$ 为正三角形时取等号.

证明 设 $\triangle ABC$ 三边长为 $BC=a,CA=b,AB=c$,面积为 Δ,则有

$$(4m_aw_a)^2-[(a+b+c)(-a+b+c)]^2=\frac{16\Delta^2(b-c)^2}{(b+c)^2}\geqslant 0$$

即得

$$m_aw_a\geqslant\frac{1}{4}(a+b+c)(-a+b+c)$$

因此

$$\begin{aligned}&m_aw_a+w_ah_a+m_ah_a\\\geqslant&m_aw_a+2\sqrt{m_aw_a}\cdot h_a\\\geqslant&\frac{1}{4}(a+b+c)(-a+b+c)+\sqrt{(a+b+c)(-a+b+c)}\cdot\frac{2\Delta}{a}\\=&R^2[(\sin^2B+\sin^2C+2\sin B\sin C-\sin^2A)+\\&4\sqrt{\sin^2B+\sin^2C+2\sin B\sin C-\sin^2A}\cdot\sin B\sin C]\end{aligned}$$

由此可知,要证原式,只要证

$$\begin{aligned}&4(\sin^2B+\sin^2C+2\sin B\sin C-\sin^2A)+\\&16\sqrt{\sin^2B+\sin^2C+2\sin B\sin C-\sin^2A}\cdot\sin B\sin C\geqslant 27\end{aligned}\tag{①}$$

由于 BC 为最小边,即 $\angle A$ 最小,不妨设 $\angle C\geqslant\angle B\geqslant\angle A$,下面分两种情况来证明式 ①.

i. 当$\frac{\pi}{2}\geqslant\angle C\geqslant\angle B\geqslant\frac{\pi}{3}\geqslant\angle A$ 时,则有 $\sin C\geqslant\sin B\geqslant\frac{\sqrt{3}}{2},\sin A\leqslant\frac{\sqrt{3}}{2}$,于是

$$\begin{aligned}&4(\sin^2B+\sin^2C+2\sin B\sin C-\sin^2A)+\\&16\sqrt{\sin^2B+\sin^2C+2\sin B\sin C-\sin^2A}\cdot\sin B\sin C\\\geqslant&4\left[(\frac{\sqrt{3}}{2})^2+(\frac{\sqrt{3}}{2})^2+2(\frac{\sqrt{3}}{2})^2-(\frac{\sqrt{3}}{2})^2\right]+\\&16\sqrt{\left(\frac{\sqrt{3}}{2}\right)^2+\left(\frac{\sqrt{3}}{2}\right)^2+2\left(\frac{\sqrt{3}}{2}\right)^2-\left(\frac{\sqrt{3}}{2}\right)^2}\cdot\left(\frac{\sqrt{3}}{2}\right)^2=27\end{aligned}$$

故式 ① 成立.

ii. 当$\frac{\pi}{2}\geqslant\angle C\geqslant\frac{\pi}{3}\geqslant\angle B\geqslant\angle A$ 时,由$\frac{\pi}{2}\geqslant\angle C=\pi-\angle A-\angle B\geqslant\pi-2\angle B>0$,有 $\sin C\geqslant\sin 2B,\sin A\leqslant\sin B$,于是

$$\begin{aligned}&4(\sin^2B+\sin^2C+2\sin B\sin C-\sin^2A)+\\&16\sqrt{\sin^2B+\sin^2C+2\sin B\sin C-\sin^2A}\cdot\sin B\sin C\end{aligned}$$

$$\geqslant 4(\sin^2 2B+2\sin B\sin 2B)+16\sqrt{\sin^2 2B+2\sin B\sin 2B}\cdot\sin B\sin 2B$$

由此可知，要证式①，只要证

$$4(\sin^2 2B+2\sin B\sin 2B)+16\sqrt{\sin^2 2B+2\sin B\sin 2B}\cdot\sin B\sin 2B\geqslant 27 \quad ②$$

设 $\cos B=x$，则 $\frac{1}{2}\leqslant x\leqslant\frac{\sqrt{2}}{2}$，这时，式②经移项、平方(去根号)，得到

$$-4\,096x^{10}-4\,096x^9+12\,032x^8+11\,776x^7-12\,032x^6-11\,264x^5+$$
$$3\,488x^4+2\,720x^3+608x^2+864x-729\geqslant 0$$
$$\Leftrightarrow(2x-1)(-2\,048x^9-3\,072x^8+4\,480x^7+8\,128x^6-1\,952x^5-$$
$$6\,608x^4-1\,560x^3+580x^2+594x+729)\geqslant 0$$

由于 $2x-1\geqslant 0$，因此，要证式②成立，只要证当 $\frac{1}{2}\leqslant x\leqslant\frac{\sqrt{2}}{2}$ 时

$$-2\,048x^9-3\,072x^8+4\,480x^7+8\,128x^6-1\,952x^5-$$
$$6\,608x^4-1\,560x^3+580x^2+594x+729\geqslant 0 \quad ③$$

式③左边

$$=512x^5(-2x^2+1)(2x-1)(x+2)+16x(-2x^2+1)^2(22x^2+103x+7)+$$
$$4(-2x^2+1)^2(2x-1)+2(-2x^2+1)(358x+271)+$$
$$121\sqrt{2}(-\sqrt{2}x+1)+(191-121\sqrt{2})\geqslant 0$$

(注意到 $\frac{1}{2}\leqslant x\leqslant\frac{\sqrt{2}}{2}$)，因此，式③成立，故式②成立.

由 i，ii 可知，式①成立，于是原式获证，由证明过程易知，当且仅当 $\triangle ABC$ 为正三角形时取等号.

参考资料

杨学枝. 对三角形三线之和的一个猜想的证明[J]. 中学数学(湖北)，2009(7).

例 12 在 $\triangle ABC$ 中，BC，CA，AB 边上的高分别为 h_a，h_b，h_c，与之相切的旁切圆半径分别为 r_a，r_b，r_c，则

$$r_ar_br_c\geqslant\frac{1}{8}(h_b+h_c)(h_c+h_a)(h_a+h_b)$$

当且仅当 $\triangle ABC$ 为正三角形时取等号.

证明 设 $\triangle ABC$ 三边长 $BC=a$，$CA=b$，$AB=c$，面积为 Δ，根据三角形中高和旁切圆半径公式，有

$$h_a=\frac{2\Delta}{a},h_b=\frac{2\Delta}{b},h_c=\frac{2\Delta}{c}$$

$$r_a=\frac{2\Delta}{-a+b+c},r_b=\frac{2\Delta}{a-b+c},r_c=\frac{2\Delta}{a+b-c}$$

将以上诸式代入原式,并整理得到

$$8(abc)^2 \geqslant \prod(b+c)\cdot\prod(-a+b+c) \qquad (※)$$

由此可知,要证原式,只要证上式.由于

$$\prod a(b+c)(-a+b+c) \leqslant \frac{1}{27}\left[\sum a(b+c)(-a+b+c)\right]^3$$

$$=\frac{1}{27}(6abc)^3=8(abc)^3$$

因此便得到上式,由证明中易知,当且仅当 $\triangle ABC$ 为正三角形时取等号.

注:(1) 较以上式(※)更强的有

$$9(abc)^2 \geqslant (a+b+c)(a^2+b^2+c^2)(-a-b+c)(a-b+c)(a+b-c)$$

它等价于

$$9\left(\frac{abc}{4\Delta}\right)^2 \geqslant (a^2+b^2+c^2)$$

即
$$9R^2 \geqslant (a^2+b^2+c^2)$$

由正弦定理,即有

$$\frac{9}{4} \geqslant \sin^2 A+\sin^2 B+\sin^2 C$$

上式显然成立.

(2) 文[1]介绍了 R. R. Jani'c 不等式

$$\sum \frac{r_a}{h_b+h_c} \geqslant \frac{3}{2}$$

其中 h_a, h_b, h_c 和 r_a, r_b, r_c 分别为 $\triangle ABC$ 三边 BC, CA, AB 边上的高和旁切圆半径.

由算术几何不等式可知本例中的不等式是此式的加强.

参考资料

[1]O. Bottema 等. 几何不等式[M]. 单墫,译. 北京:北京大学出版社,1991.

[2] 张宁. 四面体中的 Jani'c 不等式[J]. 数学通报,2010(3).

例 13 (自创题,2000 — 03 — 22) 设 a, b, c 为 $\triangle ABC$ 三边长,则

$$\sum a \geqslant \sqrt{2\sum bc-\sum a^2}\cdot\sqrt{\frac{a}{b}+\frac{b}{c}+\frac{c}{a}}$$

当且仅当 $\triangle ABC$ 为正三角形时取等号.

证法 1 当 $a \geqslant c \geqslant b$ 时

$$\left(\frac{a}{b}+\frac{b}{c}+\frac{c}{a}\right)-\left(\frac{b}{a}+\frac{c}{b}+\frac{a}{c}\right)=\frac{(a-c)(c-b)(a-b)}{abc} \geqslant 0$$

因此,只要证在 $a \geqslant c \geqslant b$ 情况下原式成立即可.

$$[(\sum a)^2-(2\sum bc-\sum a^2)(\frac{a}{b}+\frac{b}{c}+\frac{c}{a})]abc$$

$$=abc(\sum a)^2-(2\sum bc-\sum a^2)\sum ab^2$$

$$=abc(\sum a)^2-\frac{1}{2}(2\sum bc-\sum a^2)[(a-b)(b-c)(c-a)+\sum a(b-c)^2+6abc]$$

$$=2abc\sum(b-c)^2-\frac{1}{2}(2\sum bc-\sum a^2)\sum a(b-c)^2-\frac{1}{2}(2\sum bc-\sum a^2)(a-b)(b-c)(c-a)$$

$$=\frac{1}{2}\sum a(-a+b+c)^2(b-c)^2-\frac{1}{2}(2\sum bc-\sum a^2)(a-b)(b-c)(c-a)$$

$$=a(-a+b+c)^2(b-c)^2+c(a+b-c)^2(a-b)(a-c)\geqslant 0$$

证法 2　当 $a\geqslant c\geqslant b$ 时

$$(\frac{a}{b}+\frac{b}{c}+\frac{c}{a})-(\frac{b}{a}+\frac{c}{b}+\frac{a}{c})=\frac{(a-c)(c-b)(a-b)}{abc}\geqslant 0$$

因此,只要证在 $a\geqslant c\geqslant b$ 情况下原式成立即可.

设 $x=-a+b+c,y=a-b+c,z=a+b-c$,于是,有 $y\geqslant z\geqslant x\geqslant 0$,则

$$[(\sum a)^2-(2\sum bc-\sum a^2)(\frac{a}{b}+\frac{b}{c}+\frac{c}{a})]abc$$

$$=abc(\sum a)^2-(2\sum bc-\sum a^2)\sum ab^2$$

$$=\frac{1}{8}[\prod(y+z)(\sum x)^2-\sum yz\cdot\sum(y+z)(z+x)^2]$$

$$=\frac{1}{8}[\prod(y+z)(\sum x)^2-\sum z(x+y)(y+z)(z+x)^2-\sum xy(y+z)(z+x)^2]$$

$$=\frac{1}{8}[\prod(y+z)(\sum yz)-\sum xy(y+z)(z+x)^2]$$

$$=\frac{1}{8}\sum xy(y^2-z^2)(z+x)$$

$$=\frac{1}{8}(\sum x^2y^3-xyz\sum yz)$$

$$=\frac{1}{16}\sum x^2y(y-z)^2\geqslant 0$$

故原式成立.

例 14　(自创题,2017—05—06)$\triangle ABC$ 三边长为 $BC=a,CA=b,AB=c$,则

$$\frac{b^2c}{a}+\frac{c^2a}{b}+\frac{a^2b}{c}\geqslant a^2+b^2+c^2$$

当且仅当 $\triangle ABC$ 为正三角形时取等号.

证明　在 a,b,c 大小中,不妨设 b 居中,即有 $(a-b)(b-c)\geqslant 0$,于是

$$\frac{b^2c}{a}+\frac{c^2a}{b}+\frac{a^2b}{c}-(a^2+b^2+c^2)$$

$$=(\frac{b^2c}{a}-b^2)+(\frac{c^2a}{b}-c^2)+(\frac{a^2b}{c}-a^2)$$

$$=b^2\cdot\frac{c-a}{a}+c^2\cdot\frac{a-b}{b}+a^2\cdot\frac{b-c}{c}$$

$$=(b^2-a^2)\cdot\frac{c-a}{a}+(c^2-b^2)\cdot\frac{a-b}{b}+(a^2-c^2)\cdot\frac{b-c}{c}$$

$$=\frac{(a+b)(a-b)(a-c)}{a}-\frac{(b+c)(a-b)(b-c)}{b}+\frac{(a+c)(b-c)(a-c)}{c}$$

$$=\frac{(a+b)\,(a-b)^2+(a+b)(a-b)(b-c)}{a}-\frac{(b+c)(a-b)(b-c)}{b}+$$

$$\frac{(a+c)\,(b-c)^2+(a+c)(a-b)(b-c)}{c}$$

$$\geqslant(\frac{a+b}{a}-\frac{b+c}{b}+\frac{c+a}{c})(a-b)(b-c)$$

$$=(1+\frac{b}{a}-\frac{c}{b}+\frac{a}{c})(a-b)(b-c)$$

$$\geqslant(1+\frac{b}{a}-\frac{a+b}{b}+\frac{a}{c})(a-b)(b-c)$$

$$=(\frac{b}{a}-\frac{a}{b}+\frac{a}{c})(a-b)(b-c)$$

若 $a\geqslant b\geqslant c$,则

$$\frac{b}{a}-\frac{a}{b}+\frac{a}{c}=\frac{b}{a}+\frac{a(b-c)}{bc}>0$$

若 $c\geqslant b\geqslant a$,则

$$\frac{b}{a}-\frac{a}{b}+\frac{a}{c}=\frac{b^2-a^2}{ab}+\frac{a}{c}>0$$

因此,在 a,b,c 大小中,若 b 居中,则总有 $(\frac{b}{a}-\frac{a}{b}+\frac{a}{c})(a-b)(b-c)\geqslant 0$,故

$$\frac{b^2c}{a}+\frac{c^2a}{b}+\frac{a^2b}{c}-(a^2+b^2+c^2)\geqslant 0$$

即原式成立.

注:由本例可证明以下命题.

命题　设$\triangle ABC$三边长为$BC=a.CA=b,AB=c$,P为$\triangle ABC$内的勃罗卡(Brocard)点,θ为勃罗卡角,则

$$\frac{PA}{a}+\frac{PB}{b}+\frac{PC}{c}\geqslant 2\cos\theta$$

提示:由$\cos\theta=\frac{\sum a^2}{2\sqrt{\sum b^2c^2}}$,$PA=\frac{b^2c}{\sqrt{\sum b^2c^2}}$(参见《中学数学杂志(山东)》2014年第7期,杨学枝《勃罗卡(Brocard)问题的推广及应用》),代入上式,即得本例中的不等式.褚小光在《中学数学教学(安徽)》2017年第3期上提出,上述不等式对于P为平面上任意一点时均成立.由此,本人提出以下猜想.

猜想(2017－06－24)　$\triangle ABC$三边长为$BC=a,CA=b,AB=c$,面积为Δ,$\triangle A'B'C'$三边长为$a'=\frac{1}{a},b'=\frac{1}{b},c'=\frac{1}{c}$,面积为$\Delta'$,且$A+A',B+B',C+C'$均不大于$180^\circ$,则有

$$\sum\frac{-a^2+b^2+c^2}{a^2}+16\Delta\Delta'\geqslant\frac{2\left(\sum a^2\right)^2}{\sum b^2c^2}$$

本猜想背景:

2017年第3期《中学数学教学》(安徽)问题栏提出有奖征答题,褚小光提出:设Q为$\triangle ABC$内一点,满足$\angle QBC=\angle QCA=\angle QAB=\alpha$,$P$是$\triangle ABC$所在平面上任意一点,记$BC=a,CA=b,AB=c$.求证:

$$\frac{PA}{a}+\frac{PB}{b}+\frac{PC}{C}\geqslant 2\cos\alpha$$

根据《中学数学(湖北)》2002年第8期,杨学枝《三个点的加权点组的费马问题》,可知$\frac{1}{a},\frac{1}{b},\frac{1}{c}$中有一个数不小于其他两数之和,不妨设$\frac{1}{c}\geqslant\frac{1}{a}+\frac{1}{b}$,或者当$\frac{1}{a},\frac{1}{b},\frac{1}{c}$中任意一个数不大于其他两数之和,且在$A+A',B+B',C+C'$中有一个不小于$180^\circ$,不妨设$A+A'\geqslant 180^\circ$,则有

$$\frac{PA}{a}+\frac{PB}{b}+\frac{PC}{C}\geqslant\frac{b}{c}+\frac{c}{b}\geqslant 2\geqslant 2\cos\alpha$$

当$\frac{1}{a},\frac{1}{b},\frac{1}{c}$中任意一个数不大于其他两数之和,且$A+A',B+B',C+C'$均不大于$180^\circ$时,根据《中学数学杂志(山东)》2014年第7期,杨学枝《勃罗卡(Brocard)问题的推广及应用》,可知$\cos\alpha=\frac{\left(\sum a^2\right)^2}{\sum b^2c^2}$,故提出本人以上猜想.

褚小光问题已经解决,可参见《中学数学教学》2017年第4期,四川省广安市武胜县黎建平老师问"布洛卡点的一个性质兼擂题(111)的解答".文中首先

提出了以下几个引理：

引理 1 （三角形惯形极距不等式）设 $\lambda_1,\lambda_2,\lambda_3$ 是任意实数，P 是 $\triangle ABC$ 所在平面上任意一点，记 $BC=a,CA=b,AB=c$，则

$$(\lambda_1+\lambda_2+\lambda_3)(\lambda_1 PA^2+\lambda_2 PB^2+\lambda_3 PC^2)\geqslant \lambda_2\lambda_3 a^2+\lambda_3\lambda_1 b^2+\lambda_1\lambda_2 c^2$$

证明见杨克昌.三角形惯形极距不等式的推广[J].娄底师专学报(自然科学版)，1998(2).

引理 2 （林鹤一不等式）P 是 $\triangle ABC$ 所在平面上任意一点，记 $BC=a$，$CA=b,AB=c$，则

$$\frac{PA\cdot PB}{ab}+\frac{PB\cdot PC}{bc}+\frac{PC\cdot PA}{ca}\geqslant 1$$

证明见 D. S. Mitrinovic 等.几何不等式的新进展[M].陈计，等译.北京：北京大学出版社，1995.

引理 3 设 Q 是 $\triangle ABC$ 内一点，满足 $\angle QBC=\angle QCA=\angle QAB=\alpha$，记 $\triangle ABC$ 的面积为 Δ，则

$$\sin\alpha=\frac{2\Delta}{\sqrt{a^2b^2+b^2c^2+c^2a^2}}$$

证明见黄书绅.勃罗卡点到三角形三顶点的距离公式[J].中学数学(江苏)，1992(2)；或参见杨学枝.勃罗卡(Brocard)问题的推广及应用[J].中学数学杂志(山东)，2014(7).

对褚小光问题的证明：在引理 1 中，令 $\lambda_1=\frac{1}{a^2},\lambda_2=\frac{1}{b^2},\lambda_3=\frac{1}{c^2}$，得到

$$\frac{PA^2}{a^2}+\frac{PB^2}{b^2}+\frac{PC^2}{c^2}\geqslant\frac{a^4+b^4+c^4}{b^2c^2+c^2a^2+a^2b^2}$$

再根据引理 2，有

$$\begin{aligned}&\left(\frac{PA}{a}+\frac{PB}{b}+\frac{PC}{c}\right)^2\\=&\frac{PA^2}{a^2}+\frac{PB^2}{b^2}+\frac{PC^2}{c^2}+2\left(\frac{PA\cdot PB}{ab}+\frac{PB\cdot PC}{bc}+\frac{PC\cdot PA}{ca}\right)\\\geqslant&\frac{a^4+b^4+c^4}{b^2c^2+c^2a^2+a^2b^2}+2=\frac{(a^2+b^2+c^2)^2}{b^2c^2+c^2a^2+a^2b^2}=4\cos^2\alpha\end{aligned}$$

即得褚小光提出的不等式.

以上猜想是褚小光在 2017 年第 3 期《中国数学教学》(安徽)问题栏提出有奖征答题的加强，此猜想提出至今，还未见到解答.

例 15 刘健老师在《不等式研究通讯》(中国不等式研究小组主办)，2009 年第一期(总第 61 期)上的文章《涉及三角形与点的一些几何不等式》中提出：

猜想 设 $\triangle ABC$ 三边长为 a,b,c，$\max\{a,b,c\}=a$，且 $\angle A\geqslant\frac{2\pi}{3}$，$P$ 为

$\triangle ABC$ 内部或边界上任意一点，记 $PA = R_1, PB = R_2, PC = R_3$，则

$$(R_2 + R_3)(R_3 + R_1)(R_1 + R_2) \geqslant bc(b + c)$$

当且仅当点 P 重合于点 A 时取等号.

上述猜想是成立的，本人给出了证明.

证明 i. 当 $R_2R_3 \geqslant bc$ 时

$$\begin{aligned}&(R_2 + R_3)(R_3 + R_1)(R_1 + R_2)\\ =&R_2R_3(R_1 + R_2 + R_3) + R_1(R_2^2 + R_3^2 + R_2R_3 + R_3R_1 + R_1R_2)\\ \geqslant& R_2R_3(R_1 + R_2 + R_3)\\ \geqslant& bc(b + c)\end{aligned}$$

（由费马定理可知，当 $\angle A \geqslant \frac{2\pi}{3}$ 时，有 $R_1 + R_2 + R_3 \geqslant b + c$），当且仅当 $R_1 = 0$，即点 P 与点 A 重合时，上式取等号.

ii. 当 $R_2R_3 < bc$ 时，记 $\angle BPC = \alpha, \angle CPA = \beta, \angle APB = \gamma$，首先由于

$$\begin{aligned}&3 + 2(\cos\alpha + \cos\beta + \cos\gamma)\\ =&3 + 2\cos\alpha + 2(\cos\beta + \cos\gamma)\\ =&1 + 4\cos^2\frac{\alpha}{2} + 4\cos\frac{\beta + \gamma}{2}\cos\frac{\beta - \gamma}{2}\\ =&1 + 4\cos^2\alpha - 4\cos\frac{\alpha}{2}\cos\frac{\beta - \gamma}{2}\\ =&\left(1 - 2\cos\frac{\alpha}{2}\right)^2 + 4\cos\frac{\alpha}{2}\left(1 - \cos\frac{\beta - \gamma}{2}\right) \geqslant 0\end{aligned}$$

（注意到当点 P 在 $\triangle ABC$ 内部或边界上时，有 $0 \leqslant \frac{\alpha}{2} \leqslant \frac{\pi}{2}$），当且仅当 $\alpha = \beta = \gamma = \frac{2\pi}{3}$ 时，上式取等号，因此

$$R_1R_2R_3[3 + 2(\cos\alpha + \cos\beta + \cos\gamma)] \geqslant 0 \quad ①$$

当且仅当 $\alpha = \beta = \gamma = \frac{2\pi}{3}$，或 $R_1R_2R_3 = 0$ 时，式 ① 取等号.

另外，易知有

$$b^2(R_1 + R_2 - c) + c^2(R_1 + R_3 - b) \geqslant 0 \quad ②$$

当且仅当 $R_1 = 0$，即点 P 与点 A 重合时，式 ② 取等号.

由 ①② 得到

$$\begin{aligned}&b^2(R_1 + R_2 - c) + c^2(R_1 + R_3 - b)\\ \geqslant& -R_1R_2R_3[3 + 2(\cos\alpha + \cos\beta + \cos\gamma)]\\ =& -R_1R_2R_3 - 2R_1R_2R_3(\cos\alpha + \cos\beta + \cos\gamma + 1) \quad ③\end{aligned}$$

当且仅当 $R_1 = 0$，即点 P 与点 A 重合时，式 ③ 取等号.

又由于 $\frac{2\pi}{3} \leqslant \angle A < \pi$，因此

$$1 \leqslant -2\cos A \tag{4}$$

于是,由式 ④ 及已知条件 $R_2R_3 < bc$,得到

$$R_2R_3 < -2bc\cos A$$

因此,得到

$$R_1R_2R_3 \leqslant -2R_1bc\cos A \tag{5}$$

当且仅当 $R_1=0$,即点 P 与点 A 重合时,式 ⑤ 取等号.

由式 ③⑤ 可得到

$$\begin{aligned}&b^2(R_1+R_2-c)+c^2(R_1+R_3-b)\\&\geqslant 2R_1bc\cos A-2R_1R_2R_3(\cos\alpha+\cos\beta+\cos\gamma+1)\end{aligned}$$

即

$$\begin{aligned}&b^2(R_1+R_2)+c^2(R_1+R_3)-2R_1bc\cos A+\\&2R_1R_2R_3(\cos\alpha+\cos\beta+\cos\gamma+1)\\&\geqslant bc(b+c)\\&\Leftrightarrow(b^2+c^2-2bc\cos A)R_1+b^2R_2+c^2R_3+\\&2R_1R_2R_3(\cos\alpha+\cos\beta+\cos\gamma+1)\\&\geqslant bc(b+c)\\&\Leftrightarrow a^2R_1+b^2R_2+c^2R_3+2R_1R_2R_3(\cos\alpha+\cos\beta+\cos\gamma+1)\\&\geqslant bc(b+c)\end{aligned}$$

由三角形中的余弦定理,有 $a^2=R_2^2+R_3^2-2R_2R_3\cos\alpha$,$b^2=R_3^2+R_1^2-2R_3R_1\cos\beta$,$c^2=R_1^2+R_2^2-2R_1R_2\cos\gamma$,将它们分别代入上式左边,并经整理,便得到

$$(R_2+R_3)(R_3+R_1)(R_1+R_2)\geqslant bc(b+c)$$

当且仅当 $R_1=0$,即点 P 与点 A 重合时取等号.

综上 i,ii 可知,原式获证,当且仅当点 P 重合于点 A 时取等号.

注:本例及证明可参见《中学教研(数学)》(浙江)2009 年第 9 期,杨学枝《对三角形内一点的一个不等式猜想的证明》.

例 16 (自创题,1995—04—25)设 P,Q,R 分别位于 $\triangle ABC$ 的边上,且将 $\triangle ABC$ 的周长三等分,若记 $\triangle ABC$ 边长 $BC=a$,$CA=b$,$AB=c$,$\triangle ABC$ 与 $\triangle PQR$ 的面积分别为 s 和 s_0,则

$$s_0\geqslant(a+b+c)\cdot\frac{2\sum bc-\sum a^2}{36abc}s$$

当且仅当 P,Q,R 分别位于 $\triangle ABC$ 的边 BC,CA,AB 上,且 $BP=\frac{1}{6}(3a+b-c)$,$CQ=\frac{1}{6}(3b+c-a)$,$AR=\frac{1}{6}(3c+a-b)$ 时取等号.

证明 P,Q,R 分布有两种情况.

当 P,Q,R 分别位于 $\triangle ABC$ 边 BC,CA,AB 上，且记 $\triangle QAR,\triangle RBP$，$\triangle PCQ$ 的面积分别为 $s_1,s_2,s_3,\frac{1}{3}(a+b+c)=k$. 同时设 $BP=x$，则

$$s_1=\frac{(-x+a+b-k)(x+c-k)}{bc}s,s_2=\frac{x(-x+k)}{ca}s$$

$$s_3=\frac{(-x+a)(x-a+k)}{ab}s$$

于是可求以下关于 x 的二次函数最小值

$$\begin{aligned}\frac{s_0}{s}&=1-\frac{s_1}{s}-\frac{s_2}{s}-\frac{s_3}{s}\\&=\frac{a+b+c}{abc}\left[x^2-\frac{1}{3}(3a+b-c)x+\frac{1}{9}a(2a+2b-c)\right]\\&\geqslant(a+b+c)\cdot\frac{2\sum bc-\sum a^2}{36abc}\end{aligned}$$

当 P,Q,R 中有两点位于同一条边上，另一点位于其他边上时，即为 1988 年全国高中数学联赛二试题.

注：参阅《数学通讯》1996 年第 10 期，杨学枝《从一道命题谈起》.

例 17 $\triangle ABC$ 三边长分别为 $BC=a,CA=b,AB=c$，BC 边上的中线为 m_a，$\angle B$，$\angle C$ 平分线分别为 t_b,t_c，则

$$m_a+t_b+t_c\leqslant\frac{\sqrt{3}}{2}(a+b+c)$$

证明

$$\begin{aligned}m_a+2t_b&\leqslant\sqrt{3(m_a^2+2t_b^2)}\\&\leqslant\sqrt{\frac{3}{4}[2b^2+2c^2-a^2+2(a+c)^2-2b^2]}\\&=\frac{\sqrt{3}}{2}(a+2c)\end{aligned}$$

同理 $m_a+2t_c\leqslant\frac{\sqrt{3}}{2}(a+2b)$，将以上两式左右两边分别相加即得.

例 18 （自创题，1990－01－14）设 $\triangle ABC$ 三边长为 $BC=a,CA=b$，$AB=c$，且 $\angle A\geqslant\frac{\pi}{3}$，则

$$(b+c)\left(\frac{1}{a}+\frac{1}{b}+\frac{1}{c}\right)\geqslant4+\frac{1}{\sin\frac{A}{2}}$$

当且仅当 $b=c$ 时取等号.

证明 原式等价于

$$\frac{b}{c}+\frac{c}{b}-2\geqslant\sqrt{\frac{4bc}{(a-b+c)(a+b-c)}}-\frac{b+c}{a}$$

$$\Leftrightarrow \frac{(b-c)^2}{bc}\left[\sqrt{\frac{4bc}{(a-b+c)(a+b-c)}}+\frac{b+c}{a}\right]$$

$$\geqslant \frac{4bc}{(a-b+c)(a+b-c)}-\left(\frac{b+c}{a}\right)^2=\frac{(b-c)^2[(b+c)^2-a^2]}{a^2[a^2-(b-c)^2]}$$

当 $b=c$ 时,上式取等号;当 $b\neq c$ 时,只要证

$$2a^2\sqrt{bc[a^2-(b-c)^2]}+a(b+c)[a^2-(b-c)^2]\geqslant bc[(b+c)^2-a^2] \quad ①$$

由于 $\angle A\geqslant\frac{\pi}{3}$,则 $a^2\geqslant b^2+c^2-bc$,即有

$$a^2-(b-c)^2\geqslant bc$$

因此,要证式 ①,只需证

$$2a^2bc+abc(b+c)\geqslant bc[(b+c)^2-a^2]$$

即

$$(a+b+c)(2a-b-c)+a^2\geqslant 0 \quad ②$$

又由 $a^2\geqslant b^2+c^2-bc$,有

$$4a^2\geqslant 4b^2+4c^2-4bc\geqslant(b+c)^2$$

即

$$2a-b-c\geqslant 0$$

故式 ② 成立,从而式 ① 成立,原命题获证.

注:笔者于 1990 年 1 月 14 日撰写了《Janous－Gmeiner 不等式的初等证明》,并于 1990 年 2 月 2 日,寄给了单墫老师审阅,此后在《中等数学》(天津)1992 年第 1 期上刊出,后又被收入上海教育出版社出版的《初等数学论丛》一书,本题是该文中的一个引理,该题曾被选作我国第五届数学奥林匹克国家集训队选拔测试题题五.

例 19 (2008－04－14,"东方热线"论坛提供)设 O 为 $\triangle ABC$ 内任意一点,直线 AO,BO,CO 与 BC,CA,AB 三边分别交于 P,Q,R,若 $BC=a$ 为最大边,则

$$|OP|+|OQ|+|OR|<a$$

证法 1 由于 AP,BQ,CR 过同一点 O,由塞瓦(Ceva)定理有 $\frac{BP}{PC}\cdot\frac{CQ}{QA}\cdot\frac{AR}{RB}=1$,因此,可设 $\frac{BP}{PC}=\frac{z}{y},\frac{CQ}{QA}=\frac{x}{z},\frac{AR}{RB}=\frac{y}{x},x,y,z\in\mathbf{R}^+$,于是有

$$x\overrightarrow{OA}+y\overrightarrow{OB}+z\overrightarrow{OC}=\mathbf{0}$$

由此易得

$$(x+y+z)\overrightarrow{OB}=x\overrightarrow{AB}+z\overrightarrow{CB} \quad ①$$

$$(x+y+z)\overrightarrow{OC}=x\overrightarrow{AC}+y\overrightarrow{BC} \quad ②$$

另外,由 $\frac{BP}{PC}=\frac{z}{y}$ 可得到

$$(y+z)\overrightarrow{OP}=y\overrightarrow{OB}+z\overrightarrow{OC} \tag{③}$$

将①②两式代入式③，并整理可得到

$$\overrightarrow{OP}=\frac{xy\overrightarrow{AB}+xz\overrightarrow{AC}}{(y+z)(x+y+z)}$$

于是，有

$$|\overrightarrow{OP}|=\left|\frac{xy\overrightarrow{AB}+xz\overrightarrow{AC}}{(y+z)(x+y+z)}\right|\leqslant\frac{xy|\overrightarrow{AB}|+xz|\overrightarrow{AC}|}{(y+z)(x+y+z)}$$

$$\leqslant\frac{(xy+xz)a}{(y+z)(x+y+z)}=\frac{xa}{x+y+z}$$

同理可得

$$|\overrightarrow{OQ}|\leqslant\frac{ya}{x+y+z},\quad |\overrightarrow{OR}|\leqslant\frac{za}{x+y+z}$$

（注意到 $BC=a$ 为最大边），因此，便得到

$$|OP|+|OQ|+|OR|<\frac{xa}{x+y+z}+\frac{ya}{x+y+z}+\frac{za}{x+y+z}=a$$

证法 2 先证 $\max\{|AP|,|BQ|,|CR|\}<a$.

首先易证 $|AP|\leqslant\max\{b,c\}$，否则，若 $|AP|>b$，且 $|AP|>c$，则 $\angle C>\angle APC$，且 $\angle B>\angle APB$，于是 $\angle B+\angle C>\angle APB+\angle APC=180^\circ$，但由于

$$\angle B+\angle C<\angle A+\angle B+\angle C=180^\circ$$

由此产生矛盾，因此有 $|AP|\leqslant\max\{b,c\}$.

同理有 $|BP|\leqslant\max\{c,a\}$，$|CP|\leqslant\max\{a,b\}$，且易知以上三式的等号不可能同时成立，由此得到

$$\max\{|AP|,|BQ|,|CR|\}<a$$

另外，又由于

$$\frac{|OP|}{|AP|}=\frac{S_{\triangle BPO}}{S_{\triangle ABP}}=\frac{S_{\triangle PCO}}{S_{\triangle APC}}$$

$$=\frac{S_{\triangle BPO}+S_{\triangle PCO}}{S_{\triangle ABP}+S_{\triangle APC}}=\frac{S_{\triangle BCO}}{S_{\triangle ABC}}$$

同理，有

$$\frac{|OQ|}{|BQ|}=\frac{S_{\triangle CAO}}{S_{\triangle ABC}},\frac{|OR|}{|CR|}=\frac{S_{\triangle ABO}}{S_{\triangle ABC}}$$

因此，得到

$$\frac{|OP|}{|AP|}+\frac{|OQ|}{|BQ|}+\frac{|OR|}{|CR|}=\frac{S_{\triangle BCO}}{S_{\triangle ABC}}+\frac{S_{\triangle CAO}}{S_{\triangle ABC}}+\frac{S_{\triangle ABO}}{S_{\triangle ABC}}=1$$

故 $\frac{|OP|}{a}+\frac{|OQ|}{a}+\frac{|OR|}{a}<\frac{|OP|}{|AP|}+\frac{|OQ|}{|BQ|}+\frac{|OR|}{|CR|}=1$，即得原式.

注：(1) 由于 $a\leqslant|OA|+|OB|+|OC|$，因此有

$$|OP|+|OQ|+|OR|<|OA|+|OB|+|OC|$$

（2）由于 $a<\frac{1}{2}(a+b+c)$，因此有

$$|OP|+|OQ|+|OR|<\frac{1}{2}(a+b+c)$$

这个问题是 2012 年 2 月苏文龙老师（甘肃）提出的问题.

（3）用完全类似方法可以得到

$$|OA|+|OB|+|OC|<2a$$

（4）用完全类似证法可将以上结论向 n 维空间单形推广：设 O 为 n 维空间单形 $A_1A_2\cdots A_{n+1}$ 内任意一点，直线 $A_iO(i=1,2,\cdots,n+1)$ 与顶点 A_i 所对的面于点 $B_i(i=1,2,\cdots,n+1)$，a 为此单形中最长的棱长，则

i. $\sum\limits_{i=1}^{n}|OB_i|<a$；

ii. $\sum\limits_{i=1}^{n+1}|OA_i|<na$.

例 20　设 $\triangle ABC$ 三边长为 $BC=a,CA=b,AB=c$，且 c 最小，P 为 $\triangle ABC$ 内部任意一点，则

$$PA+PB+PC\leqslant a+b$$

当且仅当点 P 与 $\triangle ABC$ 顶点 C 重合时取等号.

在《几何不等式》（单墫著，上海教育出版社，1980 年 2 月第 1 版）一书第 29 页有一个证明，下面给出另一种向量证法.

证明　设点 P 的重心坐标为 (x,y,z)，$x,y,z\in\overline{\mathbf{R}^-}$，则有

$$(x+y+z)\overrightarrow{PA}=y\overrightarrow{BA}+z\overrightarrow{CA}$$

于是，得到

$$(x+y+z)|\overrightarrow{PA}|\leqslant zb+yc$$

同理，有 $(x+y+z)|PB|\leqslant xc+za$，$(x+y+z)|PC|\leqslant ya+xb$，于是，有

$$\sum|\overrightarrow{PA}|\leqslant\frac{(zb+yc)+(xc+za)+(ya+xb)}{x+y+z}$$

$$=a+b-\frac{x(a-c)+y(b-c)}{x+y+z}\leqslant a+b$$

即得原式. 由证明过程可知当且仅当点 P 与 $\triangle ABC$ 顶点 C 重合时取等号.

应用向量方法还可以证明以下命题：

命题 1　（浙江温州曾善鹏老师提出的猜想，本人予以证明）

设 $\triangle ABC$ 三边长为 $BC=a,CA=b,AB=c$，且 c 最小，P 为 $\triangle ABC$ 内部任意一点，λ,u,v 为任意正实数，$n\in\mathbf{N}^*$，则

$$\lambda PA^n+uPB^n+vPC^n\leqslant\max\{u,v\}a^n+\max\{v,\lambda\}b^n$$

证明　设点 P 的重心坐标为 (x,y,z)，$x,y,z\in\overline{\mathbf{R}^-}$，$x+y+z\neq0$，则有

$$(x+y+z)\overrightarrow{PA}=y\overrightarrow{BA}+z\overrightarrow{CA}$$

于是,得到

$$(x+y+z)|\overrightarrow{PA}|=|y\overrightarrow{BA}+z\overrightarrow{CA}|\leqslant y|\overrightarrow{BA}|+z|\overrightarrow{CA}|=yc+zb$$

下面先证明

$$|\overrightarrow{PA}|^n\leqslant\left(\frac{yc+zb}{x+y+z}\right)^n\leqslant\frac{yc^n+zb^n}{x+y+z} \qquad ①$$

应用数学归纳法证明式 ①.

当 $n=1$ 时式 ① 为等式;当 $n=2$ 时,易证

$$\left(\frac{yc+zb}{x+y+z}\right)^2\leqslant\frac{yc^2+zb^2}{x+y+z}$$

$$\Leftrightarrow (yc+zb)^2\leqslant(x+y+z)(yc^2+zb^2)$$

$$\Leftrightarrow 2yzbc\leqslant(x+z)yc^2+(x+z)zb^2$$

由于$(x+z)yc^2+(x+z)zb^2\geqslant 2\sqrt{yz(x+z)(x+z)}\,bc\geqslant 2yzbc$,因此上式成立,式 ① 得证.

假设 $n=k$ 时式 ① 成立,即

$$\left(\frac{yc+zb}{x+y+z}\right)^k\leqslant\frac{yc^k+zb^k}{x+y+z}$$

当 $n=k+1$,有

$$\left(\frac{yc+zb}{x+y+z}\right)^{k+1}=\left(\frac{yc+zb}{x+y+z}\right)^k\cdot\frac{yc+zb}{x+y+z}\leqslant\frac{yc^k+zb^k}{x+y+z}\cdot\frac{yc+zb}{x+y+z}$$

这时,只要证明

$$\frac{yc^k+zb^k}{x+y+z}\cdot\frac{yc+zb}{x+y+z}\leqslant\frac{yc^{k+1}+zb^{k+1}}{x+y+z}$$

$$\Leftrightarrow (yc^k+zb^k)(yc+zb)\leqslant(x+y+z)(yc^{k+1}+zb^{k+1})$$

$$\Leftarrow (yc^k+zb^k)(yc+zb)\leqslant(y+z)(yc^{k+1}+zb^{k+1})$$

$$\Leftrightarrow b^kc+bc^k\leqslant b^{k+1}+c^{k+1}$$

$$\Leftrightarrow (b^k-c^k)(b-c)\geqslant 0$$

上式显然成立,故当 $n=k+1$ 时,式 ① 也成立,从而式 ① 获证.

同理可证另外类似两式:

$$|\overrightarrow{PB}|^n\leqslant\frac{za^n+xc^n}{x+y+z},\quad |\overrightarrow{PC}|^n\leqslant\frac{xb^n+ya^n}{x+y+z}$$

于是,要证明原命题 1,只要证明

$$\lambda\cdot\frac{yc^n+zb^n}{x+y+z}+u\cdot\frac{za^n+xc^n}{x+y+z}+v\cdot\frac{xb^n+ya^n}{x+y+z}$$

$$\leqslant\max\{u,v\}a^n+\max\{v,\lambda\}b^n \qquad ②$$

式 ② 右边 − 左边

$$=(x+y+z)[\max\{u,v\}a^n+\max\{v,\lambda\}b^n]-$$

$$
\begin{aligned}
&[(uz+vy)a^n+(vx+\lambda z)b^n+(\lambda y+ux)c^n]\\
=&[(x+y+z)\max\{u,v\}-(uz+vy)]a^n+\\
&[(x+y+z)\max\{v,\lambda\}-(vx+\lambda z)]b^n-\\
&(\lambda y+ux)c^n\\
\geqslant&\ x\max\{u,v\}a^n+y\max\{v,\lambda\}b^n-(\lambda y+ux)c^n\\
\geqslant&\ [x\max\{u,v\}+y\max\{v,\lambda\}-(\lambda y+ux)]c^n\geqslant 0
\end{aligned}
$$

由此可知,式 ② 成立,原命题 1 获证.

易证,更一般化有以下问题.

命题 2 (自创题,2018－03－06)设 $\triangle ABC$ 三边长为 $BC=a,CA=b$, $AB=c$,且 c 最小,P 为 $\triangle ABC$ 内部任意一点,λ,u,v 为任意正实数,$\alpha\geqslant 1$,则

$$\lambda PA^\alpha+uPB^\alpha+vPC^\alpha\leqslant\max\{u,v\}a^\alpha+\max\{v,\lambda\}b^\alpha$$

注:可参见《数学通报》2019 年第 1 期,费红亮,曾善鹏,杨学枝文:《Guggenheimer 不等式的高次加权推广》.

例 21 (自创题,2005－05－11)在非钝角 $\triangle ABC$ 中,$BC=a,CA=b$, $AB=c$,且 a 为最小边,R 为 $\triangle ABC$ 外接圆半径,则

$$4bc-a^2\geqslant 9R^2$$

当且仅当 $a=b=c$,即 $\triangle ABC$ 为等边三角形时取等号.

证明 由正弦定理可知,原式等价于

$$16\sin B\sin C-4\sin^2 A-9\geqslant 0 \quad ①$$

不妨设 $c\geqslant b\geqslant a$,则 $\frac{\pi}{2}\geqslant\angle C\geqslant\angle B\geqslant\angle A$,$\angle A\leqslant\frac{\pi}{3}$,下面分两种情况证明式 ①.

i. 当 $\frac{\pi}{2}\geqslant\angle C\geqslant\angle B\geqslant\frac{\pi}{3}\geqslant\angle A$ 时,则有 $\sin C\geqslant\sin B\geqslant\frac{\sqrt{3}}{2}$,$\sin A\leqslant\frac{\sqrt{3}}{2}$,于是

$$16\sin B\sin C-4\sin^2 A-9\geqslant 16\cdot\left(\frac{\sqrt{3}}{2}\right)^2-4\left(\frac{\sqrt{3}}{2}\right)^2-9\geqslant 0$$

故式 ① 成立.

ii. 当 $\frac{\pi}{2}\geqslant\angle C\geqslant\frac{\pi}{3}\geqslant\angle B\geqslant\angle A$ 时,由 $\frac{\pi}{2}\geqslant\angle C=\pi-\angle A-\angle B\geqslant\pi-2\angle B>0$,有 $\sin C\geqslant\sin 2B$,于是得到

$$
\begin{aligned}
&16\sin B\sin C-4\sin^2 A-9\\
\geqslant&\ 16\sin B\sin 2B-4\sin^2 B-9\\
=&\ 32\sin^2 B\cos B-4\sin^2 B-9\\
=&\ 32(1-\cos^2 B)\cos B-4(1-\cos^2 B)-9
\end{aligned}
$$

$$=-32\cos^3 B+4\cos^2 B+32\cos B-13$$
$$=(1-2\cos B)(16\cos^2 B+6\cos B-13)$$

又由于 $\angle B\leqslant\frac{\pi}{3}$，$\frac{\pi}{2}\geqslant\pi-2\angle B$，由此得到$\frac{\pi}{4}\leqslant\angle B\leqslant\frac{\pi}{3}$，因此，$\frac{1}{2}\leqslant\cos B\leqslant\frac{\sqrt{2}}{2}$，于是

$$1-2\cos B\leqslant 1-2\cdot\frac{1}{2}=0$$

$$16\cos^2 B+6\cos B-13\leqslant 16\cdot\left(\frac{\sqrt{2}}{2}\right)^2+6\cdot\frac{\sqrt{2}}{2}-13\leqslant 3\sqrt{2}-5<0$$

因此得到

$$16\sin B\sin C-4\sin^2 A-9=(1-2\cos B)(16\cos^2 B+6\cos B-13)\geqslant 0$$

故式 ① 成立.

综上，原式获证，且由以上证明可知当且仅当 $a=b=c$，即 $\triangle ABC$ 为等边三角形时取等号.

注：若非钝角 $\triangle ABC$ 的最小边为 $BC=a$，BC 边上角平分线分别为 w_a，易知有 $4w_a^2\geqslant 4bc-a^2$，因此，有以下命题.

命题 17 (2008—05—09，湖北荆州中学魏烈斌提出) $\triangle ABC$ 为非钝角三角形，最小边为 $BC=a$，w_a 为 BC 边上的角平分线，R 为 $\triangle ABC$ 外接圆半径，则

$$w_a\geqslant\frac{3}{2}R$$

例 22 设 P 是 $\triangle ABC$ 中 $\angle BAC$ 的平分线上一点，联结 BP，CP 分别交 AC，AB 于点 E，F，若 $AB>AC$，则

i. $BE>CF$；

ii. $AB+AE>AC+AF$；

iii. $\triangle ABE$ 周长 $>\triangle ACF$ 周长.

证明 i. 首先证明 $BP>CP(\angle PBC<\angle PCB)$.

如图 8，从 P 分别向 AC，AB 作垂线，垂足分别为 G，H，因为 AP 平分 $\angle BAC$，因此，$PH=PG$，$AH=AG$，又由于 $AB>AC$，因此，$BH>CG$，这时，在 $\mathrm{Rt}\triangle PHB$ 和 $\mathrm{Rt}\triangle PGC$ 中，由 $PH=PG$，$BP>CP$，便知有 $PB>PC$，$\angle PBC<\angle PCB$.

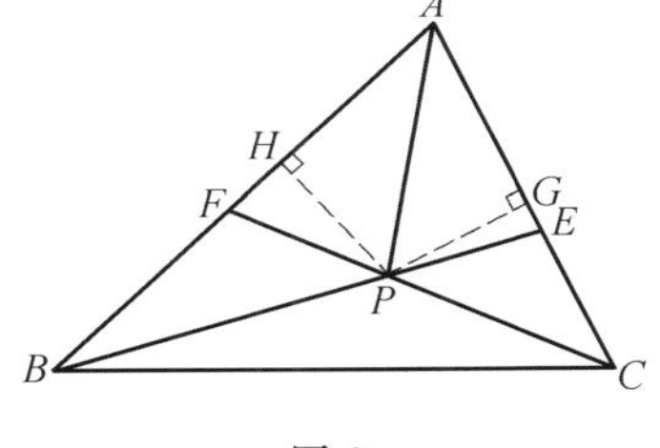

图 8

再证 $\angle PCE>\angle PBF$.

由 $AB>AC$ 知 $\angle ACB>\angle ABC$. 若 $\angle PCE$ 为钝角，显然 $\angle PCE>$

$\angle PBF$；若 $\angle PCE$ 为锐角，则在 $\mathrm{Rt}\triangle PGC$ 和 $\mathrm{Rt}\triangle PHB$ 中，$\sin\angle PCG=\frac{PG}{PC}>\frac{PH}{PB}=\sin\angle PBH$，因此得到 $\angle PCG>\angle PBH$，即 $\angle PCE>\angle PBF$.

现在证明 $BE>CF$.

如图 9，在线段 PE 上取点 I，使得 $\angle PCI=\angle PBF$，则 B,C,I,F 四点共圆，另外，由上已证 $\angle PBC<\angle PCB$，因此，$\angle BCI>\angle CBF$，于是，$\sin\angle BCI>\sin\angle CBF$. 设过 B,C,I,F 四点的圆的半径为 R，则 $BI=2R\sin\angle BCI>2R\sin\angle CBF=CF$，所以有 $BE>BI>CF$.

ii. 在 $\triangle ABE$ 和 $\triangle ACF$ 中，根据三角形中角平分线公式，有

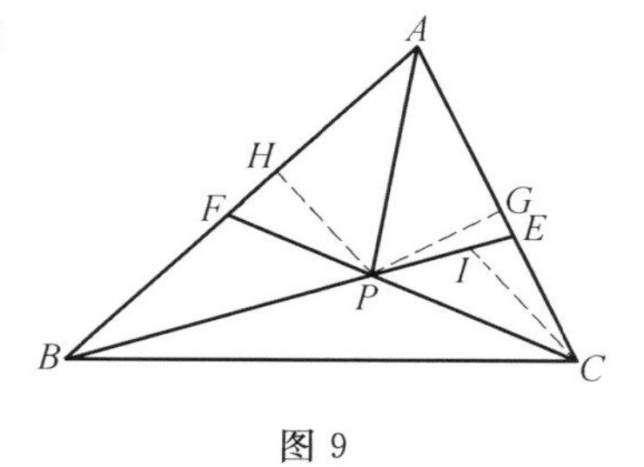

图 9

$$AP=\frac{2AB\cdot AE\cdot\cos\frac{A}{2}}{AB+AE}=\frac{2AC\cdot AF\cdot\cos\frac{A}{2}}{AC+AF}$$

即

$$\frac{1}{AB}+\frac{1}{AE}=\frac{1}{AC}+\frac{1}{AF}=\frac{2\cos\frac{A}{2}}{AP}$$

由此得到

$$AE=\frac{AB\cdot AP}{2AB\cdot\cos\frac{A}{2}-AP},AF=\frac{AC\cdot AP}{2AC\cdot\cos\frac{A}{2}-AP}$$

设 $\triangle ABC$ 中 $\angle BAC$ 的平分线为 w_a，则由三角形角平分线公式得到

$$w_a=\frac{2AB\cdot AC\cos\frac{A}{2}}{AB+AC}$$

于是

$$\begin{aligned}
&(AB+AE)-(AC+AF)\\
=&\left(AB+\frac{AB\cdot AP}{2AB\cdot\cos\frac{A}{2}-AP}\right)-\left(AC+\frac{AC\cdot AP}{2AC\cdot\cos\frac{A}{2}-AP}\right)\\
=&\frac{2\cos\frac{A}{2}(AB^2-AC^2)\left(\frac{2AB\cdot AC\cos\frac{A}{2}}{AB+AC}-AP\right)}{\left(2AB\cdot\cos\frac{A}{2}-AP\right)\left(2AC\cdot\cos\frac{A}{2}-AP\right)}\\
=&\frac{2\cos\frac{A}{2}(AB^2-AC^2)(w_a-AP)}{\left(2AB\cdot\cos\frac{A}{2}-AP\right)\left(2AC\cdot\cos\frac{A}{2}-AP\right)}\geqslant 0
\end{aligned}$$

即得 $AB+AE>AC+AF$.

iii. 由 i,ii 即得.

注:参见《数学通讯》(湖北),2011 年第 8 期,杨学枝《关于三角形角平分线上一点的不等式》.

例 23 设 M,N 为单位正方形内任意两个点,记 $MA=a,MB=b,MC=c,MD=d,NA=a_1,NB=b_1,NC=c_1,ND=d_1$,则

$$\sum a_1(b+c+d)\geqslant 6$$

证明 在前面第一章 §1 中的"柯西不等式的几个重要变形"3 中的命题 2,有

$$\begin{aligned}&\sum a_1(b+c+d)\\ \geqslant&2\sqrt{ab+ac+ad+bc+bd+da}\cdot\\ &\sqrt{a_1b_1+a_1c_1+a_1d_1+b_1c_1+b_1d_1+d_1a_1}\end{aligned}$$

而 $ab+ac+ad+bc+bd+da=(a+c)(b+d)+(ac+bd)$

$$(a+c)(b+d)\geqslant AC\cdot BD=2$$

从 M 作 $MM'\ /\!/\ AB$,且使 $MM'=AB$(图 10),则

$$\begin{aligned}ac+bd&=MA\cdot MC+MB\cdot MD\\&=MA\cdot M'D+M'A\cdot MD\geqslant AD\cdot MM'=1\end{aligned}$$

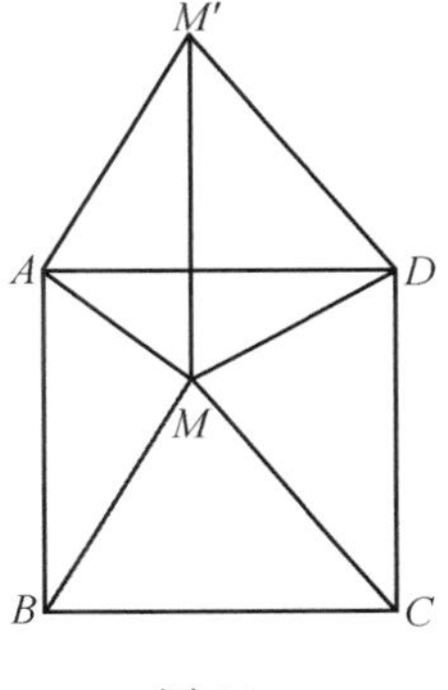

图 10

(在四边形 $M'AMD$ 中使用托勒密不等式),于是

$$\begin{aligned}&ab+ac+ad+bc+bd+da\\=&(a+c)(b+d)+(ac+bd)\geqslant 3\end{aligned}$$

同理

$$a_1b_1+a_1c_1+a_1d_1+b_1c_1+b_1d_1+d_1a_1\geqslant 3$$

故原式成立.

例 24 (自创题,2011-02-01) 在 $\triangle ABC$ 中,设 $\max\{A,B,C\}\leqslant\varphi\leqslant\frac{2\pi}{3}$,则

$$\cos(\varphi-A)+\cos(\varphi-B)+\cos(\varphi-C)\geqslant 1$$

当且仅当 $\triangle ABC$ 中的最大角及 φ 都等于 $\frac{2\pi}{3}$ 时取等号.

证明 不妨设 $\max\{A,B,C\}=A$,且 $B\geqslant C$,由于

$$\begin{aligned}&\cos(\varphi-A)+\cos(\varphi-B)+\cos(\varphi-C)-1\\=&2\cos\left(\varphi-\frac{B+C}{2}\right)\cos\frac{B-C}{2}-2\sin^2\frac{\varphi-A}{2}\end{aligned}\qquad①$$

下面来证明式 ① 成立.

由于 $A \leqslant \varphi \leqslant \frac{2\pi}{3}$,则 $\varphi - \frac{B+C}{2} \geqslant \varphi - A \geqslant 0$,且

$$\left[\frac{\pi}{2} - \left(\varphi - \frac{B+C}{2}\right)\right] - \frac{\varphi - A}{2} = \pi - \frac{3\varphi}{2} \geqslant 0$$

由此得到

$$0 \leqslant \frac{\varphi - A}{2} \leqslant \frac{\pi}{2} - \left(\varphi - \frac{B+C}{2}\right) \leqslant \frac{\pi}{2}$$

因此,有

$$\cos\left(\varphi - \frac{B+C}{2}\right) = \sin\left[\frac{1}{2}\pi - \left(\varphi - \frac{B+C}{2}\right)\right] \geqslant \sin\frac{\varphi - A}{2} \geqslant 0 \qquad ②$$

另外,又有

$$\left(\frac{\pi}{2} - \frac{B-C}{2}\right) - \frac{\varphi - A}{2} = \pi - \left(\frac{\varphi}{2} + B\right) \geqslant \pi - \left(\frac{\varphi}{2} + A\right) > 0$$

由此得到

$$0 \leqslant \frac{\varphi - A}{2} < \frac{\pi}{2} - \frac{B-C}{2} \leqslant \frac{\pi}{2}$$

因此,有

$$\cos\frac{B-C}{2} = \sin\left(\frac{\pi}{2} - \frac{B-C}{2}\right) > \sin\frac{\varphi - A}{2} \geqslant 0 \qquad ③$$

由式 ②③ 可知式 ① 成立.原命题获证.由以上证明中知当且仅当 $\triangle ABC$ 中的最大角及 φ 都等于 $\frac{2\pi}{3}$ 时取等号.

注:由本例中的不等式,可知有以下命题.

命题 (褚小光提出)在 $\triangle ABC$ 中,最大角为 A 且 $A \leqslant \frac{2\pi}{3}$,$R$,$r$ 分别为 $\triangle ABC$ 的外接圆半径和内切圆半径,则

$$\frac{\sqrt{3}}{2}(a+b+c) \geqslant 3R + r$$

当且仅当 $A = \frac{2\pi}{3}$ 时取等号.

例 25 (2012-02-10,安徽孙世宝老师提出)

设 P 为 $\triangle ABC$ 内部任意一点,R 为 $\triangle ABC$ 外接圆半径,则

$$PB \cdot PC + PC \cdot PA + PA \cdot PB < 4R^2$$

证明 设 $\triangle ABC$ 三边长为 $BC = a$,$CA = b$,$AB = c$,点 P 的重心坐标为(x, y, z),$x, y, z \in \mathbf{R}^+$,则有

$$(x+y+z)\overrightarrow{PA} = y\overrightarrow{BA} + z\overrightarrow{CA}$$

于是,得到

$$(x+y+z)\overrightarrow{PA} = y\overrightarrow{BA} + z\overrightarrow{CA} \leqslant zb + yc$$

同理,有$(x+y+z)|PB|\leqslant xc+za$,$(x+y+z)|PC|\leqslant ya+xb$,于是,要证原式,只需证

$$(xc+za)(ya+xb)+(ya+xb)(zb+yc)+(zb+yc)(xc+za)$$
$$\leqslant (x+y+z)^2\cdot 4R^2$$

在上式中应用正弦定理,即证

$$(x\sin C+z\sin A)(y\sin A+x\sin B)+(y\sin A+x\sin B)(z\sin B+y\sin C)+$$
$$(z\sin B+y\sin C)(x\sin C+z\sin A)\leqslant (x+y+z)^2$$

上式即为第一章中“二、柯西不等式的几个重要变形”中例5中的不等式,因此,原式成立.当$\angle A=0°$,$\angle B=\angle C=90°$,点P与顶点A重合,或轮换情况下取等号;

例 26 (自创题,2013-11-24)平面凸四边形$ABCD$,$AB=CD$,直线AB与DC交于P,直线AD与BC交于Q,直线AC与BD交于R,则$QC>PA>RD$,$QD>PB>RC$,$QA>PC>RB$,$QB>PD>RA$.

证明 以平面凸四边形$ABCD$的四个顶点A,B,C,D分别为独立顶点可知,问题中的图形只可能有以下四种(图 11 ~ 图 14).

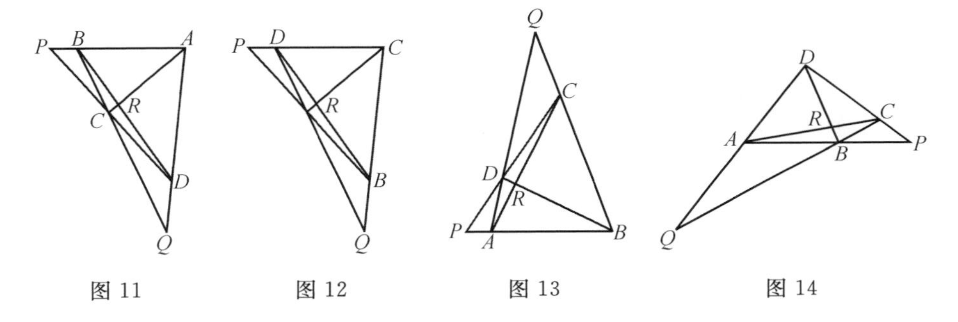

图 11 图 12 图 13 图 14

先证明$QD>PB$.

根据梅涅劳斯(Menelaus)定理,在$\triangle DAP$中,有

$$\frac{DQ}{QA}\cdot\frac{AB}{BP}\cdot\frac{PC}{CD}=1$$

由于$AB=CD$,因此,得到$\frac{DQ}{QA}\cdot\frac{PC}{BP}=1$,即$\frac{QD}{QA}=\frac{PB}{PC}$.

下面分两种情况证明.

i. 如图 11、图 12,易知必有$PB<PC$.由$\frac{QD}{QA}=\frac{PB}{PC}$得到

$$\frac{QD}{AD}=\frac{PB}{PC-PB}$$

由此可知,要证明$QD>PB$,只要证

$$AD>PC-PB$$

如图 11,由于

$$\begin{aligned}&AD-(PC-PB)\\=&AD-(PD-CD-PB)\\=&AD-(PD-AB-PB)\end{aligned}$$

(注意到 $AB=CD$)

$$\begin{aligned}&=AD-(PD-PA)\\&=AD+PA-PD>0\end{aligned}$$

即得 $AD>PC-PB$,故 $QD>PB$.

如图 12,由于

$$\begin{aligned}&AD-(PC-PB)\\=&AD-(PD+DC)+(PA+AB)\\=&AD+PA-PD>0\text{(注意到 }AB=CD\text{)}\end{aligned}$$

即得 $AD>PC-PB$,故 $QD>PB$.

ii. 如图 13、图 14,易知必有 $PB>PC$ 时. 由$\frac{QD}{QA}=\frac{PB}{PC}$得到

$$\frac{QD}{AD}=\frac{PB}{PB-PC}$$

由此可知,要证明 $QD>PB$,只要证

$$AD>PB-PC$$

如图 13,由于

$$\begin{aligned}&AD-(PB-PC)\\=&AD+(PD+DC)+BD-(PB+BD)\\=&(AD+AB-BD)+(PD+BD-PB)>0\end{aligned}$$

(注意到 $AB=CD$),即得 $AD>PB-PC$,故 $QD>PB$.

如图 14,由于

$$AD-(PB-PC)=AD+PC+CD-(PB+AB)$$

(注意到 $AB=CD$)

$$=AD+PD-PA>0$$

即 $AD>PB-PC$ 成立,故 $QD>PB$.

由上可知,无论是哪种图形,总有 $QD>PB$.

下面证明 $PB>RC$.

记 $\triangle ABC$ 面积为 $S_{\triangle ABC}$,由图 11 至图 14,都有$\frac{S_{\triangle BCD}}{S_{\triangle ABD}}\cdot\frac{S_{\triangle ABD}}{S_{\triangle PBD}}\cdot\frac{S_{\triangle PBD}}{S_{\triangle BCD}}=1$,

由此得到

$$\frac{RC}{RA}\cdot\frac{AB}{PB}\cdot\frac{PD}{CD}=1$$

由于 $AB = CD$,因此,得到$\frac{PB}{PD} = \frac{RC}{RA}$(本式也可在 $\triangle CAP$ 中,应用梅涅劳斯定理,有$\frac{PB}{BA} \cdot \frac{AR}{RC} \cdot \frac{CD}{DP} = 1$,于是得到$\frac{PB}{RC} = \frac{PD}{RA}$),即有

$$\frac{PB}{PB + PD} = \frac{RC}{AC}$$

由此可知,要证明 $PB > RC$,只要证

$$PB + PD > AC$$

如图 11、图 14,有

$$\begin{aligned} & PB + PD - AC \\ = & PB + PC + CD - AC \\ = & PB + PC + AB - AC \\ & (\text{注意到 } AB = CD) \\ = & PC + PA - AC > 0 \end{aligned}$$

即得 $PB + PD > AC$,故 $PB > RC$.

如图 12、图 13,有

$$\begin{aligned} & PB + PD - AC \\ = & PA + AB + PD - AC \\ = & PA + CD + PD - AC \\ & (\text{注意到 } AB = CD) \\ = & PA + PC - AC > 0 \end{aligned}$$

即得 $PB + PD > AC$,故 $PB > RC$.

由上可知,无论是哪种图形,总有 $PB > RC$.

综上,得到 $QD > PB > RC$.同理可证其他各式.

附:《东方论坛》(数学版)2013 年 11 月 20 日杨文龙老师发帖说,他最近证明了以下命题.

命题 如图 15,$\triangle ABC$ 中,E,D 分别在 AB,AC 上,BD,CE 交于点 P,$BC = ED$,若 $CD > BE$,证明:

$$AE \cdot AD > PE \cdot PD$$

$$AB \cdot AC > PB \cdot PC$$

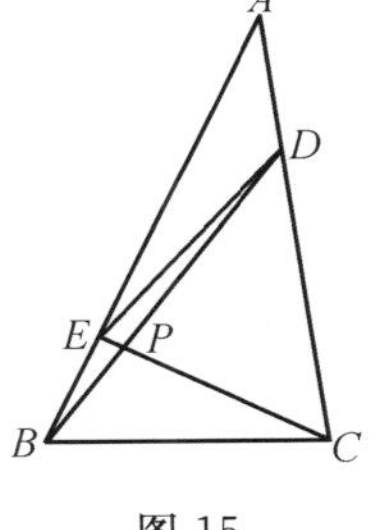

图 15

叶中豪老师于 2013 年 11 月 20 日发帖指出“经验证,$AD > EP$ 是对的,但证明估计比较困难.$AC > BP$,$AC > CP$,应该都对”.

根据上述猜想,笔者在证明时,做了进一步的加强和拓展,即上述例 26.

例 27 P 为平行四边形 $ABCD$ 内任意一点,记 $AB = a$,$BC = b$,$PA = x$,$PB = y$,$PC = z$,$PD = w$,则

$$xz + yw \geqslant ab$$

当且仅当 $\angle ADP = \angle ABP$，$\angle DAP = \angle DCP$ 时取等号.

证明 如图 16，分别从 A，P 作 $AE \mathbin{/\!/} BP$，$PE \mathbin{/\!/} BA$，AE 与 PE 交于 E，联结 DE，则 $AB \mathbin{/\!/} EP \mathbin{/\!/} DC$，且 $AB = EP = DC$，因此，四边形 $ABPE$ 和四边形 $CDEP$ 都是平行四边形，有 $AE = y$，$PE = a$，$DE = z$，于是，在四边形 $APDE$ 中，由托勒密不等式，即得

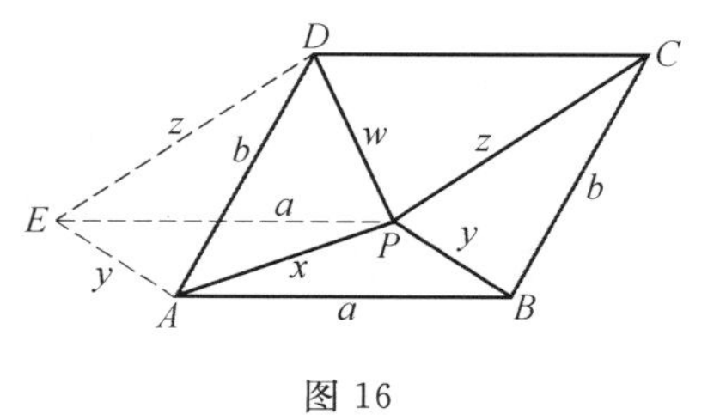

图 16

$$xz + yw \geqslant ab$$

当且仅当四边形凸 $APDE$ 内接于圆时取等号. 这时

$$\angle ADP = \angle AEP = \angle ABP$$

$$\angle DAP = \angle DEP = \angle DCP$$

原命题获证.

例 28 （自创题，2014－07－07）设 a，b，c 为非钝角 $\triangle ABC$ 三边长，则

$$\frac{2}{27}abc > |(a-b)(b-c)(c-a)|$$

证明 当 a，b，c 中有两个相等时，原命题显然成立. 下面应用增量比较法证明当 a，b，c 互不相等时，原命题成立.

不妨设 $a > b > c$，$a = c + \alpha + \beta$，$b = c + \alpha$，$\alpha, \beta \in \overline{\mathbf{R}^-}$，记 $\lambda = \frac{2}{27}$，由于 a，b，c 为非钝角 $\triangle ABC$ 三边长，由第三章“增量法证明不等式”则有

$$c \geqslant \sqrt{2\alpha\beta + 2\beta^2} + \beta$$

于是，有

$$\begin{aligned}
&\lambda abc - (a-b)(b-c)(a-c)\\
&= \lambda(c+\alpha+\beta)(c+\alpha)c - \alpha\beta(\alpha+\beta)\\
&= \lambda[c^3 + (2\alpha+\beta)c^2 + \alpha(\alpha+\beta)c] - \alpha\beta(\alpha+\beta)\\
&\geqslant \lambda[(\sqrt{2\alpha\beta+2\beta^2}+\beta)^3 + (2\alpha+\beta)(\sqrt{2\alpha\beta+2\beta^2}+\beta)^2 +\\
&\quad \alpha(\alpha+\beta)(\sqrt{2\alpha\beta+\beta^2}+\beta)] - \alpha\beta(\alpha+\beta)\\
&= \lambda[(\alpha^2+7\alpha\beta+7\beta^2)\sqrt{2\alpha\beta+2\beta^2} + 5\beta(\alpha+\beta)(\alpha+2\beta)] - \alpha\beta(\alpha+\beta)\\
&= \lambda[(\alpha^2+7\alpha\beta+7\beta^2) + \frac{5}{2}(\alpha+2\beta)\sqrt{2\alpha\beta+2\beta^2}]\sqrt{2\alpha\beta+2\beta^2} -\\
&\quad \frac{\alpha}{2}(\sqrt{2\alpha\beta+2\beta^2})^2\\
&= [\lambda(\alpha^2+7\alpha\beta+7\beta^2) + (\frac{5\lambda-1}{2}\alpha + 5\lambda\beta)\sqrt{2\alpha\beta+2\beta^2}]\sqrt{2\alpha\beta+2\beta^2}
\end{aligned}$$

因此，只要证明

$$\lambda(\alpha^2+7\alpha\beta+7\beta^2)+(\frac{5\lambda-1}{2}\alpha+5\lambda\beta)\sqrt{2\alpha\beta+2\beta^2}\geqslant 0 \qquad ①$$

为证明式 ①,不妨令 $\beta=1,\sqrt{2\alpha\beta+2\beta^2}=\sqrt{2\alpha+2}=t\geqslant 0$,即 $\alpha=\frac{1}{2}t^2-1$,则式 ① 可化为以下不等式

$$\lambda t^4-(1-5\lambda)t^3+10\lambda t^2+(10\lambda+2)t+4\geqslant 0$$

取 $\lambda=\frac{2}{27}$,代入上式,经化简得到

$$2t^4-17t^3+20t^2+74t+108\geqslant 0$$

上式左边

$$\begin{aligned}&2t^4-17t^3+20t^2+74t+108\\&=(t-\frac{51}{10})^2(2t^2+\frac{17}{5}t+\frac{133}{50})+\frac{6\ 349}{500}t+\frac{194\ 067}{5\ 000}>0\end{aligned}$$

(注意到 $t\geqslant 0$),由此即知式 ① 成立,故原式获证.

注:从以上解题过程可知,$\lambda=\frac{2}{27}$ 还不是最佳值,经计算机算得 $\frac{1}{\lambda}$ 是方程为

$$\lambda^6+36\lambda^4+365\lambda^2-2=0$$

的最大正实数根,约为 0.074 003 334 33.

由上例,很容易得到以下例题.

例 29 (自创题,2014－07－07)在非钝角 $\triangle ABC$ 中,有

$$\sin A\cos B+\sin B\cos C+\sin C\cos A<\frac{29}{54}(\sin A+\sin B+\sin C)$$

证明 原式等价于

$$\begin{aligned}&\frac{1}{2}[\sin(A+B)+\sin(A-B)+\sin(B+C)+\\&\sin(B-C)+\sin(C+A)+\sin(C-A)]\\&<\frac{29}{54}(\sin A+\sin B+\sin C)\\&\Leftrightarrow \sin(A-B)+\sin(B-C)+\sin(C-A)\\&<\frac{2}{27}(\sin A+\sin B+\sin C)\end{aligned}$$

另外,由上例得到

$$\frac{2}{27}\sin A\sin B\sin C>|(\sin A-\sin B)(\sin B-\sin C)(\sin C-\sin A)|$$

由此,有

$$\begin{aligned}&\frac{2}{27}\sin A\sin B\sin C>(\sin A-\sin B)(\sin B-\sin C)(\sin C-\sin A)\\&\Leftrightarrow \frac{2}{27}\cos\frac{A}{2}\cos\frac{B}{2}\cos\frac{C}{2}>\sin\frac{A-B}{2}\sin\frac{B-C}{2}\sin\frac{C-A}{2}\end{aligned}$$

$$\Leftrightarrow \frac{2}{27}\cdot\frac{1}{4}(\sin A+\sin B+\sin C)$$

$$>\frac{1}{4}[\sin(A-B)+\sin(B-C)+\sin(C-A)]$$

$$\Leftrightarrow \sin(A-B)+\sin(B-C)+\sin(C-A)<\frac{2}{27}(\sin A+\sin B+\sin C)$$

由此可知原不等式成立.

注:经计算机所得结果,使得

$$\sin A\cos B+\sin B\cos C+\sin C\cos A\leqslant k(\sin A+\sin B+\sin C)$$

成立的最佳的 k 的值为

$$k=\frac{\lambda^{\frac{1}{3}}+(-12\lambda^{\frac{2}{3}}+4\ 167+380\sqrt{114}+67\lambda^{\frac{1}{3}})^{\frac{1}{2}}}{2\lambda^{\frac{1}{3}}}$$

其中 $\lambda=12\ 501+1\ 140\sqrt{114}$.

例 30 设 $\triangle ABC$ 三边长为 $BC=a$, $CA=b$, $AB=c$,其对应边上的中线分别为 m_a, m_b, m_c,内切圆半径为 r,则

$$\sum m_a\geqslant\frac{4\sqrt{\sum b^2c^2}}{\sum a}+r \quad ①$$

当且仅当 $\triangle ABC$ 为正三角形;或退化为一边为零,另外两边相等;或退化为两边相等,另外一边为这两边之和时,式 ① 取等号.

证明 若记 $\triangle ABC$ 的重心为 M,据文[1],有

$$\sum(b+c)MA\geqslant 2\sqrt{\sum b^2c^2}$$

因此,有

$$\sum(b+c)m_a\geqslant 3\sqrt{\sum b^2c^2} \quad ②$$

若记 $\triangle ABC$ 面积为 Δ,据文[2],有

$$\sum am_a\geqslant 2\Delta+\sqrt{\sum b^2c^2} \quad ③$$

② + ③ 即得

$$\sum a\sum m_a\geqslant 4\sqrt{\sum b^2c^2}+2\Delta$$

上式两边同除以 $\sum a$,即得式 ①,易验证当且仅当 $\triangle ABC$ 为正三角形;或退化为一边为零,另外两边相等;或退化为两边相等,另外一边为这两边之和时,式 ② 取等号.

参考资料

[1] 杨学枝.三个点的加权点组的费马问题[J].中学数学,2002(8).
[2] 杨学枝.关于三角形中线的一组不等式[J].中学数学,1993(3).

例 31 (2010—06—11,刘保乾提出)在$\triangle ABC$中,$AC=b$,$AB=c$,AC,AB边上的中线分别为m_b,m_c,高线分别为h_b,h_c,则

$$\frac{m_b}{h_b}+\frac{m_c}{h_c}\geqslant\frac{4}{3}+\frac{b^2+c^2}{3bc}$$

当且仅当$\triangle ABC$为正三角形时取等号.

证明 设$\triangle ABC$面积为Δ,则原式等价于

$$2bm_b+2cm_c\geqslant\left(\frac{4}{3}+\frac{b^2+c^2}{3bc}\right)4\Delta$$

将上式两边平方并利用三角形中线公式,经整理得到

$$2a^2(b^2+c^2)+4b^2c^2-b^4-c^4+8bcm_bm_c\geqslant\left(\frac{4}{3}+\frac{b^2+c^2}{3bc}\right)^2 16\Delta^2 \quad ①$$

另外,原式经变换得到

$$8bcm_bm_c\geqslant\frac{b^2+c^2+bc}{3bc}\cdot 32\Delta^2 \quad ②$$

由式 ② 可知,要证式 ① 成立,只要证

$$2a^2(b^2+c^2)+4b^2c^2-b^4-c^4+\frac{b^2+c^2+bc}{3bc}\cdot 32\Delta^2\geqslant(\frac{4}{3}+\frac{b^2+c^2}{3bc})^2 16\Delta^2$$

即

$$2a^2(b^2+c^2)+4b^2c^2-b^4-c^4\geqslant\frac{(b^2+c^2)^2+2bc(b^2+c^2)+10b^2c^2}{9b^2c^2}\cdot 16\Delta^2$$

再应用三角形面积公式

$$\begin{aligned}16\Delta^2&=2b^2c^2+2c^2a^2+2a^2b^2-a^4-b^4-c^4\\&=-a^4+2a^2(b^2+c^2)-(b^2-c^2)^2\end{aligned}$$

代入上式,并整理得到

$$\begin{aligned}&[(b^2+c^2)^2+2bc(b^2+c^2)+10b^2c^2]a^4+2(b^2+c^2)[(b^2+c^2)^2+\\&2bc(b^2+c^2)+b^2c^2]\cdot a^2+9b^2c^2[2b^2c^2-(b^2-c^2)^2]+[(b^2+c^2)^2+\\&2bc(b^2+c^2)+10b^2c^2](b^2-c^2)^2\geqslant 0.\end{aligned} \quad ③$$

式 ③ 左边是关于a的双二次函数,且a^4项的系数大于零,因此,要证式 ③ 成立,只要证这个关于a的双二次函数的判别式不大于零,即

$$\begin{aligned}&4(b^2+c^2)^2[(b^2+c^2)^2+2bc(b^2+c^2)+10b^2c^2]^2-\\&4[(b^2+c^2)^2+2bc(b^2+c^2)+10b^2c^2][18b^4c^4-9b^2c^2(b^2-c^2)^2]-\\&4[(b^2+c^2)^2+2bc(b^2+c^2)+10b^2c^2]^2(b^2-c^2)^2\leqslant 0\end{aligned}$$

经整理,即证

$$\begin{aligned}&2\{2[(b^2+c^2)^2+2bc(b^2+c^2)+b^2c^2]^2-\\&9(b^2+c^2)^2[(b^2+c^2)^2+2bc(b^2+c^2)+10b^2c^2]\}-\\&9\{2b^2c^2[(b^2+c^2)^2+2bc(b^2+c^2)+10b^2c^2]+9b^2c^2(b^2+c^2)^2\}+\\&9[(b^2+c^2)^2+2bc(b^2+c^2)+10b^2c^2](b^2-c^2)^2\leqslant 0\end{aligned} \quad ④$$

即

$$-2[(b^2+c^2)^2+2bc(b^2+c^2)+b^2c^2](7b^2+7c^2+10bc)(b-c)^2+$$
$$9b^2c^2(7b^2+7c^2+10bc)(b-c)^2+$$
$$9[(b^2+c^2)^2+2bc(b^2+c^2)+10b^2c^2](b+c)^2(b-c)^2\leqslant 0$$
$$\Leftrightarrow -\{[(b^2+c^2)^2+2bc(b^2+c^2)+10b^2c^2](5b^2+5c^2+2bc)-$$
$$9b^2c^2(7b^2+7c^2+10bc)\}(b-c)^2\leqslant 0 \qquad ⑤$$

易证式 ⑤ 成立,事实上

$$式⑤左边\leqslant -[18b^2c^2(5b^2+5c^2+2bc)-9b^2c^2(7b^2+7c^2+10bc)](b-c)^2$$
$$=-27b^2c^2(b-c)^4\leqslant 0$$

因此式⑤成立,由上可知式③成立,故原式获证.由上述证明过程可知,当且仅当 $\triangle ABC$ 为正三角形时,原式取等号.

例 32 (自创题,2017-06-06)设 P 为 $\triangle ABC$ 内一点,点 P 到三角形顶点 A,B,C 的距离分别为 R_1,R_2,R_3,到三边 BC,CA,AB 所在直线的距离分别为 r_1,r_2,r_3,则

$$R_1r_1+R_2r_2+R_3r_3\geqslant 2(r_2r_3+r_3r_1+r_1r_2)$$

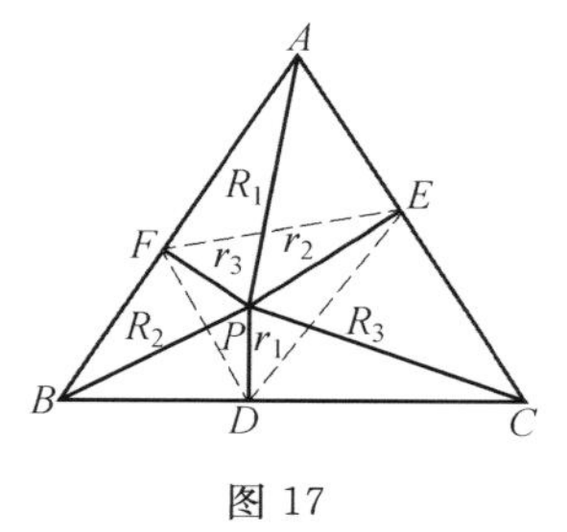

图 17

证明 如图 17,记点 P 到三边 BC,CA,AB 所在直线作垂线的垂足点分别为 D,E,F,联结 D,E,F 得到 $\triangle DEF$.

由于 A,F,P,E 四点共圆,$R_1=PA$ 为其直径,因此有

$$R_1=\frac{EF}{\sin\angle FPE}=\frac{EF}{\sin A}=\frac{\sqrt{r_2^2+r_3^2-2r_2r_3\cos\angle FPE}}{\sin A}$$
$$=\frac{\sqrt{r_2^2+r_3^2+2r_2r_3\cos A}}{\sin A}$$

类似还有两式.于是

$$R_1r_1+R_2r_2+R_3r_3$$
$$=\sum\frac{r_1\sqrt{r_2^2+r_3^2+2r_2r_3\cos A}}{\sin A}=\sum\frac{\sqrt{r_1^2r_2^2+r_3^2r_1^2+2r_1^2r_2r_3\cos A}}{\sin A}$$
$$=\sum\frac{\sqrt{(r_1r_2\sin B+r_3r_1\sin C)^2+(r_1r_2\cos B-r_3r_1\cos C)^2}}{\sin A}$$
$$\geqslant\sum r_1r_2\left(\frac{\sin B}{\sin A}+\frac{\sin A}{\sin B}\right)\geqslant 2\sum r_1r_2$$

原命题获证.

例 33 《中学数学教学》2020 年第 1 期上,"有奖解题擂台(127)"刊有以下问题:

在锐角 $\triangle ABC$ 中,求证:

$$\frac{1}{\cos A}+\frac{1}{\cos B}+\frac{1}{\cos C}\geqslant\frac{1}{\sin\frac{A}{2}\sin\frac{B}{2}\sin\frac{C}{2}}-2$$

今解答如下.

设 $\triangle ABC$ 边长为 $BC=a,CA=b,AB=c$，由对称性，不妨设 $a\geqslant b\geqslant c$，则原式等价于

$$\sum\frac{2bc}{-a^2+b^2+c^2}\geqslant\frac{8abc}{\prod(-a+b+c)}-2$$

$$\Leftrightarrow\sum\left(\frac{2bc}{-a^2+b^2+c^2}+1\right)\geqslant\frac{8abc}{\prod(-a+b+c)}+1$$

$$\Leftrightarrow\sum\frac{(a+b+c)(-a+b+c)}{-a^2+b^2+c^2}\geqslant\frac{-\sum a^3+\sum a(b+c)^2}{\prod(-a+b+c)}$$

$$\Leftrightarrow\sum\frac{(a+b+c)(-a+b+c)}{-a^2+b^2+c^2}\geqslant\frac{\sum a(a+b+c)(-a+b+c)}{\prod(-a+b+c)}$$

$$\Leftrightarrow\sum\frac{-a+b+c}{-a^2+b^2+c^2}\geqslant\sum\frac{a}{(a-b+c)(a+b-c)}$$

由于 $\sum\frac{a}{(a-b+c)(a+b-c)}=\frac{1}{2}\sum\left(\frac{1}{a-b+c}+\frac{1}{a+b-c}\right)=\sum\frac{1}{-a+b+c}$，因此，上式又等价于

$$\sum\frac{-a+b+c}{-a^2+b^2+c^2}\geqslant\sum\frac{1}{-a+b+c}$$

$$\Leftrightarrow\sum\left(\frac{-a+b+c}{-a^2+b^2+c^2}-\frac{1}{-a+b+c}\right)\geqslant 0$$

$$\Leftrightarrow\sum\frac{(a-b)(a-c)}{(-a+b+c)(-a^2+b^2+c^2)}\geqslant 0 \qquad ①$$

由于 $\triangle ABC$ 是锐角三角形，$a\geqslant b\geqslant c$，则有

$$(a-b)(a-c)\geqslant(a-b)(b-c)$$

$$(a-b+c)(a^2-b^2+c^2)\geqslant(-a+b+c)(-a^2+b^2+c^2)>0$$

因此有

$$\frac{(b-c)(b-a)}{(a-b+c)(a^2-b^2+c^2)}+\frac{(a-b)(a-c)}{(-a+b+c)(-a^2+b^2+c^2)}$$

$$=\frac{(a-b)(a-c)}{(-a+b+c)(-a^2+b^2+c^2)}-\frac{(a-b)(b-c)}{(a-b+c)(a^2-b^2+c^2)}\geqslant 0$$

另外有

$$\frac{(c-a)(c-b)}{(a+b-c)(a^2+b^2-c^2)}\geqslant 0$$

因此式 ① 成立，从而原式获证.

注：可参见《中学数学教学（安徽）》2020 年第 2 期，杨学枝《对一道征解题的解答》.

例 34　对杨文龙老师提出的关于梯形的一个不等式的证明.

杨文龙老师 2020 年 5 月 6 日向本人提出以下一个几何不等式：

梯形 $ABCD$，$AD \parallel BC$，$AB \geqslant CD$，则

$$BD - AB \geqslant AC - CD$$

证明　如图 18，建立直角坐标系 $O-xy$，设 $A(a,m)$，$B(0,0)$，$C(c,0)$，$D(b,m)$，$a,b,c,m>0$，且由已知条件，可设 $a<b,c,a\geqslant|b-c|$，于是，原命题中的不等式可化为代数不等式

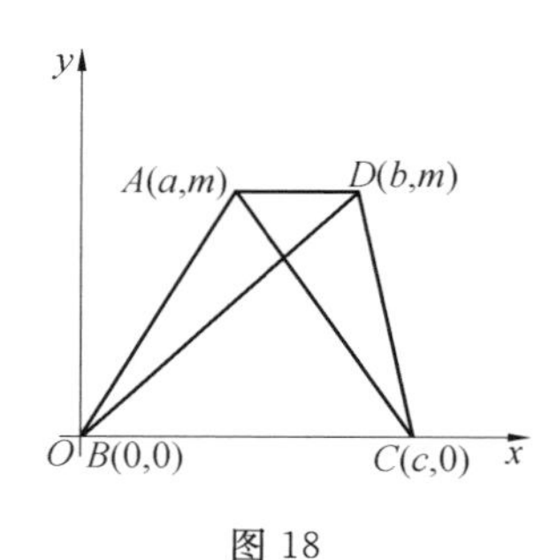

图 18

$$\sqrt{b^2+m^2}-\sqrt{a^2+m^2} \geqslant \sqrt{(c-a)^2+m^2}-\sqrt{(c-b)^2+m^2}$$

即

$$\sqrt{b^2+m^2}-\sqrt{(c-a)^2+m^2}$$
$$\geqslant \sqrt{a^2+m^2}-\sqrt{(c-b)^2+m^2}$$
$$\Leftrightarrow \left[\sqrt{b^2+m^2}-\sqrt{(c-a)^2+m^2}\right]^2 \geqslant \left[\sqrt{a^2+m^2}-\sqrt{(c-b)^2+m^2}\right]^2$$
$$\Leftrightarrow (b-a)c \geqslant \sqrt{(b^2+m^2)[(c-a)^2+m^2]}-\sqrt{(a^2+m^2)[(c-b)^2+m^2]}$$
$$\Leftrightarrow (b-a)c \geqslant \frac{(b^2+m^2)[(c-a)^2+m^2]-(a^2+m^2)[(c-b)^2+m^2]}{\sqrt{(b^2+m^2)[(c-a)^2+m^2]}+\sqrt{(a^2+m^2)[(c-b)^2+m^2]}}$$
$$\Leftrightarrow (b-a)c \geqslant \frac{c(b-a)[2m^2+(b+a)c-2ab]}{\sqrt{(b^2+m^2)[(c-a)^2+m^2]}+\sqrt{(a^2+m^2)[(c-b)^2+m^2]}}$$
$$\Leftrightarrow \sqrt{(b^2+m^2)[(c-a)^2+m^2]}+\sqrt{(a^2+m^2)[(c-b)^2+m^2]}$$
$$\geqslant 2m^2+(b+a)c-2ab$$

上式易证成立，事实上有

$$\sqrt{(b^2+m^2)[(c-a)^2+m^2]}+\sqrt{(a^2+m^2)[(c-b)^2+m^2]}$$
$$\geqslant [m^2+b(c-a)]+[m^2+a(c-b)]\text{（柯西不等式）}$$
$$=2m^2+(b+a)c-2ab$$

故原命题获证.

例 35　《中学数学教学》2020 年第 2 期（4 月）上刊载了郭要红教授提出的“有奖解题擂台（128）”，即如下问题：

设 a,b,c,R,r 分别为 $\triangle ABC$ 的三边长、外接圆半径、内切圆半径. 证明：

$$\frac{2}{3}+\frac{22r}{27R-6r} \leqslant \frac{a}{b+c}\cos^2\frac{A}{2}+\frac{b}{c+a}\cos^2\frac{B}{2}+\frac{c}{a+b}\cos^2\frac{C}{2} \leqslant \frac{9}{8}$$

证明 我们将证明较原不等式更强的不等式，即有

$$\frac{11}{12}\sum\cos A-\frac{1}{4}\overset{(1)}{\leqslant}\frac{a}{b+c}\cos^2\frac{A}{2}+\frac{b}{c+a}\cos^2\frac{B}{2}+\frac{c}{a+b}\cos^2\frac{C}{2}$$
$$\overset{(2)}{\leqslant}\frac{1}{2}(\cos^2\frac{A}{2}+\cos^2\frac{B}{2}+\cos^2\frac{C}{2})$$

由于

$$\frac{11}{12}\sum\cos A-\frac{1}{4}=\frac{2}{3}+\frac{11r}{12R}\geqslant\frac{2}{3}+\frac{22r}{27R-6r}$$

$$\frac{1}{2}(\cos^2\frac{A}{2}+\cos^2\frac{B}{2}+\cos^2\frac{C}{2})=\frac{1}{4}(3+\sum\cos A)\leqslant\frac{9}{8}$$

因此，式(1) 和式(2) 分别强于原问题中所给出的不等式.

下面我们先进行恒等变换，得到一个等式，从而一举解决了式(1) 和式(2) 不等式.

$$\frac{1}{2}(\cos^2\frac{A}{2}+\cos^2\frac{B}{2}+\cos^2\frac{C}{2})-$$
$$(\frac{a}{b+c}\cos^2\frac{A}{2}+\frac{b}{c+a}\cos^2\frac{B}{2}+\frac{c}{a+b}\cos^2\frac{C}{2})$$
$$=\frac{3}{2}(\cos^2\frac{A}{2}+\cos^2\frac{B}{2}+\cos^2\frac{C}{2})-(\sum a)(\sum\frac{1}{b+c}\cos^2\frac{A}{2})$$
$$=\frac{3}{2}\sum\cos^2\frac{A}{2}-(\sum\sin A)\left(\sum\frac{1}{\sin B+\sin C}\cos^2\frac{A}{2}\right)$$
$$=\frac{3}{2}\sum\cos^2\frac{A}{2}-\left(4\cos\frac{A}{2}\cos\frac{B}{2}\cos\frac{C}{2}\right)\left[\sum\frac{\cos^2\frac{A}{2}}{2\cos\frac{A}{2}\cos\frac{B-c}{2}}\right]$$

(注意到等式$\sum\sin A=4\cos\frac{A}{2}\cos\frac{B}{2}\cos\frac{C}{2}$)，

$$=(\prod\cos\frac{A}{2})(\frac{3}{2}\sum\frac{\cos\frac{A}{2}}{\cos\frac{B}{2}\cos\frac{C}{2}}-2\sum\frac{\cos\frac{A}{2}}{\cos\frac{B-C}{2}})$$
$$=(\prod\cos\frac{A}{2})[\frac{3}{2}\sum(\tan\frac{B}{2}+\tan\frac{C}{2})-2\sum\frac{\tan\frac{B}{2}+\tan\frac{C}{2}}{1+\tan\frac{B}{2}\tan\frac{C}{2}}]$$
$$=(\prod\cos\frac{A}{2})[3\sum\tan\frac{A}{2}-$$
$$\frac{2\sum(\tan\frac{B}{2}+\tan\frac{C}{2})(1+\tan\frac{C}{2}\tan\frac{A}{2})(1+\tan\frac{A}{2}\tan\frac{B}{2})}{(1+\tan\frac{B}{2}\tan\frac{C}{2})(1+\tan\frac{C}{2}\tan\frac{A}{2})(1+\tan\frac{A}{2}\tan\frac{B}{2})}]$$

$$=\left(\prod\cos\frac{A}{2}\right)\left[3\sum\tan\frac{A}{2}-\frac{2\left(3\sum\tan\frac{A}{2}+5\tan\frac{A}{2}\tan\frac{B}{2}\tan\frac{C}{2}\right)}{2+\left(\prod\tan\frac{A}{2}\right)\left(\sum\tan\frac{A}{2}\right)+\left(\prod\tan\frac{A}{2}\right)^2}\right]$$

(注意到等式 $\tan\frac{B}{2}\tan\frac{C}{2}+\tan\frac{C}{2}\tan\frac{A}{2}+\tan\frac{A}{2}\tan\frac{B}{2}=1$)

$$=\left(\prod\cos\frac{A}{2}\right)\cdot\frac{3\left(\prod\tan\frac{A}{2}\right)\left(\sum\tan\frac{A}{2}\right)^2+3\left(\prod\tan\frac{A}{2}\right)^2\left(\sum\tan\frac{A}{2}\right)-10\left(\prod\tan\frac{A}{2}\right)}{2+\left(\prod\tan\frac{A}{2}\right)\left(\sum\tan\frac{A}{2}\right)+\left(\prod\tan\frac{A}{2}\right)^2}$$

$$=\frac{\left(\prod\sin\frac{A}{2}\right)\left[3\left(\sum\tan\frac{A}{2}\right)^2+3\left(\prod\tan\frac{A}{2}\right)\left(\sum\tan\frac{A}{2}\right)-10\right]}{2+\tan\frac{A}{2}\tan\frac{B}{2}\tan\frac{C}{2}\sum\tan\frac{A}{2}+\left(\tan\frac{A}{2}\tan\frac{B}{2}\tan\frac{C}{2}\right)^2}$$

$$=\left\{\left(\prod\sin\frac{A}{2}\right)\left[3\left(\sum\tan\frac{A}{2}\right)^2\left(\sum\tan\frac{B}{2}\tan\frac{C}{2}\right)+\right.\right.$$

$$\left.\left.3\left(\prod\tan\frac{A}{2}\right)\left(\sum\tan\frac{A}{2}\right)-10\left(\sum\tan\frac{B}{2}\tan\frac{C}{2}\right)^2\right]\right\}/$$

$$\left[2+\tan\frac{A}{2}\tan\frac{B}{2}\tan\frac{C}{2}\sum\tan\frac{A}{2}+\left(\tan\frac{A}{2}\tan\frac{B}{2}\tan\frac{C}{2}\right)^2\right]$$

$$=\frac{\left(\prod\sin\frac{A}{2}\right)\left[\sum\left(\tan^2\frac{A}{2}+3\tan\frac{B}{2}\tan\frac{C}{2}\right)\left(\tan\frac{B}{2}-\tan\frac{C}{2}\right)^2\right]}{\left(1+\tan\frac{B}{2}\tan\frac{C}{2}\right)\left(1+\tan\frac{C}{2}\tan\frac{A}{2}\right)\left(1+\tan\frac{A}{2}\tan\frac{B}{2}\right)}$$

因此得到等式

$$\frac{1}{2}\left(\cos^2\frac{A}{2}+\cos^2\frac{B}{2}+\cos^2\frac{C}{2}\right)-\left(\frac{a}{b+c}\cos^2\frac{A}{2}+\frac{b}{c+a}\cos^2\frac{B}{2}+\frac{c}{a+b}\cos^2\frac{C}{2}\right)$$

$$=\frac{\left(\prod\sin\frac{A}{2}\right)\left[\sum\left(\tan^2\frac{A}{2}+3\tan\frac{B}{2}\tan\frac{C}{2}\right)\left(\tan\frac{B}{2}-\tan\frac{C}{2}\right)^2\right]}{\left(1+\tan\frac{B}{2}\tan\frac{C}{2}\right)\left(1+\tan\frac{C}{2}\tan\frac{A}{2}\right)\left(1+\tan\frac{A}{2}\tan\frac{B}{2}\right)}\qquad(※)$$

i. 由等式(※)即得式(2).

ii. 由于式(※)的右边

$$\frac{\left(\prod\sin\frac{A}{2}\right)\sum\left(\tan^2\frac{A}{2}+3\tan\frac{B}{2}\tan\frac{C}{2}\right)\left(\tan\frac{B}{2}-\tan\frac{C}{2}\right)^2}{\left(1+\tan\frac{B}{2}\tan\frac{C}{2}\right)\left(1+\tan\frac{C}{2}\tan\frac{A}{2}\right)\left(1+\tan\frac{A}{2}\tan\frac{B}{2}\right)}$$

$$\leqslant\frac{\left(\prod\sin\frac{A}{2}\right)\left[\sum\left(\tan^2\frac{A}{2}+1\right)\left(\tan\frac{B}{2}-\tan\frac{C}{2}\right)^2\right]}{\left(1+\tan\frac{B}{2}\tan\frac{C}{2}\right)\left(1+\tan\frac{C}{2}\tan\frac{A}{2}\right)\left(1+\tan\frac{A}{2}\tan\frac{B}{2}\right)}$$

(注意到 $\tan\frac{B}{2}\tan\frac{C}{2}\leqslant\tan\frac{B}{2}\tan\frac{C}{2}+\tan\frac{C}{2}\tan\frac{A}{2}+\tan\frac{A}{2}\tan\frac{B}{2}=1$ 等)

$$=\frac{\frac{3}{2}(\prod\sin\frac{A}{2})(\sum\sin^2\frac{B-C}{2})}{\cos\frac{B-C}{2}\cos\frac{C-A}{2}\cos\frac{A-B}{2}} \quad ①$$

又由于有以下等式(证明从略)

$$\prod\sin\frac{A}{2}=\frac{r}{4R},\sum\sin^2\frac{B-C}{2}=\frac{8R^2-(\frac{1}{2}\sum a)^2-2Rr-r^2}{4R^2}$$

$$\prod\cos\frac{B-C}{2}=\frac{(\frac{1}{2}a)^2+2Rr+r^2}{8R^2}$$

代入式 ① 右边,并经整理,得到

$$\frac{\frac{3}{2}(\prod\sin\frac{A}{2})(\sum\sin^2\frac{B-C}{2})}{\cos\frac{B-C}{2}\cos\frac{C-A}{2}\cos\frac{A-B}{2}}$$

$$=\frac{\frac{3}{2}[8R^2-(\frac{1}{2}\sum a)^2-2Rr-r^2]r}{2R[(\frac{1}{2}\sum a)^2+2Rr+r^2]}$$

$$\leqslant\frac{3[8R^2-(16R-5r)-2Rr-r^2]r}{4R[(16R-5r)+2Rr+r^2]}$$

(应用 Gerretsen 不等式 $(\frac{1}{2}\sum a)^2\geqslant 16Rr-5r^2$(1953 年 J. C. Gerretsen 给出,参见 O. Bottema[荷兰] 等著,单墫,译,北京大学出版社,1991 年 3 月第 1 版,P56 — 57))

$$=\frac{3(4R^2-9Rr+2r^2)}{4R(9R-2r)}$$

因此,由式 ① 便得到

$$\frac{(\prod\sin\frac{A}{2})\sum(\tan^2\frac{A}{2}+3\tan\frac{B}{2}\tan\frac{C}{2})(\tan\frac{B}{2}-\tan\frac{C}{2})^2}{(1+\tan\frac{B}{2}\tan\frac{C}{2})(1+\tan\frac{C}{2}\tan\frac{A}{2})(1+\tan\frac{A}{2}\tan\frac{B}{2})}$$

$$\leqslant\frac{\frac{3}{2}(\prod\sin\frac{A}{2})[\sum(\tan^2\frac{A}{2}+1)(\tan\frac{B}{2}\tan\frac{C}{2})^2]}{(1+\tan\frac{B}{2}\tan\frac{C}{2})(1+\tan\frac{C}{2}\tan\frac{A}{2})(1+\tan\frac{A}{2}\tan\frac{B}{2})}$$

(令 $x=\tan\frac{A}{2},y=\tan\frac{B}{2},z=\tan\frac{C}{2},x,y,z>0$,

另证有$\sum(x^2+3yz)(y-z)^2\leqslant\frac{3}{2}[\sum(z+x)(x+y)(y-z)^2])$

$$=\frac{\frac{3}{2}(\prod\sin\frac{A}{2})(\sum\sin^2\frac{B-C}{2})}{\cos\frac{B-C}{2}\cos\frac{C-A}{2}\cos\frac{A-B}{2}}$$

$$\leqslant\frac{3(4R^2-9Rr+2r^2)}{4R(9R-2r)}$$

因此,由式(※)得到

$$\frac{a}{b+c}\cos^2\frac{A}{2}+\frac{b}{c+a}\cos^2\frac{B}{2}+\frac{c}{a+b}\cos^2\frac{C}{2}$$

$$\geqslant\frac{1}{2}(\cos^2\frac{A}{2}+\cos^2\frac{B}{2}+\cos^2\frac{C}{2})-\frac{3(4R^2-9Rr+2r^2)}{4R(9R-2r)}$$

$$=\frac{1}{4}(3+\cos A+\cos B+\cos C)-\frac{3(4R^2-9Rr+2r^2)}{4R(9R-2r)}$$

$$=\frac{1}{4}(3+\frac{R+r}{R})-\frac{3(4R^2-9Rr+2r^2)}{4R(9R-2r)}$$

$$=\frac{4R+r}{4R}-\frac{3(4R^2-9Rr+2r^2)}{4R(9R-2r)}$$

$$=\frac{6R^2+7Rr-2r^2}{R(9R-2r)}$$

$$\geqslant\frac{2}{3}+\frac{11r}{12R}=\frac{11}{12}\sum\cos A-\frac{1}{4}$$

即得到式(2).

故式(1)和式(2)获证,从而征解问题便获得证明.

例 36 (自创题,2020-01-13)设$\lambda,u,v\in\mathbf{R}$,则在非钝角$\triangle ABC$中有

$$(\lambda\cos A+u\cos B+v\cos C)^2$$
$$\leqslant(-\lambda^2+u^2+v^2)\sin^2A+(\lambda^2-u^2+v^2)\sin^2B+(\lambda^2+u^2-v^2)\sin^2C$$

当且仅当$\frac{\lambda}{\sin A}=\frac{u}{\sin B}=\frac{v}{\sin C}$时取等号.

证法 1 记$\triangle ABC$三边长为$BC=a,CA=b,AB=c$,则有

$$(\lambda\cos A+u\cos B+v\cos C)^2$$

$$=(\lambda\frac{-a^2+b^2+c^2}{2bc}+u\frac{a^2-b^2+c^2}{2ca}+v\frac{a^2+b^2-c^2}{2ab})^2$$

$$=\frac{1}{4a^2b^2c^2}[\lambda a(-a^2+b^2+c^2)+ub(a^2-b^2+c^2)+vc(a^2+b^2-c^2)]^2$$

$$\leqslant\frac{1}{4a^2b^2c^2}[\lambda^2(-a^2+b^2+c^2)+u^2(a^2-b^2+c^2)+v^2(a^2+b^2-c^2)]\cdot$$
$$[a^2(-a^2+b^2+c^2)+b^2(a^2-b^2+c^2)+c^2(a^2+b^2-c^2)]\text{(柯西不等式)}$$

$$=\frac{1}{4a^2b^2c^2}[(-\lambda^2+u^2+v^2)a^2+(\lambda^2-u^2+v^2)b^2+(\lambda^2+u^2-v^2)c^2]\cdot 16\Delta^2$$

$$=(-\lambda^2+u^2+v^2)\frac{16\Delta^2}{4b^2c^2}+(\lambda^2-u^2+v^2)\frac{16\Delta^2}{4a^2c^2}+(\lambda^2+u^2-v^2)\frac{16\Delta^2}{4b^2c^2}$$

$$=(-\lambda^2+u^2+v^2)\sin^2 A+(\lambda^2-u^2+v^2)\sin^2 B+(\lambda^2+u^2-v^2)\sin^2 C$$

故原命题成立,当且仅当$\frac{\lambda}{a}=\frac{u}{b}=\frac{v}{c}$,即$\frac{\lambda}{\sin A}=\frac{u}{\sin B}=\frac{v}{\sin C}$时取等号.

证法 2　命题1也可以应用二次函数性质证明如下

$$\begin{aligned}f(\lambda)=&(-\lambda^2+u^2+v^2)\sin^2 A+(\lambda^2-u^2+v^2)\sin^2 B+(\lambda^2+u^2-v^2)\sin^2 C-\\&(\lambda\cos A+u\cos B+v\cos C)^2\\=&(-\sin^2 A+\sin^2 B+\sin^2 C-\cos^2 A)\lambda^2-\\&2\cos A(u\cos B+v\cos C)\lambda+\\&(u^2+v^2)\sin^2 A+(-u^2+v^2)\sin^2 B+(u^2-v^2)\sin^2 C-\\&(u\cos B+v\cos C)^2\\=&(\sin^2 B+\sin^2 C-1)\lambda^2-2\cos A(u\cos B+v\cos C)\lambda+\\&(\sin^2 A+\sin^2 C-1)u^2+(\sin^2 A+\sin^2 B-1)v^2-\\&2uv\cos B\cos C\end{aligned}$$

由于

$$\begin{aligned}\sin^2 B+\sin^2 C-1&=-\frac{1}{2}(\cos 2B+\cos 2C)\\&=-\cos(B+C)\cos(B-C)\\&=\cos A\cos(B-C)\end{aligned}$$

同理有$\sin^2 A+\sin^2 C-1=\cos B\cos(A-C)$,$\sin^2 A+\sin^2 B-1=\cos C\cdot\cos(A-B)$,由于$\triangle ABC$是非钝角三角形,因此,在以上三式中总有一式大于零,不妨设

$$\sin^2 B+\sin^2 C-1=\cos A\cos(B-C)>0$$

这时同时有二次函数$f(\lambda)$的判别式

$$\begin{aligned}\Delta=&4\cos^2 A(u\cos B+v\cos C)^2-4(\sin^2 B+\sin^2 C-1)\cdot\\&[(\sin^2 A+\sin^2 C-1)u^2+(\sin^2 A+\sin^2 B-1)v^2-\\&2uv\cos B\cos C]\\=&-4\{u^2[(\sin^2 A+\sin^2 C-1)(\sin^2 B+\sin^2 C-1)-\cos^2 A\cos^2 B]+\\&v^2[(\sin^2 A+\sin^2 B-1)(\sin^2 B+\sin^2 C-1)-\cos^2 A\cos^2 C]-\\&2uv\cos B\cos C(\cos^2 A+\sin^2 B+\sin^2 C-1)\}\\=&-4\{u^2\sin^2 C(\sin^2 A+\sin^2 B+\sin^2 C-2)+\\&v^2\sin^2 B(\sin^2 A+\sin^2 B+\sin^2 C-2)-\\&2uv\cos B\cos C(-\sin^2 A+\sin^2 B+\sin^2 C)\}\end{aligned}$$

$$=-4\{u^2\sin^2C(1-\cos^2A-\cos^2B-\cos^2C)+$$
$$v^2\sin^2B(1-\cos^2A-\cos^2B-\cos^2C)-$$
$$4uv\cos B\cos C\sin B\sin C\cos A)\}$$

(这里应用了 $\triangle ABC$ 中等式：$-\sin^2A+\sin^2B+\sin^2C=2\sin B\sin C\cos A$)

$$=-8(u^2\sin^2C\cdot\cos A\cos B\cos C+v^2\sin^2B\cdot\cos A\cos B\cos C-$$
$$2uv\sin B\sin C\cdot\cos A\cos B\cos C)$$

(这里应用了 $\triangle ABC$ 中等式:$\cos^2A+\cos^2B+\cos^2C+2\cos A\cos B\cos C=1$)

$$=-8\cos A\cos B\cos C(u\sin C-v\sin B)^2\leqslant 0$$

故原命题成立,当且仅当$\frac{\lambda}{\sin A}=\frac{u}{\sin B}=\frac{v}{\sin C}$时取等号.

推论 (自创题,2020－01－13)设$\lambda,u,v\in\mathbf{R}$,则在非钝角$\triangle ABC$中有

$$(v\cos B+u\cos C)^2+(\lambda\cos C+v\cos A)^2+(u\cos A+\lambda\cos B)^2$$
$$\leqslant\lambda^2+u^2+v^2$$

当且仅当$\frac{\lambda}{\sin A}=\frac{u}{\sin B}=\frac{v}{\sin C}$时取等号.

证明 推论中的不等式等价于

$$\lambda^2\cos^2A+u^2\cos^2B+v^2\cos^2C+$$
$$2uv\cos B\cos C+2v\lambda\cos B\cos C+2\lambda u\cos B\cos C$$
$$\leqslant(-\lambda^2+u^2+v^2)\sin^2A+(\lambda^2-u^2+v^2)\sin^2B+(\lambda^2+u^2-v^2)\sin^2C$$
$$\Leftrightarrow(\lambda^2-u^2-v^2)\cos^2A+(-\lambda^2+u^2-v^2)\cos^2B+(-\lambda^2-u^2+v^2)\cos^2C+$$
$$(v\cos B+u\cos C)^2+(\lambda\cos C+v\cos A)^2+(u\cos A+\lambda\cos B)^2$$
$$\leqslant(-\lambda^2+u^2+v^2)\sin^2A+(\lambda^2-u^2+v^2)\sin^2B+(\lambda^2+u^2-v^2)\sin^2C$$
$$\Leftrightarrow(v\cos B+u\cos C)^2+(\lambda\cos C+v\cos A)^2+(u\cos A+\lambda\cos B)^2$$
$$\leqslant(-\lambda^2+u^2+v^2)(\sin^2A+\cos^2A)+(\lambda^2-u^2+v^2)(\sin^2B+\cos^2B)+$$
$$(\lambda^2+u^2-v^2)(\sin^2C+\cos^2C)$$
$$=\lambda^2+u^2+v^2$$

即得推论中的不等式,当且仅当$\frac{\lambda}{\sin A}=\frac{u}{\sin B}=\frac{v}{\sin C}$时取等号.

例 37 (自创题,2020－01－13)设$\lambda,u,v\in\mathbf{R}$,则在非钝角$\triangle ABC$中有

$$(v\cos B+u\cos C)^2+(\lambda\cos C+v\cos A)^2+(u\cos A+\lambda\cos B)^2$$
$$\geqslant 2(uv\cos A+v\lambda\cos B+\lambda u\cos C)$$

当且仅当$\frac{\lambda}{\sin A}=\frac{u}{\sin B}=\frac{v}{\sin C}$时取等号.

证明 记

$$f(\lambda)=(v\cos B+u\cos C)^2+(\lambda\cos C+v\cos A)^2+(u\cos A+\lambda\cos B)^2-$$
$$2(uv\cos A+v\lambda\cos B+\lambda u\cos C)$$

$$=(\cos^2 B+\cos^2 C)\lambda^2-2\lambda[u(\cos C-\cos A\cos B)+v(\cos B-\cos A\cos C)]+$$
$$[u^2(\cos^2 A+\cos^2 C)+v^2(\cos^2 A+\cos^2 B)-2uv(\cos A-\cos B\cos C)]$$

由于$\cos^2 B+\cos^2 C>0$，$f(\lambda)$ 的判别式

$$\Delta=4[u(\cos C-\cos A\cos B)+v(\cos B-\cos A\cos C)]^2-$$
$$4(\cos^2 B+\cos^2 C)\cdot[u^2(\cos^2 A+\cos^2 C)+v^2(\cos^2 A+\cos^2 B)-$$
$$2uv(\cos A-\cos B\cos C)]$$
$$=-u^2[(\cos^2 B+\cos^2 C)(\cos^2 A+\cos^2 C)-(\cos C-\cos A\cos B)^2]-$$
$$v^2[(\cos^2 B+\cos^2 C)(\cos^2 A+\cos^2 B)-(\cos B-\cos A\cos C)^2]+$$
$$2uv[(\cos B-\cos A\cos C)(\cos C-\cos A\cos B)+$$
$$(\cos^2 B+\cos^2 C)(\cos A-\cos B\cos C)]$$
$$=-u^2[2\cos A\cos B\cos C-\cos^2 C(1-\cos^2 A-\cos^2 B-\cos^2 C)]-$$
$$v^2[2\cos A\cos B\cos C-\cos^2 B(1-\cos^2 A-\cos^2 B-\cos^2 C)]+$$
$$2uv[\cos B\cos C(1+\cos^2 A-\cos^2 B-\cos^2 C)]$$
$$=-u^2(2\cos A\cos B\cos C-2\cos^2 C\cdot\cos A\cos B\cos C)-$$
$$v^2(2\cos A\cos B\cos C-2\cos^2 B\cdot\cos A\cos B\cos C)+$$
$$4uv\cos A\cos B\cos C(\cos A+\cos B\cos C)$$

（这里应用了 $\triangle ABC$ 中等式：$\cos^2 A+\cos^2 B+\cos^2 C+2\cos A\cos B\cos C=1$）

$$=-2\cos A\cos B\cos C[u^2(1-\cos^2 C)+v^2(1-\cos^2 B)-$$
$$2uv(\cos A+\cos B\cos C)]$$
$$=-2\cos A\cos B\cos C(u^2\sin^2 C+v^2\sin^2 B-2uv\sin B\sin C)$$

（这里应用了 $\triangle ABC$ 中等式：$\cos A=-\cos(B+C)=-\cos B\cos C+\sin B\sin C$）

$$=-2\cos A\cos B\cos C(u\sin C-v\sin B)^2\leqslant 0$$

因此得到 $f(\lambda)\geqslant 0$，原式获证，当且仅当$\frac{\lambda}{\sin A}=\frac{u}{\sin B}=\frac{v}{\sin C}$时取等号.

其他不等式证明举例

第七章

本章中的例子形式多样，有很多是新题和自创题，注重对不等式研究，证明方法几乎涵盖了不等式证明的各种初等证明方法，其中不乏有一些不等式难题，其证法仍注重其初等性.

例 1 （自创题，2008－07－08）设 $x,y\in\overline{\mathbf{R}^-}$，$\lambda>0$，则 $x^2,y^2,\lambda xy$ 中必有一个不小于 $\left(\frac{\lambda}{\lambda+1}\right)^2(x+y)^2$.

证法 1 若 $y\leqslant\frac{x}{\lambda}$，则 $x^2\geqslant\left(\frac{\lambda}{\lambda+1}\right)^2(x+y)^2$；若 $x\leqslant\frac{y}{\lambda}$，则 $y^2\geqslant\left(\frac{\lambda}{\lambda+1}\right)^2(x+y)^2$；若 $\frac{y}{\lambda}\leqslant x\leqslant\lambda y$，或 $\frac{y}{\lambda}\geqslant x\geqslant\lambda y$，则 $(\lambda x-y)(x-\lambda y)\leqslant0$，即 $(\lambda^2+1)xy\geqslant\lambda(x^2+y^2)$，因此，有 $\lambda xy\geqslant\left(\frac{\lambda}{\lambda+1}\right)^2(x+y)^2$.

由此可知，原命题成立.

证法 2 用反证法和增量法.

假设 $x^2<\left(\frac{\lambda}{\lambda+1}\right)^2(x+y)^2$，$y^2<\left(\frac{\lambda}{\lambda+1}\right)^2(x+y)^2$，$\lambda xy<\left(\frac{\lambda}{\lambda+1}\right)^2(x+y)^2$，即

$$\begin{cases}\lambda y-x>0\\ \lambda x-y>0\\ \lambda(x+y)-(\lambda+1)\sqrt{\lambda xy}>0\end{cases}$$

引进参数 $\alpha,\beta,\gamma\in\mathbf{R}^{+}$，设

$$\begin{cases}\lambda y-x=\alpha\\ \lambda x-y=\beta\\ \lambda(x+y)-(\lambda+1)\sqrt{\lambda xy}=\gamma\end{cases}$$

由上消去 x,y，则有

$$\begin{aligned}\gamma&=\frac{\lambda}{\lambda-1}(\alpha+\beta)-\frac{1}{\lambda-1}\sqrt{\lambda[\lambda(\alpha^{2}+\beta^{2})+(\lambda^{2}+1)\alpha\beta]}\\&=\frac{\lambda}{\lambda-1}(\alpha+\beta)-\frac{1}{\lambda-1}\sqrt{\lambda[\lambda(\alpha+\beta)^{2}+(\lambda-1)^{2}\alpha\beta]}\\&<\frac{\lambda}{\lambda-1}(\alpha+\beta)-\frac{\lambda}{\lambda-1}(\alpha+\beta)=0\end{aligned}$$

这与 $\gamma\in\mathbf{R}^{+}$ 矛盾.

故在 $x^{2},y^{2},\lambda xy$ 中必有一个不小于 $\left(\frac{\lambda}{\lambda+1}\right)^{2}(x+y)^{2}$.

例 2 （自创题，2003－04－18）设 $\lambda,a.b,c\in\mathbf{R}^{+}$，且 $b^{2}\geqslant\lambda ac$，则 a,b,c 中至少有一数不小于 $\frac{\lambda}{2\lambda+1}(a+b+c)$.

证明 若 $a\geqslant b$，则 $(a-b)[(\lambda+1)a+b]\geqslant 0$，即 $(\lambda+1)a^{2}\geqslant\lambda ab+b^{2}\geqslant\lambda ab+\lambda ac$，便得到 $a\geqslant\frac{\lambda}{2\lambda+1}(a+b+c)$；同理可证，若 $c\geqslant b$，则有 $c\geqslant\frac{\lambda}{2\lambda+1}\cdot(a+b+c)$.

若 $b\geqslant a,b\geqslant c$，则 $(b-a)(b-c)\geqslant 0$，即 $\frac{2b^{2}+ac}{b}\geqslant a+b+c$，另外，由 $b^{2}\geqslant\lambda ac$，便得到 $\frac{1+2\lambda}{\lambda}b^{2}\geqslant 2b^{2}+ac\geqslant b(a+b+c)$，因此得到 $b\geqslant\frac{\lambda}{2\lambda+1}(a+b+c)$.

注：本例另一证法与例 1 的证法 2 一样，也可以应用增量法证明.

例 3 （自创题，2014－02－18）设 $a,b,c,d\in\overline{\mathbf{R}^{-}}$，$\lambda\in\mathbf{R}^{+}$，且 $d^{2}\geqslant\lambda(bc+ca+ab)>0$. 则 a,b,c,d 中，至少有一个不小于 $\frac{\lambda}{1+2\lambda}(a+b+c+d)$.

证明 先给出以下引理.

引理 设 $a,b,c\in\overline{\mathbf{R}^{-}}$，$\lambda\in\mathbf{R}^{+}$，$d\geqslant a,b,c$，且 $d^{2}\geqslant\lambda(bc+ca+ab)$，则

$$d\geqslant\frac{\lambda}{1+\lambda}(a+b+c)\qquad (※)$$

当且仅当 a,b,c 中有一个为零，另外两个与 d 的比值为 1 和 $\frac{1}{\lambda}$ 时取等号.

引理证明 由 $d\geqslant a,b,c$，得到 $(d-a)(d-b)(d-c)\geqslant 0$，即

$$d^3-(a+b+c)d^2+(bc+ca+ab)d-abc\geqslant 0$$

于是,有

$$\left(1+\frac{bc+ca+ab}{d^2}-\frac{abc}{d^3}\right)d\geqslant a+b+c \quad ①$$

另外,由于 $d^2\geqslant\lambda(bc+ca+ab)$,因此,有

$$1+\frac{bc+ca+ab}{d^2}-\frac{abc}{d^3}\leqslant 1+\frac{1}{\lambda}$$

注意到式 ①,便得到

$$\left(1+\frac{1}{\lambda}\right)d\geqslant a+b+c$$

即式(※).

由以上证明过程可知,当且仅当 a,b,c 中有一个为零,另外两个与 d 的比值为 1 和 $\frac{1}{\lambda}$ 时取等号.

下面来证明原命题.

i. 若 $d\geqslant a,b,c$,由引理有

$$\left(1+\frac{1}{\lambda}\right)d\geqslant a+b+c$$

在上式两边同时加上 d,即可得到 $d\geqslant\frac{\lambda}{1+2\lambda}(a+b+c+d)$.

ii. 若 a,b,c 不全小于 d,如 $a\geqslant d>0$,则

$$a^2\geqslant d^2\geqslant\lambda(bc+ca+ab)=\lambda a\left(b+c+\frac{bc}{a}\right)$$

即

$$a\geqslant\lambda\left(\frac{bc}{a}+b+c\right)\geqslant\lambda(-a+b+c+d)$$

于是得到

$$(1+2\lambda)a\geqslant\lambda(a+b+c+d)$$

即

$$a\geqslant\frac{\lambda}{1+2\lambda}(a+b+c+d)$$

同理可得,当 $b\geqslant d>0$ 时,有 $b\geqslant\frac{\lambda}{1+2\lambda}(a+b+c+d)$;当 $c\geqslant d>0$ 时,有 $c\geqslant\frac{\lambda}{1+2\lambda}(a+b+c+d)$.

原命题获证.

例 3 是例 2 的推广.

例 4 (自创题,1997-03-03) 设 $f(x)=ax^2+bx+c(a\neq 0)$,x_1,x_2,x_3 为复数,且不全相等,记

$$\lambda=\frac{|a(x_1-x_2)(x_2-x_3)(x_3-x_1)|}{|x_1-x_2|+|x_2-x_3|+|x_3-x_1|}$$

则 $|f(x_1)|,|f(x_2)|,|f(x_3)|$ 中必有一个不小于 λ.

证明 应用反证法,同时应用绝对值不等式性质.

假设 $|f(x_1)|,|f(x_2)|,|f(x_3)|$ 均小于 λ,则

$$\begin{aligned}&|(x_2-x_3)\cdot f(x_1)|+|(x_3-x_1)\cdot f(x_2)|+|(x_1-x_2)\cdot f(x_3)|\\<&\lambda(|x_2-x_3|+|x_3-x_1|+|x_1-x_2|)\\=&|a(x_1-x_2)(x_2-x_3)(x_3-x_1)|\end{aligned}$$

但另一方面,有

$$\begin{aligned}&|(x_2-x_3)\cdot f(x_1)|+|(x_3-x_1)\cdot f(x_2)|+|(x_1-x_2)\cdot f(x_3)|\\\geqslant&|(x_2-x_3)\cdot f(x_1)+(x_3-x_1)\cdot f(x_2)+(x_1-x_2)\cdot f(x_3)|\\=&|(x_2-x_3)\cdot(ax_1^2+bx_1+c)+(x_3-x_1)(ax_2^2+bx_2+c)+\\&(x_1-x_2)(ax_3^2+bx_3+c)|\\=&|a(x_1-x_2)(x_2-x_3)(x_3-x_1)|\end{aligned}$$

与以上所得相矛盾.故原命题成立.

注:类似证法有以下命题.

命题 设

$$f(x)=ax^3+bx^2+cx+d(a,b\text{ 不全为 }0)$$

x_1,x_2,x_3 为复数,且不全相等,记

$$\lambda=\frac{|a(x_1+x_2+x_3)+b|\,|(x_1-x_2)(x_2-x_3)(x_3-x_1)|}{|x_1-x_2|+|x_2-x_3|+|x_3-x_1|}$$

则 $|f(x_1)|,|f(x_2)|,|f(x_3)|$ 中必有一个不小于 λ.

例 5 (自创题,1987-08-24)设

$$x,y,z\in[0,1]$$

$$D=\begin{vmatrix}0&x&1-x\\1-y&0&y\\z&1-z&0\end{vmatrix}$$

则 $x(1-y),y(1-z),z(1-x)$ 中必有一个其值不大于 D.

证明
$$\begin{aligned}D=&\begin{vmatrix}0&x&1-x\\1-y&0&y\\z&1-z&0\end{vmatrix}\\=&xyz+(1-x)(1-y)(1-z)\\=&1-\sum x+\sum yz\end{aligned}$$

则有

$$D\left[\frac{1}{x(1-y)}+\frac{1}{y(1-z)}+\frac{1}{z(1-x)}\right]$$

$$=\sum \frac{zx+(1-y)(1-z)-x(1-y)}{x(1-y)}$$

$$=\sum (\frac{z}{1-y}+\frac{1-z}{x}-1)$$

$$=(\frac{z}{1-y}+\frac{1-y}{z})+(\frac{1-z}{x}+\frac{x}{1-z})+(\frac{1-x}{y}+\frac{y}{1-x})-3$$

$$\geqslant 3$$

由此可知，$\frac{1}{x(1-y)}$，$\frac{1}{y(1-z)}$，$\frac{1}{z(1-x)}$ 中，必有一个不小于 $\frac{1}{D}$，也就是 $x(1-y)$，$y(1-z)$，$z(1-x)$ 中必有一个其值不大于 D.

注：本题有以下命题.

等价命题 1　设 $a_1,a_2,a_3,b_1,b_2,b_3\in\overline{\mathbf{R}^-}$，且 $a_1+b_1=a_2+b_2=a_3+b_3=1$，则 a_1b_2,a_2b_3,a_3b_1 中必有一个其值不大于 $a_1a_2a_3+b_1b_2b_3$.

等价命题 2　设 D,E,F 分别为 $\triangle ABC$ 的边 BC,CA,AB 上的点，则 $\triangle AFE$，$\triangle BDF$，$\triangle CED$ 的面积中必有一个不大于 $\triangle DEF$ 的面积.

对于证明"必有一个不大于(不小于)"如"证明 A,B,C 中必有一个不大于 M"，此类命题，可以考虑以下几种思路：

(1) 证明 $A+B+C\leqslant 3M$；

(2) $ABC\leqslant M^3(A,B,C,M>0)$；

(3) $BC+CA+AB\leqslant 3M^2(A,B,C>0)$；

(4) $M(\frac{1}{A}+\frac{1}{B}+\frac{1}{C})\geqslant 3(A,B,C,M>0)$；

(5) $M^2(\frac{1}{BC}+\frac{1}{CA}+\frac{1}{AB})\geqslant 3(A,B,C,M>0)$ 等.

例 6　设 $a,b,c,d\in\overline{\mathbf{R}^-}$，则

$$\frac{(1+a^3)(1+b^3)(1+c^3)(1+d^3)}{(1+a^2)(1+b^2)(1+c^2)(1+d^2)}\geqslant\frac{1+abcd}{2}$$

当且仅当 $a=b=c=d=1$ 时取等号.

证明　因为

$$2(1+a^3)^4-(1+a^2)^4(1+a^4)$$
$$=(1-a)^2(1+2a-a^2+4a^3+2a^4+2a^6+4a^7-a^8+2a^9+a^{10})\geqslant 0$$

所以
$$2(1+a^3)^4\geqslant(1+a^2)^4(1+a^4)$$

同理有

$$2(1+b^3)^4\geqslant(1+b^2)^4(1+b^4)$$
$$2(1+c^3)^4\geqslant(1+c^2)^4(1+c^4)$$
$$2(1+d^3)^4\geqslant(1+d^2)^4(1+d^4)$$

将以上四式左右两边分别相乘，并应用赫尔德不等式，有

$$(1+a^4)(1+b^4)(1+c^4)(1+d^4)\geqslant(1+abcd)^3$$

即得原式.

注:(1) 猜想:当 $a,b\in\overline{\mathbf{R}^-}$,$n$ 为大于 1 的正整数时,有

$$2(a^n+b^n)^{n+1}\geqslant(a^{n+1}+b^{n+1})(a^{n-1}+b^{n-1})^{n+1}$$

此猜想已被证明.参见《数学通讯》2010 年第 7 期,李明,何灯《两个不等式猜测的证实》.

(2) 更一般猜想:设 $a_i\in\overline{\mathbf{R}^-}$,$(i=1,2,\cdots,m)$,$m,n$ 为正整数,且 $n\geqslant m\geqslant 2$ 时,有

$$m\left(\sum_{i=1}^{m}a_i^n\right)^{n+1}\geqslant\sum_{i=1}^{m}a_i^{n+1}\cdot\left(\sum_{i=1}^{n-1}a_i^{n-1}\right)^{n+1}$$

此猜想也已被浙江张小明老师所证明.但还未见到其初等证明.

(3) 若上述猜想成立,则对于任意非负数 $a_{ij}(i=1,2,\cdots,n+1;j=1,2,\cdots,m)$,有

$$m\prod_{i=1}^{n+1}\sum_{j=1}^{m}a_{ij}^n\geqslant\prod_{i=1}^{n+1}\sum_{j=1}^{m}a_{ij}^{n-1}\cdot\sum_{j=1}^{m}\prod_{i=1}^{n+1}a_{ij}$$

例 7 设 $a,b,c,d\in\mathbf{R}^+$,且 $abcd=1$,则

$$\frac{a}{1+ab}+\frac{b}{1+bc}+\frac{c}{1+cd}+\frac{d}{1+da}\geqslant 2$$

证明 设 $a=\frac{y}{x},b=\frac{z}{y},c=\frac{w}{z},d=\frac{x}{w}$,则

$$\begin{aligned}&\frac{a}{1+ab}+\frac{b}{1+bc}+\frac{c}{1+cd}+\frac{d}{1+da}\\&=\frac{\frac{y}{x}}{1+\frac{z}{x}}+\frac{\frac{z}{y}}{1+\frac{w}{y}}+\frac{\frac{w}{z}}{1+\frac{x}{z}}+\frac{\frac{x}{w}}{1+\frac{y}{w}}\\&=\frac{y}{x+z}+\frac{z}{y+w}+\frac{w}{z+x}+\frac{x}{w+y}\\&=\frac{y+w}{x+z}+\frac{x+z}{y+w}\geqslant z\end{aligned}$$

原命题获证.

例 8 $a,b\geqslant 0,a+b=1,\lambda\geqslant 1$,则

$$\sqrt{\frac{a}{\lambda+b}}+\sqrt{\frac{b}{\lambda+a}}\leqslant\frac{2}{\sqrt{2\lambda+1}}.$$

证明 设 $\frac{a}{\lambda+b}=m^2,\frac{b}{\lambda+a}=n^2,m,n\in\overline{\mathbf{R}^-}$,由 $a+b=1$,可得到

$$\frac{m^2}{1+m^2}+\frac{n^2}{1+n^2}=\frac{1}{\lambda+1}$$

因此,得到 $\lambda=\dfrac{1-m^2n^2}{m^2+n^2+2m^2n^2}$,$2\lambda+1=\dfrac{2+m^2+n^2}{m^2+n^2+2m^2n^2}$,于是,要证原式只要证

$$(m+n)^2\leqslant 4\cdot\frac{m^2+n^2+2m^2n^2}{2+m^2+n^2}$$

即证

$$4(m^2+n^2+2m^2n^2)-(2+m^2+n^2)(m+n)^2\geqslant 0$$

$$\Leftrightarrow [2-(m^2+n^2+4mn)](m-n)^2\geqslant 0$$

因此,又只要证

$$2-(m^2+n^2+4mn)\geqslant 0 \qquad ①$$

即证

$$2-\left[\frac{a}{\lambda+b}+\frac{b}{\lambda+a}+4\sqrt{\frac{ab}{(\lambda+b)(\lambda+a)}}\right]\geqslant 0$$

由于 $\lambda\geqslant 1$,因此,只需证

$$2-\left[\frac{a}{1+b}+\frac{b}{1+a}+4\sqrt{\frac{ab}{(1+b)(1+a)}}\right]\geqslant 0$$

$$\Leftrightarrow \frac{1+b-a}{1+b}+\frac{1+a-b}{1+a}\geqslant 4\sqrt{\frac{ab}{2+ab}}$$

$$\Leftrightarrow \frac{2b}{1+b}+\frac{2a}{1+a}\geqslant 4\sqrt{\frac{ab}{2+ab}}$$

$$\Leftrightarrow \frac{1+2ab}{2+ab}\geqslant 2\sqrt{\frac{ab}{2+ab}}$$

$$\Leftrightarrow \left(\frac{1+2ab}{2+ab}\right)^2\geqslant \frac{4ab}{2+ab}$$

$$\Leftrightarrow (1+2ab)^2-4ab(2+ab)\geqslant 0$$

$$\Leftrightarrow 1-4ab\geqslant 0$$

$$\Leftrightarrow (a-b)^2\geqslant 0$$

故式 ① 成立,原命题获证.

猜想 设 $a_i\geqslant 0,i=1,2,\cdots,n$,且 $\sum\limits_{i=1}^{n}a_i=1\leqslant\dfrac{\lambda}{n-1}$,$n$ 为不小于 2 的正整数,则

$$\sum_{i=1}^{n}\sqrt{\frac{1-a_i}{\lambda+a_i}}\leqslant n\sqrt{\frac{n-1}{\lambda n+1}}$$

此猜想成立,后面例 121 已给出了证明.

例 9 a,b,c 为正数,且 $a^4+b^4+c^4=3$,证明

$$\frac{1}{4-bc}+\frac{1}{4-ca}+\frac{1}{4-ab}\leqslant 1$$

证法 1　注意到原式左边各分母均大于零，于是，将原式去分母，并整理得到其等价式

$$8\sum bc+a^2b^2c^2-3abc\sum a-16\leqslant 0$$

又由于 $a^2b^2c^2\leqslant\frac{1}{9}abc\sum a\cdot\sqrt{3\sum a^4}=\frac{1}{3}abc\sum a$，故只需证

$$8\sum bc+\frac{1}{3}abc\sum a-3abc\sum a-16\leqslant 0$$

即

$$3\sum bc-abc\sum a-6\leqslant 0 \qquad (※)$$

但

$$\begin{aligned}3\sum bc-abc\sum a-6&=3\sum bc-\frac{1}{2}(\sum bc)^2+\frac{1}{2}\sum b^2c^2-6\\&=-\frac{1}{2}(\sum bc-3)^2+\frac{1}{2}(\sum b^2c^2-3)\leqslant 0\end{aligned}$$

（注意 $\sum b^2c^2\leqslant\sum a^4=3$），故式（※）成立，原式获证.

证法 2　由 $a^4+b^4+c^4=3$，可知 $a^2,b^2,c^2<2$，因此，$\frac{1}{4-a^2}\leqslant\frac{1}{18}a^4+\frac{5}{18}$（易证，从略），于是得到

$$\sum\frac{1}{4-bc}\leqslant\frac{1}{2}\sum(\frac{1}{4-b^2}+\frac{1}{4-c^2})=\sum\frac{1}{4-a^2}\leqslant\sum(\frac{1}{18}a^4+\frac{5}{18})=1$$

故原式成立.

例 10　$a,b,c,d\in\mathbf{R}^+$，且 $abcd=1$，证明

$$\frac{1}{(1+a)^2}+\frac{1}{(1+b)^2}+\frac{1}{(1+c)^2}+\frac{1}{(1+d)^2}\geqslant 1$$

当且仅当 $a=b=c=d=1$ 时取等号.

证法 1　令 $a=\frac{yz}{x^2},b=\frac{zw}{y^2},c=\frac{wx}{z^2},d=\frac{xy}{w^2}$，于是所证不等式可变为

$$\frac{x^4}{(x^2+yz)^2}+\frac{y^4}{(y^2+zw)^2}+\frac{z^4}{(z^2+wx)^2}+\frac{w^4}{(w^2+xy)^2}\geqslant 1$$

应用柯西不等式，有

$$\begin{aligned}&[(x^2+yz)^2+(y^2+zw)^2+(z^2+wx)^2+(w^2+xy)^2]\cdot\\&[\frac{x^4}{(x^2+yz)^2}+\frac{y^4}{(y^2+zw)^2}+\\&\frac{x^4}{(z^2+wx)^2}+\frac{x^4}{(w^2+xy)^2}]\geqslant(x^2+y^2+z^2+w^2)^2\end{aligned}$$

由此知，我们只需证

$$\begin{aligned}&(x^2+y^2+z^2+w^2)^2\\\geqslant&(x^2+yz)^2+(y^2+zw)^2+(z^2+wx)^2+(w^2+xy)^2\\\Leftrightarrow&x^2(y-z)^2+y^2(z-w)^2+z^2(w-x)^2+w^2(x-y)^2\geqslant 0\end{aligned}$$

注：对于如 $abcd=1$，可以考虑用变量代换：$a=\frac{y}{x}$，$a=\frac{z}{y}$，$a=\frac{w}{z}$，$a=\frac{x}{w}$；或 $a=\frac{yz}{x^2}$，$b=\frac{zw}{y^2}$，$c=\frac{wx}{z^2}$，$d=\frac{xy}{w^2}$；或 $a=\frac{x^2}{yz}$，$b=\frac{y^2}{zw}$，$c=\frac{z^2}{wx}$，$d=\frac{w^2}{xy}$ 等等.

证法 2 先证

$$\frac{1}{(1+a)^2}+\frac{1}{(1+b)^2}\geqslant\frac{1}{1+ab} \tag{※}$$

式(※)$\Leftrightarrow (1+ab)[(1+a)^2+(1+b)^2]-(1+a)^2(1+b)^2\geqslant 0$

$$\begin{aligned}
\text{上式左边}&=(1+ab)(2+2a+2b+a^2+b^2)-(1+a+b+ab)^2\\
&=(1+ab)(2+2a+2b+a^2+b^2)-\\
&\quad [(1+ab)^2+2(1+ab)(a+b)+(a+b)^2]\\
&=(1+ab)(a^2+b^2+1-ab)-(a+b)^2\\
&=ab(a^2+b^2)+1-a^2b^2-2ab\\
&=ab(a-b)^2+(1-ab)^2\geqslant 0
\end{aligned}$$

今证原式. 由式(※)知，也有

$$\frac{1}{(1+c)^2}+\frac{1}{(1+d)^2}\geqslant\frac{1}{1+cd}$$

所以

$$\begin{aligned}
&\frac{1}{(1+a)^2}+\frac{1}{(1+b)^2}+\frac{1}{(1+c)^2}+\frac{1}{(1+d)^2}\\
\geqslant&\frac{1}{1+ab}+\frac{1}{1+cd}=\frac{1}{1+ab}+\frac{1}{1+\frac{1}{ab}}=1
\end{aligned}$$

注：本例条件只需 $abcd\geqslant 1$，原式成立.

例 11 （自创题，1998－04－26）设 $x,y,z,u,v,w\in\overline{\mathbf{R}^-}$，则

$$\sum\frac{1}{(y+z)(v+w)}\geqslant\frac{9}{2\sum x(v+w)}$$

当且仅当 $x=y=z$，$u=v=w$，或 $y=z$，$x=0$，$v=w$，$u=0$，或 $z=x$，$y=0$，$w=u$，$v=0$，或 $x=y$，$z=0$，$u=v$，$w=0$ 时取等号.

证明 先证明以下引理.

引理 （自创题，1998－04－26）设 $x,y,z,u,v,w\in\overline{\mathbf{R}^-}$，则

$$\sum\frac{(y-z)^2}{(x+y)(x+z)}\geqslant\frac{1}{2}\sum\frac{(y-z)^2}{(y+z)^2}$$

引理证明 由于

$$\sum\frac{(y-z)^2}{2(x+z)(x+y)}-\sum\frac{(y-z)^2}{4(y+z)^2}$$

$$=\sum\left[\frac{2(y+z)^2-x^2-\sum yz}{4\prod(y+z)}\cdot\frac{(y-z)^2}{y+z}\right]$$

由对称性,不妨设 $x\geqslant y\geqslant z$,则有

$$\frac{(x-z)^2}{x+z}\geqslant\frac{(y-z)^2}{y+z}$$

以及

$$2(x+z)^2-y^2-\sum yz=2x^2+2z^2+3xz-y^2-yz-xy\geqslant 0$$

$$2(x+y)^2-z^2-\sum yz=2x^2+2y^2+3xy-z^2-xz-yz\geqslant 0$$

所以 $\sum\left[\frac{2(y+z)^2-x^2-\sum yz}{4\prod(y+z)}\cdot\frac{(y-z)^2}{y+z}\right]$

$$\geqslant\frac{2(y+z)^2-x^2-\sum yz}{4\prod(y+z)}\cdot\frac{(y-z)^2}{y+z}+$$

$$\frac{2(x+z)^2-y^2-\sum yz}{4\prod(y+z)}\cdot\frac{(x-z)^2}{x+z}$$

$$\geqslant\frac{2(y+z)^2-x^2-\sum yz+2(x+z)^2-y^2-\sum yz}{4\prod(y+z)}\cdot\frac{(y-z)^2}{y+z}$$

$$=\frac{4z^2+2yz+2xz+(x-y)^2}{4\prod(y+z)}\cdot\frac{(y-z)^2}{y+z}\geqslant 0$$

因此得到

$$\sum\frac{(y-z)^2}{2(x+z)(x+y)}-\sum\frac{(y-z)^2}{4(y+z)^2}\geqslant 0$$

即 $\sum\frac{(y-z)^2}{(x+y)(x+z)}\geqslant\frac{1}{2}\sum\frac{(y-z)^2}{(y+z)^2}$. 引理获证.

下面证明原命题. 由于

$$2\sum\frac{1}{(y+z)(v+w)}\cdot\sum x(v+w)-9$$

$$=2\sum\frac{x}{y+z}+2\sum\frac{y(w+u)+z(u+v)}{(y+z)(v+w)}-9$$

$$=2\sum\frac{x}{y+z}+2\sum\frac{u(y+z)+yw+zv}{(y+z)(v+w)}-9$$

$$=2\sum\frac{x}{y+z}+2\sum\frac{u}{v+w}+2\sum\frac{yw+zv}{(y+z)(v+w)}-9$$

$$=(2\sum\frac{x}{y+z}-3)+(2\sum\frac{u}{v+w}-3)+2\sum\frac{yw+zv}{(y+z)(v+w)}-3$$

$$=\sum \frac{(y-z)^2}{(x+y)(x+z)}+\sum \frac{(v-w)^2}{(u+v)(u+w)}+$$

$$\sum\left[\frac{2(yw+zv)}{(y+z)(v+w)}-1\right]$$

$$=\sum \frac{(y-z)^2}{(x+y)(x+z)}+\sum \frac{(v-w)^2}{(u+v)(u+w)}-\sum \frac{(y-z)(v-w)}{(y+z)(v+w)}$$

$$\geqslant \frac{1}{2}\sum \frac{(y-z)^2}{(y+z)^2}+\frac{1}{2}\sum \frac{(v-w)^2}{(v+w)^2}-\sum \frac{(y-z)(v-w)}{(y+z)(v+w)}\text{(根据引理)}$$

$$=\frac{1}{2}\sum\left(\frac{y-z}{y+z}-\frac{v-w}{v+w}\right)^2\geqslant 0$$

由上证明中知，当且仅当 $x=y=z,u=v=w$，或 $x=y,z=0,u=v,w=0$，或 $y=z,x=0,v=w,u=0$，或 $z=x,y=0,w=u,v=0$ 时原式取等号.

注：(1) 可参考《不等式研究》(杨学枝主编，西藏人民出版社. 2006年6月出版) 第 538 ～ 539 页. 杨学枝对刘健先生提出的 shc73 的证明.

Shc73　在 $\triangle ABC$ 中，有 $\sum \frac{h_a}{r_2+r_3}\geqslant \frac{9}{2}$. 其中 h_a,h_b,h_c 为 $\triangle ABC$ 的边 BC,CA,AB 上的高，r_1,r_2,r_3 为 $\triangle ABC$ 内任意一点 P 到边 BC,CA,AB 的距离.

(2) 特例：设 $x,y,z\in \overline{\mathbf{R}^-}$，则

$$\sum \frac{1}{(y+z)^2}\geqslant \frac{9}{4\sum yz}$$

(3) 由上特例可证 2003 年国家集训队选拔测试题：

设 $x,y,z\in \mathbf{R}^+$，且 $\sum yz=1$，求证

$$\sum \frac{1}{y+z}>\frac{5}{2} \tag{※}$$

证明　　式(※)$\Leftrightarrow \sum yz\cdot\left(\sum \frac{1}{y+z}\right)^2>\frac{25}{4}$

但 $\sum yz\cdot\left(\sum \frac{1}{y+z}\right)^2-\frac{25}{4}=\sum yz\cdot \frac{1}{(y+z)^2}+$

$$2\sum yz\cdot\sum \frac{1}{(x+y)(x+z)}-\frac{25}{4}$$

$$\geqslant \frac{9}{4}+\frac{4\sum x\cdot\sum yz}{\prod(y+z)}-\frac{25}{4}\text{(据上特例)}$$

$$=\frac{9}{4}+4+\frac{4xyz}{\prod(y+z)}-\frac{25}{4}$$

$$=\frac{4xyz}{\prod(y+z)}>0$$

由此知原式成立.

(4) 由以上的证明过程可知有以下恒等式和不等式

$$[x(v+w)+y(w+u)+z(u+v)]\cdot$$
$$[\frac{1}{(y+z)(v+w)}+\frac{1}{(z+x)(w+u)}+\frac{1}{(x+y)(u+v)}]$$
$$=(yz+zx+xy)[\frac{1}{(y+z)^2}+\frac{1}{(z+x)^2}+\frac{1}{(x+y)^2}]+$$
$$(vw+wu+uv)[\frac{1}{(v+w)^2}+$$
$$\frac{1}{(w+u)^2}+\frac{1}{(u+v)^2}]+\frac{1}{4}[(\frac{y-z}{y+z}-\frac{v-w}{v+w})^2+$$
$$(\frac{z-x}{z+x}-\frac{w-u}{w+u})^2+(\frac{x-y}{x+y}-\frac{u-v}{u+v})^2]$$
$$\geqslant(yz+zx+xy)[\frac{1}{(y+z)^2}+\frac{1}{(z+x)^2}+\frac{1}{(x+y)^2}]+$$
$$(vw+wu+uv)[\frac{1}{(v+w)^2}+\frac{1}{(w+u)^2}+\frac{1}{(u+v)^2}]$$

当且仅当$\frac{y-z}{y+z}=\frac{v-w}{v+w},\frac{z-x}{z+x}=\frac{w-u}{w+u},\frac{x-y}{x+y}=\frac{u-v}{u+v}$时取等号,以上 $x,y,z,u,v,w\in\mathbf{R}$.

由此可得到以下命题.

命题 设$\triangle ABC$三边长为a,b,c,面积为Δ;$\triangle A'B'C'$三边长为a',b',c',面积为Δ',则有

i. $$\sum(-a+b+c)a'\cdot\sum\frac{1}{aa'}$$
$$\geqslant\frac{1}{2}(\sum\frac{1}{a^2})(2\sum bc-\sum a^2)+\frac{1}{2}(\sum\frac{1}{a'^2})(2\sum b'c'-\sum a'^2)$$

ii. $$\sum(-a^2+b^2+c^2)a'^2\cdot\sum\frac{1}{a^2a'^2}\geqslant 8(\sum\frac{1}{a^4})\Delta^2+8(\sum\frac{1}{a'^4})\Delta'^2$$

上式 ii 显然是匹多不等式

$$\sum(-a^2+b^2+c^2)a'^2\geqslant 16\Delta\Delta'$$

的加强.

例 12 (自创题,2011-04-12) 设a,b,c为互不相等的实数,m,n为任意实数,则

$$(\frac{ma-nb}{a-b})^2+(\frac{mb-nc}{b-c})^2+(\frac{mc-na}{c-a})^2\geqslant(m^2+n^2)$$

证明 设$x=\frac{b}{a-b},y=\frac{c}{b-c},z=\frac{a}{c-a}$,则

$$1+x=\frac{a}{a-b},1+y=\frac{b}{b-c},1+z=\frac{c}{c-a}$$

则有$(1+x)(1+y)(1+z)=xyz$，展开得到

$$1+x+y+z+yz+zx+xy=0$$

若记$s_1=x+y+z,s_2=yz+zx+xy$，则

$$1+s_1+s_2=0 \quad ①$$

于是，有

$$\left(\frac{ma-nb}{a-b}\right)^2+\left(\frac{mb-nc}{b-c}\right)^2+\left(\frac{mc-na}{c-a}\right)^2-(m^2+n^2)$$

$$=[(1+x)m-xn]^2+[(1+y)m-xn]^2+[(1+z)m-xn]^2-(m^2+n^2)$$

$$=[(1+x)^2+(1+y)^2+(1+z)^2-1]m^2+[(x^2+y^2+z^2)-1]n^2-$$
$$2[x(1+x)+y(1+y)+z(1+z)]mn$$

$$=(s_1^2-2s_2+2s_1+2)m^2+(s_1^2-2s_2-1)n^2-2(s_1^2-2s_2+s_1)mn$$

$$=[s_1^2+2(s_1+1)+2s_1+2]m^2+[s_1^2+2(s_1+1)-1]n^2-$$
$$2[s_1^2+2(s_1+1)+s_1]mn$$

$$=(s_1+2)^2m^2+(s_1+1)^2n^2-2(s_1+2)(s_1+1)mn$$

$$=[(s_1+2)m-(s_1+1)n]^2\geqslant 0$$

故原式成立.

由证明过程可知，当且仅当$(s_1+2)m=(s_1+1)n$，即

$$(a^2b+b^2c+c^2a)m=(ab^2+bc^2+ca^2)n$$

时取等号.

注：由以上证明，可以得到以下等式：

设a,b,c为互不相等的复数，m,n为任意复数，则

$$\left(\frac{ma-nb}{a-b}\right)^2+\left(\frac{mb-nc}{b-c}\right)^2+\left(\frac{mc-na}{c-a}\right)^2-(m^2+n^2)$$
$$=\left[\frac{m-n}{2}\left(\frac{a+b}{a-b}+\frac{b+c}{b-c}+\frac{c+a}{c-a}\right)+\frac{m+n}{2}\right]^2$$

例 13 （自创题，2007－01－15）设，$a,b,c,d\in\mathbf{R}^+$，且$a+b+c+d\leqslant 2$，则

$$\sum\frac{bcd}{1+a}\leqslant\frac{2}{9}(ab+ac+ad+bc+bd+cd)$$

当且仅当$a=b=c=d$，或a,b,c,d中有一个为零，其余三个相等时取等号.

证明
$$\frac{bcd}{2(1+a)}\leqslant\frac{bcd}{(b+a)+(c+a)+(d+a)}$$
$$\leqslant\frac{bcd}{9}\left(\frac{1}{b+a}+\frac{1}{c+a}+\frac{1}{d+a}\right)$$

类似还有三式，将这四式左右两边分别相加，得到

$$\begin{aligned}\sum \frac{bcd}{2(1+a)} &\leqslant \sum \frac{bcd}{(b+a)+(c+a)+(d+a)} \\ &\leqslant \sum \frac{bcd}{9}(\frac{1}{b+a}+\frac{1}{c+a}+\frac{1}{d+a}) \\ &= \sum \frac{1}{9}(\frac{bcd}{a+b}+\frac{acd}{b+a}) \\ &= \frac{1}{9}(ab+ac+ad+bc+bd+cd)\end{aligned}$$

即得原式. 易知当且仅当 $a=b=c=d$,或 a,b,c,d 中有一个为零,其余三个相等时取等号.

例 14 (第 48 届 IMO 中国国家集训队测试题) 设正数 $a_1,a_2,\cdots,a_n$,满足 $a_1+a_2+\cdots+a_n=1$,求证

$$(a_1a_2+a_2a_3+\cdots+a_na_1)(\frac{a_1}{a_2^2+a_2}+\frac{a_2}{a_3^2+a_3}+\cdots+\frac{a_n}{a_1^2+a_1}) \geqslant \frac{n}{n+1}$$

证法 1 分两种情况证明.

i. 若 $a_1a_2+a_2a_3+\cdots+a_na_1 \geqslant \frac{1}{n}$,则只需证

$$\frac{a_1}{a_2^2+a_2}+\frac{a_2}{a_3^2+a_3}+\cdots+\frac{a_n}{a_1^2+a_1} \geqslant \frac{n^2}{n+1} \quad ①$$

由算术 — 几何平均值不等式,即得

$$\begin{aligned}\text{式 ① 左边} &\geqslant n \cdot \sqrt[n]{\frac{a_1}{a_2^2+a_2} \cdot \frac{a_2}{a_3^2+a_3} \cdot \cdots \cdot \frac{a_n}{a_1^2+a_1}} \\ &= n\sqrt[n]{\frac{1}{(a_2+1)(a_3+1)\cdots(a_1+1)}} \\ &\geqslant n \cdot \frac{n}{\sum(a_1+1)} = \frac{n^2}{n+1}\end{aligned}$$

即得式 ①.

ii. 若 $a_1a_2+a_2a_3+\cdots+a_na_1 \leqslant \frac{1}{n}$,由柯西不等式有

$$(a_1a_2+a_2a_3+\cdots+a_na_1)(\frac{a_1}{a_2^2+a_2}+\frac{a_2}{a_3^2+a_3}+\cdots+\frac{a_n}{a_1^2+a_1})$$

$$\geqslant \left(\frac{a_1}{\sqrt{a_2+1}}+\frac{a_2}{\sqrt{a_3+1}}+\cdots+\frac{a_n}{\sqrt{a_1+1}}\right)^2$$

于是,只需证

$$\frac{a_1}{\sqrt{a_2+1}}+\frac{a_2}{\sqrt{a_3+1}}+\cdots+\frac{a_n}{\sqrt{a_1+1}} \geqslant \sqrt{\frac{n}{n+1}} \quad ②$$

今证式 ②,由柯西不等式有

$$(a_1\sqrt{a_2+1}+a_2\sqrt{a_3+1}+\cdots+a_n\sqrt{a_1+1})\cdot$$
$$\left(\frac{a_1}{\sqrt{a_2+1}}+\frac{a_2}{\sqrt{a_3+1}}+\cdots+\frac{a_n}{\sqrt{a_1+1}}\right)$$
$$\geqslant(a_1+a_2+\cdots+a_n)^2=1,$$

因此,要证式 ② 成立,又只需证

$$a_1\sqrt{a_2+1}+a_2\sqrt{a_3+1}+\cdots+a_n\sqrt{a_1+1}\leqslant\sqrt{\frac{n+1}{n}} \quad ③$$

由柯西不等式,可得

式 ③ 左边

$$\leqslant\sqrt{(a_1+a_2+\cdots+a_n)[(a_1a_2+a_1)+(a_2a_3+a_2)+\cdots+(a_na_1+a_n)]}$$
$$=\sqrt{a_1a_2+a_2a_3+\cdots+a_na_1+1}$$
$$\leqslant\sqrt{\frac{1}{n}+1}=\sqrt{\frac{n+1}{n}}$$

即得式 ③.

综上,原式获证. 由上述证明过程可知,当且仅当 $a_1=a_2=\cdots=a_n=\frac{1}{n}$ 时取等号.

证法 2 (命题组提供)首先由柯西不等式易得下述引理:

引理 设 $a_1,a_2,\cdots,a_n$ 是实数,$x_1,x_2,\cdots,x_n$ 是正数,则

$$\frac{a_1^2}{x_1}+\frac{a_2^2}{x_2}+\cdots+\frac{a_n^2}{x_n}\geqslant\frac{(a_1+a_2+\cdots+a_n)^2}{x_1+x_2+\cdots+x_n}$$

由引理及题设得

$$\frac{a_1^2}{a_1a_2}+\frac{a_2^2}{a_2a_3}+\cdots+\frac{a_n^2}{a_na_1}\geqslant\frac{1}{a_1a_2+a_2a_3+\cdots+a_na_1}$$

因而只须证明

$$\frac{a_1}{a_2^2+a_2}+\frac{a_2}{a_3^2+a_3}+\cdots+\frac{a_n}{a_1^2+a_1}\geqslant\frac{n}{n+1}\left(\frac{a_1}{a_2}+\frac{a_2}{a_3}+\cdots+\frac{a_n}{a_1}\right)$$

由引理得

$$\frac{a_1}{a_2^2+a_2}+\frac{a_2}{a_3^2+a_3}+\cdots+\frac{a_n}{a_1^2+a_1}=\frac{\left(\frac{a_1}{a_2}\right)^2}{a_1+\frac{a_1}{a_2}}+\frac{\left(\frac{a_2}{a_3}\right)^2}{a_2+\frac{a_2}{a_3}}+\cdots+\frac{\left(\frac{a_n}{a_1}\right)^2}{a_n+\frac{a_n}{a_1}}$$
$$\geqslant\frac{\left(\frac{a_1}{a_2}+\frac{a_2}{a_3}+\cdots+\frac{a_n}{a_1}\right)^2}{1+\frac{a_1}{a_2}+\frac{a_2}{a_3}+\cdots+\frac{a_n}{a_1}}$$

令 $t=\frac{a_1}{a_2}+\frac{a_2}{a_3}+\cdots+\frac{a_n}{a_1}$,则 $t\geqslant n$,从而只须证

$$\frac{t^2}{1+t} \geqslant \frac{nt}{n+1}$$

而此式等价于 $t \geqslant n$. 证毕.

例 15 (自创题,2003 — 07 — 07) 设 $x_i \in \mathbf{R}^+$ $(i=1,2,3,4,5)$,则

$$\sum \frac{x_1^2}{x_2} \geqslant \sqrt{5\sum x_1^2}$$

当且仅当 $x_1=x_2=x_3=x_4=x_5$ 时取等号.

证明 因为

$$\sum \frac{x_1^2}{x_2}=\sum x_1+\sum \frac{(x_1-x_2)^2}{x_2}$$

所以 $\left(\sum \frac{x_1^2}{x_2}\right)^2-5\sum x_1^2$

$$=\left[\sum x_1+\sum \frac{(x_1-x_2)^2}{x_2}\right]^2-5\sum x_1^2$$

$$=\left[\sum \frac{(x_1-x_2)^2}{x_2}\right]^2+2\sum x_1 \cdot \sum \frac{(x_1-x_2)^2}{x_2}-\sum_{1\leqslant i<j\leqslant 5}(x_i-x_j)^2$$

$$\geqslant 2\left(\sum |x_1-x_2|\right)^2-\sum_{1\leqslant i<j\leqslant 5}(x_i-x_j)^2$$

$$\geqslant 2\sum (x_1-x_2)^2+4|(x_1-x_2)(x_3-x_4)|+$$
$$4|(x_2-x_3)(x_4-x_5)|+4|(x_3-x_4)(x_5-x_1)|+$$
$$4|(x_4-x_5)(x_1-x_2)|+4|(x_5-x_1)(x_2-x_3)|-$$
$$\sum_{1\leqslant i<j\leqslant 5}(x_i-x_j)^2$$

$$=4|(x_1-x_2)(x_3-x_4)|+4|(x_2-x_3)(x_4-x_5)|+$$
$$4|(x_3-x_4)(x_5-x_1)|+4|(x_4-x_5)(x_1-x_2)|+$$
$$4|(x_5-x_1)(x_2-x_3)|+2(x_1-x_2)(x_3-x_4)+$$
$$2(x_2-x_3)(x_4-x_5)+2(x_3-x_4)(x_5-x_1)+2(x_4-x_5)(x_1-x_2)+$$
$$2(x_5-x_1)(x_2-x_3)\geqslant 0.$$

以上注意到

$$2\sum (x_1-x_2)^2-\sum_{1\leqslant i<j\leqslant 5}(x_i-x_j)^2$$
$$=2(x_1-x_2)(x_3-x_4)+2(x_2-x_3)(x_4-x_5)+2(x_3-x_4)(x_5-x_1)+$$
$$2(x_4-x_5)(x_1-x_2)+2(x_5-x_1)(x_2-x_3)$$

例 16 (自创题,2006 — 07 — 01) 对于任意实数 a_1,a_2,a_3,b_1,b_2,b_3,有

$$(b_1^2+a_2^2+a_3^2)(a_1^2+b_2^2+a_3^2)(a_1^2+a_2^2+b_3^2)$$
$$\geqslant (a_1^2+a_2^2+a_3^2)(a_1b_1+a_2b_2+a_3b_3)^2$$

当且仅当 $a_1=b_1,a_2=b_2,a_3=b_3$ 时取等号.

证法 1　由于 $b_1^2-a_1^2,b_2^2-a_2^2,b_3^2-a_3^2$ 中必有两个都不大于零或都不小于零，即 $(b_2^2-a_2^2)(b_3^2-a_3^2)\geqslant 0,(b_1^2-a_1^2)(b_3^2-a_3^2)\geqslant 0,(b_1^2-a_1^2)(b_2^2-a_2^2)\geqslant 0$ 中必有一个成立.

不妨设 $(b_2^2-a_2^2)(b_3^2-a_3^2)\geqslant 0$，即 $b_2^2b_3^2\geqslant a_3^2b_2^2+a_2^2b_3^2-a_2^2a_3^2$，则

$$
\begin{aligned}
&(b_2^2+a_1^2+a_3^2)(b_3^2+a_1^2+a_2^2)\\
\geqslant&(a_3^2b_2^2+a_2^2b_3^2-a_2^2a_3^2)+(a_1^2+a_3^2)b_3^2+(a_1^2+a_2^2)b_2^2+(a_1^2+a_3^2)(a_1^2+a_2^2)\\
=&(a_1^2+a_2^2+a_3^2)(a_1^2+b_2^2+b_3^2)
\end{aligned}
$$

因此

$$
\begin{aligned}
&(b_1^2+a_2^2+a_3^2)(a_1^2+b_2^2+a_3^2)(a_1^2+a_2^2+b_3^2)\\
\geqslant&(a_1^2+a_2^2+a_3^2)(b_1^2+a_2^2+a_3^2)(a_1^2+b_2^2+b_3^2)\\
\geqslant&(a_1^2+a_2^2+a_3^2)(a_1b_1+a_2b_2+a_3b_3)^2
\end{aligned}
$$

由上证明易知，当且仅当 $a_1=b_1,a_2=b_2,a_3=b_3$ 时原式取等号.

证法 2　记 $a=a_1^2+a_2^2+a_3^2,b=b_1^2+b_2^2+b_3^2$，则

$$
\begin{aligned}
&(b_1^2+a_2^2+a_3^2)(a_1^2+b_2^2+a_3^2)(a_1^2+a_2^2+b_3^2)-\\
&(a_1^2+a_2^2+a_3^2)(a_1b_1+a_2b_2+a_3b_3)^2\\
=&(a+b_1^2-a_1^2)(a+b_2^2-a_2^2)(a+b_3^2-a_3^2)-\\
&a[ab-(a_2b_3-a_3b_2)^2-(a_3b_1-a_1b_3)^2-(a_1b_2-a_2b_1)^2]\\
=&a[(b_2^2-a_2^2)(b_3^2-a_3^2)+(b_1^2-a_1^2)(b_3^2-a_3^2)+(b_1^2-a_1^2)(b_2^2-a_2^2)]+\\
&(b_1^2-a_1^2)(b_2^2-a_2^2)(b_3^2-a_3^2)+a[(a_2b_3-a_3b_2)^2+\\
&(a_3b_1-a_1b_3)^2+(a_1b_2-a_2b_1)^2]\\
=&a[(a_2a_3-b_2b_3)^2+(a_3a_1-b_3b_1)^2+(a_1a_2-b_1b_2)^2]+\\
&(b_1^2-a_1^2)(b_2^2-a_2^2)(b_3^2-a_3^2),
\end{aligned}
$$

由上，若 $(b_1^2-a_1^2)(b_2^2-a_2^2)(b_3^2-a_3^2)\geqslant 0$，则原式成立；若 $(b_1^2-a_1^2)(b_2^2-a_2^2)\cdot(b_3^2-a_3^2)\leqslant 0$，不妨设 $b_1^2-a_1^2\leqslant 0,(b_2^2-a_2^2)(b_3^2-a_3^2)\geqslant 0$，则

$$
\begin{aligned}
&a\ (a_2a_3-b_2b_3)^2-a_1^2(b_2^2-a_2^2)(b_3^2-a_3^2)\\
\geqslant&a_1^2\ (a_2a_3-b_2b_3)^2-a_1^2(b_2^2-a_2^2)(b_3^2-a_3^2)\\
\geqslant&a_1^2\ (a_2b_3-a_3b_2)^2\geqslant 0
\end{aligned}
$$

因此

$$
\begin{aligned}
&a[(a_2a_3-b_2b_3)^2+(a_3a_1-b_3b_1)^2+\\
&(a_1a_2-b_1b_2)^2]+(b_1^2-a_1^2)(b_2^2-a_2^2)(b_3^2-a_3^2)\geqslant 0
\end{aligned}
$$

即原式也成立. 故原式获证，易知其取等号条件.

本例可以推广，有如下命题.

命题 1　(自创题，2006－08－02) 设 $a_i,b_i\in\overline{\mathbf{R}^-},i=1,2,\cdots,n$，记 $a=\sum_{i=1}^{n}a_i$，则

$$\prod_{i=1}^{n}[a-(a_i-b_i)]\geqslant a^{n-2}\cdot(\sum_{i=1}^{n}\sqrt{a_ib_i})^2$$

当且仅当 $n=2$ 时，$a_1a_2=b_1b_2$，或 $n\geqslant 3$ 时，$a_i=b_i(i=1,2,\cdots,n)$ 取等号.

为证原式，先证以下引理.

引理 设 $a\geqslant a_i-b_i$，且 $a_i-b_i(i=1,2,\cdots,m,m\geqslant 2)$ 同号，$a\geqslant 0$，则

$$\prod_{i=1}^{m}[a-(a_i-b_i)]\geqslant a^{m-1}\left[a-\sum_{i=1}^{m}(a_i-b_i)\right]$$

当且仅当 $a_i-b_i(i=1,2,\cdots,m,m\geqslant 2)$ 中，有 $m-1(m\geqslant 2)$ 个为零时取等号.

引理证明 应用数学归纳法.

i. 当 $m=2$ 时，由于 a_1-b_1,a_2-b_2 同号，因此

$$[a-(a_1-b_1)][a-(a_2-b_2)]-a[a-(a_1-b_1)-(a_2-b_2)]$$
$$=(a_1-b_1)(a_2-b_2)\geqslant 0$$

即引理中的不等式成立，当且仅当 $a_1=b_1$ 或 $a_2=b_2$ 时取等号.

ii. 假设 $m=k(k\geqslant 2)$ 时，原命题中的不等式成立，即 $a\geqslant a_i-b_i$，且 $a_i-b_i(i=1,2,\cdots,k,k\geqslant 2)$ 同号，$a\geqslant 0$，有

$$\prod_{i=1}^{k}[a-(a_i-b_i)]\geqslant a^{k-1}\cdot\left[a-\sum_{i=1}^{k}(a_i-b_i)\right]$$

当且仅当 $a_i-b_i(i=1,2,\cdots,k,k\geqslant 2)$ 中，有 $k-1$ 个为零时取等号.

当 $m=k+1(k\geqslant 2)$ 时，即 $a\geqslant a_i-b_i$，且 $a_i-b_i(i=1,2,\cdots,k+1,k\geqslant 2)$ 同号，$a\geqslant 0$，这时

$$\prod_{i=1}^{k+1}[a-(a_i-b_i)]=\prod_{i=1}^{k}[a-(a_i-b_i)][a-(a_{k+1}-b_{k+1})]$$
$$\geqslant a^{k-1}[a-\sum_{i=1}^{k}(a_i-b_i)][a-(a_{k+1}-b_{k+1})]$$
$$=a^k[a-\sum_{i=1}^{k+1}(a_i-b_i)]+a^{k-1}[\sum_{i=1}^{k}(a_i-b_i)](a_{k+1}-b_{k+1})$$
$$\geqslant a^k[a-\sum_{i=1}^{k+1}(a_i-b_i)]$$

（注意由 $a_i-b_i(i=1,2,\cdots,k+1,k\geqslant 2)$ 同号知，$\sum_{i=1}^{k}(a_i-b_i)(a_{k+1}-b_{k+1})\geqslant 0$），由此知，当 $m=k+1$ 时，引理中的不等式也成立，当且仅当 $a_i-b_i(i=1,2,\cdots,k+1,k\geqslant 2)$ 中，有 $k(k\geqslant 2)$ 个为零时，上式取等号.

根据归纳法原理，由 i，ii 知引理成立.

下面来证明原式.

当 $n=2$ 时，有

$$(b_1+a_2)(a_1+b_2)\geqslant(\sqrt{a_1b_1}+\sqrt{a_2b_2})^2$$

原式成立，当且仅当 $a_1a_2=b_1b_2$ 时取等号.

当 $n\geqslant 3$ 时，在 $a_i-b_i(i=1,2,\cdots,n,n\geqslant 3)$ 中，若全部同号，则由引理有

$$\begin{aligned}&\prod_{i=1}^{k}[a-(a_i-b_i)]\\&\geqslant a^{n-1}[a-\sum_{i=1}^{n}(a_i-b_i)]\\&=a^{n-2}(\sum_{i=1}^{n}a_i)(\sum_{i=1}^{n}b_i)\\&\geqslant a^{n-2}(\sum_{i=1}^{n}\sqrt{a_ib_i})^2\end{aligned}$$

即原式成立.

若 $a_i-b_i(i=1,2,\cdots,n,n\geqslant 3)$ 不全为同号，则其中必有 $k(k\geqslant 2)$ 个同号，余下的 $n-k(k=2,3,\cdots,n-1,n\geqslant k+1)$ 个也同号（视 1 个为自我同号），不妨设 $a_i-b_i(i=1,2,\cdots,k,k\geqslant 2)$ 同号，另外 $a_{k+j}-b_{k+j}(j=1,2,\cdots,n-k,2\leqslant k\leqslant n)$ 也同号，由引理，有

$$\prod_{i=1}^{k}[a-(a_i-b_i)]\geqslant a^{k-1}[a-\sum_{i=1}^{k}(a_i-b_i)] \quad ①$$

$$\prod_{i=1}^{n-k}[a-(a_{k+i}-b_{k+i})]\geqslant a^{n-k-1}[a-\sum_{i=1}^{n-k}(a_{k+i}-b_{k+i})] \quad ②$$

于是，将式 ①② 两边分别相乘，得到

$$\prod_{i=1}^{n}[a-(a_i-b_i)]\geqslant a^{n-2}[a-\sum_{i=1}^{k}(a_i-b_i)][a-\sum_{i=1}^{n-k}(a_{k+i}-b_{k+i})]$$

$$\geqslant a^{n-2}(\sum_{i=1}^{n}\sqrt{a_ib_i})^2$$

即得原式. 由以上证明过程及引理中的不等式取等号条件可知原式的取等号条件.

注：(1) 命题 1 中的不等式等价于：$x_i,y_i\in\mathbf{R},i=1,2,\cdots,n$，则

$$\prod_{i=1}^{n}[\sum_{i=1}^{n}x_i^2-(x_i^2-y_i^2)]\geqslant(\sum_{i=1}^{n}x_i^2)^{n-2}(\sum_{i=1}^{n}x_iy_i)^2$$

当且仅当 $n=2$ 时，$x_1x_2=y_1y_2$，或 $n\geqslant 3$ 时，$x_i=y_i(i=1,2,\cdots,n)$ 取等号.

(2) 命题 1 中的不等式是一个应用广泛的不等式，如可得到：

i. 设 $x_i\in\overline{\mathbf{R}^-},i=1,2,\cdots,k,a\in\overline{\mathbf{R}^-},n$ 为正整数，且 $n\geqslant k\geqslant 2$，则

$$\prod_{i=1}^{k}(a+x_i^2)\geqslant\left(\frac{n}{n-1}a\right)^{k-2}\left[\sqrt{\frac{a}{n-1}}\cdot\sum_{i=1}^{k}x_i+\frac{n-k}{n-1}a\right]^2$$

当且仅当 $n=k=2$ 时，$x_1x_2=a$，或 $n\geqslant k>2$ 时，$x_1=x_2=\cdots=x_k=\sqrt{\dfrac{a}{n-1}}$

取等号.

证明 $\quad (\frac{na}{n-1})^{n-k}\cdot\prod_{i=1}^{k}(a+x_i^2)$

$$=(\underbrace{\frac{a}{n-1}+\frac{a}{n-1}+\cdots+\frac{a}{n-1}}_{n个})^{n-k}\cdot$$

$$\prod_{i=1}^{k}(x_i^2+\underbrace{\frac{a}{n-1}+\frac{a}{n-1}+\cdots+\frac{a}{n-1}}_{(n-1)个})$$

$$=(x_1^2+\frac{a}{n-1}+\cdots+\frac{a}{n-1})(\frac{a}{n-1}+x_2^2+\frac{a}{n-1}+\cdots+$$

$$\frac{a}{n-1})\cdots(\frac{a}{n-1}+\frac{a}{n-1}+\cdots+\frac{a}{n-1}+x_k^2+\frac{a}{n-1}+\cdots+$$

$$\frac{a}{n-1})(\underbrace{\frac{a}{n-1}+\frac{a}{n-1}+\cdots+\frac{a}{n-1}}_{n个})^{n-k}$$

$$\geqslant\left(\underbrace{\frac{a}{n-1}+\frac{a}{n-1}+\cdots+\frac{a}{n-1}}_{n个}\right)^{n-2}\cdot\left(\sqrt{\frac{a}{n-1}}\sum_{i=1}^{k}x_i+\frac{n-k}{n-1}a\right)^2$$

$$=(\frac{n}{n-1}a)^{n-2}\cdot\left[\sqrt{\frac{a}{n-1}}\sum_{i=1}^{k}x_i+\frac{n-k}{n-1}a\right]^2$$

取 $n=k$ 得

$$\prod_{i=1}^{n}(a+x_i^2)\geqslant\frac{n^{n-2}}{(n-1)^{n-1}}a^{n-1}\cdot(\sum_{i=1}^{n}x_i)^2$$

当且仅当 $n=k=2$ 时,$x_1x_2=a$,或 $n\geqslant k>2$ 时,$x_1=x_2=\cdots=x_k=\sqrt{\frac{a}{n-1}}$ 取等号.

若取 $n=3$,得

$$\prod_{i=1}^{3}(a+x_i^2)\geqslant\frac{3}{4}a^2(\sum_{i=1}^{3}x_i)^2$$

ii. 在上式中,将 n 换成 $2n$,并令 $x_{n+1}=x_1,x_{n+2}=x_2,\cdots,x_{2n}=x_n$,则得到

$$\prod_{i=1}^{2n}(a+x_i^2)=\prod_{i=1}^{n}(a+x_i^2)^2\geqslant\frac{(2n)^{2n-2}}{(2n-1)^{2n-1}}\cdot a^{2n-1}\cdot(\sum_{i=1}^{2n}x_i)^2$$

$$=\frac{(2n)^{2n-2}}{(2n-1)^{2n-1}}\cdot a^{2n-1}\cdot 2^2\cdot(\sum_{i=1}^{n}x_i)^2$$

由此有

$$\prod_{i=1}^{n}(a+x_i^2)\geqslant\frac{2^n n^{n-1}a^{n-\frac{1}{2}}}{(2n-1)^{n-\frac{1}{2}}}\cdot\sum_{i=1}^{n}x_i$$

当且仅当 $x_1=x_2=\cdots=x_n=\sqrt{\frac{a}{2n-1}}$ 时取等号.

再取 $n=3$,即得

$$\prod_{i=1}^{3}(a+x_i^2)\geqslant 72\cdot\left(\frac{a}{5}\right)^{\frac{5}{2}}\cdot\sum_{i=1}^{3}x_i$$

(3) 用类似的方法,可以得到

$$\prod_{i=1}^{n}(a+x_i^2)\geqslant\frac{k^n\cdot n^{n-\frac{2}{k}}\cdot a^{n-\frac{1}{k}}}{(kn-1)^{n-\frac{1}{k}}}\left(\sum_{i=1}^{n}x_i\right)^{\frac{2}{k}}$$

当且仅当 $x_1=x_2=\cdots=x_n=\sqrt{\frac{a}{kn-1}}$ 时取等号. 以上 n,k 为正整数.

(4) 利用加权平均值不等式

$$\left(\frac{\sum_{i=1}^{n}x_i^m}{n}\right)^k\geqslant\left(\frac{\sum_{i=1}^{n}x_i^k}{n}\right)^m\quad(m\geqslant k,x_1,x_2,\cdots,x_n\in\overline{\mathbf{R}^-})$$

还可得到

命题 2　设 $a_i,b_i\in\overline{\mathbf{R}^-}$,$i=1,2,\cdots,n$,$m$ 为正整数,且 $m\geqslant 2$,记 $\sum_{i=1}^{n}a_i^m=a$,则

$$n^{m-2}\cdot\prod_{i=1}^{n}[a-(a_i^m-b_i^m)]\geqslant a^{n-2}\cdot\left(\sum_{i=1}^{n}a_ib_i\right)^m$$

当且仅当 $a_1=a_2=\cdots=a_n=b_1=b_2=\cdots=b_n$ 时取等号.

猜想　(2006－08－02) 设 $a_1,a_2,a_3,b_1,b_2,b_3\in\mathbf{R}$,则

$$\begin{aligned}&(a_1^2+b_2^2+b_3^2)(b_1^2+a_2^2+b_3^2)(b_1^2+b_2^2+a_3^2)\\&\geqslant(b_1^2+b_2^2+b_3^2)(a_1b_1+a_2b_2+a_3b_3)^2+\\&\quad\frac{1}{2}(b_1a_2b_3-b_1b_2a_3)^2+\frac{1}{2}(b_1b_2a_3-a_1b_2b_3)^2+\frac{1}{2}(a_1b_2b_3-b_1a_2b_3)^2\end{aligned}$$

例 17　设 $a,b,c\in\overline{\mathbf{R}^-}$,则

$$\prod(a^2+2)\geqslant 4\sum a^2+5\sum bc$$

证法 1　$\prod(a^2+2)-4\sum a^2-5\sum bc\geqslant 0$,即

$$2\sum b^2c^2+(abc)^2+8-5\sum bc\geqslant 0$$

令 $x=bc,y=ca,z=ab$,则上式等价于

$$2\sum x^2+xyz+8-5\sum x\geqslant 0$$

不妨设 $x\geqslant y\geqslant z\geqslant 0$.

i. 若 $z\geqslant 1$,设 $x=z+\alpha+\beta,y=z+\alpha,\alpha,\beta\in\overline{\mathbf{R}^-}$,则

$$2\sum x^2+xyz+8-5\sum x$$
$$=z^3+(2\alpha+\beta+6)z^2+(\alpha^2+\alpha\beta+8\alpha+4\beta-15)z+$$
$$(2\alpha+\beta)^2-5(2\alpha+\beta)+8+\beta^2,$$

由于 $z^3+(2\alpha+\beta+6)z^2+(\alpha^2+\alpha\beta+8\alpha+4\beta-15)z-$
$$[1+(2\alpha+\beta+6)+(\alpha^2+\alpha\beta+8\alpha+4\beta-15)]$$
$$=(z-1)[(z^2+z+1)+(2\alpha+\beta+6)(z+1)+(\alpha^2+\alpha\beta+8\alpha+4\beta-15)]$$
$$\geqslant(z-1)[3+2(2\alpha+\beta+6)+(\alpha^2+\alpha\beta+8\alpha+4\beta-15)]$$
$$\geqslant(z-1)(\alpha^2+\alpha\beta+12\alpha+6\beta)\geqslant 0$$

因此
$$z^3+(2\alpha+\beta+6)z^2+(\alpha^2+\alpha\beta+8\alpha+4\beta-15)z+$$
$$(2\alpha+\beta)^2-5(2\alpha+\beta)+8+\beta^2$$
$$\geqslant[1+(2\alpha+\beta+6)+(\alpha^2+\alpha\beta+8\alpha+4\beta-15)]+$$
$$(2\alpha+\beta)^2-5(2\alpha+\beta)+8+\beta^2$$
$$=5\alpha^2+5\alpha\beta+2\beta^2\geqslant 0$$

原式成立.

ii. 若 $z\leqslant 1,y\geqslant 1$,记 $f(x)=2\sum x^2+xyz+8-5\sum x$,二次函数 $f(x)$ 的判别式为 Δ,则

$$-\Delta=64+16(y^2+z^2)-40(y+z)-(yz-5)^2$$
$$=5(y+z-2)^2+10(y-1)^2+10(z-1)^2-$$
$$(1-y)(1-z)(1+y)(1+z)\geqslant 0$$

因此有 $2\sum x^2+xyz+8-5\sum x\geqslant 0$,即有

$$2\sum b^2c^2+(abc)^2+8-5\sum bc\geqslant 0$$

故原式成立.

iii. 若 $z\leqslant 1,y\leqslant 1$,则由 ii 中得到

$$-\Delta=5(y+z-2)^2+10(y-z)^2+(1-y)(1-z)[20-(1+y)(1+z)]$$
$$\geqslant 5(y+z-2)^2+10(y-z)^2+16(1-y)(1-z)\geqslant 0$$

因此有 $2\sum x^2+xyz+8-5\sum x\geqslant 0$,即有

$$2\sum b^2c^2+(abc)^2+8-5\sum bc\geqslant 0$$

故原式也成立. 综上原式获证.

证法 2 下面证明 $2\sum x^2+xyz+8-5\sum x\geqslant 0$.

记 $s_1=x+y+z,s_2=yz+zx+xy,s_3=xyz$,下面分两种情况证明.

i. 当 $s_1>9$ 时

$$2\sum x^2+xyz+8-5\sum x$$

$$\geqslant \frac{2}{3}s_1^2-5s_1+8$$

$$\geqslant \frac{2}{3}\times 9^2-5\times 9+8>0$$

原式成立.

ii. 当 $s_1\leqslant 9$ 时

$$2\sum x^2+xyz+8-5\sum x$$

$$=2s_1^2-4s_2+s_3+8-5s_1$$

$$\geqslant 2s_1^2+4s_2(\frac{1}{9}s_1-1)-\frac{1}{9}s_1^3-5s_1+8(\text{注意到 } s_3\geqslant\frac{-s_1^3+4s_1s_2}{9})$$

$$\geqslant 2s_1^2+\frac{4s_1^2}{3}(\frac{1}{9}s_1-1)-\frac{1}{9}s_1^3-5s_1+8$$

$$=\frac{1}{27}s_1^3+\frac{2}{3}s_1^2-5s_1+8$$

$$=(\frac{1}{3}s_1-1)(\frac{1}{9}s_1^2+\frac{7}{3}s_1-8)$$

$$=\left(\frac{1}{3}s_1-1\right)^2(\frac{1}{3}s_1+8)\geqslant 0$$

原式成立.

综上,原命题获证.

证法 3　原式等价于

$$(abc)^2+2\sum b^2c^2+8-5\sum bc\geqslant 0 \quad ①$$

式 ① 又可以写作

$$[2(b^2+c^2)+b^2c^2]a^2-5(b+c)a+(2b^2c^2-5bc+8)\geqslant 0 \quad ②$$

式 ② 左边为含字母 a 的二次函数,若 $b=c=0$,式 ② 显然成立;若 b,c 不全为零,此时二次项系数为正,因此,只要证其判别式不大于零即可,即证

$$25(b+c)^2-4[2(b^2+c^2)+b^2c^2](2b^2c^2-5bc+8)\leqslant 0$$

上式经整理后得到

$$(b^2+c^2)[16(bc)^2-40bc+39]+$$
$$[8(bc)^4-20(bc)^3+32(bc)^2-50bc]\geqslant 0 \quad ③$$

在式 ③ 中易证 $16(bc)^2-40bc+39>0$,注意到 $b^2+c^2\geqslant 2|bc|$,因此,要证式 ③ 成立,只要证

$$2|bc|[16(bc)^2-40bc+39]+[8(bc)^4-20(bc)^3+32(bc)^2-50bc]\geqslant 0$$

又由 $bc\leqslant|bc|$ 知

$$16(bc)^2-40bc+39\geqslant 16(bc)^2-40|bc|+39$$

$$8(bc)^4-20(bc)^3+32(bc)^2-50bc$$

$$\geqslant 8(bc)^4-20|(bc)|^3+32(bc)^2-50|bc|$$

因此,又只要证

$$2|bc|[16|bc|^2-40|bc|+39]+[8|bc|^4-20|bc|^3+32|bc|^2-50|bc|]\geqslant 0$$

即

$$|bc|(2|bc|^3+3|bc|^2-12|bc|+7)\geqslant 0$$

上式左边 $|bc|(2|bc|^3+3|bc|^2-12|bc|+7)=|bc|(2|bc|+7)\cdot(|bc|-1)^2\geqslant 0$,故式 ③ 成立,故原式获证,由上证明易知,当且仅当 $a=b=c=1$ 原式取等号.

由证法 3 可知,原命题对于任意实数 a,b,c 都成立.

例 18 (自创题,2006-12-02) 设 $a,b,c\in\mathbf{R}^+$,且 $abc=1$,则

$$(b+c)(c+a)(a+b)(a+b+c)\geqslant 3(1+a^2)(1+b^2)(1+c^2)$$

当且仅当 $a=b=c=1$ 时取等号.

证明 将原式两边展开,记 $s_1=a+b+c$,$s_2=bc+ca+ab$,注意到 $abc=1$,可得到

$$s_1^2s_2-3s_1^2-3s_2^2+5s_1+6s_2-6\geqslant 0 \qquad ①$$

于是,只需要证式 ① 成立.下面分两种情况证明式 ①.

i.若 $s_1\geqslant s_2$,则

$$\text{式 ① 左边}\geqslant s_1^2s_2-3s_1^2-3s_2^2+11s_2-6$$
$$=(s_2-3)(s_1^2-3s_2+2)\geqslant 0(\text{注意到 } s_2\geqslant 3,s_1^2\geqslant 3s_2)$$

ii.若 $s_2\geqslant s_1$,则

$$\text{式 ①}\Leftrightarrow 3s_2^2-(s_1^2+6)s_2+(3s_1^2-5s_1+6)\leqslant 0$$

$$\Leftrightarrow \frac{s_1^2+6-\sqrt{\Delta}}{6}\overset{②}{\leqslant} s_2\overset{③}{\leqslant}\frac{s_1^2+6+\sqrt{\Delta}}{6}$$

其中 $\Delta=s_1^4-24s_1^2+60s_1-36$.

由于

$$\begin{aligned}\Delta-(s_1^2-2s_1)^2&=s_1^4-24s_1^2+60s_1-36-(s_1^2-2s_1)^2\\&=4s_1^3-28s_1^2+60s_1-36\\&=4(s_1-3)^2(s_1-1)(\text{注意到 } s_1\geqslant 3)\\&\geqslant 0\end{aligned}$$

因此,要证式 ② 和式 ③ 成立,又只需证

$$\frac{s_1^2+6-(s_1^2-2s_1)}{6}\leqslant s_2\leqslant\frac{s_1^2+6+(s_1^2-2s_1)}{6}$$

即

$$\frac{s_1+3}{3}\overset{④}{\leqslant} s_2\overset{⑤}{\leqslant}\frac{s_1^2-s_1+3}{3}$$

由 $s_2 \geqslant s_1 \geqslant 3$ 知式 ④ 成立，从而式 ② 成立；下面证明式 ⑤ 成立，即证

$$s_1^2 - s_1 - 3s_2 + 3 \geqslant 0 \quad ⑥$$

由 $s_3 = 1, s_1^3 - 4s_1s_2 + 9s_3 \geqslant 0$（见第一章 §5. 其他基本不等式）得到

$$s_2 \leqslant \frac{s_1^3 + 9}{4s_1}$$

因此，要证式 ⑥ 只要证

$$\frac{s_1^2 - s_1 + 3}{3} \geqslant \frac{s_1^3 + 9}{4s_1}$$

$$\Leftrightarrow s_1^3 - 4s_1^2 + 12s_1 - 27 \geqslant 0$$

$$\Leftrightarrow (s_1 - 3)(s_1^2 - s_1 + 9) \geqslant 0$$

由 $s_1 \geqslant 3$ 易知上式成立，从而证得式 ⑥，故当 $s_2 \geqslant s_1$ 时，原式也成立.

综上可知，原式成立，由证明过程中易知取等号条件.

注：若在原式中作置换：$a \to bc, b \to ca, c \to ab$，则得到

$$(b+c)(c+a)(a+b)(bc+ca+ab) \geqslant 3(1+a^2)(1+b^2)(1+c^2)$$

其中 $a, b, c \in \mathbf{R}^+$，且 $abc = 1$. 当且仅当 $a = b = c = 1$ 时取等号.

例 19 设 $a, b, c \in \overline{\mathbf{R}^-}$，且 $a + b + c = 2$，则

$$\sum b^3c^3 + \frac{179}{72}abc \leqslant 1$$

当且仅当 $a = b = c = \frac{2}{3}$，或 a, b, c 中有一个为零，另外两个都等于 1 时取等号.

证明 先给出以下引理.

引理 1 设 $x, y, z \in \mathbf{R}$，记 $s_1 = x + y + z, s_2 = yz + zx + xy, s_3 = xyz$，则

$$-4s_1^3s_3 + s_1^2s_2^2 + 3s_1s_2s_3 - 4s_2^3 - 27s_3^2 \geqslant 0$$

当且仅当 x, y, z 中有两个相等时取等号.

引理 1 证明 由 $[(b-c)(c-a)(a-b)]^2 = -4s_1^3s_3 + s_1^2s_2^2 + 3s_1s_2s_3 - 4s_2^3 - 27s_3^2 \geqslant 0$ 即得，当且仅当 $x = y = z$，或 x, y, z 中有一个为零，另外两个相等时取等号.

引理 2 设 $x, y, z \in \overline{\mathbf{R}^-}$，记 $s_1 = x + y + z, s_2 = yz + zx + xy, s_3 = xyz$，则

$$s_1^3 - 4s_1s_2 + 9s_3 \geqslant 0$$

当且仅当 $x = y = z$，或 x, y, z 中有一个为零，另外两个相等时取等号.

可参见第一章 §5－8“初等对称多项式不等式”.

下面证明原式. 记 $s_1 = a + b + c, s_2 = bc + ca + ab, s_3 = abc$，要证明原式，实际上，只要证明齐次不等式

$$\sum b^3c^3 + \frac{179}{72}abc \cdot \left(\frac{\sum a}{2}\right)^3 \leqslant \left(\frac{\sum a}{2}\right)^6$$

又由于

$$\left(\frac{\sum a}{2}\right)^{6}-\left[\sum b^{3}c^{3}+\frac{179}{72}abc\cdot\left(\frac{\sum a}{2}\right)^{3}\right]$$

$$=\frac{1}{4\ 096}(9s_1^6-179s_1^3s_3+1\ 728s_1s_2s_3-576s_2^3-1\ 728s_3^2)$$

因此,只要证明

$$9s_1^6-179s_1^3s_3+1\ 728s_1s_2s_3-576s_2^3-1\ 728s_3^2\geqslant 0 \qquad ①$$

由引理 1 可知,要证式 ①,只要证

$$9s_1^6-179s_1^3s_3+1\ 728s_1s_2s_3-576s_2^3-1\ 728s_3^2$$

$$\geqslant 144(-4s_1^3s_3+s_1^2s_2^2+3s_1s_2s_3-4s_2^3-27s_3^2)$$

即

$$9s_1^6+397s_1^3s_3-144s_1^2s_2^2-864s_1s_2s_3+2\ 160s_3^2\geqslant 0 \qquad ②$$

应用引理 2,并注意到 $s_1s_2-9s_3\geqslant 0$,则由

$$9s_1^6+397s_1^3s_3-144s_1^2s_2^2-864s_1s_2s_3+2\ 160s_3^2$$

$$=(72s_1s_2+235s_3)(s_1^3-4s_1s_2+9s_3)+76s_3(s_1s_2-9s_3)\geqslant 0$$

即得到式 ②,故原式成立,由上述证明中易知当且仅当 $a=b=c=\frac{2}{3}$,或 a,b,c 中有一个为零,另外两个都等于 1 时取等号.

例 20　设 $a,b,c\in\overline{\mathbf{R}^-}$,则

$$\left(\frac{\sum b^4c^4}{3}\right)^{3}\leqslant\left(\frac{\sum a^3}{3}\right)^{8}$$

当且仅当 $a=b=c$ 时取等号.

证明　不妨设 $\sum a^3=3$,由于

$$9\sum b^4c^4=9\sum(b^3c^3\cdot bc)\leqslant 3\sum b^3c^3(b^3+c^3+1)$$

$$=3\sum b^3c^3(b^3+c^3)+3\sum b^3c^3$$

注意到 $\sum a^3=3$,因此,只要证

$$3\sum b^3c^3(b^3+c^3)+\sum a^3\cdot\sum b^3c^3\leqslant\left(\sum a^3\right)^3 \qquad ①$$

记 $a^3=x,b^3=y,c^3=z,x,y,z\in\overline{\mathbf{R}^-}$,于是式 ① 即证

$$\left(\sum x\right)^3-3\sum yz(y+z)-\sum x\cdot\sum yz\geqslant 0$$

上式易证成立,事实上,有

$$\left(\sum x\right)^3-3\sum yz(y+z)-\sum x\cdot\sum yz$$

$$=xyz-(-x+y+z)(x-y+z)(x+y-z)\geqslant 0$$

是常见不等式(详证略).

故原式成立,易知当且仅当 $a=b=c$ 时,原式取等号.

注:(1) 若 $a^3+b^3+c^3\leqslant 3\lambda^3$,则 $3\sum b^4c^4\leqslant\lambda^2\cdot(\sum a^3)^2$. 证法同上.

(2) 由本例不等式可以很容易证明"不等式研究中学群(QQ)"2015 年 6 月 15 日提出的不等式征解题,即以下命题.

命题 设 $a,b,c\in\overline{\mathbf{R}^-}$,则

$$(\sum a^3)^4\sum a^4\geqslant 27(\sum b^4c^4)^2$$

当且仅当 $a=b=c$ 是取等号.

命题证明 由于 $\left(\frac{\sum b^4c^4}{3}\right)^3\leqslant\left(\frac{\sum a^3}{3}\right)^8$,即有

$$\left(\frac{\sum b^4c^4}{3}\right)^{\frac{3}{2}}\leqslant\left(\frac{\sum a^3}{3}\right)^4$$

又由于

$$\left(\frac{\sum b^4c^4}{3}\right)^{\frac{1}{2}}\leqslant\frac{\sum a^4}{3}$$

将以上两式两边分别相乘并整理即得所要证的不等式,当且仅当 $a=b=c$ 时取等号.

例 21 (自创题,2007-03-05) 设 $a,b,c,d\in\overline{\mathbf{R}^-}$,且 $a^4+b^4+c^4+d^4=4$,则

$$(bcd)^5+(acd)^5+(abd)^5+(abc)^5\leqslant 4$$

当且仅当 $a=b=c=d=1$ 时取等号.

证明 令 $a^4=x,b^4=y,c^4=z,d^4=w$,且 $x+y+z+w=4$,则

$$4\sum(bcd)^5=4\sum(yzw\cdot y^{\frac{1}{4}}z^{\frac{1}{4}}w^{\frac{1}{4}})\leqslant\sum yzw(y+z+w+1)$$

$$=\sum x\cdot\sum yzw-4xyzw+\sum yzw$$

$$=\sum x\cdot\sum yzw-4xyzw+\frac{1}{4}\sum x\cdot\sum yzw$$

$$=\frac{5}{4}\sum x\cdot\sum yzw-4xyzw$$

因此,要证原式成立,只要证

$$\frac{5}{4}\sum x\cdot\sum yzw-4xyzw\leqslant\frac{1}{16}(\sum x)^4$$

即

$$(\sum x)^4-20\sum x\cdot\sum yzw+64xyzw\geqslant 0 \quad ①$$

由于 $(\sum yz)^2-3\sum x\cdot\sum yzw+12xyzw\geqslant 0$(见《中学数学教学》(安

徽),2007 年第 2 期,杨学校《从一道不等式题谈起》),因此

$$(\sum x)^4-20\sum x\cdot\sum yzw+64xyzw$$

$$\geqslant(\sum x)^4-20\sum x\cdot\sum yzw+\frac{16[-(\sum yz)^2+3\sum x\cdot\sum yzw]}{3}$$

$$=\frac{1}{3}[3(\sum x)^4-12\sum x\cdot\sum yzw-16(\sum yz)^2]$$

$$=\frac{1}{3}\left[\frac{3}{4}(\sum x)^4-12\sum x\cdot\sum yzw\right]+\frac{1}{3}\left[\frac{9}{4}(\sum x)^4-16(\sum yz)^2\right]$$

$$=\frac{1}{4}[(\sum x)^4-16\sum x\cdot\sum yzw]+$$

$$\frac{1}{3}[\frac{3}{2}(\sum x)^2+4\sum yz][\frac{3}{2}(\sum x)^2-4\sum yz]\geqslant 0$$

故式 ① 成立,从而原式获证.

注:由以上证法可得更一般的以下猜想:

猜想 1　设 $x_i\in\overline{\mathbf{R}^-}$,$i=1,2,\cdots,n$,且 $\sum_{i=1}^{n}x_i^n=n$,则

$$(x_2x_3\cdots x_n)^{n+1}+(x_1x_3\cdots x_n)^{n+1}+\cdots+(x_1x_2\cdots x_{n-1})^{n+1}\leqslant n$$

当且仅当 $x_1=x_2=\cdots=x_n$ 时取等号.

猜想 2　设 $x_i\in\overline{\mathbf{R}^-}$,$i=1,2,\cdots,2n$,且 $\sum_{i=1}^{2n}x_i^n=2n$,则

$$(x_2x_3\cdots x_{2n})^{n+1}+(x_1x_3\cdots x_{2n})^{n+1}+\cdots+(x_1x_2\cdots x_{2n-1})^{n+1}\leqslant 2n$$

当且仅当 $x_1=x_2=\cdots=x_{2n}$ 时取等号.

以上两个猜想均已被张小明、严文兰两位老师证明(未见到正式发表).

例 22　(自创题,2007－03－03) 设 $a,b,c\in\overline{\mathbf{R}^-}$,且 $a+b+c=3$,则

$$(1+a^3)(1+b^3)(1+c^3)\geqslant 8$$

当且仅当 $a=b=c=1$ 时取等号.

证法 1　当 a,b,c 中有一数不小于 2 时,原式显然成立.因此我们只需讨论 a,b,c 均小于 2 时,原式成立即可.

由已知 $a+b+c=3$,可设$\frac{b+c}{2}\leqslant 1,1\leqslant a<2$.我们先证明

$$(1+b^3)(1+c^3)\geqslant\left[1+\left(\frac{b+c}{2}\right)^3\right]^2\quad①$$

$$\Leftrightarrow 1+(b+c)^3-3bc(b+c)+(bc)^3\geqslant\left[1+\left(\frac{b+c}{2}\right)^3\right]^2$$

$$\Leftrightarrow\left(\frac{b+c}{2}\right)^6-6\left(\frac{b+c}{2}\right)^3+6bc\cdot\frac{b+c}{2}-(bc)^3\leqslant 0$$

$$\Leftrightarrow \left[\left(\frac{b+c}{2}\right)^2 - bc\right]\left[\left(\frac{b+c}{2}\right)^4 + bc\left(\frac{b+c}{2}\right)^2 - 6\left(\frac{b+c}{2}\right) + (bc)^2\right] \leqslant 0 \quad ②$$

因为 $\frac{b+c}{2} \leqslant 1$,所以

$$\left(\frac{b+c}{2}\right)^4 + bc\left(\frac{b+c}{2}\right)^2 - 6\left(\frac{b+c}{2}\right) + (bc)^2$$

$$\leqslant \left(\frac{b+c}{2}\right)^4 + \left(\frac{b+c}{2}\right)^4 - 6\left(\frac{b+c}{2}\right) + \left(\frac{b+c}{2}\right)^4$$

$$= 3 \cdot \frac{b+c}{2}\left[\left(\frac{b+c}{2}\right)^3 - 2\right] < 0$$

即式 ② 成立,从而式 ① 成立.

于是,要证原式成立,只需证在$\frac{b+c}{2} \leqslant 1$ 情况下,有

$$(1+a^3)\left[1+\left(\frac{b+c}{2}\right)^3\right]^2 \geqslant 8 \quad ③$$

为以下计算方便,设$\frac{b+c}{2} = \frac{3-a}{2} = x$,由 $0 \leqslant x \leqslant 1$,于是

式 ③ 左边 $-$ 右边

$$= (1+a^3)\left[1+\left(\frac{b+c}{2}\right)^3\right] - 8$$

$$= [1+(3-2x)^3](1+x^3)^2 - 8$$

$$= -2(4x^9 - 18x^8 + 27x^7 - 6x^6 - 36x^5 + 54x^4 - 24x^3 - 18x^2 + 27x - 10)$$

$$= -2(x-1)^2(4x^7 - 10x^6 + 3x^5 + 10x^4 - 19x^3 + 6x^2 + 7x - 10)$$

$$= -2(x-1)^2[(4x^7 - 10x^6) + (3x^5 + 10x^4 - 16x^3) - 3x(x-1)^2 + 10(x-1)]$$

$$\geqslant 0$$

即式 ③ 成立,从而原式获证.

证法 2　由 $a,b,c \in \overline{\mathbf{R}^-}$,且 $a+b+c=3$,可知在 a,b,c 中必有两数同时不大于 1 或同时不小于 1,不妨设这两数为 b,c,则

$$(1-b)(1-c) \geqslant 0$$

即有

$$a + bc \geqslant a + b + c - 1 = 2$$

于是,得到

$$(1+a^3)(1+b^3)(1+c^3)$$

$$= (a^3+1)(1+b^3)(1+c^3)$$

$$\geqslant (a+bc)^3 \geqslant 8$$

这里应用了赫尔德不等式.

注:(1) 实际上证法 1 中在对式 ③ 的证明时,x 只须满足 $0 \leqslant x \leqslant 1$ 即可,

因为有

$$\begin{aligned}&4x^7-10x^6+3x^5+10x^4-19x^3+6x^2+7x-10\\=&(4x^7-10x^6)+(3x^5+10x^4-16x^3)-3x(x-1)^2+10(x-1)\\\leqslant&0\end{aligned}$$

(2) 猜想:$a_i\in\overline{\mathbf{R}^-}$, $i=1,2,\cdots,n$, 记 $\lambda=\frac{1}{n}\sum_{i=1}^{n}a_i\leqslant1$, $m\geqslant n$, 则

$$\prod_{i=1}^{n}(1+a_i^m)\geqslant(1+\lambda^m)^n$$

当且仅当 $a_1=a_2=\cdots=a_n$ 时取等号.

上述猜想最先于2011年11月被浙江省余姚市丈亭镇余姚三中朱世杰老师证明,参见《不等式研究通讯》2011 年第 2 期.

例 23 设 $a,b,c\in\mathbf{R}^+$,且 $a+b+c=1$,则

$$\sqrt{a+b^2}+\sqrt{b+c^2}+\sqrt{c+a^2}\geqslant2$$

当且仅当 $a=b=c=\frac{1}{3}$ 时取等号.

证法 1 因为

$$\begin{aligned}&4(a+b+c)^2(bc+c^2+ca+a^2)(ca+a^2+ab+b^2)-\\&(2a^3+3a^2c+3c^2a+2a^2b+2bc^2+4ca^2+2ab^2+6abc)^2\\=&ab(c-a)^2(4a^2+4b^2+c^2+8ca+4ab)+\\&bc(a-b)^2(4b^2+3bc+11ca)+\\&ca(b-c)^2(4a^2+12b^2+4c^2+11bc+7ca+4ab)\geqslant0\end{aligned}$$

所以

$$\begin{aligned}&2\sum\sqrt{bc+c^2+ca+a^2}\sqrt{ca+a^2+ab+b^2}\\\geqslant&\sum\frac{2a^3+3a^2c+3c^2a+2a^2b+2bc^2+4ca^2+2ab^2+6abc}{a+b+c}\\=&2\sum a^2+6\sum bc\end{aligned}$$

所以 $\left(\sum\sqrt{a+b^2}\right)^2=\left(\sum\sqrt{a^2+ab+ac+b^2}\right)^2\geqslant4\left(\sum a\right)^2$

即得原式.

证法 2 在 a,b,c 中不妨设 c 最小,先证

$$\sqrt{a+b^2}+\sqrt{b+c^2}\geqslant\sqrt{c+b^2}+1-c \qquad ①$$

$$\begin{aligned}①\Leftrightarrow&a+b^2+b+c^2+2\sqrt{a+b^2}\cdot\sqrt{b+c^2}\\\geqslant&c+b^2+1-2c+c^2+2(1-c)\sqrt{c+b^2}\\\Leftrightarrow&\sqrt{a+b^2}\cdot\sqrt{b+c^2}\geqslant(1-c)\sqrt{c+b^2}\\\Leftrightarrow&(a^2+ab+ac+b^2)(ab+b^2+bc+c^2)\geqslant(a+b)^2(ac+bc+c^2+b^2)\end{aligned}$$

②

要证式 ① 成立，只要证式 ② 成立.

式 ② 左边 − 右边

$$=(a^2+ab+ac+b^2)(ab+b^2+bc+c^2)-(a+b)^2(ac+bc+c^2+b^2)$$

$$=a^3b+a^2b^2+ac^3-a^3c-a^2bc-ab^2c$$

$$=a(a-c)(b-c)(a+b+c)\geqslant 0$$

（注意我们所设 a,b,c 中，c 最小），故式 ② 成立，从而式 ① 成立.

再证

$$\sqrt{c+a^2}+\sqrt{c+b^2}\geqslant 1+c \qquad ③$$

式 ③ $\Leftrightarrow c+a^2+c+b^2+2\sqrt{c+a^2}\cdot\sqrt{c+b^2}\geqslant 1+2c+c^2$

$\Leftrightarrow a^2+b^2+2\sqrt{c+a^2}\cdot\sqrt{c+b^2}\geqslant (a+b+c)^2+c^2$

$\Leftrightarrow 2\sqrt{c+a^2}\cdot\sqrt{c+b^2}\geqslant 2(c^2+ac+bc+ab)$

$\Leftrightarrow (ac+bc+c^2+a^2)(ac+bc+c^2+b^2)\geqslant (c^2+ac+bc+ab)^2$

由柯西不等式易证上式成立，事实上有

$$(c^2+ac+bc+a^2)(c^2+ac+bc+b^2)\geqslant (c^2+ac+bc+ab)^2$$

因此式 ③ 成立.

① + ③ 即得原式.

注：(1) 式 ③ 的另一证法：

式 ③ $\Leftrightarrow c+a^2+c+b^2+2\sqrt{c+a^2}\cdot\sqrt{c+b^2}\geqslant 1+2c+c^2$

$\Leftrightarrow 2\sqrt{c+a^2}\cdot\sqrt{c+b^2}\geqslant 2(c+ab)$

由柯西不等式易知上式成立，故式 ③ 成立.

(2) 由证法 1 可得以下命题.

命题 1 设 $a,b,c\in\overline{\mathbf{R}^-}$，且 $a+b+c=1$，则

$$\sum\sqrt{b+c^2}\sqrt{c+a^2}\geqslant\sum(b+c)(c+a)$$

当且仅当 $a=b=c=\frac{1}{3}$ 时取等号.

(3) 由证法 2 分别得到了以下两式

$$\sqrt{a+b^2}\cdot\sqrt{b+c^2}\geqslant(1-c)\sqrt{c+b^2}$$

$$\sqrt{c+a^2}\cdot\sqrt{c+b^2}\geqslant(c+a)(c+b)$$

（其中 $a,b,c\in\overline{\mathbf{R}^-}$，且 $a+b+c=1$），于是可得以下

命题 2 设 $a,b,c\in\overline{\mathbf{R}^-}$，且 $a+b+c=1$，则

$$(a+b^2)(b+c^2)(c+a^2)\geqslant(b+c)^2(c+a)^2(a+b)^2$$

当且仅当 $a=b=c$ 时取等号.

(4) **命题** 3　若 $x,y\in\overline{\mathbf{R}^{-}}$,$x+y\geqslant(\leqslant)m^2$,则

$$\sqrt{x}+\sqrt{y}\geqslant(\leqslant)m+\sqrt{x+y-m^2}$$
$$\Leftrightarrow(m^2-x)(m^2-y)\geqslant(\leqslant)0$$

证明
$$\sqrt{x}+\sqrt{y}\geqslant(\leqslant)m+\sqrt{x+y-m^2}$$
$$\Leftrightarrow\sqrt{xy}\geqslant(\leqslant)m^2\sqrt{x+y-m^2}$$
$$\Leftrightarrow xy-m^2(x+y)+m^4\geqslant(\leqslant)0$$

即
$$(m^2-x)(m^2-y)\geqslant(\leqslant)0$$

根据命题 3,得到式 ① 的又一证法:

在 a,b,c 中不妨设 c 最小,则有

$$(a+b)^2-(a+b^2)=a(a+2b)-a=a(b-c)\geqslant 0$$
$$(a+b)^2-(b+c^2)=(1-c)^2-(b+c^2)=1-b-2c=a-c\geqslant 0$$

故
$$\sqrt{a+b^2}+\sqrt{b+c^2}\geqslant\sqrt{c+b^2}+1-c$$

例 24　设 $a,b,c\in\mathbf{R}^{+}$,则有

$$\frac{\sum b^2c^2}{abc}\geqslant\sum\sqrt{b^2-bc+c^2}$$

当且仅当 $a=b=c$ 时取等号.

证明
$$\sum\sqrt{b^2-bc+c^2}=\sum\frac{\sqrt{a(b^2-bc+c^2)}}{\sqrt{a}}$$
$$\leqslant\sum\frac{1}{a}\cdot\sum a(b^2-bc+c^2)$$

于是只要证明

$$\sum\frac{1}{a}\cdot\sum a(b^2-bc+c^2)\leqslant\frac{\sum b^2c^2}{abc}$$

即

$$abc\sum bc\cdot\sum a(b^2-bc+c^2)\leqslant\sum b^2c^2$$

经整理,等价于

$$\sum b^2c^2(bc-ca)(bc-ab)\geqslant 0$$

由舒尔(Schur)不等式可知上式成立.原命题获证.

例 25　(自创题,2007－09－28)设 $a_i,b_i\in\mathbf{R}$,$i=1,2,\cdots,n$,n 为奇数,又 $\min\{a_1,a_2,\cdots,a_n\}\leqslant\min\{b_1,b_2,\cdots,b_n\}$,且 $\sum_{i=1}^{n}a_i^k=\sum_{i=1}^{n}b_i^k$,$k=1,2,\cdots,n-1$,则

$$\max\{a_1,a_2,\cdots,a_n\}\leqslant\max\{b_1,b_2,\cdots,b_n\}$$

证明　记 $A_1,A_2,\cdots,A_n$ 为 $a_1,a_2,\cdots,a_n$ 的初等对称式多项式(即在这 n 个

数中，每次不重复地取出 $k(k=1,2,\cdots,n)$ 个乘积之和为 A_k，下同)，$B_1,B_2,\cdots,B_n$ 为 $b_1,b_2,\cdots,b_n$ 的初等对称式多项式，那么，由已知条件 $\sum_{i=1}^{n}a_i^k=\sum_{i=1}^{n}b_i^k(k=1,2,\cdots,n-1)$，易知有 $A_i=B_i(i=1,2,\cdots,n-1)$. 另外，记 $f(x)=\prod_{i=1}^{n}(x-a_i)$，$g(x)=\prod_{i=1}^{n}(x-b_i)$，且不妨设 $a_1=\min\{a_1,a_2,\cdots,a_n\}$，则当 x 为任意实数时，总有

$$f(x)-g(x)=-a_1a_2\cdots a_n+b_1b_2\cdots b_n(n\text{ 为奇数})$$

因此，当 $k=2,3,\cdots,n$ 时，都有

$$f(a_k)-g(a_k)=f(a_1)-g(a_1)=-a_1a_2\cdots a_n+b_1b_2\cdots b_n$$

由于 $f(a_1)=f(a_2)=\cdots f(a_n)=0$，因此

$$g(a_1)=g(a_2)=g(a_3)=\cdots=g(a_n)=a_1a_2\cdots a_n-b_1b_2\cdots b_n$$

即

$$\prod_{i=1}^{n}(a_1-b_i)=\prod_{i=1}^{n}(a_2-b_i)=\cdots=\prod_{i=1}^{n}(a_n-b_i)=a_1a_2\cdots a_n-b_1b_2\cdots b_n$$

由 $\min\{a_1,a_2,\cdots,a_n\}\leqslant\min\{b_1,b_2,\cdots,b_n\}$，$n$ 为奇数，可知 $\prod_{i=1}^{n}(a_1-b_i)\leqslant 0$，因此

$$\prod_{i=1}^{n}(a_k-b_i)\leqslant 0(k=2,3,\cdots,n)$$

故在 $a_k-b_i(k=2,3,\cdots,n,\ i=1,2,\cdots,n)$ 中必有一个不大于零，也就是，在 $b_1,b_2,\cdots,b_n$ 中至少有一个不小于 $\max\{a_1,a_2,\cdots,a_n\}$，由此，必然有

$$\max\{a_1,a_2,\cdots,a_n\}\leqslant\max\{b_1,b_2,\cdots,b_n\}$$

注：当 $n=3$ 时，若 $a_1\leqslant a_2\leqslant a_3$，$b_1\leqslant b_2\leqslant b_3$，$a_1\leqslant b_1$，已证得 $a_3\leqslant b_3$，因此必有 $a_2\geqslant b_2$，于是，我们可得到以下命题.

命题 1 设 $a_1,a_2,a_3,b_1,b_2,b_3\in\mathbf{R}$，且 $a_1+a_2+a_3=b_1+b_2+b_3$，$a_1^2+a_2^2+a_3^2=b_1^2+b_2^2+b_3^2$，若 $a_1\leqslant a_2\leqslant a_3$，$b_1\leqslant b_2\leqslant b_3$，则

i. $|a_2-b_2|\geqslant|a_1-b_1|$；

ii. $|a_2-b_2|\geqslant|a_3-b_3|$.

提示：不妨设 $a_1\leqslant b_1$，则 $a_3\leqslant b_3$，于是有 $a_2\geqslant b_2$，因此

i. $|a_2-b_2|\geqslant|a_1-b_1|\Leftrightarrow a_2-b_2\geqslant b_1-a_1\Leftrightarrow a_1+a_2\geqslant b_1+b_2\Leftrightarrow b_3\geqslant a_3$；

ii. $|a_2-b_2|\geqslant|a_3-b_3|\Leftrightarrow a_2-b_2\geqslant b_3-a_3\Leftrightarrow a_2+a_3\geqslant b_2+b_3\Leftrightarrow b_1\geqslant a_1$.

特例有如下命题.

命题 2 设 $a_1,a_2,a_3,b_1,b_2,b_3\in\mathbf{R}$,$a_1+a_2+a_3=b_1+b_2+b_3$,$a_1a_2+a_2a_3+a_3a_1=a_1a_2+a_2a_3+a_3a_1$,若 $\min\{a_1,a_2,a_3\}\leqslant\min\{b_1,b_2,b_3\}$,求证:$\max\{a_1,a_2,a_3\}\leqslant\max\{b_1,b_2,b_3\}$.

命题 2 另证 (2011-08-10) 设 $a_1+a_2+a_3=b_1+b_2+b_3=\lambda$,$a_1a_2+a_2a_3+a_3a_1=b_1b_2+b_2b_3+b_3b_1=u$,$a_1\geqslant a_2\geqslant a_3$,$b_1\geqslant b_2\geqslant b_3$,由已知条件有 $a_3\leqslant b_3$,则要证明 $a_1\leqslant b_1$. 由假设可得到

$$\begin{cases}a_1+a_2=\lambda-a_3\\a_1a_2=u-a_3(\lambda-a_3)\end{cases}$$

于是,a_1,a_2 是方程 $x^2-(\lambda-a_3)x+u-a_3(\lambda-a_3)=0$ 的两个根,且

$$a_1=\frac{\lambda-a_3+\sqrt{(\lambda+a_3)^2-4(u+a_3^2)}}{2}$$

同理,有

$$b_1=\frac{\lambda-b_3+\sqrt{(\lambda+b_3)^2-4(u+b_3^2)}}{2}$$

由此可知,即要证

$$a_1=\frac{\lambda-a_3+\sqrt{(\lambda+a_3)^2-4(u+a_3^2)}}{2}$$

$$\leqslant\frac{\lambda-b_3+\sqrt{(\lambda+b_3)^2-4(u+b_3^2)}}{2}=b_1 \qquad ①$$

式 ① $\Leftrightarrow\lambda-a_3+\sqrt{(\lambda+a_3)^2-4(u+a_3^2)}\leqslant\lambda-b_3+\sqrt{(\lambda+b_3)^2-4(u+b_3^2)}$,

$$\Leftrightarrow b_3-a_3\leqslant\sqrt{(\lambda+b_3)^2-4(u+b_3^2)}-\sqrt{(\lambda+a_3)^2-4(u+a_3^2)}$$

$$\Leftrightarrow b_3-a_3\leqslant\frac{[(2\lambda+b_3+a_3)-4(b_3+a_3)](b_3-a_3)}{\sqrt{(\lambda+b_3)^2-4(u+b_3^2)}+\sqrt{(\lambda+a_3)^2-4(u+a_3^2)}}$$

$$\Leftrightarrow\sqrt{(\lambda+b_3)^2-4(u+b_3^2)}+\sqrt{(\lambda+a_3)^2-4(u+a_3^2)}$$

$$\leqslant 2\lambda-3(b_3+a_3) \qquad ②$$

应用不等式(易证,从略)

$$\sqrt{x_1^2-y_1^2-z_1^2}+\sqrt{x_2^2-y_2^2-z_2^2}\leqslant\sqrt{(x_1+x_2)^2-(y_1+y_2)^2-(z_1+z_2)^2}$$

其中 $x_1\geqslant y_1\geqslant z_1\geqslant 0$,$x_2\geqslant y_2\geqslant z_2\geqslant 0$,可得到

$$\sqrt{(\lambda+b_3)^2-4(u+b_3^2)}+\sqrt{(\lambda+a_3)^2-4(u+a_3^2)}$$

$$\leqslant\sqrt{(2\lambda+a_3+b_3)^2-4u-4(a_3+b_3)^2}$$

$$=\sqrt{4\lambda^2+4\lambda(a_3+b_3)^2-4u-3(a_3+b_3)^2}$$

因此要证式 ②,只需证

$$\sqrt{4\lambda^2+4\lambda(a_3+b_3)^2-4u-3(a_3+b_3)^2}\leqslant 2\lambda-3(b_3+a_3)$$

经两边平方,整理,即

$$3(b_3+a_3)^2-4\lambda(b_3+a_3)+4u\geqslant 0$$

$$\Leftrightarrow 3\left[(b_3+a_3)-\frac{2\lambda+2\sqrt{\lambda^2-3u}}{3}\right]\left[(b_3+a_3)-\frac{2\lambda-2\sqrt{\lambda^2-3u}}{3}\right]\geqslant 0$$

由上式可知又只要证明

$$(b_3+a_3)-\frac{2\lambda-2\sqrt{\lambda^2-3u}}{3}\leqslant 0$$

即

$$2\lambda-3(b_3+a_3)\geqslant 2\sqrt{\lambda^2-3u}$$

$$\Leftrightarrow(b_1+b_2-2b_3)+(a_1+a_2-2a_3)$$

$$\geqslant\sqrt{\frac{1}{2}[(b_1-b_2)^2+(b_1-b_3)^2+(b_2-b_3)^2}+$$

$$\sqrt{\frac{1}{2}[(a_1-a_2)^2+(a_1-a_3)^2+(a_2-a_3)^2}\qquad ③$$

由假设 $a_1\geqslant a_2\geqslant a_3$,$b_1\geqslant b_2\geqslant b_3$,易证得

$$a_1+a_2-2a_3\geqslant\sqrt{\frac{1}{2}[(a_1-a_2)^2+(a_1-a_3)^2+(a_2-a_3)^2]}$$

$$b_1+b_2-2b_3\geqslant\sqrt{\frac{1}{2}[(b_1-b_2)^2+(b_1-b_3)^2+(b_2-b_3)^2]}$$

故式 ③ 成立,式 ① 获证,即有 $a_1\leqslant b_1$.

注:命题的另一解答见《中学教研(数学)》,2011 年第十一期,蒋元虎、吴国建《自主招生试题中常用的四种恒等变形》.

例 26 宋庆老师在《中学数学研究》(广东),2008 年第 1 期《两个优美的无理不等式》中提出猜想:若 $a,b,c>0$,满足 $a+b+c=1$,则

$$\sqrt{a^{-1}-a}+\sqrt{b^{-1}-b}+\sqrt{c^{-1}-c}\geqslant 2\sqrt{6}$$

证明 此猜想成立,今证其加强式

$$(a^{-1}-a)(b^{-1}-b)(c^{-1}-c)\geqslant\left(\frac{8}{3}\right)^3\qquad ①$$

由 $a+b+c=1$,可将式 ① 齐次化,即为

$$\frac{(b+c)(c+a)(a+b)(2a+b+c)(2b+c+a)(2c+a+b)}{abc(a+b+c)^3}\geqslant\left(\frac{8}{3}\right)^3$$

令 $a=-a'+b'+c'$,$b=a'-b'+c'$,$c=a'+b'-c'$,则 a',b',c' 可为 $\triangle A'B'C'$ 的三边长,若记 $\triangle A'B'C'$ 得面积为 Δ',则上式等价于以下三角形中不等式

$$\frac{a'b'c'(b'+c')(c'+a')(a'+b')}{(a'+b'+c')^3(-a'+b'+c')(a'-b'+c')(a'+b'-c')}\geqslant\frac{8}{27}$$

$$\Leftrightarrow a'b'c'(b'+c')(c'+a')(a'+b') \geqslant \frac{8}{27}(a'+b'+c')^2 \cdot 16\Delta'^2$$

由于$(b'+c')(c'+a')(a'+b') \geqslant 8a'b'c'$,因此,要证明上式,只要证明

$$(a'b'c')^2 \geqslant \frac{1}{27}(a'+b'+c')^2 \cdot 16\Delta'^2$$

由第二章中例 7 中的不等式便易证明上式,这是由于

$$(a'b'c')^2 \geqslant \frac{1}{9}(a'^2+b'^2+c'^2) \cdot 16\Delta'^2 \geqslant \frac{1}{27}(a'+b'+c')^2 \cdot 16\Delta'^2$$

原命题获证.

例 27 (2008 年第 49 届 IMO 第一天第 20 题)

(1) x,y,z 是三个不等于 1 的实数,并且满足 $xyz=1$,证明

$$\frac{x^2}{(x-1)^2}+\frac{y^2}{(y-1)^2}+\frac{z^2}{(z-1)^2} \geqslant 1$$

(2) 证明:有无穷多组有理数(x,y,z)使得上述不等式中的等号成立.

证明 (1) 令 $x=\frac{1}{a},y=\frac{1}{b},z=\frac{1}{c},abc=1$,则题等价于

$$\frac{1}{(1-a)^2}+\frac{1}{(1-b)^2}+\frac{1}{(1-c)^2} \geqslant 1$$

$$\Leftrightarrow \sum (1-b)^2(1-c)^2 \geqslant \left[\prod (1-a)\right]^2$$

$$\Leftrightarrow \sum (1-b-c+bc)^2-\left(1-\sum a+\sum bc-abc\right)^2 \geqslant 0$$

$$\Leftrightarrow \left(\sum a\right)^2-6\sum a+9 \geqslant 0$$

$$\Leftrightarrow \left(\sum a-3\right)^2 \geqslant 0$$

此式成立,原命题获证.

注:在本例中,依条件可设 $a=\frac{y}{x},b=\frac{z}{y},c=\frac{x}{z}$,则原式这时即证明

$$\frac{y^2}{(x-y)^2}+\frac{z^2}{(y-z)^2}+\frac{x^2}{(z-x)^2} \geqslant 1$$

这就是本章中例 12,$m=0,n=-1$ 时的情况.

(2) 注意到三角恒等式

$$\sin^2\alpha+\cos^2\alpha\sin^2\beta+\cos^2\alpha\cos^2\beta=1$$

设 $\sin\alpha=\frac{2ab}{a^2+b^2},\sin\beta=\frac{2cd}{c^2+d^2}$,则 $\cos\alpha=\frac{a^2-b^2}{a^2+b^2},\cos\beta=\frac{c^2-d^2}{c^2+d^2}$,其中 a,b,c,d 为实数,因此,可令

$$\frac{x}{1-x}=\frac{2ab}{a^2+b^2},\frac{y}{1-y}=\frac{2cd(a^2-b^2)}{(a^2+b^2)(c^2+d^2)},\frac{z}{1-z}=\frac{(a^2-b^2)(c^2-d^2)}{(a^2+b^2)(c^2+d^2)}$$

即

$$x=\frac{2ab}{(a-b)^2},y=\frac{2cd(a^2-b^2)}{a^2(c+d)^2+b^2(c-d)^2},\ z=\frac{(a^2-b^2)(c^2-d^2)}{2(a^2c^2+b^2d^2)}$$

其中,取不同的有理数 $a,b,c,d(a\neq b,c\neq d)$,则有上述无穷多组有理数 (x,y,z) 满足

$$\frac{x^2}{(x-1)^2}+\frac{y^2}{(y-1)^2}+\frac{z^2}{(z-1)^2}=1$$

例 28 (自创题,2007－07－12) 设 $a,b,c\in\overline{\mathbf{R}^-}$,且 $\sum a^2=1$,则

$$\sum\sqrt{1-bc}\geqslant\sqrt{7-\sum bc}$$

当且仅当 $a=b=c=\frac{\sqrt{3}}{3}$ 时取等号.

证明 由于

$$\begin{aligned}&2\sqrt{1-ab}\cdot\sqrt{1-ac}\\&=2\sqrt{\sum a^2-ab}\cdot\sqrt{\sum a^2-ac}\\&=\sqrt{\sum a^2+c^2+(a-b)^2}\cdot\sqrt{\sum a^2+b^2+(a-c)^2}\\&\geqslant\sum a^2+bc+(a-b)(a-c)\\&=1+bc+(a-b)(a-c)\end{aligned}$$

类似还有二式,因此

$$\begin{aligned}&(\sqrt{1-bc}+\sqrt{1-ca}+\sqrt{1-ab})^2\\&=3-\sum bc+2\sum\sqrt{1-ca}\sqrt{1-ab}\\&\geqslant3-\sum bc+3+\sum bc+\sum(a-b)(a-c)=7-\sum bc\end{aligned}$$

例 29 (自创题,2009－06－25) 设 $x,y,z,w\in\overline{\mathbf{R}^-}$,且 x,y,z,w 中至少有一个不小于 1,则

$$\begin{aligned}&4(yz+xw)(xz+yw)(xy+zw)\\&\geqslant(-x+y+z+w)(x-y+z+w)(x+y-z+w)(x+y+z-w)\end{aligned}$$

当且仅当 $x=1$,且 $y^2+z^2+w^2+2yzw=1$;或 $y=1$,且 $x^2+z^2+w^2+2xzw=1$;或 $z=1$,且 $x^2+y^2+w^2+2xyw=1$;或 $w=1$,且 $x^2+y^2+z^2+2xyz=1$ 时取等号.

证明 先证 x,y,z,w 中有一个等于 1 时,如 $w=1$,则有

$$\begin{aligned}&4(yz+x)(xz+y)(xy+z)\\&\geqslant(-x+y+z+1)(x-y+z+1)(x+y-z+1)(x+y+z-1)\end{aligned}\tag{※}$$

式(※)易证成立,事实上有

$$4(yz+x)(xz+y)(xy+z)-$$
$$(-x+y+z+1)(x-y+z+1)(x+y-z+1)(x+y+z-1)$$
$$=(x^2+y^2+z^2+2xyz-1)^2$$
$$\geqslant 0$$

即得式(※).

今证原式.若原式右边小于或等于零,则原式显然成立;若原式右边大于零,由于 $x,y,z,w\in\overline{\mathbf{R}^-}$,且 x,y,z,w 中至少有一个不小于1,不妨设 $w\geqslant 1$,则

$$4(yz+xw)(xz+yw)(xy+zw)$$
$$=4\left(\frac{yz}{w^2}+\frac{x}{w}\right)\left(\frac{xz}{w^2}+\frac{y}{w}\right)\left(\frac{xy}{w^2}+\frac{z}{w}\right)\cdot w^6$$
$$\geqslant 4\left(\frac{yz}{w^2}+\frac{x}{w}\right)\left(\frac{xz}{w^2}+\frac{y}{w}\right)\left(\frac{xy}{w^2}+\frac{z}{w}\right)\cdot w^4$$
$$\geqslant\left(-\frac{x}{w}+\frac{y}{w}+\frac{z}{w}+1\right)\left(\frac{x}{w}-\frac{y}{w}+\frac{z}{w}+1\right)\left(\frac{x}{w}+\frac{y}{w}-\frac{z}{w}+1\right)\cdot$$
$$\left(\frac{x}{w}+\frac{y}{w}+\frac{z}{w}-1\right)\cdot w^4$$

(据式(※))

$$=(-x+y+z+w)(x-y+z+w)(x+y-z+w)(x+y+z-w)$$

即得式(※).由 $w\geqslant 1$ 及式(※)取等号条件易得原式取等号条件.

例 30 (第48届国际数学奥林匹克中国国家集训队测试题,2007年3月)设正实数 u,v,w 满足 $u+v+w+\sqrt{uvw}=4$,求证

$$\sqrt{\frac{vw}{u}}+\sqrt{\frac{uw}{v}}+\sqrt{\frac{uv}{w}}\geqslant u+v+w$$

证法1 设 $\sqrt{\frac{vw}{u}}=a,\sqrt{\frac{uw}{v}}=b,\sqrt{\frac{uv}{w}}=c$,则原命题等价于 $a,b,c\in\mathbf{R}^+$,且 $bc+ca+ab+abc=4$,则

$$a+b+c\geqslant bc+ca+ab \tag{①}$$

由 $a+b+c+abc=4$ 知,a,b,c 中必有一个不大于1,同时还有一个不小于1,不妨设这两个数为 a,b,则

$$(1-a)(1-b)\leqslant 0$$

另外,由 $a+b+c+abc=4$,得到

$$c=\frac{4-a-b}{1+ab}$$

于是

$$\sum a-\sum bc=a+b+\frac{4-a-b}{1+ab}-ab-(a+b)\cdot\frac{4-a-b}{1+ab}$$

$$=\frac{1}{1+ab}[ab(a+b)+4-ab-(ab)^2-4(a+b)+(a+b)^2]$$

$$=\frac{1}{1+ab}[(a+b-2)^2-ab(1-a)(1-b)]\geqslant 0$$

即得式 ①,原命题获证.

证法 2　反证法.

不妨设 $\sum a<\sum bc$,因为

$$(\sum a)^3-4\sum a\cdot\sum bc+9abc\geqslant 0$$

(此式见第一章 §5　其他基本不等式中"初等对称式多项式不等式"),所以

$$9abc\geqslant 4\sum a\cdot\sum bc-(\sum a)^3>4(\sum a)^2-(\sum a)^3$$

$$=(\sum a)^2(4-\sum a)=abc\cdot(\sum a)^2$$

所以

$$\sum a<3 \tag{※}$$

另外,因为

$$a+b+c+abc=4$$

所以

$$a+b+c+\frac{1}{27}(\sum a)^3\geqslant a+b+c+abc=4$$

即

$$(\sum a-3)[(\sum a)^2+3\sum a+36]\geqslant 0$$

所以

$$\sum a\geqslant 3$$

这与式(※)矛盾,故 $\sum a\geqslant\sum bc$,原命题获证.

证法 3　(国家集训队对该题的解答)

设 $u=xy,v=yz,w=xz$,x,y,z 为正实数,则条件变为

$$xyz+xy+yz+zx=4$$

结论变为

$$x+y+z\geqslant xy+yz+zx \tag{※}$$

因 x,y,z 三个数中必有两个在 1 的同侧,不妨设 y,z 在 1 的同侧,则

$$(y-1)(z-1)\geqslant 0 \tag{①}$$

于是

$$x(yz+y+z)=4-yz>0$$

由此可得

$$x=\frac{4-yz}{yz+y+z}\leqslant\frac{4-yz}{yz+2\sqrt{yz}}=\frac{(2+\sqrt{yz})(2-\sqrt{yz})}{\sqrt{yz}(\sqrt{yz}+2)}=\frac{2-\sqrt{yz}}{\sqrt{yz}}$$

因此

$$(x+1)\sqrt{yz}\leqslant 2 \quad ②$$

注意到要证的

$$式(※)\Leftrightarrow x-xz-xy+xyz\geqslant yz-y-z+xyz$$
$$\Leftrightarrow x(1-y)(1-z)\geqslant yz(x+1)-y-z \quad (※※)$$

下证式(※※). 由式 ①,左边 $\geqslant 0$;由式 ②,右边 $\leqslant\sqrt{yz}\cdot 2-y-z=-(\sqrt{y}-\sqrt{z})^2\leqslant 0$. 故式(※※)成立,原命题获证.

例 31 (自创题,2006－08－25) 设 $x,y,z\in\overline{\mathbf{R}^-}$,且 $x^2+y^2+z^2+2xyz\leqslant 1$,则

$$1+4xyz\geqslant 2\sum yz$$

当且仅当 $x=y=z=\frac{1}{2}$,或 x,y,z 中一个为零,另外两个均等于$\frac{\sqrt{2}}{2}$时取等号.

证明 在 $2x-1,2y-1,2z-1$ 中必有两个都不大于零,或都不小于零,不妨设这两个数为 $2x-1,2y-1$,则

$$(2x-1)(2y-1)\geqslant 0$$

由此得

$$z+4xyz\geqslant 2xz+2yz \quad ①$$

另外,因为

$$1\geqslant x^2+y^2+z^2+2xyz\geqslant 2xy+z^2+2xyz$$

所以
$$1-z^2\geqslant 2xy(1+z)$$
所以
$$1-z\geqslant 2xy \quad ②$$

①＋② 即得.

注:(1) 当条件改为 $x^2+y^2+z^2+2xyz=1$ 时,$x,y,z\in\overline{\mathbf{R}^-}$,若令 $x=\cos A,y=\cos B,z=\cos C$,则可设 A,B,C 为非钝角 $\triangle ABC$ 三内角,此时 $1+4xyz\geqslant 2\sum yz$,即为$\left(\frac{1}{2}\sum a\right)^2\geqslant 2R^2+8Rr+3r^2$,这是非钝角三角形中的一个重要不等式,这里又给出了一种较为简捷的新证法.

(2) 由此易证西藏刘保乾先生于 2006 年 7 月提出的以下命题.

命题 设 $x,y,z\in\overline{\mathbf{R}^-}$,且 $\sum x^2+4xyz\leqslant 1$,则

$$\sum x\leqslant\sqrt{2}$$

例 32 (录自罗马尼亚 Vasile Cirtoaje 主编的 *Algebraic Inequalities. Old and New Methods*, § 3.4. applications 题 10) 设 $x,y,z\in\overline{\mathbf{R}^-}$,则

$$\sqrt{1+\frac{48x}{y+z}}+\sqrt{1+\frac{48y}{z+x}}+\sqrt{1+\frac{48z}{x+y}}\geqslant 15$$

当且仅当 $x=y=z$，或 x,y,z 中有一个为零，另外两个相等时取等号.

证明 令 $x=-a+b+c, y=a-b+c, z=a+b-c, x+y+z=a+b+c=3$，则 $a,b,c\in\left[0,\frac{3}{2}\right]$，同时，原式可化为

$$\sqrt{\frac{72}{a}-47}+\sqrt{\frac{72}{b}-47}+\sqrt{\frac{72}{c}-47}\geqslant 15 \quad ①$$

因此，要证原式成立，只要证式 ① 当 $a,b,c\in\left[0,\frac{3}{2}\right]$，且 $a+b+c=3$ 时成立即可.

由对称性，不妨设 $c\geqslant 1, b+c\leqslant 2$，此时，我们先证明

$$\sqrt{\frac{72}{a}-47}+\sqrt{\frac{72}{b}-47}\geqslant 2\sqrt{\frac{144}{b+c}-47} \quad ②$$

由于

$$\left(\sqrt{\frac{72}{a}-47}+\sqrt{\frac{72}{b}-47}\right)^2-4\left(\frac{144}{a+b}-47\right)$$

$$=72\left(\frac{1}{a}+\frac{1}{b}-\frac{4}{a+b}\right)+2\left[\sqrt{\left(\frac{72}{a}-47\right)\left(\frac{72}{b}-47\right)}-\left(\frac{144}{a+b}-47\right)\right]$$

$$=\frac{72(a-b)^2}{ab(a+b)}+\frac{2\left[\left(\frac{72}{a}-47\right)\left(\frac{72}{b}-47\right)-\left(\frac{144}{a+b}-47\right)^2\right]}{\sqrt{\left(\frac{72}{a}-47\right)\left(\frac{72}{b}-47\right)}+\left(\frac{144}{a+b}-47\right)}$$

$$=\frac{72(a-b)^2}{ab(a+b)}+\frac{2\left[\frac{72^2(a-b)^2}{ab(a+b)^2}-\frac{47\cdot 72(a-b)^2}{ab(a+b)}\right]}{\sqrt{(\frac{72}{a}-47)(\frac{72}{b}-47)}+(\frac{144}{a+b}-47)}$$

$$=\frac{72(a-b)^2}{ab(a+b)}\left[1+\frac{\frac{144}{a+b}-94}{\sqrt{(\frac{72}{a}-47)(\frac{72}{b}-47)}+(\frac{144}{a+b}-47)}\right]$$

因此，只要证

$$1+\frac{\frac{144}{a+b}-94}{\sqrt{(\frac{72}{a}-47)(\frac{72}{b}-47)}+(\frac{144}{a+b}-47)}\geqslant 0 \quad ③$$

若 $\frac{144}{a+b}-94\geqslant 0$，即 $a+b\leqslant\frac{72}{47}$，则式 ③ 显然成立；若 $\frac{144}{a+b}-94\leqslant 0$，即 $\frac{72}{47}<a+b\leqslant 2$ 时，则

式③左边 $\geqslant 1+\dfrac{\dfrac{144}{a+b}-94}{\dfrac{144}{a+b}-47}=2-\dfrac{47}{\dfrac{144}{a+b}-47}\geqslant 2-\dfrac{47}{72-47}=\dfrac{3}{25}>0$,这时,式③也成立,式②得证.现在剩下的就是证明

$$2\sqrt{\frac{144}{a+b}-47}+\sqrt{\frac{72}{c}-47}\geqslant 15$$

即

$$2\sqrt{\frac{144}{3-c}-47}+\sqrt{\frac{72}{c}-47}\geqslant 15 \quad ④$$

令 $\sqrt{\dfrac{144}{3-c}-47}=t$,则 $c=\dfrac{3(t^2-1)}{t^2+47}$,并由 $1\leqslant c\leqslant\dfrac{3}{2}$,得到 $5\leqslant t\leqslant 7$,于是

$$\sqrt{\frac{72}{c}-47}=\sqrt{\frac{24(t^2+47)}{t^2-1}-47}=\sqrt{\frac{1175t^2-23t^2}{t^2-1}}$$

代入式④即证

$$\sqrt{\frac{1175-23t^2}{t^2-1}}\geqslant 15-2t$$

上式两边平方并整理,得到

$$t^4-15t^3+61t^2+15t-350\leqslant 0$$

即

$$(t-5)^2(t+2)(t-7)\leqslant 0$$

由于 $5\leqslant t\leqslant 7$,因此上式成立,故式④成立,原式获证.由以上证明过程易知取等号条件.

例 33 (自创题,2010-10-12)设 $a,b,c,d\in\mathbf{R}^+$,且

$$a+b+c+d\geqslant\max\{2(ab+cd),2(bc+da)\}$$

则
$$\frac{a}{b}+\frac{b}{c}+\frac{c}{d}+\frac{d}{a}+4-2(a+b+c+d)\geqslant 0$$

当且仅当 $a=b=c=d=1$ 时取等号.

证明 分两种情况证明.

i. 当 $\max\{2(ab+cd),2(bc+da)\}=2(ab+cd)$ 时

$$\text{原式左边}=\frac{(a+b-2ab)^2}{ab}+\frac{(c+d-2cd)^2}{cd}+2(a+b+c+d)-4(ab+cd)+\frac{(ab+cd)-(bc+da)}{ac}\geqslant 0$$

ii. 当 $\max\{2(ab+cd),2(bc+da)\}=2(bc+da)$ 时

$$原式左边=\frac{(b+c-2bc)^2}{bc}+\frac{(d+a-2da)^2}{da}+2(a+b+c+d)$$
$$-4(bc+da)+\frac{(bc+da)-(ab+cd)}{bd}\geqslant 0$$

易知其取等号条件.

例 34　设 a,b,c 是实数，$-2<\lambda<2$，求证：

$$\sqrt{(a^2+\lambda ab+b^2)(b^2+\lambda bc+c^2)}+\sqrt{(b^2+\lambda bc+c^2)(c^2+\lambda ca+a^2)}+\sqrt{(c^2+\lambda ca+a^2)(a^2+\lambda ab+b^2)}$$
$$\geqslant(a^2+b^2+c^2)+(1+\lambda)(ab+bc+ca)$$

证法 1　实施配方变形，得

$$a^2+\lambda ab+b^2=\frac{2+\lambda}{4}(a+b)^2+\frac{2-\lambda}{4}(a-b)^2$$

于是，可构造复数

$$z_1=\frac{\sqrt{2+\lambda}}{2}(a+b)+\frac{\sqrt{2-\lambda}}{2}(a-b)\mathrm{i},z_2=\frac{\sqrt{2+\lambda}}{2}(b+c)+\frac{\sqrt{2-\lambda}}{2}(b-c)\mathrm{i}$$
$$z_3=\frac{\sqrt{2+\lambda}}{2}(c+a)+\frac{\sqrt{2-\lambda}}{2}(c-a)\mathrm{i}$$

易算得 $z_1z_2+z_2z_3+z_3z_1=(a^2+b^2+c^2)+(1+\lambda)(ab+bc+ca)$，从而

$$\begin{aligned}原不等式的左边&=|z_1||z_2|+|z_2||z_3|+|z_3||z_1|\\&=|z_1z_2|+|z_2z_3|+|z_3z_1|\\&\geqslant|z_1z_2+z_2z_3+z_3z_1|\\&=|(a^2+b^2+c^2)+(1+\lambda)(ab+bc+ca)|\\&\geqslant(a^2+b^2+c^2)+(1+\lambda)(ab+bc+ca)\end{aligned}$$

故原不等式获证.

证法 2

$$\sum\sqrt{(a^2+\lambda ab+b^2)(b^2+\lambda bc+c^2)}$$
$$=\sum\sqrt{\left[\left(a+\frac{\lambda}{2}b\right)^2+\left(1-\frac{\lambda^2}{4}\right)b^2\right]\left[\left(c+\frac{\lambda}{2}b\right)^2+\left(1-\frac{\lambda^2}{4}\right)b^2\right]}$$
$$\geqslant\sum\left[\left(a+\frac{\lambda}{2}b\right)\left(c+\frac{\lambda}{2}b\right)+\left(1-\frac{\lambda^2}{4}\right)b^2\right]（柯西不等式）$$
$$=(a^2+b^2+c^2)+(1+\lambda)(ab+bc+ca)$$

即得原式.

例 35　（2010 年全国高中数学联赛 A 卷加试题 3）

给定整数 $n>2$，设正实数 $a_1,a_2,\cdots,a_n$ 满足 $a_k\leqslant 1,k=1,2,\cdots,n$，记

$$A_k=\frac{a_1+a_2+\cdots+a_k}{k},k=1,2,\cdots,n$$

求证：$\left|\sum_{k=1}^{n}a_k-\sum_{k=1}^{n}A_k\right|<\frac{n-1}{2}$.

证明 由 $0<a_k\leqslant 1$ 知，对 $1\leqslant k\leqslant n-1$，有

$$0<\sum_{i=1}^{k}a_i\leqslant k,\quad 0<\sum_{i=k+1}^{n}a_i\leqslant n-k$$

注意到当 $x,y>0$ 时，有 $|x-y|\leqslant\max\{x,y\}$，于是对 $1\leqslant k\leqslant n-1$，有

$$\begin{aligned}|A_n-A_k|&=\left|(\frac{1}{n}-\frac{1}{k})\sum_{i=1}^{k}a_i+\frac{1}{n}\sum_{i=k+1}^{n}a_i\right|\\&=\left|\frac{1}{n}\sum_{i=k+1}^{n}a_i-(\frac{1}{k}-\frac{1}{n})\sum_{i=1}^{k}a_i\right|\\&\leqslant\max\left|\frac{1}{n}\sum_{i=k+1}^{n}a_i,(\frac{1}{k}-\frac{1}{n})\sum_{i=1}^{k}a_i\right|\\&\leqslant\max\left|\frac{1}{n}(n-k),(\frac{1}{k}-\frac{1}{n})k\right|=1-\frac{k}{n}\end{aligned}$$

故

$$\begin{aligned}\left|\sum_{k=1}^{n}a_k-\sum_{k=1}^{n}A_k\right|&=\left|nA_n-\sum_{k=1}^{n}A_k\right|\\&=\left|\sum_{k=1}^{n-1}(A_n-A_k)\right|<\sum_{k=1}^{n-1}|A_n-A_k|\\&\leqslant\sum_{k=1}^{n-1}(1-\frac{k}{n})=\frac{n-1}{2}\end{aligned}$$

例 36 设 $a,b,c,d\in\mathbf{R}^+$，则

$$\sum\frac{1}{a^2+ab}\geqslant\frac{4}{ac+bd}$$

证明 $\sum\frac{ac+bd}{a^2+ab}-4$

$$=(\frac{ac+bd}{a^2+ab}+1)+(\frac{ac+bd}{b^2+bc}+1)+(\frac{ac+bd}{c^2+cd}+1)+(\frac{ac+bd}{d^2+da}+1)-8$$

$$=\frac{a(a+c)+b(d+a)}{a(a+b)}+\frac{b(b+d)+c(a+b)}{b(b+c)}+\frac{c(c+a)+d(b+c)}{c(c+d)}+\frac{d(d+b)+a(c+d)}{d(d+a)}-8$$

$$=\frac{a+c}{a+b}+\frac{b(d+a)}{a(a+b)}+\frac{b+d}{b+c}+\frac{c(a+b)}{b(b+c)}+\frac{c+a}{c+d}+\frac{d(b+c)}{c(c+d)}+\frac{d+b}{d+a}+\frac{a(c+d)}{d(d+a)}-8$$

$$=(\frac{a+c}{a+b}+\frac{b+d}{b+c}+\frac{c+a}{c+d}+\frac{d+b}{d+a})+[\frac{b(d+a)}{a(a+b)}+\frac{c(a+b)}{b(b+c)}+\frac{d(b+c)}{c(c+d)}+\frac{a(c+d)}{d(d+a)}]-8$$

$$\geqslant \frac{(a+c)(a+b+c+d)}{(a+b)(c+d)}+\frac{(b+d)(a+b+c+d)}{(b+c)(d+a)}+4-8$$

$$=4+4-8=0$$

即得原式.

例 37 (自创题,2011－03－01) 设 $x,y,z\in\mathbf{R}$,且 $xyz=1$,则

$$\sum x^2-2\sum yz+3\geqslant 0$$

证明 若 $x,y,z\in\overline{\mathbf{R}^-}$,由 $xyz=1$,不妨设 $x\leqslant 1$,则 $yz\geqslant 1$,$y+z-x\geqslant 0$(y,z 中至少有一个不小于 1),于是

$$\begin{aligned}&\sum x^2-2\sum yz+3\\&=(y+z-x)^2-4yz+3\\&\geqslant (2\sqrt{yz}-x)^2-4yz+3\\&=\left(\frac{2}{\sqrt{x}}-x\right)^2-\frac{4}{x}+3\\&=x^2-4\sqrt{x}+3\\&=(1-\sqrt{x})^2(x+2\sqrt{x}+3)\geqslant 0.\end{aligned}$$

若 x,y,z 不全为正,由 $xyz=1>0$,可知 x,y,z 中必有一个大于零,同时必有另一个小于零,不妨设 $y>0$,$z<0$,则

$$\sum x^2-2\sum yz+3=(y+z-x)^2-4yz+3>0$$

故原命题获证.

例 38 设 $a,b,c\in\mathbf{R}^+$,且 $abc=1$,则

$$2(b+c)(c+a)(a+b)\geqslant 9(a+b+c)-11$$

当且仅当 $a=b=c=1$ 时取等号.

证明
$$原式\Leftrightarrow 2\sum a\cdot\sum bc-9\sum a+9\geqslant 0 \quad ①$$

由 $\sum bc\geqslant\sqrt{3abc\sum a}=\sqrt{3\sum a}$ 知,要证式 ①,只要证

$$2\sum a\cdot\sqrt{3\sum a}-9\sum a+9\geqslant 0$$

$$\Leftrightarrow \left(\sqrt{3\sum a}-3\right)^2\left(2\sqrt{3\sum a}+3\right)\geqslant 0$$

故原式成立.易知当且仅当 $a=b=c=1$ 时,原式取等号.

例 39 (自创题,2011－06－06) 设 $a,b,c,d\in\mathbf{R}^+$,且 $abcd=1$,则

$$(b+c+d)(a+c+d)(a+b+d)(a+b+c)\geqslant 27(a+b+c+d-1)$$

当且仅当 $a=b=c=d=1$ 时取等号.

证明 由 $abcd=1$,不妨设 $a\geqslant 1$,这时

原式左边 - 右边

$$=(b+c+d)(a+c+d)(a+b+d)(a+b+c)-27(a+b+c+d-1)$$

$$=(b+c+d)[a^3+2a^2(b+c+d)+a(b^2+c^2+d^2+3bc+3bd+3cd)+(b+c)(b+d)(c+d)]-27(a+b+c+d-1)$$

$$\geqslant (b+c+d)[a^3+6a^2(bcd)^{\frac{1}{3}}+12a(bcd)^{\frac{2}{3}}+8bcd]-27(a+b+c+d-1)$$

$$=(b+c+d)[a^3+6a^{\frac{5}{3}}+12a^{\frac{1}{3}}+8bcd]-27(a+b+c+d-1)$$

$$=(b+c+d)[a^3+2a^{\frac{5}{3}}+8a^{\frac{1}{3}}+4(a^{\frac{5}{3}}+a^{\frac{1}{3}})+8bcd]-27(a+b+c+d-1)$$

$$\geqslant (b+c+d)[a^3+2a^{\frac{5}{3}}+8a^{\frac{1}{3}}+8a+8bcd]-27(a+b+c+d-1)$$

$$\geqslant (b+c+d)(a^3+2a^{\frac{5}{3}}+8a^{\frac{1}{3}}+16)-27(a+b+c+d-1)$$

$$=(b+c+d)(a^3+2a^{\frac{5}{3}}+8a^{\frac{1}{3}}-11)-27(a-1)$$

$$\geqslant 3\sqrt[3]{bcd}(a^3+2a^{\frac{5}{3}}+8a^{\frac{1}{3}}-11)-27(a-1)$$

由此可知,只需证

$$a^3+2a^{\frac{5}{3}}+8a^{\frac{1}{3}}-11\geqslant 9\sqrt[3]{a}(a-1) \quad ①$$

式 ① 易证成立,事实上有

$$a^3+2a^{\frac{5}{3}}+8a^{\frac{1}{3}}-11-9\sqrt[3]{a}(a-1)$$

$$=a^3+2a^{\frac{5}{3}}-9a^{\frac{4}{3}}+17a^{\frac{1}{3}}-11$$

$$=(a^{\frac{1}{3}}-1)(a^{\frac{8}{3}}+a^{\frac{7}{3}}+a^{\frac{6}{3}}+a^{\frac{5}{3}}+3a^{\frac{4}{3}}-6a^{\frac{3}{3}}-6a^{\frac{2}{3}}-6a^{\frac{1}{3}}+11)$$

$$=(a^{\frac{1}{3}}-1)^2(a^{\frac{7}{3}}+2a^{\frac{6}{3}}+3a^{\frac{5}{3}}+4a^{\frac{4}{3}}+7a^{\frac{3}{3}}+a^{\frac{2}{3}}-5a^{\frac{1}{3}}-11)\geqslant 0$$

因此,式 ① 成立. 于是

$$(b+c+d)(a+c+d)(a+b+d)(a+b+c)-27(a+b+c+d-1)$$

$$\geqslant 3\sqrt[3]{bcd}\cdot 9\sqrt[3]{a}(a-1)-27(a-1)$$

$$=0,$$

即知原式成立,易知当且仅当 $a=b=c=d=1$ 时取等号.

猜想 设 $a_i\in\overline{\mathbf{R}^-}$, $i=1,2,\cdots,n$, 且 $a_1a_2\cdots a_n=1$, 记 $s=\sum\limits_{i=1}^{n}a_i$, 则

$$(s-a_1)(s-a_2)\cdots(s-a_n)\geqslant (n-1)^{n-1}(s-1)$$

例 40 (自创题,2017-08-17) 设 $x_1,x_2,x_3,x_4\in\mathbf{R}$, 则

$$x_1x_2(x_3^2+x_4^2)+x_3x_4(x_1^2+x_2^2)\leqslant\frac{1}{4}(x_1+x_2)^2(x_3+x_4)^2$$

当且仅当 $x_1=x_2$, 或 $x_3=x_4$ 时取等号.

证明 $(x_1+x_2)^2(x_3+x_4)^2-4x_1x_2(x_3^2+x_3^2)-4x_3x_4(x_1^2+x_2^2)$

$$=(x_1^2+x_2^2+2x_1x_2)(x_3+x_4)^2-$$

$$4x_1x_2(x_3^2+x_3^2)-4x_3x_4(x_1^2+x_2^2)$$
$$=(x_1^2+x_2^2)(x_3+x_4)^2-4x_3x_4(x_1^2+x_2^2)+$$
$$2x_1x_2(x_3+x_4)^2-4x_1x_2(x_3^2+x_3^2)$$
$$=(x_1^2+x_2^2)(x_3-x_4)^2-2x_1x_2(x_3-x_4)^2$$
$$=(x_1-x_2)^2(x_3-x_4)^2\geqslant 0$$

即得原式,易知当且仅当 $x_1=x_2$ 或 $x_3=x_4$ 时取等号.

特例:设 $x,y\in\mathbf{R}$,则 $8xy(x^2+y^2)\leqslant(x+y)^4$.

由本题可得到以下命题.

命题 设 $x_1,x_2,x_3,x_4\in\mathbf{R}$,则

$$x_1x_2(x_3^2+x_3^2)+x_3x_4(x_1^2+x_2^2)$$
$$\leqslant\frac{1}{64}(x_1+x_2+x_3+x_4)^4$$

当且仅当
$$x_1=x_2=\frac{1}{2}(x_3+x_4)$$
或
$$x_3=x_4=\frac{1}{2}(x_1+x_2)$$
时取等号.

特例:设 $x,y\in\mathbf{R}$,则

$$8xy(x^2+y^2)\leqslant(x+y)^4$$

由本例可得到以下命题.

例 41 (自创题,2009-02-03)设 $a,b,c,d\in\mathbf{R}^+$,且 $a+b+c+d=4$,则

$$\left(\frac{1}{a}+\frac{1}{b}\right)\left(\frac{1}{c}+\frac{1}{d}\right)\geqslant a^2+b^2+c^2+d^2$$

当且仅当 $a=b=c=d=1$ 时取等号.

证明 应用以下引理.

引理 设 $x,y\in\mathbf{R}$,则

$$8xy(x^2+y^2)\leqslant(x+y)^4$$

即上题特例.

下面要用到引理证明原式.原式等价于

$$(a+b)(c+d)(a+b+c+d)^4\geqslant 16abcd(a^2+b^2+c^2+d^2)\qquad(※)$$

由于
$$16abcd(a^2+b^2+c^2+d^2)$$
$$=16abcd(a^2+b^2)+16abcd(c^2+d^2)$$
$$\leqslant\frac{1}{2}(a+b)^4(c+d)^2+\frac{1}{2}(a+b)^2(c+d)^4$$

(利用均值不等式和上述引理)

$$=\frac{1}{2}(a+b)^2(c+d)^2[(a+b)^2+(c+d)^2]$$

$$=\frac{1}{16}(a+b)(c+d)(a+b+c+d)^4\text{(再次利用引理)}$$

即得式(※),故原式获证,已知当且仅当 $a=b=c=d=1$ 时取等号.

例 42 设 $a_i\in\overline{\mathbf{R}^-}$, $i=1,2,3,4,5,6$, $\sum_{i=1}^{6}a_i=6$,则

$$a_2^2a_3^2a_4^2a_5^2a_6^2+a_1^2a_3^2a_4^2a_5^2a_6^2+a_1^2a_2^2a_4^2a_5^2a_6^2+a_1^2a_2^2a_3^2a_5^2a_6^2+a_1^2a_2^2a_3^2a_4^2a_6^2+a_1^2a_2^2a_3^2a_4^2a_5^2\leqslant 6.$$

证明 先证明以下引理.

引理 设 $a_i\in\overline{\mathbf{R}^-}$, $i=1,2,3,4,5,6$,则

$$\frac{a_1a_2a_3(a_4+a_5+a_6)}{6}+\frac{a_4a_5a_6(a_1+a_2+a_3)}{6}\leqslant\left(\frac{a_1+a_2+a_3+a_4+a_5+a_6}{6}\right)^4$$

引理证明 $\frac{a_1a_2a_3(a_4+a_5+a_6)}{6}+\frac{a_4a_5a_6(a_1+a_2+a_3)}{6}$

$$\leqslant\left(\frac{a_1+a_2+a_3}{3}\right)^3\cdot\frac{a_4+a_5+a_6}{6}+\frac{a_1+a_2+a_3}{6}\cdot\left(\frac{a_4+a_5+a_6}{3}\right)^3$$

$$\leqslant\left(\frac{a_1+a_2+a_3+a_4+a_5+a_6}{6}\right)^4$$

(根据不等式 $8xy(x^2+y^2)\leqslant(x+y)^4$,其中 x,y 为任意实数),即得原式.

下面证明原式.

根据以上不等式,有

$$S=a_2^2a_3^2a_4^2a_5^2a_6^2+a_1^2a_3^2a_4^2a_5^2a_6^2+a_1^2a_2^2a_4^2a_5^2a_6^2+a_1^2a_2^2a_3^2a_5^2a_6^2+a_1^2a_2^2a_3^2a_4^2a_6^2+a_1^2a_2^2a_3^2a_4^2a_5^2$$

$$=a_1^2a_2^2a_3^2(a_5^2a_6^2+a_6^2a_4^2+a_4^2a_5^2)+a_4^2a_5^2a_6^2(a_2^2a_3^2+a_3^2a_1^2+a_1^2a_2^2)$$

$$\leqslant 6\left(\frac{a_5a_6+a_6a_4+a_4a_5+a_2a_3+a_3a_1+a_1a_2}{6}\right)^5$$

即

$$\sqrt[5]{\frac{S}{6}}\leqslant\frac{a_5a_6+a_6a_4+a_4a_5+a_2a_3+a_3a_1+a_1a_2}{6}$$

同理可得类似的 19 个不等式,将这 20 个不等式左右两边分别相加,得到

$$20\cdot\sqrt[5]{\frac{S}{6}}\leqslant 8\cdot\frac{\sum_{1\leqslant i<j\leqslant 6}a_ia_j}{6}$$

即

$$\sqrt[5]{\frac{S}{6}}\leqslant\frac{\sum_{1\leqslant i<j\leqslant 6}a_ia_j}{15}$$

另外，有 $$\frac{\sum\limits_{1\leqslant i<j\leqslant 6} a_i a_j}{15} \leqslant \left(\frac{\sum\limits_{i=1}^{6} a_i}{6}\right)^2 = 1$$

因此便得到 $$S \leqslant 6$$

故原式获证.

例 43　设 $n \geqslant 3$ 为整数，对正实数 $x_1 \leqslant x_2 \leqslant \cdots \leqslant x_n$，有

$$\frac{x_n x_1}{x_2} + \frac{x_1 x_2}{x_3} + \cdots + \frac{x_{n-1} x_n}{x_1} \geqslant x_1 + x_2 + \cdots + x_n$$

证明　(2017－09－25)

$$\frac{x_n x_1}{x_2} + \frac{x_1 x_2}{x_3} + \cdots + \frac{x_{n-1} x_n}{x_1} - (x_1 + x_2 + \cdots + x_n)$$

$$= \sum \left[\frac{(x_n - x_2)(x_1 - x_2)}{x_2} + x_n + x_1 - x_2\right] - \sum_{i=1}^{n} x_i$$

$$= \sum \frac{(x_n - x_2)(x_1 - x_2)}{x_2}$$

$$\geqslant \frac{(x_n - x_2)(x_1 - x_2)}{x_2} + \frac{(x_{n-1} - x_1)(x_n - x_1)}{x_1}$$（注意到 $x_1 \leqslant x_2 \leqslant \cdots \leqslant x_n$，可知除首尾两项外的中间 $n-2$ 项均非负）

$$= \frac{(x_n - x_1 + x_1 - x_2)(x_1 - x_2)}{x_2} + \frac{(x_{n-1} - x_1)(x_n - x_1)}{x_1}$$

$$= \frac{(x_1 - x_2)^2}{x_2} + \frac{(x_n - x_1)(x_1 - x_2)}{x_2} + \frac{(x_{n-1} - x_1)(x_n - x_1)}{x_1}$$

$$\geqslant \frac{(x_n - x_1)(x_1 - x_2)}{x_2} + \frac{(x_{n-1} - x_1)(x_n - x_1)}{x_1}$$

$$\geqslant \left(\frac{x_1 - x_2}{x_2} + \frac{x_n - x_1}{x_1}\right)(x_n - x_1)$$

$$= \left(\frac{x_1}{x_2} + \frac{x_n}{x_1} - 2\right)(x_n - x_1) \geqslant \left(2\sqrt{\frac{x_n}{x_2}} - 2\right)(x_n - x_1) \geqslant 0$$

原命题获证.

特别，当 $n=4$ 时，有以下命题.

命题　设 $x_i \in \mathbf{R}^+$，$i=1,2,3,4$，$x_1 \leqslant x_2 \leqslant x_3 \leqslant x_4$，则

$$\frac{x_4 x_1}{x_2} + \frac{x_1 x_2}{x_3} + \frac{x_2 x_3}{x_4} + \frac{x_3 x_4}{x_1} \geqslant x_1 + x_2 + x_3 + x_4$$

证法 1　$$\frac{x_4 x_1}{x_2} + \frac{x_1 x_2}{x_3} + \frac{x_2 x_3}{x_4} + \frac{x_3 x_4}{x_1} - (x_1 + x_2 + x_3 + x_4)$$

$$= \left[\frac{(x_4 - x_2)(x_1 - x_2)}{x_2} + x_4 + x_1 - x_2\right] +$$

$$\left[\frac{(x_1 - x_3)(x_2 - x_3)}{x_3} + x_1 + x_2 - x_3\right] +$$

$$[\frac{(x_2-x_4)(x_3-x_4)}{x_4}+x_2+x_3-x_4]+$$

$$[\frac{(x_3-x_1)(x_4-x_1)}{x_1}+x_3+x_4-x_1]-$$

$$(x_1+x_2+x_3+x_4)$$

$$=\frac{(x_4-x_2)(x_1-x_2)}{x_2}+\frac{(x_1-x_3)(x_2-x_3)}{x_3}+$$

$$\frac{(x_2-x_4)(x_3-x_4)}{x_4}+\frac{(x_3-x_1)(x_4-x_1)}{x_1}$$

$$\geqslant\frac{(x_4-x_2)(x_1-x_2)}{x_2}+\frac{(x_3-x_1)(x_4-x_1)}{x_1}$$

$$=\frac{(x_1-x_2)^2}{x_2}+\frac{(x_4-x_1)(x_1-x_2)}{x_2}+\frac{(x_3-x_1)(x_4-x_1)}{x_1}$$

$$\geqslant\frac{(x_4-x_1)(x_1-x_2)}{x_2}+\frac{(x_3-x_1)(x_4-x_1)}{x_1}$$

$$=(\frac{x_1-x_2}{x_2}+\frac{x_4-x_1}{x_1})(x_4-x_1)$$

$$=(\frac{x_1}{x_2}+\frac{x_4}{x_1}-2)(x_4-x_1)\geqslant(2\sqrt{\frac{x_4}{x_2}}-2)(x_4-x_1)\geqslant 0$$

原命题获证.

证法 2　若 $x_1x_4\geqslant x_2x_3$,则有

$$\frac{x_4x_1}{x_2}+\frac{x_1x_2}{x_3}+\frac{x_2x_3}{x_4}+\frac{x_3x_4}{x_1}-(x_1+x_2+x_3+x_4)$$

$$=\frac{x_1}{x_2}(x_4-x_2)+\frac{x_2}{x_3}(x_1-x_3)+\frac{x_3}{x_4}(x_2-x_4)+\frac{x_4}{x_1}(x_3-x_1)$$

$$=(\frac{x_1}{x_2}-\frac{x_3}{x_4})(x_4-x_2)+(\frac{x_4}{x_1}-\frac{x_2}{x_3})(x_3-x_1)\geqslant 0$$

(注意到条件 $x_1\leqslant x_2\leqslant x_3\leqslant x_4,x_1x_4\geqslant x_2x_3$).

若 $x_1x_4\leqslant x_2x_3$,则有

$$\frac{x_4x_1}{x_2}+\frac{x_1x_2}{x_3}+\frac{x_2x_3}{x_4}+\frac{x_3x_4}{x_1}-(x_1+x_2+x_3+x_4)$$

$$=\frac{x_4}{x_2}(x_1-x_2)+\frac{x_1}{x_3}(x_2-x_3)+\frac{x_2}{x_4}(x_3-x_4)+\frac{x_3}{x_1}(x_4-x_1)$$

$$=\frac{x_4}{x_2}(x_1-x_2)+\frac{x_1}{x_3}(x_2-x_3)+\frac{x_2}{x_4}(x_3-x_4)+$$

$$\frac{x_3}{x_1}(x_4-x_3+x_3-x_2+x_2-x_1)$$

$$=(\frac{x_3}{x_1}-\frac{x_4}{x_2})(x_2-x_1)+(\frac{x_3}{x_1}-\frac{x_1}{x_3})(x_3-x_2)+(\frac{x_3}{x_1}-\frac{x_2}{x_4})(x_4-x_3)\geqslant 0,$$

(注意到条件 $x_1 \leqslant x_2 \leqslant x_3 \leqslant x_4, x_1x_4 \leqslant x_2x_3$)

原命题获证.

注:这里应用了算两次方法.

证法 3　由于$\frac{x_4x_1}{x_2}+\frac{x_1x_2}{x_3}+\frac{x_2x_3}{x_4}+\frac{x_3x_4}{x_1} \geqslant \frac{(x_4x_1+x_1x_2+x_2x_3+x_3x_4)^2}{x_4x_1x_2+x_1x_2x_3+x_2x_3x_4+x_3x_4x_1}$,因此,只要证明

$$\frac{(x_4x_1+x_1x_2+x_2x_3+x_3x_4)^2}{x_4x_1x_2+x_1x_2x_3+x_2x_3x_4+x_3x_4x_1} \geqslant x_1+x_2+x_3+x_4$$

即

$$\begin{aligned}&(x_4x_1+x_1x_2+x_2x_3+x_3x_4)^2\\ \geqslant &(x_1+x_2+x_3+x_4)(x_4x_1x_2+x_1x_2x_3+x_2x_3x_4+x_3x_4x_1)\end{aligned}$$

例 44　(自创题,2017-09-09)设 $x_i \in \mathbf{R}^+, i=1,2,3,4, x_1, x_2 \leqslant x_3, x_4$,则

$$\begin{aligned}&(x_4x_1+x_1x_2+x_2x_3+x_3x_4)^2\\ \geqslant &(x_1+x_2+x_3+x_4)(x_4x_1x_2+x_1x_2x_3+x_2x_3x_4+x_3x_4x_1)\end{aligned}$$

证明

$$\begin{aligned}&(x_4x_1+x_1x_2+x_2x_3+x_3x_4)^2\\ \geqslant &(x_1+x_2+x_3+x_4)(x_4x_1x_2+x_1x_2x_3+x_2x_3x_4+x_3x_4x_1),\\ \Leftrightarrow &(x_1+x_3)^2(x_2+x_4)^2\\ \geqslant &[(x_1+x_3)+(x_2+x_4)][x_1x_3(x_2+x_4)+x_2x_4(x_1+x_3)],\\ \Leftrightarrow &\frac{1}{2}(x_1+x_3)^2(x_2^2+x_4^2)+\frac{1}{2}(x_2+x_4)^2(x_1^2+x_3^2)\\ \geqslant &(x_1+x_3)(x_2+x_4)(x_1x_3+x_2x_4)\end{aligned}$$

应用算术-几何平均值不等式,有

$$\begin{aligned}&\frac{1}{2}(x_1+x_3)^2(x_2^2+x_4^2)+\frac{1}{2}(x_2+x_4)^2(x_1^2+x_3^2)\\ \geqslant &(x_1+x_3)(x_2+x_4)\sqrt{(x_1^2+x_3^2)(x_2^2+x_4^2)}\end{aligned}$$

因此,只要证明

$$\begin{aligned}&(x_1+x_3)(x_2+x_4)\sqrt{(x_1^2+x_3^2)(x_2^2+x_4^2)}\\ \geqslant &(x_1+x_3)(x_2+x_4)(x_1x_3+x_2x_4)\end{aligned}$$

再应用柯西不等式,有

$$\begin{aligned}&(x_1+x_3)(x_2+x_4)\sqrt{(x_1^2+x_3^2)(x_2^2+x_4^2)}\\ \geqslant &(x_1+x_3)(x_2+x_4)(x_1x_2+x_3x_4)\end{aligned}$$

因此,又只要证明

$$(x_1+x_3)(x_2+x_4)(x_1x_2+x_3x_4) \geqslant (x_1+x_3)(x_2+x_4)(x_1x_3+x_2x_4)$$

$$\Leftrightarrow (x_1-x_4)(x_2-x_3) \geqslant 0$$

由已知条件 $x_1,x_2\leqslant x_3,x_4$ 可知上式成立,原命题获证.

注:若将条件 $x_1,x_2\leqslant x_3,x_4$ 换成 $x_2,x_3\leqslant x_4,x_1$,或 $x_3,x_4\leqslant x_1,x_2$,或 $x_4,x_1\leqslant x_2,x_3$,原命题结论仍成立.

猜想 设 $x_i\in\overline{\mathbf{R}^-}$,$i=1,2,\cdots,n$,且 $x_1\leqslant x_2\leqslant\cdots\leqslant x_n$,则

$$\left(\sum x_1x_2\right)^2\geqslant\left(\sum x_1\right)\left(\sum x_1x_2x_3\right)$$

当 $n=3,4$ 时,已经证明成立,计算机验证,$n=5$ 时也成立,$n=6$ 时有反例:如 $x_1=0,x_2=x_3=1,x_4=x_5=2,x_6=7$.

例 45 (自创题,2017－09－09) 设 $x_i\in\mathbf{R}^+$,$i=1,2,3,4$,$x_1\leqslant x_2\leqslant x_3\leqslant x_4$,则

$$\frac{x_1^2}{x_2}+\frac{x_2^2}{x_3}+\frac{x_3^2}{x_4}+\frac{x_4^2}{x_1}\geqslant\frac{x_4x_1}{x_2}+\frac{x_1x_2}{x_3}+\frac{x_2x_3}{x_4}+\frac{x_3x_4}{x_1}$$

证明 原式等价于

$$\frac{(x_1-x_2)^2}{x_2}+\frac{(x_2-x_3)^2}{x_3}+\frac{(x_3-x_4)^2}{x_4}+\frac{(x_4-x_1)^2}{x_1}$$

$$\geqslant\frac{(x_4-x_2)(x_1-x_2)}{x_2}+\frac{(x_1-x_3)(x_2-x_3)}{x_3}+$$

$$\frac{(x_2-x_4)(x_3-x_4)}{x_4}+\frac{(x_3-x_1)(x_4-x_1)}{x_1}$$

$$\geqslant\frac{(x_1-x_2)^2}{x_2}+\frac{(x_4-x_1)(x_1-x_2)}{x_2}+\frac{(x_2-x_3)^2}{x_3}+\frac{(x_1-x_2)(x_2-x_3)}{x_3}+$$

$$\frac{(x_3-x_4)^2}{x_4}+\frac{(x_2-x_3)(x_3-x_4)}{x_4}+$$

$$\frac{(x_4-x_1)^2}{x_1}+\frac{(x_3-x_4)(x_4-x_1)}{x_1}$$

因此只要证明

$$\frac{(x_4-x_1)(x_1-x_2)}{x_2}+\frac{(x_1-x_2)(x_2-x_3)}{x_3}+$$

$$\frac{(x_2-x_3)(x_3-x_4)}{x_4}+\frac{(x_3-x_4)(x_4-x_1)}{x_1}\leqslant 0$$

$$\Leftrightarrow\frac{(x_4-x_3)(x_1-x_2)}{x_2}+\frac{(x_3-x_2)(x_1-x_2)}{x_2}-\frac{(x_1-x_2)^2}{x_2}+$$

$$\frac{(x_1-x_2)(x_2-x_3)}{x_3}+\frac{(x_2-x_3)(x_3-x_4)}{x_4}+$$

$$\frac{(x_3-x_4)(x_4-x_3)}{x_1}+\frac{(x_3-x_4)(x_3-x_2)}{x_1}+$$

$$\frac{(x_3-x_4)(x_2-x_1)}{x_1}\leqslant 0$$

$$\Leftrightarrow(x_4-x_3)(x_1-x_2)(\frac{1}{x_2}+\frac{1}{x_1})-\frac{(x_1-x_2)^2}{x_2}+$$

$$(x_3-x_2)(x_1-x_2)(\frac{1}{x_2}-\frac{1}{x_3})+$$

$$(x_2-x_3)(x_3-x_4)(\frac{1}{x_4}-\frac{1}{x_1})-\frac{(x_4-x_3)^2}{x_1}\leqslant 0$$

上式显然成立,原命题获证.

例 46　设 $a,b,c,d\in\mathbf{R}^+$,且 $a+b+c+d=1$,则

$$\frac{(2a+c)(2a+b)}{a+b+c}+\frac{(2b+d)(2b+c)}{b+c+d}+$$

$$\frac{(2c+a)(2c+d)}{c+d+a}+\frac{(2d+b)(2d+a)}{d+a+b}\geqslant 3$$

证明

$$\frac{(2a+b)(2a+c)}{a+b+c}+\frac{(2b+c)(2b+d)}{b+c+d}+\frac{(2c+d)(2c+a)}{c+d+a}+$$

$$\frac{(2d+a)(2d+b)}{d+a+b}-3(a+b+c+d)$$

$$=[\frac{(2a+b)(2a+c)}{a+b+c}-3a]+[\frac{(2b+c)(2b+d)}{b+c+d}-3b]+$$

$$[\frac{(2c+d)(2c+a)}{c+d+a}-3c]+[\frac{(2d+a)(2d+b)}{d+a+b}-3d]$$

$$=\frac{(a-b)(a-c)}{a+b+c}+\frac{(b-c)(b-d)}{b+c+d}+\frac{(c-d)(c-a)}{c+d+a}+\frac{(d-a)(d-b)}{d+a+b}$$

$$=\frac{(a-c)[(c-b)+(a-c)]}{a+b+c}-\frac{(c-b)(b-d)}{b+c+d}-$$

$$\frac{(a-c)[(b-d)+(c-b)]}{c+d+a}+\frac{(b-d)[(b-d)+(c-b)+(a-c)]}{d+a+b}$$

$$=\frac{(a-c)^2}{a+b+c}+\frac{(b-d)^2}{d+a+b}-\frac{(a-c)(c-b)(b-d)}{(a+b+c)(c+d+a)}-$$

$$\frac{(a-c)(c-b)(b-d)}{(b+c+d)(d+a+b)}+\frac{(a-c)(c-b)(b-d)}{(c+d+a)(d+a+b)}. \qquad (※)$$

当 ① $a\geqslant b\geqslant c\geqslant d$,② $a\geqslant b\geqslant d\geqslant c$,③ $a\geqslant c\geqslant d\geqslant b$,④ $a\geqslant d\geqslant c\geqslant b$ 时,$(a-c)(c-b)(b-d)\leqslant 0$,这时式(※)有

$$\frac{(a-c)^2}{a+b+c}+\frac{(b-d)^2}{d+a+b}-\frac{(a-c)(c-b)(b-d)}{(a+b+c)(c+d+a)}-$$

$$\frac{(a-c)(c-b)(b-d)}{(b+c+d)(d+a+b)}+\frac{(a-c)(c-b)(b-d)}{(c+d+a)(d+a+b)}$$

$$=\frac{(a-c)^2}{a+b+c}+\frac{(b-d)^2}{d+a+b}+\frac{(a-c)(b-c)(b-d)}{(a+b+c)(c+d+a)}+$$

$$\frac{(a-c)(b-c)(b-d)}{(b+c+d)(d+a+b)}-\frac{(a-c)(b-c)(b-d)}{(c+d+a)(d+a+b)}$$

$$\geqslant\frac{(a-c)(b-c)(b-d)}{(b+c+d)(d+a+b)}-\frac{(a-c)(b-c)(b-d)}{(c+d+a)(d+a+b)}$$

$$=\frac{(a-c)(b-c)(b-d)}{d+a+b}\left(\frac{1}{b+c+d}-\frac{1}{c+d+a}\right)$$

$$=\frac{(a-b)(a-c)(b-c)(b-d)}{(b+c+d)(c+d+a)(d+a+b)}\geqslant 0,$$

故当①$a\geqslant b\geqslant c\geqslant d$,②$a\geqslant b\geqslant d\geqslant c$,③$a\geqslant c\geqslant d\geqslant b$,④$a\geqslant d\geqslant c\geqslant b$时,原式成立.

当⑤$a\geqslant c\geqslant b\geqslant d$,⑥$a\geqslant d\geqslant b\geqslant c$时,$(a-c)(c-b)(b-d)\geqslant 0$,这时式(※),有

$$\frac{(a-c)^2}{a+b+c}+\frac{(b-d)^2}{d+a+b}-\frac{(a-c)(c-b)(b-d)}{(a+b+c)(c+d+a)}-$$

$$\frac{(a-c)(c-b)(b-d)}{(b+c+d)(d+a+b)}+\frac{(a-c)(c-b)(b-d)}{(c+d+a)(d+a+b)}$$

$$=\frac{(d+a+b)(a-c)^2+(a+b+c)(b-d)^2}{(a+b+c)(d+a+b)}-$$

$$\frac{(a-c)(c-b)(b-d)}{(a+b+c)(b+c+d)(c+d+a)(d+a+b)}[(b+c+d)(d+a+b)+$$

$$(a+b+c)(c+d+a)-(a+b+c)(b+c+d)]$$

$$=\frac{(d+a+b)(a-c)^2+(a+b+c)(b-d)^2}{(a+b+c)(d+a+b)}-$$

$$\frac{(a-c)(c-b)(b-d)}{(a+b+c)(b+c+d)(c+d+a)(d+a+b)}(a^2+d^2+$$

$$2ac+2bd+ab+cd+ad)$$

$$=\frac{(d+a+b)(a-c)^2+(a+b+c)(b-d)^2}{(a+b+c)(d+a+b)}$$

$$-\frac{(a-c)(c-b)(b-d)}{(a+b+c)(b+c+d)}\left[1+\frac{(a-b)(c-d)}{(c+d+a)(d+a+b)}\right]\qquad(※※)$$

若⑤$a\geqslant c\geqslant b\geqslant d$,则$a+b+c\geqslant d+a+b$,于是

$$\frac{(d+a+b)(a-c)^2+(a+b+c)(b-d)^2}{(a+b+c)(d+a+b)}\geqslant\frac{(a-c)^2+(b-d)^2}{a+b+c}$$

$$\geqslant\frac{2(a-c)(b-d)}{a+b+c}\geqslant 0$$

因此,由式(※※)知,只要证

$$\frac{(a-c)(b-d)}{a+b+c}\left\{2-\frac{c-b}{b+c+d}\left[1+\frac{(a-b)(c-d)}{(c+d+a)(d+a+b)}\right]\right\}\geqslant 0$$

即证

$$2-\frac{c-b}{b+c+d}[1+\frac{(a-b)(c-d)}{(c+d+a)(d+a+b)}]\geqslant 0$$

而这时上式左边 $=2-\frac{c-b}{b+c+d}[1+\frac{(a-b)(c-d)}{(c+d+a)(d+a+b)}]$

$$=(1-\frac{c-b}{b+c+d})+[1-\frac{(c-b)(a-b)(c-d)}{(b+c+d)(c+d+a)(d+a+b)}]$$

$$=\frac{2b+d}{b+c+d}+[1-\frac{(c-b)(a-b)(c-d)}{(b+c+d)(c+d+a)(d+a+b)}]\geqslant 0$$

故当⑤$a\geqslant c\geqslant b\geqslant d$时,原式成立.

若⑥$a\geqslant d\geqslant b\geqslant c$,则$a+b+c\leqslant d+a+b$,于是

$$\frac{(d+a+b)(a-c)^2+(a+b+c)(b-d)^2}{(a+b+c)(d+a+b)}\geqslant\frac{(a-c)^2+(b-d)^2}{d+a+b}$$

$$\geqslant\frac{2(a-c)(d-b)}{d+a+b}\geqslant 0$$

因此,由式(※ ※)知,只要证

$$\frac{2(a-c)(d-b)}{d+a+b}-\frac{(a-c)(c-b)(b-d)}{(a+b+c)(b+c+d)}[1-\frac{(a-b)(d-c)}{(c+d+a)(d+a+b)}]\geqslant 0$$

而这时上式左边 $=\frac{2(a-c)(d-b)}{d+a+b}$

$$-\frac{(a-c)(c-b)(b-d)}{(a+b+c)(b+c+d)}[1-\frac{(a-b)(d-c)}{(c+d+a)(d+a+b)}]$$

$$\geqslant\frac{2(a-c)(d-b)}{d+a+b}-\frac{(a-c)(b-c)(d-b)}{(a+b+c)(b+c+d)}$$

$$=(a-c)(d-b)[\frac{2}{d+a+b}-\frac{b-c}{(a+b+c)(b+c+d)}]$$

$$=(a-c)(d-b)[\frac{2(a+b+c)(b+c+d)-(d+a+b)(b-c)}{(d+a+b)(a+b+c)(b+c+d)}]$$

$$\geqslant 0$$

(注意到$2(a+b+c)\geqslant d+a+b,b+c+d\geqslant b-c\geqslant 0$),故当⑥$a\geqslant d\geqslant b\geqslant c$时,原式也成立.

综上,原式获证.由上证明可知,当且仅当$a=c$且$b=d$时取等号.

另一证法,可参见《中等数学》2009年第8期,李建泉译文,“第49届IMO预选题(一)”.

还有一种证法,可参见《初等不等式的证明方法》(韩京俊.哈尔滨工业大学出版社,2011年5月出版),第327页,例14.21.

本例与以下不等式等价:设$a,b,c,d\in\mathbf{R}^+$,则

$$\frac{(a-b)(a-c)}{a+b+c}+\frac{(b-c)(b-d)}{b+c+d}+\frac{(c-d)(c-a)}{c+d+a}+\frac{(d-a)(d-b)}{d+a+b}\geqslant 0$$

例 47 设$a,b,c,d\in\mathbf{R}^+$,且$abcd=1$,则

$$\sum \frac{1}{2a^2+a+1} \geqslant 1$$

证明

$$\text{原式左边} = \sum \frac{1}{2a^2+a+1}$$
$$= \frac{2+(a+b)+2(a^2+b^2)}{(2a^2+a+1)(2b^2+b+1)} + \frac{2+(c+d)+2(c^2+d^2)}{(2c^2+c+1)(2d^2+d+1)}$$
$$= \frac{1}{1+M} + \frac{1}{1+N}$$

其中 $M = \frac{ab+4(ab)^2+2ab(a+b)-1}{2+(a+b)+2(a^2+b^2)}, N = \frac{cb+4(cd)^2+2cd(c+d)-1}{2+(c+d)+2(c^2+d^2)}$

因此，只需证 $\frac{1}{1+M}+\frac{1}{1+N} \geqslant 1$，即 $MN \leqslant 1$，也就是

$$[2+(a+b)+2(a^2+b^2)][2+(c+d)+2(c^2+d^2)]$$
$$\geqslant [ab+4(ab)^2+2ab(a+b)-1][cb+4(cd)^2+2cd(c+d)-1] \qquad ①$$

式 ① 左边 − 右边 $= 2[(a^2+b^2)(c+d)+(a+b)(c^2+d^2)+$
$ab(a+b)+cd(c+d)]+4(a^2+b^2+c^2+d^2)+$
$4[(ab)^2+(cd)^2]-8(bcd+acd+abd+abc)-$
$3(a+b)(c+d)-3(ab+cd)-14$
$=2[\sum a(b^2+c^2+d^2)-3\sum bcd]+$
$[(\sum a^2)+2a^2b^2+2c^2d^2-2\sum bcd]+$
$4(a^2+b^2)(c^2+d^2)+3\sum a^2+2[(ab)^2+(cd)^2]-$
$3(a+b)(c+d)-3(ab+cd)-14$
$=2[\sum a(b^2+c^2+d^2)-3\sum bcd]+$
$[(\sum a^2)+2a^2b^2+2c^2d^2-2\sum bcd]+$
$3[(a^2+b^2)(c^2+d^2)-(a+b)(c+d)]+$
$\frac{3}{2}[\sum a^2-2(ab+cd)][(a^2+b^2)(c^2+d^2)+$
$\frac{3}{2}\sum a^2+2(ab)^2+2(cd)^2-14]$
$\geqslant 2[\sum a(bc+cd+bd)-3\sum bcd]+$
$[(a-cd)^2+(b-cd)^2+(c-ab)^2+(d-ab)^2]+$
$3[(a+b)(c+d)\cdot\sqrt{abcd}-(a+b)(c+d)]+$
$[4abcd+6\sqrt{abcd}+4abcd-14] \geqslant 0$

故式 ① 成立,原式获证,由上述证明易知当且仅当 $a=b=c=d=1$ 时取等号.

例 48 (自创题,2006—06—23) 设 $x,y\in\mathbf{R}^+$,$xy\geqslant 1$,$m,n\in\overline{\mathbf{R}^-}$,$m,n$ 不同时为零,则

$$\frac{1}{(1+x^{2m})(1+x^{2n})}+\frac{1}{(1+y^{2m})(1+y^{2n})}\geqslant\frac{1}{1+(xy)^{m+n}}$$

当且仅当 $m=0,x=y$;或 $n=0,x=y$;或 $x=y=1$ 时取等号.

证明 先证 $\frac{2}{(1+x^{2m})(1+x^{2n})}\geqslant\frac{1}{1+x^{2(m+n)}}$,即

$$2[1+x^{2(m+n)}]-(1+x^{2m})(1+x^{2n})\geqslant 0$$

$$\Leftrightarrow(1-x^{2m})(1-x^{2n})\geqslant 0$$

由于 $m,n\in\overline{\mathbf{R}^-}$,可知上式显然成立.同理有

$$\frac{2}{(1+y^{2m})(1+y^{2n})}\geqslant\frac{1}{1+y^{2(m+n)}}$$

因此,要证原式成立,只要证

$$\frac{1}{1+x^{2(m+n)}}+\frac{1}{1+y^{2(m+n)}}\geqslant\frac{2}{1+(xy)^{m+n}}$$

$$\Leftrightarrow[(xy)^{m+n}-1](x^{m+n}-y^{m+n})^2\geqslant 0$$

由于 $xy\geqslant 1$,故上式成立,从而原命题获证,由证明过程可知,当且仅当 $m=0$,$x=y$;或 $n=0,x=y$;或 $x=y=1$ 时,原式取等号.

注:由本例可证明以下

(1)(自创题,2006—06—23) 设 $x,y,z\in\mathbf{R}^+$,且 $xyz=1$,则

$$\sum\frac{1}{(1+x)(1+x^3)}\geqslant\frac{3}{4}$$

$$\sum\frac{1}{(1+x^3)(1+x^5)}\geqslant\frac{3}{4}$$

$$\sum\frac{1}{(1+x^2)(1+x^4)}\geqslant\frac{3}{4}$$

$$\sum\frac{1}{(1+x^2)(1+x^5)}\geqslant\frac{3}{4}$$

$$\sum\frac{1}{(1+x^2)(1+x^7)}\geqslant\frac{3}{4}$$

等等.当且仅当 $x=y=z=1$ 时,以上诸式取等号.

(2)(自创题,2006—06—25) 设 $x,y,z\in\mathbf{R}^+$,$xy\geqslant 1$,$m,n\in\mathbf{N}$,且

$$(1-z^{2m})(1-z^{2n})\geqslant 2(z^m-z^n)^2$$

则

$$\sum\frac{1}{(1+x^m)(1+x^n)}\geqslant\frac{3}{4}$$

证明 先证

$$\frac{1}{(1+z^{2m})(1+z^{2n})}+\frac{1}{4}\geqslant\frac{1}{1+z^{m+n}} \tag{※}$$

而(※) $\Leftrightarrow 1-3z^{2m}-3z^{2n}-3z^{2(m+n)}+5z^{m+n}+z^{m+3n}+z^{n+3m}+z^{3(m+n)}\geqslant 0$

因为

$$z^{3m+n}+z^{m+3n}\geqslant 2z^{2(m+n)}$$

$$z^{m+n}+z^{3(m+n)}\geqslant 2z^{2(m+n)}$$

所以要证式(※),只要证 $1-3z^{2m}-3z^{2n}+z^{2(m+n)}+4z^{m+n}\geqslant 0$,即

$$(1-z^{2m})(1-z^{2n})\geqslant 2\,(z^m-z^n)^2$$

因此,当$(1-z^{2m})(1-z^{2n})\geqslant 2\,(z^m-z^n)^2$ 时,(※) 式成立.

另外,在上例中,作置换 $m\to\frac{m}{2},n\to\frac{n}{2}$,有

$$\frac{1}{(1+x^m)(1+x^n)}+\frac{1}{(1+y^m)(1+y^n)}\geqslant\frac{1}{1+(xy)^{\frac{m+n}{2}}} \tag{①}$$

又$(1-z^{2m})(1-z^{2n})\geqslant 2\,(z^m-z^n)^2$ 时,由式(※) 有

$$\frac{1}{(1+z^m)(1+z^n)}+\frac{1}{4}\geqslant\frac{1}{1+z^{\frac{m+n}{2}}}=\frac{(xy)^{\frac{m+n}{2}}}{1+(xy)^{\frac{m+n}{2}}} \tag{②}$$

于是,① + ② 即得(2) 中的不等式.

例 49 设 $x,y,z,w\in\mathbf{R}^+$,且 $x+y+z+w=4$,则

$$(1+3x)(1+3y)(1+3z)(1+3w)\leqslant 125+131xyzw$$

证明 记 $s_1=x+y+z+w,s_2=xy+xz+xw+yz+yw+zw,s_3=yzw+xzw+xyw+xyz,s_4=xyzw$,则

$$\begin{aligned}&125+131xyzw-(1+3x)(1+3y)(1+3z)(1+3w)\\&=112+50s_4-9s_2-27s_3\\&=\frac{1}{16}(7s_1^4-9s_1^2s_2-108s_1s_3+800s_4)\\&=\frac{1}{16}[7(s_1^4-4s_1^2s_2+9s_1s_3-16s_4)+19(s_1^2s_2-4s_2^2+3s_1s_3)+\\&\quad 76(s_2^2-3s_1s_3+12s_4)]\geqslant 0\end{aligned}$$

以上由于 $s_1^4-4s_1^2s_2+9s_1s_3-16s_4\geqslant 0,s_1^2s_2-4s_2^2+3s_1s_3\geqslant 0,s_2^2-3s_1s_3+12s_4\geqslant 0$,当且仅当 x,y,z,w 相等,或其中一个为零,其余三个都等于$\frac{4}{3}$ 时取等号(参见《中学数学教学》(安徽)2007 年第 2 期杨学枝《从一道不等式谈起》).故原式获证.

注:另一证法可见《初等不等式的证明方法》(韩京俊.哈尔滨工业大学出版社,2011 年 5 月出版) 第 37 页例 2.13.

例 50　设 $a,b,c,d \in \mathbf{R}^+$，且 $a^2+b^2+c^2+d^2=1$，则

$$\frac{1}{1-ab}+\frac{1}{1-bc}+\frac{1}{1-cd}+\frac{1}{1-da} \leqslant \frac{16}{3}$$

当且仅当 $a=b=c=d=\frac{1}{2}$ 时取等号.

证明　由已知条件可得 $ab \leqslant \frac{1}{2}$，$bc \leqslant \frac{1}{2}$，$cd \leqslant \frac{1}{2}$，$da \leqslant \frac{1}{2}$，于是，易证有

$$\frac{1}{1-ab} \leqslant \frac{32}{9}(ab)^2+\frac{10}{9}$$

事实上，有

$$\begin{aligned}&\left[\frac{32}{9}(ab)^2+\frac{10}{9}\right](1-ab)-1\\=&\frac{1}{9}\left[-32(ab)^3+32(ab)^2-10ab+1\right]\\=&(4ab-1)^2(1-2ab) \geqslant 0\end{aligned}$$

同理有 $\frac{1}{1-bc} \leqslant \frac{32}{9}(bc)^2+\frac{10}{9}$，$\frac{1}{1-cd} \leqslant \frac{32}{9}(cd)^2+\frac{10}{9}$，$\frac{1}{1-da} \leqslant \frac{32}{9}(da)^2+\frac{10}{9}$，因此

$$\begin{aligned}&\frac{1}{1-ab}+\frac{1}{1-bc}+\frac{1}{1-cd}+\frac{1}{1-da}\\\leqslant&\frac{32}{9}\left[(ab)^2+(bc)^2+(cd)^2+(da)^2\right]+\frac{40}{9}\\\leqslant&\frac{32}{9}(a^2+c^2)(b^2+d^2)+\frac{40}{9}\\\leqslant&\frac{8}{9}(a^2+b^2+c^2+d^2)^2+\frac{40}{9}=\frac{16}{3}\end{aligned}$$

即原式获证，当且仅当 $a=b=c=d=\frac{1}{2}$ 时取等号.

例 51　（自创题，2010－08－26）设 $a,b,c \in \mathbf{R}^+$，则

$$\frac{3a^4+b^2c^2}{a^3+b^3}+\frac{3b^4+c^2a^2}{b^3+c^3}+\frac{3c^4+a^2b^2}{c^3+a^3} \geqslant 2(a+b+c)$$

当且仅当 $a=b=c$ 时取等号.

证明　原式经去分母，并整理后得到其等价式

$$\begin{aligned}&\sum b^3c^3\left(3\sum a^4+\sum b^2c^2\right)+3(a^6b^4+b^6c^4+c^6a^4)+(a^2b^8+b^2c^8+c^2a^8)\\\geqslant&2\sum a\left(\sum a^3 \cdot \sum b^3c^3-a^3b^3c^3\right)\end{aligned} \quad ①$$

式 ① 左边 － 右边

$$=2a^3b^3c^3\sum a+3(a^6b^4+b^6c^4+c^6a^4)+(a^2b^8+b^2c^8+c^2a^8)-$$

$$\sum b^3c^3[-3\sum a^4-\sum b^2c^2+2\sum a\cdot\sum a^3]$$

$$=2a^3b^3c^3\sum a+3(a^6b^4+b^6c^4+c^6a^4)+(a^2b^8+b^2c^8+c^2a^8)-$$

$$\sum b^3c^3[-\sum a^4-\sum b^2c^2+2\sum(b^3c+bc^3)]$$

$$=2a^3b^3c^3\sum a+2(a^6b^4+b^6c^4+c^6a^4)+2(a^4b^6+b^4c^6+c^4a^6)+$$

$$[a^2b^4(a^2-b^2)^2+b^2c^4(b^2-c^2)^2+c^2a^4(c^2-a^2)^2]-$$

$$\sum b^3c^3[-\sum a^4-\sum b^2c^2+2\sum(b^3c+bc^3)]$$

$$=2a^3b^3c^3\sum a+2(a^6b^4+b^6c^4+c^6a^4)+2(a^4b^6+b^4c^6+c^4a^6)+$$

$$[a^2b^4(a^2-b^2)^2+b^2c^4(b^2-c^2)^2+c^2a^4(c^2-a^2)^2]-$$

$$\sum b^3c^3[-\sum a^4+\sum b^2c^2+$$

$$2\sum(b^3c+bc^3-2b^2c^2)]-2\sum b^2c^2\cdot\sum b^3c^3$$

$$=2a^3b^3c^3\sum a+2\sum b^4c^4(b-c)^2+4\sum b^5c^5+\sum a^2b^4(a^2-b^2)^2+$$

$$\frac{1}{2}\sum b^3c^3\cdot\sum(b^2-c^2)^2-$$

$$2\sum b^3c^3\cdot\sum bc(b-c)^2-2\sum b^2c^2\cdot\sum b^3c^3$$

$$=2a^3b^3c^3\sum a+2\sum b^4c^4(b-c)^2+2\sum b^5c^5+\sum a^2b^4(a^2-b^2)^2+$$

$$\frac{1}{2}\sum b^3c^3\cdot\sum(b-c)^4-2a^2b^2c^2\sum(b^3c+bc^3)$$

$$=\frac{1}{2}\sum b^3c^3\cdot\sum(b-c)^4+2\sum b^3c^3(bc-a^2)^2+\sum a^2b^4(a^2-b^2)^2+$$

$$2[\sum b^4c^4(b-c)^2-a^2b^2c^2\sum bc(b-c)^2]$$

$$=\frac{1}{2}\sum b^3c^3\cdot\sum(b-c)^4+2\sum b^3c^3(bc-a^2)^2+\sum a^2b^4(a^2-b^2)^2+$$

$$2\sum b^3c^3(bc-a^2)(b-c)^2$$

$$=\frac{1}{2}\sum b^3c^3[2(bc-a^2)+(b-c)^2]^2+$$

$$\frac{1}{2}\sum a^3(b^3+c^3)(b-c)^4+\sum a^2b^4(a^2-b^2)^2$$

$$=\frac{1}{2}\sum b^3c^3(-2a^2+b^2+c^2)^2+$$

$$\frac{1}{2}\sum a^3(b^3+c^3)(b-c)^4+\sum a^2b^4(a^2-b^2)^2\geqslant 0$$

因此,式 ① 成立,故原式获证.易知当且仅当 $a=b=c$ 时取等号.

类似,有以下命题.

命题 设 $a,b,c\in\mathbf{R}^+$，则

$$\frac{3a^4+a^2b^2}{a^3+b^3}+\frac{3b^4+b^2c^2}{b^3+c^3}+\frac{3c^4+c^2a^2}{c^3+a^3}\geqslant 2(a+b+c)$$

当且仅当 $a=b=c$ 时取等号.

如何给出较为简捷的证明，值得探讨.

例 52 设 $a,b,c\geqslant 0$，则

$$\frac{a(b+c)}{a^2+bc}+\frac{b(c+a)}{b^2+ca}+\frac{c(a+b)}{c^2+ab}\geqslant 2$$

陈老师应用一个引理，给出了一个证明. 下面再给出一个较为简捷的证明.

证明 由于

$$\begin{aligned}
&\frac{a(b+c)}{a^2+bc}+\frac{b(c+a)}{b^2+ca}+\frac{c(a+b)}{c^2+ab}-2\\
=&\frac{c(a+b)}{c^2+ab}-\left[1-\frac{a(b+c)}{a^2+bc}\right]-\left[1-\frac{b(c+a)}{b^2+ca}\right]\\
=&\frac{c(a+b)}{c^2+ab}-\frac{(a-b)(a-c)}{a^2+bc}-\frac{(b-c)(b-a)}{b^2+ca}\\
=&\frac{c(a+b)}{c^2+ab}+\frac{[c^2+ab-2c(a+b)](a-b)^2}{(a^2+bc)(b^2+ca)}\\
=&\frac{[c^2+ab-2c(a+b)](c^2+ab)(a-b)^2+c(a+b)(a^2+bc)(b^2+ca)}{(a^2+bc)(b^2+ca)(c^2+ab)}\\
=&\frac{[(c^2+ab)^2-2c(a+b)(c^2+ab)](a-b)^2+c(a+b)(a^2+bc)(b^2+ca)}{(a^2+bc)(b^2+ca)(c^2+ab)}\\
=&\frac{[(c^2+ab)-c(a+b)]^2(a-b)^2+c(a+b)(a^2+bc)(b^2+ca)-[c(a+b)]^2(a-b)^2}{(a^2+bc)(b^2+ca)(c^2+ab)}\\
=&\frac{(b-c)^2(c-a)^2(a-b)^2+abc(b+c)(c+a)(a+b)}{(a^2+bc)(b^2+ca)(c^2+ab)}\geqslant 0
\end{aligned}$$

原式获证. 由上述证明中可知，当且仅当 a,b,c 中有一个为零，另外两个相等时取等号.

由上证明可知，有以下更强而且很漂亮的不等式：

设 $a,b,c\geqslant 0$，则

$$\frac{a(b+c)}{a^2+bc}+\frac{b(c+a)}{b^2+ca}+\frac{c(a+b)}{c^2+ab}\geqslant 2+\frac{a(b+c)}{a^2+bc}\cdot\frac{b(c+a)}{b^2+ca}\cdot\frac{c(a+b)}{c^2+ab}$$

当且仅当 a,b,c 中有两个相等时取等号.

例 53 设 $a,b,c,d>0$，且 $abcd=1$，则

$$\frac{1}{4a+1}+\frac{1}{4b+1}+\frac{1}{4c+1}+\frac{1}{4d+1}+\frac{1}{a+b+c+d+1}\geqslant 1$$

证明 原式等价于

$$(a+b+c+d+1)\left(\frac{1}{4a+1}+\frac{1}{4b+1}+\frac{1}{4c+1}+\frac{1}{4d+1}\right)-(a+b+c+d)\geqslant 0$$

上式经去分母并整理,得到

$$8(a+b+c+d)^2+16(a+b+c+d)(ab+ac+ad+bc+bd+cd)+32(ab+ac+ad+bc+bd+cd)+64(bcd+acd+abd+abc)+4-241(a+b+c+d)\geqslant 0 \quad ①$$

因此,要证原式成立,只要证式 ① 成立.

记 $s_1=a+b+c+d$,$s_2=ab+ac+ad+bc+bd+cd$,$s_3=bcd+acd+abd+abc$,$s_4=abcd=1$,则易证有 $s_2^2\geqslant\frac{9}{4}s_1s_3\geqslant 9s_1$;$s_3^2\geqslant\frac{8}{3}s_2s_4=\frac{8}{3}s_2\geqslant 4\sqrt{s_1s_3}\geqslant 8\sqrt{s_1}$(证略).

今设 $\sqrt{\frac{1}{2}\sqrt{s_1}}=x\geqslant 1$,即 $s_1=4x^4$,则由以上诸式可知有 $s_2\geqslant 6x^2$,$s_3\geqslant 4x$,于是

$$\begin{aligned}
\text{式 ① 左边}&=8s_1^2+16s_1s_2+32s_2+64s_3+4-241s_1\\
&=8\cdot 16x^8+16\cdot 4x^4\cdot 6x^2+32\cdot 6x^2+\\
&\quad 64\cdot 4x+4-241\cdot 4x^4\\
&=4(32x^8+96x^6-241x^4+48x^2+64x+1)\\
&=4(x-1)(32x^7+32x^6+128x^5+128x^4-113x^3-\\
&\quad 113x^2-65x-1)\geqslant 0
\end{aligned}$$

这里注意到 $x\geqslant 1$. 故式 ① 成立,原式获证.

注:另一证法见《初等不等式的证明方法》(韩京俊. 哈尔滨工业大学出版社,2011 年 5 月出版)第 230 页例 9.12.

例 54 (自创题,2011—07—12)设 a,b,c 是满足 $a+b+c=1$ 的正数,则

$$\sum\frac{a^2+b}{b+c}\geqslant 2+\frac{19}{20}\sum(a-b)^2$$

证明

$$\sum\frac{a^2+b}{b+c}-2-\frac{19}{20}\sum(a-b)^2$$

$$=\frac{\sum(a^2+b)(a+b)(a+c)-2\prod(a+b)}{\prod(a+b)}-\frac{19}{20}\sum(a-b)^2$$

$$=\frac{\sum a^3+\sum bc+abc+\sum a^2b-2\prod(a+b)}{\prod(a+b)}-\frac{19}{20}\sum(a-b)^2$$

$$=\frac{(\sum a^3-3abc)+\sum a\sum bc-\sum a^2b-2\sum ab^2}{\prod(a+b)}-\frac{19}{20}\sum(a-b)^2$$

$$=\frac{\sum(b-c)^2-\sum a(b-c)^2-(a-b)(c-b)(a-c)}{2\prod(a+b)}-\frac{19}{20}\sum(a-b)^2$$

$$= \frac{\sum a \sum (b-c)^2 - \sum a(b-c)^2 - (a-b)(c-b)(a-c)}{2\prod (a+b)} - \frac{19}{20}\sum (a-b)^2$$

$$= \frac{\sum (b+c)(b-c)^2 - (a-b)(c-b)(a-c)}{2\prod (a+b)} - \frac{19}{20}\sum (a-b)^2$$

$$= \frac{(\sum a)^2 \sum (b+c)(b-c)^2 - (\sum a)^2 (a-b)(c-b)(a-c)}{2\prod (a+b)}$$

$$- \frac{19}{20}\sum (a-b)^2$$

由此可知,只要证在 $a \geqslant c \geqslant b$ 情况下原式成立即可.即证,当 $a \geqslant c \geqslant b$ 时,有

$$(\sum a)^2 [\sum (b+c)(b-c)^2 - (a-b)(c-b)(a-c)] -$$

$$\frac{19}{10}\prod (a+b)\sum (a-b)^2 \geqslant 0 \qquad ①$$

设 $a = b + \alpha + \beta, c = b + \alpha, \alpha, \beta \in \overline{\mathbf{R}^-}$,则

式 ① 左边$= (\sum a)^2 [\sum (b+c)(b-c)^2 - (a-b)(c-b)(a-c)] -$

$$\frac{19}{10}\prod (a+b)\sum (a-b)^2$$

$$= (3b+2\alpha+\beta)^2[(2b+\alpha)\alpha^2 + (2b+2\alpha+\beta)\beta^2 +$$

$$(2b+\alpha+\beta)(\alpha+\beta)^2 -$$

$$\alpha\beta(\alpha+\beta)] - \frac{19}{10}(2b+\alpha)(2b+\alpha+\beta)\cdot$$

$$(2b+2\alpha+\beta)[\alpha^2+\beta^2+(\alpha+\beta)^2]$$

$$= 2(3b+2\alpha+\beta)^2[2(\alpha^2+\alpha\beta+\beta^2)b + (\alpha^3+\alpha^2\beta+2\alpha\beta^2+\beta^3)] -$$

$$\frac{19}{5}(2b+\alpha)(2b+\alpha+\beta)(2b+2\alpha+\beta)(\alpha^2+\alpha\beta+\beta^2)$$

$$= 36(\alpha^2+\alpha\beta+\beta^2)b^3 + 2(33\alpha^3+45\alpha^2\beta+54\alpha\beta^2+21\beta^3)b^2 +$$

$$4(10\alpha^4+17\alpha^3\beta+24\alpha^2\beta^2+17\alpha\beta^3+4\beta^4)b$$

$$2(4\alpha^5+8\alpha^4\beta+13\alpha^3\beta^2+13\alpha^2\beta^3+6\alpha\beta^4+\beta^5) -$$

$$\frac{19}{5}[8(\alpha^2+\alpha\beta+\beta^2)b^3 + 8(2\alpha^3+3\alpha^2\beta+3\alpha\beta^2+\beta^3)b^2 +$$

$$2(5\alpha^4+10\alpha^3\beta+11\alpha^2\beta^2+6\alpha\beta^3+\beta^4)b +$$

$$(2\alpha^5+5\alpha^4\beta+6\alpha^3\beta^2+4\alpha^2\beta^3+\alpha\beta^4)]$$

$$= \frac{28}{5}(\alpha^2+\alpha\beta+\beta^2)b^3 + \frac{2}{5}(13\alpha^3-3\alpha^2\beta+42\alpha\beta^2+29\beta^3)b^2 +$$

$$\frac{2}{5}(5\alpha^4-20\alpha^3\beta+31\alpha^2\beta^2+56\alpha\beta^3+21\beta^4)b +$$

$$\frac{1}{5}(2\alpha^5-15\alpha^4\beta+16\alpha^3\beta^2+54\alpha^2\beta^3+41\alpha\beta^4+10\beta^5)$$

易知$\frac{28}{5}(\alpha^2+\alpha\beta+\beta^2)b^3\geqslant 0$；$\frac{2}{5}(13\alpha^3-3\alpha^2\beta+42\alpha\beta^2+29\beta^3)b^2\geqslant 0$；又由 $5\alpha^2-20\alpha\beta+31\beta^2\geqslant 0$ 知$\frac{2}{5}(5\alpha^4-20\alpha^3\beta+31\alpha^2\beta^2+56\alpha\beta^3+21\beta^4)b\geqslant 0$；再由于

$$\begin{aligned}&2\alpha^5-15\alpha^4\beta+16\alpha^3\beta^2+54\alpha^2\beta^3+41\alpha\beta^4+10\beta^5\\=&\frac{1}{2}(4\alpha^5-30\alpha^4\beta+32\alpha^3\beta^2+108\alpha^2\beta^3+82\alpha\beta^4+20\beta^5)\\=&\frac{1}{2}\alpha\left(2\alpha^2-\frac{15}{2}\alpha\beta-\frac{97}{16}\beta^2\right)^2+\frac{273}{16}\alpha^2\beta^3+\frac{11583}{256}\alpha\beta^4+20\beta^5)\geqslant 0\end{aligned}$$

因此

$$\begin{aligned}&\frac{28}{5}(\alpha^2+\alpha\beta+\beta^2)b^3+\frac{2}{5}(13\alpha^3-3\alpha^2\beta+42\alpha\beta^2+29\beta^3)b^2+\\&\frac{2}{5}(5\alpha^4-20\alpha^3\beta+31\alpha^2\beta^2+56\alpha\beta^3+21\beta^4)b+\\&\frac{1}{5}(2\alpha^5-15\alpha^4\beta+16\alpha^3\beta^2+54\alpha^2\beta^3+41\alpha\beta^4+10\beta^5)\geqslant 0\end{aligned}$$

故

$$\begin{aligned}&\left(\sum a\right)^2\left[\sum(b+c)(b-c)^2-(a-b)(c-b)(a-c)\right]-\\&\frac{19}{10}\prod(a+b)\sum(a-b)^2\geqslant 0\end{aligned}$$

原式获证.

原式右边系数$\frac{19}{20}$不是最佳的，如何精确求得这个最佳值值得探讨.

例 55 设 $a,b,c\in\mathbf{R}^+$，且 $abc=1$，则

$$\sum\frac{a}{2a^2+7}\leqslant\frac{1}{3}$$

证明 设 $a=\frac{x}{y},b=\frac{y}{z},c=\frac{z}{x},x,y,z\in\mathbf{R}^+$，则原式等价于

$$\sum\frac{xy}{2x^2+7y^2}\leqslant\frac{1}{3}\qquad①$$

其中 $x,y,z\in\mathbf{R}^+$.

今证式 ①. 式 ① 经去分母后并整理得到

$$\begin{aligned}&42\sum x^3y^3+42xyz\sum x^3+12xyz\sum x^2y+147xyz\sum xy^2\\\leqslant&351x^2y^2z^2+28\sum x^4y^2+98\sum x^2y^4\end{aligned}\qquad②$$

因此，要证式 ①，只要证式 ② 成立.

式 ② 等价于

$$42\sum x^3y^3+42xyz\sum x^3+xyz\left[\frac{159}{2}\sum(x^2y+xy^2)-\right.$$
$$\left.\frac{135}{2}(x-y)(y-z)(x-z)\right]$$
$$\leqslant 351x^2y^2z^2+63\sum(x^4y^2+x^2y^4)-35(x^2-y^2)(y^2-z^2)(x^2-z^2)$$
$$\Leftrightarrow 35(x^2-y^2)(y^2-z^2)(x^2-z^2)-\frac{135}{2}xyz(x-y)(y-z)(x-z)$$
$$\leqslant 63\sum x^2(y^2-z^2)^2-21\sum yz\cdot\sum x^2(y-z)^2-$$
$$21xyz\sum x\cdot\sum(y-z)^2-$$
$$\frac{159}{2}xyz\sum x(y-z)^2, \qquad ③$$

由式 ③ 可知，又只要证在 $x\geqslant y\geqslant z$ 情况下式 ② 成立即可.

由此，设 $x=z+\alpha+\beta, y=z+\alpha$，代入式 ③ 的右边减左边后的式子，经整理得到

式 ③ 右边 − 左边

$$=[279(\alpha^2+\alpha\beta+\beta^2)z^4+\frac{279}{2}(6\alpha^3+9\alpha^2\beta+7\alpha\beta^2+2\beta^3)z^3+$$
$$(921\alpha^4+1842\alpha^3\beta+\frac{2679}{2}\alpha^2\beta^2+\frac{1005}{2}\alpha\beta^3+84\beta^4)z^2+$$
$$\alpha(\alpha+\beta)(447\alpha^3+\frac{1341}{2}\alpha^2\beta+\frac{783}{2}\alpha\beta^2+84\beta^3)z+$$
$$84\alpha^3(\alpha+\beta)^3+63\alpha^2\beta^2(\alpha+\beta)^2]-$$
$$[\frac{425}{2}\alpha\beta(\alpha+\beta)z^3+\frac{425}{2}\alpha\beta(\alpha+\beta)(2\alpha+\beta)z^2+$$
$$\alpha\beta(\alpha+\beta)(\frac{565}{2}\alpha^2+\frac{565}{2}\alpha\beta+70\beta^2)z+$$
$$35\alpha\beta(\alpha+\beta)(2\alpha^3+3\alpha^2\beta+\alpha\beta^2)]=$$
$$=279(\alpha^2+\alpha\beta+\beta^2)z^4+(837\alpha^3+1043\alpha^2\beta+764\alpha\beta^2+279\beta^3)z^3+$$
$$(921\alpha^4+1417\alpha^3\beta+702\alpha^2\beta^2+290\alpha\beta^3+84\beta^4)z^2+$$
$$(447\alpha^5+835\alpha^4\beta+497\alpha^3\beta^2+123\alpha^2\beta^3+14\alpha\beta^4)z+$$
$$7\alpha^2(\alpha+\beta)^2(2\alpha^2-3\alpha\beta+4\beta^2)\geqslant 0$$

故式 ③ 成立，从而式 ① 成立，原式获证.

例 56 （2011 年中国女子数学奥林匹克试题）设正数 a,b,c,d 满足 $abcd=1$，求证

$$\frac{1}{a}+\frac{1}{b}+\frac{1}{c}+\frac{1}{d}+\frac{9}{a+b+c+d}\geqslant\frac{25}{4}$$

证明 由对称性，在下面证明中，不妨设$d\geqslant 1$. 利用“第一章 § 4 三元基本不等式”中的不等式，有

$$\frac{1}{a}+\frac{1}{b}+\frac{1}{c}+\frac{\frac{81}{10}}{a+b+c}\geqslant\frac{\frac{57}{10}}{\sqrt[3]{abc}}$$

由此可知，只需证

$$\frac{1}{d}+\frac{9}{a+b+c+d}-\frac{\frac{81}{10}}{a+b+c}+\frac{\frac{57}{10}}{\sqrt[3]{abc}}\geqslant\frac{\frac{25}{4}}{\sqrt[4]{abcd}} \quad ①$$

由于 $\frac{9}{a+b+c+d}-\frac{\frac{81}{10}}{a+b+c}-(\frac{9}{3\sqrt[3]{abc}+d}-\frac{\frac{81}{10}}{3\sqrt[3]{abc}})\cdot$

$$=(a+b+c-3\sqrt[3]{abc})$$

$$\left[\frac{\frac{81}{10}}{3\sqrt[3]{abc}(a+b+c)}-\frac{9}{(3\sqrt[3]{abc}+d)(a+b+c+d)}\right]$$

$$\geqslant(a+b+c-3\sqrt[3]{abc})\cdot$$

$$\left[\frac{\frac{27}{10}}{\sqrt[3]{abc}(a+b+c)}-\frac{9}{(3\sqrt[3]{abc}+d)(a+b+c)}\right]$$

$$\geqslant(a+b+c-3\sqrt[3]{abc})\left[\frac{\frac{27}{10}}{\sqrt[3]{abc}(a+b+c)}-\frac{9}{4\sqrt[3]{abc}(a+b+c)}\right]$$

（注意到$abcd=1,d\geqslant 1$）

$$=(a+b+c-3\sqrt[3]{abc})\cdot\frac{9}{20\sqrt[3]{abc}(a+b+c)}\geqslant 0$$

因此，要证式 ① 成立，只需证

$$\frac{1}{d}+\frac{9}{3\sqrt[3]{abc}+d}-\frac{\frac{81}{10}}{3\sqrt[3]{abc}}+\frac{\frac{57}{10}}{\sqrt[3]{abc}}\geqslant\frac{\frac{25}{4}}{\sqrt[4]{abcd}}$$

即

$$\frac{1}{d}+\frac{9}{3\sqrt[3]{abc}+d}+\frac{3}{\sqrt[3]{abc}}\geqslant\frac{\frac{25}{4}}{\sqrt[4]{abcd}} \quad ②$$

令$x=\sqrt[3]{d}=\frac{1}{\sqrt[3]{abc}}\geqslant 1$，则式 ② 可变换为

$$\frac{1}{x^3}+\frac{9x}{x^4+3}+3x\geqslant\frac{25}{4}$$

即

$$12x^8-25x^7+76x^4-75x^3+12\geqslant 0 \quad ③$$

由 $x\geqslant 1$，易证式 ③ 成立，事实上，由于

$$\begin{aligned}式 ③ 左边 &=12x^8-25x^7+76x^4-75x^3+12\\ &=(x-1)^2(12x^6-x^5-14x^4-27x^3+36x^2+24x+12)\\ &=(x-1)^2[(12x^4+23x^3+20x^2-10x-4)(x-1)^2+\\ &\quad 26x+16]\geqslant 0\end{aligned}$$

（注意到 $x\geqslant 1$）. 故式 ② 成立，从而知式 ① 成立，原式获证.

注：如何求出使得不等式

$$\frac{1}{a}+\frac{1}{b}+\frac{1}{c}+\frac{1}{d}+\frac{4\lambda}{a+b+c+d}\geqslant \lambda+4$$

成立的最佳的 λ 值，其中正数 a,b,c,d 满足 $abcd=1$.

下面我们给更好些的结果，即如下命题.

命题 1 （自创题，2015－10－18）设 $a,b,c,d\in\mathbf{R}^+$，且 $abcd=1$，则

$$\frac{1}{a}+\frac{1}{b}+\frac{1}{c}+\frac{1}{d}+\frac{\frac{54}{5}}{a+b+c+d}\geqslant \frac{67}{10}$$

当且仅当 $a=b=c=d$ 时取等号.

证明 利用“第一章 §4 三元基本不等式”中的例 3 中不等式中的结论作为以下引理.

引理 设 $a,b,c\in\mathbf{R}^+$，则

$$10\sum\frac{1}{a}+\frac{81}{\sum a}\geqslant \frac{57}{\sqrt[3]{abc}}$$

当且仅当 $a=b=c$ 时取等号.

下面利用上述引理证明原命题. 在 a,b,c,d 中，不妨设 d 最大，由于

$$\frac{1}{a}+\frac{1}{b}+\frac{1}{c}+\frac{1}{d}+\frac{\frac{54}{5}}{a+b+c+d}-\frac{67}{10}-\left(\frac{3}{\sqrt[3]{abc}}+\frac{1}{d}+\frac{\frac{54}{5}}{3\sqrt[3]{abc}+d}-\frac{67}{10}\right)$$

$$=\frac{1}{a}+\frac{1}{b}+\frac{1}{c}-\frac{3}{\sqrt[3]{abc}}+\frac{\frac{54}{5}}{a+b+c+d}-\frac{\frac{54}{5}}{3\sqrt[3]{abc}+d}$$

$$=\frac{1}{a}+\frac{1}{b}+\frac{1}{c}-\frac{3}{\sqrt[3]{abc}}-\frac{\frac{54}{5}(a+b+c-3\sqrt[3]{abc})}{(a+b+c+d)(3\sqrt[3]{abc}+d)}$$

$$\geqslant \frac{1}{a}+\frac{1}{b}+\frac{1}{c}-\frac{3}{\sqrt[3]{abc}}-\frac{\frac{54}{5}(a+b+c-3\sqrt[3]{abc})}{\frac{16}{3}\sqrt[3]{abc}(a+b+c)}$$

$$\geqslant -\frac{\frac{81}{10}}{\sum a}+\frac{\frac{57}{10}}{\sqrt[3]{abc}}-\frac{3}{\sqrt[3]{abc}}-\frac{\frac{54}{5}(a+b+c-3\sqrt[3]{abc})}{\frac{16}{3}\sqrt[3]{abc}(a+b+c)}\text{(应用引理)}$$

$$=\frac{\frac{27}{40}(a+b+c-3\sqrt[3]{abc})}{\sqrt[3]{abc}(a+b+c)}\geqslant 0$$

即

$$\frac{1}{a}+\frac{1}{b}+\frac{1}{c}+\frac{1}{d}+\frac{\frac{54}{5}}{a+b+c+d}-\frac{67}{10}\geqslant \frac{3}{\sqrt[3]{abc}}+\frac{1}{d}+\frac{\frac{54}{5}}{3\sqrt[3]{abc}+d}-\frac{67}{10}$$

因此,要证明原式,只要证明

$$\frac{3}{\sqrt[3]{abc}}+\frac{1}{d}+\frac{\frac{54}{5}}{3\sqrt[3]{abc}+d}-\frac{67}{10}\geqslant 0$$

又由于 $abcd=1$,因此,上式即为

$$\frac{3}{\frac{1}{\sqrt[3]{d}}}+\frac{1}{d}+\frac{\frac{54}{5}}{\frac{3}{\sqrt[3]{d}}+d}-\frac{67}{10}\geqslant 0$$

令 $x=\sqrt[3]{d}\geqslant 1$,代入上式,并整理得到

$$30x^8-67x^7+208x^4-201x^3+30\geqslant 0$$

$$\Leftrightarrow (x-1)^2(30x^6-7x^5-44x^4-81x^3+90x^2+60x+30)\geqslant 0$$

由此可知,只要证明当 $x\geqslant 1$ 时,有

$$30x^6-7x^5-44x^4-81x^3+90x^2+60x+30\geqslant 0$$

上式又可以写成

$$30\left(x^3-\frac{1}{2}x^2-x-1\right)^2+\frac{x^2}{2}(46x^3+17x^2-102x+60)\geqslant 0$$

由 $x\geqslant 1$,可以得到 $46x^3+17x^2-102x+60\geqslant 63x^2-102x+60>0$,因此,上式成立,从而原命题获证.从证明过程可知,当且仅当 $a=b=c=d$ 时命题中不等式取等号.

浙江省湖州市双林中学李建潮、钱旭锋老师在《中学数学教学》(安徽)2017年第6期《一道女子奥林匹克竞赛试题的简证与推广》中给出了以下命题.

命题 2　若正实数 a,b,c,d 满足 $abcd=1$,则

$$\frac{1}{a}+\frac{1}{b}+\frac{1}{c}+\frac{1}{d}+\frac{12}{a+b+c+d}\geqslant 7$$

命题 3　设 $x_i\in(0,+\infty)$ 满足 $\prod_{i=1}^{n}x_i=1$,则

$$\sum_{i=1}^{n}\frac{1}{x_i}+\frac{4(n-1)}{\sum_{i=1}^{n}x_i}\geqslant\frac{n^2+4n-4}{n}$$

例 57 （自创题，2017－05－06）设 $a,b,c\in\overline{\mathbf{R}^-}$，则

$$(bc+ca+ab)\left(\frac{1}{a^2+bc}+\frac{1}{b^2+ca}+\frac{1}{c^2+ab}\right)\geqslant 3$$

证明 由对称性，不妨设 $a\geqslant b\geqslant c\geqslant 0$，则

$$原式左边=\frac{(a^2+bc)+(-a^2+ca+ab)}{a^2+bc}+\frac{(b^2+ca)+(ab-b^2+bc)}{b^2+ca}+\frac{(c^2+ab)+(ca+ab-c^2)}{c^2+ab}$$

$$=3+\frac{a(-a+c+b)}{a^2+bc}+\frac{b(a-b+c)}{b^2+ca}+\frac{c(a+b-c)}{c^2+ab}$$

于是，要证明原式成立，只要证明

$$\frac{a(-a+c+b)}{a^2+bc}+\frac{b(a-b+c)}{b^2+ca}+\frac{c(a+b-c)}{c^2+ab}\geqslant 0$$

由 $a\geqslant b\geqslant c\geqslant 0$ 可知，又只要证明

$$\left(-\frac{a}{a^2+bc}+\frac{b}{b^2+ca}+\frac{c}{c^2+ab}\right)(a-b)\geqslant 0$$

即只要证明

$$-\frac{a}{a^2+bc}+\frac{b}{b^2+ca}+\frac{c}{c^2+ab}\geqslant 0$$

$$\Leftrightarrow\quad -a(b^2+ca)(c^2+ab)+b(c^2+ab)(a^2+bc)+c(a^2+bc)(b^2+ca)\geqslant 0$$

$$\Leftrightarrow\quad a^2b^2(a-b)-a^2bc(a-b)-ac^3(a-b)+ac^2(a^2-b^2)+c(ab^2+a^2bc+b^3c+b^2c^2)\geqslant 0,$$

由于 $c(ab^2+a^2bc+b^3c+b^2c^2)\geqslant 0$，因此，只要证明

$$a^2b^2(a-b)-a^2bc(a-b)-ac^3(a-b)+ac^2(a^2-b^2)\geqslant 0$$

$$\Leftrightarrow\quad (a^2b^2-a^2bc-ac^3+a^2c^2+abc^2)(a-b)\geqslant 0$$

由 $a\geqslant b\geqslant c\geqslant 0$ 便知上式成立，从而，原命题获证，由以上证明可知，当且仅当 a,b,c 中有一个等于 0，另外两个相等时取等号.

由本例可以得到以下命题.

命题 设 $a,b,c\in\overline{\mathbf{R}^-}$，则

$$(a+b+c)^2\left(\frac{1}{a^2+bc}+\frac{1}{b^2+ca}+\frac{1}{c^2+ab}\right)\geqslant 12$$

证明 由柯西不等式，有

$$(a^2+bc+b^2+ca+c^2+ab)\left(\frac{1}{a^2+bc}+\frac{1}{b^2+ca}+\frac{1}{c^2+ab}\right)\geqslant 9$$

另外,由本例有

$$(bc+ca+ab)\left(\frac{1}{a^2+bc}+\frac{1}{b^2+ca}+\frac{1}{c^2+ab}\right)\geqslant 3$$

将上述两式左右分别相加,便得到命题中的不等式.

例 58 (2011－08－22,王雍熙提供)设 $a,b,c\in\overline{\mathbf{R}^-}$,且 $\sum a^2\geqslant\sum a$,则

$$\sum a^3+abc\geqslant 1+\sum bc$$

证明 设 $a=1+\alpha,b=1+\beta,c=1+\gamma,\alpha,\beta,\gamma\geqslant -1$,由 $\sum a^2\geqslant\sum a$ 得到

$$\alpha^2+\beta^2+\gamma^2+\alpha+\beta+\gamma\geqslant 0 \quad ①$$

这时 原式左边－右边

$$=\sum(1+\alpha)^3+\prod(1+\alpha)-1-\sum(1+\beta)(1+\gamma)$$

$$=2\sum\alpha+3\sum\alpha^2+\sum\alpha^3+\alpha\beta\gamma$$

$$\geqslant\sum\alpha^2+\sum\alpha^3+\alpha\beta\gamma\text{(式①代入)}$$

于是,只要证

$$\sum\alpha^2+\sum\alpha^3+\alpha\beta\gamma\geqslant 0 \quad ②$$

下面分几种情况讨论.

i. 若 $\alpha,\beta,\gamma\geqslant 0$,式②显然成立;

ii. 若 α,β,γ 中,有两个不小于零,另外一个不大于零,不妨设 $\alpha,\beta\geqslant 0$,$-1\leqslant\gamma\leqslant 0$,则 $\alpha\beta\gamma\geqslant -\alpha\beta,\gamma^3+\gamma^2=\gamma^2(1+\gamma)\geqslant 0$,于是

$$\sum\alpha^2+\sum\alpha^3+\alpha\beta\gamma$$

$$=(\alpha^2+\beta^2+\alpha\beta\gamma)+(\gamma^3+\gamma^2)+\alpha^3+\beta^3$$

$$\geqslant(\alpha^2+\beta^2-\alpha\beta)+(\gamma^3+\gamma^2)+\alpha^3+\beta^3\geqslant 0$$

iii. 若 α,β,γ 中,有一个不小于零,另外两个不大于零,不妨设 $\alpha\geqslant 0,-1\leqslant\beta,\gamma\leqslant 0$,则 $\alpha\beta\gamma\geqslant 0,\beta^3+\beta^2=\beta^2(1+\beta)\geqslant 0,\gamma^3+\gamma^2=\gamma^2(1+\gamma)\geqslant 0$,于是

$$\sum\alpha^2+\sum\alpha^3+\alpha\beta\gamma$$

$$=\alpha^2+\alpha^3+(\beta^3+\beta^2)+(\gamma^3+\gamma^2)+\alpha\beta\gamma\geqslant 0$$

iv. 若 α,β,γ 均小于零且不小于－1,即 $0\leqslant a,b,c<1$,则不满足已知条件,即此时有 $\sum a^2<\sum a$,因此,不存在这种情况.

综上,原式获证.

本题可推广,见以下例 59.

例 59 (自创题,2011－08－22)设 $a_i\in\overline{\mathbf{R}^-},i=1,2,\cdots,n,n\geqslant 2$,记 a_i $(i=1,2,\cdots,n)$ 中每 $k(k=1,2,\cdots,n)$ 个乘积之和为 s_k,m 为不小于 3 且不大于

n 的正整数,同时,$\sum_{i=1}^{n} a_i^2 \geqslant \sum_{i=1}^{n} a_i$,则

$$\sum_{i=1}^{n} a_i^{m-1} + s_3 + s_5 + \cdots + \begin{cases} s_n(n \text{ 为奇数}) \\ s_{n-1}(n \text{ 为偶数}) \end{cases} \geqslant 1 + s_2 + s_4 + \cdots + \begin{cases} s_{n-1}(n \text{ 为奇数}) \\ s_n(n \text{ 为偶数}) \end{cases}$$

证明 设 $a_i = 1 + x_i, x_i \geqslant -1, k = 1, 2, \cdots, n$,由 $\sum_{i=1}^{n} a_i^2 \geqslant \sum_{i=1}^{n} a_i$ 得到

$$\sum_{i=1}^{n} x_i^2 + \sum_{i=1}^{n} x_i \geqslant 0 \quad ①$$

又由 $\sum_{i=1}^{n} a_i^2 \geqslant \sum_{i=1}^{n} a_i$ 知,$a_i(i = 1, 2, \cdots, n)$ 不可能均小于 1. 于是

$$\begin{aligned} &\text{原式左边} - \text{右边} \\ &= \sum_{i=1}^{n} a_i^{m-1} - \sum_{i=1}^{n} a_i - \prod_{i=1}^{n} (1 - a_i) \\ &= (m-2) \sum_{i=1}^{n} x + C_{m-1}^2 \sum_{i=1}^{n} x_i^2 + C_{m-1}^3 \sum_{i=1}^{n} x_i^3 + \cdots + \\ &\quad C_{m-1}^{m-1} \sum_{i=1}^{n} x_i^{m-1} + (-1)^{n+1} \prod_{i=1}^{n} x_i \\ &\geqslant \frac{(m-2)(m-3)}{2} \sum_{i=1}^{n} x_i^2 + C_{m-1}^3 \sum_{i=1}^{n} x_i^3 + \cdots + C_{m-1}^{m-1} \sum_{i=1}^{n} x_i^{n-1} + \\ &\quad (-1)^{n+1} \prod_{i=1}^{n} x_i (\text{注意将式 ① 得到的} \sum_{i=1}^{n} x_i \geqslant -\sum_{i=1}^{n} x_i^2 \text{ 代入}) \end{aligned}$$

于是,只要证

$$\frac{(m-2)(m-3)}{2} \sum_{i=1}^{n} x_i^2 + C_{m-1}^3 \sum_{i=1}^{n} x_i^3 + \cdots + C_{m-1}^{m-1} \sum_{i=1}^{n} x_i^{n-1} + (-1)^{n+1} \prod_{i=1}^{n} x_i \geqslant 0 \quad ②$$

下面先证 n 为奇数时,原式成立. 分几种情况讨论.

i. 若 $x_i \geqslant 0(i = 1, 2, \cdots, n)$,式 ② 显然成立;

ii. 若 $x_i(i=1, 2, \cdots, n)$ 中,有一个小于或等于零,不妨设小于或等于零的数为 x_n,即 $-1 \leqslant x_n \leqslant 0$,其余都不小于零,则 $(-1)^{n+1} \prod_{i=1}^{n} x_i \geqslant -\prod_{i=1}^{n} x_i$,于是

$$\sum_{i=1}^{n-1} x_i^{n-1} + (-1)^{n+1} \prod_{i=1}^{n} x_i \geqslant \sum_{i=1}^{n-1} x_i^{n-1} - \prod_{i=1}^{n-1} x_i \geqslant 0$$

又易证

$$\frac{(m-2)(m-3)}{2} x_n^2 + C_{m-1}^3 x_n^3 + \cdots + C_{m-1}^{n-1} x_n^{n-1} \geqslant 0$$

这是由于

$$\frac{(m-2)(m-3)}{2}-C_{m-1}^{3}+C_{m-1}^{4}-\cdots+(-1)^{n-1}$$

$$=\frac{(m-2)(m-3)}{2}-1+C_{m-1}^{1}-C_{m-1}^{2}+\sum_{i=0}^{n-1}(-1)^{i}C_{n-i}^{i}$$

$$=\frac{(m-2)(m-3)}{2}-1+C_{m-1}^{1}-C_{m-1}^{2}+(1-1)^{n-1}=0$$

因此

$$\frac{(m-2)(m-3)}{2}x_n^2+C_{m-1}^{3}x_n^3+\cdots+C_{m-1}^{n-1}x_n^{n-1}$$

$$=x_n^2(1+x_n)(C_{m-2}^{2}+C_{m-2}^{3}x_n+C_{m-2}^{4}x_n^2+\cdots+C_{m-2}^{n-2}x_n^{n-4})$$

$$=x_n^2(1+x_n)\cdot\frac{(1+x_n)^{n-2}-(n-2)x_n-1}{x_n^2}\geqslant 0$$

(注意到 $x_n\geqslant -1$，$n-2\geqslant 0$，应用伯努利(Bernoulli)不等式). 另外，式②左边余下的项均不为负(注意到 $x_i\in\overline{\mathbf{R}^-}$，$i=1,2,\cdots,n-1$)，故式②成立.

iii. 若 $x_i(i=1,2,\cdots,n)$ 中，有2个小于或等于零，不妨设小于或等于零的数为 x_n,x_{n-1}，即 $-1\leqslant x_{n-1}\leqslant 0$，$-1\leqslant x_n\leqslant 0$，其余都不小于零，则 $(-1)^{n+1}\prod_{i=1}^{n}x_i\geqslant 0$，于是，只要证

$$\frac{(m-2)(m-3)}{2}\sum_{i=1}^{n}x_i^2+C_{m-1}^{3}\sum_{i=1}^{n}x_i^3+\cdots+C_{m-1}^{n-1}\sum_{i=1}^{n}x_i^{n-1}\geqslant 0$$

同上证明可知

$$\frac{(m-2)(m-3)}{2}x_{n-1}^2+C_{m-1}^{3}x_{n-1}^3+\cdots+C_{m-1}^{n-1}x_{n-1}^{n-1}\geqslant 0$$

$$\frac{(m-2)(m-3)}{2}x_n^2+C_{m-1}^{3}x_n^3+\cdots+C_{m-1}^{n-1}x_n^{n-1}\geqslant 0$$

此时，式②左边余下的项均不为负，故式②也成立.

iv. 若 $x_i(i=1,2,\cdots,n)$ 中，有3个小于或等于零，不妨设小于或等于零的数为 x_n,x_{n-1},x_{n-2}，即 $-1\leqslant x_{n-2}\leqslant 0$，$-1\leqslant x_{n-1}\leqslant 0$，$-1\leqslant x_n\leqslant 0$，其余都不小于零，则

$$(-1)^{n+1}\prod_{i=1}^{n}x_i\geqslant -\prod_{i=1}^{n-3}x_i$$

于是

$$\sum_{i=1}^{n-3}x_i^{n-3}+(-1)^{n+1}\prod_{i=1}^{n}x_i\geqslant\sum_{i=1}^{n-3}x_i^{n-3}-\prod_{i=1}^{n-3}x_i\geqslant 0$$

同上证明可知

$$\frac{(m-2)(m-3)}{2}x_{n-2}^2+C_{m-1}^{3}x_{n-2}^3+\cdots+C_{m-1}^{n-1}x_{n-2}^{n-1}\geqslant 0$$

$$\frac{(m-2)(m-3)}{2}x_{n-1}^2+C_{m-1}^3x_{n-1}^3+\cdots+C_{m-1}^{n-1}x_{n-1}^{n-1}\geqslant 0$$

$$\frac{(m-2)(m-3)}{2}x_n^2+C_{m-1}^3x_n^3+\cdots+C_{m-1}^{n-1}x_n^{n-1}\geqslant 0$$

此时,式 ② 左边余下的项均不为负,故式 ② 也成立.

当 $x_i(i=1,2,\cdots,n)$ 中,有 $k(k=3,4,\cdots,n-1)$ 个小于或等于零,其余都不小于零,其证法与上完全相同,可证式 ② 均成立,从而知当 n 为奇数时原式成立.

由于当 n 为偶数时,可用与 n 为奇数时的相同证法,也可证式 ② 成立,故原式获证.

注:(1) 该例中的不等式即为:设 $a_i\in\overline{\mathbf{R}^-}$, $i=1,2,\cdots,n$, $n\geqslant 2$, m 为不小于 3 且不大于 n 的正整数, $\sum_{i=1}^n a_i^2\geqslant\sum_{i=1}^n a_i$,则

$$\sum_{i=1}^n a_i^{m-1}-\sum_{i=1}^n a_i-\prod_{i=1}^n(1-a_i)\geqslant 0$$

(2) 由以上证明知,更一般的有以下命题.

命题 设 $a_i\in\overline{\mathbf{R}^-}$, $i=1,2,\cdots,n$, $n\geqslant 2$, $\sum_{i=1}^n a_i^2\geqslant\sum_{i=1}^n a_i$, m 为不小于 3 且不大于 n 的正整数,则

$$\sum_{i=1}^n a_i^{m-1}-(n-2)\sum_{i=1}^n a_i^2+(n-3)\sum_{i=1}^n a_i\geqslant\prod_{i=1}^n(1-a_i)$$

特例:设 $a_i\in\overline{\mathbf{R}^-}$, $i=1,2,\cdots,n$, $n\geqslant 2$, $\sum_{i=1}^n a_i=2$, $\sum_{1\leqslant i<j\leqslant n}a_ia_j=1$, m 为不小于 3 且不大于 n 的正整数,则

$$\sum_{i=1}^n a_i^{m-1}\geqslant 2+\prod_{i=1}^n(1-a_i)$$

例 60 设 $x_i\geqslant 0$, $i=1,2,\cdots,n$,并记 $s=\sum_{i=1}^n x_i$,则

$$\sum_{i=1}^n\frac{(s-2x_i)^2}{(s-x_i)^2+x_i^2}\geqslant\frac{n(3n-7)}{3n+1}$$

证明 当 $n=1,2$ 时,原式显然成立.下面再分别证明 $n=3$ 和 $n\geqslant 4$ 时,原式成立.

为证明方便,设 $s=1$,则 $0\leqslant x_i\leqslant 1$, $i=1,2,\cdots,n$,这时,原式变为

$$\sum_{i=1}^n\frac{(1-2x_i)^2}{(1-x_i)^2+x_i^2}\geqslant\frac{n(3n-7)}{3n+1}$$

即

$$\sum_{i=1}^{n}\left(2-\frac{1}{2x_i^2-2x_i+1}\right)\geqslant\frac{n(3n-7)}{3n+1}$$

整理得到

$$\sum_{i=1}^{n}\frac{1}{2x_i^2-2x_i+1}\leqslant\frac{3n(n+3)}{3n+1}\qquad(※)$$

以此,要证明原式成立,只要证明式(※)成立.

若 $n=3$ 时,即证明

$$\sum_{i=1}^{3}\frac{1}{2x_i^2-2x_i+1}\leqslant\frac{27}{5}\qquad①$$

先证明

$$\frac{1}{2x_i^2-2x_i+1}\leqslant\frac{54}{25}x_i+\frac{27}{25}(0\leqslant x_i\leqslant 1)\qquad②$$

由于
$$\frac{54}{25}x_i+\frac{27}{25}-\frac{1}{2x_i^2-2x_i+1}$$
$$=\frac{2(6x_i+1)(3x_i-1)^2}{25(2x_i^2-2x_i+1)}\geqslant 0$$

因此,式②成立.

在式②中,取 $i=1,2.3$,并将所得三个式子相加,并注意到 $x_1+x_2+x_3=1$,即得式①.

若 $n\geqslant 4$ 时,我们将证明,当 $x_i\geqslant 0,i=1,2,\cdots,n,\ s=\sum_{i=1}^{n}x_i=1$ 时,有

$$\sum_{i=1}^{n}\frac{1}{2x_1^2-2x_1+1}\leqslant(\sqrt{2}+1)+n\qquad(※※)$$

先证明,当 $x\in\overline{\mathbf{R}^-}$ 时,有

$$\frac{1}{(2x^2-2x+1)}\leqslant(\sqrt{2}+1)x+1\qquad③$$

$$\Leftrightarrow(\sqrt{2}+1)x(2x^2-2x+1)-2x(1-x)\geqslant 0$$

若 $x=0$,上式取等号,若 $x>0$,则上式

$$\Leftrightarrow(\sqrt{2}+1)(2x^2-2x+1)-2(1-x)\geqslant 0$$

即
$$2(\sqrt{2}+1)x^2-2\sqrt{2}x+(\sqrt{2}-1)\geqslant 0$$
$$\Leftrightarrow 2x^2-2\sqrt{2}(\sqrt{2}-1)x+(\sqrt{2}-1)^2\geqslant 0$$
$$\Leftrightarrow[\sqrt{2}x-(\sqrt{2}-1)]^2\geqslant 0$$

上式成立,故式③成立.

现在来证明式(※※).由于 $s=\sum_{i=1}^{n}x_i=1$,因此,由式③有

$$\sum_{i=1}^{n}\frac{1}{2x_1^2-2x_1+1}\leqslant\sum_{i=1}^{n}[(\sqrt{2}+1)x_i+1]=(\sqrt{2}+1)+n$$

即得式(※※).

当 $n\geqslant 4$ 时,易证 $(\sqrt{2}+1)+n\leqslant\frac{3n(n+3)}{3n+1}$,故原式获证.

注:另一证法可见《中学数学研究》(广州),2011年,第8期,江西王建荣、李锦成《一道日本奥赛题的推广》.

例 61 设 $a,b,c\in\mathbf{R}^{+}$,则

$$\frac{1}{a^2+ab}+\frac{1}{b^2+bc}+\frac{1}{c^2+cd}+\frac{1}{d^2+da}\geqslant\frac{2}{\sqrt{abcd}}$$

证法 1 (2013-04-28) 由于

$$\begin{aligned}&\frac{1}{a^2+ab}+\frac{1}{b^2+bc}+\frac{1}{c^2+cd}+\frac{1}{d^2+da}\\=&\frac{a^2+b^2+ab+bc}{ab(a+b)(b+c)}+\frac{c^2+d^2+cd+da}{cd(c+d)(d+a)}\\=&\frac{1}{ab}+\frac{a-c}{b(a+b)(b+c)}+\frac{1}{cd}+\frac{c-a}{d(c+d)(d+a)}\\=&\frac{1}{ab}+\frac{1}{cd}-\left[\frac{1}{b(a+b)(b+c)}-\frac{1}{d(c+d)(d+a)}\right](a-c)\\=&\frac{1}{ab}+\frac{1}{cd}-\frac{(b^2+d^2+ab+ac+ad+bc+bd+cd)(a-c)(b-d)}{bd(a+b)(b+c)(c+d)(d+a)}\end{aligned}$$

因此,得到

$$\begin{aligned}&(\frac{1}{a^2+ab}+\frac{1}{b^2+bc}+\frac{1}{c^2+cd}+\frac{1}{d^2+da})-\frac{2}{\sqrt{abcd}}\\=&\frac{1}{ab}+\frac{1}{bc}-\frac{2}{\sqrt{abcd}}-\frac{(b^2+d^2+ab+ac+ad+bc+bd+cd)(a-c)(b-d)}{bd(a+b)(b+c)(c+d)(d+a)}\\=&\frac{(\sqrt{ab}-\sqrt{cd})^2}{abcd}-\frac{(b^2+d^2+ab+ac+ad+bc+bd+cd)(a-c)(b-d)}{bd(a+b)(b+c)(c+d)(d+a)}\end{aligned}$$

由此可知,若 $(a-c)(b-d)\leqslant 0$,原式显然成立.若 $(a-c)(b-d)\geqslant 0$,则易知有

$$(a-c)(b-d)\leqslant(\sqrt{ab}-\sqrt{cd})^2$$

因此又只要证

$$\frac{1}{abcd}-\frac{b^2+d^2+ab+ac+ad+bc+bd+cd}{bd(a+b)(b+c)(c+d)(d+a)}\geqslant 0$$

即证

$$(a+b)(b+c)(c+d)(d+a)\geqslant ac(b^2+d^2+ab+ac+ad+bc+bd+cd)$$

上式易证成立,事实上有

$$(a+b)(b+c)(c+d)(d+a)-ac(b^2+d^2+ab+ac+ad+bc+bd+cd)$$
$$=[(a+b)(c+d)][(b+c)(d+a)]-$$
$$ac(b^2+d^2+ab+ac+ad+bc+bd+cd)$$
$$=(ac+bc+ad+bd)(ab+ac+bd+cd)-$$
$$ac(ac+bc+ad+bd)-ac(b^2+d^2+ab+cd)$$
$$=(ac+bc+ad+bd)(ab+bd+cd)-ac(b^2+d^2+ab+cd)$$
$$=bd(a^2+c^2+ab+ac+ad+bc+bd+cd)\geqslant 0$$

故原式获证.

证法 2　若$(a-c)(b-d)\leqslant 0$,由于

$$\frac{1}{a^2+ab}+\frac{1}{b^2+bc}+\frac{1}{c^2+cd}+\frac{1}{d^2+da}$$
$$=\frac{a^2+b^2+ab+bc}{ab(a+b)(b+c)}+\frac{c^2+d^2+cd+da}{cd(c+d)(d+a)}$$
$$=\frac{1}{ab}+\frac{a-c}{b(a+b)(b+c)}+\frac{1}{cd}+\frac{c-a}{d(c+d)(d+a)}$$
$$=\frac{1}{ab}+\frac{1}{cd}-[\frac{1}{b(a+b)(b+c)}-\frac{1}{d(c+d)(d+a)}](a-c)$$
$$=\frac{1}{ab}+\frac{1}{cd}-\frac{(b^2+d^2+ab+ac+ad+bc+bd+cd)(a-c)(b-d)}{bd(a+b)(b+c)(c+d)(d+a)}$$

因此,得到

$$(\frac{1}{a^2+ab}+\frac{1}{b^2+bc}+\frac{1}{c^2+cd}+\frac{1}{d^2+da})-\frac{2}{\sqrt{abcd}}$$
$$=\frac{1}{ab}+\frac{1}{bc}-\frac{2}{\sqrt{abcd}}-\frac{(b^2+d^2+ab+ac+ad+bc+bd+cd)(a-c)(b-d)}{bd(a+b)(b+c)(c+d)(d+a)}$$
$$=\frac{(\sqrt{ab}-\sqrt{cd})^2}{abcd}-\frac{(b^2+d^2+ab+ac+ad+bc+bd+cd)(a-c)(b-d)}{bd(a+b)(b+c)(c+d)(d+a)}$$

若$(a-c)(b-d)\leqslant 0$,原式显然成立.

若$(a-c)(b-d)\geqslant 0$,由于

$$\frac{1}{a^2+ab}+\frac{1}{b^2+bc}+\frac{1}{c^2+cd}+\frac{1}{d^2+da}$$
$$=\frac{c^2+d^2+bc+cd}{bc(b+c)(c+d)}+\frac{d^2+a^2+da+ab}{da(d+a)(a+b)}$$
$$=\frac{1}{bc}+\frac{b-d}{c(b+c)(c+d)}+\frac{1}{da}+\frac{d-b}{a(d+a)(a+b)}$$
$$=\frac{1}{bc}+\frac{1}{da}+\frac{(a^2+c^2+ab+ac+ad+bc+bd+cd)(a-c)(b-d)}{ac(a+b)(b+c)(c+d)(d+a)}$$

因此,得到

$$(\frac{1}{a^2+ab}+\frac{1}{b^2+bc}+\frac{1}{c^2+cd}+\frac{1}{d^2+da})-\frac{2}{\sqrt{abcd}}$$

$$=\frac{(\sqrt{ab}-\sqrt{cd})^2}{abcd}+\frac{(a^2+c^2+ab+ac+ad+bc+bd+cd)(a-c)(b-d)}{ac(a+b)(b+c)(c+d)(d+a)}$$

由此可知，若$(a-c)(b-d)\geqslant 0$，原命题也成立.

综上，原命题获证.

例 62 n为大于1的正整数，$x_i\in\mathbf{R}$，$i=1,2,\cdots,n$，且$\sum_{i=1}^{n}x_i^2+\sum_{i=1}^{n-1}x_ix_{i+1}=1$，则对于任意固定的$k(1\leqslant k\leqslant n)$，有

$$|x_k|\leqslant\sqrt{\frac{2k(n-k+1)}{n+1}}$$

当且仅当$x_1=-x_1-x_2=x_2+x_3=\cdots=(-1)^{k-1}(x_{k-1}+x_k)$，$x_k+x_{k+1}=-x_{k+1}-x_{k+2}=\cdots=(-1)^{n-k}x_n$，即$x_i=(-1)^k\ \frac{i}{k}x_k$，$i=1,2,\cdots,k$，$x_j=(-1)^{j-k}\cdot\frac{n-j+1}{n-k+1}x_k$，$j=k,k+1,\cdots,n$时取等号.

证明 由已知条件可得$x_1^2+(x_1+x_2)^2+(x_2+x_3)^2+\cdots+(x_{n-1}+x_n)^2+x_n^2=2$，而对于给定的$k(1\leqslant k\leqslant n)$，有

$$\frac{x_1^2+(x_1+x_2)^2+(x_2+x_3)^2+\cdots+(x_{k-1}+x_k)^2}{k}$$

$$\geqslant\left(\frac{|x_1|+|x_1+x_2|+|x_2+x_3|+\cdots+|x_{k-1}+x_k|}{k}\right)^2$$

$$\geqslant\left[\frac{|x_1-x_1-x_2+x_2+x_3-x_3-x_4+\cdots+(-1)^{k-1}(x_{k-1}+x_k)|}{k}\right]^2$$

$$=(\frac{x_k}{k})^2$$

即
$$x_1^2+(x_1+x_2)^2+(x_2+x_3)^2+\cdots+(x_{k-1}+x_k)^2\geqslant\frac{x_k^2}{k}$$

同理有

$$(x_k+x_{k+1})^2+(x_{k+1}+x_{k+2})^2+\cdots+x_n^2\geqslant\frac{x_k^2}{n-k+1}$$

因此
$$2=x_1^2+(x_1+x_2)^2+(x_2+x_3)^2+\cdots+(x_{n-1}+x_n)^2+x_n^2$$

$$\geqslant\frac{x_k^2}{k}+\frac{x_k^2}{n-k+1}=\frac{(n+1)x_k^2}{k(n-k+1)}$$

即
$$|x_k|\leqslant\sqrt{\frac{2k(n-k+1)}{n+1}}$$

由上述证明中可知当且仅当$x_1=-x_1-x_2=x_2+x_3=\cdots=(-1)^{k-1}(x_{k-1}+$

x_k)$,x_k+x_{k+1}=-x_{k+1}-x_{k+2}=\cdots=(-1)^{n-k}x_n$,即 $x_i=(-1)^k\dfrac{i}{k}x_k,i=1,2,\cdots,k,x_j=(-1)^{j-k}\dfrac{n-j+1}{n-k+1}x_k,j=k,k+1,\cdots,n$ 时取等号.

例 63　设 $x_i\in\mathbf{R}^+,i=1,2,\cdots,n$,且满足$\sum\limits_{i=1}^{n}\dfrac{1}{1+x_i}=\dfrac{n}{2}$,则

$$\sum_{i,j=1}^{n}\frac{1}{x_i+x_j}\geqslant\frac{n^2}{2}$$

证明　令 $x_i=\dfrac{1-a_i}{1+a_i}$, $-1<a_i<1,i=1,2,\cdots,n$, 则由已知条件 $\sum\limits_{i=1}^{n}\dfrac{1}{1+x_i}=\dfrac{n}{2}$,可得到$\sum\limits_{i=1}^{n}a_i=0$, $-1<a_i<1,i=1,2,\cdots,n$,于是

$$s=\sum_{i,j=1}^{n}\frac{1}{x_i+x_j}=\sum_{i,j=1}^{n}\frac{1}{\dfrac{1-a_i}{1+a_i}+\dfrac{1-a_j}{1+a_j}}=\frac{1}{2}\sum_{i,j=1}^{n}\frac{(1+a_i)(1+a_j)}{1-a_ia_j}$$

又由于

$$\begin{aligned}p&=\sum_{i,j=1}^{n}(1+a_i)(1+a_j)(1-a_ia_j)\\&=\sum_{i,j=1}^{n}(1+a_i+a_j-a_i^2a_j-a_ia_j^2-a_i^2a_j^2)\left(\text{注意到}\sum_{i=1}^{n}a_i=0\right)\\&=n^2-\sum_{i,j=1}^{n}(a_i^2a_j+a_ia_j^2)-\sum_{i,j=1}^{n}a_i^2a_j^2\\&=n^2-\sum_{i,j=1}^{n}a_i^2a_j^2\left(\text{注意条件}\sum_{i=1}^{n}a_i=0\right)\leqslant n^2\end{aligned}$$

因此,有

$$\begin{aligned}2sp&=\sum_{i,j=1}^{n}\frac{(1+a_i)(1+a_j)}{1-a_ia_j}\cdot\sum_{i,j=1}^{n}(1+a_i)(1+a_j)(1-a_ia_j)\\&\geqslant\left[\sum_{i,j=1}^{n}(1+a_i)(1+a_j)\right]^2=\left[\sum_{i,j=1}^{n}(1+a_i+a_j+a_ia_j)\right]^2\\&=\left[\sum_{i,j=1}^{n}(1+a_ia_j)\right]^2=\left(n+\sum_{i,j=1}^{n}a_ia_j\right)^2\\&=\left[n+\left(\sum_{i,j=1}^{n}a_i\right)^2\right]^2=n^4\end{aligned}$$

即得到

$$s=\sum_{i,j=1}^{n}\frac{1}{x_i+x_j}\geqslant\frac{n^2}{2}$$

例 64　设 $a_i\in\mathbf{R},i=1,2,\cdots,n$,则

$$\frac{1}{4\cos^2\frac{\pi}{2n+1}}\sum_{i=1}^{n}x_i^2 \overset{①}{\leqslant} \sum_{k=1}^{n}(\sum_{i=1}^{k}x_i)^2 \overset{②}{\leqslant} \frac{1}{4\sin^2\frac{\pi}{2(2n+1)}}\sum_{i=1}^{n}x_i^2$$

当且仅当 $x_i=(-1)^i[\sin\frac{2i\pi}{2n+1}+\sin\frac{2(i-1)\pi}{2n+1}](i=1,2,\cdots,n)$ 时,式 ① 取等号;当且仅当$\frac{x_1}{c_1}=\frac{x_2}{c_2}=\cdots=\frac{x_n}{c_n}$, $c_i=\sin i\alpha-\sin(i-1)\alpha$(其中 $\alpha=\frac{\pi}{2n+1}$)时,式 ② 取等号.

证明 先证式 ①.

引理 1 设 $a_k=\frac{\sin\frac{2(k+1)\pi}{2n+1}}{\sin\frac{2k\pi}{2n+1}}$,$k=1,2,\cdots,n$,则

$$a_1=\frac{1}{a_1}+a_2=\frac{1}{a_2}+a_3=\cdots=\frac{1}{a_{n-1}}+a_n=\frac{1}{a_{n-1}}-1=2\cos\frac{2\pi}{2n+1}$$

引理 1 证明

$$a_1=\frac{\sin\frac{4\pi}{2n+1}}{\sin\frac{2\pi}{2n+1}}=2\cos\frac{2\pi}{2n+1}$$

$$\frac{1}{a_{k-1}}+a_k=\frac{\sin\frac{2(k-1)\pi}{2n+1}}{\sin\frac{2k\pi}{2n+1}}+\frac{\sin\frac{2(k+1)\pi}{2n+1}}{\sin\frac{2k\pi}{2n+1}}$$

$$=\frac{2\sin\frac{2k\pi}{2n+1}\cos\frac{2\pi}{2n+1}}{\sin\frac{2k\pi}{2n+1}}=2\cos\frac{2\pi}{2n+1}$$

$k=2,\cdots,n$;

$$a_n=\frac{\sin\frac{2(n+1)\pi}{2n+1}}{\sin\frac{2n\pi}{2n+1}}=\frac{-\sin\frac{\pi}{2n+1}}{\sin(\pi-\frac{\pi}{2n+1})}=-1$$

因此得到 $a_1=\frac{1}{a_1}+a_2=\frac{1}{a_2}+a_3=\cdots=\frac{1}{a_{n-1}}+a_n=\frac{1}{a_{n-1}}-1=2\cos\frac{2\pi}{2n+1}$. 引理 1 获证.

下面证明式 ①. 令 $y_k=\sum_{i=1}^{k}x_i$,$k=1,2,\cdots,n$,则

$$a_1y_1^2+(\frac{1}{a_1}+a_2)y_2^2+\cdots+(\frac{1}{a_{n-2}}+a_{n-1})y_{n-1}^2+\frac{1}{a_{n-1}}y_n^2+2\sum_{i=1}^{n-1}y_iy_{i+1}$$

$$=(a_1y_1^2+\frac{1}{a_1}y_2^2)+(a_2y_2^2+\frac{1}{a_2}y_3^2)+\cdots+(a_{n-2}y_{n-2}^2+\frac{1}{a_{n-2}}y_{n-1}^2)+$$

$$(a_{n-1}y_{n-1}^2+\frac{1}{a_{n-1}}y_n^2)+2\sum_{i=1}^{n-1}y_iy_{i+1}$$

$$\geqslant 2\sum_{i=1}^{n-1}|y_iy_{i+1}|+2\sum_{i=1}^{n-1}y_iy_{i+1}\geqslant 0$$

因此,$2\cos\frac{2\pi}{2n+1}\sum_{i=1}^{n}y_i^2+2\sum_{i=1}^{n-1}y_iy_{i+1}+y_n^2\geqslant 0$,即

$$2(1+\cos\frac{2\pi}{2n+1})\sum_{i=1}^{n}y_i^2\geqslant 2\sum_{i=1}^{n}y_i^2-y_n^2-2\sum_{i=1}^{n-1}y_iy_{i+1}$$
$$=y_1^2+(y_2-y_1)^2+(y_3-y_2)^2+\cdots+(y_n-y_{n-1})^2$$

于是,得到

$$\sum_{k=1}^{n}(\sum_{i=1}^{k}x_i)^2\geqslant\frac{1}{4\cos^2\frac{\pi}{2n+1}}\sum_{i=1}^{n}x_i^2$$

式 ① 获证. 由证明过程中易知当且仅当 $x_i=(-1)^i[\sin\frac{2i\pi}{2n+1}+\sin\frac{2(i-1)\pi}{2n+1}](i=1,2,\cdots,n)$ 时取等号.

再证式 ②.

设 $c_1,c_2,\cdots,c_n$ 为正实数,记 $S_k=\sum_{i=1}^{k}c_i$,由柯西不等式得 $(\sum_{i=1}^{k}x_i)^2\leqslant S_k\left(\sum_{i=1}^{k}\frac{x_i^2}{c_i}\right)$,于是有

$$\sum_{k=1}^{n}(\sum_{i=1}^{k}x_i)^2\leqslant\sum_{k=1}^{n}\left(S_k\left(\sum_{i=1}^{k}\frac{x_i^2}{c_i}\right)\right)=\sum_{k=1}^{n}\left(\sum_{j=k}^{n}\frac{S_j}{c_k}\right)x_k^2$$

取 $c_i=\sin i\alpha-\sin(i-1)\alpha$,其中 $\alpha=\frac{\pi}{2n+1}$,则

$$\frac{S_1+S_2+\cdots+S_n}{c_1}=\frac{S_2+S_3+\cdots+S_n}{c_2}=\cdots=\frac{S_n}{c_n}=\frac{1}{4\sin^2\frac{\pi}{2(2n+1)}}$$

因此,有

$$\sum_{k=1}^{n}(\sum_{i=1}^{k}x_i)^2\leqslant\sum_{k=1}^{n}\left(\sum_{j=k}^{n}\frac{S_j}{c_j}\right)x_k^2=\frac{1}{4\sin^2\frac{\pi}{2(2n+1)}}\sum_{k=1}^{n}x_k^2$$

由柯西不等式取等条件知当且仅当$\frac{x_1}{c_1}=\frac{x_2}{c_2}=\cdots=\frac{x_n}{c_n}$, $c_i=\sin i\alpha-\sin(i-1)\alpha$,其中 $\alpha=\frac{\pi}{2n+1}$,时,式 ② 取等号.

例 65 设 $x,y,z\in\mathbf{R}^{+}$,则

$$\sum\frac{x^{2}}{(x^{2}+yz)^{2}}\geqslant\frac{9}{4\sum x^{2}}$$

证明 由对称性,不妨设 $x\geqslant y\geqslant z$,则

$$\sum\frac{x^{2}}{(x^{2}+yz)^{2}}-\frac{9}{4\sum x^{2}}$$

$$=\sum\frac{x^{2}}{(x^{2}+yz)^{2}}-\sum\frac{x^{2}}{(x^{2}+y^{2})(x^{2}+z^{2})}-\frac{9}{4\sum x^{2}}+\sum\frac{x^{2}}{(x^{2}+y^{2})(x^{2}+z^{2})}$$

$$=\frac{\sum x^{4}(y-z)^{2}}{(x^{2}+y^{2})(x^{2}+z^{2})(y^{2}+z^{2})}-\left[\frac{9}{4\sum x^{2}}-\frac{2\sum y^{2}z^{2}}{(x^{2}+y^{2})(x^{2}+z^{2})(y^{2}+z^{2})}\right]$$

$$=\frac{\sum x^{4}(y-z)^{2}}{(x^{2}+y^{2})(x^{2}+z^{2})(y^{2}+z^{2})}-\frac{\sum x^{2}(y^{2}-z^{2})^{2}}{4(x^{2}+y^{2})(x^{2}+z^{2})(y^{2}+z^{2})\sum x^{2}}$$

$$=\frac{\sum[4x^{2}(y^{2}+z^{2})(x^{2}+y^{2}+z^{2})-(y+z)^{2}(x^{2}+yz)^{2}]\frac{x^{2}(y-z)^{2}}{(x^{2}+yz)^{2}}}{4(x^{2}+y^{2})(x^{2}+z^{2})(y^{2}+z^{2})(x^{2}+y^{2}+z^{2})}\qquad①$$

另外,由 $x\geqslant y\geqslant z$,有

$$\frac{y(x-z)}{y^{2}+xz}-\frac{x(y-z)}{x^{2}+yz}=\frac{[(x+y)(z^{2}+xy)-2xyz](x-y)}{(y^{2}+xz)(x^{2}+yz)}\geqslant 0$$

$$\frac{y(x-z)}{y^{2}+xz}-\frac{z(x-y)}{z^{2}+xy}=\frac{[(y+z)(x^{2}+yz)-2xyz](y-z)}{(y^{2}+xz)(x^{2}+yz)}\geqslant 0$$

又

$$\begin{aligned}&4x^{2}(y^{2}+z^{2})(x^{2}+y^{2}+z^{2})-(y+z)^{2}(x^{2}+yz)^{2}\\\geqslant&2x^{2}(y+z)^{2}(x^{2}+y^{2}+z^{2})-(y+z)^{2}(x^{2}+yz)^{2}\\\geqslant&(y+z)^{2}(x^{4}+2x^{2}y^{2}+2x^{2}z^{2}-y^{2}z^{2}-2x^{2}yz)\geqslant 0\end{aligned}$$

$$\begin{aligned}&4y^{2}(x^{2}+z^{2})(x^{2}+y^{2}+z^{2})-(x+z)^{2}(y^{2}+xz)^{2}\\\geqslant&2y^{2}(x+z)^{2}(x^{2}+y^{2}+z^{2})-(x+z)^{2}(y^{2}+xz)^{2}\\\geqslant&(x+z)^{2}(y^{4}+2x^{2}y^{2}+2y^{2}z^{2}-x^{2}z^{2}-2xy^{2}z)\geqslant 0\end{aligned}$$

因此,这时式 ① 分子,有

$$\sum[4x^{2}(y^{2}+z^{2})(x^{2}+y^{2}+z^{2})-(y+z)^{2}(x^{2}+yz)^{2}]\frac{x^{2}(y-z)^{2}}{(x^{2}+yz)^{2}}$$

$$\geqslant[4y^{2}(x^{2}+z^{2})(x^{2}+y^{2}+z^{2})-(x+z)^{2}(y^{2}+xz)^{2}]\frac{z^{2}(x-y)^{2}}{(z^{2}+xy)^{2}}+$$

$$[4z^{2}(x^{2}+y^{2})(x^{2}+y^{2}+z^{2})-(x+y)^{2}(z^{2}+xy)^{2}]\frac{z^{2}(x-y)^{2}}{(z^{2}+xy)^{2}}$$

$$=\{[4y^{2}(x^{2}+z^{2})(x^{2}+y^{2}+z^{2})-(x+z)^{2}(y^{2}+xz)^{2}]+$$

$$[4z^2(x^2+y^2)(x^2+y^2+z^2)-(x+y)^2(z^2+xy)^2]\}\frac{z^2(x-y)^2}{(z^2+xy)^2}$$

$$\geqslant[4(x^2+y^2+z^2)(x^2y^2+x^2z^2+2y^2z^2)-$$

$$4(x^2+y^2)(x^2+z^2)(y^2+z^2)]\}\frac{z^2(x-y)^2}{(z^2+xy)^2}\geqslant 0$$

故由式 ① 可知

$$\sum\frac{x^2}{(x^2+yz)^2}-\frac{9}{4\sum x^2}\geqslant 0$$

原式获证.

例 66　设 $x_i\in\mathbf{R}^+,i=1,2,\cdots,n$,则

$$\sum_{i=1}^{n}\frac{x_i}{x_{i+1}+x_{i+2}}>\frac{5}{12}n$$

以上约定 $x_{n+1}=x_1,x_{n+2}=x_2$.

证明　$\sum_{i=1}^{n}\frac{x_i}{x_{i+1}+x_{i+2}}+\frac{5}{4}n=\sum_{i=1}^{n}\left(\frac{x_i}{x_{i+1}+x_{i+2}}+\frac{5}{4}\right)$

$$=\sum_{i=1}^{n}\frac{x_i+\frac{5}{4}x_{i+1}+\frac{5}{4}x_{i+2}}{x_{i+1}+x_{i+2}}=\sum_{i=1}^{n}\frac{x_i+\frac{5}{9}x_{i+1}}{x_{i+1}+x_{i+2}}+\frac{5}{4}\sum_{i=1}^{n}\frac{\frac{5}{9}x_{i+1}+x_{i+2}}{x_{i+1}+x_{i+2}}$$

$$\geqslant 2\sqrt{\sum_{i=1}^{n}\frac{x_i+\frac{5}{9}x_{i+1}}{x_{i+1}+x_{i+2}}\cdot\frac{5}{4}\sum_{i=1}^{n}\frac{\frac{5}{9}x_{i+1}+x_{i+2}}{x_{i+1}+x_{i+2}}}$$

$$=2\sqrt{\frac{5}{4}\sum_{i=1}^{n}\frac{x_i+\frac{5}{9}x_{i+1}}{x_{i+1}+x_{i+2}}\cdot\sum_{i=1}^{n}\frac{\frac{5}{9}x_i+x_{i+1}}{x_i+x_{i+1}}}$$

(注意到约定 $x_{n+1}=x_1,x_{n+2}=x_2$)

$$>2\cdot\sqrt{\frac{5}{4}}\sum_{i=1}^{n}\frac{\sqrt{\frac{5}{9}}(x_i+x_{i+1})}{\sqrt{(x_{i+1}+x_{i+2})(x_i+x_{i+1})}}\text{(柯西不等式)}$$

$$=\frac{5}{3}\sum_{i=1}^{n}\sqrt{\sum_{i=1}^{n}\frac{x_i+x_{i+1}}{x_{i+1}+x_{i+2}}}\geqslant\frac{5}{3}n$$

因此,有

$$\sum_{i=1}^{n}\frac{x_i}{x_{i+1}+x_{i+2}}+\frac{5}{4}n>\frac{5}{3}n$$

即得原式.

例 67　2016 年第 11 届联盟杯数学竞赛暨 2016 年中国香港数学奥林匹克中国代表队选拔考试(邀请赛试题,2016－05－15 下午) 已知实数 x,y,z 满足 $|xyz|=1$,求证:

$$\frac{1}{x^2+x+1}+\frac{1}{y^2+y+1}+\frac{1}{z^2+z+1}+$$
$$\frac{1}{x^2-x+1}+\frac{1}{y^2-y+1}+\frac{1}{z^2-z+1}\leqslant 4$$

证明 (2015－05－17)原式等价于

$$\frac{2(x^2+1)}{(x^2+x+1)(x^2-x+1)}+\frac{2(y^2+1)}{(y^2+y+1)(y^2-y+1)}+$$
$$\frac{2(z^2+1)}{(z^2+z+1)(z^2-z+1)}\leqslant 4$$
$$\Leftrightarrow \frac{x^2+1}{x^4+x^2+1}+\frac{y^2+1}{y^4+y^2+1}+\frac{z^2+1}{z^4+z^4+1}\leqslant 2$$
$$\Leftrightarrow \frac{x^4}{x^4+x^2+1}+\frac{y^4}{y^4+y^2+1}+\frac{z^4}{z^4+z^4+1}\geqslant 1$$
$$\Leftrightarrow \sum x^4(1+y^2+y^4)(1+z^2+z^4)$$
$$\geqslant (1+x^2+x^4)(1+y^2+y^4)(1+z^2+z^4)$$
$$\Leftrightarrow \sum y^4z^4\geqslant \sum x^2$$

此式显然成立，故原不等式成立.

例 68 (韩京俊于 2012 年 5 月 26 日在“不等式研究网站”上提出)

设 $x_i>0,i=1,2,\cdots,n,n\geqslant 3$，则

$$\frac{x_2}{x_1}(x_3+x_4+\cdots+x_n)+\frac{x_3}{x_2}(x_1+x_4+\cdots+x_n)+\cdots+$$
$$\frac{x_1}{x_n}(x_2+x_3+\cdots+x_{n-1})\geqslant (n-2)(x_1+x_2+\cdots+x_n)$$

证明 应用数学归纳法.

当 $n=3$ 时，即证

$$\frac{x_2x_3}{x_1}+\frac{x_3x_1}{x_2}+\frac{x_1x_2}{x_3}\geqslant x_1+x_2+x_3$$

即

$$x_2^2x_3^2+x_3^2x_1^2+x_1^2x_2^2\geqslant x_1x_2x_3(x_1+x_2+x_3)$$

此式显然成立.

假设当 $n=k$ 时，原式成立，即当 $n=k$ 时，有

$$\frac{x_2}{x_1}(x_3+x_4+\cdots+x_k)+\frac{x_3}{x_2}(x_1+x_4+\cdots+x_k)+\cdots+$$
$$\frac{x_1}{x_k}(x_2+x_3+\cdots+x_{k-1})\geqslant (k-2)(x_1+x_2+\cdots+x_k) \quad ①$$

当 $n=k+1$ 时，不妨设 $x_1=\max\{x_1,x_2,\cdots,x_n\}$，于是

$$\frac{x_2}{x_1}(x_3+x_4+\cdots+x_k+x_{k+1})+\frac{x_3}{x_2}(x_1+x_4+\cdots+x_k+x_{k+1})+\cdots+$$

$$\frac{x_{k+1}}{x_k}(x_1+x_2+\cdots+x_{k-1})+\frac{x_1}{x_{k+1}}(x_2+x_3+\cdots+x_k)-$$
$$(k-1)(x_1+x_2+\cdots+x_k+x_{k+1})$$
$$=x_1[(\frac{x_3}{x_2}+\frac{x_4}{x_3}+\cdots+\frac{x_k}{x_{k-1}}+\frac{x_{k+1}}{x_k})+\frac{1}{x_{k+1}}(x_2+x_3+\cdots+x_k)-(k-1)]+$$
$$[\frac{x_3}{x_2}(x_4+x_5+\cdots+x_{k+1})+\frac{x_4}{x_3}(x_2+x_5+\cdots+x_{k+1})+\cdots+$$
$$\frac{x_{k+1}}{x_k}(x_2+x_3+\cdots+x_{k-1})-(k-1)(x_2+x_3+\cdots+x_k+x_{k+1})]+$$
$$\frac{x_2}{x_1}(x_3+x_4+\cdots+x_k+x_{k+1})$$
$$=x_1[(\frac{x_3}{x_2}+\frac{x_4}{x_3}+\cdots+\frac{x_{k+1}}{x_k}+\frac{x_2}{x_{k+1}}-k)+\frac{1}{x_{k+1}}(x_3+x_4+\cdots+x_k)+1]+$$
$$[\frac{x_3}{x_2}(x_4+x_5+\cdots+x_{k+1})+\frac{x_4}{x_3}(x_2+x_5+\cdots+x_{k+1})+\cdots+$$
$$\frac{x_{k+1}}{x_k}(x_2+x_3+\cdots+x_{k-1})+\frac{x_2}{x_{k+1}}(x_3+x_4+\cdots+x_k)-$$
$$(k-2)(x_2+x_3+\cdots+x_k+x_{k+1})]-$$
$$[\frac{x_2}{x_{k+1}}(x_3+x_4+\cdots+x_k)+(x_2+x_3+\cdots+x_k+x_{k+1})]+$$
$$\frac{x_2}{x_1}(x_3+x_4+\cdots+x_k+x_{k+1})$$
$$\geqslant\frac{x_1}{x_{k+1}}(x_3+x_4+\cdots+x_k+x_{k+1})-\frac{(x_2+x_{k+1})(x_3+x_4+\cdots+x_{k+1})}{x_{k+1}}+$$
$$\frac{x_2}{x_1}(x_3+x_4+\cdots+x_k+x_{k+1})\text{(注意应用式 ①)}$$
$$=\frac{(x_3+x_4+\cdots+x_{k+1})(x_1-x_2)(x_1-x_{k+1})}{x_1x_{k+1}}\geqslant 0$$

因此,当 $n=k+1$ 时,原式也成立.

综上可知,当 $n\geqslant 3$ 时,原式成立.

注:该例中的不等式等价于

$$(x_1+x_2+\cdots+x_n)[(\frac{x_2}{x_1}+\frac{x_3}{x_2}+\cdots+\frac{x_1}{x_n})-n]$$
$$\geqslant(\frac{x_2^2}{x_1}+\frac{x_3^2}{x_2}+\cdots+\frac{x_1^2}{x_n})-(x_1+x_2+\cdots+x_n)$$

例 69 (自创题,2005-01-01)若 $x,y,z\in\mathbf{R}$,且 $x^2+y^2+z^2\leqslant 2$.求证

(1) 当 x,y,z 中至少有一个不小于零时,$2xyz+1\geqslant\sum yz$;

(2) $\sum yz+3\geqslant 2\sum x$.

当且仅当 x,y,z 中，一个为零，其余两个为 1 时以上两式均取等号.

证明 (1) 先证

$$2+xyz \geqslant \sum x \qquad ①$$

由于 $$1-yz \geqslant \frac{1}{2}\sum x^2 - yz = \frac{1}{2}x^2 + \frac{1}{2}(y-z)^2 \geqslant 0$$

同理有 $$1-zx \geqslant 0, 1-xy \geqslant 0$$

所以 $$\begin{aligned}&2^2-(\sum x - xyz)^2\\ &=4-\sum x^2 - 2\sum yz + 2xyz\sum x - (xyz)^2\\ &\geqslant 2-2\sum yz + 2xyz\sum x - 2(xyz)^2 + (xyz)^2\\ &=2\prod(1-yz)+(xyz)^2 \geqslant 0\end{aligned}$$

即有 $$2 \geqslant \left|\sum x - xyz\right| \geqslant \sum x - xyz$$

便得到式 ①.

今利用式 ① 证明(1) 中的不等式.

分以下两种情况讨论.

i. 当 $x,y,z \leqslant 1, x \geqslant 0$ 时，有

$$x(1-y)(1-z) \geqslant 0$$

即 $$x+xyz \geqslant zx+xy \qquad ②$$

另外，由于 $2 \geqslant x^2+y^2+z^2 \geqslant 2|yz| \geqslant 2yz$，即 $1-yz \geqslant 0$，因此有

$$(1-x)(1-yz) \geqslant 0$$

即

$$1-x+xyz \geqslant yz \qquad ③$$

由 ② + ③ 即得(1) 中的不等式.

ii. 当 x,y,z 中有一个不小于 1 时，如 $x \geqslant 1$，这时因为 $x^2+y^2+z^2 \leqslant 2$，$x \geqslant 1$，所以 $y^2+z^2 \leqslant 1$，所以 $|y| \leqslant 1$，$|z| \leqslant 1$，故$(1-x)(1-y)(1-z) \leqslant 0$，即

$$xyz+\sum x \geqslant 1+\sum yz \qquad ④$$

又以上已证有

$$2+xyz \geqslant \sum x \qquad ⑤$$

由 ④ + ⑤ 即得(1) 中的不等式.

(2) 由于

$$\sum yz - 2\sum x + 3 = \frac{(\sum x)^2 - \sum x^2}{2} - 2\sum x + 3$$

$$\geqslant \frac{(\sum x)^2-2}{2}-2\sum x+3=\frac{1}{2}(\sum x-2)^2 \geqslant 0$$

即得(2)中的不等式.

注:由证明中易知,式① 对于任意实数 x,y,z 都成立.

例 70 (Pham Kim Hung 提供)a,b,c 为非负数,且 $a+b+c=3$,则

$$a^4+b^4+c^4-3abc \geqslant 6\sqrt{2}\,|(a-b)(b-c)(c-a)|$$

当且仅当 $a=b=c$;或 a,b,c 取 $\frac{3(1+\sqrt{2}-\sqrt{3})}{2},\frac{3(1-\sqrt{2}+\sqrt{3})}{2},0$ 时取等号.

证法 1 对于非负数 x,y,z,t,我们先考察函数

$$\begin{aligned} f(t)&=\sum (x+t)^4-\prod (x+t)\cdot \sum (x+t) \\ &\quad -2\sqrt{2}(x-y)(y-z)(z-x)\cdot \sum (x+t) \\ &=A+Bt+ct^2 \end{aligned}$$

即
$$A=\sum x^4-xyz\sum x-2\sqrt{2}(x-y)(y-z)(z-x)\cdot \sum x$$

$$B=4\sum x^3-\sum x\cdot \sum yz-3xyz-6\sqrt{2}(x-y)(y-z)(z-x)$$

$$C=6\sum x^2-(\sum x)^2-3\sum yz$$

易证 $C=6\sum x^2-(\sum x)^2-3\sum yz=5(\sum x^2-\sum yz)\geqslant 0$.

下面证明 $B\geqslant 0$. 为此,设 $y\geqslant x\geqslant z$,则

$$\begin{aligned} B&=4\sum x^3-\sum x\cdot \sum yz-3xyz-6\sqrt{2}(x-y)(y-z)(z-x) \\ &=\sum (x+2y+2z)(y-z)^2 \\ &\geqslant [(x-z)+2(y-z)](y-z)^2+[(y-z)+2(x-z)](x-z)^2+ \\ &\quad [2(x-z)+2(y-z)](y-x)^2-6\sqrt{2}(y-x)(y-z)(x-z) \\ &=4(x-z)^3+4(y-z)^3-(x+y-2z)(x-z)(y-z)- \\ &\quad 6\sqrt{2}(y-x)(y-z)(x-z) \end{aligned}$$

令 $p=x-z\geqslant 0,q=y-z\geqslant 0,q\geqslant p$,于是只要证上式不小于零. 事实上有

$$\begin{aligned} &4(x-z)^3+4(y-z)^3-(x+y-2z)(x-z)(y-z)- \\ &6\sqrt{2}(y-x)(y-z)(x-z) \\ &=4p^3+4q^3-pq(p+q)-6\sqrt{2}pq(q-p) \\ &=[p^3+q^3-pq(p+q)]+3[p^3+q^3-2\sqrt{2}pq(q-p)] \\ &\geqslant 3[p^3+q^3-2\sqrt{2}pq(q-p)] \\ &=3(q^3+2\sqrt{2}p^2q-2\sqrt{2}pq^2+p^3) \end{aligned}$$

$$\geqslant 3(2\sqrt{2\sqrt{2}}pq^2-2\sqrt{2}pq^2+p^3)\geqslant 0$$

所以 $B\geqslant 0$. 因为 $t\geqslant 0$,所以 $f(t)\geqslant A$,即

$$\sum(x+t)^4-\prod(x+t)\cdot\sum(x+t)-$$
$$2\sqrt{2}(x-y)(y-z)(z-x)\cdot\sum(x+t)$$
$$\geqslant\sum x^4-xyz\sum x-2\sqrt{2}(x-y)(y-z)(z-x)\cdot\sum x \quad ①$$

由对称性,不妨设 $b\geqslant a\geqslant c$,且令 $x=a-c\geqslant 0,y=b-c\geqslant 0,z=0,t=c\geqslant 0$,则由式 ① 得到

$$\sum a^4-abc\sum a-2\sqrt{2}(a-b)(b-c)(c-a)(a+b+c)$$
$$\geqslant(a-c)^4+(b-c)^4-2\sqrt{2}(b-a)(b-c)(a-c)(a+b-2c) \quad ②$$

由式 ② 知,要证原式成立,只需证式 ② 右边不小于零即可. 这时,由于

$$(a-c)^4+(b-c)^4$$
$$=[(b-c)^2-(a-c)^2]^2+2(a-c)^2(b-c)^2$$
$$=(b-a)^2(a+b-2c)^2+2(a-c)^2(b-c)^2$$
$$\geqslant 2\sqrt{2}(b-a)(b-c)(a-c)(a+b-2c)$$

因此,式 ② 右边不小于零,原式获证. 由以上证明过程可得到其取等号条件.

证法 2 不妨设 $a\geqslant c\geqslant b\geqslant 0,a=b+\alpha+\beta,c=b+\alpha,\alpha,\beta\in\overline{\mathbf{R}^-}$,则

$$a^4+b^4+c^4-abc(a+b+c)-2\sqrt{2}(a+b+c)(a-b)(b-c)(c-a)$$
$$=(b+\alpha+\beta)^4+b^4+(b+\alpha)^4-b(b+\alpha)(b+\alpha+\beta)(3b+2\alpha+\beta)-$$
$$2\sqrt{2}\alpha\beta(\alpha+\beta)(3b+2\alpha+\beta)$$
$$=5(\alpha^2+\alpha\beta+\beta^2)b^2+[6\alpha^3+(9-6\sqrt{2})\alpha^2\beta+(11-6\sqrt{2})\alpha\beta^2+4\beta^2]b+$$
$$\alpha^4+(\alpha+\beta)^4-2\sqrt{2}\alpha\beta(\alpha+\beta)(2\alpha+\beta)$$
$$\geqslant\alpha^4+(\alpha+\beta)^4-2\sqrt{2}\alpha\beta(\alpha+\beta)(2\alpha+\beta)$$
$$\geqslant[(\alpha+\beta)^2-\alpha^2]^2+2\alpha^2(\alpha+\beta)^2-2\sqrt{2}\alpha\beta(\alpha+\beta)(2\alpha+\beta)$$
$$=(2\alpha\beta+\beta^2)^2+2\alpha^2(\alpha+\beta)^2-2\sqrt{2}\alpha\beta(\alpha+\beta)(2\alpha+\beta)$$
$$\geqslant 2\sqrt{2}\alpha\beta(\alpha+\beta)(2\alpha+\beta)-2\sqrt{2}\alpha\beta(\alpha+\beta)(2\alpha+\beta)=0$$

故原式成立. 当且仅当 $b=0$,且 $(2\alpha\beta+\beta^2)^2=2\alpha^2(\alpha+\beta)^2$,即 $b=0$,且 $c=\frac{3}{2}(1+\sqrt{2}-\sqrt{3}),a=\frac{3}{2}(1-\sqrt{2}+\sqrt{3})$,或其循环时取等号.

例 71 $x,y,z\in\mathbf{R}$,且 $x+y+z=0$,则

$$\frac{x(x+2)}{2x^2+1}+\frac{y(y+2)}{2y^2+1}+\frac{z(z+2)}{2z^2+1}\geqslant\frac{1}{3}\cdot\frac{\sum x^2}{(2x^2+1)(2y^2+1)(2z^2+1)}$$

证明 原式等价于

$$(x^2+2x)(2y^2+1)(2z^2+1)+(y^2+2y)(2z^2+1)(2x^2+1)+$$

$$(z^2+2z)(2x^2+1)(2y^2+1)\geqslant\frac{1}{3}\sum x^2$$

由于 $x+y+z=0$，因此

上式左边 − 右边

$$=12x^2y^2z^2+4\sum y^2z^2+\frac{2}{3}\sum x^2+8xyz\sum yz+4\sum x^2(y+z)+2\sum x$$

$$=12x^2y^2z^2+(\sum x^2)^2+\frac{2}{3}\sum x^2-4xyz\sum x^2-12xyz$$

$$=(\sum x^2-2xyz)^2+8x^2y^2z^2-12xyz+\frac{2}{3}\sum x^2$$

因此，又只要证

$$(\sum x^2-2xyz)^2+8x^2y^2z^2-12xyz+\frac{2}{3}\sum x^2\geqslant 0 \qquad ①$$

若 $xyz\leqslant 0$，式 ① 显然成立；若 $xyz>0$，由于 $x+y+z=0$，因此，x,y,z 中，必有二负一正，不妨设 $x,y<0$，即 $-x,-y>0$.

若 $-x-y\geqslant 2xy$，则

$$\begin{aligned}x^2+y^2+xy-xy(-x-y)&\geqslant\frac{3}{4}(-x-y)^2-xy(-x-y)\\&\geqslant\frac{1}{2}xy(-x-y)\end{aligned}$$

于是，式 ① 左边

$$\begin{aligned}&=(\sum x^2-2xyz)^2+8x^2y^2z^2-12xyz+\frac{2}{3}\sum x^2\\&=4[x^2+y^2+xy-xy(-x-y)]^2+8x^2y^2(-x-y)^2-\\&\quad 12xy(-x-y)+\frac{4}{3}(x^2+y^2+xy)\\&\geqslant[xy(-x-y)]^2+8x^2y^2(-x-y)^2-\\&\quad 12xy(-x-y)+(-x-y)^2\\&\geqslant 9[xy(-x-y)]^2-12xy(-x-y)+4(xy)^2\\&=[3xy(-x-y)-2xy]^2\geqslant 0\end{aligned}$$

即式 ① 成立.

若 $-x-y\leqslant 2xy$，则 $xy\geqslant 1$，于是

式 ① 左边

$$\begin{aligned}&\geqslant 8x^2y^2z^2-12xyz+\frac{2}{3}\sum x^2\\&=8x^2y^2(-x-y)^2-12xy(-x-y)+\frac{4}{3}(x^2+y^2+xy)\\&\geqslant 8x^2y^2(-x-y)^2-12xy(-x-y)+(-x-y)^2\\&=(-x-y)[8x^2y^2(-x-y)-12xy+(-x-y)]\end{aligned}$$

$$\geqslant (-x-y)[16x^2y^2\sqrt{(-x)(-y)}-12xy+2\sqrt{(-x)(-y)}]$$
$$\geqslant (-x-y)\sqrt{(-x)(-y)}[16x^2y^2-12\sqrt{(-x)(-y)}+2]$$
$$\geqslant 0$$

这时式 ① 也成立. 故原式获证.

例 72 （自创题,2010－03－04）设 $a_i\in\mathbf{R}^+,i=1,2,\cdots,n$,且 $\sum_{i=1}^{n}\frac{1}{a_i}=1$,则

$$\sum_{1\leqslant i<j\leqslant n}a_ia_j+\frac{n^2(n-1)(n-2)}{2}\geqslant(n-1)^2\sum_{i=1}^{n}a_i$$

当且仅当 $a_1=a_2=\cdots=a_n=\frac{1}{n}$ 时取等号.

证明 应用调整法证明. 为此,令 $x_i=\frac{1}{a_i},x_i\in\mathbf{R}^+,i=1,2,\cdots,n$,则 $\sum_{i=1}^{n}x_i=1$,原命题变为去证明

$$\sum_{1\leqslant i<j\leqslant n}\frac{1}{x_ix_j}+\frac{n^2(n-1)(n-2)}{2}\geqslant(n-1)^2\sum_{i=1}^{n}\frac{1}{x_i} \qquad ①$$

由已知 $x_i\in\mathbf{R}^+,\sum_{i=1}^{n}x_i=1$,不妨设 $0<x_1\leqslant\frac{1}{n}\leqslant x_2<1,x'_1=\frac{1}{n},x'_2=x_1+x_2-\frac{1}{n}$,则 $x'_1+x'_2=x_1+x_2$,且

$$x'_1x'_2-x_1x_2=\frac{1}{n}(x_1+x_2-\frac{1}{n})-x_1x_2=(\frac{1}{n}-x_1)(x_2-\frac{1}{n})\geqslant 0$$

即
$$x'_1x'_2\geqslant x_1x_2$$

记 $f(x_1,x_2,\cdots,x_n)=\sum_{1\leqslant i<j\leqslant n}\frac{1}{x_ix_j}+\frac{n^2(n-1)(n-2)}{2}-(n-1)^2\sum_{i=1}^{n}\frac{1}{x_i}$,于是

$$\begin{aligned}
&f(x_1,x_2,\cdots,x_n)-f(x'_1,x'_2,\cdots,x_n)\\
=&(\frac{1}{x_1x_2}-\frac{1}{x'_1x'_2})+(\frac{1}{x_1}\sum_{i=3}^{n}\frac{1}{x_i}-\frac{1}{x'_1}\sum_{i=3}^{n}\frac{1}{x_i})+(\frac{1}{x_2}\sum_{i=3}^{n}\frac{1}{x_i}-\frac{1}{x'_2}\sum_{i=3}^{n}\frac{1}{x_i})-\\
&(n-1)^2(\frac{1}{x_1}+\frac{1}{x_2}-\frac{1}{x'_1}-\frac{1}{x'_2})\\
=&(\frac{1}{x_1x_2}-\frac{1}{x'_1x'_2})+(\frac{1}{x_1}+\frac{1}{x_2}-\frac{1}{x'_1}-\frac{1}{x'_2})\cdot\sum_{i=3}^{n}\frac{1}{x_i}-\\
&(n-1)^2(\frac{1}{x_1}+\frac{1}{x_2}-\frac{1}{x'_1}-\frac{1}{x'_2})\\
=&(\frac{1}{x_1x_2}-\frac{1}{x'_1x'_2})+(\frac{x_1+x_2}{x_1x_2}-\frac{x_1+x_2}{x'_1x'_2})[\sum_{i=3}^{n}\frac{1}{x_i}-(n-1)^2]
\end{aligned}$$

$$=(x_1+x_2)\cdot\frac{x'_1x'_2-x_1x_2}{x_1x_2x'_1x'_2}\left[\frac{1}{x_1+x_2}+\sum_{i=3}^{n}\frac{1}{x_i}-(n-1)^2\right]$$

$$\geqslant(x_1+x_2)\cdot\frac{x'_1x'_2-x_1x_2}{x_1x_2x'_1x'_2}\left[\frac{(n-1)^2}{\sum\limits_{i=3}^{n}x_i}-(n-1)^2\right]$$

（应用柯西不等式）$=0$

即有

$$f(x_1,x_2,\cdots,x_n)\geqslant f(x'_1,x'_2,\cdots,x_n)=f\left(\frac{1}{n},x_1+x_2-\frac{1}{n},x_3,\cdots,x_n\right)$$

同样方法，再对函数 $f\left(\frac{1}{n},x_1+x_2-\frac{1}{n},\cdots,x_n\right)$ 中的变量作调整，得到

$$\begin{aligned}f(x_1,x_2,\cdots,x_n)&\geqslant f\left(\frac{1}{n},x_1+x_2-\frac{1}{n},\cdots,x_n\right)\\&\geqslant f\left(\frac{1}{n},\frac{1}{n},x_1+x_2+x_3-\frac{2}{n},x_4,\cdots,x_n\right)\\&\geqslant\cdots\geqslant f\left(\frac{1}{n},\frac{1}{n},\cdots,\frac{1}{n},x_1+x_2+x_3+\cdots+x_{n-1}-\frac{n-2}{n},x_n\right)\\&\geqslant f\left(\frac{1}{n},\frac{1}{n},\cdots,\frac{1}{n},x_1+x_2+x_3+\cdots+x_n-\frac{n-1}{n}\right)\\&=f\left(\frac{1}{n},\frac{1}{n},\cdots,\frac{1}{n},1-\frac{n-1}{n}\right)\\&=f\left(\frac{1}{n},\frac{1}{n},\cdots,\frac{1}{n}\right)=0\end{aligned}$$

因此，原命题获证，由证明过程易知当且仅当 $a_1=a_2=\cdots=a_n=\frac{1}{n}$ 时原式取等号.

例 73 （自创题，2017－08－23）已知 $a,b,c,d\in\overline{\mathbf{R}^-}$，则

$$\sqrt{\frac{bc+ca+ab}{3}}+\frac{d}{3}\geqslant\frac{4}{3}\sqrt[3]{\frac{bcd+acd+abd+abc}{4}}$$

当且仅当 $a=b=c=d$ 时取等号.

证明 原式等价于

$$\begin{aligned}\left(d+3\sqrt{\frac{bc+ca+ab}{3}}\right)^3&\geqslant64\cdot\frac{bcd+acd+abd+abc}{4}\\&=16\left[3d\left(\frac{bc+ca+ab}{3}\right)+abc\right]\\&\Leftrightarrow d^3+9d^2\cdot\sqrt{\frac{bc+ca+ab}{3}}-21d\cdot\frac{bc+ca+ab}{3}+\\&\quad 27\left(\frac{bc+ca+ab}{3}\right)^{\frac{3}{2}}-16abc\geqslant0\end{aligned}$$

上式易证成立,利用算术几何平均值不等式,有

$$上式左边=[d^3+(\frac{bc+ca+ab}{3})^{\frac{3}{2}}+(\frac{bc+ca+ab}{3})^{\frac{3}{2}}]+$$

$$[9d^2\cdot\sqrt{\frac{bc+ca+ab}{3}}+9(\frac{bc+ca+ab}{3})^{\frac{3}{2}}]-$$

$$21d\cdot\frac{bc+ca+ab}{3}+[16(\frac{bc+ca+ab}{3})^{\frac{3}{2}}-16abc]$$

$$\geqslant 3d(\frac{bc+ca+ab}{3})+18d(\frac{bc+ca+ab}{3})-$$

$$21d\cdot\frac{bc+ca+ab}{3}+[16(\frac{bc+ca+ab}{3})^{\frac{3}{2}}-16abc]\geqslant 0$$

从而原式获证,易知当且仅当 $a=b=c=d$ 时取等号.

本题思路起源于应用数学归纳法证明下述命题.

命题 1 设 $a_i\geqslant 0,i=1,2,\cdots,n,n\geqslant 3$,则

$$\frac{a_1+a_2+\cdots+a_n}{n}\geqslant\sqrt[n-1]{\frac{a_2a_3\cdots a_n+a_1a_3\cdots a_n+\cdots+a_1a_2\cdots a_{n-1}}{n}}$$

当且仅当 $a_1=a_2=\cdots=a_{n+1}$ 时取等号.

命题1是真命题,因此,在应用数学归纳法证明时,第一步易证 $n=3$ 时原式成立.

假设 $n=k$ 时,原命题成立,根据数学归纳法原理可知,当 $n=k+1$ 时,原命题也一定成立,因此有

$$\frac{a_1+a_2+\cdots+a_{k+1}}{k+1}\geqslant\sqrt[k]{\frac{a_2a_3\cdots a_{k+1}+a_1a_3\cdots a_{k+1}+\cdots+a_1a_2\cdots a_k}{k+1}}$$

在证明上述不等式时,必须应用 $n=k$ 时的结论,即

$$\frac{a_1+a_2+\cdots+a_k}{k}\geqslant\sqrt[k-1]{\frac{a_2a_3\cdots a_k+a_1a_3\cdots a_k+\cdots+a_1a_2\cdots a_{k-1}}{k}}$$

并且,有 $n=k$ 时的结论推出 $n=k+1$ 的结论,也应是成立的,即一定有

$$\frac{a_1+a_2+\cdots+a_{k+1}}{k+1}=\frac{\frac{a_1+a_2+\cdots+a_k}{k}+\frac{a_{k+1}}{k}}{\frac{k+1}{k}}$$

$$\geqslant\frac{\sqrt[k-1]{\frac{a_2a_3\cdots a_k+a_1a_3\cdots a_k+\cdots+a_1a_2\cdots a_{k-1}}{k}}+\frac{a_{k+1}}{k}}{\frac{k+1}{k}}$$

$$\geqslant\sqrt[k]{\frac{a_2a_3\cdots a_{k+1}+a_1a_3\cdots a_{k+1}+\cdots+a_1a_2\cdots a_k}{k+1}}$$

即有

$$\frac{\sqrt[k-1]{\frac{a_2a_3\cdots a_k+a_1a_3\cdots a_k+\cdots+a_1a_2\cdots a_{k-1}}{k}}+\frac{a_{k+1}}{k}}{\frac{k+1}{k}}$$

$$\geqslant\sqrt[k]{\frac{a_2a_3\cdots a_{k+1}+a_1a_3\cdots a_{k+1}+\cdots+a_1a_2\cdots a_k}{k+1}}$$

由上可以得到以下命题.

命题 2　设 $a_i\geqslant 0,i=1,2,\cdots,n+1,n\geqslant 3$,则

$$\sqrt[n-1]{\frac{a_2a_3\cdots a_n+a_1a_3\cdots a_n+\cdots+a_1a_2\cdots a_{n-1}}{n}}+\frac{a_{n+1}}{n}$$

$$\geqslant\left(1+\frac{1}{n}\right)\sqrt[k]{\frac{a_2a_3\cdots a_{n+1}+a_1a_3\cdots a_{n+1}+\cdots+a_1a_2\cdots a_n}{n+1}}$$

当且仅当 $a_1=a_2=\cdots=a_{n+1}$ 时取等号.

本例是命题 2 中,取 $n=3$ 时的特例.

注:如果有一个关于 n 的真命题,我们可以应用数学归纳法原理推得新的命题.

例 74　(自创题,2012－08－18) 设 $x,y,z>0$,且 $xyz=1$,则

$$\sum x^2+3(8-3\sqrt{3})\geqslant 3(3-\sqrt{3})\sum x$$

当且仅当 $x=y=z=1$,或 $x=4-2\sqrt{3}$,$y=z=\frac{\sqrt{3}+1}{2}$,或其轮换式时取等号.

证明　由 $xyz=1$,不妨设 $yz\geqslant 1$,则

$$x^2+y^2+z^2+3(8-3\sqrt{3})-3(3-\sqrt{3})(x+y+z)-$$
$$[(x^2+2yz)-3(3-\sqrt{3})(x+2\sqrt{yz})+3(8-3\sqrt{3})]$$
$$=(\sqrt{y}-\sqrt{z})^2[(\sqrt{y}+\sqrt{z})^2-(9-3\sqrt{3})]$$
$$\geqslant(\sqrt{y}-\sqrt{z})^2(3\sqrt{3}-5)\geqslant 0$$

因此,要证原式,只要证

$$(x^2+2yz)-3(3-\sqrt{3})(x+2\sqrt{yz})+3(8-3\sqrt{3})\geqslant 0$$

即

$$\left(x^2+\frac{2}{x}\right)-3(3-\sqrt{3})\left(x+2\frac{1}{\sqrt{x}}\right)+3(8-3\sqrt{3})\geqslant 0$$

令 $a=\sqrt{x}$,上式即为

$$a^6-3(3-\sqrt{3})a^4+3(8-3\sqrt{3})a^2-6(3-\sqrt{3})a+2\geqslant 0 \qquad ①$$

因此,要证原式成立,只要证式 ① 成立.由于

式 ① 左边$=a^6-3(3-\sqrt{3})a^4+3(8-3\sqrt{3})a^2-6(3-\sqrt{3})a+2$

$$=(a-1)^2[a^4+2a^3-3(2-\sqrt{3})a^2-2(7-3\sqrt{3})a+2]$$

$$=(a-1)^2[a-(\sqrt{3}-1)]^2[a^2+2\sqrt{3}a+(2+\sqrt{3})]\geqslant 0$$

即式 ① 成立,原命题获证.由上证明可知,当且仅当$\sqrt{x}=\sqrt{y}=\sqrt{z}=1$,或$\sqrt{x}=(\sqrt{3}-1)$,$y=z=\dfrac{1}{\sqrt{3}-1}=\dfrac{\sqrt{3}+1}{2}$,即当且仅当 $x=y=z=1$,或 $x=4-2\sqrt{3}$,$y=z=\dfrac{\sqrt{3}+1}{2}$,或其轮换式时取等号.

注:(1) 由本例中的不等式及第三章中的例 5 设 $a,b,c\in\mathbf{R}^+$,则

$$3\sum\frac{a}{b}+\frac{8\sum bc}{\sum a^2}\geqslant 17$$

我们可以证明《不等式的秘密》(第一卷)([越南]Pham Kim Hung著.隋振林,译.哈尔滨工业大学出版社,2012 年 2 月出版) 第 147 页中一道题:

设 a,b,c 是正数,证明

$$\sum\frac{a^2}{b^2}+\frac{9\sum bc}{\sum a^2}\geqslant 12$$

这是因为

$$\frac{\sum bc}{\sum a^2}\geqslant\frac{17}{8}-\frac{3}{8}\sum\frac{a}{b}\geqslant\frac{12}{9}-\frac{1}{9}\sum\frac{a^2}{b^2}$$

(2) 较原命题弱些有

$$\sum x^2+\frac{15}{2}\geqslant\frac{7}{2}\sum x$$

(3) 由本例中的不等式可以得到 $x,y,z>0$,且 $xyz=1$ 时,有

$$\sum x-\frac{3(3-\sqrt{3})}{2}\geqslant\sqrt{2\sum\frac{1}{x}-\frac{3(3\sqrt{3}-2)}{2}}$$

$$\sum\frac{1}{x}-\frac{3(3-\sqrt{3})}{2}\geqslant\sqrt{2\sum x-\frac{3(3\sqrt{3}-2)}{2}}$$

(4) 将多元不等式经过放缩等方法化为少元甚至一元不等式,这种“减元”方法也是不等式证明中常用的方法.

例 75　设 $y_k\in\mathbf{R},k=1,2,\cdots,n,n\geqslant 2$,且满足 $\sum\limits_{k=1}^{n}y_k=0$,则

$$\frac{y_1y_2+y_2y_3+\cdots+y_{n-1}y_n+y_ny_1}{y_1^2+y_2^2+\cdots+y_n^2}\leqslant\cos\frac{2\pi}{n}$$

证明　(广东严文兰,2012－07－11 提供)

先证明以下引理.

引理 $\sum_{k=1}^{n}\sin(\frac{2km\pi}{n}+\varphi)=0,\sum_{k=1}^{n}\cos(\frac{2km\pi}{n}+\varphi)=0$（$m\in\mathbf{Z}$，$n$ 不整除 m）

引理证明

$$\sum_{k=1}^{n}\sin(\frac{2km\pi}{n}+\varphi)=\sum_{k=1}^{n}\frac{2\sin\frac{m\pi}{n}\sin(\frac{2km\pi}{n}+\varphi)}{2\sin\frac{m\pi}{n}}$$

$$=\sum_{k=1}^{n}\frac{\cos(\frac{2k-1}{n}m\pi+\varphi)-\cos(\frac{2k+1}{n}m\pi+\varphi)}{2\sin\frac{m\pi}{n}}$$

$$=\frac{\cos(\frac{m\pi}{n}+\varphi)-\cos(\frac{2n+1}{n}m\pi+\varphi)}{2\sin\frac{m\pi}{n}}=0$$

因此
$$\sum_{k=1}^{n}\sin(\frac{2km\pi}{n}+\varphi)=0$$
同理可证另一式，引理获证

下面应用数学归纳法证明原式.

当 $n=2,3$ 时，易知原式为等式，原命题成立.

假设当 $n=k-1(k\geqslant 4)$ 时原式成立，下面证明当 $n=k$ 时，原命题也成立.为此，取 λ,θ，使得

$$y_{n-1}=\lambda\sin[\frac{2(n-1)\pi}{n}+\theta]=\lambda\sin(-\frac{2\pi}{n}+\theta),y_n=\lambda\sin(\frac{2n\pi}{n}+\theta)=\lambda\sin\theta$$

事实上，由于

$$\frac{y_{n-1}}{y_n}=\frac{\sin(-\frac{2\pi}{n}+\theta)}{\sin\theta}=\cos\frac{2\pi}{n}-\sin\frac{2\pi}{n}\cdot\cot\theta\text{（不妨设 }y_n\neq 0\text{）}$$

因此，存在 θ，使得 $\frac{y_{n-1}}{y_n}=\frac{\sin(-\frac{2\pi}{n}+\theta)}{\sin\theta}$；又取 λ，使 $y_n=\lambda\sin\theta$，这时，有

$$y_{n-1}=\lambda\sin[\frac{2(n-1)\pi}{n}+\theta]=\lambda\sin(-\frac{2\pi}{n}+\theta)$$

设 $y_k=x_k+\lambda\sin(\frac{2k\pi}{n}+\theta),k=1,2,\cdots,n$，由前面所取 y_{n-1},y_n 知 $x_{n-1}=x_n=0$，则

$$\sum_{k=1}^{n}y_k=\sum_{k=1}^{n}x_k+\lambda\sum_{k=1}^{n}\sin(\frac{2k\pi}{n}+\theta)$$

在引理中取 $m=1,\varphi=\theta$，得到 $\sum_{k=1}^{n}\sin(\frac{2k\pi}{n}+\theta)=0$，因此，$\sum_{k=1}^{n}x_i=\sum_{k=1}^{n}y_i=0$. 又

$x_n=0$,所以 $\sum\limits_{k=1}^{n-1}x_i=0$.

当 $k=n$ 时,就是要证明

$$y_1y_2+y_2y_3+\cdots+y_{n-1}y_n+y_ny_1\leqslant\cos\frac{2\pi}{n}(y_1^2+y_2^2+\cdots+y_n^2) \quad ①$$

记 $x_{n+1}=x_1$,式 ② 左边减去右边为

$$y_1y_2+y_2y_3+\cdots+y_{n-1}y_n+y_ny_1-\cos\frac{2\pi}{n}(y_1^2+y_2^2+\cdots+y_n^2)$$

$$=\sum_{k=1}^{n}[x_k+\lambda\sin(\frac{2k\pi}{n}+\theta)][x_{k+1}+\lambda\sin(\frac{2(k+1)\pi}{n}+\theta)]-$$

$$\cos\frac{2\pi}{n}\sum_{k=1}^{n}[x_k+\lambda\sin(\frac{2k\pi}{n}+\theta)]^2$$

$$=\sum_{k=1}^{n}x_kx_{k+1}+\lambda\sum_{k=1}^{n}x_k\left\{\sin\left[\frac{2(k-1)\pi}{n}+\theta\right]+\sin\left[\frac{2(k+1)\pi}{n}+\theta\right]\right\}+$$

$$\lambda^2\sum_{k=1}^{n}\sin(\frac{2k\pi}{n}+\theta)\sin\left[\frac{2(k+1)\pi}{n}+\theta\right]-$$

$$\cos\frac{2\pi}{n}\sum_{k=1}^{n}x_k^2-\lambda^2\cos\frac{2\pi}{n}\sum_{k=1}^{n}\sin^2(\frac{2k\pi}{n}+\theta)-2\lambda\cos\frac{2\pi}{n}\sum_{k=1}^{n}x_k\sin(\frac{2k\pi}{n}+\theta)$$

$$=\left(\sum_{k=1}^{n}x_kx_{k+1}-\cos\frac{2\pi}{n}\sum_{k=1}^{n}x_k^2\right)+2\lambda\cos\frac{2\pi}{n}[\sum_{k=1}^{n}x_k\sin(\frac{2k\pi}{n}+\theta)-$$

$$\sum_{k=1}^{n}x_k\sin(\frac{2k\pi}{n}+\theta)]+\lambda^2\left\{\sum_{k=1}^{n}\sin\left[\frac{2k\pi}{n}+\theta\right]\sin(\frac{2(k+1)\pi}{n}+\theta)-\right.$$

$$\left.\cos\frac{2\pi}{n}\sum_{k=1}^{n}\sin^2(\frac{2k\pi}{n}+\theta)\right\}$$

$$=\left(\sum_{k=1}^{n}x_kx_{k+1}-\cos\frac{2\pi}{n}\sum_{k=1}^{n}x_k^2\right)+\frac{1}{2}\lambda^2\left\{\sum_{k=1}^{n}\left[-\cos(\frac{4k+2}{n}\pi+2\theta)+\cos\frac{2\pi}{n}\right]-\right.$$

$$\left.\cos\frac{2\pi}{n}\cdot\sum_{k=1}^{n}\left[1-\cos(\frac{4k\pi}{n}+2\theta)\right]\right\}=\left(\sum_{k=1}^{n}x_kx_{k+1}-\cos\frac{2\pi}{n}\sum_{k=1}^{n}x_k^2\right)$$

(注意到 $n\geqslant4$,所以 2 不整除 n,于引理中式子分别取 $m=2,\varphi=\frac{2\pi}{n}+2\theta$ 与 $m=2,\varphi=2\theta$)

$$=\sum_{k=1}^{n-2}x_kx_{k+1}+x_{n-1}x_1-\cos\frac{2\pi}{n}\sum_{k=1}^{n-1}x_k^2 \text{(注意到 } x_{n-1}=x_n=0\text{)}$$

$$\leqslant\cos\frac{2\pi}{n-1}\sum_{k=1}^{n-1}x_k^2-\cos\frac{2\pi}{n}\sum_{k=1}^{n-1}x_k^2 \text{(根据 } k=n-1 \text{ 时的假设)}$$

$$\leqslant0 \text{(注意到 } \cos\frac{2\pi}{n-1}\leqslant\cos\frac{2\pi}{n}\text{)}$$

当且仅当 $x_k=0,k=1,2,\cdots,n$ 时取等号.

因此,当 $k=n$ 时,有

$$y_1y_2+y_2y_3+\cdots+y_{n-1}y_n+y_ny_1\leqslant\cos\frac{2\pi}{n}(y_1^2+y_2^2+\cdots+y_n^2)$$

即式 ① 成立.

综上,由数学归纳法可知,原命题成立.当且仅当 $n=2,n=3$,或者 $n\geqslant 4$ 时,$x_k=0$,即 $y_k=\lambda\sin(\frac{2k\pi}{n}+\theta),k=1,2,\cdots,n$ 时取等号.

例 76 (自创题,2007-04-17) 设 $a,b,c\in\overline{\mathbf{R}^-}$,且 $a\geqslant b\geqslant c\geqslant 0$,则

$$ab^2+bc^2+ca^2-2abc\leqslant\sqrt{(a^2-ab+b^2)(b^2-bc+c^2)(c^2-ca+a^2)}$$
$$\leqslant a^2b+b^2c+c^2a-2abc$$

当且仅当 a,b,c 中有两个相等时,上述两个不等式均取等号.

证明 先证以下引理.

引理 设 $a,b,c\in\mathbf{R}$,则

$$(a^2-ab+b^2)(b^2-bc+c^2)(c^2-ca+a^2)$$
$$=\frac{1}{4}\left[\sum ab(a+b)-4abc\right]^2+\frac{3}{4}\left[(a-b)(b-c)(c-a)\right]^2 \quad ①$$

引理证明 根据复数绝对值,有

$$(a^2-ab+b^2)(b^2-bc+c^2)(c^2-ca+a^2)$$
$$=\left[\left(a-\frac{1}{2}b\right)^2+\left(\frac{\sqrt{3}}{2}b\right)^2\right]\left[\left(b-\frac{1}{2}c\right)^2+\left(\frac{\sqrt{3}}{2}c\right)^2\right]\left[\left(c-\frac{1}{2}a\right)^2+\left(\frac{\sqrt{3}}{2}a\right)^2\right]$$
$$=\left|(a-\frac{1}{2}b)+(\frac{\sqrt{3}}{2}b)\mathrm{i}\right|^2\left|(b-\frac{1}{2}c)+(\frac{\sqrt{3}}{2}c)\mathrm{i}\right|^2\left|(c-\frac{1}{2}a)+(\frac{\sqrt{3}}{2}a)\mathrm{i}\right|^2$$
$$=\left|[(a-\frac{1}{2}b)+(\frac{\sqrt{3}}{2}b)\mathrm{i}][(b-\frac{1}{2}c)+(\frac{\sqrt{3}}{2}c)\mathrm{i}][(c-\frac{1}{2}a)+(\frac{\sqrt{3}}{2}a)\mathrm{i}]\right|^2$$
$$=\left|\frac{1}{2}[\sum ab(a+b)-4abc]-\frac{\sqrt{3}}{2}[(a-b)(b-c)(c-a)\mathrm{i}]\right|^2$$
$$=\frac{1}{4}\left[\sum ab(a+b)-4abc\right]^2+\frac{3}{4}\left[(a-b)(b-c)(c-a)\right]^2$$

即得式 ①,引理得证.

下面证明原式.由引理知,这时只要证当 $a\geqslant b\geqslant c\geqslant 0$ 时,有

$$(ab^2+bc^2+ca^2-2abc)^2\overset{②}{\leqslant}\frac{1}{4}\left[\sum ab(a+b)-4abc\right]^2+$$
$$\frac{3}{4}\left[(a-b)(b-c)(c-a)\right]^2$$
$$\overset{③}{\leqslant}(a^2b+b^2c+c^2a-2abc)^2$$

我们知道，当 $x \geqslant y \geqslant 0$ 时，易知有 $(x-y)^2 \leqslant x^2+3y^2 \leqslant (x+y)^2$，当且仅当 $y=0$ 时，上式均取等号. 现在取 $x=\sum ab(a+b)-4abc$，$y=(a-b)(b-c)(a-c)$，则

$$x^2+3y^2 \geqslant (x-y)^2=\left[\sum ab(a+b)-4abc-(a-b)(b-c)(a-c)\right]^2$$
$$=4\left(ab^2+bc^2+ca^2-2abc\right)^2$$
$$x^2+3y^2 \leqslant (x+y)^2=\left[\sum ab(a+b)-4abc-(a-b)(b-c)(a-c)\right]^2$$
$$=4\left(a^2b+b^2c+c^2a-2abc\right)^2$$

（注意到 $a \geqslant b \geqslant c \geqslant 0$），故式②和式③成立，原式获证，由证明中可知当且仅当 a,b,c 中有两个相等时，原式中的两个不等式均取等号.

注：(1) 由引理还可以得到

$$\left(a^2-ab+b^2\right)\left(b^2-bc+c^2\right)\left(c^2-ca+a^2\right) \geqslant \frac{1}{4}\left[\sum ab(a+b)-4abc\right]^2$$

当且仅当 a,b,c 中有两个相等时取等号.

(2) 同引理证法，可以得到

$$\left(a^2+ab+b^2\right)\left(b^2+bc+c^2\right)\left(c^2+ca+a^2\right)$$
$$=\frac{3}{4}\left[\sum ab(a+b)\right]^2+\frac{1}{4}\left[(a-b)(b-c)(c-a)\right]^2$$

(3) 由(2)，可得

$$\left(a^2+ab+b^2\right)\left(b^2+bc+c^2\right)\left(c^2+ca+a^2\right) \geqslant \frac{3}{4}\left[\sum ab(a+b)\right]^2$$

当且仅当 a,b,c 中有两个相等时取等号.

例 77 2017 年全国高中数学联赛 B 卷加试题.

设实数 a,b,c 满足 $a+b+c=0$. 令 $d=\max\{|a|,|b|,|c|\}$. 证明：

$$|(1+a)(1+b)(1+c)| \geqslant 1-d^2$$

证明 当 $d \geqslant 1$ 时，不等式显然成立.

以下设 $0 \leqslant d<1$. 由于 $a+b+c=0$，则 a,b,c 中，必有两个数不异号，不妨设 a,b 不异号，即 $ab \geqslant 0$，那么有

$$(1+a)(1+b)=1+a+b+ab \geqslant 1+a+b=1-c \geqslant 1-d \geqslant 0$$

因此

$$|(1+a)(1+b)(1+c)| \geqslant |(1-c)(1+c)|=\left|1-c^2\right| \geqslant 1-|c|^2 \geqslant 1-d^2$$

例 78 设 $a_i \in \mathbf{R}$，$i=1,2,\cdots,n$，其初等对称多项式为 $s_1=\sum\limits_{i=1}^{n} a_i$，$s_2=\sum\limits_{1 \leqslant i<j \leqslant n} a_i a_j$，$s_3=\sum\limits_{1 \leqslant i<j<k \leqslant n} a_i a_j a_k$，$\cdots$，$s_n=a_1 a_2 \cdots a_n$.

若 $s_i \geqslant 0$，$i=1,2,\cdots,n$，则 $a_i \geqslant 0$，$i=1,2,\cdots,n$.

证明　由于 $s_1=\sum_{i=1}^{n}a_i, s_2=\sum_{1\leqslant i<j\leqslant n}a_ia_j, s_3=\sum_{1\leqslant i<j<k\leqslant n}a_ia_ja_k, \cdots, s_n=a_1a_2\cdots a_n$,因此,$a_1,a_2,\cdots,a_n$ 是方程

$$x^n-s_1x^{n-1}+s_2x^{n-2}-s_3x^{n-3}+\cdots+(-1)^{n-1}s_{n-1}x+(-1)^ns_n=0$$

的 n 个根.

当 n 为偶数时,由方程式得到

$$x=\frac{x^n+s_2x^{n-2}+\cdots+s_n}{s_1x^{n-2}+s_3x^{n-4}+\cdots+s_{n-1}}\geqslant 0$$

即有 $a_i\geqslant 0, i=1,2,\cdots,n$.

当 n 为奇数时,由方程式得到

$$x=\frac{s_1x^{n-1}+s_3x^{n-3}+\cdots+s_n}{x^{n-1}+s_2x^{n-3}+\cdots+s_{n-1}}\geqslant 0$$

即也有 $a_i\geqslant 0, i=1,2,\cdots,n$. 故原命题获证.

注:当 $n=3$ 时,便是 1965 年的高考数学试题.

例 79　(自创题,2012—02—03) 设 $x_1,x_2,x_3,x_4\in\mathbf{R}$,记 $s_1=\sum_{i=1}^{4}x_i\neq 0$, $s_2=\sum_{1\leqslant i<j\leqslant 4}x_ix_j, s_3=\sum_{1\leqslant i<j<k\leqslant 4}x_ix_jx_k, s_4=\prod_{i=1}^{4}x_i$,且 $s_1^2s_4\geqslant s_3^2$,则 $s_2\leqslant\frac{s_1^3+8s_3}{4s_1}$.

证明　由已知条件可知,x_1,x_2,x_3,x_4 是方程 $f(x)=x^4-s_1x^3+s_2x^2-s_3x+s_4=0$ 的四个根(其中至少有一根不为零),由此,得到

$$\begin{aligned}s_2&=-x^2+s_1x+\frac{s_3}{x}-\frac{s_4}{x^2}\\&\leqslant -x^2+s_1x+\frac{s_3}{x}-\frac{s_3^2}{s_1^2x^2}\\&=-\left(x+\frac{s_3}{s_1x}\right)^2+s_1\left(x+\frac{s_3}{s_1x}\right)+\frac{2s_3}{s_1}\\&=-\left(x+\frac{s_3}{s_1x}-\frac{1}{2}s_1\right)^2+\frac{s_1^3+8s_3}{4s_1}\leqslant\frac{s_1^3+8s_3}{4s_1}\end{aligned}$$

故原式成立.

例 80　(自创题,2012—02—03) 设 $x_1,x_2,x_3,x_4\in\mathbf{R}$,记 $s_1=\sum_{i=1}^{4}x_i, s_2=\sum_{1\leqslant i<j\leqslant 4}x_ix_j, s_3=\sum_{1\leqslant i<j<k\leqslant 4}x_ix_jx_k, s_4=\prod_{i=1}^{4}x_i$,则

$$3s_1^4-16s_1^2s_2+16s_1s_3+16s_2^2-64s_4\geqslant 0$$

证明　由已知条件可知,x_1,x_2,x_3,x_4 是方程 $f(x)=x^4-s_1x^3+s_2x^2-s_3x+s_4=0$ 的四个根,由此,得到

$$0=f(x_1)=x_1^4-s_1x_1^3+s_2x_1^2-s_3x_1+s_4$$

$$=\left(x_1^2-\frac{1}{2}s_1x_1-\frac{1}{8}s_1^2+\frac{1}{2}s_2\right)^2-\left(\frac{1}{8}s_1^3-\frac{1}{2}s_1s_2+s_3\right)x_1-$$

$$\left(\frac{1}{64}s_1^4-\frac{1}{8}s_1^2s_2+\frac{1}{4}s_2^2-s_4\right)$$

$$\geqslant-\left(\frac{1}{8}s_1^3-\frac{1}{2}s_1s_2+s_3\right)x_1-\left(\frac{1}{64}s_1^4-\frac{1}{8}s_1^2s_2+\frac{1}{4}s_2^2-s_4\right)$$

即

$$\left(\frac{1}{8}s_1^3-\frac{1}{2}s_1s_2+s_3\right)x_1+\left(\frac{1}{64}s_1^4-\frac{1}{8}s_1^2s_2+\frac{1}{4}s_2^2-s_4\right)\geqslant 0$$

同样,有

$$\left(\frac{1}{8}s_1^3-\frac{1}{2}s_1s_2+s_3\right)x_2+\left(\frac{1}{64}s_1^4-\frac{1}{8}s_1^2s_2+\frac{1}{4}s_2^2-s_4\right)\geqslant 0$$

$$\left(\frac{1}{8}s_1^3-\frac{1}{2}s_1s_2+s_3\right)x_3+\left(\frac{1}{64}s_1^4-\frac{1}{8}s_1^2s_2+\frac{1}{4}s_2^2-s_4\right)\geqslant 0$$

$$\left(\frac{1}{8}s_1^3-\frac{1}{2}s_1s_2+s_3\right)x_4+\left(\frac{1}{64}s_1^4-\frac{1}{8}s_1^2s_2+\frac{1}{4}s_2^2-s_4\right)\geqslant 0$$

将以上四式左右分别相加,得到

$$\left(\frac{1}{8}s_1^3-\frac{1}{2}s_1s_2+s_3\right)s_1+4\left(\frac{1}{64}s_1^4-\frac{1}{8}s_1^2s_2+\frac{1}{4}s_2^2-s_4\right)\geqslant 0$$

上式整理即得原式.

用同样的方法,可得以下

例 81 设 $x_1,x_2,x_3,x_4,x_5,x_6\in\mathbf{R}$,记 $s_1=\sum_{i=1}^{6}x_i\neq 0$,$s_2=\sum_{1\leqslant i<j\leqslant 6}x_ix_j$,$s_3=\sum_{1\leqslant i<j<k\leqslant 6}x_ix_jx_k$,$s_4=\sum_{1\leqslant t<i<j<k\leqslant 6}x_tx_ix_jx_k$,$s_5=\sum_{1\leqslant t<i<j<k<j\leqslant 6}x_tx_ix_jx_kx_l$,$s_6=\prod_{i=1}^{6}x_i$,则

$$17s_1^6-124s_1^4s_2+128s_1^3s_3+240s_1^2s_2^2-128s_1^2s_4-384s_1s_2s_3+$$
$$128s_1s_5-64s_2^3+256s_2s_4+192s_3^2-768s_6\geqslant 0$$

提示 $x^6-s_1x^5+s_2x^4-s_3x^3+s_4x^2-s_5x+s_6$

$$=\left[x^3-\frac{1}{2}s_1x^2-\left(\frac{1}{8}s_1^2-\frac{1}{2}s_2\right)x-\left(\frac{1}{16}s_1^3-\frac{1}{4}s_1s_2+\frac{1}{2}s_3\right)\right]^2-$$

$$\left(\frac{5}{64}s_1^4-\frac{3}{8}s_1^2s_2+\frac{1}{2}s_1s_3+\frac{1}{4}s_2^2-s_4\right)x^2-$$

$$\left(\frac{1}{64}s_1^5-\frac{1}{8}s_1^3s_2+\frac{1}{8}s_1^2s_3+\frac{1}{4}s_1s_2^2-\frac{1}{2}s_2s_3\right)x-$$

$$\left(\frac{1}{256}s_1^6-\frac{1}{32}s_1^4s_2+\frac{1}{16}s_1^3s_3+\frac{1}{16}s_1^2s_2^2-\frac{1}{4}s_1s_2s_3+\frac{1}{4}s_3^2-s_6\right).$$

详证略.

例 82 (自创题,2013－05－10) 设 $x,y,z,w\in\mathbf{R}$,且 $xyzw=1$,记 $s_1=x+y+z+w$,$s_2=xy+xz+xw+yz+yw+zw$,$s_3=yzw+xzw+xyw+xyz$,则

$$s_1^4+8s_1s_3+4s_3^2\geqslant 4s_1^2(s_2+1)$$

当且仅当 $xyzw=1$,x,y,z,w 的绝对值都等于 1 时取等号.

证明 若 $s_1=0$,原式显然成立.

若 $s_1\neq 0$,由已知条件可知,x,y,z,w 是方程 $t^4-s_1t^3+s_2t^2-s_3t+1=0$ 的四个根,即

$$\begin{aligned}0&=t^4-s_1t^3+s_2t^2-s_3t+1\\&=\left(t^2-\frac{1}{2}s_1t+\frac{s_3}{s_1}\right)^2-\left(\frac{1}{4}s_1^2-s_2+\frac{2s_3}{s_1}\right)t^2-\left(\frac{s_3}{s_1}\right)^2+1\\&\geqslant-\left(\frac{1}{4}s_1^2-s_2+\frac{2s_3}{s_1}\right)t^2-\left(\frac{s_3}{s_1}\right)^2+1\end{aligned}$$

即得

$$(s_1^4-4s_1^2s_2+8s_1s_3)t^2+4s_3^2-4\geqslant 0 \qquad ①$$

当 $t=x,y,z,w$ 时,式 ① 均成立.

由于 $xyzw=1$,即有 $(xyzw)^2=1$,那么,在 x^2,y^2,z^2,w^2 中必有一个不大于 1,且有一个不小于 1,不妨设 $x^2\leqslant 1$,$y^2\geqslant 1$,若 $s_1^4-4s_1^2s_2+8s_1s_3\geqslant 0$,则有

$$\begin{aligned}&(s_1^4-4s_1^2s_2+8s_1s_3)\cdot 1+4s_3^2-4\\&\geqslant(s_1^4-4s_1^2s_2+8s_1s_3)\cdot x^2+4s_3^2-4\geqslant 0\text{(据式 ①)}\end{aligned}$$

即原式成立;若 $s_1^4-4s_1^2s_2+8s_1s_3\leqslant 0$,则有

$$\begin{aligned}&(s_1^4-4s_1^2s_2+8s_1s_3)\cdot 1+4s_3^2-4\\&\geqslant(s_1^4-4s_1^2s_2+8s_1s_3)\cdot y^2+4s_3^2-4\geqslant 0\text{(据式 ①)}\end{aligned}$$

即原式也成立,故原式获证. 由以上证明中可知当且仅当 $xyzw=1$,x,y,z,w 的绝对值都等于 1 时取等号.

例 83 (自创题,2012－02－04) 设 $x_i\in\mathbf{R}$,$x_i\neq 0$,$i=1,2,3,4,5$,记 $s_1=\sum\limits_{i=1}^{5}x_i$,$s_2=\sum\limits_{1\leqslant i<j\leqslant 5}x_ix_j$,$s_3=\sum\limits_{1\leqslant i<j<k\leqslant 5}x_ix_jx_k$,$s_4=\sum\limits_{1\leqslant i<j<k<l\leqslant 5}x_ix_jx_kx_l$,则

$$2s_1^4-11s_1^2s_2+10s_1s_3+12s_2^2-40s_4\geqslant 0$$

证明 设 $s_5=x_1x_2x_3x_4x_5$,由已知条件有

$$x_i^5-s_1x_i^4+s_2x_i^3-s_3x_i^2+s_4x_i-s_5=0$$

$i=1,2,3,4,5$. 如 $i=1$ 时有

$$x_1^4-s_1x_1^3+s_2x_1^2-s_3x_1+s_4-x_2x_3x_4x_5=0$$

再将上式配方,得到

$$\left(x_1^2-\frac{1}{2}s_1x_1+\frac{1}{2}s_2-\frac{1}{8}s_1^2\right)^2+\left(\frac{1}{2}s_1s_2-\frac{1}{8}s_1^3-s_3\right)x_1-$$

$$x_2x_3x_4x_5-\left(\frac{1}{2}s_2-\frac{1}{8}s_1^2\right)^2+s_4=0$$

另外还有四式.

另外,由柯西不等式,有

$$5\sum_{i=1}^{5}\left(x_i^2-\frac{1}{2}s_1x_i+\frac{1}{2}s_2-\frac{1}{8}s_1^2\right)^2$$
$$\geqslant\left(\sum_{i=1}^{5}x_i^2-\frac{1}{2}s_1\sum_{i=1}^{5}x_i+\frac{5}{2}s_2-\frac{5}{8}s_1^2\right)^2=\left(-\frac{1}{8}s_1^2+\frac{1}{2}s_2\right)^2$$

因此

$$\frac{1}{5}\left(-\frac{1}{8}s_1^2+\frac{1}{2}s_2\right)^2+\left(\frac{1}{2}s_1s_2-\frac{1}{8}s_1^3-s_3\right)s_1-s_4-5\left(\frac{1}{2}s_2-\frac{1}{8}s_1^2\right)^2+5s_4\leqslant 0$$

上式整理即得原式.

注:以上例 78 ~ 例 83 应用了方程的基本定理证明不等式,这种应用方程的思想证明不等式值得重视.

例 84 (自创题,2013－05－09)设 $x,y,z,w\in\mathbf{R}$,$xyzw=1$,记 $s_1=x+y+z+w$,$s_2=xy+xz+xw+yz+yw+zw$,$s_3=yzw+xzw+xyw+xyz$,则

$$|s_1s_3|\geqslant 4(s_2-2)$$

当且仅当 x,y,z,w 均为正数或均为负数,$xyzw=1$,且 x,y,z,w 中有两个相等,另外两个也相等时取等号.

证明 由于 $xyzw=1$,因此,x,y,z,w 符号只可能均为正数,或均为负数,或两个为正数,另外两个为负数.易知 x,y,z,w 符号均为正数与均为负数无本质区别,因此我们只需证这两种其中一种情况即可.下面我们就分两种情况来讨论.

i. 若 x,y,z,w 均为正数.

令 $x=a^2,y=b^2,z=c^2,w=d^2,a,b,c,d\in\mathbf{R}^+$,且 $abcd=1$,则有

$$\begin{aligned}&|s_1s_3|-4(s_2-2)\\&=s_1s_3-4(s_2-2)\\&=(a^2+b^2+c^2+d^2)(b^2c^2d^2+a^2c^2d^2+a^2b^2d^2+a^2b^2c^2)-\\&\quad 4abcd(a^2b^2+a^2c^2+a^2d^2+b^2c^2+b^2d^2+c^2d^2)+8a^2b^2c^2d^2\\&=[(ab-cd)(ac-bd)]^2+[(ac-bd)(ad-bc)]^2+\\&\quad[(ab-cd)(ad-bc)]^2\geqslant 0\end{aligned}$$

当且仅当 $abcd=1$,且 $ab-cd,ac-bd,ad-bc$ 中有两个为零,即 $xyzw=1$,且 x,y,z,w 中有两个相等,另外两个也相等时取等号.

ii. 若 x,y,z,w 中,有两个均为正数,另外两个均为负数,不妨设 x,y 为正,z,w 为负.

令 $x=a^2, y=b^2, z=-c^2, w=-d^2, a,b,c,d \in \mathbf{R}^+$，且 $abcd=1$，则原式变为证明

$$|(a^2+b^2-c^2-d^2)(b^2c^2d^2+a^2c^2d^2-a^2b^2d^2-a^2b^2c^2)|+$$
$$4abcd(-a^2b^2+a^2c^2+a^2d^2+b^2c^2+b^2d^2-c^2d^2)+8a^2b^2c^2d^2 \geqslant 0 \quad ①$$

不妨设 $b^2c^2d^2+a^2c^2d^2-a^2b^2d^2-a^2b^2c^2 \geqslant 0$，下面再分两种情况证明.

情况 1 若 $a^2+b^2-c^2-d^2 \geqslant 0$，且不妨设 a 最大.

当 $a^2-c^2 \geqslant 0, b^2-d^2 \geqslant 0$ 时，有

$$\begin{aligned}&b^2c^2d^2+a^2c^2d^2-a^2b^2d^2-a^2b^2c^2\\=&-b^2d^2(a^2-c^2)-a^2c^2(b^2-d^2) \leqslant 0\end{aligned}$$

又由假设 $b^2c^2d^2+a^2c^2d^2-a^2b^2d^2-a^2b^2c^2 \geqslant 0$，因此，$b^2c^2d^2+a^2c^2d^2-a^2b^2d^2-abc=0$，即 $a^2-c^2=0, b^2-d^2=0$，这时，有

$$\begin{aligned}&4abcd(-a^2b^2+a^2c^2+a^2d^2+b^2c^2+b^2d^2-c^2d^2)+8a^2b^2c^2d^2\\=&4a^2b^2(a^2+b^2)^2>0\end{aligned}$$

故式 ① 成立.

当 $a^2-d^2 \geqslant 0, b^2-c^2 \geqslant 0$ 时，有

$$\begin{aligned}&b^2c^2d^2+a^2c^2d^2-a^2b^2d^2-a^2b^2c^2\\=&-b^2c^2(a^2-d^2)-a^2d^2(b^2-c^2) \leqslant 0\end{aligned}$$

又由假设 $b^2c^2d^2+a^2c^2d^2-a^2b^2d^2-a^2b^2c^2 \geqslant 0$，因此，$b^2c^2d^2+a^2c^2d^2-a^2b^2d^2-abc=0$，即 $a^2-d^2=0, b^2-c^2=0$，这时，有

$$\begin{aligned}&4abcd(-a^2b^2+a^2c^2+a^2d^2+b^2c^2+b^2d^2-c^2d^2)+8a^2b^2c^2d^2\\=&4a^2b^2(a^2+b^2)^2>0\end{aligned}$$

故式 ① 成立.

当 $a^2-c^2 \geqslant 0, d^2-b^2 \geqslant 0$ 时，有

$$\begin{aligned}&-a^2b^2+a^2c^2+a^2d^2+b^2c^2+b^2d^2-c^2d^2\\=&(a^2-c^2)(d^2-b^2)+a^2c^2+b^2d^2>0\end{aligned}$$

因此

$$4abcd(-a^2b^2+a^2c^2+a^2d^2+b^2c^2+b^2d^2-c^2d^2)+8a^2b^2c^2d^2 \geqslant 0$$

故式 ① 成立.

当 $a^2-d^2 \geqslant 0, c^2-b^2 \geqslant 0$ 时，有

$$\begin{aligned}&-a^2b^2+a^2c^2+a^2d^2+b^2c^2+b^2d^2-c^2d^2\\=&(a^2-d^2)(c^2-b^2)+b^2c^2+a^2d^2>0\end{aligned}$$

因此

$$4abcd(-a^2b^2+a^2c^2+a^2d^2+b^2c^2+b^2d^2-c^2d^2)+8a^2b^2c^2d^2 \geqslant 0$$

故式 ① 成立.

故若 $a^2+b^2-c^2-d^2 \geqslant 0$，则式 ① 成立.

情况 2　若 $c^2+d^2-a^2-b^2\geqslant 0$，且不妨设 c 最大.

当 $c^2-a^2\geqslant 0, b^2-d^2\geqslant 0$ 时，有

$$\begin{aligned}&-a^2b^2+a^2c^2+a^2d^2+b^2c^2+b^2d^2-c^2d^2\\=&(c^2-a^2)(b^2-d^2)+a^2c^2+b^2d^2>0\end{aligned}$$

因此

$$4abcd(-a^2b^2+a^2c^2+a^2d^2+b^2c^2+b^2d^2-c^2d^2)+8a^2b^2c^2d^2\geqslant 0$$

故式 ① 成立.

当 $c^2-b^2\geqslant 0, a^2-d^2\geqslant 0$ 时，有

$$\begin{aligned}&-a^2b^2+a^2c^2+a^2d^2+b^2c^2+b^2d^2-c^2d^2\\=&(a^2-d^2)(c^2-b^2)+b^2c^2+a^2d^2>0\end{aligned}$$

因此

$$4abcd(-a^2b^2+a^2c^2+a^2d^2+b^2c^2+b^2d^2-c^2d^2)+8a^2b^2c^2d^2\geqslant 0$$

故式 ① 成立.

当 $c^2-a^2\geqslant 0, d^2-b^2\geqslant 0$ 时，有

$$\begin{aligned}&(c^2+d^2-a^2-b^2)(b^2c^2d^2+a^2c^2d^2-a^2b^2d^2-a^2b^2c^2)+\\&4abcd(-a^2b^2+a^2c^2+a^2d^2+b^2c^2+b^2d^2-c^2d^2)+8a^2b^2c^2d^2\\=&[(c^2-a^2)+(d^2-b^2)][(a^2d^2(c^2-a^2)+b^2c^2(d^2-b^2)]-\\&4abcd(c^2-a^2)(d^2-b^2)+8abcd(ac+bd)\\=&[bd(c^2-a^2)-ac(d^2-b^2)]^2+(c^2-a^2)(d^2-b^2)(bd-ac)^2+\\&8abcd(ad+bc)>0\end{aligned}$$

故式 ① 成立.

当 $c^2-b^2\geqslant 0, d^2-a^2\geqslant 0$ 时，有

$$\begin{aligned}&(c^2+d^2-a^2-b^2)(b^2c^2d^2+a^2c^2d^2-a^2b^2d^2-a^2b^2c^2)+\\&4abcd(-a^2b^2+a^2c^2+a^2d^2+b^2c^2+b^2d^2-c^2d^2)+8a^2b^2c^2d^2\\=&[(c^2-b^2)+(d^2-a^2)][(a^2d^2(c^2-b^2)+b^2c^2(d^2-a^2)]-\\&4abcd(c^2-b^2)(d^2-a^2)+8abcd(ad+bc)\\=&[ad(c^2-b^2)-bc(d^2-a^2)]^2+(c^2-b^2)(d^2-a^2)(ad-bc)^2+\\&8abcd(ad+bc)>0\end{aligned}$$

故式 ① 成立.

故若 $c^2+d^2-a^2-b^2\geqslant 0$，则式 ① 也成立.

综上，原命题获证. 易知其取等号条件.

注：若 $x,y,z,w\in\mathbf{R}^+$，且 $xyzw=1$，有不等式链

$$4(s_2-2)\leqslant s_1s_3\leqslant\frac{s_2^2+12}{3}$$

上式右边不等式可参见杨学枝《从一道不等式谈起》(《中学数学教学》(安

徽)2007 年第 2 期).

由此得到以下命题.

命题 设 $x,y,z,w\in\mathbf{R},xyzw>0$,记 $s_1=x+y+z+w,s_2=xy+xz+xw+yz+yw+zw,s_3=yzw+xzw+xyw+xyz$,则

$$64s_4^2-16(s_2^2-|s_1s_3|)s_4+(s_1s_3)^2\geqslant 0$$

当且仅当 x,y,z,w 均为正数或均为负数,且 x,y,z,w 中有两个相等,另外两个也相等时取等号.

例 85 设 $a_i,b_i(i=1,2,\cdots,n)$ 为任意正数,α,β 为实数且 $\alpha\cdot\beta>0$,则

(1) $(\sum\limits_{i=1}^{n}a_i^{\alpha}b_i^{\beta})(\sum\limits_{i=1}^{n}a_i^{\beta}b_i^{\alpha})\leqslant(\sum\limits_{i=1}^{n}a_i^{\alpha+\beta})(\sum\limits_{i=1}^{n}b_i^{\alpha+\beta})$;

(2) $(\sum\limits_{i=1}^{n}a_i^{\alpha}b_i^{-\beta})(\sum\limits_{i=1}^{n}a_i^{-\beta}b_i^{\alpha})\geqslant(\sum\limits_{i=1}^{n}a_i^{\alpha-\beta})(\sum\limits_{i=1}^{n}b_i^{\alpha-\beta})$.

以上两式都当且仅当 $\frac{a_1}{b_1}=\frac{a_2}{b_2}=\cdots=\frac{a_n}{b_n}$ 时等号成立.

证明 首先证明两个简单的不等式:

设 $a>0,b>0,\alpha\cdot\beta>0$,则有

i. $a^{\alpha}b^{\beta}+a^{\beta}b^{\alpha}\leqslant a^{\alpha+\beta}+b^{\alpha+\beta}$;

ii. $a^{\alpha}b^{-\beta}+a^{-\beta}b^{\alpha}\geqslant a^{\alpha-\beta}+b^{\alpha-\beta}$.

当且仅当 $a=b$ 时等号成立.

将 i 和 ii 可以分别改写为 $(a^{\alpha}-b^{\alpha})(a^{\beta}-b^{\beta})\geqslant 0$ 和 $(a^{\alpha}-b^{\alpha})(a^{-\beta}-b^{-\beta})\leqslant 0$,在 $a>0,b>0,\alpha\cdot\beta>0$ 条件下,容易证明它们都成立,因此 i 和 ii 不等式成立,当且仅当 $a=b$ 时取等号.

下面证明(1)(2) 两式.

在 i 中,令 $a=a_ib_j,b=a_jb_i$,得到

$$(a_ib_j)^{\alpha}(a_jb_i)^{\beta}+(a_ib_j)^{\beta}(a_jb_i)^{\alpha}\leqslant(a_ib_j)^{\alpha+\beta}+(a_jb_i)^{\alpha+\beta}$$

也就是

$$(a_i^{\alpha}b_i^{\beta})\cdot(a_j^{\beta}b_j^{\alpha})+(a_i^{\beta}b_i^{\alpha})\cdot(a_j^{\alpha}b_j^{\beta})\leqslant a_i^{\alpha+\beta}\cdot b_j^{\alpha+\beta}+a_j^{\alpha+\beta}\cdot b_i^{\alpha+\beta}$$

今让 i,j 分别取遍 $1,2,\cdots,n$,再将所得到的这 n^2 个同向不等式相加,其结果所得到的不等式的左、右两边的式子,正是不等式(1) 式的左、右两边展开后所得到的式子. 因此,(1) 中的不等式获证. 由上可知,当且仅当 $\frac{a_1}{b_1}=\frac{a_2}{b_2}=\cdots=\frac{a_n}{b_n}$ 时等号成立.

应用上述简单不等式 ii,类似以上证法便可得到(2) 中的不等式.

取 $\alpha=\beta=1$,这时由式(1) 便得到柯西不等式,不难证明这时对于任意实数 $a_i,b_i(i=1,2,\cdots,n)$ 都成立.

由本例中令 $b_1=b_2=\cdots=b_n=1$,可以得到以下命题.

命题 1　设 $a_i>0(i=1,2,\cdots,n)$，$\alpha\cdot\beta>0$，则

(1)′$(\sum_{i=1}^{n}a_i^{\alpha})(\sum_{i=1}^{n}a_i^{\beta})\leqslant n(\sum_{i=1}^{n}a_i^{\alpha+\beta})$；

(2)′$(\sum_{i=1}^{n}a_i^{\alpha})(\sum_{i=1}^{n}a_i^{-\beta})\geqslant n(\sum_{i=1}^{n}a_i^{\alpha-\beta})$.

以上两式当且仅当 $a_1=a_2=\cdots=a_n$ 时取等号.

利用上述命题，不难得到下述命题.

命题 2　$(\sum_{i=1}^{n}a_i^{\alpha_1})(\sum_{i=1}^{n}a_i^{\alpha_2})\cdots(\sum_{i=1}^{n}a_i^{\alpha_m})\leqslant n^{m-1}(\sum_{i=1}^{n}a_i^{\alpha_1+\alpha_2+\cdots+\alpha_m})$，这里 $a_i>0(i=1,2,\cdots,n)$，$\alpha_i>0(i=1,2,\cdots,m)$，当且仅当 $a_1=a_2=\cdots=a_n$ 时等号成立.

特别有

$$(\sum_{i=1}^{n}a_i)^m\leqslant n^{m-1}(\sum_{i=1}^{n}a_i^m)$$

当且仅当 $a_1=a_2=\cdots=a_n$ 时取等号.

命题 3

$$(\sum_{i=1}^{n}a_i^{\alpha_1})(\sum_{i=1}^{n}a_i^{-\alpha_2})(\sum_{i=1}^{n}a_i^{-\alpha_3})\cdots(\sum_{i=1}^{n}a_i^{-\alpha_m})\geqslant n^{m-1}(\sum_{i=1}^{n}a_i^{\alpha_1-\alpha_2-\alpha_3-\cdots-\alpha_m})$$

这里 $a_i>0(i=1,2,\cdots,n)$，$\alpha_i>0(i=1,2,\cdots,m)$，当且仅当 $a_1=a_2=\cdots=a_n$ 时取等号.

提出以下猜想，供研讨.

设 $a_{ij}>0(i,j=1,2,\cdots,n)$，$\alpha_i>0(i=1,2,\cdots,n)$，$\alpha=\sum_{i=1}^{m}\alpha_i$，则

$$(\sum_{i=1}^{n}a_{i1}^{\alpha_1}a_{i2}^{\alpha_2}a_{i3}^{\alpha_3}\cdots a_{im}^{\alpha_m})(\sum_{i=1}^{n}a_{i1}^{\alpha_2}a_{i2}^{\alpha_3}a_{i3}^{\alpha_4}\cdots a_{im}^{\alpha_1})(\sum_{i=1}^{n}a_{i1}^{\alpha_3}a_{i2}^{\alpha_4}a_{i3}^{\alpha_5}\cdots a_{im}^{\alpha_2})\cdot\cdots\cdot$$
$$(\sum_{i=1}^{n}a_{i1}^{\alpha_m}a_{i2}^{\alpha_1}a_{i3}^{\alpha_2}\cdots a_{im}^{\alpha_{m-1}})$$
$$\leqslant(\sum_{i=1}^{n}a_{i1}^{\alpha})(\sum_{i=1}^{n}a_{i2}^{\alpha})(\sum_{i=1}^{n}a_{i3}^{\alpha})\cdots(\sum_{i=1}^{n}a_{im}^{\alpha})$$

当且仅当 $a_{i1},a_{i2},a_{i3},\cdots,a_{im}(i=1,2,\cdots,n)$ 都相等时取等号.

例 86　设 $a,b,c\in\mathbf{R}^+$，则

$$\frac{a^2}{b}+\frac{b^2}{c}+\frac{c^2}{a}\geqslant3\sqrt[4]{\frac{a^4+b^4+c^4}{3}}$$

证明　应用赫尔德不等式，有

$$(\frac{a^2}{b}+\frac{b^2}{c}+\frac{c^2}{a})(\frac{a^2}{b}+\frac{b^2}{c}+\frac{c^2}{a})\cdot\sum a^2b^2\geqslant(\sum a^2)^3$$

因此，只需证

$$(\sum a^2)^3 \geqslant 3\sum a^2b^2 \cdot \sqrt{3\sum a^4}$$

$$\Leftrightarrow \frac{(\sum a^2)^2}{\sum a^2b^2} \geqslant \frac{3\sqrt{3\sum a^4}}{\sum a^2}$$

$$\Leftrightarrow \frac{\sum (a^2-b^2)^2}{2\sum a^2b^2} \geqslant \frac{3\sum (a^2-b^2)^2}{(\sum a^2)[\sum a^2+\sqrt{3\sum a^4}]}$$

上式显然成立,故原式获证.

例 87　设 $a,b,c>0$,求证:

$$\frac{a^2}{b}+\frac{b^2}{c}+\frac{c^2}{a} \geqslant 2\left(\frac{b^2-bc+c^2}{b+c}+\frac{c^2-ca+a^2}{c+a}+\frac{a^2-ab+b^2}{a+b}\right)$$

证法 1　配方法(SOS 法)

由于$\frac{a^2}{b}+\frac{b^2}{c}+\frac{c^2}{a}-(\frac{c^2}{b}+\frac{a^2}{c}+\frac{b^2}{a})=\frac{(a+b+c)(a-b)(b-c)(c-a)}{abc}$,因此,只要证明,当 $a \geqslant b \geqslant c$ 时,原式成立即可.

$$\frac{a^2}{b}+\frac{b^2}{c}+\frac{c^2}{a}-2(\frac{b^2-bc+c^2}{b+c}+\frac{c^2-ca+a^2}{c+a}+\frac{a^2-ab+b^2}{a+b})$$

$$=\sum \frac{a^2}{b}-\sum a-2(\sum \frac{b^2-bc+c^2}{b+c}-\frac{1}{2}\sum a)$$

$$=\sum \frac{(a-b)^2}{b}-\sum \frac{3(a-b)^2}{2(a+b)}$$

$$=\sum \left[\frac{1}{b}-\frac{3}{2(a+b)}\right](a-b)^2$$

记 $s_a=\frac{1}{c}-\frac{3}{2(b+c)}, s_b=\frac{1}{a}-\frac{3}{2(c+a)}, s_c=\frac{1}{b}-\frac{3}{2(a+b)}$,于是只要证明

$$\sum s_a(b-c)^2 \geqslant 0 \qquad ①$$

当 $a \geqslant b \geqslant c$ 时,易知有

$$s_a(b-c)^2=\frac{(2b-c)(b-c)^2}{c(b+c)} \geqslant 0, \quad s_c(a-b)^2=\frac{(2a-b)(a-b)^2}{b(a+b)} \geqslant 0$$

i. 若 $s_b \geqslant 0$,即 $2c-a \geqslant 0$,则 $s_b(c-a)^2=\frac{(2c-a)(c-a)^2}{a(c+a)} \geqslant 0$,式 ① 成立.

ii. 若 $s_b \leqslant 0$,即 $2c-a \leqslant 0$,下面再分两种情况证明.

情况 1　当 $a \geqslant b \geqslant c$,且 $b-c \geqslant a-b$,即 $2b \geqslant a+c, 2(b-c) \geqslant a-c$ 时

$$s_a+4s_b=\frac{4}{a}+\frac{1}{c}-\frac{6}{c+a}-\frac{3}{2(b+c)} \geqslant \frac{9}{a+c}-\frac{6}{c+a}-\frac{3}{2(b+c)}$$

$$=\frac{3(2b-a+c)}{2(b+c)(c+a)} \geqslant 0$$

(注意到 $2b \geqslant a+c$),因此得到

$$\sum s_a (b-c)^2 = s_a (b-c)^2 + s_b (c-a)^2 + s_c (a-b)^2$$

$$\geqslant \frac{1}{4} s_a (a-c)^2 + s_b (c-a)^2 + s_c (a-b)^2$$

$$\geqslant \frac{1}{4}(s_a + 4s_b)(c-a)^2 \geqslant 0$$

从而知当 $a \geqslant b \geqslant c$,且 $b-c \geqslant a-b$ 时,式 ① 成立.

情况 2 当 $a \geqslant b \geqslant c$,且 $b-c \leqslant a-b$,即 $2b \leqslant a+c$ 时

$$s_a + 2s_b = \frac{1}{c} - \frac{3}{2(b+c)} + \frac{2}{a} - \frac{3}{c+a} = \frac{2a^2b + 4bc^2 - a^2c - 3ac^2 + 4c^3}{2ac(b+c)(c+a)}$$

$$= \frac{(a^2b - a^2c) + (a^2b + 4bc^2) - 3ac^2 + 4c^3}{2ac(b+c)(c+a)}$$

$$\geqslant \frac{(a^2b - a^2c) + 4abc - 3ac^2 + 4c^3}{2ac(b+c)(c+a)} \geqslant 0$$

由此可知,当 $a \geqslant b \geqslant c$,且 $b-c \leqslant a-b$,即 $2b \leqslant a+c$ 时,有

$$s_a + 2s_b \geqslant 0$$

下面证明,当 $a \geqslant b \geqslant c$,且 $b-c \leqslant a-b$,即 $2b \leqslant a+c$ 时,有

$$s_c + 2s_b \geqslant 0$$

为此,分 $a \geqslant 2b$ 和 $a \leqslant 2b$ 两种情况证明.

当 $a \geqslant 2b$ 时,有

$$s_c + 2s_b = \frac{2}{a} + \frac{1}{b} - \frac{3}{c+a} - \frac{3}{2(a+b)} \geqslant \frac{2}{a} + \frac{1}{b} - \frac{3}{a} - \frac{3}{2(a+b)}$$

$$= \frac{(a-2b)(2a+b)}{2ab(a+b)} \geqslant 0$$

当 $a \leqslant 2b$ 时,有

$$s_c + 2s_b = \frac{2}{a} + \frac{1}{b} - \frac{3}{c+a} - \frac{3}{2(a+b)} \geqslant \frac{2}{a} + \frac{1}{b} - \frac{3}{2b} - \frac{3}{2(a+b)}$$

$$= \frac{4b^2 - a^2}{2ab(a+b)} \geqslant 0$$

(注意到 $2b \leqslant a+c$).

从而说明,当 $a \geqslant b \geqslant c$,且 $2b \leqslant a+c$ 时,有 $s_c + 2s_b \geqslant 0$.

因此得到

$$\sum s_a (b-c)^2 = s_a (b-c)^2 + s_b (c-a)^2 + s_c (a-b)^2$$

$$\geqslant s_a (b-c)^2 + 2s_b[(b-c)^2 + (a-b)^2] + s_c (a-b)^2 \text{(注意 } s_b \leqslant 0\text{)}$$

$$= (s_a + 2s_b)(b-c)^2 + (s_c + 2s_b)(a-b)^2 \geqslant 0$$

综上,当 $a \geqslant b \geqslant c$ 时,式 ① 成立. 原命题获证,由上述证明中易知,当且仅当 $a=b=c$ 时,原不等式取等号.

附：

当 $a \geqslant b \geqslant c$，且 $2b \leqslant a + c$ 时，有 $s_c + 2s_b \geqslant 0$.

另证
$$s_c + 2s_b = \frac{2}{a} + \frac{1}{b} - \frac{3}{c+a} - \frac{3}{2(a+b)}$$
$$= \frac{2a^3 - 3a^2b - 2ab^2 + 2a^2c + 3abc + 4b^2c}{2ab(c+a)(a+b)}$$

因此只要证明在条件 $a \geqslant b \geqslant c$，且 $2b \leqslant a + c$ 下，有
$$2a^3 - 3a^2b - 2ab^2 + 2a^2c + 3abc + 4b^2c \geqslant 0 \quad ②$$

式 ② 左边 $= (2a + b - 3c)(a - c)(a + c - 2b) + (5a^2 - 7ab + 2b^2)c + (2a + 7b - 3c)c^2 \geqslant 0$

由此可知式 ② 成立.

注：应用增量法，设 $a = c + \alpha + \beta, b = c + \alpha, \alpha, \beta \in \overline{\mathbf{R}^-}$，代入
$$2a^3 - 3a^2b - 2ab^2 + 2a^2c + 3abc + 4b^2c$$
$$= (2a^2 + ab - b^2)(a - b) - (2a^2 + b^2)(b - c) + 3bc(a + b)$$
经整理得到.

证法 2 增量法

由于$\frac{a^2}{b} + \frac{b^2}{c} + \frac{c^2}{a} - (\frac{c^2}{b} + \frac{a^2}{c} + \frac{b^2}{a}) = \frac{(a+b+c)(a-b)(b-c)(c-a)}{abc}$，因此，只要证明，当 $a \geqslant b \geqslant c$ 时，原式成立即可，设 $a = c + \alpha + \beta, b = c + \alpha, \alpha, \beta \in \overline{\mathbf{R}^-}$，今证
$$\frac{(2a-b)(a-b)^2}{b(a+b)} + \frac{(2b-c)(b-c)^2}{c(b+c)} + \frac{(2c-a)(c-a)^2}{a(c+a)} \geqslant 0$$
$$\Leftrightarrow ca(b+c)(c+a)(2a-b)(a-b)^2 + ab(c+a)(a+b)(2b-c)(b-c)^2 + bc(a+b)(b+c)(2c-a)(c-a)^2 \geqslant 0$$
$$\Leftrightarrow c(c+\alpha+\beta)(2c+\alpha)(2c+\alpha+\beta)(c+\alpha+2\beta)\beta^2 + (c+\alpha+\beta)(c+\alpha)(2c+\alpha+\beta)(2c+2\alpha+\beta)(c+2\alpha)\alpha^2 + (c+\alpha)c(2c+2\alpha+\beta)(2c+\alpha)(c-\alpha-\beta)(\alpha+\beta)^2 \geqslant 0$$

上式左边
$$\geqslant c(c+\alpha+\beta)(2c+\alpha)(2c+\alpha+\beta)(c+\alpha+2\beta)\beta^2 + c(c+\alpha+\beta)(2c+\alpha+\beta)(2c+2\alpha+\beta)(c+2\alpha)\alpha^2 - c(c+\alpha)(2c+2\alpha+\beta)(2c+\alpha)(\alpha+\beta)^3$$
$$\geqslant c[(12\alpha+14\beta)c^3 + (13\alpha^2 + 29\alpha\beta + 14\beta^2)c^2 + (6\alpha^3 + 19\alpha^2\beta + 17\alpha\beta^2 + 4\beta^3)c + (\alpha^4 + 4\alpha^3\beta + 5\alpha^2\beta^2 + 2\alpha\beta^3)]\beta^2 + c[(18\alpha + 8\beta)c^3 + (28\alpha^2 + 29\alpha\beta + 5\beta^2)c^2 + (18\alpha^3 + 31\alpha^2\beta + 14\alpha\beta^2 + \beta^3)c + (4\alpha^4 + 10\alpha^3\beta + 8\alpha^2\beta^2 + 2\alpha\beta^3)]\alpha^2 - c[4c^3 + (6\alpha + 2\beta)c^2 + (8\alpha^2 + 3\alpha\beta)c + (2\alpha^3 + \alpha^2\beta)](\alpha+\beta)^3$$

$$=c[(14\alpha^3-4\alpha^2\beta+10\beta^3)c^3+$$
$$(22\alpha^4+9\alpha^3\beta-6\alpha^2\beta^2+17\alpha\beta^3+12\beta^4)c^2+$$
$$(10\alpha^5+4\alpha^4\beta-13\alpha^3\beta^2+3\alpha^2\beta^3+14\alpha\beta^4+4\beta^5)c+$$
$$(2\alpha^6+3\alpha^5\beta+\alpha^3\beta^3+4\alpha^2\beta^4+2\alpha\beta^5)]\geqslant 0$$

因此原式获证，由上述证明中易知，当且仅当 $a=b=c$ 时，原不等式取等号.

注：(1) 由增量法证明过程可知，原不等式还是一个比较弱的不等式.

(2) 当 $a\geqslant c\geqslant b$ 时，有

$$\frac{a^2}{b}+\frac{b^2}{c}+\frac{c^2}{a}-2\left(\frac{b^2-bc+c^2}{b+c}+\frac{c^2-ca+a^2}{c+a}+\frac{a^2-ab+b^2}{a+b}\right)$$
$$=\sum\frac{a^2(a-b)^2}{b(a+b)^2}+\sum\frac{4a^3}{(a+b)^2}-2\sum\frac{a^3+b^3}{(a+b)^2}$$
$$=\sum\frac{a^2(a-b)^2}{b(a+b)^2}+2\sum\frac{a^3-b^3}{(a+b)^2}$$
$$=\sum\frac{a^2(a-b)^2}{b(a+b)^2}-2\sum\frac{ab(a-b)}{(a+b)^2}$$
$$=\sum\frac{a^2(a-b)^2}{b(a+b)^2}+2\left[\frac{ac(a-b)}{(a+c)^2}-\frac{ab(a-b)}{(a+b)^2}\right]+$$
$$2\left[\frac{ac(b-c)}{(a+c)^2}-\frac{bc(b-c)}{(b+c)^2}\right]$$
$$=\sum\frac{a^2(a-b)^2}{b(a+b)^2}+2\left[\frac{a(a-b)(b-c)(bc-a^2)}{(a+c)^2(a+b)^2}\right]-$$
$$2\left[\frac{c(a-b)(b-c)(ab-c^2)}{(a+c)^2(b+c)^2}\right]$$
$$=\sum\frac{a^2(a-b)^2}{b(a+b)^2}+\frac{2(b-c)(c-a)(a-b)}{(b+c)^2(c+a)^2(a+b)^2}\left(\sum b^2c^2+3abc\sum a\right)$$
$$=\sum\frac{a^2(a-b)^2}{b(a+b)^2}+2\prod\frac{b-c}{b+c}\sum\frac{ab}{a+b}\geqslant 0$$

故有等式

$$\frac{a^2}{b}+\frac{b^2}{c}+\frac{c^2}{a}-2\left(\frac{b^2-bc+c^2}{b+c}+\frac{c^2-ca+a^2}{c+a}+\frac{a^2-ab+b^2}{a+b}\right)$$
$$=\sum\frac{a^2(a-b)^2}{b(a+b)^2}+2\prod\frac{b-c}{b+c}\sum\frac{ab}{a+b}\geqslant 0$$

(3) 拓展：设 $a_i>0, i=1,2,3,4$，则

$$\sum\frac{a_1^2}{a_2}\geqslant 2\sum\frac{a_1^2-a_1a_2+a_2^2}{a_1+a_2}$$

例 88 （自创题，2010－11－09）设 $x,y,z\in\mathbf{R}^+$，则

$$\sum\frac{x^3}{x^2+xy+y^2}\geqslant\sqrt[4]{\frac{\sum x^4}{3}}$$

证法 1　先证以下引理.

引理　(褚小光,2013—01—05 提供)设 $x,y,z\in\overline{\mathbf{R}^{-}}$,则

$$\frac{(\sqrt{2}+1)\sum x^{2}-\sqrt{2}\sum yz}{3}\geqslant\sqrt{\frac{\sum x^{4}}{3}}$$

当且仅当 $x=y=z$,或 $x=y=\frac{\sqrt{2}}{2}z$,或 $y=z=\frac{\sqrt{2}}{2}x$,或 $z=x=\frac{\sqrt{2}}{2}y$ 时取等号.

引理证明　(2013—01—05)记 $s_1=\sum x=1,s_2=\sum yz=\frac{1-w^2}{3}(0\leqslant w\leqslant 1),s_3=xyz$,则由第一章 §4. 三元基本不等式,有 $s_3\leqslant\frac{1-3w^2+2w^3}{27}$,因此,得到

$$\begin{aligned}
&[\lambda\sum x^{2}-(\lambda-1)\sum yz]^{2}-3\sum x^{4}\\
=&[\lambda\sum x^{2}-(\lambda-1)\sum yz]^{2}-3\sum x^{4}\\
=&[\lambda s_1^2-(3\lambda-1)s_2]^2-3(s_1^4-4s_1^2s_2+2s_2^2+4s_1s_3)\\
=&[\lambda-(3\lambda-1)\frac{1-w^2}{3}]^2-3[1-\frac{4(1-w^2)}{3}+2(\frac{1-w^2}{3})^2+4s_3)]\\
=&\lambda^2-3-(6\lambda^2-2\lambda-12)\frac{1-w^2}{3}+(9\lambda^2-6\lambda-5)(\frac{1-w^2}{3})^2-12s_3\\
\geqslant&\lambda^2-3-(6\lambda^2-2\lambda-12)\frac{1-w^2}{3}+(9\lambda^2-6\lambda-5)(\frac{1-w^2}{3})^2-\\
&\frac{4(1-3w^2+2w^3)}{9}\\
=&w^2[(6\lambda-14)-8w+(9\lambda^2-6\lambda-5)w^2]
\end{aligned}$$

令 $\Delta=8^2-4(6\lambda-14)(9\lambda^2-6\lambda-5)=0$,即

$$\lambda^3-3\lambda^2+\lambda+1=0$$

解得 $\lambda_1=1,\lambda_2=\sqrt{2}+1,\lambda_1=-\sqrt{2}+1$,若取 $\lambda_1=1$,或 $\lambda_2=\sqrt{2}+1$,则 $6\lambda-14<0$,取 $\lambda_2=\sqrt{2}+1$,则

$$\begin{aligned}
&(6\lambda-14)-8w+(9\lambda^2-6\lambda-5)w^2\\
=&2\sqrt{2}[(3-2\sqrt{2})-2\sqrt{2}w+(6+4\sqrt{2})w^2]\\
=&2\sqrt{2}[(\sqrt{2}-1)-(\sqrt{2}+2)w]^2\geqslant 0
\end{aligned}$$

因此,有

$$\begin{aligned}
&[\lambda\sum x^{2}-(\lambda-1)\sum yz]^{2}-3\sum x^{4}\\
=&w^2[(6\lambda-14)-8w+(9\lambda^2-6\lambda-5)w^2]\geqslant 0
\end{aligned}$$

其中 $\lambda=\sqrt{2}+1$,当且仅当 $w=0$,或 $w=\frac{3\sqrt{2}-4}{2}$ 时取等号,由定理 2 的推论 3

取等号条件可知，即为当且仅当 $x=y=z$，或 $x=y=\frac{\sqrt{2}}{2}z$，或 $y=z=\frac{\sqrt{2}}{2}x$，或 $z=x=\frac{\sqrt{2}}{2}y$ 时取等号. 原命题获证.

下面来证明原命题. 由于

$$\sum \frac{x^3}{x^2+xy+y^2}-\sum \frac{y^3}{x^2+xy+y^2}=\sum (y-z)=0$$

因此，要证原式，只需证

$$\sum \frac{y^3+z^3}{y^2+yz+z^2}\geqslant 2\sqrt[4]{\frac{\sum x^4}{3}}$$

又由引理可知，又只需证明

$$\sum \frac{y^3+z^3}{y^2+yz+z^2}\geqslant 2\sqrt{\frac{(\sqrt{2}+1)\sum x^2-\sqrt{2}\sum yz}{3}}$$

$$\Leftrightarrow \sum \frac{y^3+z^3}{y^2+yz+z^2}-\sum \frac{y+z}{3}$$

$$\geqslant 2\sqrt{\frac{(\sqrt{2}+1)\sum x^2-\sqrt{2}\sum yz}{3}}-\frac{2(x+y+z)}{3}$$

$$\Leftrightarrow \sum \frac{2(y+z)(y-z)^2}{3(y^2+yz+z^2)}\geqslant \frac{2\left[\frac{(\sqrt{2}+1)\sum x^2-\sqrt{2}\sum yz}{3}-\left(\frac{x+y+z}{3}\right)^2\right]}{\sqrt{\frac{(\sqrt{2}+1)\sum x^2-\sqrt{2}\sum yz}{3}}+\frac{(x+y+z)}{3}}$$

$$\Leftrightarrow \sum \frac{(y+z)(y-z)^2}{y^2+yz+z^2}\geqslant \frac{\frac{3\sqrt{2}+2}{2}\sum (y-z)^2}{\sqrt{3[(\sqrt{2}+1)\sum x^2-\sqrt{2}\sum yz]}+(x+y+z)}$$

于是，我们只要证明

$$(y+z)[\sqrt{3(\sqrt{2}+1)\sum x^2-3\sqrt{2}\sum yz}+(x+y+z)]$$

$$\geqslant \frac{3\sqrt{2}+2}{2}(y^2+yz+z^2)$$

等三个式子. 上式经变换，即为

$$(y+z)\cdot\sqrt{3(\sqrt{2}+1)x^2+\frac{9\sqrt{2}+6}{4}(y+z)^2+\frac{3\sqrt{2}+6}{4}(y-z)^2-3\sqrt{2}x(y+z)}$$

$$\geqslant \frac{3\sqrt{2}+2}{4}(y^2+z^2)+\frac{3\sqrt{2}-2}{4}(y+z)^2-x(y+z)$$

由 $(y+z)^2\geqslant y^2+z^2$，$(y-z)^2\geqslant 0$ 知，要证上式，只要证

$$\sqrt{3(\sqrt{2}+1)x^2+\frac{9\sqrt{2}+6}{4}(y+z)^2-3\sqrt{2}x(y+z)} \geqslant \frac{3\sqrt{2}}{2}(y+z)-x$$

$$3(\sqrt{2}+1)x^2+\frac{9\sqrt{2}+6}{4}(y+z)^2-3\sqrt{2}x(y+z) \geqslant \left[\frac{3\sqrt{2}}{2}(y+z)-x\right]^2$$

即

$$(3\sqrt{2}+2)x^2+\frac{9\sqrt{2}-12}{4}(y+z)^2 \geqslant 0$$

上式显然成立.

同理可证,有

$$(z+x)\left[\sqrt{3(\sqrt{2}+1)\sum x^2-3\sqrt{2}\sum yz}+(x+y+z)\right]$$

$$\geqslant \frac{3\sqrt{2}+2}{2}(z^2+zx+x^2)$$

$$(x+y)\left[\sqrt{3(\sqrt{2}+1)\sum x^2-3\sqrt{2}\sum yz}+(x+y+z)\right]$$

$$\geqslant \frac{3\sqrt{2}+2}{2}(x^2+xy+y^2)$$

故得到

$$\sum \frac{(y+z)(y-z)^2}{y^2+yz+z^2} \geqslant \frac{\frac{3\sqrt{2}+2}{2}\sum (y-z)^2}{\sqrt{3[(\sqrt{2}+1)\sum x^2-\sqrt{2}\sum yz]}+(x+y+z)}$$

原命题获证.由证明中可知,当且仅当 $x=y=z$ 时原式取等号.

证法 2 (严文兰,2013-01-06) 记 $p=x+y+z, q=xy+yz+zx, r=xyz$,则易证有

$$p^4-3p^2q+3q^2>0, \qquad -p^2q^2+q^3+p^3r<0$$

今固定 p,q,则原式左边减去右边的式子可以写为

$$f(r)=\frac{p^4-3q^2}{p^3}+\frac{q^3(p^4-3p^2q+3q^2)}{p^3(-p^2q^2+q^3+p^3r)}-\sqrt[4]{\frac{p^4-4p^2q+2q^2+4pr}{3}}$$

显然,$f(r)$ 是关于 r 的减函数,于是,只要考虑 r 最大时的情况,而当 r 最大时,x,y,z 必有两个相等,因此,我们只要证 x,y,z 中有两个相等时原命题成立即可,不妨设 $y=z=1$,此时,原命题中的不等式即为

$$\frac{1}{3}+\frac{1}{1+a+a^2}+\frac{a^3}{1+a+a^2} \geqslant \sqrt[4]{\frac{2+a^4}{3}}$$

$$\Leftrightarrow \frac{2(a-1)^2}{81(1+a+a^2)^4}(101+222a+249a^2+$$

$$332a^3+249a^4+66a^5+71a^6+60a^7+27a^8+54a^9+27a^{10}) \geqslant 0$$

上式显然成立,故原式成立,原命题得证.

证法 3 （褚小光，2013－01－07）为证明时方便，易证有（证略）

$$\frac{5(x^2+y^2+z^2)-3(yz+zx+xy)}{6}\geqslant\frac{(\sqrt{2}+1)\sum x^2-\sqrt{2}\sum yz}{3}$$

由证法 1 中的引理，得到

$$\frac{5(x^2+y^2+z^2)-3(yz+zx+xy)}{6}\geqslant\sqrt{\frac{\sum x^4}{3}}\quad(※)$$

因此，原不等式可以加强为

$$\frac{x^3+y^3}{x^2+xy+y^2}+\frac{y^3+z^3}{y^2+yz+z^2}+\frac{z^3+y^3}{z^2+zx+x^2}$$

$$\geqslant 2\sqrt{\frac{5(x^2+y^2+z^2)-3(yz+zx+xy)}{6}}\quad(※※)$$

注意到三元恒等式

$$3\sum(y^3+z^3)(z^2+zx+x^2)(x^2+xy+y^2)\cdot\sum x^2(y+z)-$$

$$2\prod(y^2+yz+z^2)\cdot\left[3\sum x^3(y+z)+2\sum y^2z^2-2xyz\sum x\right]$$

$$=2(yz+zx+xy)^2(y-z)^2(z-x)^2(x-y)^2$$

因此得到不等式

$$\sum\frac{y^3+z^3}{y^2+yz+z^2}\geqslant\frac{2\left[3\sum x^3(y+z)+2\sum y^2z^2-2xyz\sum x\right]}{3\sum yz(y+z)}$$

再由不等式（※），可知只需证

$$\frac{3\sum x^3(y+z)+2\sum y^2z^2-2xyz\sum x}{3\sum yz(y+z)}\geqslant\sqrt{\frac{5\sum x^2-3\sum yz}{6}}$$

即证

$$2\left[3\sum x^3(y+z)+2\sum y^2z^2-2xyz\sum x\right]^2$$

$$\geqslant 3\left[\sum yz(y+z)\right]^2\left[5\sum x^2-3\sum yz\right]$$

上式展开整理为

$$3\sum x^6(y^2+z^2)+3\sum x^5(y^3+z^3)+32\sum y^4z^4+$$

$$6xyz\sum x^5-3xyz\sum x^4(y+z)-$$

$$19xyz\sum x^3(y^2+z^2)-90x^2y^2z^2\sum x^2+84x^2y^2z^2\sum yz\geqslant 0$$

化简后等价于

$$\sum x^2\left[16x^2(y^2+yz+z^2)+3(y^4+z^4)+6yz(y-z)^2\right](y-z)^2+$$

$$3\sum x\left[(y^3+y^2z+yz^2+z^3)(x^2+yz)-8xy^2z^2\right](y-z)^2\geqslant 0$$

上式两个中括号内式子显然为非负.

故原命题得证.

注:例 86、例 87、例 88 中的不等式组成以下不等式链:设 $x,y,z\in\mathbf{R}^+$,则

$$\sum\frac{x^2}{y}\geqslant\sum\frac{2(x^2-xy+y^2)}{x+y}\geqslant3\sum\frac{x^3}{x^2+xy+y^2}\geqslant3\sqrt[4]{\frac{\sum x^4}{3}}$$

证明 例 87 已证 $\sum\frac{x^2}{y}\geqslant\sum\frac{2(x^2-xy+y^2)}{x+y}$;例 88 已证 $\sum\frac{x^3}{x^2+xy+y^2}\geqslant\sqrt[4]{\frac{\sum x^4}{3}}$,下面证明

$$\sum\frac{2(x^2-xy+y^2)}{x+y}\geqslant3\sum\frac{x^3}{x^2+xy+y^2}$$

由于 $3\sum\frac{x^3}{x^2+xy+y^2}=\frac{3}{2}\sum\frac{x^3+y^3}{x^2+xy+y^2}$(例 88 证明中已证明),因此只要证明

$$\sum\frac{2(x^2-xy+y^2)}{x+y}\geqslant\frac{3}{2}\sum\frac{x^3+y^3}{x^2+xy+y^2}$$

如果能证明 $\frac{2(x^2-xy+y^2)}{x+y}\geqslant\frac{x^3+y^3}{x^2+xy+y^2}$,即知上式成立. 此式易证成立,事实上有

$$\frac{2(x^2-xy+y^2)}{x+y}-\frac{3(x^3+y^3)}{2(x^2+xy+y^2)}=\frac{(x^2-xy+y^2)(x-y)^2}{(x+y)(x^2+xy+y^2)}\geqslant0$$

这里说明例 86 中的不等式是个比较弱的不等式.

经计算机验证,有以下命题:

命题 1 $a,b,c,d>0$,则

i. $$\left(\frac{a^2}{b}+\frac{b^2}{c}+\frac{c^2}{d}+\frac{d^2}{a}\right)^2$$
$$\geqslant4\sum a^2+\frac{5}{2}\cdot\frac{(a^2-b^2)^2+(b^2-c^2)^2+(c^2-d^2)^2+(d^2-a^2)^2+(a^2-c^2)^2+(b^2-d^2)^2}{\sum a^2}$$

ii. $$\left(\frac{a^2}{b}+\frac{b^2}{c}+\frac{c^2}{d}+\frac{d^2}{a}\right)\sum a$$
$$\geqslant\frac{11\sum a^4+6\sum_{\text{sym}}a^2b^2+2\sum a^2\sum_{\text{sym}}ab}{2\sum a^2}$$

iii. $$\left(\frac{a^2}{b}+\frac{b^2}{c}+\frac{c^2}{d}+\frac{d^2}{a}\right)^2\geqslant4\sum a^2+2.93\sum_{\text{sym}}(a-b)^2$$

由以上三式均容易推得

$$\left(\frac{a^2}{b}+\frac{b^2}{c}+\frac{c^2}{d}+\frac{d^2}{a}\right)^2\geqslant8\sqrt{a^4+b^4+c^4+d^4}$$

命题 2　$a,b,c,d>0$,则

$$(\sum a)(\frac{a^2}{b}+\frac{b^2}{c}+\frac{c^2}{d}+\frac{d^2}{a})\geqslant 6\sum a^2-\frac{4}{3}\sum_{\text{sym}}ab$$

注:以上四式笔者于 2016 年 5 月 1 日提出,至今未见到初等证明.

例 89　设 $x,y,z\in\mathbf{R}^+$,且 $xyz=1$,则

$$\frac{1}{\sqrt{1+\frac{5}{4}x}}+\frac{1}{\sqrt{1+\frac{5}{4}y}}+\frac{1}{\sqrt{1+\frac{5}{4}z}}\leqslant 2$$

当且仅当 $x=y=z=1$ 时取等号.

证明　由对称性及 $xyz=1$ 可知,我们只需证在 $xy\leqslant 1$ 时原式成立即可,为此,令 $\frac{5}{4}x=a$,$\frac{5}{4}y=b$,则原式等价于

$$\frac{1}{\sqrt{1+a}}+\frac{1}{\sqrt{1+b}}+\sqrt{\frac{ab}{(\frac{5}{4})^3+ab}}\leqslant 2 \quad ①$$

$a,b\in\mathbf{R}^+$,且 $ab\leqslant\left(\frac{5}{4}\right)^2$,当且仅当 $a=b=\frac{5}{4}$ 时式 ① 取等号.

为证明式 ①.先证明以下

引理　设 $a,b\in\mathbf{R}^+$,且 $ab\leqslant 4$,则

$$\frac{1}{\sqrt{1+a}}+\frac{1}{\sqrt{1+b}}\leqslant\frac{2}{\sqrt{1+\sqrt{ab}}} \quad ②$$

当且仅当 $a=b$ 时,式 ② 取等号.

引理证明

式 ① 右边 $-$ 左边

$$=\frac{2}{\sqrt{1+\sqrt{ab}}}-(\frac{1}{\sqrt{1+a}}+\frac{1}{\sqrt{1+b}})$$

$$=(\frac{1}{\sqrt{1+\sqrt{ab}}}-\frac{1}{\sqrt{1+a}})+(\frac{1}{\sqrt{1+\sqrt{ab}}}-\frac{1}{\sqrt{1+b}})$$

$$=\frac{\sqrt{1+a}-\sqrt{1+\sqrt{ab}}}{\sqrt{1+\sqrt{ab}}\cdot\sqrt{1+a}}+\frac{\sqrt{1+b}-\sqrt{1+\sqrt{ab}}}{\sqrt{1+\sqrt{ab}}\cdot\sqrt{1+b}}$$

$$=\frac{\sqrt{a}(\sqrt{a}-\sqrt{b})}{\sqrt{1+\sqrt{ab}}\cdot\sqrt{1+a}\cdot(\sqrt{1+a}+\sqrt{1+\sqrt{ab}})}-\frac{\sqrt{b}(\sqrt{a}-\sqrt{b})}{\sqrt{1+\sqrt{ab}}\cdot\sqrt{1+b}\cdot(\sqrt{1+b}+\sqrt{1+\sqrt{ab}})}$$

$$=\frac{(\sqrt{a}-\sqrt{b})\{(\sqrt{a}-\sqrt{b})-\sqrt{ab}(\sqrt{a}-\sqrt{b})+\sqrt{1+\sqrt{ab}}[\sqrt{a(1+b)}-\sqrt{b(1+a)}]\}}{\sqrt{1+\sqrt{ab}}\cdot\sqrt{1+a}\cdot\sqrt{1+b}(\sqrt{1+a}+\sqrt{1+\sqrt{ab}})\cdot(\sqrt{1+b}+\sqrt{1+\sqrt{ab}})}$$

$$=\frac{(\sqrt{a}-\sqrt{b})^2\left[1-\sqrt{ab}+\frac{\sqrt{1+\sqrt{ab}}(\sqrt{a}+\sqrt{b})}{\sqrt{a(1+b)}+\sqrt{b(1+a)}}\right]}{\sqrt{1+\sqrt{ab}}\cdot\sqrt{1+a}\cdot\sqrt{1+b}(\sqrt{1+a}+\sqrt{1+\sqrt{ab}})\cdot(\sqrt{1+b}+\sqrt{1+\sqrt{ab}})}$$

易证有

$$\frac{\sqrt{1+\sqrt{ab}}(\sqrt{a}+\sqrt{b})}{\sqrt{a(1+b)}+\sqrt{b(1+a)}}\geqslant 1$$

$$\Leftrightarrow\left[\sqrt{1+\sqrt{ab}}(\sqrt{a}+\sqrt{b})\right]^2\geqslant\left[\sqrt{a(1+b)}+\sqrt{b(1+a)}\right]^2$$

$$\Leftrightarrow 2+a+b\geqslant 2\sqrt{(1+a)(1+b)}$$

$$\Leftrightarrow (a-b)^2\geqslant 0$$

因此

$$1-\sqrt{ab}+\frac{\sqrt{1+\sqrt{ab}}(\sqrt{a}+\sqrt{b})}{\sqrt{a(1+b)}+\sqrt{b(1+a)}}\geqslant 2-\sqrt{ab}\geqslant 0$$

即当 $ab\leqslant 4$ 时,式 ② 成立,当且仅当 $a=b=\frac{5}{4}$ 时式 ① 取等号,引理获证.

现在,我们来证明式 ①,由于 $ab\leqslant\left(\frac{5}{4}\right)^2<4$,因此,要证式 ①,只需证

$$\frac{2}{\sqrt{1+\sqrt{ab}}}+\sqrt{\frac{ab}{\left(\frac{5}{4}\right)^3+ab}}\leqslant 2 \tag{③}$$

令 $\sqrt{1+\sqrt{ab}}=u$,则 $\sqrt{ab}=u^2-1(u>1)$,这时

$$\text{式 ③}\Leftrightarrow\frac{2}{u}+\frac{u^2-1}{\sqrt{(\frac{5}{4})^3+(u^2-1)^2}}\leqslant 2$$

$$\Leftrightarrow\frac{u^2-1}{\sqrt{(\frac{5}{4})^3+(u^2-1)^2}}\leqslant\frac{2(u-1)}{u}$$

$$\Leftrightarrow\frac{(u+1)^2}{\frac{125}{64}+(u^2-1)^2}\leqslant\frac{4}{u^2}$$

$$\Leftrightarrow 4(u^2-1)^2-u^2(u+1)^2+\frac{125}{16}\geqslant 0$$

$$\Leftrightarrow 4(u^2-1)^2-u^2(u+1)^2+\frac{125}{16}\geqslant 0$$

$$\Leftrightarrow 3u^4-2u^3-9u^2+\frac{189}{16}\geqslant 0$$

$$\Leftrightarrow (u-\frac{3}{2})^2(3u^2+7u+\frac{21}{4})\geqslant 0$$

上式成立，式 ③ 获证，当且仅当 $u=\frac{3}{2}$，即 $ab=\frac{25}{16}$ 时，式 ③ 取等号.

综上可知，原命题成立，当且仅当 $x=y=z=1$ 时取等号.

注：由本例即得：设 $\lambda\geqslant\frac{5}{4}$，$x,y,z\in\mathbf{R}^{+}$，且 $xyz=1$，则

$$\frac{1}{\sqrt{1+\lambda x}}+\frac{1}{\sqrt{1+\lambda y}}+\frac{1}{\sqrt{1+\lambda z}}\leqslant 2$$

若 $\lambda=\frac{5}{4}$，则当且仅当 $x=y=z=1$ 时取等号.

注：陈计，季潮丞在《代数不等式》(单墫. 数学奥林匹克命题人讲座. 上海科技教育出版社，2009 年 8 月，第二讲 §2.2 例 1，第 38 ～ 39 页) 中也给出了一种证明.

例 90 （自创题，2002 — 03 — 06）设 $x_i\in\overline{\mathbf{R}^{-}}$，$i=1,2,\cdots,n(n\geqslant 2)$，且 $\sum_{i=1}^{n}x_i=1$，则

$$\sum_{i=1}^{n}\sqrt{\frac{1-x_i}{1+x_i}}\leqslant n-2+\frac{2}{\sqrt{3}}$$

当且仅当 $x_1,x_2,\cdots,x_n$ 中，有两个值都等于 $\frac{1}{2}$，其余的值都等于零时取等号.

为证明原式，先给出以下两个引理.

引理 1 设 $x,y\in\overline{\mathbf{R}^{-}}$，且 $xy=1$，则

$$\frac{1}{\sqrt{2x+1}}+\frac{1}{\sqrt{2y+1}}\leqslant\frac{2}{\sqrt{3}} \quad ①$$

当且仅当 $x=y=1$ 时，式 ① 取等号.

引理 1 证明 式 ① 等价于

$$\sqrt{3}(\sqrt{2x+1}+\sqrt{2y+1})\leqslant 2\sqrt{(2x+1)(2y+1)}$$

$$\Leftrightarrow[\sqrt{3}(\sqrt{2x+1}+\sqrt{2y+1})]^2\leqslant[2\sqrt{(2x+1)(2y+1)}]^2$$

$$\Leftrightarrow 3\sqrt{(2x+1)(2y+1)}\leqslant x+y+7$$

$$\Leftrightarrow 9(2x+1)(2y+1)\leqslant(x+y+7)^2$$

$$\Leftrightarrow(x+y-2)^2\geqslant 0$$

即式 ① 成立，当且仅当 $x=y=1$ 时取等号.

引理 2 设 $x,y\in\overline{\mathbf{R}^{-}}$，且 $x+y\leqslant\sqrt{\frac{4}{5}}$，则

$$\sqrt{\frac{1-x}{1+x}}+\sqrt{\frac{1-y}{1+y}}\leqslant 1+\sqrt{\frac{1-x-y}{1+x+y}} \quad ②$$

当且仅当 $xy=0$,或 $x=y=\frac{1}{\sqrt{5}}$ 时取等号.

引理 2 证明 式 ② 等价于

$$\left(\sqrt{\frac{1-x}{1+x}}+\sqrt{\frac{1-y}{1+y}}\right)^2\leqslant\left(1+\sqrt{\frac{1-x-y}{1+x+y}}\right)^2$$

$$\Leftrightarrow\sqrt{\frac{(1-x)(1-y)}{(1+x)(1+y)}}-\sqrt{\frac{1-x-y}{1+x+y}}\leqslant\frac{xy(x+y+2)}{(1+x)(1+y)(1+x+y)}$$

$$\Leftrightarrow\frac{\frac{(1-x)(1-y)}{(1+x)(1+y)}-\frac{1-x-y}{1+x+y}}{\sqrt{\frac{(1-x)(1-y)}{(1+x)(1+y)}}+\sqrt{\frac{1-x-y}{1+x+y}}}\leqslant\frac{xy(x+y+2)}{(1+x)(1+y)(1+x+y)}$$

$$\Leftrightarrow\frac{2xy(x+y)}{\sqrt{\frac{(1-x)(1-y)}{(1+x)(1+y)}}+\sqrt{\frac{1-x-y}{1+x+y}}}\leqslant xy(x+y+2)$$

若 $xy=0$,则上式为等式,若 $xy\neq 0$,则上式等价于

$$\frac{2(x+y)}{x+y+2}\leqslant\sqrt{\frac{(1-x)(1-y)}{(1+x)(1+y)}}+\sqrt{\frac{1-x-y}{1+x+y}}\tag{③}$$

记 $t=\sqrt{\frac{4}{5}}$,易证,有

$$\frac{2(x+y)}{x+y+2}\leqslant\frac{2t}{t+2},\sqrt{\frac{(1-x)(1-y)}{(1+x)(1+y)}}\geqslant\frac{2-t}{2+t},\sqrt{\frac{1-x-y}{1+x+y}}\geqslant\sqrt{\frac{1-t}{1+t}}$$

于是,要证式 ③,只要证

$$\frac{2t}{t+2}\leqslant\frac{2-t}{t+2}+\sqrt{\frac{1-t}{1+t}}$$

$$\Leftrightarrow\frac{3t-2}{t+2}\leqslant\sqrt{\frac{1-t}{1+t}}$$

$$\Leftrightarrow\left(\frac{3t-2}{t+2}\right)^2\leqslant\frac{1-t}{1+t}$$

$$\Leftrightarrow 5t^2-4\leqslant 0$$

当 $t=\sqrt{\frac{4}{5}}$ 时,上式成立,引理 2 获证.

下面应用数学归纳法证明原式.

当 $n=2$ 时,由引理 1 有

$$\sqrt{\frac{1-x_1}{1+x_1}}+\sqrt{\frac{1-x_2}{1+x_2}}=\sqrt{\frac{1-x_1}{1+x_1}}+\sqrt{\frac{x_1}{2-x_1}}$$

$$=\frac{1}{\sqrt{\frac{2x_1}{1-x_1}+1}}+\frac{1}{\sqrt{\frac{2(1-x_1)}{x_1}+1}}\leqslant\frac{2}{\sqrt{3}}$$

即当 $n=2$ 时,原命题成立,当且仅当 $\frac{x_1}{1-x_1}=\frac{1-x_1}{x_1}$,即 $x_1=x_2=\frac{1}{2}$ 时取等号.

今假设当 $n=k$ 时,原式成立,即

$$\sum_{i=1}^{k}\sqrt{\frac{1-x_i}{1+x_i}}\leqslant k-2+\frac{2}{\sqrt{3}}$$

当 $n=k+1$ 时,由 $\sum_{i=1}^{k+1}x_i=1$ 可知在 $x_i(i=1,2,\cdots,n,n\geqslant 2)$ 中,必有两数之和不大于 $\frac{2}{k+1}$,不妨设 $x_1+x_2\leqslant\frac{2}{k+1}<\sqrt{\frac{4}{5}}$,根据引理 2,有

$$\begin{aligned}\sum_{i=1}^{k+1}\sqrt{\frac{1-x_i}{1+x_i}}&\leqslant 1+\sqrt{\frac{1-x_1-x_2}{1+x_1+x_2}}+\sqrt{\frac{1-x_3}{1+x_3}}+\cdots+\sqrt{\frac{1-x_{k+1}}{1+x_{k+1}}}\\&\leqslant 1+k-2+\frac{2}{\sqrt{3}}(\text{根据 } n=k \text{ 是的假设})\end{aligned}$$

因此,当 $n=k+1$ 时,原式也成立.

综上,原命题得证,当且仅当 $x_1,x_2,\cdots,x_n$ 中,有两个值都等于 $\frac{1}{2}$,其余的值都等于零时取等号.

注:当 $n=3$ 时,即为

$$\sqrt{\frac{1-x_1}{1+x_1}}+\sqrt{\frac{1-x_2}{1+x_2}}+\sqrt{\frac{1-x_3}{1+x_3}}\leqslant 1+\frac{2}{\sqrt{3}}$$

其中 $x_1,x_2,x_3\in\overline{\mathbf{R}^-}$,且 $x_1+x_2+x_3=1$,当且仅当 x_1,x_2,x_3 中,有一个为零,其余两个都等于 $\frac{1}{2}$ 时取等号.

若将 $x_1=\frac{-a+b+c}{a+b+c},x_2=\frac{a-b+c}{a+b+c},x_3=\frac{a+b-c}{a+b+c}$ 代入上式,则得

命题 1　在 $\triangle ABC$ 中,三边长为 a,b,c,则

$$\sqrt{\frac{a}{b+c}}+\sqrt{\frac{b}{c+a}}+\sqrt{\frac{c}{a+b}}\leqslant 1+\frac{2}{\sqrt{3}}$$

当且仅当 $\triangle ABC$ 两边和等于第三边时取等号.

猜想　设 $a_i\geqslant 0,i=1,2,\cdots,n,n\geqslant 2$,且 $\sum_{i=1}^{n}a_i=1\leqslant\frac{\lambda}{n-1}$,则

$$\sum_{i=1}^{n}\sqrt{\frac{1-a_i}{\lambda+a_i}}\leqslant n\sqrt{\frac{n-1}{\lambda n+1}}$$

此猜想在前面例 8 已经提出过,后面例 121 有证法说明.

猜想等价式　设 $0\leqslant b_i\leqslant\frac{1}{\sqrt{\lambda}}\leqslant\frac{1}{\sqrt{n-1}}$,$n$ 为大于或等于 2 的正整数,且

$$\frac{1}{1+b_1^2}+\frac{1}{1+b_2^2}+\cdots+\frac{1}{1+b_n^2}=\frac{\lambda n+1}{\lambda+1}$$

则

$$b_1+b_2+\cdots+b_n\leqslant n\sqrt{\frac{n-1}{\lambda n+1}}$$

类似有以下

命题 2　在 $\triangle ABC$ 中,三边长为 a,b,c,半周长为 $s,\lambda\geqslant 3$,则

$$\sqrt{\frac{a}{\lambda s-a}}+\sqrt{\frac{b}{\lambda s-b}}+\sqrt{\frac{c}{\lambda s-c}}\leqslant 3\sqrt{\frac{2}{3\lambda-2}}$$

当且仅当 $\triangle ABC$ 为等边三角形时取等号.

注:福建仙游一中林新群老师在《中等数学》2001 年第 11 期用导数的方法也给出了上述命题 1 的一种解答.

例 91　(刘保乾问题[1])设 $\triangle ABC$ 三边长为 a,b,c,则

$$\frac{7}{5}<\frac{a^2}{a^2+b^2}+\frac{b^2}{b^2+c^2}+\frac{c^2}{c^2+a^2}<\frac{8}{5}$$

证明　(2013 — 02 — 01)我们先证式 ①.

$$\frac{7}{5}\overset{①}{<}\frac{a^2}{a^2+b^2}+\frac{b^2}{b^2+c^2}+\frac{c^2}{c^2+a^2}\overset{②}{<}\frac{8}{5}$$

由于当 $a\leqslant b\leqslant c$ 时,有

$$\begin{aligned}&\frac{a^2}{a^2+b^2}+\frac{b^2}{b^2+c^2}+\frac{c^2}{c^2+a^2}-(\frac{a^2}{a^2+c^2}+\frac{b^2}{b^2+a^2}+\frac{c^2}{c^2+b^2})\\=&\frac{a^2-b^2}{a^2+b^2}+\frac{b^2-c^2}{b^2+c^2}+\frac{c^2-a^2}{c^2+a^2}\\=&\frac{(a^2-b^2)(b^2-c^2)(a^2-c^2)}{(a^2+b^2)(b^2+c^2)(c^2+a^2)}\leqslant 0\end{aligned}$$

因此,要证式 ①,只要证当 $a\leqslant b\leqslant c$ 时成立即可.这时

$$\begin{aligned}&\frac{a^2}{a^2+b^2}+\frac{b^2}{b^2+c^2}+\frac{c^2}{c^2+a^2}-\frac{7}{5}\\=&\frac{f(a)}{5(a^2+b^2)(b^2+c^2)(c^2+a^2)}\end{aligned}$$

其中

$$f(a)=(3b^2-2c^2)a^4-(2b^2-3c^2)(b^2+c^2)a^2+b^2c^2(3b^2-2c^2)$$

因此,只要证

$$f(a)=(3b^2-2c^2)a^4-(2b^2-3c^2)(b^2+c^2)a^2+b^2c^2(3b^2-2c^2)>0 \quad ③$$

i. 若 $3b^2-2c^2\geqslant 0$,同时由 $c\geqslant b>0$,有 $2b^2-3c^2<0$,即知式 ③ 成立;

ii. 若 $3b^2-2c^2<0$,记 $x=a^2$,则

$$f(x)=(3b^2-2c^2)x^2-(2b^2-3c^2)(b^2+c^2)x+b^2c^2(3b^2-2c^2)$$

可视为 $x(x=a^2>0)$ 的二次函数，由二次项系数为 $3b^2-2c^2<0$，可知函数 $f(x)$ 的图像是开口向下，且位于 x 轴上方的抛物线的一部分. 另外，由于 $(c-b)^2\leqslant a^2\leqslant b^2\leqslant\frac{2}{3}c^2$，即 $(c-b)^2\leqslant x\leqslant\frac{2}{3}c^2$，且

$$f(\frac{2}{3}c^2)=(3b^2-2c^2)\cdot(\frac{2}{3}c^2)^2-(2b^2-3c^2)(b^2+c^2)\cdot\frac{2}{3}c^2+b^2c^2(3b^2-2c^2)$$

$$=\frac{c^2}{9}[4(3b^2-2c^2)c^2-6(2b^2-3c^2)(b^2+c^2)+9b^2(3b^2-2c^2)]$$

$$=\frac{c^2}{9}[4(3b^2-2c^2)c^2-6(2b^2-3c^2)(b^2+c^2)+9b^2(3b^2-2c^2)]$$

$$=\frac{c^2}{9}(10c^4+15b^4)>0$$

$$f((c-b)^2)=(3b^2-2c^2)\cdot(c-b)^4-(2b^2-3c^2)(b^2+c^2)\cdot(c-b)^2+b^2c^2(3b^2-2c^2)$$

$$=c^6+2bc^5-7b^2c^4-6b^3c^3+18b^4c^2-8b^5c+b^6$$

$$=(c^3+bc^2-4b^2c+b^3)^2\geqslant 0$$

于是，由二次函数图像（抛物线）可知，当 $(c-b)^2\leqslant x\leqslant\frac{2}{3}c^2$ 时，有

$$f(a)=f(x)=(3b^2-2c^2)x^2-(2b^2-3c^2)(b^2+c^2)x+b^2c^2(3b^2-2c^2)>0$$

即式 ③ 成立. 式 ① 获证.

另一方面，由于当 $a\leqslant b\leqslant c$ 时，有

$$\frac{a^2}{a^2+b^2}+\frac{b^2}{b^2+c^2}+\frac{c^2}{c^2+a^2}\leqslant(\frac{a^2}{a^2+c^2}+\frac{b^2}{b^2+a^2}+\frac{c^2}{c^2+b^2})$$

$$=3-(\frac{a^2}{a^2+b^2}+\frac{b^2}{b^2+c^2}+\frac{c^2}{c^2+a^2})$$

$$<3-\frac{7}{5}=\frac{8}{5}$$

式 ② 获证.

注：(1) 当 $\begin{cases}c>\sqrt{\frac{3}{2}}b\\a\leqslant b\leqslant c\\c=a+b\\c^3+bc^2-4b^2c+b^3=0\end{cases}$ 时（$\sqrt{\frac{3}{2}}<1.3<\frac{c}{b}<1.4$），有

$$\frac{a^2}{a^2+b^2}+\frac{b^2}{b^2+c^2}+\frac{c^2}{c^2+a^2}=\frac{7}{5}$$

(2) 将原式变形可得到

$$\frac{2}{3}\leqslant\frac{1+\frac{a^2}{b^2}+\frac{b^2}{c^2}+\frac{c^2}{a^2}}{1+\frac{b^2}{a^2}+\frac{c^2}{b^2}+\frac{a^2}{c^2}}\leqslant\frac{3}{2}$$

其中 a,b,c 为三角形三边长.

(3) 原式又等价于:设 $\triangle ABC$ 三边长为 a,b,c,则

$$(b^2+c^2)(c^2+a^2)(a^2+b^2)>5\left|(b^2-c^2)(c^2-a^2)(a^2-b^2)\right|$$

成黎明于 2012 — 02 — 06 对上式也给出了一个证明.

参考资料

[1] 刘保乾. 110 个有趣的不等式问题 11[M] //. 杨学枝. 不等式研究. 拉萨:西藏人民出版社,2000.

例 92 设 $x,y,z\in\overline{\mathbf{R}^-}$,则有

$$\frac{x}{\sqrt{x+y}}+\frac{y}{\sqrt{y+z}}+\frac{z}{\sqrt{z+x}}\leqslant\frac{5}{4}\sqrt{x+y+z}$$

当且仅当 $x=3y,z=0$;或 $y=3z,x=0$;或 $z=3x,y=0$ 时取等号.

证法 1 引进三个正实数 a,b,c,使得

$$x+y=c^2,y+z=a^2,z+x=b^2$$

从上式,有

$$x+y+z=\frac{1}{2}(a^2+b^2+c^2),x=\frac{1}{2}(b^2+c^2-a^2)$$

$$y=\frac{1}{2}(a^2+c^2-b^2),z=\frac{1}{2}(a^2+b^2-c^2) \quad ①$$

由循环对称性,不妨设 x 是 x,y,z 中的最小的一个非负数,则 a 为 a,b,c 三个正实数中最大的一个,利用式 ① 变换,因而,问题转化为去证明

$$\frac{b^2+c^2-a^2}{2c}+\frac{c^2+a^2-b^2}{2a}+\frac{a^2+b^2-c^2}{2b}\leqslant\frac{5}{4}\sqrt{\frac{1}{2}(a^2+b^2+c^2)} \quad ②$$

由于

$$\begin{aligned}&2(a^2+b^2+c^2)-(a+\sqrt{b^2+c^2})^2\\=&2(a^2+b^2+c^2)-(a^2+2a\sqrt{b^2+c^2}+b^2+c^2)\\=&(a-\sqrt{b^2+c^2})^2\geqslant 0\end{aligned} \quad ③$$

所以有

$$\sqrt{\frac{1}{2}(a^2+b^2+c^2)}\geqslant\frac{1}{2}(a+\sqrt{b^2+c^2}) \quad ④$$

从式 ③ 和式 ④ 知,只要证明

$$\frac{b^2+c^2-a^2}{c}+\frac{c^2+a^2-b^2}{a}+\frac{a^2+b^2-c^2}{b}\leqslant\frac{5}{4}(a+\sqrt{b^2+c^2}) \quad ⑤$$

则式 ② 成立

$$\frac{b^2+c^2-a^2}{c}+\frac{c^2+a^2-b^2}{a}+\frac{a^2+b^2-c^2}{b}$$

$$=c+\frac{b^2-a^2}{c}+a+\frac{c^2-b^2}{a}+b+\frac{a^2-c^2}{b}$$

$$=a+b+c+\frac{1}{abc}[ab(b^2-a^2)+bc(c^2-b^2)+ca(a^2-c^2)]$$

而 $(a+b+c)(a-b)(b-c)(c-a)=(a+b+c)(a^2-ab-ac+bc)(c-b)$

$=(a+b+c)(a^2c-ca^2+bc^2-b^2c+ab^2-a^2b)$

$=ab(b^2-a^2)+bc(c^2-b^2)+ca(a^2-c^2)$

因此有

$$\frac{b^2+c^2-a^2}{c}+\frac{c^2+a^2-b^2}{a}+\frac{a^2+b^2-c^2}{b}$$

$$=\frac{a+b+c}{abc}[abc+(a-b)(b-c)(c-a)] \quad ⑥$$

从式 ⑤ 和式 ⑥ 知，我们只须证明

$$4(a+b+c)[abc+(a-b)(b-c)(c-a)]\leqslant 5abc(a+\sqrt{b^2+c^2}) \quad ⑦$$

这里 a,b,c 是正实数，且 a 为最大. 视 a 为变量，b,c 为参数，令

$$f(a)=4(a+b+c)[abc+(a-b)(b-c)(c-a)]-5abc(a+\sqrt{b^2+c^2})$$

$$=4(a+b+c)(a-b)(b-c)(c-a)+abc[4(b+c)-a-5\sqrt{b^2+c^2}] \quad ⑧$$

由于 $x>0$，从式 ① 中第二式，有 $a<\sqrt{b^2+c^2}$.

当 $a>b$ 时，如果我们能证明了 $f(a)<0$，这表明当 $b\leqslant c\leqslant a<\sqrt{b^2+c^2}$ 时，式 ⑦ 成立，利用式 ⑧，有

$$abc[5\sqrt{b^2+c^2}+a-4(b+c)]>4(a+b+c)(a-b)(a-c)(c-b)\geqslant 0 \quad ⑨$$

当然如果能证明式 ⑨，则 $f(a)<0$ 和式 ⑦ 成立. 由式 ⑨ 知，只要证在 $a\geqslant c\geqslant b$ 条件下，式 ⑨ 成立就够了. 因此，问题转化为在 $b\leqslant c\leqslant a<\sqrt{b^2+c^2}$ 条件下，证明式 ⑨ 成立，或证明等价的不等式 $f(a)<0$.

当 $b=c$ 时，$a<\sqrt{2}b$，利用式 ⑧，有

$$f(a)=ab^2(8b-a-5\sqrt{2}b)=ab^2[(7-5\sqrt{2})b-(a-b)]$$

明显地，$7-5\sqrt{2}<0$，$a-b\geqslant 0$，又 $b>0$，所以 $f(a)<0$.

当 $c>b$ 时，$f(a)$ 是关于 a 的一个三次实系数多项式，首项系数是 $4(c-b)>0$（见式 ⑧）. 常数项 $f(0)=4(b+c)bc(c-b)>0$. 现在考虑 $f(a)$ 的根的情况. 当 $f(a)$ 是很大的负数时，$f(a)<0$，由于 $f(0)>0$，所以在 $(-\infty,0)$ 内，$f(a)$ 必有一个实数根. 利用式 ⑧，有

$$f(c)=bc^2(4b+3c-5\sqrt{b^2+c^2}) \quad ⑩$$

由于 $c > b, 0 < (4c-3b)^2$，则展开后，有

$$16c^2+9b^2>24bc \tag{11}$$

于是，有

$$(3c+4b)^2=9c^2+24bc+16b^2<(9c^2+16b^2)+(16c^2+9b^2)=25(b^2+c^2)$$

上式两端开方，有

$$3c+4b<5\sqrt{b^2+c^2} \tag{12}$$

由式 ⑩ 和式 ⑫，有 $f(c)<0$，这表明 $f(a)$ 在 $(0,c)$ 之间必有第二个实数根.

$$\begin{aligned}
&f(\sqrt{b^2+c^2})\\
=&4(\sqrt{b^2+c^2}+b+c)(\sqrt{b^2+c^2}-b)+(\sqrt{b^2+c^2}-c)(c-b)+\\
&\sqrt{b^2+c^2}\,bc[4(b+c)-6\sqrt{b^2+c^2}]\\
=&4(c^2-bc+c\sqrt{b^2+c^2})(\sqrt{b^2+c^2}-c)(c-b)+\\
&2\sqrt{b^2+c^2}\,bc[2(b+c)-\sqrt{b^2+c^2}]\\
=&[4c(b^2+c^2)(c-b)-4c(c^2-bc)(c-b)-6bc(b^2+c^2)]+\\
&4[(c^2-bc)(c-b)-c^2(c-b)+bc(b+c)]\sqrt{b^2+c^2}\\
=&-2bc(5b^2+c^2)+8b^2c\sqrt{b^2+c^2}=-2bc\,(\sqrt{b^2+c^2}-2b)^2\leqslant 0
\end{aligned}$$

由于 $f(a)$ 的首项系数为正，则 a 取很大的正实数时，$f(a)>0$，因此 $f(a)$ 在区间$[\sqrt{b^2+c^2},+\infty)$ 内有第三个根. $f(a)$ 是 a 的一个实系数三次多项式，已知 $f(a)$ 在$(-\infty,0)$，$(0,c)$，$[\sqrt{b^2+c^2},+\infty)$ 三个区间内有一个实数根，则 $f(a)$ 无其他根了. 于是 $f(a)$ 在区间$[c,\sqrt{b^2+c^2})$ 内不改变符号（否则将产生一个新根，矛盾），那么对于$[c,\sqrt{b^2+c^2})$ 内任一正实数 a，$f(a)$ 与 $f(c)$ 同号，而前面已证 $f(c)<0$，那么 $f(a)<0$，这恰好是要证明的.

证法 2 （录自 THE LOVE MAKES US STRONGER，Jack Garfunkel 提供）

设 $x+y+z=1$，则由柯西不等式得到

$$\begin{aligned}
\left(\sum \frac{x}{\sqrt{x+y}}\right)^2 &\leqslant \sum \frac{x(3x+3y+z)}{x+y}\cdot\sum\frac{x}{3x+3y+z}\\
&=\left[2\sum x+\sum\frac{x(x+y+z)}{x+y}\right]\cdot\sum\frac{x}{3x+3y+z}\\
&=\sum x\cdot(2++\sum\frac{x}{x+y})\cdot\sum\frac{x}{3x+3y+z}
\end{aligned}$$

因此，只要证

$$(2+\sum\frac{x}{x+y})\cdot\sum\frac{x}{3x+3y+z}\leqslant\frac{25}{16} \tag{13}$$

记 $A=\sum x^3, B=\sum x^2y, C=\sum xy^2, r=xyz$，则

$$\sum \frac{x}{3x+3y+z}=\frac{3A+19B+15C+36r}{9A+39B+39C+82r}$$

$$2+\sum \frac{x}{x+y}=\frac{4B+3C+5r}{B+C+2r}$$

将以上两式分别代入式 ⑬,得到

$$\frac{3A+19B+15C+36r}{9A+39B+39C+82r}\cdot\frac{4B+3C+5r}{B+C+2r}\leqslant\frac{25}{16}$$

化为整式,并整理得到

$$\begin{gathered}1\ 220r^2+(210A+176B+1\ 072C)r+33AB+\\81AC+255C^2-241B^2+78BC\geqslant 0\end{gathered}\tag{⑭}$$

由于

$$AB=\sum x^3\cdot\sum x^2y=\sum x^5y+\sum x^2y^4+Br$$

$$AC=\sum x^3\cdot\sum xy^2=\sum xy^5+\sum x^4y^2+Cr$$

$$B^2=(\sum x^2y)^2=\sum x^4y^2+2Cr$$

$$C^2=(\sum xy^2)^2=\sum x^2y^4+2Br$$

$$BC=\sum x^2y\cdot\sum xy^2=\sum x^3y^3+Ar+3r^2$$

因此 $33AB+81AC+255C^2-241B^2+78BC$

$$\begin{aligned}&=33(\sum x^5y+81\sum xy^5-160\sum x^4y^2+288\sum x^2y^4+78\sum x^3y^3)+\\&\quad(78A+543B-401C)r+234r^2\\&=\sum xy(11x+9y)(3x+y)(x-3y)^2+\\&\quad(78A+543B-401C)r+234r^2\end{aligned}$$

将以上各式分别代入式 ② 左边,经计算并整理,得到

$$\begin{aligned}\text{② 式左边}=&\sum xy(11x+9y)(3x+y)(x-3y)^2+\\&(288A+719B+671C)r+1\ 454r^2\\\geqslant&\ 0\end{aligned}$$

故式 ⑭ 成立,从而式 ⑬ 成立,原式获证.由上述证明的最后一式的取等号条件可知原式的取等号条件.

注:(1) 以上证明可参阅黄宣国著《数学奥林匹克大集 1994》,上海教育出版社,1997 年出版;

(2) 本例的等价命题:在非钝角 $\triangle ABC$ 中,证明

$$(\cos A\sin B+\cos B\sin C+\cos C\sin A)^2\leqslant\frac{25}{32}(\sin^2A+\sin^2B+\sin^2C)$$

当且仅当 $\triangle ABC$ 三个角为 $A=90°,B=30°,C=60°$;或 $B=90°,C=30°,A=60°$,或 $C=90°,A=30°,B=60°$ 取等号.

(3) 本例曾被改编成"第 48 届 IMO 中国国家集训队测试题"：

设 $a,b,c\in(0,1]$，且 $a^2+b^2+c^2=2$，求证

$$\frac{1-b^2}{a}+\frac{1-c^2}{b}+\frac{1-a^2}{c}\leqslant\frac{5}{4}$$

当且仅当 $a=1,b=\frac{1}{2},c=\frac{\sqrt{3}}{2}$；或 $b=1,c=\frac{1}{2},a=\frac{\sqrt{3}}{2}$；或 $c=1,a=\frac{1}{2},b=\frac{\sqrt{3}}{2}$ 时原式取等号.

证明 (命题组提供) 不妨设 $a=\max\{a,b,c\}$. 由题设知 $a^2\leqslant b^2+c^2$，则

$$\text{原式}\Leftrightarrow\frac{2-2b^2}{2a}+\frac{2-2c^2}{2b}+\frac{2-2a^2}{2c}\leqslant\frac{5}{4}$$

$$\Leftrightarrow\frac{a^2+c^2-b^2}{2a}+\frac{a^2+b^2-c^2}{2b}+\frac{b^2+c^2-a^2}{2c}\leqslant\frac{5}{4}$$

而

$$\frac{5}{4}=\frac{5}{4}\sqrt{\frac{1}{2}(a^2+b^2+c^2)}\geqslant\frac{5}{4}\cdot\frac{1}{2}(a+\sqrt{b^2+c^2})$$

所以只需证

$$\frac{a^2+c^2-b^2}{a}+\frac{a^2+b^2-c^2}{b}+\frac{b^2+c^2-a^2}{c}\leqslant\frac{5}{4}(a+\sqrt{b^2+c^2})\qquad ①$$

$$\Leftrightarrow\frac{bc(a^2+c^2-b^2)+ca(a^2+b^2-c^2)+ab(b^2+c^2-a^2)}{abc}\leqslant\frac{5}{4}(a+\sqrt{b^2+c^2})$$

$$\Leftrightarrow a+b+c+\frac{(a+c+c)(a-b)(b-c)(c-a)}{abc}\leqslant\frac{5}{4}(a+\sqrt{b^2+c^2})$$

$$\Leftrightarrow 4(a+b+c)[abc+(a-b)(b-c)(c-a)]\leqslant 5abc(a+\sqrt{b^2+c^2})$$

$$\Leftrightarrow 4(a+b+c)(a-b)(a-c)(c-b)+abc[4(b+c)-a-5\sqrt{b^2+c^2}]\leqslant 0$$

记 $f(a)=4(a+b+c)(a-b)(a-c)(c-b)+abc[4(b+c)-a-5\sqrt{b^2+c^2}]$，于是

i. 若 $b\leqslant c\leqslant a\leqslant\sqrt{b^2+c^2}$. 当 $b=c$ 时，$a\leqslant\sqrt{2}b$. 此时 $f(a)=ab^2(8b-a-5\sqrt{2}b)=ab^2[(7-5\sqrt{2})b+(b-a)]<0$.

当 $b<c$ 时，$f(a)$ 为 a 的三次多项式，其首项系数为 $4(c-b)>0$，故 $\lim\limits_{a\to-\infty}f(a)<0$，$\lim\limits_{a\to+\infty}f(a)>0$，而 $f(0)=4(b+c)bc(c-b)>0$，$f(c)=bc^2[4(b+c)-c-5\sqrt{b^2+c^2})=bc^2(4b+3c-5\sqrt{b^2+c^2})<0$ ($\Leftrightarrow 4b+3c<5\sqrt{b^2+c^2}\Leftrightarrow 16b^2+9c^2+24bc<25b^2+25c^2\Leftrightarrow 9b^2-24bc+16c^2>0\Leftrightarrow(3b-4c)^2>0$).

故 $f(a)$ 在 $(-\infty,0)$，$(0,c)$，$(c,+\infty)$ 上有三个实根.

考虑 $f(\sqrt{b^2+c^2})$ 的符号，注意到 $f(a)$ 与式 ① 中左边减去右边的符号相

同，只需考虑

$$\frac{a^2+c^2-b^2}{a}+\frac{a^2+b^2-c^2}{b}+\frac{b^2+c^2-a^2}{c}-\frac{5}{4}(a+\sqrt{b^2+c^2}) \quad ②$$

当 $a=\sqrt{b^2+c^2}$ 时的符号. 这时

$$\begin{aligned}式② &= \frac{2c^2}{\sqrt{b^2+c^2}}+\frac{2b^2}{b}-\frac{5}{4}(\sqrt{b^2+c^2}+\sqrt{b^2+c^2}) \\ &= \frac{2c^2}{\sqrt{b^2+c^2}}+2b-\frac{5}{2}\sqrt{b^2+c^2} \\ &= \frac{1}{2\sqrt{b^2+c^2}}[4c^2+4b\sqrt{b^2+c^2}-5(b^2+c^2)] \\ &= \frac{1}{2\sqrt{b^2+c^2}}(4b\sqrt{b^2+c^2}-5b^2-c^2)\leqslant 0\end{aligned}$$

$(\Leftrightarrow 4b\sqrt{b^2+c^2}\leqslant 5b^2+c^2 \Leftrightarrow 16b^4+16b^2c^2\leqslant 25b^4+c^4+10b^2c^2 \Leftrightarrow 9b^4+c^4-6b^2c^2\geqslant 0 \Leftrightarrow (3b^2-c^2)^2\geqslant 0)$.

从上可知 $f(\sqrt{b^2+c^2})\leqslant 0$. 这说明：当 $c\leqslant a\leqslant\sqrt{b^2+c^2}$ 时 $f(a)\leqslant 0$.

ii. 若 $c<b\leqslant a\leqslant\sqrt{b^2+c^2}$. 此时若存在 a_1 使得 $f(a_1)>0$，令 $b_1=c, c_1=b$，则 $b_1<c_1\leqslant a_1\leqslant\sqrt{b^2+c^2}$，由 i 知此时 $f(a_1)\leqslant 0$，即

$$\begin{aligned}&4(a_1+b_1+c_1)(a_1-b_1)(a_1-c_1)(c_1-b_1)+\\ &a_1b_1c_1[4(b_1+c_1)-a_1-5\sqrt{b^2+c^2}]\leqslant 0\end{aligned}$$

即

$$4(a_1+b+c)(a_1-c)(a_1-b)(b-c)+a_1bc[4(b+c)-a_1-5\sqrt{b^2+c^2}]\leqslant 0$$

又 $b>c$，所以

$$4(a_1+b+c)(a_1-c)(a_1-b)(b-c)\geqslant 0\geqslant 4(a_1+b+c)(a_1-c)(a_1-b)(c-b)$$

因此

$$\begin{aligned}f(a_1)\leqslant &4(a_1+b+c)(a_1-c)(a_1-b)(b-c)+\\ &a_1bc[4(b+c)-a_1-5\sqrt{b^2+c^2}]\leqslant 0\end{aligned}$$

矛盾！

($a=1, b=\frac{1}{2}, c=\frac{\sqrt{3}}{2}$ 时等号成立.)

(4) 本例可参见《数学奥林匹克不等式研究》(杨学枝. 哈尔滨工业大学出版社，2009 年 8 月)，第七章“其他不等式证明例子”，第 173 页例 34.

(5) 本例中的不等式的加强，可见下例 94，由此，又给出了一种证明.

例 93　设 $x,y,z,w\in\mathbf{R}^+$，且 $x+y+z+w=1$，则

$$\frac{x}{\sqrt{x+y}}+\frac{y}{\sqrt{y+z}}+\frac{z}{\sqrt{z+w}}+\frac{w}{\sqrt{w+x}}<\frac{3}{2}$$

证明 (2005－07－21) 由 $x+y+z+w=1$ 知, $x+z$ 与 $y+w$ 中必有一个不大于$\frac{1}{2}$,若 $y+w\leqslant\frac{1}{2}$, 据上例中不等式,有

$$\begin{aligned}&\frac{x}{\sqrt{x+y}}+\frac{y}{\sqrt{y+z}}+\frac{z}{\sqrt{z+w}}+\frac{w}{\sqrt{w+x}}\\&=\left(\frac{x}{\sqrt{x+y}}+\frac{y}{\sqrt{y+z}}+\frac{z}{\sqrt{z+x}}\right)+\\&\quad\left(\frac{z}{\sqrt{z+w}}+\frac{w}{\sqrt{w+x}}+\frac{x}{\sqrt{x+z}}\right)-\left(\frac{z}{\sqrt{z+x}}+\frac{x}{\sqrt{x+z}}\right)\\&\leqslant\frac{5}{4}(\sqrt{x+y+z}+\sqrt{z+w+x})-\sqrt{x+z}\\&=\frac{5}{4}(\sqrt{1-w}+\sqrt{1-y})-\sqrt{x+z}\\&\leqslant\frac{5}{4}\sqrt{2(2-y-w)}-\sqrt{1-y-w}\end{aligned}$$

令 $y+w=u\leqslant\frac{1}{2}$,于是只要证

$$\frac{5}{4}\sqrt{2(2-u)}-\sqrt{1-u}\leqslant\frac{3}{2}$$

即
$$5\sqrt{2(2-u)}-4\sqrt{1-u}\leqslant 6$$

$$\Leftrightarrow 50(2-u)\leqslant(6+4\sqrt{1-u})^2=52-16u+48\sqrt{1-u}$$

$$\Leftrightarrow 24-24\sqrt{1-u}\leqslant 17u,\Leftrightarrow\frac{24u}{1+\sqrt{1-u}}\leqslant 17u,\Leftrightarrow\sqrt{1-u}\geqslant\frac{7}{17}$$

$$\Leftrightarrow u\leqslant 1-\left(\frac{7}{17}\right)^2\qquad①$$

因为 $u\leqslant\frac{1}{2}<1-\left(\frac{7}{17}\right)^2$,所以式 ① 成立.

若 $x+z\leqslant\frac{1}{2}$,则有

$$\begin{aligned}&\frac{x}{\sqrt{x+y}}+\frac{y}{\sqrt{y+z}}+\frac{z}{\sqrt{z+w}}+\frac{w}{\sqrt{w+x}}\\&=\left(\frac{y}{\sqrt{y+z}}+\frac{z}{\sqrt{z+w}}+\frac{w}{\sqrt{w+y}}\right)+\\&\quad\left(\frac{w}{\sqrt{w+x}}+\frac{x}{\sqrt{x+y}}+\frac{y}{\sqrt{y+w}}\right)-\left(\frac{y}{\sqrt{w+y}}+\frac{w}{\sqrt{y+w}}\right)\\&\leqslant\frac{5}{4}(\sqrt{1-x}+\sqrt{1-z})-\sqrt{y+w}\end{aligned}$$

以下证法同上,从而原式获证.

注：本例可参见《数学奥林匹克不等式研究》(杨学枝.哈尔滨工业大学出版社，2009年8月)，第七章“其他不等式证明例子”，第179页例35.

例 94 (自创题，2013－02－20) 设 $\triangle ABC$ 为非钝角三角形，三边长 $BC=a$，$CA=b$，$AB=c$，$\triangle ABC$ 外接圆半径为 R，内切圆半径为 r，则

$$\left|\frac{(a-b)(b-c)(a-c)}{abc}\right|\leqslant\frac{R-2r}{2(2R+r)}=\frac{abc-\prod(-a+b+c)}{4abc+\prod(-a+b+c)}$$

当且仅当 $\triangle ABC$ 为正三角形，或 $\triangle ABC$ 为直角三角形，且三个角分别为 90°，60°，30° 时取等号.

在上面例92不等式中，若令 $x=a^2+b^2-c^2$，$y=a^2-b^2+c^2$，$z=-a^2+b^2+c^2$，a,b,c 为非钝角 $\triangle ABC$ 中的三边长，则例92中的不等式又等价于下面几何不等式：

在非钝角 $\triangle ABC$ 中，边长 $BC=a$，$CA=b$，$AB=c$，且 $a\geqslant b\geqslant c$，则有

$$(a+b+c)^2\left[abc+(a-b)(b-c)(a-c)\right]^2\leqslant\frac{25}{8}(abc)^2(a^2+b^2+c^2) \quad ①$$

本人所见过的对式①的证明都非常烦琐，笔者在研究对式①的证明时，考虑到对它的加强，便提出了本例中的不等式.它加强了式①，理由如下：

要证式①，只要证 $a\geqslant b\geqslant c$ 时，有

$$\frac{(a-b)(b-c)(a-c)}{abc}\leqslant\frac{R-2r}{2(2R+r)}\leqslant\frac{5}{4}\cdot\sqrt{\frac{2\sum a^2}{\left(\sum a\right)^2}}-1$$

不难证明 $\frac{R-2r}{2(2R+r)}\leqslant\frac{5}{4}\cdot\sqrt{\frac{2\sum a^2}{\left(\sum a\right)^2}}-1$，事实上，只要注意到在非钝角 $\triangle ABC$ 中的已知结论：$\sum a\geqslant 2(2R+r)$，便有

$$\begin{aligned}
\frac{5}{4}\cdot\sqrt{\frac{2\sum a^2}{\left(\sum a\right)^2}}-1&=\frac{5}{4}\cdot\sqrt{1-\frac{2\sum bc-\sum a^2}{\left(\sum a\right)^2}}-1\\
&=\frac{5}{4}\cdot\sqrt{1-\frac{4r(4R+r)}{\left(\sum a\right)^2}}-1\\
&\geqslant\frac{5}{4}\cdot\sqrt{1-\frac{4r(4R+r)}{4(2R+r)^2}}=\frac{5}{4}\cdot\sqrt{1-\frac{r(4R+r)}{(2R+r)^2}}-1\\
&=\frac{5R}{2(2R+r)}-1=\frac{R-2r}{2(2R+r)}
\end{aligned}$$

下面我用增量法来证明本例中的不等式.

证明 由 $a\geqslant b\geqslant c$，可设 $a=c+\alpha+\beta$，$b=c+\alpha$，$\alpha,\beta\in\overline{\mathbf{R}^-}$，又由于 a,b,c 为非钝角 $\triangle ABC$ 的三边长，则有 $b^2+c^2\geqslant a^2$，由此可得

$$c^2 \geqslant 2\beta c + 2\alpha\beta + \beta^2$$

即

$$c \geqslant \sqrt{2\alpha\beta + 2\beta^2} + \beta \qquad ②$$

另外,经计算,有

$$\frac{(a-b)(b-c)(a-c)}{abc} = \frac{\alpha\beta(\alpha+\beta)}{c^3 + (2\alpha+\beta)c^2 + \alpha(\alpha+\beta)c}$$

$$\frac{R-2r}{2(2R+r)} = \frac{(\alpha^2+\alpha\beta+\beta^2)c + \beta^2(2\alpha+\beta)}{5c^3 + 5(2\alpha+\beta)c^2 + (4\alpha^2+4\alpha\beta-\beta^2)c - \beta^2(2\alpha+\beta)}$$

$$\begin{aligned}
f(c) = &[(\alpha^2+\alpha\beta+\beta^2)c+\beta^2(2\alpha+\beta)][c^3+(2\alpha+\beta)c^2+\alpha(\alpha+\beta)c] - \\
&\alpha\beta(\alpha+\beta)[5c^3+5(2\alpha+\beta)c^2+(4\alpha^2+4\alpha\beta-\beta^2)c-\beta^2(2\alpha+\beta)] \\
= &(\alpha^2+\alpha\beta+\beta^2)c^4 + 2(\alpha^3-\alpha^2\beta+\beta^3)c^3 + (\alpha^4-8\alpha^3\beta-9\alpha^2\beta^2+\beta^4)c^2 - \\
&2\alpha\beta(\alpha+\beta)(2\alpha^2+\alpha\beta-\beta^2)c + \alpha\beta^3(\alpha+\beta)(2\alpha+\beta)
\end{aligned}$$

当 a,b,c 中有两个相等时,猜想显然成立.当 a,b,c 互不相等时,由于

$$\begin{aligned}
f'(c) = &4(\alpha^2+\alpha\beta+\beta^2)c^3 + 6(\alpha^3-\alpha^2\beta+\beta^3)c^2 + \\
&2(\alpha^4-8\alpha^3\beta-9\alpha^2\beta^2+\beta^4)c - 2tu(t+u)(2t^2+tu-u^2) \\
\geqslant &4(\alpha^2+\alpha\beta+\beta^2)(2\beta c+2\alpha\beta+\beta^2)c + 6(\alpha^3-\alpha^2\beta+\beta^3)c^2 + \\
&2(\alpha^4-8\alpha^3\beta-9\alpha^2\beta^2+\beta^4)c - 2\alpha\beta(\alpha+\beta)(2\alpha^2+\alpha\beta-\beta^2) \\
= &(6\alpha^3+2\alpha^2\beta+8\alpha\beta^2+14\beta^3)c^2 + (2\alpha^4-8\alpha^3\beta-6\alpha^2\beta^2+12\alpha\beta^3+6\beta^4)c - \\
&4\alpha^4\beta - 6\alpha^3\alpha^2 + 2\alpha\beta^4 \\
\geqslant &(6\alpha^3+2\alpha^2\beta+8\alpha\beta^2+14\beta^3)(2\beta c+2\alpha\beta+\beta^2) + \\
&(2\alpha^4-8\alpha^3\beta-6\alpha^2\beta^2+12\alpha\beta^3+6\beta^4)c - 4\alpha^4\beta - 6\alpha^3\alpha^2 + 2\alpha\beta^4 \\
\geqslant &(2\alpha^4+4\alpha^3\beta-2\alpha^2\beta^2+28\alpha\beta^3+34\beta^4)c + \\
&8\alpha^4\beta+4\alpha^3\beta^2+18\alpha^2\beta^3+38\alpha\beta^4+14\beta^5 \\
> &0
\end{aligned}$$

因此,由式②知,有

$$f(c) \geqslant f(\sqrt{2\alpha\beta+2\beta^2}+\beta)$$

由于 $f(c)$ 为齐次式,不妨设 $\beta=1$,设 $\lambda=\sqrt{2(\alpha+1)}>0$,则 $\alpha=\frac{1}{2}\lambda^2-1$,则式②即为 $c \geqslant \sqrt{2\alpha\beta+2\beta^2}+\beta=\lambda+1$,于是

$$\begin{aligned}
f(c) \geqslant &f(\sqrt{2\alpha\beta+2\beta^2}+\beta) = f(\lambda+1) \\
= &[(\tfrac{1}{2}\lambda^2-1)^2 + (\tfrac{1}{2}\lambda^2-1)+1](\lambda+1)^4 + \\
&2[(\tfrac{1}{2}\lambda^2-1)^3 - (\tfrac{1}{2}\lambda^2-1)^2+1](\lambda+1)^3 + \\
&[(\tfrac{1}{2}\lambda^2-1)^4 - 8(\tfrac{1}{2}\lambda^2-1)^3 - 9(\tfrac{1}{2}\lambda^2-1)^2+1](\lambda+1)^2 -
\end{aligned}$$

$$2(\frac{1}{2}\lambda^2-1)[(\frac{1}{2}\lambda^2-1)+1][2(\frac{1}{2}\lambda^2-1)^2+(\frac{1}{2}\lambda^2-1)-1](\lambda+1)+$$

$$(\frac{1}{2}\lambda^2-1)[(\frac{1}{2}\lambda^2-1)+1][2(\frac{1}{2}\lambda^2-1)+1]$$

$$=(\frac{1}{4}\lambda^4-\frac{1}{2}\lambda^2+1)(\lambda+1)^4+2(\frac{1}{8}\lambda^6-\lambda^4+\frac{5}{2}\lambda^2-1)(\lambda+1)^3+$$

$$(\frac{1}{16}\lambda^8-\frac{3}{2}\lambda^6+\frac{21}{4}\lambda^4-5\lambda^2+1)(\lambda+1)^2-$$

$$\lambda^2(\frac{1}{2}\lambda^2-1)(\frac{1}{2}\lambda^4-\frac{1}{2}\lambda^2)(\lambda+1)+\frac{1}{2}\lambda^2(\frac{1}{2}\lambda^2-1)(\lambda^2-1)$$

$$=\lambda^2(\frac{1}{16}\lambda^8+\frac{1}{8}\lambda^7-\frac{1}{16}\lambda^6-2\lambda^5+\frac{1}{2}\lambda^4+7\lambda^3+\frac{37}{4}\lambda^2+5\lambda+1)$$

$$=\frac{1}{16}\lambda^2(\lambda^4+\lambda^3-6\lambda^2-10\lambda-4)^2$$

$$=\frac{1}{16}\lambda^2(\lambda+1)^2(\lambda+2)^2(\lambda^2-2\lambda-2)^2\geqslant 0$$

由上证明过程知，当且仅当 $\alpha=\beta=0$，即 $\triangle ABC$ 为等边三角形；或 $\beta=1$，$\lambda^2-2\lambda-2=0$，$\lambda=\sqrt{2(\alpha+1)}$，$c=\sqrt{2\alpha\beta+2\beta^2}+\beta=\lambda+1$，即 $\alpha=\sqrt{3}+1$，$\beta=1$，$c=\sqrt{3}+2$，也就是 $a:b:c=2:\sqrt{3}:1$，这时 $\triangle ABC$ 为直角三角形，且两个锐角分别为 $\frac{\pi}{3}$ 和 $\frac{\pi}{6}$ 时，原命题中的不等式取等号.

注：(1) 本例中的不等式等价于：在非钝角 $\triangle ABC$ 中，有

$$\sin A\cos B+\sin B\cos C+\sin C\cos A\leqslant\frac{5(\sin A+\sin B+\sin C)}{4(1+\cos A+\cos B+\cos C)}$$

当且仅当 $\triangle ABC$ 为正三角形，或 $\triangle ABC$ 中 $A=\frac{\pi}{2}$，$B=\frac{\pi}{3}$，$C=\frac{\pi}{6}$ 或其循环时取等号.

(2) 本例可参见中学数学教学(安徽)，2013 年第四期，杨学枝《一个深刻的几何不等式猜想》.

(3) 在例 92 不等式中，若令 $x=a^2+b^2-c^2$，$y=a^2-b^2+c^2$，$z=-a^2+b^2+c^2$，a,b,c 为非钝角 $\triangle ABC$ 中的三边长，则例 92 中的不等式又等价于下面几何不等式

$$\sin A\cos B+\sin B\cos C+\sin C\cos A\leqslant\frac{5\sqrt{2\sum\sin^2 A}}{8}$$

另外，在第一章“基本不等式及其应用”中“§3　排序不等式”的例 1 已得到：在非钝角 $\triangle ABC$ 中，有

$$\sin A\cos B+\sin B\cos C+\sin C\cos A\leqslant\frac{3\sqrt{3}}{4}$$

由此启发我们证明以下命题.

命题 在非钝角 $\triangle ABC$ 中,有

$$\frac{5(\sin A+\sin B+\sin C)}{4(1+\cos A+\cos B+\cos C)}\leqslant\begin{cases}\dfrac{3\sqrt{3}}{4}\\ \dfrac{5\sqrt{2\sum\sin^2 A}}{8}\end{cases}$$

当且仅当 $\triangle ABC$ 为正三角形时,前一个不等式取等号;当且仅当 $\triangle ABC$ 为直角三角形时,后一个不等式取等号.

为证明上述不等式,首先证明以下

引理 在非钝角 $\triangle ABC$ 中,有

$$1+\sum\cos A\leqslant\sum\sin A\leqslant\frac{3\sqrt{3}}{5}(1+\sum\cos A)$$

当且仅当 $\triangle ABC$ 为直角三角形时,其左边不等式取等号;当且仅当 $\triangle ABC$ 为正三角形时,其右边不等式取等号.

引理证明

$$\begin{aligned}(1+\sum\cos A)^2&=1+\sum\cos^2A+2\sum\cos B\cos C+2\sum\cos A\\&=1+\sum\cos^2A+2\sum\cos B\cos C-2\sum\cos(B+C)\\&=1+\sum\cos^2A+2\sum\sin B\sin C\\&=1+\sum\cos^2A+(\sum\sin A)^2-\sum\sin^2A\\&=2(\sum\cos^2A-1)+(\sum\sin A)^2\\&=-4\cos A\cos B\cos C+(\sum\sin A)^2\leqslant(\sum\sin A)^2\end{aligned}$$

这里应用了三角形中的等式

$$\cos^2A+\cos^2B+\cos^2C+2\cos A\cos B\cos C=1$$

(证明略). 由此即得 $1+\sum\cos A\leqslant\sum\sin A$,当且仅当 $\triangle ABC$ 为直角三角形时取等号.

下面证明:$\sum\sin A\leqslant\frac{3\sqrt{3}}{5}(1+\sum\cos A)$.

先证

$$(\sum\cos A+1)^2+2(\sum\cos A-1)^2\geqslant(\sum\sin A)^2\qquad ③$$

当且仅当 $\triangle ABC$ 为正三角形时,式 ③ 取等号.

由于 $\sum\cos A=\frac{R+r}{R}$,$\sum\sin A=\frac{s}{R}$,因此,有

$$(\sum\cos A+1)^2+2(\sum\cos A-1)^2-(\sum\sin A)$$

$$=\left(\frac{R+r}{R}+1\right)^2+2\left(\frac{R+r}{R}-1\right)^2-\left(\frac{s}{R}\right)^2$$

$$=\frac{4R^2+4Rr+3r^2-s^2}{R^2}\geqslant 0$$（格雷森(Gerretsen) 不等式）

即得式 ③，易知当且仅当 $\triangle ABC$ 为正三角形时，式 ③ 取等号.

再证 $\left(\sum\cos A+1\right)^2+2\left(\sum\cos A-1\right)^2\leqslant\frac{27}{25}\left(\sum\cos A+1\right)^2$

$$\Leftrightarrow 25\left(\sum\cos A-1\right)^2\leqslant\left(\sum\cos A+1\right)^2$$

$$\Leftrightarrow \sum\cos A\leqslant\frac{3}{2}$$

此式是常见不等式，且当且仅当 $\triangle ABC$ 为正三角形时取等号. 故

$$\sum\sin A\leqslant\frac{3\sqrt{3}}{5}\left(1+\sum\cos A\right)$$

当且仅当 $\triangle ABC$ 为正三角形时取等号.

引理中的右边不等式的证明也可以直接用三角形中的 $R-r-s$ 方法，即用格雷森不等式来证明.

现在来证明原命题.

由于 $\frac{5(\sin A+\sin B+\sin C)}{4(1+\cos A+\cos B+\cos C)}\leqslant\frac{3\sqrt{3}}{4}$，即为 $\sum\sin A\leqslant\frac{3\sqrt{3}}{5}\left(1+\sum\cos A\right)$，由此可知原命题的前一个不等式成立，当且仅当非钝角 $\triangle ABC$ 为正三角形时取等号.

由于 $\frac{5(\sin A+\sin B+\sin C)}{4(1+\cos A+\cos B+\cos C)}\leqslant\frac{5\sqrt{2\sum\sin^2 A}}{8}$ 经整理，等价于

$$2\left(\sum\sin A\right)^2\leqslant\left(\sum\sin^2 A\right)\left(1+\sum\cos A\right)^2$$

$$\Leftrightarrow 2\left(\sum\sin A\right)^2\leqslant\left[\left(\frac{1}{2}\sum\sin A\right)^2-\frac{1}{2}\left(2\sum\sin B\sin C-\sum\sin^2 A\right)\right]\left(1+\sum\cos A\right)^2$$

$$\Leftrightarrow \frac{1}{2}\left(2\sum\sin B\sin C-\sum\sin^2 A\right)\left(1+\sum\cos A\right)^2\leqslant\left(\sum\sin A\right)^2\left[\frac{1}{2}\left(1+\sum\cos A\right)^2-2\right]$$

由引理可知，只要证明

$$\frac{1}{2}\left(2\sum\sin B\sin C-\sum\sin^2 A\right)=\frac{1}{2}\left(1+\sum\cos A\right)^2-2$$

即可.

此式易证,事实上,有

$$\begin{aligned}
&\frac{1}{2}(2\sum\sin B\sin C-\sum\sin^2 A)\\
=&\sum\sin B\sin C-\frac{1}{2}\sum\sin^2 A\\
=&\sum\cos B\cos C+\sum\cos A-\frac{1}{2}(3-\sum\cos^2 A)\\
=&\frac{1}{2}(\sum\cos A)^2+\sum\cos A-\frac{3}{2}\\
=&\frac{1}{2}(1+\sum\cos A)^2-2
\end{aligned}$$

另证 由于$\frac{5(\sin A+\sin B+\sin C)}{4(1+\cos A+\cos B+\cos C)}\leqslant\frac{5\sqrt{2\sum\sin^2 A}}{8}$经整理,等价于

$$2(\sum\sin A)^2\leqslant(\sum\sin^2 A)(1+\sum\cos A)^2$$

又由于

$$\begin{aligned}
&(\sum\sin^2 A)(1+\sum\cos A)^2-2(\sum\sin A)^2\\
=&-\sum\sin^2 A+(\sum\sin^2 A)(\sum\cos^2 A)+\\
&2(\sum\sin^2 A)(\sum\cos A+\sum\cos B\cos C)-4\sum\sin B\sin C\\
=&-\sum\sin^2 A+(\sum\sin^2 A)(3-\sum\sin^2 A)+\\
&2(\sum\sin^2 A)(\sum\sin B\sin C)-4\sum\sin B\sin C\\
=&-(\sum\sin^2 A)(\sum\sin^2 A-2)+\\
&2(\sum\sin B\sin C)(\sum\sin^2 A-2)\\
=&(\sum\sin^2 A-2)(2\sum\sin B\sin C-\sum\sin^2 A)
\end{aligned}$$

易知在任意 $\triangle ABC$ 中,有 $2\sum\sin B\sin C-\sum\sin^2 A\geqslant 0$,同时在非钝角 $\triangle ABC$ 中,有$\sum\sin^2 A-2\geqslant 0$(证明从略),因此,得到

$$(\sum\sin^2 A-2)(2\sum\sin B\sin C-\sum\sin^2 A)\geqslant 0$$

故$\frac{5(\sin A+\sin B+\sin C)}{4(1+\cos A+\cos B+\cos C)}\leqslant\frac{5\sqrt{2\sum\sin^2 A}}{8}$成立,由引理中的不等式取等号条件可知,当且仅当 $\triangle ABC$ 为直角三角形时取等号.

这里同时又提供了例 92 的一种证法.

(4) 在第六章“三角几何不等式”的例 29 已得到:在非钝角 $\triangle ABC$ 中,有

$$\sin A\cos B+\sin B\cos C+\sin C\cos A<\frac{29}{54}(\sin A+\sin B+\sin C)$$

此不等式无法由本注(1)中的不等式得到.

(5) 本例中的不等式等价以下代数不等式：设 $x,y,z\in\overline{\mathbf{R}^-}$，$x$ 最小，且 $x(x+y+z)-yz\geqslant 0$，则

$$\frac{x\,(y-z)^2+y\,(z-x)^2+z\,(x-y)^2}{4[(\sum x)\cdot(\sum yz)+xyz]}\geqslant\frac{|(x-y)(y-z)(x-z)|}{(x+y)(y+z)(x+z)}$$

当且仅当 $x=y=z$，或 x,y,z 三数之比为 $(2+\sqrt{3}):\sqrt{3}:1$ 时取等号.

由于 x 最小，且 $x(x+y+z)-yz\geqslant 0$，即 $(y+z)^2\leqslant(x+y)^2+(x+z)^2$，因此，可设 $x=-a+b+c$，$y=a-b+c$，$z=a+b-c$，其中 a,b,c 为非钝角三角形三边长，且 a 最大，于是，上述代数不等式便等价于本例中的不等式.

例 95 （第三届陈省身杯全国高中数学奥林匹克，2012 年 7 月 22 日 ～ 23 日，天津）已知 $a,b,c>0$，求证

$$\left(a^3+\frac{1}{b^3}-1\right)\left(b^3+\frac{1}{c^3}-1\right)\left(c^3+\frac{1}{a^3}-1\right)\leqslant\left(abc+\frac{1}{abc}-1\right)^3$$

证明 由于

$$\left(a^3+\frac{1}{b^3}-1\right)+\left(b^3+\frac{1}{c^3}-1\right)>a^3+\frac{1}{c^3}>0$$

同样有 $(b^3+\frac{1}{c^3}-1)+(c^3+\frac{1}{a^3}-1)>0$，$(c^3+\frac{1}{a^3}-1)+(a^3+\frac{1}{b^3}-1)>0$，由此可知，在 $a^3+\frac{1}{b^3}-1$，$b^3+\frac{1}{c^3}-1$，$c^3+\frac{1}{a^3}-1$ 这三个式子中，最多只有一个不大于零. 若这三个式子中有一个不大于零，则原式左边式子不大于零，而右边式子大于零，因此，原式显然成立；若这三个式子均不小于零，则由等式

$$\begin{aligned}&(a^3+\frac{1}{b^3}-1)(b^3+\frac{1}{c^3}-1)+(b^3+\frac{1}{c^3}-1)(c^3+\frac{1}{a^3}-1)+\\&(c^3+\frac{1}{a^3}-1)(a^3+\frac{1}{b^3}-1)+\\&(a^3+\frac{1}{b^3}-1)(b^3+\frac{1}{c^3}-1)(c^3+\frac{1}{a^3}-1)\\=&(abc)^3+\frac{1}{(abc)^3}+2\\=&3\,(abc+\frac{1}{abc}-1)^2+(abc+\frac{1}{abc}-1)^3\end{aligned}$$

也易证原式成立. 事实上，由于 $a^3+\frac{1}{b^3}-1>0$，$b^3+\frac{1}{c^3}-1>0$，$c^3+\frac{1}{a^3}-1>0$，因此

$$(a^3+\frac{1}{b^3}-1)(b^3+\frac{1}{c^3}-1)+(b^3+\frac{1}{c^3}-1)(c^3+\frac{1}{a^3}-1)+$$
$$(c^3+\frac{1}{a^3}-1)(a^3+\frac{1}{b^3}-1)$$
$$\geqslant 3\sqrt[3]{\left[(a^3+\frac{1}{b^3}-1)(b^3+\frac{1}{c^3}-1)(c^3+\frac{1}{a^3}-1)\right]^2}$$

于是,有

$$3\sqrt[3]{\left[(a^3+\frac{1}{b^3}-1)(b^3+\frac{1}{c^3}-1)(c^3+\frac{1}{a^3}-1)\right]^2}+$$
$$(a^3+\frac{1}{b^3}-1)(b^3+\frac{1}{c^3}-1)(c^3+\frac{1}{a^3}-1)$$
$$\leqslant 3\left(abc+\frac{1}{abc}-1\right)^2+\left(abc+\frac{1}{abc}-1\right)^3$$

记 $abc+\frac{1}{abc}-1=u$,$\sqrt[3]{(a^3+\frac{1}{b^3}-1)(b^3+\frac{1}{c^3}-1)(c^3+\frac{1}{a^3}-1)}=v$,则上式可写为

$$3v^2+v^3\leqslant 3u^2+u^3$$

即

$$(3v^2+v^3)-(3u^2+u^3)=(v-u)(3v+3u+v^2+vu+u^2)\leqslant 0$$

这时由 $3v+3u+v^2+vu+u^2>0$,可知 $v-u\leqslant 0$,即得原式.易知,当且仅当 $a=b=c$ 时,原式取等号.

注:(1) 关于上述证明中恒等式的思考:笔者在思考对本例中的不等式证明时,曾经做过换元的尝试,即令 $x=a^3+\frac{1}{b^3}-1\geqslant 0$,$y=b^3+\frac{1}{c^3}-1\geqslant 0$,$z=c^3+\frac{1}{a^3}-1\geqslant 0$,由此消去 b 和 c,并整理得到

$$(yz+y+z)t^2-(2y+yz+zx+xy+xyz)t+(xy+x+y)=0$$

其中 $t=a^3$,求以上关于 t 的方程的判别式得到

$$\begin{aligned}\Delta&=(yz+zx+xy+xyz)(yz+zx+xy+xyz-4)\\&=\left[(abc)^3+\frac{1}{(abc)^3}+2\right]\left[(abc)^3+\frac{1}{(abc)^3}-2\right]\\&=\left[(\sqrt[3]{abc})^2-\left(\frac{1}{\sqrt[3]{abc}}\right)^2\right]^2\end{aligned}$$

由上述计算得到等式

$$(a^3+\frac{1}{b^3}-1)(b^3+\frac{1}{c^3}-1)+(b^3+\frac{1}{c^3}-1)(c^3+\frac{1}{a^3}-1)+$$
$$(c^3+\frac{1}{a^3}-1)(a^3+\frac{1}{b^3}-1)+$$

$$(a^3+\frac{1}{b^3}-1)(b^3+\frac{1}{c^3}-1)(c^3+\frac{1}{a^3}-1)$$

$$=(abc)^3+\frac{1}{(abc)^3}+2$$

另外，易证

$$(abc)^3+\frac{1}{(abc)^3}+2=3\left(abc+\frac{1}{abc}-1\right)^2+\left(abc+\frac{1}{abc}-1\right)^3$$

(2) 由上恒等式可证

$$(a+\frac{1}{b}-1)(b+\frac{1}{c}-1)+(b+\frac{1}{c}-1)(c+\frac{1}{a}-1)+$$

$$(c+\frac{1}{a}-1)(a+\frac{1}{b}-1)\geqslant 3$$

由(1) 中的等式有

$$(a+\frac{1}{b}-1)(b+\frac{1}{c}-1)+(b+\frac{1}{c}-1)(c+\frac{1}{a}-1)+$$

$$(c+\frac{1}{a}-1)(a+\frac{1}{b}-1)-3$$

$$=(abc+\frac{1}{abc}-1)-(a+\frac{1}{b}-1)(b+\frac{1}{c}-1)(c+\frac{1}{a}-1)$$

可知，上式等价于

$$abc+\frac{1}{abc}-1\geqslant(a+\frac{1}{b}-1)(b+\frac{1}{c}-1)(c+\frac{1}{a}-1) \quad ①$$

下面证明式 ①. 由于

$$abc+\frac{1}{abc}-1\geqslant(a+\frac{1}{b}-1)(b+\frac{1}{c}-1)(c+\frac{1}{a}-1)$$

等价于

$$(abc)^3+\frac{1}{(abc)^3}-1\geqslant\left(a^3+\frac{1}{b^3}-1\right)\left(b^3+\frac{1}{c^3}-1\right)\left(c^3+\frac{1}{a^3}-1\right)$$

由以上恒等式，即

$$3\left(abc+\frac{1}{abc}-1\right)^2+\left(abc+\frac{1}{abc}-1\right)^3-3$$

$$\geqslant\left(a^3+\frac{1}{b^3}-1\right)\left(b^3+\frac{1}{c^3}-1\right)\left(c^3+\frac{1}{a^3}-1\right)$$

由本例中的不等式

$$\left(a^3+\frac{1}{b^3}-1\right)\left(b^3+\frac{1}{c^3}-1\right)\left(c^3+\frac{1}{a^3}-1\right)\leqslant\left(abc+\frac{1}{abc}-1\right)^3$$

即知上式成立.

不等式 $\left[\left(a+\frac{1}{b}-1\right)\left(b+\frac{1}{c}-1\right)\left(c+\frac{1}{a}-1\right)\right]^3\leqslant\left(abc+\frac{1}{abc}-1\right)^3$

与本例中的不等式不分强弱.

(3) 另一证明参见《中等数学》(天津)2012年第10期《第三届陈省身杯全国高中数学奥林匹克》中的解答.

本例解答可参阅《中等数学》2014 年第 6 期,杨学枝《对两道赛题的探究》.

例 96　设 $a,b,c\in\mathbf{R}^{+}$,且 $a+b+c=3$,则

$$\frac{1}{8+a^2b}+\frac{1}{8+b^2c}+\frac{1}{8+c^2a}\geqslant\frac{1}{3}$$

证明　原式经去分母,并整理后得到与之等价的不等式:

$$16\sum a^2b+5abc\sum ab^2+(abc)^3\leqslant 64\Leftrightarrow$$

$$16\left(\sum a^2b-3abc\right)+5abc\left(\sum ab^2-3abc\right)\leqslant(1-abc)(8+abc)^2$$

由于 $1-abc=\frac{(a+b+c)^3}{27}-abc\geqslant 0,(8+abc)^2\geqslant 64+16abc$,因此要证明上式成立,只要证明

$$16\left(\sum a^2b-3abc\right)+5abc\left(\sum ab^2-3abc\right)\leqslant(1-abc)(64+16abc)\quad ①$$

利用以下等式:

$$a^2b+b^2c+c^2a-3abc=(4b-c)(a-b)(b-c)+b(2b-c-a)^2$$

$$ab^2+bc^2+ca^2-3abc=(4b-a)(a-b)(b-c)+b(2b-c-a)^2$$

$$(a+b+c)^3-27abc=27b(a-b)(b-c)+(7b+c+a)(2b-c-a)^2$$

代入式 ①,并整理得到

$$(5a^2bc-4ab^2c+16c)(a-b)(b-c)+$$

$$\left[\frac{(7b+c+a)(64+16abc)}{27}-16b-5ab^2c\right](2b-c-a)^2\geqslant 0\quad ②$$

于是,要证明式 ① 成立,只要证明式 ② 成立.

不妨设 $\min\{a,b,c\}\leqslant b\leqslant\max\{a,b,c\}$,并由 $a+b+c=3$ 得到 $abc\leqslant 1$,因此有

$$5a^2bc-4ab^2c+16c\geqslant abc(5a-4b+16c)\geqslant 0$$

$$\frac{(7b+c+a)(64+16abc)}{27}-16b-5ab^2c$$

$$\geqslant\frac{8b(64+16abc)}{27}-16b-5ab^2c$$

$$=\frac{80}{27}b-\frac{7}{27}ab^2c$$

$$\geqslant\frac{80}{27}ab^2c-\frac{7}{27}ab^2c$$

$$=\frac{73}{27}ab^2c\geqslant 0$$

式 ② 成立，从而式 ① 成立，原命题获证.

注：注意以下等式的应用：

(1)$a^3+b^3+c^3-3abc=(a+b+c)[3(a-b)(b-c)+(2b-c-a)^2]$；

(2)$a^2b+b^2c+c^2a-3abc=(4b-c)(a-b)(b-c)+b(2b-c-a)^2$；

(3)$ab^2+bc^2+ca^2-3abc=(4b-a)(a-b)(b-c)+b(2b-c-a)^2$；

(4) $(a+b+c)^3-27abc=27b(a-b)(b-c)+(7b+c+a)\cdot(2b-c-a)^2=(a+4b+4c)(a-b)(a-c)+(7a+b+c)(b-c)^2$.

例 97 （自创题，2013－03－27）设 $a,b,c\geqslant\frac{13-4\sqrt{10}}{3}$，且 $a+b+c=9$，则

$$\sqrt{a}+\sqrt{b}+\sqrt{c}\geqslant\sqrt{bc+ca+ab}$$

当且仅当 $a=b=c=3$ 时取等号.

证明 不妨设 c 最小，有 $\frac{13-4\sqrt{10}}{3}\leqslant c\leqslant 3$，于是原式等价于

$$(\sqrt{a}+\sqrt{b}+\sqrt{c})^2\geqslant bc+ca+ab$$

$$\Leftrightarrow 2(\sqrt{bc}+\sqrt{ca}+\sqrt{ab})-ab+(c^2-9c+9)\geqslant 0 \quad ①$$

为证式 ①，下面我们先证明

$$2(\sqrt{bc}+\sqrt{ca}+\sqrt{ab})-ab=2\sqrt{c}(\sqrt{a}+\sqrt{b})+2\sqrt{ab}-ab$$

$$\geqslant 2\sqrt{c}\cdot\sqrt{2(a+b)}+(a+b)-\left(\frac{a+b}{2}\right)^2$$

$$\Leftrightarrow(\sqrt{a}-\sqrt{b})^2\left[\frac{a+b+2\sqrt{ab}}{4}-1-\frac{2\sqrt{c}}{\sqrt{2(a+b)}+\sqrt{a}+\sqrt{b}}\right]\geqslant 0$$

于是，要证式 ①，又只要证

$$\frac{a+b+2\sqrt{ab}}{4}-1-\frac{2\sqrt{c}}{\sqrt{2(a+b)}+\sqrt{a}+\sqrt{b}}\geqslant 0 \quad ②$$

由于 $a,b,c\geqslant\frac{1}{8}$，$a+b+c=9$，$\frac{1}{8}\leqslant c\leqslant 3$，因此，$a+b\geqslant 6$，于是

$$\frac{a+b+2\sqrt{ab}}{4}-1-\frac{2\sqrt{c}}{\sqrt{2(a+b)}+\sqrt{a}+\sqrt{b}}\geqslant\frac{6+\frac{1}{4}}{4}-1-\frac{1}{2}>0$$

因此，式 ② 成立. 于是，要证式 ① 成立，只要证

$$2\sqrt{c}\cdot\sqrt{2(a+b)}+(a+b)-\left(\frac{a+b}{2}\right)^2+(c^2-9c+9)\geqslant 0$$

即

$$2\sqrt{c}\cdot\sqrt{2(9-c)}+(9-c)-\left(\frac{9-c}{2}\right)^2+(c^2-9c+9)\geqslant 0$$

整理得到

$$8\sqrt{c}\cdot\sqrt{2(9-c)}\geqslant -3c^2+22c+9>0(\text{注意到 }1\leqslant c\leqslant 3) \quad ③$$

因此,要证式 ① 成立,又只要证式 ③ 成立. 事实上,由于

$$\begin{aligned}&64c\cdot 2(9-c)-(-3c^2+22c+9)^2\\=&-(9c^4-132c^3+558c^2-756c+81)\\=&-3(c-3)^2(3c^2-26c+3)\\=&-9(c-3)^2\left(c-\frac{13-4\sqrt{10}}{3}\right)\left(c-\frac{13+4\sqrt{10}}{3}\right)\leqslant 0\end{aligned}$$

(注意到$\frac{13-4\sqrt{10}}{3}\leqslant c\leqslant 3$),因此,式 ③ 成立,从而原式获证. 由以上证明易知,当且仅当 $a=b=c=3$,或 $a=b=\frac{7+2\sqrt{10}}{3}$,$c=\frac{13-4\sqrt{10}}{3}$,或其循环式时取等号.

本例解答可参阅《中等数学》2014 年第 6 期,杨学枝《对两道赛题的探究》.

例 98 (自创题,2007-02-10) 设 $a,b,c\in[m,M](M>m>0)$,则

$$\prod(b+c)\geqslant\frac{(M+m)(\sqrt{M}+\sqrt{m})^2}{(M-m)(\sqrt{M}-\sqrt{m})^2}\cdot\left|\prod(b-c)\right|$$

当且仅当 a,b,c(可任意排列) 分别取 $M,\sqrt{Mm},m$ 时取等号.

证明 当a,b,c中有两个相等时原式显然成立. 今设a,b,c互不相等,由于原式为对称不等式,不妨设 $m\leqslant c<b<a\leqslant M$,记

$$\lambda=\frac{(M+m)(\sqrt{M}+\sqrt{m})^2}{(M-m)(\sqrt{M}-\sqrt{m})^2}$$

则原式可改写为

$$\begin{aligned}f(c)=&[(a+b)-\lambda(a-b)]c^2+[(a+b)^2+\lambda(a^2-b^2)]c+\\&ab[(a+b)-\lambda(a-b)]\geqslant 0\end{aligned} \quad ①$$

下面分两种情况证明式 ① 成立.

i. 若 $a+b>\lambda(a-b)$(由已知条件可知,$a+b\neq\lambda(a-b)$),式 ① 显然成立.

ii. 若 $\lambda(a-b)>a+b$,即$(\lambda-1)a>(\lambda+1)b$,则 $f(c)$ 可视为 c 的二次函数. 由于此二次函数的二次项系数小于零,其图像为开口向下的抛物线;又$m\leqslant c\leqslant b\leqslant a\leqslant M$,因此,如果我们能证明 $f(m)\geqslant 0$,且 $f(M)\geqslant 0$,则式 ① 成立.

先证 $f(m)\geqslant 0$,这时

$$\begin{aligned}f(m)=&[(a+b)-\lambda(a-b)]m^2+[(a+b)^2+\lambda(a^2-b^2)]m+\\&ab[(a+b)-\lambda(a-b)]\end{aligned}$$

$$=[(\lambda+1)a-(\lambda-1)m]b^2-[(\lambda-1)a^2-2ma-(\lambda+1)m^2]b+ ma[(\lambda+1)a-(\lambda-1)m]$$

上式又可看作是关于 b 的二次三项式，由 $a>m,\lambda>0$ 知 $(\lambda+1)a-(\lambda-1)m>0$，因此，要证 $f(m)\geqslant 0$，只要证关于 b 的二次三项式的判别式 $\Delta_b\leqslant 0$，这时

$$\begin{aligned}\Delta_b&=[(\lambda-1)a^2-2ma-(\lambda+1)m^2]^2-4ma[(\lambda+1)a-(\lambda-1)m]^2\\&=[(\lambda-1)a^2-2ma-(\lambda+1)m^2+2(\lambda+1)\sqrt{ma}\,a-2(\lambda-1)\sqrt{ma}\,m]\cdot\\&\quad[(\lambda-1)a^2-2ma-(\lambda+1)m^2-2(\lambda+1)\sqrt{ma}\,a+2(\lambda-1)\sqrt{ma}\,m]\\&=\{[(\lambda-1)a-(\lambda+1)m](\sqrt{a}-\sqrt{m})^2+4\lambda\sqrt{ma}(a-m)\}\cdot\\&\quad[\lambda(a-m)(\sqrt{a}-\sqrt{m})^2-(a+m)(\sqrt{a}+\sqrt{m})^2]\end{aligned}$$

因为
$$(\lambda-1)a>(\lambda+1)b>(\lambda+1)m$$
所以
$$(\lambda-1)a-(\lambda+1)m>0$$
又 $a-m>0$，所以
$$[(\lambda-1)a-(\lambda+1)m](\sqrt{a}-\sqrt{m})^2+4\lambda\sqrt{ma}(a-m)>0$$
因此，要证 $\Delta_b\leqslant 0$，只需证
$$\lambda(a-m)(\sqrt{a}-\sqrt{m})^2-(a+m)(\sqrt{a}+\sqrt{m})^2\leqslant 0$$
$$\Leftrightarrow\frac{(M+m)(\sqrt{M}+\sqrt{m})^2}{(M-m)(\sqrt{M}-\sqrt{m})^2}\cdot(a-m)(\sqrt{a}-\sqrt{m})^2-(a+m)(\sqrt{a}+\sqrt{m})^2\leqslant 0$$
$$\Leftrightarrow(a+m)(\sqrt{a}+\sqrt{m})^2\cdot(M-m)(\sqrt{M}-\sqrt{m})^2-(a-m)(\sqrt{a}-\sqrt{m})^2\cdot (M+m)(\sqrt{M}+\sqrt{m})^2\geqslant 0 \qquad ②$$

式 ② 左边
$$\begin{aligned}&=[(aM-m^2)+m(M-a)](\sqrt{a}+\sqrt{m})^2(\sqrt{M}-\sqrt{m})^2-\\&\quad[(aM-m^2)-m(M-a)](\sqrt{M}+\sqrt{m})^2(\sqrt{a}-\sqrt{m})^2\\&=(aM-m^2)[(\sqrt{a}+\sqrt{m})^2(\sqrt{M}-\sqrt{m})^2-\\&\quad(\sqrt{M}+\sqrt{m})^2(\sqrt{a}-\sqrt{m})^2]+\\&\quad m(M-a)[(\sqrt{a}+\sqrt{m})^2(\sqrt{M}-\sqrt{m})^2+\\&\quad(\sqrt{M}+\sqrt{m})^2(\sqrt{a}-\sqrt{m})^2]\\&\geqslant(aM-m^2)[(\sqrt{a}+\sqrt{m})(\sqrt{M}-\sqrt{m})+(\sqrt{M}+\sqrt{m})(\sqrt{a}-\sqrt{m})]\cdot\\&\quad[(\sqrt{a}+\sqrt{m})(\sqrt{M}-\sqrt{m})-(\sqrt{M}+\sqrt{m})(\sqrt{a}-\sqrt{m})]\end{aligned}$$
（注意 $M-a\geqslant 0$）
$$\begin{aligned}&=2\sqrt{m}(aM-m^2)(\sqrt{M}-\sqrt{a})\cdot[(\sqrt{a}+\sqrt{m})(\sqrt{M}-\sqrt{m})+\\&\quad(\sqrt{M}+\sqrt{m})(\sqrt{M}-\sqrt{m})]\\&\geqslant 0\end{aligned}$$

(注意到 $a>m,M>m,M\geqslant a$)，因此式 ② 成立，$\Delta_b\leqslant 0$，从而有 $f(m)\geqslant 0$.

再证 $f(M)\geqslant 0$. 同上方法，有

$$\begin{aligned}f(M)=&[(a+b)-\lambda(a-b)]M^2+[(a+b)^2+\lambda(a^2-b^2)]M+\\&ab[(a+b)-\lambda(a-b)]\\=&[(\lambda+1)M-(\lambda-1)b]a^2-[(\lambda-1)M^2-2bM-(\lambda+1)b^2]a+\\&bM[(\lambda+1)M-(\lambda-1)b]\end{aligned}$$

上式又可看作是关于 a 的二次三项式，由 $M>b$，知 $(\lambda+1)M-(\lambda-1)b>0$，因此，要证 $f(M)\geqslant 0$，只要证关于 a 的二次三项式的判别式 $\Delta_a\leqslant 0$. 这时

$$\begin{aligned}\Delta_a=&[(\lambda-1)M^2-2bM-(\lambda+1)b^2]^2-4bM[(\lambda+1)M-(\lambda-1)b]^2\\=&[(\lambda-1)M^2-2bM-(\lambda+1)b^2+2(\lambda+1)\sqrt{bM}M-2(\lambda-1)\sqrt{bM}b]\cdot\\&[(\lambda-1)M^2-2bM-(\lambda+1)b^2-2(\lambda+1)\sqrt{bM}M+2(\lambda-1)\sqrt{bM}b]\\=&\{[(\lambda-1)M-(\lambda+1)b]\cdot(\sqrt{M}-\sqrt{b})^2+4\lambda\sqrt{Mb}(M-b)\}\cdot\\&[\lambda(M-b)(\sqrt{M}-\sqrt{b})^2-(M+b)(\sqrt{M}+\sqrt{b})^2],\end{aligned}$$

因为
$$(\lambda-1)M\geqslant(\lambda-1)a>(\lambda+1)b$$
所以
$$(\lambda-1)M-(\lambda+1)b>0$$
又 $M-b>0$，所以

$$[(\lambda-1)M\cdot(\lambda+1)b]\cdot(\sqrt{M}-\sqrt{b})^2+4\lambda\sqrt{Mb}(M-b)>0$$

因此，要证 $\Delta_a\leqslant 0$，只需证

$$\begin{aligned}&\lambda(M-b)(\sqrt{M}-\sqrt{b})^2-(M+b)(\sqrt{M}+\sqrt{b})^2\leqslant 0\\\Leftrightarrow&\frac{(M+m)(\sqrt{M}+\sqrt{m})^2}{(M-m)(\sqrt{M}-\sqrt{m})^2}\cdot(M-b)(\sqrt{M}-\sqrt{b})^2-\\&(M+b)(\sqrt{M}+\sqrt{b})^2\leqslant 0\\\Leftrightarrow&(M+b)(\sqrt{M}+\sqrt{b})^2\cdot(M-m)(\sqrt{M}-\sqrt{m})^2-\\&(M+m)(\sqrt{M}+\sqrt{m})^2\cdot(M-b)(\sqrt{M}-\sqrt{b})^2\geqslant 0\end{aligned}\quad③$$

$$\begin{aligned}\text{式 ③ 左边}=&[(M^2-bm)+M(b-m)](\sqrt{M}+\sqrt{b})^2(\sqrt{M}-\sqrt{m})^2-\\&[(M^2-bm)-M(b-m)](\sqrt{M}+\sqrt{m})^2(\sqrt{M}-\sqrt{b})^2\\=&(M^2-bm)[(\sqrt{M}+\sqrt{b})^2(\sqrt{M}-\sqrt{m})^2-\\&(\sqrt{M}+\sqrt{m})^2(\sqrt{M}-\sqrt{b})^2]+\\&M(b-m)[(\sqrt{M}+\sqrt{b})^2(\sqrt{M}-\sqrt{m})^2+\\&(\sqrt{M}+\sqrt{m})^2(\sqrt{M}-\sqrt{b})^2]\\\geqslant&(M^2-bm)[(\sqrt{M}+\sqrt{b})(\sqrt{M}-\sqrt{m})+\\&(\sqrt{M}+\sqrt{m})(\sqrt{M}-\sqrt{b})]\cdot\end{aligned}$$

$$[(\sqrt{M}+\sqrt{b})(\sqrt{M}-\sqrt{m})-(\sqrt{M}+\sqrt{m})(\sqrt{M}-\sqrt{b})]$$

(注意到 $b>m$)

$$=2\sqrt{M}(M^2-bm)(\sqrt{b}-\sqrt{m})[(\sqrt{M}+\sqrt{b})(\sqrt{M}-\sqrt{m})+(\sqrt{M}+\sqrt{m})(\sqrt{M}-\sqrt{b})]$$

$$>0$$

(注意到 $b>m,M>m,M>b$),因此式③成立,$\Delta_a<0$,从而有 $f(M)>0$.

综上,得到 $f(c)\geqslant 0$,即式①成立,从而原式获证,由上证明中知,式②当且仅当 $a=M$ 时取等号,这时 $\Delta_b=0$,由 $f(c)=f(m)=0$ 得到 $b=\sqrt{Mm}$,因此,当且仅当 $a=M,b=\sqrt{Mm},c=m$ 时原式取等号.

注:本例中的不等式等价于以下命题.

命题 设 $a,b,c\in[m,M](M>m>0)$,则

$$\frac{a}{a+b}+\frac{b}{b+c}+\frac{c}{c+a}\geqslant\frac{3\lambda-1}{2\lambda}$$

其中 $\lambda=\frac{(M+m)(\sqrt{M}+\sqrt{m})^2}{(M-m)(\sqrt{M}-\sqrt{m})^2}$,当且仅当 a,b,c 中,大、中、小三值分别取 M,$\sqrt{Mm}$,m 时取等号.

例 99 (浙江张小明 2013-07-16 提供)设 $x,y,z\in\overline{\mathbf{R}^-}$,且 $x+y+z=3$,则

$$x\sqrt{x+y}+y\sqrt{y+z}+z\sqrt{z+x}\geqslant 3\sqrt{2}$$

证明 令 $x=-a^2+b^2+c^2,y=a^2-b^2+c^2,z=a^2+b^2-c^2$,其中 a,b,c 为非钝角三角形三边,则原命题等价于:在非钝角三角形中,三边长为 a,b,c,且 $a^2+b^2+c^2=3$,则

$$c(-a^2+b^2+c^2)+a(a^2-b^2+c^2)+b(a^2+b^2-c^2)\geqslant 3$$

即

$$a^2(a+b-c)+b^2(-a+b+c)+c^2(a-b+c)\geqslant 3$$

再令 $a=\frac{u+v}{2},b=\frac{v+\lambda}{2},c=\frac{\lambda+u}{2}$,代入上式,并整理,得到以下命题.

命题 设 $\lambda,u,v\in\overline{\mathbf{R}^-}$,且 $\lambda^2+u^2+v^2+uv+v\lambda+\lambda u=6$,则

$$v(u+v)^2+\lambda(v+\lambda)^2+u(\lambda+u)^2\geqslant 12$$

即证明

$$3[v(u+v)^2+\lambda(v+\lambda)^2+u(\lambda+u)^2]^2\geqslant 2(\lambda^2+u^2+v^2+uv+v\lambda+\lambda u)^3 \quad ①$$

于是,若能证明式①成立,则原命题也成立.

下面,我们来证明式①.应用赫尔德不等式,有

$$[v(u+v)^2+\lambda(v+\lambda)^2+u(\lambda+u)^2]\cdot$$
$$[v(u+v)^2+\lambda(v+\lambda)^2+u(\lambda+u)^2]\cdot$$
$$(v+\lambda+u)\cdot(v+\lambda+u)$$
$$\geqslant[v(u+v)+\lambda(v+\lambda)+u(\lambda+u)]^4$$

由此可知,要证式①,只需证

$$\frac{[v(u+v)+\lambda(v+\lambda)+u(\lambda+u)]^4}{(\lambda+u+v)^2}\geqslant\frac{2}{3}(\lambda^2+u^2+v^2+uv+v\lambda+\lambda u)^3$$

即

$$3(\lambda^2+u^2+v^2+uv+v\lambda+\lambda u)\geqslant 2(\lambda+u+v)^2$$

上式易证(从略),故原命题获证.

例 100 (自创题,2003—08—19)设 $x,y,z\in\overline{\mathbf{R}^-}$,$n$ 为大于或等于 2 的正整数,求证

$$2^{n+1}(x^{n+1}+y^{n+1}+z^{n+1})^2\geqslant 3\sum(y^2+z^2)^{n+1}$$

当且仅当 $x=y=z$ 时原式取等号.

证明 为证原式,先证

引理 设 n 为大于或等于 2 的正整数,$a,b\in\overline{\mathbf{R}^-}$,则

$$2^n(a^{2n+2}+b^{2n+2})+2^{n+2}a^{n+1}b^{n+1}\geqslant 3(a^2+b^2)^{n+1} \qquad ①$$

当且仅当 $a=b$ 时取等号.

应用数学归纳法证明.当 $n=2$ 时,式①左边减去右边式子为

$$4(a^6+b^6)+16a^3b^3-3(a^2+b^2)^3$$
$$=4(a^6+b^6)-(a^2+b^2)^3-2[(a^2+b^2)^3-8a^3b^3]$$
$$=3(a^2-b^2)(a^4-b^4)-2[(a^3-b^3)^2+3a^2b^2(a-b)^2]$$
$$=[(a+b)^2+2ab](a-b)^4\geqslant 0$$

即当 $n=2$ 时,引理中不等式成立.

假设当 $n=k$ 时引理中不等式成立,即

$$2^k(a^{2k+2}+b^{2k+2})+2^{k+2}a^{k+1}b^{k+1}\geqslant 3(a^2+b^2)^{k+1}$$

当 $n=k+1$ 时,若 a,b 不全为零($a=b=0$ 时是显然的),则只需证

$$\frac{2^{k+1}(a^{2k+4}+b^{2k+4})+2^{k+3}a^{k+2}b^{k+2}}{2^k(a^{2k+2}+b^{2k+2})+2^{k+2}a^{k+1}b^{k+1}}\geqslant a^2+b^2$$
$$\Leftrightarrow 2(a^{2k+4}+b^{2k+4})+8a^{k+2}b^{k+2}\geqslant(a^2+b^2)[(a^{2k+2}+b^{2k+2})+4a^{k+1}b^{k+1}]$$
$$\Leftrightarrow(a^2-b^2)(a^{2k+2}-b^{2k+2})\geqslant 4a^{k+1}b^{k+1}(a-b)^2$$
$$\Leftrightarrow[(a+b)(a^{2k+1}+a^{2k}b+\cdots+b^{2k+1})-4a^{k+1}b^{k+1}](a-b)^2\geqslant 0$$

由平均值不等式,有

$$(a+b)(a^{2k+1}+a^{2k}b+\cdots+b^{2k+1})\geqslant 2(k+1)a^{k+1}b^{k+1}\geqslant 4a^{k+1}b^{k+1}$$

因此上式成立.即当 $n=k+1$ 时,引理中不等式也成立.由数学归纳法原理

知,引理中不等式对于 $n \geqslant 2$ 的正整数都成立.

由引理,易证原式成立.这是因为

$$2^{n+1}(x^{n+1}+y^{n+1}+z^{n+1})^2-3\sum(y^2+z^2)^{n+1}$$
$$=\sum[2^n(x^{2n+2}+y^{2n+2})+2^{n+2}x^{n+1}y^{n+1}-3(x^2+y^2)^{n+1}]\geqslant 0$$

注:用本例中的不等式可以证明下题.

例 101 (自创题,2004-03-22)设 $x,y,z\in\overline{\mathbf{R}^-}$,$n\in\mathbf{N}$ 且 $n\geqslant 2$,则

$$\sum\frac{x^n}{(x+y)^n+(x+z)^n}\geqslant\frac{3}{2^{n+1}}$$

当且仅当 $x=y=z$ 时取等号.

例 102 (自创题,1986-03-20)设 $x_1,x_2,x_3,x_4\in\mathbf{R}^+$, $\varphi_1,\varphi_2,\varphi_3,\varphi_4\in\mathbf{R}$,且 $\varphi_1+\varphi_2+\varphi_3+\varphi_4=\pi$,则

$$x_1\sin\varphi_1+x_2\sin\varphi_2+x_3\sin\varphi_3+x_4\sin\varphi_4$$
$$\leqslant\sqrt{\frac{(x_1x_2+x_3x_4)(x_1x_3+x_2x_4)(x_1x_4+x_2x_3)}{x_1x_2x_3x_4}}$$

当且仅当 $x_1\cos\varphi_1=x_2\cos\varphi_2=x_3\cos\varphi_3=x_4\cos\varphi_4$ 时取等号.

证明 令 $u=x_1\sin\varphi_1+x_2\sin\varphi_2$,$v=x_3\sin\varphi_3+x_4\sin\varphi_4$,则

$$u^2=(x_1\sin\varphi_1+x_2\sin\varphi_2)^2\leqslant(x_1\sin\varphi_1+x_2\sin\varphi_2)^2+(x_1\cos\varphi_1-x_2\cos\varphi_2)^2$$
$$=x_1^2+x_2^2-2x_1x_2(\cos\varphi_1\cos\varphi_2-\sin\varphi_1\sin\varphi_2)$$
$$=x_1^2+x_2^2-2x_1x_2\cos(\varphi_1+\varphi_2)$$

即

$$\cos(\varphi_1+\varphi_2)\leqslant\frac{x_1^2+x_2^2}{2x_1x_2}-\frac{u^2}{2x_1x_2} \quad ①$$

当且仅当 $x_1\cos\varphi_1=x_2\cos\varphi_2$ 时取等号.

同理,有

$$\cos(\varphi_3+\varphi_4)\leqslant\frac{x_3^2+x_4^2}{2x_3x_4}-\frac{v^2}{2x_3x_4} \quad ②$$

当且仅当 $x_3\cos\varphi_3=x_4\cos\varphi_4$ 时取等号.

由于 $\varphi_1+\varphi_2+\varphi_3+\varphi_4=\pi$,则 $\cos(\varphi_1+\varphi_2)+\cos(\varphi_3+\varphi_4)=0$,因此,由式 ①② 得到

$$0\leqslant\frac{x_1^2+x_2^2}{2x_1x_2}+\frac{x_3^2+x_4^2}{2x_3x_4}-\frac{u^2}{2x_1x_2}-\frac{v^2}{2x_3x_4}$$

即

$$\frac{u^2}{x_1x_2}+\frac{v^2}{x_3x_4}\leqslant\frac{x_1^2+x_2^2}{x_1x_2}+\frac{x_3^2+x_4^2}{x_3x_4}$$

当且仅当 $x_1\cos\varphi_1=x_2\cos\varphi_2$,$x_3\cos\varphi_3=x_4\cos\varphi_4$ 时取等号.

在上式中,再应用柯西不等式,得到

$$u+v\leqslant\sqrt{\left(\frac{u^2}{x_1x_2}+\frac{v^2}{x_3x_4}\right)(x_1x_2+x_3x_4)}$$
$$\leqslant\sqrt{\left(\frac{x_1^2+x_2^2}{x_1x_2}+\frac{x_3^2+x_4^2}{x_3x_4}\right)(x_1x_2+x_3x_4)}$$
$$=\sqrt{\frac{(x_1x_2+x_3x_4)(x_1x_3+x_2x_4)(x_1x_4+x_2x_3)}{x_1x_2x_3x_4}}$$

由上证明不难知道当且仅当 $x_1\cos\varphi_1=x_2\cos\varphi_2=x_3\cos\varphi_3=x_4\cos\varphi_4$ 时取等号.

事实上,由于 $x_1\cos\varphi_1=x_2\cos\varphi_2$,有

$$\begin{aligned}\sin(\varphi_1+\varphi_2)&=\sin\varphi_1\cos\varphi_2+\cos\varphi_1\sin\varphi_2\\&=\sin\varphi_1\cdot\frac{x_2\cos\varphi_2}{x_2}+\frac{x_1\cos\varphi_1}{x_1}\cdot\sin\varphi_2\\&=\sin\varphi_1\cdot\frac{x_1\cos\varphi_1}{x_2}+\frac{x_1\cos\varphi_1}{x_1}\cdot\sin\varphi_2\\&=x_1\cos\varphi_1\cdot\frac{x_1\sin\varphi_1+x_2\sin\varphi_2}{x_1x_2}\\&=x_1\cos\varphi_1\cdot\frac{u}{x_1x_2}\end{aligned}$$

同理,还可得到

$$\sin(\varphi_3+\varphi_4)=x_3\cos\varphi_3\cdot\frac{v}{x_3x_4}$$

由于 $\varphi_1+\varphi_2+\varphi_3+\varphi_4=(2k+1)\pi(k\in\mathbf{Z})$,因此,$\sin(\varphi_1+\varphi_2)=\sin(\varphi_3+\varphi_4)$,又由于$\frac{u}{x_1x_2}=\frac{v}{x_3x_4}\neq0$,故有 $x_1\cos\varphi_1=x_3\cos\varphi_3$,所以得到 $x_1\cos\varphi_1=x_2\cos\varphi_2=x_3\cos\varphi_3=x_4\cos\varphi_4$.

故原命题获证.

事实上,条件 $x_1,x_2,x_3,x_4\in\mathbf{R}^+$ 可以放宽为 $x_1x_2x_3x_4>0$,当 $x_1x_2x_3x_4>0$ 时,x_1,x_2,x_3,x_4 要么都大于零,要么两个大于零,另外两个小于零,不妨设 $x_1x_2>0,x_3x_4>0$,上述证明同样可行.

在本例中,令 $x_1=\frac{1}{\cos\theta_1},x_2=\frac{1}{\cos\theta_2},x_3=\frac{1}{\cos\theta_3},x_4=1,\varphi_4=0$,得到以下命题.

命题 1　设 $\varphi_1,\varphi_2,\varphi_3\in\mathbf{R},\theta_1,\theta_2,\theta_3\in[0,\frac{\pi}{2}),\sum_{i=1}^{3}\varphi_i=\sum_{i=1}^{3}\theta_i=\pi$,则

$$\frac{\sin\varphi_1}{\cos\theta_1}+\frac{\sin\varphi_2}{\cos\theta_2}+\frac{\sin\varphi_3}{\cos\theta_3}\leqslant\tan\theta_1+\tan\theta_2+\tan\theta_3$$

当且仅当 $\varphi_1=\theta_1,\varphi_2=\theta_2,\varphi_3=\theta_3$ 时取等号.

在本例中，令 $x_1=\sqrt{(\lambda_1+\lambda_2)(\lambda_1+\lambda_3)(\lambda_1+\lambda_4)}$，$x_2=\sqrt{(\lambda_2+\lambda_1)(\lambda_2+\lambda_3)(\lambda_2+\lambda_4)}$，$x_3=\sqrt{(\lambda_3+\lambda_1)(\lambda_3+\lambda_2)(\lambda_3+\lambda_4)}$，$x_4=\sqrt{(\lambda_4+\lambda_1)(\lambda_4+\lambda_2)(\lambda_4+\lambda_3)}$，可得以下命题 2.

命题 2 设 $\lambda_1,\lambda_2,\lambda_3,\lambda_4\in\mathbf{R}^+$，$\varphi_1,\varphi_2,\varphi_3,\varphi_4\in\mathbf{R}$，且 $\varphi_1+\varphi_2+\varphi_3+\varphi_4=\pi$，则

$$\sum\sqrt{(\lambda_1+\lambda_2)(\lambda_1+\lambda_3)(\lambda_1+\lambda_4)}\sin\varphi_1\leqslant\sqrt{(\lambda_1+\lambda_2+\lambda_3+\lambda_4)^3}$$

当且仅当

$$\sqrt{(\lambda_1+\lambda_2)(\lambda_1+\lambda_3)(\lambda_1+\lambda_4)}\cos\varphi_1=\sqrt{(\lambda_2+\lambda_1)(\lambda_2+\lambda_3)(\lambda_2+\lambda_4)}\cos\varphi_2$$
$$=\sqrt{(\lambda_3+\lambda_1)(\lambda_3+\lambda_2)(\lambda_3+\lambda_4)}\cos\varphi_3=\sqrt{(\lambda_4+\lambda_1)(\lambda_4+\lambda_2)(\lambda_4+\lambda_3)}\cos\varphi_4$$

时取等号.

特别有

$$\sum\sqrt{(\lambda_1+\lambda_2)(\lambda_1+\lambda_3)(\lambda_1+\lambda_4)}\leqslant\sqrt{2(\lambda_1+\lambda_2+\lambda_3+\lambda_4)^3}$$

当且仅当 $\lambda_1=\lambda_2=\lambda_3=\lambda_4$ 时取等号.

若在本例中取 $x_1=-\sin\beta_1+\sin\beta_2+\sin\beta_3+\sin\beta_4$，$x_2=\sin\beta_1-\sin\beta_2+\sin\beta_3+\sin\beta_4$，$x_3=\sin\beta_1+\sin\beta_2-\sin\beta_3+\sin\beta_4$，$x_4=\sin\beta_1+\sin\beta_2+\sin\beta_3-\sin\beta_4$，这时易证有

$$\begin{aligned}&x_1x_2+x_3x_4\\=&(-\sin\beta_1+\sin\beta_2+\sin\beta_3+\sin\beta_4)(\sin\beta_1-\sin\beta_2+\sin\beta_3+\sin\beta_4)+\\&(\sin\beta_1+\sin\beta_2-\sin\beta_3+\sin\beta_4)(\sin\beta_1+\sin\beta_2+\sin\beta_3-\sin\beta_4)\\=&4(\sin\beta_1\sin\beta_2+\sin\beta_3\sin\beta_4)\\=&-2[\cos(\beta_1+\beta_2)-\cos(\beta_1-\beta_2)+\cos(\beta_3+\beta_4)-\cos(\beta_3-\beta_4)]\\=&2[\cos(\beta_1-\beta_2)+\cos(\beta_3-\beta_4)]\\=&4\sin(\beta_1+\beta_3)\sin(\beta_2+\beta_3)\end{aligned}$$

类似还有两式，因此

$$\begin{aligned}&(x_1x_2+x_3x_4)(x_1x_3+x_2x_4)(x_1x_4+x_2x_3)\\=&4^3\sin^2(\beta_1+\beta_2)\sin^2(\beta_1+\beta_3)\sin^2(\beta_2+\beta_3)\end{aligned}$$

另外

$$\begin{aligned}&\prod(-\sin\beta_1+\sin\beta_2+\sin\beta_3+\sin\beta_4)\\=&\prod\left(-2\cos\frac{\beta_1+\beta_2}{2}\sin\frac{\beta_1-\beta_2}{2}+2\sin\frac{\beta_3+\beta_4}{2}\cos\frac{\beta_3-\beta_4}{2}\right)\\=&\prod\left(-2\sin\frac{\beta_3+\beta_4}{2}\sin\frac{\beta_1-\beta_2}{2}+2\sin\frac{\beta_3+\beta_4}{2}\cos\frac{\beta_3-\beta_4}{2}\right)\\=&\prod\left[2\sin\frac{\beta_3+\beta_4}{2}\left(-\cos\frac{\pi-\beta_1+\beta_2}{2}+\cos\frac{\beta_3-\beta_4}{2}\right)\right]\end{aligned}$$

$$=4^4\prod\sin\frac{\beta_2+\beta_3}{2}\sin\frac{\beta_2+\beta_4}{2}\sin\frac{\beta_3+\beta_4}{2}$$
$$=4\sin^2(\beta_1+\beta_2)\sin^2(\beta_1+\beta_3)\sin^2(\beta_2+\beta_3)$$

因此,有

$$\sqrt{\frac{(x_1x_2+x_3x_4)(x_1x_3+x_2x_4)(x_1x_4+x_2x_3)}{x_1x_2x_3x_4}}$$
$$=\sqrt{\frac{4^3(\sin\beta_1\sin\beta_2+\sin\beta_3\sin\beta_4)(\sin\beta_1\sin\beta_3+\sin\beta_2\sin\beta_4)(\sin\beta_1\sin\beta_4+\sin\beta_2\sin\beta_3)}{\prod(-\sin\beta_1+\sin\beta_2+\sin\beta_3+\sin\beta_4)}}$$
$$=\sqrt{\frac{4^3\sin^2(\beta_1+\beta_2)\sin^2(\beta_1+\beta_3)\sin^2(\beta_2+\beta_3)}{4\sin^2(\beta_1+\beta_2)\sin^2(\beta_1+\beta_3)\sin^2(\beta_2+\beta_3)}}=4$$

于是,便有命题.

命题 3　设 $\beta_1,\beta_2,\beta_3,\beta_4,\varphi_1,\varphi_2,\varphi_3,\varphi_4\in\mathbf{R}$,且 $\sum\beta_1=\sum\varphi_1=\pi$,则

$$\sum\sin\varphi_1(-\sin\beta_1+\sin\beta_2+\sin\beta_3+\sin\beta_4)\leqslant 4$$

当且仅当

$$\begin{aligned}&(-\sin\beta_1+\sin\beta_2+\sin\beta_3+\sin\beta_4)\cos\varphi_1\\=&(\sin\beta_1-\sin\beta_2+\sin\beta_3+\sin\beta_4)\cos\varphi_2\\=&(\sin\beta_1+\sin\beta_2-\sin\beta_3+\sin\beta_4)\cos\varphi_3\\=&(\sin\beta_1+\sin\beta_2+\sin\beta_3-\sin\beta_4)\cos\varphi_4\end{aligned}$$

时取等号(取等号条件可由本例中不等式取等条件推得).

注:设 $\beta_1,\beta_2,\beta_3\in[0,\pi]$,$\varphi_1,\varphi_2,\varphi_3\in\mathbf{R}$ 且 $\sum\beta_1=\sum\varphi_1=\pi$,则

$$\begin{aligned}&\sum\sin\varphi_1(-\sin\beta_1+\sin\beta_2+\sin\beta_3)\\\leqslant&2\left(1+\sin\frac{\beta_1}{2}\sin\frac{\beta_2}{2}\sin\frac{\beta_3}{2}\right)\\=&\cos^2\frac{\beta_1}{2}+\cos^2\frac{\beta_2}{2}+\cos^2\frac{\beta_3}{2}\leqslant\frac{9}{4}\end{aligned}$$

当且仅当 $\beta_1=\beta_2=\beta_3=\varphi_1=\varphi_2=\varphi_3=\frac{\pi}{3}$,或 $(\beta_1,\beta_2,\beta_3)=(90^\circ,90^\circ,0^\circ)$,且 $(\varphi_1,\varphi_2,\varphi_3)=(\varphi_1,\varphi_2,90^\circ)(\varphi_1+\varphi_2=90^\circ)$,或其轮换式时,前一个不等式取等号;当且仅当 $\beta_1=\beta_2=\beta_3=\varphi_1=\varphi_2=\varphi_3=\frac{\pi}{3}$ 时,后一个不等式取等号.

证明可参见第一章例 18.

由上述不等式 $\sum\sin\varphi_1(-\sin\beta_1+\sin\beta_2+\sin\beta_3)\leqslant 2(1+\sin\frac{\beta_1}{2}\sin\frac{\beta_2}{2}\cdot\sin\frac{\beta_3}{2})$,可得:

设 $\triangle ABC$ 与 $\triangle A'B'C'$ 边长分别为 a,b,c,a',b',c',$\triangle ABC$ 的外接圆半径

和内切圆半径分别为R,r,$\triangle A'B'C'$外接圆半径为R',则有

$$\sum a'(-a+b+c)\leqslant R'(4R+r)$$

若在命题2的不等式中取$\lambda_4=0$,$\varphi_4=0$,即得以下命题4.

命题4 设$\lambda_1,\lambda_2,\lambda_3\in\mathbf{R}^+$,$\varphi_1,\varphi_2,\varphi_3\in\mathbf{R}$,且$\varphi_1+\varphi_2+\varphi_3=\pi$,则

$$\sqrt{\frac{\lambda_1}{\lambda_2+\lambda_3}}\sin\varphi_1+\sqrt{\frac{\lambda_2}{\lambda_3+\lambda_1}}\sin\varphi_2+\sqrt{\frac{\lambda_3}{\lambda_1+\lambda_2}}\sin\varphi_3$$
$$\leqslant\sqrt{\frac{(\lambda_1+\lambda_2+\lambda_3)^3}{(\lambda_2+\lambda_3)(\lambda_3+\lambda_1)(\lambda_1+\lambda_2)}}$$

当且仅当

$$\sqrt{\frac{\lambda_1}{\lambda_2+\lambda_3}}\cos\varphi_1=\sqrt{\frac{\lambda_2}{\lambda_3+\lambda_1}}\cos\varphi_2=\sqrt{\frac{\lambda_3}{\lambda_1+\lambda_2}}\cos\varphi_3$$
$$=\sqrt{\frac{\lambda_1\lambda_2\lambda_3}{(\lambda_2+\lambda_3)(\lambda_3+\lambda_1)(\lambda_1+\lambda_2)}}$$

时取等号.

命题4中的不等式也可以直接由本例证得. 令$x_1=\sqrt{\frac{\lambda_1}{\lambda_2+\lambda_3}}$,$x_2=\sqrt{\frac{\lambda_2}{\lambda_3+\lambda_1}}$,$x_3=\sqrt{\frac{\lambda_3}{\lambda_1+\lambda_2}}$,则有

$$\frac{1}{1+x_1^2}+\frac{1}{1+x_2^2}+\frac{1}{1+x_3^2}=2$$

即

$$x_2^2x_3^2+x_3^2x_1^2+x_1^2x_2^2=1-2x_1^2x_2^2x_3^2 \quad ③$$

另,在本例的不等式中,再取$\varphi_4=0$,由其取等号条件,可得

$$x_1\cos\varphi_1=x_2\cos\varphi_2=x_3\cos\varphi_3=x_4$$

即$\cos\varphi_1=\frac{x_4}{x_1}$,$\cos\varphi_2=\frac{x_4}{x_2}$,$\cos\varphi_3=\frac{x_4}{x_3}$,代入以下三角等式(请读者自己证明)

$$\cos^2\varphi_1+\cos^2\varphi_1+\cos^2\varphi_1+2\cos\varphi_1\cos\varphi_1\cos\varphi_1=1$$

并经整理,得到

$$2x_1x_2x_3x_4^3+(x_2^2x_3^2+x_3^2x_1^2+x_1^2x_2^2)x_4^2-x_1^2x_2^2x_3^2=0$$

将式③代入上式,便可求得$x_4=x_1x_2x_3$,即

$$x_4=\sqrt{\frac{\lambda_1\lambda_2\lambda_3}{(\lambda_2+\lambda_3)(\lambda_3+\lambda_1)(\lambda_1+\lambda_2)}}$$

将上述x_1,x_2,x_3,x_4的值代入本例不等式的右边,经整理便得到命题4不等式的右边的式子.

若在命题4不等式的两边同乘以正数$\sqrt{t}$,并令$x_1=\sqrt{\frac{t\lambda_1}{\lambda_2+\lambda_3}}$,$x_2=$

$\sqrt{\dfrac{t\lambda_2}{\lambda_3+\lambda_1}}$，$x_3=\sqrt{\dfrac{t\lambda_3}{\lambda_1+\lambda_2}}$，可得更一般的结论，即以下命题 5.

命题 5　设 $x_1,x_2,x_3\in\mathbf{R}^+$，$\varphi_1,\varphi_2,\varphi_3\in\mathbf{R}$，且 $\varphi_1+\varphi_2+\varphi_3=\pi$，则

$$x_1\sin\varphi_1+x_2\sin\varphi_2+x_3\sin\varphi_3\leqslant\frac{\sqrt{(t+x_1^2)(t+x_2^2)(t+x_3^2)}}{t}$$

当且仅当 $x_1\cos\varphi_1=x_2\cos\varphi_2=x_3\cos\varphi_3=\dfrac{x_1x_2x_3}{t}$ 时取等号. 以上 t 是方程

$$t^3-(x_2^2x_3^2+x_3^2x_1^2+x_1^2x_2^2)t-2x_1^2x_2^2x_3^2=0$$

的唯一正根.

注:(1) 由命题 5 中的不等式，并注意到 $t>\sqrt{\sum x_2^2x_3^2}$，可得

$$x_1\sin\varphi_1+x_2\sin\varphi_2+x_3\sin\varphi_3<\sqrt{\sum x_1^2+2\sqrt{\sum x_2^2x_3^2}+\frac{3\,(x_1x_2x_3)^2}{\sum x_2^2x_3^2}}$$

(2) 由命题 5 中的不等式，当 $x_2=x_3$ 时，易求得 $t=x_2^2$，因此，有

$$x_1\sin\varphi_1+x_2\sin\varphi_2+x_2\sin\varphi_3\leqslant 2\sqrt{x_1^2+x_2^2}$$

若在本例的不等式中，令

$$x_1=\sqrt{(\lambda_2+\lambda_3)(\lambda_2+\lambda_4)(\lambda_3+\lambda_4)},x_2=\sqrt{(\lambda_1+\lambda_3)(\lambda_1+\lambda_4)(\lambda_3+\lambda_4)}$$
$$x_3=\sqrt{(\lambda_1+\lambda_2)(\lambda_1+\lambda_4)(\lambda_2+\lambda_4)},x_4=\sqrt{(\lambda_1+\lambda_2)(\lambda_1+\lambda_3)(\lambda_2+\lambda_3)}$$

可得命题 6.

命题 6　设 $\lambda_1,\lambda_2,\lambda_3,\lambda_4\in\overline{\mathbf{R}^-}$，$\varphi_1,\varphi_2,\varphi_3,\varphi_4\in\mathbf{R}$，且 $\varphi_1+\varphi_2+\varphi_3+\varphi_4=\pi$，则

$$\sum\sqrt{(\lambda_2+\lambda_3)(\lambda_2+\lambda_4)(\lambda_3+\lambda_4)}\sin\varphi_1\leqslant(\lambda_1+\lambda_2+\lambda_3+\lambda_4)^{\frac{3}{2}}$$

当且仅当

$$\sqrt{(\lambda_2+\lambda_3)(\lambda_2+\lambda_4)(\lambda_3+\lambda_4)}\cos\varphi_1=\sqrt{(\lambda_1+\lambda_3)(\lambda_1+\lambda_4)(\lambda_3+\lambda_4)}\cos\varphi_2$$
$$=\sqrt{(\lambda_1+\lambda_2)(\lambda_1+\lambda_4)(\lambda_2+\lambda_4)}\cos\varphi_3=\sqrt{(\lambda_1+\lambda_2)(\lambda_1+\lambda_3)(\lambda_2+\lambda_3)}\cos\varphi_4$$

时取等号.

特别有

$$\sqrt{(\lambda_2+\lambda_3)(\lambda_2+\lambda_4)(\lambda_3+\lambda_4)}+\sqrt{(\lambda_1+\lambda_3)(\lambda_1+\lambda_4)(\lambda_3+\lambda_4)}+$$
$$\sqrt{(\lambda_1+\lambda_2)(\lambda_1+\lambda_4)(\lambda_2+\lambda_4)}+\sqrt{(\lambda_1+\lambda_2)(\lambda_1+\lambda_3)(\lambda_2+\lambda_3)}$$
$$\leqslant\sqrt{2}\,(\lambda_1+\lambda_2+\lambda_3+\lambda_4)^{\frac{3}{2}}$$

当且仅当 $\lambda_1=\lambda_2=\lambda_3=\lambda_4$ 时取等号.

本题背景：为迎接 1990 年 7 月 8 日第 31 届国际数学奥林匹克在中国举行，1988 年 10 月由中国数学会奥林匹克委员会、中国数学会普及工作委员会、《中等数学》杂志编辑部联合举办了全国首届数学奥林匹克命题有奖比赛，近千人

踊跃参加，在应征者中，有来自学校的学生、教师、教研人员，还有数学教育战线上的老专家，在半年里，征得试题及解答1 200余份，经无比强大的评审阵容，无比严密和细致的评审，经过反复筛选、核实以后，仅仅收录了73道题，并且仅有21人获奖，除吕学礼（人民教育出版社）获荣誉奖外，一等奖1人（北大数学系张筑生），二等奖5人（云南南涧一中黄金福，福建南安五星中学陈胜利，江苏海安县中学高二江焕新，安徽芜湖市十二中胡安礼，天津师大数学系李学武），三等奖15人，本人自创的本例荣获三等奖. 可参见由《中等数学》杂志编辑部主编的《首届全国数学奥林匹克命题比赛精选》一书（1992年版）.

例 103 （自创题，2015－07－06）设 $a,b,c\in\mathbf{R}$，则

$$(1+a+a^2)(1+b+b^2)(1+c+c^2)\geqslant 3(a+b+c)(bc+ca+ab)$$

当且仅当 $\sum a=\sum bc$，且 $abc=1$，即 $a=1,bc=1$ 或 $b=1,ca=1$，或 $c=1,ab=1$ 时取等号.

证明 原式等价于

$$\prod\left[\left(a+\frac{1}{2}\right)^2+\frac{3}{4}\right]\geqslant 3\sum a\sum bc$$

$$\Leftrightarrow\prod\left|\left(a+\frac{1}{2}\right)+\frac{\sqrt{3}}{2}\mathrm{i}\right|^2\geqslant 3\sum a\sum bc$$

$$\Leftrightarrow\prod\left|\left(\cos\frac{\pi}{3}+\mathrm{i}\sin\frac{\pi}{3}\right)+a\right|^2\geqslant 3\sum a\sum bc$$

$$\Leftrightarrow\left|\left[\left(\cos\frac{\pi}{3}+\mathrm{i}\sin\frac{\pi}{3}\right)+a\right]\left[\left(\cos\frac{\pi}{3}+\mathrm{i}\sin\frac{\pi}{3}\right)+b\right]\cdot\left[\left(\cos\frac{\pi}{3}+\mathrm{i}\sin\frac{\pi}{3}\right)+c\right]\right|^2$$

$$\geqslant 9\sum bc$$

$$\Leftrightarrow\left|\left(\cos\frac{\pi}{3}+\mathrm{i}\sin\frac{\pi}{3}\right)^3+\left(\cos\frac{\pi}{3}+\mathrm{i}\sin\frac{\pi}{3}\right)^2\sum a+\left(\cos\frac{\pi}{3}+\mathrm{i}\sin\frac{\pi}{3}\right)\sum bc+abc\right|^2$$

$$\geqslant 3\sum a\sum bc$$

$$\Leftrightarrow\left|\left(\cos\frac{3\pi}{3}+\mathrm{i}\sin\frac{3\pi}{3}\right)+\left(\cos\frac{2\pi}{3}+\mathrm{i}\sin\frac{2\pi}{3}\right)\sum a+\left(\cos\frac{\pi}{3}+\mathrm{i}\sin\frac{\pi}{3}\right)\sum bc+abc\right|^2$$

$$\geqslant 3\sum a\sum bc$$

$$\Leftrightarrow\left|\left(-1-\frac{1}{2}\sum a+\frac{1}{2}\sum bc+abc\right)+\frac{\sqrt{3}}{2}\left(\sum a+\sum bc\right)\mathrm{i}\right|^2$$

$$\geqslant 3\sum a\sum bc$$

$$\Leftrightarrow \left(-1-\frac{1}{2}\sum a+\frac{1}{2}\sum bc+abc\right)^2+\frac{3}{4}\left(3+\sum bc\right)^2\geqslant 3\sum a\sum bc$$

由于$\left(-1-\frac{1}{2}\sum a+\frac{1}{2}\sum bc+abc\right)^2\geqslant 0$,因此,只要证

$$\frac{3}{4}\left(\sum a+\sum bc\right)^2\geqslant 3\sum a\sum bc$$

即

$$\left(\sum a-\sum bc\right)^2\geqslant 0$$

此式显然成立,故原命题获证.易知当且仅当$\sum a=\sum bc$,且$abc=1$时取等号.

注:由上证明可知,有更强式

$$(1+a+a^2)(1+b+b^2)(1+c+c^2)\geqslant \frac{3}{4}\left(\sum a+\sum bc\right)^2$$

当且仅当$2+\sum a-\sum bc-2abc=0$时取等号.

例 104 设$x_i\geqslant 0,i=1,2,\cdots,n,n\geqslant 2$,且$\sum_{i=1}^{n}x_i=1$,则

$$\sum_{i=1}^{n}\frac{1}{1+x_i^2}\leqslant \frac{n^3}{1+n^2}$$

当且仅当$x_1=x_2=\cdots=x_n=\frac{1}{n}$时取等号.

证明 当$n=2$时,即证当$x_1,x_2\geqslant 0$,且$x_1+x_2=1$时,有

$$\frac{1}{1+x_1^2}+\frac{1}{1+x_2^2}\leqslant \frac{8}{5}$$

$$\Leftrightarrow 8(1+x_1^2)(1+x_2^2)\geqslant 5(2+x_1^2+x_2^2)$$

$$\Leftrightarrow 8(x_1x_2)^2+3(x_1^2+x_2^2)-2\geqslant 0$$

$$\Leftrightarrow 8(x_1x_2)^2-6(x_1x_2)+1\geqslant 0 (注意到 x_1+x_2=1)$$

$$\Leftrightarrow (1-4x_1x_2)(1-2x_1x_2)\geqslant 0$$

由于$1=(x_1+x_2)^2\geqslant 4x_1x_2\geqslant 2x_1x_2\geqslant 0$,因此上式成立,从而证明了当$n=2$时,原命题成立.

当$n\geqslant 3$时,先证明以下局部不等式

$$\frac{1}{1+x_i^2}\leqslant \frac{n^3}{1+n^2}x_i+\lambda\left(x_i-\frac{1}{n}\right) \quad ①$$

其中$\lambda=-\frac{n^3(n^2+3)}{(1+n^2)^2}$.

式①容易证明,但为了探讨其证明思路,我们下面的证明可能会啰嗦一些.

从原式的取等号条件，想到应用局部不等式证明原式. 考虑到所要证明的不等式的右边式子以及已知条件 $\sum_{i=1}^{n} x_i = 1$，因此，得出含参的式 ① 不等式，如何求得 λ 值，使得式 ① 成立，这是关键.

式 ① 等价于

$$\frac{1}{1+x_i^2} - \frac{1}{1+\left(\frac{1}{n}\right)^2} \leqslant \frac{n^3}{1+n^2}\left(x_i - \frac{1}{n}\right) + \lambda\left(x_i - \frac{1}{n}\right)$$

$$\Leftrightarrow \left(x_i - \frac{1}{n}\right)\left[\frac{x_i + \frac{1}{n}}{(1+x_i^2)\left(1+\frac{1}{n^2}\right)} + \frac{n^3}{1+n^2} + \lambda\right] \geqslant 0 \quad ②$$

在上式的中括号中，取 $x_i = \frac{1}{n}$，且令

$$\frac{x_i + \frac{1}{n}}{(1+x_i^2)\left(1+\frac{1}{n^2}\right)} + \frac{n^3}{1+n^2} + \lambda = 0$$

得到

$$\frac{\frac{2}{n}}{\left(1+\frac{1}{n^2}\right)^2} + \frac{n^3}{1+n^2} + \lambda = 0$$

由此得到 $\lambda = -\frac{n^3(n^2+3)}{(1+n^2)^2}$. 于是，用 $\lambda = -\frac{n^3(n^2+3)}{(1+n^2)^2}$ 代入式 ②，得到

$$\left(x_i - \frac{1}{n}\right)\left[\frac{x_i + \frac{1}{n}}{(1+x_i^2)\left(1+\frac{1}{n^2}\right)} + \frac{n^3}{1+n^2} - \frac{n^3(n^2+3)}{(1+n^2)^2}\right] \geqslant 0$$

$$\Leftrightarrow \left(x_i - \frac{1}{n}\right)\left[\frac{x_i + \frac{1}{n}}{(1+x_i^2)\left(1+\frac{1}{n^2}\right)} - \frac{\frac{2}{n}}{\left(1+\frac{1}{n^2}\right)^2}\right] \geqslant 0$$

$$\Leftrightarrow \left(x_i - \frac{1}{n}\right)\left(\frac{x_i + \frac{1}{n}}{1+x_i^2} - \frac{\frac{2}{n}}{1+\frac{1}{n^2}}\right) \geqslant 0$$

$$\Leftrightarrow \left(x_i - \frac{1}{n}\right)^2 \cdot \frac{1 - \frac{2x_i}{n} - \frac{1}{n^2}}{\left(1+\frac{1}{n^2}\right)(1+x_i^2)} \geqslant 0$$

由 $x_i \leqslant 1, n \geqslant 3$ 可知上式成立. 故取 $\lambda = -\frac{n^3(n^2+3)}{(1+n^2)^2}$ 时式 ① 成立.

有了局部不等式式 ①,再证原式就很容易了,只要在式 ① 中分别令 $i=1,2,\cdots,n, n \geqslant 3$,并将所得到的 n 个式子左右两边分别相加,并注意到 $\sum_{i=1}^{n} x_i = 1$,即得原式,同时易知当且仅当 $x_1 = x_2 = \cdots = x_n = \frac{1}{n}$ 时,原式取等号.

例 105 (2014 年全国高中数学联赛加试题 1) 设实数 a,b,c 满足 $a+b+c=1, abc>0$,求证:

$$ab+bc+ca<\frac{\sqrt{abc}}{2}+\frac{1}{4} \qquad ①$$

我们加强上述不等式 ①,得到以下

命题 1(自创题,2014-09-18) 设实数 a,b,c 满足,$a+b+c \geqslant 0, abc \geqslant 0$,求证:

$$ab+bc+ca \leqslant \frac{\sqrt{3abc(a+b+c)}}{4}+\frac{1}{4}(a+b+c)^2 \qquad ②$$

当且仅当 $a=b=c$ 时取等号.

证明 式 ② 即证

$$2(ab+bc+ca)-(a^2+b^2+c^2) \leqslant \sqrt{3abc(a+b+c)} \qquad ③$$

若 $2(ab+bc+ca)-(a^2+b^2+c^2)<0$,式 ③ 显然成立.

若 $2(ab+bc+ca)-(a^2+b^2+c^2) \geqslant 0$,设 $x=-a+b+c, y=a-b+c, z=a+b-c$,则 $yz+zx+xy=2(ab+bc+ca)-(a^2+b^2+c^2) \geqslant 0$,$(y+z) \cdot (z+x)(x+y)=8abc>0$,$x+y+z=a+b+c \geqslant 0$,这时,式 ③ 等价于

$$yz+zx+xy \leqslant \sqrt{\frac{3}{8}(y+z)(z+x)(x+y)(x+y+z)}$$

$$\Leftrightarrow 3(y+z)(z+x)(x+y)(x+y+z) \geqslant 8(yz+zx+xy)^2 \qquad ④$$

下面证明式 ④ 成立. 由于 $x+y+z \geqslant 0, yz+zx+xy \geqslant 0$,于是有

$$\begin{aligned}
&9(y+z)(z+x)(x+y)-8(x+y+z)(yz+zx+xy)\\
=&9[(x+y+z)(yz+zx+xy)-xyz]-8(x+y+z)(yz+zx+xy)\\
=&(x+y+z)(yz+zx+xy)-9xyz
\end{aligned}$$

若 $xyz<0$,则 $(x+y+z)(yz+zx+xy)-9xyz>0$,于是,有

$$\begin{aligned}
\text{式 ④ 左边} &= 3(y+z)(z+x)(x+y)(x+y+z)\\
&> \frac{8}{3}(x+y+z)^2(yz+zx+xy) \geqslant 8(yz+zx+xy)^2
\end{aligned}$$

因此,当 $xyz<0$ 时,式 ④ 成立.

若 $xyz \geqslant 0$,记 $s_1=x+y+z \geqslant 0, s_2=yz+zx+xy \geqslant 0, s_3=xyz \geqslant 0$,

则 x,y,z 为方程 $t^3-s_1t^2+s_2t-s_3=0$ 的三个根,即 x,y,z 都满足 $t(t^2+s_2)=s_1t^2+s_3$,由此可知 x,y,z 均为非负数.

于是,也有

式 ④ 左边 $=3(y+z)(z+x)(x+y)(x+y+z)$

$$\geqslant \frac{8}{3}(x+y+z)^2(yz+zx+xy)\geqslant 8(yz+zx+xy)^2$$

因此,当 $xyz\geqslant 0$ 时,式 ④ 也成立.

故当 $2(ab+bc+ca)-(a^2+b^2+c^2)\geqslant 0$ 时,式 ③ 也成立.

综上,式 ② 获证,从证明过程易知,当且仅当 $a=b=c$ 时,式 ② 取等号.

在式 ② 中,令 $a+b+c=1,abc>0$,得到

$$ab+bc+ca\leqslant \frac{\sqrt{3abc}}{4}+\frac{1}{4}<\frac{\sqrt{abc}}{2}+\frac{1}{4}$$

即 2014 年全国高中数学联赛加试题 1.

下面,我们再给出一个类似命题:

命题 2 (自创题,2014-09-18) 设实数 a,b,c 满足 $a+b+c=1,abc>0$,则

$$ab+bc+ca\leqslant \frac{9abc}{4}+\frac{1}{4} \tag{⑤}$$

证明 要证式 ⑤ 只要证:当实数 a,b,c 满足 $a+b+c=1>0,abc>0$ 时,有

$$(a+b+c)^3-4(a+b+c)(bc+ca+ab)+9abc\geqslant 0 \tag{⑥}$$

若 $ab+bc+ca\leqslant 0$ 时,式 ⑥ 显然成立.

若 $ab+bc+ca>0$,再由 $a+b+c=1>0,abc>0$,可得到 $a,b,c>0$. 事实上,记 $s_1=a+b+c>0,s_2=ab+bc+ca>0,s_3=abc>0$,则 a,b,c 是方程

$$x^3-s_1x^2+s_2x-s_3=0$$

的三个根,于是有

$$x=\frac{s_1x^2+s_3}{x^2+s_2}>0$$

故得到 $a,b,c>0$.

不妨设 $a\geqslant b\geqslant c>0$,由于

$$\begin{aligned}&(a+b+c)^3-4(a+b+c)(bc+ca+ab)+9abc\\=&\sum a^3-\sum a(b^2+c^2)+3abc\\=&\left(\sum a^3-3abc\right)-\left[\sum a(b^2+c^2)-6abc\right]\\=&\frac{1}{2}\sum(-a+b+c)\sum(b-c)^2\end{aligned}$$

$$=c(b-c)^2+(a-b+c)(a-b)(b-c)+a(a-b)^2\geqslant 0$$

故式 ⑥ 成立,式 ⑤ 获证.

若 $a,b,c>0$,由于 $abc\leqslant\left(\frac{a+b+c}{3}\right)^3=\frac{1}{27}$,则有

$$ab+bc+ca\leqslant\frac{9abc}{4}+\frac{1}{4}\leqslant\frac{\sqrt{3abc}}{4}+\frac{1}{4}$$

例 106　设 $a,b,c\in\overline{\mathbf{R}^-}$,且 $a+b+c=2$,则

$$b^2c^2+c^2a^2+a^2b^2+4a^2b^2c^2\leqslant 1$$

当且仅当 a,b,c 中有一个等于零,另外两个相等时取等号.

证明　我们将证明较原命题更强的不等式,且将三元提升为四元,使原命题成为其特例.

由于 $a,b,c\in\overline{\mathbf{R}^-}$,且 $a+b+c=2$,则有

$$abc\leqslant\frac{1}{27}(a+b+c)^3=\frac{8}{27}<\frac{11}{32}$$

由此,我们可以去证明较原式更强的不等式

$$b^2c^2+c^2a^2+a^2b^2+\frac{11}{8}abc\leqslant 1$$

化为齐次式,即

$$b^2c^2+c^2a^2+a^2b^2+\frac{11}{16}abc(a+b+c)\leqslant\left(\frac{a+b+c}{2}\right)^4 \quad ①$$

若记 $s_1=a+b+c,s_2=bc+ca+ab,s_3=abc$,则式 ① 经整理得到

$$s_1^4+21s_1s_3-16s_2^2\geqslant 0 \quad ②$$

根据题中的取等号条件,我们可以将式 ② 进一步提升成四元四次不等式,即可以进一步去证明以下命题.

命题　(自创题,2006—08—08) 设 $a,b,c,d\in\overline{\mathbf{R}^-}$,若记 $s_1=a+b+c+d,s_2=ab+ac+ad+bc+bd+cd$, $s_3=bcd+acd+abd+abc,s_4=abcd$, $\lambda\geqslant 0$,则

$$s_1^4+(\lambda-4)s_1^2s_2+3(3+\lambda)s_1s_3-4\lambda s_2^2-16s_4\geqslant 0$$

当且仅当 $a=b=c=d$,或 a,b,c,d 中有一个等于零,其余三个都相等,或 a,b,c,d 中有两个等于零,其余两个相等时取等号.

先给出以下引理.

引理　设 $x,y,z,w\in\overline{\mathbf{R}^-}$,且 $s_1=\sum x,s_2=\sum xy,s_3=\sum yzw,s_4=xyzw$,则有

i. $s_1^4-4s_1^2s_2+9s_1s_3-16s_4\geqslant 0$;

ii. $s_1^2s_2-4s_2^2+3s_1s_3\geqslant 0$.

iii. 可见第一章，§5　其他基本不等式中“初等对称式多项式不等式”，取 $n=4$ 情况.

iv. 由 $s_1^2s_2-4s_2^2+3s_1s_3=\sum xy\,(x-y)^2\geqslant 0$ 即得.

原命题中不等式左边 $=s_1^4-4s_1^2s_2+9s_1s_3-16s_4+\lambda(s_1^2s_2+3s_1s_3-4s_2^2)\geqslant 0$，故成立.

在命题中取 $\lambda=4,w=0$，即得式②，由本例说明，在证明不等式时，有时可以采用“进”的策略，即证明其加强式，或证明其一般式，或证明其推广式等，有时更为简便，在本拙作中多处用到这个策略.

例 107　(伊朗奥赛题，见“不等式研究会中学群”，2015－06－22 云南杨俊波提供)

设 $a,b,c\in\overline{\mathbf{R}^-}$，且 $a+b+c=3$，则

$$\frac{1}{\frac{4}{3}+b^3+c^3}+\frac{1}{\frac{4}{3}+c^3+a^3}+\frac{1}{\frac{4}{3}+a^3+b^3}\leqslant\frac{9}{10}$$

当且仅当 $a=b=c=1$ 时取等号.

证明　原命题中的不等式等价于

$$\frac{\frac{4}{3}}{\frac{4}{3}+b^3+c^3}+\frac{\frac{4}{3}}{\frac{4}{3}+c^3+a^3}+\frac{\frac{4}{3}}{\frac{4}{3}+a^3+b^3}\leqslant\frac{6}{5}$$

$$\Leftrightarrow 3-\left(\frac{\frac{4}{3}}{\frac{4}{3}+b^3+c^3}+\frac{\frac{4}{3}}{\frac{4}{3}+c^3+a^3}+\frac{\frac{4}{3}}{\frac{4}{3}+a^3+b^3}\right)\geqslant 3-\frac{6}{5}$$

$$\Leftrightarrow\frac{b^3+c^3}{\frac{4}{3}+b^3+c^3}+\frac{c^3+a^3}{\frac{4}{3}+c^3+a^3}+\frac{a^3+b^3}{\frac{4}{3}+a^3+b^3}\geqslant\frac{9}{5}\qquad ①$$

今证式①. 为此，由柯西不等式，有

$$\frac{b^3+c^3}{\frac{4}{3}+b^3+c^3}+\frac{c^3+a^3}{\frac{4}{3}+c^3+a^3}+\frac{a^3+b^3}{\frac{4}{3}+a^3+b^3}$$

$$\geqslant\frac{\left(\sum\sqrt{b^3+c^3}\right)^2}{\sum\left(\frac{4}{3}+b^3+c^3\right)}$$

$$=\frac{2\sum a^3+2\sum\sqrt{(a^3+b^3)(a^3+c^3)}}{\sum\left(\frac{4}{3}+b^3+c^3\right)}$$

$$\geqslant \frac{2\sum a^3 + 2\sum a^3 + 2\sum b^{\frac{3}{2}} c^{\frac{3}{2}}}{\sum\left(\frac{4}{3} + b^3 + c^3\right)}$$

$$= \frac{2\sum a^3 + \sum b^{\frac{3}{2}} c^{\frac{3}{2}}}{2 + \sum a^3}$$

于是,只要证

$$2\sum a^3 + \sum b^{\frac{3}{2}} c^{\frac{3}{2}} \geqslant \frac{9}{5}\left(2 + \sum a^3\right)$$

即

$$3\sum a^3 - 2\left(\sum a\right)^3 + 15\sum b^{\frac{3}{2}} c^{\frac{3}{2}} \geqslant 0$$

设$\sqrt{a} = x, \sqrt{b} = y, \sqrt{c} = z, x, y, z \in \overline{\mathbf{R}^-}$,则上式等价于

$$3\sum x^6 - 2\left(\sum x^2\right)^3 + 15\sum y^3 z^3 \geqslant 0$$

$$\Leftrightarrow 2\sum x^6 - 12\sum x^4 (y^2 + z^2) + 30\sum y^3 z^3 - 24x^2 y^2 z^2 \geqslant 0 \qquad ②$$

下面证明式 ②. 由于

$$\sum x^6 - 6\sum x^4 (y^2 + z^2) + 15\sum y^3 z^3 - 12x^2 y^2 z^2$$

$$= \left(\sum x^3 - \sum y^3 z^3\right) + 16\left(\sum y^3 z^3 - 3x^2 y^2 z^2\right) - 6\left[\sum x^2 (y^4 + z^4) - 6x^2 y^2 z^2\right]$$

$$= \frac{1}{2}\sum (y^3 - z^3)^2 + 8\left(\sum yz\right)\sum x^2 (y^2 - z^2)^2 - 6\left[\sum x^2 (y^2 - z^2)^2\right]$$

$$= \sum\left[\frac{1}{2}(y^2 + yz + z^2)^2 + 8x^2(yz + zx + xy) - 6x^2 (y + z)^2\right](y - z)^2$$

$$= \sum\left[8x^3(y + z) - 2x^2(3y^2 + 2yz + 3z^2) + \frac{1}{2}(y^2 + yz + z^2)^2\right](y - z)^2$$

$$= \sum\left[4x^3(y + z) + 4x^3(y + z) + \frac{1}{2}(y^2 + yz + z^2)^2 - 2x^2(3y^2 + 2yz + 3z^2)\right](y - z)^2$$

$$\geqslant \sum\left[3\sqrt[3]{4x^3(y + z)\cdot 4x^3(y + z)\cdot \frac{1}{2}(y^2 + yz + z^2)^2} - 2x^2(3y^2 + 2yz + 3z^2)\right](y - z)^2 \text{(应用均值不等式)}$$

$$\geqslant \sum\left[6x^2\sqrt[3]{(y + z)^2 (y^2 + yz + z^2)^2} - 2x^2(3y^2 + 2yz + 3z^2)\right](y - z)^2$$

$$=\sum 2x^2[3x^2\sqrt[3]{(y+z)^2(y^2+yz+z^2)^2}-(3y^2+2yz+3z^2)](y-z)^2$$

$$=\sum 2x^2[3\sqrt[3]{(y^2+2yz+z^2)(y^2+yz+z^2)(y^2+yz+z^2)}-$$

$$(3y^2+3z^2+2yz)](y-z)^2$$

$$\geqslant \sum 2x^2[3(y^2+\sqrt[3]{2}yz+z^2)-$$

$$(3y^2+3z^2+2yz)](y-z)^2 \text{(应用赫尔德不等式)}$$

$$=\sum 2x^2[(3\sqrt[3]{2}-2)yz](y-z)^2\geqslant 0$$

因此,式 ② 成立,从而式 ① 成立,故原命题获证.由证明过程易知当且仅当 $a=b=c=1$ 时取等号.

注:由本例可以看出,在应用配方法(SOS 法)证明不等式时,配方结果将直接影响解题效果.如以下几种配方法都不如本例中的配方结果好:

(1) $\sum x^6-6\sum x^4(y^2+z^2)+15\sum y^3z^3-12(x^2y^2z^2)$

$$=\frac{1}{2}[2\sum x^6-\sum y^2z^2(y^2+z^2)]+2[\sum x^2(y^4+z^4)-$$

$$6\sum x^2y^2z^2]-\frac{15}{2}[\sum y^2z^2(y^2+z^2)-2\sum y^3z^3]$$

$$=\frac{1}{2}\sum (y^2+z^2)(y^2-z^2)^2+2\sum x^2(y^2-z^2)^2-$$

$$\frac{15}{2}\sum y^2z^2(y-z)^2$$

$$=\frac{1}{2}\sum (y^4+z^4+4x^2y^2+4x^2z^2-13y^2z^2+$$

$$2y^3z+2yz^3+8x^2yz)(y-z)^2$$

(2) $\sum x^6-6\sum x^4(y^2+z^2)+15\sum y^3z^3-12(x^2y^2z^2)$

$$=\frac{1}{2}[2\sum x^6-\sum y^2z^2(y^2+z^2)]+\frac{11}{2}[\sum x^2(y^4-2y^2z^2+z^4)+$$

$$15(\sum y^3z^3-3x^2y^2z^2)$$

$$=\frac{1}{2}\sum (y^2+z^2)(y+z)^2(y-z)^2-11\sum x^2(y+z)^2(y-z)^2+$$

$$15\sum x^2(yz+zx+xy)(y-z)^2$$

$$=\frac{1}{2}\sum (y^4+z^4+2y^2z^2+15x^3y+15x^3z+2y^3z+2yz^3-$$

$$11x^2y^2-11x^2z^2-7x^2yz)(y-z)^2$$

(3) $\sum x^6-6\sum y^2z^2(y^2+z^2)+15\sum y^3z^3-12x^2y^2z^2$

$$=(\sum x^6-\sum y^3z^3)-6[\sum y^2z^2(y^2+z^2)-2\sum y^3z^3]+$$

$$4(\sum y^3z^3-3x^2y^2z^2)$$

$$=\sum \frac{1}{2}(y^2+yz+z^2)^2(y-z)^2-6\sum y^2z^2(y-z)^2+$$

$$2(\sum yz)\sum x^2(y-z)^2$$

$$=\sum[\frac{1}{2}(y^2+yz+z^2)^2-6y^2z^2+2x^2\sum yz](y-z)^2$$

类似方法,还可以证明以下例题.

例 108 (自创题,2015－06－24)设 $a,b,c,d\in\overline{\mathbf{R}^-}$,且 $a+b+c+d=4$,$\lambda>\frac{12}{11}$,则

$$\frac{1}{\lambda+b^4+c^4+d^4}+\frac{1}{\lambda+a^4+c^4+d^4}+\frac{1}{\lambda+a^4+b^4+d^4}+\frac{1}{\lambda+a^4+b^4+c^4}$$

$$\leqslant\frac{4}{\lambda+3}$$

当且仅当 $a=b=c=1$ 时取等号.

证明 原命题中的不等式等价于

$$\frac{\lambda}{\lambda+b^4+c^4+d^4}+\frac{\lambda}{\lambda+a^4+c^4+d^4}+\frac{\lambda}{\lambda+a^4+b^4+d^4}+$$

$$\frac{\lambda}{\lambda+a^4+b^4+c^4}\leqslant\frac{4\lambda}{\lambda+3}$$

$$\Leftrightarrow\frac{b^4+c^4+d^4}{\lambda+b^4+c^4+d^4}+\frac{a^4+c^4+d^4}{\lambda+a^4+c^4+d^4}+\frac{a^4+b^4+d^4}{\lambda+a^4+b^4+d^4}+$$

$$\frac{a^4+b^4+c^4}{\lambda+a^4+b^4+c^4}\geqslant\frac{12}{\lambda+3}$$

应用柯西不等式,有

$$\frac{b^4+c^4+d^4}{\lambda+b^4+c^4+d^4}+\frac{a^4+c^4+d^4}{\lambda+a^4+c^4+d^4}+\frac{a^4+b^4+d^4}{\lambda+a^4+b^4+d^4}+\frac{a^4+b^4+c^4}{\lambda+a^4+b^4+c^4}$$

$$\geqslant\frac{(\sum\sqrt{b^4+c^4+d^4})^2}{\sum(\lambda+b^4+c^4+d^4)}=\frac{3\sum a^4+2T}{4\lambda+3\sum a^4}$$

其中 $T=\sqrt{(a^4+c^4+d^4)(b^4+c^4+d^4)}+\sqrt{(a^4+b^4+d^4)(c^4+b^4+d^4)}+\sqrt{(a^4+b^4+c^4)(d^4+b^4+c^4)}+\sqrt{(b^4+a^4+d^4)(c^4+a^4+d^4)}+\sqrt{(b^4+a^4+c^4)(d^4+a^4+c^4)}+\sqrt{(c^4+a^4+b^4)(d^4+a^4+b^4)}$

再次应用柯西不等式,有

$$T\geqslant(a^2b^2+c^4+d^4)+(a^2c^2+b^4+d^4)+(a^2d^2+b^4+c^4)+(b^2c^2+a^4+d^4)+$$

$$(b^2d^2+a^4+c^4)+(c^2d^2+a^4+b^4)$$

$$=3\sum a^4+a^2b^2+a^2c^2+a^2d^2+b^2c^2+b^2d^2+c^2d^2$$

因此，要证明原式，只要证明

$$9(\lambda+3)\sum a^4+2(\lambda+3)(a^2b^2+a^2c^2+a^2d^2+b^2c^2+b^2d^2+c^2d^2)$$

$$\geqslant 12(4\lambda+3\sum a^4)$$

$$\Leftrightarrow 9(\lambda-1)\sum a^4+2(\lambda+3)(a^2b^2+a^2c^2+a^2d^2+b^2c^2+b^2d^2+c^2d^2)-$$

$$\frac{3\lambda}{16}\left(\sum a\right)^4\geqslant 0\text{（注意到 }a+b+c+d=4\text{）} \quad ①$$

若记 $s_1=a+b+c+d$，$s_2=ab+ac+ad+bc+bd+cd$，$s_3=bcd+acd+abd+abc$，$s_4=abcd$，则

$$\sum a^4=s_1^4-4s_1^2s_2+2s_2^2+4s_2s_3-4s_4$$

$$a^2b^2+a^2c^2+a^2d^2+b^2c^2+b^2d^2+c^2d^2=s_2^2-2s_1s_3+2s_4$$

将上述两式代入式 ①，并整理得到与式 ① 等价的不等式

$$\frac{141\lambda-144}{16}s_1^4-36(\lambda-1)s_1^2s_2+4(5\lambda-3)s_2^2+$$

$$16(2\lambda-3)s_1s_3-16(2\lambda-3)s_4\geqslant 0 \quad ②$$

利用以下不等式（参见《中学数学教学》（安徽）2007 年第 2 期，杨学枝《从一道不等式谈起》）易证式 ②：

i. $9s_1^4-48s_1^2s_2+64s_2^2\geqslant 0$（由 $9s_1^4-48s_1^2s_2+64s_2^2=(3s_1^2-8s_2)^2\geqslant 0$ 即得）；

ii. $s_1^2s_2-4s_2^2+3s_1s_3\geqslant 0$（由 $s_1^2s_2-4s_2^2+3s_1s_3=\sum xy(x-y)^2\geqslant 0$ 即得）；

iii. $s_2^2-3s_1s_3+12s_4\geqslant 0$（由 $s_2^2-3s_1s_3+12s_4=[(a-b)(c-d)]^2+[(a-c)(b-d)]^2+[(a-d)(b-c)]^2\geqslant 0$ 即得）.

事实上，由于 $\lambda>\frac{12}{11}$，$141\lambda-144>141\cdot\frac{12}{11}-144=\frac{108}{11}>0$，利用上述三个不等式，有

$$\frac{141\lambda-144}{16}s_1^4-36(\lambda-1)s_1^2s_2+4(5\lambda-3)s_2^2+16(2\lambda-3)s_1s_3-16(2\lambda-3)s_4$$

$$\geqslant\frac{141\lambda-144}{16}\left(\frac{16}{3}s_1^2s_2-\frac{64}{9}s_2^2\right)-36(\lambda-1)s_1^2s_2+4(5\lambda-3)s_2^2+$$

$$16(2\lambda-3)s_1s_3-16(2\lambda-3)s_4$$

$$=(11\lambda-12)s_1^2s_2+\frac{128\lambda-192}{3}s_2^2+16(2\lambda-3)s_1s_3-16(2\lambda-3)s_4$$

$$\geqslant(11\lambda-12)(4s_2^2-3s_1s_3)+\frac{128\lambda-192}{3}s_2^2+16(2\lambda-3)s_1s_3-16(2\lambda-3)s_4$$

$$=\frac{4\lambda+12}{3}s_2^2-(\lambda+12)s_1s_3-16(2\lambda-3)s_4$$

$$\geqslant\frac{4\lambda+12}{3}(3s_1s_3-12s_4)-(\lambda+12)s_1s_3-16(2\lambda-3)s_4$$

$=3s_1s_3-48s_4\geqslant 0$

即得式 ②,从而式 ① 成立,故原命题获证.

例 109 (自创题,2015－08－31) 设 $a,b,c\geqslant 0$,且 $a+b+c\leqslant\frac{3\sqrt{14}}{7}$,则

$$\frac{a^2}{1+a^2}+\frac{b^2}{1+b^2}+\frac{c^2}{1+c^2}\geqslant\frac{3(a+b+c)^2}{9+(a+b+c)^2}$$

证明 (安徽,孙世宝,2015－09－01 提供) 我们先来证明下面两个引理:

引理 1 当 $a,b\geqslant 0,a+b\leqslant\frac{2\sqrt{3}}{3}$ 时,成立 $\frac{1}{1+a^2}+\frac{1}{1+b^2}\leqslant\frac{2}{1+(\frac{a+b}{2})^2}$;

引理 2 当 $a,b\geqslant 0,2a+b\leqslant\frac{3\sqrt{14}}{7}$ 时,成立 $\frac{2}{1+a^2}+\frac{1}{1+b^2}\leqslant\frac{3}{1+(\frac{2a+b}{3})^2}$.

引理 1 证明 记 $s=\frac{a+b}{2}\leqslant\frac{\sqrt{3}}{3}$,则 $ab\leqslant s^2\leqslant\frac{1}{3}$. 于是得到

$$\frac{1}{1+a^2}+\frac{1}{1+b^2}\leqslant\frac{2}{1+(\frac{a+b}{2})^2}$$

$$\Leftrightarrow\frac{1}{1+a^2}+\frac{1}{1+b^2}=\frac{2+a^2+b^2}{1+a^2+b^2+a^2b^2}=\frac{2+4s^2-2ab}{1+4s^2-2ab+a^2b^2}\leqslant\frac{2}{1+s^2}$$

$$\Leftrightarrow a^2b^2-(1-s^2)ab+s^2(1-2s^2)=(ab-s^2)(ab+2s^2-1)\geqslant 0$$

由 $ab\leqslant s^2,ab+2s^2-1\leqslant 3s^2-1\leqslant 0$ 可知上式成立. 故引理 1 获证.

引理 2 证明 $\frac{2}{1+a^2}+\frac{1}{1+b^2}=\frac{3+a^2+2b^2}{1+a^2+b^2+a^2b^2}$

$$\leqslant\frac{3}{1+(\frac{2a+b}{3})^2}=\frac{27}{9+(2a+b)^2}$$

$$\Leftrightarrow-6(a-b)^2+[(a^2+2b^2)(2a+b)^2-27a^2b^2]\leqslant 0$$

$$\Leftrightarrow-6(a-b)^2+2(a-b)^2(2a^2+6ab+b^2)\geqslant 0$$

$$2(a-b)^2(2a^2+6ab+b^2-3)\leqslant 0$$

因此只要证明 $2a^2+6ab+b^2-3\leqslant 0$.

上式不难证明成立. 事实上,由 $2a+b\leqslant\frac{3\sqrt{14}}{7}$ 得到 $0\leqslant b\leqslant\frac{3\sqrt{14}}{7}-2a$,$0\leqslant a\leqslant\frac{3}{\sqrt{14}}$,于是,有

$$2a^2+6ab+b^2-3\leqslant 2a^2+6a\left(\frac{3\sqrt{14}}{7}-2a\right)+\left(\frac{3\sqrt{14}}{7}-2a\right)^2-3$$

$$=-6\left(a-\frac{\sqrt{14}}{14}\right)^2\leqslant 0$$

故引理 1 获证.

现在来证明原式,即证

$$\frac{1}{1+a^2}+\frac{1}{1+b^2}+\frac{1}{1+c^2}\geqslant\frac{3}{1+\left(\frac{a+b+c}{3}\right)^2}$$

不妨设 $a\leqslant b\leqslant c$,则 $a+b\leqslant\frac{2\sqrt{14}}{7}\leqslant\frac{2\sqrt{3}}{3}$,于是利用上述两个引理,便得到

$$\frac{1}{1+a^2}+\frac{1}{1+b^2}+\frac{1}{1+c^2}\leqslant\frac{2}{1+\left(\frac{a+b}{2}\right)^2}+\frac{1}{1+c^2}\leqslant\frac{3}{1+\left(\frac{a+b+c}{3}\right)^2}$$

故原式获证.

推广到一般情况,得到以下

例 110 (自创题,2015－08－29) 设 $a_i\in\overline{\mathbf{R}^-}$,$i=1,2,\cdots,n$,$a_1+a_2+\cdots+a_n\leqslant\frac{n\sqrt{n-1}}{\sqrt{n^2-n+1}}$,$n\geqslant 3$,则

$$\frac{a_1^2}{1+a_1^2}+\frac{a_2^2}{1+a_2^2}+\cdots+\frac{a_n^2}{1+a_n^2}\geqslant\frac{n\left(\frac{a_1+a_2+\cdots+a_n}{n}\right)^2}{1+\left(\frac{a_1+a_2+\cdots+a_n}{n}\right)^2}$$

当且仅当 $a_1=a_2=\cdots=a_n\leqslant\frac{\sqrt{n-1}}{\sqrt{n^2-n+1}}$ 时取等号.

证明 先证明以下引理.

引理 (自创题,2015－08－29) 设 $a,b,\lambda\in\overline{\mathbf{R}^-}$,$\lambda a+b\leqslant\frac{(\lambda+1)\sqrt{\lambda}}{\sqrt{\lambda^2+\lambda+1}}$,则

$$\frac{\lambda}{1+a^2}+\frac{1}{1+b^2}\leqslant\frac{\lambda+1}{1+(\frac{\lambda a+b}{\lambda+1})^2}$$

当且仅当 $\lambda a=b=\frac{\sqrt{2(\lambda+1)}}{2}$ 时,原式取等号.

引理证明 $\frac{\lambda}{1+a^2}+\frac{1}{1+b^2}\leqslant\frac{\lambda+1}{1+(\frac{\lambda a+b}{\lambda+1})^2}$ 等价于

$$\Leftrightarrow(\lambda+1)^2[\lambda a^2+b^2+(\lambda+1)a^2b^2]-(\lambda+1)(\lambda a+b)^2$$
$$\geqslant(a^2+\lambda b^2)(\lambda a+b)^2$$
$$\Leftrightarrow\lambda(\lambda+1)(a-b)^2-\lambda^2(a^4-3a^2b^2+2ab^3)-\lambda(b^4-3a^2b^2+2a^3b)\geqslant 0$$

$$\Leftrightarrow \lambda(\lambda+1)(a-b)^2-\lambda^2 a(a+2b)(a-b)^2-\lambda b(2a+b)(a-b)^2 \geqslant 0$$

$$\Leftrightarrow \lambda(a-b)^2[\lambda a^2+2(\lambda+1)ab+b^2-(\lambda+1)] \leqslant 0 \quad ①$$

由于 $\lambda a+b \leqslant \frac{(\lambda+1)\sqrt{\lambda}}{\sqrt{\lambda^2+\lambda+1}}$，则 $b \leqslant \frac{(\lambda+1)\sqrt{\lambda}}{\sqrt{\lambda^2+\lambda+1}}-\lambda a$，因此，要证明式 ① 成立，只要证明

$$\lambda a^2+2(\lambda+1)a\left[\frac{(\lambda+1)\sqrt{\lambda}}{\sqrt{\lambda^2+\lambda+1}}-\lambda a\right]+\left[\frac{(\lambda+1)\sqrt{\lambda}}{\sqrt{\lambda^2+\lambda+1}}-\lambda a\right]^2-(\lambda+1) \leqslant 0$$

$$\Leftrightarrow \left(\sqrt{\lambda}a-\frac{\lambda+1}{\sqrt{\lambda^2+\lambda+1}}\right)^2 \geqslant 0$$

此式显然成立，故引理获证.

注：如何求得 $\lambda a+b \leqslant \frac{(\lambda+1)\sqrt{\lambda}}{\sqrt{\lambda^2+\lambda+1}}$？我们用设参法方法求之. 设参数 $m(m>0)$，满足 $\lambda a+b \leqslant m$，则 $b \leqslant m-\lambda a$，于是

$$\begin{aligned}&\lambda a^2+2(\lambda+1)ab+b^2-(\lambda+1)\\ \leqslant\ &\lambda a^2+2(\lambda+1)a(m-\lambda a)+(m-\lambda a)^2-(\lambda+1)\end{aligned}$$

这时，只要

$$\lambda a^2+2(\lambda+1)a(m-\lambda a)+(m-\lambda a)^2-(\lambda+1) \leqslant 0$$

即

$$\lambda(\lambda+1)a^2-2ma-m^2+(\lambda+1) \geqslant 0$$

在上式中，令其判别式 $\Delta=0$，即得 $m=\frac{(\lambda+1)\sqrt{\lambda}}{\sqrt{\lambda^2+\lambda+1}}$.

下面用数学归纳法证明原式.

当 $n=3$ 时，即已知 $a_1, a_2, a_3 \in \overline{\mathbf{R}^-}$，且 $a_1+a_2+a_3 \leqslant \frac{3\sqrt{14}}{7}$，要证明

$$\frac{a_1^2}{1+a_1^2}+\frac{a_2^2}{1+a_2^2}+\frac{a_3^2}{1+a_3^2} \geqslant \frac{3\left(\frac{a_1+a_2+a_3}{3}\right)^2}{1+\left(\frac{a_1+a_2+a_3}{3}\right)^2}$$

即证明

$$\frac{1}{1+a_1^2}+\frac{1}{1+a_2^2}+\frac{1}{1+a_3^2} \leqslant \frac{3}{1+\left(\frac{a_1+a_2+a_3}{3}\right)^2}$$

不妨设 $a_1 \leqslant a_2 \leqslant a_3$，则 $a_1+a_2 \leqslant \frac{2\sqrt{14}}{7} \leqslant \frac{2\sqrt{3}}{3}$，于是，由引理，可以得到

$$\frac{1}{1+a_1^2}+\frac{1}{1+a_2^2}+\frac{1}{1+a_3^2} \leqslant \frac{2}{1+\left(\frac{a_1+a_2}{2}\right)^2}+\frac{1}{1+a_3^2}\text{（在引理中，取 }\lambda=1\text{）}$$

$$\leqslant \frac{2+1}{1+\left[\frac{2\cdot\frac{a_1+a_2}{2}+b}{2+1}\right]^2}=\frac{3}{1+\left(\frac{a_1+a_2+a_3}{3}\right)^2}\text{(在引理中,取 }\lambda=2\text{)}$$

故当 $n=3$ 时,原命题成立.

假设 $n=k$ 时,原命题成立,即当 $a_i\in\overline{\mathbf{R}^-}, i=1,2,\cdots,k, a_1+a_2+\cdots+a_k\leqslant\frac{k\sqrt{k-1}}{\sqrt{k^2-k+1}}$ 时,有

$$\frac{a_1^2}{1+a_1^2}+\frac{a_2^2}{1+a_2^2}+\cdots+\frac{a_k^2}{1+a_k^2}\geqslant\frac{k\left(\frac{a_1+a_2+\cdots+a_k}{k}\right)^2}{1+\left(\frac{a_1+a_2+\cdots+a_k}{k}\right)^2}$$

等价于

$$\frac{1}{1+a_1^2}+\frac{1}{1+a_2^2}+\cdots+\frac{1}{1+a_k^2}\leqslant\frac{k}{1+\left(\frac{a_1+a_2+\cdots+a_k}{k}\right)^2}$$

当 $n=k+1$ 时,$a_1+a_2+\cdots+a_k+a_{k+1}\leqslant\frac{(k+1)\sqrt{k}}{\sqrt{k^2+k+1}}$,不妨设 $a_1\leqslant a_2\leqslant\cdots\leqslant a_k\leqslant a_{k+1}$,则

$$a_1+a_2+\cdots+a_k\leqslant\frac{k\sqrt{k}}{\sqrt{k^2+k+1}}<\frac{k\sqrt{k-1}}{\sqrt{k^2-k+1}}$$

于是利用引理,得到

$$\begin{aligned}&\frac{1}{1+a_1^2}+\frac{1}{1+a_2^2}+\cdots+\frac{1}{1+a_k^2}+\frac{1}{1+a_{k+1}^2}\\&\leqslant\frac{k}{1+\left(\frac{a_1+a_2+\cdots+a_k}{k}\right)^2}+\frac{1}{1+a_{k+1}^2}\\&\quad\text{(利用 }n=k\text{ 时的假设)}\\&\leqslant\frac{k+1}{1+\left[\frac{k\cdot\frac{a_1+a_2+\cdots+a_k}{k}+a_{k+1}}{k+1}\right]^2}\text{(在引理中取 }\lambda=k\text{)}\\&=\frac{k+1}{1+\left(\frac{a_1+a_2+\cdots+a_{k+1}}{k+1}\right)^2}\end{aligned}$$

由此可知,当 $n=k+1$ 时,原命题也成立.

综上,由数学归纳法原理可知,原命题成立. 由以上证明过程可得到当且仅当 $a_1=a_2=\cdots=a_n\leqslant\frac{\sqrt{n-1}}{\sqrt{n^2-n+1}}$ 时,原式取等号.

例 111 （自创题，2016－02－22）设 $x,y,z\geqslant 0$，且 $x^2+y^2+z^2+xyz=4$，求证

$$x\sqrt{4-x^2}+y\sqrt{4-y^2}+z\sqrt{4-z^2}\leqslant\sqrt{\left(\frac{8+xyz}{3}\right)^3}$$

证明 我们将用恒等式来证明不等式. 首先，给出以下引理.

引理 设 $x,y,z\in[0,2]$，且 $x^2+y^2+z^2+xyz=4$，则

$$x\sqrt{4-x^2}+y\sqrt{4-y^2}+z\sqrt{4-z^2}=\sqrt{(4-x^2)(4-y^2)(4-z^2)}$$

引理证法 1 若 x,y,z 中有一个为零，易证原式成立（证略）.

若 x,y,z 均大于零，且不大于 2，这时，将原式两边平方，并整理得到

$$64+\sum x^4+4\sum y^2z^2-20\sum x^2-(xyz)^2=2\sum yz\sqrt{(4-y^2)(4-z^2)} \quad ①$$

因此，要证明原式，只要证明式 ①.

由于 $x^2+y^2+z^2+xyz=4$，经配方，有

$$(x+\frac{1}{2}yz)^2=(2-\frac{1}{2}y^2)(2-\frac{1}{2}z^2)$$

即

$$2x+yz=\sqrt{(4-y^2)(4-z^2)}\text{（注意到 }x,y,z\in[0,2]\text{）}$$

因此得到

$$yz\sqrt{(4-y^2)(4-z^2)}=2xyz+y^2z^2\text{（注意到 }x,y,z\text{ 均大于零）}$$

同理有

$$zx\sqrt{(4-z^2)(4-x^2)}=2xyz+z^2x^2,xy\sqrt{(4-x^2)(4-y^2)}=2xyz+x^2y^2$$

将上面所得到的三个式子分别代入式 ① 右边的式子，得到

$$2\sum yz\sqrt{(4-y^2)(4-z^2)}=2\sum(2xyz+y^2z^2)=2\sum y^2z^2+12xyz$$

式 ① 左边的式子为

$$\begin{aligned}&64+\sum x^4+4\sum y^2z^2-20\sum x^2-(xyz)^2\\=&(\sum x^2)^2+2\sum y^2z^2-20(4-xyz)+64-(xyz)^2\\=&64+(4-xyz)^2+2\sum y^2z^2-20(4-xyz)-(xyz)^2\\=&2\sum y^2z^2+12xyz\end{aligned}$$

因此式 ① 成立，故引理获证.

本例的背景是来自三角函数等式. 因此也可以用三角知识解答：

引理证法 2 若 x,y,z 中有一个为零，易证原式成立（证略）.

故原式成立.

若 x,y,z 均大于零，由于 $x,y,z\in[0,2]$，不妨设 $x=2\cos\alpha,y=2\cos\beta$，

$\alpha \geqslant \beta, \alpha, \beta \in [0, \frac{\pi}{2}]$,这时由已知条件有

$$\cos^2\alpha + \cos^2\beta + z^2 + 2z\cos\alpha\cos\beta - 1 = 0$$
$$\Leftrightarrow (z + \cos\alpha\cos\beta)^2 - (1 - \cos^2\alpha)(1 - \cos^2\beta) = 0$$
$$\Leftrightarrow (z + \cos\alpha\cos\beta + \sin\alpha\sin\beta)(z + \cos\alpha\cos\beta - \sin\alpha\sin\beta) = 0$$
$$\Leftrightarrow [z + \cos(\alpha - \beta)][z + \cos(\alpha + \beta)] = 0$$

由于 $\alpha, \beta \in [0, \frac{\pi}{2}], \alpha \geqslant \beta$,则 $\alpha - \beta \in [0, \frac{\pi}{2}]$,又 $z > 0$,于是,$z + \cos(\alpha - \beta) > 0$,因此 $z = -\cos(\alpha + \beta)$,这时,有

$$\begin{aligned}
& x\sqrt{4 - x^2} + y\sqrt{4 - y^2} + z\sqrt{4 - z^2} \\
= & 2\cos\alpha\sqrt{4 - 4\cos^2\alpha} + 2\cos\beta\sqrt{4 - 4\cos^2\beta} - \\
& 2\cos(\alpha + \beta)\sqrt{4 - 4\cos^2(\alpha + \beta)} \\
= & 4\cos\alpha\sin\alpha + 4\cos\beta\sin\beta - 4\cos(\alpha + \beta)\sin(\alpha + \beta) \\
= & 2\sin 2\alpha + 2\sin 2\beta - 4\cos(\alpha + \beta)\sin(\alpha + \beta) \\
= & 4\sin(\alpha + \beta)[\cos(\alpha - \beta) - \cos(\alpha + \beta)] \\
= & 8\sin\alpha\sin\beta\sin(\alpha + \beta) \\
= & \sqrt{(4 - 4\cos^2\alpha)(4 - 4\cos^2\beta)[4 - 4\cos^2(\alpha + \beta)]} \\
= & \sqrt{(4 - x^2)(4 - y^2)(4 - z^2)}
\end{aligned}$$

原式成立.

综上,原命题获证.

下面证明原式.由均值不等式,有

$$\sqrt{(4 - x^2)(4 - y^2)(4 - z^2)} \leqslant \sqrt{\frac{12 - (x^2 + y^2 + z^2)}{3}} = \sqrt{\left(\frac{8 + xyz}{3}\right)^3}$$

因此,得到

$$x\sqrt{4 - x^2} + y\sqrt{4 - y^2} + z\sqrt{4 - z^2} \leqslant \sqrt{(\frac{8 + xyz}{3})^3}$$

由证明中可知,当且仅当 $x = y = z = 1$ 时取等号.

例 112 (自创题,2017-08-09) 设 $a, b, c, x, y, z \in \mathbf{R}$,$a, b, c$ 不全为 0,$xyz \geqslant -8$,且 $x^2 + y^2 + z^2 + xyz \leqslant 4$,则

$$bcx^2 + cay^2 + abz^2 \geqslant 2(bc + ca + ab) - (a^2 + b^2 + c^2)$$

证明 由已知条件 $x^2 + y^2 + z^2 + xyz \leqslant 4$,可以得到

$$(2x + yz)^2 \leqslant (4 - y^2)(4 - z^2), (2y + zx)^2 \leqslant (4 - z^2)(4 - x^2)$$
$$(2x + yz)^2 \leqslant (4 - y^2)(4 - z^2)$$

由此可知,$4 - x^2, 4 - y^2, 4 - y^2$,要么都是非正数,要么都是非负数.

若 $4 - x^2, 4 - y^2, 4 - y^2$ 为负数,即 $4 - x^2 < 0, 4 - y^2 < 0, 4 - z^2 < 0$,则

$$12 \geqslant 4 - xyz \geqslant x^2 + y^2 + z^2 > 4 + 4 + 4 = 12$$

产生矛盾，因此，必有 $4 - x^2 \geqslant 0, 4 - y^2 \geqslant 0, 4 - z^2 \geqslant 0$. 于是，有

$$bcx^2 + cay^2 + abz^2 - 2(bc + ca + ab) + (a^2 + b^2 + c^2)$$
$$= a^2 - [2(b + c) - (bz^2 - cy^2)]a + (b^2 + c^2 - 2bc + bcx^2) = f(a)$$

上式可视为以 a 为元的二次函数，a^2 项系数大于 0，其判别式为

$$\Delta = [2(b + c) - (bz^2 + cy^2)]^2 - 4(b^2 + c^2 - 2bc + bcx^2)$$
$$= 16bc + (bz^2 + cy^2)^2 - 4(b + c)(bz^2 + cy^2) - 4bcx^2$$
$$= bc[16 - 4(x^2 + y^2 + z^2) + 2y^2z^2] - [b^2z^2(4 - z)^2 + c^2y^2(4 - y^2)]$$
$$= bc[16 - 4(4 - xyz) + 2y^2z^2) - [b^2z^2(4 - z^2) + c^2y^2(4 - y^2)]$$
$$= 2bcyz(2x + yz) - [b^2z^2(4 - z^2) + c^2y^2(4 - y^2)]$$
$$\leqslant 2bcyz(2x + yz) - 2 \mid bcyz \mid \sqrt{(4 - z^2)(4 - y^2)}$$
$$= 2bcyz(2x + yz) - 2 \mid bcyz \mid \sqrt{(2x + yz)^2}\text{（应用题设所得到的等式）}$$
$$= 2bcyz(2x + yz) - 2 \mid bcyz \mid \mid 2x + yz \mid \leqslant 0$$

故原式成立，由以上证明过程可知，当且仅当

$$\begin{cases} x^2 + y^2 + z^2 + xyz = 4 \\ bcyz(2x + yz) \geqslant 0 \\ b^2z^2(4 - z^2) = c^2y^2(4 - y^2) \\ bz^2 + cy^2 = 2(b + c - a) \end{cases}$$

或其循环式时取等号.

综上，原命题获证.

注：本例背景是以下两个三角不等式：

(1)$x, y, z \in \mathbf{R}, \alpha + \beta + \gamma = k\pi (k \in \mathbf{Z})$，则

$$yz\sin^2\alpha + zx\sin^2\beta + xy\sin^2\gamma \leqslant \frac{1}{4}(x + y + z)^2$$

(2)$x, y, z \in \mathbf{R}, \alpha + \beta + \gamma = (2k + 1)\pi (k \in \mathbf{Z})$，则

$$yz\cos\alpha + zx\cos\beta + xy\cos\gamma \leqslant \frac{1}{2}(x^2 + y^2 + z^2)$$

例 113　设 $a, b, c \geqslant 0, a + b + c = bc + ca + ab$，则

$$a + b + c + abc \geqslant 4$$

当且仅当 $a = b = c = 1$ 时取等号.

证明　由于 $a+b+c-(bc+ca+ab)=a(1-b)+b(1-c)+c(1-a)=0$，因此，$1-a, 1-b, 1-c$ 中必有一个不大于零，同时另有一个不小于零，不妨设这两个式子为 $1-b, 1-c$，则有 $(1-b)(1-c) \leqslant 0, b+c-1 > 0$，于是，有

$$a + b + c + abc - 4$$
$$= \frac{b + c - bc}{b + c - 1} + b + c + \frac{b + c - bc}{b + c - 1} \cdot bc - 4$$

$$=\frac{(b+c)^2-4(b+c)+4-bc+bc(b+c)-(bc)^2}{b+c-1}$$

$$=\frac{(b+c-2)^2-bc(1-b)(1-c)}{b+c-1}\geqslant 0$$

即得 $a+b+c+abc\geqslant 4$,由上证明过程中可知,当且仅当 $a=b=c=1$ 时取等号.

由此可以证明下面命题 1.

命题 1 (自创题,2016－06－05) 设 $a,b,c\geqslant 0,a+b+c=bc+ca+ab$,则

$$a^2+b^2+c^2+4abc\geqslant 7$$

当且仅当 $a=b=c=1$ 时取等号.

证明 利用本例结论,有

$$\begin{aligned}&a^2+b^2+c^2+4abc-7\\&\geqslant(\sum a)^2-2\sum bc+4(4-\sum a)-7\\&\geqslant(\sum a)^2-6\sum bc+9=(\sum a-3)^2\geqslant 0\end{aligned}$$

故命题获证.

下面我们再给出命题 2.

命题 2 (《数学通报》2016 年第 9 期,问题 2321)

已知 $a,b,c\geqslant 0$,且 $ab+bc+ca=a+b+c>0$,求证:

$$a^2+b^2+c^2+5abc\geqslant 8$$

证明 (2016－10－11) 由 $ab+bc+ca=a+b+c>0$ 可知,只要证明

$$(\sum a^2)(\sum a)^2(\sum bc)+5abc(\sum a)^3\geqslant 8(\sum bc)^3$$

若记 $s_1=\sum a,s_2=\sum bc,s_3=abc$,上式即为

$$s_1^4s_2+5s_1^3s_3-2s_1^2s_2^2-8s_2^3\geqslant 0$$

下面证明上式.

$$\begin{aligned}&s_1^4s_2+5s_1^3s_3-2s_1^2s_2^2-8s_2^3\\&=(s_1^2+2s_2)(s_1^2s_2-4s_2^2+3s_1s_3)+2s_1s_3(s_1^2-3s_2)\geqslant 0\end{aligned}$$

其中由于 $s_1^2s_2-4s_2^2+3s_1s_3=\sum bc(b-c)^2\geqslant 0,2(s_1^2-3s_2)=\sum(b-c)^2\geqslant 0$.

故原式成立.

由证明中可知,有

$$\begin{aligned}&(\sum a^2)(\sum a)^2(\sum bc)+5abc(\sum a)^3-8(\sum bc)^3\\&=[(\sum a)^2+2\sum bc]\sum bc(b-c)^2+abc(\sum a)\sum(b-c)^2\end{aligned}$$

例 114　a,b,c 和 x,y,z 为非负实数，且 $x+y+z=a+b+c$，则

$$ax^2+by^2+cz^2+xyz\geqslant 4abc$$

当且仅当 $x=-a+b+c,y=a-b+c,z=a+b-c$ 时，原式取等号.

证法 1　由 $a+b+c=x+y+z$ 知，$b+c\geqslant x,a+c\geqslant y,a+b\geqslant z$ 中总有一式成立. 不妨设 $a+c\geqslant y$，若 $y=a+c$，则

$$\begin{aligned}&ax^2+by^2+cz^2+xyz-4abc\\=&ax^2+b(a+c)^2+cz^2+xyz-4abc\\=&ax^2+b(a-c)^2+cz^2+xyz\geqslant 0\end{aligned}$$

若 $a+c>y$，因为 $a+b+c=x+y+z$，所以

$$\begin{aligned}&ax^2+by^2+cz^2+xyz-4abc\\=&ax^2+by^2+c(a+b+c-x-y)^2+xy(a+b+c-x-y)-4abc\\=&(a+c-y)x^2-[2c(a+b+c-y)-y(a+b+c-y)]x+\\&by^2+c(a+b+c-y)^2-4abc\end{aligned}$$

记
$$\begin{aligned}f(x)=&(a+c-y)x^2-[2c(a+b+c-y)-y(a+b+c-y)]x+\\&by^2+c(a+b+c-y)^2-4abc\end{aligned}$$

则

$$\begin{aligned}\Delta=&[2c(a+b+c-y)-y(a+b+c-y)]^2-\\&4(a+c-y)[by^2+c(a+b+c-y)^2-4abc]\\=&y^4-2(a-b+c)y^3+(a^2+b^2+c^2-2bc-2ca-2ab)y^2+\\&8ac(a-b+c)y-4ac(a+b-c)^2\\=&y^4-2(a-b+c)y^3+(a-b+c)^2y^2-4acy^2+\\&8ac(a-b+c)y-4ac(a-b+c)^2\\=&y^2[y-(a-b+c)]^2-4ac[y-(a-b+c)]^2\\=&(y^2-4ac)(y-a+b-c)^2\end{aligned}$$

若 $y^2-4ac\leqslant 0$，因为 $a+c>y$，则 $\Delta\leqslant 0$，故 $f(x)\geqslant 0$，原式成立.

若 $y^2-4ac>0$，则

$$ax^2+by^2+cz^2+xyz-4abc=ax^2+cz^2+xyz+b(y^2-4ac)>0$$

即原式也成立.

综上，原式获证. 由上证明可得到，当且仅当 $x=-a+b+c,y=a-b+c,z=a+b-c$ 时，原式取等号.

证法 2

若 $4bc-x^2,4ac-y^2,4ab-z^2$ 有一个小于零，不妨设 $4bc-x^2<0$，则有

$$ax^2+by^2+cz^2+xyz-4abc>4abc+by^2+cz^2+xyz-4abc>0$$

若 $4bc-x^2,4ac-y^2,4ab-z^2$ 均不小于零，则有

$$ax^2+by^2+cz^2+xyz-4abc$$

$$=a\left(x+\frac{yz}{2a}\right)^2-\frac{y^2z^2}{4a}+by^2+cz^2-4abc$$

$$=\frac{1}{4a}[(2ax+yz)^2-(4ac-y^2)(4ab-z^2)]$$

$$\geqslant\frac{1}{4a}\left[(2ax+yz)^2-\left(\frac{4ac-y^2+4ab-z^2}{2}\right)^2\right]$$

由此可知,只要证明

$$2ax+yz\geqslant\frac{4ac-y^2+4ab-z^2}{2}$$

$$\Leftrightarrow(y+z)^2\geqslant 4a(b+c-x)$$

$$\Leftrightarrow(a+b+c-x)^2\geqslant 4a(b+c-x)$$

上式显然成立,故原命题获证,由上证明可得到,当且仅当 $x=-a+b+c$, $y=a-b+c$, $z=a+b-c$ 时,原式取等号.

注:本例题目可见《数学奥林匹克不等式研究》(哈尔滨工业大学出版社,2009年8月)"第九章　ALGEBRAIC INEQUALITIES摘录"Chapter 8 题 16.

若在本例中令 $x=bc$, $y=ca$, $z=ab$,即得上例中的不等式.

另外由例 114 的不等式很容易证明"第一章 §1　柯西不等式"中例 9,设 a,b,c,x,y,z 非负,且 $a+b+c=x+y+z$,则

$$ax(a+x)+by(b+y)+cz(c+z)\geqslant 3(abc+xyz)$$

若在例 114 不等式中作变换

$$x=x_1, y=x_2, z=x_3, a=\frac{y_2+y_3}{2}, b=\frac{y_3+y_1}{2}, c=\frac{y_1+y_2}{2}$$

则可得到以下等价的命题.

命题　设 $x_i, y_i\geqslant 0, i=1,2,3$,且 $x_1+x_2+x_3=y_1+y_2+y_3$,则

$$(y_2+y_3)x_1^2+(y_3+y_1)x_2^2+(y_1+y_2)x_3^2+2x_1x_2x_3$$
$$\geqslant(y_2+y_3)y_1^2+(y_3+y_1)y_2^2+(y_1+y_2)y_3^2+2y_1y_2y_3$$

当且仅当 $x_1=y_1, x_2=y_2, x_3=y_3$ 时取等号.

本命题中的不等式形式优美,下面再证明如下.

证明　若 $(y_3+y_1)(y_1+y_2)-x_1^2$, $(y_1+y_2)(y_2+y_3)-x_2^2$, $(y_2+y_3)(y_3+y_1)-x_3^2$ 中有一个小于零,不妨设 $(y_3+y_1)(y_1+y_2)-x_1^2<0$,则

$$(y_2+y_3)x_1^2+(y_3+y_1)x_2^2+(y_1+y_2)x_3^2+2x_1x_2x_3$$
$$>(y_2+y_3)(y_3+y_1)(y_1+y_2)$$
$$=(y_2+y_3)y_1^2+(y_3+y_1)y_2^2+(y_1+y_2)y_3^2+2y_1y_2y_3$$

因此,原不等式成立.

若 $(y_3+y_1)(y_1+y_2)-x_1^2$, $(y_1+y_2)(y_2+y_3)-x_2^2$, $(y_2+y_3)\cdot(y_3+y_1)-x_3^2$ 均不小于零,则

$$(y_2+y_3)x_1^2+(y_3+y_1)x_2^2+(y_1+y_2)x_3^2+2x_1x_2x_3-$$
$$[(y_2+y_3)y_1^2+(y_3+y_1)y_2^2+(y_1+y_2)y_3^2+2y_1y_2y_3]$$
$$=(y_2+y_3)\left(x_1+\frac{x_2x_3}{y_2+y_3}\right)^2+(y_3+y_1)x_2^2+(y_1+y_2)x_3^2-\frac{x_2^2x_3^2}{y_2+y_3}-$$
$$[(y_2+y_3)y_1^2+(y_3+y_1)y_2^2+(y_1+y_2)y_3^2+2y_1y_2y_3]$$
$$=(y_2+y_3)\left(x_1+\frac{x_2x_3}{y_2+y_3}\right)^2+$$
$$\frac{(y_2+y_3)(y_3+y_1)x_2^2+(y_1+y_2)(y_2+y_3)x_3^2-x_2^2x_3^2}{y_2+y_3}-$$
$$(y_2+y_3)(y_1+y_2)(y_1+y_3)$$
$$=(y_2+y_3)\left(x_1+\frac{x_2x_3}{y_2+y_3}\right)^2-$$
$$\frac{[(y_2+y_3)(y_3+y_1)-x_3^2][(y_1+y_2)(y_2+y_3)-x_2^2]}{y_2+y_3}$$
$$\geqslant\frac{[x_1(y_2+y_3)+x_2x_3]^2}{y_2+y_3}-$$
$$\frac{[(y_2+y_3)(y_3+y_1)-x_3^2+(y_1+y_2)(y_2+y_3)-x_2^2]^2}{4(y_2+y_3)}$$

因此，只要证明

$$x_1(y_2+y_3)+x_2x_3-\frac{1}{2}[(y_2+y_3)(y_3+y_1)-$$
$$x_3^2+(y_1+y_2)(y_2+y_3)-x_2^2]\geqslant 0$$
$$\Leftrightarrow\frac{1}{2}(x_2+x_3)^2-\frac{1}{2}(y_2+y_3)[(y_3+y_1)+(y_1+y_2)-2x_1]\geqslant 0$$
$$\Leftrightarrow\frac{1}{2}(y_1+y_2+y_3-x_1)^2-\frac{1}{2}(y_2+y_3)[(y_3+y_1)+(y_1+y_2)-2x_1]$$
$$\geqslant 0$$

上式左边 $=\frac{1}{2}(y_1+y_2+y_3-x_1)^2-\frac{1}{2}(y_2+y_3)[(y_3+y_1)+(y_1+y_2)-2x_1]$

$$=\frac{1}{2}\left(\frac{y_2+y_3}{2}+\frac{y_3+y_1}{2}+\frac{y_1+y_2}{2}-x_1\right)^2-$$
$$2\,\frac{y_2+y_3}{2}\left(\frac{y_3+y_1}{2}+\frac{y_1+y_2}{2}-x_1\right)$$
$$=\frac{1}{2}\left(\frac{y_2+y_3}{2}-\frac{y_3+y_1}{2}-\frac{y_1+y_2}{2}+x_1\right)^2$$
$$=\frac{1}{2}(x_1-y_1)^2\geqslant 0$$

因此，原不等式也成立.

原命题获证. 由上证明中易知，当且仅当 $x_1=y_1,x_2=y_2,x_3=y_3$ 时，原不等式取等号.

注:由本例中作置换 $x_i \to \frac{x_i}{X}, y_i \to \frac{y_i}{Y}, i=1,2,3$,可得到以下

命题　设 $x_i, y_i \geqslant 0, i=1,2,3$,记 $x_1+x_2+x_3=X, y_1+y_2+y_3=Y$,则

$$\frac{1}{X^2Y}[(y_2+y_3)x_1^2+(y_3+y_1)x_2^2+(y_1+y_2)x_3^2]+2\frac{x_1x_2x_3}{X^3}$$

$$\geqslant \frac{1}{Y^3}[(y_2+y_3)y_1^2+(y_3+y_1)y_2^2+(y_1+y_2)y_3^2]+2\frac{y_1y_2y_3}{Y^3}$$

当且仅当 $x_1 : y_1 = x_2 : y_2 = x_3 : y_3$ 时取等号.

利用本例结果,可以求某些函数最值.如下

1.已知 $x,y,z \geqslant 0$,且 $x+y+z=3$,求

$$u=3x^2+4y^2+5z^2+4xyz$$

的最小值,并求出取得最小值时 x,y,z 的值.

由本例可知有

$$u=3x^2+4y^2+5z^2+4xyz=2(\frac{3}{2}x^2+2y^2+\frac{5}{2}z^2+2xyz)$$

$$=2[(1+\frac{1}{2})x^2+(\frac{1}{2}+\frac{3}{2})y^2+(\frac{3}{2}+1)z^2+2xyz]$$

由于 $\frac{3}{2}+1+\frac{1}{2}=x+y+z=3$,满足本例中的条件,因此,有

$$u=3x^2+4y^2+5z^2+4xyz=2(\frac{3}{2}x^2+2y^2+\frac{5}{2}z^2+2xyz)$$

$$\geqslant 2[(1+\frac{1}{2})\cdot(\frac{3}{2})^2+(\frac{1}{2}+\frac{3}{2})\cdot 1^2+(\frac{3}{2}+1)\cdot$$

$$(\frac{1}{2})^2+2\cdot\frac{3}{2}\cdot 1\cdot\frac{1}{2}]=15$$

当且仅当 $x=\frac{3}{2}, y=1, z=\frac{1}{2}$ 时,有 $u_{\min}=15$.

2.已知 $x,y,z \geqslant 0$,且 $x_1+x_2+x_3=1$,求

$$u=\frac{1}{2}x_1^2+\frac{2}{3}x_2^2+\frac{5}{6}x_3^2+2x_1x_2x_3$$

的最小值,并求出取得最小值时 x,y,z 的值.

解　在以上命题中,取 $y_1=3, y_2=2, y_1=1, X=1, Y=6$,则

$$u=\frac{1}{X^2Y}(3x_1^2+4x_2^2+5x_3^2)+2\frac{x_1x_2x_3}{X^3}$$

$$\geqslant \frac{1}{Y^3}[(y_2+y_3)y_1^2+(y_3+y_1)y_2^2+(y_1+y_2)y_3^2]+2\frac{y_1y_2y_3}{Y^3}$$

$$\geqslant \frac{1}{6^3}[(2+1)1^2+(1+3)2^2+(3+2)3^2]+2\frac{3\cdot 2\cdot 1}{6^3}=\frac{2}{9}+\frac{1}{18}=\frac{5}{18}$$

当且仅当 $x_1=\frac{1}{2},x_2=\frac{1}{3},x_3=\frac{1}{6}$ 时取等号.

例 115 (自创题,2016－06－08)设 $x_i,y_i\in\mathbf{R},i=1,2,\cdots,n,n\geqslant 3$,满足 $\sum\limits_{i=1}^{n}x_i=\sum\limits_{i=1}^{n}y_i=s$,则

$$\sum_{i=1}^{n}(s-x_i)y_i\geqslant\sum_{\text{sym}}x_1x_2+\sum_{\text{sym}}y_1y_2$$

当且仅当 $x_i=y_i,i=1,2,\cdots,n$ 时取等号.

证明

$$\begin{aligned}&2\sum_{i=1}^{n}(s-x_i)y_i-2\sum_{sym}x_1x_2-2\sum_{sym}y_1y_2\\&=2s^2-2\sum_{i=1}^{n}x_iy_i-(\sum_{i=1}^{n}x_i)^2+\sum_{i=1}^{n}x_i^2-(\sum_{i=1}^{n}y_i)^2+\sum_{i=1}^{n}y_i^2\\&=2s^2-2\sum_{i=1}^{n}x_iy_i-s^2+\sum_{i=1}^{n}x_i^2-s^2+\sum_{i=1}^{n}y_i^2\\&=\sum_{i=1}^{n}(x_i-y_i)^2\geqslant 0\end{aligned}$$

故原命题成立,由以上证明过程可知,当且仅当 $x_i=y_i,i=1,2,\cdots,n$ 时,原不等式取等号.

推广 设 $x_i,y_i\in\mathbf{R},i=1,2,\cdots,n,n\geqslant 3$,记 $\sum\limits_{i=1}^{n}x_i=X,\sum\limits_{i=1}^{n}y_i=Y$,则

$$XY\sum_{i=1}^{n}(X-x_i)y_i\geqslant Y^2\sum_{sym}x_1x_2+X^2\sum_{sym}y_1y_2$$

当且仅当 $x_1:y_1=x_2:y_2=\cdots=x_n:y_n$ 时取等号.

证明 当 $\sum\limits_{i=1}^{n}x_i=X=0$,或 $\sum\limits_{i=1}^{n}y_i=Y=0$,易证原式成立,这是因为当 $\sum\limits_{i=1}^{y}x_i=X=0$ 时,$\sum\limits_{\text{sym}}x_1x_2=-\frac{1}{2}\sum x_1^2\leqslant 0$;当 $\sum\limits_{i=1}^{n}y_i=Y=0$ 时,$\sum\limits_{\text{sym}}y_1y_2=-\frac{1}{2}\sum y_1^2\leqslant 0$,此时原式左边为零,右边不大于零.

当 $XY\neq 0$ 时,用 $\frac{x_i}{X},\frac{y_i}{Y}$ 分别取代本例中的 $x_i,y_i,i=1,2,\cdots,n,n\geqslant 3$,即得.

$$\begin{aligned}&2\sum_{i=1}^{n}(1-\frac{x_i}{X})\frac{y_i}{Y}-2\frac{1}{X^2}\sum_{sym}x_1x_2-2\frac{1}{Y^2}\sum_{sym}y_1y_2\\&=2-2\frac{1}{XY}\sum_{i=1}^{n}x_iy_i-\frac{1}{X^2}(\sum_{i=1}^{n}x_i)^2+\frac{1}{X^2}\sum_{i=1}^{n}x_i^2-\frac{1}{Y^2}(\sum_{i=1}^{n}y_i)^2+\frac{1}{Y^2}\sum_{i=1}^{n}y_i^2\\&=2-\frac{2}{XY}\sum_{i=1}^{n}x_iy_i-1+\frac{1}{X^2}\sum_{i=1}^{n}x_i^2-1+\frac{1}{Y^2}\sum_{i=1}^{n}y_i^2\end{aligned}$$

$$=\sum_{i=1}^{n}\left(\frac{x_i}{X}-\frac{y_i}{Y}\right)^2\geqslant 0$$

即有

$$\sum_{i=1}^{n}\left(1-\frac{x_i}{X}\right)\frac{y_i}{Y}\geqslant\frac{1}{X^2}\sum_{\text{sym}}x_1x_2+\frac{1}{y^2}\sum_{\text{sym}}y_1y_2$$

上式两边同时乘以$(XY)^2$，即可得到原式.

当且仅当 $x_1:y_1=x_2:y_2=\cdots=x_n:y_n$ 时取等号.

由此易得到以下命题1、命题2、命题3.

命题1　设 $x_i,y_i\in\mathbf{R},i=1,2,\cdots,n,n\geqslant 3$，记$\sum_{i=1}^{n}x_i=X,\sum_{i=1}^{n}y_i=Y$，且 $XY>0$，则

$$\sum_{i=1}^{n}(X-x_i)y_i\geqslant\frac{Y}{X}\sum_{\text{sym}}x_1x_2+\frac{X}{Y}\sum_{\text{sym}}y_1y_2$$

当且仅当 $x_1:y_1=x_2:y_2=\cdots=x_n:y_n$ 时取等号.

命题2　设 $x_i,y_i\in\mathbf{R},i=1,2,\cdots,n,n\geqslant 3,\sum_{\text{sym}}x_1x_2\geqslant 0,\sum_{\text{sym}}y_1y_2\geqslant 0$，记 $\sum_{i=1}^{n}x_i=X,\sum_{i=1}^{n}y_i=Y$，则

$$XY\sum_{i=1}^{n}(X-x_i)y_i\geqslant 2|XY|\sqrt{\left(\sum_{\text{sym}}x_1x_2\right)\left(\sum_{\text{sym}}y_1y_2\right)}$$

当且仅当 $x_1:y_1=x_2:y_2=\cdots=x_n:y_n$ 时取等号.

命题3　设 $x_i,y_i\in\mathbf{R},i=1,2,\cdots,n,n\geqslant 3,\sum_{\text{sym}}x_1x_2\geqslant 0,\sum_{\text{sym}}y_1y_2\geqslant 0$，记 $\sum_{i=1}^{n}x_i=X,\sum_{i=1}^{n}y_i=Y$，且 $XY>0$，则

$$\sum_{i=1}^{n}(X-x_i)y_i\geqslant 2\sqrt{\left(\sum_{\text{sym}}x_1x_2\right)\left(\sum_{\text{sym}}y_1y_2\right)}$$

当且仅当 $x_1:y_1=x_2:y_2=\cdots=x_n:y_n$ 时取等号.

即柯西不等式的变形式.

由命题2得到一个很有趣的问题：设 $x_i,y_i\in\mathbf{R},i=1,2,\cdots,n,n\geqslant 3$，$\sum_{\text{sym}}x_1x_2\geqslant 0,\sum_{\text{sym}}y_1y_2\geqslant 0$，记$\sum_{i=1}^{n}x_i=X,\sum_{i=1}^{n}y_i=Y$，则

$$XY\left(XY-\sum_{i=1}^{n}x_iy_i\right)\geqslant 0$$

例116　（自创题，2016－08－25）已知 a_1,a_2,a_3,b_1,b_2,b_3 为不为零的实数，满足 $a_1+a_2+a_3=b_1+b_2+b_3$，且 a_1+b_1,a_2+b_2,a_3+b_3 中，每两数之和不小于第三个数，则

$$(a_1+b_1)(a_2+b_2)(a_3+b_3)\geqslant 4(a_1a_2a_3+b_1b_2b_3)$$

当且仅当 $a_1=b_1, a_2=b_2, a_3=b_3$ 时取等号.

证法 1　设 $a_1+b_1=x_1, a_2+b_2=x_2, a_3+b_3=x_3, a_1-b_1=y_1, a_2-b_2=y_2, a_3-b_3=y_3, y_1+y_2+y_3=0, x_1, x_2, x_3$ 中,每两数之和不小于第三个数,则有

$$\begin{aligned}
&4(a_1a_2a_3+b_1b_2b_3)\\
=&\frac{1}{2}[(x_1+y_1)(x_2+y_2)(x_3+y_3)+(x_1-y_1)(x_2-y_2)(x_3-y_3)]\\
=&x_1x_2x_3+x_1y_2y_3+x_2y_3y_1+x_3y_1y_2\\
=&x_1x_2x_3+\frac{1}{2}x_1[(y_2+y_3)^2-y_2^2-y_3^2]+\frac{1}{2}x_2[(y_3+y_1)^2-y_3^2-y_1^2]+\\
&\frac{1}{2}x_3[(y_1+y_2)^2-y_1^2-y_2^2]\\
=&x_1x_2x_3+\frac{1}{2}x_1(y_1^2-y_2^2-y_3^2)+\frac{1}{2}x_2(y_2^2-y_3^2-y_1^2)+\frac{1}{2}x_3(y_3^2-y_1^2-y_2^2)\\
=&x_1x_2x_3-\frac{1}{2}(-x_1+x_2+x_3)y_1^2-\frac{1}{2}(x_1-x_2+x_3)y_2^2-\\
&\frac{1}{2}(x_1+x_2-x_3)y_3^2\\
\leqslant& x_1x_2x_3=(a_1+b_1)(a_2+b_2)(a_3+b_3)
\end{aligned}$$

(注意到 x_1, x_2, x_3 中,每两数之和不小于第三个数).

由以上证明中可知,当且仅当 $a_1=b_1, a_2=b_2, a_3=b_3$ 时,原式取等号.

注:由以上证明中得到以下

证法 2　记 $s=a_1+a_2+a_3=b_1+b_2+b_3$,则有

$$\frac{1}{2}(a_2+b_2+a_3+b_3-a_1-b_1)=s-a_1-b_1\geqslant 0$$

等. 于是得到

$$\begin{aligned}
&(a_1+b_1)(a_2+b_2)(a_3+b_3)-4(a_1a_2a_3+b_1b_2b_3)\\
=&-(a_1+b_1)(a_2-b_2)(a_3-b_3)-(a_2+b_2)(a_3-b_3)(a_1-b_1)-\\
&(a_3+b_3)(a_1-b_1)(a_2-b_2)\\
=&(a_2+b_2)(a_1-b_1)^2+(a_1+b_1)(a_2-b_2)^2+\\
&(a_1+b_1+a_2+b_2-a_3-b_3)(a_1-b_1)(a_2-b_2)\\
=&\frac{1}{2}[(a_2+b_2+a_3+b_3-a_1-b_1)(a_1-b_1)^2+\\
&(a_3+b_3+a_1+b_1-a_2-b_2)(a_2-b_2)^2+\\
&(a_1+b_1+a_2+b_2-a_3-b_3)(a_3-b_3)^2]\\
=&(s-a_1-b_1)(a_1-b_1)^2+(s-a_2-b_2)(a_2-b_2)^2+\\
&(s-a_3-b_3)(a_3-b_3)^2\geqslant 0
\end{aligned}$$

原命题成立.

由本例可以得到以下命题.

命题　已知 $\triangle A_1A_2A_3$ 和 $\triangle B_1B_2B_3$ 边长和面积分别为 a_1,a_2,a_3,Δ_1 和 b_1,b_2,b_3,Δ_2，以 $\frac{a_1+b_1}{2},\frac{a_2+b_2}{2},\frac{a_3+b_3}{2}$ 为边长的三角形面积为 Δ，且满足 $a_1+a_2+a_3=b_1+b_2+b_3$，则

$$2\Delta\geqslant\Delta_1+\Delta_2$$

当且仅当 $\triangle A_1A_2A_3\cong\triangle B_1B_2B_3$ 时取等号.

证明　下面证明较之更强的不等式

$$2\Delta^2\geqslant\Delta_1^2+\Delta_2^2 \qquad ①$$

设 $x_1=-a_1+a_2+a_3,x_2=a_1-a_2+a_3,x_3=a_1+a_2-a_3,y_1=-b_1+b_2+b_3,y_2=b_1-b_2+b_3,y_3=b_1+b_2-b_3$，则上式，即证

$$(x_1+y_1+x_2+y_2+x_3+y_3)(x_1+y_1)(x_2+y_2)(x_3+y_3)$$
$$\geqslant 8[(x_1+x_2+x_3)x_1x_2x_3+(y_1+y_2+y_3)y_1y_2y_3]$$

由于 $x_1+x_2+x_3=y_1+y_2+y_3$，因此，上式可以化简为

$$(x_1+y_1)(x_2+y_2)(x_3+y_3)$$
$$\geqslant 4(x_1x_2x_3+y_1y_2y_3)$$

由题意可知，在 x_1+y_1,x_2+y_2,x_3+y_3 中，每两数之和不小于第三个数，根据上题结果可知上式成立，从而式 ① 获证. 另外易知有

$$4\Delta^2\geqslant 2(\Delta_1^2+\Delta_2^2)\geqslant(\Delta_1+\Delta_2)^2$$

因此得到

$$2\Delta\geqslant\Delta_1+\Delta_2$$

原命题获证，易知当且仅当 $\triangle A_1A_2A_3\cong\triangle B_1B_2B_3$ 时取等号.

例 117　(2015 年中国女子数学奥林匹克试题 7) 已知 $x_1,x_2,\cdots,x_n\in(0,1),n\geqslant 2$，求证：

$$\frac{\sqrt{1-x_1}}{x_1}+\frac{\sqrt{1-x_2}}{x_2}+\cdots+\frac{\sqrt{1-x_n}}{x_n}\leqslant\frac{\sqrt{n-1}}{x_1x_2\cdots x_n}$$

证明　由已知条件，可令 $x_i=\frac{1}{1+y_i},y_i>0,i=1,2,\cdots,n$，则原不等式等价于

$$\sum_{i=1}^{n}\sqrt{y_i(1+y_i)}<\sqrt{n-1}\prod_{i=1}^{n}(1+y_i) \qquad ①$$

式 ① 左边应用柯西不等式，有

$$\sum_{i=1}^{n}\sqrt{y_i(1+y_i)}\leqslant\sqrt{\sum_{i=1}^{n}y_i(n+\sum_{i=1}^{n}y_i)}$$

另外，式 ① 右边，应用多项式乘法，有

$$\sqrt{n-1}\prod_{i=1}^{n}(1+y_i)>\sqrt{n-1}(1+\sum_{i=1}^{n}y_i)$$

因此,只要证明

$$\sqrt{\sum_{i=1}^{n}y_i(n+\sum_{i=1}^{n}y_i)}<\sqrt{n-1}(1+\sum_{i=1}^{n}y_i)$$

上式两边平方,并化简即为

$$(n-1)+(n-2)(\sum_{i=1}^{n}y_i)(\sum_{i=1}^{n}y_i+1)>0$$

由已知条件 $n\geqslant 2$ 可知上式成立,故原不等式获证.

注:当 $n=3,n=4$ 时,下面例 118 中的不等式较之更强.

例 118　已知 $x,y,z,w\in(0,1]$,求证

(1) $\dfrac{\sqrt{1-x}}{x}+\dfrac{\sqrt{1-y}}{y}+\dfrac{\sqrt{1-z}}{z}<\dfrac{1}{xyz}$;

(2) $\dfrac{\sqrt{1-x}}{x}+\dfrac{\sqrt{1-y}}{y}+\dfrac{\sqrt{1-z}}{z}+\dfrac{\sqrt{1-w}}{w}<\dfrac{1}{xyzw}$.

证明　先证明以下引理.

引理　设 $\lambda,u\geqslant 1$,则 $\sqrt{\lambda^2-1}+\sqrt{u^2-1}\leqslant\lambda u$,当且仅当 $\lambda^2+u^2=\lambda^2u^2$ 时取等号.

引理证法 1　由于

$$\begin{aligned}&\sqrt{\lambda^2-1}+\sqrt{u^2-1}\leqslant\lambda u\\ \Leftrightarrow\ &(\sqrt{\lambda^2-1}+\sqrt{u^2-1})^2\leqslant(\lambda u)^2\\ \Leftrightarrow\ &2-\lambda^2-u^2+(\lambda u)^2-2\sqrt{(\lambda^2-1)(u^2-1)}\geqslant 0\\ \Leftrightarrow\ &[\sqrt{(\lambda^2-1)(u^2-1)}-1]^2\geqslant 0\end{aligned}$$

引理获证,易知当且仅当 $\lambda^2+u^2=\lambda^2u^2$ 时原式取等号.

引理证法 2　设 $\lambda=\dfrac{1}{\sin\alpha},u=\dfrac{1}{\sin\beta},\alpha,\beta\in(0,\dfrac{\pi}{2}]$,则

$$\begin{aligned}\sqrt{\lambda^2-1}+\sqrt{u^2-1}&=\sqrt{\frac{1}{\sin^2\alpha}-1}+\sqrt{\frac{1}{\sin^2\beta}-1}\\&=\frac{\sin(\alpha+\beta)}{\sin\alpha\sin\beta}\leqslant\frac{1}{\sin\alpha\sin\beta}=\lambda u\end{aligned}$$

引理获证.

(1) 设 $x=\dfrac{1}{1+a},y=\dfrac{1}{1+b},z=\dfrac{1}{1+c},a,b,c\geqslant 0$,则原不等式等价于

$$\sqrt{a(1+a)}+\sqrt{b(1+b)}+\sqrt{c(1+c)}<(1+a)(1+b)(1+c)\qquad①$$

由柯西不等式,有

$$\sqrt{a(1+a)}+\sqrt{b(1+b)}+\sqrt{c(1+c)}\leqslant\sqrt{(a+b)(2+a+b)}+\sqrt{c(1+c)}$$
$$\leqslant\sqrt{(1+a+b)^2-1}+\sqrt{(1+c)^2-1}$$
$$\leqslant(1+a+b)(1+c)\text{(根据引理)}$$
$$<(1+a)(1+b)(1+c)$$
故式 ① 成立,原式获证.

(2) 下面证明(2) 中的不等式.

证法 1　设 $x=\dfrac{1}{1+a},y=\dfrac{1}{1+b},z=\dfrac{1}{1+c},w=\dfrac{1}{1+d},a,b,c,d\geqslant 0$,则原不等式等价于

$$\sqrt{a(1+a)}+\sqrt{b(1+b)}+\sqrt{c(1+c)}+\sqrt{d(1+d)}$$
$$<(1+a)(1+b)(1+c)(1+d) \quad ②$$

下面证明式 ② 成立.

式 ② 左边 $=\sqrt{a(1+a)}+\sqrt{b(1+b)}+\sqrt{c(1+c)}+\sqrt{d(1+d)}$

$$\leqslant\sqrt{(a+b)(2+a+b)}+\sqrt{(c+d)(2+c+d)}\text{(柯西不等式)}$$
$$=\sqrt{(1+a+b)^2-1}+\sqrt{(1+c+d)^2-1}$$
$$\leqslant(1+a+b)(1+c+d)\text{(根据以上引理)}$$
$$\leqslant(1+a)(1+b)(1+c)(1+d)$$

由上证明可知,其中三个不等式中的等号不可能同时成立,故式 ② 成立,原命题获证.

证法 2　首先易证在 $3(ab+cd),3(ac+bd),3(ad+bc)$ 中必有一个不大 $ab+ac+ad+bc+bd+cd$(用反证法,详证从略),不妨设 $3(ab+cd)\leqslant ab+ac+ad+bc+bd+cd$.

同证法 1 所设,下面证明式 ②. 根据引理有

$$\sqrt{a(1+a)}+\sqrt{b(1+b)}+\sqrt{c(1+c)}+\sqrt{d(1+d)}$$
$$=\sqrt{\left(a+\frac{1}{2}\right)^2-\frac{1}{4}}+\sqrt{\left(b+\frac{1}{2}\right)^2-\frac{1}{4}}+\sqrt{\left(c+\frac{1}{2}\right)^2-\frac{1}{4}}+\sqrt{\left(d+\frac{1}{2}\right)^2-\frac{1}{4}}$$
$$\leqslant 2\left[\left(a+\frac{1}{2}\right)\left(b+\frac{1}{2}\right)+\left(c+\frac{1}{2}\right)\left(d+\frac{1}{2}\right)\right]$$
$$=1+a+b+c+d+2(ab+cd)\leqslant(1+a)(1+b)(1+c)(1+d)$$

易知以上两个不等式不可能同时取等号.

从而,原命题获证.

注:(1) 中的不等式可以由(2) 中的不等式得到,事实上,是要在(2) 中的不等式中令 $w=1$,即得(1) 中的不等式.

例 119　设 $a,b,c\in\overline{\mathbf{R}^-},a+b+c=3$,则

$$\sqrt{a^2+bc+2}+\sqrt{b^2+ca+2}+\sqrt{c^2+ab+2}\geqslant 6$$

当且仅当 $a=b=c=1$ 时取等号.

证明 先给出并证明以下引理.

引理 (自创题,2015－12－28) 设 $a,b,c\in\overline{\mathbf{R}^-}$,则

$$(a^2+bc)(b^2+ca)(c^2+ab)\geqslant\frac{8}{27}\left(\sum bc\right)^3$$

当且仅当 $a=b=c$ 时取等号.

引理证法 1 由对称性,不妨设 $a\geqslant b\geqslant c$,则有

$$\begin{aligned}
&27(a^2+bc)(b^2+ca)(c^2+ab)-8\left(\sum bc\right)^3\\
=&54(abc)^2+27\sum b^3c^3+27abc\sum a^3-8\left(\sum bc\right)^3\\
=&54(abc)^2+27\left[\left(\sum bc\right)^3-3abc\left(\sum a\right)\left(\sum bc\right)+3(abc)^2\right]\\
&+27abc\left[\left(\sum a\right)^3-3\left(\sum a\right)\left(\sum bc\right)+3abc\right]-8\left(\sum bc\right)^3\\
=&19\left(\sum bc\right)^3-162abc\left(\sum a\right)\left(\sum bc\right)+27abc\left(\sum a\right)^3+216(abc)^2\\
\geqslant&57abc\left(\sum a\right)\left(\sum bc\right)-162abc\left(\sum a\right)\left(\sum bc\right)+27abc\left(\sum a\right)^3+216(abc)^2\\
=&3abc\left[9\left(\sum a\right)^3-35\left(\sum a\right)\left(\sum bc\right)+72abc\right]\\
=&3abc\left[9\left(\sum a\right)^3-36\left(\sum a\right)\left(\sum bc\right)+81abc\right]+\\
&3abc\left[\left(\sum a\right)\left(\sum bc\right)-9abc\right]\\
\geqslant&0
\end{aligned}$$

故引理中的不等式成立

引理证法 2 应用等式

$$(a^2+bc)(b^2+ca)(c^2+ab)=(a^2b+b^2c+c^2a)(ab^2+bc^2+ca^2)-(abc)^2$$

有

$$\begin{aligned}
&(a^2+bc)(b^2+ca)(c^2+ab)\\
=&\frac{1}{3}(a^2b+b^2c+c^2a)(ab^2+bc^2+ca^2)(1+1+1)-(abc)^2\\
\geqslant&\frac{1}{3}(ab+bc+ca)^3-(abc)^2\text{(赫尔德不等式)}
\end{aligned}$$

由此,只要证明

$$\frac{1}{3}(ab+bc+ca)^3-(abc)^2\geqslant\frac{8}{27}(ab+bc+ca)^3$$

即

$$(ab+bc+ca)^3\geqslant 27(abc)^2$$

上式应用算术－几何不等式即可证得.

下面来证明原命题.

将原式两边平方并整理,同时注意到 $a+b+c=3$,得到其等价式

$$2\sum(\sqrt{b^2+ca+2}\cdot\sqrt{c^2+ab+2})\geqslant 21+\sum bc$$

又根据算术 — 几何平均值不等式,有

$$2\sum(\sqrt{b^2+ca+2}\cdot\sqrt{c^2+ab+2}$$
$$\geqslant 6\sqrt[3]{(a^2+bc+2)(b^2+ca+2)(c^2+ab+2)}$$

因此,只要证明

$$6\sqrt[3]{(a^2+bc+2)(b^2+ca+2)(c^2+ab+2)}$$
$$\geqslant 21+\sum bc$$

即

$$6^3(a^2+bc+2)(b^2+ca+2)(c^2+ab+2)\geqslant(21+\sum bc)^3$$

又由于

$$(a^2+bc+2)(b^2+ca+2)(c^2+ab+2)$$
$$=8+4\sum(a^2+bc)+2\sum(b^2+ca)(c^2+ab)+\prod(a^2+bc)$$
$$=8+4[(\sum a)^2-\sum bc]+$$
$$2[(\sum a)^2\sum bc-(\sum bc)^2-2abc\sum a]+\prod(a^2+bc)$$
$$\geqslant 8+4(9-\sum bc)+2[7\sum bc-(\sum bc)^2]+\frac{8}{27}(\sum bc)^3$$

(注意到 $a+b+c=3$,$abc\leqslant\frac{(\sum a)(\sum bc)}{9}$,并应用引理中的不等式)

$$=44+10\sum bc-2(\sum bc)^2+\frac{8}{27}(\sum bc)^3$$

因此,只要证明

$$6^3[44+10\sum bc-2(\sum bc)^2+\frac{8}{27}(\sum bc)^3]\geqslant(21+\sum bc)^3$$
$$\Leftrightarrow 243+837\sum bc-495(\sum bc)^2+63(\sum bc)^3\geqslant 0$$
$$\Leftrightarrow(3-\sum bc)[81+306\sum bc-63(\sum bc)^2]\geqslant 0$$
$$\Leftrightarrow(3-\sum bc)[81+9\sum bc(34-7\sum bc)]\geqslant 0$$

由于 $3-\sum bc=\frac{1}{3}(\sum a)^2-\sum bc\geqslant 0$,因此,上式成立.

故原式获证.由上述证明过程易知,当且仅当 $a=b=c=1$ 时取等号.

注:以上引理证法 2 主要应用了等式来证明不等式,再次说明恒等式在证

明不等式中的作用.

例 120 (自创题,2015－08－28) 设 $x_i \geqslant 0, i=1,2,\cdots,n, n \geqslant 2$,且 $\sum_{i=1}^{n} x_i \leqslant \frac{n-1}{n}$,则

$$\sum_{i=1}^{n} \sqrt{\frac{x_i}{1-x_i}} \leqslant n\sqrt{\frac{x_1+x_2+\cdots+x_n}{n-(x_1+x_2+\cdots+x_n)}}$$

当且仅当 $x_1=x_2=\cdots=x_n \leqslant \frac{n-1}{n^2}$ 时,原式取等号;或者当且仅当

$$\begin{cases} x_1=x_2=\cdots=x_{n-1}=\dfrac{1}{n(n^2-2n+2)} \\ x_n=\dfrac{(n-1)^3}{n(n^2-2n+2)} \end{cases}$$

及其轮换式时,原式取等号.

证明 先证明以下引理.

引理 设 $x,y,\lambda \geqslant 0$,且 $\lambda x+y \leqslant \frac{\lambda}{\lambda+1}$,则

$$\lambda\sqrt{\frac{x}{1-x}}+\sqrt{\frac{y}{1-y}} \leqslant (\lambda+1)\sqrt{\frac{\lambda x+y}{\lambda+1-(\lambda x+y)}}$$

当且仅当 $\begin{cases} x=\dfrac{1}{\lambda^3+\lambda^2+\lambda+1}, \\ y=\dfrac{\lambda^3}{\lambda^3+\lambda^2+\lambda+1}, \end{cases}$ 上式取等号.

引理证明 设 $x=\frac{a}{1+a}, y=\frac{b}{1+b}$,则引理等价于以下命题:

设 $a,b,\lambda \geqslant 0$,且 $\frac{\lambda a}{1+a}+\frac{b}{1+b} \leqslant \frac{\lambda}{1+\lambda}$,即 $\lambda^2 a+b+(\lambda^2+\lambda+1)ab \leqslant \lambda$,则

$$\lambda\sqrt{a}+\sqrt{b} \leqslant (\lambda+1)\sqrt{\frac{\lambda a+b+(\lambda+1)ab}{\lambda+1+a+\lambda b}} \qquad ①$$

下面证明式 ①.

将式 ① 两边平方并整理,得到其等价式

$$\lambda^2 a^2+\lambda b^2+2\lambda\sqrt{a^3 b}+2\lambda^2\sqrt{ab^3}-3\lambda(\lambda+1)ab-$$
$$\lambda(\lambda+1)a-\lambda(\lambda+1)b+2\lambda(\lambda+1)\sqrt{ab} \leqslant 0$$
$$\Leftrightarrow \lambda(\sqrt{a}-\sqrt{b})^2[\lambda a+b+2(\lambda+1)\sqrt{ab}-(\lambda+1)] \leqslant 0$$

由此可知,要证式 ① 成立,只要证下式成立

$$\lambda a+b+2(\lambda+1)\sqrt{ab}-(\lambda+1) \leqslant 0 \qquad ②$$

由已知条件 $\lambda^2 a+b+(\lambda^2+\lambda+1)ab\leqslant\lambda$,可得到 $b\leqslant\dfrac{\lambda-\lambda^2 a}{1+(\lambda^2+\lambda+1)a}$,因此,要证式 ② 成立,只要证

$$\lambda a+\frac{\lambda-\lambda^2 a}{1+(\lambda^2+\lambda+1)a}+2(\lambda+1)\sqrt{\frac{a(\lambda-\lambda^2 a)}{1+(k^2+k+1)a}}-(k+1)\leqslant 0$$

$$\Leftrightarrow 2(\lambda+1)\sqrt{\frac{a(\lambda-\lambda^2 a)}{1+(\lambda^2+\lambda+1)a}}\leqslant\frac{1+(\lambda^3+3\lambda^2+\lambda+1)a-\lambda(\lambda^2+\lambda+1)a^2}{1+(\lambda^2+\lambda+1)a}$$

将上式两边平方并整理,得到其等价式

$$[1+(\lambda^3+3\lambda^2+\lambda+1)a-\lambda(\lambda^2+\lambda+1)a^2]^2-$$
$$4(\lambda+1)^2 a(\lambda-\lambda^2 a)[1+(\lambda^2+\lambda+1)a]\geqslant 0$$
$$\Leftrightarrow\lambda^2(\lambda^2+\lambda+1)^2 a^4+2\lambda(\lambda^2+\lambda+1)(\lambda^3+\lambda^2+\lambda-1)a^3+$$
$$(\lambda^6+2\lambda^5+3\lambda^4-2\lambda^3-3\lambda^2-4\lambda+1)a^2-2(\lambda^3+\lambda^2+\lambda-1)a+1\geqslant 0$$
$$\Leftrightarrow[\lambda(\lambda^2+\lambda+1)a^2+(\lambda^3+\lambda^2+\lambda-1)a-1]^2\geqslant 0$$

此式显然成立,从而式 ① 成立.由上证明可知,取等号条件为当且仅当 $a=b$,或

$$\begin{cases}\lambda^2 a+b+(\lambda^2+\lambda+1)ab=\lambda\\ \lambda(\lambda^2+\lambda+1)a^2+(\lambda^3+\lambda^2+\lambda-1)a-1=0\end{cases}$$

即

$$\begin{cases}\lambda^2 a+b+(\lambda^2+\lambda+1)ab=\lambda\\ (a+1)[\lambda(\lambda^2+\lambda+1)a-1]=0\end{cases}$$

由此得到

$$\begin{cases}a=\dfrac{1}{\lambda(\lambda^2+\lambda+1)}\\ b=\dfrac{\lambda^3}{\lambda^2+\lambda+1}\end{cases}$$

从而可以求得

$$\begin{cases}x=\dfrac{1}{\lambda^3+\lambda^2+\lambda+1}\\ y=\dfrac{\lambda^3}{\lambda^3+\lambda^2+\lambda+1}\end{cases}$$

时,引理中的不等式取等号.引理获证.

现在,我们用数学归纳法不难证明原命题.

当 $n=2$ 时,只要取引理中 $\lambda=1$,便知原命题成立,当且仅当 $x=y=\dfrac{1}{4}$ 时,原命题中的不等式取等号.

当 $n=k+1$ 时,设 $x_i\geqslant 0,i=1,2,\cdots,k+1,k\geqslant 2$,且 $\sum\limits_{i=1}^{k+1}x_i\leqslant\dfrac{k}{k+1}$,则在

$x_i \geqslant 0, i=1,2,\cdots,k+1$ 的每 n 个数之和中总有一个不大于$\frac{k^2}{(k+1)^2}$,否则,有 $k\sum_{i=1}^{k+1} x_i > \frac{k^2}{k+1}$,即$\sum_{i=1}^{k+1} x_i > \frac{k}{k+1}$,与题设条件矛盾.

不妨设$\sum_{i=1}^{k} x_i \leqslant \frac{k^2}{(k+1)^2} < \frac{k-1}{k}$,这时,当 $n=k$ 时,有

$$\sum_{i=1}^{k} \sqrt{\frac{x_i}{1-x_i}} \leqslant k\sqrt{\frac{x_1+x_2+\cdots+x_k}{k-(x_1+x_2+\cdots+x_k)}}$$

即当 $n=k$ 时原命题成立.

当 $n=k+1$ 时,有

$$\begin{aligned}
\sum_{i=1}^{k+1} \sqrt{\frac{x_i}{1-x_i}} &= \sum_{i=1}^{k} \sqrt{\frac{x_i}{1-x_i}} + \sqrt{\frac{x_{k+1}}{1-x_{k+1}}} \\
&\leqslant k\sqrt{\frac{x_1+x_2+\cdots+x_k}{k-(x_1+x_2+\cdots+x_k)}} + \sqrt{\frac{x_{k+1}}{1-x_{k+1}}} \\
&\leqslant k\sqrt{\frac{\frac{x_1+x_2+\cdots+x_k}{k}}{1-\frac{x_1+x_2+\cdots+x_k}{k}}} + \sqrt{\frac{x_{k+1}}{1-x_{k+1}}} \\
&\leqslant (k+1)\sqrt{\frac{x_1+x_2+\cdots+x_{k+1}}{k+1-(x_1+x_2+\cdots+x_{k+1})}}
\end{aligned}$$

(取引理中 $\lambda=k$),这就证明了当 $n=k+1$ 时原命题也成立.

综上,原命题获证.由引理中取等号条件及以上证明过程可知,当且仅当

$$x_1=x_2=\cdots=x_n \leqslant \frac{n-1}{n^2}$$

时,原式取等号;或者当且仅当

$$\begin{cases}
x_1=x_2=\cdots=x_{n-1}=\frac{1}{(n-1)^3+(n-1)^2+(n-1)+1}=\frac{1}{n(n^2-2n+2)} \\
x_n=\frac{(n-1)^3}{(n-1)^3+(n-1)^2+(n-1)+1}=\frac{(n-1)^3}{n(n^2-2n+2)}
\end{cases}$$

及其轮换式时,原式取等号.

注:用类似方法还可以证明以下(即本章前面例 8 后面提出的“猜想”):

例 121 (自创题,2015—08—28) 设 $a_i \geqslant 0, i=1,2,\cdots,n$,且$\sum_{i=1}^{n} a_i = 1 \leqslant \frac{\lambda}{n-1}$,则

$$\sum_{i=1}^{n} \sqrt{\frac{1-a_i}{\lambda+a_i}} \leqslant n\sqrt{\frac{n-1}{\lambda n+1}}$$

详证略.

例 122 (Pham Kim hung 不等式推广) 设 $a_1,a_2,\cdots,a_n>0$,则

$$(\frac{1}{a_1}+\frac{1}{a_2}+\cdots+\frac{1}{a_n})^2\geqslant\frac{1}{a_1^2}+\frac{2^2}{a_1^2+a_2^2}+\cdots+\frac{n^2}{a_1^2+a_2^2+\cdots+a_n^2}$$

这是[1] 中的一道猜想不等式,我们证明它成立.

证明 先证明以下

引理 i. 当 k 为奇数时,有

$$\frac{1}{a_{\frac{k+1}{2}}^2}+\frac{2}{a_1a_k}+\frac{2}{a_2a_{k-1}}+\frac{2}{a_3a_{k-2}}+\cdots+\frac{2}{a_{\frac{k-1}{2}}a_{\frac{k+3}{2}}}\geqslant\frac{k^2}{a_1^2+a_2^2+\cdots+a_k^2}$$

ii. 当 k 为偶数时,有

$$\frac{2}{a_1a_k}+\frac{2}{a_2a_{k-1}}+\frac{2}{a_3a_{k-2}}+\cdots+\frac{2}{a_{\frac{k}{2}}a_{\frac{k+2}{2}}}\geqslant\frac{k^2}{a_1^2+a_2^2+\cdots+a_k^2}$$

证明 i. 应用柯西不等式,有

$$(a_1^2+a_2^2+\cdots+a_k^2)(\frac{1}{a_{\frac{k+1}{2}}^2}+\frac{2}{a_1a_k}+\frac{2}{a_2a_{k-1}}+\frac{2}{a_3a_{k-2}}+\cdots+\frac{2}{a_{\frac{k-1}{2}}a_{\frac{k+3}{2}}})$$

$$\geqslant(a_{\frac{k+1}{2}}^2+2a_1a_k+2a_2a_{k-1}+\cdots+2a_{\frac{k-1}{2}}a_{\frac{k+3}{2}})\cdot$$

$$(\frac{1}{a_{\frac{k+1}{2}}^2}+\frac{2}{a_1a_k}+\frac{2}{a_2a_{k-1}}+\frac{2}{a_3a_{k-2}}+\cdots+\frac{2}{a_{\frac{k-1}{2}}a_{\frac{k+3}{2}}})$$

$$\geqslant(1+\underbrace{2+2+\cdots+2}_{\frac{k-1}{2}个})^2=k^2$$

即得 i. 中的不等式.

ii. 证法同 i(略).

下面来证明原式.

由上引理,当 k 为奇数时,有

$$\left(\frac{1}{a_1}+\frac{1}{a_2}+\cdots+\frac{1}{a_n}\right)^2\geqslant\frac{1}{a_1^2}+\frac{1}{a_2^2}+\cdots\frac{1}{a_{\frac{n-1}{2}}^2}+\sum_{1\leqslant i\leqslant j}\frac{2}{a_ia_j}$$

$$\geqslant\frac{1}{a_1^2}+\frac{2}{a_1a_2}+(\frac{1}{a_2^2}+\frac{2}{a_1a_3})+(\frac{2}{a_1a_4}+\frac{2}{a_2a_3})+(\frac{1}{a_3^2}+\frac{2}{a_1a_5}+\frac{2}{a_2a_4})+\cdots+$$

$$\left(\frac{1}{a_{\frac{n+1}{2}}^2}+\frac{2}{a_1a_n}+\frac{2}{a_2a_{n-1}}+\frac{2}{a_3a_{n-2}}+\cdots+\frac{2}{a_{\frac{k-1}{2}}a_{\frac{k+3}{2}}}\right)$$

$$\geqslant\frac{1}{a_1^2}+\frac{2^2}{a_1^2+a_2^2}+\frac{3^2}{a_1^2+a_2^2+a_3^2}+\frac{4^2}{a_1^2+a_2^2+a_3^2+a_4^2}+$$

$$\frac{5^2}{a_1^2+a_2^2+a_3^2+a_4^2+a_5^2}+\cdots+\frac{n^2}{a_1^2+a_2^2+\cdots+a_n^2}$$

故当 k 为奇数时,原命题成立.

同理可证,当 k 为偶数时,原命题也成立.

参考资料

[1]Phan Kim Hung. 不等式的秘密(第一卷)[M]. 隋振林,译. 哈尔滨:哈

尔滨工业大学出版社,2012.

例 123 设 $a,b,c\in\mathbf{R}^{+}$,则

$$\frac{ca^{3}}{b^{2}}+\frac{ab^{3}}{c^{2}}+\frac{ac^{2}}{b}+\frac{b^{4}}{ac}\geqslant(a^{2}+b^{2})$$

当且仅当 $a=b=c$ 时取等号.

证明 应用配方方法.由于

$$\begin{aligned}&a^{2}bc^{4}+a^{4}c^{3}-2ab^{2}(a^{2}+b^{2})c^{2}+b^{6}c+a^{2}b^{5}\\&=a^{2}b(b-c)^{4}+c[(a^{4}+4a^{2}b^{2})c^{2}-(2a^{3}b^{2}+6a^{2}b^{3}+2ab^{4})c+(4a^{2}b^{4}+b^{6})]\\&=a^{2}b(b-c)^{4}+c[(a^{4}+4a^{2}b^{2})(c-b)^{2}+\\&\quad(2a^{4}b-2a^{3}b^{2}+2a^{2}b^{3}-2ab^{4})c-(a^{4}b^{2}-b^{6})]\\&=a^{2}b(b-c)^{4}+c[a^{2}(a^{2}+4b^{2})(b-c)^{2}-2ab(a^{2}+b^{2})(a-b)(b-c)+\\&\quad b^{2}(a^{2}+b^{2})(a-b)^{2}]\\&=a^{2}b(b-c)^{4}+c[a^{2}(a^{2}+b^{2})(b-c)^{2}-2ab(a^{2}+b^{2})(a-b)(b-c)+\\&\quad b^{2}(a^{2}+b^{2})(a-b)^{2}]+3a^{2}b^{2}(b-c)^{2}\\&=a^{2}b(b-c)^{4}+c(a^{2}+b^{2})[a(b-c)-b(a-b)]^{2}+3a^{2}b^{2}(b-c)^{2}\\&=a^{2}b(b-c)^{4}+c(a^{2}+b^{2})(ac-b^{2})^{2}+3a^{2}b^{2}(b-c)^{2}\end{aligned}$$

因此得到

$$\begin{aligned}&\frac{ca^{3}}{b^{2}}+\frac{ab^{3}}{c^{2}}+\frac{ac^{2}}{b}+\frac{b^{4}}{ac}\\&=2(a^{2}+b^{2})+\frac{3a(b-c)^{2}}{c}+\frac{a(b-c)^{4}}{bc^{2}}+\frac{(a^{2}+b^{2})(ac-b^{2})^{2}}{ab^{2}c}\\&\geqslant2(a^{2}+b^{2})\end{aligned}$$

由此,原命题获证.易知当且仅当 $a=b=c$ 时取等号.

注:由以上证明可知,有更强式

$$\frac{ca^{3}}{b^{2}}+\frac{ab^{3}}{c^{2}}+\frac{ac^{2}}{b}+\frac{b^{4}}{ac}\geqslant(a^{2}+b^{2})\left(\frac{ac}{b^{2}}+\frac{b^{2}}{ac}\right)$$

其中 $a,b,c\in\mathbf{R}^{+}$,当且仅当 $b=c$ 时取等号.

例 124 (自创题,2015-04-28)对于 $a,b,c,d\in\overline{\mathbf{R}^{-}}$,求证:

$$\sum_{\mathrm{sym}}ab\leqslant\frac{3\sum a^{4}+30\sum_{\mathrm{sym}}a^{2}b^{2}}{8\sum a^{2}}$$

当且仅当 $a=b=c=d$,或者 $a=3b=3c=3d$ 以及其循环式时取等号.

证明 由对称性,不妨设 $a\geqslant b\geqslant c\geqslant d$,由于

$$\begin{aligned}&3\sum a^{4}+30\sum_{\mathrm{sym}}a^{2}b^{2}-8\sum a^{2}\sum_{\mathrm{sym}}ab\\&=4[3(\sum a^{2})^{2}-2\sum a^{2}\sum_{\mathrm{sym}}ab]-3[3(\sum a^{4})-2\sum_{\mathrm{sym}}a^{2}b^{2}]\end{aligned}$$

$$=4[(a-b)^2+(b-c)^2+(c-d)^2+(d-a)^2+(a-c)^2+(b-d)^2]\cdot$$
$$\sum a^2-3[(a^2-b^2)^2+(b^2-c^2)^2+(c^2-d^2)^2+(d^2-a^2)^2+$$
$$(a^2-c^2)^2+(b^2-d^2)^2].$$
$$=(a^2+b^2+4c^2+4d^2-6ab)(a-b)^2+$$
$$(a^2+c^2+4b^2+4d^2-6ac)(a-c)^2+$$
$$(a^2+d^2+4b^2+4c^2-6ad)(a-d)^2+$$
$$(b^2+c^2+4d^2+4a^2-6bc)(b-c)^2+$$
$$(b^2+d^2+4a^2+4c^2-6bd)(b-d)^2+$$
$$(c^2+d^2+4a^2+4b^2-6cd)(c-d)^2$$
$$\geqslant[(a^2+b^2+4c^2+4d^2-6ab)+(a^2+c^2+4b^2+4d^2-6ac)+$$
$$(a^2+d^2+4b^2+4c^2-6ad)](a-b)^2+$$
$$(b^2+c^2+4d^2+4a^2-6bc)(b-c)^2+$$
$$(b^2+d^2+4a^2+4c^2-6bd)(b-d)^2+$$
$$(c^2+d^2+4a^2+4b^2-6cd)(c-d)^2$$
$$=3[a^2+3b^2+3c^2+3d^2-2a(b+c+d)](a-b)^2+$$
$$(b^2+c^2+4d^2+4a^2-6bc)(b-c)^2+$$
$$(b^2+d^2+4a^2+4c^2-6bd)(b-d)^2+$$
$$(c^2+d^2+4a^2+4b^2-6cd)(c-d)^2$$
$$\geqslant 3[a^2+(b+c+d)^2-2a(b+c+d)](a-b)^2+$$
$$(5b^2+c^2-6bc)(b-c)^2+(5b^2+d^2-6bd)(b-d)^2+$$
$$(5c^2+d^2-6cd)(c-d)^2$$
$$=3(a-b-c-d)^2(a-b)^2+(5b-c)(b-c)(b-c)^2+$$
$$(5b-d)(b-d)(b-d)^2+$$
$$(5c-d)(c-d)(c-d)^2\geqslant 0$$

故原式成立.

由以上证明过程可知,当且仅当 $a=b=c=d$,或者 $a=3b=3c=3d$ 以及其循环式时取等号.

若记 $s_1=a+b+c+d$,$s_2=ab+ac+ad+bc+bd+cd$,$s_3=bcd+acd+abd+abc$,$s_4=abcd$,则其等价式是

$$3s_1^4-20s_1^2s_2+52s_2^2-48s_1s_3+48s_4\geqslant 0$$

说明:不等式 $3s_1^4-20s_1^2s_2+52s_2^2-48s_1s_3+48s_4\geqslant 0$,与前面曾经得到的不等式 $s_1^4-4s_1^2s_2+9s_1s_3-16s_4\geqslant 0$ 不分强弱.

例 125 设 $a,b,c>0$,求证

$$\sum\sqrt{\frac{b(b+c)}{a(a+b+c)}}\geqslant\sqrt{6}$$

证明　原式等价于

$$\sum \sqrt{b^2c(b+c)} \geqslant \sqrt{6abc\sum a} \qquad ①$$

下面证明式 ①.

由于 $\sum \sqrt{b^3c+b^2c^2} \geqslant \sqrt{(\sum \sqrt{b^3c})^2+(\sum bc)^2}$，又由于 $(\sum bc)^2 \geqslant 3abc\sum a$，因此，只要证明

$$(\sum \sqrt{b^3c})^2 \geqslant 3abc\sum a$$

令 $x=\sqrt{a}$，$y=\sqrt{b}$，$z=\sqrt{c}$，于是，要证明上式成立，只要证明

$$(\sum y^3z)^2 \geqslant 3x^2y^2z^2\sum x^2$$

即

$$(\sum \frac{y^2}{x})^2 \geqslant 3\sum x^2 \qquad ②$$

下面证明式 ②.

$$(\sum \frac{y^2}{x})^2 = [\sum \frac{(y-x)^2}{x}+\sum x]^2$$

$$\geqslant \left[\frac{(\sum |y-x|)^2}{\sum x}+\sum x\right]^2 \geqslant \left[\frac{\sum (y-x)^2}{\sum x}+\sum x\right]^2$$

$$=\left(\frac{3\sum x^2}{\sum x}\right)^2 \geqslant 3\sum x^2$$

即得式 ②，故原命题获证.

例 126　(自创题，2001－03－05) 设 $x,y,z \in \mathbf{R}^+$，则

$$\sum \frac{x}{y+z}+\sqrt{\frac{2xyz}{(x+y)(y+z)(z+x)}} \geqslant 2$$

证法 1(三角法)　令 $x=-a+b+c$，$y=a-b+c$，$z=a+b-c$，a,b,c 为 $\triangle ABC$ 三边长，则原式可转化为如下三角不等式

$$\sum \frac{-\sin A+\sin B+\sin C}{2\sin A}+\sqrt{\frac{\prod(-\sin A+\sin B+\sin C)}{4\sin A\sin B\sin C}} \geqslant 2$$

$$\Leftrightarrow \sum \frac{\sin\frac{B}{2}\sin\frac{C}{2}}{\sin\frac{A}{2}}+\sqrt{2\sin\frac{A}{2}\sin\frac{B}{2}\sin\frac{C}{2}} \geqslant 2$$

$$\Leftrightarrow \frac{\sum \sin^2\frac{B}{2}\sin^2\frac{C}{2}}{\sin\frac{A}{2}\sin\frac{B}{2}\sin\frac{C}{2}}+\sqrt{2\sin\frac{A}{2}\sin\frac{B}{2}\sin\frac{C}{2}} \geqslant 2$$

$$\Leftrightarrow \frac{3-2\sum\cos A+\sum\cos B\cos C}{4\sin\frac{A}{2}\sin\frac{B}{2}\sin\frac{C}{2}}+\sqrt{2\sin\frac{A}{2}\sin\frac{B}{2}\sin\frac{C}{2}}\geqslant 2$$

$$\Leftrightarrow \frac{s^2-8Rr+r^2}{4Rr}+\sqrt{\frac{r}{2R}}\geqslant 2$$

（以上 s,R,r 分别为 $\triangle ABC$ 的半周长、外接圆半径、内切圆半径，注意有

$$\sum\cos A=\frac{R+r}{R};\sum\cos B\cos C=\frac{s^2-4R^2+r^2}{4R^2};\sin\frac{A}{2}\sin\frac{B}{2}\sin\frac{C}{2}=\frac{r}{4R})$$

由熟知不等式 $s^2\geqslant 16Rr-5r^2$，可知，只须证 $1\geqslant\sqrt{\frac{2r}{R}}$，此式成立，原式得证，当且仅当 $x=y=z$ 时取等号.

证法 2 （代数法）由于

$$\sum\frac{x}{y+z}+\sqrt{\frac{2xyz}{(x+y)(y+z)(z+x)}}-2$$

$$=\frac{\sum x^3+\sum x\sum yz}{(y+z)(z+x)(x+y)}-2+\sqrt{\frac{2xyz}{(x+y)(y+z)(z+x)}}$$

$$=\frac{(\sum x)^3-2\sum x\sum yz+3xyz}{(y+z)(z+x)(x+y)}+\sqrt{\frac{2xyz}{(x+y)(y+z)(z+x)}}-2$$

$$=\frac{[(\sum x)^3-4\sum x\sum yz+9xyz]+2(\sum x\sum yz-xyz)-4xyz}{(y+z)(z+x)(x+y)}+$$

$$\sqrt{\frac{2xyz}{(x+y)(y+z)(z+x)}}-2$$

$$\geqslant\frac{2(y+z)(z+x)(x+y)-4xyz}{(y+z)(z+x)(x+y)}+\sqrt{\frac{2xyz}{(x+y)(y+z)(z+x)}}-2$$

$$=\sqrt{\frac{2xyz}{(x+y)(y+z)(z+x)}}-\frac{4xyz}{(y+z)(z+x)(x+y)}\geqslant 0$$

原命题获证，当且仅当 $x=y=z$ 时取等号.

例 127　2016 年湖南省高中数学竞赛试卷题 16：

已知互异的正实数 x_1,x_2,x_3,x_4 满足不等式

$$(x_1+x_2+x_3+x_4)(\frac{1}{x_1}+\frac{1}{x_2}+\frac{1}{x_3}+\frac{1}{x_4})<17$$

求证：从 x_1,x_2,x_3,x_4 中任取 3 个数作为边长，总可构成 4 个不同的三角形.

证明　我们将满足条件的不等式

$$(x_1+x_2+x_3+x_4)(\frac{1}{x_1}+\frac{1}{x_2}+\frac{1}{x_3}+\frac{1}{x_4})<17$$

改写为

$$\left(\frac{x_1}{x_4}+\frac{x_2}{x_4}+\frac{x_3}{x_4}+1\right)\left(\frac{x_4}{x_1}+\frac{x_4}{x_2}+\frac{x_4}{x_3}+1\right)<17$$

再令 $y_i=\frac{x_i}{x_4},i=1,2,3$,则便将原四元问题转化为三元问题:

命题 已知互异的正实数 y_1,y_2,y_3,满足不等式

$$(y_1+y_2+y_3+1)\left(\frac{1}{y_1}+\frac{1}{y_2}+\frac{1}{y_3}+1\right)<17$$

求证:y_1,y_2,y_3 必可组成三角形三边.

下面来证明命题,用反证法.

不妨设 $y_1>y_2>y_3$,如果 y_1,y_2,y_3 不能组成三角形三边,即有 $y_1\geqslant y_2+y_3$.这时,有

$$(y_1+y_2+y_3+1)\left(\frac{1}{y_1}+\frac{1}{y_2}+\frac{1}{y_3}+1\right)$$

$$=4+\left[y_1\left(\frac{1}{y_2}+\frac{1}{y_3}\right)+\left(\frac{y_3}{y_2}+\frac{y_2}{y_3}\right)+\left(y_1+y_2+y_3+\frac{1}{y_1}+\frac{1}{y_2}+\frac{1}{y_3}\right)\right]+\frac{y_2+y_3}{y_1}$$

$$\geqslant 4+y_1\left(\frac{1}{y_2}+\frac{1}{y_3}\right)+2+6+\frac{y_2+y_3}{y_1}$$

$$\geqslant 12+y_1\left(\frac{1}{y_2}+\frac{1}{y_3}\right)+\frac{y_2+y_3}{y_1}$$

下面证明,当 $y_1\geqslant y_2+y_3$ 时,$y_1\left(\frac{1}{y_2}+\frac{1}{y_3}\right)+\frac{y_2+y_3}{y_1}\geqslant 5$.

记 $u=\frac{y_1}{y_2+y_3}$,则

$$\frac{4y_1}{y_2+y_3}+\frac{y_2+y_3}{y_1}-5=4u+\frac{1}{u}-5=\frac{(u-1)(4u-1)}{u}\geqslant 0$$

(注意到 $u=\frac{y_1}{y_2+y_3}\geqslant 1$),上式获证.于是

$$(y_1+y_2+y_3+1)\left(\frac{1}{y_1}+\frac{1}{y_2}+\frac{1}{y_3}+1\right)\geqslant 12+y_1\left(\frac{1}{y_2}+\frac{1}{y_3}\right)+\frac{y_2+y_3}{y_1}$$

$$\geqslant 12+5=17$$

与已知条件矛盾.故当 $y_1>y_2>y_3$ 时,有 $y_1<y_2+y_3$,这就说明,y_1,y_2,y_3 能组成三角形三边.从而可知,在满足题意的条件下,x_1,x_2,x_3 能组成三角形三边.另外三式类似证之.

例 128 (自创题,2017-05-06)设 $a,b,c>0$,且 $abc\leqslant 1$.求证:

$$\frac{1}{a(1+a+b)}+\frac{1}{b(1+b+c)}+\frac{1}{c(1+c+a)}\geqslant\frac{2}{1+abc}$$

证明 设 $r=\sqrt[3]{abc}\leqslant 1,a=r\frac{x}{y},b=r\frac{y}{z},c=r\frac{z}{x}$,则

$$\frac{1}{a(1+a+b)}+\frac{1}{b(1+b+c)}+\frac{1}{c(1+c+a)}$$

$$=\frac{1}{r\frac{x}{y}(1+r\frac{x}{y}+r\frac{y}{z})}+\frac{1}{r\frac{y}{z}(1+r\frac{y}{z}+r\frac{z}{x})}+\frac{1}{r\frac{z}{x}(1+r\frac{z}{x}+r\frac{x}{y})}$$

$$=\frac{y^2z}{rx(yz+rzx+ry^2)}+\frac{z^2x}{ry(zx+rxy+rz^2)}+\frac{x^2y}{rz(xy+ryz+rx^2)}$$

$$=\frac{y^2z^2}{rzx(yz+rzx+ry^2)}+\frac{z^2x^2}{rxy(zx+rxy+rz^2)}+\frac{x^2y^2}{ryz(xy+ryz+rx^2)}$$

$$\geqslant\frac{(yz+zx+xy)^2}{rzx(yz+rzx+ry^2)+rxy(zx+rxy+rz^2)+ryz(xy+ryz+rx^2)}$$

$$=\frac{(yz+zx+xy)^2}{(r^2+r)xyz(x+y+z)+r^2(y^2z^2+z^2x^2+x^2y^2)},$$

由此,只要证明

$$\frac{(yz+zx+xy)^2}{(r^2+r)xyz(x+y+z)+r^2(y^2z^2+z^2x^2+x^2y^2)}\geqslant\frac{2}{1+r^3}$$

$$\Leftrightarrow(1+r^3)(yz+zx+xy)^2$$

$$\geqslant 2(r^2+r)xyz(x+y+z)+2r^2(y^2z^2+z^2x^2+x^2y^2)$$

$$\Leftrightarrow(1+r^3)(y^2z^2+z^2x^2+x^2y^2)+2(1+r^3)xyz(x+y+z)$$

$$\geqslant 2(r^2+r)xyz(x+y+z)+2r^2(y^2z^2+z^2x^2+x^2y^2)$$

$$\Leftrightarrow(r^3-2r^2+1)(y^2z^2+z^2x^2+x^2y^2)+2(1+r)(1-r)^2xyz(x+y+z)$$

$$\geqslant 0$$

由于 $r^3-2r^2+1\geqslant r^3-2r^2+r\geqslant 0$,因此上式成立,故原式成立,易知当且仅当 $a=b=c=1$ 时取等号.

注:用类似方法可以证明以下

命题 设 $a,b,c>0$,求证:

$$\frac{1}{a(1+b)}+\frac{1}{b(1+c)}+\frac{1}{c(1+a)}\geqslant\frac{3}{1+abc}$$

证明 设 $a=r\frac{x}{y},b=r\frac{y}{z},c=r\frac{z}{x}$,则

$$\frac{1}{a(1+b)}+\frac{1}{b(1+c)}+\frac{1}{c(1+a)}$$

$$=\frac{1}{r\cdot\frac{x}{y}(1+r\cdot\frac{y}{z})}+\frac{1}{r\cdot\frac{y}{z}(1+r\cdot\frac{z}{x})}+\frac{1}{r\cdot\frac{z}{x}(1+r\cdot\frac{x}{y})}$$

$$=\frac{yz}{rx(z+ry)}+\frac{zx}{ry(x+rz)}+\frac{xy}{rz(y+rx)}$$

$$\geqslant\frac{1}{rxyz}\cdot\frac{(yz+zx+xy)^2}{(z+ry)+(x+rz)+rz(y+rx)}\text{(柯西不等式)}$$

$$=\frac{(yz+zx+xy)^2}{r(1+r)xyz(x+y+z)}$$

$$=\frac{3}{r(1+r)}\geqslant\frac{3}{1+r^3}=\frac{3}{1+abc}$$

故原式成立.

例 129 设 $a,b,c,d,e\in\mathbf{R}^+$,且 $abcde=1$,则

$$\frac{a+abc}{1+ab+abcd}+\frac{b+bcd}{1+bc+bcde}+\frac{c+cde}{1+cd+cdea}+$$
$$\frac{d+dea}{1+de+deab}+\frac{e+eab}{1+ea+eabc}\geqslant\frac{10}{3}$$

证明 由 $abcde=1$,可设 $a=\frac{y}{x},b=\frac{z}{y},c=\frac{w}{z},d=\frac{t}{w},e=\frac{x}{t},x,y,z,w,t>0$,则

$$\frac{a+abc}{1+ab+abcd}=\frac{\frac{y}{x}+\frac{y}{x}\cdot\frac{z}{y}\cdot\frac{w}{z}}{1+\frac{y}{x}\cdot\frac{z}{y}+\frac{y}{x}\cdot\frac{z}{y}\cdot\frac{w}{z}\cdot\frac{t}{w}}=\frac{\frac{y}{x}+\frac{w}{x}}{1+\frac{z}{x}+\frac{t}{x}}=\frac{y+z}{x+z+t}$$

同理可得

$$\frac{b+bcd}{1+bc+bcde}=\frac{z+w}{y+w+x},\quad\frac{c+cde}{1+cd+cdea}=\frac{w+t}{z+t+y}$$

$$\frac{d+dea}{1+de+deab}=\frac{t+x}{w+x+z},\quad\frac{e+eab}{1+ea+eabc}=\frac{x+y}{w+x+z}$$

再令 $y+z=s_1,z+w=s_2,w+t=s_3,t+x=s_4,x+y=s_5,x+y+z+w+t=s$,则

$$\frac{a+abc}{1+ab+abcd}+\frac{b+bcd}{1+bc+bcde}+\frac{c+cde}{1+cd+cdea}+$$
$$\frac{d+dea}{1+de+deab}+\frac{e+eab}{1+ea+eabc}$$
$$=\frac{y+z}{x+z+t}+\frac{z+w}{y+w+x}+\frac{w+t}{z+t+y}+\frac{t+x}{w+x+z}+\frac{x+y}{w+x+z}$$
$$=\frac{s_1}{s-s_1}+\frac{s_2}{s-s_2}+\frac{s_3}{s-s_3}+\frac{s_4}{s-s_4}+\frac{s_5}{s-s_5}$$
$$\geqslant\frac{(s_1+s_2+s_3+s_4+s_5)^2}{s_1(s-s_1)+s_2(s-s_2)+s_3(s-s_3)+s_4(s-s_4)+s_5(s-s_5)}\text{(柯西不等式)}$$
$$=\frac{s^2}{s^2-s_1^2-s_2^2-s_3^2-s_4^2-s_5^2}$$
$$=\frac{s^2}{\sum\limits_{\text{sym}}xy}\geqslant\frac{10}{3}$$

即得原式.

例 130 （自创题，2016－09－02）设 $a_i, b_i > 0, i=1,2,\cdots,n$，则

$$\frac{\prod_{i=1}^{n} a_i b_i}{\left(\sum_{i=1}^{n} a_i\right)\left(\sum_{i=1}^{n} b_i\right)} \leqslant \frac{\prod_{i=1}^{n} (a_i + b_i)^2}{4^{n-1}\left[\sum_{i=1}^{n} (a_i + b_i)\right]^2}$$

当且仅当 $a_i = b_i, i=1,2,\cdots,n$ 时取等号.

证明 原式等价于

$$\frac{\prod_{i=1}^{n} (a_i + b_i)^2}{4^n \prod_{i=1}^{n} a_i b_i} \geqslant \frac{\left[\sum_{i=1}^{n} (a_i + b_i)\right]^2}{4\left(\sum_{i=1}^{n} a_i\right)\left(\sum_{i=1}^{n} b_i\right)}$$

$$\Leftrightarrow \prod_{i=1}^{n}\left[1 + \frac{(a_i - b_i)^2}{4a_i b_i}\right] \geqslant 1 + \frac{\left(\sum_{i=1}^{n} a_i - \sum_{i=1}^{n} b_i\right)^2}{4\left(\sum_{i=1}^{n} a_i\right)\left(\sum_{i=1}^{n} b_i\right)}$$

由于 $\prod_{i=1}^{n}\left[1 + \frac{(a_i - b_i)^2}{4a_i b_i}\right] \geqslant 1 + \sum_{i=1}^{n} \frac{(a_i - b_i)^2}{4a_i b_i}$，因此，又只要证明

$$\sum_{i=1}^{n} \frac{(a_i - b_i)^2}{a_i b_i} \geqslant \frac{\left(\sum_{i=1}^{n} a_i - \sum_{i=1}^{n} b_i\right)^2}{\left(\sum_{i=1}^{n} a_i\right)\left(\sum_{i=1}^{n} b_i\right)} \tag{①}$$

式 ① 可由柯西不等式证明其成立，事实上，有

$$\sum_{i=1}^{n} \frac{(a_i - b_i)^2}{a_i b_i} \geqslant \frac{\left[\sum_{i=1}^{n} (a_i - b_i)\right]^2}{\sum_{i=1}^{n} a_i b_i} \geqslant \frac{\left(\sum_{i=1}^{n} a_i - \sum_{i=1}^{n} b_i\right)^2}{\left(\sum_{i=1}^{n} a_i\right)\left(\sum_{i=1}^{n} b_i\right)},$$

即得式 ①，原式获证. 由上证明过程可知，当且仅当 $a_i = b_i, i=1,2,\cdots,n$ 时取等号.

例 131 （自创题，2018－10－05）设 $a, b, c \geqslant 0$，则

$$\frac{a(b+c)}{a^2+bc} + \frac{b(c+a)}{b^2+ca} + \frac{c(a+b)}{c^2+ab} \geqslant 2 + \frac{a(b+c)}{a^2+bc} \cdot \frac{b(c+a)}{b^2+ca} \cdot \frac{c(a+b)}{c^2+ab}$$

当且仅当 a, b, c 中有两个相等时取等号.

证明 由于

$$\frac{a(b+c)}{a^2+bc} + \frac{b(c+a)}{b^2+ca} + \frac{c(a+b)}{c^2+ab} - 2$$

$$= \frac{c(a+b)}{c^2+ab} - \left[1 - \frac{a(b+c)}{a^2+bc}\right] - \left[1 - \frac{b(c+a)}{b^2+ca}\right]$$

$$=\frac{c(a+b)}{c^2+ab}-\frac{(a-b)(a-c)}{a^2+bc}-\frac{(b-c)(b-a)}{b^2+ca}$$

$$=\frac{c(a+b)}{c^2+ab}+\frac{[c^2+ab-2c(a+b)](a-b)^2}{(a^2+bc)(b^2+ca)}$$

$$=\frac{[c^2+ab-2c(a+b)](c^2+ab)(a-b)^2+c(a+b)(a^2+bc)(b^2+ca)}{(a^2+bc)(b^2+ca)(c^2+ab)}$$

$$=\frac{[(c^2+ab)^2-2c(a+b)(c^2+ab)](a-b)^2+c(a+b)(a^2+bc)(b^2+ca)}{(a^2+bc)(b^2+ca)(c^2+ab)}$$

$$=\frac{[(c^2+ab)-c(a+b)]^2(a-b)^2+c(a+b)(a^2+bc)(b^2+ca)-[c(a+b)]^2(a-b)^2}{(a^2+bc)(b^2+ca)(c^2+ab)}$$

$$=\frac{(b-c)^2(c-a)^2(a-b)^2+abc(b+c)(c+a)(a+b)}{(a^2+bc)(b^2+ca)(c^2+ab)}$$

$$=\frac{abc(b+c)(c+a)(a+b)}{(a^2+bc)(b^2+ca)(c^2+ab)}+\frac{(b-c)^2(c-a)^2(a-b)^2}{(a^2+bc)(b^2+ca)(c^2+ab)}$$

$$\geqslant\frac{a(b+c)}{a^2+bc}\cdot\frac{b(c+a)}{b^2+ca}\cdot\frac{c(a+b)}{c^2+ab}$$

原命题获证.由上述证明中可知,当且仅当 a,b,c 中有两个相等时取等号.

由本例可得到命题1.

命题 1　设 $a,b,c\geqslant 0$,则

$$\left[\sum bc(b+c)\right]^2\geqslant 4\left[\prod(a^2+bc)+(abc)^2\right]$$

当且仅当 a,b,c 中有两个相等时取等号.

证明　$$\frac{a(b+c)}{a^2+bc}+\frac{b(c+a)}{b^2+ca}+\frac{c(a+b)}{c^2+ab}$$

$$\geqslant 2+\frac{a(b+c)}{a^2+bc}\cdot\frac{b(c+a)}{b^2+ca}\cdot\frac{c(a+b)}{c^2+ab}$$

$$\Leftrightarrow\sum\left[\frac{a(b+c)}{a^2+bc}+1\right]-5\geqslant\sum\left[\frac{a(b+c)}{a^2+bc}+1-1\right]$$

$$\Leftrightarrow\sum\frac{(a+b)(a+c)}{a^2+bc}-5+\sum\left[1-\frac{(a+b)(a+c)}{a^2+bc}\right]\geqslant 0$$

$$\Leftrightarrow -4+\prod\frac{b+c}{a^2+bc}\sum(b+c)(a^2+bc)-\prod\frac{(b+c)^2}{a^2+bc}\geqslant 0$$

$$\Leftrightarrow\prod\frac{b+c}{a^2+bc}\sum[(b+c)(a^2+bc)-(b+c)(c+a)(a+b)]-4\geqslant 0$$

$$\Leftrightarrow\prod\frac{b+c}{a^2+bc}\sum[(b+c)(c+a)(a+b)-4abc)]-4\geqslant 0$$

$$\Leftrightarrow\prod(b+c)^2-4abc\prod(b+c)(c+a)(a+b)-4\prod(a^2+bc)\geqslant 0$$

$$\Leftrightarrow\left[\prod(b+c)-2abc\right]^2-4(abc)^2-4\prod(a^2+bc)\geqslant 0$$

$$\Leftrightarrow\left[\sum bc(b+c)\right]^2\geqslant 4\left[\prod(a^2+bc)+(abc)^2\right]$$

命题 1 获证，当且仅当 a,b,c 中有两个相等时取等号.

由命题 1 即可得到命题 2.

命题 2　设 $a,b,c\geqslant 0$，则

$$\sum bc(b+c)\geqslant 2\sqrt{\prod(a^2+bc)}$$

当且仅当 a,b,c 中有一个为零，另外两个相等时取等号.

由命题 1 应用柯西不等式，又可得到命题 3.

命题 3　设 $a,b,c\geqslant 0$，则

$$\sum bc(b+c)\geqslant\frac{4\sqrt{2\prod(a^2+bc)}+2abc}{3}$$

当且仅当 a,b,c 中有两个相等，且满足 $\prod(a^2+bc)=8(abc)^2$ 时取等号.

例 132　笔者在专著《数学奥林匹克不等式研究》(哈尔滨工业大学出版社，2009 年 8 月第一版) 第一章“等价变换法证明不等式”中给出了以下问题：

设 $x,y,z,w\in\mathbf{R}$，记 $s_1=x+y+z+w$，$s_2=xy+xz+xw+yz+yw+zw$，$s_3=yzw+xzw+xyw+xyz$，$s_4=xyzw$，求证

$$s_1^4-5s_1^2s_2+6s_2^2+9s_4\geqslant 0 \quad ①$$

$$4s_1^4-20s_1^2s_2+21s_2^2+9s_1s_3\geqslant 0 \quad ②$$

首先我们由

$$s_2^2-3s_1\cdot s_3+12s_4$$
$$=\frac{1}{2}[(x-y)^2(z-w)^2+(x-z)^2(y-w)^2+(x-w)^2(y-z)^2]\geqslant 0$$

便得到

$$s_2^2-3s_1\cdot s_3+12s_4\geqslant 0 \quad ③$$[1]

另外，利用式 ③ 有

$$(4s_1^4-20s_1^2s_2+24s_2^2+36s_4)-(4s_1^4-20s_1^2s_2+21s_2^2+9s_1s_3)$$
$$=3(s_2^2-3s_1s_3+12s_4)\geqslant 0$$

由此可知式 ② 强于式 ①，于是我们只要证明式 ② 成立，即知式 ① 也成立.

书中给出了姚勇老师借助机器得到的配方证明. 2019 年 12 月 21 日，苏州褚小光先生应用分类讨论的方法(x,y,z,w 中，分为四正，三正一负，两正两负三种情况) 也给出了一个证明. 笔者认为，以上两种证明都非常麻烦，下面，笔者用更为简捷的方法证明式 ②.

证法 1　记 $p_i=x^i+y^i+z^i+w^i$，$i=1,2,3,4$，易证有

$$s_1=p_1,s_2=\frac{1}{2}(p_1^2-p_2),s_3=\frac{1}{6}(p_1^3-3p_1p_2+2p_3)$$

$$s_4=\frac{1}{24}(p_1^4-6p_1^2p_2+8p_1p_3+3p_2^2-6p_4)$$

(以上恒等式证明从略).

将以上诸式分别代入式 ② 和式 ③,并经整理,分别得到以下不等式

$$3p_1^4-20p_1^2p_2+21p_2^2+12p_1p_3\geqslant 0 \quad ④$$

$$p_1^4-8p_1^2p_2+7p_2^2+12p_1p_3-12p_4\geqslant 0 \quad ⑤$$

显然式 ② 与式 ④ 等价,式 ③ 与式 ⑤ 等价,于是,我们只要证明式 ④ 成立即可.

由于式 ③ 为已知式,从而其等价式 ⑤ 也为已知式.由式 ⑤,有

$$3p_1^4\geqslant 24p_1^2p_2-21p_2^2-36p_1p_3+36p_4\geqslant 0$$

因此,由式 ⑤ 可知,要证式 ④ 只要证明

$$24p_1^2p_2-21p_2^2-36p_1p_3+36p_4\geqslant 20p_1^2p_2-21p_2^2-12p_1p_3$$

即

$$p_1^2p_2-6p_1p_3+9p_4\geqslant 0 \quad ⑥$$

式 ⑥ 易证成立.事实上有

$$\begin{aligned}p_1^2p_2-6p_1p_3+9p_4&\geqslant 2\sqrt{p_1^2p_2\cdot 9p_4}-6p_1p_3\\&=6|p_1|\cdot\sqrt{p_2p_4}-6p_1p_3\\&\geqslant 6|p_1|\cdot|p_3|-6p_1p_3\geqslant 0\end{aligned}$$

故式 ⑥ 获证,从而式 ④ 成立,故式 ② 成立.易知,当且仅当在 x,y,z,w 中,有一个等于零,另外三个相等时式 ⑥ 与式 ② 取等号.

回顾上述证明可知,在证明式 ② 时,式 ⑥ 起到关键作用,因此,笔者进而探讨发现也可以由式 ⑥ 和式 ③ 证得式 ②,即有如下式 ② 的又一证明.

证法 2 同证法 1 中记号,由证法 1 中的恒等式易证有

$$p_1=s_1,p_2=s_1^2-2s_2,p_3=s_1^3-3s_1s_2+3s_3$$

$$p_4=s_1^4-4s_1^2s_2+4s_1s_3+2s_2^2-4s_4$$

于是由上面恒等式,可得到

$$\begin{aligned}&p_1^2p_2-6p_1p_3+9p_4\\&=s_1^2(s_1^2-2s_2)-6s_1s_1^3-3s_1s_2+3s_3+9(s_1^4-4s_1^2s_2+4s_1s_3+2s_2^2-4s_4)\\&=4s_1^4-20s_1^2s_2+18s_2^2+18s_1s_3-36s_4\end{aligned}$$

由于式 ⑥ 上面已经证明成立,因此,只要证明

$$4s_1^4-20s_1^2s_2+18s_2^2+18s_1s_3-36s_4\geqslant 0 \quad ⑦$$

对照式 ② 和式 ⑦,可知要证明式 ②,只要证明

$$-18s_2^2-18s_1s_3+36s_4\geqslant -21s_2^2-9s_1s_3$$

即

$$s_2^2-3s_1\cdot s_3+12s_4\geqslant 0$$

这便是式 ③,因此,得到

$$4s_1^4-20s_1^2s_2\geqslant -18s_2^2-18s_1s_3+36s_4\geqslant -21s_2^2-9s_1s_3$$

即

$$4s_1^4-20s_1^2s_2+21s_2^2+9s_1s_3\geqslant 0$$

式② 获证，当且仅当在 x,y,z,w 中，有一个等于零，另外三个相等时式⑦ 取等号.

由本例的证明我们发现式⑥ 是证明式② 的关键，于是，又使笔者进一步考虑先将式⑥ 更一般化，从而得到更多类似不等式. 请看以下

命题 设 $x_i\in\mathbf{R},i=1,2,\cdots,n,\lambda\in\mathbf{R}$，记 $s_1=\sum_{i=1}^{n}x_i,s_2=\sum_{1\leqslant i<j\leqslant n}x_ix_j$，$s_3=\sum_{1\leqslant i<j<k\leqslant n}x_ix_jx_k,s_4=\sum_{1\leqslant i<j<k<t\leqslant n}x_ix_jx_kx_t$，则

$$(\lambda-1)^2s_1^4-2(\lambda-1)(2\lambda-1)s_1^2s_2+2\lambda^2s_2^2+2\lambda(2\lambda-3)s_1s_3-4\lambda^2s_4\geqslant 0$$

如果 $x_1,x_2,\cdots,x_n$ 中有 $k(k\geqslant 2)$ 个数不为零，则当且仅当这 k 个数都相等，且 $\lambda=k$ 时，命题中的不等式取等号.

证法 1 先给出以下恒等式：

i. $p_2=\sum_{i=1}^{n}x_i^2=s_1^2-2s_2$；

ii. $p_3=\sum_{i=1}^{n}x_i^3=s_1^3-3s_1s_2+3s_3$；

iii. $p_4=\sum_{i=1}^{n}x_i^4=s_1^4-4s_1^2s_2+4s_1s_3+2s_2^2-4s_4$.

以上三式均不难用数学归纳法证明(从略).

下面来证明原式. 由于

$$\begin{aligned}&p_1^2p_2-2\lambda p_1p_3+\lambda^2p_4\\ \geqslant&\ 2|\lambda|\sqrt{p_1^2p_2p_4}-2\lambda p_1p_3\\ =&\ 2|\lambda||p_1|\sqrt{p_2p_4}-2\lambda p_1p_3\\ \geqslant&\ 2|\lambda||p_1p_3|-2\lambda p_1p_3\geqslant 0\end{aligned}$$

即有

$$p_1^2p_2-2\lambda p_1p_3+\lambda^2p_4\geqslant 0 \tag{⑧}$$

将以上恒等式 $p_2=\sum_{i=1}^{n}x_i^2=s_1^2-2s_2,p_3=\sum_{i=1}^{n}x_i^3=s_1^3-3s_1s_2+3s_3,p_4=\sum_{i=1}^{n}x_i^4=s_1^4-4s_1^2s_2+4s_1s_3+2s_2^2-4s_4$ 代入式⑧，并整理即得命题中的不等式.

由证明过程易知，当且仅当 $\begin{cases}\sum_{i=1}^{n}x_i^2\sum_{i=1}^{n}x_i^4=(\sum_{i=1}^{n}x_i^3)^2,\\ (\sum_{i=1}^{n}x_i)^2\sum_{i=1}^{n}x_i^2=\lambda^2\sum_{i=1}^{n}x_i^4,\end{cases}$ 也就是，如果 x_1，

$x_2,\cdots,x_n$ 中有 $k(k\geqslant 2)$ 个数不为零,则当且仅当这 k 个数都相等,且 $\lambda=k$ 时,命题中的不等式取等号.

证法 2 先给出以下恒等式:

i. $s_2=\frac{1}{2!}(p_1^2-p_2)$;

ii. $s_3=\frac{1}{3!}(p_1^3-3p_1p_2+2p_3)$;

iii. $s_4=\frac{1}{4!}(p_1^4-6p_1^2p_2+8p_1p_3+3p_2^2-6p_4)$.

以上三式可以用证法 1 中的三个恒等式证明(从略).

将以上三个恒等式代入命题中所要证明的不等式的左边,得到

$$(\lambda-1)^2s_1^4-2(\lambda-1)(2\lambda-1)s_1^2s_2+2\lambda^2s_2^2+2\lambda(2\lambda-3)s_1s_3-4\lambda^2s_4$$

$$=(\lambda-1)^2p_1^4-2(\lambda-1)(2\lambda-1)p_1^2\cdot\frac{p_1^2-p_2}{2}+2\lambda^2\left(\frac{p_1^2-p_2}{2}\right)^2+$$

$$2\lambda(2\lambda-3)p_1\left[\frac{1}{3!}(p_1^3-3p_1p_2+2p_3)\right]-$$

$$4\lambda^2\left[\frac{1}{4!}(p_1^4-6p_1^2p_2+8p_1p_3+3p_2^2-6p_4)\right]$$

$$=p_1^2p_2-2\lambda p_1p_3+\lambda^2p_4$$

$$\geqslant 2|\lambda|\sqrt{p_1^2p_2p_4}-2\lambda p_1p_3$$

$$=2|\lambda||p_1|\sqrt{p_2p_4}-2\lambda p_1p_3$$

$$\geqslant 2|\lambda||p_1p_3|-2\lambda p_1p_3\geqslant 0$$

即得到原命题中的不等式. 如果 $x_1,x_2,\cdots,x_n$ 中有 $k(k\geqslant 2)$ 个数不为零,则当且仅当这 k 个数都相等,且 $\lambda=k$ 时,命题中的不等式取等号.

取 $\lambda=k\leqslant n$ 时得到推论.

推论 设 $x_i\in\mathbf{R},i=1,2,\cdots,n,k\in\mathbf{N}^*,k\leqslant n$, 记 $s_1=\sum_{i=1}^{n}x_i,s_2=\sum_{1\leqslant i<j\leqslant n}x_ix_j,s_3=\sum_{1\leqslant i<j<k\leqslant n}x_ix_jx_k,s_4=\sum_{1\leqslant i<j<k<t\leqslant n}x_ix_jx_kx_t$,则

$$(k-1)^2s_1^4-2(k-1)(2k-1)s_1^2s_2+2k^2s_2^2+2k(2k-3)s_1s_3-4k^2s_4\geqslant 0$$

当且仅当 $x_1,x_2,\cdots,x_n$ 中,有 $n-k$ 个数为零,余下的数都相等时取等号.

若取 $\lambda=n$ 时有

$$(n-1)^2s_1^4-2(n-1)(2n-1)s_1^2s_2+2n^2s_2^2+2n(2n-3)s_1s_3-4n^2s_4\geqslant 0$$

当且仅当 $x_1=x_2=\cdots=x_n$ 时取等号.

特别取 $n=4,\lambda=4$,得到以下不等式

$$9s_1^4-42s_1^2s_2+32s_2^2+40s_1s_3-64s_4\geqslant 0$$

当且仅当 $x_1=x_2=x_3=x_4$ 时取等号.

若取 $\lambda=n-1$ 时有

$$(n-2)^2 s_1^4-2(n-2)(2n-3)s_1^2 s_2+2(n-1)^2 s_2^2+$$
$$2(n-1)(2n-5)s_1 s_3-4(n-1)^2 s_4 \geqslant 0$$

当且仅当 $x_1,x_2,\cdots,x_n$ 中,有一个为零,其他 $n-1$ 个相等时取等号.

特别取 $n=4,\lambda=3$ 时,便得到式 ⑦,只是将式 ⑦ 中的 x,y,z,w 分别换成 x_1,x_2,x_3,x_4.

若取 $n=4,\lambda=2$,得到以下不等式

$$s_1^4-6s_1^2 s_2+8s_2^2+4s_1 s_3-16s_4 \geqslant 0$$

当且仅当在 x_1,x_2,x_3,x_4 中,有两个等于零,另外两个相等时取等号.

注:本例可参见《中学数学教学(安徽)》.2020 年第 2 期,杨学枝文《对一个四元代数不等式的简捷证明与进一步探讨》.

参考资料

[1] 杨学枝.从一道不等式谈起[J].中学数学教学,2007(2):55-56.

例 133 设 $a,b,c\in\mathbf{R}$,且两两互不相等,证明:

$$\frac{1+a^2b^2}{(a-b)^2}+\frac{1+b^2c^2}{(b-c)^2}+\frac{1+c^2a^2}{(c-a)^2}\geqslant\frac{3}{2} \quad (*)$$

式(*)是一道很有韵味的不等式,湖南邓朝发老师给出了一个很好的证明,即以下证法 1.另外,我们再给出两种证明方法.

证法 1 (湖南邓朝发,2020-02-25)

$$\frac{1+a^2b^2}{(a-b)^2}+\frac{1+b^2c^2}{(b-c)^2}+\frac{1+c^2a^2}{(c-a)^2}$$

$$=\left[\frac{1}{(a-b)^2}+\frac{1}{(b-c)^2}+\frac{1}{(c-a)^2}\right]+\left[\frac{a^2b^2}{(a-b)^2}+\frac{b^2c^2}{(b-c)^2}+\frac{c^2a^2}{(c-a)^2}\right]$$

$$=\left(\frac{1}{a-b}+\frac{1}{b-c}+\frac{1}{c-a}\right)^2-$$
$$2\left[\frac{1}{(a-b)(b-c)}+\frac{1}{(b-c)(c-a)}+\frac{1}{(c-a)(a-b)}\right]+$$
$$\left(\frac{ab}{a-b}+\frac{bc}{b-c}+\frac{ca}{c-a}\right)^2-$$
$$2abc\left[\frac{b}{(a-b)(b-c)}+\frac{c}{(b-c)(c-a)}+\frac{a}{(c-a)(a-b)}\right]$$

$$=\left(\frac{1}{a-b}+\frac{1}{b-c}+\frac{1}{c-a}\right)^2-0+\left(\frac{ab}{a-b}+\frac{bc}{b-c}+\frac{ca}{c-a}\right)^2-0$$

$$=\left(\frac{1}{a-b}+\frac{1}{b-c}+\frac{1}{c-a}\right)^2+\left(\frac{ab}{a-b}+\frac{bc}{b-c}+\frac{ca}{c-a}\right)^2$$

$$\geqslant\frac{1}{2}\left[\left(\frac{1}{a-b}+\frac{1}{b-c}+\frac{1}{c-a}\right)+\left(\frac{ab}{a-b}+\frac{bc}{b-c}+\frac{ca}{c-a}\right)\right]^2\text{(柯西不等式)}$$

$$=\frac{1}{2}\left(\frac{1+ab}{a-b}+\frac{1+bc}{b-c}+\frac{1+ca}{c-a}\right)^2$$

$$\geqslant\frac{3}{2}\left(\frac{1+ab}{a-b}\cdot\frac{1+bc}{b-c}+\frac{1+bc}{b-c}\cdot\frac{1+ca}{c-a}+\frac{1+ca}{c-a}\cdot\frac{1+ab}{a-b}\right)$$

$$=\frac{3}{2}\ \frac{(1+ab)(1+bc)(c-a)+(1+bc)(1+ca)(a-b)+(1+ca)(1+ab)(b-c)}{(a-b)(b-c)(c-a)}$$

$$\geqslant\frac{3}{2}\ \frac{(a-b)(b-c)(c-a)}{(a-b)(b-c)(c-a)}=\frac{3}{2}$$

当且仅当$\frac{1-ab}{a-b}+\frac{1-bc}{b-c}+\frac{1-ca}{c-a}=0$，且$\frac{1+ab}{a-b}=\frac{1+bc}{b-c}=\frac{1+ca}{c-a}$（$a,b,c$两两互不相等）时取等号.

证法 2

$$\frac{1+a^2b^2}{(a-b)^2}+\frac{1+b^2c^2}{(b-c)^2}+\frac{1+c^2a^2}{(c-a)^2}$$

$$=\frac{1}{2}\left[\left(\frac{1+ab}{a-b}\right)^2+\left(\frac{1+bc}{b-c}\right)^2+\left(\frac{1+ca}{c-a}\right)^2\right]+$$

$$\frac{1}{2}\left[\left(\frac{1-ab}{a-b}\right)^2+\left(\frac{1-bc}{b-c}\right)^2+\left(\frac{1-ca}{c-a}\right)^2\right]$$

$$=\frac{1}{2}\left[\left(\frac{1+ab}{a-b}+\frac{1+bc}{b-c}+\frac{1+ca}{c-a}\right)^2-\right.$$

$$\left.2\left(\frac{1+ab}{a-b}\cdot\frac{1+bc}{b-c}+\frac{1+bc}{b-c}\cdot\frac{1+ca}{c-a}+\frac{1+ca}{c-a}\cdot\frac{1+ab}{a-b}\right)\right]+$$

$$\frac{1}{2}\left[\left(\frac{1-ab}{a-b}+\frac{1-bc}{b-c}+\frac{1-ca}{c-a}\right)^2-\right.$$

$$\left.2\left(\frac{1-ab}{a-b}\cdot\frac{1-bc}{b-c}+\frac{1-bc}{b-c}\cdot\frac{1-ca}{c-a}+\frac{1-ca}{c-a}\cdot\frac{1-ab}{a-b}\right)\right]$$

$$=\frac{1}{2}\left(\frac{1+ab}{a-b}+\frac{1+bc}{b-c}+\frac{1+ca}{c-a}\right)^2-$$

$$\frac{(1+ab)(1+bc)(c-a)+(1+bc)(1+ca)(a-b)+(1+ca)(1+ab)(b-c)}{(a-b)(b-c)(c-a)}+$$

$$\frac{1}{2}\left(\frac{1-ab}{a-b}+\frac{1-bc}{b-c}+\frac{1-ca}{c-a}\right)^2-$$

$$\frac{(1-ab)(1-bc)(c-a)+(1-bc)(1-ca)(a-b)+(1-ca)(1-ab)(b-c)}{(a-b)(b-c)(c-a)}$$

$$=\frac{1}{2}\left(\frac{1+ab}{a-b}+\frac{1+bc}{b-c}+\frac{1+ca}{c-a}\right)^2-\frac{(a-b)(b-c)(c-a)}{(a-b)(b-c)(c-a)}+$$

$$\frac{1}{2}\left(\frac{1-ab}{a-b}+\frac{1-bc}{b-c}+\frac{1-ca}{c-a}\right)^2+\frac{(a-b)(b-c)(c-a)}{(a-b)(b-c)(c-a)}$$

$$=\frac{1}{2}\left(\frac{1+ab}{a-b}+\frac{1+bc}{b-c}+\frac{1+ca}{c-a}\right)^2+\frac{1}{2}\left(\frac{1-ab}{a-b}+\frac{1-bc}{b-c}+\frac{1-ca}{c-a}\right)^2$$

$$\geqslant \frac{1}{2}\left(\frac{1+ab}{a-b}+\frac{1+bc}{b-c}+\frac{1+ca}{c-a}\right)^2$$

$$\geqslant \frac{3}{2}\left(\frac{1+ab}{a-b}\cdot\frac{1+bc}{b-c}+\frac{1+bc}{b-c}\cdot\frac{1+ca}{c-a}+\frac{1+ca}{c-a}\cdot\frac{1+ab}{a-b}\right)$$

$$=\frac{3}{2}\frac{(1+ab)(1+bc)(c-a)+(1+bc)(1+ca)(a-b)+(1+ca)(1+ab)(b-c)}{(a-b)(b-c)(c-a)}$$

$$\geqslant \frac{3}{2}\frac{(a-b)(b-c)(c-a)}{(a-b)(b-c)(c-a)}=\frac{3}{2}$$

即得原命题中的不等式，当且仅当$\frac{1-ab}{a-b}+\frac{1-bc}{b-c}+\frac{1-ca}{c-a}=0$，且$\frac{1+ab}{a-b}=\frac{1+bc}{b-c}=\frac{1+ca}{c-a}$（$a,b,c$ 两两互不相等）时取等号.

证法 3

$$\frac{1+a^2b^2}{(a-b)^2}+\frac{1+b^2c^2}{(b-c)^2}+\frac{1+c^2a^2}{(c-a)^2}$$

$$=\left(\frac{1-ab}{a-b}\right)^2+\left(\frac{1-bc}{b-c}\right)^2+\left(\frac{1-ca}{c-a}\right)^2+\frac{2ab}{(a-b)^2}+\frac{2bc}{(b-c)^2}+\frac{2ca}{(c-a)^2}$$

$$=\left(\frac{1-ab}{a-b}+\frac{1-bc}{b-c}+\frac{1-ca}{c-a}\right)^2-$$

$$2\frac{(1-ab)(1-bc)(c-a)+(1-bc)(1-ca)(a-b)+(1-ca)(1-ab)(b-c)}{(a-b)(b-c)(c-a)}+$$

$$\frac{1}{2}\left[\frac{(a+b)^2}{(a-b)^2}+\frac{(b+c)^2}{(b-c)^2}+\frac{(c+a)^2}{(c-a)^2}-\frac{(a-b)^2}{(a-b)^2}-\frac{(b-c)^2}{(b-c)^2}-\frac{(c-a)^2}{(c-a)^2}\right]$$

$$=\left(\frac{1-ab}{a-b}+\frac{1-bc}{b-c}+\frac{1-ca}{c-a}\right)^2+\frac{2(a-b)(b-c)(c-a)}{(a-b)(b-c)(c-a)}+$$

$$\frac{1}{2}\left[\frac{(a+b)^2}{(a-b)^2}+\frac{(b+c)^2}{(b-c)^2}+\frac{(c+a)^2}{(c-a)^2}\right]-\frac{3}{2}$$

$$=\left(\frac{1-ab}{a-b}+\frac{1-bc}{b-c}+\frac{1-ca}{c-a}\right)^2+2+\frac{1}{2}\left(\frac{a+b}{a-b}+\frac{b+c}{b-c}+\frac{c+a}{c-a}\right)^2-$$

$$\left[\frac{(a+b)(b+c)}{(a-b)(b-c)}+\frac{(b+c)(c+a)}{(b-c)(c-a)}+\frac{(c+a)(a+b)}{(c-a)(a-b)}\right]-\frac{3}{2}$$

$$=\left(\frac{1-ab}{a-b}+\frac{1-bc}{b-c}+\frac{1-ca}{c-a}\right)^2+2+\frac{1}{2}\left(\frac{a+b}{a-b}+\frac{b+c}{b-c}+\frac{c+a}{c-a}\right)^2+$$

$$\frac{(a-b)(b-c)(c-a)}{(a-b)(b-c)(c-a)}-\frac{3}{2}$$

$$=\left(\frac{1-ab}{a-b}+\frac{1-bc}{b-c}+\frac{1-ca}{c-a}\right)^2+\frac{1}{2}\left(\frac{a+b}{a-b}+\frac{b+c}{b-c}+\frac{c+a}{c-a}\right)^2+\frac{3}{2}\geqslant\frac{3}{2}$$

即得原命题中的不等式. 当且仅当$\frac{1-ab}{a-b}+\frac{1-bc}{b-c}+\frac{1-ca}{c-a}=0$，且$\frac{a+b}{a-b}+\frac{b+c}{b-c}+\frac{c+a}{c-a}=0$（$a,b,c$ 两两互不相等）时取等号.

在上面三种证明中,恒等式及恒等变换都起到了很关键的作用,应用恒等式证明不等式也是证明不等式的一种常用的重要方法.

注:(1) 不等式 ① 取等号条件比较特殊,不同证明方法,表面上可以给出不同的取等号条件,是否有简捷美观的取等条件的表达式? 下面对式(*)中的不等式的取等号条件做进一步探讨.

先证明在条件$\frac{1+ab}{a-b}=\frac{1+bc}{b-c}=\frac{1+ca}{c-a}$($a,b,c$ 两两互不相等)下,便有

$$\frac{1-ab}{a-b}+\frac{1-bc}{b-c}+\frac{1-ca}{c-a}=0,\frac{a+b}{a-b}+\frac{b+c}{b-c}+\frac{c+a}{c-a}=0$$

即分别有

$$(1-ab)(b-c)(c-a)+(1-bc)(c-a)(a-b)+(1-ca)(a-b)(b-c)=0$$

$$(a+b)(b-c)(c-a)+(b+c)(c-a)(a-b)+(c+a)(a-b)(b-c)=0$$

上面两式经整理,也就是

$$\sum bc-\sum a^2-abc\sum a+\sum b^2c^2=0 \qquad ①$$

$$9abc-(a+b+c)(bc+ca+ab)=0 \qquad ②$$

下面我们先证明在条件$\frac{1+ab}{a-b}=\frac{1+bc}{b-c}=\frac{1+ca}{c-a}$($a,b,c$ 两两互不相等)下,式 ① 和式 ② 成立.

由$\frac{1+ab}{a-b}=\frac{1+bc}{b-c}$和$\frac{1+ab}{a-b}=\frac{1+ca}{c-a}$分别得到

$$(b-c)(1+ab)=(a-b)(1+bc)$$

$$(c-a)(1+ab)=(a-b)(1+ca)$$

将以上两式左右两边分别相加,并整理得到

$$(a-b)(bc+ca+ab)=0$$

注意到 a,b,c 两两互不相等,便得到

$$bc+ca+ab=-3 \qquad ③$$

另外,由$\frac{1+ab}{a-b}=\frac{1+bc}{b-c}$得到

$$a+c-2b+2abc-(a+c)b^2=0$$

由式 ① 得到$(a+c)b=-3-ac$ 代入上式,并经整理得到

$$a+c-2b+2abc-(-3-ac)b=0$$

即

$$a+b+c+3abc=0 \qquad ④$$

应用式 ③ 和式 ④,有

$$\begin{aligned}式 ① 左边&=3\sum bc-(\sum a)^2-3abc\sum a+(\sum bc)^2\\&=\sum bc(\sum bc+3)-(\sum a)(\sum a+3abc)=0\end{aligned}$$

$$\text{式②左边}=9abc-(a+b+c)(bc+ca+ab)$$
$$=-3(a+b+c)+3(a+b+c)=0$$

因此,我们便证明了在条件$\dfrac{1+ab}{a-b}=\dfrac{1+bc}{b-c}=\dfrac{1+ca}{c-a}$($a,b,c$两两互不相等)下,式①和式②都成立,从而式③和式④也都成立.

现在反过来要问,式③和式④都成立时,是否有$\dfrac{1+ab}{a-b}=\dfrac{1+bc}{b-c}=\dfrac{1+ca}{c-a}$?

下面我们进而来解决这个问题.

先证明当式③和式④都成立时,有$\dfrac{1+ab}{a-b}=\dfrac{1+bc}{b-c}$,即有

$$(1+ab)(b-c)=(1+bc)(a-b)(\text{其中}a,b,c\text{两两互不相等})$$

上式经整理得到

$$a+c-2b-(a+c)b^2+2abc=0(\text{其中}a,b,c\text{两两互不相等})\qquad ⑤$$

我们利用式③和式④可以证明式⑤成立.事实上有

$$\text{式⑤左边}=a+c-2b-(a+c)b^2+2abc$$
$$=a+c-2b-(a+c)b^2-abc+3abc$$
$$=a+c-2b-(bc+ca+ab)b+3abc$$
$$=a+c-2b-(-3)b+3abc(\text{应用式③})$$
$$=a+b+c+3abc=0(\text{应用式④})$$

从而得到式⑤.同理可证,当式③和式④都成立时,有$\dfrac{1+ab}{a-b}=\dfrac{1+ca}{c-a}$.

于是,原命题取等号条件可以叙述为当且仅当$\dfrac{1+ab}{a-b}=\dfrac{1+bc}{b-c}=\dfrac{1+ca}{c-a}$($a,b,c$两两互不相等),或当且仅当$\begin{cases}bc+ca+ab=-3,\\a+b+c+3abc=0,\end{cases}$式(*)取等号.

取等号条件$\begin{cases}bc+ca+ab=-3,\\a+b+c+3abc=0,\end{cases}$形式上对称、美观,实际应用时也许较方便.

(2)我们在对式(*)的证明中,得到并应用了以下恒等式

$$\frac{1+a^2b^2}{(a-b)^2}+\frac{1+b^2c^2}{(b-c)^2}+\frac{1+c^2a^2}{(c-a)^2}$$
$$=\left(\frac{1}{a-b}+\frac{1}{b-c}+\frac{1}{c-a}\right)^2+\left(\frac{ab}{a-b}+\frac{bc}{b-c}+\frac{ca}{c-a}\right)^2\qquad ⑥$$

证明时可参见证法1.

$$\frac{1+a^2b^2}{(a-b)^2}+\frac{1+b^2c^2}{(b-c)^2}+\frac{1+c^2a^2}{(c-a)^2}$$

$$=\frac{1}{2}\left(\frac{1+ab}{a-b}+\frac{1+bc}{b-c}+\frac{1+ca}{c-a}\right)^2+\frac{1}{2}\left(\frac{1-ab}{a-b}+\frac{1-bc}{b-c}+\frac{1-ca}{c-a}\right)^2 \quad ⑦$$

证明时可参见证法 2.

$$\frac{1+a^2b^2}{(a-b)^2}+\frac{1+b^2c^2}{(b-c)^2}+\frac{1+c^2a^2}{(c-a)^2}$$

$$=\left(\frac{1-ab}{a-b}+\frac{1-bc}{b-c}+\frac{1-ca}{c-a}\right)^2+\frac{1}{2}\left(\frac{a+b}{a-b}+\frac{b+c}{b-c}+\frac{c+a}{c-a}\right)^2+\frac{3}{2} \quad ⑧$$

证明时可参见证法 3.

由上面恒等式 ⑦ 和 ⑧,可得到

$$\left(\frac{1+ab}{a-b}+\frac{1+bc}{b-c}+\frac{1+ca}{c-a}\right)^2$$

$$=\left(\frac{1-ab}{a-b}+\frac{1-bc}{b-c}+\frac{1-ca}{c-a}\right)^2+\left(\frac{a+b}{a-b}+\frac{b+c}{b-c}+\frac{c+a}{c-a}\right)^2+3\geqslant 3 \quad ⑨$$

由 ⑨ 可以得到以下命题 1.

命题 1 设 $a,b,c\in\mathbf{R}$,且两两互不相等,则

$$\left|\frac{1+ab}{a-b}+\frac{1+bc}{b-c}+\frac{1+ca}{c-a}\right|\geqslant\sqrt{3}$$

当且仅当$\frac{1+ab}{a-b}=\frac{1+bc}{b-c}=\frac{1+ca}{c-a}$,或$\begin{cases}bc+ca+ab=-3,\\a+b+c+3abc=0,\end{cases}$其中 a,b,c 两两互不相等,则命题 1 中不等式取等号.

根据 ⑨ 中的恒等式,命题 1 中的不等式取等号条件是当且仅当

$$\begin{cases}\frac{1-ab}{a-b}+\frac{1-bc}{b-c}+\frac{1-ca}{c-a}=0\\ \frac{a+b}{a-b}+\frac{b+c}{b-c}+\frac{c+a}{c-a}=0\end{cases}$$

其中 a,b,c 两两互不相等.

上面我们已经证明上述取等号条件即为$\begin{cases}bc+ca+ab=-3,\\a+b+c+3abc=0,\end{cases}$它与$\frac{1+ab}{a-b}=\frac{1+bc}{b-c}=\frac{1+ca}{c-a}$ 是等价的.

经恒等变换可知,以下命题 2 中的不等式与命题 1 中的不等式是等价的:

命题 2 设 $a,b,c\in\mathbf{R}$,且两两互不相等,则

$$(1+a^2)(b-c)^2+(1+b^2)(c-a)^2+(1+c^2)(a-b)^2$$

$$\geqslant 2\sqrt{3}\,|(b-c)(c-a)(a-b)|$$

当且仅当$\begin{cases}bc+ca+ab=-3\\a+b+c+3abc=0\end{cases}$或$\frac{1+ab}{a-b}=\frac{1+bc}{b-c}=\frac{1+ca}{c-a}$,其中 a,b,c 两两互不相等,则命题 1 中不等式取等号.

如果在命题 2 中去掉条件“a,b,c 两两互不相等”,便得到以下命题 3.

命题 3　设 $a,b,c\in\mathbf{R}$,则

$$(1+a^2)(b-c)^2+(1+b^2)(c-a)^2+(1+c^2)(a-b)^2$$
$$\geqslant 2\sqrt{3}\,|(b-c)(c-a)(a-b)|$$

当且仅当 $a=b=c$ 和 $\begin{cases}bc+ca+ab=-3,\\ a+b+c+3abc=0,\end{cases}$ 或 $\dfrac{1+ab}{a-b}=\dfrac{1+bc}{b-c}=\dfrac{1+ca}{c-a}$ 时,命题 3 中的不等式取等号.

如果没有以上已知内容做铺垫,要直接入手去证明命题 3 中的不等式是有一定难度的.

例 134　设 $a,b,c\in\overline{\mathbf{R}^-}$,求证:

$$|abc(b-c)(c-a)(a-b)|\leqslant\frac{1}{27}\left(\frac{a+b+c}{2}\right)^6$$

证明　先证明以下恒等式,即

引理
$$\frac{1}{\sin^2 20^\circ}+\frac{1}{\sin^2 20^\circ-\sin^2 40^\circ}+\frac{1}{\sin^2 20^\circ-\sin^2 80^\circ}=4 \quad ①$$
$$\frac{1}{\sin^2 40^\circ}+\frac{1}{\sin^2 40^\circ-\sin^2 80^\circ}+\frac{1}{\sin^2 40^\circ-\sin^2 20^\circ}=4 \quad ②$$
$$\frac{1}{\sin^2 80^\circ}+\frac{1}{\sin^2 80^\circ-\sin^2 20^\circ}+\frac{1}{\sin^2 80^\circ-\sin^2 40^\circ}=4 \quad ③$$

$$\sin^2 20^\circ\sin^2 40^\circ\sin^2 80^\circ(\sin^2 40^\circ-\sin^2 20)(\sin^2 80^\circ-\sin^2 20^\circ)\cdot$$
$$(\sin^2 80^\circ-\sin^2 40^\circ)=\left(\frac{3}{16}\right)^3. \quad ④$$

引理证明　由于

$$\frac{1}{\sin^2 20^\circ}+\frac{1}{\sin^2 20^\circ-\sin^2 40^\circ}+\frac{1}{\sin^2 20^\circ-\sin^2 80^\circ}$$
$$=\frac{1}{\sin^2 20^\circ}+\frac{2}{\cos 80^\circ-\cos 40^\circ}+\frac{2}{\cos 160^\circ-\cos 40^\circ}$$
$$=\frac{1}{\sin^2 20^\circ}-\frac{1}{\sin 60^\circ\sin 20^\circ}-\frac{1}{\sin 100^\circ\sin 60^\circ}$$
$$=\frac{1}{\sin^2 20^\circ}-\frac{\sin 100^\circ+\sin 20^\circ}{\sin 60^\circ\sin 20^\circ\sin 100^\circ}$$
$$=\frac{1}{\sin^2 20^\circ}-\frac{2\cos 40^\circ}{\sin 20^\circ\sin 100^\circ}$$
$$=\frac{1}{\sin^2 20^\circ}-\frac{1}{\sin 20^\circ\sin 40^\circ}$$
$$=\frac{\sin 40^\circ-\sin 20^\circ}{\sin^2 20^\circ\sin 40^\circ}$$

$$=\frac{2\cos 30^\circ\sin 10^\circ}{\sin^2 20^\circ\sin 40^\circ}$$

$$=\frac{4\cos 30^\circ\sin 10^\circ}{\sin 20^\circ(\cos 20^\circ-\frac{1}{2})}$$

$$=\frac{4\cos 30^\circ\sin 10^\circ}{\frac{1}{2}(\sin 40^\circ-\sin 20^\circ)}=\frac{4\cos 30^\circ\sin 10^\circ}{\cos 30^\circ\sin 10^\circ}=4$$

即得式 ①,同理可证式 ②③.

$$\sin^2 20^\circ \sin^2 40^\circ \sin^2 80^\circ(\sin^2 40^\circ-\sin^2 20)(\sin^2 80^\circ-\sin^2 20^\circ)\cdot (\sin^2 80^\circ-\sin^2 40^\circ)$$

$$=(\sin 60^\circ\sin 20^\circ\sin 40^\circ\sin 80^\circ)^3=(\frac{\sqrt{3}}{2}\cdot\frac{\sqrt{3}}{8})^3=(\frac{3}{16})^3$$

即得式 ④.

下面证明原命题.

记 $A=\sin^2 20^\circ,B=\sin^2 40^\circ,C=\sin^2 80^\circ$,则 $A<B<C$,由引理知有

$$\frac{1}{A}+\frac{1}{A-B}+\frac{1}{A-C}=4,\quad \frac{1}{B}+\frac{1}{B-C}+\frac{1}{B-A}=4$$

$$\frac{1}{C}+\frac{1}{C-A}+\frac{1}{C-B}=4,ABC(B-A)(C-A)(C-B)=(\frac{3}{16})^3$$

不妨设 $a\leqslant b\leqslant c$,于是,有

$$|abc(b-c)(c-a)(a-b)|=abc(b-a)(c-a)(c-b)$$

$$=\frac{abc(b-a)(c-a)(c-b)}{ABC(B-A)(C-A)(C-B)}\cdot ABC(B-A)(C-A)(C-B)$$

$$\leqslant\frac{1}{6^6}(\frac{a}{A}+\frac{b}{B}+\frac{c}{C}+\frac{b-a}{B-A}+\frac{c-a}{C-A}+\frac{c-b}{C-B})^6\cdot ABC(B-A)(C-A)(C-B)$$

$$=\frac{1}{6^6}[(\frac{1}{A}+\frac{1}{A-B}+\frac{1}{A-C})a+(\frac{1}{B}+\frac{1}{B-C}+\frac{1}{B-A})b+(\frac{1}{C}+\frac{1}{C-A}+\frac{1}{C-B})c]^6\cdot ABC(B-A)(C-A)(C-B)$$

$$=\frac{4^6}{6^6}(a+b+c)^6\cdot(\frac{3}{16})^3=\frac{1}{27}(\frac{a+b+c}{2})^6$$

原命题获证.由上证明可知,当且仅当 $A:B:C=\sin^2 20^\circ:\sin^2 40^\circ:\sin^2 80^\circ$,或其循环值时取等号.

注:式 ①②③ 也可以通过解三角方程的方法获得.即如下

(自创题,2017-07-31) 解三角方程

$$\frac{1}{\sin^2\alpha}+\frac{1}{\sin^2\alpha-\sin^2 2\alpha}+\frac{1}{\sin^2\alpha-\sin^2 4\alpha}=4$$

$0<\alpha<\pi$.

解 $$\frac{1}{\sin^2\alpha}+\frac{1}{\sin^2\alpha-\sin^2 2\alpha}+\frac{1}{\sin^2\alpha-\sin^2 4\alpha}=4$$

$$\frac{1}{\sin^2\alpha}+\frac{2}{\cos 4\alpha-\cos 2\alpha}+\frac{2}{\cos 8\alpha-\cos 2\alpha}=4$$

$$\frac{1}{\sin^2\alpha}-\frac{1}{\sin\alpha\sin 3\alpha}-\frac{1}{\sin 3\alpha\sin 5\alpha}=4$$

$$\sin 3\alpha\sin 5\alpha-\sin\alpha\sin 5\alpha-\sin^2\alpha=4\sin^2\alpha\sin 3\alpha\sin 5\alpha$$

$$\sin 5\alpha(\sin 3\alpha-\sin\alpha)-\sin^2\alpha=4\sin^2\alpha\sin 3\alpha\sin 5\alpha$$

$$2\sin\alpha\cos 2\alpha\sin 5\alpha-\sin^2\alpha=4\sin^2\alpha\sin 3\alpha\sin 5\alpha$$

$$2\sin^2\alpha\cos 2\alpha(\cos 4\alpha+4\cos^2\alpha\cos 2\alpha)-\sin^2\alpha=4\sin^2\alpha\sin 3\alpha\sin 5\alpha$$

(注意到 $\sin 5\alpha=\sin\alpha(\cos 4\alpha+4\cos^2\alpha\cos 2\alpha)$)

$$2\cos 2\alpha\cos 4\alpha+8\cos^2\alpha\cos^2 2\alpha-4\sin 3\alpha\sin 5\alpha-1=0$$

(注意到原方程,可知$\sin^2\alpha\neq 0$),

$$2\cos 2\alpha\cos 4\alpha+2(1+\cos 2\alpha)(1+\cos 4\alpha)+2\cos 8\alpha-2\cos 2\alpha-1=0$$

$$4\cos 2\alpha\cos 4\alpha+2\cos 4\alpha+2\cos 8\alpha+1=0$$

$$2\cos 2\alpha+2\cos 6\alpha+2\cos 4\alpha+2\cos 8\alpha+1=0$$

$$2(\cos 2\alpha+\cos 8\alpha)+2(\cos 4\alpha+\cos 6\alpha)+1=0$$

$$4\cos 3\alpha\cos 5\alpha+4\cos\alpha\cos 5\alpha+1=0$$

$$8\cos\alpha\cos 2\alpha\cos 5\alpha+1=0$$

由于 $\sin\alpha\neq 0$,因此,上式又等价于

$$\frac{8\sin\alpha\cos\alpha\cos 2\alpha\cos 5\alpha}{\sin\alpha}+1=0$$

$$\frac{2\sin 4\alpha\cos 5\alpha}{\sin\alpha}+1=0$$

$$\frac{\sin 9\alpha-\sin\alpha+\sin\alpha}{\sin\alpha}=0$$

所以,得到

$$\sin 9\alpha=0,\text{且}\sin\alpha\neq 0$$

由此得到

$$\alpha=\frac{\pi}{9},\frac{2\pi}{9},\frac{3\pi}{9},\frac{4\pi}{9},\frac{5\pi}{9},\frac{6\pi}{9},\frac{7\pi}{9},\frac{8\pi}{9}$$

又由于当 $\alpha=\frac{3\pi}{9},\frac{6\pi}{9}$ 时,$\sin^2\alpha-\sin^2 2\alpha=0$,原方程无意义,故当 $0<\alpha<\pi$ 时,原方程的解为

$$\alpha=\frac{\pi}{9},\frac{2\pi}{9},\frac{4\pi}{9},\frac{5\pi}{9},\frac{7\pi}{9},\frac{8\pi}{9}$$

例 135 （自创题，2017－06－24）设 $\triangle ABC$ 外接圆半径为 R，P 为 $\triangle ABC$ 内部（含边界）任意一点，联结 AP，BP，CP，并延长，分别交对边于 D,E,F，则

$$AP\cdot PD+BP\cdot PE+CP\cdot PF<2R^2$$

证明 设 $\triangle ABC$ 三边长为 $BC=a,CA=b,AB=c,x\overrightarrow{PA}+y\overrightarrow{PB}+z\overrightarrow{PC}=0,x,y,z\in\mathbf{R}^-$ 且 x,y,z 不全为零，则易知有

$$(y+z)\overrightarrow{PD}=-x\overrightarrow{PA},(x+y+z)\overrightarrow{AP}=y\overrightarrow{AB}+z\overrightarrow{AC}$$

因此得到

$$(y+z)(x+y+z)\overrightarrow{PD}=x(y\overrightarrow{BA}+z\overrightarrow{CA})$$

于是，有

$$\begin{aligned}|\overrightarrow{AP}|\cdot|\overrightarrow{PD}|&=\left|\frac{y\overrightarrow{AB}+z\overrightarrow{AC}}{x+y+z}\right|\cdot\left|\frac{x(y\overrightarrow{BA}+z\overrightarrow{CA})}{(y+z)(x+y+z)}\right|\\&=\left|\frac{x(y\overrightarrow{BA}+z\overrightarrow{CA})^2}{(y+z)(x+y+z)^2}\right|=\frac{x(y\overrightarrow{AB}+z\overrightarrow{AC})^2}{(y+z)(x+y+z)^2}\\&=\frac{xy^2c^2+xz^2b^2+2xyz\overrightarrow{AB}\cdot\overrightarrow{AC}}{(y+z)(x+y+z)^2}\\&=\frac{-xyza^2+zx(y+z)b^2+xy(y+z)c^2}{(y+z)(x+y+z)^2}\end{aligned}$$

同理，可以得到

$$|\overrightarrow{BP}|\cdot|\overrightarrow{PE}|=\frac{-xyzb^2+xy(z+x)c^2+yz(z+x)a^2}{(z+x)(x+y+z)^2}$$

$$|\overrightarrow{BP}|\cdot|\overrightarrow{PE}|=\frac{-xyzc^2+yz(x+y)a^2+zx(x+y)b^2}{(x+y)(x+y+z)^2}$$

由以上三式，得到

$$\begin{aligned}&AP\cdot PD+BP\cdot PE+CP\cdot PF\\&=\frac{yz(-x+2y+2z)}{(y+z)(x+y+z)^2}a^2+\frac{zx(-y+2z+2x)}{(z+x)(x+y+z)^2}b^2+\\&\quad\frac{xy(-z+2x+2y)}{(x+y)(x+y+z)^2}c^2\\&=\left[\frac{2yz}{(x+y+z)^2}-\frac{xyz}{(y+z)(x+y+z)^2}\right]a^2+\\&\quad\left[\frac{2zx}{(x+y+z)^2}-\frac{xyz}{(z+x)(x+y+z)^2}\right]b^2+\\&\quad\left[\frac{2xy}{(x+y+z)^2}-\frac{xyz}{(x+y)(x+y+z)^2}\right]c^2\\&\leqslant\frac{2yz}{(x+y+z)^2}a^2+\frac{2zx}{(x+y+z)^2}b^2+\frac{2xy}{(x+y+z)^2}c^2\\&=8R^2\frac{yz\sin^2A+zx\sin^2B+xy\sin^2C}{(x+y+z)^2}\leqslant 2R^2\end{aligned}$$

(这里应用了三角不等式 $yz\sin^2A+zx\sin^2B+xy\sin^2C\leqslant\frac{1}{4}(x+y+z)^2$)

由于以上两个等号不可能同时成立,故

$$AP\cdot PD+BP\cdot PE+CP\cdot PF<2R^2$$

特例,即有以下

例 136 (自创题,2017－11－12)

设 α,β 为任意实数,求证:$|\cos\alpha|+|\cos\beta|+|\cos(\alpha+\beta)|\geqslant 1$.

证明 $(|\cos\alpha|+|\cos\beta|)^2-[1-|\cos(\alpha+\beta)|]^2$

$$\begin{aligned}
&=\cos^2\alpha+\cos^2\beta+2|\cos\alpha\cos\beta|-\\
&\quad 1-(\cos\alpha\cos\beta)^2-(\sin\alpha\sin\beta)^2+\\
&\quad 2\cos\alpha\cos\beta\sin\alpha\sin\beta+2|\cos(\alpha+\beta)|\\
&=\cos^2\alpha+\cos^2\beta+2|\cos\alpha\cos\beta|-2(\cos\alpha\cos\beta)^2-\\
&\quad 1+(\cos\alpha\cos\beta)^2-(\sin\alpha\sin\beta)^2+\\
&\quad 2\cos\alpha\cos\beta\sin\alpha\sin\beta+2|\cos(\alpha+\beta)|\\
&=\cos^2\alpha\sin^2\beta+\sin^2\alpha\cos^2\beta+2|\cos\alpha\cos\beta|+2\cos\alpha\cos\beta\sin\alpha\sin\beta-\\
&\quad 1+(\cos\alpha\cos\beta)^2-(\sin\alpha\sin\beta)^2+2|\cos(\alpha+\beta)|\\
&=(\cos\alpha\sin\beta+\sin\alpha\cos\beta)^2+2|\cos\alpha\cos\beta|-\\
&\quad 1+\cos(\alpha+\beta)\cos(\alpha-\beta)+2|\cos(\alpha+\beta)|\\
&=\sin^2(\alpha+\beta)+2|\cos\alpha\cos\beta|-1+\cos(\alpha+\beta)\cos(\alpha-\beta)+\\
&\quad 2|\cos(\alpha+\beta)|\\
&=2|\cos\alpha\cos\beta|+2|\cos(\alpha+\beta)|-2\cos^2(\alpha+\beta)+\\
&\quad \cos^2(\alpha+\beta)+\cos(\alpha+\beta)\cos(\alpha-\beta)\\
&=2|\cos\alpha\cos\beta|+2|\cos(\alpha+\beta)|-2\cos^2(\alpha+\beta)+\\
&\quad 2\cos\alpha\cos\beta\cos(\alpha+\beta)\\
&=|\cos(\alpha+\beta)|[1-|\cos(\alpha+\beta)|]+[|\cos\alpha\cos\beta|+\\
&\quad \cos\alpha\cos\beta\cos(\alpha+\beta)]\geqslant 0
\end{aligned}$$

即得到

$$|\cos\alpha|+|\cos\beta|+|\cos(\alpha+\beta)|\geqslant 1$$

故原式成立.

易知当且仅当 $\begin{cases}\cos(\alpha+\beta)=0\\ \cos\alpha\cos\beta=0\end{cases}$ 或 $\begin{cases}\cos(\alpha+\beta)=\pm1\\ \cos\alpha\cos\beta\leqslant 0\end{cases}$ 原式取等号. 由 $\begin{cases}\cos(\alpha+\beta)=0\\ \cos\alpha\cos\beta=0\end{cases}$ 得到 $\begin{cases}\alpha=k_1\pi+\frac{\pi}{2}\\ \beta=k_2\pi\end{cases}$ 或 $\begin{cases}\beta=k_1\pi+\frac{\pi}{2}\\ \alpha=k_2\pi\end{cases}$. 这里 k_1,k_2 均为正整数;由 $\begin{cases}\cos(\alpha+\beta)=1\\ \cos\alpha\cos\beta\leqslant 0\end{cases}$ 或 $\begin{cases}\cos(\alpha+\beta)=-1\\ \cos\alpha\cos\beta\geqslant 0\end{cases}$,得到 $\cos\alpha=\cos\beta=0$.

因此，当且仅当$\begin{cases}\alpha=k_1\pi+\dfrac{\pi}{2}\\ \beta=k_2\pi\end{cases}$或$\begin{cases}\beta=k_1\pi+\dfrac{\pi}{2}\\ \alpha=k_2\pi\end{cases}$$(k_1,k_2\in\mathbf{Z})$或$\cos\alpha=\cos\beta=0$时,原式取等号.

例 137 (自创题,2017－11－12) 在$\triangle ABC$中,证明:

$$3(\cos A+\cos B+\cos C)\geqslant 3+2(\cos B\cos C+\cos C\cos A+\cos A\cos B)$$

证明 设$\triangle ABC$,三边长为$BC=a,CA=b,AB=c$,则

$$3(\cos A+\cos B+\cos C)-[3+2(\cos B\cos C+\cos C\cos A+\cos A\cos B)]$$

$$=3\sum\frac{b^2+c^2-a^2}{2bc}-3-2\sum(\frac{a^2-b^2+c^2}{2ca}\cdot\frac{a^2+b-c^2}{2ca})$$

$$=3\frac{\sum a(b^2+c^2-a^2)}{2abc}-3-\sum\frac{a^4-(b^2-c^2)^2}{2a^2bc}$$

$$=[\frac{3\sum a(b-c)^2}{2abc}-\frac{3}{2}\sum\frac{a^2}{bc}+9]-3-\frac{1}{2}\sum\frac{a^2}{bc}+\sum\frac{(b^2-c^2)^2}{2a^2bc}$$

$$=\frac{3\sum a(b-c)^2}{2abc}-2\sum\frac{a^2}{bc}+6+\sum\frac{(b^2-c^2)^2}{2a^2bc}$$

$$=\frac{3\sum a(b-c)^2}{2abc}-\frac{(a+b+c)\sum(b-c)^2}{abc}+\sum\frac{(b^2-c^2)^2}{2a^2bc}$$

$$=\frac{1}{2abc}\sum\frac{(a^2+b^2+c^2+2bc-2ca-2ab)(b-c)^2}{a}$$

$$=\frac{1}{2abc}\sum\frac{(-a+b+c)^2(b-c)^2}{a}\geqslant 0,$$

由此可知原式成立,已知当且仅当$a=b=c$,即$\triangle ABC$为正三角形或$\triangle ABC$退化为一边为零,另外两边相等时取等号.

例 138 (自创题,2020－01－13) 设$\lambda,u,v\in\mathbf{R}$,则在非钝角$\triangle ABC$中有

$$(\lambda\cos A+u\cos B+v\cos C)^2$$
$$\leqslant(-\lambda^2+u^2+v^2)\sin^2A+(\lambda^2-u^2+v^2)\sin^2B+(\lambda^2+u^2-v^2)\sin^2C$$

当且仅当$\dfrac{\lambda}{\sin A}=\dfrac{u}{\sin B}=\dfrac{v}{\sin C}$时取等号.

证法 1 记$\triangle ABC$三边长为$BC=a,CA=b,AB=c$,则有

$$(\lambda\cos A+u\cos B+v\cos C)^2$$

$$=(\lambda\frac{-a^2+b^2+c^2}{2bc}+u\frac{a^2-b^2+c^2}{2ca}+v\frac{a^2+b^2-c^2}{2ab})^2$$

$$=\frac{1}{4a^2b^2c^2}[\lambda a(-a^2+b^2+c^2)+ub(a^2-b^2+c^2)+vc(a^2+b^2-c^2)]^2$$

$$\leqslant\frac{1}{4a^2b^2c^2}[\lambda^2(-a^2+b^2+c^2)+u^2(a^2-b^2+c^2)+v^2(a^2+b^2-c^2)]\cdot$$

$$[a^2(-a^2+b^2+c^2)+b^2(a^2-b^2+c^2)+c^2(a^2+b^2-c^2)]\text{(柯西不等式)}$$

$$=\frac{1}{4a^2b^2c^2}[(-\lambda^2+u^2+v^2)a^2+(\lambda^2-u^2+v^2)b^2+(\lambda^2+u^2-v^2)c^2]\cdot 16\Delta^2$$

$$=(-\lambda^2+u^2+v^2)\frac{16\Delta^2}{4b^2c^2}+(\lambda^2-u^2+v^2)\frac{16\Delta^2}{4a^2c^2}+(\lambda^2+u^2-v^2)\frac{16\Delta^2}{4b^2c^2}$$

$$=(-\lambda^2+u^2+v^2)\sin^2 A+(\lambda^2-u^2+v^2)\sin^2 B+(\lambda^2+u^2-v^2)\sin^2 C$$

故原命题成立,当且仅当$\frac{\lambda}{a}=\frac{u}{b}=\frac{v}{c}$,即$\frac{\lambda}{\sin A}=\frac{u}{\sin B}=\frac{v}{\sin C}$时取等号.

证法 2　也可以应用二次函数性质证明如下:

$$\begin{aligned}f(\lambda)=&(-\lambda^2+u^2+v^2)\sin^2 A+(\lambda^2-u^2+v^2)\sin^2 B+(\lambda^2+u^2-v^2)\sin^2 C-\\&(\lambda\cos A+u\cos B+v\cos C)^2\\=&(-\sin^2 A+\sin^2 B+\sin^2 C-\cos^2 A)\lambda^2-\\&2\cos A(u\cos B+v\cos C)\lambda+\\&(u^2+v^2)\sin^2 A+(-u^2+v^2)\sin^2 B+(u^2-v^2)\sin^2 C-\\&(u\cos B+v\cos C)^2\\=&(\sin^2 B+\sin^2 C-1)\lambda^2-2\cos A(u\cos B+v\cos C)\lambda+\\&(\sin^2 A+\sin^2 C-1)u^2+(\sin^2 A+\sin^2 B-1)v^2-\\&2uv\cos B\cos C\end{aligned}$$

由于

$$\begin{aligned}\sin^2 B+\sin^2 C-1&=-\frac{1}{2}(\cos 2B+\cos 2C)\\&=-\cos(B+C)\cos(B-C)\\&=\cos A\cos(B-C)\end{aligned}$$

同理有$\sin^2 A+\sin^2 C-1=\cos B\cos(A-C)$,$\sin^2 A+\sin^2 B-1=\cos C\cos(A-B)$,由于$\triangle ABC$是非钝角三角形,因此,在以上三式中总有一式大于零,不妨设

$$\sin^2 B+\sin^2 C-1=\cos A\cos(B-C)>0$$

这时同时有二次函数 $f(\lambda)$ 的判别式

$$\begin{aligned}\Delta=&4\cos^2 A(u\cos B+v\cos C)^2-4(\sin^2 B+\sin^2 C-1)\cdot\\&[(\sin^2 A+\sin^2 C-1)u^2+(\sin^2 A+\sin^2 B-1)v^2-\\&2uv\cos B\cos C]\\=&-4\{u^2[(\sin^2 A+\sin^2 C-1)(\sin^2 B+\sin^2 C-1)-\cos^2 A\cos^2 B]+\\&v^2[(\sin^2 A+\sin^2 B-1)(\sin^2 B+\sin^2 C-1)-\cos^2 A\cos^2 C]-\\&2uv\cos B\cos C(\cos^2 A+\sin^2 B+\sin^2 C-1)\}\\=&-4\{u^2\sin^2 C(\sin^2 A+\sin^2 B+\sin^2 C-2)+\\&v^2\sin^2 B(\sin^2 A+\sin^2 B+\sin^2 C-2)-\\&2uv\cos B\cos C(-\sin^2 A+\sin^2 B+\sin^2 C)\}\end{aligned}$$

$$= -4\{u^2\sin^2 C(1-\cos^2 A-\cos^2 B-\cos^2 C)+ v^2\sin^2 B(1-\cos^2 A-\cos^2 B-\cos^2 C)- 4uv\cos B\cos C\sin B\sin C\cos A)\}$$

(这里应用了 $\triangle ABC$ 中等式：$-\sin^2 A+\sin^2 B+\sin^2 C=2\sin B\sin C\cos A$)

$$= -8(u^2\sin^2 C\cdot\cos A\cos B\cos C+v^2\sin^2 B\cdot\cos A\cos B\cos C- -2uv\sin B\sin C\cdot\cos A\cos B\cos C)$$

(这里应用了 $\triangle ABC$ 中等式：$\cos^2 A+\cos^2 B+\cos^2 C+2\cos A\cos B\cos C=1$)

$$= -8\cos A\cos B\cos C\,(u\sin C-v\sin B)^2\leqslant 0$$

故原命题成立，当且仅当 $\frac{\lambda}{\sin A}=\frac{u}{\sin B}=\frac{v}{\sin C}$ 时取等号.

由本例易得到以下命题 1.

命题 1 （自创题，2020－01－13）设 $\lambda,u,v\in\mathbf{R}$，则在非钝角 $\triangle ABC$ 中有

$$(v\cos B+u\cos C)^2+(\lambda\cos C+v\cos A)^2+(u\cos A+\lambda\cos B)^2 \leqslant\lambda^2+u^2+v^2$$

当且仅当 $\frac{\lambda}{\sin A}=\frac{u}{\sin B}=\frac{v}{\sin C}$ 时取等号.

证明 本例中的不等式等价于

$$\lambda^2\cos^2 A+u^2\cos^2 B+v^2\cos^2 C+ 2uv\cos B\cos C+2v\lambda\cos B\cos C+2\lambda u\cos B\cos C$$
$$\leqslant(-\lambda^2+u^2+v^2)\sin^2 A+(\lambda^2-u^2+v^2)\sin^2 B+(\lambda^2+u^2-v^2)\sin^2 C$$
$$\Leftrightarrow(\lambda^2-u^2-v^2)\cos^2 A+(-\lambda^2+u^2-v^2)\cos^2 B+(-\lambda^2-u^2+v^2)\cos^2 C+ (v\cos B+u\cos C)^2+(\lambda\cos C+v\cos A)^2+(u\cos A+\lambda\cos B)^2$$
$$\leqslant(-\lambda^2+u^2+v^2)\sin^2 A+(\lambda^2-u^2+v^2)\sin^2 B+(\lambda^2+u^2-v^2)\sin^2 C$$
$$\Leftrightarrow(v\cos B+u\cos C)^2+(\lambda\cos C+v\cos A)^2+(u\cos A+\lambda\cos B)^2$$
$$\leqslant(-\lambda^2+u^2+v^2)(\sin^2 A+\cos^2 A)+(\lambda^2-u^2+v^2)(\sin^2 B+\cos^2 B)+ (\lambda^2+u^2-v^2)(\sin^2 C+\cos^2 C)$$
$$=\lambda^2+u^2+v^2$$

即得命题 1 中的不等式，当且仅当 $\frac{\lambda}{\sin A}=\frac{u}{\sin B}=\frac{v}{\sin C}$ 时取等号.

类似有以下命题 2.

命题 2 （自创题，2020－01－13）设 $\lambda,u,v\in\mathbf{R}$，$\triangle ABC$ 为非钝角中，面积为 Δ，则有

$$4\Delta(\lambda^2\tan A+u^2\tan B+v^2\tan C)\geqslant(\lambda a+ub+vc)^2$$

当且仅当 $\frac{\lambda}{\cos A}=\frac{u}{\cos B}=\frac{v}{\cos C}$ 时取等号.

证明 $4\Delta(\lambda^2\tan A+u^2\tan B+v^2\tan C)$

$$=4\cdot 2R^2\sin A\sin B\sin C\cdot(\lambda^2\tan A+u^2\tan B+v^2\tan C)$$
$$=2R^2(\sin 2A+\sin 2B+\sin 2C)(\lambda^2\tan A+u^2\tan B+v^2\tan C)$$
$$=4R^2(\sin A\cos A+\sin B\cos B+\sin C\cos C)\cdot$$
$$(\lambda^2\frac{\sin A}{\cos A}+u^2\frac{\sin B}{\cos B}+v^2\frac{\sin C}{\cos C})$$
$$\geqslant 4R^2(\lambda\sin A+u\sin B+v\sin C)^2$$
$$=(\lambda a+ub+vc)^2$$

原命题获证，当且仅当$\frac{\lambda}{\sin A}=\frac{u}{\sin B}=\frac{v}{\sin C}$时取等号.

注：本命题也可以用二次函数性质证明.

例 139 （自创题，2020－01－13）设$\lambda,u,v\in\mathbf{R}$，则在非钝角$\triangle ABC$中有

$$(v\cos B+u\cos C)^2+(\lambda\cos C+v\cos A)^2+(u\cos A+\lambda\cos B)^2$$
$$\geqslant 2(uv\cos A+v\lambda\cos B+\lambda u\cos C)$$

当且仅当$\frac{\lambda}{\sin A}=\frac{u}{\sin B}=\frac{v}{\sin C}$时取等号.

证明 记 $f(\lambda)=(v\cos B+u\cos C)^2+(\lambda\cos C+v\cos A)^2+$

$$(u\cos A+\lambda\cos B)^2-$$
$$2(uv\cos A+v\lambda\cos B+\lambda u\cos C)$$
$$=(\cos^2B+\cos^2C)\lambda^2-2\lambda[u(\cos C-\cos A\cos B)+$$
$$v(\cos B-\cos A\cos C)]+$$
$$[u^2(\cos^2A+\cos^2C)+v^2(\cos^2A+\cos^2B)-$$
$$2uv(\cos A-\cos B\cos C)]$$

由于$\cos^2B+\cos^2C>0$，$f(\lambda)$的判别式

$$\Delta=4[u(\cos C-\cos A\cos B)+v(\cos B-\cos A\cos C)]^2-$$
$$4(\cos^2B+\cos^2C)\cdot[u^2(\cos^2A+\cos^2C)+v^2(\cos^2A+\cos^2B)-$$
$$2uv(\cos A-\cos B\cos C)]$$
$$=-u^2[(\cos^2B+\cos^2C)(\cos^2A+\cos^2C)-(\cos C-\cos A\cos B)^2]-$$
$$v^2[(\cos^2B+\cos^2C)(\cos^2A+\cos^2B)-(\cos B-\cos A\cos C)^2]+$$
$$2uv[(\cos B-\cos A\cos C)(\cos C-\cos A\cos B)+$$
$$(\cos^2B+\cos^2C)(\cos A-\cos B\cos C)]$$
$$=-u^2[2\cos A\cos B\cos C-\cos^2C(1-\cos^2A-\cos^2B-\cos^2C)]-$$
$$v^2[2\cos A\cos B\cos C-\cos^2B(1-\cos^2A-\cos^2B-\cos^2C)]+$$
$$2uv[\cos B\cos C(1+\cos^2A-\cos^2B-\cos^2C)]$$
$$=-u^2(2\cos A\cos B\cos C-2\cos^2C\cdot\cos A\cos B\cos C)-$$
$$v^2(2\cos A\cos B\cos C-2\cos^2B\cdot\cos A\cos B\cos C)+$$
$$4uv\cos A\cos B\cos C(\cos A+\cos B\cos C)$$

(这里应用了 $\triangle ABC$ 中等式:$\cos^2 A+\cos^2 B+\cos^2 C+2\cos A\cos B\cos C=1$)

$$=-2\cos A\cos B\cos C[u^2(1-\cos^2 C)+v^2(1-\cos^2 B)-2uv(\cos A+\cos B\cos C)]$$

$$=-2\cos A\cos B\cos C(u^2\sin^2 C+v^2\sin^2 B-2uv\sin B\sin C)$$

(这里应用了 $\triangle ABC$ 中等式:$\cos A=-\cos(B+C)=-\cos B\cos C+\sin B\sin C$)

$$=-2\cos A\cos B\cos C(u\sin C-v\sin B)^2\leqslant 0$$

因此得到 $f(\lambda)\geqslant 0$,原式获证,当且仅当 $\frac{\lambda}{\sin A}=\frac{u}{\sin B}=\frac{v}{\sin C}$ 时取等号.

例 140 (自创题,2017-11-15) 设 $a,b,c\in\mathbf{C}$,求证:

$$|a|+|b|+|c|-(|b+c|+|c+a|+|a+b|)+|a+b+c|\geqslant 0.$$

证法 1 先证明以下恒等式作为引理.

引理 设 $a,b,c\in\mathbf{C}$,则

$$(|a|+|b|+|c|-|b+c|-|c+a|-|a+b|+|a+b+c|)\cdot(|a|+|b|+|c|+|a+b+c|)$$
$$=(|b|+|c|-|b+c|)\cdot(|a|-|b+c|+|a+b+c|)+(|c|+|a|-|c+a|)\cdot(|b|-|c+a|+|a+b+c|)+(|a|+|b|-|a+b|)\cdot(|c|-|a+b|+|a+b+c|)$$

引理证明 记 $x=|a|+|b|+|c|,y=|a+b+c|$,则

原式左边 $=(x+y-\sum|b+c|)(x+y)=(x+y)^2-(x+y)\sum|b+c|$

原式右边 $=\sum(x-|a|-|b+c|)(y+|a|-|b+c|)$

$$=3xy+x(x-\sum|b+c|)-y(x+\sum|b+c|)-\sum(|a|^2-|b+c|^2)$$

$$=3xy+x^2-xy-(x+y)\sum|b+c|-\sum|a|^2+\sum|b+c|^2$$

$$=x^2+2xy-(x+y)\sum|b+c|+\sum|a|^2+\sum(\bar{b}c+b\bar{c})$$

$$=x^2+2xy-(x+y)\sum|b+c|+(a+b+c)^2$$

$$=x^2+2xy+y^2-(x+y)\sum|b+c|$$

$$=(x+y)^2-(x+y)\sum|b+c|$$

左边 = 右边,故引理成立.

下面就来证明原不等式.

根据绝对值不等式,有

$$|b|+|c|-|b+c|\geqslant 0,|c|+|a|-|c+a|\geqslant 0,|a|+|b|-|a+b|\geqslant 0$$

$$|a|-|b+c|+|a+b+c|=|a+b+c|+|-a|-|b+c|$$
$$\geqslant |b+c|-|b+c|=0$$

同理有

$$|b|-|c+a|+|a+b+c|\geqslant 0, |c|-|a+b|+|a+b+c|\geqslant 0$$

另外,又根据引理,便得到

$$(|a|+|b|+|c|-|b+c|-|c+a|-|a+b|+|a+b+c|)\cdot$$
$$(|a|+|b|+|c|+|a+b+c|)$$
$$=(|b|+|c|-|b+c|)\cdot(|a|-|b+c|+|a+b+c|)+$$
$$(|c|+|a|-|c+a|)\cdot(|b|-|c+a|+|a+b+c|)+$$
$$(|a|+|b|-|a+b|)\cdot(|c|-|a+b|+|a+b+c|)\geqslant 0$$

而 $|a|+|b|+|c|+|a+b+c|\geqslant 0$,故知原命题成立.

证法 2 利用等式

$$|a|^2+|b|^2+|c|^2+|a+b+c|^2=|b+c|^2+|c+a|^2+|a+b|^2$$

有

$$(|a|+|b|+|c|+|a+b+c|)^2-(|b+c|+|c+a|+|a+b|)^2$$
$$=|a|^2+|b|^2+|c|^2+|a+b+c|^2+2(|b||c|+|c||a|+|a||b|)+$$
$$2|a+b+c|(|a|+|b|+|c|)-(|b+c|^2+|c+a|^2+|a+b|^2)-$$
$$2(|c+a||a+b|+|a+b||b+c|+|b+c||c+a|)$$
$$=2|a+b+c|(|a|+|b|+|c|)+2(|b||c|+|c||a|+|a||b|)-$$
$$2(|c+a||a+b|+|a+b||b+c|+|b+c||c+a|)$$
$$=2[(|a+b+c||a|+|b||c|)+(|a+b+c||b|+|c||a|)+$$
$$(|a+b+c||c|+|a||b|)]-$$
$$2(|c+a||a+b|+|a+b||b+c|+|b+c||c+a|)$$
$$\geqslant 2(|a^2+ab+ac+bc|+|b^2+ab+ac+bc|+|c^2+ab+ac+bc|)-$$
$$2(|c+a||a+b|+|a+b||b+c|+|b+c||c+a|)$$
$$=2(|c+a||a+b|+|a+b||b+c|+|b+c||c+a|)-$$
$$2(|c+a||a+b|+|a+b||b+c|+|b+c||c+a|)=0$$

故原式成立.

本例中不等式,当 a,b,c 为向量时也成立.

若在命题中再令 $|a|=|b|=|c|=1$,则有以下例题.

例 141 (自创题,2017-11-15)对于任意实数 α,β,证明:

$$3[|\cos\alpha|+|\cos\beta|+|\cos(\alpha+\beta)|]$$
$$\geqslant 3+2[|\cos\beta\cos(\alpha+\beta)|+|\cos(\alpha+\beta)\cos\alpha|+|\cos\alpha\cos\beta|]$$

证明 在例 140 中,设 $z_i=\cos\alpha_i+\mathrm{i}\sin\alpha_i,\alpha_i\in[0,2\pi],i=1,2,3$,便得到

$$3-[\sqrt{(\cos\alpha_2+\cos\alpha_3)^2+(\sin\alpha_2+\sin\alpha_3)^2}+$$

$$\sqrt{(\cos\alpha_3+\cos\alpha_1)^2+(\sin\alpha_3+\sin\alpha_1)^2}+$$
$$\sqrt{(\cos\alpha_1+\cos\alpha_2)^2+(\sin\alpha_1+\sin\alpha_2)^2}+$$
$$\sqrt{(\cos\alpha_1+\cos\alpha_2+\cos\alpha_3)^2+(\sin\alpha_1+\sin\alpha_2+\sin\alpha_3)^2}]\geqslant 0$$

经整理,即等价于

$$3-\sum\sqrt{2+2\cos(\alpha_2-\alpha_3)}+\sqrt{3+2\sum\cos(\alpha_2-\alpha_3)}\geqslant 0$$

$$\Leftrightarrow\sqrt{3+2\sum\cos(\alpha_2-\alpha_3)}\geqslant -3+2\sum\left|\cos\frac{\alpha_2-\alpha_3}{2}\right|$$

$$\Leftrightarrow\sqrt{4\sum\cos^2\frac{\alpha_2-\alpha_3}{2}-3}\geqslant -3+2\sum\left|\cos\frac{\alpha_2-\alpha_3}{2}\right| \qquad ①$$

若 $-3+2\sum\left|\cos\frac{\alpha_2-\alpha_3}{2}\right|<0$,则式 ① 显然成立.

若 $-3+2\sum\left|\cos\frac{\alpha_2-\alpha_3}{2}\right|\geqslant 0$,则式 ① 也应成立,即有

$$4\sum\cos^2\frac{\alpha_2-\alpha_3}{2}-3\geqslant\left(-3+2\sum\left|\cos\frac{\alpha_2-\alpha_3}{2}\right|\right)^2$$

经整理,得到

$$3\sum\left|\cos\frac{\alpha_2-\alpha_3}{2}\right|\geqslant 3+2\sum\left|\cos\frac{\alpha_3-\alpha_1}{2}\cos\frac{\alpha_1-\alpha_2}{2}\right|$$

令 $\frac{\alpha_2-\alpha_3}{2}=\alpha$,$\frac{\alpha_3-\alpha_1}{2}=\beta$,则 $\frac{\alpha_2-\alpha_1}{2}=\alpha+\beta$,注意到 $\cos\frac{\alpha_2-\alpha_1}{2}=\cos\frac{\alpha_1-\alpha_2}{2}$,即得命题中的不等式.

注:例 140、例 141 可参见《中学数学教学》2018 年第 1 期,杨学枝《有关复数模的一道不等式》和 2018 年第 5 期,杨学枝文《有关复数模的一道不等式另证及对猜想的否定》.

例 142 (2008 年国家集训队试题)

设 z_1,z_2,z_3 是三个模不大于 1 的复数,w_1,w_2 是方程

$$(w-z_2)(w-z_3)+(w-z_3)(w-z_1)+(w-z_1)(w-z_2)=0$$

的两个根. 证明:对于 $j=1,2,3$,都有

$$\min\{|w_1-z_i|,|w_2-z_i|\}\leqslant 1$$

证明 由对称性,只需证明 $\min\{|z_1-w_1|,|z_1-w_2|\}\leqslant 1$.

不妨设 $z_1\neq w_1,w_2$(否则原命题显然成立),由于 w_1,w_2 是方程

$$(z-z_1)(z-z_2)+(z-z_2)(z-z_3)+(z-z_3)(z-z_1)=0$$

的两个根,应用韦达定理,可得到

$$3(z_1-w_1)(z_1-w_2)=(z_1-z_2)(z_1-z_3)$$

因此,若 $|(z_1-z_2)(z_1-z_3)|\leqslant 3$,则 $|(z_1-w_1)(z_1-w_2)|\leqslant 1$,故

$\min\{|z_1-w_1|,|z_1-w_2|\}\leqslant 1$.

另一方面,应用韦达定理,又可得到

$$\frac{1}{z_1-w_1}+\frac{1}{z_1-w_2}=\frac{2(2z_1-z_2-z_3)}{(z_1-z_2)(z_1-z_3)}$$

因此,若 $\left|\frac{2z_1-z_2-z_3}{(z_1-z_2)(z_1-z_3)}\right|\geqslant 1$,则

$$\left|\frac{1}{z_1-w_1}\right|+\left|\frac{1}{z_1-w_2}\right|\geqslant\left|\frac{1}{z_1-w_1}+\frac{1}{z_1-w_2}\right|\geqslant\left|\frac{2z_1-z_2-z_3}{(z_1-z_2)(z_1-z_3)}\right|\geqslant 2$$

故 $\min\{|z_1-w_1|,|z_1-w_2|\}\leqslant 1$.

下面证明,若复数 z_1,z_2,z_3 的模都不大于 1,那么,$|(z_1-w_1)(z_1-w_2)|>3$ 和 $\left|\frac{2z_1-z_2-z_3}{(z_1-z_2)(z_1-z_3)}\right|<1$ 不可能同时成立,用反证法证明.

设 $|(z_1-w_1)(z_1-w_2)|>3$ 且 $|2z_1-z_2-z_3|<|(z_1-z_2)(z_1-z_3)|$,由于 z_1,z_2,z_3 是三个模不大于1的复数,因此,$|z_1-z_2|\leqslant 2$,$|z_1-z_3|\leqslant 2$,由此便得到

$$|2z_1-z_2-z_3|<|(z_1-z_2)(z_1-z_3)|\leqslant 2|z_1-z_2|,2|z_1-z_3|$$

记以 $A(z_1),B(z_2),C(z_3)$ 为顶点的 $\triangle ABC$ 的三边长为 $BC=a,CA=b$,$AB=c$,外接圆半径为 R,BC 边上的中线、高线分别为 m_a,h_a,由以上可知,有 $bc>3,2m_a<bc,m_a<b,c$,由此由 $b>m_a$,得到

$$4b^2-4m_a^2=4b^2-(2b^2+2c^2-a^2)=2(b^2-c^2+a^2)-a^2>0$$

即 $b^2-c^2+a^2>\frac{1}{2}a^2>0$,因此,$\angle C<90^\circ$;同理得到 $\angle B<90^\circ$. 又因为

$$b^2+c^2-a^2\geqslant 2bc-a^2>6-4>0$$

因此,$\angle A<90^\circ$,由此可知,$\triangle ABC$ 为单位圆内的锐角三角形,$\triangle ABC$ 的外接圆圆心必在 $\triangle ABC$ 内,从而知道 $R<1$,于是,有

$$2m_a<bc=2Rh_a<2h_a\leqslant 2m_a$$

矛盾! 由此就证明了若复数 z_1,z_2,z_3 的模都不大于 1,那么,$|(z_1-w_1)(z_1-w_2)|>3$ 和 $\left|\frac{2z_1-z_2-z_3}{(z_1-z_2)(z_1-z_3)}\right|<1$ 不可能同时成立.

综上所述,原命题获证.

第八章 数列不等式

例 1 （2012 年北方数学奥林匹克试题，第二天试题 2）设 n 为正整数，证明

$$\left(1+\frac{1}{3}\right)\left(1+\frac{1}{3^2}\right)\cdots\left(1+\frac{1}{3^n}\right)<2$$

证明 应用数学归纳法容易证明更强的不等式

$$\left(1+\frac{1}{3}\right)\left(1+\frac{1}{3^2}\right)\cdots\left(1+\frac{1}{3^n}\right)\leqslant 2-\left(\frac{2}{3}\right)^n$$

当 $n=1$ 时，原式左边与右边相等，都等于$\frac{4}{3}$，原命题成立；

假设 $n=k$ 时原命题成立，即

$$\left(1+\frac{1}{3}\right)\left(1+\frac{1}{3^2}\right)\cdots\left(1+\frac{1}{3^k}\right)\leqslant 2-\left(\frac{2}{3}\right)^k$$

当 $n=k+1$ 时，原式左边

$$\left(1+\frac{1}{3}\right)\left(1+\frac{1}{3^2}\right)\cdots\left(1+\frac{1}{3^k}\right)\left(1+\frac{1}{3^{k+1}}\right)\leqslant\left[2-\left(\frac{2}{3}\right)^k\right]\left(1+\frac{1}{3^{k+1}}\right)$$

因此，只需证

$$\left[2-\left(\frac{2}{3}\right)^k\right]\left(1+\frac{1}{3^{k+1}}\right)\leqslant 2-\left(\frac{2}{3}\right)^{k+1}$$

上式易证成立，事实上

$$\left[2-\left(\frac{2}{3}\right)^{k}\right]\left(1+\frac{1}{3^{k+1}}\right)-\left[2-\left(\frac{2}{3}\right)^{k+1}\right]$$
$$=-\left(\frac{2}{3}\right)^{k}+\frac{2}{3^{k+1}}-\frac{2^{k}}{3^{2k+1}}+\left(\frac{2}{3}\right)^{k+1}$$
$$<-\left(\frac{2}{3}\right)^{k}+\frac{2}{3^{k+1}}+\left(\frac{2}{3}\right)^{k+1}$$
$$=-\frac{1}{3}\cdot\left(\frac{2}{3}\right)^{k}+\frac{2}{3^{k+1}}$$
$$=-\frac{2^{k}-2}{3^{k+1}}\leqslant 0$$

因此,当 $n=k+1$ 时,原式也成立.

综上,原命题获证.

例 2　$m\in\mathbf{R}^{+}$,则有

$$\frac{1}{m}+\frac{1}{m+1}+\frac{1}{m+2}+\cdots+\frac{1}{m+(n-1)}\geqslant n\left(\sqrt[n]{1+\frac{n}{m}}-1\right)$$

证明　应用算术－几何平均不等式,有

$$\frac{1}{m}+\frac{1}{m+1}+\frac{1}{m+2}+\cdots+\frac{1}{m+(n-1)}+n$$
$$=\frac{m+1}{m}+\frac{m+2}{m+1}+\frac{m+3}{m+2}+\cdots+\frac{m+n}{m+(n-1)}$$
$$\geqslant n\sqrt[n]{\frac{m+1}{m}\cdot\frac{m+2}{m+1}\cdot\frac{m+3}{m+2}\cdot\cdots\cdot\frac{m+n}{m+(n-1)}}$$
$$=n\sqrt[n]{1+\frac{n}{m}}$$

因此得到

$$\frac{1}{m}+\frac{1}{m+1}+\frac{1}{m+2}+\cdots+\frac{1}{m+(n-1)}\geqslant n\left(\sqrt[n]{1+\frac{n}{m}}-1\right)$$

例 3　证明:

$$\frac{1}{n+3}\left(1+\frac{1}{3}+\frac{1}{5}+\cdots+\frac{1}{2n-1}\right)\geqslant\frac{1}{n+1}\left(\frac{1}{2}+\frac{1}{4}+\frac{1}{6}+\cdots+\frac{1}{2n}\right)$$

证明　原式等价于

$$1+\frac{1}{3}+\frac{1}{5}+\cdots+\frac{1}{2n-1}\geqslant\frac{n+3}{n+1}\left(\frac{1}{2}+\frac{1}{4}+\frac{1}{6}+\cdots+\frac{1}{2n}\right)$$
$$\Leftrightarrow 1+\frac{1}{2}+\frac{1}{3}+\cdots+\frac{1}{2n}\geqslant\left(\frac{n+3}{n+1}+1\right)\left(\frac{1}{2}+\frac{1}{4}+\frac{1}{6}+\cdots+\frac{1}{2n}\right)$$
$$\Leftrightarrow 1+\frac{1}{2}+\frac{1}{3}+\cdots+\frac{1}{2n}\geqslant\frac{n+2}{n+1}\left(1+\frac{1}{2}+\frac{1}{3}+\cdots+\frac{1}{n}\right)$$
$$\Leftrightarrow\frac{1}{n+1}+\frac{1}{n+2}+\cdots+\frac{1}{2n}\geqslant\left(\frac{n+2}{n+1}-1\right)\left(1+\frac{1}{2}+\frac{1}{3}+\cdots+\frac{1}{n}\right)$$

$$\Leftrightarrow \frac{1}{n+1}+\frac{1}{n+2}+\cdots+\frac{1}{2n}\geqslant \frac{1}{n+1}\left(1+\frac{1}{2}+\frac{1}{3}+\cdots+\frac{1}{n}\right)$$

上式显然成立,原命题获证.

例 4 设 $a_n=\sum_{i=1}^{n}\frac{1}{i}, n\geqslant 2$,求证:$a_n^2>2\sum_{i=2}^{n}\frac{a_i}{i}$.

证法 1 由于

$$\begin{aligned}\sum_{i=2}^{n}\frac{a_i}{i}=&-a_2+\left(1+\frac{1}{2}\right)(a_2-a_3)+\left(1+\frac{1}{2}+\frac{1}{3}\right)(a_3-a_4)+\cdots+\\&\left(1+\frac{1}{2}+\cdots+\frac{1}{n-1}\right)(a_{n-1}-a_n)+\left(1+\frac{1}{2}+\cdots+\frac{1}{n}\right)a_n\\=&-1-\left[\frac{1}{2}+\frac{1}{3}\left(1+\frac{1}{2}\right)+\frac{1}{4}\left(1+\frac{1}{2}+\frac{1}{3}\right)+\cdots+\right.\\&\left.\frac{1}{n}\left(1+\frac{1}{2}+\cdots+\frac{1}{n-1}\right)\right]+a_n^2\\=&-2+\sum_{i=1}^{n}\frac{1}{i^2}-\left[\frac{1}{2}\left(1+\frac{1}{2}\right)+\frac{1}{3}\left(1+\frac{1}{2}+\frac{1}{3}\right)+\cdots+\right.\\&\left.\frac{1}{n}\left(1+\frac{1}{2}+\cdots+\frac{1}{n}\right)\right]+a_n^2\\=&-\left[\frac{1}{2}\left(1+\frac{1}{2}\right)+\frac{1}{3}\left(1+\frac{1}{2}+\frac{1}{3}\right)+\cdots+\frac{1}{n}\left(1+\frac{1}{2}+\cdots+\frac{1}{n}\right)\right]-\\&\left(2-\sum_{i=1}^{n}\frac{1}{i^2}\right)+a_n^2\\=&-\left(\frac{1}{2}a_2+\frac{1}{3}a_3+\cdots+\frac{1}{n}a_n\right)-\left(2-\sum_{i=1}^{n}\frac{1}{i^2}\right)+a_n^2\end{aligned}$$

因此
$$a_n^2-2\sum_{i=2}^{n}\frac{a_i}{i}=2-\sum_{i=1}^{n}\frac{1}{i^2}>1-\sum_{i=1}^{n-1}\frac{1}{i(i+1)}=\frac{1}{n}>0$$

原命题成立.

证法 2 (严文兰,2013-04-20)记 $s_n=a_n^2-2\sum_{i=2}^{n}\frac{a_i}{i}$,则

$$\begin{aligned}s_n&=a_n^2-2\sum_{i=2}^{n}\frac{a_i}{i}=\left(a_{n-1}+\frac{1}{n}\right)^2-2\sum_{i=2}^{n}\frac{a_i}{i}\\&=a_{n-1}^2-2\sum_{i=2}^{n-1}\frac{a_i}{i}-\frac{2}{n}(a_n-a_{n-1})+\frac{1}{n^2}\\&=s_{n-1}-\frac{1}{n^2}\end{aligned}$$

因此,有

$$s_n=s_{n-1}-\frac{1}{n^2}=s_{n-2}-\frac{1}{(n-1)^2}-\frac{1}{n^2}=\cdots=s_2-\sum_{i=3}^{n}\frac{1}{i^2}=1-\sum_{i=2}^{n}\frac{1}{i^2}$$

$$> 1-\sum_{i=1}^{n-1}\frac{1}{i(i+1)}=\frac{1}{n}>0$$

证法 3 (严文兰,2013－04－21) 由于

$$2+2\sum_{i=2}^{n}\frac{a_i}{i}=2\sum_{i=1}^{n}\frac{a_i}{i}=2\sum_{i=1}^{n}\frac{1}{i}\sum_{j=2}^{i}\frac{1}{j}=2\sum_{j,i}\frac{1}{ij}+\sum_{i=1}^{n}\frac{1}{i^2}$$

$$=(\sum_{i=1}^{n}\frac{1}{i})^2+\sum_{i=1}^{n}\frac{1}{i^2}=a_n^2+\sum_{i=1}^{n}\frac{1}{i^2}$$

因此,得到

$$a_n^2-2\sum_{i=2}^{n}\frac{a_i}{i}=2-\sum_{i=1}^{n}\frac{1}{i^2}>1-\sum_{i=1}^{n-1}\frac{1}{i(i+1)}=\frac{1}{n}>0$$

注:由以上证明并注意到$\sum_{i=1}^{\infty}\frac{1}{i^2}=\frac{\pi^2}{6}$,因此,有以下更强式

$$a_n^2-2\sum_{i=2}^{n}\frac{a_i}{i}>2-\frac{\pi^2}{6}$$

例 5 设 $a_i\in\mathbf{R},i=1,2,\cdots,n$,且对于所有 $i,j=1,2,\cdots,i+j\leqslant n$,满足 $a_i+a_j\geqslant a_{i+j}$,则

$$\sum_{i=1}^{n}\frac{a_i}{i}\geqslant\frac{2}{n+1}\sum_{i=1}^{n}a_i\geqslant a_n$$

证明 记 $s_i=a_1+a_2+\cdots+a_i,i=1,2,\cdots,n$,首先证明以下不等式

$$s_i\geqslant\frac{i+1}{2}a_i,i=1,2,\cdots,n \quad ①$$

由于 $2s_{i-1}=(a_1+a_{i-1})+(a_2+a_{i-2})+\cdots+(a_{i-1}+a_1)\geqslant(i-1)a_i$,因此,得到

$$s_{i-1}\geqslant\frac{i-1}{2}a_i\quad(i=1,2,\cdots,n,约定\ s_0=0) \quad ②$$

将式 ② 两边同时加上 a_i,并经整理即得式 ①.

下面证明原命题.利用阿贝尔(Abel)变换,有

$$\sum_{i=1}^{n}\frac{a_i}{i}=\sum_{i=1}^{n-1}s_i(\frac{1}{i}-\frac{1}{i+1})+\frac{s_n}{n}$$

$$=\sum_{i=1}^{n-1}\frac{s_i}{i(i+1)}+\frac{s_n}{n}$$

$$\geqslant\frac{1}{2}\sum_{i=1}^{n-1}\frac{a_i}{i}+\frac{s_n}{n}(应用式\ ①)$$

因此得到

$$\sum_{i=1}^{n}\frac{a_i}{i}\geqslant\frac{2s_{n-1}}{n}+\frac{a_n}{n}$$

$$=\frac{2s_n}{n}-\frac{a_n}{n}$$

由此可知，要证明$\sum_{i=1}^{n}\frac{a_i}{i}\geqslant\frac{2}{n+1}\sum_{i=1}^{n}a_i$，只要证

$$\frac{2s_n}{n}-\frac{a_n}{n}\geqslant\frac{2}{n+2}s_n$$

$$\Leftrightarrow(\frac{2}{n}-\frac{2}{n+1})s_n\geqslant\frac{a_n}{n}$$

$$\Leftrightarrow\frac{2}{n+1}s_n\geqslant a_n$$

由于$s_n=s_{n-1}+a_n\geqslant\frac{n-1}{2}a_n+a_n=\frac{n+1}{2}a_n$（注意应用式②），因此

$$\frac{2}{n+1}s_n\geqslant\frac{2}{n+1}\cdot\frac{n+1}{2}a_n=a_n$$

故有

$$\sum_{i=1}^{n}\frac{a_i}{i}\geqslant\frac{2}{n+1}\sum_{i=1}^{n}a_i$$

另外，易证$\frac{2}{n+1}\sum_{i=1}^{n}a_i\geqslant a_n$，事实上，有

$$\frac{2}{n+1}\sum_{i=1}^{n}a_i=\frac{2}{n+1}(\sum_{i=1}^{n-1}a_i+a_n)\geqslant\frac{2}{n+1}(\frac{n-1}{2}a_n+a_n)=a_n$$

即得

$$\frac{2}{n+1}\sum_{i=1}^{n}a_i\geqslant a_n$$

例 6　证明：$\sum_{k=1}^{7\,999}\frac{1}{\sqrt[3]{k^2}}>57$.

证明　先证$\frac{1}{\sqrt[3]{k^2}}>3\sqrt[3]{k+1}-3\sqrt[3]{k}$，即$(3k+1)^3>27k^2(k+1)$，此式易证（从略）. 因此，有

$$\sum_{k=1}^{7\,999}\frac{1}{\sqrt[3]{k^2}}>\sum_{k=i}^{7\,999}3(\sqrt[3]{k+1}-\sqrt[3]{k})=3(\sqrt[3]{8\,000}-1)=57$$

例 7　证明：$\frac{2}{3}n\sqrt{n}<\sum_{k=1}^{n}\sqrt{k}<\frac{4n+3}{6}\sqrt{n}$.

证明　下面先证明左边不等式

$$\frac{2}{3}n\sqrt{n}<\sum_{k=1}^{n}\sqrt{k}$$

设$s_n=\frac{2}{3}n\sqrt{n}$，$a_n=s_n-s_{n-1}=\frac{2}{3}n\sqrt{n}-\frac{2}{3}(n-1)\sqrt{n-1}(n\geqslant2)$，今证当$n\geqslant2$时，有

$$\sqrt{n}>\frac{2}{3}n\sqrt{n}-\frac{2}{3}(n-1)\sqrt{n-1}\qquad①$$

$$\text{式 ①} \Leftrightarrow \left[\sqrt{n}+\frac{2}{3}(n-1)\sqrt{n-1}\right]^{2}>\left(\frac{2}{3}n\sqrt{n}\right)^{2}$$

$$\Leftrightarrow \frac{4}{3}(n-1)\sqrt{n(n-1)}>\frac{4}{3}n^{2}-\frac{7}{3}n+\frac{4}{9}$$

$$\Leftrightarrow \left[\frac{4}{3}(n-1)\sqrt{n(n-1)}\right]^{2}>\left(\frac{4}{3}n^{2}-\frac{7}{3}n+\frac{4}{9}\right)^{2}$$

$$\Leftrightarrow 72n^{3}-105n^{2}+24n-16\geqslant 0$$

易证当 $n\geqslant 2$ 时，此式成立. 又不难验证，当 $n=1$ 时，式 ① 也成立. 于是，由式 ① 得到

$$\sum_{k=1}^{n}\sqrt{k}>\sum_{k=1}^{n}\left[\frac{2}{3}k\sqrt{k}-\frac{2}{3}(k-1)\sqrt{k-1}\right]=n\sqrt{n}$$

用同上方法再证右边不等式

$$\sum_{k=1}^{n}\sqrt{k}<\frac{4n+3}{6}\sqrt{n}$$

设 $s_n=\frac{4n+3}{6}\sqrt{n}$，$a_n=s_n-s_{n-1}=\frac{4n+3}{6}\sqrt{n}-\frac{4n-1}{6}\sqrt{n-1}$，今证当 $n\geqslant 2$ 时，有

$$\sqrt{n}<\frac{4n+3}{6}\sqrt{n}-\frac{4n-1}{6}\sqrt{n-1} \tag{②}$$

$$\Leftrightarrow \frac{4n-1}{6}\sqrt{n-1}<\frac{4n-3}{6}\sqrt{n}$$

$$\Leftrightarrow \left(\frac{4n-1}{6}\sqrt{n-1}\right)^{2}<\left(\frac{4n-3}{6}\sqrt{n}\right)^{2}$$

$$\Leftrightarrow -1<0$$

显然成立. 又不难验证，当 $n=1$ 时，式 ② 也成立. 于是，由式 ② 得到

$$\sum_{k=1}^{n}\sqrt{k}<\sum_{k=1}^{n}\left(\frac{4k+3}{6}\sqrt{k}-\frac{4k-1}{6}\sqrt{k-1}\right)=\frac{4n+3}{6}\sqrt{n}$$

注：此方法值得关注，许多与本例类似的问题，常常可以用本例中的解题方法来解决.

例 8 求证：$\frac{1}{3!}+\frac{3}{4!}+\cdots+\frac{2n-1}{(n+2)!}<\frac{1}{2}$.

证明 去证明其更强的式子

$$\frac{1}{3!}+\frac{3}{4!}+\cdots+\frac{2n-1}{(n+2)!}\leqslant\frac{1}{2}-\frac{1}{2n+1} \tag{※}$$

下面用数学归纳法证明式(※).

当 $n=1$ 是显然成立；今假设当 $n=k$ 时式(※) 成立，即有

$$\frac{1}{3!}+\frac{3}{4!}+\cdots+\frac{2k-1}{(k+2)!}\leqslant\frac{1}{2}-\frac{1}{2k+1} \tag{①}$$

当 $n=k+1$ 时,有

$$\frac{1}{3!}+\frac{3}{4!}+\cdots+\frac{2k-1}{(k+2)!}+\frac{2k+1}{(k+3)!}$$
$$\leqslant\frac{1}{2}-\frac{1}{2k+1}+\frac{2k+1}{(k+3)!}$$

因此只要证明

$$\frac{2k+1}{(k+3)!}\leqslant\frac{2}{(2k+1)(2k+3)}$$

此式应用数学归纳法易证(略). 故当 $n=k+1$ 时原命题也成立.

综上,原命题获证.

例 9 (自创题,2011－11－23) 求证:$1\times3\times5\times\cdots\times(2n-1)\geqslant(4n+1)^{\frac{n-1}{2}},n\in\mathbf{N}^*$.

证明 当 $n=1$ 时左边与右边都等于 1,原式成立.

下面应用数学归纳法先证明当 $n\geqslant2$ 时有以下不等式

$$2n-1>\frac{(4n+1)^{\frac{n-1}{2}}}{(4n-3)^{\frac{n-2}{2}}}$$

即

$$\frac{2n-1}{\sqrt{4n-3}}>\left(\frac{4n+1}{4n-3}\right)^{\frac{n-1}{2}} \quad ①$$

当 $n=2$ 时,式 ① 左边 $=\frac{3}{\sqrt{5}}=\left(\frac{9}{5}\right)^{\frac{1}{2}}=$ 右边,式 ① 成立.

假设当 $n=k(k\geqslant2)$ 时式 ① 成立,即

$$\frac{2k-1}{\sqrt{4k-3}}>\left(\frac{4k+1}{4k-3}\right)^{\frac{k-1}{2}} \quad ②$$

当 $n=k+1$ 时,有

$$\left(\frac{4k+5}{4k+1}\right)^{\frac{k}{2}}=\left(\frac{4k+5}{4k+1}\right)^{\frac{k-1}{2}}\cdot\sqrt{\frac{4k+5}{4k+1}}<\left(\frac{4k+1}{4k-3}\right)^{\frac{k-1}{2}}\cdot\sqrt{\frac{4k+5}{4k+1}}$$
$$\leqslant\frac{2k-1}{\sqrt{4k-3}}\cdot\sqrt{\frac{4k+5}{4k+1}}\text{(应用式 ②)}$$

于是,只要证明

$$\frac{2k-1}{\sqrt{4k-3}}\cdot\sqrt{\frac{4k+5}{4k+1}}\leqslant\frac{2k+1}{\sqrt{4k+1}}$$
$$\Leftrightarrow(2k-1)^2(4k+5)\leqslant(2k+1)^2(4k-3)$$
$$\Leftrightarrow(4k^2-4k+1)(4k+5)\leqslant(4k^2+4k+1)(4k-3)$$
$$\Leftrightarrow1\leqslant k$$

上式显然成立，因此，当 $n=k+1$ 时，式 ① 也成立，从而式 ① 获证. 由此可知，当 $n\in\mathbf{N}^*$ 时，总有

$$2n-1>\frac{(4n+1)^{\frac{n-1}{2}}}{(4n-3)^{\frac{n-2}{2}}} \tag{③}$$

下面证明原式. 在式 ③ 中，分别令 $n=1,2,3,\cdots,n$，然后将这 n 个式子左右两边分别相乘，得到

$$\begin{aligned}1\times3\times5\times7\times\cdots\times(2n-1)&\geqslant1\cdot\frac{9^{\frac{1}{2}}}{1}\cdot\frac{13}{9^{\frac{1}{2}}}\cdot\frac{17^{\frac{3}{2}}}{13}\cdots\frac{(4n+1)^{\frac{n-1}{2}}}{(4n-3)^{\frac{n-2}{2}}}\\&=(4n+1)^{\frac{n-1}{2}}\end{aligned}$$

即得原式.

注：用同样方法，可以得到

$$1\times3\times5\times\cdots\times(2n-1)\geqslant\left(\frac{2}{3}n^2+\frac{8}{3}n+1\right)^{\frac{n-1}{2}}$$

当 $n\geqslant2$ 时，其结果比本例中的结果要强.

例 10 设 m,n 为正整数，记 $S_n(m)=\sum\limits_{k=1}^{n}k^m$，则

i. $S_n(m)\leqslant\dfrac{n\ (n+1)^m}{m+1}$；

ii. $S_n(m)\geqslant\dfrac{n^{m+1}+1}{m+1}$.

证明 应用数学归纳法.

i. 当 $n=1$ 时，此时不等式为 $\dfrac{2^m}{m+1}\geqslant1$，即 $(1+1)^m\geqslant1+m$，为伯努利不等式特例，因此，当 $n=1$ 时，i 中的不等式成立.

假设 $n=k$ 时，有 $S_k(m)\leqslant\dfrac{k\ (k+1)^m}{m+1}$ 成立，则当 $n=k+1$ 时，即要证明

$$S_{k+1}(m)<\frac{(k+1)\ (k+2)^m}{m+1}$$

由 $n=k$ 时的假设知只需要证明 $\dfrac{k\ (k+1)^m}{m+1}+(k+1)^m\leqslant\dfrac{(k+1)\ (k+2)^m}{m+1}$，即只要证明

$$\frac{k}{m+1}+1\leqslant\frac{k+1}{m+1}\left(1+\frac{1}{k+1}\right)^m$$

由伯努利不等式 $\left(1+\dfrac{1}{k+1}\right)^m\geqslant1+\dfrac{m}{k+1}$，可知上式成立. 因此，当 $n=k+1$ 时，i 中的不等式也成立.

综上证明了 i 中的不等式成立.

ii. 当 $n=1$ 时,ii 中的不等式两边都等于 1,命题显然成立.

假设 $k=t$ 时,有 $S_k(m)\geqslant\frac{k^{m+1}+1}{m+1}$,即 $(m+1)S_k(m)\geqslant k^{m+1}+1$ 成立,则当 $n=k+1$ 时,即要证明

$$(m+1)S_{k+1}(m)\geqslant(k+1)^{m+1}+1$$

由归纳假设可知,只需证明

$$k^{m+1}+(m+1)(k+1)^m\geqslant(k+1)^{m+1}$$

即

$$\left(1-\frac{1}{k+1}\right)^{m+1}+\frac{m+1}{k+1}\geqslant 1$$

由伯努利不等式,有 $\left(1-\frac{1}{k+1}\right)^{m+1}\geqslant 1-\frac{m+1}{k+1}$,可知上式成立,因此,当 $k=t+1$ 时,ii 中的不等式也成立.

综上证明了 ii 中的不等式成立.

例 11 (自创题,2010-10-01) 在数列 $\{a_n\}$ 中,已知 a_1,a_2,且对于任意 $k\in\mathbf{N}^*$,a_{2k-1},a_{2k},a_{2k+1} 成等差数列,a_{2k},a_{2k+1},a_{2k+2} 成等比数列.

(1) 求数列 $\{a_n\}$ 的通项公式;

(2) 若 $a_1,a_2\in\mathbf{R}^+$,$a_1\neq a_2$,求证:$\sum_{i=1}^{n}\frac{1}{a_{2i-1}}\geqslant\frac{4(n-1)}{na_2}$.

解 (1) 对于任意 $k\in\mathbf{N}^*$,a_{2k-1},a_{2k},a_{2k+1} 成等差数列,设公差为 d_k,a_{2k},a_{2k+1},a_{2k+2} 成等比数列,公比为 q_k,则

$$d_k=a_{2k+1}-a_{2k}=a_{2k}\cdot q_k-a_{2k}=a_{2k}(q_k-1)$$

由此得到

$$\frac{1}{q_k-1}=\frac{a_{2k}}{d_K}$$

因此

$$\frac{1}{q_{k+1}-1}=\frac{a_{2k+2}}{d_{k+1}}$$

另外,由 $d_{k+1}=a_{2k+2}-a_{2k+1}=a_{2k+1}\cdot q_k-a_{2k+1}=a_{2k+1}(q_k-1)$,得到

$$\frac{1}{q_k-1}=\frac{a_{2k+1}}{d_{k+1}}$$

因此

$$\frac{1}{q_{k+1}-1}-\frac{1}{q_k-1}=\frac{a_{2k+2}}{d_{k+1}}-\frac{a_{2k+1}}{d_{k+1}}=\frac{a_{2k+2}-a_{2k+1}}{d_{k+1}}=\frac{d_{k+1}}{d_{k+1}}=1$$

于是,根据等差数列求通项公式,可得到

$$q_k=\frac{kq_1-(k-1)}{(k-1)q_1-(k-2)}(k\geqslant 2)$$

又 $q_1=\frac{a_3}{a_2}=\frac{2a_2-a_1}{a_2}$,因此

$$\begin{cases}q_1=\frac{2a_2-a_1}{a_2}\\ q_k=\frac{kq_1-(k-1)}{(k-1)q_1-(k-2)}(k\geqslant 2)\end{cases}$$

即

$$q_k=\frac{(k+1)a_2-ka_1}{ka_2-(k-1)a_1} \quad ①$$

再由 $\frac{1}{q_{k+1}-1}-\frac{1}{q_k-1}=1$,经去分母,并整理后得到

$$2q_k=q_kq_{k+1}+1$$

由于

$$d_{k+1}=a_{2k+2}-a_{2k+1}=\frac{(a_{2k+1})^2}{a_{2k}}-a_{2k+1}=\frac{a_{2k+1}(a_{2k+1}-a_{2k})}{a_{2k}}$$

$$=\frac{a_{2k+1}d_k}{a_{2k}}=q_kd_k$$

因此,有

$$\frac{2d_{k+1}}{d_k}=\frac{d_{k+1}}{d_k}\cdot\frac{d_{k+2}}{d_{k+1}}+1$$

即 $2d_{k+1}=d_k+d_{k+2}$,由此,得到

$$d_k=(a_2-a_1)+(k-1)\left[\frac{(2a_2-a_1)(a_2-a_1)}{a_2}-d_1\right]$$

$$=\frac{(a_2-a_1)[ka_2-(k-1)a_1]}{a_2}$$

$$=\frac{(a_2-a_1)[ka_2-(k-1)a_1]}{a_2} \quad ②$$

利用式 ①②,以及

$$\begin{cases}a_{2k+1}-a_{2k}=d_k\\ \frac{a_{2k+1}}{a_{2k}}=q_k\end{cases}$$

即可求得

$$\begin{cases}a_{2n-1}=\frac{[(n-1)a_2-(n-2)a_1][na_2-(n-1)a_1]}{a_2}\\ a_{2n}=\frac{[na_2-(n-1)a_1]^2}{a_2}\end{cases}$$

(2) 由于 $a_{2n-1}=\frac{[(n-1)a_2-(n-2)a_1][na_2-(n-1)a_1]}{a_2}$,因此,有

$$\frac{a_2-a_1}{a_2a_{2i-1}}=\frac{1}{(i-1)a_2-(i-2)a_1}-\frac{1}{ia_2-(i-1)a_1}$$

由此得到

$$\begin{aligned}\frac{a_2-a_1}{a_2}\sum_{i=1}^{n}\frac{1}{a_{2i-1}}&=\sum_{i=1}^{n}[\frac{1}{(i-1)a_2-(i-2)a_1}-\frac{1}{ia_2-(i-1)a_1}]\\&=\sum_{i=1}^{n}[\frac{1}{a_1}-\frac{1}{na_2-(n-1)a_1}]\\&=\frac{n(a_2-a_1)}{a_1[na_2-(n-1)a_1]}\end{aligned}$$

即

$$\sum_{i=1}^{n}\frac{1}{a_{2i-1}}=\frac{na_2}{a_1[na_2-(n-1)a_1]}$$

于是,有

$$\begin{aligned}\sum_{i=1}^{n}\frac{1}{a_{2i-1}}&=\frac{n(n-1)a_2}{(n-1)a_1[na_2-(n-1)a_1]}\\&\geqslant\frac{n(n-1)a_2}{[\frac{(n-1)a_1+na_2-(n-1)a_1}{2}]^2}=\frac{4(n-1)}{na_2}\end{aligned}$$

例 12 已知数列 $\{a_n\}$,$a_0=1,a_1=a>2$,且 $\frac{a_{n+1}}{a_n}=(\frac{a_n}{a_{n-1}})^2-2$,则

$$\frac{1}{a_0}+\frac{1}{a_1}+\cdots+\frac{1}{a_n}<\frac{1}{2}(2+a-\sqrt{a^2-4})$$

证法 1 令 $b_{i+1}=\frac{a_{i+1}}{a_i}$,$i=1,2,\cdots,n$,$b_0=a_0=1$,$b_1=a_1=a>2$,则 $a_k=b_0b_1\cdots b_k$,于是,原式即证

$$\frac{1}{b_0}+\frac{1}{b_0b_1}+\cdots+\frac{1}{b_0b_1\cdots b_n}<\frac{1}{2}(2+a-\sqrt{a^2-4}) \quad ①$$

下面应用数学归纳法证明式 ①.

当 $n=0$ 时,式 ① 显然成立;假设 $n=k$ 时,式 ① 成立,即

$$1+\frac{1}{b_1}+\cdots+\frac{1}{b_1\cdots b_k}<\frac{1}{2}(2+a-\sqrt{a^2-4})$$

今证明当 $n=k+1$ 时,式 ① 也成立.

由于 $a^2-2>2$,且式 ① 对于 $a>2$ 均成立,故当 $n=k+1$ 时,我们用 a^2-2 代换式 ① 的 a,有

$$\frac{1}{b_0}+\frac{1}{b_0b_1}+\cdots+\frac{1}{b_0b_1\cdots b_{k+1}}$$

$$=1+\frac{1}{b_1}\left(1+\frac{1}{b_2}+\cdots+\frac{1}{b_2b_3\cdots b_{k+1}}\right)$$

$$<1+\frac{1}{b_1}\cdot\frac{1}{2}[2+(a^2-2)-\sqrt{(a^2-2)^2-4}]$$

$$=1+\frac{1}{a}\cdot\frac{a}{2}(a-\sqrt{a^2-4})$$

$$=\frac{1}{2}(2+a-\sqrt{a^2-4})$$

即当 $n=k+1$ 时式 ① 也成立.

综上,式 ① 获证,故原命题成立.

证法 2 (田开斌,2012-08-17)令 $b_{i+1}=\frac{a_{i+1}}{a_i}$,$i=1,2,\cdots,n$,$b_0=a_0=1$,$b_1=a_1=a>2$,则 $a_k=b_0b_1\cdots b_k$,且由已知条件得到 $b_{i+1}=b_n^2-2$,于是,原式即证

$$\frac{1}{b_0}+\frac{1}{b_0b_1}+\cdots+\frac{1}{b_0b_1\cdots b_n}<\frac{1}{2}(2+a-\sqrt{a^2-4}) \quad ①$$

下面应用数学归纳法先证明下面恒等式

$$\frac{1}{2}(2+a-\sqrt{a^2-4})-\left(1+\frac{1}{b_1}+\cdots+\frac{1}{b_1\cdots b_n}\right)$$

$$=\frac{b_{n+1}-\sqrt{a^2-4}\cdot b_1b_2\cdots b_n}{2b_1b_2\cdots b_n}. \quad ②$$

当 $n=1$ 时,易证式 ② 成立.事实上,此时

式 ② 左边 $=\frac{1}{2}(2+a-\sqrt{a^2-4})-\left(1+\frac{1}{a}\right)=\frac{1}{2}a-\frac{1}{a}-\frac{1}{2}\sqrt{a^2-4}$

式 ② 右边 $=\frac{b_2-\sqrt{a^2-4}\cdot b_1}{2b_1}=\frac{\frac{a_2}{a_1}-\sqrt{a^2-4}\cdot a_1}{2a_1}=\frac{a^2-2-\sqrt{a^2-4}\cdot a}{2a}$

$=\frac{1}{2}a-\frac{1}{a}-\frac{1}{2}\sqrt{a^2-4}$(注意到 $b_2=\frac{a_2}{a_1}=(\frac{a_1}{a_0})^2-2=a^2-2$)

即当 $n=1$ 时,易证式 ② 成立.

假设当 $n=k$ 时,式 ② 成立,即

$$\frac{1}{2}(2+a-\sqrt{a^2-4})-\left(1+\frac{1}{b_1}+\cdots+\frac{1}{b_1\cdots b_k}\right)$$

$$=\frac{b_{k+1}-\sqrt{a^2-4}\cdot b_1b_2\cdots b_k}{2b_1b_2\cdots b_k}$$

当 $n=k+1$ 时,有

$$\frac{1}{2}(2+a-\sqrt{a^2-4})-\left(1+\frac{1}{b_1}+\cdots+\frac{1}{b_1\cdots b_kb_{k+1}}\right)$$

$$=\left[\frac{1}{2}(2+a-\sqrt{a^2-4})-\left(1+\frac{1}{b_1}+\cdots+\frac{1}{b_1\cdots b_k}\right)\right]-\frac{1}{b_1\cdots b_{k+1}}$$

$$=\frac{b_{k+1}-\sqrt{a^2-4}\cdot b_1b_2\cdots b_k}{2b_1b_2\cdots b_k}-\frac{1}{b_1\cdots b_{k+1}}$$

$$=\frac{b_{k+1}^2-2-\sqrt{a^2-4}\cdot b_1b_2\cdots b_{k+1}}{2b_1b_2\cdots b_kb_{k+1}}$$

$$=\frac{b_{k+2}-\sqrt{a^2-4}\cdot b_1b_2\cdots b_{k+1}}{2b_1b_2\cdots b_kb_{k+1}},$$

由此可知,$n=k+1$ 时,式 ② 也成立. 从而式 ② 获证.

另外,我们再用数学归纳法证明以下等式

$$b_{n+1}^2=(a^2-4)\prod_{i=1}^{n}b_i^2+4 \qquad ③$$

当 $n=1$ 时,$b_1=a_1=a$,$b_2=\frac{a_2}{a_1}=(\frac{a_1}{a_0})^2-2=a^2-2$,即有

$$b_2^2=(a^2-4)a+4$$

可见式 ③ 成立.

假设当 $n=k$ 时,式 ③ 成立,即

$$b_{k+1}^2=(a^2-4)\prod_{i=1}^{k}b_i^2+4$$

当 $n=k+1$ 时,有

$$\begin{aligned}(a^2-4)\prod_{i=1}^{k+1}b_i^2+4&=(a^2-4)\prod_{i=1}^{k}b_i^2\cdot b_{k+1}^2+4\\&=(b_{k+1}^2-4)b_{k+1}^2+4\\&=(b_{k+1}^2-2)^2=b_{k+2}^2\end{aligned}$$

即当 $n=k+1$ 时,式 ③ 也成立. 从而式 ③ 获证.

由式 ②③ 可知原命题成立.

证法 3 (王雍熙,2012-08-17) 令 $b_{i+1}=\frac{a_{i+1}}{a_i}$,$i=1,2,\cdots,n$,$b_0=a_0=1$,$b_1=a_1=a>2$,且由已知条件得到 $b_{i+1}=b_n^2-2$,再令 $b_1=a_1=a=c+\frac{1}{c}$($a\geqslant 2$,$c>0$),于是,易推知有

$$b_i=c^{2^{i-1}}+\frac{1}{c^{2^{i-1}}}$$

$i=1,2,\cdots,n$, 因此

$$a_k=b_1b_2\cdots b_k=\prod_{i=1}^{k}(c^{2^{i-1}}+\frac{1}{c^{2^{i-1}}})=\frac{c^{2^k}-\frac{1}{c^{2^k}}}{c-\frac{1}{c}}=\frac{c}{c^2-1}\cdot\frac{(c^{2^k})^2-1}{c^{2^k}}$$

即

$$\frac{1}{a_k}=\frac{c^2-1}{c}\cdot\frac{c^{2^k}}{(c^{2^k})^2-1}=\frac{c^2-1}{c}\cdot\left(\frac{1}{c^{2^k}-1}-\frac{1}{c^{2^{k+1}}-1}\right)$$

由此得到

$$\sum_{k=0}^{n}\frac{1}{a_k}=\frac{c^2-1}{c}\sum_{k=0}^{n}\left(\frac{1}{c^{2^k}-1}-\frac{1}{c^{2^{k+1}}-1}\right)=\frac{c^2-1}{c}\left(\frac{1}{c-1}-\frac{1}{c^{2^{n+1}}-1}\right)$$
$$<\frac{c^2-1}{c}\cdot\frac{1}{c-1}=\frac{c+1}{c}$$

由 $a=c+\frac{1}{c}$,得到 $c^2-ac+1=0$,取其中大的根 $c=\frac{a+\sqrt{a^2-4}}{2}$,则

$$\frac{c+1}{c}=\frac{1}{2}(2+a+\sqrt{a^2-4})$$

便得到

$$\sum_{k=0}^{n}\frac{1}{a_k}<\frac{1}{2}(2+a+\sqrt{a^2-4})$$

原式获证.

注:严文兰老师于2012—08—08也独立证明了本例中的不等式,方法与证法3相同.

例 13　已知数列 $\{a_n\}$ 满足 $a_1=1,a_{n+1}=\frac{\sqrt{1+a_n^2}-1}{a_n}(n\in\mathbf{N}^*)$. s_n 为其前 n 项和. 证明:

$$s_n>\frac{3(2^n-1)}{2^{n+1}}$$

证明　易知,对于任意的 $k\in\mathbf{N}^*$,$a_k>0$. 令 $a_k=\tan\alpha_k$,$\alpha_k\in(0,\frac{\pi}{2})$,$k=1,2,\cdots,n$,则由 $a_1=1$,得到 $\alpha_1=\frac{\pi}{4}$,且

$$\tan\alpha_{n+1}=\frac{\sqrt{1+\tan^2\alpha_n}-1}{\tan\alpha_n}=\frac{1-\cos\alpha_n}{\sin\alpha_n}=\tan\frac{\alpha_n}{2}$$

由于 $\alpha_n,\alpha_{n+1}\in(0,\frac{\pi}{2})$,从而,有

$$\alpha_{n+1}=\frac{1}{2}\alpha_n$$

由此可得到 $\alpha_n=\frac{\pi}{2^{n+1}}$,因此,$a_n=\tan\frac{\pi}{2^{n+1}}$.

又 $a_n=\tan\frac{\pi}{2^{n+1}}>\frac{\pi}{2^{n+1}}$,故

$$s_n=\sum_{k=1}^{n}a_k>\sum_{k=1}^{n}\frac{\pi}{2^{k+1}}=\frac{\pi(2^n-1)}{2^{n+1}}>\frac{3(2^n-1)}{2^{n+1}}$$

例 14　已知数列 $\{a_n\}$ 满足 $a_1=2,a_{n+1}=a_n^2-a_n+1(n\in\mathbf{N}^*)$. 求 $\lim\limits_{n\to\infty}\sum\limits_{k=1}^{n}\frac{1}{a_k}$.

解　由已知条件可知数列 $\{a_n\}$ 不可能是常数列，否则，由 $a_{n+1}=a_n^2-a_n+1$ 得 $a_n=1$，与 $a_1=2$ 矛盾. 同时，由 $a_{n+1}=a_n^2-a_n+1$，有 $a_{n+1}=a_n^2-a_n+1>a_2>a_1=2$.

由 $a_{n+1}=a_n^2-a_n+1$，得到

$$\frac{1}{a_n}=\frac{1}{a_n-1}-\frac{1}{a_{n+1}-1}$$

于是，有

$$\sum_{k=1}^{n}\frac{1}{a_k}=\sum_{k=1}^{n}(\frac{1}{a_k-1}-\frac{1}{a_{k+1}-1})=1-\frac{1}{a_{n+1}-1}<1$$

另一方面，由 $a_{n+1}=a_n^2-a_n+1$ 可得 $\frac{a_{n+1}-1}{a_n-1}=a_n$，且当 $n\geqslant 3$ 时，上面已证有 $a_k>2$，于是，当 $n\geqslant 2$ 时，有

$$a_{n+1}-1=(a_1-1)\prod_{k=1}^{n}a_k=\prod_{k=1}^{n}a_k>2^n$$

因此，有

$$\sum_{k=1}^{n}\frac{1}{a_k}=1-\frac{1}{a_{n+1}-1}>1-\frac{1}{2^n-1}$$

综上得到 $1-\frac{1}{2^n-1}<\sum\limits_{k=1}^{n}\frac{1}{a_k}<1$，但 $\lim\limits_{n\to\infty}(1-\frac{1}{2^n-1})=1$，故 $\lim\limits_{n\to\infty}\sum\limits_{k=1}^{n}\frac{1}{a_k}=1$.

例 15　(沈阳李明，2015－04－16) 记 $S_m(n)=1^m+2^m+\cdots+n^m(m,n\in\mathbf{N}^*)$，则

$$\frac{n^{m+1}+mn}{m+1}\leqslant S_m(n)\leqslant\frac{(n+\frac{1}{2})^{m+1}-(\frac{1}{2})^{m+1}}{m+1}$$

证明　先证明以下不等式

$$\frac{n^{m+1}-(n-1)^{m+1}+m}{m+1}\leqslant n^m\leqslant\frac{(n+\frac{1}{2})^{m+1}-(n-\frac{1}{2})^{m+1}}{m+1}\qquad①$$

今对式 ① 中 m 施行数学归纳法证明其成立. 先证式 ① 右边不等式.

当 $m=1$ 时，$n^m=n$，$\frac{(n+\frac{1}{2})^{m+1}-(n-\frac{1}{2})^{m+1}}{m+1}=\frac{(n+\frac{1}{2})^2-(n-\frac{1}{2})^2}{2}=n$，因此式 ① 右边不等式成立.

假设当 $m=k$ 时，有

$$n^k \leqslant \frac{(n+\frac{1}{2})^{k+1}-(n-\frac{1}{2})^{k+1}}{k+1}$$

即

$$(k+1)n^k \leqslant \left(n+\frac{1}{2}\right)^{k+1}-\left(n-\frac{1}{2}\right)^{k+1} \quad ②$$

当 $m=k+1$ 时，利用上式假设，有

$$(k+2)n^{k+1}=(k+1)n^k \cdot n+n^{k+1} \leqslant n\left(n+\frac{1}{2}\right)^{k+1}-n\left(n-\frac{1}{2}\right)^{k+1}+n^{k+1}$$

由此可知只要证明

$$n\left(n+\frac{1}{2}\right)^{k+1}-n\left(n-\frac{1}{2}\right)^{k+1}+n^{k+1} \leqslant \left(n+\frac{1}{2}\right)^{k+2}-\left(n-\frac{1}{2}\right)^{k+2}$$

经化简，即为

$$2n^{k+1} \leqslant \left(n+\frac{1}{2}\right)^{k+1}+\left(n-\frac{1}{2}\right)^{k+1} \quad ③$$

式 ③ 右边应用二项式展开，可知有

$$\left(n+\frac{1}{2}\right)^{k+1}+\left(n-\frac{1}{2}\right)^{k+1}=2n^{k+1}+2C_{k+1}^{2}n^{k-1}\left(\frac{1}{2}\right)^{2}+\cdots \geqslant 2n^{k+1}$$

因此，当 $m=k+1$ 时，式 ① 右边不等式也成立.

由数学归纳法原理可知，对于 $m \in \mathbf{N}^*$ 时，式 ① 右边不等式都成立.

下面再证式 ① 左边不等式成立.

当 $m=1$ 时，$n^m=n$，$\frac{n^{m+1}-(n-1)^{m+1}+m}{m+1}=\frac{n^2-(n-1)^2+1}{2}=n$，因此式 ① 左边不等式成立.

假设当 $m=k$ 时，有

$$\frac{n^{k+1}-(n-1)^{k+1}+k}{k+1} \leqslant n^k$$

即

$$n^{k+1}-(n-1)^{k+1}+k \leqslant (k+1)n^k \quad ④$$

当 $m=k+1$ 时，利用上式假设，有

$$(k+2)n^{k+1}=(k+1)n^k \cdot n+n^{k+1} \geqslant n^{k+2}-n(n-1)^{k+1}+nk+n^{k+1}$$

经化简，即为

$$n^{k+1}-(n-1)^{k+1}+nk \geqslant k+1 \quad ⑤$$

当 $n=1$ 时，式 ⑤ 显然成立，因为这时有 $1^{k+1}-(1-1)^{k+1}+k=k+1$.

当 $n \geqslant 2$ 时，式 ⑤ 显然也成立，因为这时有 $n^{k+1}>(n-1)^{k+1}$，$nk \geqslant 2k \geqslant k+1$，因此式 ⑤ 成立.

故当 $m=k+1$ 时,式 ① 右边不等式也成立.

由数学归纳法原理可知,对于 $m\in\mathbf{N}^*$ 时,式 ① 左边不等式也都成立.

现在利用式 ①,很容易证明原不等式. 这只要在式 ① 中让 n 分别取 $1,2,\cdots,n$,并将所得到的 n 个式子的同一对应边相加,即得原式. 由上证明可知,当且仅当 $m=1$ 时,原不等式的右边不等式取等号;当且仅当 $m=1$,或 $n=1$ 时,原不等式的左边不等式取等号.

注:用同样方法可以证明李明老师 2015 — 04 — 16 提出的如下不等式

$$S_m(n)\leqslant\frac{(m+n)n^m}{m+1}$$

只要先证明 $n^m\leqslant\frac{(m+n)n^m}{m+1}-\frac{(m+n-1)(n-1)^m}{m+1}$,即

$$1+\frac{k}{n-1}\leqslant\left(1+\frac{1}{n-1}\right)^k$$

而上式可用伯努利不等式证明.

例 16 设 $a_1,a_2,\cdots,a_n$ 是 n 个互不相等的正整数,则

$$\sum_{i=1}^{n}a_i^3\geqslant\left(\sum_{i=1}^{n}a_i\right)^2\geqslant\frac{n(n+1)}{2}\sum_{i=1}^{n}a_i$$

证明 不妨设 $1\leqslant a_1<a_2<\cdots<a_n$,下面,利用数学归纳法证明

$$\sum_{i=1}^{n}a_i^3\geqslant\left(\sum_{i=1}^{n}a_i\right)^2 \quad ①$$

当 $n=1$ 时,式 ① 显然成立.

假设 $n=k$ 时,式 ① 成立,即

$$\sum_{i=1}^{k}a_i^3\geqslant\left(\sum_{i=1}^{k}a_i\right)^2$$

当 $n=k+1$ 时,有

$$\sum_{i=1}^{k+1}a_i^3=\sum_{i=1}^{k}a_i^3+a_{k+1}\geqslant\left(\sum_{i=1}^{k}a_i\right)^2+a_{k+1}$$

因此,只要证明

$$\left(\sum_{i=1}^{k}a_i\right)^2+a_{k+1}\geqslant\left(\sum_{i=1}^{k+1}a_i\right)^2=\left(\sum_{i=1}^{k}a_i\right)^2+2a_{k+1}\sum_{i=1}^{k}a_i+a_{k+1}^2$$

即

$$a_{k+1}(a_{k+1}-1)\geqslant 2\sum_{i=1}^{k}a_i \quad ②$$

下面,再用数学归纳法证明式 ②.

当 $k=1$ 时,式 ② 为 $a_2(a_2-1)\geqslant 2a_1$,由于 $a_2\geqslant 2,a_2\geqslant a_1+1$,故当 $k=1$ 时,式 ② 成立.

假设 $k=m$ 时,式 ② 成立,即

$$a_{m+1}(a_{m+1}-1)\geqslant 2\sum_{i=1}^{m}a_i$$

当 $k=m+1$ 时,有

$$a_{m+2}(a_{m+2}-1)\geqslant (a_{m+1}+1)a_{m+1}$$
$$=(a_{m+1}-1)a_{m+1}+2a_{m+1}\geqslant 2\sum_{i=1}^{m}a_i+2a_{m+1}=2\sum_{i=1}^{m+1}a_i$$

即 $n=k+1$ 时,式 ② 也成立.

从而得到,对于任意正整数k,式 ② 都成立,也就是,当$n=k+1$时,式 ① 成立.

只要注意到 $a_1,a_2,\cdots,a_n$ 是 n 个互不相等的正整数,$1\leqslant a_1<a_2<\cdots<a_n$,因此有 $a_i\geqslant i,i=1,2,\cdots,n$,所以得到

$$\left(\sum_{i=1}^{n}a_i\right)^2\geqslant\sum_{i=1}^{n}i\sum_{i=1}^{n}a_i=\frac{n(n+1)}{2}\sum_{i=1}^{n}a_i$$

故原命题获证.由以上证明过程可知,当且仅当 $a_i=i,i=1,2,\cdots,n$ 时,原命题中的左右两边不等式均取等号.

极值问题

第九章

例 1 （自创题,2012－05－13）设 $x>-1,y>-\frac{1}{2}$,$z>-\frac{1}{3}$,且 $x+y+z=1$,试求函数

$$f(x,y,z)=\frac{x}{x+1}+\frac{y}{2y+1}+\frac{z}{3z+1}$$

的最大值.并求出取得最大值时 x,y,z 的值.

解

$$\begin{aligned}f(x,y,z)&=\frac{x}{x+1}+\frac{y}{2y+1}+\frac{z}{3z+1}\\&=\left(1-\frac{1}{x+1}\right)+\frac{1}{2}\left(1-\frac{1}{2y+1}\right)+\\&\quad\frac{1}{3}\left(1-\frac{1}{3z+1}\right)\\&=\frac{11}{6}-\left[\frac{1}{x+1}+\frac{1}{2(2y+1)}+\frac{1}{3(3z+1)}\right]\end{aligned}$$

由此可知,只要求函数

$$g(x,y,z)=\frac{1}{x+1}+\frac{1}{2(2y+1)}+\frac{1}{3(3z+1)}$$

的最小值即可.

由于

$$\begin{aligned}&\frac{1}{x+1}+\frac{1}{2(2y+1)}+\frac{1}{3(3z+1)}\\&=\frac{36}{36x+36}+\frac{9}{36y+18}+\frac{4}{36z+12}\end{aligned}$$

$$\geqslant \frac{(6+3+2)^2}{(36x+36)+(36y+18)+(36z+12)}$$

(柯西不等式)

$$=\frac{(6+3+2)^2}{36(x+y+z)+(36+18+12)}$$

$$=\frac{121}{102}$$

当且仅当$\frac{6}{36x+36}=\frac{3}{36y+18}=\frac{2}{36z+12}=\frac{11}{102}$,即 $x=\frac{6}{11}$,$y=\frac{3}{11}$,$z=\frac{2}{11}$ 时,上式取等号,这时函数 $g(x,y,z)=\frac{1}{x+1}+\frac{1}{2(2y+1)}+\frac{1}{3(3z+1)}$ 有最小值 $\frac{121}{102}$.

因此,原函数 $f(x,y,z)=\frac{x}{x+1}+\frac{y}{2y+1}+\frac{z}{3z+1}$ 有最大值为$\frac{11}{6}-\frac{121}{102}=\frac{11}{17}$,当取得最大值时 $x=\frac{6}{11}$,$y=\frac{3}{11}$,$z=\frac{2}{11}$.

例 2 (自创题,2012-05-13)设 $2x+3y+z>0$,$x+y+3z>0$,$3x+2y+3z>0$,且 $x+y+z=1$,试求函数

$$f(x,y,z)=\frac{1}{2x+3y+z}+\frac{1}{x+y+3z}+\frac{1}{3x+2y+3z}$$

的最小值. 并求出取得最小值时 x,y,z 的值.

解
$$f(x,y,z)=\frac{1}{2x+3y+z}+\frac{1}{x+y+3z}+\frac{1}{3x+2y+3z}$$

$$=\frac{2}{4x+6y+2z}+\frac{1}{x+y+3z}+\frac{2}{6x+4y+6z}$$

$$\geqslant \frac{(\sqrt{2}+1+\sqrt{2})^2}{(4x+6y+2z)+(x+y+3z)+(6x+4y+6z)}$$

(柯西不等式)

$$=\frac{(2\sqrt{2}+1)^2}{(4x+x+6x)+(6y+y+4y)+(2z+3z+6z)}$$

$$=\frac{(2\sqrt{2}+1)^2}{11(x+y+z)}=\frac{(2\sqrt{2}+1)^2}{11}$$

当且仅当$\frac{\sqrt{2}}{4x+6y+2z}=\frac{1}{x+y+3z}=\frac{\sqrt{2}}{6x+4y+6z}=\frac{2\sqrt{2}+1}{11}$,即

$$\begin{cases}4x+6y+2z=\dfrac{11}{4+\sqrt{2}}\\x+y+3z=\dfrac{11\sqrt{2}}{4+\sqrt{2}}\\6x+4y+6z=\dfrac{11}{4+\sqrt{2}}\end{cases}$$

解得

$$\begin{cases}x=\dfrac{5-7\sqrt{2}}{4+\sqrt{2}}=\dfrac{34-33\sqrt{2}}{14}\\y=\dfrac{1+3\sqrt{2}}{4+\sqrt{2}}=\dfrac{-2+11\sqrt{2}}{14}\\z=\dfrac{-2+5\sqrt{2}}{4+\sqrt{2}}=\dfrac{-9+11\sqrt{2}}{7}\end{cases}$$

时取等号，故原函数 $f(x,y,z)$ 有最小值为$\dfrac{(2\sqrt{2}+1)^2}{11}$，当取得最小值时 x,y,z 的值为

$$\begin{cases}x=\dfrac{34-33\sqrt{2}}{14}\\y=\dfrac{-2+11\sqrt{2}}{14}\\z=\dfrac{-9+11\sqrt{2}}{7}\end{cases}$$

注：可应用待定系数法配系数：设参数 $\lambda,u,v>0$，使得 $2\lambda+u+3v=3\lambda+u+2v=\lambda+3u+3v=t$，求得 $\lambda=\dfrac{2}{11}t,u=\dfrac{1}{11}t,v=\dfrac{2}{11}t$.

例 3 （自创题，2012－05－13）设 $x>-\dfrac{1}{2},y>-\dfrac{1}{3},z>-\dfrac{1}{4}$，且 $x+y+z=1$，试求函数

$$f(x,y,z)=\sqrt{2x+1}+\sqrt{3y+1}+\sqrt{4z+1}$$

的最大值. 并求出取得最大值时 x,y,z 的值.

解法 1
$$\begin{aligned}f(x,y,z)&=\sqrt{2x+1}+\sqrt{3y+1}+\sqrt{4z+1}\\&=\sqrt{2}\cdot\sqrt{x+\frac{1}{2}}+\sqrt{3}\cdot\sqrt{y+\frac{1}{3}}+\sqrt{4}\cdot\sqrt{z+\frac{1}{4}}\\&\leqslant\sqrt{(2+3+4)\left[\left(x+\frac{1}{2}\right)+\left(y+\frac{1}{3}\right)+\left(z+\frac{1}{4}\right)\right]}\end{aligned}$$

（柯西不等式）

$$=\sqrt{9\cdot\left(1+\frac{1}{2}+\frac{1}{3}+\frac{1}{4}\right)}=\frac{5\sqrt{3}}{2}$$

当且仅当$\frac{x+\frac{1}{2}}{2}=\frac{y+\frac{1}{3}}{3}=\frac{z+\frac{1}{4}}{4}=\frac{\frac{25}{12}}{9}=\frac{25}{108}$,即$x=-\frac{1}{27}$,$y=\frac{13}{36}$,$z=\frac{73}{108}$时,上式取等号,故原函数$f(x,y,z)$有最小值为$\frac{5\sqrt{3}}{2}$,当取得最小值时$x=-\frac{1}{27}$,$y=\frac{13}{36}$,$z=\frac{73}{108}$.

解法 2　设$f(x,y,z)=\lambda=\sqrt{2x+1}$,$u=\sqrt{3y+1}$,$v=\sqrt{4z+1}$,$\lambda,u,v\in\mathbf{R}^{+}$,则

$$\frac{\lambda^{2}-1}{2}+\frac{u^{2}-1}{3}+\frac{v^{2}-1}{4}=1$$

即

$$\frac{\lambda^{2}}{2}+\frac{u^{2}}{3}+\frac{v^{2}}{4}=\frac{25}{12}$$

于是,由柯西不等式,得到

$$(2+3+4)\left(\frac{\lambda^{2}}{2}+\frac{u^{2}}{3}+\frac{v^{2}}{4}\right)\geqslant(\lambda+u+v)^{2}$$

因此,有

$$\lambda+u+v\leqslant\sqrt{9\times\frac{25}{12}}=\frac{5\sqrt{3}}{2}$$

故函数$f(x,y,z)$有最小值为$\frac{5\sqrt{3}}{2}$,当取得最小值时$x=-\frac{1}{27}$,$y=\frac{13}{36}$,$z=\frac{73}{108}$.

例 4　(自创题,2012-05-13) 设$y+z>0$,$z+x>0$,$2x+y>0$,且$x+y+z=1$,试求函数

$$f(x,y,z)=\sqrt{y+z}+\sqrt{z+x}+\sqrt{2x+y}$$

的最大值,并求出取得最大值时x,y,z的值.

解　设$\begin{cases}y+z=\lambda^{2}\\z+x=u^{2}\\2x+y=v^{2}\end{cases}$,其中$\lambda,u,v>0$,解得

$$\begin{cases}x=\frac{1}{3}(-\lambda^{2}+u^{2}+v^{2})\\y=\frac{1}{3}(2\lambda^{2}-2u^{2}+v^{2})\\z=\frac{1}{3}(\lambda^{2}+2u^{2}-v^{2})\end{cases}$$

由 $x+y+z=1$,得到

$$2\lambda^2+u^2+v^2=3$$

于是,根据柯西不等式,有

$$f(x,y,z)=\lambda+u+v\leqslant\sqrt{\left(\frac{1}{2}+1+1\right)(2\lambda^2+u^2+v^2)}$$

$$\leqslant\sqrt{\frac{5}{2}\cdot 3}=\frac{\sqrt{30}}{2}$$

当且仅当$\dfrac{\lambda}{\frac{1}{2}}=\dfrac{u}{1}=\dfrac{v}{1}=\dfrac{\frac{\sqrt{30}}{2}}{\frac{5}{2}}=\dfrac{\sqrt{30}}{5}$,即 $\lambda=\dfrac{\sqrt{30}}{10}$,$u=v=\dfrac{\sqrt{30}}{5}$ 时上式取等号,

故原函数 $f(x,y,z)$ 有最大值$\dfrac{\sqrt{30}}{2}$,当取得最小值时 $x=\dfrac{7}{10}$,$y=-\dfrac{1}{5}$,$z=\dfrac{1}{2}$.

注:注意待定系数法的应用.

例 5 (2009 年全国高中数学联赛)求函数 $y=\sqrt{x+27}+\sqrt{13-x}+\sqrt{x}$ 的最大值和最小值.

解 函数 $y=\sqrt{x+27}+\sqrt{13-x}+\sqrt{x}$ 的定义域为 $0\leqslant x\leqslant 13$.

$$y=\sqrt{x+27}+\sqrt{13-x}+\sqrt{x}$$

$$=\sqrt{x+27}+\sqrt{13+2\sqrt{x(13-x)}}\geqslant\sqrt{27}+\sqrt{13}=3\sqrt{3}+\sqrt{13}$$

故 $y_{\min}=3\sqrt{3}+\sqrt{13}$,当 $x=0$ 时取到最小值.

$$y=\sqrt{x+27}+\sqrt{13-x}+\sqrt{x}$$

$$\leqslant\sqrt{[(x+27)+3(13-x)+2x]\left(1+\frac{1}{3}+\frac{1}{2}\right)}=11$$

当且仅当 $x+27=9(13-x)=4x$,即 $x=9$ 时取等号. 故 $y_{\max}=11$,当 $x=9$ 时取到最大值.

注:关于系数 1,3,2 取值的思考,可以用参数法求得.

$$y=\sqrt{x+27}+\sqrt{13-x}+\sqrt{x}$$

$$\leqslant\sqrt{[\lambda(x+27)+u(13-x)+vx]\left(\frac{1}{\lambda}+\frac{1}{u}+\frac{1}{v}\right)}$$

上述根号内计算结果不能含 x,可取 $\lambda-u+v=0$①,另外,再根据柯西不等式取等号条件,有 $\lambda^2(x+27)=u^2(13-x)=v^2x$,消去 x,得到$\dfrac{27\lambda^2}{v^2-\lambda^2}=\dfrac{13u^2}{v^2-u^2}$②,

由 ①② 得到 $6\lambda=2u=3v$.

注:2017 年 5 月 21 日,全国高中数学联赛福建省赛区预考题:

函数 $f(x)=\sqrt{2x-7}+\sqrt{12-x}+\sqrt{44-x}$ 的最大值为

$\underline{\qquad\qquad\qquad\qquad}$.

解 应用柯西不等式有

$$\sqrt{3}\cdot\sqrt{\frac{2x-7}{3}}+\sqrt{2}\cdot\sqrt{\frac{12-x}{2}}+\sqrt{6}\sqrt{\frac{44-x}{6}}$$

$$\leqslant\sqrt{(3+2+6)(\frac{2x-7}{3}+\frac{12-x}{2}+\frac{44-x}{6})}=11$$

当且仅当$\frac{2x-7}{9}=\frac{12-x}{4}=\frac{44-x}{36}$,即 $x=8$ 时取等号.

故 $f(x)=\sqrt{2x-7}+\sqrt{12-x}+\sqrt{44-x}$ 的最大值为 11,这时 $x=8$.

同上例一样,可以应用参数方法,求得上述不等式左边中的$\sqrt{3}$,$\sqrt{2}$,$\sqrt{6}$.

例 6 (自创题,2014—06—26)m,n,p,q,r,s 为非零已知常数,求对于任意实数 $a,b,c(a\neq 0)$,满足

$$(mb+nc)^2+(pc+qa)^2+(ra+sb)^2\geqslant ta^2$$

的最大正数 t.

解 引入参数 u,v,由柯西不等式,有

$$(mb+nc)^2+(pc+qa)^2+(ra+sb)^2$$

$$=\frac{[(uq+vr)a+(m+vs)b+(n+up)c]^2}{1^2+u^2+v^2}$$

令 $m+vs=0,n+up=0$,得到 $u=-\frac{n}{p},v=-\frac{m}{s}$,于是,得到

$$(mb+nc)^2+(pc+qa)^2+(ra+sb)^2$$

$$\geqslant\frac{[(-\frac{n}{p}q-\frac{m}{s}r)a]^2}{1^2+(-\frac{n}{p})^2+(-\frac{m}{s})^2}=\frac{(mpr+nqs)^2a^2}{(ps)^2+(ns)^2+(mp)^2}$$

因此,可得最大正数

$$t=\frac{(mpr+nqs)^2}{(ps)^2+(ns)^2+(mp)^2}$$

当且仅当

$$\frac{1}{mb+nc}=\frac{u}{pc+qa}=\frac{v}{ra+sb}$$

即

$$\frac{1}{mb+nc}=\frac{-\frac{m}{s}}{pc+qa}=\frac{-\frac{n}{p}}{ra+sb}$$

由上得到

$$\frac{b}{a}=\frac{n^2ps-p^2rs-mnpr}{ps+2mn},\frac{c}{a}=\frac{m^2pr-pqs^2-mnqs}{ps+2mn}$$

时取得.

例 7 (2001 年西部数学奥林匹克) 设 x,y,z 为正实数,且 $x+y+z\geqslant xyz$. 求$\frac{x^2+y^2+z^2}{xyz}$的最小值.

解法 1 命题者解答,分类讨论(略).

解法 2

$$\begin{aligned}\frac{x^2+y^2+z^2}{xyz}&\geqslant\frac{\sqrt{3(y^2z^2+z^2x^2+x^2y^2)}}{xyz}\\&\geqslant\frac{\sqrt{3xyz(x+y+z)}}{xyz}=\sqrt{\frac{x+y+z}{xyz}}\geqslant\sqrt{3}\end{aligned}$$

故$\frac{x^2+y^2+z^2}{xyz}$的最小值为$\sqrt{3}$,当且仅当 $x=y=z=\sqrt{3}$ 时取到最小值.

注:对于非负数 x,y,z,有$(x+y+z)^2\geqslant 3(yz+zx+xy)$,$x+y+z\geqslant\sqrt{yz}+\sqrt{zx}+\sqrt{xy}$.

例 8 (自创题,2017-07-28) 实数 a,b,c 满足 $a^2+b^2+ab+a+b=1$,求 $a+b-2ab$ 的最大值.

解法 1 设参数 λ,则

$$\begin{aligned}&\lambda(a^2+b^2+ab+a+b)-(a+b-2ab)\\=&\lambda(a^2+b^2)+(\lambda+2)ab+(\lambda-1)(a+b)\end{aligned}$$

令 $\lambda+2=2\lambda$,即 $\lambda=2$,于是,有

$$\begin{aligned}&2(a^2+b^2+ab+a+b)-(a+b-2ab)=2(a^2+b^2)+4ab+(a+b)\\=&2(a+b)^2+(a+b)=2\left(a+b+\frac{1}{4}\right)^2-\frac{1}{8}\geqslant-\frac{1}{8}\end{aligned}$$

因此得到

$$a+b-2ab\leqslant 2(a^2+b^2+ab+a+b)+\frac{1}{8}=\frac{17}{8}$$

当且仅当$\begin{cases}a+b+\frac{1}{4}=0\\a+b-2ab=\frac{17}{8}\end{cases}$时,以上不等式取等号,解方程组得到

$$\begin{cases}a=\frac{-1-\sqrt{77}}{8}\\b=\frac{-1+\sqrt{77}}{8}\end{cases}\text{或}\begin{cases}a=\frac{-1+\sqrt{77}}{8},\\b=\frac{-1-\sqrt{77}}{8}.\end{cases}$$

由此可知,$a+b-2ab$ 的最大值是$\frac{17}{8}$,当且仅当

$$\begin{cases}a=\frac{-1-\sqrt{77}}{8}\\b=\frac{-1+\sqrt{77}}{8}\end{cases}\quad\text{或}\quad\begin{cases}a=\frac{-1+\sqrt{77}}{8}\\b=\frac{-1-\sqrt{77}}{8}\end{cases}$$

取到最大值.

解法 2 设 $a+b=u,ab=v,a+b-2ab=s$,则由已知条件 $a^2+b^2+ab+a+b=1$,得到

$$\begin{cases}u^2+u-v=1\\u-2v=s\end{cases}$$

消去 v,得到 $2u^2+u+(s-2)=0$.

由于 a,b 为实数,$a+b-2ab=s$ 有最大值时,有

$$\Delta=1-8(s-2)=-8s+17\geqslant 0$$

由此得到 $s\leqslant\frac{17}{8}$,即 $a+b-2ab$ 得最大值为$\frac{17}{8}$.取得最大值时,有

$$\begin{cases}u=-\frac{1}{4}\\u-2v=\frac{17}{8}\end{cases}$$

解得 $\begin{cases}u=-\frac{1}{4}\\v=-\frac{15}{16}\end{cases}$ 即 $\begin{cases}a+b=-\frac{1}{4}\\ab=-\frac{15}{16}\end{cases}$,解方程组得到 $\begin{cases}a=\frac{-1-\sqrt{77}}{8}\\b=\frac{-1+\sqrt{77}}{8}\end{cases}$ 或 $\begin{cases}a=\frac{-1+\sqrt{77}}{8},\\b=\frac{-1-\sqrt{77}}{8}.\end{cases}$

由此可知,$a+b-2ab$ 的最大值是$\frac{17}{8}$,当且仅当

$$\begin{cases}a=\frac{-1-\sqrt{77}}{8}\\b=\frac{-1+\sqrt{77}}{8}\end{cases}\quad\text{或}\quad\begin{cases}a=\frac{-1+\sqrt{77}}{8}\\b=\frac{-1-\sqrt{77}}{8}\end{cases}$$

取到最大值.

注:注意设参求最值方法的应用.

例 9 (2016 年全国高中数学联赛陕西赛区预赛一试题)

设 $x\in\mathbf{R}$,则函数

$$f(x)=|2x-1|+|3x-2|+|4x-3|+|5x-4|$$

的最小值为________.

解 注意到

$$f(x)=|2x-1|+|3x-2|+|4x-3|+|5x-4|$$

$$=2\left|x-\frac{1}{2}\right|+3\left|x-\frac{2}{3}\right|+4\left|x-\frac{3}{4}\right|+5\left|x-\frac{4}{5}\right|$$

$$=2\left(\left|x-\frac{1}{2}\right|+\left|x-\frac{4}{5}\right|\right)+$$

$$3\left(\left|x-\frac{2}{3}\right|+\left|x-\frac{4}{5}\right|\right)+4\left|x-\frac{3}{4}\right|$$

$$\geqslant 2\left|(x-\frac{1}{2})-(x-\frac{4}{5})\right|+3\left|(x-\frac{2}{3})-(x-\frac{4}{5})\right|$$

$$=2\left|\frac{4}{5}-\frac{1}{2}\right|+3\left|\frac{4}{5}-\frac{2}{3}\right|=1$$

当且仅当$(x-\frac{1}{2})(x-\frac{4}{5})\leqslant 0,(x-\frac{2}{3})(x-\frac{4}{5})\leqslant 0,x-\frac{3}{4}=0$,即 $x=\frac{3}{4}$ 时,等号成立.

故 $f(x)_{\min}=f(\frac{3}{4})=1$.

例 10 (自创题,2016—08—08) 对于任意 $x\in\mathbf{R}$,都有

$$|2x-a|+2|3x-2a|+|3x-a|+3|x-a|\geqslant a^2$$

求实数 a 的取值范围.

解 由于

$$|2x-a|+2|3x-2a|+|3x-a|+3|x-a|$$

$$=2\left|x-\frac{a}{2}\right|+6\left|x-\frac{2a}{3}\right|+3\left|x-\frac{a}{3}\right|+3|x-a|$$

$$=2\left(\left|x-\frac{a}{2}\right|+\left|x-\frac{2a}{3}\right|\right)+3\left(\left|x-\frac{a}{3}\right|+|x-a|\right)+4\left|x-\frac{2a}{3}\right|$$

$$\geqslant 2\left|(x-\frac{a}{2})-(x-\frac{2a}{3})\right|+3\left|(x-\frac{a}{3})-(x-a)\right|+4\left|x-\frac{2a}{3}\right|$$

$$\geqslant 2\left|(x-\frac{a}{2})-(x-\frac{2a}{3})\right|+3\left|(x-\frac{a}{3})-(x-a)\right|\text{(}x=\frac{2a}{3}\text{ 时取等号)}$$

$$\geqslant 2\left|\frac{a}{6}\right|+3\left|\frac{2a}{3}\right|=\frac{7}{3}|a|$$

因此,要使对于任意 $x\in\mathbf{R}$,都有

$$|2x-a|+2|3x-2a|+|3x-a|+3|x-a|\geqslant a^2$$

只要$\frac{7}{3}|a|\geqslant a^2$,即得 $-\frac{7}{3}\leqslant a\leqslant\frac{7}{3}$,便是所要求的 a 的取值范围.

例 11 n 为不小于 2 的正整数,$a_i\in\overline{\mathbf{R}^-}$,$i=1,2,\cdots,n$,且 $\sum\limits_{i=1}^{n}a_i=1$,求 $(\sum\limits_{i=1}^{n}ia_i)(\sum\limits_{i=1}^{n}\frac{a_i}{i})^2$ 的最大值.

解

$$(\sum_{i=1}^{n} ia_i)(\sum_{i=1}^{n} \frac{a_i}{i})^2 = \left[1+\sum_{i=1}^{n}(i-1)a_i\right]\cdot\left(1-\sum_{i=1}^{n}\frac{i-1}{i}a_i\right)^2$$

$$=\frac{n}{2}\left[\frac{2}{n}+\frac{2}{n}\sum_{i=1}^{n}(i-1)a_i\right]\left(1-\sum_{i=1}^{n}\frac{i-1}{i}a_i\right)\left(1-\sum_{i=1}^{n}\frac{i-1}{i}a_i\right)$$

$$\leqslant \frac{n}{2}\left\{\frac{\left[\frac{2}{n}+\frac{2}{n}\sum_{i=1}^{n}(i-1)a_i\right]+(1-\sum_{i=1}^{n}\frac{i-1}{i}a_i)+(1-\sum_{i=1}^{n}\frac{i-1}{i}a_i)}{3}\right\}^3$$

$$\leqslant \frac{n}{2}\left\{\frac{\left[\frac{2}{n}+\frac{2}{n}\sum_{i=1}^{n}\frac{(i-1)(n-i)}{i}a_i\right]}{3}\right\}^3$$

$$\leqslant \frac{n}{2}\left(\frac{\frac{2}{n}+2}{3}\right)^3=\frac{4(n+1)^3}{27n^2}$$

由上解题过程易知，当且仅当 $a_1=\frac{2n-1}{3(n-1)}, a_2=a_3=\cdots=a_{n-1}=0, a_n=\frac{n-2}{3(n-1)}$ 时，上述不等式取等号. 故 $(\sum_{i=1}^{n} ia_i)(\sum_{i=1}^{n}\frac{a_i}{i})^2$ 得最大值是 $\frac{4(n+1)^3}{27n^2}$，当取得最大值时，$a_1=\frac{2n-1}{3(n-1)}, a_2=a_3=\cdots=a_{n-1}=0, a_n=\frac{n-2}{3(n-1)}$.

例 12 （自创题，2012－02－02）设 $x_1, x_2, x_3, x_4\in\mathbf{R}$，且 $\sum_{i=1}^{4}x_i=2$，$\sum_{i=1}^{4}x_i^2=6$，$\sum_{i=1}^{4}x_i^3=8$，求 $x_1^4+x_2^4+x_3^4+x_4^4$ 的最小值.

分析 由 $\sum_{i=1}^{4}x_i=2$，$\sum_{i=1}^{4}x_i^2=6$，$\sum_{i=1}^{4}x_i^3=8$，可以求得 $\sum_{1\leqslant i<j\leqslant 4}x_ix_j$，$\sum_{1\leqslant i<j<k\leqslant 4}x_ix_jx_k$，于是联想到方程.

解 由已知条件，可得

$$\sum_{1\leqslant i<j\leqslant 4}x_ix_j=\frac{(\sum_{i=1}^{4}x_i)^2-\sum_{i=1}^{4}x_i^2}{2}=-1$$

$$\sum_{1\leqslant i<j<k\leqslant 4}x_ix_jx_k=\frac{2\sum_{i=1}^{4}x_i^3+(\sum_{i=1}^{4}x_i)^3-3\sum_{i=1}^{4}x_i\cdot\sum_{i=1}^{4}x_i^2}{6}=-2$$

因此，x_1, x_2, x_3, x_4 是方程 $y^4-2y^3-y^2+2y+x_1x_2x_3x_4=0$ 的四个根，又由于

$$\begin{aligned}&y^4-2y^3-y^2+2y+x_1x_2x_3x_4\\=&(y^2-y-1)^2+x_1x_2x_3x_4-1\end{aligned}$$

因此,当 $y=x_1$,或 $y=x_2$,或 $y=x_3$,或 $y=x_4$ 时,有

$$x_1x_2x_3x_4=-(y^2-y-1)^2+1\leqslant 1$$

另外,由于 x_1,x_2,x_3,x_4 是方程 $y^4-2y^3-y^2+2y+x_1x_2x_3x_4=0$ 的四个根,于是得到

$$\begin{aligned}0&=\sum_{i=1}^4 x_i^4-2\sum_{i=1}^4 x_i^3-\sum_{i=1}^4 x_i^2+2\sum_{i=1}^4 x+4x_1x_2x_3x_4\\&\leqslant\sum_{i=1}^4 x_i^4-2\times 8-6+2\times 2+4\end{aligned}$$

即得 $\sum_{i=1}^4 x_i^4\geqslant 14$,由上可知,当且仅当 x_1,x_2,x_3,x_4 中,有两个值都等于 $\frac{1+\sqrt{5}}{2}$,另外两个值都等于$\frac{1-\sqrt{5}}{2}$(满足方程 $y^2-y-1=0$)时取等号.

故 $x_1^4+x_2^4+x_3^4+x_4^4$ 的最小值为 14,并在 x_1,x_2,x_3,x_4 中,有两个值都等于$\frac{1+\sqrt{5}}{2}$,另外两个值值都等于$\frac{1-\sqrt{5}}{2}$ 时取到最小值.

用类似方法,可以更一般地解答以下命题 1.

命题 1 设 $x_1,x_2,x_3,x_4\in\mathbf{R}$,且 $\sum_{i=1}^4 x_i=p_1,\sum_{i=1}^4 x_i^2=p_2,\sum_{i=1}^4 x_i^3=p_3$,求 $x_1^4+x_2^4+x_3^4+x_4^4$ 的最小值.

解法 1 由已知条件,可得

$$\sum_{1\leqslant i<j\leqslant 4} x_ix_j=\frac{(\sum_{i=1}^4 x_i)^2-\sum_{i=1}^4 x_i^2}{2}=\frac{p_1^2-p_2}{2}$$

$$\sum_{1\leqslant i<j<k\leqslant 4} x_ix_jx_k=\frac{2\sum_{i=1}^4 x_i^3+(\sum_{i=1}^4 x_i)^3-3\sum_{i=1}^4 x_i\cdot\sum_{i=1}^4 x_i^2}{6}=\frac{p_1^3-3p_1p_2+2p_3}{6}$$

因此,x_1,x_2,x_3,x_4 是方程 $y^4-p_1y^3+\frac{p_1^2-p_2}{2}y^2-\frac{p_1^3-3p_1p_2+2p_3}{6}y+x_1x_2x_3x_4=0$ 的四个根,又由于

$$\begin{aligned}0&=y^4-p_1y^3+\frac{p_1^2-p_2}{2}y^2-\frac{p_1^3-3p_1p_2+2p_3}{6}y+x_1x_2x_3x_4\\&=(y^2-\frac{p_1}{2}y+\frac{p_1^2-2p_2}{8})^2-\frac{p_1^3-6p_1p_2+8p_3}{24}y+x_1x_2x_3x_4-\\&\quad(\frac{p_1^2-2p_2}{8})^2\end{aligned}$$

因此,当 $y=x_1$,或 $y=x_2$,或 $y=x_3$,或 $y=x_4$ 时,有

$$x_1x_2x_3x_4=-(y^2-\frac{p_1}{2}y+\frac{p_1^2-2p_2}{8})^2+\frac{p_1^3-6p_1p_2+8p_3}{24}y+(\frac{p_1^2-2p_2}{8})^2$$

$$\leqslant \frac{p_1^3-6p_1p_2+8p_3}{24}y+(\frac{p_1^2-2p_2}{8})^2$$

于是有

$$\begin{aligned}4x_1x_2x_3x_4 &\leqslant \frac{p_1^3-6p_1p_2+8p_3}{24}p_1+4(\frac{p_1^2-2p_2}{8})^2\\ &=\frac{a^3-6ab+8c}{24}\cdot a+4(\frac{a^2-2b}{8})^2\\ &=\frac{5p_1^4-24p_1^2p_2+12p_2^2+16p_1p_3}{48}\end{aligned}$$

另外,由于 x_1,x_2,x_3,x_4 是方程 $y^4-p_1y^3+\frac{p_1^2-p_2}{2}y^2-\frac{p_1^3-3p_1p_2+2p_3}{6}y+x_1x_2x_3x_4=0$ 的四个根,则

$$x_i^4-p_1x_i^3+\frac{p_1^2-p_2}{2}\cdot x_i^2-\frac{p_1^3-3p_1p_2+2p_3}{6}x_i+x_1x_2x_3x_4=0(i=1,2,3,4)$$

将上述四个式子左右两边分别相加,得到

$$\begin{aligned}0&=\sum_{i=1}^4 x_i^4-p_1p_3+\frac{p_1^2-p_2}{2}p_2-\frac{p_1^3-3p_1p_2+2p_3}{6}p_1+x_1x_2x_3x_4\\ &\leqslant \sum_{i=1}^4 x_i^4-p_1p_3+\frac{p_1^2-p_2}{2}p_2-\frac{p_1^3-3p_1p_2+2p_3}{6}p_1+\\ &\quad \frac{5p_1^4-24p_1^2p_2+12p_2^2+16p_1p_3}{48}\\ &=\sum_{i=1}^4 x_i^4+\frac{-p_1^4+8p_1^2p_2-4p_2^2-16p_1p_3}{16}\end{aligned}$$

即得

$$\sum_{i=1}^4 x_i^4 \geqslant \frac{p_1^4-8p_1^2p_2+4p_2^2+16p_1p_3}{16}$$

由上可知,当且仅当 x_1,x_2,x_3,x_4 中,有两个值都等于 $\frac{p_1+\sqrt{4p_2-p_1^2}}{4}$,另外两个值都等于 $\frac{p_1-\sqrt{4p_2-p_1^2}}{4}$(满足方程 $y^2-\frac{p_1}{2}y+\frac{p_1^2-2p_2}{8}=0$)时取等号.

故 $x_1^4+x_2^4+x_3^4+x_4^4$ 的最小值为 $\frac{p_1^4-8p_1^2p_2+4p_2^2+16p_1p_3}{16}$,并在 x_1,x_2,x_3,x_4 中,有两个值都等于 $\frac{p_1+\sqrt{4p_2-p_1^2}}{4}$,另外两个值值都等于 $\frac{p_1-\sqrt{4p_2-p_1^2}}{4}$ 时取到最小值.

解法 2　记 $x_1^4+x_2^4+x_3^4+x_4^4=p_4$,则由

$$\sum_{i=1}^{4}(8x_i^2-4p_1x_i-2p_2+p_1^2)^2\geqslant 0$$

或由柯西不等式

$$4\sum_{i=1}^{4}(2x_i^2-p_1x_i)^2\geqslant\left(2\sum_{i=1}^{4}x_i^2-p_1\sum_{i=1}^{4}x_i\right)^2$$

展开并整理即得不等式

$$-p_1^4+8p_1^2p_2-16p_1p_3-4p_2^2+16p_4\geqslant 0$$

即得到

$$\sum_{i=1}^{4}x_i^4=p_4\geqslant\frac{p_1^4-8p_1^2p_2+4p_2^2+16p_1p_3}{16}$$

故 $x_1^4+x_2^4+x_3^4+x_4^4$ 的最小值为 $\frac{p_1^4-8p_1^2p_2+4p_2^2+16p_1p_3}{16}$，并在 x_1,x_2,x_3,x_4 中，有两个值都等于 $\frac{p_1+\sqrt{4p_2-p_1^2}}{4}$，另外两个值都等于 $\frac{p_1-\sqrt{4p_2-p_1^2}}{4}$（满足方程 $y^2-\frac{p_1}{2}y+\frac{p_1^2-2p_2}{8}=0$）时取到最小值.

由命题 1 可得到以下命题 2.

命题 2　设 $x_1,x_2,x_3,x_4\in\mathbf{R}$，$s_1,s_2,s_3,s_4$ 是 x_1,x_2,x_3,x_4 的初等对称多项式，若 $\sum_{i=1}^{4}x_i=p_1$，$\sum_{i=1}^{4}x_i^2=p_2$，$\sum_{i=1}^{4}x_i^3=p_3$，$\sum_{i=1}^{4}x_i^4=p_4$，则

(1) $3s_1^4-16s_1^2s_2+16s_1s_3+16s_2^2-64s_4\geqslant 0$；

(2) $p_1^4-8p_1^2p_2+16p_1p_3+4p_2^2-16p_4\leqslant 0$.

当且仅当 x_1,x_2,x_3,x_4 均相等，或它们中有两个值等于 $\frac{s_1+\sqrt{3s_1^2-8s_2}}{4}$ 或 $\frac{p_1+\sqrt{4p_2-p_1^2}}{4}$，另外两个值等于 $\frac{s_1-\sqrt{3s_1^2-8s_2}}{4}$ 或 $\frac{p_1-\sqrt{4p_2-p_1^2}}{4}$ 时，(1)(2) 两式中的不等式均取等号.

注：设 n 个数 $a_i\in\mathbf{C}$，$i=1,2,\cdots,n$，其初等对称式为 $s_i(i=1,2,\cdots,n)$（即这 n 个数之和，每两个数乘积之和，每三个数乘积之和，…，每 n 个数乘积之和，记 $P_n^k=\sum_{i=1}^{n}a_i^k(k=1,2,\cdots,m,m$ 为任意正整数)，则

$$P_n^m-s_1P_n^{m-1}+s_2P_n^{m-2}-s_3P_n^{m-3}+\cdots+(-1)^{m-1}s_{m-1}P_n^1+(-1)^ms_mP_n^0=0$$

易用数学归纳法证明，只要注意到若 $n+1$ 个数 $a_i\in\mathbf{C}$，$i=1,2,\cdots,n+1$，其初等对称式为 s'_i，前 n 个数 $a_i\in\mathbf{C}$，$i=1,2,\cdots,n$，其初等对称式为 $s_i(i=1,2,\cdots,n)$，则 $s'_j=s_j+a_{n+1}s_{j-1}$，其中约定 $s_{n+1}=0$. 同时有

$$\sum_{i=0}^{m}(-1)^is'_iP_{n+1}^{m-i}=\sum_{i=0}^{m}(-1)^is_iP_n^{m-i}-a_{n+1}\sum_{i=0}^{m-1}(-1)^is_iP_n^{m-i-1}$$

约定 $s'_0=s_0=1$.

由此可知,由 $P_n^k=\sum\limits_{i=1}^{n}a_i^k$($k=1,2,\cdots,m$,$m$ 为正整数) 可以求得 s_i($i=1,2,\cdots,m$),反之,由 s_i($i=1,2,\cdots,m$) 可以求得 $P_n^k=\sum\limits_{i=1}^{n}a_i^k$.

例 13 (2014年福建省高中数学竞赛暨2014年全国高中数学联赛(福建省赛区))

a,b,c 为关于 x 的方程 $x^3-x^2-x+m=0$ 的三个实根,则 m 的最小值为________.

解法 1 (命题者解答) 依题意,有 $x^3-x^2-x+m=(x-a)(x-b)(x-c)$.

所以 $\quad x^3-x^2-x+m=x^3-(a+b+c)x^2+(ab+bc+ca)x-abc$

所以
$$\begin{cases}-1=-(a+b+c)\\-1=ab+bc+ca\\m=-abc\end{cases},\begin{cases}a+b+c=1\\ab+bc+ca=-1\\m=-abc\end{cases}$$

所以 $\quad bc=-1-(ab+ca)=-1-a(b+c)=-1-a(1-a)=a^2-a-1$
$$a^2+b^2+c^2=(a+b+c)^2-2(ab+bc+ca)=3$$
所以 $a^2\leqslant 1,b^2\leqslant 1,c^2\leqslant 1$ 中至少有一个成立.不妨设 $a^2\leqslant 1,-1\leqslant a\leqslant 1$.所以
$$m=-abc=-a(a^2-a-1)=-a^3+a^2+a$$
设 $m=f(a)=-a^3+a^2+a$,则
$$f'(a)=-3a^2+2a+1=-(3a+1)(a-1)$$
所以 $-1<a<-\frac{1}{3}$ 时,$f'(a)<0$;$-\frac{1}{3}<a<1$ 时,$f'(a)>0$. $f(a)$ 在 $\left[-1\ ,\ -\frac{1}{3}\right]$ 上为减函数,在 $\left[-\frac{1}{3}\ ,\ 1\right]$ 上为增函数.

所以 m 有最小值 $f(-\frac{1}{3})=-\frac{5}{27}$.此时,$a=-\frac{1}{3},b=-\frac{1}{3},c=\frac{5}{3}$ 或 $a=-\frac{1}{3},b=\frac{5}{3},c=-\frac{1}{3}$.

解法 2 由方程根与系数关系,有
$$\begin{cases}a+b+c=1\\ab+bc+ca=-1\\m=-abc\end{cases}$$
由上述第一、二式得到 $b+c=1-a,bc=-1-a(b+c)=-1-a(1-a)=a^2-a-1$,又由于 $(b+c)^2\geqslant 4bc$,由此得到

$$(1-a)^2 \geqslant 4(a^2-a-1)$$

解得 $-1 \leqslant a \leqslant \frac{5}{3}$，于是

$$abc = a(a^2-a-1) = a^3-a^2-a$$
$$= (a+\frac{1}{3})^2(a-\frac{5}{3}) + \frac{5}{27} \leqslant \frac{5}{27}(\text{注意到} -1 \leqslant a \leqslant \frac{5}{3})$$

因此，$m = -abc \geqslant -\frac{5}{27}$，由上证明可知，取得最小值时，当且仅当 $a=\frac{5}{3}$，$b=c=-\frac{1}{3}$；或 $b=\frac{5}{3}$，$c=a=-\frac{1}{3}$；或 $c=\frac{5}{3}$，$a=b=-\frac{1}{3}$.

在第一章“§4　三元基本不等式”中，已介绍以下命题.

命题　设 $\lambda, u, v \in \mathbf{R}$，记 $s_1=\lambda+u+v$，$s_2=uv+v\lambda+\lambda u$，$s_3=\lambda uv$，$w=\sqrt{s_1^2-3s_2}\,(0 \leqslant w \leqslant s_1)$，则

$$\frac{s_1^3-3s_1w^2-2w^3}{27} = \frac{(s_1-2w)(s_1+w)^2}{27} \overset{①}{\leqslant} s_3 \overset{②}{\leqslant} \frac{(s_1+2w)(s_1-w)^2}{27}$$
$$= \frac{s_1^3-3s_1w^2+2w^3}{27}$$

当且仅当 λ, u, v 中有两个数相等，且不小于 $\frac{1}{3}s_1$ 时，式 ① 取等号；当且仅当 λ，u, v 中有两个数相等，且不大于 $\frac{1}{3}s_1$ 时，式 ② 取等号.

本例中，$s_1=1$，$s_2=-1$，$w=\sqrt{s_1^2-3s_2}=2$，则 $abc=s_3 \leqslant \frac{s_1^3-3s_1w^2+2w^3}{27}$ $=\frac{5}{27}$，故 $m=-abc \geqslant -\frac{5}{25}$.

由此可见，本例是命题的特例.

例 14　（自创题，2008－05－07）设 $a, b, c \in \mathbf{R}^+$，求使

$$27(b^2+c^2+\lambda bc)(c^2+a^2+\lambda ca)(a^2+b^2+\lambda ab) \geqslant (\lambda+2)^3 abc\,(a+b+c)^3$$

成立的最大正数 λ 的值.

解　记 $s_1=a+b+c=1$，$s_2=bc+ca+ab$，$s_3=abc$，$w=\sqrt{s_1^2-3s_2}=\sqrt{1-3s_2}\,(0 \leqslant w \leqslant 1)$，据第一章“§4 三元基本不等式”中的推论 3，则

$$\text{原式左边}-\text{右边}$$
$$=27[(\lambda-1)^3s_3^2+(\lambda-2)s_3+s_2^2+(\lambda-2)s_2^3+(\lambda^2-5\lambda+4)s_2s_3]-(\lambda+2)^3s_3$$
$$=27(\lambda-1)^3s_3^2-(\lambda^3+6\lambda^2-15\lambda+62)s_3+27s_2^2+27(\lambda-2)s_2^3+27(\lambda^2-5\lambda+4)s_2s_3$$

又由于

$27(\lambda-1)^3 s_3^2-(\lambda^3+6\lambda^2-15\lambda+62)s_3+27(\lambda^2-5\lambda+4)s_2 s_3-$

$[\frac{(\lambda-1)^3(1-3w^2+2w^3)^2}{27}-\frac{(\lambda^3+6\lambda^2-15\lambda+62)(1-3w^2+2w^3)}{27}+$

$(\lambda^2-5\lambda+4)(1-3w^2+2w^3)s_2]$

$=(\frac{1-3w^2+2w^3}{27}-s_3)[(\lambda^3+6\lambda^2-15\lambda+62)s_1^3-$

$27(\lambda-1)^3(\frac{1-3w^2+2w^3}{27}+s_3)-27(\lambda^2-5\lambda+4)s_2]$

$=(\frac{1-3w^2+2w^3}{27}-s_3)[(\lambda^3+6\lambda^2-15\lambda+62)s_1^3-$

$(\lambda-1)^3(1-w^2+27s_3)-27(\lambda^2-5\lambda+4)s_2]$

$=(\frac{1-3w^2+2w^3}{27}-s_3)[(\lambda^3+6\lambda^2-15\lambda+62)s_1^3-$

$(\lambda-1)^3(3s_1s_2+27s_3)-27(\lambda^2-5\lambda+4)s_1s_2]$

$=(\frac{1-3w^2+2w^3}{27}-s_3)[(\lambda^3+6\lambda^2-15\lambda+62)s_1^3-$

$3(\lambda^3+6\lambda^2-42\lambda+35)s_1s_2-27(\lambda-1)^3s_3]$

$\geqslant 27(\frac{1-3w^2+2w^3}{27}-s_3)[3(\lambda+1)s_1s_2-(\lambda-1)^3s_3]$(注意到 $s_1^2\geqslant 3s_2$)

$\geqslant 27(\frac{1-3w^2+2w^3}{27}-s_3)[27(\lambda+1)-(\lambda-1)^3]s_3$(注意到 $s_1s_2\geqslant 9s_3$)

显然，当 $0\leqslant\lambda\leqslant 4$ 时，有 $27(\lambda+1)-(\lambda-1)^3>27(0+1)-27(4-1)=0$，因此，当 $0\leqslant\lambda\leqslant 4$ 时，$27(\lambda+1)-(\lambda-1)^3\geqslant 0$，因此有

$27(\lambda-1)^3s_3^2-(\lambda^3+6\lambda^2-15\lambda+62)s_3+27s_2^2+27(\lambda-2)s_2^3+$

$27(\lambda^2-5\lambda+4)s_2s_3$

$\geqslant[\frac{(\lambda-1)^3(1-3w^2+2w^3)^2}{27}-\frac{(\lambda^3+6\lambda^2-15\lambda+62)(1-3w^2+2w^3)}{27}+$

$3(1-w^2)^2+(\lambda-2)(1-w^2)^3+(\lambda^2-5\lambda+4)(1-3w^2+2w^3)s_2$

$=\frac{w^2}{27}[3(-\lambda^3+12\lambda+16)+2(\lambda^3-3\lambda^2-24\lambda-28)w+9(\lambda^3-3\lambda+2)w^2+$

$6(-2\lambda^3+3\lambda^2+9\lambda-10)w^3+(4\lambda^3-12\lambda^2-15\lambda+50)w^3]$

$=\frac{(\lambda+2)w^3}{27}[3(-\lambda^2+2\lambda+8)+2(\lambda^2-5\lambda-14)w+9(\lambda^2-2\lambda+1)w^2-$

$6(2\lambda^2-7\lambda+5)w^3+(4\lambda^2-20\lambda+25)w^4$

$=\frac{(\lambda+2)w^3(1-w)^2}{27}[3(-\lambda^2+2\lambda+8)-2(2\lambda^2-\lambda-10)w+$

$(4\lambda^2-20\lambda+25)w^2]$

$=\frac{(\lambda+2)w^3(1-w)^2}{27}[3(\lambda+2)(4-\lambda)-2(2\lambda-5)(\lambda+2)w+(2\lambda-5)^2w^2]$

由下面所求可知，最大正数 $\lambda_{\max} \in (0,4)$.

记 $f(w)=3(\lambda+2)(4-\lambda)-2(2\lambda-5)(\lambda+2)w+(2\lambda-5)^2w^2(0\leqslant w\leqslant 1)$，则当 $0<\lambda\leqslant\frac{5}{2}$ 时，有 $f(w)\geqslant 0$；当 $\lambda\geqslant\frac{5}{2}$ 时，二次函数 $f(w)$ 判别式 $\Delta=8(\lambda+2)(2\lambda-5)^3\geqslant 0$，易知此时函数 $f(w)$ 的图像与 w 轴必有两个不同交点，且其对称轴为 $w=\frac{\lambda+2}{2\lambda-5}>0$，因此，当 $0\leqslant w\leqslant 1$ 时，使得 $f(w)\geqslant 0$ 的充要条件是 $f(1)\geqslant 0$，即

$$f(1)=3(\lambda+2)(4-\lambda)-2(2\lambda-5)(\lambda+2)+(2\lambda-5)^2\geqslant 0$$

由此得到

$$\frac{5}{2}\leqslant\lambda\leqslant 3\sqrt{3}-2$$

满足 $0\leqslant\lambda\leqslant 4$，即 $\lambda_{\max}=3\sqrt{3}-2$.

例 15 已知 $x,y,z\in[0,1]$，求 $x\sqrt{1-y}+y\sqrt{1-z}+z\sqrt{1-x}$ 的最大值.

解 设 $a=\sqrt{1-x}$，$b=\sqrt{1-y}$，$c=\sqrt{1-z}$，则 $a,b,c\in[0,1]$，且

$$x=1-a^2,y=1-b^2,z=1-c^2$$

于是原问题等价于求

$$f(a,b,c)=(1-a^2)b+(1-b^2)c+(1-c^2)a$$

的最大值.

当 $a=0$ 时，$f(a,b,c)=g(b,c)=b+c-b^2c=(1-b^2)c+b$ 为关于 c 的单调递增函数(或常函数)，于是 $g(b,c)\leqslant g(b,1)=1-b^2+b=-\left(b-\frac{1}{2}\right)^2+\frac{5}{4}\leqslant\frac{5}{4}$，也即当 $a=0,b=\frac{1}{2},c=1$ 时，$f(a,b,c)=\frac{5}{4}$. 下面只需证明 $f(a,b,c)\leqslant\frac{5}{4}$ 对于 $a,b,c\in[0,1]$ 恒成立即可.

又设 $a=1-p,b=1-q,c=1-r$，则 $p,q,r\in[0,1]$，于是原问题等价于证明

$$\begin{aligned}f(a,b,c)&=a+b+c-(a^2b+b^2c+c^2a)\\&=2(p+q+r)-(p+q+r)^2+(p^2q+q^2r+r^2p)\leqslant\frac{5}{4}\end{aligned}\quad ①$$

下面先证明

$$p^2q+q^2r+r^2p\leqslant\frac{4}{27}(p+q+r)^3\quad ②$$

由 $(p^2q+q^2r+r^2p)-(pq^2+qr^2+rp^2)=(p-q)(q-r)(p-r)$ 可知，当 $p\geqslant q\geqslant r$ 时，$p^2q+q^2r+r^2p\geqslant pq^2+qr^2+rp^2$，因此，只需证在 $p\geqslant q\geqslant r$ 情

况下原式成立即可.这时

$$\begin{aligned}&p^2q+q^2r+r^2p\\=&q(p+r)^2-r[q(p-q)+p(q-r)+qr]\\\leqslant&q(p+r)^2\\\leqslant&\frac{4}{27}\left(q+\frac{p+r}{2}+\frac{p+r}{2}\right)^3\\=&\frac{4}{27}(p+q+r)^3\end{aligned}$$

即得式 ②,当且仅当 $r=0,p=2q$;或 $p=0,q=2r$;或 $q=0,r=2p$ 时取等号.

下面来证明式 ①.设 $t=p+q+r\in[0,3]$,于是要证式 ①,只需证明

$$2(p+q+r)-(p+q+r)^2+\frac{4}{27}(p+q+r)^3=2t-t^2+\frac{4}{27}t^3\leqslant\frac{5}{4}$$

上式易证成立,事实上,只要注意到 $t=p+q+r\in[0,3]$,有

$$\begin{aligned}&2t-t^2+\frac{4}{27}t^3-\frac{5}{4}\\=&2t-t^2+\frac{4}{27}t^3-\frac{5}{4}\\=&\left(\frac{3}{2}-t\right)^2\left(-\frac{5}{9}+\frac{4}{27}t\right)\leqslant 0\end{aligned}$$

当且仅当 $t=\frac{3}{2}$ 时取等号.

综上可知,当 (x,y,z) 取值为 $(0,1,\frac{3}{4})$ 及其轮换值时,$x\sqrt{1-y}+y\sqrt{1-z}+z\sqrt{1-x}$ 的最大值为 $\frac{5}{4}$.

注:(1) 本题也可以直接设 $x=2p-p^2,y=2q-q^2,z=2r-r^2,p,q,r\in[0,1]$.

(2) 已知 $x,y,z\in[0,1]$,如何求 $x\sqrt[3]{1-y}+y\sqrt[3]{1-z}+z\sqrt[3]{1-x}$ 的最大值.经计算机验算得到当且仅当 $x=y=z=\frac{3}{4}$ 时,有最大值 $\frac{9\sqrt[3]{2}}{8}$.

例 16 (自创题,2014-07-30)设 $a,b,c\in\overline{\mathbf{R}^-}$,且 $a+b+c=1$,求 $a^3b+b^3c+c^3a$ 的最大值.

解 由于当 $a\geqslant b\geqslant c$ 时,有

$$a^3b+b^3c+c^3a-(ab^3+bc^3+ca^3)=(a+b+c)(a-b)(b-c)(a-c)\geqslant 0$$

因此,只要求在 $a\geqslant b\geqslant c$ 时 $a^3b+b^3c+c^3a$ 的最大值即可.

当 $a\geqslant b\geqslant c$ 时,由于

$$b(a+c)^3-(a^3b+b^3c+c^3a)$$

$$=c[(3a^2bc-b^3c)+(3abc^2-c^3a)+bc^3]\geqslant 0$$

即得到

$$a^3b+b^3c+c^3a\leqslant b(a+c)^3$$

另外,又由于

$$b(a+c)^3=27b\cdot\frac{a+c}{3}\cdot\frac{a+c}{3}\cdot\frac{a+c}{3}\leqslant 27\cdot\left(\frac{b+\frac{a+c}{3}+\frac{a+c}{3}+\frac{a+c}{3}}{4}\right)^4$$

$$=\frac{27}{256}(a+b+c)^4$$

因此,便得到

$$\begin{aligned}&a^3b+b^3c+c^3a\\ \leqslant&\ b(a+c)^3\\ \leqslant&\ \frac{27}{256}(a+b+c)^4=\frac{27}{256}\end{aligned}$$

由以上证明过程可知,当且仅当 $a+b+c=1$,且 $c=0,b=\frac{a+c}{3}$,即 $c=0$,$a=3b$ 时取等号,由于原不等式是轮换对称式,因此,当且仅当 $a=0,b=3c$;或 $b=0,c=3a$ 时原不等式也取等号.

故 $a^3b+b^3c+c^3a$ 的最大值是$\frac{27}{256}$,取得最大值时,$a=\frac{3}{4},b=\frac{1}{4},c=0$;或 $b=\frac{3}{4},c=\frac{1}{4},a=0$;或 $c=\frac{3}{4},a=\frac{1}{4},b=0$.

注:更一般,有以下命题.

命题 设 $a,b,c\in\overline{\mathbf{R}^-}$,且 $a+b+c=1,n\in\mathbf{N},n\geqslant 2$,求 $a^nb+b^nc+c^na$ 的最大值.

解 由于当 $a\geqslant b\geqslant c$ 时,有

$$\begin{aligned}&a^nb+b^nc+c^na-(ab^n+bc^n+ca^n)\\ =&(a^nb-ab^n)+(b^nc-bc^n)+(c^na-ca^n)\\ =&ab(a^{n-1}-b^{n-1})+bc(b^{n-1}-c^{n-1})+ca(c^{n-1}-a^{n-1})\\ =&ab(a^{n-1}-b^{n-1})+bc(b^{n-1}-c^{n-1})-ca[(a^{n-1}-b^{n-1})+(b^{n-1}-c^{n-1})]\\ =&a(b-c)(a^{n-1}-b^{n-1})-c(a-b)(b^{n-1}-c^{n-1})\\ =&(a-b)(b-c)[a(a^{n-2}+a^{n-3}b+a^{n-4}b^2+\cdots+b^{n-2})-\\ &c(b^{n-2}+b^{n-3}c+b^{n-4}c^2+\cdots+c^{n-2})]\geqslant 0\end{aligned}$$

因此,只要求在 $a\geqslant b\geqslant c$ 时 $a^nb+b^nc+c^na$ 的最大值即可.

当 $a\geqslant b\geqslant c$ 时,由于

$$\begin{aligned}&b(a+c)^n-(a^nb+b^nc+c^na)\\ =&b(C_n^0a^n+C_n^1a^{n-1}c+C_n^2a^{n-2}c^2+C_n^3a^{n-3}c^3+\cdots+C_n^nc^n)-(a^nb+b^nc+c^na)\end{aligned}$$

$$=b(C_n^1a^{n-1}c+C_n^2a^{n-2}c^2+C_n^3a^{n-3}c^3+\cdots+C_n^nc^n)-(b^nc+c^na)$$
$$=(C_n^1a^{n-1}bc-b^nc)+(C_n^2a^{n-2}c^2-c^na)+C_n^3a^{n-3}c^3+\cdots+C_n^nc^n$$
$$=c(na^{n-1}b-b^n)+c^2(C_n^2a^{n-2}-c^{n-2}a)+C_n^3a^{n-3}c^3+\cdots+C_n^nc^n\geqslant 0$$

即得到

$$a^nb+b^nc+c^na\leqslant b(a+c)^n$$

另外,又由于

$$b(a+c)^n=n^nb\cdot\underbrace{\frac{a+c}{n}\cdot\frac{a+c}{n}\cdots\frac{a+c}{n}}_{n\text{个}}$$
$$\leqslant 27\cdot\left(\frac{b+\overbrace{\frac{a+c}{n}+\frac{a+c}{n}+\cdots\frac{a+c}{n}}^{n\text{个}}}{n+1}\right)^{n+1}$$
$$=\frac{n^n}{(n+1)^{n+1}}(a+b+c)^{n+1}=\frac{n^n}{(n+1)^{n+1}}$$

故 $a^nb+b^nc+c^na$ 的最大值是$\frac{n^n}{(n+1)^{n+1}}$,这时,$a=\frac{n}{n+1}$,$b=\frac{1}{n+1}$,$c=0$;或 $b=\frac{n}{n+1}$,$c=\frac{1}{n+1}$,$a=0$;或 $c=\frac{n}{n+1}$,$a=\frac{1}{n+1}$,$b=0$.

例 17 设 $a,b,c\in\mathbf{R}$,求

$$u=\frac{ab-bc+c^2}{a^2+2b^2+3c^2}$$

的取值范围.

解 由于

$$1-2u=1-\frac{2ab-2bc+2c^2}{a^2+2b^2+3c^2}=\frac{(a-b)^2+(b+c)^2}{a^2+2b^2+3c^2}\geqslant 0$$

因此 $u\leqslant\frac{1}{2}$,当且仅当 $a=b=-c$ 时取等号.

故 $u_{\max}=\frac{1}{2}$,当 $a=b=-c$ 时取到最大值.

另外,设 $u=\frac{ab-bc+c^2}{a^2+2b^2+3c^2}\geqslant u_0$,经去分母变换,整理得到

$$2u_0b^2-(a-c)b+u_0a^2+(3u_0-1)c^2\leqslant 0$$

即

$$-2u_0b^2-(c-a)b+[-u_0a^2-(3u_0-1)c^2]\geqslant 0 \quad ①$$

式 ① 成立的充要条件是

$$\begin{cases}u_0<0\\(a-c)^2-8u_0[u_0a^2+(3u_0-1)c^2]\leqslant 0\end{cases}$$

即 $u_0<0$，且

$$(8u^2-1)a^2+(24u^2-8u-1)c^2+2ac\geqslant 0$$

上式配方，得到

$$\frac{[(8u_0^2-1)a+c]^2+[(8u_0^2-1)(24u_0^2-8u_0-1)-1]c^2}{8u_0^2-1}\geqslant 0$$

令 $(8u_0^2-1)(24u_0^2-8u_0-1)-1=0$，即

$$24(u_0-\frac{1}{2})(u_0-\frac{-1+\sqrt{13}}{12})(u_0+\frac{1+\sqrt{13}}{12})=0$$

由于 $u_0<0$，因此，取 $u_0=\frac{-1-\sqrt{13}}{12}$.

即 $u_{\min}=\frac{-1-\sqrt{13}}{12}$，当 $(8u_0^2-1)a+c=0$，即 $(\sqrt{13}-2)a+9c=0$，且 $b+\frac{c-a}{4u_0}=0$（可由式 ① 得知），即 $3a+(1+\sqrt{13})b-3c=0$ 时，也就是当

$$\begin{cases}(\sqrt{13}-2)a+9c=0\\3a+(1+\sqrt{13})b-3c=0\end{cases}$$

这时，$u_{\min}=\frac{-1-\sqrt{13}}{12}$.

注：也可以类似用求 $u_{\min}$ 的方法求 $u_{\max}$.

例 18　2016 年全国高中数学联赛（2016－09－11）A 卷加试题一

设实数 $a_1,a_2,\cdots,a_{2\,016}$ 满足 $9a_i>11a_{i+1}^2(i=1,2,\cdots,2\,015)$. 求

$$(a_1-a_2^2)(a_2-a_3^2)\cdots(a_{2\,015}-a_{2\,016}^2)(a_{2\,016}-a_1^2)$$

的最大值.

解　记

$$P=(a_1-a_2^2)(a_2-a_3^2)\cdots(a_{2\,015}-a_{2\,016}^2)(a_{2\,016}-a_1^2)$$

由已知条件可知，对于 $i=1,2,\cdots,2\,015$，都有 $a_i>\frac{11}{9}a_{i+1}^2\geqslant a_{i+1}^2$.

若 $a_{2\,016}-a_1^2<0$，则 $P<0$，显然不是我们所要求的最大值.

若 $a_{2\,016}-a_1^2>0$，约定 $a_{2\,017}=a_1$，则根据算数几何平均值不等式，有

$$\begin{aligned}P&\leqslant[\frac{1}{2\,016}\sum_{i=1}^{2\,016}(a_i-a_{i+1}^2)]^{2\,016}\\&=\left[\frac{1}{2\,016}(\sum_{i=1}^{2\,016}a_i-\sum_{j=1}^{2\,016}a_{i+1}^2)\right]^{2\,016}\\&=\left[\frac{1}{2\,016}\sum_{i=1}^{2\,016}a_i(1-a_i)\right]^{2\,016}\\&\leqslant\left[\frac{1}{2\,016}\sum_{i=1}^{2\,016}\frac{(a_i+1-a_i)^2}{4}\right]^{2\,016}\end{aligned}$$

$$\leqslant\left(\frac{1}{2\ 016}\cdot 2\ 016\cdot\frac{1}{4}\right)^{2\ 016}=\frac{1}{4^{2\ 016}}$$

以上取等号，当且仅当 $a_1=a_2=\cdots=a_{2\ 016}=\frac{1}{2}$，且满足 $9a_i>11a_{i+1}^2(i=1,2,\cdots,2\ 015)$.

送上所述，$(a_1-a_2^2)(a_2-a_3^2)\cdots(a_{2\ 015}-a_{2\ 016}^2)(a_{2\ 016}-a_1^2)$ 的最大值是 $\frac{1}{4^{2\ 016}}$，当且仅当 $a_1=a_2=\cdots=a_{2\ 016}=\frac{1}{2}$（满足 $9a_i>11a_{i+1}^2(i=1,2,\cdots,2\ 015)$）时取到这个最大值.

例 19 （第五届陈省身杯全国高中数学奥林匹克题 6）已知对任意 $x,y,z\geqslant 0$ 有

$$x^3+y^3+z^3-3xyz\geqslant c\left|(x-y)(y-z)(z-x)\right|$$

求 c 的最大值.

解 若 x,y,z 中有两个相等，则对于任意实数 c，原不等式均成立.

今不妨设 $x\geqslant y\geqslant z\geqslant 0$，$x=z+\alpha+\beta$，$y=z+\alpha$，$\alpha,\beta\in\mathbf{R}^+$，则

$$\begin{aligned}
&\frac{x^3+y^3+z^3-3xyz}{\left|(x-y)(y-z)(z-x)\right|}\\
=&\frac{x^3+y^3+z^3-3xyz}{(x-y)(y-z)(x-z)}\\
=&\frac{(z+\alpha+\beta)^3+(z+\alpha)^3+z^3-3(z+\alpha+\beta)(z+\alpha)z}{\alpha\beta(\alpha+\beta)}\\
=&\frac{3(\alpha^2+\alpha\beta+\beta^2)z+(\alpha+\beta)^3+\alpha^3}{\alpha\beta(\alpha+\beta)}\\
\geqslant&\frac{(\alpha+\beta)^3+\alpha^3}{\alpha\beta(\alpha+\beta)}(z=0\text{ 时取等号})\\
=&\frac{\left(1+\frac{\beta}{\alpha}\right)^3+1}{\frac{\beta}{\alpha}\left(1+\frac{\beta}{\alpha}\right)}\\
=&\frac{(1+t)^3+1}{t(1+t)}\left(\text{其中令}\frac{\beta}{\alpha}=t\right)\\
=&2+t+\frac{2}{t}-\frac{1}{t+1}
\end{aligned}$$

记 $f(t)=2+t+\frac{2}{t}-\frac{1}{t+1}$，设 $[f(t)]_{\min}=f(t_0)$，则有 $f(t)\geqslant f(t_0)$，即

$$\begin{aligned}
&f(t)-f(t_0)\\
=&2+t+\frac{2}{t}-\frac{1}{t+1}-\left(2+t_0+\frac{2}{t_0}-\frac{1}{t_0+1}\right)\\
=&(t-t_0)\left[1-\frac{2}{tt_0}+\frac{1}{(t+1)(t_0+1)}\right]
\end{aligned}$$

$$=(t-t_0)\left\{(t-t_0)\left[\frac{2}{tt_0^2}-\frac{1}{(t+1)(t_0+1)^2}\right]+\left[1-\frac{2}{t_0^2}+\frac{1}{(t_0+1)^2}\right]\right\}$$

$$=(t-t_0)^2\left[\frac{2}{tt_0^2}-\frac{1}{(t+1)(t_0+1)^2}\right]+(t-t_0)\left[1-\frac{2}{t_0^2}+\frac{1}{(t_0+1)^2}\right]$$

由此,若令 $1-\frac{2}{t_0^2}+\frac{1}{(t_0+1)^2}=0$,便有

$$f(t)-f(t_0)=(t-t_0)^2\left[\frac{2}{tt_0^2}-\frac{1}{(t+1)(t_0+1)^2}\right]\geqslant 0$$

解方程 $1-\frac{2}{t_0^2}+\frac{1}{(t_0+1)^2}=0$,即

$$\frac{t_0^2}{2}+\frac{t_0^2}{2(t_0+1)^2}=1$$

令 $\frac{t_0}{\sqrt{2}}=\cos\alpha$,$\frac{t_0}{\sqrt{2}(t_0+1)}=\sin\alpha$,$\alpha\in(0,\frac{\pi}{2})$,于是有

$$\frac{1}{\sqrt{2}\sin\alpha}-\frac{1}{\sqrt{2}\cos\alpha}=1$$

即

$$\cos\alpha-\sin\alpha=\sqrt{2}\cos\alpha\sin\alpha$$

将上式两边平方,并整理得到

$$2(\cos\alpha\sin\alpha)^2+2\cos\alpha\sin\alpha-1=0$$

解得正根

$$\cos\alpha\sin\alpha=\frac{\sqrt{3}-1}{2}$$

于是,得到

$$\cos\alpha=\frac{\sqrt[4]{3}+\sqrt{2-\sqrt{3}}}{2}$$

因此,$t_0=\frac{\sqrt[4]{3}+\sqrt{2-\sqrt{3}}}{\sqrt{2}}=\frac{\sqrt[4]{12}+\sqrt{3}-1}{2}$,故 c 的最大值即为

$$c_{\max}=[f(t)]_{\min}=f(\frac{\sqrt[4]{12}+\sqrt{3}-1}{2})=\frac{\sqrt[4]{12}(3+\sqrt{3})}{2}$$

注:本例可以用求导方法求最小值,可参见命题者原解答.笔者给出的解答用的完全是初等的方法.

例 20 (2006 年美国国家队选拔题) 试求实数 k 的最小值,使得对任意不全为正的实数 x,y,z,不等式

$$k(x^2-x+1)(y^2-y+1)(z^2-z+1)\geqslant(xyz)^2-xyz+1$$

均成立.

解法 1 先证明一个引理.

引理　当 s,t 中至少有一个不大于 0 时，有

$$\frac{4}{3}(s^2-s+1)(t^2-t+1) \geqslant (st)^2-st+1 \quad ①$$

引理证明　式 ① 等价于

$$(s^2t^2-4s^2t+4s^2)-(4st^2-7st+4s)+(4t^2-4t+1) \geqslant 0 \quad ②$$

当 s,t 中恰有一个不大于 0 时，不妨设 $s \leqslant 0, t>0$，则式 ② 等价于

$$s^2(t-2)^2-4s(t-1)^2-st+(2t-1)^2 \geqslant 0$$

显然成立.

当 $s \leqslant 0, t \leqslant 0$，则式 ② 等价于

$$s^2(t-2)^2-4st^2+7st-4s+(2t-1)^2 \geqslant 0$$

也成立.

回到原题证明，若 x,y,z 不全为正数，有

$$\frac{16}{9}(x^2-x+1)(y^2-y+1)(z^2-z+1) \geqslant (xyz)^2-xyz+1 \quad ③$$

事实上，若 x,y,z 中有正数，不妨设 $y>0$，则 x,z 中至少有一个非正，不妨设 $z \leqslant 0$，此时，在引理中分别令 $(s,t)=(y,z)$，$(s,t)=(x,yz)$，即得式 ③.

若 x,y,z 均非正数，则在引理中分别令 $(s,t)=(x,y)$，$(s,t)=(xy,z)$，即得式 ③.

因此，$k \geqslant \frac{16}{9}$.

另一方面，取 $(x,y,z)=(\frac{1}{2},\frac{1}{2},0)$，知 k 可以取到最小值.

解法2　由已知条件，不妨设 $x \leqslant 0$，记 $\lambda=\frac{1}{k}$，则由原不等式可得到以下关于 x 的二次三项式不等式

$$[(y^2-y+1)(z^2-z+1)-\lambda y^2z^2]x^2-[(y^2-y+1)(z^2-z+1)-\lambda yz]x+[(y^2-y+1)(z^2-z+1)-\lambda] \geqslant 0$$

由于 $x \leqslant 0$，因此，只要求 λ 取最大值时，使得上式中 x^2，x 前面的系数及常数项均不为负即可. 由于

$$\begin{aligned}&(y^2-y+1)(z^2-z+1)-\lambda y^2z^2\\=&(y^2-y+1)-(y^2-y+1)c+[(y^2-y+1)-\lambda y^2]c^2\end{aligned}$$

$y^2-y+1>0$，因此，上式成立的充要条件是

$$(y^2-y+1)^2 \leqslant 4(y^2-y+1)[(1-\lambda)y^2-y+1]$$

化简得到

$$3-3y+(3-4\lambda)y^2 \geqslant 0$$

即 $9 \leqslant 12(3-4\lambda)$，由此得到 $\lambda \leqslant \frac{9}{16}$.

另外,当 $\lambda \leqslant \frac{9}{16}$ 时,同上方法可证

$$(y^2-y+1)(z^2-z+1)-\lambda yz \geqslant 0,\quad (y^2-y+1)(z^2-z+1)-\lambda \geqslant 0$$

故取 $\lambda \leqslant \frac{9}{16}$,这时 $k \geqslant \frac{16}{9}$,即取 $k_{\min}=\frac{16}{9}$ 时,不等式

$$k(x^2-x+1)(y^2-y+1)(z^2-z+1) \geqslant (xyz)^2-xyz+1$$

均成立.

注:陈胜利老师在《210 个优美的对称不等式问题》一文中 T1.9:

令 $x,y,z \in \mathbf{R}$,则

$$\frac{3+2\sqrt{3}}{3}(x^2-x+1)(y^2-y+1)(z^2-z+1) \geqslant (xyz)^2-xyz+1$$

见《不等式研究》第二辑,杨学枝主编,哈尔滨工业大学出版社,2012 年一月.沈志军、何灯用高等的方法给出了一种证明(见《不等式研究通讯》2012 年第二期,综 73 期,陈胜利《210 个优美的对称不等式问题》中 T1.9 的证明).我们希望见到初等证明.

例 21 2017 年中国国家集训队选拔考试题:

设 $n \geqslant 4, x_1, x_2, \cdots, x_n$ 为 n 个非负实数,满足 $x_1+x_2+\cdots+x_n=1$.求

$$x_1x_2x_3+x_2x_3x_4+\cdots+x_nx_1x_2$$

的最大值.

解 当 $n=4$ 时,利用均值不等式得到

$$\begin{aligned}
&x_1x_2x_3+x_2x_3x_4+x_3x_4x_1+x_4x_1x_2\\
=&x_1x_2(x_3+x_4)+x_3x_4(x_1+x_2)\\
\leqslant&\frac{1}{4}(x_1+x_2)^2(x_3+x_4)+\frac{1}{4}(x_3+x_4)^2(x_1+x_2)\\
=&\frac{1}{4}(x_1+x_2)(x_3+x_4)\\
\leqslant&\frac{1}{4}\left(\frac{x_1+x_2+x_3+x_4}{2}\right)^2=\frac{1}{16}
\end{aligned}$$

当且仅当 $x_1=x_2=x_3=x_4=\frac{1}{4}$ 时取等号.

当 $n=5$ 时,用均值不等式得到

$$\begin{aligned}
&x_1x_2x_3+x_2x_3x_4+x_3x_4x_5+x_4x_5x_1+x_5x_1x_2\\
=&x_1(x_2+x_4)(x_3+x_5)+x_3x_4(x_2+x_5-x_1)\\
\leqslant&x_1\left(\frac{x_2+x_4+x_3+x_5}{2}\right)^2+\left(\frac{x_3+x_4+x_2+x_5-x_1}{3}\right)^3\\
=&x_1\left(\frac{1-x_1}{2}\right)^2+\left(\frac{1-2x_1}{3}\right)^3
\end{aligned}$$

$$=-\frac{1}{108}(5x_1^3+6x_1^2-3x_1-4)$$

$$=-\frac{1}{108}[(5x_1-1)(x_1^2+\frac{7}{5}x_1-\frac{8}{25})-\frac{108}{25}]$$

$$=-\frac{1}{108}[(5x_1-1)(x_1-\frac{1}{5})(x_1+\frac{8}{5})-\frac{108}{25}]$$

$$=-\frac{1}{108}[\frac{1}{5}(5x_1-1)^2(x_1+\frac{8}{5})]+\frac{1}{25}\leqslant\frac{1}{25}$$

当且仅当 $x_1=x_2=x_3=x_4=x_5=\frac{1}{5}$ 时取等号.

当 $n\geqslant 6$ 时,要使得 $x_1x_2x_3+x_2x_3x_4+\cdots+x_nx_1x_2$ 值最大,则在 x_1, x_2,…,x_n 这 n 个数中,至少有 3 个不为零,否则其值为 0,0 不可能是最大值. 在 $x_1,x_2,\cdots,x_n$ 中假设不为 0 的数中,x_1,x_2,x_3 都不小于其他 $n-3$ 个数,于是,我们将 $x_1,x_2,\cdots,x_n$ 这 n 个数分为三组,使得每一组分别仅有 x_1,x_2,x_3 中的一个数,若 $n=3k$,则每组各分 k 个数,第一组元素为 $x_1,x_4,x_7,\cdots,x_{n-2}$,第二组为 $x_2,x_5,x_8,\cdots,x_{n-1}$,第三组为 $x_3,x_6,x_9,\cdots,x_n$,则有

$$\begin{aligned}&x_1x_2x_3+x_2x_3x_4+\cdots+x_nx_1x_2\\ \leqslant&(x_1+x_4+x_7+\cdots+x_{n-2})(x_2+x_5+x_8+\cdots+x_{n-1})\cdot\\&(x_3+x_6+x_7+\cdots+x_n)\\ \leqslant&\frac{1}{27}[(x_1+x_4+x_7+\cdots+x_{n-2})+(x_2+x_5+x_8+\cdots+x_{n-1})+\\&(x_3+x_6+x_7+\cdots+x_n)]^3=\frac{1}{27}\end{aligned}$$

若 $n=3k+1$,排列顺序的方法同上,只不过第一组 $k+1$ 数,其他两组都为 k 个数:

$$x_1,x_4,x_7,\cdots,x_n;\quad x_2,x_5,x_8,\cdots,x_{n-2};\quad x_3,x_6,x_9,\cdots,x_{n-1}$$

则有

$$\begin{aligned}&x_1x_2x_3+x_2x_3x_4+\cdots+x_nx_1x_2\\ \leqslant&(x_1+x_4+x_7+\cdots+x_n)(x_2+x_5+x_8+\cdots+x_{n-2})\cdot\\&(x_3+x_6+x_7+\cdots+x_{n-1})\\ \leqslant&\frac{1}{27}[(x_1+x_4+x_7+\cdots+x_n)+(x_2+x_5+x_8+\cdots+x_{n-2})+\\&(x_3+x_6+x_7+\cdots+x_{n-1})]^3=\frac{1}{27}\end{aligned}$$

若 $n=3k+2$,排列顺序的方法同上,只不过第一、二组有 $k+1$ 个数,第三组有 k 个数:

$$x_1,x_4,x_7,\cdots,x_{n-1};\quad x_2,x_5,x_8,\cdots,x_n;\quad x_3,x_6,x_9,\cdots,x_{n-2}$$

则有

$$x_1x_2x_3+x_2x_3x_4+\cdots+x_nx_1x_2$$
$$\leqslant(x_1+x_4+x_7+\cdots+x_{n-1})(x_2+x_5+x_8+\cdots+x_n)\cdot$$
$$(x_3+x_6+x_7+\cdots+x_{n-2})$$
$$\leqslant\frac{1}{27}[(x_1+x_4+x_7+\cdots+x_{n-1})+(x_2+x_5+x_8+\cdots+x_n)+$$
$$(x_3+x_6+x_7+\cdots+x_{n-2})]^3=\frac{1}{27}$$

由上证明过程可知，当且仅当 $x_1=x_2=x_3=\frac{1}{3}$，$x_4=x_5=\cdots=x_n=0$ 是取等号.

综上，$x_1x_2x_3+x_2x_3x_4+\cdots+x_nx_1x_2$ 的最大值当 $n=4$ 时，为 $\frac{1}{16}$；当 $n=5$ 时，为 $\frac{1}{25}$；当 $n\geqslant 6$ 时，为 $\frac{1}{27}$.

例 22 求最小实数 λ，使得对于任意非负数 a,b,c，成立不等式

$$|ab(a^2-b^2)+bc(b^2-c^2)+ca(c^2-a^2)|\leqslant\lambda(a^2+b^2+c^2)^2$$

解法 1 不妨设 $a\geqslant b\geqslant c\geqslant 0$，则

$$|ab(a^2-b^2)+bc(b^2-c^2)+ca(c^2-a^2)|$$
$$=(a+b+c)(a-b)(b-c)(a-c)$$

因此，只要在 $a\geqslant b\geqslant c\geqslant 0$ 时，求最小实数 λ（显然 $\lambda>0$），成立不等式

$$(a+b+c)(a-b)(b-c)(a-c)\leqslant\lambda(a^2+b^2+c^2)^2 \quad ①$$

由于
$$\lambda(a^2+b^2+c^2)^2-(a+b+c)(a-b)(b-c)(a-c)-$$
$$[\lambda(a^2+b^2)^2-(a+b)(a-b)ba]$$
$$=2\lambda(a^2+b^2)c^2+\lambda c^4+c(a-b)(a^2+b^2+ab-3c^2)\geqslant 0$$

因此
$$\lambda(a^2+b^2+c^2)^2-(a+b+c)(a-b)(b-c)(a-c)$$
$$\geqslant\lambda(a^2+b^2)^2-ab(a+b)(a-b)$$
$$=\lambda a^4-a^3b+2\lambda ab+ab^3+\lambda b^4$$

取 $\lambda=\frac{1}{4}$，则有

$$\lambda a^4-a^3b+2\lambda ab+ab^3+\lambda b^4=\frac{1}{4}a^4-a^3b+\frac{1}{2}ab+ab^3+\frac{1}{4}b^4$$
$$=\left(\frac{1}{2}a^2-ab-\frac{1}{2}b^2\right)^2\geqslant 0$$

当且仅当 $c=0$，$a^2-2ab-b^2=0$，即 $c=0$，$a=(\sqrt{2}+1)b$，或其循环值时取等号.

故 λ 的最小值是 $\frac{1}{4}$，这时，$c=0$，$a=(\sqrt{2}+1)b$，或其循环值.

解法 2 设 $a \geqslant b \geqslant c \geqslant 0, a = c + \alpha + \beta, b = c + \alpha, \alpha, \beta \in \overline{\mathbf{R}^-}$，则

$$\frac{\left|\sum ab(a^2 - b^2)\right|}{\left(\sum a^2\right)^2} = \frac{\alpha\beta(\alpha+\beta)[3c + (2\alpha+\beta)]}{[3c^2 + 2c(2\alpha+\beta) + \alpha^2 + (\alpha+\beta)^2]^2}$$

下面证明

$$\frac{\alpha\beta(\alpha+\beta)[3c + (2\alpha+\beta)]}{[3c^2 + 2c(2\alpha+\beta) + \alpha^2 + (\alpha+\beta)^2]^2} \leqslant \frac{\alpha\beta(\alpha+\beta)(2\alpha+\beta)}{[\alpha^2 + (\alpha+\beta)^2]^2} \qquad ②$$

$$\Leftrightarrow \quad (2\alpha+\beta)][3c^2 + 2c(2\alpha+\beta) + \alpha^2 + (\alpha+\beta)^2]^2$$

$$\geqslant [3c + (2\alpha+\beta)][\alpha^2 + (\alpha+\beta)^2]^2$$

$$\Leftarrow \quad (2\alpha+\beta)][2c(2\alpha+\beta) + \alpha^2 + (\alpha+\beta)^2]^2$$

$$\geqslant [3c + (2\alpha+\beta)][\alpha^2 + (\alpha+\beta)^2]^2$$

$$\Leftarrow \quad 4c\,(2\alpha+\beta)^2[\alpha^2 + (\alpha+\beta)^2] + (2\alpha+\beta)][\alpha^2 + (\alpha+\beta)^2]^2$$

$$\geqslant [3c + (2\alpha+\beta)][\alpha^2 + (\alpha+\beta)^2]^2$$

$$\Leftrightarrow \quad 4\,(2\alpha+\beta)^2 \geqslant 3[\alpha^2 + (\alpha+\beta)^2]$$

即

$$4\,[\alpha + (\alpha+\beta)]^2 \geqslant 3[\alpha^2 + (\alpha+\beta)^2]$$

上式显然成立，式 ② 成立，当且仅当 $c = 0$ 时取等号.

由上可知，只要求

$$\frac{\alpha\beta(\alpha+\beta)(2\alpha+\beta)]}{[\alpha^2 + (\alpha+\beta)^2]^2}$$

得最大值.

另外，由于

$$\frac{\alpha\beta(\alpha+\beta)(2\alpha+\beta)]}{[\alpha^2 + (\alpha+\beta)^2]^2} = \frac{\alpha\beta(\alpha+\beta)(2\alpha+\beta)]}{[\alpha(2\alpha+\beta) + \beta(\alpha+\beta)]^2} \leqslant \frac{1}{4}$$

当且仅当 $\alpha(2\alpha+\beta) = \beta(\alpha+\beta)$，即 $a = (\sqrt{2}+1)b$ 时，上式取等号.

因此，λ 的最小值是 $\frac{1}{4}$，这时，$c = 0, a = (\sqrt{2}+1)b$，或其循环值.

例 23 （第 47 届 IMO 第一天试题 3. 2006－07－12 至 2006－07－13 于斯洛文尼亚，卢布尔雅那）求最小实数 M，使得对于一切实数 a, b, c 都成立不等式

$$|ab(a^2 - b^2) + bc(b^2 - c^2) + ca(c^2 - a^2)| \leqslant M\,(a^2 + b^2 + c^2)^2$$

解法 1 （命题者解答）

$$ab(a^2 - b^2) + bc(b^2 - c^2) + ca(c^2 - a^2) = -(a-b)(b-c)(c-a)(a+b+c)$$

记 $a - b = x, b - c = y, c - a = z, a + b + c = s$，则 $x + y + z = 0, a^2 + b^2 + c^2 = \frac{1}{3}(x^2 + y^2 + z^2 + s^2)$. 原不等式成为

$$M\,(x^2 + y^2 + z^2 + s^2)^2 \geqslant 9\,|xyzs|$$

由 $x+y+z=0$ 知，x,y,z 中两个同号，另一个反号. 不妨设 $x,y\geqslant 0$. 记 $u=\frac{x+y}{2}$，则 $z^2=4u^2,x^2+y^2\geqslant 2u^2,xy\leqslant u^2$. 于是由算术－几何平均不等式

$$(x^2+y^2+z^2+s^2)^2\geqslant(6u^2+s^2)^2=(2u^2+2u^2+2u^2+s^2)^2$$

$$\geqslant\left(4\sqrt[4]{2u^2\cdot 2u^2\cdot 2u^2\cdot s^2}\right)^2$$

$$=32\sqrt{2}u^3|s|\geqslant 16\sqrt{2}|xyzs|$$

即 $M=\frac{9\sqrt{2}}{32}$ 时原不等式成立.

等号在 $s=\sqrt{2}u,x=y=u,z=-2u$，即 $a:b:c=(\sqrt{2}+3):\sqrt{2}:(\sqrt{2}-3)$ 时成立. 故所求的最小的 $M=\frac{9\sqrt{2}}{32}$.

解法 2 由于

$$|(a^3b+b^3c+c^3a)-(ab^3+bc^3+ca^3)|$$

$$=|(a+b+c)(a-b)(b-c)(a-c)|\text{（证明附后）}$$

因此，即求 $|(a+b+c)(a-b)(b-c)(a-c)|$ 的最大值. 为此，不妨设 $a\geqslant b\geqslant c$，则

$$|(a+b+c)(a-b)(b-c)(a-c)|$$

$$=(a+b+c)(a-b)(b-c)(a-c)$$

由于

$$3(a^2+b^2+c^2)=(a+b+c)^2+2(a-b)^2+2(a-c)(b-c)$$

$$=[(a+b+c)^2+2(a-b)^2]+2(a-c)(b-c)$$

$$\geqslant 2\sqrt{2[(a+b+c)^2+2(a-b)^2](a-c)(b-c)}\text{（均值不等式）}$$

$$\geqslant 4\sqrt{\sqrt{2}[|(a+b+c)(a-b)|](a-c)(b-c)}\text{（均值不等式）}$$

因此，得到

$$(a+b+c)(a-b)(a-c)(b-c)\leqslant\frac{9(a^2+b^2+c^2)^2}{16\sqrt{2}}=\frac{9\sqrt{2}}{32}(a^2+b^2+c^2)^2$$

当且仅当 $\begin{cases}(a+b+c)^2+2(a-b)^2=2(a-c)(b-c),\\|a+b+c|=\sqrt{2}(a-b),\end{cases}$ 此时上式取等号，解这个方程组

$$\begin{cases}(a+b+c)^2+2(a-b)^2=2(a-c)(b-c) & ①\\|a+b+c|=\sqrt{2}(a-b) & ②\end{cases}$$

式 ② 代入式 ①，整理得到

$$2(a-b)^2=(a-c)(b-c) \quad ③$$

又在式 ① 中，应用等式 $3(a^2+b^2+c^2)=(a+b+c)^2+2(a-b)^2+2(a-c)\cdot(b-c)$，得到

$$(a+b+c)^2+2(a-b)^2=3(a^2+b^2+c^2)-2(a-c)(b-c) \quad ④$$

式 ④ 代入式 ②,得到

$$(a-c)(b-c)=\frac{3}{4}(a^2+b^2+c^2) \quad ⑤$$

由式 ③⑤ 得到

$$a-b=\frac{\sqrt{6}}{4}\sqrt{a^2+b^2+c^2} \quad ⑥$$

式 ⑥ 代入式 ⑤,得到

$$(a-c)(b-c)=(a-b+b-c)(b-c)=(\frac{\sqrt{6}}{4}\sqrt{a^2+b^2+c^2}+b-c)(b-c)$$

$$=\frac{3}{4}(a^2+b^2+c^2)$$

由此解得

$$b-c=\frac{\sqrt{6}}{4}\sqrt{(a^2+b^2+c^2)}\text{(注意 } b-c\geqslant 0\text{)} \quad ⑦$$

于是,由式 ②⑥⑦ 解得

$$\begin{cases}a=\frac{2\sqrt{3}+3\sqrt{6}}{12}\sqrt{(a^2+b^2+c^2)}\\ b=\frac{\sqrt{3}}{6}\sqrt{(a^2+b^2+c^2)}\\ c=\frac{2\sqrt{3}-3\sqrt{6}}{12}\sqrt{(a^2+b^2+c^2)}\end{cases}\text{或}\begin{cases}a=\frac{-2\sqrt{3}+3\sqrt{6}}{12}\sqrt{(a^2+b^2+c^2)}\\ b=-\frac{\sqrt{3}}{6}\sqrt{(a^2+b^2+c^2)}\\ c=\frac{-2\sqrt{3}-3\sqrt{6}}{12}\sqrt{(a^2+b^2+c^2)}\end{cases}$$

综上,$|(a^3b+b^3c+c^3a)-(ab^3+bc^3+ca^3)|$ 的最大值为 $\frac{9\sqrt{2}}{32}$,即 M 得最小值是 $\frac{9\sqrt{2}}{32}$,这时 $a,b,c(a\geqslant b\geqslant c)$ 的值满足

$$\begin{cases}a=\frac{2\sqrt{3}+3\sqrt{6}}{12}\sqrt{(a^2+b^2+c^2)}\\ b=\frac{\sqrt{3}}{6}\sqrt{(a^2+b^2+c^2)}\\ c=\frac{2\sqrt{3}-3\sqrt{6}}{12}\sqrt{(a^2+b^2+c^2)}\end{cases}\text{或}\begin{cases}a=\frac{-2\sqrt{3}+3\sqrt{6}}{12}\sqrt{(a^2+b^2+c^2)}\\ b=-\frac{\sqrt{3}}{6}\sqrt{(a^2+b^2+c^2)}\\ c=\frac{-2\sqrt{3}-3\sqrt{6}}{12}\sqrt{(a^2+b^2+c^2)}\end{cases}$$

附:

$$\begin{aligned}&(a^3b+b^3c+c^3a)-(ab^3+bc^3+ca^3)\\ =&(a^3b-ab^3)+(b^3c-bc^3)+(c^3a-ca^3)\\ =&ab(a^2-b^2)+bc(b^2-c^2)-ca[(a^2-b^2)+(b^2-c^2)]\\ =&a(b-c)(a^2-b^2)-c(a-b)(b^2-c^2)\\ =&(a-b)(b-c)(a^2+ab-bc-c^2)\end{aligned}$$

$$=(a+b+c)(a-b)(b-c)(a-c)$$

解法 3 不妨设 $a\geqslant b\geqslant c, a=c+\alpha+\beta, b=c+\alpha, \alpha,\beta\in\overline{\mathbf{R}^-}$,则

$$\frac{\left|\sum ab(a^2-b^2)\right|}{(\sum a^2)^2}=\frac{\alpha\beta(\alpha+\beta)[3c+(2\alpha+\beta)]}{[3c^2+2c(2\alpha+\beta)+\alpha^2+(\alpha+\beta)^2]^2}$$

$$=\frac{9}{\sqrt{2}}\cdot\frac{\sqrt{\alpha(\alpha+\beta)\cdot\beta(\alpha+\beta)\cdot 2\alpha\beta\cdot(3c+2\alpha+\beta)^2}}{9\cdot[3c^2+2c(2\alpha+\beta)+\alpha^2+(\alpha+\beta)^2]^2}$$

$$\leqslant\frac{9}{\sqrt{2}}\cdot\frac{\left[\frac{\alpha(\alpha+\beta)+\beta(\alpha+\beta)+2\alpha\beta+(3c+2\alpha+\beta)^2}{4}\right]^2}{[(3c+2\alpha+\beta)^2+2(\alpha^2+\alpha\beta+\beta^2)]^2}$$

$$\leqslant\frac{9}{16\sqrt{2}}$$

(注意到 $\alpha^2+\beta^2+4\alpha\beta\leqslant 2(\alpha^2+\alpha\beta+\beta^2)$)

由上证明过程可知, 当且仅当 $\begin{cases}\alpha=\beta,\\ 2\alpha\beta=(3c+2\alpha+\beta)^2,\end{cases}$ 即 $\begin{cases}b-c=a-b,\\ |a+b+c|=\sqrt{2}(a-b),\end{cases}$ 此时上式取等号,解这个方程组,得到同解法 2 相同的结果.

例 24 (2011 年全国高中数学联合竞赛(B 卷) 加试题三)

设实数 $a,b,c\geqslant 1$,且满足 $abc+2a^2+2b^2+2c^2+ca-cb-4a+4b-c=28$,求 $a+b+c$ 的最大值.

解法 1 (命题者的解答) 由已知等式可得

$$(a-1)^2+(b+1)^2+c^2+\frac{1}{2}(a-1)(b+1)c=16 \qquad ①$$

令 $a-1=a', b+1=b', a=a'+1$,则 $b=b'-1$,则式 ① 等价于

$$(a-1)^2+(b+1)^2+c^2+\frac{1}{2}(a-1)(b+1)c=16 \qquad ②$$

易知 $\min\{a',b',c\}<4$,令 $l=a'+b'+c$,则

$$a+b+c=(a'+1)+(b'-1)+c=a'+b'+c=l$$

设 $(x-a')(x-b')(x-c)=x^3-lx^2+a'b'+b'c+ca'-a'b'c$,则

$$f(4)=4^3-l\cdot 4^2+\frac{l^2-(a'^2+b'^2+c^2)}{2}\times 4-a'b'c$$

$$=64-16l+2l^2-2(a'^2+b'^2+c^2-\frac{1}{2}a'b'c)$$

$$=64-16l+2l^2-32$$

$$=2l^2-16l+32$$

当 $x>\min\{a',b',c\}$ 时,由平均值不等式得

$$(x-a')(x-b')(x-c)\leqslant\frac{1}{27}(3x-l)^3 \quad ③$$

所以 $f(4)=(4-a')(4-b')(4-c)\leqslant\frac{1}{27}(12-l)^3$，从而

$$2l^2-16l+32\leqslant\frac{1}{27}(12-l)^3$$

整理得

$$l^3+18l^2-27\times 32\leqslant 0$$

即

$$(l-6)(l^2+24l+144)\leqslant 0$$

所以 $l\leqslant 6$.

式 ③ 中等号成立的条件是 $x-a'=x-b'=x-c$，即 $a'=b'=c$，代入式 ② 得 $a'=b'=c=2$，所以 $a=3$，当 $b=1,c=2$ 时，$(a+b+c)_{\max}=6$.

解法 2　条件可以放宽为 $a\geqslant -3,b\geqslant -5,c\geqslant -4$.

由已知等式可得

$$(a-1)^2+(b+1)^2+c^2+\frac{1}{2}(a-1)(b+1)c=16$$

令 $a-1=2x,b+1=2y,c=2z,x+2,y+2,z+2\in\overline{\mathbf{R}^-}$，于是有 $a+b+c=2x+2y+2z$，x,y,z 满足

$$(2x)^2+(2y)^2+(2z)^2+\frac{1}{2}\cdot 2x\cdot 2y\cdot 2z=16$$

即

$$x^2+y^2+z^2+xyz=4 \quad ④$$

由抽屉原理知，在 x,y,z 三数中，至少有两个同时都不大于或同时都不小于 1，不妨设这两数为 y,z，则有

$$(y-1)(z-1)\geqslant 0$$

即

$$y+z\leqslant 1+yz \quad ⑤$$

另外，由式 ④ 得到

$$4=x^2+y^2+z^2+xyz\geqslant x^2+2yz+xyz$$

即

$$(x+2)(x+yz-2)\leqslant 0$$

由于 $x+2,y+2,z+2\in\overline{\mathbf{R}^-}$，因此有

$$x+yz-2\leqslant 0 \quad ⑥$$

式 ⑤ 和式 ⑥ 两边分别相加，即得 $x+y+z\leqslant 3$，故 $a+b+c=2x+2y+2z\leqslant 6$. 由以上式 ④⑤⑥ 可知，当且仅当 $x=y=z=1$，即 $a=3,b=1,c=2$ 时，

$(a+b+c)_{\max}=6$.

解法 3　条件可放宽为 $xyz\geqslant 0$. 以上证法 2 的式 ① 可以改写成

$$\frac{x}{2x+yz}+\frac{y}{2y+zx}+\frac{z}{2z+xy}=1$$

于是,应用柯西不等式,有

$$\begin{aligned}&x(x+yz)+y(y+zx)+z(z+xy)\\=&[x(2x+yz)+y(2y+zx)+z(2z+xy)]\cdot\\&\left(\frac{x}{2x+yz}+\frac{y}{2y+zx}+\frac{z}{2z+xy}\right)\\=&[x(2x+yz)+y(2y+zx)+z(2z+xy)]\cdot\\&\left(\frac{x^2}{x(2x+yz)}+\frac{y^2}{y(2y+zx)}+\frac{z^2}{z(2z+xy)}\right)\\\geqslant&(x+y+z)^2\quad(\text{注意到 } xyz\geqslant 0)\end{aligned}$$

另外,由于

$$\begin{aligned}&x(2x+yz)+y(2y+zx)+z(2z+xy)\\=&2(x^2+y^2+z^2)+3xyz\\\leqslant&\frac{9}{4}(x^2+y^2+z^2+xyz)=9\end{aligned}$$

因此,$(x+y+z)^2\leqslant 9$,故$(x+y+z)_{\max}=3$,这时,$a=3,b=1,c=2$.

注:本例经变形后与伊朗第 20 届数学奥赛题相同:设 a,b,c 为正实数,且 $a^2+b^2+c^2+abc=4$,求证 $a+b+c\leqslant 3$.

例 25　实数 a,b,c 满足其平方和是 1,求 $f=a+b+c-abc$ 的最大值.

解法 1　我们将证明

$$\frac{64}{27}(a^2+b^2+c^2)^3\geqslant[(a+b+c)(a^2+b^2+c^2)-abc]^2$$

$$\begin{aligned}&64(a^2+b^2+c^2)^3-27[(a+b+c)(a^2+b^2+c^2)-abc]^2\\=&37(a^2+b^2+c^2)^3-54(bc+ca+ab)(a^2+b^2+c^2)^2+\\&54abc(a+b+c)(a^2+b^2+c^2)-27a^2b^2c^2\\=&[(a^2+b^2+c^2)^3-27a^2b^2c^2]+18(a^2+b^2+c^2)^2[(b^2+c^2-a^2)(b-c)^2+\\&(c^2+a^2-b^2)(c-a)^2+(a^2+b^2-c^2)(a-b)^2]\geqslant 0\end{aligned}$$

因此,有

$$f=a+b+c-abc\leqslant\sqrt{\frac{64}{27}(a^2+b^2+c^2)^3}=\frac{8\sqrt{3}}{9}$$

当且仅当 $a=b=c=\frac{\sqrt{3}}{3}$ 时取等号.

解法 2　应用柯西不等式,有

$$f=a+b+c-abc$$

$$=b+c+a(1-bc)$$
$$\leqslant\sqrt{(1+a^2)[(b+c)^2+(1-bc)^2]}$$
$$=\sqrt{(1+a^2)(1+b^2)(1+c^2)}$$
$$\leqslant\sqrt{\left(\frac{1+a^2+1+b^2+1+c^2}{3}\right)^3}=\frac{8\sqrt{3}}{9}$$

当且仅当 $a=b=c=\frac{\sqrt{3}}{3}$ 时取等号.

由上可知 $f=a+b+c-abc$ 的最大值是$\frac{8\sqrt{3}}{9}$,当 $a=b=c=\frac{\sqrt{3}}{3}$ 时取到最大值.

例 26 (自创题,2012-12-04)设 $y,z\in[\frac{1}{a},a]$,$a>1$,求

$$f(x,y)=\frac{x}{1+y}+\frac{y}{1+x}+\frac{1}{x+y}$$

的最大值.

解 由对称性,不妨设$\frac{1}{a}\leqslant y\leqslant x\leqslant a$,$a>1$,则

$$f(x,y)-f(a,\frac{1}{a})$$
$$=\frac{x}{1+y}+\frac{y}{1+x}+\frac{1}{x+y}-\left(\frac{a}{1+\frac{1}{a}}+\frac{\frac{1}{a}}{1+a}+\frac{1}{a+\frac{1}{a}}\right)$$
$$=\left(\frac{x}{1+y}-\frac{a}{1+\frac{1}{a}}\right)+\left(\frac{y}{1+x}-\frac{\frac{1}{a}}{1+a}\right)+\left(\frac{1}{x+y}-\frac{1}{a+\frac{1}{a}}\right)$$
$$=-\frac{(1+\frac{1}{a})(a-x)+a(y-\frac{1}{a})}{(1+\frac{1}{a})(1+y)}+\frac{\frac{1}{a}(a-x)+(1+a)(y-\frac{1}{a})}{(1+a)(1+x)}+$$
$$\frac{(a-x)-(y-\frac{1}{a})}{(a+\frac{1}{a})(x+y)}$$
$$=(a-x)\left[-\frac{1}{1+y}+\frac{\frac{1}{a}}{(1+a)(1+x)}+\frac{1}{(a+\frac{1}{a})(x+y)}\right]+$$
$$(y-\frac{1}{a})\left[-\frac{a}{(1+\frac{1}{a})(1+y)}+\frac{1}{1+x}-\frac{1}{(a+\frac{1}{a})(x+y)}\right]$$

$$\leqslant (a-x)\left[-\frac{1}{1+y}+\frac{1}{a(1+a)(1+y)}+\frac{a^2}{(1+a^2)(1+y)}\right]+$$
$$(y-\frac{1}{a})\left[-\frac{a^2}{(1+a)(1+x)}+\frac{1}{1+x}-\frac{1}{(1+a^2)(1+x)}\right]$$

(注意到$\frac{1}{a}\leqslant y\leqslant x\leqslant a, a>1, a(x+y)>1+y, a(1+x)>x+y$)

$$=-\frac{(a-1)(a-x)}{a(1+a)(1+a^2)(1+y)}-\frac{a^3(a-1)(y-\frac{1}{a})}{(1+a)(1+a^2)(1+x)}\leqslant 0$$

(当且仅当 $x=a, y=\frac{1}{a}$ 时取等号),即有 $f(x,y)\leqslant f(a,\frac{1}{a})$,当且仅当 $x=a$,$y=\frac{1}{a}$ 时,$f(x,y)$ 取得最大值

$$f(a,\frac{1}{a})=\left(\frac{a}{1+\frac{1}{a}}+\frac{\frac{1}{a}}{1+a}+\frac{1}{a+\frac{1}{a}}\right)=\frac{1-a+3a^2-a^3+a^4}{a(1+a^2)}$$

例 27 (自创题,2007-07-24)若 a,b,c 为满足 $a+b+c=1$ 的正数,求最小正数 t,使得

$$\frac{ta^2+b}{b+c}+\frac{tb^2+c}{c+a}+\frac{tc^2+a}{a+b}\geqslant\frac{t+3}{2}$$

证明 原式经变换后等价于

$$\frac{\sum(b+c)(b-c)^2}{2\prod(b+c)}t\geqslant\frac{(a-b)(c-b)(a-c)}{2\prod(b+c)}$$
$$\Leftrightarrow t\cdot\sum(b+c)(b-c)^2\geqslant(a-b)(c-b)(a-c)$$

由此可知,我们只需求在 $a>c>b$ 情况下,使上式成立得最小正数 t. 此时上式又可写作

$$\frac{\sum(b+c)(b-c)^2}{(a-b)(c-b)(a-c)}\geqslant\frac{1}{t}$$

由此,先求

$$f(a,b,c)=\frac{(a-c)^2(a+c)+(c-b)^2(c+b)+(a-b)^2(a+b)}{(a-b)(a-c)(c-b)}$$

的最小值.

由 $a>c>b$,我们可设 $a=b+\alpha+\beta, c=b+\alpha, \alpha,\beta\in\overline{\mathbf{R}^-}$,则

$$f(a,b,c)=\frac{\beta^2(2b+2\alpha+\beta)+\alpha^2(2b+\alpha)+(\alpha+\beta)^2(2b+\alpha+\beta)}{\alpha\beta(\alpha+\beta)}$$
$$\geqslant\frac{\beta^2(2\alpha+\beta)+\alpha^3+(\alpha+\beta)^3}{\alpha\beta(\alpha+\beta)}$$

令 $\frac{\alpha}{\beta}=x$,则上式可化为求函数

$$g(x)=\frac{2x+1+x^3+(x+1)^3}{x(x+1)}=2x+1+\frac{2}{x}+\frac{2}{x+1}$$

的最小值.

引入非负参数 λ,u,且 $\lambda+u=2$,则

$$g(x)=\lambda x+u(x+1)+\frac{2}{x}+\frac{2}{x+1}-u+1\geqslant 2\sqrt{2\lambda}+2\sqrt{2u}-u+1$$

这时取等号条件为

$$\begin{cases}\lambda x=\frac{2}{x}\\ u(x+1)=\frac{2}{x+1}\\ \lambda+u=2\end{cases}$$

由上消去 λ,u,得到

$$\frac{2}{x^2}+\frac{2}{(x+1)^2}=2$$

即

$$\frac{1}{x^2}+\frac{1}{(x+1)^2}=1 \qquad ①$$

现在,我们来求解 ① 中方程. 为此,令 $\frac{1}{x}=\sin\alpha$,$\frac{1}{x+1}=\cos\alpha$,$\alpha\in(\frac{\pi}{4},\frac{\pi}{2})$(注意这时 $\sin\alpha>\cos\alpha>0$),于是

$$\frac{1}{\sin\alpha}+1=\frac{1}{\cos\alpha}$$

$$\Leftrightarrow\quad \frac{1}{\cos\alpha}-\frac{1}{\sin\alpha}=1$$

$$\Leftrightarrow\quad \sin\alpha-\cos\alpha=\sin\alpha\cos\alpha$$

令 $\sin\alpha-\cos\alpha=p$,则 $\sin\alpha\cos\alpha=\frac{1-p^2}{2}$,因此,得到

$$p=\frac{1-p^2}{2}$$

解得 $p=\sqrt{2}-1$,即有 $\sin\alpha-\cos\alpha=\sin\alpha\cos\alpha=\sqrt{2}-1$,由此易求得

$$\sin\alpha=\frac{\sqrt{2}-1+\sqrt{2\sqrt{2}-1}}{2}$$

$$\cos\alpha=\frac{-\sqrt{2}+1+\sqrt{2\sqrt{2}-1}}{2}$$

即

$$\frac{1}{x}=\frac{\sqrt{2}-1+\sqrt{2\sqrt{2}-1}}{2}$$

$$\frac{1}{x+1}=\frac{-\sqrt{2}+1+\sqrt{2\sqrt{2}-1}}{2}$$

于是，可取参数 $\lambda=\frac{2}{x^2}=(\sqrt{2}-1)\sqrt{2\sqrt{2}-1}+1, u=1-(\sqrt{2}-1)\sqrt{2\sqrt{2}-1}$，这时

$$\begin{aligned}[g(x)]_{\min}&=2x+1+\frac{2}{x}+\frac{2}{x+1}\\&=\frac{4}{\sqrt{2}-1+\sqrt{2\sqrt{2}-1}}+1+(\sqrt{2}-1+\sqrt{2\sqrt{2}-1})+\\&\quad(-\sqrt{2}+1+\sqrt{2\sqrt{2}-1})\\&=\frac{4}{\sqrt{2\sqrt{2}-1}+\sqrt{2}-1}+2\sqrt{2\sqrt{2}-1}+1\\&=\frac{\sqrt{2\sqrt{2}-1}-\sqrt{2}+1}{\sqrt{2}-1}+2\sqrt{2\sqrt{2}-1}+1\\&=(\sqrt{2}+1)(\sqrt{2\sqrt{2}-1}-\sqrt{2}+1)+2\sqrt{2\sqrt{2}-1}+1\\&=(\sqrt{2}+3)\sqrt{2\sqrt{2}-1}\\&=\sqrt{16\sqrt{2}+13}\end{aligned}$$

故只需

$$\sqrt{16\sqrt{2}+13}\geqslant\frac{1}{t}$$

即

$$t\geqslant\frac{1}{\sqrt{16\sqrt{2}+13}}$$

由上面求解过程还不难得到原式当 $t=\frac{1}{\sqrt{16\sqrt{2}+13}}$ 时，取等号条件为：$a=b=c=\frac{1}{3}$；或 $a+b+c=1$，且 $\frac{b}{a}=\frac{\sqrt{2\sqrt{2}-1}+\sqrt{2}+1}{2}$，$c=0$；或 $a+b+c=1$，且 $\frac{c}{b}=\frac{\sqrt{2\sqrt{2}-1}+\sqrt{2}+1}{2}$，$a=0$；或 $a+b+c=1$，且 $\frac{a}{c}=\frac{\sqrt{2\sqrt{2}-1}+\sqrt{2}+1}{2}$，$b=0$. 当 $t>\frac{1}{\sqrt{16\sqrt{2}+13}}$ 时，取等号条件为 $a=b=c=\frac{1}{3}$（详细求解过程从略）.

注：(1) 本例证明可参阅《中学数学》(湖北)，2008 年第一期，杨学枝《一个

不等式的最佳系数》.

(2) 用同样方法,可以得到:对于任意正数 a,b,c,使得不等式

$$a(b-c)^2+b(c-a)^2+c(a-b)^2\geqslant t\left|(a-b)(b-c)(a-c)\right|$$

成立的 t 最大值是 1.

例 28 对于任意实数 $x_i,i=1,2,\cdots,n(n\geqslant 2)$,不等式

$$x_1x_2+x_2x_3+\cdots+x_{n-1}x_n\leqslant c(n)(x_1^2+x_2^2+\cdots+x_n^2)$$

恒成立,求 $c(n)$ 的最小值.

解 问题等价于求多元函数

$$f(x_1,x_2\cdots,x_n)=\frac{x_1x_2+x_2x_3+\cdots+x_{n-1}x_n}{x_1^2+x_2^2+\cdots+x_n^2}$$

(其中 $x_1,x_2,\cdots,x_n$ 不全为 0) 的最大值. 为此,引入正参数 $c_1,c_2,\cdots,c_n$,由于 $c_i^2x_i^2+x_{i+1}^2\geqslant 2c_ix_ix_{i+1},i=1,2,\cdots,n,$,将上述$(n-1)$ 个式子相加得

$$\frac{c_1}{2}x_1^2+(\frac{1}{2c_1}+\frac{c_2}{2})x_2^2+(\frac{1}{2c_2}+\frac{c_3}{2})x_3^2+\cdots+(\frac{1}{2c_{n-2}}+\frac{c_{n-1}}{2})x_{n-1}^2+\frac{1}{2c_{n-1}}x_n^2$$
$$\geqslant x_1x_2+x_2x_3+\cdots+x_{n-1}x_n$$

下面来求满足$\frac{c_1}{2}=\frac{1}{2c_1}+\frac{c_2}{2}=\frac{1}{2c_2}+\frac{c_3}{2}=\cdots=\frac{1}{2c_{n-2}}+\frac{c_{n-1}}{2}=\frac{1}{2c_{n-1}}$ 的 c_1. 设

$$c_1=\frac{1}{c_1}+c_2=\frac{1}{c_2}+c_3=\cdots=\frac{1}{c_{n-2}}+c_{n-1}=\lambda$$

今求数列$\{c_n\}$ $(n\geqslant 2)$ 在 $c_1=\lambda,c_n=\lambda-\frac{1}{c_{n-1}}(n\geqslant 2)$ 时的通项公式 c_n.

用不动点法:设 $f(u)=\frac{au+b}{cu+d}(c\neq 0,ad-bc\neq 0)$,则$\{u_n\}$ 满足 $u_n=f(u_{n-1})(n\geqslant 2)$,初始值 $x_1\neq f(x_1)$. 若 f 有两个不动点 p,q,则

$$\frac{u_n-p}{u_n-q}=\frac{a-pc}{a-qc}\cdot\frac{u_{n-1}-p}{u_{n-1}-q}$$

由此,可得到

$$c_n=\frac{1}{2}\cdot\frac{(\lambda+\sqrt{\lambda^2-4})^{n+1}-(\lambda-\sqrt{\lambda^2-4})^{n+1}}{(\lambda+\sqrt{\lambda^2-4})^n-(\lambda-\sqrt{\lambda^2-4})^n}$$

又由于$\frac{1}{c_{n-1}}=\lambda$,因此,有

$$\frac{1}{\lambda}=\frac{1}{2}\cdot\frac{(\lambda+\sqrt{\lambda^2-4})^n-(\lambda-\sqrt{\lambda^2-4})^n}{(\lambda+\sqrt{\lambda^2-4})^{n-1}-(\lambda-\sqrt{\lambda^2-4})^{n-1}}$$

记 $x=\lambda+\sqrt{\lambda^2-4}$,则$\frac{4}{x}=\lambda-\sqrt{\lambda^2-4}$,于是,上式可以写成

$$\frac{x^n-(\frac{4}{x})^n}{x^{n-1}-(\frac{4}{x})^{n-1}}=\frac{4}{x+\frac{4}{x}}$$

经化简得到 $\left(\frac{x}{2}\right)^{2n+2}=1$,因此

$$x=2\left(\cos\frac{j\pi}{n+1}+\mathrm{i}\sin\frac{j\pi}{n+1}\right),j=1,2,\cdots,n-1$$

所以,$c_k=\frac{1}{2}\cdot\frac{x^{n+1}-\left(\frac{4}{x}\right)^{n+1}}{x^n-\left(\frac{4}{x}\right)^n}=\frac{\sin\frac{(k+1)j\pi}{n+1}}{\sin\frac{kj\pi}{n+1}}$,$k=1,2,\cdots,n-1$,对于任意 $1\leqslant k\leqslant n-1$,$c_k>0$,则取 $j=1$,这时,$c_1=2\cos\frac{\pi}{n+1}$. 故 $c(n)$ 的最小值为 $\cos\frac{\pi}{n+1}$.

例 29 (2007 年浙江省高中数学竞赛试题(B 卷))

设 $f(x,y,z)=\sin^2(x-y)+\sin^2(y-z)+\sin^2(z-x)$,$x,y,z\in\mathbf{R}$,求 $f(x,y,z)$ 的最大值.

解法 1

$$\begin{aligned}f(x,y,z)&=\sin^2(x-y)+\sin^2(y-z)+\sin^2(z-x)\\&=\frac{1}{2}[3-\cos 2(x-y)-\cos 2(y-z)-\cos 2(z-x)]\\&=\frac{1}{2}[3-(\cos 2x\cos 2y+\cos 2x\cos 2y+\cos 2x\cos 2y)-\\&\quad(\sin 2x\sin 2y+\sin 2x\sin 2y+\sin 2x\sin 2y)]\\&=\frac{3}{2}-\frac{1}{4}[(\cos 2x+\cos 2y+\cos 2z)^2+\\&\quad(\sin 2x+\sin 2y+\sin 2z)^2-3]\\&\leqslant\frac{3}{2}+\frac{3}{4}=\frac{9}{4}\end{aligned}$$

所以,$[f(x,y,z)]_{\max}=\frac{9}{4}$,有以上证明中可知,当且仅当

$$\begin{cases}\cos 2x+\cos 2y+\cos 2z=0\\\sin 2x+\sin 2y+\sin 2z=0\end{cases}$$

时,取到最大值.

解法 2

$$\begin{aligned}f(x,y,z)&=\sin^2(x-y)+\sin^2(y-z)+\sin^2(z-x)\\&=\frac{1}{2}[3-\cos 2(x-y)-\cos 2(y-z)-\cos 2(z-x)]\\&=\frac{3}{2}-\frac{1}{2}[2\cos(x-z)\cos(x-2y+z)+2\cos^2(x-z)-1]\\&=2-[\cos^2(x-z)+\cos(x-z)\cos(x-2y+z)]\\&=2-\left[\cos(x-z)+\frac{1}{2}\cos(x-2y+z)\right]^2+\frac{1}{4}\cos^2(x-2y+z)\end{aligned}$$

$$\leqslant 2+\frac{1}{4}\cos^2(x-2y+z)$$

$$\leqslant 2+\frac{1}{4}=\frac{9}{4}$$

所以，$[f(x,y,z)]_{\max}=\frac{9}{4}$，由以上证明中可知，当且仅当

$$\begin{cases}\cos(x-y)+\frac{1}{2}\cos(x-2y+z)=0\\ \cos^2(x-2y+z)=1\end{cases}$$

即

$$\begin{cases}\cos(x-y)=-\frac{1}{2}\\ \cos(x-2y+z)=1\end{cases}\text{或}\begin{cases}\cos(x-y)=\frac{1}{2}\\ \cos(x-2y+z)=-1\end{cases}$$

时，取到最大值.

注：解法 2 对取到最大值时 x,y,z 的取值更加明确.

例 30 （自创题，2013－07－03）求 $y=\sin x\sin 4x$ 的最大值.

解

$$\begin{aligned}y&=\sin x\sin 4x\\&=4\sin^2 x\cos x(1-2\sin^2 x)\end{aligned}$$

引入参数 λ,u，有

$$\begin{aligned}y^2&=16\sin^4 x\cos^2 x\,(1-2\sin^2 x)^2\\&=16\sin^4 x(1-\sin^2 x)(1-2\sin^2 x)(1-2\sin^2 x)\\&=\frac{16}{\lambda u^2}\sin^2 x\sin^2 x[\lambda(1-\sin^2 x)](u-2u\sin^2 x)(u-2u\sin^2 x)\\&\leqslant\frac{16}{\lambda u^2}\left[\frac{\sin^2 x+\sin^2 x+\lambda(1-\sin^2 x)+(u-2u\sin^2 x)+(u-2u\sin^2 x)}{5}\right]^5\end{aligned}$$

由此可知，要使上式等号成立，且最后结果不含 $\sin x$，只需令

$$\begin{cases}\sin^2 x=\lambda(1-\sin^2 x)\\ \sin^2 x=(u-2u\sin^2 x)\\ 2-\lambda-4u=0\end{cases}$$

即

$$\begin{cases}\sin^2 x=\frac{\lambda}{1+\lambda}\\ \sin^2 x=\frac{u}{1+2u}\\ 2-\lambda-4u=0\end{cases}$$

由此，可得到

$$\frac{2-4u}{3-4u}=\frac{u}{1+2u}$$

即

$$4u^2+3u-2=0$$

取上述方程正根，得到 $u=\frac{-3+\sqrt{41}}{8}$，于是，可得 $\lambda=2-4u=\frac{7-\sqrt{41}}{2}$，这时，有

$$\begin{aligned}(y^2)_{\max}&=\frac{16}{\lambda u^2}\left(\frac{\lambda+2u}{5}\right)^5\\&=\frac{16}{\frac{7-\sqrt{41}}{2}\cdot\left(\frac{-3+\sqrt{41}}{8}\right)^2}\left(\frac{\frac{7-\sqrt{41}}{2}+\frac{-3+\sqrt{41}}{4}}{5}\right)^5\\&=\frac{(149+23\sqrt{41})(11-\sqrt{41})^5}{20^5}\end{aligned}$$

即

$$y_{\max}=\sqrt{\frac{(149+23\sqrt{41})(11-\sqrt{41})^5}{20^5}}$$

且取得最大值时，$\sin^2x=\frac{11-\sqrt{41}}{20}$，即 $x=\arcsin\sqrt{\frac{11-\sqrt{41}}{20}}$.

注：本例也可以用求导方法求解(略).

例 31 (自创题，2013－07－03) 求 $y=\sin x\sin 2x\sin 3x$ 的最大值.

解

$$\begin{aligned}y&=\sin x\cdot 2\sin x\cos x\cdot(3\sin x-4\sin^3x)\\&=2\sin^3x\cos x\cdot(3-4\sin^2x)\end{aligned}$$

引入参数 λ,u，则有

$$\begin{aligned}y^2&=\frac{4}{\lambda^3u^2}\lambda\sin^2x\cdot\lambda\sin^2x\cdot\lambda\sin^2x\cdot\cos^2x\cdot(3u-4u\sin^2x)\cdot(3u-4u\sin^2x)\\&\leqslant\frac{4}{\lambda^3u^2}\left[\frac{\lambda\sin^2x+\lambda\sin^2x+\lambda\sin^2x+\cos^2x+(3u-4u\sin^2x)+(3u-4u\sin^2x)}{6}\right]^6\\&=\frac{4}{\lambda^3u^2}\left[\frac{6u+(3\lambda-8u)\sin^2x+\cos^2x}{6}\right]^6\qquad①\end{aligned}$$

令 $\begin{cases}3\lambda-8u=1,\\ \lambda\sin^2x=\cos^2x,\\ 3u-4u\sin^2x=\cos^2x,\end{cases}$ 由 $\sin^2x+\cos^2x=1$，可得到

$$\frac{\lambda}{1+\lambda}+\frac{3u-1}{4u-1}=1$$

又由 $3\lambda-8u=1$，得到 $\lambda=\frac{8u+1}{3}$，将其代入上式，并整理，得到

$$24u^2-8u-1=0$$

取上述方程正根，得到 $u=\frac{2+\sqrt{10}}{12}$，于是可得 $\lambda=\frac{8u+1}{3}=\frac{8+3\sqrt{10}}{6}$，将其代入式 ①，便有

$$\begin{aligned}y^2&\leqslant\frac{4}{\lambda^3u^2}\left[\frac{6u+(3\lambda-8u)\sin^2x+\cos^2x}{6}\right]^6\\&=\frac{4}{\lambda^3u^2}\left(\frac{6u+1}{6}\right)^6\\&=\frac{(6u+1)^6}{432u^2(8u+1)^3}\end{aligned}$$

易求得当且仅当 $\tan x=\sqrt{5}-\sqrt{2}$ 时取等号. 这时

$$\begin{aligned}y_{\max}&=\sin^2x\cdot\sin2x\cdot(3-4\sin^2x)\\&=\frac{\tan^2x}{1+\tan^2x}\cdot\frac{2\tan x}{1+\tan^2x}\cdot\left(3-\frac{4\tan^2x}{1+\tan^2x}\right)\\&=\frac{2\tan^3x(3-\tan^2x)}{(1+\tan^2x)^3}\\&=\frac{2\tan^3x(3-\tan^2x)}{(1+\tan^2x)^3}=\frac{34\sqrt{2}+5\sqrt{5}}{108}\end{aligned}$$

注：本例也可以用求导方法求解（略）.

例 32　凸四边形 $ABCD$ 四边长分别为 $AB=a,BC=b,CD=c,DA=d$，当且仅当此四边形 $ABCD$ 内接于圆时，其面积最大，最大值为

$$(S_{ABCD})_{\max}=\frac{1}{4}\sqrt{(-a+b+c+d)(a-b+c+d)(a+b-c+d)(a+b+c-d)}$$

本例有许多解法，但用柯西不等式求解（即以下证法 1）较为简洁.

证法 1　若凸四边形 $ABCD$，边长 $AB=a,BC=b,CD=c,DA=d,a,b,c,d$ 为定值，面积为 S，联结 AC，设 $AC=x$，则

$$\begin{aligned}4S&=4S_{\triangle ABC}+4S_{\triangle ACD}\\&=\sqrt{(a+b+x)(-a+b+x)(a-b+x)(a+b-x)}+\\&\quad\sqrt{(c+d+x)(-c+d+x)(c-d+x)(c+d-x)}\\&=\sqrt{[(a+b)^2-x^2][x^2-(a-b)^2]}+\sqrt{[(c+d)^2-x^2][x^2-(c-d)^2]}\\&\leqslant\sqrt{[(a+b)^2-x^2+x^2-(c-d)^2][x^2-(a-b)^2+(c+d)^2-x^2]}\\&=\sqrt{(-a+b+c+d)(a-b+c+d)(a+b-c+d)(a+b+c-d)}\end{aligned}$$

即得凸四边形 $ABCD$ 面积最大值，当且仅当

$$\frac{(a+b)^2-x^2}{x^2-(a-b)^2}=\frac{x^2-(c-d)^2}{(c+d)^2-x^2}$$

即 $x=\sqrt{\frac{(ac+bd)(ad+bc)}{ab+cd}}$ 时，取到最大值.

证法 2 如图 1,四边形 $ABCD$,联结对角线 AC,设 $AC=x$,则

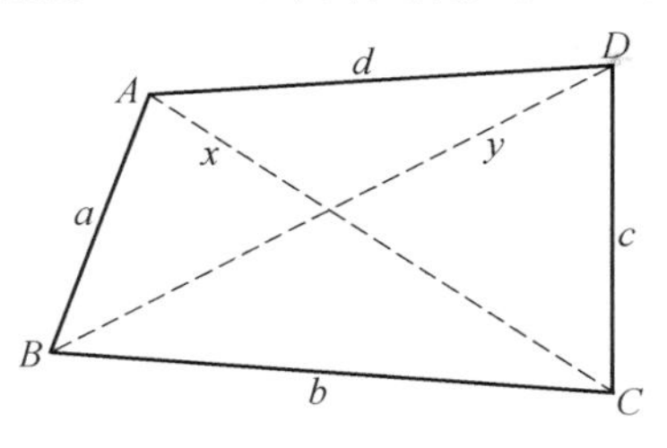

图 1

$$
\begin{aligned}
16S_{ABCD}^2 &= 4(ab\sin\angle ABC+cd\sin\angle CDA)^2\\
&\leqslant 4(ab+cd)(ab\sin^2\angle ABC+cd\sin^2\angle CDA)\\
&=4(ab+cd)\left[ab+cd-\frac{(a^2+b^2-x^2)^2}{4ab}-\frac{(c^2+d^2-x^2)^2}{4cd}\right]\\
&=(ab+cd)[4(ab+cd)-\frac{ab+cd}{abcd}x^4+\frac{2(ac+bd)(ad+bc)}{abcd}x^2-\\
&\quad\frac{cd(a^2+b^2)^2+ab(c^2+d^2)^2}{abcd}]\\
&=(ab+cd)\{-\frac{ab+cd}{abcd}[x^2-\frac{(ac+bd)(ad+bc)}{ab+cd}]^2+\\
&\quad\frac{(ac+bd)^2(ad+bc)^2}{abcd(ab+cd)}-\frac{cd(a^2+b^2)^2+ab(c^2+d^2)^2}{abcd}+\\
&\quad 4(ab+cd)\}\\
&\leqslant 4(ab+cd)^2+\frac{(ac+bd)^2(ad+bc)^2}{abcd}-\\
&\quad\frac{[cd(a^2+b^2)^2+ab(c^2+d^2)](ab+cd)}{abcd}\\
&=4(ab+cd)^2+\frac{[ab(c^2+d^2)+cd(a^2+b^2)]^2}{abcd}-(a^2+b^2)^2-\\
&\quad(c^2+d^2)^2-\frac{ab}{cd}(c^2+d^2)^2-\frac{cd}{ab}(a^2+b^2)^2\\
&=4(ab+cd)^2+2(a^2+b^2)(c^2+d^2)-(a^2+b^2)^2-(c^2+d^2)^2\\
&=4(ab+cd)^2-(a^2+b^2-c^2-d^2)^2\\
&=(-a+b+c+d)(a-b+c+d)(a+b-c+d)(a+b+c-d)
\end{aligned}
$$

当且仅当

$$
\begin{cases}\sin^2B=\sin^2C\\ x^2=\dfrac{(ac+bd)(ad+bc)}{ab+cd}\end{cases}\Leftrightarrow\begin{cases}\sin^2B=\sin^2C\\ \dfrac{a^2+b^2-x^2}{2ab}+\dfrac{c^2+d^2-x^2}{2cd}=0\end{cases}
$$

$\Leftrightarrow\begin{cases}\sin B=\sin C\\ \cos B+\cos C=0\end{cases}\Leftrightarrow$ 四边形 $ABCD$ 内接于圆时取等号

证法 3　$2S_{ABCD}=bc\sin C+da\sin A$，又

$$BD^2=b^2+c^2-2bc\cos C=d^2+a^2-2da\cos A$$

所以
$$bc\cos C-da\cos A=\frac{1}{2}(b^2+c^2-d^2-a^2)$$

所以
$$\begin{aligned}4(S_{ABCD})^2&=(bc\sin C+da\sin A)^2\\&=(bc\sin C+da\sin A)^2+(bc\cos C-da\cos A)^2-\\&\quad\frac{1}{4}(b^2+c^2-d^2-a^2)^2\\&=b^2c^2+d^2a^2-2abcd\cos(A+C)-\\&\quad\frac{1}{4}(b^2+c^2-d^2-a^2)^2\\&\leqslant(bc+da)^2-\frac{1}{4}(b^2+c^2-d^2-a^2)^2\\&=\frac{1}{4}(-a+b+c+d)(a-b+c+d)\cdot\\&\quad(a+b-c+d)(a+b+c-d)\end{aligned}$$

即得凸四边形 $ABCD$ 面积的最大值.

例 33　(2015年中国西部数学奥林匹克试题) 在等腰 $\mathrm{Rt}\triangle ABC$ 中，$CA=CB=1$，P 是 $\triangle ABC$ 边界上任意一点. 求 $PA\cdot PB\cdot PC$ 的最大值.

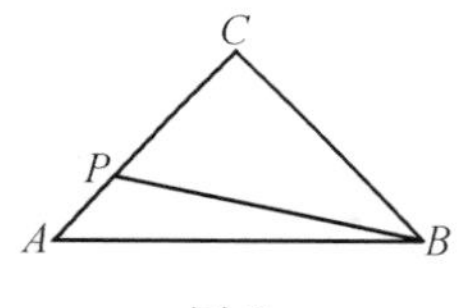

图 2

解　分两种情况.

(1) 由于 $\mathrm{Rt}\triangle ABC$ 是等腰直角三角形，$CA=CB$，因此，当点 P 在 AB 或 AC 边上时，所求的 $PA\cdot PB\cdot PC$ 的最大值是一样的. 不妨设点 P 在 AC 上(图 2). 这时

$$PA\cdot PB\cdot PC=(PA\cdot PC)\cdot PB<\left(\frac{PA+PC}{2}\right)^2\cdot AB=\frac{1}{4}\cdot\sqrt{2}=\frac{\sqrt{2}}{4}$$

(由于 $PA\cdot PC\leqslant\left(\frac{PA+PC}{2}\right)^2$，$PB\leqslant AB$ 两个等号不可能同时成立).

(2) 当点 P 在 AB 上时(图 3). 设 $PA=x$，则

$$PB=\sqrt{2}-x,PC=\sqrt{\left(\frac{\sqrt{2}}{2}\right)^2+\left(\frac{\sqrt{2}}{2}-x\right)^2}$$

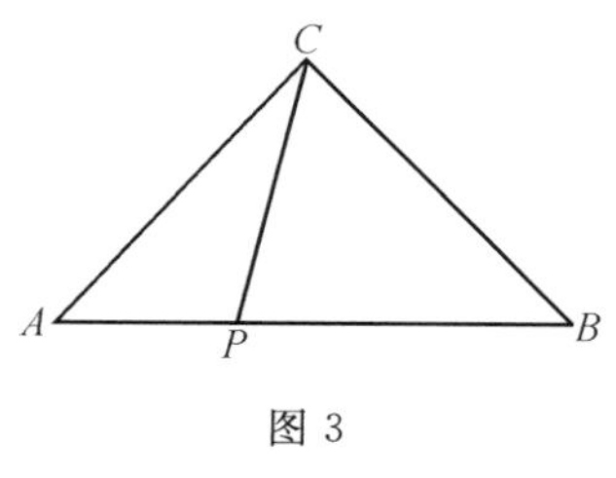

图 3

于是

$$\begin{aligned}&PA\cdot PB\cdot PC\\&=x\cdot(\sqrt{2}-x)\cdot\sqrt{\left(\frac{\sqrt{2}}{2}\right)^2+\left(\frac{\sqrt{2}}{2}-x\right)^2}\end{aligned}$$

$$=\sqrt{\left[\frac{1}{2}-\left(\frac{\sqrt{2}}{2}-x\right)^2\right]^2}\cdot\sqrt{\frac{1}{2}+\left(\frac{\sqrt{2}}{2}-x\right)^2}$$

$$=\sqrt{\left[\frac{1}{2}-\left(\frac{\sqrt{2}}{2}-x\right)^2\right]\cdot\left[\frac{1}{4}-\left(\frac{\sqrt{2}}{2}-x\right)^4\right]}$$

$$\leqslant\sqrt{\frac{1}{8}}=\frac{\sqrt{2}}{4}$$

当且仅当$\frac{\sqrt{2}}{2}-x=0$,即 $x=\frac{\sqrt{2}}{2}$ 时上述不等式取等号.

综上可知,$PA\cdot PB\cdot PC$ 的最大值是$\frac{\sqrt{2}}{4}$,当且仅当为线段 AB 中点时取到最大值.

例 34 (自创题,1995-04-25)设 P,Q,R 分别位于 $\triangle ABC$ 的三边上,且将 $\triangle ABC$ 的周长三等分,已知 $\triangle ABC$ 边长 $BC=a,CA=b,AB=c$,求 $\triangle PQR$ 的面积的最小值.

解 设 P,Q,R 分别位于 $\triangle ABC$ 边 BC,CA,AB 上,记 $\triangle QAR,\triangle RBP,\triangle PCQ,\triangle ABC,\triangle PQR$ 的面积分别为 s_1,s_2,s_3,s,s_0,$\frac{1}{3}(a+b+c)=k$.同时设 $BP=x$,则

$$s_1=\frac{(-x+a+b-k)(x+c-k)}{bc}s,s_2=\frac{x(-x+k)}{ca}s$$

$$s_3=\frac{(-x+a)(x-a+k)}{ab}s$$

于是可求以下关于 x 的二次函数最小值

$$\frac{s_0}{s}=1-\frac{s_1}{s}-\frac{s_2}{s}-\frac{s_3}{s}$$

$$=\frac{a+b+c}{abc}\left[x^2-\frac{1}{3}(3a+b-c)x+\frac{1}{9}a(2a+2b-c)\right]$$

$$\geqslant(a+b+c)\cdot\frac{2\sum bc-\sum a^2}{36abc}$$

当且仅当 P,Q,R 分别位于 $\triangle ABC$ 的边 BC,CA,AB 上,且 $BP=\frac{1}{6}(3a+b-c)$,$CQ=\frac{1}{6}(3b+c-a)$,$AR=\frac{1}{6}(3c+a-b)$ 时,$\triangle PQR$ 取到最小值

$$(a+b+c)\cdot\frac{2\sum bc-\sum a^2}{36abc}s$$

参考资料

杨学枝. 从一道命题谈起[J]. 数学通讯,1996(10).

例 35　P 为 $\triangle ABC$ 所在平面上一点，$PA=6$，$PB=7$，$PC=10$，$\angle ACB=60^\circ$，求 $\triangle ABC$ 面积的最大值和最小值.

解　先求 $\triangle ABC$ 面积的最大值.

如图4，构造平行四边形 $PBCD$，$PD /\!/ BC$，$CD /\!/ BP$，联结 AD. 设 $CA=b$，$CB=a$，$AD=l$，则在四边形 $APCD$ 中，应用四边形的余弦定理，有

$$(AD^2+PC^2)-(PA^2+CD^2)$$

$$=2AC\cdot PD\cos\angle CED$$

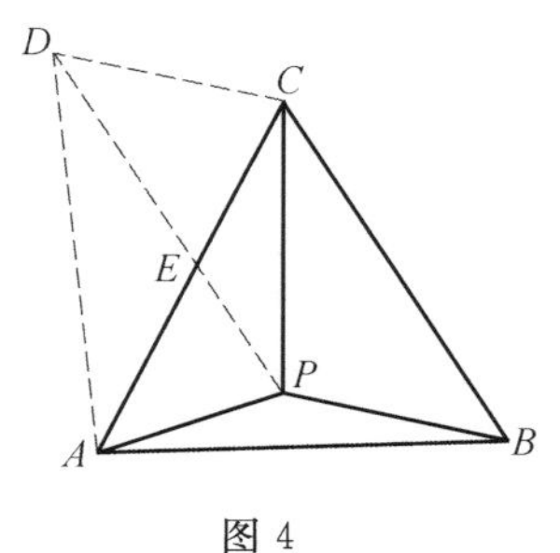

图 4

即

$$(l^2+10^2)-(6^2+7^2)=2ab\cos 60^\circ$$

由此得到

$$ab=l^2+15 \quad ①$$

另外，在四边形 $APCD$ 中，由托勒密不等式有

$$AD\cdot PC+PA\cdot CD\geqslant AC\cdot PD$$

即

$$10l+42\geqslant ab \quad ②$$

当且仅当四边形 $APCD$ 共圆时取等号，这时有 $\angle PAC=\angle PDC=\angle PBC$.

于是，由上式 ① 和式 ② 得到

$$l^2+15=ab\leqslant 10l+42$$

由此得到 $0\leqslant l\leqslant 5+2\sqrt{13}$，因此，从式 ① 知便有

$$S_{\triangle ABC}=\frac{1}{2}ab\sin 60^\circ\leqslant\frac{1}{2}[(5+2\sqrt{13})^2+15]\cdot\frac{\sqrt{3}}{2}=23\sqrt{3}+5\sqrt{39}$$

即 $\triangle ABC$ 面积的最大值为 $23\sqrt{3}+5\sqrt{39}$，此时有 $\angle PAC=\angle PBC$.

注：我们进一步可以求得 CA 和 CB 的长度. 求法如下：

在 $\triangle PCA$ 和 $\triangle PBC$ 中有

$$\frac{PC}{\sin\angle PAC}=\frac{PA}{\sin\angle PCA},\frac{PC}{\sin\angle PBC}=\frac{PB}{\sin\angle PCB}$$

由于 $\angle PAC=\angle PBC$，因此，得到

$$\frac{PA}{\sin\angle PCA}=\frac{PB}{\sin\angle PCB}$$

又由 $\angle PCA+\angle PCB=\angle ACB=60^\circ$，可求得 $\cos\angle PCA=\frac{10}{\sqrt{127}}$，$\cos\angle PCB=\frac{19}{2\sqrt{127}}$，于是，得到 $\cos\angle PDA=\cos\angle PCA=\frac{10}{\sqrt{127}}$，于是，$\cos\angle CPD=\cos\angle PCB=\frac{19}{2\sqrt{127}}$，在 $\triangle PCA$ 中，应用余弦定理，有

$$PA^2=AC^2+PC^2-2AC\cdot PC\cdot\cos\angle PCA$$

代入有关已知量,并注意到 $AC>PC-PA$,可求得

$$AC=\frac{100+4\sqrt{117}}{\sqrt{127}}$$

同理,在 $\triangle CPD$ 中,可以求得 $BC=PD=\dfrac{95+14\sqrt{13}}{\sqrt{127}}$.

下面再求 $\triangle ABC$ 面积的最小值.

如图 5,设 $\triangle ABC$ 三边长为 $BC=a$,$CA=b$,$AB=c$,$PA=x$,$PB=y$,$PC=z$,射线 PB 到 PC 的角为 α,射线 PC 到 PA 的角为 β,射线 PA 到 PB 的角为 γ,$\triangle ABC$ 面积为 Δ,则

$$a^2=y^2+z^2-2yz\cos\alpha,b^2=z^2+x^2-2zx\cos\beta$$

$$c^2=x^2+y^2-2xy\cos\gamma$$

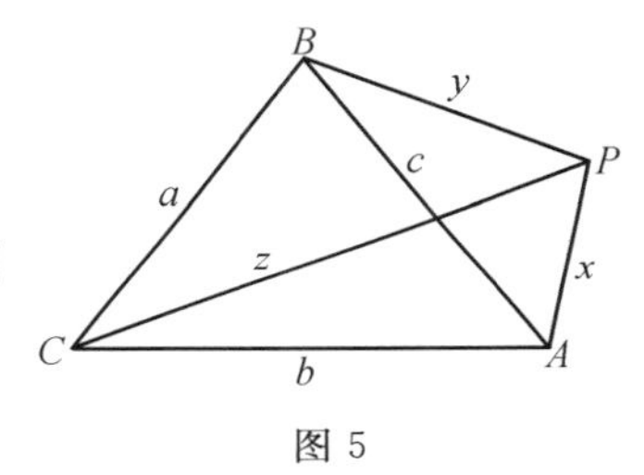

图 5

另外,有 $c^2=a^2+b^2-2ab\cos C$,将上述三式分别代入,并整理得到

$$ab\cos C=z^2-yz\cos\alpha-zx\cos\beta+xy\cos\gamma$$

于是,得到

$$\begin{aligned}4\Delta\cot C&=2z^2-2(yz\cos\alpha+zx\cos\beta-xy\cos\gamma)\\&=(z-y\cos\alpha-x\cos\beta)^2+(y\sin\alpha-x\sin\beta)^2-x^2-y^2+z^2\\&\geqslant -x^2-y^2+z^2\end{aligned}$$

因此,有

$$\Delta\geqslant\frac{1}{4}(-x^2-y^2+z^2)\tan C$$

$$=\frac{1}{4}(-6^2-7^2+10^2)\tan 60^\circ=\frac{15\sqrt{3}}{4}$$

当且仅当 $z-y\cos\alpha-x\cos\beta=0$ 且 $y\sin\alpha-x\sin\beta=0$,即

$$\begin{cases}10-7\cos\alpha-6\cos\beta=0\\7\sin\alpha-6\sin\beta=0\end{cases}$$

时取等号,由此得到 $\cos\alpha=\dfrac{113}{140}$,$\cos\beta=\dfrac{29}{40}$,$\cos\gamma=\dfrac{5}{28}$,同时还易求得 $a=6$,$b=7$,$c=\sqrt{70}$,这时,$\triangle ABC$ 面积有最小值为 $\dfrac{15\sqrt{3}}{4}$.

例 36 (自创题,2016-09-26)已知两条射线 OX,OY 夹角为 $\theta\left(0<\theta<\dfrac{\pi}{2}\right)$,$A$,$B$ 分别为这两条射线 OX,OY 上的定点,$OA=a$,$OB=b$,P,Q 分别是射线 OX,OY 上动点,求 $AP+PQ+QB$ 和的最小值.

解 如图6，作A关于射线OY的对称点A'，B关于射线OX的对称点B'，联结$A'B'$，下面我们来证明

$$AP+PQ+QB\geqslant A'B'$$

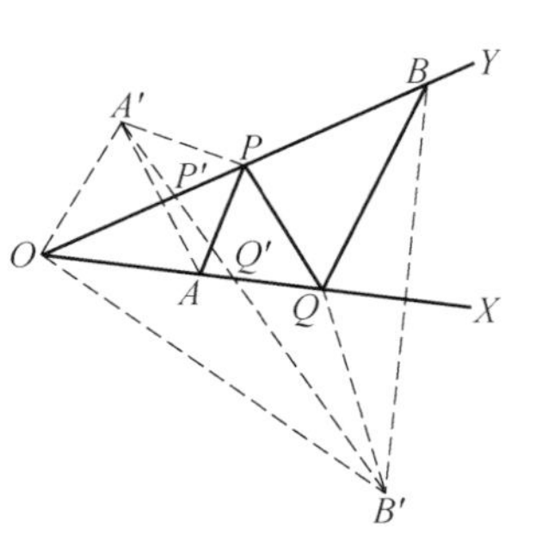

图 6

联结PA'，QB'，有对称性，得到$AP=A'P$，$QB=QB'$，于是，有

$$\begin{aligned}&AP+PQ+QB\\=&A'P+PQ+QB'\geqslant A'B'\end{aligned}$$

现在来求$A'B'$值，以及取得这个值时，P，Q所在的位置.

联结OA'，OB'，在$\triangle A'OB'$中，$OA'=OA=a$，$OB'=OB=b$，$\angle A'OB'=3\theta$，由余弦定理，有

$$A'B'=\sqrt{OA'^2+OB'^2-2OA'\cdot OB'\cos 3\theta}=\sqrt{a^2+b^2-2ab\cos 3\theta}$$

设直线$A'B'$与射线OA，OB分别交于点P'，点Q'，则由以上解题过程可知，当且仅当点P与点P'重合，且点Q与点Q'重合时，$AP+PQ+QB$的和取到最小值.

还可以求出OP'和OQ'的值，不过计算麻烦些. 求法如下：

设$\angle OA'B'=\alpha$，$\angle OB'A'=\beta$，记$A'B'=c$，在$\triangle A'OB'$中，有

$$\frac{a}{\sin\beta}=\frac{b}{\sin\alpha}=\frac{c}{\sin 3\theta} \quad ①$$

在$\triangle A'OP'$和$\triangle P'OB'$中，分别有$\dfrac{A'P'}{\sin\theta}=\dfrac{OP'}{\sin\alpha}$，$\dfrac{OP'}{\sin\beta}=\dfrac{P'B'}{\sin 2\theta}$，由上述两式消去$OP'$得到

$$\frac{A'P'\sin\alpha}{\sin\theta}=\frac{P'B'\sin\beta}{\sin 2\theta} \quad ②$$

将由式①中分别得到的$\sin\alpha=\dfrac{b\sin 3\theta}{c}$，$\sin\beta=\dfrac{a\sin 3\theta}{c}$代入式②，得到

$$\begin{aligned}\frac{A'P'}{\dfrac{c\sin\theta}{b\sin 3\theta}}&=\frac{P'B'}{\dfrac{c\sin 2\theta}{a\sin 3\theta}}=\frac{A'P'+P'B'}{\dfrac{c\sin\theta}{b\sin 3\theta}+\dfrac{c\sin 2\theta}{a\sin 3\theta}}=\frac{A'B'}{\dfrac{c(a\sin\theta+b\sin 2\theta)}{ab\sin 3\theta}}\\&=\frac{abc\sin 3\theta}{c(a\sin\theta+b\sin 2\theta)}=\frac{ab\sin 3\theta}{a\sin\theta+b\sin 2\theta}\end{aligned}$$

因此得到

$$A'P'=\frac{ab\sin 3\theta}{a\sin\theta+b\sin 2\theta}\cdot\frac{c\sin\theta}{b\sin 3\theta}=\frac{ac\sin\theta}{a\sin\theta+b\sin 2\theta}$$

另外，在$\triangle A'OP'$中，有$\dfrac{A'P'}{\sin\theta}=\dfrac{OP'}{\sin\alpha}$，将以上$\sin\alpha=\dfrac{b\sin 3\theta}{c}$和上式代入，并经

整理得到

$$OP'=\frac{A'P'\sin\alpha}{\sin\theta}=\frac{\frac{ac\sin\theta}{a\sin\theta+b\sin 2\theta}\cdot\frac{b\sin 3\theta}{c}}{\sin\theta}=\frac{ab\sin 3\theta}{a\sin\theta+b\sin 2\theta}$$

同理得到

$$OQ'=\frac{ab\sin 3\theta}{a\sin 2\theta+b\sin\theta}$$

由此还得到一个等式：$(\frac{1}{OP'}+\frac{1}{OQ'})\cos\frac{3\theta}{2}=(\frac{1}{OP}+\frac{1}{OQ})\cos\frac{\theta}{2}$.

例 37 （甘志国，2012－05－04）外接圆半径为 R 的三角形有两边之和 $a+b=L$，则该三角形在 $a=b=\frac{L}{2}$ 时，取到最大面积 $S_{\max}=\frac{L^3\sqrt{16R^2-L^2}}{64R^2}$.

证明 （李明，孙世宝，2012－06－05 解答）由于 $a^2+b^2-2ab\cos C=c^2=(2R\sin C)^2$，于是

$$ab=\frac{L^2-4R^2\sin^2 C}{2(1+\cos C)} \quad ①$$

由式 ① 得到

$$S=\frac{1}{2}ab\sin C=\frac{(L^2-4R^2\sin^2 C)\sin C}{4(1+\cos C)} \quad ②$$

令 $x=\tan\frac{C}{2}$，于是由式 ② 可得 $S=\frac{L^2}{4}x-\frac{4R^2x^3}{(1+x^2)^2}$. 下面证明

$$\frac{L^2}{4}x-\frac{4R^2x^3}{(1+x^2)^2}\leqslant\frac{L^3\sqrt{16R^2-L^2}}{64R^2}$$

记 $t=\sqrt{\frac{16R^2}{L^2}-1}$，则上述不等式即为

$$\frac{1}{4}x-\frac{1}{4}(t^2+1)\cdot\frac{x^3}{(1+x^2)^2}\leqslant\frac{t}{4(t^2+1)}$$

整理得

$$(t^2+1)x^5-tx^4-(t^4-1)x^3-2tx^2+(t^2+1)x-t\leqslant 0$$

可分解为

$$(x-t)[(t^2+1)x^4+t^3x^3+x^2-tx+1]\leqslant 0 \quad ③$$

由于 $L=a+b=2R(\sin A+\sin B)\leqslant 4R\sin\frac{A+B}{2}=4R\cos\frac{C}{2}$，于是

$$\sec\frac{C}{2}\leqslant\frac{4R}{L},\tan\frac{C}{2}=\sqrt{\sec^2\frac{C}{2}-1}\leqslant\sqrt{\frac{16R^2}{L^2}-1}$$

即 $x-t\leqslant 0$.

另外，由于

$$t^3x^3+1-tx=(t^3x^3+\frac{1}{2}+\frac{1}{2})-tx\geqslant 3\cdot\sqrt[3]{(\frac{1}{2})^2t^3x^3}-tx$$

$$=(\frac{3}{2}\sqrt[3]{2}-1)tx>0$$

因此得到

$$(t^2+1)x^4+t^3x^3+x^2-tx+1>0$$

于是式 ③ 成立，等号成立的条件为 $a=b=\frac{L}{2}$.

综上可得 $S_{\max}=\frac{L^3\sqrt{16R^2-L^2}}{64R^2}$，当且仅当 $a=b=\frac{L}{2}$ 时取得最大值.

例 38　P 为 $\triangle ABC$ 内一定点，过点 P 引任意一条直线将 $\triangle ABC$ 划分成两个图形，那么，可能划分的图形中，面积最小的一个图形必为三角形，若记 $\triangle ABC$，$\triangle PBC$，$\triangle PCA$，$\triangle PAB$ 面积分别为 Δ，Δ_1，Δ_2，Δ_3，且 $\Delta_1\geqslant\Delta_2$，$\Delta_3$，则这个面积最小的三角形为含顶点 A 的三角形，点 P 恰好是顶点 A 所对的边的中点，其最小面积为 $\delta=\frac{4\Delta_2\Delta_3}{\Delta}$.

证明　先证明以下引理.

引理　P 为 $\triangle ABC$ 内一定点，过点 P 的一条直线分别交 $\triangle ABC$ 边 AB，AC 于点 B'，C'，联结 PA，PB，PC，记 $\triangle ABC$，$\triangle PCA$，$\triangle PAB$，$\triangle AB'C'$ 面积分别为 Δ，Δ_2，Δ_3，Δ_C，且 $\Delta_2\geqslant\Delta_3$，则

$$\frac{4\Delta_2\Delta_3}{\Delta}\leqslant\Delta_A\leqslant\frac{\Delta_2\Delta}{\Delta-\Delta_3}$$

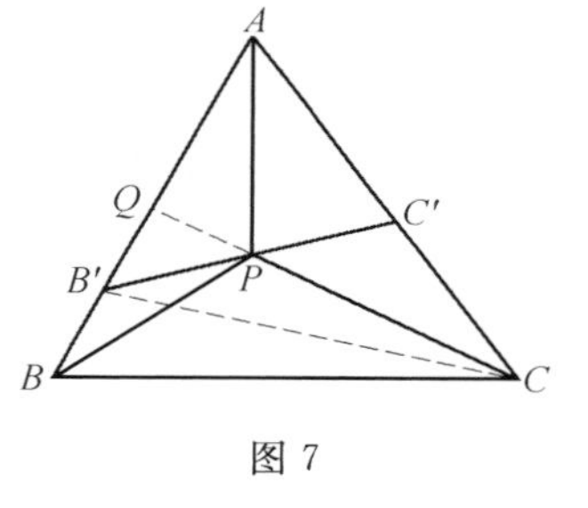

图 7

引理证明　先证明 $\Delta_A\geqslant\frac{4\Delta_2\Delta_3}{\Delta}$.

记 $\triangle APC'$，$\triangle AB'P$ 面积分别为 $S_{\triangle APC'}$，$S_{\triangle AB'P}$（以下记号同此含义），由于

$$\frac{\Delta_A^2}{\Delta_A}=\frac{(S_{\triangle APC'}+S_{\triangle AB'P})^2}{\Delta_A}$$

$$\geqslant\frac{4S_{\triangle APC'}\cdot S_{\triangle AB'P}}{\Delta_A}=\frac{2(AP\cdot AC'\sin\angle PAC')\cdot(AP\cdot AB'\sin\angle PAB')}{AB'\cdot AC'\sin\angle B'AC'}$$

$$=\frac{2(AP\cdot AC\sin\angle PAC')\cdot(AP\cdot AB\sin\angle PAB')}{AB\cdot AC\sin\angle BAC}=\frac{4\Delta_2\Delta_3}{\Delta}$$

即得 $\Delta_A\geqslant\frac{4\Delta_2\Delta_3}{\Delta}$，当且仅当 $S_{\triangle APC'}=S_{\triangle AB'P}$，即点 P 为线段 $B'C'$ 中点时取等号.

再证明 $\frac{\Delta_1\Delta}{\Delta-\Delta_2}\geqslant\Delta_A$.

联结 CB'，延长 CP 交 AB 于 Q，则

$$\frac{CP}{PQ}=\frac{\Delta_2}{S_{\triangle AQP}}=\frac{\Delta_1}{S_{\triangle PQB}}=\frac{\Delta_1+\Delta_2}{S_{\triangle AQP}+S_{\triangle PQB}}=\frac{\Delta_1+\Delta_2}{\Delta_3}=\frac{\Delta-\Delta_3}{\Delta_3}$$

于是得到

$$\frac{CP}{CQ}=\frac{\Delta-\Delta_3}{\Delta}$$

又由于$\frac{CP}{CQ}=\frac{\Delta_2}{S_{\triangle CAQ}}$,因此得到$\frac{\Delta-\Delta_3}{\Delta}=\frac{\Delta_2}{S_{\triangle CAQ}}$,即 $S_{\triangle CAQ}=\frac{\Delta_2\Delta}{\Delta-\Delta_3}$,由此可知,只要证

$$S_{\triangle CAQ}\geqslant\Delta_A \qquad (※)$$

联结 CB',由于

$$\frac{AB'}{AQ}=\frac{S_{\triangle AB'C}}{S_{\triangle CAQ}}=\frac{S_{\triangle PAB'}}{S_{\triangle PAQ}}=\frac{S_{\triangle AB'C}-S_{\triangle PAB'}}{S_{\triangle CAQ}-S_{\triangle PAQ}}=\frac{\Delta_2+S_{\triangle B'CP}}{\Delta_2}=1+\frac{S_{\triangle B'CP}}{\Delta_2}$$

即有

$$\frac{S_{\triangle AB'C}}{S_{\triangle CAQ}}=1+\frac{S_{\triangle B'CP}}{\Delta_2}$$

同样,由于

$$\frac{AC}{AC'}=\frac{S_{\triangle AB'C}}{\Delta_A}=\frac{\Delta_2}{S_{\triangle APC'}}=\frac{S_{\triangle AB'C}-\Delta_2}{\Delta_A-S_{\triangle APC'}}=\frac{S_{\triangle AB'P}+S_{\triangle B'CP}}{S_{\triangle AB'P}}=1+\frac{S_{\triangle B'CP}}{S_{\triangle AB'P}}$$

因此得到

$$\frac{S_{\triangle AB'C}}{\Delta_A}=1+\frac{S_{\triangle B'CP}}{S_{\triangle AB'P}}\geqslant1+\frac{S_{\triangle B'CP}}{\Delta_3}\geqslant1+\frac{S_{\triangle B'CP}}{\Delta_2}=\frac{S_{\triangle AB'C}}{S_{\triangle CAQ}}$$

(注意到 $\Delta_2\geqslant\Delta_3$),即得式(※),当且仅当 B,B' 重合,且 $\Delta_2=\Delta_3$ 时取等号.

引理获证.

下面证明原命题.

不妨设$\Delta_1\geqslant\Delta_2\geqslant\Delta_3$,现在,我们证明四边形 $B'BCC'$ 面积不小于$\frac{4\Delta_2\Delta_3}{\Delta}$,即证明

$$\frac{4\Delta_2\Delta_3}{\Delta}\leqslant\Delta-\Delta_A$$

由上述引理中的不等式以及在证明引理时得到的 $S_{\triangle CAQ}=\frac{\Delta_2\Delta}{\Delta-\Delta_3}\geqslant\Delta_A$,便有

$$\Delta-\Delta_A\geqslant\Delta-\frac{\Delta_2\Delta}{\Delta-\Delta_3}=\frac{\Delta_1\Delta}{\Delta_1+\Delta_2}>\frac{4\Delta_1\Delta_3}{\Delta}\geqslant\frac{4\Delta_2\Delta_3}{\Delta}$$

若过点 P 的直线与 $\triangle ABC$ 的边 BC,BA 相交,将 $\triangle ABC$ 分成两部分,记含点 B 的三角形的面积为 Δ_B,同以上证法,有

$$\Delta-\Delta_B\geqslant\Delta-\frac{\Delta_1\Delta}{\Delta-\Delta_3}=\frac{\Delta_2\Delta}{\Delta_1+\Delta_2}>\frac{4\Delta_2\Delta_3}{\Delta}$$

若过点 P 的直线与 $\triangle ABC$ 的边 CA,CB 相交,将 $\triangle ABC$ 分成两部分,记含

点 C 的三角形的面积为 Δ_C，同以上证法，有

$$\Delta-\Delta_C \geqslant \Delta-\frac{\Delta_1\Delta}{\Delta-\Delta_2}=\frac{\Delta_3\Delta}{\Delta_1+\Delta_3}>\frac{4\Delta_2\Delta_3}{\Delta}$$

另外，由假设 $\Delta_1 \geqslant \Delta_2,\Delta_3$，有

$$\frac{4\Delta_1\Delta_3}{\Delta} \geqslant \frac{4\Delta_2\Delta_3}{\Delta},\quad \frac{4\Delta_1\Delta_2}{\Delta} \geqslant \frac{4\Delta_2\Delta_3}{\Delta}$$

综上原命题获证.

注：问题可向四面体推广，参见《成都大学自然科学学报》1991年第1期，杨学枝《一个划分四面体体积的问题》. 即有以下命题.

命题　设 P 为四面体 $ABCD$ 内部或边界上一点，过 P 作任意一个平面划分四面体的体积成两个部分，那么，所有划分得到的几何体体积中的最小体积的部分为四面体. 若记四面体 $P-BCD$，$P-ACD$，$P-ABD$，$P-ABC$ 的体积分别为 V_1,V_2,V_3,V_4，且 $V_1 \geqslant V_2,V_3,V_4$，则这个最小四面体的体积为

$$\delta=\frac{27V_1V_2V_3}{(V_1+V_2+V_3+V_4)^2}$$

这个最小体积的四面体包含顶点 A，当且仅当点 P 是此所截的四面体的顶点 A 所对的截面的三角形的重心时达到此最小体积.

例 39　2017 年全国高中数学联赛安徽省预赛试题：

设平面向量 $\boldsymbol{\alpha},\boldsymbol{\beta}$ 满足 $|\boldsymbol{\alpha}+2\boldsymbol{\beta}|=3$；$|2\boldsymbol{\alpha}+3\boldsymbol{\beta}|=4$，则 $\boldsymbol{\alpha}\cdot\boldsymbol{\beta}$ 的最小值是________.

解　由已知 $|\boldsymbol{\alpha}+2\boldsymbol{\beta}|=3$；$|2\boldsymbol{\alpha}+3\boldsymbol{\beta}|=4$ 得到

$$\begin{cases}|\boldsymbol{\alpha}+2\boldsymbol{\beta}|^2=9\\|2\boldsymbol{\alpha}+3\boldsymbol{\beta}|^2=16\end{cases}$$

$$\Leftrightarrow\begin{cases}\boldsymbol{\alpha}^2+4\boldsymbol{\beta}^2+4(\boldsymbol{\alpha}\cdot\boldsymbol{\beta})=9\\4\boldsymbol{\alpha}^2+9\boldsymbol{\beta}^2+12(\boldsymbol{\alpha}\cdot\boldsymbol{\beta})=16\end{cases}$$

解得 $\begin{cases}7\boldsymbol{\alpha}^2=-12(\boldsymbol{\alpha}\cdot\boldsymbol{\beta})-17,\\7\boldsymbol{\beta}^2=-4(\boldsymbol{\alpha}\cdot\boldsymbol{\beta})+20,\end{cases}$ 于是，有

$$49\,(\boldsymbol{\alpha}\cdot\boldsymbol{\beta})^2 \leqslant 7\boldsymbol{\alpha}^2\cdot 7\boldsymbol{\beta}^2=[-12(\boldsymbol{\alpha}\cdot\boldsymbol{\beta})-17][-4(\boldsymbol{\alpha}\cdot\boldsymbol{\beta})+20]$$

上式经整理得到

$$(\boldsymbol{\alpha}\cdot\boldsymbol{\beta})^2+172(\boldsymbol{\alpha}\cdot\boldsymbol{\beta})+340 \leqslant 0$$

解上述不等式，得到

$$-170 \leqslant \boldsymbol{\alpha}\cdot\boldsymbol{\beta} \leqslant -2$$

故 $\boldsymbol{\alpha}\cdot\boldsymbol{\beta}$ 最小值是 -170，当且仅当 $\widehat{\boldsymbol{\alpha},\boldsymbol{\beta}}=180^\circ$ 时取得最小值.

例 40　已知 $\triangle ABC$ 是边长为 $BC=a$，$CA=b$，$AB=c$，P 为平面 ABC 内一点，λ,u,v $(\lambda,u,v\neq 0$，且 $\lambda+u+v>0)$ 为已知实数，求

$$\lambda\ |\overrightarrow{PA}|^2+u\ |\overrightarrow{PB}|^2+v\ |\overrightarrow{PC}|^2$$

的最小值.

解法 1　下面我们应用向量方法求解.

$$\begin{aligned}
&(\lambda+u+v)(\lambda PA^2+uPB^2+vPC^2)\\
=&\lambda^2PA^2+u^2PB^2+v^2PC^2+uv(PB^2+PC^2)+\\
&v\lambda(PC^2+PA^2)+\lambda u(\lambda PA^2+PB^2)\\
=&\lambda^2PA^2+u^2PB^2+v^2PC^2+uv[(\overrightarrow{PB}-\overrightarrow{PC})^2+2\overrightarrow{PB}\cdot\overrightarrow{PC}]+\\
&v\lambda[(\overrightarrow{PC}-\overrightarrow{PA})^2+2\overrightarrow{PC}\cdot\overrightarrow{PA}]+\lambda u[(\overrightarrow{PA}-\overrightarrow{PB})^2+2\overrightarrow{PA}\cdot\overrightarrow{PB}]\\
=&(\lambda\overrightarrow{PA}+u\overrightarrow{PB}+v\overrightarrow{PC})^2+uv\ |\overrightarrow{BC}|^2+v\lambda\ |\overrightarrow{CA}|^2+\lambda u\ |\overrightarrow{AB}|^2\\
\geqslant&uv\ |\overrightarrow{BC}|^2+v\lambda\ |\overrightarrow{CA}|^2+\lambda u\ |\overrightarrow{AB}|^2
\end{aligned}$$

因此得到

$$\begin{aligned}
\lambda PA^2+uPB^2+vPC^2&\geqslant\frac{uv\ |\overrightarrow{BC}|^2+v\lambda\ |\overrightarrow{CA}|^2+\lambda u\ |\overrightarrow{AB}|^2}{\lambda+u+v}\\
&=\frac{uva^2+v\lambda b^2+\lambda uc^2}{\lambda+u+v}
\end{aligned}$$

即 $\lambda\ |\overrightarrow{PA}|^2+u\ |\overrightarrow{PB}|^2+v\ |\overrightarrow{PC}|^2$ 的最小值为 $\frac{uva^2+v\lambda b^2+\lambda uc^2}{\lambda+u+v}$，当且仅当 $\lambda\overrightarrow{PA}+u\overrightarrow{PB}+v\overrightarrow{PC}=0$ 时，取得最小值.

解法 2　应用配方方法.

$$\begin{aligned}
&\lambda\ |\overrightarrow{PA}|^2+u\ |\overrightarrow{PB}|^2+v\ |\overrightarrow{PC}|^2\\
=&\lambda\ |\overrightarrow{PA}|^2+u\ |\overrightarrow{PA}+\overrightarrow{AB}|^2+v\ |\overrightarrow{PA}+\overrightarrow{AC}|^2\\
=&(\lambda+u+v)\ |\overrightarrow{PA}|^2+2\overrightarrow{PA}\cdot(u\overrightarrow{AB}+v\overrightarrow{AC})+u\ |\overrightarrow{AB}|^2+v\ |\overrightarrow{AC}|^2\\
=&(\lambda+u+v)\left(\overrightarrow{PA}+\frac{u\overrightarrow{AB}+v\overrightarrow{AC}}{\lambda+u+v}\right)^2+u\ |\overrightarrow{AB}|^2+v\ |\overrightarrow{AC}|^2-\frac{(u\overrightarrow{AB}+v\overrightarrow{AC})^2}{\lambda+u+v}\\
\geqslant&u\ |\overrightarrow{AB}|^2+v\ |\overrightarrow{AC}|^2-\frac{(u\overrightarrow{AB}+v\overrightarrow{AC})^2}{\lambda+u+v}\\
=&\frac{u(\lambda+v)\ |\overrightarrow{AB}|^2+v(\lambda+u)\ |\overrightarrow{AC}|^2-2uv\overrightarrow{AB}\cdot\overrightarrow{AC}}{\lambda+u+v}\\
=&\frac{u(\lambda+v)\ |\overrightarrow{AB}|^2+v(\lambda+u)\ |\overrightarrow{AC}|^2-uv(|\overrightarrow{AB}|^2+|\overrightarrow{AC}|^2-|\overrightarrow{BC}|^2)}{\lambda+u+v}\\
=&\frac{uva^2+v\lambda b^2+\lambda uc^2}{\lambda+u+v}
\end{aligned}$$

因此得到

$$\lambda PA^2+uPB^2+vPC^2\geqslant\frac{uva^2+v\lambda b^2+\lambda uc^2}{\lambda+u+v}$$

即 $\lambda\ |\overrightarrow{PA}|^2+u\ |\overrightarrow{PB}|^2+v\ |\overrightarrow{PC}|^2$ 的最小值为 $\frac{uva^2+v\lambda b^2+\lambda uc^2}{\lambda+u+v}$，当且仅当 $\lambda\overrightarrow{PA}+u\overrightarrow{PB}+v\overrightarrow{PC}=0$ 时，取得最小值.

类似方法可以解答以下命题 1.

命题 1 已知 $\triangle ABC$ 的边长为 $BC=a, CA=b, AB=c$，P 为平面 ABC 内一点，$\lambda, u, v\ (\lambda, u, v\neq 0$，且 $\lambda+u+v>0)$ 为已知实数，求 $\lambda\overrightarrow{PB}\cdot\overrightarrow{PC}+u\overrightarrow{PC}\cdot\overrightarrow{PA}+v\overrightarrow{PA}\cdot\overrightarrow{PB}$ 的最小值.

解法 1 利用下面命题 2 的推论，同时注意向量运算，得到

$$\begin{aligned}&\lambda\overrightarrow{PB}\cdot\overrightarrow{PC}+u\overrightarrow{PC}\cdot\overrightarrow{PA}+v\overrightarrow{PA}\cdot\overrightarrow{PB}\\&=\frac{1}{2}\lambda(|\overrightarrow{PB}|^2+|\overrightarrow{PC}|^2-|\overrightarrow{BC}|^2)+\frac{1}{2}u(|\overrightarrow{PC}|^2+|\overrightarrow{PA}|^2-|\overrightarrow{CA}|^2)+\\&\quad\frac{1}{2}v(|\overrightarrow{PA}|^2+|\overrightarrow{PB}|^2-|\overrightarrow{AB}|^2)\\&=\frac{1}{2}[(u+v)|\overrightarrow{PA}|^2+(v+\lambda)|\overrightarrow{PB}|^2+(\lambda+u)|\overrightarrow{PC}|^2-\lambda|\overrightarrow{BC}|^2-\\&\quad u|\overrightarrow{CA}|^2-v|\overrightarrow{AB}|^2]\\&\geqslant\frac{(\lambda+u)(\lambda+v)a^2+(u+v)(u+\lambda)b^2+(v+\lambda)(v+u)c^2}{4(\lambda+u+v)}-\\&\quad\frac{1}{2}(\lambda a^2+ub^2+vc^2)\\&=-\frac{[(\lambda+u+v)\lambda-uv]a^2+[(\lambda+u+v)u-v\lambda]b^2+[(\lambda+u+v)v-\lambda u]c^2}{4(\lambda+u+v)}\end{aligned}$$

即有

$$\begin{aligned}&\lambda\overrightarrow{PB}\cdot\overrightarrow{PC}+u\overrightarrow{PC}\cdot\overrightarrow{PA}+v\overrightarrow{PA}\cdot\overrightarrow{PB}\\&\geqslant-\frac{[(\lambda+u+v)\lambda-uv]a^2+[(\lambda+u+v)u-v\lambda]b^2+[(\lambda+u+v)v-\lambda u]c^2}{4(\lambda+u+v)}\end{aligned}$$

故 $\lambda\overrightarrow{PB}\cdot\overrightarrow{PC}+u\overrightarrow{PC}\cdot\overrightarrow{PA}+v\overrightarrow{PA}\cdot\overrightarrow{PB}$ 的最小值是

$$-\frac{[(\lambda+u+v)\lambda-uv]a^2+[(\lambda+u+v)u-v\lambda]b^2+[(\lambda+u+v)v-\lambda u]c^2}{4(\lambda+u+v)}$$

根据命题 2 的推论可知，当且仅当 $(u+v)\overrightarrow{PA}+(v+\lambda)\overrightarrow{PB}+(\lambda+u)\overrightarrow{PC}=0$ 时，取得最小值.

解法 2

$$\begin{aligned}&\lambda\overrightarrow{PB}\cdot\overrightarrow{PC}+u\overrightarrow{PC}\cdot\overrightarrow{PA}+v\overrightarrow{PA}\cdot\overrightarrow{PB}\\&=\lambda(\overrightarrow{PA}+\overrightarrow{AB})\cdot(\overrightarrow{PA}+\overrightarrow{AC})+u(\overrightarrow{PA}+\overrightarrow{AC})\cdot\overrightarrow{PA}+v\overrightarrow{PA}\cdot(\overrightarrow{PA}+\overrightarrow{AB})\\&=(\lambda+u+v)|\overrightarrow{PA}|^2+\overrightarrow{PA}\cdot[(\lambda+v)\overrightarrow{AB}+(\lambda+u)\overrightarrow{AC}+\lambda\overrightarrow{AB}\cdot\overrightarrow{AC}]\\&=(\lambda+u+v)\left[\overrightarrow{PA}+\frac{(\lambda+v)\overrightarrow{AB}+(\lambda+u)\overrightarrow{AC}}{2(\lambda+u+v)}\right]^2+\\&\quad\lambda\overrightarrow{AB}\cdot\overrightarrow{AC}-\frac{[(\lambda+v)\overrightarrow{AB}+(\lambda+u)\overrightarrow{AC}]^2}{4(\lambda+u+v)}\\&\geqslant\lambda\overrightarrow{AB}\cdot\overrightarrow{AC}-\frac{[(\lambda+v)\overrightarrow{AB}+(\lambda+u)\overrightarrow{AC}]^2}{4(\lambda+u+v)}\end{aligned}$$

$$= \lambda \overrightarrow{AB}\cdot\overrightarrow{AC} - \frac{(\lambda+v)^2\ |\overrightarrow{AB}|^2 + (\lambda+u)^2\ |\overrightarrow{AC}|^2 + 2(\lambda+u)(\lambda+v)\overrightarrow{AB}\cdot\overrightarrow{AC}}{4(\lambda+u+v)}$$

$$= \frac{2(\lambda^2+\lambda u+\lambda v-uv)\overrightarrow{AB}\cdot\overrightarrow{AC} - (\lambda+v)^2\ |\overrightarrow{AB}|^2 + (\lambda+u)^2\ |\overrightarrow{AC}|^2}{4(\lambda+u+v)}$$

$$= \frac{(\lambda^2+\lambda u+\lambda v-uv)(|\overrightarrow{AB}|^2+|\overrightarrow{AC}|^2-|\overrightarrow{BC}|^2) - (\lambda+v)^2\ |\overrightarrow{AB}|^2 + (\lambda+u)^2\ |\overrightarrow{AC}|^2}{4(\lambda+u+v)}$$

$$= -\frac{[(\lambda+u+v)\lambda-uv]a^2+[(\lambda+u+v)u-v\lambda]b^2+[(\lambda+u+v)v-\lambda u]c^2}{4(\lambda+u+v)}$$

故 $\lambda\overrightarrow{PB}\cdot\overrightarrow{PC}+u\overrightarrow{PC}\cdot\overrightarrow{PA}+v\overrightarrow{PA}\cdot\overrightarrow{PB}$ 的最小值是

$$-\frac{[(\lambda+u+v)\lambda-uv]a^2+[(\lambda+u+v)u-v\lambda]b^2+[(\lambda+u+v)v-\lambda u]c^2}{4(\lambda+u+v)}$$

当且仅当 $\overrightarrow{PA}+\dfrac{(\lambda+v)\overrightarrow{AB}+(\lambda+u)\overrightarrow{AC}}{2(\lambda+u+v)}=0$ 时,取得最小值.

易证有

$$\overrightarrow{PA}+\frac{(\lambda+v)\overrightarrow{AB}+(\lambda+u)\overrightarrow{AC}}{2(\lambda+u+v)}=\frac{(u+v)\overrightarrow{PA}+(v+\lambda)\overrightarrow{PB}+(\lambda+u)\overrightarrow{PC}}{2(\lambda+u+v)}$$

因此,以上两种解法取到极值的条件是一致的.

我们还可以编造以下问题:

(1) 设 $\lambda_i(i=1,2,\cdots,n,n\geqslant 3)$ 为已知实数,$A_i(i=1,2,\cdots,nn\geqslant 3)$ 为空间 $n(n\geqslant 3)$ 个定点,P 为空间任意一点,求 $\sum\limits_{i=1}^{n}\lambda PA_i^2$ 的最小值.

(2)A_1,A_2,A_3 是已知半径为 R 的圆周上任意三个点,$\lambda_1,\lambda_2,\lambda_3$ 为已知实数,求 $\lambda_2\lambda_3A_2A_3^2+\lambda_3\lambda_1A_3A_1^2+\lambda_1\lambda_2A_1A_2^2$ 的最大值.

上述(2) 中的问题还可以向空间推广:

(3)$\lambda_i(i=1,2,\cdots,n,n\geqslant 3)$ 为已知实数,$A_i(i=1,2,\cdots,n,n\geqslant 3)$ 为半径为 R 的球面上 n 个动点,求 $\sum u_iu_jA_iA_j^2$ 的最大值.

更一般化,有以下命题 2.

命题 2(等式) 设 $\lambda_i\in\mathbf{R}(i=1,2,\cdots,n,n\geqslant 3)$,$A_i(i=1,2,\cdots,n,n\geqslant 3)$ 为空间 $n(n\geqslant 3)$ 个点,则

$$(\sum_{i=1}^{n}\lambda_i)(\sum_{i=1}^{n}\lambda_iPA_i^2)=\sum_{1\leqslant i<j\leqslant n}\lambda_i\lambda_jA_iA_j^2+(\sum_{i=1}^{n}\lambda_i\overrightarrow{PA_i})^2$$

由此得到推论.

推论 (不等式)设 $\lambda_i\in\mathbf{R}(i=1,2,\cdots,n,n\geqslant 3)$,$A_i(i=1,2,\cdots,n,n\geqslant 3)$ 为空间 $n(n\geqslant 3)$ 个点,则

$$(\sum_{i=1}^{n}\lambda_i)(\sum_{i=1}^{n}\lambda PA_i^2)\geqslant\sum_{1\leqslant i<j\leqslant n}\lambda_i\lambda_jA_iA_j^2$$

当且仅当 $\sum\limits_{i=1}^{n}\lambda_i\overrightarrow{PA_i}=0$ 时取等号.

举一例说明命题 2 的应用：

已知四面体 $ABCD$ 六条棱长，λ,u,v,w 为已知实数，且 $\lambda+u+v+w>0$，P 为空间任意一点，求 $\lambda\overrightarrow{PA}\cdot\overrightarrow{PB}+u\overrightarrow{PB}\cdot\overrightarrow{PC}+v\overrightarrow{PC}\cdot\overrightarrow{PD}+w\overrightarrow{PD}\cdot\overrightarrow{PA}$ 的最小值.

提示：$\lambda\overrightarrow{PA}\cdot\overrightarrow{PB}+u\overrightarrow{PB}\cdot\overrightarrow{PC}+v\overrightarrow{PC}\cdot\overrightarrow{PD}+w\overrightarrow{PD}\cdot\overrightarrow{PA}$

$$=(w+\lambda)PA^2+(\lambda+u)PB^2+(u+v)PC^2+(v+w)PD^2-(\lambda AB^2+uBC^2+vCD^2+wDA^2)$$

$$\geqslant\frac{(w+\lambda)(u+v)}{2(\lambda+u+v+w)}AC^2+\frac{(\lambda+u)(v+w)}{2(\lambda+u+v+w)}BD^2-\left[\frac{1}{2}+\frac{\lambda v-uw}{2(\lambda+u+v+w)}\right](AB^2+CD^2)-\left[\frac{1}{2}-\frac{\lambda v-uw}{2(\lambda+u+v+w)}\right](BC^2+DA^2)$$

本例也可以用类似于原命题 1 中解法 2 的解题方法（配方法）进行解答.

注：以上内容可参阅 2018 年 3 月《数学通讯》(教师版)，杨学枝文《对 2017 年一道高考题的探究》.

例 41 第 57 届国际奥林匹克中国国家集训队测试一(第一天，2016－03－15 8:00 ～ 12:30)

求最小的正实数 λ，使得对于任意三个复数 $z_1,z_2,z_3\in\{z\in\mathbf{C}\mid |z|<1\}$，若 $z_1+z_2+z_3=0$，则

$$|z_1z_2+z_2z_3+z_3z_1|^2+|z_1z_2z_3|^2<\lambda.$$

解 (2016－03－16) 如果 z_1,z_2,z_3 中有一个为零，显然 $\lambda=1$；

若 z_1,z_2,z_3 都不为零，设 $z_k=r_k(\cos\alpha_k+\sin\alpha_k)$，$0<r_k<1$，$k=1,2,3$，且不妨设 $r_1,r_2\leqslant r_3$，则由已知条件 $z_1+z_2+z_3=0$，得到

$$\begin{cases}r_1\cos\alpha_1+r_2\cos\alpha_2+r_3\cos\alpha_3=0\\ r_1\sin\alpha_1+r_2\sin\alpha_2+r_3\sin\alpha_3=0\end{cases}$$

由此得到

$$(r_2\cos\alpha_2+r_3\cos\alpha_3)^2+(r_2\sin\alpha_2+r_3\sin\alpha_3)^2=(-r_1\cos\alpha_1)^2+(-r_1\sin\alpha_1)^2$$

上式平方展开，并应用两角差的公式 $\cos(\alpha_2-\alpha_3)=\cos\alpha_2\cos\alpha_3+\sin\alpha_2\sin\alpha_3$ 得到

$$\cos(\alpha_2-\alpha_3)=\frac{r_1^2-r_2^2-r_3^2}{2r_2r_3}$$

同理可得

$$\cos(\alpha_3-\alpha_1)=\frac{r_2^2-r_3^2-r_1^2}{2r_3r_1},\cos(\alpha_1-\alpha_2)=\frac{r_3^2-r_1^2-r_2^2}{2r_1r_2}$$

于是，有

$$\begin{aligned}&|z_1z_2+z_2z_3+z_3z_1|^2+|z_1z_2z_3|^2\\=&r_1^2r_2^2+r_2^2r_3^2+r_3^2r_1^2+r_1^2(\overline{z_2}z_3+z_2\overline{z_3})+r_2^2(\overline{z_3}z_1+z_3\overline{z_1})+r_3^2(\overline{z_1}z_2+z_1\overline{z_2})+\\&r_1^2r_2^2r_3^2\\=&r_1^2r_2^2+r_2^2r_3^2+r_3^22r_1^2+2r_1r_2r_3[r_1\cos(\alpha_2-\alpha_3)+r_2\cos(\alpha_3-\alpha_1)+\\&r_3\cos(\alpha_1-\alpha_2)]+r_1^2r_2^2r_3^2\\=&r_1^22r_2^2+r_2^2r_3^2+r_3^2r_1^2+2r_1r_2r_3\left(r_1\cdot\frac{r_1^2-r_2^2-r_3^2}{2r_2r_3}+r_2\cdot\frac{r_2^2-r_3^2-r_1^2}{2r_3r_1}+\right.\\&\left.r_3\cdot\frac{r_3^2-r_1^2-r_2^2}{2r_1r_2}\right)+r_1^2r_2^2r_3^2\\=&r_1^4+r_2^4+r_3^4-r_1^2r_2^2-r_2^2r_3^2-r_3^2r_1^2+r_1^2r_2^2r_3^2\\=&-r_1^2r_2^2(1-r_3^2)-r_1^2(r_3^2-r_1^2)-r_2^2(r_3^2-r_2^2)+r_3^4<1\end{aligned}$$

故取 $\lambda=1$.

注:由上面证明过程可知,若 $|z_1|=|z_2|=|z_3|$,且 $z_1+z_2+z_3=0$,则有

$$z_1z_2+z_2z_3+z_3z_1=z_1^2+z_2^2+z_3^2=0$$

证明 由于 $z_1+z_2+z_3=0$,因此

$$\begin{aligned}|z_1|^2=|z_2+z_3|^2&=(z_2+z_3)(\overline{z_2+z_3})\\&=(z_2+z_3)(\overline{z_2}+\overline{z_3})=|z_2|^2+|z_3|^2+\overline{z_2}z_3+z_2\overline{z_3}\end{aligned}$$

由此得到

$$\overline{z_2}z_3+z_2\overline{z_3}=|z_1|^2-|z_2|^2-|z_3|^2$$

同理可得

$$\overline{z_3}z_1+z_3\overline{z_1}=|z_2|^2-|z_3|^2-|z_1|^2$$
$$\overline{z_1}z_2+z_1\overline{z_2}=|z_3|^2-|z_1|^2-|z_2|^2$$

于是,有

$$\begin{aligned}&|z_1z_2+z_2z_3+z_3z_1|^2\\=&(z_1z_2+z_2z_3+z_3z_1)(\overline{z_1z_2+z_2z_3+z_3z_1})\\=&(z_1z_2+z_2z_3+z_3z_1)(\overline{z_1z_2}+\overline{z_2z_3}+\overline{z_3z_1})\\=&|z_1z_2|^2+|z_2z_3|^2+|z_3z_1|^2+|z_1|^2(\overline{z_2}z_3+z_2\overline{z_3})+\\&|z_2|^2(\overline{z_3}z_1+z_3\overline{z_1})+|z_3|^2(\overline{z_1}z_2+z_1\overline{z_2})\\=&|z_1z_2|^2+|z_2z_3|^2+|z_3z_1|^2+|z_1|^2(|z_1|^2-|z_2|^2-|z_3|^2)+\\&|z_2|^2(|z_2|^2-|z_3|^2-|z_1|^2)+|z_3|^2(|z_3|^2-|z_1|^2-|z_2|^2)\\=&|z_1|^4+|z_2|^4+|z_3|^4-(|z_1z_2|^2+|z_2z_3|^2+|z_3z_1|^2)=0\end{aligned}$$

即得 $z_1z_2+z_2z_3+z_3z_1=0$,同时有 $z_1^2+z_2^2+z_3^2=-2(z_1z_2+z_2z_3+z_3z_1)=0$.

例 42 (2017 年全国高中数学联赛一试 A 卷)

设复数 z_1,z_2 满足 $\mathrm{Re}(z_1)>0,\mathrm{Re}(z_2)>0$,且 $\mathrm{Re}(z_1^2)=\mathrm{Re}(z_2^2)=2$(其中

$\mathrm{Re}(z)$ 表示复数 z 的实部).

(1) 求 $\mathrm{Re}(z_1 z)$ 的最小值;

(2) 求 $|z_1+2|+|\overline{z_2}+2|-|\overline{z_1}-z_2|$ 的最小值.

解 (命题者解答)(1) 对 $k=1,2$,设 $z_k=x_k+y_k\mathrm{i}(x_k,y_k\in\mathbf{R})$. 由条件知

$$x_k=\mathrm{Re}(z_k)>0,x_k^2-y_k^2=\mathrm{Re}(z_k^2)=2$$

因此

$$\begin{aligned}\mathrm{Re}(z_1z_2)&=\mathrm{Re}[(x_1+y_1\mathrm{i})(x_2+y_2\mathrm{i})]\\&=x_1x_2-y_2y_2\\&=\sqrt{(y_1^2+2)(y_2^2+2)}-y_2y_2\\&\geqslant(|y_2y_2|+2)-y_2y_2\geqslant 2\end{aligned}$$

又当 $z_1=z_2=\sqrt{2}$ 时,$\mathrm{Re}(z_1z_2)=2$. 这表明 $\mathrm{Re}(z_1z_2)$ 的最小值为 2.

(2) 对 $k=1,2$,将 z_k 对应到直角坐标系 xOy 中的点 $P_k(x_k,y_k)$,记 $P_2{}'$ 是 P_2 关于 x 轴的对称点,则 $P_1,P_2{}'$ 均位于双曲线 $C:x^2-y^2=2$ 的右支上.

设 F_1,F_2 分别是 C 的左右焦点,易知 $F_1(-2,0),F_2(2,0)$.

根据双曲线定义,有 $|P_1F_1|=|P_1F_2|+2\sqrt{2}$,$|P'_2F_1|=|P'_2F_2|+2\sqrt{2}$,进而得

$$\begin{aligned}&|z_1+2|+|\overline{z_2}+2|-|\overline{z_1}-z_2|=|z_1+2|+|\overline{z_2}+2|-|z_1-\overline{z_2}|\\&=|P_1F_1|+|P_2'F_1|-|P_1P_2'|=4\sqrt{2}+|P_1F_2|+|P_2'F_2|-|P_1P_2'|\\&\geqslant 4\sqrt{2}\end{aligned}$$

等号成立当且仅当 F_2 位于线段 $P_1P_2{}'$ 上(例如,当 $z_1=z_2=2+\sqrt{2}\mathrm{i}$ 时,F_2 恰是 $P_1P_2{}'$ 的中点).

综上可知,$|z_1+2|+|\overline{z_2}+2|-|\overline{z_1}-z_2|$ 的最小值是 $4\sqrt{2}$.

杨学枝初等数学研究论文选

附录

§1 托勒密定理的推广的又一证法

《数学通讯》1985 年第 7 期上刊载了杨路教授的《关于 Ptolemy定理的推广》一文，对于托勒密定理给出了一个推广，即文中定理 1，也就是，设 $A_1A_2A_3A_4$ 是一个平面凸四边形，各条线段 A_iA_j 用 a_{ij} 表示($i,j=1,2,3,4$)，四个三角形 $A_2A_3A_4$，$A_3A_4A_1$，$A_4A_1A_2$，$A_1A_2A_3$ 的四个外接圆半径依次记为 R_1，R_2，R_3，R_4，则总有

$$(R_1R_2+R_3R_4)a_{12}a_{34}+(R_1R_4+R_2R_3)a_{14}a_{23}$$
$$=(R_1R_3+R_2R_4)a_{13}a_{24} \qquad ①$$

作者认为“这个广义的托勒密定理的证明比较困难”，“为了将预备知识缩小最大程度”，因而采用“重心坐标”作为工具，给出了一种证法，同时作者也曾认为“这样证明也是不理想的，也许读者能够提供一个依赖于更少的基础知识的证明”. 笔者也正是出于这种想法，在此给出了一个仅用到平面几何中的两种面积公式以及余弦定理的较为简捷的一种证明方法.

我们把三角形 $A_2A_3A_4$，$A_3A_4A_1$，$A_4A_1A_2$，$A_1A_2A_3$ 的面积依次记为 S_1，S_2，S_3，S_4，设凸四边形 $A_1A_2A_3A_4$ 对角线 A_3A_4 和 A_2A_4 交于 O，记线段 A_iO 为 a_i($i=1,2,3,4$)，由三角形面积公式中可以得到

$$R_1=\frac{a_{23}a_{34}a_{42}}{4S_1}=\frac{a_{23}a_{34}a_{42}}{2a_{24}a_3\sin\alpha}=\frac{a_{23}a_{34}}{2a_3\sin\alpha}(这里\ \alpha=\angle A_2OA_3)$$

同理

$$R_2=\frac{a_{34}a_{41}}{2a_4\sin\alpha},R_3=\frac{a_{41}a_{12}}{2a_1\sin\alpha},R_4=\frac{a_{12}a_{23}}{2a_2\sin\alpha}$$

并注意到 $\sin(180^\circ-\alpha)=\sin\alpha$，代入 ① 并整理得到

$$a_1a_2a_{34}^2+a_3a_4a_{12}^2+a_1a_4a_{23}^2+a_2a_3a_{14}^2=(a_1a_3+a_2a_4)a_{13}a_{24} \tag{②}$$

要证明式 ① 成立，就只要证明式 ② 成立. 另一方面，由余弦定理有

$$a_{34}^2=a_3^2+a_4^2+2a_3a_4\cos\alpha$$
$$a_{12}^2=a_1^2+a_2^2+2a_1a_2\cos\alpha$$
$$a_{23}^2=a_2^2+a_3^2-2a_2a_3\cos\alpha$$
$$a_{14}^2=a_1^2+a_4^2-2a_1a_4\cos\alpha$$

同时注意到 $a_{13}=a_1+a_3$，$a_{24}=a_2+a_4$，将这些量分别代入式 ② 并整理，便得到

$$a_1a_2(a_3^2+a_4^2)+a_3a_4(a_1^2+a_2^2)+a_1a_4(a_2^2+a_3^2)+a_2a_3(a_1^2+a_4^2)$$
$$=(a_1+a_3)(a_2+a_4)(a_1a_3+a_2a_4)$$

容易证明这是一个恒等式，从而式 ② 成立. 式 ① 也成立，这就证明了托勒密定理的推广.

(1985－12－31)

§2 勃罗卡问题的推广及应用

设 P 为 $\triangle ABC$ 内一点,使得 $\angle PAB=\angle PBC=\angle PCA=\theta$,则称点 P 为勃罗卡(Brocard) 点,角 θ 为勃罗卡角. 本文先给出勃罗卡问题的推广,然后解决一个很有意义的问题(即文中命题).

定理 设 P 为 $\triangle ABC$ 所在平面上一点,$\overrightarrow{AB}$ 到$\overrightarrow{AC}$,$\overrightarrow{BC}$ 到$\overrightarrow{BA}$,$\overrightarrow{CA}$ 到$\overrightarrow{CB}$ 的角分别记为 A,B,C,$\overrightarrow{AB}$ 到$\overrightarrow{AP}$,$\overrightarrow{BC}$ 到$\overrightarrow{BP}$,$\overrightarrow{CA}$ 到$\overrightarrow{CP}$ 的角分别记为$\alpha_1,\beta_1,\gamma_1$,$\overrightarrow{AP}$ 到$\overrightarrow{AC}$,$\overrightarrow{BP}$ 到$\overrightarrow{BA}$,$\overrightarrow{CP}$ 到$\overrightarrow{CB}$ 的角分别记为 $\alpha_2,\beta_2,\gamma_2$,则

$$\begin{aligned}&\sin(-\alpha_1+\beta_1+\gamma_1)+\sin(\alpha_1-\beta_1+\gamma_1)+\sin(\alpha_1+\beta_1-\gamma_1)\\=&\sin(-\alpha_2+\beta_2+\gamma_2)+\sin(\alpha_2-\beta_2+\gamma_2)+\sin(\alpha_2+\beta_2-\gamma_2)\end{aligned} \quad ①$$

证明 由于

$$\begin{aligned}&\sin(-\alpha_1+\beta_1+\gamma_1)+\sin(\alpha_1-\beta_1+\gamma_1)+\sin(\alpha_1+\beta_1-\gamma_1)-\sin(\alpha_1+\beta_1+\gamma_1)\\=&2\sin\gamma_1\cos(-\alpha_1+\beta_1)-2\cos(\alpha_1+\beta_1)\sin\gamma_1\\=&4\sin\alpha_1\sin\beta_1\sin\gamma_1\end{aligned}$$

同理,可得

$$\begin{aligned}&\sin(-\alpha_2+\beta_2+\gamma_2)+\sin(\alpha_2-\beta_2+\gamma_2)+\\&\sin(\alpha_2+\beta_2-\gamma_2)-\sin(\alpha_2+\beta_2+\gamma_2)\\=&4\sin\alpha_2\sin\beta_2\sin\gamma_2.\end{aligned}$$

另一方面,如图 1(当点 P 在 $\triangle ABC$ 外时,有相同结论),从 P 分别向直线 BC、直线 CA、直线 AB 作垂线,垂足分别为 D,E,F,则

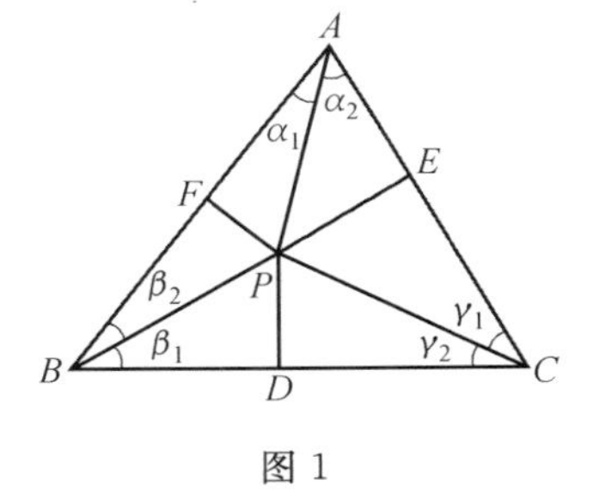

图 1

$$\begin{aligned}&\sin\alpha_1\sin\beta_1\sin\gamma_1\\=&\frac{PF}{PA}\cdot\frac{PD}{PB}\cdot\frac{PE}{PC}=\frac{PD\cdot PE\cdot PF}{PA\cdot PB\cdot PC}\end{aligned}$$

$$\begin{aligned}&\sin\alpha_2\sin\beta_2\sin\gamma_2\\=&\frac{PE}{PA}\cdot\frac{PF}{PB}\cdot\frac{PD}{PC}=\frac{PD\cdot PE\cdot PF}{PA\cdot PB\cdot PC}\end{aligned}$$

因此,有 $\sin\alpha_1\sin\beta_1\sin\gamma_1=\sin\alpha_2\sin\beta_2\sin\gamma_2$,于是得到

$$\begin{aligned}&\sin(-\alpha_1+\beta_1+\gamma_1)+\sin(\alpha_1-\beta_1+\gamma_1)+\\&\sin(\alpha_1+\beta_1-\gamma_1)-\sin(\alpha_1+\beta_1+\gamma_1)\\=&\sin(-\alpha_2+\beta_2+\gamma_2)+\sin(\alpha_2-\beta_2+\gamma_2)+\\&\sin(\alpha_2+\beta_2-\gamma_2)-\sin(\alpha_2+\beta_2+\gamma_2)\end{aligned}$$

又由已知条件有

$$\sin(\alpha_1+\beta_1+\gamma_1)=\sin[\pi-(\alpha_2+\beta_2+\gamma_2)]=\sin(\alpha_2+\beta_2+\gamma_2)$$

由此即得式①. 定理获证.

推论1 设P为$\triangle ABC$所在平面上一点,$\overrightarrow{AB}$到$\overrightarrow{AC}$,$\overrightarrow{BC}$到$\overrightarrow{BA}$,$\overrightarrow{CA}$到$\overrightarrow{CB}$的角分别记为A,B,C,$\overrightarrow{AB}$到$\overrightarrow{AP}$,$\overrightarrow{BC}$到$\overrightarrow{BP}$,$\overrightarrow{CA}$到$\overrightarrow{CP}$的角分别记为$\alpha_1,\beta_1,\gamma_1$,$\overrightarrow{AP}$到$\overrightarrow{AC}$,$\overrightarrow{BP}$到$\overrightarrow{BA}$,$\overrightarrow{CP}$到$\overrightarrow{CB}$的角分别记为$\alpha_2,\beta_2,\gamma_2$,则

$$\sin A\cos(A-\alpha_1+\beta_1+\gamma_1)+\sin B\cos(B+\alpha_1-\beta_1+\gamma_1)+\sin C\cos(C+\alpha_1+\beta_1-\gamma_1)=0 \tag{②}$$

证明 由式①,有

$$\begin{aligned}
&\sin(-\alpha_1+\beta_1+\gamma_1)+\sin(\alpha_1-\beta_1+\gamma_1)+\sin(\alpha_1+\beta_1-\gamma_1)-\\
&[\sin(-\alpha_2+\beta_2+\gamma_2)+\sin(\alpha_2-\beta_2+\gamma_2)+\sin(\alpha_2+\beta_2-\gamma_2)]\\
=&[\sin(-\alpha_1+\beta_1+\gamma_1)-\sin(-\alpha_2+\beta_2+\gamma_2)]+\\
&[\sin(\alpha_1-\beta_1+\gamma_1)-\sin(\alpha_2-\beta_2+\gamma_2)]+\\
&[\sin(\alpha_1+\beta_1-\gamma_1)-\sin(\alpha_2+\beta_2-\gamma_2)]\\
=&2\cos\frac{-A+B+C}{2}\sin\frac{-\alpha_1+\alpha_2+\beta_1-\beta_2+\gamma_1-\gamma_2}{2}+\\
&2\cos\frac{A-B+C}{2}\sin\frac{\alpha_1-\alpha_2-\beta_1+\beta_2+\gamma_1-\gamma_2}{2}+\\
&2\cos\frac{A+B-C}{2}\sin\frac{\alpha_1-\alpha_2+\beta_1-\beta_2-\gamma_1+\gamma_2}{2}\\
=&2\sin A\sin\frac{-\alpha_1+(A-\alpha_1)+\beta_1-(B-\beta_1)+\gamma_1-(C-\gamma_1)}{2}+\\
&2\sin A\sin\frac{\alpha_1-(A-\alpha_1)-\beta_1+(B-\beta_1)+\gamma_1-(C-\gamma_1)}{2}+\\
&2\sin A\sin\frac{\alpha_1-(A-\alpha_1)+\beta_1-(B-\beta_1)-\gamma_1+(C-\gamma_1)}{2}\\
=&2\sin A\sin(-\frac{\pi}{2}+A-\alpha_1+\beta_1+\gamma_1)+2\sin B\sin(-\frac{\pi}{2}+B+\alpha_1-\beta_1+\gamma_1)+\\
&2\sin C\sin(-\frac{\pi}{2}+C+\alpha_1+\beta_1-\gamma_1)\\
=&2\sin A\cos(A-\alpha_1+\beta_1+\gamma_1)+2\sin B\cos(B+\alpha_1-\beta_1+\gamma_1)+\\
&2\sin C\cos(C+\alpha_1+\beta_1-\gamma_1)=0
\end{aligned}$$

即得式②.

若在式②中,令$\angle PAB=\angle PBC=\angle PBC=\theta$,即得勃罗卡角的一个公式(推论2).

推论2 设P为$\triangle ABC$的勃罗卡点,$\triangle ABC$三个顶角为A,B,C,三边长为$BC=a,CA=b,AB=c$,面积为Δ,θ为勃罗卡角,即$\angle PAB=\angle PBC=\angle PBC=\theta$,则

$$\cot\theta=\cot A+\cot B+\cot C \tag{③}$$

另外,由式 ③ 还易得到

$$\sin\theta=\frac{2\Delta}{\sqrt{\sum b^2c^2}} \tag{④}$$

$$\cos\theta=\frac{\sum a^2}{2\sqrt{\sum b^2c^2}} \tag{⑤}$$

下面,我们应用定理与推论来解决一个很有意义的命题.

命题 $\triangle ABC$ 三边长 $BC=a, CA=b, AB=c$,设 P 为 $\triangle ABC$ 所在平面上一点,射线 PB 到 PC,PC 到 PA,PA 到 PB 的角分别为 α,β,γ,则

$$PA=\frac{bc\sin(\alpha-A)}{m}, PB=\frac{ca\sin(\beta-B)}{m}, PC=\frac{ab\sin(\gamma-C)}{m}$$

其中 $m^2=\sum bc\sin\alpha\sin(\alpha-A)$. 上面三式中的 m 开平方的符号与其分子中式子的符号相同.

证明 如图 2(若点 P 在 $\triangle ABC$ 外,证法类似),由于

$$\begin{aligned}
&\sin\alpha_1\sin B\sin(B-\beta_1+\gamma_1)-\sin(B-\beta_1)\sin A\sin(C-\gamma_1+\alpha_1)\\
=&\frac{1}{2}\sin B[-\cos(B+\alpha_1-\beta_1+\gamma_1)+\cos(B-\alpha_1-\beta_1+\gamma_1)]-\\
&\frac{1}{2}\sin A[-\cos(B+C+\alpha_1-\beta_1-\gamma_1)+\cos(C-B+\alpha_1+\beta_1-\gamma_1)]\\
=&\frac{1}{4}[-\sin(2B+\alpha_1-\beta_1+\gamma_1)+\sin(\alpha_1-\beta_1+\gamma_1)+\\
&\sin(2B-\alpha_1-\beta_1+\gamma_1)+\\
&\sin(\alpha_1+\beta_1-\gamma_1)+\sin(A+B+C+\alpha_1-\beta_1-\gamma_1)-\\
&\sin(-A+B+C+\alpha_1-\beta_1-\gamma_1)-\\
&\sin(A-B+C+\alpha_1+\beta_1-\gamma_1)-\sin(A+B-C-\alpha_1-\beta_1+\gamma_1)]\\
=&\frac{1}{4}[-\sin(2A-\alpha_1+\beta_1+\gamma_1)-\\
&\sin(2B+\alpha_1-\beta_1+\gamma_1)-\\
&\sin(2C+\alpha_1+\beta_1-\gamma_1)+\sin(-\alpha_1+\beta_1+\gamma_1)+\\
&\sin(\alpha_1-\beta_1+\gamma_1)+\sin(\alpha_1+\beta_1-\gamma_1)]\\
=&-\frac{1}{4}[\sin A\cos(A-\alpha_1+\beta_1+\gamma_1)+\\
&\sin B\cos(B+\alpha_1-\beta_1+\gamma_1)+\\
&\sin C\cos(C+\alpha_1+\beta_1-\gamma_1)]\\
=&0(\text{应用推论 }1)
\end{aligned}$$

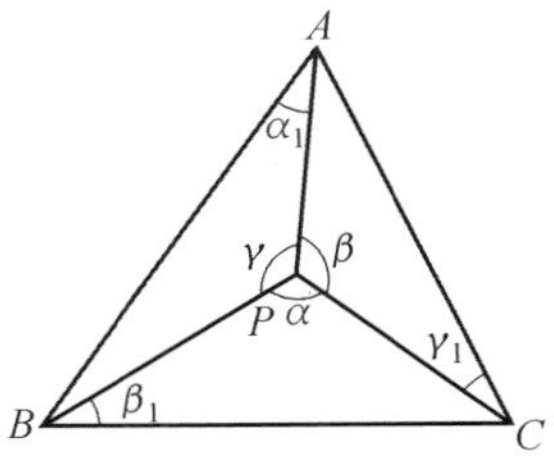

图 2

由此得到

$$\sin\alpha_1\sin B\sin(B-\beta_1+\gamma_1)=\sin(B-\beta_1)\sin A\sin(C-\gamma_1+\alpha_1)$$

另外，又由于

$$\sin(B-\beta_1+\gamma_1)=\sin(\angle ABP+\gamma_1)=\sin(2\pi-\beta-\gamma-A)=\sin(\alpha-A)$$

同理，有

$$\sin(C-\gamma_1+\alpha_1)=\sin(\beta-B)$$

因此，得到

$$\frac{\sin B\sin(\alpha-A)}{\sin A\sin(\beta-B)}=\frac{\sin B\sin(B-\beta_1+\gamma_1)}{\sin A\sin(C-\gamma_1+\alpha_1)}=\frac{\sin(B-\beta_1)}{\sin\alpha_1}=\frac{PA}{PB}$$

即

$$\frac{PA}{PB}=\frac{\sin B\sin(\alpha-A)}{\sin A\sin(\beta-B)}=\frac{bc\sin(\alpha-A)}{ca\sin(\beta-B)}$$

同理，得到

$$\frac{PB}{PC}=\frac{ca\sin(\beta-B)}{ab\sin(\gamma-C)}$$

设 $PA=\frac{bc\sin(\alpha-A)}{m}$，$PB=\frac{ca\sin(\beta-B)}{m}$，$PC=\frac{ab\sin(\gamma-C)}{m}$，记 $\triangle ABC$ 外接圆半径为 R，面积为 Δ，则

$$2\Delta=PB\cdot PC\sin\alpha+PC\cdot PA\sin\beta+PA\cdot PB\sin\gamma$$

将所设代入，得到

$$2\Delta=\frac{ca\sin(\beta-B)}{m}\cdot\frac{ab\sin(\gamma-C)}{m}\cdot\sin\alpha+\frac{ab\sin(\gamma-C)}{m}\cdot\frac{bc\sin(\alpha-A)}{m}\cdot\sin\beta+\frac{bc\sin(\alpha-A)}{m}\cdot\frac{ca\sin(\beta-B)}{m}\cdot\sin\gamma$$

因此，得到

$$\begin{aligned}m^2&=\frac{abc}{2\Delta}\sum a\sin\alpha\sin(\beta-B)\sin(\gamma-C)\\&=\frac{Rabc}{4\Delta}\sum 4\sin A\sin\alpha\sin(\beta-B)\sin(\gamma-C)\\&=\frac{Rabc}{4\Delta}\sum[-\cos(\alpha+A)+\cos(\alpha-A)][\cos(\alpha-A)+\cos(\beta-\gamma-B+C)]\\&=\frac{Rabc}{4\Delta}[-\sum\cos(\alpha+A)\cos(\alpha-A)-\sum\cos(\alpha+A)\cos(\beta-\gamma-B+C)+\\&\quad\sum\cos^2(\alpha-A)+\sum\cos(\alpha-A)\cos(\beta-\gamma-B+C)]\\&=\frac{Rabc}{8\Delta}[-\sum\cos 2\alpha-\sum\cos 2A+\sum\cos(2\gamma+2B)+\sum\cos(2\beta+2C)+\\&\quad 3+\sum\cos(2\alpha-2A)-2\sum\cos(2\alpha-2A)]\end{aligned}$$

$$=\frac{Rabc}{8\Delta}[-\sum\cos 2\alpha-\sum\cos 2A+\sum\cos(2\gamma+2B)+\sum\cos(2\beta+2C)+$$
$$3-\sum\cos(2\alpha-2A)]$$
$$=\frac{Rabc}{8\Delta}\{-[\sum\cos2\alpha+\sum\cos(2\alpha-2A)]+$$
$$[\sum\cos(2\alpha+2B)+\sum\cos(2\alpha+2C)]+(3-\sum\cos 2A)\}$$
$$=\frac{Rabc}{8\Delta}[-2\sum\cos A\cos(2\alpha-A)-2\sum\cos(B-C)\cos(2\alpha-A)+$$
$$2\sum\sin^2 A]$$
$$=\frac{Rabc}{8\Delta}[-4\sum\sin B\sin C\cos(2\alpha-A)+2\sum(-\sin^2 A+\sin^2 B+\sin^2 C)]$$
$$=\frac{Rabc}{8\Delta}[-4\sum\sin B\sin C\cos(2\alpha-A)+4\sum\sin B\sin C\cos A]$$
$$=\frac{Rabc}{2\Delta}[-\sum\sin B\sin C[\cos(2\alpha-A)-\cos A]$$
$$=\frac{Rabc}{\Delta}\sum\sin B\sin C\sin\alpha\sin(\alpha-A)$$
$$=\frac{Rabc}{2R^2\sin A\sin B\sin C}\sum\sin B\sin C\sin\alpha\sin(\alpha-A)$$
$$=2\Delta\sum\frac{\sin\alpha\sin(\alpha-A)}{\sin A}$$
$$=\sum bc\sin\alpha\sin(\alpha-A)$$

即

$$m^2=\sum bc\sin\alpha\sin(\alpha-A)$$

也可以用以下方法求得 m^2. 在 $\triangle PBC$ 中,应用余弦定理,有

$$a^2=\left[\frac{ca\sin(\beta-B)}{m}\right]^2+\left[\frac{ab\sin(\gamma-C)}{m}\right]^2-$$
$$2\frac{ca\sin(\beta-B)}{m}\cdot\frac{ab\sin(\gamma-C)}{m}\cdot\cos\alpha$$

即

$m^2=c^2\sin^2(\beta-B)+b^2\sin^2(\gamma-C)-2bc\sin(\beta-B)\sin(\gamma-C)\cos\alpha$(下略)

本命题的另一解法可参阅文[1].

在命题中,若取 $\alpha_1=\alpha_2=\alpha_3=\theta$ 为勃罗卡角,容易得到以下两个例题.

例 1 设 P 为 $\triangle ABC$ 的勃罗卡点,记 $\triangle ABC$ 三边长为 $BC=a,CA=b$, $AB=c$,则

$$PA=\frac{b^2c}{\sqrt{\sum b^2c^2}},PB=\frac{c^2a}{\sqrt{\sum b^2c^2}},PA=\frac{a^2b}{\sqrt{\sum b^2c^2}}$$

简证 设 $\triangle ABC$ 外接圆半径为 R,勃罗卡角为 θ,则

$$
\begin{aligned}
m &= \sqrt{\sum bc\sin\alpha\sin(\alpha - A)} \\
&= \sqrt{\sum bc\sin[\pi - \theta - (C-\theta)]\sin[\pi - \theta - (C-\theta) - A]} \\
&= \sqrt{\sum bc\sin C\sin B} \\
&= \frac{\sqrt{\sum b^2c^2}}{2R}
\end{aligned}
$$

因此,有

$$PA = \frac{bc\sin B}{m} = \frac{bc\sin B}{\frac{\sqrt{\sum b^2c^2}}{2R}} = \frac{b^2c}{\sqrt{\sum b^2c^2}}$$

同理可得 $PB = \dfrac{c^2a}{\sqrt{\sum b^2c^2}}, PA = \dfrac{a^2b}{\sqrt{\sum b^2c^2}}$.

例 2 设 P 为 $\triangle ABC$ 的勃罗卡点,记 $\triangle ABC$ 三边长为 $BC=a$,$CA=b$,$AB=c$,面积为 Δ,点 P 到三边 BC,CA,AB 或其延长线的距离分别为 r_1,r_2,r_3,则

$$r_1 = \frac{2\Delta}{\sum b^2c^2}c^2a, r_2 = \frac{2\Delta}{\sum b^2c^2}a^2b, r_3 = \frac{2\Delta}{\sum b^2c^2}b^2c$$

本例证明留给作者.

参考资料

[1] 杨学枝. 平面上六线三角问题[J]. 中学数学(湖北),2003(1).

(写作时间:2013-10-16)

注:全文发表于《中学数学杂志》(山东)2014 年第 7 期.

§3　用数学归纳法证明数列不等式得到的启示

有一道常见的关于数列的不等式

$$\sum_{i=1}^{n}\frac{1}{i^2}<2$$

显然，想直接用数学归纳法去证明这个不等式有困难，但是，如果我们在其右边添上一项 $-\frac{1}{n}$，这样，用数学归纳法就可以很容易地证明其加强后的如下不等式

$$\sum_{i=1}^{n}\frac{1}{i^2}\leqslant 2-\frac{1}{n}$$

笔者曾考虑是否有较上式更强的不等式？于是，尝试引入参数，然后应用数学归纳法证明，同时，在满足数学归纳法的前提下，再求出参数值，从而得到更好的不等式.

这种方法的成功，给我们开辟了发现与证明此类不等式的新思路. 为此，笔者将上述设参数 — 应用数学归纳法 — 求参数 — 验证的这种解题方法给一个名称，叫作“参数 — 数学归纳法”.

下面就通过例子说明笔者的这种解法，也许读者会从中得到一些启示.

例 1　（自创题）对于任意正整数 n，有

$$\sum_{i=1}^{n}\frac{1}{i^2}\leqslant\frac{5}{3}-\frac{2}{2n+1}<\frac{5}{3}\tag{1}$$

分析与证明　本例应用数学归纳法易证，但如何得到式(1) 右边式子，这是我们所要探讨的.

设正参数 λ,x,y，使其满足对于任意正整数 n，有

$$\sum_{i=1}^{n}\frac{1}{i^2}\leqslant\lambda-\frac{1}{xn+y}\qquad①$$

根据数学归纳法第一步，当 $n=1$ 时，式 ① 应有 $\frac{1}{1^2}=\lambda-\frac{1}{x+y}$，即

$$\lambda=\frac{1}{x+y}+1\qquad②$$

根据数学归纳法第二步，假设 $n=k$ 时式 ① 成立，即

$$\sum_{i=1}^{k}\frac{1}{i^2}\leqslant\lambda-\frac{1}{xk+y}$$

当 $n=k+1$ 时应有

$$\lambda-\frac{1}{xk+y}+\frac{1}{(k+1)^2}\leqslant\lambda-\frac{1}{x(k+1)+y}$$

经整理即有

$$x(k+1)^2\geqslant(xk+y)(xk+x+y)$$

展开上式,并整理得到

$$(x-x^2)k^2+(2x-x^2-2xy)k+(x-xy-y^2)\geqslant 0 \quad ③$$

令不等式 ③ 中左边 k^2 项系数和 k 项系数为零,得到

$$\begin{cases}x=x^2\\2x=x^2+2xy\end{cases}$$

解得$\begin{cases}x=1,\\y=\frac{1}{2},\end{cases}$将其代回式 ③,得到其左边常数项为$\frac{1}{4}>0$. 今将 $x=1,y=\frac{1}{2}$ 代入式 ②,得到 $\lambda=\frac{5}{3}$. 将 $\lambda=\frac{5}{3},x=1,y=\frac{1}{2}$ 代入式 ① 即为不等式(1).

由以上分析推理过程说明取常数 $\lambda=\frac{5}{3},x=1,y=\frac{1}{2}$ 时,用数学归纳法易证明不等式

$$\sum_{i=1}^{n}\frac{1}{i^2}\leqslant\frac{5}{3}-\frac{2}{2n+1}$$

由此知式(1) 成立.

另外,用同样方法,可证当 $n\geqslant 2$ 时,有

$$\sum_{i=1}^{n}\frac{1}{i^2}\leqslant\frac{33}{20}-\frac{2}{2n+1}$$

由此易知,对于任意正整数 n,总有

$$\sum_{i=1}^{n}\frac{1}{i^2}<\frac{33}{20}<\frac{5}{3}$$

当 $n\geqslant 3$ 时,有

$$\sum_{i=1}^{n}\frac{1}{i^2}\leqslant\frac{415}{252}-\frac{2}{2n+1}$$

由此易知,对于任意正整数 n,总有

$$\sum_{i=1}^{n}\frac{1}{i^2}<\frac{415}{252}<\frac{33}{20}<\frac{5}{3}$$

一般地,当 $n\geqslant m$(m 为正整数) 时,有

$$\sum_{i=1}^{n}\frac{1}{i^2}\leqslant\sum_{i=1}^{m}\frac{1}{i^2}+\frac{2}{2m+1}-\frac{2}{2n+1} \quad (※)$$

由此易知,对于任意正整数 $m,n,m<n$,总有

$$\sum_{i=1}^{n}\frac{1}{i^2}<\sum_{i=1}^{m}\frac{1}{i^2}+\frac{2}{2m+1}$$

欧拉在 1735 年利用方程$\frac{\sin x}{x}=0$，即无穷多项方程

$$1-\frac{x^2}{3!}+\frac{x^4}{5!}-\frac{x^6}{7!}+\cdots=0$$

的根与系数关系，曾得到等式$\sum_{i=1}^{\infty}\frac{1}{i^2}=\frac{\pi^2}{6}$，由此我们可以得到

$$\sum_{i=1}^{n}\frac{1}{i^2}<\sum_{i=1}^{\infty}\frac{1}{i^2}=\frac{\pi^2}{6}$$

因此，$\sum_{i=1}^{n}\frac{1}{i^2}<\lambda$ 的最小正常数$\lambda=\frac{\pi^2}{6}$. 在上面我们所得到的 λ 的值与$\frac{\pi^2}{6}$很接近.

由式(※)还可得到，对于任意正整数 $m,n,m<n$，总有

$$\frac{1}{(m+1)^2}+\frac{1}{(m+2)^2}+\cdots+\frac{1}{n^2}<\frac{4(n-m)}{(2m+1)(2n+1)}$$

下面用同样方法，可以给出较式(1)更为一般的不等式，即下述例 2.

例 2 （自创题）数列$\{a_n\}$是首项为 a_1，公差为 d 的正项等差数列，数列$\{b_n\}$是首项为 b_1，公差为 e 的正项等差数列，且$|de|\geqslant|a_1e-b_1d|$，则对于任意正整数 n，有

$$\sum_{i=1}^{n}\frac{1}{a_ib_i}\leqslant\frac{1}{a_1b_1}+\frac{2}{a_1e+b_1d+de}-\frac{2}{2den+a_1e+b_1d-de}\tag{2}$$

分析与证明 我们来探讨式(2)右边式子是如何得到的. 为此，设正参数 λ,x,y，使其满足对于任意正整数 n，有

$$\sum_{i=1}^{n}\frac{1}{a_ib_i}\leqslant\lambda-\frac{1}{xn+y}\tag{④}$$

根据数学归纳法第一步，当 $n=1$ 时，式④应有$\frac{1}{a_1b_1}=\lambda-\frac{1}{x+y}$，即

$$\lambda=\frac{1}{x+y}+\frac{1}{a_1b_1}\tag{⑤}$$

根据数学归纳法第二步，假设 $n=k$ 时式④成立，即

$$\sum_{i=1}^{k}\frac{1}{a_ib_i}\leqslant\lambda-\frac{1}{xk+y}$$

当 $n=k+1$ 时应有

$$\lambda-\frac{1}{xk+y}+\frac{1}{(a_1+kd)(b_1+ek)}\leqslant\lambda-\frac{1}{x(k+1)+y}$$

经整理即有

$$x(a_1+kd)(b_1+ek)\geqslant(xk+y)(xk+x+y)$$

展开上式,并整理得到

$$(xde-x^2)k^2-[(x^2-(a_1e+b_1d-2y)x]k+[(a_1b_1-y)x-y^2]\geqslant 0 \quad ⑥$$

令不等式 ⑥ 中左边 k^2 项系数和 k 项系数为零,得到

$$\begin{cases}xde-x^2=0\\x^2-(a_1e+b_1d-2y)x=0\end{cases}$$

解得$\begin{cases}x=de\\y=\dfrac{1}{2}(a_1e+b_1d-de)\end{cases}$(注意 $x\neq 0$),将其代回式 ⑥,并注意到题中已知条件,得到其左边常数项为

$$\frac{1}{4}(de)^2-\frac{1}{4}(a_1e-b_1d)^2\geqslant 0$$

将$\begin{cases}x=de\\y=\dfrac{1}{2}(a_1e+b_1d-de)\end{cases}$代入式 ⑤,得到$\lambda=\dfrac{1}{a_1b_1}+\dfrac{2}{a_1e+b_1d+de}$,再将以上 λ,x,y 的值代入式 ④ 即为不等式(2).

若取 $a_1=b_1=d=e=1$ 时即得式(1).

为进一步了解这种方法,下面再举两例.

例 3 (自创题)证明

$$\sum_{i=1}^{n}\frac{1}{i^3}\leqslant\frac{17+\sqrt{5}}{16}-\frac{1}{2n^2+2n-8+4\sqrt{5}} \quad (3)$$

不等式(3) 正是应用"参数 — 数学归纳法"发现的,因此,这种方法还有发现新不等式的功能.

分析与证明 设正参数 λ,x,y,z,使其满足对于任意正整数 n,有

$$\sum_{i=1}^{n}\frac{1}{i^3}\leqslant\lambda-\frac{1}{xn^2+yn+z} \quad ⑦$$

根据数学归纳法第一步,当 $n=1$ 时式 ⑦ 应有$\dfrac{1}{1^3}=\lambda-\dfrac{1}{x+y+z}$,即

$$\lambda=\frac{1}{x+y+z}+1 \quad ⑧$$

根据数学归纳法第二步,假设 $n=k$ 时式 ⑦ 成立,即

$$\sum_{i=1}^{k}\frac{1}{i^3}\leqslant\lambda-\frac{1}{xk^2+yk+z}$$

当 $n=k+1$ 时应有

$$\lambda-\frac{1}{xk^2+yk+z}+\frac{1}{(k+1)^3}\leqslant\lambda-\frac{1}{x(k+1)^2+y(k+1)+z}$$

$$\Leftrightarrow \quad \frac{1}{(k+1)^3} \leqslant \frac{2xk+x+y}{(xk^2+yk+z)[xk^2+(2x+y)k+(x+y+z)]}$$

$$\Leftrightarrow \quad (k+1)^3(2xk+x+y) \geqslant (xk^2+yk+z)[xk^2+(2x+y)k+(x+y+z)]$$

将上式展开式整理得到

$$(2x-x^2)k^4+(7x+y-2x^2-2xy)k^3+(9x+3y-x^2-3xy-2xz-y^2)k^2+$$
$$(5x+3y-xy-2xz-2yz-y^2)k+(x+y-xz-yz-z^2) \geqslant 0 \qquad ⑨$$

令不等式 ⑨ 中左边 k^4 项系数和 k^3 项系数为零，得到 $x=2$，$y=2$，代入式 ⑨，并整理得到

$$(1-z)k^2+2(1-z)k+(1-z-\frac{z^2}{4}) \geqslant 0$$

（注意，这时不拟再令 k^2 项系数为零，否则有 $1-z-\frac{z^2}{4}<0$），让参数 z 满足 $0 \leqslant z<1$，则上式又可以写为

$$k^2+2k+\left[1-\frac{z^2}{4(1-z)}\right] \geqslant 0$$

即

$$\left(k+1+\frac{z}{2\sqrt{1-z}}\right)\left[k-\left(\frac{z}{2\sqrt{1-z}}-1\right)\right] \geqslant 0 \qquad ⑩$$

由于 k 为正整数，于是在式 ⑩ 中，可令 $\frac{z}{2\sqrt{1-z}}-1=1$，取其中满足 $0 \leqslant z<1$ 的一个根，得到 $z=-8+4\sqrt{5}$.

今将 $x=2$，$y=2$，$z=-8+4\sqrt{5}$ 代入式 ⑧，可求得 $\lambda=\frac{17+\sqrt{5}}{16}$，将上述各参数值代入 ⑦，即得不等式(3). 由上面分析推理过程可知，对于任意正整数 n，总有

$$\sum_{i=1}^{n} \frac{1}{i^3} \leqslant \frac{17+\sqrt{5}}{16}-\frac{1}{2n^2+2n-8+4\sqrt{5}}$$

即式(3) 成立. 故原命题获证.

由此得到，对于任意正整数 n，有

$$\sum_{i=1}^{n} \frac{1}{i^3}<\frac{17+\sqrt{5}}{16}$$

若对式 ⑦ 在应用数学归纳法证明时，取第一个值为 2，即 $n \geqslant 2$，并取等号，得到

$$4x+2y+z=\frac{8}{8\lambda-9}$$

以下解法过程同本例，则可以得到对于任意正整数 n，当 $n \geqslant 2$ 时，有

$$\sum_{i=1}^{n}\frac{1}{i^3}\leqslant\frac{247+4\sqrt{10}}{216}-\frac{1}{2n^2+2n-18+6\sqrt{10}}$$

由此得到

$$\sum_{i=1}^{n}\frac{1}{i^3}<\frac{247+4\sqrt{10}}{216}<\frac{17+\sqrt{5}}{16}$$

上式对于任意正整数 n 都成立.

用同 $n\geqslant 1$ 时的方法,一般地,当 $n\geqslant m$(m 为正整数)时,有

$$\sum_{i=1}^{n}\frac{1}{i^3}\leqslant\sum_{i=1}^{m}\frac{1}{i^3}+\frac{1}{2(m+1)(\sqrt{m^2+2m+2}-1)}-$$

$$\frac{1}{2n(n+1)+2(m+1)(\sqrt{m^2+2m+2}-m-1)}\qquad(※※)$$

由此易知,对于任意正整数 $m,n,m<n$,总有

$$\sum_{i=1}^{n}\frac{1}{i^3}<\sum_{i=1}^{m}\frac{1}{i^3}+\frac{1}{2(m+1)(\sqrt{m^2+2m+2}-1)}=\sum_{i=1}^{m}\frac{1}{i^3}+\frac{\sqrt{m^2+2m+2}+1}{2\,(m+1)^3}$$

笔者认为,上式得到了 $\xi(3)=\sum\limits_{i=1}^{\infty}\frac{1}{i^3}$ 上界的较好的结果. 如在上式中,取 $m=9$,得到

$$\sum_{i=1}^{n}\frac{1}{i^3}<\sum_{i=1}^{9}\frac{1}{i^3}+\frac{\sqrt{101}+1}{2\ 000}$$

这个结果较文[4]中得到的结果 $\sum\limits_{i=1}^{n}\frac{1}{i^3}<\sum\limits_{i=1}^{9}\frac{1}{i^3}+\frac{221}{40\ 000}$ 要好一点,因为有

$$\sum_{i=1}^{n}\frac{1}{i^3}<\sum_{i=1}^{9}\frac{1}{i^3}+\frac{\sqrt{101}+1}{2\ 000}<\sum_{i=1}^{9}\frac{1}{i^3}+\frac{221}{40\ 000}$$

对于任意正整数 n,如何求得最小的正常数 λ,使得

$$\xi(3)=\sum_{i=1}^{\infty}\frac{1}{i^3}<\lambda$$

在两百多年前,欧拉就已对 $\xi(3)=\sum\limits_{i=1}^{\infty}\frac{1}{i^3}$ 的结果计算到了小数点后面十多位;1978 年,在芬兰赫尔辛基举行的世界数学家大会上,法国数学家阿皮瑞(Apery)宣布他证明了证明了 $\xi(3)=\sum\limits_{i=1}^{\infty}\frac{1}{i^3}$ 的无理性. 现在,人们一般把这个常数称为 Apery 常数,对它已有很多研究,包括一些速算法.

同样,由式(※※)还可得到,对于任意正整数 $m,n,m<n$,总有

$$\frac{1}{(m+1)^3}+\frac{1}{(m+2)^3}+\cdots+\frac{1}{n^3}$$

$$<\frac{1}{2(m+1)(\sqrt{m^2+2m+2}-1)}-\frac{1}{2n(n+1)+2(m+1)(\sqrt{m^2+2m+2}-m-1)}$$

$$=\frac{n(n+1)-m(m+1)}{2(m+1)(\sqrt{m^2+2m+2}-1)[n(n+1)+(m+1)(\sqrt{m^2+2m+2}-m-1)]}$$

$$=\frac{(n-m)(n+m+1)(\sqrt{m^2+2m+2}-1)}{2\,(m+1)^3[n(n+1)+(m+1)(\sqrt{m^2+2m+2}-m-1)]}$$

例 4 （自创题，2014－09－03）记 $s_n=1-\frac{1}{2}+\frac{1}{3}-\frac{1}{4}+\cdots+\frac{1}{2n-1}-\frac{1}{2n}$，则有

$$\frac{\sqrt{13}}{2(\sqrt{13}-1)}-\frac{1}{4n+(2\sqrt{13}-6)}\leqslant s_n\leqslant\frac{7}{10}-\frac{1}{4n+1}$$

分析与证明 用数学归纳法证明本例中的不等式并不难，问题是如何发现这个不等式.下面，我们还是用“参数－数学归纳法”给出同时并证明本例中的不等式.

先证明原式右边不等式，即

$$s_n\leqslant\frac{7}{10}-\frac{1}{4n+1} \tag{4}$$

为此，设正参数 λ,x,y，使其满足对于任意正整数 n，有

$$s_n=1-\frac{1}{2}+\frac{1}{3}-\frac{1}{4}+\cdots+\frac{1}{2n-1}-\frac{1}{2n}\leqslant\lambda-\frac{1}{xn+y} \tag{⑪}$$

根据数学归纳法第一步，当 $n=1$ 时，式 ⑪ 应有 $1-\frac{1}{2}=\lambda-\frac{1}{x+y}$，即

$$\lambda=\frac{1}{x+y}+\frac{1}{2} \tag{⑫}$$

根据数学归纳法第二步，假设 $n=k$ 时式 ⑪ 成立，即

$$1-\frac{1}{2}+\frac{1}{3}-\frac{1}{4}+\cdots+\frac{1}{2k-1}-\frac{1}{2k}\leqslant\lambda-\frac{1}{xk+y}$$

当 $n=k+1$ 时应有

$$\lambda-\frac{1}{xk+y}+\frac{1}{2k+1}-\frac{1}{2(k+1)}\leqslant\lambda-\frac{1}{x(k+1)+y}$$

经整理即有

$$4xk^2+6xk+2x\geqslant x^2k^2+(x^2+2xy)k+(y^2+xy)$$

取 $\begin{cases}4x=x^2,\\6x=x^2+2xy,\end{cases}$ 得到 $\begin{cases}x=4,\\y=1,\end{cases}$ 代入上式，得到 $8\geqslant5$，这说明，取 $x=4,y=1$ 时上式成立.

将 $x=4,y=1$ 代入式 ⑫，得到 $\lambda=\frac{7}{10}$. 再将 $\lambda=\frac{7}{10},x=4,y=1$ 代入式 ⑪，

即得原不等式右边的不等式，即式(4). 以上推理过程同时也证明了式(4).

下面证明原不等式左边不等式，即

$$s_n = 1-\frac{1}{2}+\frac{1}{3}-\frac{1}{4}+\cdots+\frac{1}{2n-1}-\frac{1}{2n}\geqslant\frac{\sqrt{13}}{2(\sqrt{13}-1)}-\frac{1}{4n+(2\sqrt{13}-6)} \tag{5}$$

为此，设正参数 u,z,w，使其满足对于任意正整数 n，有

$$s_n = 1-\frac{1}{2}+\frac{1}{3}-\frac{1}{4}+\cdots+\frac{1}{2n-1}-\frac{1}{2n}\geqslant u-\frac{1}{zn+w} \tag{13}$$

根据数学归纳法第一步，当 $n=1$ 时，式 ⑬ 应有 $1-\frac{1}{2}=u-\frac{1}{zn+w}$，即

$$u=\frac{1}{z+w}+\frac{1}{2} \tag{14}$$

根据数学归纳法第二步，假设 $n=k$ 时式 ⑭ 成立，即

$$1-\frac{1}{2}+\frac{1}{3}-\frac{1}{4}+\cdots+\frac{1}{2k-1}-\frac{1}{2k}\geqslant u-\frac{1}{zk+w}$$

当 $n=k+1$ 时应有

$$u-\frac{1}{zk+w}+\frac{1}{2k+1}-\frac{1}{2(k+1)}\geqslant u-\frac{1}{z(k+1)+w}$$

经整理即有

$$4zk^2+6zk+2z\leqslant z^2k^2+(z^2+2zw)k+(w^2+zw) \tag{15}$$

令 $4z=z^2$，得到 $z=4$. 在式 ⑮ 中，令 $k=1$，并将 $z=4$ 代入式 ⑮，得到

$$w^2+12w-16\geqslant 0$$

取上式中的等号，解得正根 $w=2\sqrt{13}-6$. 再将所得到的 $z=4,w=2\sqrt{13}-6$，代入式 ⑮，并整理得到

$$8(2\sqrt{13}-7)(n-1)\geqslant 0$$

由于 $2\sqrt{13}-7>0,n\geqslant 1$，故上式成立，即取 $z=4,w=2\sqrt{13}-6$ 时，式 ⑮ 成立. 于是，将 $z=4,w=2\sqrt{13}-6$ 代入式 ⑭，便得到

$$u=\frac{1}{z+w}+\frac{1}{2}=\frac{1}{4+2\sqrt{13}-6}+\frac{1}{2}=\frac{1}{2\sqrt{13}-2}+\frac{1}{2}=\frac{\sqrt{13}}{2\sqrt{13}-2}$$

再将 $u=\frac{\sqrt{13}}{2\sqrt{13}-2},z=4,w=2\sqrt{13}-6$ 代入式 ⑬ 右边，即得式(5). 以上推理过程同时也证明了式(5).

另外，我们知道，由等式 $\sum_{i=1}^{\infty}\frac{(-1)^{i-1}}{i^3}=\ln 2\approx 0.693\ 147\cdots$，可得到

$$1-\frac{1}{2}+\frac{1}{3}-\frac{1}{4}+\cdots+\frac{1}{2n-1}-\frac{1}{2n}<\ln 2$$

最后,顺便指出,在对上述命题证明的探索中,我们发现以下事实:用数学归纳法可以证明$\sum_{i=1}^{n}\frac{1}{i^2}\leqslant\frac{5}{3}-\frac{2}{2n+1}$,而由$\sum_{i=1}^{n}\frac{1}{i^2}\leqslant\frac{5}{3}-\frac{2}{2n+1}<\frac{5}{3}-\frac{1}{n+1}$,得到$\sum_{i=1}^{n}\frac{1}{i^2}<\frac{5}{3}-\frac{1}{n+1}$,但却不能用数学归纳法证明后面这个不等式.

另外,可以用数学归纳法证明$\sum_{i=1}^{n}\frac{1}{i^2}\leqslant\frac{5}{3}-\frac{2}{2n+1}$,而$\sum_{i=1}^{n}\frac{1}{i^2}\leqslant\frac{5}{3}-\frac{2}{2n+1}\leqslant 2-\frac{1}{n}$,却也可以用数学归纳法证明较$\sum_{i=1}^{n}\frac{1}{i^2}\leqslant\frac{5}{3}-\frac{2}{2n+1}$弱些的不等式$\sum_{i=1}^{n}\frac{1}{i^2}\leqslant 2-\frac{1}{n}$.

由此可知,在应用数学归纳法证明某个不等式行不通时,则可以考虑去证明其加强后的不等式,但这个加强式必须恰当.

参考资料

[1] 汪晓勤. 欧拉与自然数平方倒数和[J]. 曲阜师范大学学报,2002,28(4).

[2] 冯贝叶. 多项式和无理数[M]. 哈尔滨:哈尔滨工业大学出版社,2008.

[3] 朱尧辰. 无理数引论 [M]. 北京:中国科学出版社,2012.

[4] 朱文辉,张亭. P 级数的求和[J]. 大学学报,2005,21(3).

[5] 华东师范大学数学系. 数学分析(第三版下)[M]. 北京:高等教育出版社,2011.

[6] AIGNER MARTIN,ZIEGLER GÜNTER M. 数学天书中的证明(第四版)[M]. 4 版. 冯荣权,宋春伟,宗传明,译. 北京:高等教育出版社,2009.

注:全文发表于《数学通报》2015 年第 6 期.

§4　线段投影法应用

笔者曾于1989年8月15日用非常简捷的方法，这种解题方法本人把它称为线段投影法，解决了曾经困扰过许多数学家的一个著名的几何“难题”，读者可参阅[1]，[2]，即以下原问题.

原问题　假设 P,Q,R 分别是 $\triangle ABC$ 的三边 BC,CA,AB 上三点，且满足

$$AQ+AR=BR+BP=CP+CQ=\frac{1}{3}$$

则 $PQ+QR+RP\geqslant\frac{1}{2}$.

笔者用线段投影法解答如下：

证明　如图1，记 $BC=a,CA=b,AB=c$，由已知有 $a+b+c=1$. 从 R,Q 向直线 BC 引垂线，垂足分别为 M,N，则

$$QR\geqslant MN=a-(BR\cos B+CQ\cos C)$$

（当 B 为钝角(图2)时，则 $MN=a+MB-NC=a+BR\cos(180^\circ-B)-CQ\cos C=a-(BR\cos B+CQ\cos C)$），同理

$$RP\geqslant b-(CP\cos C+AR\cos A)$$

$$PQ\geqslant c-(AQ\cos A+BP\cos B)$$

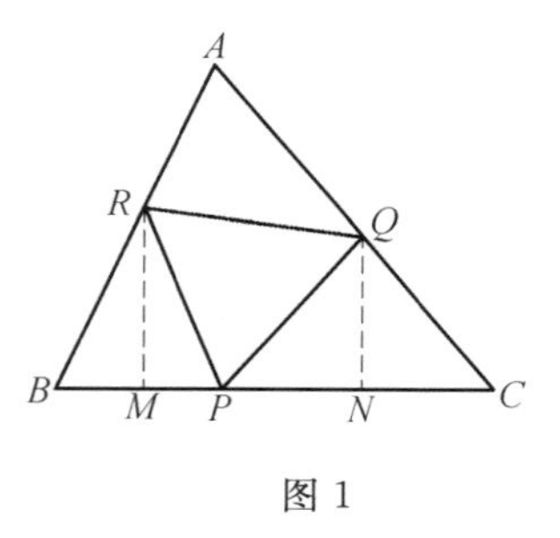

图1

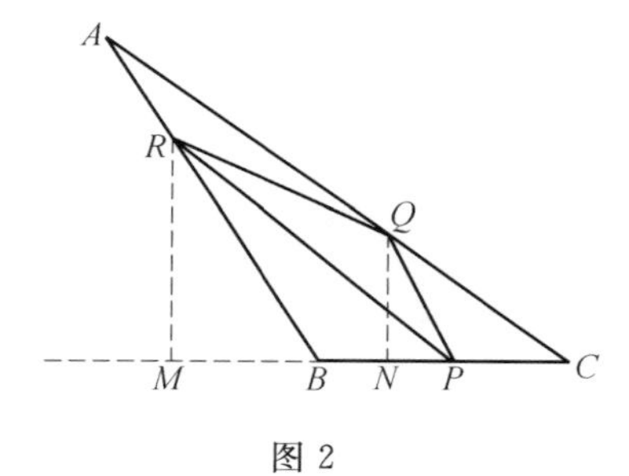

图2

以上三式相加，得

$$\begin{aligned}QR+RP+PQ&\geqslant(a+b+c)-[(AQ+AR)\cos A+\\&\qquad(BR+BP)\cos B+(CP+CQ)\cos C]\\&=1-\frac{1}{3}(\cos A+\cos B+\cos C)\end{aligned}$$

由于 $\cos A+\cos B+\cos C\leqslant\frac{3}{2}$，因此

$$QR+RP+PQ\geqslant1-\frac{1}{3}\cdot\frac{3}{2}=\frac{1}{2}$$

由上可知,当且仅当$\triangle ABC$为正三角形,而且P,Q,R为各边中点时,原式取等号.

由以上所得重要不等式

$$QR+RP+PQ\geqslant(a+b+c)-\frac{1}{3}(a+b+c)(\cos A+\cos B+\cos C)$$

不难得到更强的不等式

$$(QR+RP+PQ)^3\geqslant\frac{9}{8}(BC^3+CA^3+AB^3)$$

用线段投影法可以证明一些类似的数学问题.

问题1 $\triangle ABC$三边长$BC=a,CA=b,AB=c$, P,Q,R分别是BC,CA, AB边上的点,且满足

$$AB+BP=AC+CP=BC+CQ=BA+AQ=CA+AR$$
$$=CB+BR=\frac{1}{2}(a+b+c)$$

$\triangle PQR$周长为l,则

$$l\geqslant\frac{1}{2}(a+b+c)$$

证明 证法与上类似,记$\triangle ABC$面积为Δ,外接圆半径为R,内切圆半径为r,如图3,注意到

$$BR=CQ=\frac{-a+b+c}{2}$$

$$CP=AR=\frac{a-b+c}{2}$$

$$AQ=BP=\frac{a+b-c}{2}$$

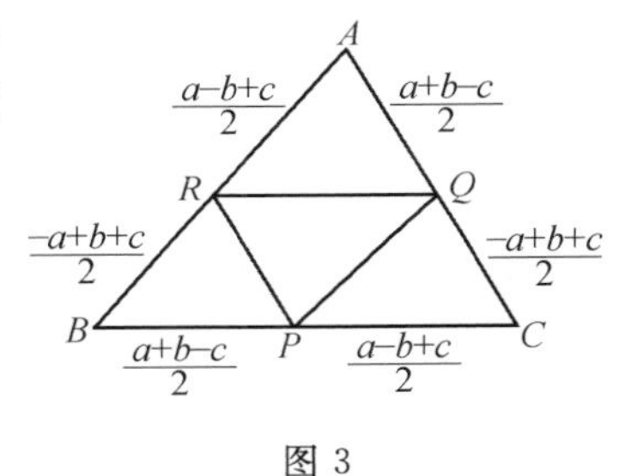

图3

得到

$$\begin{aligned}l=QR+RP+PQ\geqslant&(a-BR\cos B-CQ\cos C)+\\&(b-CP\cos C-AR\cos A)+\\&(c-AQ\cos A-BP\cos B)\\=&a+b+c-a\cos A-b\cos B-c\cos C\\=&a+b+c-\frac{\sum a^2(-a^2+b^2+c^2)}{2abc}\\=&a+b+c-\frac{16\Delta^2}{2abc}\\=&\frac{2\Delta}{r}-\frac{2\Delta}{R}\\\geqslant&\frac{\Delta}{r}=\frac{1}{2}(a+b+c)\end{aligned}$$

这里应用了欧拉不等式 $R \geqslant 2r$，即得 $l \geqslant \frac{1}{2}(a+b+c)$.

注：由塞瓦(Giovanni Ceva，1648—1734，意大利水利工程师，数学家)定理可知，这时 AP，BQ，CR 三线共点，这个点称为纳格尔点. 后来，有人把 P，Q，R 三点叫作三角形周界中点. 对于三角形周界中点，文[3]用线段投影法，给出了更好的如下结果

$$RP \cdot PQ + PQ \cdot QR + QR \cdot RP \geqslant \frac{1}{4}(BC^2 + CA^2 + AB^2)$$

其中 P，Q，R 分别为 BC，CA，AB 边上的周界中点.

问题 2　$\triangle ABC$ 三边长 $BC=a$，$CA=b$，$AB=c$，$\triangle ABC$ 面积为 Δ，P，Q，R 分别是 $\triangle ABC$ 的内切圆与三边 BC，CA，AB 的切点，$\triangle PQR$ 周长为 l，则

$$l \geqslant \frac{8\Delta^2}{abc}$$

证明　证法与上类似，同时注意到

$$AQ = AR = \frac{-a+b+c}{2}$$

$$BR = BP = \frac{a-b+c}{2}$$

$$CP = CQ = \frac{a+b-c}{2}$$

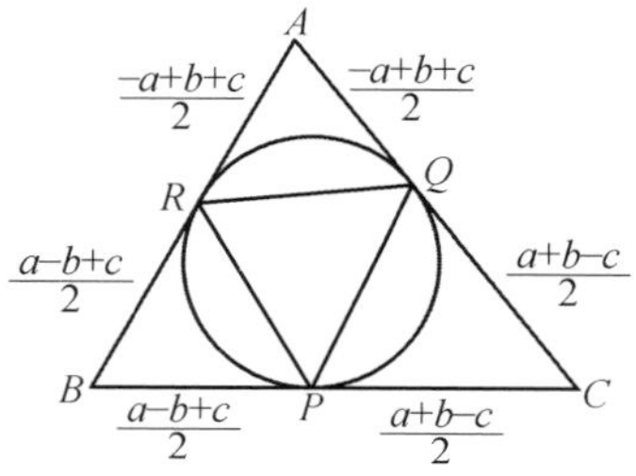

图 4

得到

$$\begin{aligned} l = QR + RP + PQ &\geqslant (a - BR\cos B - CQ\cos C) + (b - CP\cos C - AR\cos A) + \\ &\quad (c - AQ\cos A - BP\cos B) \\ &= a+b+c-(-a+b+c)\cos A-(a-b+c)\cos B- \\ &\quad (a+b-c)\cos C \\ &= (-a+b+c)(1-\cos A)+(a-b+c)(1-\cos B)+ \\ &\quad (a+b-c)(1-\cos C) \\ &= \frac{(-a+b+c)(a-b+c)(a+b-c)}{2bc}+ \\ &\quad \frac{(-a+b+c)(a-b+c)(a+b-c)}{2ca}+ \\ &\quad \frac{(-a+b+c)(a-b+c)(a+b-c)}{2ab} \\ &= \frac{(a+b+c)(-a+b+c)(a-b+c)(a+b-c)}{2abc} \\ &= \frac{8\Delta^2}{abc} \end{aligned}$$

即得 $l \geqslant \frac{8\Delta^2}{abc}$.

注：由塞瓦定理可知，这时 AP，BQ，CR 三线共点，这个点称为热尔岗点.

现在再从另外一个角度来探究问题，便得到了以下问题 3.

问题 3　$\triangle ABC$ 三边长 $BC=a$，$CA=b$，$AB=c$，P，Q，R 分别是 $\triangle ABC$ 的内切圆与三边 BC，CA，AB 的切点，$\triangle PQR$ 周长为 l，则

$$l\leqslant\frac{1}{2}(a+b+c)$$

证明　在 $\triangle ARQ$ 中，应用余弦定理，有

$$QR^2=2\left(\frac{-a+b+c}{2}\right)^2(1-\cos A)=\frac{(-a+b+c)^2(a-b+c)(a+b-c)}{4bc}$$

由此可以得到

$$\frac{QR^2}{a}=\frac{(-a+b+c)^2(a-b+c)(a+b-c)}{4abc}$$

同理还有两式，于是得到

$$\frac{QR^2}{a}+\frac{RP^2}{b}+\frac{PQ^2}{c}=\frac{(a+b+c)(-a+b+c)(a-b+c)(a+b-c)}{4abc}=\frac{4\Delta^2}{abc}$$

这里 Δ 表示 $\triangle ABC$ 面积.

再联系问题 2 中的结论：$l\geqslant\frac{8\Delta^2}{abc}$，便有

$$l=QR+RP+PQ\geqslant 2\left(\frac{QR^2}{a}+\frac{RP^2}{b}+\frac{PQ^2}{c}\right)\geqslant\frac{2(QR+RP+PQ)^2}{a+b+c}$$

（应用柯西不等式）由此即得 $l\leqslant\frac{1}{2}(a+b+c)$.

上述问题有其他解法吗？若对问题 3，再从另一个角度去探讨 $QR+RP+PQ$，我们可以得到较问题 3 结论更好的结果，即有以下问题 4.

问题 4　$\triangle ABC$ 三边长 $BC=a$，$CA=b$，$AB=c$，$\triangle ABC$ 面积为 Δ，P，Q，R 分别是 $\triangle ABC$ 的内切圆与三边 BC，CA，AB 的切点，$\triangle PQR$ 周长为 l，则

$$l\leqslant\sqrt{\frac{4(a+b+c)\Delta^2}{abc}}$$

易证 $\frac{4(a+b+c)\Delta^2}{abc}\leqslant\frac{1}{4}(a+b+c)^2$，因此说，问题 4 中的结论比问题 3 中的结论更强.

证明　现在，我们从 $\triangle ABC$ 内切圆圆心与内切圆与 $\triangle ABC$ 切点来考虑问题. 如图 5，设 $\triangle ABC$ 内心为 I，联结 IQ，IR，则知 A，R，I，Q 四点共圆，联结 AI，知 AI 是这个圆的直径，因此，有

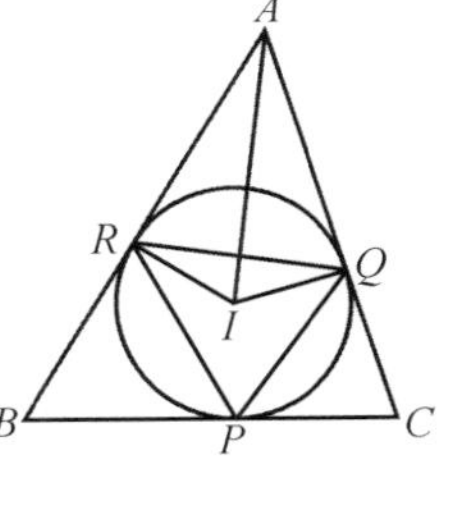

图 5

$$QR = AI\sin A = \frac{AR\sin A}{\cos\dfrac{A}{2}} = (-a+b+c)\sin\frac{A}{2}$$

同理可得另外两式，于是，得到

$$\begin{aligned}
l^2 &= (QR+RP+PQ)^2 \\
&= \left[(-a+b+c)\sin\frac{A}{2}+(a-b+c)\sin\frac{B}{2}+(a+b-c)\sin\frac{C}{2}\right]^2 \\
&\leqslant [(-a+b+c)+(a-b+c)+(a+b-c)]\cdot \\
&\quad \left[(-a+b+c)\sin^2\frac{A}{2}+(a-b+c)\sin^2\frac{B}{2}+(a+b-c)\sin^2\frac{C}{2}\right] \\
&= (a+b+c)\cdot\frac{(a+b+c)(-a+b+c)(a-b+c)(a+b-c)}{4abc} \\
&= \frac{4(a+b+c)\Delta^2}{abc}
\end{aligned}$$

故原命题获证.

问题 5 $\triangle ABC$ 三边长 $BC=a,CA=b,AB=c,a\leqslant b\leqslant c,P,Q,R$ 分别是 BC,CA,AB 边上的点，$\dfrac{BP}{PC}=\dfrac{z}{y},\dfrac{CQ}{QA}=\dfrac{x}{z},\dfrac{AR}{RB}=\dfrac{y}{x}$，且 $x\geqslant y\geqslant z$，$\triangle PQR$ 周长为 l，则

$$l\geqslant\frac{1}{2}(a+b+c)$$

证法 1 由于$\dfrac{BP}{PC}=\dfrac{z}{y},\dfrac{CQ}{QA}=\dfrac{x}{z},\dfrac{AR}{RB}=\dfrac{y}{x},\dfrac{BP}{PC}\cdot\dfrac{CQ}{QA}\cdot\dfrac{AR}{RB}=1$，因此，由塞瓦定理可知 AP,BQ,CR 三线共点(图 6)，且得到

$$AR=\frac{yc}{x+y},AQ=\frac{zb}{z+x},BR=\frac{xc}{x+y},BP=\frac{za}{y+z},CP=\frac{ya}{y+z},CQ=\frac{xb}{z+x}$$

于是，有

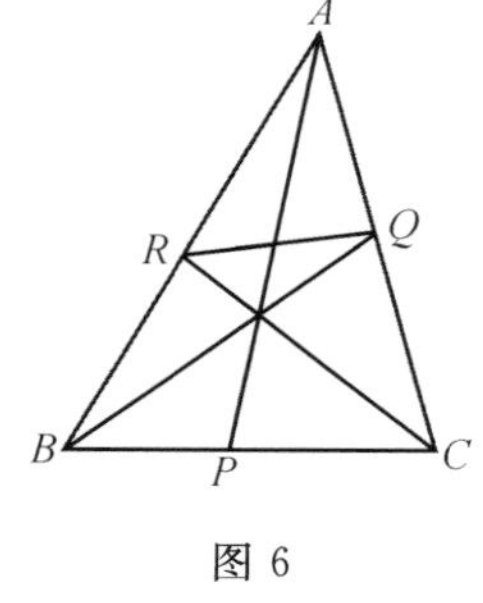

图 6

$$\begin{aligned}
&QR+RP+PQ \\
\geqslant\ & a-BR\cos B-CQ\cos C+b-CP\cos C-AR\cos A+ \\
& c-AQ\cos A-BP\cos B \\
=\ & a\left(1-\frac{y}{y+z}\cos C-\frac{z}{y+z}\cos B\right)+ \\
& b\left(1-\frac{z}{z+x}\cos A-\frac{x}{z+x}\cos C\right)+ \\
& c\left(1-\frac{x}{x+y}\cos B-\frac{y}{x+y}\cos A\right) \\
=\ & \frac{-a+b+c}{2(y+z)}\left[\frac{(a-b+c)y}{b}+\frac{(a+b-c)z}{c}\right]+
\end{aligned}$$

$$\frac{a-b+c}{2(z+x)}\left[\frac{(a+b-c)z}{c}+\frac{(-a+b+c)x}{a}\right]+$$
$$\frac{a+b-c}{2(x+y)}\left[\frac{(-a+b+c)x}{a}+\frac{(a-b+c)y}{b}\right] \qquad ①$$

由于 $a\leqslant b\leqslant c$，则知 $\frac{-a+b+c}{a}\geqslant\frac{a-b+c}{b}\geqslant\frac{a+b-c}{c}$，又由于 $x\geqslant y\geqslant z$，因此，根据切比雪夫(Tschebysheff)不等式，有

$$\frac{(a-b+c)y}{b}+\frac{(a+b-c)z}{c}\geqslant\frac{1}{2}(y+z)\left(\frac{a-b+c}{b}+\frac{a+b-c}{c}\right)$$
$$\frac{(a+b-c)z}{c}+\frac{(-a+b+c)x}{a}\geqslant(z+x)\left(\frac{a+b-c}{c}+\frac{-a+b+c}{a}\right)$$
$$\frac{(-a+b+c)x}{a}+\frac{(a-b+c)y}{b}\geqslant(x+y)\left(\frac{-a+b+c}{a}+\frac{a-b+c}{b}\right)$$

于是，由式 ① 得到

$$QR+RP+PQ$$
$$\geqslant\frac{-a+b+c}{4}\left(\frac{a-b+c}{b}+\frac{a+b-c}{c}\right)+\frac{a-b+c}{4}\left(\frac{a+b-c}{c}+\frac{-a+b+c}{a}\right)+$$
$$\frac{a+b-c}{4}\left(\frac{-a+b+c}{a}+\frac{a-b+c}{b}\right)$$
$$=\frac{1}{2}(a+b+c)$$

原命题获证.

证法 2 由于 $a\leqslant b\leqslant c$，$x\geqslant y\geqslant z$，因此，有

$$QR+RP+PQ-\frac{1}{2}(a+b+c)$$
$$\geqslant\frac{-a+b+c}{2(y+z)}\left[\frac{(a-b+c)y}{b}+\frac{(a+b-c)z}{c}\right]-$$
$$\frac{-a+b+c}{4}\left(\frac{a-b+c}{b}+\frac{a+b-c}{c}\right)+$$
$$\frac{a-b+c}{2(z+x)}\left[\frac{(a+b-c)z}{c}+\frac{(-a+b+c)x}{a}\right]-$$
$$\frac{a-b+c}{4}\left(\frac{a+b-c}{c}+\frac{-a+b+c}{a}\right)+$$
$$\frac{a+b-c}{2(x+y)}\left[\frac{(-a+b+c)x}{a}+\frac{(a-b+c)y}{b}\right]-$$
$$\frac{a+b-c}{4}\left(\frac{-a+b+c}{a}+\frac{a-b+c}{b}\right)$$
$$=\frac{(y-z)(a+b+c)(-a+b+c)(c-b)}{4(y+z)bc}+$$

$$\frac{(z-x)(a+b+c)(a-b+c)(a-c)}{4(z+x)ca}+$$
$$\frac{(x-y)(a+b+c)(a+b-c)(b-a)}{4(x+y)ab}$$
$$\geqslant 0$$

原命题获证.

问题 1 便是 $x=-a+b+c, y=a-b+c, z=a+b-c$ 的特例. 由塞瓦定理可知,这时 AP, BQ, CR 三线共点,这个点称为纳格尔点.

对于 $\triangle ABC$ 的外心也有这个性质,即有以下问题 6.

问题 6　$\triangle ABC$ 三边长 $BC=a, CA=b, AB=c$,外心为 O,直线 AO, BO, CO 分别交三角形三边 BC, CA, AB 所在的直线为 P, Q, R,记 $\triangle PQR$ 周长为 l,则

$$l\geqslant \frac{1}{2}(a+b+c)$$

证明方法可类似于上述问题 5 中的证法 2.

证明　不妨设 $a\leqslant b\leqslant c$,$\triangle ABC$ 的有向面积记为 ABC,这时可得

$$\frac{BP}{PC}=\frac{ABP}{CAP}=\frac{OBP}{COP}=\frac{ABP-OBP}{CAP-COP}=\frac{ABO}{CAO}=\frac{\frac{1}{2}R^2\sin 2C}{\frac{1}{2}R^2\sin 2B}=\frac{c^2(a^2+b^2-c^2)}{b^2(a^2-b^2+c^2)}$$

同理可得

$$\frac{CQ}{QA}=\frac{a^2(-a^2+b^2+c^2)}{c^2(a^2+b^2-c^2)}, \frac{AR}{RB}=\frac{b^2(a^2-b^2+c^2)}{a^2(-a^2+b^2+c^2)}$$

由此在问题 5 中,可令 $x=a^2(-a^2+b^2+c^2), y=b^2(a^2-b^2+c^2), z=c^2(a^2+b^2-c^2)$.

当 $\triangle ABC$ 为非钝角三角形时,有 $x\geqslant y\geqslant z$,于是

$$(y-z)(c-b)\geqslant 0, (z-x)(a-c)\geqslant 0, (x-y)(b-a)\geqslant 0$$

因此由上述问题 5 的证法 2 中可知

$$QR+RP+PQ-\frac{1}{2}(a+b+c)\geqslant 0$$

当 $\triangle ABC$ 为钝角三角形时,有 $y\geqslant x\geqslant z, a^2+b^2-c^2\leqslant 0$,于是

$$QR+RP+PQ-\frac{1}{2}(a+b+c)$$
$$\geqslant \frac{(y-z)(a+b+c)(-a+b+c)(c-b)}{4(y+z)bc}+\frac{(z-x)(a+b+c)(a-b+c)(a-c)}{4(z+x)ca}-$$
$$\frac{(y-x)(a+b+c)(a+b-c)(b-a)}{4(x+y)ab}$$
$$=\frac{(a+b+c)(c+b)(-a+b+c)(-a^2+b^2+c^2)(c-b)^2}{4bc[a^2(c^2+b^2)-(c^2-b^2)^2]}+$$

$$\frac{(a+b+c)(c+a)(a-b+c)(a^2-b^2+c^2)(c-a)^2}{4ca[b^2(c^2+a^2)-(c^2-a^2)^2]}-$$
$$\frac{(a+b+c)(b+a)(a+b-c)(-a^2-b^2+c^2)(b-a)^2}{4ab[c^2(b^2+a^2)-(b^2-a^2)^2]}$$
$$\geqslant\frac{(a+b+c)(c+a)(a-b+c)(a^2-b^2+c^2)(c-a)^2}{4ca[b^2(c^2+a^2)-(c^2-a^2)^2]}-$$
$$\frac{(a+b+c)(b+a)(a+b-c)(-a^2-b^2+c^2)(b-a)^2}{4ab[c^2(b^2+a^2)-(b^2-a^2)^2]}$$

由此可知,只要证明

$$\frac{(a+b+c)(a+c)(a-b+c)(a^2-b^2+c^2)(c-a)^2}{4ca[b^2(c^2+a^2)-(c^2-a^2)^2]}$$
$$\geqslant\frac{(a+b+c)(b+a)(a+b-c)(-a^2-b^2+c^2)(b-a)^2}{4ab[c^2(b^2+a^2)-(b^2-a^2)^2]} \quad ①$$

由于

$$ab[c^2(b^2+a^2)-(b^2-a^2)^2]-ca[b^2(c^2+a^2)-(c^2-a^2)^2]$$
$$=a[(c^2-a^2)^2+b(c^3+b^3-2a^2b)+bc(b^2-a^2)]\geqslant 0(\text{注意到 } a\leqslant b\leqslant c)$$

因此得到

$$\frac{1}{4ca[b^2(c^2+a^2)-(c^2-a^2)^2]}\geqslant\frac{1}{4ab[c^2(b^2+a^2)-(b^2-a^2)^2]}$$

又由于

$$(a+b+c)(a+c)(a-b+c)(a^2-b^2+c^2)(c-a)^2$$
$$\geqslant(a+b+c)(b+a)(a+b-c)(-a^2-b^2+c^2)(b-a)^2(\text{注意到 } a\leqslant b\leqslant c)$$

从而式 ① 成立,因此,当 $\triangle ABC$ 为钝角三角形时,也有

$$QR+RP+PQ-\frac{1}{2}(a+b+c)\geqslant 0$$

故原命题获证.

顺便指出,对于 $\triangle ABC$ 的内心却有相反性质,即有以下问题 7.

问题 7 $\triangle ABC$ 三边长 $BC=a$,$CA=b$,$AB=c$,内心为 I,直线 AI,BI,CI 分别交三角形三边 BC,CA,AB 所在的直线为 P,Q,R,记 $\triangle PQR$ 周长为 l,则

$$l\leqslant\frac{1}{2}(a+b+c)$$

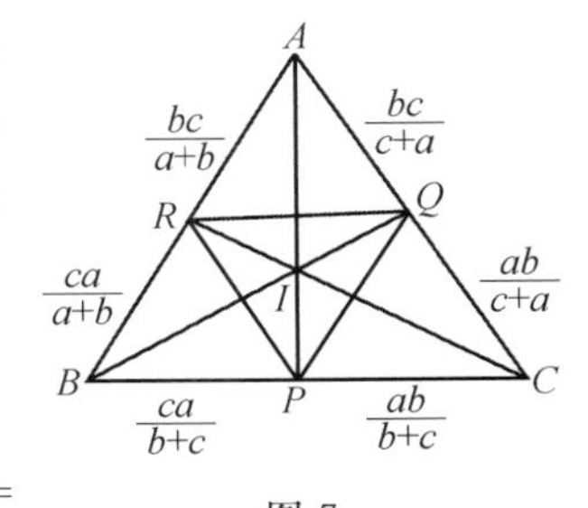

图 7

证法 1 由角平分线性质,有 $PC=\frac{ab}{b+c}$,$QC=\frac{ab}{c+a}$,于是在 $\triangle CQP$ 中,利用余弦定理,得到

$$PQ^2=PC^2+QC^2-2PC\cdot QC\cos C$$

$$=(\frac{ab}{b+c})^2+(\frac{ab}{c+a})^2-2\frac{ab}{b+c}\cdot\frac{ab}{c+a}\cdot\frac{a^2+b^2-c^2}{2ab}$$

$$=\frac{abc}{(b+c)^2(c+a)^2}[c(b+c)(c+a)-(a+b+c)(a-b)^2]$$

$$\leqslant\frac{abc^2}{(b+c)(c+a)}\leqslant\frac{(b+c)(c+a)}{16}\leqslant\frac{(a+b+2c)^2}{64}$$

由此得到

$$PQ\leqslant\frac{a+b+2c}{48}$$

同理可得

$$QR\leqslant\frac{b+c+2a}{8},\quad RP\leqslant\frac{c+a+2b}{8}$$

将以上三式左右两边分别相加即得

$$l\leqslant\frac{1}{2}(a+b+c)$$

证法 2　证明其更强式

$$l\leqslant\frac{4abc(a+b+c)}{(b+c)(c+a)(a+b)}$$

由角平分线性质，有 $PC=\frac{ab}{b+c}$，$QC=\frac{ab}{c+a}$，于是在 $\triangle CQP$ 中，利用余弦定理，得到

$$PQ^2=PC^2+QC^2-2PC\cdot QC\cos C$$

$$=(\frac{ab}{b+c})^2+(\frac{ab}{c+a})^2-2\frac{ab}{b+c}\cdot\frac{ab}{c+a}\cdot\frac{a^2+b^2-c^2}{2ab}$$

$$=\frac{abc}{(b+c)^2(c+a)^2}[abc+(a+b+c)(-a+b+c)(a-b+c)]$$

类似还有两式，于是

$l=PQ+QR+RP$

$$\leqslant\frac{\sqrt{abc}}{(b+c)(c+a)(a+b)}\sqrt{(a+b)^2[abc+(a+b+c)(-a+b+c)(a-b+c)]}$$

$$\leqslant\frac{\sqrt{abc}}{\prod(a+b)}\sqrt{\sum(a+b)}\cdot$$

$$\sqrt{\sum abc(a+b)+(a+b+c)\sum(a+b)(-a+b+c)(a-b+c)]}$$

(柯西不等式)

$$=\frac{\sqrt{abc}}{\prod(a+b)}\sqrt{2(a+b+c)}\cdot\sqrt{a+b+c}\cdot$$

$$\sqrt{2abc+\sum a^2(b+c)-\sum(a+b)(a-b)^2}$$

$$=\frac{2\sqrt{abc}(a+b+c)}{\prod(a+b)}\cdot\sqrt{3abc+\prod(-a+b+c)}$$

$$\leqslant\frac{2\sqrt{abc}(a+b+c)}{\prod(a+b)}\cdot\sqrt{4abc}=\frac{4abc(a+b+c)}{(b+c)(c+a)(a+b)}$$

即得到

$$l\leqslant\frac{4abc(a+b+c)}{(b+c)(c+a)(a+b)}$$

显然有

$$l\leqslant\frac{4abc(a+b+c)}{(b+c)(c+a)(a+b)}\leqslant\frac{1}{2}(a+b+c)$$

参考资料

[1] 杨学枝. 数学奥林匹克不等式研究[M]. 哈尔滨:哈尔滨工业大学出版社,2009.

[2] 杨之. 初等数学研究的问题与课题[M]. 长沙:湖南教育出版社,1996.

[3] 杨学枝. 对一道猜想题的证明[J]. 福建中学数学,1996(4).

注:全文发表于《数学通报》2016 年第 7 期.

§5　一类平几问题的统一解法

近一段时间，在网络上以及一些杂志上常见到以下例 1 ～ 例 6 以及与之相类似的问题. 对这些问题，有多种解法，应用平几解法，都要添加辅助线，而添加这些辅助线正是解这类问题的难点所在，所以，有人说“这类问题是大难题”. 在本文中，笔者提供一种不需要添加辅助线的统一解法，这种解法用的是三角计算方法，容易掌握，但在三角求值计算上要费点功夫.

为应用时方便起见，先给出以下定理.

定理　$A_1A_2\cdots A_n$ 为空间一个折线形，P 为空间一点，记 $\angle PA_iA_{i+1}=\alpha_i$，$\angle PA_{i+1}A_i=\beta_i$，$i=1,2,\cdots,n$，约定 $A_{n+1}=A_1$，则

$$\sin\alpha_1\sin\alpha_2\cdots\sin\alpha_n=\sin\beta_1\sin\beta_2\cdots\sin\beta_n$$

证明　在 $\triangle PA_iA_{i+1}$ 中，由正弦定理有

$$PA_i\sin\alpha_i=PA_{i+1}\sin\beta_i$$

$i=1,2,\cdots,n$，约定 $A_{n+1}=A_1$.

将以上 n 个等式左右两边分别相乘，即得

$$\sin\alpha_1\sin\alpha_2\cdots\sin\alpha_n=\sin\beta_1\sin\beta_2\cdots\sin\beta_n$$

下面，我们举几个有代表性的都有一定难度的例子，说明定理中等式的应用.

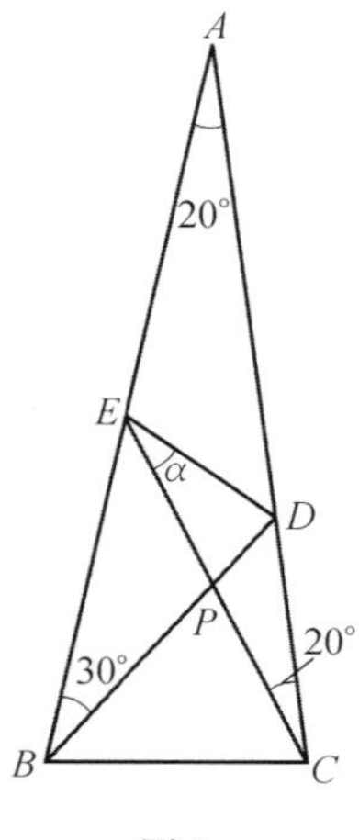

图 1

例 1　（有人称之为“兰利问题”，如文[1]）如图 1，在等腰 $\triangle ABC$ 中，$AB=AC$，$\angle A=20^\circ$，D,E 分别为 AC，AB 边上的点，$\angle ABD=30^\circ$，$\angle ACE=20^\circ$，联结 DE，求 $\angle CED$ 的度数.

解　设 BD 与 CE 交于 P，设 $\angle CED=\alpha(0^\circ<\alpha<110^\circ)$，由已知条件容易得到 $\angle PBC=50^\circ$，$\angle PCB=60^\circ$，$\angle PDC=50^\circ$，$\angle PEB=40^\circ$，$\angle PDE=110^\circ-\alpha$.

又已知 $\angle PBD=30^\circ$，$\angle PCD=20^\circ$，于是，由定理中的等式，有

$$\begin{aligned}&\sin 40^\circ\sin 50^\circ\sin 20^\circ\sin(110-\alpha)\\=&\sin 30^\circ\sin 60^\circ\sin 50^\circ\sin\alpha\end{aligned}$$

即

$$\frac{\sin(110-\alpha)}{\sin\alpha}=\frac{\sin 30^\circ\sin 60^\circ\sin 50^\circ}{\sin 40^\circ\sin 50^\circ\sin 20^\circ}$$

$$\sin 110^\circ \cot \alpha - \cos 110^\circ = \frac{\frac{\sqrt{3}}{4}}{\sin 40^\circ \sin 20^\circ}$$

由此得到

$$\cot \alpha = \frac{\frac{\sqrt{3}}{2} - 2\sin^2 20^\circ \sin 40^\circ}{\sin^2 40^\circ} = \frac{\frac{\sqrt{3}}{2} - (1-\cos 40^\circ)\sin 40^\circ}{\sin^2 40^\circ}$$

$$= \frac{\frac{\sqrt{3}}{2} - \sin 40^\circ + \frac{1}{2}\sin 80^\circ}{\sin^2 40^\circ} = \frac{\frac{\sqrt{3}}{2} - \frac{1}{2}\sin 40^\circ + \frac{1}{2}(\sin 80^\circ - \sin 40^\circ)}{\sin^2 40^\circ}$$

$$= \frac{\frac{\sqrt{3}}{2} - \frac{1}{2}\sin 40^\circ + \frac{1}{2}\sin 20^\circ}{\sin^2 40^\circ} = \frac{\frac{\sqrt{3}}{2} - \frac{\sqrt{3}}{2}\cos 80^\circ}{\sin^2 40^\circ} = \frac{\sqrt{3}\sin^2 40^\circ}{\sin^2 40^\circ} = \sqrt{3}$$

因此得到 $\angle CED = \alpha = 30^\circ$.

例 2　如图 2,等腰 $\triangle ABC$,$AB = AC$,$\angle A = 20^\circ$,D,E 分别为 AC,AB 边上点,使得 $\angle DBC = 70^\circ$,$\angle ECB = 60^\circ$,联结 DE,求 $\angle EDB$ 的度数.

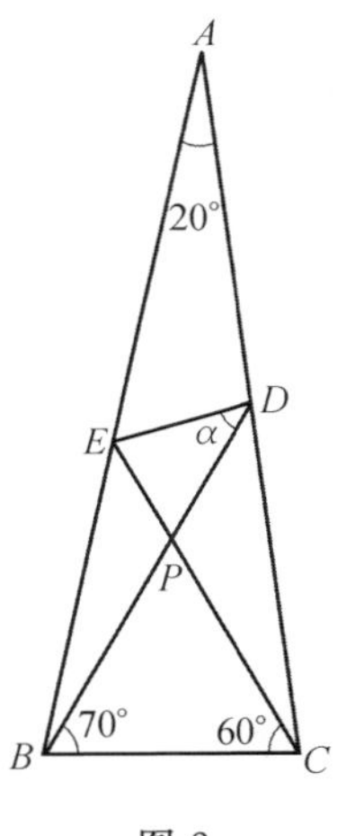

图 2

设 BD 与 CE 交于 P,设 $\angle EDB = \alpha(0^\circ < \alpha < 130^\circ)$,由题意有

$$\angle PBC = 70^\circ, \angle PCB = 60^\circ, \angle PCD = 20^\circ, \angle PDC = 30^\circ$$

$$\angle PED = 50^\circ + \alpha,\ \angle PEB = 40^\circ, \angle PBE = 10^\circ$$

于是,由定理中的等式,有

$$\frac{\sin 10^\circ}{\sin 40^\circ} \cdot \frac{\sin 60^\circ}{\sin 70^\circ} \cdot \frac{\sin 30^\circ}{\sin 20^\circ} \cdot \frac{\sin(\alpha + 50^\circ)}{\sin \alpha} = 1$$

即

$$\frac{\sin(\alpha + 50^\circ)}{\sin \alpha} = \frac{\sin 20^\circ \sin 40^\circ \sin 70^\circ}{\sin 10^\circ \sin 30^\circ \sin 60^\circ}$$

由于已知有 $\sin 20^\circ \sin 40^\circ \sin 80^\circ \frac{\sqrt{3}}{8}$(见后面证明),因此有

$$\frac{\sin(\alpha + 50^\circ)}{\sin \alpha} = \frac{8\sin 80^\circ \sin 40^\circ \sin 20^\circ}{\sqrt{3}} \cdot \frac{\cos 20^\circ}{\sin 20^\circ} = \frac{\cos 20^\circ}{\sin 20^\circ}$$

$$\Leftrightarrow \quad \cos 50^\circ + \sin 50^\circ \cot \alpha = \frac{\cos 20^\circ}{\sin 20^\circ}$$

$$\Leftrightarrow \quad \cot \alpha = \frac{\cos 20^\circ}{\sin 20^\circ \sin 50^\circ} - \frac{\cos 50^\circ}{\sin 50^\circ} = \frac{\cos 20^\circ - \sin 20^\circ \cos 50^\circ}{\sin 20^\circ \sin 50^\circ}$$

$$= \frac{\cos 20^\circ - \frac{1}{2}\sin 70^\circ + \frac{1}{2}\sin 30^\circ}{\sin 20^\circ \sin 50^\circ} = \frac{\frac{1}{2}\sin 70^\circ + \frac{1}{2}\sin 30^\circ}{\sin 20^\circ \sin 50^\circ}$$

$$=\frac{\cos 20^\circ \sin 50^\circ}{\sin 20^\circ \sin 50^\circ}=\cot 20^\circ$$

故 $\alpha=20^\circ$.

附:证明 $\sin 20^\circ \sin 40^\circ \sin 80^\circ \frac{\sqrt{3}}{8}$.

证明 $(\sin 20^\circ \sin 40^\circ \sin 80^\circ)^2=\frac{(1-\cos 40^\circ)(1-\cos 80^\circ)(1-\cos 160^\circ)}{8}$

$$=\frac{1}{8}[1-(\cos 40^\circ+\cos 80^\circ+\cos 160^\circ)+$$
$$(\cos 40^\circ \cos 80^\circ+\cos 80^\circ \cos 160^\circ+\cos 40^\circ \cos 160^\circ)-$$
$$\cos 40^\circ \cos 80^\circ \cos 160^\circ]$$

$$=\frac{1}{8}[1-(2\cos 60^\circ \cos 20^\circ-\cos 20^\circ)+$$
$$\frac{1}{2}(\cos 120^\circ+\cos 40^\circ+\cos 240^\circ+\cos 80^\circ+\cos 200^\circ+\cos 120^\circ)-$$
$$\frac{\sin 40^\circ \cos 40^\circ \cos 80^\circ \cos 160^\circ}{\sin 40^\circ}]$$

$$=\frac{1}{8}\left[1-(2\cos 60^\circ \cos 20^\circ-\cos 20^\circ)+\right.$$
$$\left.\frac{1}{2}\left(-\frac{3}{2}+2\cos 60^\circ \cos 20^\circ-\cos 20^\circ\right)+\frac{1}{8}\right]$$

$$=\frac{3}{64}$$

故得到 $\sin 20^\circ \sin 40^\circ \sin 80^\circ \frac{\sqrt{3}}{8}$.

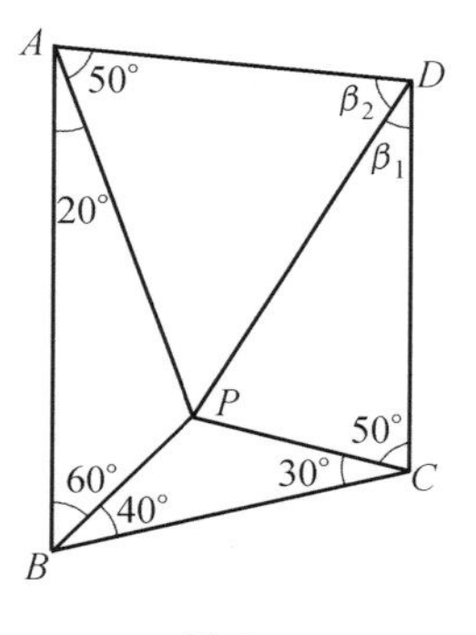

图 3

例 3　如图 3,P 为平面凸四边形 $ABCD$ 内一点,联结 PA,PB, PC,PD,得到 $\angle PAB=20^\circ \angle PBA=60^\circ$, $\angle PBC=10^\circ$,$\angle PCB=30^\circ$,$\angle PCD=50^\circ$,$\angle PAD=20^\circ$, 求 $\angle PCD$ 和 $\angle PDA$.

解　设 $\angle PCD=\beta_1$,$\angle PDA=\beta_2$,则 $\beta_1+\beta_2=110^\circ$, $0^\circ<\beta_1,\beta_2<110^\circ$. 应用定理中的等式,得到

$$\sin \beta_1 \sin 50^\circ \sin 60^\circ \sin 30^\circ=\sin \beta_2 \sin 20^\circ \sin 40^\circ \sin 50^\circ$$

将 $\beta_2=110^\circ-\beta_1$ 代入上式,可得到

$$\cot \beta_1=\frac{\sin 50^\circ \sin 60^\circ \sin 30^\circ}{\sin 20^\circ \sin 40^\circ \sin 50^\circ \sin 110^\circ}+\cot 110^\circ$$

$$=\frac{\frac{\sqrt{3}}{4}}{\sin 20^\circ \sin 40^\circ \sin 110^\circ}+\cot 110^\circ$$

$$=\frac{\frac{\sqrt{3}}{4}\sin 80^\circ}{\sin 20^\circ\sin 40^\circ\sin 80^\circ\sin 110^\circ}+\cot 110^\circ$$

$$=\frac{2\sin 80^\circ}{\sin 110^\circ}+\frac{\cos 110^\circ}{\sin 110^\circ}=\frac{2\cos 10^\circ+\cos 110^\circ}{\sin 110^\circ}$$

$$=\frac{\cos 10^\circ+2\cos 60^\circ\cos 50^\circ}{\sin 110^\circ}$$

$$=\frac{\cos 10^\circ+\cos 50^\circ}{\sin 110^\circ}$$

$$=\frac{2\cos 30^\circ\cos 20^\circ}{\sin 110^\circ}=\sqrt{3}$$

因此得到 $\beta_1=30^\circ,\beta_2=80^\circ$.

例 4 如图 4,四棱锥 $P-ABCD$,其中八个面角分别为 $\angle PAB=\alpha$, $\angle PBA=10^\circ$,$\angle PBC=80^\circ$,$\angle PCB=50^\circ$,$\angle PCD=20^\circ$,$\angle PDC=70^\circ$, $\angle PDA=40^\circ$,$\angle PAD=\beta$,其中,$\alpha+\beta=150^\circ$,求角 α 和 β.

解 应用定理中的等式,并注意到 $\alpha+\beta=150^\circ$,同时注意应用下面等式(以下第一式易证,从略)

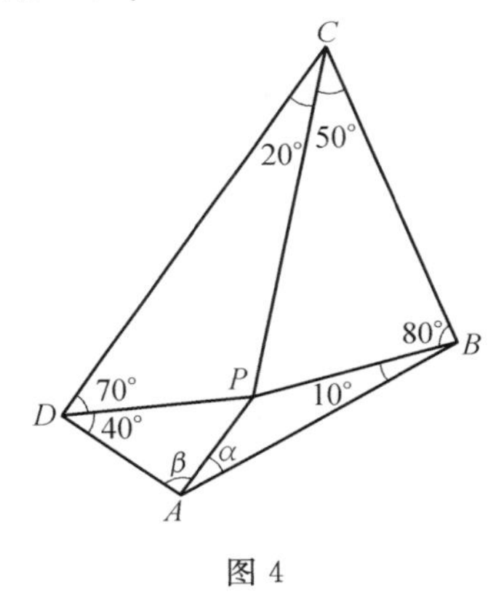

图 4

$$\sin 10^\circ\sin 50^\circ\sin 70^\circ=\frac{1}{8}$$

$$\sin 20^\circ\sin 40^\circ\sin 80^\circ=\frac{\sqrt{3}}{8}$$

则有

$$\sin\alpha\sin 80^\circ\sin 20^\circ\sin 40^\circ=\sin\beta\sin 10^\circ\sin 50^\circ\sin 70^\circ$$

即

$$\frac{\sqrt{3}}{8}\sin\alpha=\frac{1}{8}\sin(150^\circ-\alpha)$$

$$\frac{\sin(150^\circ-\alpha)}{\sin\alpha}=\sqrt{3}$$

以上展开整理得到

$$\cot\alpha=\sqrt{3}$$

注意到 $\alpha\in(0^\circ,150^\circ)$,故 $\alpha=30^\circ$,从而便得到 $\beta=120^\circ$.

这个问题如果用几何方法求解,可能难度较大.这说明应用三角方法解答平面几何问题有其独特的优越性.

例 5 $\triangle ABC$ 中,$AB=AC$,$\angle BAC=120^\circ$,D,E 分别在 BC,AC 上,$\angle CAD=40^\circ$,$\angle ABE=20^\circ$,求 $\angle DEB$ 的度数.

解 如图 5，设 $\angle DEB=\alpha(0^\circ<\alpha<120^\circ)$，$AD$ 与 BE 交于 P，可得到 $\angle PAB=80^\circ$，$\angle PBA=20^\circ$，$\angle PBD=10^\circ$，$\angle PDB=70^\circ$，$\angle PDE=100^\circ-\alpha$，$\angle PEA=40^\circ$，于是由定理中的等式，有

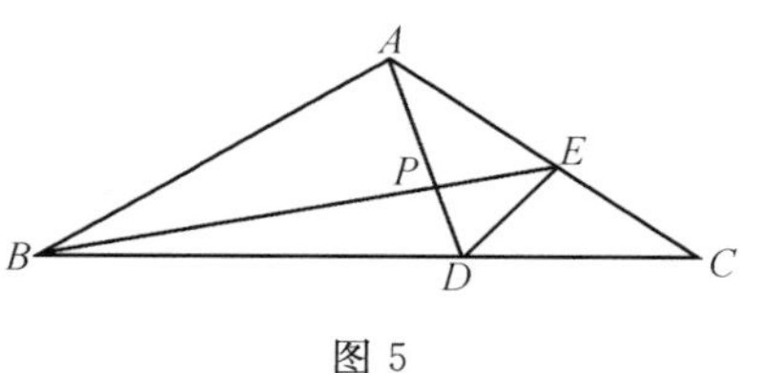

图 5

$$\frac{\sin 80^\circ}{\sin 20^\circ}\cdot\frac{\sin 10^\circ}{\sin 70^\circ}\cdot\frac{\sin(100^\circ-\alpha)}{\sin\alpha}\cdot\frac{\sin 40^\circ}{\sin 40^\circ}=1$$

化简得到

$$\frac{\sin(100^\circ-\alpha)}{2\sin\alpha\cos 20^\circ}=1$$

$$\Leftrightarrow\quad \sin 100^\circ\cos\alpha-\cos 100^\circ\sin\alpha=2\cos 20^\circ\sin\alpha$$

$$\Leftrightarrow\quad \cot\beta=\frac{2\cos 20^\circ-\sin 10^\circ}{\cos 10^\circ}=\frac{\cos 20^\circ-\sin 30^\circ\sin 10^\circ}{\frac{1}{2}\cos 10^\circ}$$

$$=\frac{\cos 20^\circ-\frac{1}{2}\cos 20^\circ+\frac{1}{2}\cos 40^\circ}{\frac{1}{2}\cos 10^\circ}=\frac{\frac{1}{2}\cos 20^\circ+\frac{1}{2}\cos 40^\circ}{\frac{1}{2}\cos 10^\circ}$$

$$=\frac{2\cos 30^\circ\cos 10^\circ}{\cos 10^\circ}\sqrt{3}$$

故 $\angle DEB=\alpha=30^\circ$.

例 6 P 为正 $\triangle ABC$ 内一点，$\angle PBC=42^\circ$，$\angle PCB=12^\circ$，求 $\angle DAC$ 得度数.

解 如图 6，设 $\angle DAC=\alpha(0^\circ<\alpha<60^\circ)$，则由定理中的等式，有

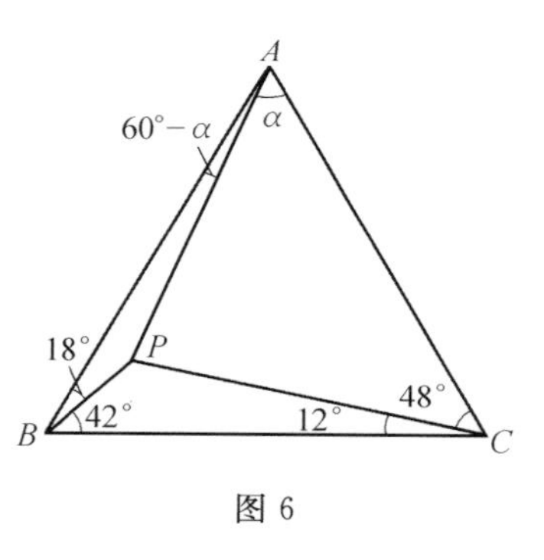

图 6

$$\frac{\sin(60^\circ-\alpha)}{\sin 18^\circ}\cdot\frac{\sin 42^\circ}{\sin 12^\circ}\cdot\frac{\sin 48^\circ}{\sin\alpha}=1$$

化简得到

$$\frac{\sqrt{3}}{2}\cot\alpha=\frac{\sin 12^\circ\sin 18^\circ}{\sin 42^\circ\sin 48^\circ}+\frac{1}{2}=\frac{\sin 12^\circ\sin 18^\circ}{-\frac{1}{2}\cos 90^\circ+\frac{1}{2}\cos 6^\circ}+\frac{1}{2}$$

$$=\frac{2\sin 6^\circ\cos 6^\circ\sin 18^\circ}{\frac{1}{2}\cos 6^\circ}+\frac{1}{2}=4\sin 6^\circ\sin 18^\circ+\frac{1}{2}$$

$$=\frac{4\sin 6^\circ\sin 18^\circ\sin 54^\circ}{\sin 54^\circ}+\frac{1}{2}=\frac{4\sin 6^\circ\sin 18^\circ\cos 18^\circ\sin 54^\circ}{\cos 18^\circ\sin 54^\circ}+\frac{1}{2}$$

$$=\frac{\sin 6^\circ}{\sin 54^\circ}+\frac{\cos 60^\circ\sin 54^\circ}{\sin 54^\circ}=\frac{\sin(60^\circ-54^\circ)+\cos 60^\circ\sin 54^\circ}{\sin 54^\circ}$$

$$=\frac{\sin 60^\circ\cos 54^\circ-\cos 60^\circ\sin 54^\circ+\cos 60^\circ\sin 54^\circ}{\sin 54^\circ}$$

$$=\frac{\sqrt{3}}{2}\cot 54^\circ$$

即

$$\cot \alpha=\cot 54^\circ$$

故 $\angle DAC=\alpha=54^\circ$.

例 7 $\triangle ABC$ 的三个顶角为 A,B,C,P 为 $\triangle ABC$ 内一点，满足 $\angle PAB=\angle PBC=\angle PCA=\theta$，则称 P 为 $\triangle ABC$ 的勃罗卡点，θ 称为勃罗卡角，则

$$\cot \theta=\cot A+\cot B+\cot C$$

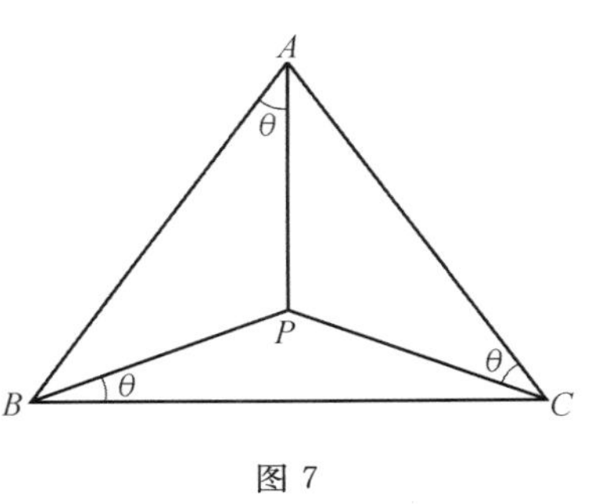

图 7

证明 如图 7，记 $\triangle ABC$ 以 A,B,C 为顶点的内角分别为 A,B,C，则定理中的等式可得到

$$\begin{aligned}\sin^3\theta&=\sin(A-\theta)\sin(B-\theta)\sin(C-\theta)\\&=-\frac{1}{2}\sin(A-\theta)[\cos(B+C-2\theta)-\cos(B-C)]\\&=-\frac{1}{2}\sin(A-\theta)\cos(B+C-2\theta)+\frac{1}{2}\sin(A-\theta)\cos(B-C)\\&=-\frac{1}{4}\sin(A+B+C-3\theta)+\frac{1}{4}\sin(B+C-A-\theta)+\\&\quad\frac{1}{4}\sin(A+B-C-\theta)+\frac{1}{4}\sin(A-B+C-\theta)\\&=-\frac{1}{4}\sin 3\theta+\frac{1}{4}\sin(2A+\theta)+\frac{1}{4}\sin(2B+\theta)+\frac{1}{4}\sin(2C+\theta)\\&=-\frac{1}{4}(3\sin\theta-4\sin^3\theta)+\frac{1}{4}\cos\theta\sum\sin 2A+\frac{1}{4}\sin\theta\sum\cos 2A\\&=-\frac{1}{4}(3\sin\theta-4\sin^3\theta)+\cos\theta\sin A\sin A\sin B\sin C+\\&\quad\frac{1}{4}\sin\theta\sum\cos 2A\end{aligned}$$

（应用等式 $\sum\sin 2A=4\sin A\sin B\sin C$，证略）由此得到

$$3\sin\theta=4\cos\theta\sin A\sin B\sin C+\sin\theta\sum\cos 2A$$

$$\Leftrightarrow 2\cos\theta\sin A\sin B\sin C=\sin\theta\sum\sin^2 A$$

即得

$$\cot\theta=\frac{\sum\sin^2 A}{2\sin A\sin B\sin C}=\frac{1}{2}\sum(\cot B+\cot C)=\sum\cot A$$

原式获证.

下面例 8,可以用同例 7 完全相同的方法证明,留给读者练习.

例 8　平面凸四边形 $ABCD$,四个顶角分别为 A,B,C,D,P 为四边形 $ABCD$ 内一点,满足 $\angle PAB=\angle PBC=\angle PCD=\angle PDA=\theta$,则

$$\cos 2\theta\sum\sin^2 A+2\sin 2\theta\sin(A+B)\sin(B+C)\sin(A+C)$$
$$=\sin^2(A+B)\sin^2(B+C)+\sin^2(A+C)$$

例 9　在 $\triangle ABC$ 中,$\angle ACB=2\angle ABC$,P 是 $\triangle ABC$ 内一点,且 $AP=AC$,$PB=PC$,则 $\angle BAC=3\angle BAP$.

解法 1　如图 8,设 $\angle PBC=\angle PCB=\alpha$,$\angle ACP=\angle APC=\beta$,则

$$\angle CAP=180^\circ-2\beta,\angle PAB=\frac{\beta-3\alpha}{2},\angle ABP=\frac{\beta-\alpha}{2}$$

于是由

$$\frac{\sin\angle PBC}{\sin\angle PCB}\cdot\frac{\sin\angle PCA}{\sin\angle PAC}\cdot\frac{\sin\angle PAB}{\sin\angle PBA}=1$$

得到

$$\frac{\sin\alpha}{\sin\alpha}\cdot\frac{\sin\beta}{\sin(180^\circ-2\beta)}\cdot\frac{\sin\frac{\beta-3\alpha}{2}}{\sin\frac{\beta-\alpha}{2}}=1$$

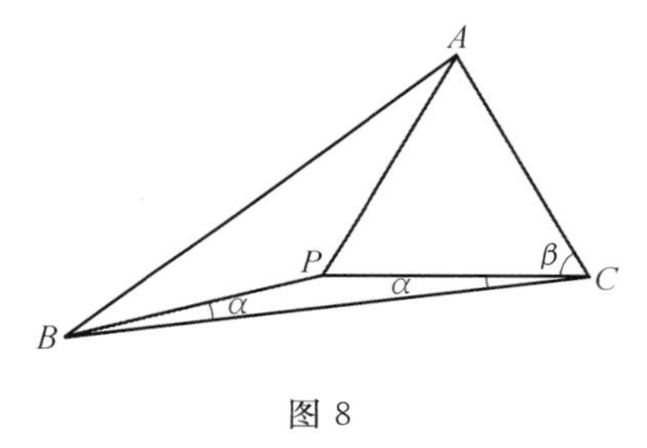

图 8

即有

$$\sin\frac{\beta-3\alpha}{2}=2\cos\beta\sin\frac{\beta-\alpha}{2}=\sin\frac{3\beta-\alpha}{2}-\sin\frac{\alpha+\beta}{2}$$

$$\Leftrightarrow\sin\frac{\alpha+\beta}{2}=\sin\frac{3\beta-\alpha}{2}-\sin\frac{\beta-3\alpha}{2}=2\cos(\beta-\alpha)\sin\frac{\alpha+\beta}{2}$$

由于 $\sin\frac{\alpha+\beta}{2}\neq 0$,因此,得到 $\cos(\beta-\alpha)=\frac{1}{2}$.

又由于 $0<\beta-\alpha<\pi$,因此得到 $\beta-\alpha=60^\circ$,故

$$\angle BAC=\frac{\beta-3\alpha}{2}+180^\circ-2\beta$$
$$=180^\circ-\frac{3}{2}(\alpha+\beta)=180^\circ-\frac{3}{2}(2\alpha+60^\circ)=90^\circ-3\alpha$$
$$\angle BAP=\frac{\beta-3\alpha}{2}=\frac{60^\circ-2\alpha}{2}=30^\circ-\alpha$$

故得到 $\angle BAC=3\angle BAP$.

解法 2　(平几法)以线段 BC 的垂直平分线为对称轴,作 $\triangle A'BP$ 与 $\triangle ACP$ 对称,则 $AA'\parallel CB$,$\angle ACB=\angle A'BC$,于是,有

$$\angle A'AB=\angle ABC=\frac{1}{2}\angle ACB=\frac{1}{2}\angle A'BC=\angle A'BA$$

因此,得到

$$AA'=BA'=CA=PA=PA'$$

所以,$\triangle AA'P$ 为等边三角形,从而有

$$\angle A'AB+\angle BAP=60^\circ \quad ①$$

另外,有

$$3\angle A'AB+\angle BAC=$$
$$\angle A'AB+\angle BCA+\angle BAC=180^\circ \quad ②$$

由式 ①② 得到

$$3(60^\circ-\angle BAP)+\angle BAC=180^\circ$$

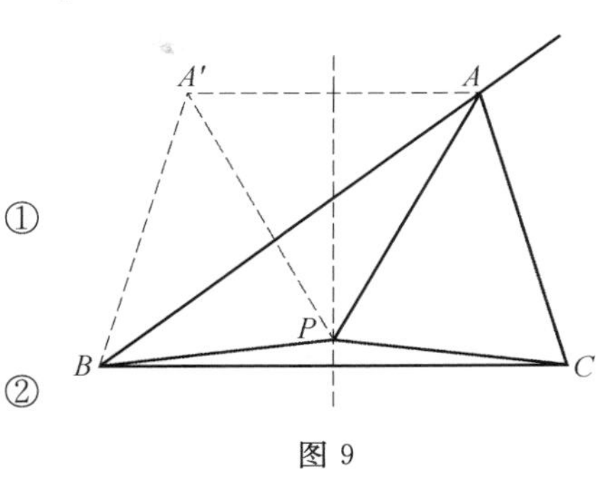

图 9

即

$$\angle BAC=3\angle BAP$$

例 10　梯形 $ABCD$,$AD\parallel BC$,AC 与 BD 交于点 E,$BC=BD$,$CD=CE$,$\angle ABD=15^\circ$.求证:$AB=AC$,且 $AB\perp AC$.

证明　(杨学校,2017－04－28)如图 10,设 $\angle EBC=\alpha$,则由已知条件得到

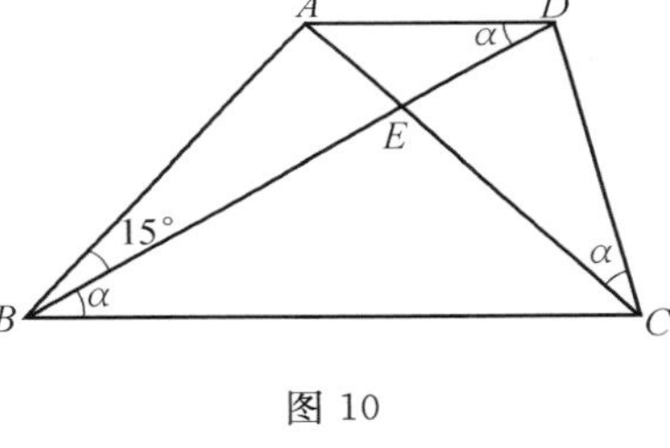

图 10

$$\angle EDA=\angle ECD=\angle EBC=\alpha$$

$$\angle EDC=\frac{180^\circ-\alpha}{2}=90^\circ-\frac{\alpha}{2}$$

$$\angle EAD=\angle ECB=\frac{180^\circ-\alpha}{2}-\alpha=90^o-\frac{3\alpha}{2}$$

$$\angle EAB=180^\circ-\angle DBA-\angle ADB-\angle EAD=75^\circ+\frac{\alpha}{2}$$

于是,由

$$\frac{\sin\angle EBA}{\sin\angle EAB}\cdot\frac{\sin\angle EAD}{\sin\angle EDA}\cdot\frac{\sin\angle EDC}{\sin\angle ECD}\cdot\frac{\sin\angle ECB}{\sin\angle EBC}=1$$

得到

$$\frac{\sin 15^\circ}{\sin(75^\circ+\frac{\alpha}{2})}\cdot\frac{\sin\left(90^\circ-\frac{3\alpha}{2}\right)}{\sin\alpha}\cdot\frac{\sin\left(90^\circ-\frac{\alpha}{2}\right)}{\sin\alpha}\cdot\frac{\sin\left(90^\circ-\frac{3\alpha}{2}\right)}{\sin\alpha}=1$$

即

$$\frac{\sin 15^\circ\cos\frac{\alpha}{2}\cos^2\frac{3\alpha}{2}}{\sin^3\alpha\sin(75^\circ+\frac{\alpha}{2})}=1$$

$$\Leftrightarrow \frac{\sin 15^\circ \cos\frac{\alpha}{2}\left(-3\cos\frac{\alpha}{2}+4\cos^3\frac{\alpha}{2}\right)^2}{8\sin^3\frac{\alpha}{2}\cos^3\frac{\alpha}{2}\left[\sin(75^\circ+\frac{\alpha}{2})\right]}=1$$

$$\Leftrightarrow \frac{\sin 15^\circ\left(-3+4\cos^2\frac{\alpha}{2}\right)^2}{4\sin^2\frac{\alpha}{2}[-\cos(75^\circ+\cos 75^\circ)]}=1$$

$$\Leftrightarrow \frac{\sin 15^\circ(2\cos\alpha-1)^2}{2(1-\cos\alpha)[\cos 75^\circ(1-\cos\alpha)+\sin 75^\circ\sin\alpha]}=1$$

$$\Leftrightarrow \sin 15^\circ[(2\cos\alpha-1)^2-2(1-\cos\alpha)^2]-2\sin 75^\circ\sin\alpha(1-\cos\alpha)=0$$

$$\Leftrightarrow \sin 15^\circ(2\cos^2\alpha-1)-2\sin 75^\circ\sin\alpha(1-\cos\alpha)=0 \qquad ①$$

由题意及式 ① 可知，$2\cos^2\alpha-1$，即有 $\cos\alpha>\frac{\sqrt{2}}{2}$，$0<\alpha<\frac{\pi}{4}$，另外，式 ① 又等价于

$$\tan 15^\circ(2\cos^2\alpha-1)\sqrt{2}-4\sin 75^\circ(1-\cos^2\alpha)(1-\cos\alpha)^2=0$$

经整理得到

$$4(1+\tan^2 15^\circ)\cos^4\alpha-8\cos^3\alpha-4\tan^2 15^\circ\cos\alpha+8\cos\alpha-(4-\tan^2 15^\circ)=0$$

即

$$[(1+\tan^2 15^\circ)\cos\alpha-(1-\tan^2 15^\circ)]\cdot$$
$$\left(4\cos^3\alpha-4\cos^2\alpha-\frac{\cos\alpha}{\tan 15^\circ}+\frac{4-\tan^2 15^\circ}{1-\tan^2 15^\circ}\right)=0$$

用 $\tan 15^\circ=2-\sqrt{3}$ 带入上式，并整理得到

$$[4(2-\sqrt{3})\cos\alpha-2\sqrt{3}(2-\sqrt{3})][4\cos^3\alpha-4\cos^2\alpha-(2+\sqrt{3})\cos\alpha+\frac{5+2\sqrt{3}}{2}]=0$$

$$2(2-\sqrt{3})[2\cos\alpha-\sqrt{3}][4(1-\cos\alpha)(1-\cos^2\alpha)-(2-\sqrt{3})(1-\cos\alpha)+\frac{1}{2}]=0$$

由于 $\cos\alpha>\frac{\sqrt{2}}{2}$，因此，有

$$4(1-\cos\alpha)(1-\cos^2\alpha)-(2-\sqrt{3})(1-\cos\alpha)+\frac{1}{2}$$

$$\geqslant-(2-\sqrt{3})(1-\cos\alpha)+\frac{1}{2}>-(2-\sqrt{3})(1-\frac{\sqrt{2}}{2})+\frac{1}{2}>0$$

所以得到 $2\cos\alpha-\sqrt{3}=0$，$\alpha=30^\circ$（注意到 $0<\alpha<\frac{\pi}{4}$），于是有

$$\angle ABC=\angle ABE+\angle EBC=15^\circ+30^\circ=45^\circ$$

$$\angle ACB=\angle ECB=90^\circ-\frac{3\alpha}{2}=45^\circ$$

故 $AB = AC$，且 $AB \perp AC$.

例 11 (1995 年第 21 届俄罗斯数学奥林匹克) 在 $\triangle ABC$ 中，AD 是 BC 边上的高，BE 是 $\angle CBA$ 的平分线，$\angle AEB = 45^\circ$，求 $\angle CDE$.

解 如图 11，设 AD 与 BE 交于 P，记 $\angle PBA = \angle PBD = \alpha$，$\angle CDE = \beta$，则

$$\angle PAB = 90^\circ - 2\alpha$$

$$\angle PAE = \angle EAB - \angle PAB = 45^\circ + \alpha$$

$$\angle PED = \beta - \alpha, \angle PDE = 90^\circ - \beta$$

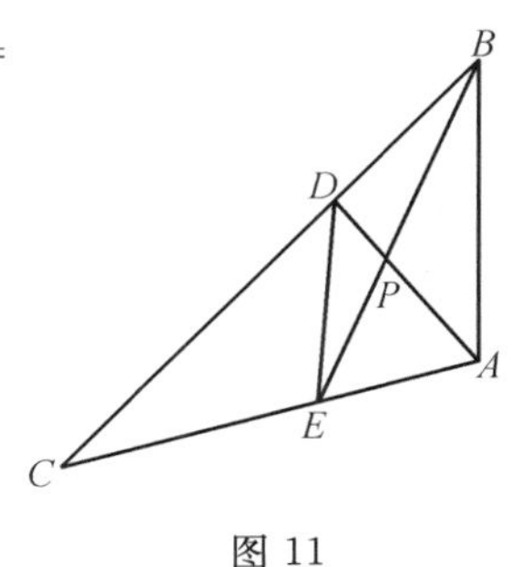

图 11

于是由

$$\frac{PA}{PB} \cdot \frac{PB}{PD} \cdot \frac{PD}{PE} \cdot \frac{PE}{PA} = 1$$

得到

$$\frac{\sin \alpha}{\sin(90^\circ - 2\alpha)} \cdot \frac{\sin 90^\circ}{\sin \alpha} \cdot \frac{\sin(\beta - \alpha)}{\sin(90^\circ - \beta)} \cdot \frac{\sin(45^\circ + \alpha)}{\sin 45^\circ} = 1$$

整理得到

$$\frac{\sin(\beta - \alpha)}{\cos \beta} = \frac{\sin 45^\circ \cos 2\alpha}{\sin(45^\circ + \alpha)} = \frac{\sin 45^\circ (\cos^2 \alpha - \sin^2 \alpha)}{\sin 45^\circ (\cos \alpha + \sin \alpha)} = \cos \alpha - \sin \alpha$$

即

$$\sin(\beta - \alpha) = \cos \beta (\cos \alpha - \sin \alpha)$$

$$\Leftrightarrow \sin \beta \cos \alpha - \cos \beta \sin \alpha = \cos \beta (\cos \alpha - \sin \alpha)$$

$$\Leftrightarrow \sin \beta = \cos \beta (\text{注意到 } \cos \alpha \neq 0)$$

由于 $0^\circ < \beta < 90^\circ$，故 $\beta = 45^\circ$，即 $\angle CDE = 45^\circ$.

例 12 $\triangle ABC$ 中，$AB = AC$，点 A，D 在直线 BC 同侧，$BD = BC$，$\angle BAC = \alpha$，$\angle DBC = \beta$，$\alpha + \beta = 120^\circ$，$\alpha \neq \beta$，联结 AD，求 $\angle ADB$ 度数.

解法 1 (杨学枝，2017－04－30) 设 $\angle ADB = \gamma (0 < \gamma < 180^\circ)$，下面分两种情况求解.

若 $\alpha = \angle BAC \geqslant 60^\circ$ (图 11)，则有 $\angle ABC > \beta$，同时有

$$\angle ACB = 90^\circ - \frac{\alpha}{2}, \angle ACD = \frac{\alpha - \beta}{2}, \angle CDB = 90^\circ - \frac{\beta}{2}$$

$$\angle DAC = 90^\circ - \frac{\alpha}{2} + \beta - \gamma, \angle ABD = 90^\circ - \frac{\alpha}{2} - \beta$$

于是由

$$\frac{\sin \angle DBC}{\sin \angle ACB} \cdot \frac{\sin \angle ACD}{\sin \angle BDC} \cdot \frac{\sin \angle ADB}{\sin \angle DAC} \cdot \frac{\sin \angle BAC}{\sin \angle ABD} = 1$$

得到

$$\frac{\sin\beta}{\sin\left(90^\circ-\frac{\alpha}{2}\right)}\cdot\frac{\sin\frac{\alpha-\beta}{2}}{\sin\left(90^\circ-\frac{\beta}{2}\right)}\cdot\frac{\sin\gamma}{\sin\left(90^\circ-\frac{\alpha}{2}+\beta-\gamma\right)}\cdot\frac{\sin\alpha}{\sin\left(90^\circ-\frac{\alpha}{2}-\beta\right)}=1$$

$$\Leftrightarrow\frac{\sin\beta}{\cos\frac{\alpha}{2}}\cdot\frac{\sin\frac{\alpha-\beta}{2}}{\cos\frac{\beta}{2}}\cdot\frac{\sin\gamma}{\cos(\frac{\alpha}{2}-\beta+\gamma)}\cdot\frac{\sin\alpha}{\cos(\frac{\alpha}{2}+\beta)}=1$$

$$\Leftrightarrow\frac{4\sin\frac{\beta}{2}\sin\frac{\alpha-\beta}{2}\sin\gamma\sin\frac{\alpha}{2}}{\cos(\frac{\alpha}{2}-\beta+\gamma)\cos(\frac{\alpha}{2}+\beta)}=1$$

$$\Leftrightarrow\frac{2\sin\gamma[-\sin\alpha+\sin\beta+\sin(\alpha-\beta)]}{\cos(\alpha+\gamma)+\cos(2\beta-\gamma)}=1$$

$$\Leftrightarrow 2\sin\gamma[-\sin\alpha+\sin\beta+\sin(\alpha-\beta)]$$

$$=\cos\alpha\cos\gamma-\sin\alpha\sin\gamma+\cos 2\beta\cos\gamma+\sin 2\beta\sin\gamma$$

$$\Leftrightarrow\tan\gamma=\frac{\cos\alpha+\cos 2\beta}{-\sin\alpha+2\sin\beta+2\sin(\alpha-\beta)-\sin 2\beta}$$

$$=\frac{\cos(\beta-\frac{\alpha}{2})\cos(\frac{\alpha}{2}+\beta)}{\cos(\beta-\frac{\alpha}{2})[-\sin(\frac{\alpha}{2}+\beta)+2\sin\frac{\alpha}{2}]}$$

$$=\frac{\cos(\beta-\frac{\alpha}{2})\cos(\frac{\alpha}{2}+\beta)}{\cos(\beta-\frac{\alpha}{2})[-\sin(\frac{\alpha}{2}+\beta)+2\sin\frac{\alpha}{2}]}$$（易知当 $\alpha>\beta$ 时，$\cos(\beta-\frac{\alpha}{2})\neq 0$）

$$=\frac{\cos(60^\circ+\frac{\beta}{2})}{-\sin(60^\circ+\frac{\beta}{2})+2\sin(60^\circ-\frac{\beta}{2})}$$

$$=\frac{\cos(60^\circ+\frac{\beta}{2})}{-2\cos 60^\circ\sin\frac{\beta}{2}+\sin(60^\circ-\frac{\beta}{2})}$$

$$=\frac{\cos(60^\circ+\frac{\beta}{2})}{-\sin\frac{\beta}{2}+\sin(60^\circ-\frac{\beta}{2})}=\frac{\cos(60^\circ+\frac{\beta}{2})}{2\cos 30^\circ\cos(60^\circ+\frac{\beta}{2})}=\frac{\sqrt{3}}{3}$$

（注意到 $0<\gamma<180^\circ$），因此，得到 $\gamma=30^\circ$.

解法 2 （杨学枝 2017－04－10）设 $\angle ADB=\gamma$，下面分两种情况求解.

(1) 若 $\alpha=\angle BAC\geqslant 60^\circ$（图 12），则有

$$\frac{120^\circ-\alpha}{2}\leqslant\frac{180^\circ-\alpha}{2}$$

即得到 $\beta \leqslant \angle ABC = \angle ACB$，因此有

$$\angle ABD = \frac{180^\circ - \alpha}{2} - \beta$$

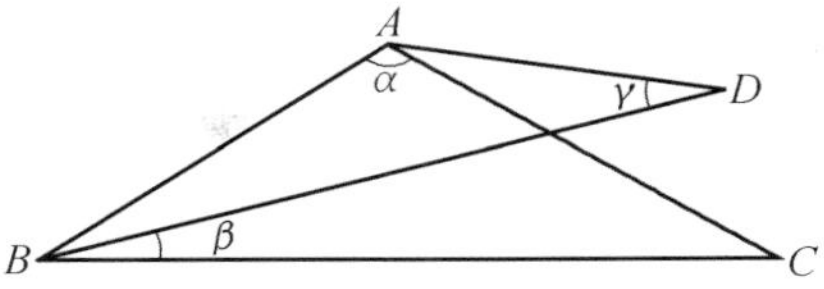

于是由 $\angle BAD + \angle ABD + \angle ADB = 180^\circ$，即得

$$\angle BAD + (\frac{180^\circ - \alpha}{2} - \beta) + \gamma = 180^\circ$$

图 12

即

$$\angle BAD = 90^\circ + \frac{\alpha}{2} + \beta - \gamma$$

在 $\triangle ABD$ 中，应用正弦定理，有

$$\frac{BD}{AB} = \frac{\sin\angle BAD}{\sin\gamma} = \frac{\sin(90^\circ + \frac{\alpha}{2} + \beta - \gamma)}{\sin\gamma} = \frac{\cos(\frac{\alpha}{2} + \beta - \gamma)}{\sin\gamma}$$

另外，在 $\triangle ABC$ 中，应用正弦定理，有

$$\frac{BC}{AC} = \frac{\sin\alpha}{\sin\frac{180^\circ - \alpha}{2}} = \frac{\sin\alpha}{\cos\frac{\alpha}{2}} = 2\sin\frac{\alpha}{2}$$

由于 $AB = AC$，$BD = BC$，因此得到

$$\frac{\cos(\frac{\alpha}{2} + \beta - \gamma)}{\sin\gamma} = 2\sin\frac{\alpha}{2}$$

$$\Leftrightarrow \cos(\frac{\alpha}{2} + \beta - \gamma) = 2\sin\frac{\alpha}{2}\sin\gamma = -\cos(\frac{\alpha}{2} + \gamma) + \cos(\frac{\alpha}{2} - \gamma)$$

$$\Leftrightarrow \cos(\frac{\alpha}{2} + \beta - \gamma) + \cos(\frac{\alpha}{2} + \gamma) = \cos(\frac{\alpha}{2} - \gamma)$$

$$\Leftrightarrow 2\cos\frac{\alpha + \beta}{2}\cos(\frac{\beta}{2} - \gamma) = \cos(\frac{\alpha}{2} - \gamma)$$

$$\Leftrightarrow \cos(\frac{\beta}{2} - \gamma) = \cos(\frac{\alpha}{2} - \gamma)$$

$$\Leftrightarrow 2\sin(\frac{\alpha + \beta}{4} - \gamma)\sin\frac{\alpha - \beta}{4} = 0$$

$$\Leftrightarrow \sin(30^\circ - \gamma) = 0$$

$$\gamma = 30^\circ$$

(2) 若 $\alpha = \angle BAC \leqslant 60^\circ$（图 13），则有

$$\frac{120^\circ - \alpha}{2} \geqslant \frac{180^\circ - \alpha}{2}$$

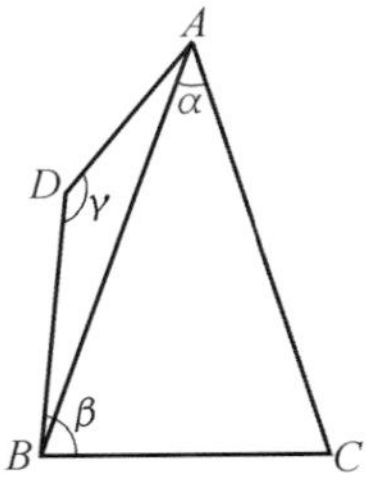

图 13

则有

$$\angle BAD = 270^\circ - \frac{\alpha}{2} - \beta - \gamma$$

则由同上方法,得到

$$\cos(\frac{\beta}{2} + \gamma) = \cos(\frac{\alpha}{2} + \gamma)$$

$$\Leftrightarrow \sin(30^\circ + \gamma) = 0$$

$$\gamma = 150^\circ$$

综上得到 $\gamma = 30^\circ$,或 $\gamma = 150^\circ$.

例 13 (自创题,2017－05－01) 等腰 $\triangle ABC$,$AB = AC$,D 为底边 BC 中点,$\angle EAF = \frac{1}{2}\angle BAC = \frac{1}{2}\varphi$(点 E,F 在 $\triangle ABC$ 内部),$DE \perp DF$,直线 BE 和直线 CF 交于 P. 求证:$\angle BPC = 90^\circ + \frac{1}{2}\varphi$.

证明 记 $\angle ABC = \angle ACB = \varphi$,$\angle BAE = \alpha$,$\angle BDE = \beta$,$\angle DBE = \gamma$,$\angle DCF = \theta$,联结 AD,则

(1) 如图 14,在 $\triangle ABD$ 中,有 $\frac{AE}{BE} \cdot \frac{BE}{DE} \cdot \frac{DE}{AE} = 1$,应用正弦定理,有

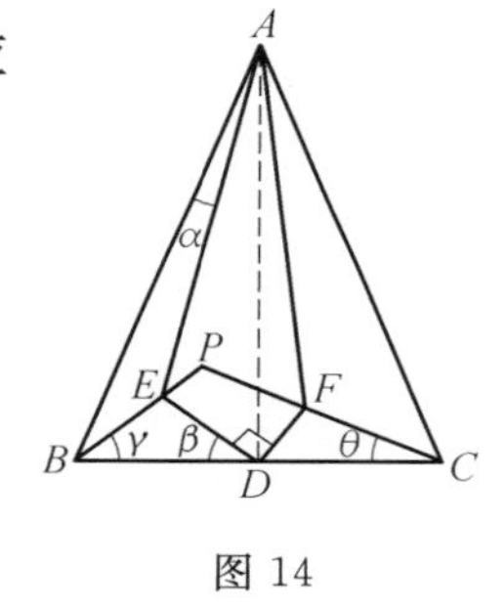

图 14

$$\frac{\sin \angle ABE}{\sin \angle BAE} \cdot \frac{\sin \angle BDE}{\sin \angle DBE} \cdot \frac{\sin \angle DAE}{\sin \angle ADE} = 1$$

即得到

$$\frac{\sin(\varphi - \gamma)}{\sin \alpha} \cdot \frac{\sin \beta}{\sin \gamma} \cdot \frac{\sin\left(\frac{1}{2}\varphi - \alpha\right)}{\sin(90^\circ - \beta)} = 1$$

由此得到

$$\frac{\sin(\varphi - \gamma)}{\sin \gamma} = \frac{\sin \alpha \cos \beta}{\sin \beta \sin(\frac{1}{2}\varphi - \alpha)}$$

$$\Leftrightarrow \sin \varphi \cot \gamma = \frac{\sin \alpha \cos \beta}{\sin \beta \sin(\frac{1}{2}\varphi - \alpha)} + \cos \varphi$$

在 $\triangle ADC$ 中,有 $\frac{AF}{CF} \cdot \frac{CF}{DF} \cdot \frac{DF}{AF} = 1$,应用正弦定理,即得到

$$\frac{\sin(\varphi - \theta)}{\sin(\frac{1}{2}\varphi - \alpha)} \cdot \frac{\sin(90^\circ - \beta)}{\sin \theta} \cdot \frac{\sin \alpha}{\sin \beta} = 1$$

由此得到

$$\frac{\sin(\varphi - \theta)}{\sin \theta} = \frac{\sin \beta \sin(\frac{1}{2}\varphi - \alpha)}{\sin \alpha \cos \beta}$$

$$\Leftrightarrow \sin\varphi\cot\theta=\frac{\sin\beta\sin(\frac{1}{2}\varphi-\alpha)}{\sin\alpha\cos\beta}+\cos\varphi$$

于是，便有

$$\cot(\gamma+\theta)=\frac{\cot\gamma\cot\theta-1}{\cot\gamma+\cot\theta}=\frac{\sin\varphi\cot\gamma\cdot\sin\varphi\cot\theta-\sin^2\varphi}{\sin\varphi(\sin\varphi\cot\gamma+\sin\varphi\cot\theta)}$$

$$=\frac{\left[\frac{\sin\alpha\cos\beta}{\sin\beta\sin(\frac{1}{2}\varphi-\alpha)}+\cos\varphi\right]\left[\frac{\sin\beta\sin(\frac{1}{2}\varphi-\alpha)}{\sin\alpha\cos\beta}+\cos\varphi\right]-\sin^2\varphi}{\sin\varphi\left[\frac{\sin\alpha\cos\beta}{\sin\beta\sin(\frac{1}{2}\varphi-\alpha)}+\cos\varphi+\frac{\sin\beta\sin(\frac{1}{2}\varphi-\alpha)}{\sin\alpha\cos\beta}+\cos\varphi\right]}$$

$$=\frac{\cos\varphi\left[\frac{\sin\alpha\cos\beta}{\sin\beta\sin(\frac{1}{2}\varphi-\alpha)}+\frac{\sin\beta\sin(\frac{1}{2}\varphi-\alpha)}{\sin\alpha\cos\beta}+2\cos\varphi\right]}{\sin\varphi\left[\frac{\sin\alpha\cos\beta}{\sin\beta\sin(\frac{1}{2}\varphi-\alpha)}+\frac{\sin\beta\sin(\frac{1}{2}\varphi-\alpha)}{\sin\alpha\cos\beta}+2\cos\varphi\right]}=\cot\varphi$$

由于 $0<\varphi<\frac{\pi}{2}$，因此得到 $\gamma+\theta=\varphi$，故 $\angle BPC=180^\circ-\varphi=90^\circ+\frac{1}{2}\varphi$.

例 14 P 为矩形 $ABCD$ 内部一点，$\angle PAD=60^\circ$，$\angle PDA=70^\circ$，$\angle APD=50^\circ$，$\angle BPC=130^\circ$，求 $\angle PBA$.

方法同上(略).

（写作时间：2016－08－13，修改于 2017－05－01）

注：发表于《中学数学杂志(山东)》2017 年第 3 期(有删减).

参考资料

[1] 李玉荣. 兰利问题的“姊妹”问题[J]. 中学教研(数学)，2016(8).

§ 6　一个有用的重要不等式

两年前,笔者在研究 n 维空间单纯体的问题时,发现并证明了一个重要不等式,经变换后得到下文定理中的不等式(1),最近又喜获了它的一个初等证明.据本人所知,文中的不等式(1) 还从未有人提出过,它有着广泛的应用,因此,笔者认为它是一个新发现的重要不等式.

定理　设 $x_i,\lambda_i \in \mathbf{R}^+$ $(i=1,2,\cdots,n,n\geqslant 3)$,则

$$[(\lambda_2+\lambda_3+\cdots+\lambda_n)x_1+(\lambda_1+\lambda_3+\cdots+\lambda_n)x_2+\cdots+(\lambda_1+\lambda_2+\cdots+\lambda_{n-1})x_n]^{n-1}$$
$$\geqslant (n-1)^{n-1}(\lambda_1+\lambda_2+\cdots+\lambda_n)^{n-2}\cdot$$
$$(\lambda_1x_2x_3\cdots x_n+\lambda_2x_1x_3\cdots x_n+\cdots+\lambda_nx_1x_2\cdots x_{n-1}) \tag{1}$$

当且仅当 $x_1=x_2=\cdots=x_n$ 时,式(1) 中的等号成立.

证明　我们将用数学归纳法给出证明.当 $n=3$ 时不难证明式(1) 成立,事实上,由于

$$[(\lambda_2+\lambda_3)x_1+(\lambda_1+\lambda_3)x_2+(\lambda_1+\lambda_2)x_3]^2-4(\lambda_1+\lambda_2+\lambda_3)\cdot$$
$$(\lambda_1x_2x_3+\lambda_2x_1x_3+\lambda_3x_1x_2)$$
$$=[\lambda_1(x_2-x_3)]^2+[\lambda_2(x_3-x_1)]^2+[\lambda_3(x_1-x_2)]^2+$$
$$2\lambda_2\lambda_3(x_1-x_2)(x_1-x_3)+$$
$$2\lambda_3\lambda_1(x_2-x_3)(x_2-x_1)+2\lambda_1\lambda_2(x_3-x_1)(x_3-x_2) \quad ①$$

由于对称性,不妨设 $x_1\geqslant x_2\geqslant x_3>0$,那么,式 ① 右边的式子又可改写为

$$[\lambda_1(x_2-x_3)]^2+[\lambda_2(x_3-x_1)]^2+[\lambda_3(x_1-x_2)]^2+$$
$$2\lambda_2\lambda_3(x_1-x_2)(x_1-x_3)-$$
$$2\lambda_3\lambda_1(x_2-x_3)(x_1-x_2)+2\lambda_1\lambda_2(x_1-x_3)(x_2-x_3)$$
$$=[\lambda_1(x_2-x_3)-\lambda_3(x_1-x_2)]^2+2\lambda_2\lambda_3(x_1-x_2)(x_1-x_3)+$$
$$2\lambda_1\lambda_2(x_1-x_3)(x_2-x_3)$$
$$\geqslant 0$$

因此得到

$$[(\lambda_2+\lambda_3)x_1+(\lambda_3+\lambda_1)x_2+(\lambda_1+\lambda_2)x_3]^2$$
$$\geqslant 4(\lambda_1+\lambda_2+\lambda_3)(\lambda_1x_2x_3+\lambda_2x_1x_3+\lambda_3x_1x_2)$$

即 $n=3$ 时,式(1) 成立.由上述证明可知,当且仅当 $x_1=x_2=x_3$ 时取等号.

以下进行的第二步证明有一定技巧,因为若直接去证明式(1) 成立,仍有困难,因此,我们须对式(1) 作如下等价变换:将式(1) 两边同时除以 $(\lambda_1+\lambda_2+\lambda_3+\cdots+\lambda_n)^{n-1}$,然后再将不等式的两边同时开 $n-1$ 次方,经整理得到

$$x_1+x_2+\cdots+x_n-\frac{\lambda_1x_1+\lambda_2x_2+\cdots+\lambda_nx_n}{\lambda_1+\lambda_2+\cdots+\lambda_n}$$

$$\geqslant(n-1)\left(\frac{\dfrac{\lambda_1}{x_1}+\dfrac{\lambda_2}{x_2}+\cdots+\dfrac{\lambda_n}{x_n}}{\lambda_1+\lambda_2+\cdots+\lambda_n}\cdot\lambda_1\lambda_2\cdots\lambda_n\right)^{\frac{1}{n-1}} \qquad ②$$

由于式 ② 与式(1) 等价，因此，要证式(1) 成立，只要证式 ② 成立. 上面已经证明了 $n=3$ 时式(1) 成立，因此，当 $n=3$ 时，当然式 ② 也成立，今假设 $n=k$ 时式 ② 成立，即

$$x_1+x_2+\cdots+x_k-\frac{\lambda_1x_1+\lambda_2x_2+\cdots+\lambda_kx_k}{\lambda_1+\lambda_2+\cdots+\lambda_k}$$

$$\geqslant(k-1)\left(\frac{\dfrac{\lambda_1}{x_1}+\dfrac{\lambda_2}{x_2}+\cdots+\dfrac{\lambda_k}{x_k}}{\lambda_1+\lambda_2+\cdots+\lambda_k}\cdot x_1x_2\cdots x_k\right)^{\frac{1}{k-1}} \qquad ③$$

容易证明以下等式

$$\frac{\lambda_1x_1+\lambda_2x_2+\cdots+\lambda_kx_k}{\lambda_1+\lambda_2+\cdots+\lambda_k}+x_{k+1}-\frac{\lambda_1x_1+\lambda_2x_2+\cdots+\lambda_{k+1}x_{k+1}}{\lambda_1+\lambda_2+\cdots+\lambda_{k+1}}$$

$$=\frac{(\lambda_1+\lambda_2+\cdots+\lambda_k)^2x_{k+1}+\lambda_{k+1}(\lambda_1x_1+\lambda_2x_2+\cdots+\lambda_kx_k)}{(\lambda_1+\lambda_2+\cdots+\lambda_k)(\lambda_1+\lambda_2+\cdots+\lambda_{k+1})}$$

现在要证明 $n=k+1$ 时，式 ② 也成立. 由上等式，有

$$x_1+x_2+\cdots+x_{k+1}-\frac{\lambda_1x_1+\lambda_2x_2+\cdots+\lambda_{k+1}x_{k+1}}{x_1+x_2+\cdots+x_{k+1}}$$

$$=x_1+x_2+\cdots+x_k-\frac{\lambda_1x_1+\lambda_2x_2+\cdots+\lambda_nx_n}{\lambda_1+\lambda_2+\cdots+\lambda_n}+(\frac{\lambda_1x_1+\lambda_2x_2+\cdots+\lambda_nx_n}{\lambda_1+\lambda_2+\cdots+\lambda_n}+$$

$$x_{k+1}-\frac{\lambda_1x_1+\lambda_2x_2+\cdots+\lambda_{k+1}x_{k+1}}{x_1+x_2+\cdots+x_{k+1}})$$

$$\geqslant(k-1)\left(\frac{\dfrac{\lambda_1}{x_1}+\dfrac{\lambda_2}{x_2}+\cdots+\dfrac{\lambda_k}{x_k}}{\lambda_1+\lambda_2+\cdots+\lambda_k}\cdot x_1x_2\cdots x_k\right)^{\frac{1}{k-1}}+$$

$$\frac{(\lambda_1+\lambda_2+\cdots+\lambda_k)^2x_{k+1}+\lambda_{k+1}(\lambda_1x_1+\lambda_2x_2+\cdots+\lambda_kx_k)}{(\lambda_1+\lambda_2+\cdots+\lambda_k)(\lambda_1+\lambda_2+\cdots+\lambda_{k+1})}$$

$$=\underbrace{M^{\frac{1}{k-1}}+M^{\frac{1}{k-1}}+\cdots+M^{\frac{1}{k-1}}}_{k-1\text{个}}+N\geqslant k(MN)^{\frac{1}{k}}$$

(据算术 — 几何平均值不等式).

上式中

$$M=\frac{\dfrac{\lambda_1}{x_1}+\dfrac{\lambda_2}{x_2}+\cdots+\dfrac{\lambda_k}{x_k}}{\lambda_1+\lambda_2+\cdots+\lambda_k}\cdot x_1x_2\cdots x_k$$

$$N=\frac{(\lambda_1+\lambda_2+\cdots+\lambda_k)^2x_{k+1}+\lambda_{k+1}(\lambda_1x_1+\lambda_2x_2+\cdots+\lambda_kx_k)}{(\lambda_1+\lambda_2+\cdots+\lambda_k)(\lambda_1+\lambda_2+\cdots+\lambda_{k+1})}$$

由此对照式 ② 便知，要证式 ② 中当 $n=k+1$ 时成立，只要能证得

$$MN\geqslant\frac{\frac{\lambda_1}{x_1}+\frac{\lambda_2}{x_2}+\cdots+\frac{\lambda_{k+1}}{x_{k+1}}}{\lambda_1+\lambda_2+\cdots+\lambda_{k+1}}\cdot x_1x_2\cdots x_{k+1} \quad ④$$

成立即可(M,N 如上所示)，将式 ④ 化简得到

$$\frac{(\frac{\lambda_1}{x_1}+\frac{\lambda_2}{x_2}+\cdots+\frac{\lambda_k}{x_k})(\lambda_1x_1+\lambda_2x_2+\cdots+\lambda_kx_k)}{(\lambda_1+\lambda_2+\cdots+\lambda_k)^2}\geqslant 1$$

即

$$(\frac{\lambda_1}{x_1}+\frac{\lambda_2}{x_2}+\cdots+\frac{\lambda_k}{x_k})(\lambda_1x_1+\lambda_2x_2+\cdots+\lambda_kx_k)\geqslant(\lambda_1+\lambda_2+\cdots+\lambda_k)^2 \quad ⑤$$

由柯西不等式可知式 ⑤ 成立，因此式 ④ 成立，从而得到

$$x_1+x_2+\cdots+x_{k+1}-\frac{\lambda_1x_1+\lambda_2x_2+\cdots+\lambda_{k+1}x_{k+1}}{\lambda_1+\lambda_2+\cdots+\lambda_{k+1}}$$

$$\geqslant k\left(\frac{\frac{\lambda_1}{x_1}+\frac{\lambda_2}{x_2}+\cdots+\frac{\lambda_{k+1}}{x_{k+1}}}{\lambda_1+\lambda_2+\cdots+\lambda_{k+1}}\cdot x_1x_2\cdots x_{k+1}\right)^{\frac{1}{k}}$$

这就证明了当 $n=k+1$ 时，式 ② 也成立，从而式(1) 也成立，由上述证明知，当且仅当 $x_1=x_2=\cdots=x_n$ 时取等号.

综上可知，当 $n\in\mathbf{N},n\geqslant 3$ 时，式(1) 成立，当且仅当 $x_1=x_2=\cdots=x_n$ 时取等号，定理获证.

由定理不难得到以下诸推论.

推论 1　设 $\lambda_i,u_i\in\mathbf{R}^+$ $(i=1,2,\cdots,n,n\geqslant 3)$，则

i.

$$(\frac{\lambda_1}{u_1}+\frac{\lambda_2}{u_2}+\cdots+\frac{\lambda_n}{u_n}-\frac{\lambda_1+\lambda_2+\cdots+\lambda_n}{u_1+u_2+\cdots+u_n})^{n-1}$$

$$\geqslant(n-1)^{n-1}\left(\frac{\frac{u_1^2}{\lambda_1}+\frac{u_2^2}{\lambda_2}+\cdots+\frac{u_n^2}{\lambda_n}}{u_1+u_2+\cdots+u_n}\cdot\frac{\lambda_1\lambda_2\cdots\lambda_n}{u_1u_2\cdots u_n}\right) \quad (2)$$

ii.

$$(\frac{\lambda_1}{u_1}+\frac{\lambda_2}{u_2}+\cdots+\frac{\lambda_n}{u_n}-\frac{\lambda_1+\lambda_2+\cdots+\lambda_n}{u_1+u_2+\cdots+u_n})^{n-1}$$

$$\geqslant(n-1)^{n-1}(\frac{u_1+u_2+\cdots+u_n}{\lambda_1+\lambda_2+\cdots+\lambda_n}\cdot\frac{\lambda_1\lambda_2\cdots\lambda_n}{u_1u_2\cdots u_n} \quad (3)$$

当且仅当 $\frac{\lambda_1}{u_1}=\frac{\lambda_2}{u_2}=\cdots=\frac{\lambda_n}{u_n}$ 时，(2)(3) 两式中的等号成立.

在式(1) 中，令 $x_i=\frac{\lambda_i}{u_i}(i=1,2,\cdots,n,n\geqslant 3)$，代入即得式(2)，将柯西不等式应用于式(2) 右边即得式(3).

推论 2　设 $\lambda_i,u_i\in\mathbf{R}^+$ $(i=1,2,\cdots,n,n\geqslant 3)$，则

$$(\lambda_2+\lambda_3+\cdots+\lambda_n)(\lambda_1+\lambda_3+\cdots+\lambda_n)\cdots(\lambda_1+\lambda_2+\cdots+\lambda_{n-1})\cdot (y_1+y_2+\cdots+y_n)^{n-1} \geqslant (n-1)^{n-1}(\lambda_1+\lambda_2+\cdots+\lambda_n)^{n-2}[(\lambda_2+\lambda_3+\cdots+\lambda_n)\lambda_1 y_2 y_3\cdots y_n+(\lambda_1+\lambda_3+\cdots+\lambda_n)\lambda_2 y_1 y_3\cdots y_n+\cdots+(\lambda_1+\lambda_2+\cdots+\lambda_{n-1})\lambda_n y_1 y_2\cdots y_{n-1}] \tag{4}$$

当且仅当$\frac{y_1}{\lambda_2+\lambda_3+\cdots+\lambda_n}=\frac{y_2}{\lambda_1+\lambda_3+\cdots+\lambda_n}=\frac{y_n}{\lambda_1+\lambda_2+\cdots+\lambda_{n-1}}$时,式(4)中的等号成立.

在式(1)中,令$x_1(\lambda_2+\lambda_3+\cdots+\lambda_n)=y_1, x_2(\lambda_1+\lambda_3+\cdots+\lambda_n)=y_2,\cdots, x_n(\lambda_1+\lambda_2+\cdots+\lambda_{n-1})=y_n$代入即得.

推论 3　设$a_i,y_i\in\mathbf{R}^+(i=1,2,\cdots,n,n\geqslant 3)$,用$A_i(i=1,2,\cdots,n)$,表示在$a_1,a_2,\cdots,a_n$中去掉$a_i(i=1,2,\cdots,n)$后剩余$n-1$个里,每次不重复地取出$n-2$个所作的积的和,则

$$A_1A_2\cdots A_n(y_1+y_2+\cdots+y_n)^{n-1} \geqslant (n-1)^{n-1}(a_2a_3\cdots a_n+a_1a_3\cdots a_n+\cdots+a_1a_2\cdots a_{n-1})^{n-2}\cdot (A_1y_2y_3\cdots y_n+A_2y_1y_3\cdots y_n+\cdots+A_ny_1y_2\cdots y_{n-1}) \tag{5}$$

当且仅当$\frac{y_1}{a_1A_1}=\frac{y_2}{a_2A_2}=\cdots=\frac{y_n}{a_nA_n}$时,式(5)中的等号成立.

在式(4)中令$\lambda_i=\frac{1}{a_i}(i=1,2,\cdots,n)$代入并整理即得式(5).

推论 4　设$a_i,b_i\in\mathbf{R}^+(i=1,2,\cdots,n,n\geqslant 3)$,$A_i(i=1,2,\cdots,n)$如推论3中所述,则

$$(A_1b_1+A_2b_2+\cdots+A_nb_n)^{n-1} \geqslant (n-1)^{n-1}(a_2a_3\cdots a_n+a_1a_3\cdots a_n+\cdots+a_1a_2\cdots a_{n-1})^{n-2}\cdot (b_2b_3\cdots b_n+b_1b_3\cdots b_n+\cdots+b_1b_2\cdots b_{n-1}) \tag{6}$$

当且仅当$\frac{a_1}{b_1}=\frac{a_2}{b_2}=\cdots=\frac{a_n}{b_n}$时,式(6)中的等号成立.

在式(5)中的令$y_i=A_ib_i(i=1,2,\cdots,n)$代入即得式(6).

特别地,当$n=3,4$时,分别得到

i.
$$[(a_2+a_3)b_1+(a_3+a_1)b_2+(a_1+a_2)b_3]^2 \geqslant 4(a_2a_3+a_3a_1+a_1a_2)(b_2b_3+b_3b_1+b_1b_2) \tag{7}$$

当且仅当$\frac{a_1}{b_1}=\frac{a_2}{b_2}=\frac{a_3}{b_3}$时,式(7)中等号成立;

ii.
$$[(a_2a_3+a_2a_4+a_3a_4)b_1+(a_1a_3+a_1a_4+a_3a_4)b_2+(a_1a_2+a_1a_4+a_2a_4)b_3+(a_1a_2+a_1a_3+a_2a_3)b_4]^3 \geqslant 27(a_2a_3a_4+a_1a_3a_4+a_1a_2a_4)^2(b_2b_3b_4+b_1b_3b_4+b_1b_2b_4+b_1b_2b_3) \tag{8}$$

当且仅当$\frac{a_1}{b_1}=\frac{a_2}{b_2}=\frac{a_3}{b_3}=\frac{a_4}{b_4}$时，式(8)中的等号成立.

以上(7)(8)两式中的字母均为正数.由式(7)可以导出若干个涉及两个三角形的边长与面积关系的不等式[1]；由式(8)可以导出关于空间两个四面体的有关不等式.

下面举几个简单的上述定理应用的例子.

例1 设$x_i(i=1,2,\cdots,n)\in\mathbf{R}^+$，则

$$(x_1+x_2+\cdots+x_n)^{n-1}\geqslant n^{n-2}(x_2x_3\cdots x_n+x_1x_3\cdots x_n+\cdots+x_1x_2\cdots x_{n-1})\tag{9}$$

当且仅当$x_1=x_2=\cdots=x_n$时，式(9)中的等号成立.

只要在式(1)中取$\lambda_1=\lambda_2=\cdots=\lambda_n=1$便得证.

例2 设$x_i(i=1,2,\cdots,n)\in\mathbf{R}^+$，则

$$\begin{aligned}&(x_1x_2+x_1x_3+\cdots+x_{n-1}x_n)^{n-1}\\ \geqslant&\left(\frac{n-1}{2}\right)^{n-1}n\cdot(x_1+x_2+\cdots+x_n)^{n-2}\cdot x_1x_2\cdots x_n\end{aligned}\tag{10}$$

当且仅当$x_1=x_2=\cdots=x_n$时，式(10)中的等号成立.

只要在式(1)中取$\lambda_i=x_i(i=1,2,\cdots,n)$便得证.

例3 设$\lambda_i(i=1,2,\cdots,n)\in\mathbf{R}^+$，且$\lambda_1+\lambda_2+\cdots+\lambda_n=s$，则

$$(s-\lambda_1)(s-\lambda_2)\cdots(s-\lambda_n)\geqslant\frac{2(n-1)^{n-1}}{n^n}s^{n-2}(\lambda_1\lambda_2+\lambda_1\lambda_3+\cdots+\lambda_{n-1}\lambda_n)\tag{11}$$

当且仅当$\lambda_1=\lambda_2=\cdots=\lambda_n$时，式(11)中的等号成立.

只要在式(4)中取$y_1=y_2=\cdots=y_n=1$便证得式(11).

参考资料

[1] 简超.一个代数不等式与一类几何不等式[J].数学通讯，1988(3).

(写作时间：1989－02－22)

§7　对一类三元 n 次不等式的证明

以下四个定理可用于证明一类三元n次不等式.文中"$\sum$"与"$\prod$"分别为三元数的循环和与循环积.

定理 1　若 ①$\lambda,u\geqslant v\geqslant 0,w\geqslant 0$;②$(\lambda-1)(\lambda-w)\leqslant 0,(u-1)(u-w)\leqslant 0$(或 $\lambda,v\geqslant u\geqslant 0,w\geqslant 0,(\lambda-1)(\lambda-w)\leqslant 0,(v-1)(v-w)\leqslant 0$;或 $u,v\geqslant\lambda\geqslant 0,w\geqslant 0,(u-1)(u-w)\leqslant 0,(v-1)(v-w)\leqslant 0)$;③$(\lambda-1)(\lambda-w)+(u-1)(u-w)+(v-1)(v-w)\leqslant 0$;④$\lambda+u+v\leqslant 1+2w$.则对于 $n\in\mathbf{N},n\geqslant 2$,有

$$\lambda^n+u^n+v^n\leqslant 1+2w^n$$

当且仅当 λ,u,v 有一个等于1,其余两个及 w 都相等时取等号.

证明　为以下书写方便,记

$$f_k(p,q)=p^k+p^{k-1}q+p^{k-2}q^2+\cdots+q^k\quad(k=0,1,2,\cdots)$$

并约定 $f_0(p,q)=1$,则

$$\begin{aligned}
&\lambda^n+u^n+v^n-1-2w^n\\
=&(\lambda^n-1)+(u^n-1)+(v^n-1)-2(w^n-1)\\
=&(\lambda-1)f_{n-1}(\lambda,1)+(u-1)f_{n-1}(u,1)+\\
&(v-1)f_{n-1}(v,1)-2(w-1)f_{n-1}(w,1)\\
\leqslant&(\lambda-1)f_{n-1}(\lambda,1)+(u-1)f_{n-1}(u,1)+(v-1)f_{n-1}(v,1)-\\
&[(\lambda-1)+(u-1)+(v-1)]f_{n-1}(w,1)
\end{aligned}$$

(应用 ④)

$$\begin{aligned}
=&(\lambda-1)[f_{n-1}(\lambda,1)-f_{n-1}(w,1)]+(u-1)[f_{n-1}(u,1)-f_{n-1}(w,1)]+\\
&(v-1)[f_{n-1}(v,1)-f_{n-1}(w,1)]\\
=&(\lambda-1)(\lambda-w)\sum_{i=0}^{n-2}f_i(\lambda,w)+(u-1)(u-w)\sum_{i=0}^{n-2}f_i(u,w)+\\
&(v-1)(v-w)\sum_{i=0}^{n-2}f_i(v,w)\\
\leqslant&[(\lambda-1)(\lambda-w)+(u-1)(u-w)+(v-1)(v-w)]\sum_{i=0}^{n-2}f_i(v,w)
\end{aligned}$$

(注意到当 $\lambda,u\geqslant v\geqslant 0$ 时,有 $\sum\limits_{i=1}^{n-2}f_i(\lambda,w)\geqslant\sum\limits_{i=1}^{n-2}f_i(v,w)$,$\sum\limits_{i=1}^{n-2}f_i(u,w)\geqslant\sum\limits_{i=1}^{n-2}f_i(v,w)$,同时注意到 ②)

$$\leqslant 0$$

(应用 ③),即得原式.

推论 1 若 ①$\lambda, u, v, w \geqslant 0$;②$(\lambda-1)(\lambda-w) \leqslant 0, (u-1)(u-w) \leqslant 0$;$(v-1)(v-w) \leqslant 0$;③$\lambda+u+v \leqslant 1+2w$. 则对于 $n \in \mathbf{N}, n \geqslant 2$,有

$$\lambda^n+u^n+v^n \leqslant 1+2w^n$$

当且仅当 λ, u, v 有一个等于 1,其余两个及 w 都相等时取等号.

同理可证以下 3 个定理(证略).

定理 2 若 ①$0 \leqslant \lambda, u \leqslant v, w \geqslant 0$;②$(\lambda-1)(\lambda-w) \geqslant 0, (u-1)(u-w) \geqslant 0$(或 $0 \leqslant \lambda, v \leqslant u, w \geqslant 0, (\lambda-1)(\lambda-w) \geqslant 0, (v-1)(v-w) \geqslant 0$;或 $0 \leqslant u, v \leqslant \lambda, w \geqslant 0, (u-1)(u-w) \geqslant 0, (v-1)(v-w) \geqslant 0$);③$(\lambda-1) \cdot (\lambda-w)+(u-1)(u-w)+(v-1)(v-w) \leqslant 0$;④$\lambda+u+v \leqslant 1+2w$. 则对于 $n \in \mathbf{N}, n \geqslant 2$,有

$$\lambda^n+u^n+v^n \leqslant 1+2w^n$$

当且仅当 λ, u, v 有一个等于 1,其余两个及 w 都相等时取等号.

定理 3 若 ①$\lambda, u \geqslant v \geqslant 0, w \geqslant 0$;②$(\lambda-1)(\lambda-w) \geqslant 0, (u-1)(u-w) \geqslant 0$(或 $\lambda, v \geqslant u \geqslant 0, w \geqslant 0, (\lambda-1)(\lambda-w) \geqslant 0, (v-1)(v-w) \geqslant 0$;或 $u, v \geqslant \lambda \geqslant 0, w \geqslant 0, (u-1)(u-w) \geqslant 0, (v-1)(v-w) \geqslant 0$);③$(\lambda-1) \cdot (\lambda-w)+(u-1)(u-w)+(v-1)(v-w) \geqslant 0$;④$\lambda+u+v \geqslant 1+2w$. 则对于 $n \in \mathbf{N}, n \geqslant 2$,有

$$\lambda^n+u^n+v^n \geqslant 1+2w^n$$

当且仅当 λ, u, v 有一个等于 1,其余两个及 w 都相等时取等号.

推论 2 若 ①$\lambda, u \geqslant v \geqslant 0, w \geqslant 0$;②$(\lambda-1)(\lambda-w) \geqslant 0, (u-1)(u-w) \geqslant 0$;$(v-1)(v-w) \geqslant 0$;③$\lambda+u+v \geqslant 1+2w$. 则对于 $n \in \mathbf{N}, n \geqslant 2$,有

$$\lambda^n+u^n+v^n \geqslant 1+2w^n$$

当且仅当 λ, u, v 有一个等于 1,其余两个及 w 都相等时取等号.

定理 4 若 ①$0 \leqslant \lambda, u \leqslant v, w \geqslant 0$;②$(\lambda-1)(\lambda-w) \leqslant 0, (u-1)(u-w) \leqslant 0$(或 $0 \leqslant \lambda, v \leqslant u, w \geqslant 0, (\lambda-1)(\lambda-w) \leqslant 0, (v-1)(v-w) \leqslant 0$;或 $0 \leqslant u, v \leqslant \lambda, w \geqslant 0, (u-1)(u-w) \leqslant 0, (v-1)(v-w) \leqslant 0$);③$(\lambda-1) \cdot (\lambda-w)+(u-1)(u-w)+(v-1)(v-w) \geqslant 0$;④$\lambda+u+v \geqslant 1+2w$. 则对于 $n \in \mathbf{N}, n \geqslant 2$,有

$$\lambda^n+u^n+v^n \geqslant 1+2w^n$$

当且仅当 λ, u, v 有一个等于 1,其余两个及 w 都相等时取等号.

下面举数例说明以上定理的应用.

例 1 (自创题)设 $\alpha, \beta, \gamma \in [0, \frac{\pi}{2}], n \in \mathbf{N}$,则有

$$\sum \cos^{2n}(\beta-\gamma) \leqslant 1+2\prod \cos^n(\beta-\gamma) \tag{1}$$

当且仅当 α,β,γ 中有两个相等时,式(1) 取等号.

证明 由对称性,不妨设 $0\leqslant\gamma\leqslant\beta\leqslant\alpha\leqslant\frac{\pi}{2}$,则 $0\leqslant\beta-\gamma\leqslant\alpha-\gamma\leqslant\frac{\pi}{2}$, $0\leqslant\alpha-\beta\leqslant\alpha-\gamma\leqslant\frac{\pi}{2}$,因此

$$\cos^2(\beta-\gamma)\geqslant\cos^2(\alpha-\gamma)\geqslant 0,\cos^2(\alpha-\beta)\geqslant\cos^2(\alpha-\gamma)\geqslant 0$$
$$\prod\cos(\beta-\gamma)\geqslant 0$$

满足定理 1 中条件 ①.

另外,由于

$$\cos^2(\beta-\gamma)-1\leqslant 0$$
$$\begin{aligned}&\cos^2(\beta-\gamma)-\prod\cos(\beta-\gamma)\\=&\cos(\beta-\gamma)[\cos(\beta-\gamma)-\cos(\alpha-\gamma)\cos(\alpha-\beta)]\\=&\cos(\beta-\gamma)\sin(\alpha-\gamma)\sin(\alpha-\beta)\\\geqslant&0\end{aligned}$$

(注意到 $0\leqslant\beta-\gamma\leqslant\frac{\pi}{2},0\leqslant\alpha-\beta\leqslant\frac{\pi}{2},0\leqslant\alpha-\gamma\leqslant\frac{\pi}{2}$),因此,有

$$[\cos^2(\beta-\gamma)-1][\cos^2(\beta-\gamma)-\prod\cos(\beta-\gamma)]\leqslant 0$$

同理,有

$$[\cos^2(\alpha-\beta)-1][\cos^2(\alpha-\beta)-\prod\cos(\beta-\gamma)]\leqslant 0$$

满足定理 1 中条件 ②.

$$\begin{aligned}&[\cos^2(\beta-\gamma)-1][\cos^2(\beta-\gamma)-\prod\cos(\beta-\gamma)]+\\&[\cos^2(\alpha-\gamma)-1][\cos^2(\alpha-\gamma)-\prod\cos(\beta-\gamma)]+\\&[\cos^2(\alpha-\beta)-1][\cos^2(\alpha-\beta)-\prod\cos(\beta-\gamma)]\\=&-\sin^2(\beta-\gamma)\sin(\alpha-\gamma)\sin(\alpha-\beta)\cos(\beta-\gamma)+\\&\sin(\beta-\gamma)\sin^2(\alpha-\gamma)\sin(\alpha-\beta)\cos(\alpha-\gamma)-\\&\sin(\beta-\gamma)\sin(\alpha-\gamma)\sin^2(\alpha-\beta)\cos(\alpha-\beta)\\=&-\frac{1}{2}\sin(\beta-\gamma)\sin(\alpha-\gamma)\sin(\alpha-\beta)[\sin(2\beta-2\gamma)+\\&\sin(2\gamma-2\alpha)+\sin(2\alpha-2\beta)]\\=&-2\sin^2(\beta-\gamma)\sin^2(\alpha-\gamma)\sin^2(\alpha-\beta)\leqslant 0\end{aligned}$$

满足定理 1 中条件 ③.

又由于

$$\begin{aligned}&\sum\cos^2(\beta-\gamma)-[1+2\prod\cos(\beta-\gamma)]\\=&[\cos(\beta-\gamma)-\cos(\gamma-\alpha)\cos(\alpha-\beta)]^2-\end{aligned}$$

$$[1-\cos^2(\gamma-\alpha)][1-\cos^2(\alpha-\beta)]$$
$$=\sin^2(\gamma-\alpha)\sin^2(\alpha-\beta)-\sin^2(\gamma-\alpha)\sin^2(\alpha-\beta)=0$$

即有

$$\sum\cos^2(\beta-\gamma)=1+2\prod\cos(\beta-\gamma)$$

满足定理 1 中条件 ④.

因此,由定理 1 知原命题成立,并知当且仅当 α,β,γ 中有两个相等时,式(1) 取等号.

例 2 (自创题)设 $\alpha,\beta,\gamma\in[0,\frac{\pi}{2}],n\in\mathbf{N}$,则有

$$\sum\frac{1}{\cos^{2n}(\beta-\gamma)}\geqslant 1+\frac{2}{\prod\cos^n(\beta-\gamma)} \tag{2}$$

当且仅当 α,β,γ 中有两个相等时,式(2) 取等号.

证明 显然,当 α,β,γ 中有两个相等时,式(2) 取等号,原命题成立. 下面对 α,β,γ 互不相等情况,证明原式成立.

由对称性,不妨设 $0\leqslant\gamma\leqslant\beta\leqslant\alpha\leqslant\frac{\pi}{2}$,则 $0\leqslant\beta-\gamma\leqslant\alpha-\gamma\leqslant\frac{\pi}{2}$,$0\leqslant\alpha-\beta\leqslant\alpha-\gamma\leqslant\frac{\pi}{2}$,则有

$$\frac{1}{\cos^2(\alpha-\gamma)}\geqslant\frac{1}{\cos^2(\beta-\gamma)}>0,\ \frac{1}{\cos^2(\alpha-\gamma)}\geqslant\frac{1}{\cos^2(\alpha-\beta)}>0$$
$$\frac{2}{\prod\cos(\beta-\gamma)}>0$$

满足定理 4 中条件 ①.

另外,由于

$$\frac{1}{\cos^2(\beta-\gamma)}-1\geqslant 0$$
$$\frac{1}{\cos^2(\beta-\gamma)}-\frac{1}{\prod\cos(\beta-\gamma)}$$
$$=\frac{\cos(\alpha-\gamma)\cos(\alpha-\beta)-\cos(\beta-\gamma)}{\cos^2(\beta-\gamma)\cos(\alpha-\gamma)\cos(\alpha-\beta)}$$
$$=-\frac{\sin(\alpha-\gamma)\sin(\alpha-\beta)}{\cos^2(\beta-\gamma)\cos(\alpha-\gamma)\cos(\alpha-\beta)}\leqslant 0$$

(注意到 $0\leqslant\beta-\gamma\leqslant\frac{\pi}{2},0\leqslant\alpha-\beta\leqslant\frac{\pi}{2},0\leqslant\alpha-\gamma\leqslant\frac{\pi}{2}$),因此,有

$$\left[\frac{1}{\cos^2(\beta-\gamma)}-1\right]\left[\frac{1}{\cos^2(\beta-\gamma)}-\frac{1}{\prod\cos(\beta-\gamma)}\right]\leqslant 0$$

同理,有

$$\left[\frac{1}{\cos^2(\alpha-\beta)}-1\right]\left[\frac{1}{\cos^2(\alpha-\beta)}-\frac{1}{\prod\cos(\beta-\gamma)}\right]\leqslant 0$$

满足定理 4 中条件 ②.

$$\left[\frac{1}{\cos^2(\beta-\gamma)}-1\right]\left[\frac{1}{\cos^2(\beta-\gamma)}-\frac{1}{\prod\cos(\beta-\gamma)}\right]+$$

$$\left[\frac{1}{\cos^2(\alpha-\gamma)}-1\right]\left[\frac{1}{\cos^2(\alpha-\gamma)}-\frac{1}{\prod\cos(\beta-\gamma)}\right]+$$

$$\left[\frac{1}{\cos^2(\alpha-\beta)}-1\right]\left[\frac{1}{\cos^2(\alpha-\beta)}-\frac{1}{\prod\cos(\beta-\gamma)}\right]$$

$$=-\frac{\sin^2(\beta-\gamma)\sin(\alpha-\gamma)\sin(\alpha-\beta)}{\cos^3(\beta-\gamma)\prod\cos(\beta-\gamma)}+\frac{\sin(\beta-\gamma)\sin^2(\alpha-\gamma)\sin(\alpha-\beta)}{\cos^3(\alpha-\gamma)\prod\cos(\beta-\gamma)}-$$

$$\frac{\sin(\beta-\gamma)\sin(\alpha-\gamma)\sin^2(\alpha-\beta)}{\cos^3(\alpha-\beta)\prod\cos(\beta-\gamma)}$$

$$=\prod\tan(\beta-\gamma)\left[\sum\tan(\beta-\gamma)+\sum\tan^3(\beta-\gamma)\right]$$

$$=\prod\tan(\beta-\gamma)\left\{\sum\tan(\beta-\gamma)+\left[\sum\tan(\beta-\gamma)\right]^3-\right.$$

$$\left.3\sum\tan(\beta-\gamma)\sum\tan(\alpha-\gamma)\tan(\alpha-\beta)+3\prod\tan(\beta-\gamma)\right\}$$

$$=\prod\tan(\beta-\gamma)\left\{\prod\tan(\beta-\gamma)+\left[\prod\tan(\beta-\gamma)\right]^3-\right.$$

$$\left.3\prod\tan(\beta-\gamma)\sum\tan(\alpha-\gamma)\tan(\alpha-\beta)+3\prod\tan(\beta-\gamma)\right\}$$

$$=\left[\prod\tan(\beta-\gamma)\right]^2\left\{4+\left[\prod\tan(\beta-\gamma)\right]^2-3\sum\tan(\alpha-\gamma)\tan(\alpha-\beta)\right\}$$

$$=\left[\prod\tan(\beta-\gamma)\right]^2\left\{4+\left[\sum\tan(\beta-\gamma)\right]^2-3\sum\tan(\alpha-\gamma)\tan(\alpha-\beta)\right\}$$

$$=\left[\prod\tan(\beta-\gamma)\right]^2\left[4+\sum\tan^2(\beta-\gamma)-\sum\tan(\alpha-\gamma)\tan(\alpha-\beta)\right]\geqslant 0$$

(注意应用等式 $\sum\tan(\beta-\gamma)=\prod\tan(\beta-\gamma)$),满足定理四中条件 ③.

又由于

$$\sum\frac{1}{\cos^2(\beta-\gamma)}-1-\frac{2}{\prod\cos(\beta-\gamma)}$$

$$=2+\sum\tan^2(\beta-\gamma)-\frac{2}{\prod\cos(\beta-\gamma)}$$

$$=\sum\tan^2(\beta-\gamma)-\frac{2}{\prod\cos(\beta-\gamma)}\left[1-\prod\cos(\beta-\gamma)\right]$$

$$=\sum\tan^2(\beta-\gamma)-\frac{2}{\prod\cos(\beta-\gamma)}\left[1-\frac{\sum\cos^2(\beta-\gamma)-1}{2}\right]$$

（注意应用等式 $\sum\cos^2(\beta-\gamma)-2\prod\cos(\beta-\gamma)=1$）

$$=\sum\tan^2(\beta-\gamma)-\frac{\sum\sin^2(\beta-\gamma)}{\prod\cos(\beta-\gamma)}$$

$$=\sum\tan^2(\beta-\gamma)+2\prod\tan(\beta-\gamma)\sum\cot(\beta-\gamma)$$

（注意应用等式 $2\sum\cot(\beta-\gamma)=\dfrac{\sum\sin^2(\beta-\gamma)}{\prod\sin(\beta-\gamma)}$）

$$=\sum\tan^2(\beta-\gamma)+2\sum\tan(\gamma-\alpha)\tan(\alpha-\beta)$$

$$=\left[\sum\tan(\beta-\gamma)\right]^2\geqslant 0$$

满足定理 4 中条件 ④.

因此，由定理 4 知原命题成立，并知当且仅当 α,β,γ 中有两个相等时，式(1) 取等号.

例 3 （自创题）设 $x,y,z\in\mathbf{R}^+,n\in\mathbf{N},n\geqslant 2$，则有

$$\sum\left(\frac{2\sqrt{yz}}{y+z}\right)^n\leqslant 1+2\left[\sqrt{\prod\frac{2\sqrt{yz}}{y+z}}\right]^n \tag{3}$$

当且仅当 x,y,z 中有两个相等时，式(3) 取等号.

证明 由对称性，不妨设 $x\geqslant y\geqslant z>0$，则

$$\frac{2\sqrt{yz}}{y+z}\geqslant\frac{2\sqrt{zx}}{z+x}>0,\frac{2\sqrt{xy}}{x+y}\geqslant\frac{2\sqrt{zx}}{z+x}>0,\sqrt{\prod\frac{2\sqrt{yz}}{y+z}}>0$$

满足定理 1 中条件 ①.

另外，由于

$$\left(\frac{2\sqrt{yz}}{y+z}-1\right)\left[\frac{2\sqrt{yz}}{y+z}-\sqrt{\prod\frac{2\sqrt{yz}}{y+z}}\right]$$

$$=-\frac{(\sqrt{y}-\sqrt{z})^2}{y+z}\cdot\frac{2\sqrt{yz}(x-y)(x-z)}{(y+z)\sqrt{(z+x)(x+y)}\left[\sqrt{(z+x)(x+y)}+\sqrt{2x(y+z)}\right]}$$

$$\leqslant 0$$

同理，有

$$\left(\frac{2\sqrt{xy}}{x+y}-1\right)\left(\frac{2\sqrt{xy}}{x+y}-\sqrt{\prod\frac{2\sqrt{yz}}{y+z}}\right)\leqslant 0$$

满足定理 1 中条件 ②.

$$\left(\frac{2\sqrt{yz}}{y+z}-1\right)\left[\frac{2\sqrt{yz}}{y+z}-\sqrt{\prod\frac{2\sqrt{yz}}{y+z}}\right]+\left(\frac{2\sqrt{zx}}{z+x}-1\right)\left[\frac{2\sqrt{zx}}{z+x}-\sqrt{\prod\frac{2\sqrt{yz}}{y+z}}\right]+$$

$$\left(\frac{2\sqrt{xy}}{x+y}-1\right)\left[\frac{2\sqrt{xy}}{x+y}-\sqrt{\prod\frac{2\sqrt{yz}}{y+z}}\right]$$

$$=-\frac{(\sqrt{y}-\sqrt{z})^2}{y+z}\cdot\frac{\left(\frac{2\sqrt{yz}}{y+z}\right)^2-\prod\frac{2\sqrt{yz}}{y+z}}{\frac{2\sqrt{yz}}{y+z}+\sqrt{\prod\frac{2\sqrt{yz}}{y+z}}}-\frac{(\sqrt{z}-\sqrt{x})^2}{z+x}\cdot\frac{\left(\frac{2\sqrt{zx}}{z+x}\right)^2-\prod\frac{2\sqrt{yz}}{y+z}}{\frac{2\sqrt{zx}}{z+x}+\sqrt{\prod\frac{2\sqrt{yz}}{y+z}}}-$$

$$\frac{(\sqrt{x}-\sqrt{y})^2}{x+y}\cdot\frac{\left(\frac{2\sqrt{xy}}{x+y}\right)^2-\prod\frac{2\sqrt{yz}}{y+z}}{\frac{2\sqrt{xy}}{x+y}+\sqrt{\prod\frac{2\sqrt{yz}}{y+z}}}$$

$$=-\frac{2(y-z)(x-z)(x-y)}{\prod(y+z)\cdot\left[1+\sqrt{\frac{2x(y+z)}{(z+x)(x+y)}}\right]}\cdot\frac{\sqrt{yz}(\sqrt{y}-\sqrt{z})}{(\sqrt{y}+\sqrt{z})(y+z)}+$$

$$\frac{2(y-z)(x-z)(x-y)}{\prod(y+z)\cdot\left[1+\sqrt{\frac{2y(z+x)}{(x+y)(y+z)}}\right]}\cdot\frac{\sqrt{zx}(\sqrt{x}-\sqrt{z})}{(\sqrt{x}+\sqrt{z})(x+z)}-$$

$$\frac{2(y-z)(x-z)(x-y)}{\prod(y+z)\cdot\left[1+\sqrt{\frac{2z(x+y)}{(y+z)(z+x)}}\right]}\cdot\frac{\sqrt{xy}(\sqrt{x}-\sqrt{y})}{(\sqrt{x}+\sqrt{y})(x+y)}$$

$$\leqslant-\frac{2(y-z)(x-z)(x-y)}{\prod(y+z)\cdot\left[1+\sqrt{\frac{2y(z+x)}{(x+y)(y+z)}}\right]}\cdot$$

$$\left[\frac{\sqrt{yz}(\sqrt{y}-\sqrt{z})}{(\sqrt{y}+\sqrt{z})(y+z)}-\frac{\sqrt{zx}(\sqrt{x}-\sqrt{z})}{(\sqrt{x}+\sqrt{z})(x+z)}+\frac{\sqrt{xy}(\sqrt{x}-\sqrt{y})}{(\sqrt{x}+\sqrt{y})(x+y)}\right]$$

(注意到当 $x\geqslant y\geqslant z>0$ 时,有

$$\sqrt{\frac{2x(y+z)}{(z+x)(x+y)}}\leqslant\sqrt{\frac{2y(z+x)}{(x+y)(y+z)}},$$

$$\sqrt{\frac{2z(x+y)}{(y+z)(z+x)}}\leqslant\sqrt{\frac{2y(z+x)}{(x+y)(y+z)}}\Bigg)$$

$$\leqslant-\frac{2(y-z)(x-z)(x-y)}{\prod(y+z)\cdot\left[1+\sqrt{\frac{2y(z+x)}{(x+y)(y+z)}}\right]}\cdot$$

$$\left[\frac{\sqrt{zx}(\sqrt{y}-\sqrt{z})}{(\sqrt{y}+\sqrt{z})(z+x)}-\frac{\sqrt{zx}(\sqrt{x}-\sqrt{z})}{(\sqrt{x}+\sqrt{z})(z+x)}+\frac{\sqrt{zx}(\sqrt{x}-\sqrt{y})}{(\sqrt{x}+\sqrt{y})(z+x)}\right]$$

(注意到当 $x\geqslant y\geqslant z>0$ 时,有$\frac{\sqrt{yz}}{y+z}\geqslant\frac{\sqrt{zx}}{z+x},\frac{\sqrt{xy}}{x+y}\geqslant\frac{\sqrt{zx}}{z+x}$)

$$=-\frac{2(y-z)(x-z)(x-y)\cdot\sqrt{zx}}{(z+x)\cdot\prod(y+z)\cdot\left[1+\sqrt{\frac{2y(z+x)}{(x+y)(y+z)}}\right]}\cdot$$

$$\left[\frac{\sqrt{y}-\sqrt{z}}{\sqrt{y}+\sqrt{z}}-\frac{\sqrt{x}-\sqrt{z}}{\sqrt{x}+\sqrt{z}}+\frac{\sqrt{x}-\sqrt{y}}{\sqrt{x}+\sqrt{y}}\right]$$

$$=-\frac{2(y-z)(x-z)(x-y)\cdot\sqrt{zx}}{(z+x)\cdot\prod(y+z)\cdot\left[1+\sqrt{\frac{2y(z+x)}{(x+y)(y+z)}}\right]}\cdot$$

$$\frac{(\sqrt{y}-\sqrt{z})(\sqrt{x}-\sqrt{z})(\sqrt{x}-\sqrt{y})}{(\sqrt{y}+\sqrt{z})(\sqrt{x}+\sqrt{z})(\sqrt{x}+\sqrt{y})}$$

$$\leqslant 0$$

满足定理 1 中条件 ③.

$$\sum\left(\frac{2\sqrt{yz}}{y+z}-1\right)+2\left(1-\sqrt{\prod\frac{2\sqrt{yz}}{y+z}}\right)$$

$$=-\sum\frac{(\sqrt{y}-\sqrt{z})^2}{y+z}+\frac{2\sum x(y-z)^2}{\sqrt{\prod(y+z)}\left[\sqrt{\prod(y+z)}+\sqrt{8xyz}\right]}$$

$$=-\frac{\sum\frac{(\sqrt{y}-\sqrt{z})^2\left[\prod(y+z)+\sqrt{8xyz\prod(y+z)}-2x(y+z)(\sqrt{y}+\sqrt{z})^2\right]}{(y+z)}}{\sqrt{\prod(y+z)}\left[\sqrt{\prod(y+z)}+\sqrt{8xyz}\right]}$$

由此可知,我们只要证明

$$\sum\frac{(\sqrt{y}-\sqrt{z})^2\left[\prod(y+z)+\sqrt{8xyz\prod(y+z)}-2x(y+z)(\sqrt{y}+\sqrt{z})^2\right]}{(y+z)}\geqslant 0$$

$$\Leftrightarrow\quad\sum\frac{(\sqrt{y}-\sqrt{z})^2\left[\prod(y+z)+\sqrt{8xyz\prod(y+z)}-2x(y+z)^2-4x\sqrt{yz}(y+z)\right]}{(y+z)}\geqslant 0$$

$$\Leftrightarrow\quad\sum(x-y)(x-z)(\sqrt{y}-\sqrt{z})^2+$$

$$\sum\sqrt{\frac{8xyz}{y+z}}\left[\sqrt{(z+x)(x+y)}-\sqrt{2x(y+z)}\right](\sqrt{y}-\sqrt{z})^2\geqslant 0$$

$$\Leftrightarrow\quad\sum(x-y)(x-z)(\sqrt{y}-\sqrt{z})^2+$$

$$\sqrt{8xyz}\sum\frac{\left[(z+x)(x+y)-2x(y+z)\right](\sqrt{y}-\sqrt{z})^2}{\sqrt{(y+z)(z+x)(x+y)}+\sqrt{2x}(y+z)}\geqslant 0$$

$$\Leftrightarrow\quad\sum(x-y)(x-z)(\sqrt{y}-\sqrt{z})^2+$$

$$\sqrt{8xyz}\sum\frac{(x-y)(x-z)(\sqrt{y}-\sqrt{z})^2}{\sqrt{(y+z)(z+x)(x+y)}+\sqrt{2x}(y+z)}\geqslant 0$$

$$\Leftrightarrow\quad\sum\left[1+\frac{\sqrt{8xyz}}{\sqrt{(y+z)(z+x)(x+y)}+\sqrt{2x}(y+z)}\right]\cdot$$

$$(x-y)(x-z)(\sqrt{y}-\sqrt{z})^2\geqslant 0\qquad(※)$$

由于 $x \geqslant y \geqslant z > 0$,则有

$$(x-y)(x-z)(\sqrt{y}-\sqrt{z})^2 \geqslant 0, \quad (z-x)(z-y)(\sqrt{x}-\sqrt{y})^2 \geqslant 0$$

$$\sqrt{2x}(y+z) \leqslant \sqrt{2y}(z+x), \quad \sqrt{2z}(x+y) \leqslant \sqrt{2y}(z+x)$$

因此,式(※)左边式子

$$\sum\left[1+\frac{\sqrt{8xyz}}{\sqrt{(y+z)(z+x)(x+y)}+\sqrt{2x}(y+z)}\right]\cdot$$
$$(x-y)(x-z)(\sqrt{y}-\sqrt{z})^2$$
$$\geqslant\left[1+\frac{\sqrt{8xyz}}{\sqrt{(y+z)(z+x)(x+y)}+\sqrt{2y}(z+x)}\right]\cdot$$
$$(x-y)(x-z)(\sqrt{y}-\sqrt{z})^2+$$
$$\left[1+\frac{\sqrt{8xyz}}{\sqrt{(y+z)(z+x)(x+y)}+\sqrt{2y}(z+x)}\right]\cdot$$
$$(y-z)(y-x)(\sqrt{z}-\sqrt{x})^2+$$
$$\left[1+\frac{\sqrt{8xyz}}{\sqrt{(y+z)(z+x)(x+y)}+\sqrt{2y}(z+x)}\right]\cdot$$
$$(z-x)(z-y)(\sqrt{x}-\sqrt{y})^2$$
$$=\left[1+\frac{\sqrt{8xyz}}{\sqrt{(y+z)(z+x)(x+y)}+\sqrt{2y}(z+x)}\right]\cdot$$
$$\sum(x-y)(x-z)(\sqrt{y}-\sqrt{z})^2$$

因此,要证明式(※),只要证明

$$\sum(x-y)(x-z)(\sqrt{y}-\sqrt{z})^2 \geqslant 0$$

上式容易证明,事实上,有

$$\sum(x-y)(x-z)(\sqrt{y}-\sqrt{z})^2$$
$$=(\sqrt{x}-\sqrt{y})(\sqrt{x}-\sqrt{z})(\sqrt{y}-\sqrt{z})[(\sqrt{x}+\sqrt{y})(\sqrt{x}+\sqrt{z})(\sqrt{y}-\sqrt{z})+$$
$$(\sqrt{y}+\sqrt{z})(\sqrt{y}+\sqrt{x})(\sqrt{z}-\sqrt{x})+(\sqrt{z}+\sqrt{x})(\sqrt{z}+\sqrt{y})(\sqrt{x}-\sqrt{y})]$$
$$=(\sqrt{x}-\sqrt{y})^2(\sqrt{x}-\sqrt{z})^2(\sqrt{y}-\sqrt{z})^2 \geqslant 0$$

于是式(※)得证,因此得到

$$\sum\frac{2\sqrt{yz}}{y+z} \leqslant 1+2\sqrt{\prod\frac{2\sqrt{yz}}{y+z}}$$

满足定理 1 中条件 ④.

因此,由定理 1 知原命题成立,并知当且仅当 x,y,z 中有两个相等时,式(3) 取等号.

类似证法,若利用定理四,可得

例 4 (自创题) 设 $x,y,z\in\mathbf{R}^{+}$, $n\in\mathbf{N}$, $n\geqslant 2$,则有

$$\sum\left(\frac{y+z}{2\sqrt{yz}}\right)^{n}\geqslant 1+2\left(\sqrt{\prod\frac{y+z}{2\sqrt{yz}}}\right)^{n}\tag{4}$$

当且仅当 $n=2$,或 x,y,z 中有两个相等时,式(4) 取等号.

由例 3、例 4 可得以下不等式链

$$\sum\left(\frac{2\sqrt{yz}}{y+z}\right)^{n}\leqslant 1+2\left[\sqrt{\prod\frac{2\sqrt{yz}}{y+z}}\right]^{n}\leqslant 1+2\left[\sqrt{\prod\frac{y+z}{2\sqrt{yz}}}\right]^{n}\leqslant\sum\left(\frac{y+z}{2\sqrt{yz}}\right)^{n}$$

例 5 (自创题) 设 $\triangle ABC$ 三边长为 $BC=a$, $CA=b$, $AB=c$,其对应边上的中线分别为 m_a,m_b,m_c,面积为 Δ, $n\in\mathbf{N}$,则

$$\sum\left(\frac{1}{am_a}\right)^{n}\leqslant\left(\frac{1}{2\Delta}\right)^{n}+2\left[\frac{2}{\sqrt{\sum b^2c^2}}\right]^{n}\tag{5}$$

当且仅当 $\triangle ABC$ 为等腰三角形时,式(5) 取等号.

证明 不妨设 $a\geqslant b\geqslant c>0$,则

$$\begin{aligned}\frac{1}{am_a}-\frac{1}{bm_b}&=\frac{4(bm_b)^2-4(am_a)^2}{4abm_am_b(am_a+bm_b)}\\&=\frac{b^2(2a^2+2c^2-b^2)-a^2(2b^2+2c^2-a^2)}{4abm_am_b(am_a+bm_b)}\\&=\frac{(a^2-b^2)(a^2+b^2-2c^2)}{4abm_am_b(am_a+bm_b)}\geqslant 0\end{aligned}$$

即有 $\frac{1}{am_a}\geqslant\frac{1}{bm_b}$,同理可得 $\frac{1}{cm_c}\geqslant\frac{1}{bm_b}$,满足定理 1 中条件 ①.

另外,由于 $2\Delta\leqslant am_a$,同时有

$$\begin{aligned}\left(\sqrt{\sum b^2c^2}\right)^2-(2am_a)^2&=(b^2c^2+c^2a^2+a^2b^2)-a^2(2b^2+2c^2-a^2)\\&=(a^2-b^2)(a^2-c^2)\geqslant 0\end{aligned}$$

因此

$$\left(\frac{1}{am_a}-\frac{1}{2\Delta}\right)\left[\frac{1}{am_a}-\frac{2}{\sqrt{\sum b^2c^2}}\right]\leqslant 0$$

同理可得

$$\left(\frac{1}{cm_c}-\frac{1}{2\Delta}\right)\left[\frac{1}{cm_c}-\frac{2}{\sqrt{\sum b^2c^2}}\right]\leqslant 0$$

满足定理一中条件 ②.

$$\sum\left(\frac{1}{am_a}-\frac{1}{2\Delta}\right)\left[\frac{1}{am_a}-\frac{2}{\sqrt{\sum b^2c^2}}\right]$$

$$=-\sum \frac{(am_a-2\Delta)(\sqrt{\sum b^2c^2}-2am_a)}{2\Delta (am_a)^2\sqrt{\sum b^2c^2}}$$

$$=-\sum \frac{[4(am_a)^2-16\Delta^2][\sum b^2c^2-4(am_a)^2]}{8\Delta (am_a)^2\sqrt{\sum b^2c^2}(am_a+2\Delta)(\sqrt{\sum b^2c^2}+2am_a)}$$

$$=\sum \frac{(b^2-c^2)^2(c^2-a^2)(a^2-b^2)}{8\Delta (am_a)^2\sqrt{\sum b^2c^2}(am_a+2\Delta)(\sqrt{\sum b^2c^2}+2am_a)}$$

$$\leqslant \frac{(b^2-c^2)^2(c^2-a^2)(a^2-b^2)}{8\Delta (bm_b)^2\sqrt{\sum b^2c^2}(bm_b+2\Delta)(\sqrt{\sum b^2c^2}+2bm_b)}+$$

$$\frac{(b^2-c^2)(c^2-a^2)^2(a^2-b^2)}{8\Delta (bm_b)^2\sqrt{\sum b^2c^2}(bm_b+2\Delta)(\sqrt{\sum b^2c^2}+2bm_b)}+$$

$$\frac{(b^2-c^2)(c^2-a^2)(a^2-b^2)^2}{8\Delta (bm_b)^2\sqrt{\sum b^2c^2}(bm_b+2\Delta)(\sqrt{\sum b^2c^2}+2bm_b)}$$

(注意到在 $a\geqslant b\geqslant c>0$ 式,上面已证有 $bm_b\geqslant am_a$,$bm_b\geqslant cm_c$)

$$=0$$

满足定理 1 中条件 ③.

又由于$\sum \frac{1}{am_a}\leqslant\frac{1}{2\Delta}+\frac{4}{\sqrt{\sum b^2c^2}}$(证明见文[1]),满足定理 1 中条件 ④.

因此,由定理 1 知原命题成立,并知当且仅当 $\triangle ABC$ 为等腰三角形时,式(5) 取等号.

利用本文中的定理还可以证明许多类似不等式,这里就不再赘述了.

参考资料

[1] 杨学枝. 关于三角形中线的一组不等式[J]. 中学数学(湖北),1999(03).

[2] 杨学枝. 数学奥林匹克不等式研究[M]. 哈尔滨:哈尔滨工业大学出版社,2009.

注:全文发表于《数学通报》2017 年第 11 期.

§8　关于四面体的一些不等式的初等证明

本文将给出关于四面体的一些不等式，有一些是笔者提出的.关于四面体的不等式的证明往往涉及高等数学知识，在本文中，笔者用初等方法证明了这些不等式，这些方法富有启发性.

本文约定：四面体 $A_1A_2A_3A_4$ 的四个顶点 A_1,A_2,A_3,A_4 所对的面的三角形的面积分别为 S_1,S_2,S_3,S_4，其体积为 V，外接球球心是 O，半径为 R，四面体 $OA_2A_3A_4,A_1OA_3A_4,A_1A_2OA_4,A_1A_2A_3O$ 的有向体积（右手定则）分别为 V_1,V_2,V_3,V_4，内切球球心为 I，半径为 r.四面体 $A_1A_2A_3A_4$ 的棱长 $A_iA_j=a_{ij}(i,j=1,2,3,4,i<j)$，以 $A_iA_j(i,j=1,2,3,4,i<j)$ 为棱的二面角为 $\alpha_{ij}(i,j=1,2,3,4,i<j)$.

定理 1　定球中的内接四面体以正四面体的体积为最大.

证明　先证明以下引理 1.

引理 1　从空间一点 P 出发的四条定线段 $PA_i=R_i(i=1,2,3,4)$，则当点 P 为四面体 $A_1A_2A_3A_4$ 的垂心时，这时由 R_1,R_2,R_3,R_4 所张开的四面体 $A_1A_2A_3A_4$ 的体积最大.

引理证明　假设四面体 $A_1A_2A_3A_4$ 体积最大时，P 不是四面体的垂心，不妨设 PA_1 不垂直平面 $A_2A_3A_4$，于是，经过 P 向平面 $A_2A_3A_4$ 作垂线，并将垂线反向延长至 A'_1，使得 $PA'_1=PA_1$，这时，显然四面体 $A'_1A_2A_3A_4$ 的体积大于四面体 $A_1A_2A_3A_4$ 体积，这与假设矛盾.PA_2,PA_3,PA_4 不与其所对的底面垂直时的证明过程与此相同，从而得到点 P 必为四面体 $A_1A_2A_3A_4$ 的垂心.

顺便指出，点 P 为四面体 $A_1A_2A_3A_4$ 的垂心的充要条件是

$$a_{12}^2+a_{34}^2=a_{13}^2+a_{24}^2=a_{14}^2+a_{23}^2$$

下面证明定理 1.

设 $PA_1=PA_2=PA_3=PA_4=R$，则点 P 为四面体外心，易知这时点 P 在四面体各面的正投影点是各面三角形的外心；另外，由引理 1 知，若 $PA_1=PA_2=PA_3=PA_4=R$，且使得四面体 $A_1A_2A_3A_4$ 体积最大，则点 P 必为四面体 $A_1A_2A_3A_4$ 的垂心，易知这时点 P 在四面体各面的正投影点是各面三角形的垂心，四面体各面三角形的外心与垂心重合，则各面三角形都为正三角形，故这时四面体 $ABCD$ 为正四面体，由此可知，定球中的内接四面体以正四面体的体积为最大.

定理 2　记 $P=a_{12}a_{34}a_{13}a_{24}a_{14}a_{23}$，则

$$P\geqslant 8\sqrt{(a_{12}a_{34})^2+(a_{13}a_{24})^2+(a_{14}a_{23})^2}RV$$

当且仅当 $a_{12}a_{34}=a_{13}a_{24}=a_{14}a_{23}$ 时取等号.

证明 先证明以下引理.

引理 2 以 $a_{12}a_{34},a_{13}a_{24},a_{14}a_{23}$ 为边可以组成一个三角形,若其面积为 Δ,则

$$4\Delta=\sqrt{(a_{12}a_{34}+a_{13}a_{24}+a_{14}a_{23})(-a_{12}a_{34}+a_{13}a_{24}+a_{14}a_{23})}\cdot\sqrt{(a_{12}a_{34}-a_{13}a_{24}+a_{14}a_{23})(a_{12}a_{34}+a_{13}a_{24}-a_{14}a_{23})}$$

引理 2 **证明** 如图 1,分别在棱 A_1A_4,A_2A_4,A_3A_4(或其延长线)上取点 K,L,M,使得 $A_4K=a_{24}a_{34},A_4L=a_{34}a_{14},A_4M=a_{14}a_{24}$,则

$$\frac{A_4L}{A_4M}=\frac{a_{34}}{a_{24}}=\frac{A_3A_4}{A_2A_4}$$

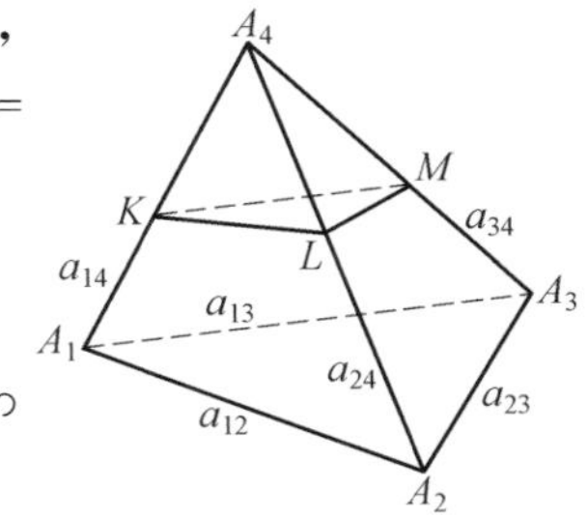

图 1

又由 $\angle MA_4L=\angle A_2A_4A_3$,可知 $\triangle MA_4L\backsim\triangle A_2A_4A_3$,由此得到

$$\frac{LM}{A_2A_3}=\frac{A_4L}{A_3A_4}$$

即有 $LM=\dfrac{A_4L\cdot A_2A_3}{A_3A_4}=\dfrac{a_{34}a_{14}a_{23}}{a_{34}}=a_{14}a_{23}$,同理可得 $NK=a_{13}a_{24},KL=a_{12}a_{34}$. 由此可知以 $a_{12}a_{34},a_{13}a_{24},a_{14}a_{23}$ 为边可以组成 $\triangle KLM$,记此三角形面积为 Δ,则

$$4\Delta=\sqrt{(a_{12}a_{34}+a_{13}a_{24}+a_{14}a_{23})(-a_{12}a_{34}+a_{13}a_{24}+a_{14}a_{23})}\cdot\sqrt{(a_{12}a_{34}-a_{13}a_{24}+a_{14}a_{23})(a_{12}a_{34}+a_{13}a_{24}-a_{14}a_{23})}$$

引理 3 四面体 $A_1A_2A_3A_4$ 的体积为

$$V^2=\frac{1}{288}\begin{vmatrix}0&a_{12}^2&a_{13}^2&a_{14}^2&1\\a_{12}^2&0&a_{23}^2&a_{24}^2&1\\a_{13}^2&a_{23}^2&0&a_{34}^2&1\\a_{14}^2&a_{24}^2&a_{34}^2&0&1\\1&1&1&1&0\end{vmatrix}$$

$$=\frac{1}{288}\left[\begin{vmatrix}a_{12}^2&a_{13}^2&a_{14}^2&1\\0&a_{23}^2&a_{24}^2&1\\a_{23}^2&0&a_{34}^2&1\\a_{24}^2&a_{34}^2&0&1\end{vmatrix}-\begin{vmatrix}0&a_{13}^2&a_{14}^2&1\\a_{12}^2&a_{23}^2&a_{24}^2&1\\a_{13}^2&0&a_{34}^2&1\\a_{14}^2&a_{34}^2&0&1\end{vmatrix}+\begin{vmatrix}0&a_{12}^2&a_{14}^2&1\\a_{12}^2&0&a_{24}^2&1\\a_{13}^2&a_{23}^2&a_{34}^2&1\\a_{14}^2&a_{34}^2&0&1\end{vmatrix}-\begin{vmatrix}0&a_{12}^2&a_{13}^2&1\\a_{12}^2&0&a_{23}^2&1\\a_{13}^2&a_{23}^2&0&1\\a_{14}^2&a_{24}^2&a_{34}^2&1\end{vmatrix}\right]$$

引理 3 证明　这不难由$(6V)^2=|(\overrightarrow{A_1A_2}\times\overrightarrow{A_1A_3})\cdot\overrightarrow{A_1A_4}|^2$得到(证略).

引理 4　设以$a_{12}a_{34},a_{13}a_{24},a_{14}a_{23}$为边的三角形面积为$\Delta$,则有$6RV=\Delta$.

引理 4 证明　若P为空间任意一点,易知有以下向量式

$$V_1\overrightarrow{PA_1}+V_2\overrightarrow{PA_2}+V_3\overrightarrow{PA_3}+V_4\overrightarrow{PA_4}=V\overrightarrow{PO} \quad ①$$

在式 ① 中,令$P=A_1$,得到

$$V_2\overrightarrow{A_1A_2}+V_3\overrightarrow{A_1A_3}+V_4\overrightarrow{A_1A_4}=V\overrightarrow{A_1O}$$

上式两边同时点乘(内积运算)$\overrightarrow{A_1O}$,得到

$$V_2\overrightarrow{A_1A_2}\cdot\overrightarrow{A_1O}+V_3\overrightarrow{A_1A_3}\cdot\overrightarrow{A_1O}+V_4\overrightarrow{A_1A_4}\cdot\overrightarrow{A_1O}=V|\overrightarrow{A_1O}|^2$$

即

$$V_2a_{12}^2+V_3a_{13}^2+V_4a_{14}^2=2VR^2 \quad ②$$

同理可得

$$V_1a_{12}^2+V_3a_{23}^2+V_4a_{24}^2=2VR^2 \quad ③$$

$$V_1a_{13}^2+V_2a_{23}^2+V_4a_{24}^2=2VR^2 \quad ④$$

$$V_1a_{13}^2+V_2a_{24}^2+V_3a_{34}^2=2VR^2 \quad ⑤$$

由 ②③④⑤ 组成的方程组,解得

$$V_1=\frac{2VR^2D_1}{D},V_2=\frac{2VR^2D_2}{D},V_3=\frac{2VR^2D_3}{D},V_4=\frac{2VR^2D_4}{D}$$

其中$D=\begin{vmatrix}0 & a_{12}^2 & a_{13}^2 & a_{14}^2\\ a_{12}^2 & 0 & a_{23}^2 & a_{24}^2\\ a_{13}^2 & a_{23}^2 & 0 & a_{34}^2\\ a_{14}^2 & a_{24}^2 & a_{34}^2 & 0\end{vmatrix}=-16\Delta^2$,$D_i(i=1,2,3,4)$分别为将行列式$D$中的第$i$列各元素都换成 1 后所得到的行列式,于是

$$\begin{aligned}V&=V_1+V_2+V_3+V_4\\&=\frac{2VR^2D_1}{D}+\frac{2VR^2D_2}{D}+\frac{2VR^2D_3}{D}+\frac{2VR^2D_4}{D}\\&=\frac{2VR^2(D_1+D_2+D_3+D_4)}{-16\Delta^2}\\&=\frac{2VR^2(-288V^2)}{-16\Delta^2}=\frac{36R^2V^3}{\Delta^2}\end{aligned}$$

(注意应用引理 3),即得$6RV=\Delta$.

下面证明定理 2.

我们知道,在三角形中,有以下命题:若$\triangle ABC$三边长为a,b,c,面积为S,则

$$abc\geqslant\frac{4}{3}\sqrt{a^2+b^2+c^2}S$$

当且仅当$\triangle ABC$为正三角形时取等号(证略).

此不等式与$\triangle ABC$中的不等式$\sin^2 A+\sin^2 A+\sin^2 A\leqslant\frac{3}{4}$等价(详证略).

应用上述三角形中的不等式以及引理 4,即得到

$$\begin{aligned}P&=a_{12}a_{34}a_{13}a_{24}a_{14}a_{23}\\&\geqslant\frac{4}{3}\sqrt{(a_{12}a_{34})^2+(a_{13}a_{24})^2+(a_{14}a_{23})^2}\Delta\\&=8\sqrt{(a_{12}a_{34})^2+(a_{13}a_{24})^2+(a_{14}a_{23})^2}RV\end{aligned}$$

当且仅当 $a_{12}a_{34}=a_{13}a_{24}=a_{14}a_{23}$ 时取等号.

定理 3 $16R^2\geqslant a_{12}^2+a_{13}^2+a_{14}^2+a_{23}^2+a_{24}^2+a_{34}^2$,当且仅当四面体 $A_1A_2A_3A_4$ 为等面四面体(对棱长相等的四面体)时取等号.

证明 先证明以下引理 5.

引理 5 设 G 为四面体 $A_1A_2A_3A_4$ 的重心,则

$$|OG|=\frac{\sqrt{16R^2-(a_{12}^2+a_{13}^2+a_{14}^2+a_{23}^2+a_{24}^2+a_{34}^2)}}{4}$$

引理 5 证明 设 $\triangle A_1A_2A_4,\triangle A_1A_3A_2,\triangle A_1A_2A_4,\triangle A_1A_3A_2$ 的重心分别为 G_1,G_2,G_3,G_4,则$\overrightarrow{GA_1}=\frac{3}{4}\overrightarrow{G_1A_1},\overrightarrow{GA_2}=\frac{3}{4}\overrightarrow{G_1A_2},\overrightarrow{GA_3}=\frac{3}{4}\overrightarrow{G_1A_3},\overrightarrow{GA_4}=\frac{3}{4}\overrightarrow{G_1A_4}$,于是

$$\begin{aligned}|\overrightarrow{GA_1}|^2&=\frac{9}{16}|\overrightarrow{G_1A_1}|^2=\frac{1}{16}(\overrightarrow{A_1A_2}+\overrightarrow{A_1A_3}+\overrightarrow{A_1A_4})^2\\&=\frac{1}{16}(|\overrightarrow{A_1A_2}|^2+|\overrightarrow{A_1A_3}|^2+|\overrightarrow{A_1A_4}|^2+2\overrightarrow{A_1A_2}\cdot\overrightarrow{A_1A_3}+\\&\quad 2\overrightarrow{A_1A_2}\cdot\overrightarrow{A_1A_4}+2\overrightarrow{A_1A_3}\cdot\overrightarrow{A_1A_4})\\&=\frac{1}{16}(3|\overrightarrow{A_1A_2}|^2+3|\overrightarrow{A_1A_3}|^2+3|\overrightarrow{A_1A_4}|^2\\&\quad-|\overrightarrow{A_2A_3}|^2-|\overrightarrow{A_2A_4}|^2-|\overrightarrow{A_3A_4}|^2)\end{aligned}$$

类似还有三式.因此得到

$$\begin{aligned}4R^2&=OA_1^2+OA_2^2+OA_3^2+OA_4^2\\&=(\overrightarrow{OG}+\overrightarrow{GA_1})^2+(\overrightarrow{OG}+\overrightarrow{GA_2})^2+(\overrightarrow{OG}+\overrightarrow{GA_3})^2+(\overrightarrow{OG}+\overrightarrow{GA_4})^2\\&=4|\overrightarrow{OG}|^2+|\overrightarrow{GA}|^2+|\overrightarrow{GB}|^2+|\overrightarrow{GC}|^2+|\overrightarrow{GD}|^2+\\&\quad 2\overrightarrow{OG}\cdot(\overrightarrow{GA_1}+\overrightarrow{GA_2}+\overrightarrow{GA_3}+\overrightarrow{GA_4})\\&=4|\overrightarrow{OG}|^2+|\overrightarrow{GA_1}|^2+|\overrightarrow{GA_2}|^2+|\overrightarrow{GA_3}|^2+|\overrightarrow{GA_4}|^2\end{aligned}$$

(注意到$\overrightarrow{GA_1}+\overrightarrow{GA_2}+\overrightarrow{GA_3}+\overrightarrow{GA_4}=\mathbf{0}$)

$$=4|\overrightarrow{OG}|^2+\frac{1}{4}(a_{12}^2+a_{13}^2+a_{14}^2+a_{23}^2+a_{24}^2+a_{34}^2)$$

即得

$$|OG|=\frac{\sqrt{16R^2-(a_{12}^2+a_{13}^2+a_{14}^2+a_{23}^2+a_{24}^2+a_{34}^2)}}{4}$$

下面证明定理 3.

注意到$|OG|\geqslant 0$,由此便得到

$$16R^2\geqslant a_{12}^2+a_{13}^2+a_{14}^2+a_{23}^2+a_{24}^2+a_{34}^2$$

当且仅当$OG=0$,即四面体$A_1A_2A_3A_4$为等面四面体(对棱长相等的四面体)时取等号.

定理 4 $64R^5\geqslant 27\sqrt{(a_{12}a_{34})^2+(a_{13}a_{24})^2+(a_{14}a_{23})^2}V$,当且仅当四面体$A_1A_2A_3A_4$为正四面体时取等号.

证明 由定理 3 和定理 2 得到

$$\begin{aligned}16R^2&\geqslant a_{12}^2+a_{13}^2+a_{14}^2+a_{23}^2+a_{24}^2+a_{34}^2\\&\geqslant 6\sqrt[3]{a_{12}a_{34}a_{13}a_{24}a_{14}a_{23}}=6\sqrt[3]{P}\\&\geqslant 6\sqrt[3]{8\sqrt{(a_{12}a_{34})^2+(a_{13}a_{24})^2+(a_{14}a_{23})^2}RV}\end{aligned}$$

将以上两边各三次方后化简即得,易知当且仅当四面体$A_1A_2A_3A_4$为正四面体时取等号.

若再应用定理 2 中的不等式便可得到$R^3\geqslant\frac{9\sqrt{3}}{8}V$,这再一次证明了半径为$R$的定球中以内接正四面体的体积为最大.

定理 5 (四面体的欧拉不等式)$R\geqslant 3r$.当且仅当四面体$A_1A_2A_3A_4$为正四面体时取等号.

证明 如图 2、图 3,四面体$A_1A_2A_3A_4$外接球球心为O,图 2 球心O在四面体$A_1A_2A_3A_4$内或边界上,图 3 球心O在四面体$A_1A_2A_3A_4$外,设外心O到$\triangle A_2A_3A_4$,$\triangle A_1A_3A_4$,$\triangle A_1A_2A_4$,$\triangle A_1A_2A_3$所在的平面的距离分别为r_1,r_2,r_3,r_4,从顶点A_1,A_2,A_3,A_4分别作四面体的高,其高线分别为h_1,h_2,h_3,h_4.

从O,A_1分别向$\triangle A_2A_3A_4$所在的平面作垂线,垂足分别为E,H,从O向A_1H(或其延长线)作垂线,垂足为F,得到$FH=OE$.

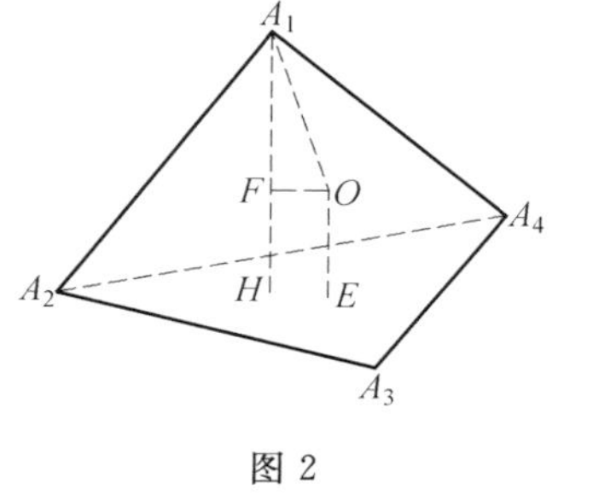

图 2

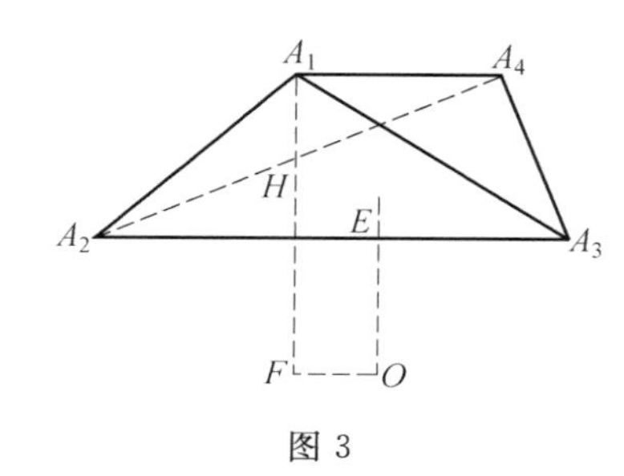

图 3

如图 2,有

$$R=A_1O\geqslant A_1F=A_1F+FH-OE=A_1H-OE$$

即 $R\geqslant h_1-r_1$,类似有 $R\geqslant h_2-r_2$,$R\geqslant h_3-r_3$,$R\geqslant h_4-r_4$,又由于

$$S_1h_1+S_2h_2+S_3h_3+S_4h_4=12V,\ S_1r_1+S_2r_2+S_3r_3+S_4r_4=3V$$

于是,得到

$$\begin{aligned}&(S_1+S_2+S_3+S_4)R\\=&S_1R+S_2R+S_3R+S_4R\\\geqslant&(h_1-r_1)S_1+(h_2-r_2)S_2+(h_3-r_3)S_3+(h_4-r_4)S_4\\=&(S_1h_1+S_2h_2+S_3h_3+S_4h_4)-(S_1r_1+S_2r_2+S_3r_3+S_4r_4)\\=&12V-3V=9V\\=&3(S_1+S_2+S_3+S_4)r\end{aligned}$$

因此得到 $R\geqslant 3r$.

如图 3,不妨设外心 O 与顶点分别位于平面 $A_2A_3A_4$ 两侧,用同上方法,有 $R\geqslant h_1+r_1$,$R\geqslant h_2-r_2$,$R\geqslant h_3-r_3$,$R\geqslant h_4-r_4$,又由于

$$S_1h_1+S_2h_2+S_3h_3+S_4h_4=12V,\ -S_1r_1+S_2r_2+S_3r_3+S_4r_4=3V$$

于是,得到

$$\begin{aligned}&(S_1+S_2+S_3+S_4)R\\=&S_1R+S_2R+S_3R+S_4R\\\geqslant&(h_1+r_1)S_1+(h_2-r_2)S_2+(h_3-r_3)S_3+(h_4-r_4)S_4\\=&(S_1h_1+S_2h_2+S_3h_3+S_4h_4)-(-S_1r_1+S_2r_2+S_3r_3+S_4r_4)\\=&12V-3V=9V\\=&3(S_1+S_2+S_3+S_4)r,\end{aligned}$$

因此得到 $R\geqslant 3r$.

综上,即证得 $R\geqslant 3r$,由以上证明过程可知,当且仅当四面体 $ABCD$ 为正四面体时取等号.

另一证法见下面定理 10.

定理 6　设四面体 $A_1A_2A_3A_4$ 四个顶点 A_1,A_2,A_3,A_4 所对的面的三角形的内切圆半径分别为 r_1,r_2,r_3,r_4,则

$$(S_1+S_2+S_3+S_4)(-S_1+S_2+S_3+S_4)\geqslant\left(\frac{3V}{r_1}\right)^2$$

当且仅当二面角 $\alpha_{23},\alpha_{24},\alpha_{34}$ 都相等时取等号.

类似还有三式.

证明　如图 4,从 A_1 作 $A_1H\perp$ 平面 $A_2A_3A_4$,垂足为 H,再从 A_1 作 $A_1B\perp A_3A_4$,垂足为 B,联结 BH,则 $A_1H\perp A_3A_4$(三垂线定理),于是得到

$$\begin{aligned}A_1H\cdot a_{34}&=2S_2\sin\alpha_{34}\\&=2\sqrt{(S_2+S_2\cos\alpha_{34})(S_2-S_2\cos\alpha_{34})}\end{aligned}$$

同理有

$$A_1H \cdot a_{24}=2\sqrt{(S_3+S_3\cos\alpha_{24})(S_3-S_3\cos\alpha_{24})}$$

$$A_1H \cdot a_{23}=2\sqrt{(S_4+S_4\cos\alpha_{23})(S_4-S_4\cos\alpha_{23})}$$

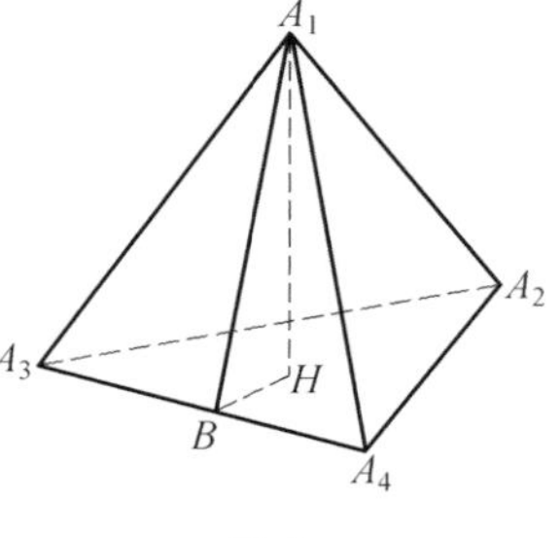

图 4

将上述三式左右两边分别相加,并注意到 $A_1H=\frac{3V}{S_1}$,$a_{34}+a_{24}+a_{23}=\frac{2S_1}{r_1}$,以及四面体中的射影定理,同时

再应用柯西不等式,得到

$$\begin{aligned}\frac{3V}{r_1}=&\sqrt{(S_2+S_2\cos\alpha_{34})(S_2-S_2\cos\alpha_{34})}+\\&\sqrt{(S_3+S_3\cos\alpha_{24})(S_3-S_3\cos\alpha_{24})}+\\&\sqrt{(S_4+S_4\cos\alpha_{23})(S_4-S_4\cos\alpha_{23})}\\\leqslant&\sqrt{S_2+S_2\cos\alpha_{34}+S_3+S_3\cos\alpha_{24}+S_4+S_4\cos\alpha_{23}}\cdot\\&\sqrt{S_2-S_2\cos\alpha_{34}+S_3-S_3\cos\alpha_{24}+S_4-S_4\cos\alpha_{23}}\text{(应用柯西不等式)}\\=&\sqrt{(S_1+S_2+S_3+S_4+S_4)(-S_1+S_2+S_3+S_4+S_4)}\text{(应用射影定理)}\end{aligned}$$

即得所要证的不等式,易知当且仅当二面角 α_{23},α_{24},α_{34} 都相等时取等号.

若注意到三角形中的不等式 $S_1\geqslant 3\sqrt{3}r_1^2$,便得到以下定理 7.

定理 7 (自创题,2005-06-10)$(S_1+S_2+S_3+S_4)(-S_1+S_2+S_3+S_4)\geqslant\frac{27\sqrt{3}V^2}{S_1}$,当且仅当 $\triangle A_2A_3A_4$ 为正三角形,且 $a_{12}=a_{13}=a_{14}$ 时取等号.

类似还有三式.

注:若记与 A_1 对面相切的旁切圆半径为 r_{A_1},则有 $r_{A_1}=\frac{3V}{-S_1+S_2+S_3+S_4}$,即有

$$-S_1+S_2+S_3+S_4=\frac{3V}{r_{A_1}}$$

因此有

$$r_{A_1}\leqslant\frac{\sqrt{3}}{27}\cdot\frac{S_1(S_1+S_2+S_3+S_4)}{27V}$$

定理 8 (自创题,2005-06-10) $\frac{1}{S_1}+\frac{1}{S_2}+\frac{1}{S_3}+\frac{1}{S_4}\leqslant\frac{2\sqrt{3}}{9r^2}$,当且仅当四面体 $A_1A_2A_3A_4$ 为正四面体时取等号.

证明 将定理 7 中的四式左右两边相加后得到

$$2(S_1+S_2+S_3+S_4)^2\geqslant 27\sqrt{3}\left(\frac{1}{S_1}+\frac{1}{S_2}+\frac{1}{S_3}+\frac{1}{S_4}\right)V^2$$

注意到 $3V=(S_1+S_2+S_3+S_4)r$,因此有

$$\frac{1}{S_1}+\frac{1}{S_2}+\frac{1}{S_3}+\frac{1}{S_4}\leqslant\frac{2(S_1+S_2+S_3+S_4)^2}{27\sqrt{3}V^2}=\frac{2\sqrt{3}}{9r^2}$$

易知当且仅当 $\triangle A_2A_3A_4$ 为正三角形，且 $a_{12}=a_{13}=a_{14}$ 时取等号.

定理 9 （自创题，2005－06－10）记 $P=a_{12}a_{34}a_{13}a_{24}a_{14}a_{23}$，则

$$\begin{aligned}&S_1(-S_1+S_2+S_3+S_4)+S_2(S_1-S_2+S_3+S_4)+\\&S_3(S_1+S_2-S_3+S_4)+\\&S_4(S_1+S_2+S_3-S_4)\\\geqslant&\left[\frac{3(a_{12}+a_{34}+a_{13}+a_{24}+a_{14}+a_{23})V}{S_1+S_2+S_3+S_4}\right]^2\\=&(a_{12}+a_{34}+a_{13}+a_{24}+a_{14}+a_{23})^2r^2\end{aligned}$$

当且仅当四面体 $A_1A_2A_3A_4$ 为正四面体时取等号.

证明　由定理 6 中的不等式，有

$$\begin{aligned}&3(a_{23}+a_{24}+a_{34})V\\\leqslant&2\sqrt{(S_1+S_2+S_3+S_4)\cdot S_1\cdot S_1\cdot(-S_1+S_2+S_3+S_4)}\end{aligned}$$

类似还有三式，将这四式左右两边分别相加，同时应用柯西不等式，即可得到原不等式，易知当且仅当四面体 $A_1A_2A_3A_4$ 为正四面体时取等号.

定理 7、定理 8、定理 9 可参见文[1]. 文[1] 末还提出了如下两个猜想：

(1) $\sum\limits_{i=1}^{4}S_i(-S_1+S_2+S_3+S_4)\geqslant\frac{6r}{R}\sum\limits_{i=1}^{4}S_i^2$；

(2) $\frac{\sum\limits_{i=1}^{4}S_i}{3\sqrt{3}r^2}\geqslant\sum\limits_{i=1}^{4}\frac{-S_1+S_2+S_3+S_4}{S_1}$.

以上两个猜想笔者早已在 1994 年 3 月就提出，但至今未见有人解决.

定理 10　$R^3\geqslant\frac{\sqrt{108}}{32}(S_1+S_2+S_3+S_4)^{\frac{3}{2}}\geqslant\frac{9\sqrt{3}}{8}V\geqslant27r^3$. 当且仅当四面体 $ABCD$ 为正四面体时，以上各式均取等号.

证明　根据三角形中边长与面积关系不等式 $a_{23}^2+a_{24}^2+a_{34}^2\geqslant4\sqrt{3}S_1$，以及定理 3，得到

$$\begin{aligned}16R^2&\geqslant a_{12}^2+a_{13}^2+a_{14}^2+a_{23}^2+a_{24}^2+a_{34}^2\\&\geqslant\frac{1}{2}[(a_{23}^2+a_{24}^2+a_{34}^2)+(a_{13}^2+a_{14}^2+a_{34}^2)+\\&\quad(a_{12}^2+a_{14}^2+a_{24}^2)+(a_{12}^2+a_{13}^2+a_{23}^2)]\\&\geqslant2\sqrt{3}(S_1+S_2+S_3+S_4)\end{aligned}$$

即得

$$R^3\geqslant\frac{\sqrt{108}}{32}(S_1+S_2+S_3+S_4)^{\frac{3}{2}}$$

应用定理 6 中的不等式

$$(S_1+S_2+S_3+S_4)(-S_1+S_2+S_3+S_4)\geqslant\left(\frac{3V}{r_A}\right)^2$$

得到

$$(S_1+S_2+S_3+S_4)(-S_1+S_2+S_3+S_4)\geqslant\frac{27\sqrt{3}V^2}{S_A}$$

类似还有四式,将所得四式左右两边分别相加,便得到

$$2(S_1+S_2+S_3+S_4)^2\geqslant 27\sqrt{3}V^2\left(\frac{1}{S_1}+\frac{1}{S_2}+\frac{1}{S_3}+\frac{1}{S_4}\right)$$

于是,再应用柯西不等式,有

$$\begin{aligned}2(S_1+S_2+S_3+S_4)^2&\geqslant 27\sqrt{3}V^2\left(\frac{1}{S_1}+\frac{1}{S_2}+\frac{1}{S_3}+\frac{1}{S_4}\right)(S_A+S_B+S_C+S_D)\\&\geqslant 16\cdot 27\sqrt{3}V^2\end{aligned}$$

由此得到

$$\frac{\sqrt{108}}{32}(S_1+S_2+S_3+S_4)^{\frac{3}{2}}\geqslant\frac{9\sqrt{3}}{8}V$$

由于 $S_1+S_2+S_3+S_4=\frac{3V}{r}$,代入上式,并经整理,即得

$$\frac{9\sqrt{3}}{8}V\geqslant 27r^3$$

综上,有 $R^3\geqslant\frac{\sqrt{108}}{32}(S_1+S_2+S_3+S_4)^{\frac{3}{2}}\geqslant\frac{9\sqrt{3}}{8}V\geqslant 27r^3$,并由上证明过程易知当且仅当四面体 $ABCD$ 为正四面体时,各式均取等号.

由 $R^3\geqslant\frac{\sqrt{108}}{32}(S_1+S_2+S_3+S_4)^{\frac{3}{2}}\geqslant\frac{9\sqrt{3}}{8}V\geqslant 27r^3$,便得到 $R\geqslant 3r$. 在《中学数学》(湖北)1993 年第 7 期,杨学枝《关联四面体体积与外接球半径的一个不等式的加强》中加强了 $R\geqslant 3r$,得到 $R\sin\theta\geqslant 3r$,其中 θ 为棱 A_1A_2 与 A_3A_4 所成的角.

由 $R^3\geqslant\frac{\sqrt{108}}{32}(S_1+S_2+S_3+S_4)^{\frac{3}{2}}\geqslant\frac{9\sqrt{3}}{8}V\geqslant 27r^3$ 可知,有以下定理 11.

定理 11 在定球内接四面体中,以正四面体表面积最大,且体积也最大.

定理 12 (自创题,1989-11-26) 设 x_1,x_2,x_3,x_4 为任意正数,则

i. $$\begin{aligned}&x_1S_1^2+x_2S_2^2+x_3S_3^2+x_4S_4^2\\&\geqslant\frac{18\sqrt[3]{6}}{4}(x_2x_3x_4+x_1x_3x_4+x_1x_2x_4+x_1x_2x_3)^{\frac{1}{3}}\cdot V^{\frac{4}{3}}\end{aligned}$$

ii. $S_1S_2S_3S_4 \geqslant \frac{27\sqrt{3}}{2}\left[\frac{x_2x_3x_4S_1^2+x_1x_3x_4S_2^2+x_1x_2x_4S_3^2+x_1x_2x_3S_4^2}{(x_1+x_2+x_3+x_4)^3}\right]^{\frac{1}{2}}V^2$

iii. $S_1S_2S_3S_4 \geqslant 54\sqrt{3}\cdot\frac{x_2x_3x_4S_1+x_1x_3x_4S_2+x_1x_2x_4S_3+x_1x_2x_3S_4}{(x_1+x_2+x_3+x_4)^3}V^2$

当且仅当 $x_1=x_2=x_3=x_4$，且四面体 $A_1A_2A_3A_4$ 为正四面体时以上三式均取等号.

证明 记$\boldsymbol{s}_1=\overrightarrow{A_4A_2}\times\overrightarrow{A_4A_3}$，$\boldsymbol{s}_2=\overrightarrow{A_4A_3}\times\overrightarrow{A_4A_1}$，$\boldsymbol{s}_3=\overrightarrow{A_4A_1}\times\overrightarrow{A_4A_2}$，$\boldsymbol{s}_4=\overrightarrow{A_1A_2}\times\overrightarrow{A_1A_3}$，则

$$\begin{aligned}\boldsymbol{s}_4&=\overrightarrow{A_1A_2}\times\overrightarrow{A_1A_3}\\&=(\overrightarrow{A_4A_2}-\overrightarrow{A_4A_1})\times(\overrightarrow{A_4A_3}-\overrightarrow{A_4A_1})\\&=\overrightarrow{A_4A_2}\times\overrightarrow{A_4A_3}+\overrightarrow{A_4A_3}\times\overrightarrow{A_4A_1}+\overrightarrow{A_4A_1}\times\overrightarrow{A_4A_2}\\&=\boldsymbol{s}_1+\boldsymbol{s}_2+\boldsymbol{s}_3\end{aligned}$$

设参数 $\lambda\geqslant 0$，一方面由于

$$\begin{aligned}&(\sqrt{x_1}\,\boldsymbol{s}_1-\sqrt{\lambda x_2x_3}\,\boldsymbol{s}_4)^2+(\sqrt{x_2}\,\boldsymbol{s}_2-\sqrt{\lambda x_3x_1}\,\boldsymbol{s}_4)^2+(\sqrt{x_3}\,\boldsymbol{s}_3-\sqrt{\lambda x_1x_2}\,\boldsymbol{s}_4)^2\\=\ &x_1(\boldsymbol{s}_1)^2+x_2(\boldsymbol{s}_2)^2+x_3(\boldsymbol{s}_3)^2+[\lambda(x_2x_3+x_3x_1+x_1x_2)-2\sqrt{\lambda x_1x_2x_3}](\boldsymbol{s}_4)^2\end{aligned}\quad ①$$

另一方面，根据算术 — 几何平均值不等式及向量不等式

$$|\boldsymbol{a}|\cdot|\boldsymbol{b}|\cdot|\boldsymbol{c}|\geqslant|(\boldsymbol{a}\times\boldsymbol{b})\cdot\boldsymbol{c}|$$

有

$$\begin{aligned}&(\sqrt{x_1}\,\boldsymbol{s}_1-\sqrt{\lambda x_2x_3}\,\boldsymbol{s}_4)^2+(\sqrt{x_2}\,\boldsymbol{s}_2-\sqrt{\lambda x_3x_1}\,\boldsymbol{s}_4)^2+(\sqrt{x_3}\,\boldsymbol{s}_3-\sqrt{\lambda x_1x_2}\,\boldsymbol{s}_4)^2\\\geqslant\ &3[(\sqrt{x_1}\,\boldsymbol{s}_1-\sqrt{\lambda x_2x_3}\,\boldsymbol{s}_4)^2\cdot(\sqrt{x_2}\,\boldsymbol{s}_2-\sqrt{\lambda x_3x_1}\,\boldsymbol{s}_4)^2\cdot(\sqrt{x_3}\,\boldsymbol{s}_3-\sqrt{\lambda x_1x_2}\,\boldsymbol{s}_4)^2]^{\frac{1}{3}}\\\geqslant\ &3[|(\sqrt{x_1}\,\boldsymbol{s}_1-\sqrt{\lambda x_2x_3}\,\boldsymbol{s}_4)\times(\sqrt{x_2}\,\boldsymbol{s}_2-\sqrt{\lambda x_3x_1}\,\boldsymbol{s}_4)\cdot(\sqrt{x_3}\,\boldsymbol{s}_3-\sqrt{\lambda x_1x_2}\,\boldsymbol{s}_4)|]^{\frac{2}{3}}\\=\ &3[|\sqrt{x_1x_2x_3}-\sqrt{\lambda}(x_2x_3+x_3x_1+x_1x_2)|]^{\frac{2}{3}}\cdot[|(\boldsymbol{s}_1\times\boldsymbol{s}_2)\cdot\boldsymbol{s}_3|]^{\frac{2}{3}}\end{aligned}\quad ②$$

由 ①② 两式可以得到

$$\begin{aligned}&x_1(\boldsymbol{s}_1)^2+x_2(\boldsymbol{s}_2)^2+x_3(\boldsymbol{s}_3)^2+[\lambda(x_2x_3+x_3x_1+x_1x_2)-2\sqrt{\lambda x_1x_2x_3}](\boldsymbol{s}_4)^2\\\geqslant\ &3[|\sqrt{x_1x_2x_3}-\sqrt{\lambda}(x_2x_3+x_3x_1+x_1x_2)|]^{\frac{2}{3}}\cdot[|(\boldsymbol{s}_1\times\boldsymbol{s}_2)\cdot\boldsymbol{s}_3|]^{\frac{2}{3}}\end{aligned}\quad ③$$

为了确定参数 λ 值，我们令

$$\lambda(x_2x_3+x_3x_1+x_1x_2)-2\sqrt{\lambda x_1x_2x_3}=x_4$$

可求得

$$\sqrt{\lambda}=\frac{\sqrt{x_1x_2x_3}+\sqrt{x_2x_3x_4+x_1x_3x_4+x_1x_2x_4+x_1x_2x_3}}{x_2x_3+x_3x_1+x_1x_2}$$

代入式 ③ 并整理，得到

$$x_1(\boldsymbol{s}_1)^2+x_2(\boldsymbol{s}_2)^2+x_3(\boldsymbol{s}_3)^2+x_4(\boldsymbol{s}_4)^2$$

$$\geqslant 3\,(x_2x_3x_4+x_1x_3x_4+x_1x_2x_4+x_2x_3x_4)^{\frac{1}{3}}\cdot[\,|\boldsymbol{s}_1\ \boldsymbol{s}_2\ \boldsymbol{s}_3|\,]^{\frac{2}{3}}$$

但由于

$$\begin{aligned}|\boldsymbol{s}_1\ \boldsymbol{s}_2\ \boldsymbol{s}_3|&=|(\overrightarrow{A_4A_2}\times\overrightarrow{A_4A_3})\times(\overrightarrow{A_4A_3}\times\overrightarrow{A_4A_1})\cdot(\overrightarrow{A_4A_1}\times\overrightarrow{A_4A_2})|\\&=[\,|(\overrightarrow{A_4A_1}\times\overrightarrow{A_4A_2})\cdot\overrightarrow{A_4A_3}|\,]^2\\&=(6V)^2\end{aligned}$$

因此得到式 i 中不等式.

再用 $x_1\boldsymbol{s}_2^2\boldsymbol{s}_3^2\boldsymbol{s}_4^2,x_2\boldsymbol{s}_1^2\boldsymbol{s}_3^2\boldsymbol{s}_4^2,x_3\boldsymbol{s}_1^2\boldsymbol{s}_2^2\boldsymbol{s}_4^2,x_4\boldsymbol{s}_1^2\boldsymbol{s}_2^2\boldsymbol{s}_3^2$ 分别置换式i中不等式的 x_1,x_2,x_3,x_4,并整理便得到式 ii 中不等式.

由 ii 的不等式,得到

$$\begin{aligned}S_1S_2S_3S_4&\geqslant\frac{27\sqrt{3}}{2}\left[\frac{x_2x_3x_4S_1^2+x_1x_3x_4S_2^2+x_1x_2x_4S_3^2+x_1x_2x_3S_4^2}{(x_1+x_2+x_3+x_4)^3}\right]^{\frac{1}{2}}V^2\\&=\frac{27\sqrt{3}}{2}\frac{[(x_1+x_2+x_3+x_4)^3(x_2x_3x_4S_1^2+x_1x_3x_4S_2^2+x_1x_2x_4S_3^2+x_1x_2x_3S_4^2)]^{\frac{1}{2}}}{(x_1+x_2+x_3+x_4)^3}V^2\\&\geqslant\frac{27\sqrt{3}}{2}\frac{[16(\sum x_2x_3x_4)(\sum x_2x_3x_4S_1^2)]^{\frac{1}{2}}}{(\sum\limits_{i=1}^{3}x_i)^3}V^2\\&=54\sqrt{3}\cdot\frac{x_2x_3x_4S_1+x_1x_3x_4S_2+x_1x_2x_4S_3+x_1x_2x_3S_4}{(x_1+x_2+x_3+x_4)^3}V^2\end{aligned}$$

特例:$S_1S_2S_3S_4\geqslant\frac{27\sqrt{3}}{16}\sqrt{\sum\limits_{i=1}^{4}S_i^2}\,V^2\geqslant\frac{81\sqrt[3]{9}}{16}V^{\frac{8}{3}}$,当且仅当四面体为正四面体时取等号.

本定理可参见文[3][4].

定理 13 (自创题,1989-11-26)若四面体 $A_1A_2A_3A_4$ 内一点 P 到四个面 $A_2A_3A_4,A_1A_3A_4,A_1A_2A_4,A_1A_2A_3$ 的距离分别为 r_1,r_2,r_3,r_4,则

$$V\geqslant 2\sqrt{3}(r_2r_3r_4+r_1r_3r_4+r_1r_2r_4+r_1r_2r_3)$$

当且仅当四面体 $A_1A_2A_3A_4$ 为正四面体,且 P 为其中心时取等号.

证明 在以上定理 12 iii 中,令 $x_i=S_ir_i(i=1,2,3,4)$,即得(详证略)[5].

特例 $V\geqslant 8\sqrt{3}r^3$.

定理 14 (自创题,1992-03-07)在四面体 $A_1A_2A_3A_4$ 中,设 α_{ij} 表示隶属于棱 $A_iA_j(i,j=1,2,3,4,i\neq j)$ 的二面角,x_1,x_2,x_3,x_4 是任意实数,则

$$\begin{aligned}&x_1x_2\cos\alpha_{34}+x_1x_3\cos\alpha_{24}+x_1x_4\cos\alpha_{23}+x_2x_3\cos\alpha_{14}+\\&x_2x_4\cos\alpha_{13}+x_3x_4\cos\alpha_{12}\\\leqslant&\frac{1}{2}(x_1^2+x_2^2+x_3^2+x_4^2)\end{aligned}$$

当且仅当$\frac{x_1}{S_1}=\frac{x_2}{S_2}=\frac{x_3}{S_3}=\frac{x_4}{S_4}$ 时取等号.

证明 设四面体 $A_1A_2A_3A_4$ 的内切球的半径为 1，球心 O 对应于零向量，内切球与顶点 $A_i(i=1,2,3,4)$ 所对的面分别切于点 $A'_i(i=1,2,3,4)$，则有

$$\overrightarrow{OA'_1}\cdot\overrightarrow{OA'_2}=\cos\angle A'_1OA'_2=-\cos\alpha_{34}$$

于是

$$0\leqslant\left(\sum_{i=1}^{4}x_i\overrightarrow{OA'_i}\right)^2$$
$$=\sum_{i=1}^{4}\sum_{j=1}^{4}x_ix_j(\overrightarrow{OA'_i}\cdot\overrightarrow{OA'_j})$$
$$=x_1^2+x_2^2+x_3^2+x_4^2-2x_1x_2\cos\alpha_{34}-2x_1x_3\cos\alpha_{24}-2x_1x_4\cos\alpha_{23}-2x_2x_3\cos\alpha_{14}-2x_2x_4\cos\alpha_{13}-2x_3x_4\cos\alpha_{12}$$

即得原不等式.

由以上证明中可知，当且仅当四面体 $A_1A_2A_3A_4$ 的内切球球心 O 满足以下向量式

$$x_1\overrightarrow{OA'_1}+x_2\overrightarrow{OA'_2}+x_3\overrightarrow{OA'_3}+x_4\overrightarrow{OA'_4}=\mathbf{0} \quad ①$$

这时原不等式取等号.

下面我们证明式 ① 与 $\frac{x_1}{S_1}=\frac{x_2}{S_2}=\frac{x_3}{S_3}=\frac{x_4}{S_4}$ 等价.

事实上，由向量外积意义可知

$$S_1\overrightarrow{OA'_1}=\frac{1}{2}\overrightarrow{A_2A_3}\times\overrightarrow{A_2A_4},\qquad S_2\overrightarrow{OA'_2}=\frac{1}{2}\overrightarrow{A_3A_1}\times\overrightarrow{A_3A_4}$$

$$S_3\overrightarrow{OA'_3}=\frac{1}{2}\overrightarrow{A_4A_1}\times\overrightarrow{A_4A_2},\qquad S_4\overrightarrow{OA'_4}=\frac{1}{2}\overrightarrow{A_1A_3}\times\overrightarrow{A_1A_2}$$

另外，易知

$$\overrightarrow{A_2A_3}\times\overrightarrow{A_2A_4}+\overrightarrow{A_3A_1}\times\overrightarrow{A_3A_4}+\overrightarrow{A_4A_1}\times\overrightarrow{A_4A_2}+\overrightarrow{A_1A_3}\times\overrightarrow{A_1A_2}=0$$

因此，得到

$$S_1\overrightarrow{OA'_1}+S_2\overrightarrow{OA'_2}+S_3\overrightarrow{OA'_3}+S_4\overrightarrow{OA'_4}=0 \quad ②$$

比较 ①② 两式的向量式系数，即得 $\frac{x_1}{S_1}=\frac{x_2}{S_2}=\frac{x_3}{S_3}=\frac{x_4}{S_4}$. 由此可知，定理 14 中的不等式当且仅当 $\frac{x_1}{S_1}=\frac{x_2}{S_2}=\frac{x_3}{S_3}=\frac{x_4}{S_4}$ 时取等号.

以上证法很容易将定理 14 中的不等式向 n 维空间推广.

最后顺便指出，在文[6] 中，对于定理 14 中的不等式要求 x_1,x_2,x_3,x_4 为正数，我们已将它放宽为任意实数. 另外，文[6] 中，对于定理 14 中的不等式的取等号条件有误，这容易从文[6] 作者的证明中看出，应予以纠正.

定理 15 （自创题，1990－08－04）设四面体 $A_1A_2A_3A_4$ 中，以 A_iA_j 为棱的二面角为 α_{ij}，四面体 $A'_1A'_2A'_3A'_4$ 中，以 $A'_iA'_j$ 为棱的二面角为 α'_{ij}，上述 i，

$j=1,2,3,4,i\neq j,x_1,x_2,x_3,x_4$ 是任意实数,则

$$x_1x_2\sin\alpha_{34}\sin\alpha'_{34}+x_1x_3\sin\alpha_{24}\sin\alpha'_{24}+x_1x_4\sin\alpha_{23}\sin\alpha'_{23}+$$
$$x_2x_3\sin\alpha_{14}\sin\alpha'_{14}+x_2x_4\sin\alpha_{13}\sin\alpha'_{13}+x_3x_4\sin\alpha_{12}\sin\alpha'_{12}$$
$$\leqslant\frac{1}{3}(x_1+x_2+x_3+x_4)^2$$

当且仅当 $\alpha_{ij}=\alpha'_{ij}(i,j=1,2,3,4,i\neq j)$,且

$$\frac{S_1S_2\cos\alpha_{12}}{x_1x_2}=\frac{S_1S_3\cos\alpha_{13}}{x_1x_3}=\frac{S_1S_4\cos\alpha_{14}}{x_1x_4}=\frac{S_2S_3\cos\alpha_{23}}{x_2x_3}=\frac{S_2S_4\cos\alpha_{24}}{x_2x_4}=\frac{S_3S_4\cos\alpha_{34}}{x_3x_4}$$

时取等号.

证明 先证明以下引理 6.

引理 6 设 x_1,x_2,x_3,x_4 是任意实数,则

$$x_1x_2\sin^2\alpha_{34}+x_1x_3\sin^2\alpha_{24}+x_1x_4\sin^2\alpha_{23}+x_2x_3\sin^2\alpha_{14}+x_2x_4\sin^2\alpha_{13}+x_3x_4\sin^2\alpha_{12}\leqslant\frac{1}{3}(x_1+x_2+x_3+x_4)^2$$

当且仅当

$$\frac{S_1S_2\cos\alpha_{12}}{x_1x_2}=\frac{S_1S_3\cos\alpha_{13}}{x_1x_3}=\frac{S_1S_4\cos\alpha_{14}}{x_1x_4}=\frac{S_2S_3\cos\alpha_{23}}{x_2x_3}=\frac{S_2S_4\cos\alpha_{24}}{x_2x_4}=\frac{S_3S_4\cos\alpha_{34}}{x_3x_4}$$

时取等号.

引理 6 证明 应用三角等式 $\sin^2\alpha=1-\cos^2\alpha$,则引理 6 中的不等式等价于

$$x_1x_2\cos^2\alpha_{34}+x_1x_3\cos^2\alpha_{24}+x_1x_4\cos^2\alpha_{23}+$$
$$x_2x_3\cos^2\alpha_{14}+x_2x_4\cos^2\alpha_{13}+x_3x_4\cos^2\alpha_{12}$$
$$\geqslant\frac{1}{3}(x_1x_2+x_1x_3+x_1x_4+x_2x_3+x_2x_4+x_3x_4-x_1^2-x_2^2-x_3^2-x_4^2)\quad(※)$$

应用四面体的射影定理以及柯西不等式,有

$$S_1^2=(S_2\cos\alpha_{34}+S_3\cos\alpha_{24}+S_4\cos\alpha_{23})^2$$
$$\leqslant(x_1x_2\cos\alpha_{34}+x_1x_3\cos\alpha_{24}+x_1x_4\cos\alpha_{23})\left(\frac{S_2^2}{x_1x_2}+\frac{S_3^2}{x_1x_3}+\frac{S_4^2}{x_1x_4}\right)$$

即

$$x_1x_2\cos\alpha_{34}+x_1x_3\cos\alpha_{24}+x_1x_4\cos\alpha_{23}\geqslant\frac{\frac{S_1^2}{x_1}}{\frac{S_2^2}{x_2}+\frac{S_3^2}{x_3}+\frac{S_4^2}{x_4}}\cdot x_1^2$$

当且仅当$\frac{S_2S_3\cos\alpha_{23}}{x_2x_3}=\frac{S_2S_4\cos\alpha_{24}}{x_2x_4}=\frac{S_3S_4\cos\alpha_{34}}{x_3x_4}$时取等号.

应用相同的方法,还可以得到类似的其他三个不等式,将所得到的四个不等式左右两边分别相加,并再一次应用柯西不等式,便得到

$$2(x_1x_2\cos^2\alpha_{34}+x_1x_3\cos^2\alpha_{24}+x_1x_4\cos^2\alpha_{23}+$$
$$x_2x_3\cos^2\alpha_{14}+x_2x_4\cos^2\alpha_{13}+x_3x_4\cos^2\alpha_{12})$$
$$\overset{①}{\geqslant}\frac{\frac{S_1^2}{x_1}}{\frac{S_2^2}{x_2}+\frac{S_3^2}{x_3}+\frac{S_4^2}{x_4}}\cdot x_1^2+\frac{\frac{S_2^2}{x_2}}{\frac{S_1^2}{x_1}+\frac{S_3^2}{x_3}+\frac{S_4^2}{x_4}}\cdot x_1^2+$$
$$\frac{\frac{S_3^2}{x_3}}{\frac{S_1^2}{x_1}+\frac{S_2^2}{x_2}+\frac{S_4^2}{x_4}}\cdot x_1^2+\frac{\frac{S_4^2}{x_4}}{\frac{S_1^2}{x_1}+\frac{S_2^2}{x_2}+\frac{S_3^2}{x_3}}\cdot x_1^2$$
$$=\frac{1}{3}\left[\left(p-\frac{S_1^2}{x_1}\right)+\left(p-\frac{S_2^2}{x_2}\right)+\left(p-\frac{S_3^2}{x_3}\right)+\left(p-\frac{S_4^2}{x_4}\right)\right]\cdot$$
$$\left[\frac{x_1^2}{p-\frac{S_1^2}{x_1}}+\frac{x_2^2}{p-\frac{S_2^2}{x_2}}+\frac{x_3^2}{p-\frac{S_3^2}{x_3}}+\frac{x_4^2}{p-\frac{S_4^2}{x_4}}\right]-(x_1^2+x_2^2+x_3^2+x_4^2)$$

(这里 $p=\frac{S_1^2}{x_1}+\frac{S_2^2}{x_2}+\frac{S_3^2}{x_3}+\frac{S_4^2}{x_4}$)

$$\overset{②}{\geqslant}\frac{1}{3}(x_1+x_2+x_3+x_4)^2-(x_1^2+x_2^2+x_3^2+x_4^2)$$
$$=\frac{2}{3}(x_1x_2+x_1x_3+x_1x_4+x_2x_3+x_2x_4+x_3x_4-x_1^2-x_2^2-x_3^2-x_4^2)$$

即得式(※).

由以上证明过程可知,式 ① 当且仅当

$$\frac{S_1S_2\cos\alpha_{12}}{x_1x_2}=\frac{S_1S_3\cos\alpha_{13}}{x_1x_3}=\frac{S_1S_4\cos\alpha_{14}}{x_1x_4}$$
$$=\frac{S_2S_3\cos\alpha_{23}}{x_2x_3}=\frac{S_2S_4\cos\alpha_{24}}{x_2x_4}=\frac{S_3S_4\cos\alpha_{34}}{x_3x_4} \quad ③$$

时取等号;式 ② 当且仅当

$$\frac{1}{x_1}\left(p-\frac{S_1^2}{x_1}\right)=\frac{1}{x_2}\left(p-\frac{S_2^2}{x_2}\right)=\frac{1}{x_3}\left(p-\frac{S_3^2}{x_3}\right)=\frac{1}{x_4}\left(p-\frac{S_4^2}{x_4}\right)$$

即

$$\frac{S_2^2}{x_1x_2}+\frac{S_3^2}{x_1x_3}+\frac{S_4^2}{x_1x_4}=\frac{S_1^2}{x_1x_2}+\frac{S_3^2}{x_2x_3}+\frac{S_4^2}{x_2x_4}$$
$$=\frac{S_1^2}{x_1x_3}+\frac{S_2^2}{x_2x_3}+\frac{S_4^2}{x_3x_4}=\frac{S_1^2}{x_1x_4}+\frac{S_2^2}{x_2x_4}+\frac{S_3^2}{x_3x_4} \quad ④$$

时取等号.

下面证明式 ④ 可以由式 ③ 推得.

事实上,若设式 ③ 中诸式都等于 λ,则有 $\cos\alpha_{23}=\frac{x_2x_3}{S_2S_3}\lambda$,$\cos\alpha_{24}=\frac{x_2x_4}{S_2S_4}\lambda$,$\cos\alpha_{34}=\frac{x_3x_4}{S_3S_4}\lambda$,将它们分别代入射影公式

$$\begin{aligned}S_1&=S_2\cos\alpha_{34}+S_3\cos\alpha_{24}+S_4\cos\alpha_{23}\\&=(\frac{x_2x_3S_4}{S_2S_3}+\frac{x_2x_4S_3}{S_2S_4}+\frac{x_3x_4S_2}{S_3S_4})\lambda\end{aligned}$$

即

$$\frac{S_1S_2S_3S_4}{\lambda x_1x_2x_3x_4}=\frac{S_2^2}{x_1x_2}+\frac{S_3^2}{x_1x_3}+\frac{S_4^2}{x_1x_4}$$

同理可得其他类似三式,由这四式即得式 ④.

用同样方法,可得

$$x_1x_2\sin^2\alpha_{34}'+x_1x_3\sin^2\alpha_{24}'+x_1x_4\sin^2\alpha_{23}'+x_2x_3\sin^2\alpha_{14}'+x_2x_4\sin^2\alpha_{13}'+x_3x_4\sin^2\alpha_{12}'\leqslant\frac{1}{3}(x_1+x_2+x_3+x_4)^2 \quad ⑤$$

由引理 6 中的不等式以及式 ⑤,应用柯西不等式,即可得到的定理 15 中的不等式.

定理 16 (自创题,1990-08-04) 设 x_1,x_2,x_3,x_4 是任意实数,则

$$\begin{aligned}&(x_1+x_2+x_3+x_4)^2S_1^2S_2^2S_3^2S_4^2\\&\geqslant\frac{27}{4}(x_1x_2S_3^2S_4^2a_{34}^2+x_1x_3S_2^2S_4^2a_{24}^2+x_1x_4S_2^2S_4^2a_{24}^2+\\&x_2x_3S_1^2S_4^2a_{14}^2+x_2x_4S_1^2S_3^2a_{13}^2+x_3x_4S_1^2S_2^2a_{12}^2)V^2\end{aligned}$$

当且仅当

$$\begin{aligned}\frac{S_1S_2\cos\alpha_{12}}{x_1x_2}&=\frac{S_1S_3\cos\alpha_{13}}{x_1x_3}=\frac{S_1S_4\cos\alpha_{14}}{x_1x_4}=\frac{S_2S_3\cos\alpha_{23}}{x_2x_3}\\&=\frac{S_2S_4\cos\alpha_{24}}{x_2x_4}=\frac{S_3S_4\cos\alpha_{34}}{x_3x_4}\end{aligned}$$

时取等号.

证明 根据四面体体积公式有 $\sin\alpha_{12}=\frac{3a_{12}}{2S_3S_4}V$ 等六式分别代入定理 15 的引理 6 中不等式即得,取等号条件同引理 6 中的不等式取等号条件.

定理 17 (自创题,1990-08-04)

$$S_1S_2S_3S_4\geqslant\frac{27}{32}(a_{12}a_{34}+a_{13}a_{24}+a_{14}a_{23})V^2$$

当且仅当四面体 $A_1A_2A_3A_4$ 为正四面体时取等号.

证明　在上述定理16不等式中取 $x_1=x_2=x_3=x_4=1$,同时应用算术一几何平均值不等式即得.

定理18　(自创题,1989-12-26) 设 x_1,x_2,x_3,x_4 为任意正数,则

$$x_1S_1^2+x_2S_2^2+x_3S_3^2+x_4S_4^2$$
$$\geqslant\frac{3\sqrt{3}}{2}(x_1x_2A_3A_4^2+x_1x_3A_2A_4^2+x_1x_4A_2A_3^2+$$
$$x_2x_3A_1A_4^2+x_2x_4A_1A_3^2+x_3x_4A_1A_2^2)^{\frac{1}{2}}V$$

当且仅当 $\frac{\cos\alpha_{12}}{x_1x_2S_1S_2}=\frac{\cos\alpha_{13}}{x_1x_3S_1S_3}=\frac{\cos\alpha_{14}}{x_1x_4S_1S_4}=\frac{\cos\alpha_{23}}{x_2x_3S_2S_3}=\frac{\cos\alpha_{24}}{x_2x_4S_2S_4}=\frac{\cos\alpha_{34}}{x_3x_4S_3S_4}$ 时取等号.

证明　用 $x_1S_1^2,x_2S_2^2,x_3S_3^2,x_4S_4^2$ 置换定理16不等式中的 x_1,x_2,x_3,x_4 即得.

定理19　(自创题,1990-08-04) 在四面体 $A_1A_2A_3A_4$ 中,体积为 V,顶点 A_1,A_2,A_3,A_4 所对的面的三角形面积分别为 S_1,S_2,S_3,S_4;在四面体 $A_1'A_2'A_3'A_4'$ 中,类似规定有 V' 和 S'_1,S'_2,S'_3,S'_4,x_1,x_2,x_3,x_4 为任意正数,则

$$(x_1S_1S_1'+x_2S_2S'_2+x_3S_3S'_3+x_4S_4S'_4)^2$$
$$\geqslant\frac{27}{4}(x_1x_2a_{34}a_{34}'+x_1x_3a_{24}a_{24}'+x_1x_4a_{23}a_{23}'+$$
$$x_2x_3a_{14}a_{14}'+x_2x_4a_{13}a_{13}'+x_3x_4a_{12}a_{12}')VV'$$

若在四面体 $A_1A_2A_3A_4$ 和四面体 $A_1'A_2'A_3'A_4'$ 中,用 α_{ij} 和 α'_{ij} 分别表示以 A_iA_j 和 $A'_iA'_j(i,j=1,2,3,4,i\neq j)$ 为棱的二面角,则当且仅当 $\alpha_{ij}=\alpha'_{ij}(i,j=1,2,3,4,i\neq j)$,并且

$$\frac{\cos\alpha_{12}}{x_1x_2S_1S_2}=\frac{\cos\alpha_{13}}{x_1x_3S_1S_3}=\frac{\cos\alpha_{14}}{x_1x_4S_1S_4}=\frac{\cos\alpha_{23}}{x_2x_3S_2S_3}=\frac{\cos\alpha_{24}}{x_2x_4S_2S_4}=\frac{\cos\alpha_{34}}{x_3x_4S_3S_4}$$

时取等号.

证明　在定理16的不等式中,分别用 $\sin\alpha_{12}=\frac{3a_{12}}{2S_3S_4}V,\sin\alpha'_{12}=\frac{3a'_{12}}{2S'_3S'_4}V'$ 等代入,并用 $x_1S_1S'_1,x_2S_2S'_2,x_3S_3S'_3,x_4S_4S'_4$ 分别置换 x_1,x_2,x_3,x_4,经整理即得,由定理16的不等式的取等号条件可推知其取等号条件.

注:以上定理15、定理16、定理17、定理18、定理19的证明可参见湖南教育出版社《数学竞赛》丛刊第14辑,杨学枝《关于四面体的一个三角不等式及其应用》;或参见《福建省初等数学文集》(杨学枝,林章衍主编,福建教育出版社1993年7月出版),杨学枝《关于四面体的一个三角不等式及其应用》.

定理 20　$(a_{12}a_{34})^2+(a_{13}a_{24})^2+(a_{14}a_{23})^2\geqslant 4(S_1^2+S_2^2+S_3^2+S_4^2)$，当且仅当四面体为正四面体时取等号.

证明参见[8][9][15].

定理 21　$a_{12}a_{34}a_{13}a_{24}a_{14}a_{23}\geqslant 16\sqrt{S_1^2+S_2^2+S_3^2+S_4^2}RV$. 当且仅当四面体 $A_1A_2A_3A_4$ 为正四面体时取等号.

定理 22　设四面体 $A_1A_2A_3A_4$ 三对对棱的成角分别为 $\beta_1,\beta_2,\beta_3,P=a_{12}a_{34}a_{13}a_{24}a_{14}a_{23}$，则

$$P\sin\beta_1\sin\beta_2\sin\beta_3\geqslant 72V^2$$

当且仅当四面体 $A_1A_2A_3A_4$ 为等面四面体（即三对对棱分别相等）时取等号.

证明参见[10].

定理 23　（自创题，1990－07－08）设四面体 $A_1A_2A_3A_4$ 体积为 V，外接球半径为 R，一对对棱成角为 β，则

$$V\leqslant\frac{8\sqrt{3}}{27}R^3\sin\beta$$

当且仅当四面体 $A_1A_2A_3A_4$ 的外接球球心在这一对对棱上，且这一对对棱相等，都等于 $\frac{2\sqrt{6}}{3}R$ 时，原式取等号.

证明参见文[11]. 下面再给出一种证明.

证明　（杨学枝，2014－02－03）设四面体 $A_1A_2A_3A_4$ 对棱 A_1A_2 与 A_3A_4 所成的角为 β，距离为 d，四面体 $A_1A_2A_3A_4$ 的外接球球心 O 到对棱 A_1A_2 与 A_3A_4 的距离分别为 d_1 与 d_2，$\angle A_1OA_2=\theta_1$，$\angle A_3OA_4=\theta_2$，则

$$\begin{aligned}\frac{V}{R^3\sin\beta}&=\frac{\frac{1}{6}|A_1A_2||A_1A_2|d\sin\beta}{R^3\sin\beta}\\&\leqslant\frac{|A_1A_2||A_1A_2|(d_1+d_2)}{6R^3}\\&=\frac{1}{6}\cdot\frac{|A_1A_2|}{R}\cdot\frac{|A_1A_2|}{R}\cdot\left(\frac{d_1}{R}+\frac{d_2}{R}\right)\\&=\frac{2}{3}\cdot\sin\frac{\theta_1}{2}\cdot\sin\frac{\theta_2}{2}\cdot\left(\cos\frac{\theta_1}{2}+\cos\frac{\theta_2}{2}\right)\\&\leqslant\frac{2}{3}\cdot\sqrt{\sin^2\frac{\theta_1}{2}\cdot\sin^2\frac{\theta_2}{2}\cdot 2\left(\cos^2\frac{\theta_1}{2}+\cos^2\frac{\theta_2}{2}\right)}\\&\leqslant\frac{2}{3}\cdot\sqrt{2\left[\frac{\sin^2\frac{\theta_1}{2}+\sin^2\frac{\theta_2}{2}+\left(\cos^2\frac{\theta_1}{2}+\cos^2\frac{\theta_2}{2}\right)}{3}\right]^3}\\&=\frac{8\sqrt{3}}{27}\end{aligned}$$

由上证明过程可知,当且仅当四面体 $A_1A_2A_3A_4$ 的外接球球心 O 在对棱 A_1A_2 与 A_3A_4 的中点的连线的线段上,且 $\cos\frac{\theta_1}{2}=\cos\frac{\theta_2}{2}$,$\sin^2\frac{\theta_1}{2}=\sin^2\frac{\theta_2}{2}=\cos^2\frac{\theta_1}{2}+\cos^2\frac{\theta_2}{2}$ 时,原不等式取等号,即$\frac{V}{R^3\sin\beta}=\frac{8\sqrt{3}}{27}$,由此即得,当且仅当四面体 $A_1A_2A_3A_4$ 的外接球球心在这一对对棱上,且这一对对棱相等,都等于$\frac{2\sqrt{6}}{3}R$ 时,原式取等号.

定理 23 获证.

由定理 23 中的不等式即得到 $V\leqslant\frac{8\sqrt{3}}{27}R^3$.

定理 24 (自创题,2000 — 10 — 01) 设四面体 $A_1A_2A_3A_4$,对棱 A_1A_2 与 A_3A_4,A_1A_3 与 A_2A_4,A_2A_3 与 A_1A_4 的距离分别为 d_1,d_2,d_3,P 为四面体 $A_1A_2A_3A_4$ 内任意一点,$PA_i=R_i(i=1,2,3,4)$,则

$$(R_1+R_2+R_3+R_4)^2\geqslant 4(d_1^2+d_2^2+d_3^2)$$

当且仅当四面体 $ABCD$ 为等面四面体(即三对对棱分别相等)时取等号.

证明可参见[12].

定理 25 $\sum\limits_{1\leqslant i<j\leqslant 4}S_iS_ja_{ij}^2\leqslant(\sum\limits_{i=1}^4 S_i)^2R^2$,当且仅当四面体 $A_1A_2A_3A_4$ 为等面四面体(即三对对棱分别相等)时取等号.

证明

$$\begin{aligned}
\sum_{1\leqslant i<j\leqslant n}S_iS_jA_iA_j^2&=\sum_{1\leqslant i<j\leqslant n}S_iS_j(\overrightarrow{IA_j}-\overrightarrow{IA_i})^2\\
&=\sum_{1\leqslant i<j\leqslant n}S_iS_j(IA_i^2+IA_j^2-2\overrightarrow{IA_i}\cdot\overrightarrow{IA_j})^2\\
&=\sum_{1\leqslant i<j\leqslant n}S_iS_j(IA_i^2+IA_j^2)+\\
&\quad\sum_{i=1}^4 S_i^2IA_i^2-(\sum_{i=1}^4 S_i\overrightarrow{IA_i})^2\\
&=\sum_{i=1}^4 S_i\cdot\sum_{i=1}^4 S_iIA_i^2\\
&=\sum_{i=1}^4 S_i\cdot\sum_{i=1}^4 S_i(\overrightarrow{IO}+\overrightarrow{OA_i})^2\\
&=(\sum_{i=1}^4 S_i)^2(IO^2+R^2)+\\
&\quad 2(\sum_{i=1}^4 S_i)\overrightarrow{IO}\cdot\sum_{i=1}^4 S_i\overrightarrow{OA_i}\\
&=(\sum_{i=1}^4 S_i)^2(IO^2+R^2)-2(\sum_{i=1}^4 S_i)^2IO^2
\end{aligned}$$

$$=(\sum_{i=1}^{4}S_i)^2(R^2-IO^2)$$

(注意到$\sum_{i=1}^{4}S_i\overrightarrow{IA}_i=0,\sum_{i=1}^{4}S_i\overrightarrow{OA}_i=(\sum_{i=1}^{4}S_i)\overrightarrow{OI}$).

由此得到

$$\sum_{1\leqslant i<j\leqslant 4}S_iS_ja_{ij}^2\leqslant(\sum_{i=1}^{4}S_i)^2R^2$$

或

$$4\sum_{1\leqslant i<j\leqslant 4}S_iS_j\sin^2\angle A_iOA_j\leqslant(\sum_{i=1}^{4}S_i)^2$$

当且仅当$IO=0$,即四面体$A_1A_2A_3A_4$为等面四面体(对棱长相等的四面体)时取等号.

定理 26　设四面体$A_1A_2A_3A_4$外接球球心为O,半径为R,内切球球心为I,半径为r,重心为G,则

(1)$R^2\geqslant 9r^2+IO^2$;

(2)$R^2\geqslant 9r^2+GO^2$.

当且仅当四面体$A_1A_2A_3A_4$为正四面体时取等号.

证明　(2013－12－26)

(1) 由定理12的特例,有

$$S_1S_2S_3S_4\geqslant\frac{81\sqrt[3]{9}}{16}V^{\frac{8}{3}}\qquad①$$

另外,由定理3和定理10的证明中有

$$R\geqslant\frac{1}{4}\sqrt{a_{12}^2+a_{13}^2+a_{14}^2+a_{23}^2+a_{24}^2+a_{34}^2}\geqslant\sqrt{\frac{\sqrt{3}}{8}\sum_{i=1}^{4}S_i}$$

因此得到

$$a_{12}a_{13}a_{14}a_{23}a_{24}a_{34}\geqslant 16\sqrt{S_1^2+S_2^2+S_3^2+S_4^2}RV$$
$$\geqslant 8\sum_{i=1}^{4}S_i\cdot\sqrt{\frac{\sqrt{3}}{8}\sum_{i=1}^{4}S_i}V=\sqrt{8\sqrt{3}(\sum_{i=1}^{4}S_i)^3}V$$

再应用算术几何不等式以及式①便可得到

$$a_{12}a_{13}a_{14}a_{23}a_{24}a_{34}\geqslant 72V^2\qquad②$$

由以上定理25的证明中,有

$$\sum_{1\leqslant i<j\leqslant 4}S_iS_ja_{ij}^2=(\sum_{i=1}^{4}S_i)^2(R^2-IO^2)$$

因此,要证定理26(1)中的不等式,只要证

$$\sum_{1\leqslant i<j\leqslant 4}S_iS_ja_{ij}^2\geqslant 9(\sum_{i=1}^{4}S_i)^2r^2=81V^2$$

由于 $\sum_{1\leqslant i<j\leqslant 4} S_iS_ja_{ij}^2 \geqslant 6\sqrt{S_1S_2S_3S_4}\cdot\sqrt[3]{a_{12}a_{13}a_{14}a_{23}a_{24}a_{34}}$，因此，要证上式，又只要证

$$\sqrt{S_1S_2S_3S_4}\cdot\sqrt[3]{a_{12}a_{13}a_{14}a_{23}a_{24}a_{34}} \geqslant \frac{27}{2}V^2$$

利用上述式 ①、式 ② 即得到此不等式. 由证明中易知当且仅当四面体 $A_1A_2A_3A_4$ 为正四面体时取等号.

(2) 由以上定理 3 的证明中，有

$$|OG| = \frac{\sqrt{16R^2-(a_{12}^2+a_{13}^2+a_{14}^2+a_{23}^2+a_{24}^2+a_{34}^2)}}{4}$$

由此得到

$$\begin{aligned} R^2-OG^2 &= \frac{1}{16}(a_{12}^2+a_{13}^2+a_{14}^2+a_{23}^2+a_{24}^2+a_{34}^2) \\ &\geqslant \frac{3}{8}\sqrt[3]{a_{12}a_{13}a_{14}a_{23}a_{24}a_{34}} \geqslant \frac{3}{8}\sqrt[3]{72V^2} \geqslant 9r^2 \end{aligned}$$

当且仅当四面体 $A_1A_2A_3A_4$ 为正四面体时取等号.

定理 27　设四面体 $A_1A_2A_3A_4$ 三对对棱的距离分别为 d_1, d_2, d_3，则

(1) $3V \geqslant d_1d_2d_3$，当且仅当四面体 $A_1A_2A_3A_4$ 为等面四面体时取等号.

(2) $\sqrt{a_{12}a_{34}}+\sqrt{a_{13}a_{24}}+\sqrt{a_{14}a_{23}} \geqslant \sqrt{d_2^2+d_3^2}+\sqrt{d_3^2+d_1^2}+\sqrt{d_1^2+d_2^2}$，当且仅当四面体 $A_1A_2A_3A_4$ 为等面四面体时取等号.

(3) $\sqrt{\frac{1}{a_{12}^2}+\frac{1}{a_{34}^2}}+\sqrt{\frac{1}{a_{13}^2}+\frac{1}{a_{24}^2}}+\sqrt{\frac{1}{a_{14}^2}+\frac{1}{a_{23}^2}} \geqslant \sqrt{\frac{1}{d_2d_3}}+\sqrt{\frac{1}{d_3d_1}}+\sqrt{\frac{1}{d_1d_2}}$，当且仅当四面体 $A_1A_2A_3A_4$ 为正四面体时取等号.

证明可参见[13].

定理 28　(Pedoe 不等式空间的推广) 四面体 $A_1A_2A_3A_4$ 棱长为 $a_{ij}(i,j=1,2,3,4,i\neq j$，约定 $a_{ij}=a_{ji})$，体积为 A，四面体 $B_1B_2B_3B_4$ 体积为 B，顶点 B_i $(i=1,2,3,4)$ 所对的三角形面积分别为 $S_i(i=1,2,3,4)$，以 B_iB_l 为棱的二面角为 $\alpha_{ij}(i,j=1,2,3,4,i\neq j$，并约定 $\alpha_{ij}=\alpha_{ji})$，则

$$\begin{aligned} &(S_1S_2\cos\alpha_{34})a_{12}^2+(S_1S_3\cos\alpha_{24})a_{13}^2+(S_1S_4\cos\alpha_{23})a_{14}^2+ \\ &(S_2S_3\cos\alpha_{14})a_{23}^2+(S_2S_4\cos\alpha_{13})a_{24}^2+(S_3S_4\cos\alpha_{12})a_{34}^2 \\ \geqslant{}& 27A^{\frac{2}{3}}B^{\frac{4}{3}} \end{aligned}$$

定理 29　四面体 $B_1B_2B_3B_4$ 体积为 B，P 为此四面体内或面上任意一点，点 P 在顶点 $B_i(i=1,2,3,4)$ 所对的面上的正投影分别为 $C_i(i=1,2,3,4)$，由 C_1, C_2, C_3, C_4 构成的四面体 $C_1C_2C_3C_4$ 体积为 C，则

$$C \leqslant \frac{1}{27}B$$

当且仅当四面体 $B_1B_2B_3B_4$ 为正四面体时取等号.

定理 28、定理 29 证明可参见[14];

《中国初等数学研究》(杨世明主编,河南教育出版社,1992 年 6 月出版)杨学枝《一个向量不等式及其应用》.杨世明老师只摘编了笔者文中的结论[15].

定理 30　设 P 为四面体 $ABCD$ 内部或边界上一点,过 P 作任意一个平面划分四面体的体积成两个部分,那么,所有划分得到的几何体体积中的最小体积的部分为四面体.若记四面体 $P-BCD$,$P-ACD$,$P-ABD$,$P-ABC$ 的体积分别为 V_1,V_2,V_3,V_4,且 $V_1\geqslant V_2$,V_3,V_4,则这个最小四面体的体积为

$$\delta=\frac{27V_1V_2V_3}{(V_1+V_2+V_3+V_4)^2}$$

这个最小体积的四面体包含顶点 A,且当且仅当点 P 是此所截的四面体的顶点 A 所对的截面的三角形的重心时达到此最小体积.

证明参见[16].

定理 31　设四面体 $A_1A_2A_3A_4$ 顶点 $A_i(i=1,2,3,4)$ 所对的面上的高为 $h_i(i=1,2,3,4)$,与该面相切的旁切圆半径为 $r_i(i=1,2,3,4)$,则

(1) $4\sum\limits_{1\leqslant i<j\leqslant 4}\frac{r_ir_j}{h_ih_j}\geqslant 3\sum\limits_{i=1}^{4}\frac{r_i}{h_i}\geqslant 6$;$4\sum\limits_{1\leqslant i<j\leqslant 4}\frac{h_ih_j}{r_ir_j}\geqslant 3\sum\limits_{i=1}^{4}\frac{h_i}{r_i}\geqslant 6$.

(2) $\sum\limits_{1\leqslant i<j\leqslant 4}\frac{r_ir_j}{h_ih_j}\geqslant 3\sum\limits_{1\leqslant i<j<k\leqslant 4}\frac{r_ir_jr_k}{h_ih_jh_k}\geqslant 24\frac{r_1r_2r_3r_4}{h_1h_2h_3h_4}$;

$4\sum\limits_{1\leqslant i<j\leqslant 4}\frac{h_ih_j}{r_ir_j}\geqslant 3\sum\limits_{1\leqslant i<j<k\leqslant 4}\frac{h_ih_jh_k}{r_ir_jr_k}\geqslant 6\frac{h_1h_2h_3h_4}{r_1r_2r_3r_4}$.

(3) $\sum\limits_{i=1}^{4}\frac{r_i}{h_i}\geqslant 32\frac{r_1r_2r_3r_4}{h_1h_2h_3h_4}$;$2\sum\limits_{i=1}^{4}\frac{h_i}{r_i}\geqslant\frac{h_1h_2h_3h_4}{r_1r_2r_3r_4}$.

(4) $\sum\limits_{1\leqslant i<j<k\leqslant 4}\frac{r_ir_jr_k}{h_ih_jh_k}\geqslant\frac{1}{2}$;$\sum\limits_{1\leqslant i<j<k\leqslant 4}\frac{h_ih_jh_k}{r_ir_jr_k}\geqslant 32$.

证明参见[17].

参考资料

[1]杨学枝.关于四面体的一个不等式[J].中学数学研究(广东),2005(9).

[3]杨学枝.关联四面体体积与外接球半径的一个不等式的加强[J].中学数学(湖北),1993(7).

[3]杨学枝.关于四面体的几个不等式[J].中学数学(湖北),1991(1);或湖南教育学院学报,1992(2).

[4]杨学枝.关于四面体的一个三角不等式及其应用[M]//杨世明.中国初等数学研究文集,郑州:河南教育出版社,1992.

[5]杨学枝.关于四面体内一点到四个面距离的一个不等式[J].福建中学数学,1992(6).

[6]杨世国.三个几何不等式的加权推广[J].湖南数学通讯,1991(3).

[7]杨学枝.关于四面体的一个三角不等式[J].湖南数学通讯,1993(1).

[8]杨学枝.关于四面体的一个三角不等式及其应用[M].数学竞赛丛刊第14辑.长沙:湖南教育出版社,1992.

[9]杨学枝.关于四面体的一个三角不等式及其应用[M]//杨学枝,林章衍.福建省初等数学文集.神州:福建教育出版社,1993.

[10]杨学枝.立几中一个不等式的加强[J].中学数学(湖北),1992(7).

[11]杨学枝.关联四面体体积与外接球半径的一个不等式的加强[J].中学数学(湖北),1993(7).

[12]杨学枝.关于四面体的一个不等式[J].数学通讯,2001(7).

[13]杨学枝.关于四面体对棱的一组不等式[J].福建中学数学,1999(5).

[14]杨学枝.关于四面体的几个不等式[J].湖南教育学院学报,1992(2).

[15]杨学枝.一个向量不等式及其应用[M]//杨世明.中国初等数学研究.郑州:河南教育出版社,1992.

[16]杨学枝.一个划分四面体体积的问题[J].成都大学自然科学学报,1991(1).

[17]杨学枝.关于四面体的高线与旁切圆半径的几个不等式[J].福建中学数学,1992(2).

(本文写作时间:2014—02—08)

全文发表于《中国初等数学研究》(杨学枝主编.哈尔滨工业大学出版社出版)杨学枝.2015年第6辑

§9　证明三角形不等式的一种方法

本文给出证明三角形中有关角的三角函数不等式的一种方法，这种证明方法对于证明三角形中有关角的三角函数不等式（尤其是对称式不等式）便于操作，有时很奏效. 下面我们将列举几个有一定难度的不等式例子来说明这种证明方法的独特优势.

例 1　在任意 $\triangle ABC$ 中，证明

$$\cos A+\cos B+\cos C\geqslant 2\left(\sin\frac{B}{2}\sin\frac{C}{2}+\sin\frac{C}{2}\sin\frac{A}{2}+\sin\frac{A}{2}\sin\frac{B}{2}\right)\quad(1)$$

证明　由式(1)的左边减去右边得到

$$\begin{aligned}&\cos A+\cos B+\cos C-2\left(\sin\frac{B}{2}\sin\frac{C}{2}+\sin\frac{C}{2}\sin\frac{A}{2}+\sin\frac{A}{2}\sin\frac{B}{2}\right)\\=&\cos A+2\cos\frac{B+C}{2}\cos\frac{B-C}{2}-\cos\frac{B-C}{2}+\cos\frac{B+C}{2}-\\&4\sin\frac{A}{2}\sin\frac{B+C}{4}\cos\frac{B-C}{4}\\=&\cos A+2\sin\frac{A}{2}\cos\frac{B-C}{2}-\cos\frac{B-C}{2}+\sin\frac{A}{2}-\\&4\sin\frac{A}{2}\sin\frac{\pi-A}{4}\cos\frac{B-C}{4}\end{aligned}\quad ①$$

不妨设 $0<A\leqslant\frac{\pi}{3}$，则

$$\begin{aligned}&\left(2\sin\frac{A}{2}\cos\frac{B-C}{2}-\cos\frac{B-C}{2}-4\sin\frac{A}{2}\sin\frac{\pi-A}{4}\cos\frac{B-C}{4}\right)-\\&\left(2\sin\frac{A}{2}-1-4\sin\frac{A}{2}\sin\frac{\pi-A}{4}\right)\\=&-\left(2\sin\frac{A}{2}-1\right)\left(1-\cos\frac{B-C}{2}\right)+4\sin\frac{A}{2}\sin\frac{\pi-A}{4}\left(1-\cos\frac{B-C}{4}\right)\\=&-2\left(2\sin\frac{A}{2}-1\right)\left(1-\cos^2\frac{B-C}{4}\right)+4\sin\frac{A}{2}\sin\frac{\pi-A}{4}\left(1-\cos\frac{B-C}{4}\right)\\=&\left[4\sin\frac{A}{2}\sin\frac{\pi-A}{4}+2\left(1-2\sin\frac{A}{2}\right)\left(1+\cos\frac{B-C}{4}\right)\right]\left(1-\cos\frac{B-C}{4}\right)\geqslant 0\end{aligned}$$

（注意到当 $0<A\leqslant\frac{\pi}{3}$ 时，$1-2\sin\frac{A}{2}\geqslant 0$）

于是，由式 ① 得到

$$\cos A+\cos B+\cos C-2\left(\sin\frac{B}{2}\sin\frac{C}{2}+\sin\frac{C}{2}\sin\frac{A}{2}+\sin\frac{A}{2}\sin\frac{B}{2}\right)$$

$$=\cos A+2\sin\frac{A}{2}\cos\frac{B-C}{2}-\cos\frac{B-C}{2}+\sin\frac{A}{2}-4\sin\frac{A}{2}\sin\frac{\pi-A}{4}\cos\frac{B-C}{4}$$

$$\geqslant\cos A+3\sin\frac{A}{2}-1-4\sin\frac{A}{2}\sin\frac{\pi-A}{4}$$

$$=1-2\sin^2\frac{A}{2}+3\sin\frac{A}{2}-1-4\sin\frac{A}{2}\sqrt{\frac{1-\sin\frac{A}{2}}{2}}$$

$$=-2\sin^2\frac{A}{2}+3\sin\frac{A}{2}-4\sin\frac{A}{2}\sqrt{\frac{1-\sin\frac{A}{2}}{2}}$$

由此可知,要证明原式,只要证明

$$-2\sin\frac{A}{2}+3\geqslant4\sqrt{\frac{1-\sin\frac{A}{2}}{2}} \tag{②}$$

由于$(-2\sin\frac{A}{2}+3)^2-8(1-\sin\frac{A}{2})=(2\sin\frac{A}{2}-1)^2\geqslant0$,因此,式②成立,原命题获证.

例1解法,证明任意三角形不等式时,首先选择一个角为主元,本例以角A为主元,并设$0<A\leqslant\frac{\pi}{3}$;其次,进行恒等变换,化为含有角$A$,$\frac{A}{2}$和$\frac{B-C}{2}$,$\frac{B-C}{4}$的三角函数式子,如式①;最后再化为仅含有角$\frac{A}{2}$的三角函数式子,如式②,并证明此式成立.

式(1)等价于以下命题1.

命题1 在任意$\triangle ABC$中,外接圆半径为R,内切圆半径为r,则有

$$\cos^2\frac{A}{2}+\cos^2\frac{B}{2}+\cos^2\frac{C}{2}\geqslant(\sin\frac{A}{2}+\sin\frac{B}{2}+\sin\frac{C}{2})^2$$

或

$$\sin\frac{A}{2}+\sin\frac{B}{2}+\sin\frac{C}{2}\leqslant\sqrt{2+\frac{r}{2R}}$$

例2 在任意$\triangle ABC$中,有

$$(\sin\frac{A}{2}+\sin\frac{B}{2}+\sin\frac{C}{2})^2\geqslant\sin^2A+\sin^2B+\sin^2C \tag{2}$$

证明 由式(2)的左边减去右边得到

$$(\sin\frac{A}{2}+\sin\frac{B}{2}+\sin\frac{C}{2})^2-(\sin^2A+\sin^2B+\sin^2C)$$

$$=(\sin\frac{A}{2}+2\sin\frac{B+C}{4}\cos\frac{B-C}{4})^2-(\sin^2A+1-\frac{\cos 2B+\cos 2C}{2})$$

$$=(\sin\frac{A}{2}+2\sin\frac{\pi-A}{4}\cos\frac{B-C}{4})^2-[\sin^2A+1+\cos A\cos(B-C)]$$

$$=(\sin^2\frac{A}{2}+4\sin\frac{A}{2}\sin\frac{\pi-A}{4}\cos\frac{B-C}{4}+4\sin^2\frac{\pi-A}{4}\cos^2\frac{B-C}{4}-$$

$$[\sin^2A+1+\cos A\cos(B-C)]$$

$$=(\sin^2\frac{A}{2}-\sin^2A-1)+[4\sin\frac{A}{2}\sin\frac{\pi-A}{4}\cos\frac{B-C}{4}+$$

$$4\sin^2\frac{\pi-A}{4}\cos^2\frac{B-C}{4}-\cos A\cos(B-C)]$$

即

$$(\sin\frac{A}{2}+\sin\frac{B}{2}+\sin\frac{C}{2})^2-(\sin^2A+\sin^2B+\sin^2C)$$

$$=(\sin^2\frac{A}{2}-\sin^2A-1)+[4\sin\frac{A}{2}\sin\frac{\pi-A}{4}\cos\frac{B-C}{4}+$$

$$4\sin^2\frac{\pi-A}{4}\cos^2\frac{B-C}{4}-\cos A\cos(B-C)] \quad ③$$

不妨设 $0<A\leqslant\frac{\pi}{3}$,则

$$4\sin\frac{A}{2}\sin\frac{\pi-A}{4}\cos\frac{B-C}{4}+4\sin^2\frac{\pi-A}{4}\cos^2\frac{B-C}{4}-\cos A\cos(B-C)-$$

$$(4\sin\frac{A}{2}\sin\frac{\pi-A}{4}+4\sin^2\frac{\pi-A}{4}-\cos A)$$

$$=-4\sin\frac{A}{2}\sin\frac{\pi-A}{4}(1-\cos\frac{B-C}{4})+4\sin^2\frac{\pi-A}{4}(1-\cos^2\frac{B-C}{4})+$$

$$\cos A[1-\cos(B-C)]$$

$$=-4\sin\frac{A}{2}\sin\frac{\pi-A}{4}(1-\cos\frac{B-C}{4})+4\sin^2\frac{\pi-A}{4}(1-\cos^2\frac{B-C}{4})+$$

$$4\cos A(1+\cos\frac{B-C}{2})(1+\cos\frac{B-C}{4})(1-\cos\frac{B-C}{4})$$

$$=-4\sin\frac{A}{2}\sin\frac{\pi-A}{4}(1-\cos\frac{B-C}{4})+4\sin^2\frac{\pi-A}{4}(1-\cos^2\frac{B-C}{4})$$

$$=[4\cos A(1+\cos\frac{B-C}{2})(1+\cos\frac{B-C}{4})-4\sin\frac{A}{2}\sin\frac{\pi-A}{4}-$$

$$4\sin^2\frac{\pi-A}{4}(1+\cos\frac{B-C}{4})](1-\cos\frac{B-C}{4})$$

$$\geqslant[4\cdot\frac{1}{2}(1+0)(1+\cos\frac{\pi}{4})-4\cdot\frac{1}{2}\cdot\frac{\sqrt{2}}{2}-4(\frac{\sqrt{2}}{2})^2(1+1)](1-\cos\frac{B-C}{4})$$

$$=0$$

(注意到 $0<A\leqslant\frac{\pi}{3},|B-C|<\pi$),

即有

$$4\sin\frac{A}{2}\sin\frac{\pi-A}{4}\cos\frac{B-C}{4}+4\sin^2\frac{\pi-A}{4}\cos^2\frac{B-C}{4}-\cos A\cos(B-C)$$

$$\geqslant 4\sin\frac{A}{2}\sin\frac{\pi-A}{4}+4\sin^2\frac{\pi-A}{4}-\cos A.$$

于是,由式 ③ 得到

$$\left(\sin\frac{A}{2}+\sin\frac{B}{2}+\sin\frac{C}{2}\right)^2-(\sin^2A+\sin^2B+\sin^2C)$$

$$=\left(\sin^2\frac{A}{2}-\sin^2A-1\right)+\left[4\sin\frac{A}{2}\sin\frac{\pi-A}{4}\cos\frac{B-C}{4}+\right.$$

$$\left.4\sin^2\frac{\pi-A}{4}\cos^2\frac{B-C}{4}-\cos A\cos(B-C)\right]$$

$$\geqslant\sin^2\frac{A}{2}-\sin^2A-1+4\sin\frac{A}{2}\sin\frac{\pi-A}{4}+4\sin^2\frac{\pi-A}{4}-\cos A$$

$$=\sin^2\frac{A}{2}+\left(1-2\sin^2\frac{A}{2}\right)^2-2+4\sin\frac{A}{2}\sqrt{\frac{1-\sin\frac{A}{2}}{2}}+4\cdot\frac{1-\sin\frac{A}{2}}{2}$$

$$=\sin\frac{A}{2}\left[4\sin^3\frac{A}{2}-\sin\frac{A}{2}-2+2\sqrt{2\left(1-\sin\frac{A}{2}\right)}\right]$$

由此可知,要证明原式,只要证明

$$2\sqrt{2\left(1-\sin\frac{A}{2}\right)}\geqslant-4\sin^3\frac{A}{2}+\sin\frac{A}{2}+2 \qquad ④$$

由于 $$8\left(1-\sin\frac{A}{2}\right)-\left(-4\sin^3\frac{A}{2}+\sin\frac{A}{2}+2\right)^2$$

$$=-16\sin^6\frac{A}{2}+8\sin^4\frac{A}{2}+16\sin^3\frac{A}{2}-\sin^2\frac{A}{2}-12\sin\frac{A}{2}+4$$

$$=\left(2\sin\frac{A}{2}-1\right)^2\left(-4\sin^4\frac{A}{2}-4\sin^3\frac{A}{2}-\sin^2\frac{A}{2}+4\sin\frac{A}{2}+4\right)$$

$$\geqslant\left(2\sin\frac{A}{2}-1\right)^2\left[-4\left(\frac{1}{2}\right)^4-4\left(\frac{1}{2}\right)^3-\left(\frac{1}{2}\right)^2+4\right]\geqslant 0$$

(注意到 $0<A\leqslant\frac{\pi}{3}$).

因此,式 ④ 成立,原命题获证.

本例与例 1 解法也相似. 首先选择一个角为主元,本例以角 A 为主元,并设 $0<A\leqslant\frac{\pi}{3}$;其次,进行恒等变换,化为含有角 $A,\frac{A}{2}$ 和 $B-C,\frac{B-C}{4}$ 的三角函数式子,如式 ③;最后再化为仅含有角 $\frac{A}{2}$ 的三角函数式子,如式 ④,并证明此式

成立.

由命题 1 和例 2 得到以下不等式链:在任意 $\triangle ABC$ 中,有

$$\sin^2 A+\sin^2 B+\sin^2 C\leqslant\left(\sin\frac{A}{2}+\sin\frac{B}{2}+\sin\frac{C}{2}\right)^2$$
$$\leqslant\cos^2\frac{A}{2}+\cos^2\frac{B}{2}+\cos^2\frac{C}{2}$$

进一步我们来看看这种方法在证明锐角或非钝角三角形不等式时的应用,证明这种三角形不等式往往难度更大,但若应用这种方法,解题方向明确,步骤类似,易于操作.

例 3[1] 在锐角 $\triangle ABC$ 中,证明

$$\cos\frac{A}{2}+\cos\frac{B}{2}+\cos\frac{C}{2}\geqslant\frac{4}{\sqrt{3}}\left(1+\sin\frac{A}{2}\sin\frac{B}{2}\sin\frac{C}{2}\right)\tag{3}$$

刘健老师在文[2] 中给出了一个证明. 下面笔者给出式(3) 的又一种证明方法.

证明 由式(3) 的左边减去右边得到

$$\cos\frac{A}{2}+\cos\frac{B}{2}+\cos\frac{C}{2}-\frac{4}{\sqrt{3}}\left(1+\sin\frac{A}{2}\sin\frac{B}{2}\sin\frac{C}{2}\right)$$
$$=\cos\frac{A}{2}+2\cos\frac{B+C}{4}\cos\frac{B-C}{4}-$$
$$\frac{4}{\sqrt{3}}\left[1-\frac{1}{2}\sin\frac{A}{2}\cdot\left(\cos\frac{B+C}{2}-\cos\frac{B-C}{2}\right)\right]$$
$$=\cos\frac{A}{2}+2\cos\frac{\pi-A}{4}\cos\frac{B-C}{4}-\frac{4}{\sqrt{3}}+\frac{2}{\sqrt{3}}\sin^2\frac{A}{2}-\frac{2}{\sqrt{3}}\sin\frac{A}{2}\cos\frac{B-C}{2}$$
$$=\sqrt{1-\sin^2\frac{A}{2}}+\frac{2}{\sqrt{3}}\sin^2\frac{A}{2}-\frac{4}{\sqrt{3}}+$$
$$\sqrt{2+2\sin\frac{A}{2}}\cos\frac{B-C}{4}-\frac{2}{\sqrt{3}}\sin\frac{A}{2}\cos\frac{B-C}{2}$$

即

$$\cos\frac{A}{2}+\cos\frac{B}{2}+\cos\frac{C}{2}-\frac{4}{\sqrt{3}}\left(1+\sin\frac{A}{2}\sin\frac{B}{2}\sin\frac{C}{2}\right)$$
$$=\sqrt{1-\sin^2\frac{A}{2}}+\frac{2}{\sqrt{3}}\sin^2\frac{A}{2}-\frac{4}{\sqrt{3}}+$$
$$\sqrt{2+2\sin\frac{A}{2}}\cos\frac{B-C}{4}-\frac{2}{\sqrt{3}}\sin\frac{A}{2}\cos\frac{B-C}{2}\tag{⑤}$$

不妨设$\frac{\pi}{3}\leqslant A\leqslant\frac{\pi}{2}$,由于$\frac{1}{2}=\sin\frac{\pi}{6}\leqslant\sin\frac{A}{2}<\sin\frac{\pi}{4}=\frac{\sqrt{2}}{2}$,$\cos\frac{B-C}{4}\geqslant$

$\cos\frac{\pi}{8}$,因此有

$$\sqrt{2+2\sin\frac{A}{2}}\cos\frac{B-C}{4}-\frac{2}{\sqrt{3}}\sin\frac{A}{2}\cos\frac{B-C}{2}-(\sqrt{2+2\sin\frac{A}{2}}-\frac{2}{\sqrt{3}}\sin\frac{A}{2})$$

$$=\frac{2}{\sqrt{3}}\sin\frac{A}{2}(1-\cos\frac{B-C}{2})-\sqrt{2+2\sin\frac{A}{2}}(1-\cos\frac{B-C}{4})$$

$$=\frac{4}{\sqrt{3}}\sin\frac{A}{2}(1-\cos^2\frac{B-C}{4})-\sqrt{2+2\sin\frac{A}{2}}(1-\cos\frac{B-C}{4})$$

$$=[\frac{4}{\sqrt{3}}\sin\frac{A}{2}(1+\cos\frac{B-C}{4})-\sqrt{2+2\sin\frac{A}{2}}](1-\cos\frac{B-C}{4})$$

$$=[\frac{4}{\sqrt{3}}\sin\frac{A}{2}(1+\cos\frac{B-C}{4})-\sqrt{2+2\sin\frac{\pi}{4}}](1-\cos\frac{B-C}{4})$$

$$\geqslant[\frac{4}{\sqrt{3}}\cdot\frac{1}{2}(1+\cos\frac{\pi}{8})-2\cos\frac{\pi}{8}](1-\cos\frac{B-C}{4})$$

$$=\frac{2}{\sqrt{3}}[1-(\sqrt{3}-1)\cos\frac{\pi}{8}](1-\cos\frac{B-C}{4})$$

$$=\frac{2}{\sqrt{3}}[1-(\sqrt{3}-1)\cdot\frac{\sqrt{2+\sqrt{2}}}{2}](1-\cos\frac{B-C}{4})\geqslant 0$$

于是由式⑤得到

$$\cos\frac{A}{2}+\cos\frac{B}{2}+\cos\frac{C}{2}-\frac{4}{\sqrt{3}}(1+\sin\frac{A}{2}\sin\frac{B}{2}\sin\frac{C}{2})$$

$$=\sqrt{1-\sin^2\frac{A}{2}}+\frac{2}{\sqrt{3}}\sin^2\frac{A}{2}-\frac{4}{\sqrt{3}}+$$

$$\sqrt{2+2\sin\frac{A}{2}}\cos\frac{B-C}{4}-\frac{2}{\sqrt{3}}\sin\frac{A}{2}\cos\frac{B-C}{2}$$

$$\geqslant\sqrt{1-\sin^2\frac{A}{2}}+\frac{2}{\sqrt{3}}\sin^2\frac{A}{2}-\frac{2}{\sqrt{3}}\sin\frac{A}{2}-\frac{4}{\sqrt{3}}+\sqrt{2+2\sin\frac{A}{2}}$$

$$=\sqrt{1-\sin^2\frac{A}{2}}-\frac{2}{\sqrt{3}}(1+\sin\frac{A}{2})(2-\sin\frac{A}{2})+\sqrt{2+2\sin\frac{A}{2}}$$

$$=\sqrt{1+\sin\frac{A}{2}}[\sqrt{1-\sin\frac{A}{2}}-\frac{2}{\sqrt{3}}(2-\sin\frac{A}{2})\sqrt{1+\sin\frac{A}{2}}+\sqrt{2}]$$

由此可知,只要证明

$$\sqrt{1-\sin\frac{A}{2}}-\frac{2}{\sqrt{3}}(2-\sin\frac{A}{2})\sqrt{1+\sin\frac{A}{2}}+\sqrt{2}\geqslant 0$$

$$\Leftrightarrow \sqrt{1-\sin\frac{A}{2}} \geqslant \frac{2}{\sqrt{3}}\left(2-\sin\frac{A}{2}\right)\sqrt{1+\sin\frac{A}{2}}-\sqrt{2}$$

即只要证明

$$\left(\sqrt{1-\sin\frac{A}{2}}\right)^2 \geqslant \left[\frac{2}{\sqrt{3}}\left(2-\sin\frac{A}{2}\right)\sqrt{1+\sin\frac{A}{2}}-\sqrt{2}\right]^2$$

$$\Leftrightarrow 1-\sin\frac{A}{2} \geqslant \left[\frac{4}{3}\left(2-\sin\frac{A}{2}\right)^2\left(1+\sin\frac{A}{2}\right)+2-\frac{4\sqrt{6}}{3}\left(2-\sin\frac{A}{2}\right)\sqrt{1+\sin\frac{A}{2}}\right.$$

$$\Leftrightarrow 4\sqrt{6}\left(2-\sin\frac{A}{2}\right)\sqrt{1+\sin\frac{A}{2}} \geqslant 4\left(2-\sin\frac{A}{2}\right)^2\left(1+\sin\frac{A}{2}\right)+3\left(1+\sin\frac{A}{2}\right),$$

$$\Leftrightarrow 4\sqrt{6}\left(2-\sin\frac{A}{2}\right) \geqslant \left(19-16\sin\frac{A}{2}+4\sin^2\frac{A}{2}\right)\sqrt{1+\sin\frac{A}{2}}$$

$$\Leftrightarrow 96\left(2-\sin\frac{A}{2}\right)^2 \geqslant \left(19-16\sin\frac{A}{2}+4\sin^2\frac{A}{2}\right)^2\left(1+\sin\frac{A}{2}\right)$$

$$\Leftrightarrow \left(1-2\sin\frac{A}{2}\right)^2\left(23-45\sin\frac{A}{2}+24\sin^2\frac{A}{2}-4\sin^3\frac{A}{2}\right) \geqslant 0 \qquad ⑥$$

由此可知,要证明式(3),只要证明式 ⑥ 成立.

由于$\frac{1}{2} \leqslant \sin\frac{A}{2} < \frac{\sqrt{2}}{2}$,因此有

$$\left(\sin\frac{A}{2}-\frac{1}{2}\right)\left(\sin^2\frac{A}{2}-\frac{1}{2}\right) \leqslant 0$$

即

$$-4\sin^3\frac{A}{2} \geqslant 1-2\sin\frac{A}{2}-2\sin^2\frac{A}{2}$$

于是,有

$$\begin{aligned}
&23-45\sin\frac{A}{2}+24\sin^2\frac{A}{2}-4\sin^3\frac{A}{2}\\
\geqslant\ &23-45\sin\frac{A}{2}+24\sin^2\frac{A}{2}+1-2\sin\frac{A}{2}-2\sin^2\frac{A}{2}\\
=\ &24-47\sin\frac{A}{2}+22\sin^2\frac{A}{2}\\
=\ &22\left(\sin\frac{A}{2}-\frac{1}{2}\right)^2+25\left(\frac{\sqrt{2}}{2}-\sin\frac{A}{2}\right)+\left(\frac{37}{2}-\frac{25\sqrt{2}}{2}\right) \geqslant 0
\end{aligned}$$

(注意到$\frac{1}{2} \leqslant \sin\frac{A}{2} < \frac{\sqrt{2}}{2}, \frac{37}{2}-\frac{25\sqrt{2}}{2} > 0$).

因此,式 ⑥ 成立,原命题获证.

不等式(3) 经变换等价于:在锐角 $\triangle ABC$ 中,外接圆半径为 R,内切圆半径为 r,有

$$\cos\frac{A}{2}+\cos\frac{B}{2}+\cos\frac{C}{2}\geqslant\frac{2}{\sqrt{3}}\left(\cos^2\frac{A}{2}+\cos^2\frac{B}{2}+\cos^2\frac{C}{2}\right)\tag{3'}$$

或

$$\cos\frac{A}{2}+\cos\frac{B}{2}+\cos\frac{C}{2}\geqslant\frac{1}{\sqrt{3}}\left(4+\frac{r}{R}\right)$$

例 4[2]　在锐角 $\triangle ABC$ 中,证明

$$\frac{3}{2}\left(\sin\frac{A}{2}+\sin\frac{B}{2}+\sin\frac{C}{2}\right)\geqslant\cos^2\frac{A}{2}+\cos^2\frac{B}{2}+\cos^2\frac{C}{2}\tag{4}$$

证明　由式(4)的左边减去右边得到

$$\frac{3}{2}\left(\sin\frac{A}{2}+\sin\frac{B}{2}+\sin\frac{C}{2}\right)-\left(\cos^2\frac{A}{2}+\cos^2\frac{B}{2}+\cos^2\frac{C}{2}\right)$$

$$=\frac{3}{2}\sin\frac{A}{2}+3\sin\frac{B+C}{4}\cos\frac{B-C}{4}-\cos^2\frac{A}{2}-\frac{1}{2}(2+\cos B+\cos C)$$

$$=\frac{3}{2}\sin\frac{A}{2}+3\sqrt{\frac{1-\sin\frac{A}{2}}{2}}\cos\frac{B-C}{4}-2+\sin^2\frac{A}{2}-\sin\frac{A}{2}\cos\frac{B-C}{2}$$

$$=\frac{3}{2}\sin\frac{A}{2}+\sin^2\frac{A}{2}-2+3\sqrt{\frac{1-\sin\frac{A}{2}}{2}}\cos\frac{B-C}{4}-\sin\frac{A}{2}\cos\frac{B-C}{2}\tag{⑦}$$

不妨设 $\frac{\pi}{3}\leqslant A<\frac{\pi}{2}$,由于 $\frac{1}{2}=\sin\frac{\pi}{6}\leqslant\sin\frac{A}{2}<\sin\frac{\pi}{4}=\frac{\sqrt{2}}{2}$, $\cos\frac{B-C}{4}\geqslant\cos\frac{\pi}{8}$,因此有

$$3\sqrt{\frac{1-\sin\frac{A}{2}}{2}}\cos\frac{B-C}{4}-\sin\frac{A}{2}\cos\frac{B-C}{2}-3\sqrt{\frac{1-\sin\frac{A}{2}}{2}}+\sin\frac{A}{2}$$

$$=\sin\frac{A}{2}\left(1-\cos\frac{B-C}{2}\right)-3\sqrt{\frac{1-\sin\frac{A}{2}}{2}}\left(1-\cos\frac{B-C}{4}\right)$$

$$=2\sin\frac{A}{2}\left(1-\cos^2\frac{B-C}{4}\right)-3\sqrt{\frac{1-\sin\frac{A}{2}}{2}}\left(1-\cos\frac{B-C}{4}\right)$$

$$=\left[2\sin\frac{A}{2}\left(1+\cos\frac{B-C}{4}\right)-3\sqrt{\frac{1-\sin\frac{A}{2}}{2}}\right]\left(1-\cos\frac{B-C}{4}\right)$$

$$\geqslant\left[2\cdot\frac{1}{2}\left(1+\cos\frac{\pi}{8}\right)-3\sqrt{\frac{1-\frac{1}{2}}{2}}\right]\left(1-\cos\frac{B-C}{4}\right)$$

$$=(\cos\frac{\pi}{8}-\frac{1}{2})(1-\cos\frac{B-C}{4})\geqslant 0$$

于是由式 ⑦ 得到

$$\frac{3}{2}\sin\frac{A}{2}+\sin^2\frac{A}{2}-2+3\sqrt{\frac{1-\sin\frac{A}{2}}{2}}\cos\frac{B-C}{4}-\sin\frac{A}{2}\cos\frac{B-C}{2}$$

$$\geqslant\frac{3}{2}\sin\frac{A}{2}+\sin^2\frac{A}{2}-2+3\sqrt{\frac{1-\sin\frac{A}{2}}{2}}-\sin\frac{A}{2}$$

$$=\frac{1}{2}\sin\frac{A}{2}+\sin^2\frac{A}{2}-2+3\sqrt{\frac{1-\sin\frac{A}{2}}{2}}$$

由此可知，只要证明

$$\frac{1}{2}\sin\frac{A}{2}+\sin^2\frac{A}{2}-2+3\sqrt{\frac{1-\sin\frac{A}{2}}{2}}\geqslant 0(\frac{1}{2}\leqslant\sin\frac{A}{2}\leqslant\frac{\sqrt{2}}{2})\qquad ⑧$$

由于

$$\left(3\sqrt{\frac{1-\sin\frac{A}{2}}{2}}\right)^2-(\frac{1}{2}\sin\frac{A}{2}+\sin^2\frac{A}{2}-2)^2$$

$$=\frac{9(1-\sin\frac{A}{2})}{2}-(\frac{1}{2}\sin\frac{A}{2}+\sin^2\frac{A}{2}-2)^2$$

$$=(\sin\frac{A}{2}-\frac{1}{2})^2(2-\sin^2\frac{A}{2}-2\sin\frac{A}{2})$$

$$\geqslant(\sin\frac{A}{2}-\frac{1}{2})^2[2-(\frac{\sqrt{2}}{2})^2-2\cdot\frac{\sqrt{2}}{2}]\geqslant 0$$

因此，式 ⑧ 成立，原命题获证.

例 3 和例 4 都是证明锐角三角形不等式，其方法仍与以上几例相似. 首先选择一个角为主元，本例以角 A 为主元，并设 $\frac{\pi}{3}\leqslant A\leqslant\frac{\pi}{2}$；其次，进行恒等变换，化为含有角 $\frac{A}{2}$ 和 $\frac{B-C}{2}$，$\frac{B-C}{4}$ 的三角函数式子如式 ⑤、式 ⑦；最后再化为仅含有角 $\frac{A}{2}$ 的三角函数式子，如式 ⑥、式 ⑧，并证明此式成立.

式(3′) 和式(4) 从表面上看不分强弱，但有趣的是，却可以从式(4) 推得式(3′)，从而得到式(3)，即有以下

命题 2 (自创题，2020 — 04 — 30) 在非钝角 $\triangle ABC$ 中，有

$$(\sum\cos\frac{A}{2})^2\geqslant\frac{4}{9}(\sum\cos^2\frac{A}{2})^2+\frac{10}{3}\sum\cos^2\frac{A}{2}-3\geqslant\frac{4}{3}(\sum\cos^2\frac{A}{2})^2$$

证明 $\left(\sum\cos\frac{A}{2}\right)^2=\frac{4}{9}\left(\sum\sin\frac{A}{2}\right)^2+2\sum\sin\frac{A}{2}+\sum\cos A$

$$\geqslant\frac{4}{9}\left(\sum\cos^2\frac{A}{2}\right)^2+\frac{4}{3}\sum\cos^2\frac{A}{2}+2\sum\cos^2\frac{A}{2}-3$$

$$=\frac{4}{9}\left(\sum\cos^2\frac{A}{2}\right)^2+\frac{10}{3}\sum\cos^2\frac{A}{2}-3$$

$$=\frac{1}{9}\left(4\sum\cos^2\frac{A}{2}-9\right)\left(3-2\sum\cos^2\frac{A}{2}\right)+\frac{4}{3}\left(\sum\cos^2\frac{A}{2}\right)^2$$

$$=\sum\cos A\left(3-2\sum\cos A\right)+\frac{4}{3}\left(\sum\cos^2\frac{A}{2}\right)^2$$

另外,由于对于任意三角形,有

$$\sum\cos A\left(3-2\sum\cos A\right)\geqslant 0$$

因此,得到

$$\left(\sum\cos\frac{A}{2}\right)^2\geqslant\frac{4}{9}\left(\sum\cos^2\frac{A}{2}\right)^2+\frac{10}{3}\sum\cos^2\frac{A}{2}-3\geqslant\frac{4}{3}\left(\sum\cos^2\frac{A}{2}\right)^2$$

我们可以用类似方法得到较式(4)更强的不等式,即以下

命题3 (自创题,2020—04—30)在非钝角$\triangle ABC$中,外接圆半径为R,内切圆半径为r,有

$$\sum\sin\frac{A}{2}\geqslant\lambda\sum\cos^2\frac{A}{2}+\frac{3}{2}-\frac{9}{4}\lambda$$

或

$$\sum\sin\frac{A}{2}\geqslant\frac{\lambda}{2}\cdot\frac{r}{R}+\frac{3}{2}-\frac{1}{4}\lambda$$

其中

$$\lambda=\frac{2}{\left(2\sin\frac{\pi}{8}+1\right)^2}$$

由$\lambda=\frac{2}{\left(2\sin\frac{\pi}{8}+1\right)^2}<\frac{2}{3}$,易知$\sum\sin\frac{A}{2}\geqslant\lambda\sum\cos^2\frac{A}{2}+\frac{3}{2}-\frac{9}{4}\lambda\geqslant\frac{2}{3}\sum\cos^2\frac{A}{2}$.

证明 由于对称性,不妨设$\frac{\pi}{3}\leqslant A\leqslant\frac{\pi}{2}$,$|B-C|<\frac{\pi}{2}$,则

$$\sum\sin\frac{A}{2}-\lambda\sum\cos^2\frac{A}{2}-\frac{3}{2}+\frac{9}{4}\lambda$$

$$=\sin\frac{A}{2}+2\sin\frac{B+C}{4}\cos\frac{B-C}{4}-$$

$$\lambda\left(\cos^2\frac{A}{2}+1+\cos\frac{B+C}{2}\cos\frac{B-C}{2}\right)-\frac{3}{2}+\frac{9}{4}\lambda$$

$$=\sin\frac{A}{2}-\lambda\cos^2\frac{A}{2}+\frac{5}{4}\lambda-\frac{3}{2}+$$

$$2\sin\frac{\pi-A}{4}\cos\frac{B-C}{4}-\lambda\sin\frac{A}{2}\cos\frac{B-C}{2}$$

首先,我们证明当 $\lambda=\dfrac{2}{(2\sin\frac{\pi}{8}+1)^2}$ 时,有

$$2\sin\frac{\pi-A}{4}\cos\frac{B-C}{4}-\lambda\sin\frac{A}{2}\cos\frac{B-C}{2}\geqslant 2\sin\frac{\pi-A}{4}-\lambda\sin\frac{A}{2} \quad ⑨$$

由于

$$2\sin\frac{\pi-A}{4}\cos\frac{B-C}{4}-\lambda\sin\frac{A}{2}\cos\frac{B-C}{2}-(2\sin\frac{\pi-A}{4}-\lambda\sin\frac{A}{2})$$

$$=-2\sin\frac{\pi-A}{4}(1-\cos\frac{B-C}{4})+\lambda\sin\frac{A}{2}(1-\cos\frac{B-C}{2})$$

$$=-2\sin\frac{\pi-A}{4}(1-\cos\frac{B-C}{4})+2\lambda\sin\frac{A}{2}(1-\cos^2\frac{B-C}{4})$$

$$=[2\lambda\sin\frac{A}{2}(1+\cos\frac{B-C}{4})-2\sin\frac{\pi-A}{4}](1-\cos\frac{B-C}{4})$$

于是要使得式 ⑨ 成立,只要有

$$2\lambda\sin\frac{A}{2}(1+\cos\frac{B-C}{4})-2\sin\frac{\pi-A}{4}\geqslant 0$$

即

$$\lambda\geqslant\frac{\sin\frac{\pi-A}{4}}{\sin\frac{A}{2}(1+\cos\frac{B-C}{4})}$$

容易证明在条件 $\frac{\pi}{3}\leqslant A\leqslant\frac{\pi}{2}$, $|B-C|<\frac{\pi}{2}$ 下有

$$\frac{\sin\frac{\pi-A}{4}}{\sin\frac{A}{2}(1+\cos\frac{B-C}{4})}<\frac{\sin\frac{\pi}{6}}{\sin\frac{\pi}{6}(1+\cos\frac{\pi}{8})}=\frac{1}{1+\cos\frac{\pi}{8}}$$

下面证明

$$\frac{1}{1+\cos\frac{\pi}{8}}<\frac{2}{(1+2\sin\frac{\pi}{8})^2}=\lambda$$

$$\Leftrightarrow (1+2\sin\frac{\pi}{8})^2<2(1+\cos\frac{\pi}{8})$$

$$\Leftrightarrow \left(1+2\sqrt{\frac{1-\cos\frac{\pi}{4}}{2}}\right)^2<2\left(1+\sqrt{\frac{1+\cos\frac{\pi}{4}}{2}}\right)$$

$$\Leftrightarrow \left(1+2\sqrt{\frac{1-\frac{\sqrt{2}}{2}}{2}}\right)^2 < 2\left(1+\sqrt{\frac{1+\frac{\sqrt{2}}{2}}{2}}\right)$$

$$\Leftrightarrow \left(1+2\sqrt{\frac{1-\frac{\sqrt{2}}{2}}{2}}\right)^2 < 2\left(1+\sqrt{\frac{1+\frac{\sqrt{2}}{2}}{2}}\right)$$

$$\Leftrightarrow (\sqrt{2}-1)+(\sqrt{2+\sqrt{2}}-2\sqrt{2-\sqrt{2}})>0$$

上式显然成立,因此,当 $\lambda=\frac{2}{(1+2\sin\frac{\pi}{8})^2}$ 时,式 ⑨ 成立.

其次,再证明当 $\lambda=\frac{2}{(1+2\sin\frac{\pi}{8})^2}$ 时,原式成立,即有

$$\sum\sin\frac{A}{2}\geqslant\lambda\sum\cos^2\frac{A}{2}+\frac{3}{2}-\frac{9}{4}\lambda$$

由式 ⑨ 可知,当 $\lambda=\frac{2}{(1+2\sin\frac{\pi}{8})^2}$ 时,有

$$\sum\sin\frac{A}{2}-(\lambda\sum\cos^2\frac{A}{2}+\frac{3}{2}-\frac{9}{4}\lambda)$$

$$=\sin\frac{A}{2}-\lambda\cos^2\frac{A}{2}+\frac{5}{4}\lambda-\frac{3}{2}+$$

$$2\sin\frac{\pi-A}{4}\cos\frac{B-C}{4}-\lambda\sin\frac{A}{2}\cos\frac{B-C}{2}$$

$$\geqslant\sin\frac{A}{2}-\lambda\cos^2\frac{A}{2}+\frac{5}{4}\lambda-\frac{3}{2}+2\sin\frac{\pi-A}{4}-\lambda\sin\frac{A}{2}$$

因此,只要证明

$$\sin\frac{A}{2}-\lambda\cos^2\frac{A}{2}+\frac{5}{4}\lambda-\frac{3}{2}+2\sin\frac{\pi-A}{4}-\lambda\sin\frac{A}{2}\geqslant 0 \tag{⑩}$$

记 $x=\sin\frac{A}{2}\geqslant\frac{1}{2}$(注意到 $0<A\leqslant\frac{\pi}{3}$),则式 ⑩ 左边

$$\sin\frac{A}{2}-\lambda\cos^2\frac{A}{2}+\frac{5}{4}\lambda-\frac{3}{2}+2\sin\frac{\pi-A}{4}-\lambda\sin\frac{A}{2}$$

$$=x-\lambda(1-x^2)+\frac{5}{4}\lambda-\frac{3}{2}+\sqrt{2(1-x)}-\lambda x$$

$$=\sqrt{2(1-x)}+\lambda x^2-(\lambda-1)x+\frac{1}{4}\lambda-\frac{3}{2}$$

于是,要证明式 ⑩ 成立,又只要证明

$$(\sqrt{2(1-x)})^2-[\lambda x^2-(\lambda-1)x+\frac{1}{4}\lambda-\frac{3}{2}]^2\geqslant 0$$

$$\Leftrightarrow \lambda^2 x^4 - 2\lambda(\lambda - 1)x^3 + (\frac{3}{2}\lambda^2 - 5\lambda + 1)x^2 -$$

$$(\frac{1}{2}\lambda^2 - \frac{7}{2}\lambda + 1)x + (\frac{1}{16}\lambda^2 - \frac{3}{4}\lambda + \frac{1}{4}) \leqslant 0$$

$$\Leftrightarrow (x - \frac{1}{2})^2[(x - \frac{1}{2} + \frac{1}{\lambda})^2 - \frac{2}{\lambda}] \leqslant 0$$

由于

$$x - \frac{1}{2} + \frac{1}{\lambda} - \frac{\sqrt{2}}{\sqrt{\lambda}} = \sin\frac{A}{2} - \frac{1}{2} + \frac{(1 + 2\sin\frac{\pi}{8})^2}{2} - (1 + 2\sin\frac{\pi}{8})$$

$$\leqslant \frac{\sqrt{2}}{2} - \frac{1}{2} + \frac{(1 + 2\sin\frac{\pi}{8})^2}{2} - (1 + 2\sin\frac{\pi}{8})$$

$$= \frac{\sqrt{2}}{2} - \frac{1}{2} + \frac{\left(1 + 2\sqrt{\frac{1 - \frac{\sqrt{2}}{2}}{2}}\right)^2}{2} - \left(1 + 2\sqrt{\frac{1 - \frac{\sqrt{2}}{2}}{2}}\right)$$

$$= \frac{\sqrt{2}}{2} - \frac{1}{2} + \frac{\left(1 + 2\sqrt{\frac{1 - \frac{\sqrt{2}}{2}}{2}}\right)^2}{2} - \left(1 + 2\sqrt{\frac{1 - \frac{\sqrt{2}}{2}}{2}}\right) = 0$$

因此,式 ⑩ 成立.

故原命题获证.

由本例的解题过程就可以看出参数 λ 是如何求得的.

利用与命题 2 相类似的证明方法以及应用命题 3 的结果,可以得到较命题 2 中更强的不等式(请读者自己推导).

与命题3证法类似,可得到与命题3中的不等式的反向不等式,即有以下命题 4.

命题 4 (自创题,2020－04－30) 在非钝角 $\triangle ABC$ 中,有

$$\sum \sin\frac{A}{2} \leqslant \frac{1}{2}\sum \cos^2\frac{A}{2} + \frac{3}{8}$$

其中 $u = \frac{1}{2}$.

证明 由对称性,不妨设 $0 < A \leqslant \frac{\pi}{3}$,由命题 3 的证明可知,只要证明当 $u = \frac{1}{2}$ 时,有

$$\begin{cases}2\sin\frac{\pi-A}{4}\cos\frac{B-C}{4}-u\sin\frac{A}{2}\cos\frac{B-C}{2}-2\sin\frac{\pi-A}{4}+u\sin\frac{A}{2}\leqslant 0\\ \sin\frac{A}{2}-u\cos^2\frac{A}{2}+\frac{5}{4}u-\frac{3}{2}+2\sin\frac{\pi-A}{4}-u\sin\frac{A}{2}\geqslant 0\end{cases}\qquad(*)$$

式(*)中第一式左边式子

$$2\sin\frac{\pi-A}{4}\cos\frac{B-C}{4}-u\sin\frac{A}{2}\cos\frac{B-C}{2}-2\sin\frac{\pi-A}{4}+u\sin\frac{A}{2}$$

$$=[u\sin\frac{A}{2}(1+\cos\frac{B-C}{4})-2\sin\frac{\pi-A}{4}](1-\cos\frac{B-C}{4})$$

于是,只要证明

$$u\leqslant\frac{2\sin\frac{\pi-A}{4}}{\sin\frac{A}{2}(1+\cos\frac{B-C}{4})}$$

式(*)中第二式左边式子

$$\sin\frac{A}{2}-u\cos^2\frac{A}{2}+\frac{5}{4}u-\frac{3}{2}+2\sin\frac{\pi-A}{4}-u\sin\frac{A}{2}$$

$$=\sin\frac{A}{2}-u(1-\sin^2\frac{A}{2})+\frac{5}{4}u-\frac{3}{2}+2\sqrt{\frac{1-\sin\frac{A}{2}}{2}}-u\sin\frac{A}{2}$$

$$=u\sin^2\frac{A}{2}+(1-u)\sin\frac{A}{2}+\frac{1}{4}u-\frac{3}{2}+\sqrt{2(1-\sin\frac{A}{2})}$$

于是,只要证明

$$[\sqrt{2(1-\sin\frac{A}{2})}]^2-[u\sin^2\frac{A}{2}+(1-u)\sin\frac{A}{2}+\frac{1}{4}u-\frac{3}{2}]^2\leqslant 0$$

$$\Leftrightarrow u^2\sin^4\frac{A}{2}-2u(u-1)\sin^3\frac{A}{2}+(\frac{3}{2}u^2-5u+1)\sin^2\frac{A}{2}-(\frac{1}{2}u^2-\frac{7}{2}u+1)\sin\frac{A}{2}+(\frac{1}{16}u^2-\frac{3}{4}u+\frac{1}{4})\geqslant 0$$

$$\Leftrightarrow(\sin\frac{A}{2}-\frac{1}{2})^2[(\sin\frac{A}{2}-\frac{1}{2}+\frac{1}{u})^2-\frac{2}{u}]\geqslant 0$$

因此,只要证明

$$(\sin\frac{A}{2}-\frac{1}{2}+\frac{1}{u})^2-\frac{2}{u}\geqslant 0$$

于是,式(*)等价于

$$\begin{cases}u\leqslant \dfrac{2\sin\dfrac{\pi-A}{4}}{\sin\dfrac{A}{2}(1+\cos\dfrac{B-C}{4})}\\(\sin\dfrac{A}{2}-\dfrac{1}{2}+\dfrac{1}{u})^2-\dfrac{2}{u}\geqslant 0\end{cases}$$

当$\frac{\pi}{3}\leqslant A\leqslant\frac{1}{2}\pi, u=\frac{1}{2}$时,易证上式成立.这时由于

$$\frac{2\sin\frac{\pi-A}{4}}{\sin\frac{A}{2}(1+\cos\frac{B-C}{4})}\geqslant\frac{2\sqrt{\frac{1-\sin\frac{A}{2}}{2}}}{2\sin\frac{A}{2}}=\frac{\sqrt{2(1-\sin\frac{\pi}{4})}}{2\sin\frac{\pi}{4}}\geqslant\frac{1}{2}=u$$

$$(\sin\frac{A}{2}-\frac{1}{2}+\frac{1}{u})^2-\frac{2}{u}\geqslant(\frac{1}{2}-\frac{1}{2}+2)^2-4=0$$

故原式成立.

命题 4 等价于:非钝角$\triangle ABC$中,外接圆半径为R,内切圆半径为r,则有

$$\sum\sin\frac{A}{2}\leqslant\frac{11}{8}+\frac{r}{4R}$$

结合命题 3、命题 4,有以下不等式链:

$$\lambda\sum\cos^2\frac{A}{2}+\frac{3}{2}-\frac{9}{4}\lambda\leqslant\sum\sin\frac{A}{2}\leqslant u\sum\cos^2\frac{A}{2}+\frac{3}{2}-\frac{9}{4}u$$

其中$\lambda=\frac{2}{(2\sin\frac{\pi}{8}+1)^2}, u=\frac{1}{2}$.

下面再看一个例子.

例 5[2] 在锐角$\triangle ABC$中,证明

$$(\cos A+\cos B+\cos C)^2\geqslant\sin^2 2A+\sin^2 2B+\sin^2 2C \tag{5}$$

证明 由式(5)的左边减去右边得到

$$\begin{aligned}&(\cos A+\cos B+\cos C)^2-(\sin^2 2A+\sin^2 2B+\sin^2 2C)\\&=(\cos A+2\sin\frac{A}{2}\cos\frac{B-C}{2})^2-\sin^2 2A-1+\cos 2A\cos(2B-2C)\\&=\cos^2 A-\sin^2 2A-1+\\&\quad 4\sin^2\frac{A}{2}\cos^2\frac{B-C}{2}+4\sin\frac{A}{2}\cos A\cos\frac{B-C}{2}+\cos 2A\cos(2B-2C)\end{aligned} \tag{11}$$

不妨设$\frac{\pi}{3}\leqslant A\leqslant\frac{\pi}{2}$,由于$\frac{1}{2}=\sin\frac{\pi}{6}\leqslant\sin\frac{A}{2}<\sin\frac{\pi}{4}=\frac{\sqrt{2}}{2}$, $\cos\frac{B-C}{4}\geqslant\cos\frac{\pi}{8}$,因此有

$$4\sin^2\frac{A}{2}\cos^2\frac{B-C}{2}+4\sin\frac{A}{2}\cos A\cos\frac{B-C}{2}+\cos 2A\cos(2B-2C)-$$

$$4\sin^2\frac{A}{2}-4\sin\frac{A}{2}\cos A-\cos 2A$$

$$=-4\sin^2\frac{A}{2}(1-\cos^2\frac{B-C}{2})-4\sin\frac{A}{2}\cos A(1-\cos\frac{B-C}{2})+$$

$$\cos 2A[1-\cos(2B-2C)]$$

$$=4(1-\cos\frac{B-C}{2})\{-\sin^2\frac{A}{2}(1+\cos\frac{B-C}{2})-\sin\frac{A}{2}\cos A-$$

$$\cos 2A[1+\cos(B-C)](1+\cos\frac{B-C}{2})\}$$

$$\geqslant 4(1-\cos\frac{B-C}{2})\{-\sin^2\frac{A}{2}(1+\cos\frac{B-C}{2})-\sin\frac{A}{2}\cos A+$$

$$\frac{1}{2}[1+\cos(B-C)](1+\cos\frac{B-C}{2})\}（注意到\frac{2\pi}{3}\leqslant 2A<\pi）$$

$$=4(1-\cos\frac{B-C}{2})\{(\frac{1}{2}-\sin^2\frac{A}{2})(1+\cos\frac{B-C}{2})+$$

$$[\cos(B-C)(\frac{1}{2}+\cos\frac{B-C}{2})-\cos A\sin\frac{A}{2}]\}$$

$$\geqslant 4(1-\cos\frac{B-C}{2})\{(\sin^2\frac{\pi}{4}-\sin^2\frac{A}{2})(1+\cos\frac{B-C}{2})+$$

$$[\cos A(\frac{1}{2}+\cos\frac{\pi}{4})-\cos A\sin\frac{A}{2}]\}（注意到|B-C|<A<\frac{\pi}{2}）$$

$$=4(1-\cos\frac{B-C}{2})\{(\sin^2\frac{\pi}{4}-\sin^2\frac{A}{2})(1+\cos\frac{B-C}{2})+$$

$$\cos A[(\frac{1}{2}+\sin\frac{\pi}{4})-\sin\frac{A}{2}]\}\geqslant 0（注意到\sin\frac{\pi}{4}-\sin\frac{A}{2}>0）$$

于是，由式 ⑪ 得到

$$\cos^2A-\sin^2 2A-1+$$

$$4\sin^2\frac{A}{2}\cos^2\frac{B-C}{2}+4\sin\frac{A}{2}\cos A\cos\frac{B-C}{2}+\cos 2A\cos(2B-2C)$$

$$\geqslant \cos^2A-\sin^2 2A-1+$$

$$4\sin^2\frac{A}{2}\cos^2\frac{B-C}{2}+4\sin\frac{A}{2}\cos A\cos\frac{B-C}{2}+\cos 2A\cos(2B-2C)$$

由此可知，只要证明

$$\cos^2A-\sin^2 2A-1+$$

$$4\sin^2\frac{A}{2}+4\sin\frac{A}{2}\cos A+\cos 2A\geqslant 0\left(\frac{1}{2}\leqslant\sin\frac{A}{2}\leqslant\frac{\sqrt{2}}{2}\right) \quad ⑫$$

由于　$\cos^2A-\sin^2 2A-1+4\sin^2\frac{A}{2}+4\sin\frac{A}{2}\cos A+\cos 2A$

$$=\cos^2 A+\cos^2 2A-2\cos A+4\sin\frac{A}{2}\cos A+\cos 2A$$

$$=\cos^2 A+(2\cos^2 A-1)^2-2\cos A+2\cos^2 A-1+4\sin\frac{A}{2}\cos A$$

$$=\cos A(4\cos^3 A-\cos A+4\sin\frac{A}{2}-2)$$

$$=\cos A(4\cos^3 A-\cos A+4\sin\frac{A}{2}-2)$$

$$=\cos A[4(1-2\sin^2\frac{A}{2})^3-(1-2\sin^2\frac{A}{2})+4\sin\frac{A}{2}-2]$$

$$=\cos A(-32\sin^6\frac{A}{2}+48\sin^4\frac{A}{2}-22\sin^2\frac{A}{2}+4\sin\frac{A}{2}+1)$$

$$=\cos A(2\sin\frac{A}{2}-1)^2(-8\sin^4\frac{A}{2}-8\sin^3\frac{A}{2}+6\sin^2\frac{A}{2}+8\sin\frac{A}{2}+1)$$

$$\geqslant\cos A(2\sin\frac{A}{2}-1)^2[-8(\frac{\sqrt{2}}{2})^4-8(\frac{\sqrt{2}}{2})^3+6(\frac{1}{2})^2+8\cdot\frac{1}{2}+1]\geqslant 0$$

(注意到$\frac{\pi}{3}\leqslant A\leqslant\frac{\pi}{2}$),因此,式 ⑫ 成立,原命题获证.

例 5 是证明锐角三角形不等式,其方法仍与以上几例相似. 首先选择一个角为主元,本例以角 A 为主元,并设$\frac{\pi}{3}\leqslant A\leqslant\frac{\pi}{2}$;其次,进行恒等变换,化为含有角$\frac{A}{2}$,$A$,$2A$ 和$\frac{B-C}{2}$、$2(B-C)$ 的三角函数式子如式 ⑪;最后再化为仅含有角$\frac{A}{2}$ 的三角函数式子,如式 ⑫,并证明此式成立.

注:由本例经角代换,$A\to\frac{\pi}{2}-\frac{A}{2}$,$B\to\frac{\pi}{2}-\frac{B}{2}$,$C\to\frac{\pi}{2}-\frac{C}{2}$,即得以下命题 5.

命题 5 在任意 $\triangle ABC$ 中,有

$$(\sin\frac{A}{2}+\sin\frac{B}{2}+\sin\frac{C}{2})^2\geqslant\sin^2 A+\sin^2 B+\sin^2 C$$

由以上例子我们总结出这种证明三角形不等式方法的要点:

关于 $\triangle ABC$ 三个角(仅含二分之一角和二倍角)的三角函数不等式 $f(A,B,C)\geqslant 0$(这里只针对对称式不等式而言).

(1) 选择其中一个角为主元,不妨设角 A 为主元,对于任意 $\triangle ABC$,可设 $0<A\leqslant\frac{\pi}{3}$,这时便有 $|B-C|<\pi-A<\pi$;对于非钝角 $\triangle ABC$,可设$\frac{\pi}{3}\leqslant A\leqslant\frac{\pi}{2}$,这时便有 $|B-C|\leqslant A\leqslant\frac{\pi}{2}$,$A\leqslant\pi-A\leqslant\frac{2\pi}{3}$.

(2) 应用两角和差化积或积化和差公式，将原不等式 $f(A,B,C)\geqslant 0$ 化为仅含关于角 $A,B-C$(或 $C-B$) 的三角函数式如 $\sin A,\cos A,\sin 2A,\cos 2A$，$\sin\frac{A}{2},\cos\frac{A}{2},\sin\frac{A}{4}$，$\cos\frac{A}{4}$ 等和 $\cos(B-C),\cos 2(B-C),\cos\frac{B-C}{2},\cos\frac{B-C}{4}$ 等式子，记为 $g(A,B-C)$，即 $f(A,B,C)=g(A,B-C)$.

(3) 若记 $g(A,B-C)$ 经转化后，其式中所有 $\cos 2(B-C),\cos(B-C)$，$\cos\frac{B-C}{2},\cos\frac{B-C}{4}$ 等都用1代替后的式子记为 $h(A)$，去证明 $g(A,B-C)\geqslant h(A)$.

(4) 最后去证明 $h(A)\geqslant 0$.

本文中所举的几个例子都有一定难度，但是，应用本文所介绍的证明方法具有其独特的优势，证明方法方向明确，步骤相同，便于掌握，尤其对于有些较难的不等式，往往会得到意想不到的效果.

参考资料

[1] 刘保乾. 三角形几何不等式的一些结果和问题[M] // 杨学枝，刘培杰. 初等数学研究在中国. 第2辑. 哈尔滨：哈尔滨工业大学出版社，2019.

[2] 刘健. 有关锐角三角形的几个三角不等式. 未见发表.

(写作时间 2020－03－29；最后定稿时间：2020－05－20)

§10 应用方程方法解答非方程问题

方程是中学数学教学中极为重要的内容，在数学教学中，一定要重视对方程的教学，深刻理解方程定义、方程性质，并善于应用方程的方法去解答非方程的数学问题，这样常常可以得到简捷的解题效果. 由此，本文将举数例说明方程在证明等式、不等式等方面的应用，同时可以看出，应用方程的方法解题的优越性.

先介绍以下几个重要知识：

(1) 方程定义：$f(x)$ 是一元 n 次多项式，那么 $f(x)=0$ 就叫作一元 n 次方程.

一元 n 次方程的一般形式是

$$f(x)=a_0x^n+a_1x^{n-1}+\cdots+a_{n-1}x+a_n=0(a_0\neq 0)$$

其中 $a_0,a_1,\cdots,a_n\in \mathbf{C}$.

如果 $f(x_1)=0$，那么 x_1 就叫作方程 $f(x)=0$ 的根.

(2) 方程基本定理：一元 n 次方程 $f(x)=0$ 一定有 n 个根，并且只有 n 个根.

若这 n 个根为 $x_1,x_2,\cdots,x_n$，则

$$f(x)=\lambda(x-x_1)(x-x_2)\cdots(x-x_n)$$

这里 λ 为方程 n 次项系数.

(3) 多项式性质：如果 $x_1,x_2,\cdots,x_n,x_{n+1}$ 是 $n+1$ 个互不相等的复数，都使得多项式 $f(x)=a_0x^n+a_1x^{n-1}+\cdots+a_{n-1}x+a_n=0$，那么这个多项式的所有系数都等于零，即有

$$a_0=a_1=\cdots=a_{n-1}=a_n=0$$

(4) 初等对称多项式：对于 n 个复数 $x_1,x_2,\cdots,x_n$，我们将这 n 个复数之和记为 s_1，这 n 个复数中，每两个乘积之和记为 s_2，每三个乘积之和记为 s_3，…，这 n 个复数之积记为 s_n，则 $s_1,s_2,s_3,\cdots,s_n$ 就叫作这 n 个复数 $x_1,x_2,\cdots,x_n$ 的初等对称多项式.

(5) 方程根与系数关系：如果 $x_1,x_2,\cdots,x_n$ 是整式方程

$$f(x)=a_0x^n+a_1x^{n-1}+\cdots+a_{n-1}x+a_n=0(a_0\neq 0)$$

的 n 个根，则有

$$x_1+x_2+\cdots+x_n=-\frac{a_1}{a_0}(n\text{ 个根之和})$$

$$x_1x_2+x_1x_3+\cdots+x_{n-1}x_n=\frac{a_2}{a_0}(n\text{ 个根中，每两个乘积之和})$$

……

$$x_1x_2\cdots x_n=(-1)^n\frac{a_n}{a_0}(n\text{ 个根之积})$$

反过来,如果有 n 个复数 $x_1,x_2,\cdots,x_n$ 满足

$$x_1+x_2+\cdots+x_n=-\frac{a_1}{a_0}(n\text{ 个根之和})$$

$$x_1x_2+x_1x_3+\cdots+x_{n-1}x_n=\frac{a_2}{a_0}(n\text{ 个根中,每两个乘积之和})$$

……

$$x_1x_2\cdots x_n=(-1)^n\frac{a_n}{a_0}(n\text{ 个根之积})$$

其中 $a_0,a_1,a_2,\cdots,a_n\in\mathbf{C},a_0\neq 0$. 那么,$x_1,x_2,\cdots,x_n$ 是方程

$$f(x)=a_0x^n+a_1x^{n-1}+\cdots+a_{n-1}x+a_n=0$$

的 n 个根.

由此可见,初等对称多项式与一元 n 次方程根与系数关系有着十分密切的联系.

(6) 实系数一元三次方程实根定理:实系数一元三次方程 $x^3+px+q=0$,如果 $\frac{q^2}{4}+\frac{p^3}{27}\leqslant 0$,则方程有三个实数根.

注:关于实系数一元二次方程根的判别式,大家熟知,从略.

方程和多项式的上述重要知识在数学解题中有着广泛的应用. 以下仅举三个方面应用例子.

一 应用方程证明恒等式

例 1 设 $a_i,b_i(i=1,2,\cdots,n)$ 是两组复数,$a_i(i=1,2,\cdots,n)$ 互不相等,满足

$$(a_1+b_1)(a_1+b_2)\cdots(a_1+b_n)=(a_2+b_1)(a_2+b_2)\cdots(a_2+b_n)=\cdots$$
$$=(a_n+b_1)(a_n+b_2)\cdots(a_n+b_n)$$

求证:

(1) $(a_1+b_1)(a_2+b_1)\cdots(a_n+b_1)=(a_1+b_2)(a_2+b_2)\cdots(a_n+b_2)=\cdots$
$=(a_1+b_n)(a_2+b_n)\cdots(a_n+b_n)$;

(2) $a_1+a_2+\cdots+a_n+b_1+b_2+\cdots+b_n=0$.

证明 设 $(a_1+b_1)(a_2+b_2)\cdots(a_1+b_n)=$
$(a_2+b_1)(a_2+b_2)\cdots(a_2+b_n)=\cdots=$
$(a_n+b_1)(a_n+b_2)\cdots(a_n+b_n)=m$

则 $x=a_1,a_2,\cdots,a_n$ 可看作是方程 $(x+b_1)(x+b_2)\cdots(x+b_n)-m=0$ 的 n 个不同的根,因此,根据方程的基本定理可知,对于任意复数 x 有以下恒等式

$$(x+b_1)(x+b_2)\cdots(x+b_n)-m=(x-a_1)(x-a_2)\cdots(x-a_n) \qquad ①$$

(1) 在式 ① 中，分别令 $x=-b_1,-b_2,\cdots,-b_n$，即得

$$(a_1+b_1)(a_2+b_1)\cdots(a_n+b_1)=(a_1+b_2)(a_2+b_2)\cdots(a_n+b_2)=\cdots$$
$$=(a_1+b_n)(a_2+b_n)\cdots(a_n+b_n)=(-1)^{n+1}m$$

(1) 中的等式获证.

(2) 将式 ① 展开后，根据多项式性质，比较两边系数，即得(2) 中的等式.

同理类似(2) 的解法，由式 ① 还可得到其他有关等式，如：

$$\sum_{1\leqslant i<j\leqslant n} a_ia_j-\sum_{1\leqslant i<j\leqslant n} b_ib_j=0$$
$$\sum_{1\leqslant i<j<k\leqslant n} a_ia_ja_k+\sum_{1\leqslant i<j<k\leqslant n} b_ib_jb_k=0$$

等等.

在本例中，要善于从等式形式看到方程的本质，从而应用方程基本定理求解，这种解法要较其他方法清晰、简捷.

欧拉(L. Euler，1707—1783，瑞士)是 18 世纪最著名的数学家，他不仅在高等数学的各个分支中取得了广泛成就，在初等数学中，也到处留下了足迹. 其中有一个鲜为人知的关于分式的欧拉公式

$$\frac{a^r}{(a-b)(a-c)}+\frac{b^r}{(b-c)(b-a)}+\frac{c^r}{(c-a)(c-b)}=\begin{cases}0, r=0,1\\ 1, r=2\\ a+b+c, r=3\end{cases}$$

上述分式的欧拉公式可以进一步加以推广，得到一个更为一般的如下分式等式.

例 2 设 $x_k(k=1,2,\cdots,n,n\geqslant 2)$ 是 n 个互不相等的复数，则有

$$\frac{(x_1-t_1)(x_1-t_2)\cdots(x_1-t_m)}{(x_1-x_2)(x_1-x_3)\cdots(x_1-x_n)}+\frac{(x_2-t_1)(x_2-t_2)\cdots(x_2-t_m)}{(x_2-x_1)(x_2-x_3)\cdots(x_2-x_n)}+\cdots+$$
$$\frac{(x_n-t_1)(x_n-t_2)\cdots(x_n-t_m)}{(x_n-x_1)(x_n-x_2)\cdots(x_n-x_{n-1})}$$
$$=\begin{cases}0, 1\leqslant m<n-1\\ 1, 1\leqslant m=n-1\\ \sum\limits_{k=1}^{n} x_k-\sum\limits_{k=1}^{n} t_k, 2\leqslant m=n\end{cases}$$

证明 由于证法类似，下面我们仅就 $2\leqslant m=n$ 时的情况用数学归纳法给予证明，以下字母均符合定理 1 所给的条件.

当 $n=2$ 时，不难证明

$$\frac{(x_1-t_1)(x_1-t_2)}{x_1-x_2}+\frac{(x_2-t_1)(x_2-t_2)}{x_2-x_1}=(x_1+x_2)-(t_1+t_2)$$

事实上，我们如果记

$$f(t)=\frac{(x_1-t_1)(x_1-t)}{x_1-x_2}+\frac{(x_2-t_1)(x_2-t)}{x_2-x_1}-(x_1+x_2)+(t_1+t)$$

可视为以 t 为字母的小于或等于一次多项式,由于 $f(x_1)=f(x_2)=0$,又 $x_1\neq x_2$,因此 $f(t)=0$,再取 $t=t_2$,便证明了 $n=2$ 时式 ③ 成立.

假设 $n=k$ 时,式 ③ 成立,即

$$\frac{(x_1-t_1)(x_1-t_2)\cdots(x_1-t_k)}{(x_1-x_2)(x_1-x_3)\cdots(x_1-x_k)}+\frac{(x_2-t_1)(x_2-t_2)\cdots(x_2-t_k)}{(x_2-x_1)(x_2-x_3)\cdots(x_2-x_k)}+\cdots+\frac{(x_k-t_1)(x_k-t_2)\cdots(x_k-t_k)}{(x_k-x_1)(x_k-x_2)\cdots(x_k-x_{k-1})}$$

$$=\sum_{j=1}^{k}x_j-\sum_{j=1}^{k}t_j$$

今记 $f(t)$ 等于

$$\frac{(x_1-t_1)(x_1-t_2)\cdots(x_1-t_k)(x_1-t)}{(x_1-x_2)(x_1-x_3)\cdots(x_1-x_k)(x_1-x_{k+1})}+\frac{(x_2-t_1)(x_2-t_2)\cdots(x_2-t_k)(x_2-t)}{(x_2-x_1)(x_2-x_3)\cdots(x_2-x_k)(x_2-x_{k+1})}+\cdots+\frac{(x_{k+1}-t_1)(x_{k+1}-t_2)\cdots(x_{k+1}-t_k)(x_{k+1}-t)}{(x_{k+1}-x_1)(x_{k+1}-x_2)\cdots(x_{k+1}-x_{k-1})(x_{k+1}-x_k)}-\left(\sum_{j=1}^{k+1}x_j-\sum_{j=1}^{k}t_j-t\right)$$

可视为其关于 t 的小于或等于一次多项式,命 $t=x_1$ 和 $t=x_2$,根据假设可知 $f(x_1)=f(x_2)=0$,又由于 $x_1\neq x_2$,因此有 $f(t)=0$,取 $t=t_{k+1}$ 得到 $f(t_{k+1})=0$,即

$$\frac{(x_1-t_1)(x_1-t_2)\cdots(x_1-t_k)(x_1-t_{k+1})}{(x_1-x_2)(x_1-x_3)\cdots(x_1-x_k)(x_1-x_{k+1})}+\frac{(x_2-t_1)(x_2-t_2)\cdots(x_2-t_k)(x_2-t_{k+1})}{(x_2-x_1)(x_2-x_3)\cdots(x_2-x_k)(x_2-x_{k+1})}+\cdots+\frac{(x_{k+1}-t_1)(x_{k+1}-t_2)\cdots(x_{k+1}-t_k)(x_{k+1}-t_{k+1})}{(x_{k+1}-x_1)(x_{k+1}-x_2)\cdots(x_{k+1}-x_{k-1})(x_{k+1}-x_k)}$$

$$=\sum_{j=1}^{k+1}x_j-\sum_{j=1}^{k+1}t_j$$

这说明当 $n=k+1$ 时,式 ③ 也成立. 由以上可知,对于 $n\geqslant 2$ 的任意自然数,式 ③ 总成立,证毕.

本例解答中巧妙地应用了多项式性质.

例 3 设 n 个数 $x_i\in\mathbf{C},i=1,2,\cdots,n$,其初等对称多项式为 $s_i(i=1,2,\cdots,n)$ 又 $x_1,x_2,\cdots,x_n$ 两两互不相等,则

$$\begin{vmatrix} x_1^n & x_1^{n-2} & \cdots & 1 \\ x_2^n & x_2^{n-2} & \cdots & 1 \\ \vdots & \vdots & & \vdots \\ x_n^n & x_n^{n-2} & \cdots & 1 \end{vmatrix} = s_1 \prod_{1 \leqslant i < j \leqslant n} (x_i - x_j)$$

$$\begin{vmatrix} x_1^{n-1} & x_1^n & x_1^{n-3} & \cdots & 1 \\ x_2^{n-1} & x_2^n & x_2^{n-3} & \cdots & 1 \\ x_3^{n-1} & x_3^n & x_3^{n-3} & \cdots & 1 \\ \vdots & \vdots & \vdots & & \vdots \\ x_n^{n-1} & x_n^n & x_n^{n-3} & \cdots & 1 \end{vmatrix} = -s_2 \prod_{1 \leqslant i < j \leqslant n} (x_i - x_j)$$

$$\begin{vmatrix} x_1^{n-1} & x_1^{n-2} & x_1^n & \cdots & 1 \\ x_2^{n-1} & x_2^{n-2} & x_2^n & \cdots & 1 \\ x_3^{n-1} & x_3^{n-2} & x_3^n & \cdots & 1 \\ \vdots & \vdots & \vdots & & \vdots \\ x_n^{n-1} & x_n^{n-2} & x_n^n & \cdots & 1 \end{vmatrix} = s_3 \prod_{1 \leqslant i < j \leqslant n} (x_i - x_j)$$

……

$$\begin{vmatrix} x_1^{n-1} & x_1^{n-2} & x_1^{n-3} & \cdots & x_1^n \\ x_2^{n-1} & x_2^{n-2} & x_2^{n-3} & \cdots & x_2^n \\ x_3^{n-1} & x_3^{n-2} & x_3^{n-3} & \cdots & x_3^n \\ \vdots & \vdots & \vdots & & \vdots \\ x_n^{n-1} & x_n^{n-2} & x_n^{n-3} & \cdots & x_n^n \end{vmatrix} = (-1)^{n-1} s_n \prod_{1 \leqslant i < j \leqslant n} (x_i - x_j)$$

等等，以上左边式子，即将范德蒙行列式 $\begin{vmatrix} x_1^{n-1} & x_1^{n-2} & \cdots & 1 \\ x_2^{n-1} & x_2^{n-2} & \cdots & 1 \\ \vdots & \vdots & & \vdots \\ x_n^{n-1} & x_n^{n-2} & \cdots & 1 \end{vmatrix}$ 中第 k 列（$k=1$，$2,\cdots,n$）换成 $\begin{pmatrix} x_1^n \\ x_2^n \\ \vdots \\ x_n^n \end{pmatrix}$ 后所得到的 n 阶行列式.

证明　由题意可知，$x_i \in \mathbf{C}, i=1,2,\cdots,n$ 是方程

$$x^n - s_1 x^{n-1} + s_2 x^{n-2} - \cdots + (-1)^n s_n = 0$$

的 n 个根，由此反过来，我们可以将以下方程组看成是关于未知数 $s_1, -s_2, \cdots$ $(-1)^{n-1} s_n$ 的方程组

$$\begin{cases}s_1x_1^{n-1}-s_2x_1^{n-2}+\cdots-(-1)^ns_n=x_1^n\\ s_1x_2^{n-1}-s_2x_2^{n-2}+\cdots-(-1)^ns_n=x_2^n\\ \cdots\\ s_1x_n^{n-1}-s_2x_n^{n-2}+\cdots-(-1)^ns_n=x_n^n\end{cases}$$

由于其系数行列式 $\begin{vmatrix}x_1^{n-1} & x_1^{n-2} & \cdots & 1\\ x_2^{n-1} & x_1^{n-2} & \cdots & 1\\ \vdots & \vdots & & \vdots\\ x_n^{n-1} & x_1^{n-2} & \cdots & 1\end{vmatrix}=\prod\limits_{1\leqslant i<j\leqslant n}(x_i-x_j)\neq 0$(范德蒙行列式),解出 $(-1)^{k-1}s_k,k=1,2,\cdots,n$,即得命题中各式.

本例解答中巧妙地将一元 n 次方程问题转化为 n 元一次方程组问题求解,将一元 n 次方程的各项系数看成 n 元一次方程组 n 个未知数,将 $x_i(i=1,2,\cdots,n)$ 作为已知数,解出 n 元一次线性方程组.

例 4　若 $a_1,a_2,\cdots,a_n\in\mathbf{C}$,这 n 个数的初等对称多项式为 $s_1,s_2,\cdots,s_n$;记 $a_1^2,a_2^2,\cdots,a_n^2$ 这 n 个数的初等对称多项式为 $s'_1,s'_2,\cdots,s'_n$,则

$s'_1=s_1^2-2s_2$

$s'_2=s_2^2+2s_4-2s_1s_3$

$s'_3=s_3^2+2s_1s_5-2s_2s_4-2s_6$

$s'_4=s_4^2+2s_2s_6+2s_8-2s_1s_7-2s_3s_5$

$s'_5=s_5^2+2s_1s_9+2s_3s_7-2s_2s_8-2s_4s_6-2s_{10}$

$s'_6=s_6^2+2s_2s_{10}+2s_4s_8+2s_{12}-2s_1s_{11}-2s_3s_9-2s_5s_7$

$s'_7=s_7^2+2s_1s_{13}+2s_3s_{11}+2s_5s_9-2s_2s_{12}-2s_4s_{10}-2s_6s_8-2s_{14},\cdots$

$s'_n=s_n^2$

证明　由已知条件可知,$a_1,a_2,\cdots,a_n$ 是方程

$$x^n-s_1x^{n-1}+s_2x^{n-2}-s_3x^{n-3}+\cdots+(-1)^ns_n=0$$

的 n 个根.

当 n 为奇数时,将上述方程变换后两边平方,得到

$$x^2(x^{n-1}+s_2x^{n-3}+\cdots+s_{n-3}x^2+s_{n-1})^2=(s_1x^{n-1}+s_3x^{n-3}+\cdots+s_{n-2}x^2+s_n)^2$$

在上式中,令 $y=x^2$,得到方程

$$y(y^{\frac{n-1}{2}}+s_2y^{\frac{n-3}{2}}+\cdots+s_{n-3}y+s_{n-1})^2=(s_1y^{\frac{n-1}{2}}+s_3y^{\frac{n-3}{2}}+\cdots+s_{n-2}y+s_n)^2$$

展开整理即为

$$y^n-(s_1^2-2s_2)y^{n-1}+(s_2^2+2s_4-2s_1s_3)y^{n-2}-(s_3^2+2s_1s_5-2s_2s_4-2s_6)y^{n-3}+$$
$$(s_4^2+2s_2s_6+2s_8-2s_1s_7-2s_3s_5)y^{n-4}-$$
$$(s_5^2+2s_1s_9+2s_3s_7-2s_2s_8-2s_4s_6-2s_{10})y^{n-5}+\cdots-s_n^2=0$$

当 n 为偶数时,将上述方程变换后两边平方,得到

$$(x^n+s_2x^{n-2}+\cdots+s_{n-2}x^2+s_n)^2=x^2(s_1x^{n-2}+s_3x^{n-4}+\cdots+s_{n-3}x^2+s_{n-1})^2$$
在上式中,令 $y=x^2$,得到方程
$$(y^{\frac{n}{2}}+s_2y^{\frac{n-2}{2}}+\cdots+s_{n-2}y+s_n)^2=y(s_1y^{\frac{n-2}{2}}+s_3y^{\frac{n-4}{2}}+\cdots+s_{n-3}y+s_{n-1})^2$$
展开整理即为
$$y^n-(s_1^2-2s_2)y^{n-1}+(s_2^2+2s_4-2s_1s_3)y^{n-2}-(s_3^2+2s_1s_5-2s_2s_4-2s_6)y^{n-3}+$$
$$(s_4^2+2s_2s_6+2s_8-2s_1s_7-2s_3s_5)y^{n-4}-$$
$$(s_5^2+2s_1s_9+2s_3s_7-2s_2s_8-2s_4s_6-2s_{10})y^{n-5}+\cdots+s_n^2=0$$
由此可知,$a_1^2,a_2^2,\cdots,a_n^2$ 是方程
$$y^n-(s_1^2-2s_2)y^{n-1}+(s_2^2+2s_4-2s_1s_3)y^{n-2}-(s_3^2+2s_1s_5-2s_2s_4-2s_6)y^{n-3}+$$
$$(s_4^2+2s_2s_6+2s_8-2s_1s_7-2s_3s_5)y^{n-4}-$$
$$(s_5^2+2s_1s_9+2s_3s_7-2s_2s_8-2s_4s_6-2s_{10})y^{n-5}+\cdots+(-1)^ns_n^2=0$$
的 n 个根,于是,根据方程根与系数关系,即得原命题中的诸个等式.

本例是应用方程根与系数关系的典型例子,根据方程根与系数关系构造一元 n 次方程,并对这个方程进行平方变换,然后再次利用方程根与系数关系一举获得一揽子等式.

例 5　设 $x_i\in\mathbf{C},i=1,2,\cdots,n+1$,其初等对称多项式为 $s_i(i=1,2,\cdots,n+1)$,记 $P_i=\sum\limits_{i=1}^{n+1}a_i^i,i=1,2,\cdots,n$,则
$$P_n-s_1P_{n-1}+s_2P_{n-2}-s_3P_{n-3}+\cdots+(-1)^{n-1}s_{n-1}P_1+(-1)^nns_n=0$$
证明　由题意 $x_i(i=1,2,\cdots,n,n+1)$ 是方程
$$x^{n+1}-s_1x^n+s_2x^{n-1}-\cdots+(-1)^ns_nx+(-1)^{n+1}s_{n+1}=0$$
的 $n+1$ 个根,若这 $n+1$ 个根均不为零时,则上述方程可以写成
$$x^n-s_1x^{n-1}+s_2x^n-\cdots+(-1)^ns_n+(-1)^{n+1}\frac{s_{n+1}}{x}=0$$
于是,有
$$x_j^n-s_1x_j^{n-1}+s_2x_j^{n-2}-\cdots+(-1)^ns_n+(-1)^{n+1}\frac{s_{n+1}}{x_j}=0$$
$j=1,2,\cdots,n,n+1$.

将上述 $n+1$ 个式子相加,并注意到 $s_{n+1}\sum\limits_{j=1}^{n+1}\frac{1}{x_j}=s_n$,因此,得到
$$P_n-s_1P_{n-1}+s_2P_{n-2}-s_3P_{n-3}+\cdots+(-1)^{n-1}s_{n-1}P_1+$$
$$(-1)^n(n+1)s_n+(-1)^{n+1}s_n=0$$
即得
$$P_n-s_1P_{n-1}+s_2P_{n-2}-s_3P_{n-3}+\cdots+(-1)^{n-1}s_{n-1}P_1+(-1)^nns_n=0$$
若 $x_i\in\mathbf{C}(i=1,2,\cdots,n+1)$,其中有一个根为零,不妨设 $x_{n+1}=0$,其余 n 个均

不为零,这时,问题变为:

设 $x_i \in \mathbf{C}, i=1,2,\cdots,n$,其初等对称多项式为 $s_i(i=1,2,\cdots,n)$,则

$P_n - s_1 P_{n-1} + s_2 P_{n-2} - s_3 P_{n-3} + \cdots + (-1)^{n-1} s_{n-1} P_1 + (-1)^n n s_n = 0$

由题意 $x_i(i=1,2,\cdots,n,)$ 是方程

$$x^n - s_1 x^{n-1} + s_2 x^{n-2} - \cdots + (-1)^{n-1} s_n = 0$$

的 n 个根,由于这 n 个根均不为零,则上述方程可以写成

$$x^{n-1} - s_1 x^{n-2} + s_2 x^{n-3} - \cdots + (-1)^{n-1} s_{n-1} + (-1)^n \frac{s_n}{x} = 0$$

于是,有

$$x_j^{n-1} - s_1 x_j^{n-2} + s_2 x_j^{n-3} - \cdots + (-1)^{n-1} s_{n-1} + (-1)^n \frac{s_n}{x_j} = 0$$

$j=1,2,\cdots,n.$

将上述 n 个式子相加,并注意到 $s_n \sum_{j=1}^{n} \frac{1}{x_j} = s_{n-1}$,因此,得到

$P_n - s_1 P_{n-1} + s_2 P_{n-2} - s_3 P_{n-3} + \cdots + (-1)^{n-1} n s_{n-1} + (-1)^n s_{n-1} = 0$

即得

$$P_n - s_1 P_{n-1} + s_2 P_{n-2} - s_3 P_{n-3} + \cdots + (-1)^{n-1}(n-1) s_{n-1} = 0$$

原式也成立.

故原式获证.

更一般的有牛顿等幂和公式,读者可参见文献[3].

例 6 设 $ABCD$ 是平面凸四边形,四边长为 $AB=a, BC=b, CD=c, DA=d$,对角线长为 $AC=m, BD=n$,有一对对角和为$90°$,则

i. $(a^2b^2 + c^2d^2)m^2 + (a^2d^2 + b^2c^2)n^2 = 2(b^2c^2d^2 + a^2c^2d^2 + a^2b^2d^2 + a^2b^2c^2)$;

ii. $m^2n^2 = a^2c^2 + b^2d^2$.

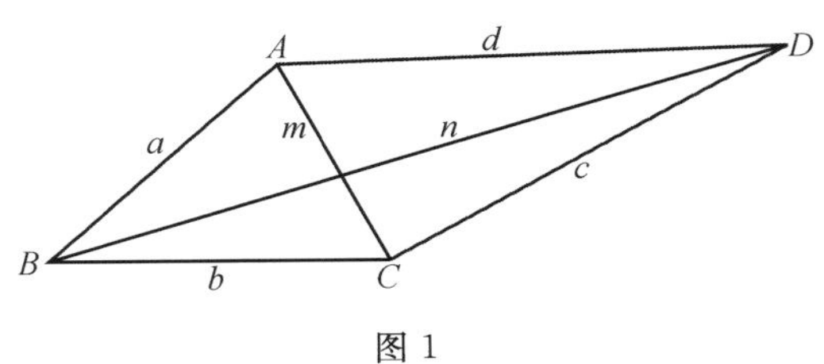

图 1

证明 由已知条件,得到

$$\cos^2 \angle ABC + \cos^2 \angle CDA = 1$$

利用余弦定理,有

$$\left(\frac{a^2 + b^2 - m^2}{2ab}\right)^2 + \left(\frac{c^2 + d^2 - m^2}{2cd}\right)^2 = 1$$

经整理得到

$$(a^2b^2+c^2d^2)m^4-2(b^2c^2d^2+a^2c^2d^2+a^2b^2d^2+a^2b^2c^2)m^2+(a^2c^2+b^2d^2)(a^2d^2+b^2c^2)=0$$

上式两边同乘以$(a^2b^2+c^2d^2)$，得到

$$(a^2b^2+c^2d^2)^2m^4-2(a^2b^2+c^2d^2)(b^2c^2d^2+a^2c^2d^2+a^2b^2d^2+a^2b^2c^2)m^2+(a^2b^2+c^2d^2)(a^2c^2+b^2d^2)(a^2d^2+b^2c^2)=0 \quad ①$$

同理由$\cos^2\angle BCD+\cos^2\angle DAB=1$，可得到

$$(a^2d^2+b^2c^2)^2n^4-2(a^2d^2+b^2c^2)(b^2c^2d^2+a^2c^2d^2+a^2b^2d^2+a^2b^2c^2)n^2+(a^2b^2+c^2d^2)(a^2c^2+b^2d^2)(a^2d^2+b^2c^2)=0 \quad ②$$

由以上①②两式可知，$(a^2b^2+c^2d^2)m^2$ 和$(a^2d^2+b^2c^2)n^2$ 是以下方程

$$x^2-2(b^2c^2d^2+a^2c^2d^2+a^2b^2d^2+a^2b^2c^2)x+(a^2b^2+c^2d^2)(a^2c^2+b^2d^2)(a^2d^2+b^2c^2)=0$$

的两个根. 于是由方程根与系数关系便得到

$$(a^2b^2+c^2d^2)m^2+(a^2d^2+b^2c^2)n^2=2(b^2c^2d^2+a^2c^2d^2+a^2b^2d^2+a^2b^2c^2)$$

$$(a^2b^2+c^2d^2)m^2\cdot(a^2d^2+b^2c^2)n^2=(a^2b^2+c^2d^2)(a^2c^2+b^2d^2)(a^2d^2+b^2c^2)$$

即

$$m^2n^2=a^2c^2+b^2d^2$$

故原命题获证.

本例应用方程根与系数关系使得解答一举两得，而且计算简便.

注：本例还有多种解法，但应用方程的方法求解较为简捷.

例 7 证明$\sqrt{2-\sqrt{2+\sqrt{2+\sqrt{2-\cdots}}}}=2\sin\frac{\pi}{18}$.

证明 设$\sqrt{2-\sqrt{2+\sqrt{2+\sqrt{2-\cdots}}}}=x$，则

$$x=\sqrt{2-\sqrt{2+\sqrt{2+x}}}$$

展开并整理得到以下八次方程

$$x^8-8x^6+20x^4-16x^2-x+2=0$$

即

$$(x+1)(x-2)(x^3-3x+1)(x^3+x^2-2x-1)=0 \quad ①$$

显然 $x=\sqrt{2-\sqrt{2+\sqrt{2+\sqrt{2-\cdots}}}}>0$；下面证明 $\sqrt{2-\sqrt{2+\sqrt{2+\sqrt{2-\cdots}}}}<1$. 用反证法.

若$\sqrt{2-\sqrt{2+\sqrt{2+\sqrt{2-\cdots}}}}\geqslant 1$，由$\sqrt{2-\sqrt{2+\sqrt{2+x}}}=x\geqslant 1$，得到

$$\sqrt{2+\sqrt{2+x}}\leqslant 1$$

上式左边大于1，故不成立，因此，有$0<x<1$.

于是，$(x+1)(x-2)\neq 0$.

另外，又由于$0<x<1$，则

$$x^3+x^2-2x-1=x(x-1)(x+2)-1<0-1=-1<0$$

因此，从式 ① 可知，只有

$$x^3-3x+1=0$$

由于

$$\begin{aligned}&x^3-3x+1\\&=(x-2\sin\frac{\pi}{18})(x^2+2x\sin\frac{\pi}{18}-3+4\sin^2\frac{\pi}{18})\end{aligned}$$

(注意到$(-2\sin\frac{\pi}{18})\cdot(-3+4\sin^2\frac{\pi}{18})=6\sin\frac{\pi}{18}-2(3\sin\frac{\pi}{18}-\sin\frac{\pi}{6})=1$)

$$\begin{aligned}&=(x-2\sin\frac{\pi}{18})[x+(\sin\frac{\pi}{18}-\sqrt{3}\cos\frac{\pi}{18})][x+(\sin\frac{\pi}{18}+\sqrt{3}\cos\frac{\pi}{18})]\\&=(x-2\sin\frac{\pi}{18})(x-2\sin\frac{5\pi}{18})(x+2\sin\frac{7\pi}{18})\end{aligned}$$

因此，方程 ① 的三个根为 $x_1=2\sin\frac{\pi}{18}<1$，$x_2=2\sin\frac{5\pi}{18}>1$，$x_3=-2\sin\frac{7\pi}{18}<0$，所以满足$0<x=\sqrt{2-\sqrt{2+\sqrt{2+x}}}<1$的方程 ① 的实根只有$x=2\sin\frac{\pi}{18}$，故

$$\sqrt{2-\sqrt{2+\sqrt{2+\sqrt{2-\cdots}}}}=2\sin\frac{\pi}{18}$$

本例将求值问题转化为求方程的解的问题，这类问题我们经常会遇到.

二 应用方程证明不等式或求解极值问题

例 8 设$a_i\in\mathbf{R}$，$i=1,2,\cdots,n$，其初等对称多项式为$s_1,s_2,\cdots,s_n$，若$s_i>0$，$i=1,2,\cdots,n$，则$a_i>0$，$i=1,2,\cdots,n$.

证明 由题意可知$a_1,a_2,\cdots,a_n$是方程

$$x^n-s_1x^{n-1}+s_2x^{n-2}-s_3x^{n-3}+\cdots+(-1)^{n-1}s_{n-1}x+(-1)^ns_n=0$$

的n个非零根.

当n为偶数时，由原方程式得到

$$x=\frac{x^n+s_2x^{n-2}+\cdots+s_n}{s_1x^{n-2}+s_3x^{n-4}+\cdots+s_{n-1}}>0$$

注意到上式分子、分母中各项均大于零，由此得到 $x \geqslant 0$，因此 $a_i > 0. i=1, 2, \cdots, n$.

当 n 为奇数时，由原方程式得到

$$x=\frac{s_1 x^{n-1}+s_3 x^{n-3}+\cdots+s_n}{x^{n-1}+s_2 x^{n-3}+\cdots+s_{n-1}}>0$$

注意到上式分子、分母中各项均大于零，由此得到 $x \geqslant 0$，因此 $a_i > 0. i=1, 2, \cdots, n$.

故原命题获证.

注：当 $n=3$ 时，便是 1965 年全国高考理科数学附加试题：

(1965 年高考理科附加题) 已知 a, b, c 为实数，证明 a, b, c 都为正数的充要条件是 $a+b+c>0, ab+bc+ca>0, abc>0$.

本例通过改变方程写法，再根据方程定义，从而巧妙地使问题得到了简捷的解决.

例 9　设 $\lambda, u, v \in \mathbf{R}$，记 $s_1=\lambda+u+v, s_2=uv+v\lambda+\lambda u, s_3=\lambda uv, w=\sqrt{s_1^2-3s_2}$，即 $s_2=\frac{s_1^2-w^2}{3}$，则

$$\frac{s_1^3-3s_1w^2-2w^3}{27}=\frac{(s_1-2w)(s_1+w)^2}{27} \overset{①}{\leqslant} s_3$$

$$\overset{②}{\leqslant} \frac{(s_1+2w)(s_1-w)^2}{27}=\frac{s_1^3-3s_1w^2+2w^3}{27}$$

当且仅当 λ, u, v 中有两个数相等，且不小于 $\frac{1}{3}s_1$ 时，式 ① 取等号；当且仅当 λ, u, v 中有两个数相等，且不大于 $\frac{1}{3}s_1$ 时，式 ② 取等号.

本例有多种证明方法，下面应用三次方程实根判定定理，给出一个简捷的证明.

证明　由所给条件可知 λ, u, v 是方程 $t^3-s_1t^2+s_2t-s_3=0$ 的三个实根，令 $t=y+\frac{1}{3}s_1$ 代入，经整理得到

$$y^3-(\frac{1}{3}s_1^2-s_2)y+(-\frac{2}{27}s_1^3+\frac{1}{3}s_1s_2-s_3)=0 \quad ①$$

这时，$\lambda-\frac{1}{3}s_1, u-\frac{1}{3}s_1, v-\frac{1}{3}s_1$ 是方程 ① 的三个实根，因此根据三次方程有三个实根的判定定理，得到

$$\frac{1}{4}(-\frac{2}{27}s_1^3+\frac{1}{3}s_1s_2-s_3)^2-\frac{1}{27}(\frac{1}{3}s_1^2-s_2)^3 \leqslant 0$$

将上式展开并整理即得

$$27s_3^2+(4s_1^3-18s_1s_2)s_3-(s_1^2s_2^2-4s_2^3) \leqslant 0$$

即

$$\frac{9s_1s_2-2s_1^3-2(s_1^2-3s_2)^{\frac{3}{2}}}{27}\leqslant s_3\leqslant\frac{9s_1s_2-2s_1^3-2(s_1^2-3s_2)^{\frac{3}{2}}}{27}$$

设 $w=\sqrt{s_1^2-3s_2}\geqslant 0$，得到 $s_2=\frac{s_1^2-w^2}{3}$，代入并整理即得到原式．根据三次方程有两个相等实根的条件，易得到定理 2 中不等式的取等号条件．

这里顺便指出，本例中的不等式应用十分广泛，特别对于一些高难度的三元不等式，常用它来证明．如下例，若用其他方法证明似乎难度较大：

（自创题，2007－09－18）设 $a,b,c\in\mathbf{R}^+$．且 $a+b+c=1$，则

$$\frac{7}{abc}-4\sum\frac{1}{a^2}\leqslant 81$$

当且仅当 $a=b=c=\frac{1}{3}$，或 a,b,c 中一个等于 $\frac{2}{3}$，其余两个都等于 $\frac{1}{6}$ 时取等号．

例 10 （自创题，2013－05－01）设 $x,y,z,w\in\mathbf{R}^+$，且 $xyzw=1$，记 $s_1=x+y+z+w$，$s_2=xy+xz+xw+yz+yw+zw$，$s_3=yzw+xzw+xyw+xyz$，则

$$(s_1+s_3)^2\geqslant 16(s_2-2)$$

当且仅当 $x=y=z=w=1$ 时取等号．

证明 由于 $x,y,z,w\in\mathbf{R}^+$，且 $xyzw=1$，则 x,y,z,w 中必有一个不大于 1，同时必有一个不小于 1，不妨设 $x\leqslant 1,y\geqslant 1$．又由 $s_1=x+y+z+w$，$s_2=xy+xz+xw+yz+yw+zw$，$s_3=yzw+xzw+xyw+xyz$，$xyzw=1$，可知 x,y,z,w 是方程

$$t^4-s_1t^3+s_2t^2-s_3t+1=0$$

的四个正实数根，由此得到

$$s_1t+\frac{s_3}{t}=s_2+t^2+\frac{1}{t^2}=(s_2-2)+\left(t+\frac{1}{t}\right)^2\geqslant 2\sqrt{s_2-2}\left(t+\frac{1}{t}\right)$$

（注意到 $s_2-2\geqslant 6\sqrt{xyzw}-2=2>0$），即有

$$(s_1-2\sqrt{s_2-2})t^2\geqslant 2\sqrt{s_2-2}-s_3 \qquad ①$$

若 $s_1-2\sqrt{s_2-2}\geqslant 0$，由于当 $t=x\leqslant 1$ 时，并注意到式 ①，则有

$$(s_1-2\sqrt{s_2-2})\geqslant(s_1-2\sqrt{s_2-2})x^2\geqslant 2\sqrt{s_2-2}-s_3$$

便得到 $s_1+s_3\geqslant 4\sqrt{s_2-2}$，两边平方即得原式．下面讨论取等号条件．由上证明中可知，当且仅当 $s_2-2=\left(x+\frac{1}{x}\right)^2$，$xyzw=1$，且 $x=1$ 时取等号，即

$$\begin{cases}yzw=1\\ y+z+w+yz+yw+zw=6\end{cases}$$

由于 $6=y+z+w+yz+yw+zw\geqslant 6\sqrt{yzw}=6$，由此易知当且仅当 $x=y=z=w=1$ 时取等号.

若 $s_1-2\sqrt{s_2-2}\leqslant 0$，由于当 $t=y\geqslant 1$ 时，并注意到式 ①，则有

$$(s_1-2\sqrt{s_2-2})\geqslant(s_1-2\sqrt{s_2-2})y^2\geqslant 2\sqrt{s_2-2}-s_3$$

即 $s_1+s_3\geqslant 4\sqrt{s_2-2}$，两边平方即得原式. 同样，当且仅当 $x=y=z=w=1$ 时取等号.

原命题获证.

注：可以证明更强式：$s_1s_3\geqslant 4(s_2-2)$.

例 11 （自创题，2012－02－02）设 $x_1,x_2,x_3,x_4\in\mathbf{R}$，且 $\sum\limits_{i=1}^{4}x_i=2$，$\sum\limits_{i=1}^{4}x_i^2=6$，$\sum\limits_{i=1}^{4}x_i^3=8$，求 $x_1^4+x_2^4+x_3^4+x_4^4$ 的最小值.

分析 由 $\sum\limits_{i=1}^{4}x_i=2$，$\sum\limits_{i=1}^{4}x_i^2=6$，$\sum\limits_{i=1}^{4}x_i^3=8$，可以求得 $\sum\limits_{1\leqslant i<j\leqslant 4}x_ix_j$，$\sum\limits_{1\leqslant i<j<k\leqslant 4}x_ix_jx_k$，于是联想到应用方程求解.

解 由已知条件，可得

$$\sum_{1\leqslant i<j\leqslant 4}x_ix_j=\frac{\left(\sum\limits_{i=1}^{4}x_i\right)^2-\sum\limits_{i=1}^{4}x_i^2}{2}=-1$$

$$\sum_{1\leqslant i<j<k\leqslant 4}x_ix_jx_k=\frac{2\sum\limits_{i=1}^{4}x_i^3+\left(\sum\limits_{i=1}^{4}x_i\right)^3-3\sum\limits_{i=1}^{4}x_i\cdot\sum\limits_{i=1}^{4}x_i^2}{6}=-2$$

因此，x_1,x_2,x_3,x_4 是方程 $y^4-2y^3-y^2+2y+x_1x_2x_3x_4=0$ 的四个根，又由于

$$\begin{aligned}&y^4-2y^3-y^2+2y+x_1x_2x_3x_4\\=&(y^2-y-1)^2+x_1x_2x_3x_4-1\end{aligned}$$

因此，有

$$x_1x_2x_3x_4=-(y^2-y-1)^2+1\leqslant 1$$

另外，由于 x_1,x_2,x_3,x_4 是方程 $y^4-2y^3-y^2+2y+x_1x_2x_3x_4=0$ 的四个根，于是得到

$$\begin{aligned}0&=\sum_{i=1}^{4}x_i^4-2\sum_{i=1}^{4}x_i^3-\sum_{i=1}^{4}x_i^2+2\sum_{i=1}^{4}x+4x_1x_2x_3x_4\\&\leqslant\sum_{i=1}^{4}x_i^4-2\times 8-6+2\times 2+4=\sum_{i=1}^{4}x_i^4-14\end{aligned}$$

即得 $\sum\limits_{i=1}^{4}x_i^4\geqslant 14$，由上可知，当且仅当 x_1,x_2,x_3,x_4 中，有两个值都等于

$\frac{1+\sqrt{5}}{2}$,另外两个值都等于$\frac{1-\sqrt{5}}{2}$(满足方程 $y^2-y-1=0$)时取等号.

故 $x_1^4+x_2^4+x_3^4+x_4^4$ 的最小值为14,并在 x_1,x_2,x_3,x_4 中,有两个值都等于$\frac{1+\sqrt{5}}{2}$,另外两个值都等于$\frac{1-\sqrt{5}}{2}$时取到最小值.

以上两例应用方程定义,方程根与系数关系,并对方程进行适当变换后应用有关不等式予以证明或求最值.

三 应用方程求三角函数式的值或证明三角函数等式

例 12 求(1) $\sin^2\frac{\pi}{7}+\sin^2\frac{2\pi}{7}+\sin^2\frac{3\pi}{7}$ 和 $\sin\frac{\pi}{7}\sin\frac{2\pi}{7}\sin\frac{3\pi}{7}$ 的值.

这是一道常见题,可以用三角函数有关公式求解,这里,我们用方程的方法求解,一箭双雕.

解 设 $\alpha=\frac{\pi}{7}$,则 $\sin 7\alpha=-\sin\alpha(64\sin^6\alpha-112\sin^4\alpha+56\sin^2\alpha-7)$,由此可知,$\sin^2\frac{\pi}{7}$,$\sin^2\frac{2\pi}{7}$,$\sin^2\frac{3\pi}{7}$ 是方程 $64x^3-112x^2+56x-7=0$ 的三个根,再根据方程根与系数关系即得到

$$\sin^2\frac{\pi}{7}+\sin^2\frac{2\pi}{7}+\sin^2\frac{3\pi}{7}=\frac{7}{4},\quad \sin^2\frac{\pi}{7}\sin^2\frac{2\pi}{7}\sin^2\frac{3\pi}{7}=\frac{7}{64}$$

即有

$$\sin^2\frac{\pi}{7}+\sin^2\frac{2\pi}{7}+\sin^2\frac{3\pi}{7}=\frac{7}{4},\quad \sin\frac{\pi}{7}\sin\frac{2\pi}{7}\sin\frac{3\pi}{7}=\frac{\sqrt{7}}{8}$$

在三角求值中,当 n 为奇数时,$\sin n\alpha=0$ 可以展开为关于 $\sin\alpha$ 的 n 次方程式,再应用一元 n 次方程根与系数关系求值.

例 13 求 $\cos\frac{\pi}{13}+\cos\frac{3\pi}{13}+\cos\frac{9\pi}{13}$ 和 $\cos\frac{5\pi}{13}+\cos\frac{7\pi}{13}+\cos\frac{11\pi}{13}$ 的值.

解 设 $u=\cos\frac{\pi}{13}+\cos\frac{3\pi}{13}+\cos\frac{9\pi}{13}$,$v=\cos\frac{5\pi}{13}+\cos\frac{7\pi}{13}+\cos\frac{11\pi}{13}$,则

$$u+v=\cos\frac{\pi}{13}+\cos\frac{3\pi}{13}+\cos\frac{9\pi}{13}+\cos\frac{5\pi}{13}+\cos\frac{7\pi}{13}+\cos\frac{11\pi}{13}$$

$$=\frac{2\sin\frac{\pi}{13}(\cos\frac{\pi}{13}+\cos\frac{3\pi}{13}+\cos\frac{9\pi}{13}+\cos\frac{5\pi}{13}+\cos\frac{7\pi}{13}+\cos\frac{11\pi}{13})}{2\sin\frac{\pi}{13}}$$

$=\frac{1}{2}$(将上式积化和差所得)

$$uv=(\cos\frac{\pi}{13}+\cos\frac{3\pi}{13}+\cos\frac{9\pi}{13})(\cos\frac{5\pi}{13}+\cos\frac{7\pi}{13}+\cos\frac{11\pi}{13})$$

$$=-\frac{3}{2}\left(\cos\frac{\pi}{13}+\cos\frac{3\pi}{13}+\cos\frac{9\pi}{13}+\cos\frac{5\pi}{13}+\cos\frac{7\pi}{13}+\cos\frac{11\pi}{13}\right)$$

（将上式积化和差所得）

$$=\left(-\frac{3}{2}\right)\cdot\frac{1}{2}=-\frac{3}{4}\text{（利用上式结果）}$$

于是，u,v 是方程 $x^2-\frac{1}{2}x-\frac{3}{4}=0$ 的两个根，并有 $u>v$，得到

$$u=\frac{1+\sqrt{13}}{4},\qquad v=\frac{1-\sqrt{13}}{4}$$

本例先分别求出两式的和与积，从而应用方程方法分别求出两式的值.

例 14 $k,n\in\mathbf{N}^*$，且 $kn\neq 0$，则

$$(2n+1)\prod_{k=1}^{n}\left(x^2+\cot^2\frac{k\pi}{2n+1}\right)=C_{2n+1}^{1}x^{2n}+C_{2n+1}^{3}x^{2n-2}+\cdots+C_{2n+1}^{2n+1}$$

证明 由于 $\frac{(x+1)^{2n+1}-(x-1)^{2n+1}}{2}=C_{2n+1}^{1}x^{2n}+C_{2n+1}^{3}x^{2n-2}+\cdots+C_{2n+1}^{2n+1}$，而方程

$$(x+1)^{2n+1}-(x-1)^{2n+1}=0$$

的 $2n$ 个根为 $x=-\mathrm{i}\cot\frac{k\pi}{2n+1}$，$k=1,2,\cdots,2n$.

于是，有

$$C_{2n+1}^{1}\prod_{k=1}^{2n}\left(x+\mathrm{i}\cot\frac{k\pi}{2n+1}\right)=C_{2n+1}^{1}x^{2n}+C_{2n+1}^{3}x^{2n-2}+\cdots+C_{2n+1}^{2n+1}$$

由于 $\cot\frac{(2n-k+1)\pi}{2n+1}=-\cot\frac{k\pi}{2n+1}$，因此有

$$C_{2n+1}^{1}\prod_{k=1}^{2n}\left(x+\mathrm{i}\cot\frac{k\pi}{2n+1}\right)$$

$$=\left(x+\mathrm{i}\cot\frac{\pi}{2n+1}\right)\left(x-\mathrm{i}\cot\frac{\pi}{2n+1}\right)\cdot\left(x+\mathrm{i}\cot\frac{2\pi}{2n+1}\right)\left(x-\mathrm{i}\cot\frac{2\pi}{2n+1}\right)\cdot\cdots\cdot$$

$$\left(x+\mathrm{i}\cot\frac{n\pi}{2n+1}\right)\left(x-\mathrm{i}\cot\frac{n\pi}{2n+1}\right)$$

$$=(2n+1)\prod_{k=1}^{n}\left(x^2+\cot^2\frac{k\pi}{2n+1}\right)$$

因此得到

$$(2n+1)\prod_{k=1}^{n}\left(x^2+\cot^2\frac{k\pi}{2n+1}\right)=C_{2n+1}^{1}x^{2n}+C_{2n+1}^{3}x^{2n-2}+\cdots+C_{2n+1}^{2n+1}$$

若取 $x=1$，便得到

$$\prod_{k=1}^{n}\sin\frac{k\pi}{2n+1}=\sqrt{\frac{2n+1}{C_{2n+1}^{1}x^{2n}+C_{2n+1}^{3}x^{2n-2}+\cdots+C_{2n+1}^{2n+1}}}$$

如果将本例中等式的左边展开,再与其右边比较系数,便可得到一系列等式

$$\sum_{k=1}^{n}\cot^2\frac{k\pi}{2n+1}=\frac{C_{2n+1}^{3}}{2n+1},\cdots,\prod_{k=1}^{n}\cot\frac{k\pi}{2n+1}=\frac{1}{\sqrt{2n+1}}$$

类似方法可以得到以下例 15.

例 15 (自创题,1970 — 07 — 01) 当 n 为不小于 3 的奇数时,求证

$$\prod_{k=1}^{\frac{n-1}{2}}(x^2+\tan^2\frac{k\pi}{n})=C_n^n x^{n-1}+C_n^{n-2}x^{n-3}+\cdots+C_n^3x^2+C_n^1$$

证明略.

如以上例 14、例 15 及其类似问题,主要应用了方程的基本定理和复数有关公式,这是求解这类问题的常用的方法.

有许多数学问题,看似与方程无关,但经过某些变换,或考虑到与方程相关的知识,特别要注意初等对称多项式与一元 n 次方程的关系等,可以发现它们常常可以转化为方程问题求解,本文仅举数例说明方程在证明等式、不等式等方面的应用,只不过起到启示的作用,实际上,方程思想与方程方法是数学解题中的一个重要的解题策略,值得重视.

参考资料

[1]余元庆. 方程论初步[M]. 上海:上海教育出版社,1964.

[2]杨学枝. 关于分式的“欧拉公式”的推广[J]. 数学通讯 1988(10):4.

[3]冷岗松,沈文选,张垚,等. 奥林匹克数学中的代数问题[M]. 长沙:湖南师范大学出版社,2004.

注:本文刊于《数学通报》2021 年第 4 期.

§11　由加权费马问题引发求解三元二次方程组问题

首先，我们来解答以下与费马(Fermat Theory)点有关的问题.

问题 1　$\triangle ABC$ 三边长 $BC=a$，$CA=b$，$AB=c$，最大顶角小于 $120°$，F 是关于 $\triangle ABC$ 的费马点，求点 F 到 $\triangle ABC$ 三个顶点的距离.

问题 1 实际上更一般地就是解决以下问题 2.

问题 2　解下列方程组($abc\neq 0$，a，b，c 互不相等)：

$$\begin{cases}y^2+z^2+yz=a & ① \\ z^2+x^2+zx=b & ② \\ x^2+y^2+xy=c & ③\end{cases}$$

对于问题 2，我们提供以下四种解法：

解法 1　由已知条件，可得

$$\begin{aligned}&2\sum bc-\sum a^2\\=&2\sum(z^2+x^2+zx)(x^2+y^2+xy)-\sum(y^2+z^2+yz)^2\\=&3\left(\sum yz\right)^2\end{aligned}$$

即得

$$\sum yz=\pm\frac{1}{\sqrt{3}}\sqrt{2\sum bc-\sum a^2}$$

于是，由式 ①＋②＋③ 便得到

$$\begin{aligned}\left(\sum x\right)^2&=\sum x^2+2\sum yz\\&=\frac{1}{2}(a+b+c-yz-zx-xy)+2(yz+zx+xy)\\&=\frac{1}{2}(a+b+c)+\frac{3}{2}(yz+zx+xy)\\&=\frac{1}{2}(a+b+c)\pm\frac{\sqrt{3}}{2}\sqrt{2\sum bc-\sum a^2}\end{aligned}$$

由此得到

$$\sum x=\pm\sqrt{\frac{\sum a+\sqrt{3(2\sum bc-\sum a^2)}}{2}}$$

或

$$\sum x=\pm\sqrt{\frac{\sum a-\sqrt{3(2\sum bc-\sum a^2)}}{2}}$$

另外,由 ① − ②,得到

$$-x+y=\frac{a-b}{x+y+z}$$

又由式 ② − ③,得到

$$-y+z=\frac{b-c}{x+y+z}$$

以上两式左右两边分别相减,可得

$$\begin{aligned}y&=\frac{1}{3}\left[(x+y+z)+\frac{a-2b+c}{x+y+z}\right]\\&=\frac{(x+y+z)^2+a-2b+c}{3(x+y+z)}\end{aligned}$$

同理可以求得

$$x=\frac{(x+y+z)^2-2a+b+c}{3(x+y+z)},\quad z=\frac{(x+y+z)^2+a+b-2c}{3(x+y+z)}$$

上面已经求得

$$\sum x=\pm\sqrt{\frac{\sum a+\sqrt{3(2\sum bc-\sum a^2)}}{2}}$$

或

$$\sum x=\pm\sqrt{\frac{\sum a-\sqrt{3(2\sum bc-\sum a^2)}}{2}}$$

代入以上 x,y,z 三个表达式,即得到问题 1 中的方程组的解.

最后需验根.

解法 2　由式 ① − ②,② − ③,③ − ① 分别得到

$$(y-x)(x+y+z)=a-b$$
$$(z-y)(x+y+z)=b-c$$
$$(x-z)(x+y+z)=c-a$$

将以上三式分别平方后左右两边分别相加,得到

$$\begin{aligned}&(x+y+z)^2[(y-z)^2+(z-x)^2+(x-y)^2]\\&=(a-b)^2+(b-c)^2+(c-a)^2\end{aligned}$$

即

$$(x+y+z)^2\left[\left(\sum x\right)^2-3\sum yz\right]=\sum a^2-\sum bc$$

另外,由式 ① + ② + ③ 可得到

$$3\sum yz=2\left(\sum x\right)^2-\sum a$$

代入上式,并整理得到

$$\left(\sum x\right)^4-\left(\sum a\right)\left(\sum x\right)^2+\sum a^2-\sum bc=0$$

由此得到

$$\sum x=\pm\sqrt{\frac{\sum a+\sqrt{3(2\sum bc-\sum a^2)}}{2}}$$

或 $$\sum x=\pm\sqrt{\frac{\sum a-\sqrt{3(2\sum bc-\sum a^2)}}{2}}$$

下面解法同上. 最后要验根.

解法 3 若 x,y,z 中有两个相等时,方程组易解(略). 下面就 x,y,z 互不相等情况求解.

①·$(y-z)$+②·$(z-x)$+③·$(x-y)$,并注意应用立方差公式,得到

$$(b-c)x+(c-a)y+(a-b)z=0 \quad ④$$

将式④以及以上解法中得到的

$$\sum x=\pm\sqrt{\frac{\sum a+\sqrt{3(2\sum bc-\sum a^2)}}{2}}$$

或 $$\sum x=\pm\sqrt{\frac{\sum a-\sqrt{3(2\sum bc-\sum a^2)}}{2}}$$

还有式①②③中的一式联立,即可解得 x,y,z(下略).

最后要验根.

解法 4 由式①、式②消去常数,并整理得到

$$ax^2-by^2+(a-b)z^2-byz+azx=0 \quad ⑤$$

若 $a-b=0$,由式④及式③可求得 x,y,从而不难求得原方程的解(解略);若 $a-b\neq 0$,由式④得到 $z=\frac{(b-c)x+(c-a)y}{b-a}$,代入式⑤,并经整理得到

$$(a^2+b^2+c^2-2bc+ca-2ab)x^2+(a^2+b^2-2c^2+bc+ca-2ab)xy+$$
$$(a^2+b^2+c^2+bc-2ca-2ab)y^2=0$$

由上式可以求得 x,y 之间关系,从而不难求得原方程的解(下略).

后来,笔者在进一步研究加权费马问题[1]时,得到了加权费马点到三角形三个顶点距离的表达式[2],其间遇到解一个较问题2复杂的三元二次方程组问题(问题2中的解法用不上),即以下问题3.

问题 3 设 $a,b,c,\alpha,\beta,\gamma$ 为已知实数,α,β,γ 满足 $\alpha+\beta+\gamma=2k\pi(k\in\mathbf{Z})$,解关于未知数为 x,y,z 的方程组

$$\begin{cases}y^2+z^2-2yz\cos\alpha=a\\ z^2+x^2-2zx\cos\beta=b\\ x^2+y^2-2xy\cos\gamma=c\end{cases}$$

经艰难探究,笔者用初等方法解决了问题3. 为此,先给出以下

定理 1 设 $x,y,z,a,b,c,\alpha,\beta,\gamma$ 均为实数,满足

$$\text{i.}\begin{cases}y^2+z^2-2yz\cos\alpha=a\\ z^2+x^2-2zx\cos\beta=b\\ x^2+y^2-2xy\cos\gamma=c\end{cases}$$

ii. $\alpha+\beta+\gamma=2k\pi(k\in\mathbf{Z})$,或同时有

$$\cos\alpha=\cos(\beta+\gamma),\cos\beta=\cos(\gamma+\alpha),\cos\gamma=\cos(\alpha+\beta)$$

则有以下等式

(1) $4(yz\sin\alpha+zx\sin\beta+xy\sin\gamma)^2=2\sum bc-\sum a^2$

(2) $$(x\sin\alpha+y\sin\beta+z\sin\gamma)^2=\frac{1}{2}\sum(-a+b+c)\sin^2\alpha+2\prod\sin\alpha\sum yz\sin\alpha$$

(3) $$(\sum x\sin\alpha)(y\sin\gamma+z\sin\beta)=a\sin\beta\sin\gamma+\sin\alpha\sum yz\sin\alpha$$

$$(\sum x\sin\alpha)(z\sin\alpha+x\sin\gamma)=b\sin\gamma\sin\alpha+\sin\beta\sum yz\sin\alpha$$

$$(\sum x\sin\alpha)(x\sin\beta+y\sin\alpha)=c\sin\alpha\sin\beta+\sin\gamma\sum yz\sin\alpha$$

(4) $$\frac{1}{2}\sum x^2\sin 2\alpha=-\sum a\sin\alpha\cos\beta\cos\gamma-2\cos\alpha\cos\beta\cos\gamma\sum yz\sin\alpha$$

$$=\frac{1}{4}\sum(-a+b+c)\sin 2\alpha+2\prod\cos\alpha\sum yz\sin\alpha$$

(5) $$c(\sin\beta)^2z^2+b(\sin\gamma)^2y^2+yz(-a+b+c)\sin\beta\sin\gamma=\frac{1}{4}(2\sum bc-\sum a^2)$$

$$a(\sin\gamma)^2x^2+c(\sin\alpha)^2z^2+zx(a-b+c)\sin\gamma\sin\alpha=\frac{1}{4}(2\sum bc-\sum a^2)$$

$$b(\sin\alpha)^2y^2+a(\sin\beta)^2x^2+xy(a+b-c)\sin\alpha\sin\beta=\frac{1}{4}(2\sum bc-\sum a^2)$$

(6) $$[4b\cos\alpha\sin^2\gamma+2(-a+b+c)\sin\beta\sin\gamma]y^2+[4c\cos\alpha\sin^2\beta+2(-a+b+c)\sin\beta\sin\gamma]z^2$$
$$=[2(bc+ca+ab)-a^2-b^2-c^2]\cos\alpha+2a(-a+b+c)\sin\beta\sin\gamma$$

$$[4c\cos\beta\sin^2\alpha+2(a-b+c)\sin\gamma\sin\alpha]z^2+[4a\cos\beta\sin^2\gamma+2(a-b+c)\sin\gamma\sin\alpha]x^2$$
$$=[2(bc+ca+ab)-a^2-b^2-c^2]\cos\beta+2b(a-b+c)\sin\gamma\sin\alpha$$

$$[4a\cos\gamma\sin^2\beta+2(a+b-c)\sin\alpha\sin\beta]x^2+[4b\cos\gamma\sin^2\alpha+2(a+b-c)\sin\alpha\sin\beta]y^2$$

$$=[2(bc+ca+ab)-a^2-b^2-c^2]\cos\gamma+2c(a+b-c)\sin\alpha\sin\beta$$
三式同时成立.

为证明以上(1) ~ (6) 诸式,先给出以下两个引理.

引理 1　若 $\alpha+\beta+\gamma=2k\pi(k\in\mathbf{Z})$,或同时有
$$\cos\alpha=\cos(\beta+\gamma),\cos\beta=\cos(\gamma+\alpha),\cos\gamma=\cos(\alpha+\beta)$$
则
$$\sin\alpha+\sin(\beta+\gamma)=0,\sin\beta+\sin(\gamma+\alpha)=0,\sin\gamma+\sin(\alpha+\beta)=0$$
以上三式同时成立.

引理 1 证明　若 $\alpha+\beta+\gamma=2k\pi(k\in\mathbf{Z})$,则结论显然成立.

若 $\cos\alpha=\cos(\beta+\gamma),\cos\beta=\cos(\gamma+\alpha),\cos\gamma=\cos(\alpha+\beta)$ 同时成立,即有
$$\sin\frac{\alpha+\beta+\gamma}{2}\sin\frac{-\alpha+\beta+\gamma}{2}=0,\quad\sin\frac{\alpha+\beta+\gamma}{2}\sin\frac{\alpha-\beta+\gamma}{2}=0$$
$$\sin\frac{\alpha+\beta+\gamma}{2}\sin\frac{\alpha+\beta-\gamma}{2}=0$$
则 $\alpha+\beta+\gamma=2k\pi(k\in\mathbf{Z})$,若 $\alpha+\beta+\gamma\neq 2k\pi(k\in\mathbf{Z})$,则 $-\alpha+\beta+\gamma=2k_1\pi(k_1\in\mathbf{Z})$,$\alpha-\beta+\gamma=2k_2\pi(k_2\in\mathbf{Z})$,$\alpha+\beta-\gamma=2k_3\pi(k_2\in\mathbf{Z})$ 三式要同时成立,在这种情况下,则易知以下三式
$$\sin\alpha+\sin(\beta+\gamma)=0,\sin\beta+\sin(\gamma+\alpha)=0,\sin\gamma+\sin(\alpha+\beta)=0$$
也同时成立,引理 1 获证.

引理 2　若 $\alpha+\beta+\gamma=2k\pi(k\in\mathbf{Z})$,或同时有
$$\cos\alpha=\cos(\beta+\gamma),\cos\beta=\cos(\gamma+\alpha),\cos\gamma=\cos(\alpha+\beta)$$
则
$$\sin^2\alpha-\sin^2\beta-\sin^2\gamma=2\sin\beta\sin\gamma\cos\alpha$$
$$-\sin^2\alpha+\sin^2\beta-\sin^2\gamma=2\sin\alpha\sin\gamma\cos\beta$$
$$-\sin^2\alpha-\sin^2\beta+\sin^2\gamma=2\sin\alpha\sin\beta\cos\gamma$$

引理 2 证明　由引理 1 可知,这时有 $\sin(\alpha+\beta)+\sin\gamma=0$,于是
$$\sin^2\alpha-\sin^2\beta-\sin^2\gamma-2\sin\beta\sin\gamma\cos\alpha$$
$$=(\sin\alpha+\sin\beta)(\sin\alpha-\sin\beta)-\sin^2\gamma-\sin\gamma[\sin(\alpha+\beta)-\sin(\alpha-\beta)]$$
$$=4\sin\frac{\alpha+\beta}{2}\cos\frac{\alpha-\beta}{2}\cos\frac{\alpha+\beta}{2}\sin\frac{\alpha-\beta}{2}-\sin^2\gamma+\sin^2\gamma+\sin\gamma\sin(\alpha-\beta)$$
$$=\sin(\alpha+\beta)\sin(\alpha-\beta)+\sin\gamma\sin(\alpha-\beta)=0$$
由此便得到结论的第一式.其他两式类似可证.

引理 2 获证.

下面证明以上(1) ~ (6) 诸式.

(1)　$2\sum bc-\sum a^2-4(yz\sin\alpha+zx\sin\beta+xy\sin\gamma)^2$

$$=2(z^2+x^2-2zx\cos\beta)(x^2+y^2-2xy\cos\gamma)+$$
$$2(x^2+y^2-2xy\cos\gamma)(y^2+z^2-2yz\cos\alpha)+$$
$$2(y^2+z^2-2yz\cos\alpha)(z^2+x^2-2zx\cos\beta)-$$
$$(y^2+z^2-2yz\cos\alpha)^2-(z^2+x^2-2zx\cos\beta)^2-(x^2+y^2-2xy\cos\gamma)^2-$$
$$4(yz\sin\alpha+zx\sin\beta+xy\sin\gamma)^2$$
$$=2\sum(x^2+y^2)(x^2+z^2)+8xyz\sum x\cos\beta\cos\gamma-\sum(y^2+z^2)^2-$$
$$4\sum yz(2x^2+y^2+z^2)\cos\alpha-4\sum(yz\cos\alpha)^2+4\sum yz(y^2+z^2)\cos\alpha-$$
$$4(yz\sin\alpha+zx\sin\beta+xy\sin\gamma)^2$$
$$=4\sum y^2z^2+8xyz\sum x\cos\beta\cos\gamma-8xyz\sum x\cos\alpha-4\sum(yz\cos\alpha)^2-$$
$$4(yz\sin\alpha+zx\sin\beta+xy\sin\gamma)^2$$
$$=4\sum y^2z^2\sin^2\alpha+8xyz\sum x\cos\beta\cos\gamma-8xyz\sum x\cos\alpha-$$
$$4(yz\sin\alpha+zx\sin\beta+xy\sin\gamma)^2$$
$$=8xyz\sum x(\cos\beta\cos\gamma-\sin\beta\sin\gamma-\cos\alpha)$$
$$=8xyz\sum x[\cos(\beta+\gamma)-\cos\alpha]=0$$

即得(1)中的等式.

(2) 原式右边

$$=\frac{1}{2}\sum(-a+b+c)\sin^2\alpha+2\prod\sin\alpha\sum yz\sin\alpha$$
$$=\sum(x^2+yz\cos\alpha-zx\cos\beta-xy\cos\gamma)\sin^2\alpha+$$
$$2\prod\sin\alpha\sum yz\sin\alpha$$
$$=\sum x^2\sin^2\alpha+\sum yz\cos\alpha(\sin^2\alpha-\sin^2\beta-\sin^2\gamma)+$$
$$2\prod\sin\alpha\sum yz\sin\alpha$$
$$=\sum x^2\sin^2\alpha+2\sum yz\sin\beta\sin\gamma\cos^2\alpha+$$
$$2\prod\sin\alpha\sum yz\sin\alpha\text{(应用引理 1 和引理 2)}$$
$$=\sum x^2\sin^2\alpha+2\sum yz\sin\beta\sin\gamma-2\sin\alpha\sin\beta\sin\gamma\sum yz\sin\alpha+$$
$$2\prod\sin\alpha\sum yz\sin\alpha$$
$$=(x\sin\alpha+y\sin\beta+z\sin\gamma)^2$$

即得(2)中得等式.

(3) $(\sum x\sin\alpha)(y\sin\gamma+z\sin\beta)-a\sin\beta\sin\gamma-\sin\alpha\sum yz\sin\alpha$

$$=(\sum x\sin\alpha)(y\sin\gamma+z\sin\beta)-(y^2+z^2-2yz\cos\alpha)\sin\beta\sin\gamma-$$

$$\sin\alpha\sum yz\sin\alpha$$
$$=yz(-\sin^2\alpha+\sin^2\beta+\sin^2\gamma+2\cos\alpha\sin\beta\sin\gamma)$$
$$=yz(-2\sin\beta\sin\gamma\cos\alpha+2\cos\alpha\sin\beta\sin\gamma)=0\text{(应用引理 1 和引理 2)}$$

即得(3)中的第一个等式.

类似可得另外两个等式.

(4) $$-\sum a\sin\alpha\cos\beta\cos\gamma$$
$$=-\sum(y^2+z^2-2yz\cos\alpha)\sin\alpha\cos\beta\cos\gamma$$
$$=-\sum(y^2+z^2)\sin\alpha\cos\beta\cos\gamma+2\cos\alpha\cos\beta\cos\gamma\sum yz\sin\alpha$$
$$=-\sum x^2(\sin\beta\cos\gamma\cos\alpha+\sin\gamma\cos\alpha\cos\beta)+$$
$$2\cos\alpha\cos\beta\cos\gamma\sum yz\sin\alpha$$
$$=-\sum x^2\cos\alpha(\sin\beta\cos\gamma+\sin\gamma\cos\beta)+2\cos\alpha\cos\beta\cos\gamma\sum yz\sin\alpha$$
$$=-\sum x^2\cos\alpha\sin(\beta+\gamma)+2\cos\alpha\cos\beta\cos\gamma\sum yz\sin\alpha$$
$$=\sum x^2\sin\alpha\cos\alpha+2\cos\alpha\cos\beta\cos\gamma\sum yz\sin\alpha$$
$$=\frac{1}{2}\sum x^2\sin 2\alpha+2\cos\alpha\cos\beta\cos\gamma\sum yz\sin\alpha$$

即得(4)中的第一个等式.

$$\frac{1}{2}\sum x^2\sin 2\alpha=-\sum a\sin\alpha\cos\beta\cos\gamma-2\cos\alpha\cos\beta\cos\gamma\sum yz\sin\alpha$$
$$=-\frac{1}{2}\sum(-a+b+c)(\sin\beta\cos\gamma\cos\alpha+\sin\gamma\cos\alpha\cos\beta)-$$
$$2\cos\alpha\cos\beta\cos\gamma\sum yz\sin\alpha$$
$$=\frac{1}{4}\sum(-a+b+c)\sin 2\alpha+2\prod\cos\alpha\sum yz\sin\alpha$$

即得(4)中的第二个等式.

由定理 1 的(2)中的等式和已知条件也可以得到(4)中的等式.

(5) $$c(\sin\beta)^2z^2+b(\sin\gamma)^2y^2+yz(-a+b+c)\sin\beta\sin\gamma$$
$$=z^2(x^2+y^2-2xy\cos\gamma)\sin^2\beta+y^2(z^2+x^2-2zx\cos\beta)\sin^2\gamma+$$
$$2yz(x^2+yz\cos\alpha-zx\cos\beta-xy\cos\gamma)\sin\beta\sin\gamma$$
$$=x^2y^2\sin^2\gamma+z^2x^2\sin^2\beta+y^2z^2(\sin^2\beta+\sin^2\gamma-2\sin\beta\sin\gamma\cos\alpha)+$$
$$2x^2yz\sin\beta\sin\gamma-2xy^2z\sin\gamma(\sin\beta\cos\gamma+\cos\beta\sin\gamma)-$$
$$2xyz^2\sin\beta(\sin\beta\cos\gamma+\cos\beta\sin\gamma)$$
$$=x^2y^2\sin^2\gamma+z^2x^2\sin^2\beta+y^2z^2\sin^2\alpha+$$
$$2x^2yz\sin\beta\sin\gamma-2xy^2z\sin\gamma\sin(\beta+\gamma)-2xyz^2\sin\beta\sin(\beta+\gamma)$$

$$=x^2y^2\sin^2\gamma+z^2x^2\sin^2\beta+y^2z^2\sin^2\alpha+$$
$$2x^2yz\sin\beta\sin\gamma+2xy^2z\sin\gamma\sin\alpha+2xyz^2\sin\alpha\sin\beta$$
$$=(yz\sin\alpha+zx\sin\beta+xy\sin\gamma)^2$$
$$=\frac{1}{4}(2\sum bc-\sum a^2)\text{（应用(3) 中结论）}$$

即得(5) 中的第一个等式.

类似可得另外二个等式.

(6) 由已知条件得到

$$yz=\frac{y^2+z^2-a}{2\cos\alpha}$$

代入(5) 中第一个等式的左边式子,并经整理即得(6) 中的第一个等式. 其他两个等式类似可得.

这里顺便指出,以上(6) 中的三个等式是线性相关的. 这是由于其系数行列式的值为零,证明如下:

当 $\sin\alpha\sin\beta\sin\gamma=0$ 时易证三式线性相关;当 $\sin\alpha\sin\beta\sin\gamma\neq 0$ 时,有

$$D=\begin{vmatrix} 0 & \begin{matrix}4b\cos\alpha\sin^2\gamma\\+2(-a+b+c)\sin\beta\sin\gamma\end{matrix} & \begin{matrix}4c\cos\alpha\sin^2\beta\\+2(-a+b+c)\sin\beta\sin\gamma\end{matrix} \\ \begin{matrix}4a\cos\beta\sin^2\gamma\\+2(a-b+c)\sin\gamma\sin\alpha\end{matrix} & 0 & \begin{matrix}4c\cos\beta\sin^2\alpha\\+2(a-b+c)\sin\gamma\sin\alpha\end{matrix} \\ \begin{matrix}4a\cos\gamma\sin^2\beta\\+2(a+b-c)\sin\alpha\sin\beta\end{matrix} & \begin{matrix}4b\cos\gamma\sin^2\alpha\\+2(a+b-c)\sin\alpha\sin\beta\end{matrix} & 0 \end{vmatrix}$$

$$=\begin{vmatrix} 0 & \frac{4b\cos\alpha\sin\gamma}{\sin\beta}+2(-a+b+c) & \frac{4c\cos\alpha\sin\beta}{\sin\gamma}+2(-a+b+c) \\ \frac{4a\cos\beta\sin\gamma}{\sin\alpha}+2(a-b+c) & 0 & \frac{4c\cos\beta\sin\alpha}{\sin\gamma}+2(a-b+c) \\ \frac{4a\cos\gamma\sin\beta}{\sin\alpha}+2(a+b-c) & \frac{4b\cos\gamma\sin\alpha}{\sin\beta}+2(a+b-c) & 0 \end{vmatrix}$$

$$=\begin{vmatrix} 0 & \frac{4b\cos\alpha\sin\gamma}{\sin\beta}+2(-a+b+c) & \frac{4c\cos\alpha\sin\beta}{\sin\gamma}+2(-a+b+c) \\ \frac{4a\cos\beta\sin\gamma}{\sin\alpha}+2(a-b+c) & 0 & \frac{4c\cos\beta\sin\alpha}{\sin\gamma}+2(a-b+c) \\ \frac{4a\sin(\beta+\gamma)}{\sin\alpha}+4a & \frac{4b\sin(\gamma+\alpha)}{\sin\beta}+4b & \frac{4c\sin(\alpha+\beta)}{\sin\gamma}+4c \end{vmatrix}$$

$$=\begin{vmatrix} 0 & \frac{4b\cos\alpha\sin\gamma}{\sin\beta}+2(-a+b+c) & \frac{4c\cos\alpha\sin\beta}{\sin\gamma}+2(-a+b+c) \\ \frac{4a\cos\beta\sin\gamma}{\sin\alpha}+2(a-b+c) & 0 & \frac{4c\cos\beta\sin\alpha}{\sin\gamma}+2(a-b+c) \\ 0 & 0 & 0 \end{vmatrix}$$

$$=0.$$

从而可知(6)中的三个等式是线性相关的.

有了定理1中的等式,就不难解答问题3了.

解法1 由式(2)中的等式

$$x\sin\alpha+y\sin\beta+z\sin\gamma=\pm m$$

其中 $m^2=\frac{1}{2}\sum(-a+b+c)\sin^2\alpha+2\prod\sin\alpha\sum yz\sin\alpha$,与(3)的三个等式:

$$(\sum x\sin\alpha)(y\sin\gamma+z\sin\beta)=a\sin\beta\sin\gamma+\sin\alpha\sum yz\sin\alpha$$

$$(\sum x\sin\alpha)(z\sin\alpha+x\sin\gamma)=b\sin\gamma\sin\alpha+\sin\beta\sum yz\sin\alpha$$

$$(\sum x\sin\alpha)(x\sin\beta+y\sin\alpha)=c\sin\alpha\sin\beta+\sin\gamma\sum yz\sin\alpha$$

中取其中二式,组成关于 x,y,z 的三元一次方程组即可求解(下略).

解法2 由式(4)中的等式

$$\frac{1}{2}\sum x^2\sin 2\alpha=-\sum a\sin\alpha\cos\beta\cos\gamma-2\cos\alpha\cos\beta\cos\gamma\sum yz\sin\alpha$$

与(6)的三个等式

$$\begin{aligned}&[4b\cos\alpha\sin^2\gamma+2(-a+b+c)\sin\beta\sin\gamma]y^2+\\&[4c\cos\alpha\sin^2\beta+2(-a+b+c)\sin\beta\sin\gamma]z^2\\=&[2(bc+ca+ab)-a^2-b^2-c^2]\cos\alpha+2a(-a+b+c)\sin\beta\sin\gamma\\&[4c\cos\beta\sin^2\alpha+2(a-b+c)\sin\gamma\sin\alpha]z^2+\\&[4a\cos\beta\sin^2\gamma+2(a-b+c)\sin\gamma\sin\alpha]x^2\\=&[2(bc+ca+ab)-a^2-b^2-c^2]\cos\beta+2b(a-b+c)\sin\gamma\sin\alpha\\&[4a\cos\gamma\sin^2\beta+2(a+b-c)\sin\alpha\sin\beta]x^2+\\&[4b\cos\gamma\sin^2\alpha+2(a+b-c)\sin\alpha\sin\beta]y^2\\=&[2(bc+ca+ab)-a^2-b^2-c^2]\cos\gamma+2c(a+b-c)\sin\alpha\sin\beta\end{aligned}$$

中取其中二式,组成关于 x^2,y^2,z^2 的三元一次方程组,解这个方程组即可(下略).

解法3 记 $\triangle ABC$ 的面积为 Δ(已知),由已知

$$\begin{cases}y^2+z^2-2yz\cos\alpha=a^2 & ①\\z^2+x^2-2zx\cos\beta=b^2 & ②\\x^2+y^2-2xy\cos\gamma=c^2 & ③\end{cases}$$

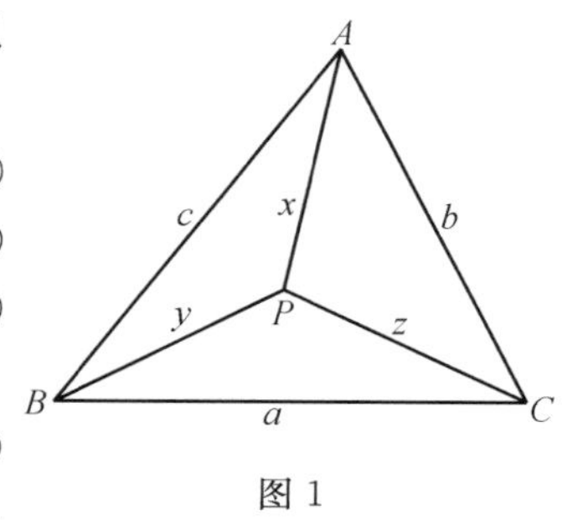

图1

以及

$$yz\sin\alpha+zx\sin\beta+xy\sin\gamma=2\Delta \quad ④$$

当 α,β,γ 均不为 $\frac{\pi}{2}$ 和 $\frac{3\pi}{2}$ 时,由式①②③分别得到

$$yz=\frac{y^2+z^2-a^2}{2\cos\alpha},\quad zx=\frac{z^2+x^2-b^2}{2\cos\beta},\quad xy=\frac{x^2+y^2-c^2}{2\cos\gamma}$$

将以上三式分别代入式 ④,并整理得到

$$x^2\sin 2\alpha+y^2\sin 2\beta+z^2\sin 2\gamma=\frac{1}{2}\sum(-a^2+b^2+c^2)\sin 2\alpha-8\Delta\prod\cos\alpha \tag{5}$$

容易验证,当 α,β,γ 中的角为 $\frac{\pi}{2}$ 或 $\frac{3\pi}{2}$ 时,式 ⑤ 也成立.

另外,根据已知条件,不难证明

$$yz\sin\alpha\overrightarrow{PA}+zx\sin\beta\overrightarrow{PB}+xy\sin\gamma\overrightarrow{PC}=\mathbf{0} \tag{6}$$

事实上,在 $\triangle ABC$ 所在平面上,设参数 λ,u,v,满足

$$\lambda\overrightarrow{PA}+u\overrightarrow{PB}+v\overrightarrow{PC}=\mathbf{0} \tag{7}$$

为求得参数 λ,u,v,在式 ⑦ 两边分别同时作向量积 $\times PA$,$\times PB$,注意到 $PB\times PC=2PBC$(PBC 为有向 $\triangle PBC$ 面积,下同),$PC\times PA=2PCA$,$PA\times PB=2PAB$,即可得到式 ⑥.

由式 ⑥ 得到

$$yz\sin\alpha\overrightarrow{PA}+zx\sin\beta(\overrightarrow{PA}+\overrightarrow{AB})+xy\sin\gamma(\overrightarrow{PA}+\overrightarrow{AC})=0$$

即

$$(yz\sin\alpha+zx\sin\beta+xy\sin\gamma)\overrightarrow{PA}=-zx\sin\beta\overrightarrow{AB}-xy\sin\gamma\overrightarrow{AC}$$

将式 ④ 代入上式左边式子,得到

$$2\Delta\overrightarrow{PA}=-zx\sin\beta\overrightarrow{AB}-xy\sin\gamma\overrightarrow{AC}$$

将上式两边平方(注意到 $xyz\neq 0$),并应用余弦定理,经整理得到

$$4\Delta^2=(c\sin\beta)^2z^2+(b\sin\gamma)^2y^2+yz(-a^2+b^2+c^2)\sin\beta\sin\gamma$$

当 $\cos\alpha\neq 0$ 时,再将 $yz=\frac{y^2+z^2-a^2}{2\cos\alpha}$ 代入上式,经整理得到

$$\begin{aligned}&[2b^2\sin^2\gamma\cos\alpha+(-a^2+b^2+c^2)\sin\beta\sin\gamma]y^2+\\&[2c^2\sin^2\beta\cos\alpha+(-a^2+b^2+c^2)\sin\beta\sin\gamma]z^2\\=&8\cos\alpha\Delta^2+a^2(-a^2+b^2+c^2)\sin\beta\sin\gamma\end{aligned} \tag{8}$$

当 $\cos\alpha=0$ 时,容易验证式 ⑧ 也成立.

同理可得

$$\begin{aligned}&[2c^2\sin^2\alpha\cos\beta+(a^2-b^2+c^2)\sin\gamma\sin\alpha]z^2+\\&[2a^2\sin^2\gamma\cos\beta+(a^2-b^2+c^2)\sin\gamma\sin\alpha]x^2\\=&8\cos\beta\Delta^2+b^2(a^2-b^2+c^2)\sin\gamma\sin\alpha.\end{aligned} \tag{9}$$

利用 ⑤⑧⑨ 三式组成的方程组,可解得 x^2,y^2,z^2,因此,便可求得 x,y,z,其结果同解法 1 中的结果.

注:类似式 ⑧、式 ⑨,还有一个式子为

$$[2a^2\sin^2\beta\cos\gamma+(a^2+b^2-c^2)\sin\alpha\sin\beta]x^2+$$
$$[2b^2\sin^2\alpha\cos\gamma+(a^2+b^2-c^2)\sin\alpha\sin\beta]y^2$$
$$=8\cos\gamma\Delta^2+c^2(a^2+b^2-c^2)\sin\alpha\sin\beta \tag{⑩}$$

容易验证⑧⑨⑩三式是线性相关的.这可以从式⑥得知,或直接验证这三式组成的方程组的系数行列式的值为零.

笔者在文献[2]中,得到问题3的解的公式,即以下命题1.

命题1 已知$\triangle ABC$的三边长$BC=a,CA=b,AB=c$,平面上一点P到$\triangle ABC$的三个顶点A,B,C的距离分别为x,y,z,PB到PC所成的角为α,PC到PA所成的角为β,PA到PB所成的角为γ,则

$$\begin{cases}x=\dfrac{bc\sin(\alpha-A)}{\pm m}\\y=\dfrac{ca\sin(\beta-B)}{\pm m}\\z=\dfrac{ab\sin(\gamma-C)}{\pm m}\end{cases}$$

其中

$$m^2=\frac{1}{2}\sum(-a^2+b^2+c^2)\sin^2\alpha+4\Delta\prod\sin\alpha$$

这里m前面的$\pm$号取法如下:当点P在$\triangle ABC$的外接圆上或圆内时取正号;当点P在$\triangle ABC$的外接圆外时取负号.

证法1 由上面(2)已得到

$$m^2=\frac{1}{2}\sum(-a^2+b^2+c^2)\sin^2\alpha+4\Delta\prod\sin\alpha$$

$$\frac{1}{2}\sum(-a^2+b^2+c^2)\sin^2\alpha+4\Delta\prod\sin\alpha=(x\sin\alpha+y\sin\beta+z\sin\gamma)^2$$

因此得到

$$x\sin\alpha+y\sin\beta+z\sin\gamma=\pm m$$

这里m前面的“$\pm$”号取法如下:当点P在$\triangle ABC$的外接圆上或圆内时取正号;当点P在$\triangle ABC$的外接圆外时取负号.

于是,有

$$\begin{cases}yz\sin\alpha+zx\sin\beta+xy\sin\gamma=2\Delta\\x\sin\alpha+y\sin\beta+z\sin\gamma=\pm m\end{cases}$$

以上消去x,同时将$y^2+z^2=a^2+2yz\cos\alpha$(由余弦定理得到)代入,并注意到当$\alpha+\beta+\gamma=2\pi$时,有

$$\sin^2\beta+\sin^2\gamma+2\sin\beta\sin\gamma\cos\alpha-\sin^2\alpha=0\text{(证略)}$$

便得到

$$(x\sin\alpha+y\sin\beta+z\sin\gamma)(y\sin\gamma+z\sin\beta)$$

$$=(y^2+z^2-2yz\cos\alpha)\sin\beta\sin\gamma+(yz\sin\alpha+zx\sin\beta+xy\sin\gamma)\sin\alpha$$

即

$$\pm m(y\sin\gamma+z\sin\beta)=a^2\sin\beta\sin\gamma+2\Delta\sin\alpha \quad ②$$

同理可得

$$\pm m(z\sin\alpha+x\sin\gamma)=b^2\sin\gamma\sin\alpha+2\Delta\sin\beta \quad ③$$

$$\pm m(x\sin\beta+y\sin\alpha)=c^2\sin\alpha\sin\beta+2\Delta\sin\gamma \quad ④$$

解出由上述 ②③④ 三个式子组成的三元一次方程组，即得

$$\begin{cases}x=\dfrac{bc\sin(\alpha-A)}{\pm m}\\ y=\dfrac{ca\sin(\beta-B)}{\pm m}\\ z=\dfrac{ab\sin(\gamma-C)}{\pm m}\end{cases}$$

最后解由上述 ②③④ 三个式子组成的三元一次方程组. 过程从略.

证法 2　如图 2，从点 P 分别向直线 BC，CA，AB 作垂线，垂足分别为 A'，B'，C'，得到 $\triangle A'B'C'$，记 $PA=R_1$，$PB=R_2$，$PC=R_3$；$PA'=r_1$，$PB'=r_2$，$PC'=r_3$，$\angle C'PB'=\alpha'$，$\angle A'PC'=\beta'$，$\angle B'PA'=\gamma'$，$\triangle A'B'C'$ 的三个内角分别为 A'，B'，C'，于是，这时我们只要在 $\triangle A'B'C'$ 中证明

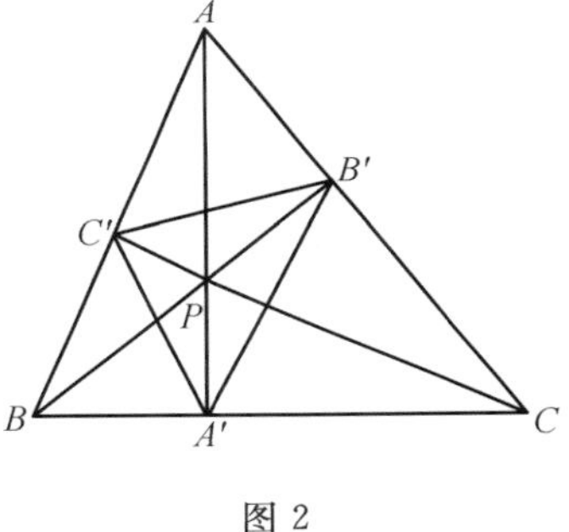

图 2

$$r_1=\frac{b'c'\sin(\alpha'-A')}{\sum r_1\sin\alpha'}$$

由于

$$\frac{b'c'\sin(\alpha'-A')}{\sum r_1\sin\alpha'}$$

$$=\frac{R_2\sin B\cdot R_3\sin C\cdot\sin[(\pi-A)-(\alpha-A)]}{\sum r_1\sin(\pi-A)}$$

$$=\frac{R_2R_3\sin B\sin C\sin\alpha}{\sum r_1\sin A}$$

$$=\frac{bcR_2R_3\sin\alpha}{2R\sum ar_1}$$

$$=\frac{bcR_2R_3\sin\alpha}{4R\Delta}$$

$$=\frac{bcR_2R_3\sin\alpha}{abc}$$

$$=\frac{R_2R_3\sin\alpha}{a}=r_1$$

即得 $r_1=\dfrac{b'c'\sin(\alpha'-A')}{\sum r_1\sin\alpha'}$，从而也得到了 $x=PA=\dfrac{bc\sin(\alpha-A)}{\pm m}$，另外两式同理可得. 这里 m 前面的 $\pm$ 号取法如下：当点 P 在 $\triangle ABC$ 的外接圆上或圆内时取正号；当点 P 在 $\triangle ABC$ 的外接圆外时取负号.

若 r_1,r_2,r_3 分别表示点 P 到直线 BC,CA,AB 的距离，则

$$r_1=\frac{abc\sin\alpha\sin(\beta-B)\sin(\gamma-C)}{m^2}$$

等. 由以上又可得到

$$\left(\sum R_1\sin A\right)\left(\sum R_1\sin\alpha\right)=2\Delta\sum\sin(\alpha-A)$$

由命题 1 即得以下命题 2.

命题 2　在方程组

$$\begin{cases}y^2+z^2-2yz\cos\alpha=a^2\\ z^2+x^2-2zx\cos\beta=b^2\\ x^2+y^2-2xy\cos\gamma=c^2\end{cases}$$

a,b,c 为已知非负实数，且满足其中任意一数不大于其他两数之和，α,β,γ 为已知正实数，且满足 $\alpha+\beta+\gamma=2k\pi(k\in\mathbf{Z})$，则方程组的解为

$$\begin{cases}x=\dfrac{bc\sin(\alpha-A)}{\pm m}\\ y=\dfrac{ca\sin(\beta-B)}{\pm m}\\ z=\dfrac{ab\sin(\gamma-C)}{\pm m}\end{cases}$$

这里 m 前面的 $\pm$ 号取法如下：当点 P 在 $\triangle ABC$ 的外接圆上或圆内时取正号；当点 P 在 $\triangle ABC$ 的外接圆外时取负号.

由此启发我们想到如何更进一步求解以下关于未知数为 x,y,z 的方程组，即问题 4.

问题 4　设 $a,b,c;p,q,r$ 为已知复数，解以下关于未知数 x,y,z 的方程组

$$\begin{cases}y^2+z^2-2pyz=a\\ z^2+x^2-2qzx=b\\ x^2+y^2-2rxy=c\end{cases}$$

其中 p,q,r 满足 $p^2+q^2+r^2-2pqr=1$.

问题 4 是个难题，如何用初等方法求解问题 4，由问题 3 的解法给了我们一个启示，只要将正余弦函数广义化即可，为便于理解，下面以具体例子说明其解法.

例 1 2014 年浙江省高中数学竞赛附加题的最后一题：

求方程组的正数解

$$\begin{cases} x^2+y^2=1 \\ x^2+z^2+\sqrt{3}xz=4 \\ y^2+z^2+yz=3 \end{cases}$$

解 设 $\alpha=\frac{2\pi}{3},\beta=\frac{5\pi}{6},\gamma=\frac{\pi}{2}$，则 $\alpha+\beta+\gamma=2\pi$，于是原方程组可以写作

$$\begin{cases} x^2+y^2-2xy\cos\frac{\pi}{2}=1 \\ x^2+z^2-2zx\cos\frac{5\pi}{6}=4 \\ y^2+z^2-2yz\cos\frac{2\pi}{3}=3 \end{cases}$$

由问题 3 的解法 2，这时 $a=3,b=4,c=1$，经计算得到

$$\begin{cases} x^2+y^2=1 \\ -2y^2+\frac{1}{2}z^2=0 \\ -\frac{1}{2}z^2-2x^2=-2 \end{cases}$$

解得其正数解为

$$\begin{cases} x=\frac{2\sqrt{7}}{7} \\ y=\frac{\sqrt{21}}{7} \\ z=\frac{2\sqrt{21}}{7} \end{cases}$$

例 2 解方程组

$$\begin{cases} y^2+z^2-\frac{6}{5}yz=1 \\ z^2+x^2-\frac{24}{13}zx=2 \\ x^2+y^2-\frac{112}{65}xy=3 \end{cases}$$

解 设 $\cos\alpha=\frac{3}{5},\cos\beta=\frac{12}{13},\cos\gamma=\frac{56}{65}$，则只有

(1) $\sin\alpha=\frac{4}{5},\sin\beta=-\frac{5}{13},\sin\gamma=-\frac{33}{65}$；

(2) $\sin\alpha=-\frac{4}{5},\sin\beta=\frac{5}{13},\sin\gamma=\frac{33}{65}$.

这两组满足 $\alpha+\beta+\gamma=2k\pi(k\in\mathbf{Z})$,或 $\cos\alpha=\cos(\beta+\gamma)$,$\cos\beta=\cos(\gamma+\alpha)$,$\cos\gamma=\cos(\alpha+\beta)$ 同时成立.

(1) 当 $\cos\alpha=\frac{3}{5}$,$\cos\beta=\frac{12}{13}$,$\cos\gamma=\frac{56}{63}$;$\sin\alpha=\frac{4}{5}$,$\sin\beta=-\frac{5}{13}$,$\sin\gamma=-\frac{33}{65}$ 时.

由解法 1,计算得到

$$4(yz\sin\alpha+zx\sin\beta+xy\sin\gamma)^2=2\sum bc-\sum a^2=8$$

即

$$yz\sin\alpha+zx\sin\beta+xy\sin\gamma=\pm\sqrt{2}$$

于是,有

$$\begin{aligned}m^2&=(x\sin\alpha+y\sin\beta+z\sin\gamma)^2\\&=\frac{1}{2}\sum(-a+b+c)\sin^2\alpha+2\prod\sin\alpha\sum yz\sin\alpha\\&=\frac{9\ 008}{4\ 225}+\frac{1\ 320}{4\ 225}\cdot(\pm\sqrt{2})=\frac{9\ 008}{4\ 225}\pm\frac{1\ 320\sqrt{2}}{4\ 225}\end{aligned}$$

即

$$\frac{4}{5}x-\frac{5}{13}y-\frac{33}{65}z=\pm\sqrt{\frac{9\ 008}{4\ 225}\pm\frac{1\ 320\sqrt{2}}{4\ 225}} \quad ②$$

$$\pm m(y\sin\gamma+z\sin\beta)=a\sin\beta\sin\gamma+\sin\alpha\sum yz\sin\alpha=\frac{165}{845}\pm\frac{4\sqrt{2}}{5}$$

即有

$$-\frac{33}{65}y-\frac{5}{13}z=\frac{\frac{165}{845}\pm\frac{4\sqrt{2}}{5}}{\pm\sqrt{\frac{9\ 008}{4\ 225}\pm\frac{1\ 320\sqrt{2}}{4\ 225}}} \quad ③$$

$$\begin{aligned}&\pm m(x\sin\beta+y\sin\alpha)\\&=c\sin\alpha\sin\beta+\sin\gamma\sum yz\sin\alpha=-\frac{9}{13}\mp\frac{33\sqrt{2}}{65}\end{aligned}$$

即有

$$-\frac{5}{13}x+\frac{4}{5}y=\frac{-\frac{9}{13}\mp\frac{33\sqrt{2}}{65}}{\pm\sqrt{\frac{9\ 008}{4\ 225}\pm\frac{1\ 320\sqrt{2}}{4\ 225}}} \quad ④$$

解由以上 ②③④ 组成的关于 x,y,z 的三元一次方程组并检验(以下解法略)即得方程组的解.最后需要验根.

(2) 当 $\cos\alpha=\frac{3}{5},\cos\beta=\frac{12}{13},\cos\gamma=\frac{56}{63};\sin\alpha=-\frac{4}{5},\sin\beta=\frac{5}{13},\sin\gamma=\frac{33}{65}$ 时,由于与(1) 所得

$$4(yz\sin\alpha+zx\sin\beta+xy\sin\gamma)^2=2\sum bc-\sum a^2=8$$

是一样的,因此,这种情况所得到的解与(1) 完全一样.

例 3 解方程组 $\begin{cases}y^2+z^2-14\mathrm{i}yz=14,\\ z^2+x^2-6zx=8,\\ x^2+y^2-2\mathrm{i}xy=-2.\end{cases}$

解 在例 3 中,$a=14,b=8,c=-2$,取 $\cos\alpha=p=7\mathrm{i},\cos\beta=q=3$, $\cos\gamma=r=\mathrm{i}$,显然满足条件

$$p^2+q^2+r^2-2pqr=1$$

这时,只有(1) $\sin\alpha=p'=-5\sqrt{2},\sin\beta=q'=-2\sqrt{2}\mathrm{i},\sin\gamma=r'=\sqrt{2}$;

(2) $\sin\alpha=p'=5\sqrt{2},\sin\beta=q'=2\sqrt{2}\mathrm{i},\sin\gamma=r'=-\sqrt{2}$,这两组满足关系式

$$\cos\alpha=\cos(\beta+\gamma),\cos\beta=\cos(\gamma+\alpha),\cos\gamma=\cos(\alpha+\beta)$$

即满足 $p=qr-q'r',q=rp-r'p',r=pq-p'q'$.

应用问题 3 中的解法 1,解法如下

$$yz\sin\alpha+zx\sin\beta+xy\sin\gamma=\pm4\sqrt{2}\mathrm{i}$$

$$\begin{aligned}m^2&=(x\sin\alpha+y\sin\beta+z\sin\gamma)^2\\&=\frac{1}{2}\sum(-a+b+c)\sin^2\alpha+2\prod\sin\alpha\sum yz\sin\alpha\\&=\begin{cases}-512\\128\end{cases}\end{aligned}$$

即

$$x\sin\alpha+y\sin\beta+z\sin\gamma=\begin{cases}\pm16\sqrt{2}\mathrm{i}\\ \pm8\sqrt{2}\end{cases}$$

(1) 若 $\cos\alpha=p=7\mathrm{i},\cos\beta=q=3,\cos\gamma=r=\mathrm{i};\sin\alpha=p'=-5\sqrt{2},\sin\beta=q'=-2\sqrt{2}\mathrm{i},\sin\gamma=r'=\sqrt{2}$,有

$$-5\sqrt{2}x-2\sqrt{2}\mathrm{i}y+\sqrt{2}z=\begin{cases}\pm16\sqrt{2}\mathrm{i}\\ \pm8\sqrt{2}\end{cases}$$

$$\begin{aligned}&(\sum x\sin\alpha)(y\sin\gamma+z\sin\beta)\\&=a\sin\beta\sin\gamma+\sin\alpha\sum yz\sin\alpha\\&=14\cdot(-2\sqrt{2}\mathrm{i})\cdot\sqrt{2}+(-5\sqrt{2})\cdot(\pm4\sqrt{2}\mathrm{i})\end{aligned}$$

$$=-56\mathrm{i}\mp 40\mathrm{i}$$

$$(\sum x\sin\alpha)(z\sin\alpha+x\sin\gamma)$$

$$=b\sin\gamma\sin\alpha+\sin\beta\sum yz\sin\alpha$$

$$=8\cdot\sqrt{2}\cdot(-5\sqrt{2})+(-2\sqrt{2}\mathrm{i})\cdot(\pm 4\sqrt{2}\mathrm{i})$$

$$=-80\pm 16$$

于是,解方程组

$$\begin{cases}-5\sqrt{2}x-2\sqrt{2}\mathrm{i}y+\sqrt{2}z=16\sqrt{2}\mathrm{i}\\16\sqrt{2}\mathrm{i}(\sqrt{2}y-2\sqrt{2}\mathrm{i}z)=-56\mathrm{i}\mp 40\mathrm{i}\\16\sqrt{2}\mathrm{i}(-5\sqrt{2}z+\sqrt{2}x)=-80\pm 16\end{cases}$$

或

$$\begin{cases}-5\sqrt{2}x-2\sqrt{2}\mathrm{i}y+\sqrt{2}z=-16\sqrt{2}\mathrm{i}\\-16\sqrt{2}\mathrm{i}(\sqrt{2}y-2\sqrt{2}\mathrm{i}z)=-56\mathrm{i}\mp 40\mathrm{i}\\-16\sqrt{2}\mathrm{i}(-5\sqrt{2}z+\sqrt{2}x)=-80\pm 16\end{cases}$$

$$\begin{cases}-5\sqrt{2}x-2\sqrt{2}\mathrm{i}y+\sqrt{2}z=8\sqrt{2}\\8\sqrt{2}(\sqrt{2}y-2\sqrt{2}\mathrm{i}z)=-56\mathrm{i}\mp 40\mathrm{i}\\8\sqrt{2}(-5\sqrt{2}z+\sqrt{2}x)=-80\pm 16\end{cases}$$

或

$$\begin{cases}-5\sqrt{2}x-2\sqrt{2}\mathrm{i}y+\sqrt{2}z=-8\sqrt{2}\\-8\sqrt{2}(\sqrt{2}y-2\sqrt{2}\mathrm{i}z)=-56\mathrm{i}\mp 40\mathrm{i}\\-8\sqrt{2}(-5\sqrt{2}z+\sqrt{2}x)=-80\pm 16\end{cases}$$

即

$$\begin{cases}-5x-2\mathrm{i}y+z=16\mathrm{i}\\y-2\mathrm{i}z=-3\\-5z+x=2\mathrm{i}\end{cases}\text{或}\begin{cases}-5x-2\mathrm{i}y+z=16\mathrm{i}\\y-2\mathrm{i}z=-\frac{1}{2}\\-5z+x=3\mathrm{i}\end{cases}$$

或

$$\begin{cases}-5x-2\mathrm{i}y+z=-16\mathrm{i}\\y-2\mathrm{i}z=3\\-5z+x=-2\mathrm{i}\end{cases}\text{或}\begin{cases}-5x-2\mathrm{i}y+z=-16\mathrm{i}\\y-2\mathrm{i}z=\frac{1}{2}\\-5z+x=-3\mathrm{i}\end{cases}$$

或

$$\begin{cases}-5x-2\mathrm{i}y+z=8\\y-2\mathrm{i}z=-6\mathrm{i}\\-5z+x=-4\end{cases}\text{或}\begin{cases}-5x-2\mathrm{i}y+z=8\\y-2\mathrm{i}z=-\mathrm{i}\\-5z+x=-6\end{cases}$$

或

$$\begin{cases}-5x-2\mathrm{i}y+z=-8\\y-2\mathrm{i}z=6\mathrm{i}\\-5z+x=4\end{cases}\text{或}\begin{cases}-5x-2\mathrm{i}y+z=-8\\y-2\mathrm{i}z=\mathrm{i}\\-5z+x=6\end{cases}$$

经检验可知,只有方程组

$$\begin{cases}-5x-2iy+z=16i\\ y-2iz=-3\\ -5z+x=2i\end{cases}\quad \begin{cases}-5x-2iy+z=-16i\\ y-2iz=3\\ -5z+x=-2i\end{cases}$$

$$\begin{cases}-5x-2iy+z=8\\ y-2iz=-i\\ -5z+x=-6\end{cases}\quad \begin{cases}-5x-2iy+z=-8\\ y-2iz=i\\ -5z+x=6\end{cases}$$

所得到的解

$$\begin{cases}x=-3i,\\ y=-1,\\ z=-i.\end{cases}\quad \begin{cases}x=3i,\\ y=1,\\ z=i,\end{cases}\quad \begin{cases}x=-1,\\ y=i,\\ z=1.\end{cases}\quad \begin{cases}x=1\\ y=-i\\ z=-1\end{cases}$$

才是原方程组的解,共有四组解.

(2)$\cos\alpha=p=7i,\cos\beta=q=3,\cos\gamma=r=i,\sin\alpha=p'=5\sqrt{2},\sin\beta=q'=2\sqrt{2}i,\sin\gamma=r'=-\sqrt{2}$.

结果同(1).

应用问题 3 中的解法 2,解法如下

$$4(yz\sin\alpha+zx\sin\beta+xy\sin\gamma)^2=2\sum bc-\sum a^2=-128$$

即

$$yz\sin\alpha+zx\sin\beta+xy\sin\gamma=\pm 4\sqrt{2}i \qquad ①$$

另外,由解法 2 中

$$\frac{1}{2}\sum x^2\sin 2\alpha=-\sum a\sin\alpha\cos\beta\cos\gamma-2\cos\alpha\cos\beta\cos\gamma\sum yz\sin\alpha$$

即

$$\sum x^2\sin\alpha\cos\alpha=-\sum a\sin\alpha\cos\beta\cos\gamma-2\cos\alpha\cos\beta\cos\gamma\sum yz\sin\alpha$$

将以上已知数据以及式 ① 代入上式,并经化简,得到

$$35x^2+6y^2-z^2=\begin{cases}28\\ -308\end{cases} \qquad ②$$

由问题 3 中的解法 2,有

$$[4b\cos\alpha\sin^2\gamma+2(-a+b+c)\sin\beta\sin\gamma]y^2+$$
$$[4c\cos\alpha\sin^2\beta+2(-a+b+c)\sin\beta\sin\gamma]z^2$$
$$=[2(bc+ca+ab)-a^2-b^2-c^2]\cos\alpha+2a(-a+b+c)\sin\beta\sin\gamma$$

将以上已知数据以及 $2\sum bc-\sum a^2=-128$,代入上式,并经化简,得到

$$y^2+z^2=0 \qquad ③$$

由问题 3 中的解法 2 中

$$[4a\cos\gamma\sin^2\beta+2(a+b-c)\sin\alpha\sin\beta]x^2+$$
$$[4b\cos\gamma\sin^2\alpha+2(a+b-c)\sin\alpha\sin\beta]y^2$$
$$=[2(bc+ca+ab)-a^2-b^2-c^2]\cos\gamma+2c(a+b-c)\sin\alpha\sin\beta$$

将以上已知数据以及 $2\sum bc-\sum a^2=-128$,代入上式,并经化简,得到

$$x^2+5y^2=-4 \quad ④$$

由式 ②③④ 组成的方程组

$$\begin{cases}35x^2+6y^2-z^2=28\\ y^2+z^2=0\\ x^2+5y^2=-4\end{cases} \text{或} \begin{cases}35x^2+6y^2-z^2=-308\\ y^2+z^2=0\\ x^2+5y^2=-4\end{cases}$$

可分别解得满足原方程组的解为

$$\begin{cases}x=1\\ y=-\mathrm{i}\\ z=-1\end{cases} \begin{cases}x=-1\\ y=\mathrm{i}\\ z=1\end{cases} \begin{cases}x=3\mathrm{i}\\ y=1\\ z=\mathrm{i}\end{cases} \begin{cases}x=-3\mathrm{i}\\ y=-1\\ z=-\mathrm{i}\end{cases}$$

得到与(1) 相同的结果.

例 4　解方程组 $\begin{cases}y^2+z^2-52yz=-1\\ z^2+x^2-14zx=2\\ x^2+y^2-4xy=3\end{cases}$.

解　$a=-1,b=2,c=3$,令 $\cos\alpha=26,\cos\beta=7,\cos\gamma=2$,满足等式

$$\cos^2\alpha+\cos^2\beta+\cos^2\gamma-2\cos\alpha\cos\beta\cos\gamma=1$$

这时有且仅有(1)$\sin\alpha=-15\sqrt{3}i,\sin\beta=4\sqrt{3}\mathrm{i},\sin\gamma=\sqrt{3}\mathrm{i}$;(2)$\sin\alpha=15\sqrt{3}\mathrm{i},\sin\beta=-4\sqrt{3}\mathrm{i},\sin\gamma=-\sqrt{3}\mathrm{i}$,这两组满足 $\cos\beta=\cos(\gamma+\alpha),\cos\alpha=\cos(\beta+\gamma),\cos\gamma=\cos(\alpha+\beta)$.

下面应用问题 3 中的解法 2 求解方程组的解.

将已知数代入

$$4\left(\sum yz\sin\alpha\right)^2=2\sum bc-\sum a^2$$

得到

$$\sum yz\sin\alpha=\pm2\sqrt{3}\mathrm{i} \quad ①$$

将已知数及式 ① 代入

$$\sum x^2\sin\alpha\cos\alpha=-\sum a\sin\alpha\cos\beta\cos\gamma-2\cos\alpha\cos\beta\cos\gamma\sum yz\sin\alpha$$

并经化简,得到

$$195x^2-145y^2-z^2=\begin{cases}1\ 314\\ -142\end{cases} \quad ②$$

将已知数代入

$$[4b\cos\alpha\sin^2\gamma+2(-a+b+c)\sin\beta\sin\gamma]y^2+$$
$$[4c\cos\alpha\sin^2\beta+2(-a+b+c)\sin\beta\sin\gamma]z^2$$
$$=[2(bc+ca+ab)-a^2-b^2-c^2]\cos\alpha+2a(-a+b+c)\sin\beta\sin\gamma$$

并经化简,得到

$$16y^2+315z^2=23 \quad ③$$

将已知数代入

$$[4a\cos\gamma\sin^2\beta+2(a+b-c)\sin\alpha\sin\beta]x^2+$$
$$[4b\cos\gamma\sin^2\alpha+2(a+b-c)\sin\alpha\sin\beta]y^2$$
$$=[2(bc+ca+ab)-a^2-b^2-c^2]\cos\gamma+2c(a+b-c)\sin\alpha\sin\beta$$

并经化简,得到

$$7x^2+240y^2=47 \quad ④$$

解由式 ②③④ 组成的方程组

$$\begin{cases}195x^2-145y^2-z^2=1\ 314\\16y^2+315z^2=23\\7x^2+240y^2=47\end{cases} \text{或} \begin{cases}195x^2-145y^2-z^2=-142\\16y^2+315z^2=23\\7x^2+240y^2=47\end{cases}$$

即得原方程组的四组解(下略).

更一般化,为解决问题 4,先给出以下几个命题,说明上述解法的正确性.

命题 3　设 c_1,c_2,c_3 为已知复数,且满足 $\begin{vmatrix}1&c_3&c_2\\c_3&1&c_1\\c_2&c_1&1\end{vmatrix}=0$, $s_1,s_2,s_3\in\mathbf{C}$,且满足

$$\begin{cases}c_1^2+s_1^2=1\\c_2^2+s_2^2=1\\c_3^2+s_3^2=1\end{cases}$$

则其中必有一组 s_1,s_2,s_3,使得

$$c_1=c_2c_3-s_2s_3,c_2=c_3c_1-s_3s_1,c_3=c_1c_2-s_1s_2 \quad (\text{I})$$

或

$$c_1=c_2c_3-s_2(-s_3),c_2=c_3c_1-(-s_3)s_1,c_3=c_1c_2-s_1s_2 \quad (\text{II})$$

或

$$c_1=c_2c_3-(-s_2)s_3,c_2=c_3c_1-s_3s_1,c_3=c_1c_2-s_1(-s_2) \quad (\text{III})$$

或

$$c_1=c_2c_3-s_2s_3,c_2=c_3c_1-s_3(-s_1),c_3=c_1c_2-(-s_1)s_2 \quad (\text{IV})$$

中的三式同时成立.

实际上,以上四式形式完全相同.

证明 由已知 $\begin{vmatrix} 1 & c_3 & c_2 \\ c_3 & 1 & c_1 \\ c_2 & c_1 & 1 \end{vmatrix}=0$，即 $c_1^2+c_2^2+c_3^2-2c_1c_2c_3=1$，得到

$$(c_1-c_2c_3)^2=(1-c_2^2)(1-c_3^2)=s_2^2s_3^3,(c_2-c_3c_1)^2=(1-c_3^2)(1-c_1^2)=s_3^2s_1^3$$

$$(c_3-c_1c_2)^2=(1-c_1^2)(1-c_2^2)=s_1^2s_2^3$$

即

$$(c_1-c_2c_3+s_2s_3)(c_1-c_2c_3-s_2s_3)=0,(c_2-c_3c_1+s_3s_1)(c_2-c_3c_1-s_3s_1)=0$$

$$(c_3-c_1c_2+s_1s_2)(c_3-c_1c_2-s_1s_2)=0 \qquad \text{(V)}$$

若 $s_1s_2s_3=0$，如 $s_1=0$，则 $(c_1-c_2c_3+s_2s_3)(c_1-c_2c_3-s_2s_3)=0$，$c_2-c_3c_1=0$，$c_3-c_1c_2=0$，由此可知(I) 或(II) 必有一个成立.

若 $s_1s_2s_3\neq 0$，由于

$$\begin{aligned}
&(c_1-c_2c_3)(c_2-c_3c_1)(c_3-c_1c_2)+s_1^2s_2^2s_3^2\\
=&(c_1-c_2c_3)(c_2-c_3c_1)(c_3-c_1c_2)+(1-c_1^2)(1-c_2^2)(1-c_3^2)\\
=&c_1c_2c_3-c_2^2c_3^2-c_3^2c_1^2-c_1^2c_2^2+c_1c_2c_3(c_1^2+c_2^2+c_3^2)-c_1^2c_2^2c_3^2+\\
&1-c_1^2-c_2^2-c_3^2+c_2^2c_3^2+c_3^2c_1^2+c_1^2c_2^2-c_1^2c_2^2c_3^2\\
=&c_1c_2c_3-c_2^2c_3^2-c_3^2c_1^2-c_1^2c_2^2+c_1c_2c_3(1+2c_1c_2c_3)-c_1^2c_2^2c_3^2+\\
&1-c_1^2-c_2^2-c_3^2+c_2^2c_3^2+c_3^2c_1^2+c_1^2c_2^2-c_1^2c_2^2c_3^2\\
=&1-c_1^2-c_2^2-c_3^2+2c_1c_2c_3=0
\end{aligned}$$

即

$$(c_1-c_2c_3)(c_2-c_3c_1)(c_3-c_1c_2)+s_1^2s_2^2s_3^2=0 \qquad ①$$

由此可知，若 $c_1-c_2c_3-s_2s_3\neq 0$，$c_2-c_3c_1-s_3s_1\neq 0$，$c_3-c_1c_2-s_1s_2\neq 0$，则由上(V) 可知必有

$$c_1-c_2c_3+s_2s_3=0,c_2-c_3c_1+s_3s_1=0,c_3-c_1c_2+s_1s_2=0$$

即得 $c_1=c_2c_3-s_2s_3$，$c_2=c_3c_1-s_3s_1$，$c_3=c_1c_2-s_1s_2$，命题 3 中的(I) 成立.

若 $c_1-c_2c_3-s_2s_3=0$，$c_2-c_3c_1-s_3s_1\neq 0$，$c_3-c_1c_2-s_1s_2\neq 0$，则 $c_2-c_3c_1+s_3s_1=0$，$c_3-c_1c_2+s_1s_2=0$，于是，有

$$(c_1-c_2c_3)(c_2-c_3c_1)(c_3-c_1c_2)=s_2s_3\cdot(-s_3s_1)\cdot(-s_1s_2)$$

即

$$(c_1-c_2c_3)(c_2-c_3c_1)(c_3-c_1c_2)+s_1^2s_2^2s_3^2=2s_1^2s_2^2s_3^2=0(\text{注意到式 ①})$$

与 $s_1s_2s_3\neq 0$ 矛盾.

若 $c_1-c_2c_3-s_2s_3\neq 0$，$c_2-c_3c_1-s_3s_1=0$，$c_3-c_1c_2-s_1s_2\neq 0$，或 $c_1-c_2c_3-s_2s_3\neq 0$，$c_2-c_3c_1-s_3s_1\neq 0$，$c_3-c_1c_2-s_1s_2=0$，则同理可证它们都与 $s_1s_2s_3\neq 0$ 矛盾.

若 $c_1-c_2c_3-s_2s_3=0$，$c_2-c_3c_1-s_3s_1=0$，$c_3-c_1c_2-s_1s_2\neq 0$，则 $c_3-c_1c_2+s_1s_2=0$，于是，有

$$c_1=c_2c_3+s_2s_3, c_2=c_3c_1+s_3s_1, c_3=c_1c_2-s_1s_2$$

即得命题 3 中(II) 成立.

若 $c_1-c_2c_3-s_2s_3\neq 0, c_2-c_3c_1-s_3s_1=0, c_3-c_1c_2-s_1s_2=0$,同理可证命题 3 中的(III) 成立;若 $c_1-c_2c_3-s_2s_3=0, c_2-c_3c_1-s_3s_1\neq 0, c_3-c_1c_2-s_1s_2=0$,同理可证命题 3 中的(IV) 成立.

若 $c_1-c_2c_3-s_2s_3=0, c_2-c_3c_1-s_3s_1=0, c_3-c_1c_2-s_1s_2=0$,则有

$$(c_1-c_2c_3)(c_2-c_3c_1)(c_3-c_1c_2)=s_2s_3\cdot s_3s_1\cdot s_1s_2$$

即

$(c_1-c_2c_3)(c_2-c_3c_1)(c_3-c_1c_2)+s_1^2s_2^2s_3^2=2s_1^2s_2^2s_3^2=0$(注意到式 ①),与 $s_1s_2s_3\neq 0$ 矛盾.

综上可知命题 3 成立.

命题 4 设 c_1,c_2,c_3 为已知复数,满足 $\begin{vmatrix}1 & c_3 & c_2\\ c_3 & 1 & c_1\\ c_2 & c_1 & 1\end{vmatrix}=0$,$\begin{cases}c_1^2+s_1^2=1,\\ c_2^2+s_2^2=1,\\ c_3^2+s_3^2=1,\end{cases}$ $s_1,s_2,s_3\in\mathbf{C}$,由上面命题 3 可知(I)(II)(III)(IV) 中必有一组成立,由此

(1) 若(I) 成立,则有

$$s_1=-(s_2c_3+s_3c_2), s_2=-(s_3c_1+s_1c_3), s_3=-(s_1c_2+s_2c_1)$$

(2) 若(II) 成立,则有

$$s_1=-[s_2c_3+(-s_3)c_2], s_2=-[-s_3c_1+s_1c_3], s_3=-(s_1c_2+s_2c_1)$$

(3) 若(III) 成立,则有

$$s_1=-[(-s_2)c_3+s_3c_2], s_2=-(s_3c_1+s_1c_3), s_3=-[s_1c_2+(-s_2)c_1]$$

(4) 若(IV) 成立,则有

$$s_1=-(s_2c_3+s_3c_2), s_2=-[s_3c_1+(-s_1)c_3], s_3=-[(-s_1)c_2+s_2c_1]$$

实际上,以上四式形式完全相同.

证明 (1) 由于

$$\begin{aligned}&(s_1+s_2c_3+s_3c_2)^2\\ =&s_1^2+s_2^2c_3^2+s_3^2c_2^2+2s_2s_3c_3c_2+\\ &2s_3s_1c_2+2s_1s_2c_3\\ =&1-c_1^2+(1-c_2^2)c_3^2+(1-c_3^2)c_2^2+2(c_2c_3-c_1)c_2c_3+\\ &2(c_3c_1-c_2)c_2+2(c_1c_2-c_3)c_3\\ =&1-c_1^2-c_2^2-c_3^2+2c_1c_2c_3=0,\end{aligned}$$

即得 $s_1+s_2c_3+s_3c_2=0$,即 $s_1=-(s_2c_3+s_3c_2)$,其他两式同理可证.

(2) 由于

$$(s_1+s_2c_3-s_3c_2)^2=s_1^2+s_2^2c_3^2+s_3^2c_2^2-2s_2s_3c_3c_2-2s_3s_1c_2+2s_1s_2c_3$$
$$=1-c_1^2+(1-c_2^2)c_3^2+(1-c_3^2)c_2^2-2(c_1-c_2c_3)c_2c_3-2(c_2-c_3c_1)c_2+2(c_1c_2-c_3)c_3$$
$$=1-c_1^2-c_2^2-c_3^2+2c_1c_2c_3=0$$

即得 $s_1+s_2c_3-s_3c_2=0$,即 $s_1=-s_2c_3+s_3c_2$,其他两式同理可证.

(3)(4) 证法同以上(1)(2),从略.

命题5 设 c_1,c_2,c_3 为已知复数,满足 $\begin{vmatrix}1&c_3&c_2\\c_3&1&c_1\\c_2&c_1&1\end{vmatrix}=0$,$\begin{cases}c_1^2+s_1^2=1,\\c_2^2+s_2^2=1,\\c_3^2+s_3^2=1,\end{cases}$ $s_1,s_2,s_3\in\mathbf{C}$,由上面命题3可知(I)(II)(III)(IV) 中必有一组成立,由此

(1) 若(I) 成立,则有

$$s_1^2=s_2^2+s_3^2+2s_2s_3c_1,s_2^2=s_3^2+s_1^2+2s_3s_1c_2,s_3^2=s_1^2+s_2^2+2s_1s_2c_3$$

(2) 若(II) 成立,则有

$$s_1^2=s_2^2+s_3^2-2s_2s_3c_1,s_2^2=s_3^2+s_1^2-2s_3s_1c_2,s_3^2=s_1^2+s_2^2+2s_1s_2c_3$$

(3) 若(III) 成立,则有

$$s_1^2=s_2^2+s_3^2-2s_2s_3c_1,s_2^2=s_3^2+s_1^2+2s_3s_1c_2,s_3^2=s_1^2+s_2^2-2s_1s_2c_3$$

(4) 若(IV) 成立,则有

$$s_1^2=s_2^2+s_3^2+2s_2s_3c_1,s_2^2=s_3^2+s_1^2-2s_3s_1c_2,s_3^2=s_1^2+s_2^2-2s_1s_2c_3$$

证法同上,从略.

由命题4、命题5以及定理1的证明,可知定理1完全可以推广,即有以下定理2.

定理2 设 $x,y,z;a,b,c;c_1,c_2,c_3;s_1,s_2,s_3$ 均为复数,且满足

$$\begin{vmatrix}1&c_3&c_2\\c_3&1&c_1\\c_2&c_1&1\end{vmatrix}=0,\begin{cases}c_1^2+s_1^2=1,\\c_2^2+s_2^2=1,\\c_3^2+s_3^2=1,\end{cases}\begin{cases}y^2+z^2-2yzc_1=a\\z^2+x^2-2zxc_2=b\\x^2+y^2-2xyc_3=c\end{cases}$$

则有以下等式

(1) $4(yzs_1+zxs_2+xys_3)^2=2\sum bc-\sum a^2$;

(2) $(xs_1+ys_2+zs_3)^2=\dfrac{1}{2}\sum(-a+b+c)\sin^2\alpha+2\prod\sin\alpha\sum yz\sin\alpha$;

(3) $(\sum xs_1)(ys_3+zs_2)=as_2s_3+s_1\sum yzs_1$;

$(\sum xs_1)(zs_1+xs_3)=bs_3s_1+s_2\sum yzs_1$;

$(\sum xs_1)(xs_2+ys_1)=cs_1s_2+s_3\sum yzs_1$.

(4) $\sum x^2 c_1 s_1 = -\sum a s_1 c_2 c_3 - 2c_1 c_2 c_3 \sum yz s_1$

$$= \frac{1}{2}\sum(-a+b+c)c_1 s_1 + 2\prod c_1 \sum yz s_1.$$

(5) $c\,(s_2)^2 z^2 + b\,(s_3)^2 y^2 + yz(-a+b+c)s_2 s_3 = \frac{1}{4}(2\sum bc - \sum a^2)$;

$$a\,(s_3)^2 x^2 + c\,(s_1)^2 z^2 + zx(a-b+c)s_3 s_1 = \frac{1}{4}(2\sum bc - \sum a^2);$$

$$b\,(s_1)^2 y^2 + a\,(s_2)^2 x^2 + xy(a+b-c)s_1 s_2 = \frac{1}{4}(2\sum bc - \sum a^2).$$

(6) $[4bc_1 s_3^2 + 2(-a+b+c)s_2 s_3]y^2 + [4cc_1 s_2^2 + 2(-a+b+c)s_2 s_3]z^2$

$$= [2(bc+ca+ab) - a^2 - b^2 - c^2]c_1 + 2a(-a+b+c)s_2 s_3;$$

$$[4cc_2 s_1^2 + 2(a-b+c)s_3 s_1]z^2 + [4ac_2 s_3^2 + 2(a-b+c)s_3 s_1]x^2$$

$$= [2(bc+ca+ab) - a^2 - b^2 - c^2]c_2 + 2b(a-b+c)s_3 s_1;$$

$$[4ac_3 s_2^2 + 2(a+b-c)s_1 s_2]x^2 + [4bc_3 s_1^2 + 2(a+b-c)s_1 s_2]y^2$$

$$= [2(bc+ca+ab) - a^2 - b^2 - c^2]c_3 + 2c(a+b-c)s_1 s_2.$$

三式同时成立.

证明与定理 1 类似,从略.

例如以下命题 6.

命题 6　设 $R_1, R_2, R_3, a_1, a_2, a_3, c_1, c_2, c_3; s_1, s_2, s_3 \in \mathbf{C}$ 且

$$\begin{vmatrix} 1 & c_3 & c_2 \\ c_3 & 1 & c_1 \\ c_2 & c_1 & 1 \end{vmatrix} = 0, \begin{cases} c_1^2 + s_1^2 = 1 \\ c_2^2 + s_2^2 = 1 \\ c_3^2 + s_3^2 = 1 \end{cases}$$

$$\begin{cases} R_2^2 + R_3^2 - 2R_2 R_3 c_1 = a_1^2 \\ R_3^2 + R_1^2 - 2R_3 R_1 c_2 = a_2^2 \\ R_1^2 + R_2^2 - 2R_1 R_2 c_3 = a_3^2 \end{cases}$$

则在同时满足上述条件时,必有一组 s_1, s_2, s_3,使得以下等式成立

$$\begin{vmatrix} 0 & a_3^2 & a_2^2 & 1 \\ a_3^2 & 0 & a_1^2 & 1 \\ a_2^2 & a_1^2 & 0 & 1 \\ 1 & 1 & 1 & 0 \end{vmatrix} = 4\,(R_2 R_3 s_1 + R_3 R_1 s_2 + R_1 R_2 s_3)^2$$

证明　由于 $\begin{vmatrix} 1 & c_3 & c_2 \\ c_3 & 1 & c_1 \\ c_2 & c_1 & 1 \end{vmatrix} = 0$,即

$$c_1^2 + c_2^2 + c_3^2 - 2c_1 c_2 c_3 - 1 = 0$$

由此得到

$$(c_2c_3-c_1)^2=(1-c_2^2)(1-c_3^2)=(s_2s_3)^2$$

同理有

$$(c_3c_1-c_2)^2=(s_3s_1)^2,\quad (c_1c_2-c_3)^2=(s_1s_2)^2$$

于是,有

$$\begin{vmatrix} 0 & a_3^2 & a_2^2 & 1 \\ a_3^2 & 0 & a_1^2 & 1 \\ a_2^2 & a_1^2 & 0 & 1 \\ 1 & 1 & 1 & 0 \end{vmatrix}=2(a_2^2a_3^2+a_3^2a_1^2+a_1^2a_2^2)-(a_1^4+a_2^4+a_3^4)$$

$$\begin{aligned}
&=2[(R_3^2+R_1^2-2R_3R_1c_2)(R_1^2+R_2^2-2R_1R_2c_3)+\\
&\quad(R_1^2+R_2^2-2R_1R_2c_3)(R_2^2+R_3^2-2R_2R_3c_1)+\\
&\quad(R_2^2+R_3^2-2R_2R_3c_1)(R_3^2+R_1^2-2R_3R_1c_2)]-\\
&\quad(R_2^2+R_3^2-2R_2R_3c_1)^2-(R_3^2+R_1^2-2R_3R_1c_2)^2-\\
&\quad(R_1^2+R_2^2-2R_1R_2c_3)^2\\
&=2\sum(R_3^2+R_1^2)(R_1^2+R_2^2)-4\sum(2R_1^2+R_2^2+R_3^2)R_2R_3c_1-\\
&\quad\sum(R_2^2+R_3^2)^2-4\sum R_2^2R_3^2c_1^2+4\sum(R_2^2+R_3^2)R_2R_3c_1\\
&=4\sum R_2^2R_3^2(1-c_1^2)+8R_1R_2R_3\sum R_1(c_2c_3-c_1)\\
&=4\sum R_2^2R_3^2s_1^2+8R_1R_2R_3\sum R_1s_2s_3\\
&=4(R_2R_3s_1+R_3R_1s_2+R_1R_2s_3)^2
\end{aligned}$$

如 $R_1=1,R_2=-2,R_3=-1,c_1=-2,c_2=3,c_3=-6+2\sqrt{6},s_1=\sqrt{3}\mathrm{i}$, $s_2=2\sqrt{2}\mathrm{i},s_3=(4\sqrt{2}-3\sqrt{3})\mathrm{i}$,上述各量显然满足命题中的条件.

另外,经计算有 $a_1^2=13,a_2^2=8,a_3^2=-19+8\sqrt{6}$,于是,得到

$$\begin{vmatrix} 0 & a_3^2 & a_2^2 & 1 \\ a_3^2 & 0 & a_1^2 & 1 \\ a_2^2 & a_1^2 & 0 & 1 \\ 1 & 1 & 1 & 0 \end{vmatrix}=2(a_2^2a_3^2+a_3^2a_1^2+a_1^2a_2^2)-(a_1^4+a_2^4+a_3^4)$$

$$=-1\ 568+640\sqrt{6}$$

同时,由计算得到

$$4(R_2R_3s_1+R_3R_1s_2+R_1R_2s_3)^2=-1\ 568+640\sqrt{6}$$

由此,验证了命题中的等式成立.

类似证法,还有以下命题7至命题9.

命题7 设 c_1,c_2,c_3 为已知复数,且满足 $\begin{vmatrix} k & c_3 & c_2 \\ c_3 & k & c_1 \\ c_2 & c_1 & k \end{vmatrix}=0$, $s_1,s_2,s_3\in\mathbf{C}$,以

及

$$\begin{cases}c_1^2+s_1^2=k^2\\c_2^2+s_2^2=k^2\\c_3^2+s_3^2=k^2\end{cases}$$

则其中必有一组 s_1,s_2,s_3,使得

$$kc_1=c_2c_3-s_2s_3,kc_2=c_3c_1-s_3s_1,kc_3=c_1c_2-s_1s_2 \quad \text{(VI)}$$

或

$$kc_1=c_2c_3-s_2(-s_3),kc_2=c_3c_1-(-s_3)s_1,kc_3=c_1c_2-s_1s_2 \quad \text{(VII)}$$

或

$$kc_1=c_2c_3-(-s_2)s_3,kc_2=c_3c_1-s_3s_1,kc_3=c_1c_2-s_1(-s_2) \quad \text{(VIII)}$$

或

$$kc_1=c_2c_3-s_2s_3,kc_2=c_3c_1-s_3(-s_1),kc_3=c_1c_2-(-s_1)s_2 \quad \text{(IX)}$$

以上必有一组 c 成立,其中三式同时成立.

实际上,以上四式形式完全相同.

命题 8 设 c_1,c_2,c_3 为已知复数,且满足 $\begin{vmatrix}k & c_3 & c_2\\c_3 & k & c_1\\c_2 & c_1 & k\end{vmatrix}=0,s_1,s_2,s_3\in\mathbf{C}$,以

及

$$\begin{cases}c_1^2+s_1^2=k^2\\c_2^2+s_2^2=k^2\\c_3^2+s_3^2=k^2\end{cases}$$

由命题 7 可知(VI)(VII)(VIII)(IX) 中必有一组成立.

(1) 若成立(VI),则有

$$ks_1=-(s_2c_3+s_3c_2),ks_2=-(s_3c_1+s_1c_3),ks_3=-(s_1c_2+s_2c_1)$$

(2) 若(VII) 成立,则有

$$ks_1=-[s_2c_3-(-s_3)c_2],ks_2=-(s_3c_1+s_1c_3),ks_3=-(s_1c_2+s_2c_1)$$

(3) 若(VIII) 成立,则有

$$ks_1=-[(-s_2)c_3+s_3c_2],ks_2=-(s_3c_1+s_1c_3),ks_3=-[s_1c_2+(-s_2)c_1]$$

(4) 若(IX) 成立,则有

$$ks_1=-(s_2c_3+s_3c_2),ks_2=-[s_3c_1+(-s_1)c_3],ks_3=-[(-s_1)c_2+s_2c_1]$$

实际上,以上四式形式完全相同.

命题 9 设 c_1,c_2,c_3 为已知复数,且满足 $\begin{vmatrix}k & c_3 & c_2\\c_3 & k & c_1\\c_2 & c_1 & k\end{vmatrix}=0,s_1,s_2,s_3\in\mathbf{C}$,且

满足$\begin{cases}c_1^2+s_1^2=k^2\\c_2^2+s_2^2=k^2\\c_3^2+s_3^2=k^2\end{cases}$,由上命题 3 可知(VI)(VII)(VIII)(VIIII) 中必有一组成立.

(1) 若成立(VI),则有

$$s_1^2=s_2^2+s_3^2+2s_2s_3c_1,s_2^2=s_3^2+s_1^2+2s_3s_1c_2,s_3^2=s_1^2+s_2^2+2s_1s_2c_3$$

(2) 若成立(VII),则有

$$s_1^2=s_2^2+s_3^2-2s_2s_3c_1,s_2^2=s_3^2+s_1^2-2s_3s_1c_2,s_3^2=s_1^2+s_2^2+2s_1s_2c_3$$

(3) 若成立(VIII),则有

$$s_1^2=s_2^2+s_3^2-2s_2s_3c_1,s_2^2=s_3^2+s_1^2+2s_3s_1c_2,s_3^2=s_1^2+s_2^2-2s_1s_2c_3$$

(4) 若成立(VIIII),则有

$$s_1^2=s_2^2+s_3^2+2s_2s_3c_1,s_2^2=s_3^2+s_1^2-2s_3s_1c_2,s_3^2=s_1^2+s_2^2-2s_1s_2c_3$$

证法同上,从略.

由上定理 2 以及命题 6 至命题 9,已得到以下定理 3.

定理 3 设 $x,y,z,a,b,c,c_1,c_2,c_3,s_1,s_2,s_3$ 均为复数,满足$\begin{vmatrix}1&c_3&c_2\\c_3&1&c_1\\c_2&c_1&1\end{vmatrix}=0$,$\begin{cases}c_1^2+s_1^2=1,\\c_2^2+s_2^2=1,\\c_3^2+s_3^2=1,\end{cases}$设 C_1,C_2,C_3 满足$\begin{cases}b^2+c^2-2bcC_1=a^2,\\c^2+a^2-2caC_2=b^2,\\a^2+b^2-2abC_3=c^2,\end{cases}$$S_1,S_2,S_3$ 满足$\begin{cases}C_1^2+S_1^2=1,\\C_2^2+S_2^2=1,\\C_3^2+S_3^2=1,\end{cases}$以及

$$C_1+C_2C_3-S_2S_3=0,C_2+C_3C_1-S_3S_1=0,C_3+C_1C_2-S_1S_2=0$$

则方程组

$$\begin{cases}y^2+z^2-2yzc_1=a^2\\z^2+x^2-2zxc_2=b^2\\x^2+y^2-2xyc_3=c^2\end{cases}$$

其解必满足

$$\begin{cases}x=\dfrac{bc\sin(\alpha_1-A_1)}{\pm m}\\y=\dfrac{ca\sin(\alpha_2-A_2)}{\pm m}\\z=\dfrac{ab\sin(\alpha_3-A_3)}{\pm m}\end{cases}$$

其中$m^2=\frac{1}{2}\sum(-a^2+b^2+c^2)\sin^2\alpha_1+4\Delta\prod\sin\alpha_1,16\Delta^2=2\sum b^2c^2-\sum a^4$.

以上式子中，规定 $\sin(\alpha_1-A_1)=\sin\alpha_1\cos A_1-\cos\alpha_1\sin A_1$，$\sin(\alpha_2-A_2)$，$\sin(\alpha_3-A_3)$ 有类似式子，其中 $\cos\alpha_i=c_i$，$\sin\alpha_i=s_i$，$\cos A_i=C_i$，$\sin A_i=S_i$，$i=1,2,3$.

下面就以如上例 3 为例具体应用上述命题求解.

例 5　解方程组 $\begin{cases}y^2+z^2-14\mathrm{i}yz=14\\ z^2+x^2-6zx=8\\ x^2+y^2-2\mathrm{i}xy=-2\end{cases}$.

解　题中有 $c_1=\cos\alpha_1=7\mathrm{i}$，$c_2=\cos\alpha_2=3$，$c_3=\cos\alpha_3=\mathrm{i}$，满足条件

$$c_1^2+c_2^2+c_3^2-2c_1c_2c_3=1$$

这时，只有(1) $\sin\alpha_1=p'=-5\sqrt{2}$，$\sin\alpha_2=q'=-2\sqrt{2}\mathrm{i}$，$\sin\alpha_3=r'=\sqrt{2}$；(2) $\sin\alpha_1=p'=5\sqrt{2}$，$\sin\alpha_2=q'=2\sqrt{2}\mathrm{i}$，$\sin\alpha_3=r'=-\sqrt{2}$，这两组满足关系式

$$c_1=c_2c_3-s_2s_3,c_2=c_3c_1-s_3s_1,c_3=c_1c_2-s_1s_2$$

即　$\cos\alpha_1=\cos(\alpha_2+\alpha_3)$，$\cos\alpha_2=\cos(\alpha_3+\alpha_1)$，$\cos\alpha_3=\cos(\alpha_1+\alpha_2)$

当 $s_1=\sin\alpha_1=-5\sqrt{2}$，$s_2=\sin\alpha_2=-2\sqrt{2}\mathrm{i}$，$s_3=\sin\alpha_3=\sqrt{2}$ 时，由题中有 $a^2=14$，$b^2=8$，$c^2=-2$，若取 $a=\sqrt{14}$，$b=2\sqrt{2}$，$c=\sqrt{2}\mathrm{i}$，则

$$C_1=\cos A_1=\frac{-a^2+b^2+c^2}{2bc}=\mathrm{i},C_2=\cos A_2=\frac{a^2-b^2+c^2}{2ca}=-\frac{\mathrm{i}}{\sqrt{7}}$$

$$C_3=\cos A_3=\frac{a^2+b^2-c^2}{2ab}=\frac{3}{\sqrt{7}}$$

取其中一组 $S_1=\sin A_1=\sqrt{2}$，$S_2=\sin A_2=\frac{2\sqrt{14}}{7}$，$S_3=\sin A_3=\frac{\sqrt{14}\mathrm{i}}{7}$，它们同时满足

$$C_1+C_2C_3-S_2S_3=0,C_2+C_3C_1-S_3S_1=0,C_3+C_1C_2-S_1S_2=0$$

即

$$\cos\alpha_1+\cos(\alpha_2+\alpha_3)=0,\cos\alpha_2+\cos(\alpha_3+\alpha_1)=0,\cos\alpha_3+\cos(\alpha_1+\alpha_2)=0$$

由计算得到

$$m^2=\frac{1}{2}\sum(-a^2+b^2+c^2)\sin^2\alpha_1+4\Delta\prod\sin\alpha_1=-512,m=\pm16\sqrt{2}\mathrm{i}$$

将以上数据代入 $\begin{cases}x=\dfrac{bc\sin(\alpha_1-A_1)}{\pm m}\\ y=\dfrac{ca\sin(\alpha_2-A_2)}{\pm m}\\ z=\dfrac{ab\sin(\alpha_3-A_3)}{\pm m}\end{cases}$，有

$$x=\frac{bc\sin(\alpha_1-A_1)}{\pm m}=\frac{bc(\sin\alpha_1\cos A_1-\cos\alpha_1\sin A_1)}{\pm m}$$

$$=\frac{2\sqrt{2}\cdot\sqrt{2}\,\mathrm{i}(-5\sqrt{2}\cdot\mathrm{i}-7\mathrm{i}\cdot\sqrt{2})}{\pm 16\sqrt{2}\,\mathrm{i}}=\mp 3\mathrm{i}$$

$$y=\frac{ca\sin(\alpha_2-A_2)}{\pm m}=\frac{ca(\sin\alpha_2\cos A_2-\cos\alpha_2\sin A_2)}{\pm m}$$

$$=\frac{\sqrt{2}\,\mathrm{i}\cdot\sqrt{14}\left[-2\sqrt{2}\,\mathrm{i}\cdot\left(-\frac{\sqrt{7}\,\mathrm{i}}{7}\right)-3\cdot\frac{2\sqrt{14}}{7}\right)}{\pm 16\sqrt{2}\,\mathrm{i}}=\mp 1$$

$$z=\frac{ab\sin(\alpha_3-A_3)}{\pm m}=\frac{ab(\sin\alpha_3\cos A_3-\cos\alpha_3\sin A_3)}{\pm m}$$

$$=\frac{\sqrt{14}\cdot 2\sqrt{2}\left(\sqrt{2}\cdot\frac{3\sqrt{7}}{7}-\mathrm{i}\cdot\frac{\sqrt{14}}{7}\mathrm{i}\right)}{\pm 16\sqrt{2}\,\mathrm{i}}=\mp\mathrm{i}$$

由此得到两组解

$$\begin{cases}x=-3\mathrm{i}\\y=-1\\z=-\mathrm{i}\end{cases},\quad\begin{cases}x=3\mathrm{i}\\y=1\\z=\mathrm{i}\end{cases}$$

用类似方法可求得其他几种情况下所求得的解(详解过程略),最后进行验根,可得到原方程组的四组解为

$$\begin{cases}x=-3\mathrm{i}\\y=-1\\z=-\mathrm{i}\end{cases},\quad\begin{cases}x=3\mathrm{i}\\y=1\\z=\mathrm{i}\end{cases},\quad\begin{cases}x=-1\\y=\mathrm{i}\\z=1\end{cases},\quad\begin{cases}x=1\\y=-\mathrm{i}\\z=-1\end{cases}$$

更进一步,如何求解以下关于未知数为 x,y,z 的方程组,即问题 5.

问题 5 设 a,b,c,p,q,r 为已知复数,解以下关于未知数 x,y,z 的方程组

$$\begin{cases}y^2+z^2+2pyz=a\\z^2+x^2+2qzx=b\\x^2+y^2+2rxy=c\end{cases}$$

如何用初等数学方法求解上述方程组,这是一个值得探究的问题,希望能看到对此问题的初等方法的解决.

参考资料

[1]杨学枝.三个点的加权点组的费马问题[J].中学数学(湖北),2002(8):42-44.

[2]杨学枝.平面上六线三角问题[J].中学数学(湖北),2003(1):43-44.

(写作时间:2004 年 7 月 3 日;第 2 次修改:2007 年 11 月 21 日;第 3 次修改:2014 年 6 月 11 日;第四次修改:2017 年 7 月 5 日,第五次修改:2018 年 4 月 25 日;第六次修改:2018 年 8 月 2 日;第七次修改:2018 年 9 月 10 日;第八次修改:2019 年 2 月 5 日;第九次修改:2019 年 5 月 21 日.)

全文刊于杨学枝，刘培杰主编《初等数学研究在中国》第二辑，哈尔滨工业大学出版社，2019 年 11 月.

⊙编辑手记

生物学家达尔文曾经说过:"如果只做观察,从不写作,自然科学家的生活倒是幸福的."可见,写作对任何人来说都不是一件容易的事情.

笔者的老朋友杨学枝先生的大作《数学奥林匹克不等式研究》(第2版)终于即将付梓了.这部洋洋洒洒近百万言的巨著,凝结了杨先生半生对不等式研究的心得与结晶,对于一位年逾古稀之人来说,虽可喜可贺但同时也不可不谓之辛苦.

与杨先生相识多年,亦师亦友,笔者对其事业上追求之执着,对不等式研究穷其一生之热爱,对功名利禄之淡泊,对朋友春天般之热情都倍感珍惜,记得在《人物》这个专门记叙杰出人物的刊物上,曾有一次记叙张益唐先生时用了这样一段文字,笔者觉得也挺适合杨先生,文章写道:

> 纯粹需要坚持,坚持需要纯粹.一切都需要锻炼、努力、机遇和运气.天才沉潜跃出深渊,这是极小的概率,很感慨在这个时代能够遇见.
>
> 每个人都有自己内心的隧道,但不是每个人都能足够深,张教授的人生隧道足够深,他可以自己静静地待在那里.我相信,可以肯定的是,那隧道里不只有数学,还有文章里记录的那些烟雾里缭绕的文学、哲学和古典乐,以及其他更多不足为外人道的世界.

这让我想起《规范与对称之美》一书中杨振宁教授说过的一段话：

“在创造性活动的每一个领域里，一个人的品位，加上他的能力、气质和际遇，决定了他的风格.而这种风格又进一步决定了他的贡献.

乍听起来，一个人的品位和风格竟然与他对物理学的贡献如此关系密切，也许会令人感到奇怪，因为一般认为物理学是一门客观研究物质世界的学问.

然而，物质世界有它的结构，而一个人对这些结构的洞察力，对这些结构的某些特点的喜爱，某些特点的憎厌，正是他形成自己风格的要素.因此，品位和风格之于科学研究，就像它们对文学、艺术和音乐一样至关重要，这其实并不是稀奇的事情.”

不等式的研究在中国是显学，有着众多职业和业余的研究者，每年发表海量的论文，但真正能著书立说者很少.

在这很少的专著中，此等厚重的可谓少之又少.刘勰在《文心雕龙》中说：“若禀经以制式，酌雅以富言，是仰山而铸铜，煮海而为盐也.”可见，一个读书人要有点自己的观点和主张，那就像熬煮海水制盐一样，是个厚积薄发的过程.

据说章太炎当年劝黄侃早点著书立说，黄侃答“五十当着纸笔”.章太炎感叹说：“人轻著书，妄也.子重著书，吝也.”一代国学大师，尚且如此惜字如金，值得钦佩.以教育为例，很多经典的教育学著作都是一本薄薄的小册子.洛克的《教育漫话》、雅思贝尔斯的《什么是教育》、怀特海的《教育的目的》、约翰·格里高利的《教学七律》、夸美纽斯的《大教学论》都是100多页的小册子，行文简短，说理透彻.然而这些小册子却成为世界教育思想宝库中绕不过去的经典，其背后凝聚着作者多少阅读、多少思考、多少实践.

说到这，可能有读者会认为这本书就是杨先生数学成果的全部了，但笔者可以告诉大家，这只是杨先生研究成果的冰山一角，他还有更大规模的关于质点几何的系列研究成果等待挖掘和出版.

中国社会中许多人以财富、地位、学衔看人，所以有人会问杨先生如此了得，怎不见有显赫之地位.

著名出版人钟叔河在其所著的《青灯集》(湖北人民出版社，2008)中有一段话，算是回答了这个问题：

余同年生谢梦渔，以庚戌进士第三人及第，学问淹雅，官京师二十余年，郁郁不得志.尝语余曰：“学问是一事，科名是一事，禄位是一事，三者分而不合；有学问者不必有科名也，有科名者不必有禄位也.”偶以语何子贞前辈，先生曰：“传不传，又是一事.”

杨先生虽然没能在体制内得到与其实力相匹配的认可，但在“江湖”上还是有一定地位的，曾一度任全国初等数学学会理事长一职，这虽然不是官方的委任，但能得到全国广大初等数学研究者的一致拥戴也是一件十分值得“炫耀”的事.同时，杨学枝老师是中学数学特级教师，在2009年全国第七届初等数学研究年会上，杨学枝等四人荣获“首届全国初等数学研究杰出贡献奖”称号，杨老师还兼任全国唯一的一份初等数学研究专门杂志《初等数学研究在中国》(目前是以书代刊)的主编，正如钟叔河在《青灯集》中所言：

一个人的学问、学位、官运和名望，此四者从来就不是全都相应相符的.科举时代有一句俗话，“一缘二运三风水，四积阴功五读书”.说的就是，书读得好不好，与能不能状元及第，关系并不太大，远不如有缘千里来相会，能够得到贵人的赏识.

如此岂非不公平？其实也不要紧，搞学问的搞学问，想做官的去做官，各走各的道就是了.有缘有运的人，也不必要了面子又要里子.像如今这样，一戴上院士桂冠就什么都“终身享有”，文集全集一出再出，官位至少要安排个副省级，倒是古今罕见天下独一的.

笔者初识杨老师是在20世纪80年代，当时初等数学研究的潮流在中国大地如诗歌创作般的火热，当时有一份中学师生很喜爱的初等数学杂志叫《福建中学数学》，杨老师经常在其上发表关于不等式方面的文章，笔者当时就读哈师大附中，常能读到这些文章.有人说那是个很洁净的年代.既是物的意义上的洁净，也是精神意义上的洁净.无论是天空大地、水和土壤，还有人的面貌、心念.形象地来描述，我们那时的天空，早晚常布满美丽的彩霞.我们周围的大人身上既没有攀比物质的喜好，也没有拼命赶场的躁郁的戾气.最重要的是，大人们之间还不时兴拼娃，和现在被驱赶着上才艺班、被各种训练压榨、童年光阴几乎被悉数剥夺的孩子们相比，我们实在太幸福了.我们的童年属于自己.而童年给我的印象就像那首歌里唱的：“那时候天总是很蓝，日子总过得太慢……”

对于本书的内容方面，林群院士在序言中已经给出了中肯的评价，笔者不再重复，但有一点是需要补充的，那就是本书的原创性，这也是笔者在向作者约稿时所再三强调的，也是作者的核心竞争力之一，因为现在各行各业都饱受山寨之苦，就连高考也不能幸免.2020年高考刚一结束就有人质疑高考数学压轴题出现了成题，后来在业内人士的追踪之下，发现原型是属于国外的19年前的一道竞赛题，后来有人将其编入了某竞赛辅导书，后又进入了2020年的高考题，严重影响了考试的公平性及命题人的学术性.

此题是2001年第8届IMC国际数学竞赛(7月19号—25号)题6：

对每一个正整数 n，令 $f_n=\sin\theta\cdot\sin(2\theta)\cdot\sin(4\theta)\cdot\cdots\cdot\sin(2^n\theta)$.

对所有的实数 θ 和所有的 n，证明

$$|f_n(\theta)|\leqslant\frac{2}{\sqrt{3}}\left|f_n\left(\frac{\pi}{3}\right)\right|$$

证明　可证在点 $\frac{2k\pi}{3}$(其中 k 是一个正整数)，$g(\theta)=|\sin\theta||\sin 2\theta|^{\frac{1}{2}}$ 可以获得它的最大值 $\left(\frac{\sqrt{3}}{2}\right)^{\frac{3}{2}}$. 这可以通过使用导数或经典边界来获得，比如

$$g(\theta)=|\sin\theta||\sin 2\theta|^{\frac{1}{2}}=\frac{\sqrt{2}}{\sqrt[4]{3}}\left(\sqrt[4]{|\sin\theta|\cdot|\sin\theta|\cdot|\sin\theta|\cdot|\sqrt{3}\cos\theta|}\right)^2$$

$$\leqslant\frac{\sqrt{2}}{\sqrt[4]{3}}\cdot\frac{3\sin^2\theta+3\cos^2\theta}{4}=\left(\frac{\sqrt{3}}{2}\right)^{\frac{3}{2}}$$

因此

$$\left|\frac{f_n(\theta)}{f_n\left(\frac{\pi}{3}\right)}\right|=\left|\frac{g(\theta)\cdot g(2\theta)^{\frac{1}{2}}\cdot g(4\theta)^{\frac{3}{4}}\cdot\cdots\cdot g(2^{n-1}\theta)^E}{g\left(\frac{\pi}{3}\right)\cdot g\left(\frac{2\pi}{3}\right)^{\frac{1}{2}}\cdot g\left(\frac{4\pi}{3}\right)^{\frac{3}{4}}\cdot\cdots\cdot g\left(\frac{2^{n-1}\pi}{3}\right)^E}\right|\cdot\left|\frac{\sin(2^n\theta)}{\sin\left(\frac{2^n\pi}{3}\right)}\right|^{1-\frac{E}{2}}$$

$$\leqslant\left|\frac{\sin(2^n\theta)}{\sin\left(\frac{2^n\pi}{3}\right)}\right|^{1-\frac{E}{2}}\leqslant\left(\frac{1}{\frac{\sqrt{3}}{2}}\right)^{1-\frac{E}{2}}\leqslant\frac{2}{\sqrt{3}}$$

其中 $E=\frac{2}{3}\left[1-\left(-\frac{1}{2}\right)^n\right]$. 这就是我们要求的边界.

顺便指出一点：不等式内容现已逐步成为今年高考的重头戏，比如2020年江苏高考数学第19题：

已知关于 x 的函数 $y=f(x)$，$y=g(x)$ 与 $h(x)=kx+b(k,b\in\mathbf{R})$，在区间 D 上恒有

$$f(x)\geqslant h(x)\geqslant g(x)$$

(1) 若 $f(x)=x^2+2x$，$g(x)=-x^2+2x$，$D=(-\infty,+\infty)$，求 $h(x)$ 的表达式.

(2) 若 $f(x)=x^2-x+1$，$g(x)=k\ln x$，$h(x)=kx-k$，$D=(0,+\infty)$，求 k 的取值范围.

(3) 若 $f(x)=x^4-2x^2$，$g(x)=4x^2-8$，$h(x)=4(t^3-t)x-3t^4+2t^2$ (0<

$|t|\leqslant\sqrt{2}$),$D\subseteq[m,n]\subseteq[-\sqrt{2},\sqrt{2}]$,求证:$n-m\leqslant\sqrt{7}$.

再比如 2020 年全国 Ⅲ 卷第 23 题:

设 $a,b,c\in\mathbf{R}$,$a+b+c=0$,$abc=1$.

(1) 证明:$ab+bc+ca<0$;

(2) 用 $\max\{a,b,c\}$ 表示 a,b,c 的最大值,证明:$\max\{a,b,c\}\geqslant\sqrt[3]{4}$.

初等不等式(指没有用到分析工具的)在一般人看来好像花样不多,很容易穷尽,其实不然,就像谁也不敢打保票说能证明所有的平面几何问题一样,也不会有哪个所谓专家敢声称包证所有初等不等式,越是初等的东西越会有层出不穷的花样出现,这就给杨老师这样的专家大展身手的舞台.

打个不恰当的比喻,作为一个普通人你能察觉到多少种生活中的声音,估计不会多,但有心人(专家)却能用独木桥体(即每句末字相同)作《醉太平》词十二解,一口气写下 48 种声音:

高槐怒声,修篁恨声,萧骚叶堕阶声,破窗儿纸声.(一解)
沉沉鼓声,寥寥磬声,小楼横笛声声,接长街柝声.(二解)
邻犬吠声,池鱼跃声,啾啾独鸟栖声,竹笼鹅鸭声.(三解)
虫娘络声,狸奴赶声,墙根蟋蟀吟声,又空梁鼠声.(四解)
重门唤声,层楼应声,村夫被酒归声,听双扉阖声.(五解)
兰窗剪声,芸窗读声,孀闺少妇吞声,杂儿啼乳声.(六解)
喁喁昵声,喃喃梦声,咿唔小女娇声,有爷娘惜声.(七解)
盘珠算声,机丝织声,松风隐隐涛声,是茶炉沸声.(八解)
风鸣瓦声,人离座声,窗盘叩响连声,想残烟管声.(九解)
床钩触声,窗环荡声,檐前玉马飞声,似丁当佩声.(十解)
空堂飒声,虚廊飕声,花阴湿土虫声,作爬沙蟹声.(十一解)
遥声近声,长声短声,孤衾捱到鸡声,盼晨钟寺声.(十二解)

这就是普通人和专家的区别.

本书作者有一个很大的优点,那就是深知做学问要守住自己的边界,面面俱到,宏大叙事与大而无当相似,少即是多.以藏书打比方:

> 藏书和读书有很大区别,但是相似的一点是都需要悟性.所谓悟性,就是刚开始时不要乱收藏.《围城》里钱锺书写方鸿渐"兴趣广泛,全无心得",你收藏范围特别大,就不会特别精特别专.(《我的老虎尾巴书房》.谢其章著,上海交通大学出版社,2018.)

杨老师几十年如一日专攻不等式(偶尔也发点其他方面的小文章,但不多),特别是初等代数不等式,现在已然是国内此方面首屈一指的专家了,而且虽然已退休多年,中间又做了一次较大的手术,但矢志不渝,钻研不止,笔耕不辍.笔者近年还经常在各类初等数学杂志上见到他的大作,赞佩不已,正如歌德在《诗与真》第二部卷首曾经断言:“一个人年轻时所企望的,老年时定会丰饶.”像他笔下不倦探索、至死未休的浮士德一样,直到去世之前他仍潜心科学著述,而他的生物学、光学、颜色学等科学学说皆在晚年开花结果,并对后世产生重大影响.

其实在步入中年之后一直有一个问题在困扰着笔者,那就是如何度过一个有尊严有趣味的老年生活(有专家称一这样想就已经有问题了),仅仅是四有:有老窝(自己的房子),老伴(自己的老婆),老本(自己的退休金),老友(多年的朋友)是不够的,更重要的还是要有一件老事业,从年青时代就喜欢干而且还能接着干的事.所以杨老师的退休生活是值得笔者效仿的,当然还有好几位都可称笔者的榜样:南京的单墫先生(爱好书法),上海的余应龙老师(翻译文学作品,找机会一定给他出版了),天津的吴振奎老师(收藏矿石),王成维老师(爱下围棋,但总败于笔者),长沙的沈文选老师(退休后还学了笛子),北京的石焕南老师(摄影爱好者),他们都有一个共同的特点是一专加多能,一专负责在社会上安身立命,多能使自己的晚年生活丰富多彩,杨老师的业余爱好笔者暂时还不了解,但他的社会活动是丰富的,且不说前些年将中国初等数学研究会办得风生水起,轰轰烈烈,多次全国代表大会给笔者留下深刻印象,其日程安排之缜密,报告内容之丰富,接待工作之周密,无不展现杨老师作为组织者的过人之才能与旺盛之精力,所以我们完全有理由相信,在今后的岁月中杨老师还会再创辉煌.去年,诺贝尔物理学奖得主阿瑟·阿什金以96岁的高龄打破了诺贝尔奖得主的最年长纪录.没想到,这个纪录只保持了一年,今年的诺贝尔化学奖得主约翰·B.古迪纳夫以97岁高龄刷新了这一纪录.

古迪纳夫有句名言:“我们有些人就像是乌龟,走得慢,一路挣扎,到了而立之年还找不到出路.但乌龟知道,它必须走下去.”

1986年,64岁的古迪纳夫离开工作了十年的牛津大学,进入得克萨斯大学奥斯汀分校担任教授.就在大家都以为他是打算在这里安心养老的时候,古迪纳夫默默地研究起了磷酸铁锂材料,并在75岁那年因为研制出这个材料而震惊世界.

从十年前起,古迪纳夫就一直是历年诺贝尔奖预测的热门人选,一连“陪跑”十年后,他最终在2019年10月的早晨被“诺贝尔奖的电话叫醒”.

在中国偌大的数学江湖中,杨老师是一位平凡的小人物(连陈省身先生都自嘲在数学的殿堂中充其量只能做金刚,成不了菩萨),但他不甘平凡乐于钻研，成果丰硕，受到了大家的尊重，他虽早年毕业于名校（武汉大学），但不心高气傲，眼高于顶，对许多来自基层的初等数学爱好者一视同仁，为他们争取成果发表的机会而不遗余力，得到同行的一致拥戴．他性情随和，对待朋友真诚友善，与之相处，如沐春风．笔者难忘在参加福州会议时，他半夜亲自接机宵夜；去深圳思考乐集团讲学时，中午为让笔者休息好，将豪华套房让与笔者，自己在大堂将就，令笔者十分过意不去．

笔者在近二十年的编辑生涯中，虽多遇德高望重、品学兼优之士，但也见过令人不齿的各色人等，有盛气凌人的，有锱铢必较的，有卸磨杀驴的，有恶语中伤的，有恃才傲物的，有狭隘偏执的，有心机深重的，虽然随时间流逝，都如过眼云烟，一笑而过，但对那些纯粹的作者，高尚的作者，纯真的作者，笔者会倍加珍视，与他（她）们相遇是编辑这个职业的一件幸事，也是这个职业的魅力之所在．

中国文人对著书立说看得很重，古代文人的两大终极理想是："刻一部稿（即出版一本自己的文集），娶一个小．"新社会了，后一个消失后，前一个目标就变得尤其重要．杨老师嘱我写点文字，不胜惶恐，借此向杨老师表示祝贺，理想终于实现了！

刘培杰

2020.7.15

于哈工大